dtv-Atlas Mathematatik

Fritz Reinhardt
Heinrich Soeder 著

Gerd Falk 図作

浪川幸彦
成木勇夫
長岡昇勇
林 芳樹 訳

カラー図解

数学事典

共立出版

dtv-Atlas Mathematik

by Fritz Reinhardt, Heinrich Soeder
Graphic art work by Gerd Falk

Published by arrangement with Deutscher Taschenbuch Verlag through Meike Marx, Yokohama, Japan.

まえがき

本書は，学問分野ごとの解説シリーズの一分冊として，他の分冊と同様内容をほぼ一貫して図表ページとテキストページからなる小さくまとまった単位部分から構成した．この基本方針と本書の分量［原著は新書２冊］からわれわれ著者は種々の制限を課された．

本書は通常の意味での教科書ではない．数学の最も重要な諸分野についてその概観を与え，構造に基づく数学の構築を強調しつつそれらの関連を示す．その諸理論の詳細にまで立ち入ることはしない．紙面の都合上，証明はほとんど省略される．しかし例外的に記述した証明によって，読者は数学者の証明技法のすべてをほぼ完全に見て取ることができよう．

索引には，数学のあらゆる基礎概念を取り上げてあるので，本書は事典としても利用できる．残念ながら，用語や記号は専門書間で未だに全く統一されていないので，同じ意味を持つ概念や記号のことはいちいち考慮していない．

読者がここに書かれた内容を理解するためには，読み返すだけでは不十分で，繰り返し熟考し，繰り返し計算し，繰り返し図を描く必要がある．本書のカラーページはその助けとなるはずである．それは，数学にかかわる諸領域に関心のある読者が，学校数学を超える内容に取り組む手掛かりとなろう．より詳細な解説については文献表を参照されたい．

われわれ著者はゲルト・ファルク氏に特に深い感謝の意を表したい．同氏はわれわれの企画に従って，図表ページにおける図表の作成という本書では必ずしも容易でない作業をきわめて入念に成し遂げて下さった．また編集上の助言および索引の作成について，DTV 編集部の方々に感謝したい．

ビーレフェルトにて，1973 年秋

著者

幸いなことに，本書を精読して下さった読者から，印刷の誤りや改善すべき内容について数多くのご指摘・ご提案を頂いた．これらに対し心から感謝したい．新版ではそれらご指摘のほとんどについて考慮されている．さらに重要な新しい研究結果も加えた．

ビーレフェルトにて，2001 年 10 月

著者

第2巻　まえがき

本書第2巻は，第1巻の続きとして解析学の大部分と応用数学の諸分野を加え，両者併せて数学の基礎諸分野を扱うものとなる．すべての分野を取り上げなかったのにはいくつかの理由がある．まず，新書2巻に収まる分量という制限から選択を行わざるをえなかったし，他方分野によってはここで採用したコンパクトな記述形式になじまないという教育的配慮もあった．

この証明をほとんど省略せざるをえない記述形式が，ここで扱った諸領域においてもすべての点で正当化されるものではないことは，著者たちも十分承知している．しかし，第2巻においてもほぼ一貫して採用した図表ページと本文とを見開きの形に表示するやり方は，読者の理解を容易ならしめたと信じる．興味ある読者は，より詳細について巻末の文献表にある書物を参照されたい．

索引には両巻の内容を収めた．

本巻でも引き続き図表を担当して下さったゲルト・ファルク氏，および忍耐と理解を持って助言し，校正を助けて下さったDTV辞書編集部に心から感謝したい．

ビーレフェルトにて，1977年春

著者

目　次

記号の索引

数理論理学

$\neg$	否定，～ではない
$\wedge$	かつ
$\vee$	または
$\Rightarrow$	もし～ならば
$\Leftrightarrow$	～のとき，そのときに限り
$\forall x$	すべての x について～が成立する
$\exists x$	～をみたす x が存在する
$:=$	右辺のように左辺を定義する
$:\Leftrightarrow$	定義としては左側は右側に同値

集合論

$\{a_1, a_2, \ldots\}$	元 $a_1, a_2, \ldots$ の集合
$\{x \mid \ldots\}$	条件 … をみたす x 全体
$\emptyset$	空集合
$\in$	（集合）に属する
$\notin$	（集合）に属さない
$\subset$	に含まれる
$\subsetneqq$	に真に含まれる
$\supset$	含む
$\supsetneqq$	真に含む
$A \backslash B$	A と B の差集合
$\bar{A}$	A の補集合（余集合）
$A \cup B$	A と B の和集合
$A \cap B$	A と B の共通部分（共通集合）
$\bigcup_{i \in I} A_i$	$i \in I$ に関するすべての A_i の和
$\bigcap_{i \in I} A_i$	すべての A_i の共通部分
$\mathscr{P}(M)$	M のベキ集合

関係と構造

(x_1, x_2)	順序対
$(x_1, \ldots, x_n)$	n（成分の）組
$A \times B$	積集合
$\prod_{i=1}^{n} M_i$	すべての M_i の直積
M^n	直積 $M \times \cdots \times M$（n 回の積）
$M/\sim$	M の同値関係～による同値類全体
$[x]$	x の同値類
$f: M \to N, x \mapsto f(x)$	M から N への写像 f を $x \mapsto f(x)$ で定義する
f^{-1}	f の逆写像
$f(M)$	M の f による像（集合）
$f^{-1}(N)$	N の原像
1_M	M から M への恒等写像
i	包含写像
$f \mid U$	f の U への制限
$g \circ f$	写像 g と f の合成
$\sim$	対等，同濃度
$\mathrm{card}(M)$	M の濃度
$\aleph_0$	可算濃度 ($\mathrm{card}(\mathbb{N})$)
$\top$	内部演算の記号
$\perp$	外部演算の記号
$\mathrm{ord}\, G$	群 G の位数
$\leqq, \sqsubseteq$	小さいか等しい，以下の
$<, \sqsubset$	より小さい
$\geqq, \sqsupseteq$	大きいか等しい，以上の
$>, \sqsupset$	より大きい
$\max(M)$	M の最大元
$\min(M)$	M の最小元
$\sup(M)$	M の上限
$\inf(M)$	M の下限
$\mathrm{ord}(M; \sqsubseteq)$	$(M; \sqsubseteq)$ の順序数

数系の構成

$\mathbb{N}$	自然数全体の集合
$\mathbb{Z}$	整数全体の集合
$\mathbb{Q}$	有理数全体の集合
$\mathbb{R}$	実数全体の集合
$\mathbb{C}$	複素数全体の集合
$\mathbb{Z}^+, \mathbb{Z}^-$	正整数全体，負整数全体の集合
$\mathbb{Z}_0^+, \mathbb{Z}_0^-$	非負整数全体，非正整数全体の集合
i	虚数単位
e	$\lim_{n \to \infty} \left(1 + \frac{1}{n}\right)^n$（自然対数の底），$e \approx 2.71828$
$[a, b]$	a から b までの閉区間，$\{x \mid x \in \mathbb{R} \wedge a \leqq x \leqq b\}$
(a, b)	a から b までの開区間，$\{x \mid x \in \mathbb{R} \wedge a < x < b\}$
$(a, b]$	a から b までの半開区間（左開，右閉）
$[a, b)$	a から b までの半開区間（左開，右閉）
I	$\mathbb{R}$ の区間 $(0, 1)$
(a_n)	数列 a_n
$\lim_{n \to \infty} a_n$	a_n の $n \to \infty$ のときの極限値
$\lvert a \rvert$	a の絶対値
$\arg z$	z の偏角
$\mathrm{Re}\, z$	z の実部
$\mathrm{Im}\, z$	z の虚部
$n!$	n の階乗：$1 \cdot 2 \cdot 3 \cdot \ldots \cdot (n-1) \cdot n$
$\binom{n}{k}$	$\frac{n!}{k!(n-k)!}$

代数学

$\begin{pmatrix} a_1 & \ldots & a_n \\ a_{i_1} & \ldots & a_{i_n} \end{pmatrix}$	元 $a_1, \ldots, a_n$ の置換
G/N	G の N による商群
$\mathrm{Ker}\, f$	写像 f の核
$K(\alpha)$	K に α を添加した体
$K(\alpha_1, \ldots, \alpha_n)$	K に α_1 から α_n を添加した体
$R[\alpha]$	R に α を添加した環
$R[X]$	R 上の多項式環
$\dim(V/K)$	V の K 上の次元
$\deg(E/K)$	E の K 上の拡大次数
$\deg f(X), \deg f$	多項式 $f(X)$ の次数
$A = \alpha_{ik} = \begin{pmatrix} \alpha_{11} & \cdots & \alpha_{1m} \\ \vdots & & \vdots \\ \alpha_{n1} & \cdots & \alpha_{nm} \end{pmatrix}$	(n,m) 行列
${}^t\!A = \begin{pmatrix} \alpha_{11} & \cdots & \alpha_{n1} \\ \vdots & & \vdots \\ \alpha_{1m} & \cdots & \alpha_{nm} \end{pmatrix}$	A の転置行列
$\det(A) = \det(\alpha_{ik}) = \det A = \begin{vmatrix} \alpha_{11} & \cdots & \alpha_{1n} \\ \vdots & & \vdots \\ \alpha_{n1} & \cdots & \alpha_{nn} \end{vmatrix}$	(n,n) 行列の行列式

$E=\begin{pmatrix}1 & 0 & \dots & 0\\ 0 & \ddots & & \vdots \\ \vdots & & \ddots & 0\\ 0 & \dots & 0 & 1\end{pmatrix}$	単位行列
$\begin{pmatrix}\alpha_{11} & 0 & \dots & 0\\ 0 & \alpha_{22} & & \vdots \\ \vdots & & \ddots & 0\\ 0 & \dots & 0 & \alpha_{nn}\end{pmatrix}$	対角行列
A^{-1}	A の逆行列
rank A	A の階数
$\mathfrak{a}$	イデアル
$\mathfrak{o}$	零イデアル
(a)	a で生成されるイデアル（単項イデアル）
$(f(X))$	$f(X)$ で生成されるイデアル
$\sum_{i=1}^{n} a_i$	$a_1+\dots+a_n$
$\sum_{x\in M} a_x$	M のすべての x に対する a_x の和
$\sum_{i=1}^{n} x_1\cdot\ldots\cdot\not{x}_i\cdot\ldots\cdot x_n$	$x_1\cdots x_n$ から因子 x_i を順次除いた積の和
$\prod_{i=1}^{n} a_i$	$a_1\cdot\ldots\cdot a_n$
$\prod_{x\in M} a_x$	M のすべての x に対する a_x の積

数論

$a\mid b$	a は b を割り切る（a は b の約数）
$a\nmid b$	a は b を割り切らない
$a\sim b$	a は b と同伴
$a\equiv b \bmod c$, $a\equiv b(c)$	a は b と c を法として合同
gcd	最大公約数
lcm	最小公倍数
$\left(\frac{a}{p}\right)$	ルジャンドル記号

幾何学

I	PIg,「P は g 上にある」,「g は P を通る」
$\perp$	～に垂直，～と直交
$\parallel$	に平行
$\equiv$	合同
$\cong$	同義的に合同
$\sim$	相似
$\measuredangle$	角度
$\sphericalangle$	角の運動による同値類
$\bar{\alpha}$	角α の大きさ
AB	線分 A, B
$\overline{AB}$	線分 AB の長さ
$g(A, B)$	点 A, B を通る直線
$\widehat{AB}$	弧 A, B
$\overset{z}{=}$	分割同等
$\overset{e}{=}$	補充同等
$\triangle$	三角形
DV(A, B, C, D)	A, B, C, D の複比
sin, cos	三角関数，正弦，余弦
tan, cot	正接，余接
sinh, cosh	双曲線関数，双曲正弦，双曲余弦
tanh, coth	双曲正接，双曲余接

解析幾何学

$\vec{PP'}$, $\vec{a}$, $\begin{pmatrix}a_1\\a_2\\a_3\end{pmatrix}$	ベクトル
${}^t\vec{\alpha}$	横ベクトル$(a_1 a_2 a_3)$
$\lvert\vec{a}\rvert$, a	$\vec{a}$ の長さ
$\vec{a}^\circ$	単位ベクトル
$P(x_1, x_2, x_3)$	点
$\langle\vec{a}, \vec{b}\rangle$	スカラー積
$\vec{a}\times\vec{b}$	ベクトル積
$(\vec{a}_1\vec{a}_2\vec{a}_3)$	列ベクトル$\vec{a}_1, \vec{a}_2, \vec{a}_3$ から成る(3, 3)行列
(O, B)	座標系

位相空間論

M°	M の内部
$\bar{M}$	M の閉包
∂M	M の境界
$(M; \mathfrak{M})$	位相$\mathfrak{M}$ を入れた M（位相空間）
$V(\mathfrak{B})$	基底$\mathfrak{B}$ から和集合で生成された位相（p.207）
$D(\mathfrak{S})$	部分基$\mathfrak{S}$ から共通集合により生成された位相（p.207）
$V(D(\mathfrak{S}))$	部分基$\mathfrak{S}$ で生成された位相（p.207）
$\mathfrak{N}_{\mathrm{fin}}$	終位相
$\mathfrak{N}_{\mathrm{ini}}$	始位相
$\mathfrak{M}_T$	T 上の相対位相
$\mathfrak{M}_{\tilde{X}}$	商位相
$\mathfrak{R}^n$	$\mathbb{R}^n$ の自然な位相
$\mathbb{R}^1$	実数全体 $\mathbb{R}$（次元 1）
$\mathbb{S}^1$	円周
$\mathbb{S}^{n-1}$	$\mathbb{R}^n$ の球面

代数的位相幾何学

$\pi(M)$	M の基本群
w_0	定数道

実解析学の基礎

$\lvert a\rvert$	a の絶対値
$\{a_n\}$	数列 a_n
$(a_1, \dots, a_n)$	$a_1,\dots, a_n$ の組（n 組）
$\lim_{n\to\infty} a_n$	$n\to\infty$ のときの a_n の極限値
$\overline{\lim}\, a_n$	上極限
$\underline{\lim}\, a_n$	下極限
$\sum_{\nu=1}^{n} a_\nu$	$a_1+\dots+a_n$
$\sum_{\nu=1}^{\infty} a_\nu$, $\sum a_\nu$	1 以上のすべての ν に対する a_ν の和（無限級数，その和）
$\prod_{\nu=1}^{n} a_\nu$	$a_1\cdot\ldots\cdot a_n$
$\prod_{\nu=1}^{\infty} a_\nu$	1 以上のすべての ν に対する a_ν の積（無限積，その積の値）
$1_{\mathbb{R}}$	$1_{\mathbb{R}}(x)=x$ となる恒等関数
$f\pm g$	関数の和（差）
$f\cdot g$	関数の積

$\dfrac{f}{g}$	関数の商
$g \circ f$	g と f の合成（合成関数）
c	定数関数 ($c \in \mathbb{R}$)
cf	$c \cdot f$
$-f$	$(-1) \cdot f$
f^0	1（定数関数）
f^n	$f \cdot \ldots \cdot f$（n 回）
$\sum_{\nu=0}^{n} a_\nu (1_{\mathbb{R}})^\nu$, $\sum a_\nu (1_{\mathbb{R}})^\nu$	n 次整関数 ($a_n \neq 0$)
$\sum_{\nu=0}^{\infty} a_\nu (1_{\mathbb{R}})^\nu$	ベキ級数
$\lim_{x \to a} f(x)$	x が a に近づくときの関数 $f(x)$ の極限値

微分法

$\dfrac{\Delta f(x)}{\Delta x}$	差分商，平均変化率
m_a	差分商関数
$\bar{m}_a$	m_a の連続接続
f'	f の導関数
$f'', f''', f^{(n)}$	f の高階導関数
$f^{(0)}$	f と同じ
$\dfrac{df(x)}{dx}, \dfrac{dy}{dx}$	$f'(x)$ のライプニッツの記法
$\dfrac{d^n f(x)}{dx^n}, \dfrac{d^n y}{dx^n}$	$f^{(n)}(x)$ のライプニッツの記法
$df_a(x-a)$	f の a での微分
sin, cos, tan, cot	三角関数（円関数）
arcsin, arccos, arctan, arccot	逆三角関数
sinh, cosh, tanh, coth	双曲線関数
ar sinh, ar cosh, ar tanh, ar coth	双曲線関数の逆関数
exp	指数関数
ln	自然対数関数
e	自然対数の底，$e \approx 2.71828$
C	オイラー定数，$C \approx 0.57722$
B_n	ベルヌーイ数
$\binom{n}{\nu}$	2 項係数
Γ	ガンマ関数
ζ	リーマンのゼータ関数
$\mathbb{R}^n$-$\mathbb{R}^m$ 関数	$D_f \subseteq \mathbb{R}^n$ を定義域とする関数 $f: D_f \to \mathbb{R}^m$
$f(x) = (f_1(x), \ldots, f_m(x)) = \begin{pmatrix} f_1(x) \\ \vdots \\ f_m(x) \end{pmatrix}$	$\mathbb{R}^n$-$\mathbb{R}^m$ 関数の成分表示
$\dfrac{\partial f}{\partial x_\nu}$	f の x_ν に関する偏導関数
$\dfrac{\partial}{\partial x_\nu} f(x)$	$\dfrac{\partial f}{\partial x_\nu}(x)$ と同じ，偏導関数
$\dfrac{\partial^2 f}{\partial x_\nu^2}, \dfrac{\partial^2 f}{\partial x_\nu \partial x_\mu}$	2 階偏導関数
grad f	f の勾配
$\nabla = \begin{pmatrix} \dfrac{\partial}{\partial x_1} \\ \vdots \\ \dfrac{\partial}{\partial x_n} \end{pmatrix}$	ナブラ
div f	f の発散
rot f	f の回転
$\dfrac{df}{dx} = \left(\dfrac{\partial f_\mu}{\partial x_\nu}\right)$	関数行列，ヤコビ行列
$\det \dfrac{df}{dx}$	関数行列式，ヤコビ行列式，ヤコビアン

積分法

$Z = (a_0, \ldots, a_n)$	$[a, b]$ の分割，$a = a_0 < \cdots < a_n = b$
$\underline{\int_a^b}, \overline{\int_a^b}$	上積分，下積分
$\int_a^b f(x)dx$, (R) $\int_a^b f(x)dx$	a から b までの $f(x)$ の積分（(a,b), $[a,b)$, $(a,b]$, $[a,b]$ のリーマン積分）
$[F(x)]_a^b$	$F(b) - F(a)$
$\int f(x)dx$	不定積分
$\int_{D_f} f(x)dx$	$D_f \subset \mathbb{R}^2$ 上での $f(x)$ の積分（D_f 上のリーマン積分）
$S(f, Z, B)$	Z と B に関する f のリーマン和
$\int_k \langle f(x), dx \rangle$	f の k に沿っての線積分
$\oint_k \langle f(x), dx \rangle$	閉曲線 k に沿っての f の線積分
$\int_k \langle g(x), dx_i \rangle$	i 番目の変数に関する g の線積分
$\int_a \langle f(x), n^+(x) \rangle dO$	曲面積分
$I_J(B)$	B のジョルダン面積（測度）
$m^*(m_*)$	ジョルダンの外（内）測度
$\mu(B)$	B のルベーグ測度
$\mu^*(\mu_*)$	ルベーグ外（内）測度
(L) $\int_a^b f(x)dx$	f の $[a,b]$ 上でのルベーグ積分

関数解析学

$\Vert\ \Vert$	ノルム
$\Vert\ \Vert_0$	チェビシェフノルム
$\Vert\ \Vert_2$	ユークリッドノルム
$\langle , \rangle$	スカラー積，内積
[ ]	同値類の記号
$C_n[a, b], L^p[a, b]$	特殊な関数空間（p.338）
$\dfrac{\delta F}{\delta x}$	F のフレシェ導関数
$\dfrac{\partial F}{\partial x}$	F のガトー導関数
K^n	作用素 K の n 重合成

微分方程式論

$F_{\mathrm{A}}, \boldsymbol{F}_{\mathrm{A}}$	初期値問題の解
I_x	区間（解空間の定義域）
F_h, $\boldsymbol{F}_h$	同次解
F_{ih}, $\boldsymbol{F}_{ih}$	非同次解
F_p, $\boldsymbol{F}_p$	特殊解
$W(F_1, \ldots, F_n)$	ロンスキー行列
$\mathfrak{F}(x)$	基本行列

微分幾何学

$\boldsymbol{k}(t)=\begin{pmatrix} k_1(t) \\ k_2(t) \end{pmatrix}$	$\mathbb{R}^2$の曲線のパラメータ表示
$\boldsymbol{k}(t)=\begin{pmatrix} k_1(t) \\ k_2(t) \\ k_3(t) \end{pmatrix}$	$\mathbb{R}^3$の曲線のパラメータ表示
$\boldsymbol{k}'(t)=\begin{pmatrix} k_1'(t) \\ k_2'(t) \\ k_3'(t) \end{pmatrix}$	$\boldsymbol{k}$ の t による導関数（速度ベクトル）
s	弧長（自然なパラメータ）
$\dot{\boldsymbol{k}}(s)$	$\boldsymbol{k}$ の弧長パラメータによる導関数
C^r	r 回連続微分可能関数のクラス
$\boldsymbol{k}\in\mathrm{C}^r$	$\boldsymbol{k}$ は r 回連続微分可能
$\boldsymbol{t}(s)$	接線ベクトル
$\boldsymbol{h}(s)$	主法線ベクトル
$\boldsymbol{b}(s)$	倍法線ベクトル
$\varkappa(s)$	曲率
$\tau(s)$	捩率（ねじれ率）
$\boldsymbol{a}(u, v)=\begin{pmatrix} a_1(u, v) \\ a_2(u, v) \\ a_3(u, v) \end{pmatrix}$	曲面片のパラメータ表示
$\boldsymbol{n}^+(u, v)$, $\boldsymbol{n}^+(\boldsymbol{x})$, $\boldsymbol{n}^+(\boldsymbol{a}(u, v))$	曲面法線（法線）ベクトル
E, F, G / $g_{11}, g_{12}, g_{21}, g_{22}$	第１基本形式の係数
g, W^2	第１基本形式の判別式
L, M, N / $b_{11}, b_{12}, b_{21}, b_{22}$	第２基本形式の係数
b	第２基本形式の判別式
$\varkappa_{\mathrm{n}}$	法曲率
$\varkappa_{\mathrm{g}}$	測地線曲率
$\varkappa_{\mathrm{N}}$	法平面曲線の曲率
$\varkappa_1, \varkappa_2$	主曲率
H	平均曲率
K	ガウス曲率
$\boldsymbol{a}_u$, $\boldsymbol{a}_{uv}$, $\boldsymbol{a}_{uu}$	偏導関数 $\dfrac{\partial \boldsymbol{a}}{\partial u}$, $\dfrac{\partial^2 \boldsymbol{a}}{\partial u \partial v}$, $\dfrac{\partial^2 \boldsymbol{a}}{\partial u^2}$
$x^i y_i$	$\sum_{i=1}^{n} x^i y_i$（アインシュタインの規約）

複素関数論

$\mathbb{C}$	複素数全体の集合，複素平面
$\hat{\mathbb{C}}=\mathbb{C}\cup\{\infty\}$	複素平面のコンパクト化
$\mathbb{C}$-$\mathbb{C}$ 関数 f	関数 $f: D_f \to \mathbb{C}, D_f \subseteq \mathbb{C}$
$\mathbb{C}$-$\hat{\mathbb{C}}$ 関数 f	関数 $f: D_f \to \hat{\mathbb{C}}, D_f \subseteq \mathbb{C}$
$\hat{\mathbb{C}}$-$\mathbb{C}$ 関数 f	関数 $f: D_f \to \mathbb{C}, D_f \subseteq \hat{\mathbb{C}}$
$\hat{\mathbb{C}}$-$\hat{\mathbb{C}}$ 関数 f	関数 $f: D_f \to \hat{\mathbb{C}}, D_f \subseteq \hat{\mathbb{C}}$
$\chi(z_1, z_2)$	z_1 と z_2 の弦距離
$\operatorname{res} f$	f の留数
σ	ワイエルシュトラスのシグマ関数
$\wp$	特殊な２重周期関数（ワイエルシュトラスのペー関数）

組合せ論

$p(n)$	重複のない n 個の順列の数
$p(n; n_1, \ldots, n_k)$	n 成分で k 個が重複 $n_1, \ldots, n_k$ のときの順列の数
$v(n, k)$	n 成分から k 個を取る重複のない順列の数
$v^*(n, k)$	n 個から k 個取る重複順列の数
$c(n, k)$	n 個から k 個取り出す重複のない組合せの数
$c^*(n, k)$	n 個から k 個取り出す重複組合せの数

確率論と統計学

$P(A)$	事象 A の確率
$P(B\|A)$	条件 A のもとでの B の確率（条件付確率）
$H(A)$	A の絶対頻度
$h(A)$	A の相対頻度
$E(X), \mu$	期待値，平均値
$V(X), \sigma^2$	分散
σ	標準偏差，散らばり
$X=a$	事象 $\{\omega \mid X(\omega)=a\}$
$X\leqq a$	事象 $\{\omega \mid X(\omega)\leqq a\}$
$b_{n,p}$, $B_{n,p}$	２項分布とその分布関数
ψ_μ, Ψ_μ	ポアソン分布とその分布関数
$\varphi_{\mu,\sigma}$, $\Phi_{\mu,\sigma}$	標準２項分布とその分布関数
φ, Φ	一般２項分布とその分布関数

線形計画法

$A\cdot\boldsymbol{x}\leqq\boldsymbol{b}$	$\begin{matrix} a_{11}x_1+\ldots+a_{1n}x_n\leqq b_1 \\ \vdots \\ a_{m1}x_1+\ldots+a_{mn}x_n\leqq b_m \end{matrix}$

記号

図ページの注意

P は「赤」に属さない

P は「赤」に属する

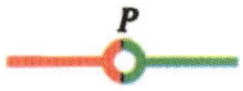

P は「赤」にも「緑」にも属さない

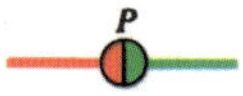

P は「赤」にも「緑」にも属する

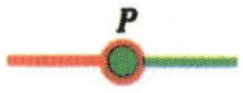

P は「赤」に属さないが「緑」には属する

境界を含まない

色付きのます目で図をつくる順序を表す（矢印の左側の色と同色の線や点について，ます目の色の順に線を引いたり点をつけたりする．その結果は，矢印の右側のようにたいていの場合「赤」で表す）

序 章

人類の数学とのかかわりは，歴史上はるか昔まで辿っていくことができる．しかし，この数百年の流れの中で数学についての理解は決定的な変化を遂げた．

バビロニア，エジプト，フェニキア等の前ギリシャ時代の民族が本質的に実用上の問題や身の周りの世界の観察から幾何図形や数概念を扱うに至ったのに対し，紀元前 5 世紀にはギリシャ人の影響のもとに数学は一つの学問として独立し，数学それ自身のために研究されるようになった．この進展の際立った特徴は，少数の基本的概念構成（定義）と直観的に明らかな命題（公理）から，論理的に結論を導く（演繹的推論）ようになったことである．この努力は，ユークリッドの「原論」での幾何学の叙述においてその頂点に達した．

しかし数概念に関しては当時そこまでの厳密さに到達していない．幾何的考察を通して線分の長さの無理数比が持つ問題性に気づいている程度である．インドやアラビアでは，三角法とならんで方程式を解く（代数）ため数概念がさらに発展した．ここでは，実用への応用が前面に出ている．

このような傾向は 17，18 世紀でも同様で，自然科学への応用での大成功が当時の数学の発展（無限小解析の計算や解析幾何）を方向づけた．

19 世紀になってようやく，数学のすべての分野において知識を公理論的に証明しようというより強い意識が起きる．そしてあらゆる分野を統一的に構造の観点から公理論的に構成する試みが，例えばずっと新しい時代になるがブルバキというペンネームを持つ数学集団により，企てられるようになった．

しかし，もちろん数学の本質は構造論的構築のみですべてが理解されるわけではない．今日も，数学は多くの学問における実際的な問題から本質的な刺激を受けて発展している．抽象化や演繹とともに直感や帰納的手段が，数学の研究において同等の地位を占めている．また応用数学と純粋数学との関係に眼を転じてみると，ひと頃のように後者を前者より過大に評価する傾向は見られなくなったように思われる．そして数学理論は自然科学や他の諸学問のみならず，経済学や人間生活のいろいろな領域において応用され，有用な成果をもたらすという事実が，ますます明らかになっている．その際には，適切な概念を選び，それらの相互関係を数学言語によって構造的に記述構成するのである（数学化過程）．

直観は今日においてもなお数学的思考において決定的な役割を果たしている．すなわち，直観は確かに証明手段としては許容されないが，新しい知識への思考の方向付けに著しい影響を与え，場合によっては証明に至る示唆を与える．こういった直観の働きは，語の選択自体や構造概念を新しく構成する場合にも現れる．公理的方法は，概念の具体的意味については何もいわないので，個々にさまざまの連想を行う広い余地が生まれる．それによって数学研究者は新しい刺激を与えられ，学習者は既知の理論をより容易に理解できるようになる．この目的のためにはまたあらゆる図式表現が，幾何だけでなく，まさに抽象的な関係を見やすくしようという場合にも有効である．

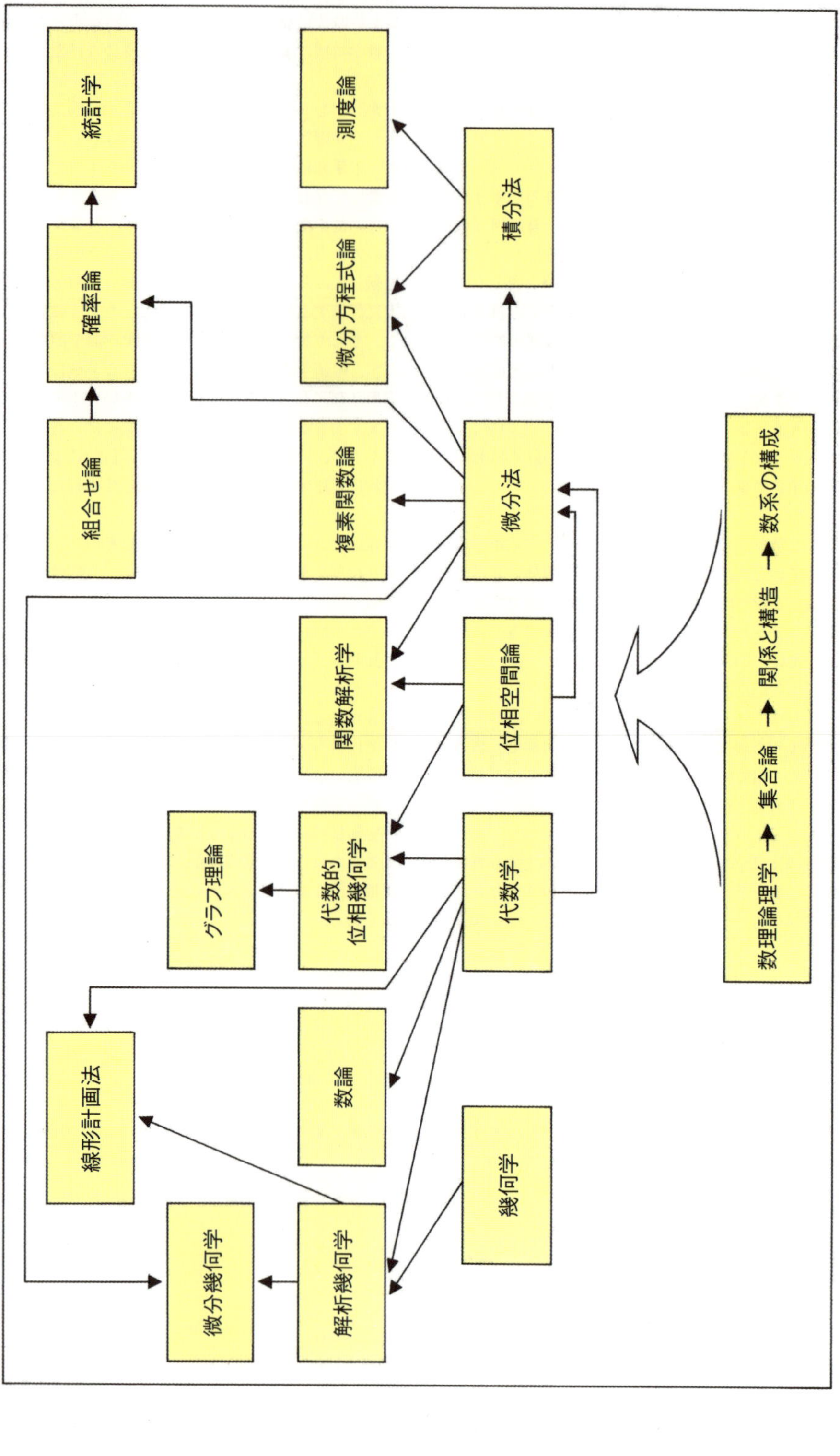
統計学
確率論
組合せ論
測度論
積分法
微分方程式論
複素関数論
微分法
関数解析学
位相空間論
グラフ理論
代数的
位相幾何学
代数学
線形計画法
数論
幾何学
微分幾何学
解析幾何学
数理論理学 → 集合論 → 関係と構造 → 数系の構成

数学の諸分野

数学の基礎研究が示すところによれば，集合概念と写像概念とが数学のほぼ全分野を構成し叙述するための基礎となる．

数理論理学は，数学的命題を記述する言語を定式化し，命題から新しい命題を導く規則を定め，命題形式を分析し，証明手続きを叙述する．通常，2 項論理を基礎に取る．

集合論は，純粋数学の最も重要な構成手段である集合概念を厳密に規定し，集合演算を扱う．集合代数の記法と諸結果は，種々の数学諸分野を統一的に表現するのに役立ち，応用でも（例えば計算オートマトン）重要な役割を果たす．

関係は，同じ集合の元の間（例えば同値関係による分類）または異なる集合の元の間での関連性を記述する．中でも写像が特別な関係として定義される．集合上の**構造**（代数構造，位相構造，順序構造）は，関係概念によって理解できる．

数学の各専門分野は，一定の数領域とその構造を用いる．**数系の構成**では，数概念の明確化と概念の段階的な拡張が問題となる．この場合，特定の構造的性質に関してある領域を完全なものにするという問題が特に重要な意味を持つ．

数，図形，構造といった異なるさまざまな対象と取り組んでいくと，数学を諸分野に分類系統化する必要が生じる．この分類は，内容はもちろんだが，歴史的にも条件付けられており，他の諸科学（物理学，工学，測量学など）が数学に及ぼした影響も考慮に入れねばならない．

代数学では，代数構造を持つ集合（群，環，体，加群，ベクトル空間など）を研究する．そのために，方程式や方程式系の解法を準備する．線形代数学の枠組では，行列や行列式を導入し，線形方程式系の解法に用いる．ガロア理論を用いると，幾何の問題を代数的に扱うことができる．

数論では，整数環や代数体での整除問題と取り組む．その手法は代数学や解析学に由来する．

幾何学は，図形の形や大きさの研究を専らとする．その概念は，直観的な空間における言葉を借用したものである．しかし公理化によって，公理系を選択すれば，それに対応して全く異なる抽象空間が得られる．

解析幾何学では，空間や図形の研究にベクトルの概念を用いる．この概念と座標軸の導入により，幾何学は代数化される．

位相空間論では，集合に定義できる位相構造を研究する．用いられる基礎概念（近傍，開集合）は解析学に由来する．公理的定式化により，きわめて一般的な位相空間を考えることが可能になる．特に重要なものは，距離空間である．

代数的位相幾何学は，古くは「**位置解析学** (analysis situs)」と呼ばれていたが，位相的な問題を解決するために，代数的手法（群，加群）を利用する．ホモトピー論とともに，ホモロジー論が最も進んでいる．

グラフ理論は，位相幾何学に起源を持ち，頂点とそれらを結ぶ辺からなる図形の性質に帰着される理論的実用的問題を扱う．

微分法と**積分法**による無限小解析計算は極限概念の上に構築され，実数関数の特別な性質（微分可能性，接線問題，積分可能性，面積確定）に至る．$\mathbb{R}^1$ 上の関数に対して定義された微分計算や積分計算は，$\mathbb{R}^n$ 上の関数に拡張される．

積分論の一つの一般化が**測度論**で，点集合にいつ，どのように「測度」（容積）として実数を対応させられるかという問題を扱う．

実用上の問題では，数理モデルを設定し（常または偏）微分方程式に持ち込むことが多い．**微分方程式論**は，その種の方程式を可能な限り一般的な形で解く方法を用意する．

関数の集合（関数空間）上に位相的方法を適用すると無限小解析計算法をはるかに一般化できるが，それを扱うのが**関数解析学**である．特別な位相ベクトル空間であるノルム空間の研究がこれと密接に関連する．

微分幾何学は，無限小解析計算を利用して調べられる（$\mathbb{R}^3$ 内の曲線や曲面などの）幾何図形を扱う．重要な分野としては，曲線論や曲面論がある．

無限小解析の方法を複素関数の場合に書き換えることによって，高い完結性を持った理論である**複素関数論**が導かれる．解析接続の手法により，リーマン面という重要な概念に到達する．

組合せ論は，有限集合のある種の数え上げ問題に興味を持つ．これらは，幾何学，数論，**グラフ理論**，確率論に現れる．**確率論**は，ランダムな事象で生起する命題を定式化し，**統計学**の基礎を構築する．

P_1	バラは植物である.	$v(P_1)=\mathrm{T}$
P_2	鯨は魚である.	$v(P_2)=\mathrm{F}$
P_3	$2+4=6$	$v(P_3)=\mathrm{T}$
P_4	4は素数である	$v(P_4)=\mathrm{F}$
P_5	2より大きな任意の偶数は2素数の和である.（ゴールドバッハ予想）	$v(P_5)=$ 不明
P_6	連続であるが，微分可能ではない関数が存在する.	$v(P_6)=\mathrm{T}$
P_7	平行線の同位角が同じときしかもそのときに限り5は素数である.	$v(P_7)=\mathrm{T}$
P_8	5が偶数であれば，平面三角形の内角の和は180度である.	$v(P_8)=\mathrm{T}$
P_9	一組の対辺と一組の対角が等しい任意の四角形は，平行四辺形である.	$v(P_9)=\mathrm{F}$

A

命題の例

$v(A)$	$v(B)$	$v(\neg A)$	$v(A\wedge B)$	$v(A\vee B)$	$v(A\Rightarrow B)$	$v(A\Leftrightarrow B)$
T	T	F	T	T	T	T
T	F	F	F	T	F	F
F	T	T	F	T	T	F
F	F	T	F	F	T	T

B

重要な論理記号の真理表

$v(A\circ_i B)$

$v(A)$	$v(B)$	$\circ_1$	$\circ_2$	$\circ_3$	$\circ_4$	$\circ_5$	$\circ_6$	$\circ_7$	$\circ_8$	$\circ_9$	$\circ_{10}$	$\circ_{11}$	$\circ_{12}$	$\circ_{13}$	$\circ_{14}$	$\circ_{15}$	$\circ_{16}$
T	T	T	T	T	T	T	T	T	T	F	F	F	F	F	F	F	F
T	F	T	T	T	T	F	F	F	F	T	T	T	T	F	F	F	F
F	T	T	T	F	F	T	T	F	F	T	T	F	F	T	T	F	F
F	F	T	F	T	F	T	F	T	F	T	F	T	F	T	F	T	F
通常の論理記号			$\vee$			$\Rightarrow$		$\Leftrightarrow$	$\wedge$	$\mid$						$\triangledown$	

表は次の意味で反対称である：表の左右を入れ換えるとともにTとFを交換すると同じになる．すなわち $v(A\circ_i B)=v\ (\neg(A\circ_{17-i}B))$．そこで前半の8個の結合子と$\neg$で足りる．結合子$\circ_6$は$A$に，結合子$\circ_4$は$B$に，結合子$\circ_1$は$A,B$によらないから不要である．$v(A\circ_3 B)=v(B\circ_5 A)$ だから$\circ_3$は$\circ_5$に帰着できる．よって，図Bに挙げた結合子ですべての2項結合が表せる．

C

2項結合の真理表

$\neg A$	$A\mid A$	$A\triangledown A$
$A\wedge B$	$(A\mid B)\mid(A\mid B)$	$(A\triangledown A)\triangledown(B\triangledown B)$
$A\vee B$	$(A\mid A)\mid(B\mid B)$	$(A\triangledown B)\triangledown(A\triangledown B)$
$A\Rightarrow B$	$A\mid(A\mid B)$	$(B\triangledown(A\triangledown B))\triangledown(B\triangledown(A\triangledown B))$

D

論理記号 $\neg,\wedge,\vee,\Rightarrow$ の nand と nor による表現

命題と真理値

数学では，科学のあらゆる分野と同様，得られた結果は口頭あるいは文書で述べられることになっている．しかし言語の多義性と，日常語の使用から生ずる誤解の危険性のゆえに，数学では，日常言語から論理上意味のある要素のみを残す，人工的かつ形式化された言語を用いて命題を記述する，という方向へと徐々に進んでいった．それゆえまず**命題**という概念を明確にすることから始めよう．

一般に，命題は真の命題か偽の命題かのいずれかに分類されることが要請される（**2 値原理**）．すなわち命題とは，記述表現で，そのそれぞれに真 T または偽 F いずれかの**真理値**が定まっているもののことである．ただしどのように真理値が決定されるかは問われない．数学における未証明の予想では，確かにその真理値は確定されていないが，日常的な理解では，それは真または偽のいずれかであると想定されている．命題 A に対しその真理値を $v(A)$ で表す（図 A）．

命題論理式

意味を持つ記号列や文字列のすべてが命題になるわけではない．例えば：「おめでとう!」，「5 はより大きい」，$x+3=8$, $P(3)$, $S(7,3,4)$．後半の三例はいわゆる変数を含み，数学的に特に興味深い．これらはある限定された範囲に限られるものの，例えば $x+3=8$ では x に自然数を代入すると命題になる．$11+3=8$（偽）や $5+3=8$（真）のように．また $P(3)$ はいわゆる**述語**，例えば命題「…は素数である」または「…は偶数である」を代入すると，命題「3 は素数である」（真）または「3 は偶数である」（偽）に変わる．$S(7,3,4)$ は，述語「…は…と…の和である」または「…は…と…の間にある」を代入すると，「7 は 3 と 4 の和である」（真）または「7 は 3 と 4 の間にある」（偽）になる．このような表現を**命題論理式**と呼ぶ．

命題の結合

多くの命題や命題論理式は，それ自身が命題あるいは命題関数であるようないくつかの部分から成り立っている．部分を結合する語として，特によく用いるのは「ではない」，「かつ」，「または」，「ならば」，「であるときかつそのときに限り」である．通常，これらを表すためには特別な記号（**論理（結合）記号**）を用いる．これらの記号法は統一されていないが，次の表記が一般的であり，以下それらを使用する：$\neg A$ は「A でない」，$A \wedge B$ は「A かつ B」，$A \vee B$ は「A または B」，$A \Rightarrow B$ は「A ならば B」，$A \Leftrightarrow B$ は「A であるときかつそのときに限り B」．

命題論理では，これら**結合**によって作られた命題の真理値は，部分命題の真理値から一意的に決まるよう定められている．それは部分命題間に内容的に論理関係があるなしとは一切関係がない（図 A の P_7, P_8）．各部分命題に真理値を**割り当てる**と，いわゆる**真理表**（図 B）に従って，合成命題の真理値が得られる．このような約束事として定められた真理値は，ときに曖昧だったり，不統一だったりする日常言語の用法と常に一致するとは限らないことに注意しよう．例えば $\vee$ は「排他的でないまたは」の意味でのみ用いられる（$A \vee B$ は $A \wedge B$ の場合を含む）．また $\Rightarrow$ に対する真理表にも注意．偽の命題からは，論理的に正しい推論により真の命題にも偽の命題にも到達可能なのだから，$v(A)=\mathrm{F}$ であれば常に $v(A \Rightarrow B)=\mathrm{T}$ とするのが妥当なのである．次の例が分かりやすいだろう：「2 数が等しければそれらの平方が等しい」ことが導けるが，そのとき次の二つの $A \Rightarrow B$ という形の命題はいずれも真である．

$$2 = \ \ 3 \quad \Rightarrow \quad 4=9,$$
$$2 = -2 \quad \Rightarrow \quad 4=4.$$

ここで前者では $v(B)=\mathrm{F}$．後者では $v(B)=\mathrm{T}$．容易に分かるように，真理値の可能性として全部で 16 種類の 2 項結合が可能であるが，それらすべては上の 5 種類に帰着できる（図 C）．

2 命題より多くの命題の結合についても同様である．また 5 種類の結合もさらに簡約できる．例えば，すぐ確かめられるように $A \Leftrightarrow B$ は常に $(A \Rightarrow B) \wedge (B \Rightarrow A)$ と同じ真理値を持つ．さらに結合 $A|B$（A nand B，A でないかまたは B ではない．Sheffer），または結合 $A \bigtriangledown B$（A nor B，A でも B でもない）を適用すると，記号一つのみですべてを表せる（図 D）．

二値原理を放棄し 3 種類以上の真理値を認めると，本質的に異なる関係が生じる．しかしながら，**多値論理**は**直観主義**数学 (p.9) や量子力学への興味深い応用可能性があるものの，従属的な役割を果たすにとどまっている．

上で，文字 $A, B, C, \ldots$ は任意の命題を値とする**命題記号**を表す．このような命題記号（と結合記号）による表現は，その変数に命題を代入すると一つの命題が得られるので，やはり**命題論理式**と呼ばれる．ある命題論理式の命題記号に適当な真の命題を代入したとき真の命題となる場合，この論理式は**充足可能**であるという．特別な場合として，どんな命題を代入しても真の命題となる論理式は**恒真命題論理式**と呼ばれる．例えば：$A \Rightarrow A$ や $((A \Rightarrow B) \wedge (B \Rightarrow A)) \Rightarrow (A \Leftrightarrow B)$ 等．反対に，$((A \Rightarrow B) \wedge A) \wedge \neg B$ または $\neg A \wedge A$ のような命題論理式は，何を代入しても偽の命題になる（**充足不能論理式**または**矛盾論理式**）．

(1)	$A \vee \neg A$	排中律
(2)	$\neg(A \wedge \neg A)$	矛盾の排除
(3)	$\neg(\neg A) \Leftrightarrow A$	二重否定
(4)	$\neg(A \wedge B) \Leftrightarrow \neg A \vee \neg B$	ドモルガンの法則
(5)	$\neg(A \vee B) \Leftrightarrow \neg A \wedge \neg B$	ドモルガンの法則
(6)	$A \Rightarrow B \Leftrightarrow \neg B \Rightarrow \neg A$	対偶
(7)	$(A \Rightarrow B) \wedge A \Rightarrow B$	前件肯定推論
(8)	$(A \Rightarrow B) \wedge \neg B \Rightarrow \neg A$	後件否定推論
(9)	$(A \Rightarrow B) \wedge (B \Rightarrow C) \Rightarrow (A \Rightarrow C)$	推移律
(10)	$A \wedge (B \vee C) \Leftrightarrow (A \wedge B) \vee (A \wedge C)$	分配法則
(11)	$A \vee (B \wedge C) \Leftrightarrow (A \vee B) \wedge (A \vee C)$	分配法則

A

命題論理の重要なトートロジー

(1)	$\neg\ \forall x\, A(x) \Leftrightarrow\ \exists x \neg A(x)$	否定の規則
(2)	$\neg\ \forall x \neg A(x) \Leftrightarrow \exists x\, A(x)$	否定の規則
(3)	$\neg\ \exists x A(x) \Leftrightarrow \forall x \neg A(x)$	否定の規則
(4)	$\neg\ \exists x \neg A(x) \Leftrightarrow \forall x\, A(x)$	否定の規則
(5)	$\forall x\, \forall y\ A(x, y) \Leftrightarrow\ \forall y\ \forall x\, A(x, y)$	交換可能法則
(6)	$\exists x\, \exists y\ A(x, y) \Leftrightarrow\ \exists y\ \exists x\, A(x, y)$	交換可能法則
(7)	$\exists x\, \forall y\ A(x, y) \Rightarrow\ \forall y\ \exists x\, A(x, y)$	交換可能法則
(8)	$\forall x\ A(x) \Rightarrow A(x)$	
(9)	$A(x) \Rightarrow\ \exists x A(x)$	

B

(7)と(8)は⇒であって⇔でないことに注意

述語論理の重要な恒真命題

論理式：$P(x, y) \wedge Q(x, z, t) \Rightarrow R(u)$

対象集合：$\omega = \mathbb{N}$

$\mathfrak{B}_\omega(x) = 2,\quad \mathfrak{B}_\omega(y) = 7,\quad \mathfrak{B}_\omega(z) = 1,\quad \mathfrak{B}_\omega(t) = 3,\quad \mathfrak{B}_\omega(u) = 16$

$\mathfrak{B}_\omega(P) = \{(1, 2), (2, 7), (7, 10)\}$

$\mathfrak{B}_\omega(Q) = \{(2, 3, 4), (3, 4, 5)\}$

$\mathfrak{B}_\omega(R) = \{16, 32, 48, 64, 80\}$

$(\mathfrak{B}_\omega(x), \mathfrak{B}_\omega(y)) \in \mathfrak{B}_\omega(P)$, したがって $\mathfrak{B}^*_\omega(P(x, y)) = \mathrm{T}$

$(\mathfrak{B}_\omega(x), \mathfrak{B}_\omega(z), \mathfrak{B}_\omega(t)) \notin \mathfrak{B}_\omega(Q)$, したがって $\mathfrak{B}^*_\omega(Q(x, z, t)) = \mathrm{F}$

$\mathfrak{B}_\omega(u) \in \mathfrak{B}_\omega(R)$, したがって $\mathfrak{B}^*_\omega(R(u)) = \mathrm{T}$

配置 $\mathfrak{B}_\omega$ から導かれる真理値はしたがって $\mathfrak{B}^*_\omega(P(x, y) \wedge Q(x, z, t) \Rightarrow R(u)) = \mathrm{T}.$

C

ω 配置の例

$$\forall x\, \forall y\, \forall z\ (A(x, y) \wedge A(y, z) \Rightarrow A(x, z)) \wedge \forall x\ \exists y\, A(x, y) \Rightarrow\ \exists x\, A(x, x)$$

この表現は次を主張する：ある2項命題で推移律が成り立ち，かつすべての項に対しそれを前項とするある項の対に対して命題が成り立つならば，少なくとも一つの同一対象の対に対し命題が成立する．これは，任意の有限対象集合ωに対しては確かに正しい．しかし$\omega = \mathbb{N}$（自然数の集合）に対し，Aを「より小さい」と解釈すれば，この命題の真理値は偽となる．

D

任意の有限対象集合ωに対してはω恒真であるが，一般に恒真であるとは限らない論理式の例

トートロジーと推論規則

恒真命題論理式は**トートロジー**とも呼ばれるが，それらの中で特に数学的に興味があるのは，重要な**推論規則**が得られる場合である．すなわちそれによってある真の命題から新しい真の命題に至ることができる．特に重要なトートロジーを，図Aにまとめてある．ここでは論理結合記号 $\wedge$, $\vee$, $\Rightarrow$, $\Leftrightarrow$ において，この順序でそれぞれ前の記号は後の記号よりも結合が強いという約束に従って，括弧を省略し，表記を簡易化してある．(7)〜(9) から次の重要な推論規則が得られる：

$A \Rightarrow B$ かつ A が成立すれば B が成立．
（**前件肯定推論**）

$A \Rightarrow B$ かつ $\neg B$ が成立すれば $\neg A$ が成立．
（**後件否定推論**）

$A \Rightarrow B$ かつ $B \Rightarrow C$ ならば $A \Rightarrow C$ も成立．
（**推移律**）．

次の**推論図式**によればより簡単に表現できる：

$$\frac{A \Rightarrow B \quad A}{B} \qquad \frac{A \Rightarrow B \quad \neg B}{\neg A} \qquad \frac{A \Rightarrow B \quad B \Rightarrow C}{A \Rightarrow C}$$

各命題論理式に対し，命題変数のあらゆる可能な真理値の組合せを考えれば，有限回の手順で，それが恒等的に真，すなわち命題論理でのトートロジーであるか否かが決定可能である．

上に述べた**意味論的方法**では，各命題論理形式は，各変数に真理値を与え，結合子を真理関数と解釈することによりある種の内容的な意味付けを得ることになる．命題論理での完全な命題論理体系を得るにはこの他にもう一つの方法（**構文的方法**）がある．ここでは，意味内容を考慮せずに，命題論理形式を単なる記号列とみなし，これらの列から一定の決められた規則を有限回繰り返して新しい文字列を構成していくのである．そこでは，一群の命題論理形式（**公理**）と導出規則の体系を与え，上述の意味で得られる命題論理式（定理）を**証明可能**とするのである．

第1階述語論理

数学理論を定式化するのに，命題論理のみでは不十分である．命題をさらに分析すると，**主語**や**述語**および「すべての…に対して」や「…が存在する」というわゆる**限定詞**に至る．主語はある特定の与えられた**対象集合**の要素に対する名称であり，述語はこの対象集合上の関係についての名称である．単項述語［1変数のみの述語］は**性質**ともいう（例 p.5）．さらに**限定記号**（**量化記号**），すなわち「すべての x に対して…が成立する」を意味する $\forall x$（**全称記号**）と「…が成立する x が存在する」を意味する $\exists x$（**存在記号**）を導入する．ここで変数 x は対象集合の元を動く（論理学や哲学では，量化された品詞，量記号などの用語を使用する）．

命題「5と9の間に素数が存在する」は，P を単項述語「素数である」とすると，$\exists x(P(x) \wedge \text{“}5 < x < 9\text{”})$ と書ける．ここで x は自然数の集合 $\mathbb{N}$ の元である．したがってより厳密には $\exists x(\text{“}x \in \mathbb{N}\text{”} \wedge P(x) \wedge \text{“}5 < x < 9\text{”})$ と表せる．

注意すべきは，ここに現れる変数 x は，命題論理形式のそれとしてではなく，命題内部での単なる記号として機能していることである．このような変数は限定記号に**束縛されている**という．限定記号に束縛されない従来の変数を**自由変数**と呼ぶ．

他の例として実数集合 $\mathbb{R}$ 上のものを挙げよう：

$$\forall x \forall y\,(x \in \mathbb{R} \wedge y \in \mathbb{R} \Rightarrow Kg(x,y) \vee Kg(y,x))$$

および

$$\forall x \forall y\,(x \in \mathbb{R} \wedge y \in \mathbb{R} \Rightarrow \exists z(z \in \mathbb{R} \wedge S(z,x,y)))\,,$$

ここで $Kg(x,y)$ は「x は y 以下である」を，$S(z,x,y)$ は「z は x と y の和である」を意味する．ゆえに Kg は2項述語，S は3項述語である．

恒真述語論理式［定理］

恒真述語論理式（簡単に**定理**ともいう）を得るには，命題論理同様二つの方法がある．

意味論的方法では，ω **配置**の概念を使い，対象集合を真理値の集合 $\{\mathrm{T}, \mathrm{F}\}$ に写す．ここで ω 配置 $\mathcal{B}_\omega$ とは，あらかじめ与えられた**対象集合** ω において，各主語変数にある ω の元を，各 n 項述語変数にある ω の n 項関係 (p.21) を，対応させる写像のことである．$\mathcal{B}_\omega$ により導入された $P(x_1, \ldots, x_n)$ の真理値 $\mathcal{B}_\omega^*$ とは，$(\mathcal{B}_\omega(x_1), \ldots, \mathcal{B}_\omega(x_n)) \in \mathcal{B}_\omega(P)$ が成立するときそのときに限り T であるとする（図C）．

束縛変数においては，限定記号の意味内容も考慮される．

表現 A は，$\mathcal{B}_\omega{}^*(A) = T$ である $\mathcal{B}_\omega$ が存在するとき ω **充足可能**と呼ばれ，A が任意の $\mathcal{B}_\omega$ に対して成立するとき ω **恒真**と呼ばれる．ω をどのように選んでも ω 恒真であるとき，A を**恒真述語論理式**（妥当式）または（**述語論理**）**定理**と呼ぶ．この関連において特に興味深いのは，ある表現が ω 恒真である可算無限集合 $\mathcal{B}_\omega$ が存在すれば一般に恒真であるという，**レーベンハイム-スコレムの定理**である（Dと比較）．命題論理式の集合 M の充足可能な ω 配置は，ω に関する M の**モデル**とも呼ばれる．

構文論的方法では，命題論理と同様公理および推論規則から出発する．ここでもまたすべての述語論理の定理を導出できるようにすることが可能である（**ゲーデルの完全性定理**）．これに対し，述語論理の定理であるか否かを，任意の提示された表現に対し有限回の手順で決定することはもはや不可能である（**チャーチの決定不能定理**）．

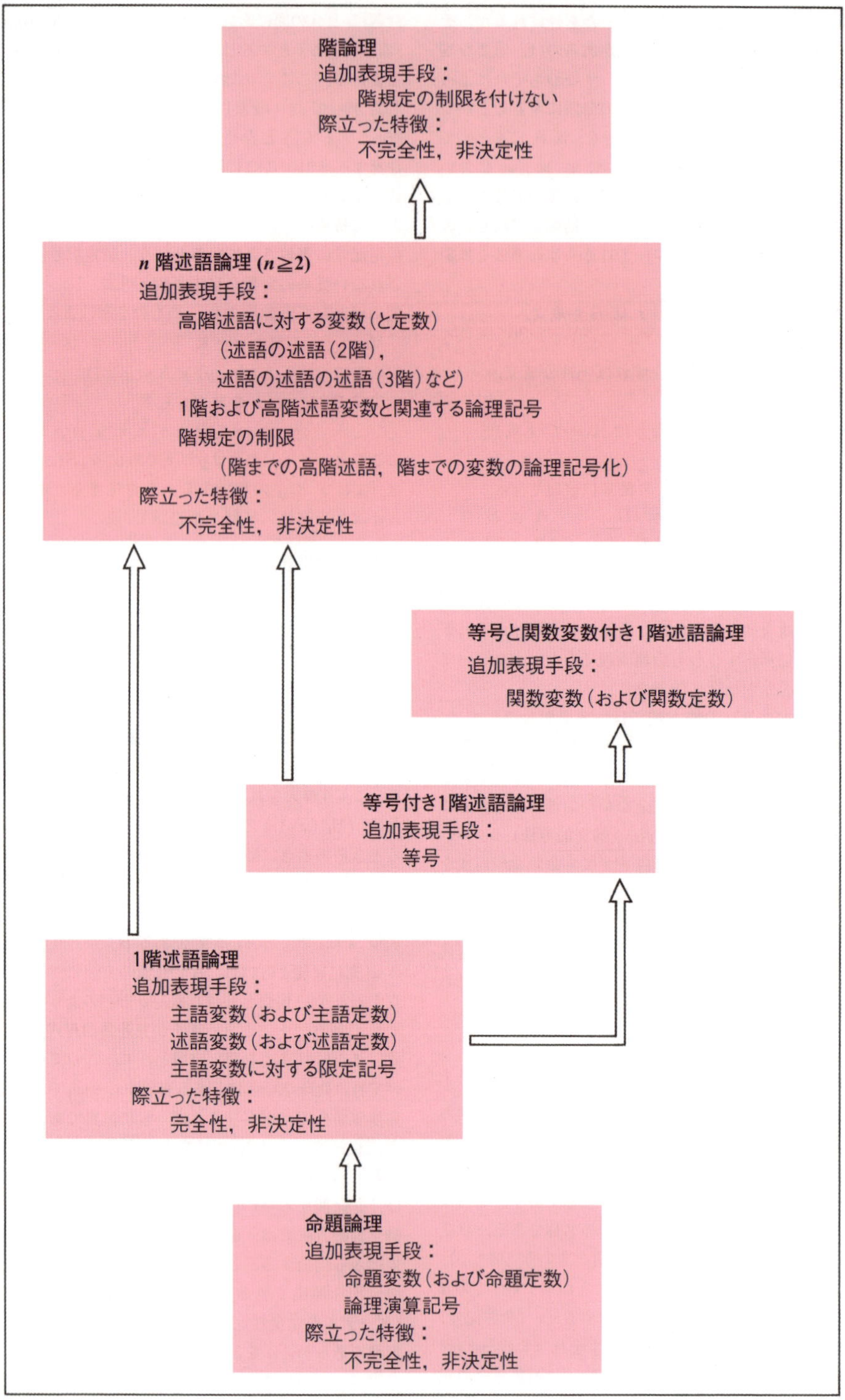
階論理
追加表現手段：
階規定の制限を付けない
際立った特徴：
不完全性，非決定性
n 階述語論理 ($n \geqq 2$)
追加表現手段：
高階述語に対する変数（と定数）
（述語の述語（2階），
述語の述語の述語（3階）など）
1階および高階述語変数と関連する論理記号
階規定の制限
（階までの高階述語，階までの変数の論理記号化）
際立った特徴：
不完全性，非決定性
等号と関数変数付き1階述語論理
追加表現手段：
関数変数（および関数定数）
等号付き1階述語論理
追加表現手段：
等号
1階述語論理
追加表現手段：
主語変数（および主語定数）
述語変数（および述語定数）
主語変数に対する限定記号
際立った特徴：
完全性，非決定性
命題論理
追加表現手段：
命題変数（および命題定数）
論理演算記号
際立った特徴：
不完全性，非決定性

数理論理学の構成

第 1 階述語論理の拡張

述語論理をより広く応用するため，一般にさらなる拡張を行う．その一つは，**同一性**を表す等号 “=” の導入である．これは，集合の任意の元に関し，自分自身とは成立するが，他の何者とも成立しないという，確定した関係を表す．この**等号**は，他の数学記号のようには定義できないので，論理記号の一つに算入してしまうほうが便利だろう（**等号を持つ述語論理**）．

述語は，対象集合 ω での関係に対する名称として定義される (p.7)．数学では，n 変数の関数は特殊な $(n+1)$ 項関係として表現する (p.23)．例えば，任意の順序付けられた組

$(x, y) \in \mathbb{R} \times \mathbb{R}$

に対し和

$x + y = z \in \mathbb{R}$

を対応させる写像は，一方で 2 変数関数であるが，他方三項述語 $S(x, y, z)$ としても表せる (p.7)．この関数表記は簡易化をもたらすので，論理式の構成要素としていくつもの**関手変数**を許すことにする．**関手**とは関数に対する名前のこととする（p.239 の関手概念とは無関係）（**等号および関数変数付き述語論理**）．例えば，関数定数 + を代入して $x + y$ となっても，これは数を表す一つの項であり命題を表すわけではないので，このように表現方法を拡張しても等号と同時使用して，はじめて意味を持つという事情はかわらない．

高階述語論理

これまでの表現では，限定記号は主語変数にのみ付加されている．数学の多くの分野，例えば一般構造理論に対してはこれで十分である．

それに反し，自然数の公理的特徴付けではすでに述語変数を限定する必要が生じる (p.43)．ω についての n 項述語は，ω の n 項直積のある部分集合への対応付けに他ならない．その場合限定化には，ベキ集合すなわちこの積集合のすべての部分集合の集合の考察が必要となる（**第 2 階述語論理**）．

「述語についての述語」とその限定等々を導入すれば，述語論理が**階層構築**される．この際，構成手順は一定の階層規定により記述される．ある段階 n までの述語のみが現れるものを，**第 n 階述語論理**という．n に制限を付けないとき，単に**階論理**という．

以下の例は高階述語論理の有効さを示唆しよう．等号を

$x = y :\Leftrightarrow \forall P(P(x) \Leftrightarrow P(y))$

として定義するには，限定記号がすべての単項述語に付くのみなので，第 2 階で十分である．ゆえにここでは等号を論理定数と解釈する必要がない．

残念ながら 1 階より高い述語論理においては，意味論的構築と構文的構築は一致しえない（**高階述語論理の不完全性**）．

これは初等整数論において，第 1 階述語論理における完全な論理計算は可能であるが，自然数の一意的な特徴付けはできないことを意味する．第 2 階述語論理では，一意的特徴付けは可能であるが，自然数に関するすべての定理を構文的手法により導出する手段は存在しない．

この問題と緊密な関係にあるのは，ある定められた公理上に構築された数学理論の**構文論的無矛盾性**の問題である．したがって，$A \wedge \neg A$ のような矛盾命題式が導出不可能なことを示すのが問題になる．このためには，公理系を定式化するごとにそのつど，論理計算を実行するための補助手段が必要となる．数学の多くの分野で無矛盾性は今日まで証明されていない．

直観主義

高階述語論理の不完全性が引き起こした特に大きな問題は，無限の扱いにかかわって，ここで論じているいわゆる古典論理の基礎付けについての著しい批判につながることである．

普通に行う**無限の実際的解釈**では，総体として理解可能な有限集合同様，自然数の集合とその性質について語ることができる．それに反し**無限の可能的な解釈**では，有限回手順での段階的構築によって到達できることしか認識できない．それによれば，自然数の集合は総体としてではなく，ある開かれた領域として把握されることになる．しかし，高階述語論理の不完全性により，自然数に関する真の命題で，特定の規則に従った有限回の手順では導出されないものが存在する．ゆえに上記の後者による無限の解釈では，その命題が主張する自然数の性質はその肯定・否定のどちらとも認識されえない．とすればしかし，さかのぼって排中律を無限集合に適用することを，したがって論理の 2 値原理をも退けねばならない．

直観主義論理は，このような全く異なった基礎の上に構築された論理体系を提示する．それを数学に適用した場合，すべての非構成的存在証明と背理法による間接証明は失われる (p.11)．さらに，構成的に到達可能な枠組みを超えるような公理的手法は一切拒絶することになる．この非常に強い制約を少なくともいくらか緩和する種々の手法が示されてはいるものの，現代数学は一般になお古典論理学の枠内にとどまっている．

4個の公理

(1) $\forall x \forall y\ (x=y \Rightarrow y=x)$

(2) $\forall x \forall y\ (x=y \Rightarrow (A(x) \Rightarrow A(y)))$

(3) $\forall x \forall y\ (x+y=y+x)$

(4) $\forall x\ (0+x=x)$

から次が導ける: $\forall x\ (x+0=x)$.

証明

(5)	$x=y \Rightarrow y=x$	(1), (2), (3), (4) から全称記号を取り去る
(6)	$x=y \Rightarrow (A(x) \Rightarrow A(y))$	
(7)	$x+y=y+x$	
(8)	$0+x=x$	
(9)	$z+0=0+z \Rightarrow 0+z=z+0$	(5) に代入 $x \mid z+0,\ y \mid 0+z$
(10)	$0+z=z+0 \Rightarrow (0+z=z \Rightarrow z+0=z)$	(6) に代入 $A(u) \mid u=z,\ x \mid 0+z,\ y \mid z+0$
(11)	$z+0=0+z \Rightarrow (0+z=z \Rightarrow z+0=z)$	(9) (10) から推移律により
(12)	$z+0=0+z$	(7) に代入 $x \mid z,\ y \mid 0$
(13)	$0+z=z$	(8) に代入 $x \mid z$
(14)	$z+0=z$	(11), (12), (13) から前件肯定を2回繰り返して
(15)	$\forall z\ (z+0=z)$	(14) を一般化 (全称記号を付加)
(16)	$\forall x\ (x+0=x)$	(15) の束縛変数を変更

A

形式化された直接証明の例

次を証明する

$$\forall n \left(n \in \mathbb{N} \Rightarrow \sum_{k=1}^{n} k(k+1) = \frac{n(n+1)(n+2)}{3} \right)$$

証明

命題論理式 $\sum_{k=1}^{n} k(k+1) = \frac{n(n+1)(n+2)}{3}$ を $A(n)$ と表す.

(1) 帰納法の始め $A(1)$ が成立. なぜなら左辺$= 1 \cdot 2 = 2$ は右辺 $\frac{1 \cdot 2 \cdot 3}{3}$ と一致.

(2) n から $n+1$ を導く

仮定: $A(n)$ が成立

推論:

$\sum_{k=1}^{n+1} k(k+1)$ は $\left(\sum_{k=1}^{n} k(k+1) \right) + (n+1)(n+2)$ を意味する.

上記の仮定を用いて式変形すれば

$$\frac{n(n+1)(n+2)}{3} + \frac{(n+1)(n+2) \cdot 3}{3} = \frac{(n+1)(n+2)(n+3)}{3}.$$

したがって $\sum_{k=1}^{n+1} k(k+1) = \frac{(n+1)(n+2)(n+3)}{3}$, すなわち $A(n+1)$ が成立.

$A(n) \Rightarrow A(n+1)$ を一般化すれば, $\forall n (A(n) \Rightarrow A(n+1))$. (1) と (2) から主張が得られる.

B

完全帰納法による証明の例

証明の形式

証明とは，ある命題を一定の推論規則により他の諸命題から導くことである．数学において，循環論法に陥ることなしにすべての命題が証明可能となることがないのは明白である．より複雑な命題をより簡単な命題に帰着しようとすれば，間もなく，それ以上帰着可能な定理が存在しない定理に到達する．ゆえに数学者は，**公理**，すなわち真であることを仮定して，以後の証明の根拠としてよい命題の上に，種々の専門分野を基礎付ける．すべての証明はこうして最終的には公理に帰着される（公理系の例．p.29, 43, 123）．さらに，公理系から何が導出可能かは，真の命題から別の真の命題へ導くのにどの推論規則を許すか，その論理体系の選択に依存する．

命題論理と述語論理に関しては，通常の内容の推論を厳密に定式化することが可能なような推論体系を提示することが比較的容易であるが，高等数学では，内容的に意味はあるが，形式化されてはいない証明も広く許容される．

最もよく知られた証明形式は，本質的推論規則としての前件肯定 (p.7) に基づく**直接証明**である．さらに論理（結合，限定）記号の導入・削除規則および代入規則が重要である．例 A では，例えば $y|0+x$ とは，y が自由変数として現れるすべての所で，y を $0+x$ で置き換えることを意味する．

注意すべきは，証明の中に，公理以外にも，後には除かれる一時的な仮定が入り込みうることである．公理の集合 M から命題 A を導こうとするとき，M から否定 $\neg B$ を導ける命題 B に対し，否定 $\neg A$ を仮定すると B が導ける，ということがしばしばある．$\neg A \Rightarrow B$ と $\neg B$ から，後件否定 (p.7) により $\neg\neg A$，よって A が従う（**間接証明，背理法**）．

命題 A が $C \Rightarrow D$ の形であれば，否定 $\neg A$ は $C \wedge \neg D$ に同値である．背理法の特別な場合として，$\neg A$ すなわち $C \wedge \neg D$ の仮定から命題 $\neg C$ または D のいずれかを導くというものがある．

学校数学における背理法の最もよく知られた例として $\sqrt{2}$ の無理数性の証明がある (p.48)．

関連した手法として，$C \Rightarrow D$ のかわりにいわゆる対偶 $\neg D \Rightarrow \neg C$ (p.6) を証明するやり方がある．

また，前件肯定と後件否定の推論規則は，**必要条件**および**十分条件**という頻繁に用いられる呼称の根拠となる．$A \Rightarrow B$ が成立するとき，A を B に対する十分条件，B を A に対する必要条件と呼ぶ．

帰納法による証明

証明すべき命題が $\forall n A(n)$ という形で，しかも $A(n)$ が自然数の集合 $\mathbb{N}$ 上の関数を含むならば，特に第 5 ペアノ公理 (p.43) において定式化された自然数の性質を根拠として，次の 1), 2) を示すという証明を行える．

1)　$A(1)$（帰納法の始め）

2)　$\forall n(A(n) \Rightarrow A(n+1))$（$n$ から $n+1$ への推論）

するとこれらから $A(0) \Rightarrow A(1)$，$A(1) \Rightarrow A(2)$ 等々が導ける．よって前件肯定を反復適用して $A(1), A(2)$ 等，したがって $\forall n A(n)$ を得る（図 B）．

この方法の拡張として**超限帰納法**がある (p.39)．

公理的方法

公理系を提示する場合には，上述のように，**無矛盾性** (p.9) が要求され，また一般に**独立性**も必要とされる．（すなわち，どの公理もそれ以前の公理からは導けない．）

さらにある理論のすべての真の命題が公理から証明可能かとの問題から，多くの理論においてすでに用いられている論理的補助手段を使うとそのため何が否定されるか，という興味深い問題が生じる (p.9)．

定義の形式

定義とは一般に，ある概念を，他の諸概念を用いてより広い枠内で厳密に限定することをいう．このとき，証明の場合と同様な問題が起こる．つまり最後には必ず，上記の意味の定義では扱えない基本概念にぶつかる．上に述べた**明示的定義**においては，定義される概念を**被定義語**，その定義で用いられる概念（の集まり）を**定義語**という．定義語が項であるか命題であるかにより，それぞれ

被定義語 :$=$ 定義語，あるいは

被定義語 :$\Leftrightarrow$ 定義語

と表す．定義は一般に簡略化された形で表され．被定義語は必要に応じてどこでも定義語に置き換えられる．

多くの概念，特に基本概念である自然数，点，直線，距離，面積等は，明示的にではなく，適切な公理系内で定式化される相互関係により定義される（**非明示的定義**）．

ベスの定義可能性定理によれば，任意の第 1 階述語論理の方法で定式化された関係あるいは関数の非明示的定義は，明示的に述べることも可能である．

帰納的定義または**再帰的**定義が，帰納法による証明に対応する．例えば，すべての $n \in \mathbb{N}$ に対する $n!$ は，

$$0! = 1, \quad (n+1)! = n!(n+1)$$

で定義する．

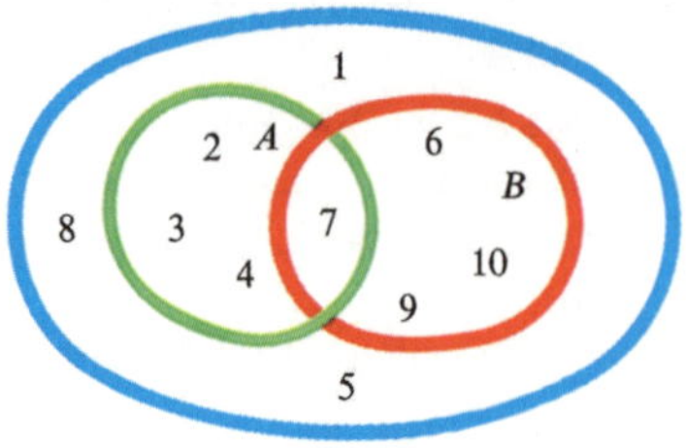

$A = \{2, 3, 4, 7\}$

$B = \{6, 7, 9, 10\}$

$3 \in A$	$7 \in A$
$3 \notin B$	$7 \in B$
$6 \notin A$	$5 \notin A$
$6 \in B$	$5 \notin B$

A

集合と元の関係，集合の図示

$M_1 := \{3, 5, 7\}$

$M_2 := \{x \mid x \in \mathbb{N} \wedge x^3 - 15x^2 + 71x - 105 = 0\}$

M_3はすべての1桁の奇素数の集合

M_4は315のすべての素因数の集合

M_5は2と8の間にあるすべての奇数の集合

$$M_1 = M_2 = M_3 = M_4 = M_5$$

B

集合の様々な表現法

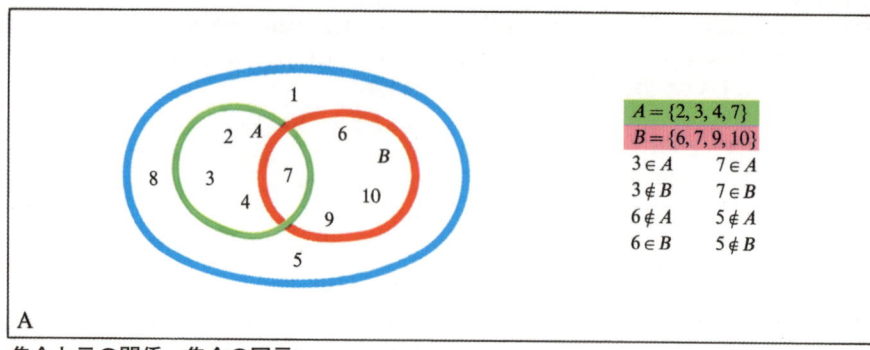

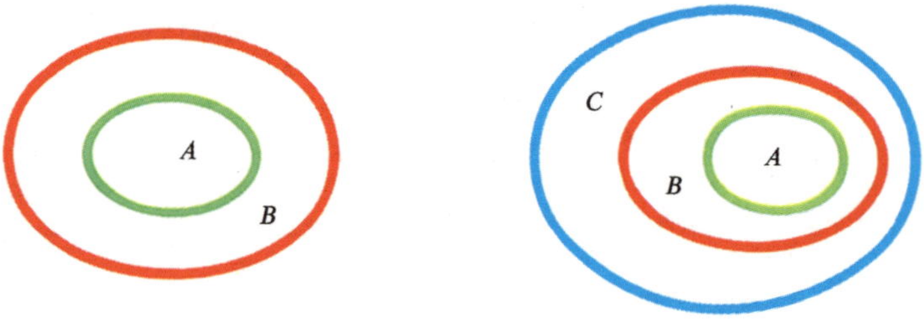

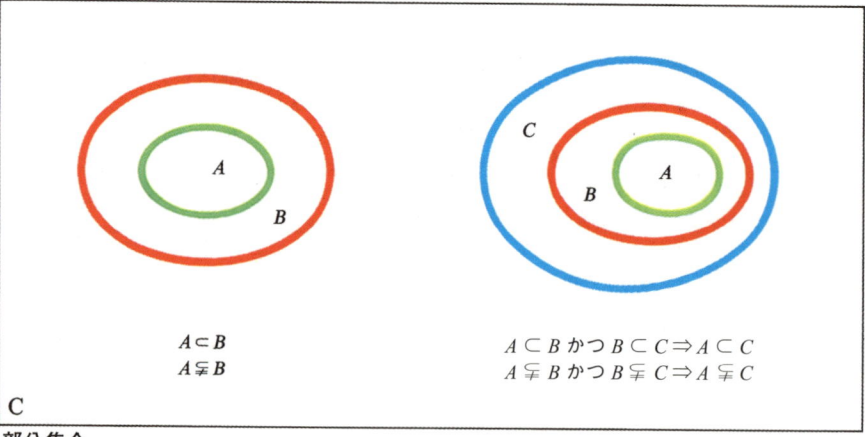

$A \subset B$

$A \subsetneq B$

$A \subset B$ かつ $B \subset C \Rightarrow A \subset C$

$A \subsetneq B$ かつ $B \subsetneq C \Rightarrow A \subsetneq C$

C

部分集合

$A_0 = \emptyset$	$\mathscr{P}(A_0) = \{\emptyset\}$
$A_1 = \{a_1\}$	$\mathscr{P}(A_1) = \{\emptyset, \{a_1\}\}$
$A_2 = \{a_1, a_2\}$	$\mathscr{P}(A_2) = \{\emptyset, \{a_1\}, \{a_2\}, \{a_1, a_2\}\}$
$A_3 = \{a_1, a_2, a_3\}$	$\mathscr{P}(A_3) = \{\emptyset, \{a_1\}, \{a_2\}, \{a_3\}, \{a_1, a_2\}, \{a_1, a_3\}, \{a_2, a_3\}, \{a_1, a_2, a_3\}\}$
…………………	…………………………
$A_n = \{a_1, a_2, \ldots, a_n\}$	$\mathscr{P}(A_n) = \mathscr{P}(A_{n-1}) \cup \{\{a_n\}\} \cup \{\{a_1, a_n\}, \{a_2, a_n\}, \ldots, \{a_{n-1}, a_n\}\} \cup$ $\cup \{\{a_1, a_2, a_n\}, \{a_1, a_3, a_n\}, \ldots, \{a_{n-2}, a_{n-1}, a_n\}\} \cup \ldots \cup \{\{a_1, a_2, \ldots, a_n\}\}$

D

ベキ集合

集合の概念は現代数学で基本的役割を果たす．さらに集合の取扱いは，数学の基礎付けの研究に決定的な影響を及ぼした．なぜならカントルが最初に与えた集合の定義（定義 1）からは矛盾が生じてしまうからである．しかしながら今日もなお多くの場合，彼の定義に基づきつつ，矛盾することがはっきりしているような集合の構成法を回避するようにしている．ここでもまずこの**素朴集合論**を展開したい．数学のすべての重要な性質を保ちつつ，集合の定義を精密に限定した上で望ましい厳密さを持った理論を構築することは**公理的集合論**で達成される．

初歩的諸概念

定義 1　集合とは，私たちの直観または思考の対象で，確定していて，しかも明確に区別されるものを全体として一つにまとめたものをいう．その対象は集合の**元**（または**要素**）と呼ばれる．

集合の元として記号 $a, b, c, \ldots$ を，集合には記号 $A, B, C, \ldots$ を用い，$a \in A$ で a が A の元であること，$b \notin M$ で b が M の元ではないことを表す（図 A）．前者を「a は A に属する」ともいう．

数学で集合としてまとめられる元としては，数，幾何的図形，写像等が主な研究対象となるが，コンサートホールの椅子，機械の部品，昨年のわが国の交通事故，ある都市の人々などもまた意味のある集合として一括りにできる．

集合は有限または無限である (p.25)．有限集合はその元を列挙する形で（通常中括弧で括って，例えば $\{2, 4, 6, 8, 10\}$ のように）表され，また任意の集合は特定の定義条件を記述することで表せる．ここで $E(x)$ が成立するすべての x の集合を簡略に $\{x \mid E(x)\}$ と書くが，これは $E(y)$ が成立するとき，しかもそのときに限り $y \in \{x \mid E(x)\}$ を意味する（図 B）．$P(x)$ が「x は素数である」を意味するならば，$\{x \mid P(x) \wedge x < 10\}$ は 10 より小さいすべての素数の集合であり，元を列挙する表現法では $\{2, 3, 5, 7\}$ となる．これに対し，すべての素数の集合 $\{x \mid P(x)\}$ は無限集合で，もはや元を列挙する方法では表せない．

特に重要な集合は，特定の記号で略記する．例えば，$\mathbb{N}, \mathbb{Z}, \mathbb{Q}, \mathbb{R}, \mathbb{C}$ はこの順にそれぞれ自然数，整数，有理数，実数，複素数全体の集合を表す．

定義 2　2 集合は，同じ元からなるとき互いに**等しい**という．

$$A = B :\Leftrightarrow \forall x(x \in A \Leftrightarrow x \in B)$$

したがって元の順序には意味がない．例えば $\{2, 3, 5, 7\} = \{3, 5, 2, 7\}$．集合間の等号は同値関係 (p.21) である．

$\{x \mid P(x) \wedge 31 < x < 37\}$ のような充足不可能な条件があることから，元を持たない集合として**空集合**が考えられ，これを $\emptyset$ で表す．等式の定義から空集合は唯一つ存在し，次にその最も簡単な定義を与える．

定義 3　$\emptyset := \{x \mid x \neq x\}$

集合の図示

対象全体をまとめたことを視覚化するために，これらを平面上で円やその他の閉曲線で囲まれた点と考える（**オイラー図**または**ベン図**）（図 A）．

部分集合とベキ集合

集合 A のすべての元がまた集合 B の元である，ということがありうる．この場合，A を B の**部分集合**といい $A \subset B$ で表す．

定義 4　$A \subset B :\Leftrightarrow \forall x(x \in A \Rightarrow x \in B)$

真部分集合の定義はもっと強い：

定義 5　$A \subsetneq B :\Leftrightarrow A \subset B$ かつ $A \neq B$

この場合 A に属さない B の元が存在する（図 C）．

2 項関係 $\subset$ に対し次が成立：

$A \subset A$	反射律
$A \subset B$ かつ $B \subset A \Rightarrow A = B$	対称律
$A \subset B$ かつ $B \subset C \Rightarrow A \subset C$	推移律

（図 C）．これはいわゆる**順序関係**である (p.21, p.33)．$\in$ と $\subset$ とは厳密に区別されなければならない．$2 \in \{2, 3, 4\}$ であるが $2 \subset \{2, 3, 4\}$ は成立しない．一方 $\{2\} \subset \{2, 3, 4\}$ は成立する．

任意の集合 A に対し $\emptyset \subset A$ である．

集合自身もまたそれらを元とする集合としてまとめられる（**集合族**）．特別な集合族としては，集合 A のあらゆる部分集合の集合があり，**ベキ集合**といわれ $\mathscr{P}(A)$ と表される．

定義 6　$\mathscr{P}(A) := \{x \mid x \subset A\}$（図 D）

次が成立：

定理　n 個の元からなる集合のベキ集合は 2^n 個の元からなる．

証明は n についての帰納法による．

矛盾を含む集合形成

集合を元とする集合は扱う場合，特に注意する必要がある．例えば「すべての抽象概念からなる集合」のように，集合が自分自身を元として含むことがありうる．

ラッセルは，「自分自身を元として含まないすべての集合の集合」R，すなわち $x \in R \Leftrightarrow x \notin x$ となる $R := \{x \mid x \notin x\}$ を考えた．すると特に R 自身に対し $R \in R \Leftrightarrow R \notin R$ が成立しなければならない．ゆえに，集合 R は自分自身を含まないとき，そのときに限り自分自身を元として含む（**ラッセルの逆理**）．「**すべての集合の集合**」もまた矛盾を含む概念である．そのような集合の構成を避けることで，素朴集合論ではこれらの矛盾を排除している．

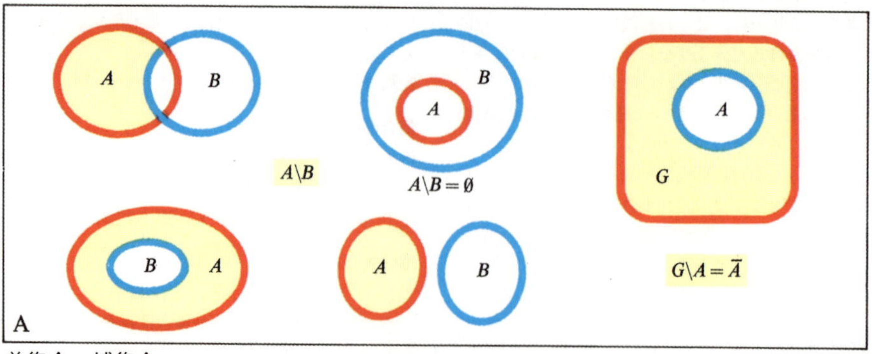

差集合，補集合

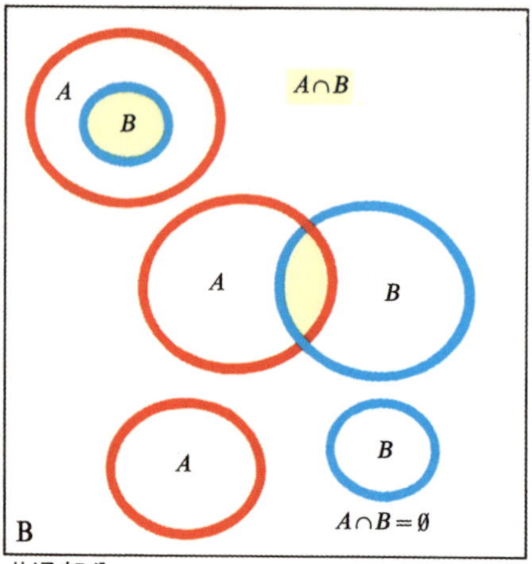

共通部分

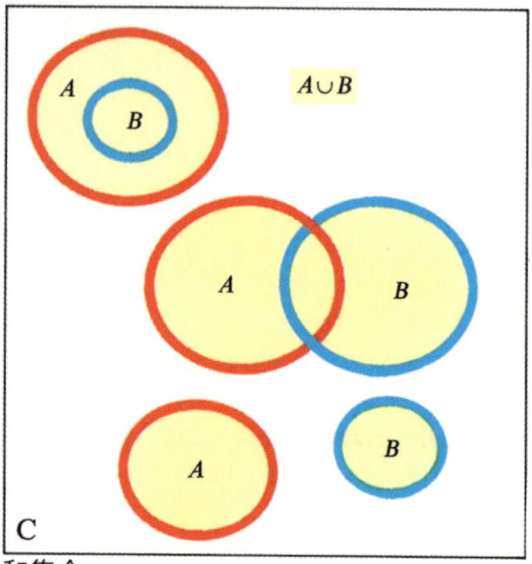

和集合

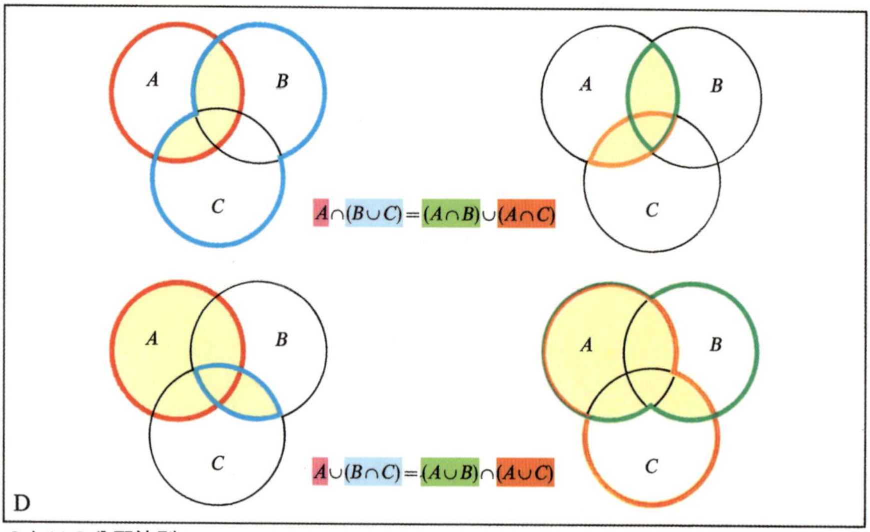

∩と∪の分配法則

集合の結合演算

集合論の応用で特に重要なのは集合間の 2 項演算 (p.29) で，それらの性質は命題論理の結合演算や数の算法の性質と密接に関連している．

定義 1　$A \backslash B := \{x \mid x \in A$ かつ $x \notin B\}$ (図 A)

$A \backslash B$ は，A の元で B に含まれないものからなるので，A 引く (マイナス) B と読む (**差集合**)．$A \subset G$ の場合，$G \backslash A$ を G に対する A の**補集合**といい，前後関係から集合 G の意味が明らかな場合は単に $\overline{A}$ とも書く (図 A)．G がある理論の基礎となる対象領域，いわゆる**普遍集合**の場合一般にそうする．すべての集合の集合というのは矛盾を含む概念なので (p.13)，集合から補集合を作る際 G を省略することはできない．

否定と補集合形成との関係は次で明示される：
$x \in G \Rightarrow (x \in \overline{A} \Leftrightarrow \neg(x \in A))$.

最も重要な集合演算は 2 集合の**共通部分** (**交わり**) と**和集合** (**合併**) である．

定義 2　$A \cap B := \{x \mid x \in A$ かつ $x \in B\}$ (図 B)

$A \cap B$ (A と B の共通部分) は，A にも B にも属するすべての元からなる．記号 $\cap$ は $\wedge$ に似る．$A \cap B = \emptyset$ のとき A と B は**互いに素**であるという．

定義 3　$A \cup B := \{x \mid x \in A$ または $x \in B\}$ (図 C)

$A \cup B$ (A と B の**和集合**) は A または B に属するすべての元からなる (「または」の語は「どちらか一方」の意味を含まない)．記号 $\cup$ は $\vee$ に似る．$\wedge$ と $\vee$ の性質からただちに $\cap$ と $\cup$ の重要な性質が出る：

$$\left.\begin{array}{l} A \cap B = B \cap A \\ A \cup B = B \cup A \end{array}\right\} \textbf{可換性}$$

$$\left.\begin{array}{l} (A \cap B) \cap C = A \cap (B \cap C) \\ (A \cup B) \cup C = A \cup (B \cup C) \end{array}\right\} \textbf{結合性}$$

$$\left.\begin{array}{l} A \cap (B \cup C) = (A \cap B) \cup (A \cap C) \\ A \cup (B \cap C) = (A \cup B) \cap (A \cup C) \end{array}\right\} \textbf{分配性}$$

が成立．またベン図からもこれらの性質は容易に読み取れる (図 D)．

これらは数の加法および乗法の同名の法則 (代数的構造，p.29) と広範囲かつ形式的に一致するので，集合の演算を扱う集合論の分野を**集合代数**と呼ぶ．

さらに次の性質が成り立つ：

$$\left.\begin{array}{l} A \cap (A \cup B) = A \\ A \cup (A \cap B) = A \end{array}\right\} \textbf{吸収性}$$

$$\left.\begin{array}{l} A \cap A = A \\ A \cup A = A \end{array}\right\} \textbf{ベキ等性}$$

集合の共通部分と和集合は 2 集合間に定義されるのみではない．I を任意の有限集合または無限集合 (添数集合) とし，任意の $i \in I$ に集合 A_i が対応しているとき，

定義 4　$\bigcap_{i \in I} A_i := \{x \mid \forall i (i \in I \Rightarrow x \in A_i)\}$

定義 5　$\bigcup_{i \in I} A_i := \{x \mid \exists i (i \in I$ かつ $x \in A_i)\}$

と定義される．$\bigcap_{i \in I} A_i$ はすべての A_i に属する元すべて，$\bigcup_{i \in I} A_i$ は少なくとも一つの A_i に属する元すべてからなる．添数集合が空集合 $\emptyset$ のときは，定義 4 と 5 で $i \in I$ が充足不可能なので $\bigcap_{i \in \emptyset} A_i = G$ (普遍集合)，$\bigcup_{i \in \emptyset} A_i = \emptyset$ となる．

空集合と普遍集合に対しては，さらに次の関係：

$A \cap \emptyset = \emptyset, \quad A \cup \emptyset = A$

$A \cap G = A, \quad A \cup G = G$

$A \cap \overline{A} = \emptyset, \quad A \cup \overline{A} = G$

および**ド・モルガンの法則**が成立する：

$\overline{A \cap B} = \overline{A} \cup \overline{B}, \overline{A \cup B} = \overline{A} \cap \overline{B}$

応用

集合代数の演算は数学のあらゆる分野で頻繁に現れる．学校数学からいくつか例を挙げて示そう．例えば 2 で割り切れる整数の集合 T_2 と 3 で割り切れる整数の集合 T_3 の共通部分は，6 で割り切れる整数の集合 T_6 となる．一般に a と b が互いに素であれば $T_a \cap T_b = T_{ab}$ が成立し，これから簡約法則が導ける．

代数学で，**連立方程式の解集合**はそれぞれの方程式の解集合の共通部分である．グラフによる解法では，各方程式が与える関数のグラフが交わってできる図形を調べることになる．ちなみにこれは共通部分の図示に他ならない．

さらに不等式にも応用可能である．2 変数線形不等式の解集合は，座標を用いると半平面として表現される．不等式の形でさらに多くの条件があると，解集合は半平面の共通部分として多角形になる (線形計画法)．実数の集合を全体集合として $|x+2| > 7$ を解けば，

$|x+2| > 7 \Leftrightarrow x > 5$ または $x < -9$

だから，両不等式が「または」で結ばれているのでそれぞれの解集合の和集合として表される．他方，

$|x+2| > 7 \Leftrightarrow \neg|x+2| \leqq 7$

だから，$|x+2| \leqq 7$ の解集合の補集合でもある．

類別

定義 6　$\bigcup_{i \in I} A_i = G$ かつすべての $A_i \neq \emptyset$ で互いに素であるとき，集合 $\{A_i\}$ を G の**類別**という．

数学における最も重要な類別は，同値関係によって定められる同値類別である (p.21)．例えば有理数，ベクトルその他多くの概念が同値類として定義される．幾何学の作図問題も，一般に，合同な図形からなるある同値類に属する代表元を一つ作図することに帰着される．

$$
(1)\left\{\begin{array}{l}
\forall a \forall b\,(a \sqcap b = b \sqcap a) \\
\forall a \forall b\,(a \sqcup b = b \sqcup a)
\end{array}\right\} \text{交換法則}
$$

$$
\left.\begin{array}{l}
\forall a \forall b \forall c\ \ ((a \sqcap b) \sqcap c = a \sqcap (b \sqcap c)) \\
\forall a \forall b \forall c\ \ ((a \sqcup b) \sqcup c = a \sqcup (b \sqcup c))
\end{array}\right\} \text{結合法則}
$$

$$
\left.\begin{array}{l}
\forall a \forall b\,(a \sqcap (a \sqcup b) = a) \\
\forall a \forall b\,(a \sqcup (a \sqcap b) = a)
\end{array}\right\} \text{吸収法則}
$$

$$
(2)\left\{\begin{array}{l}
\exists n \forall a\,(a \sqcap n = n \wedge a \sqcup n = a) \\
\exists e \forall a\,(a \sqcap e = a \wedge a \sqcup e = e)
\end{array}\right\} \text{零元 } n \text{ と単位元 } e \text{ の存在}
$$

$$
(3)\quad \forall a \exists a' (a \sqcap a' = n \wedge a \sqcup a' = e) \qquad \text{補元の存在}
$$

$$
(4)\left\{\begin{array}{l}
\forall a \forall b \forall c\ \ (a \sqcap (b \sqcup c) = (a \sqcap b) \sqcup (a \sqcap c)) \\
\forall a \forall b \forall c\ \ (a \sqcup (b \sqcap c) = (a \sqcup b) \sqcap (a \sqcup c))
\end{array}\right\} \text{分配法則}
$$

A

束の公理

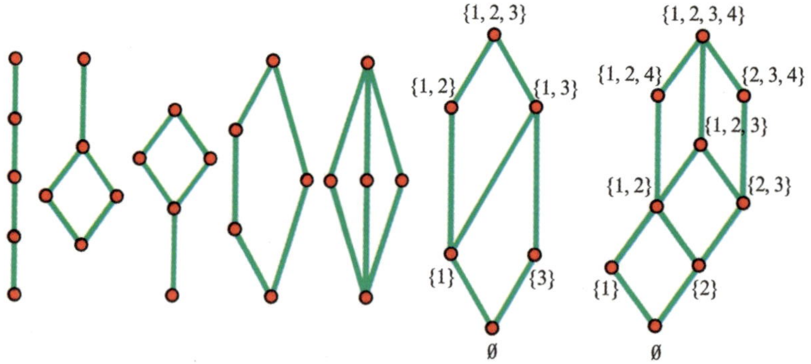

B

5元からなるすべての束と2つの集合束に対するハッセ図式

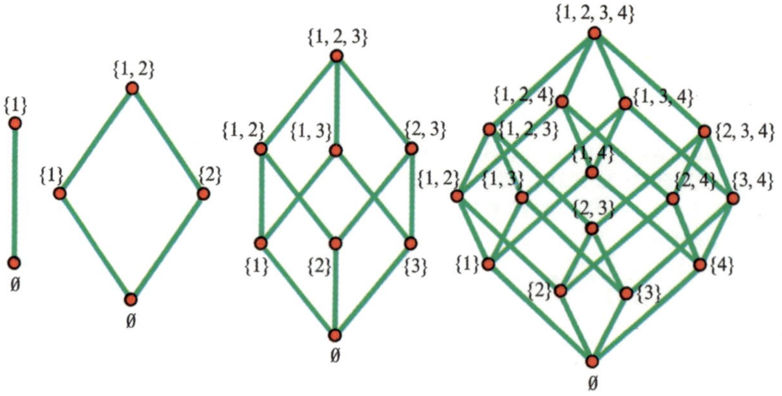

C

ブール束に対するハッセ図式

集合演算 $\cap, \cup, -$ の定義から，集合代数の計算規則と命題論理の諸定理との緊密な関係が明らかになる．類似の法則性がまた数学の他の領域における様々な演算にも現れるので，それらが定義する構造を公理的に構成した抽象理論（**束論**）が研究される．

束，集合束

定義 1　二つの内部演算 (p.29) $\sqcap$ と $\sqcup$ が定義されている集合 V は，図 A で規則 (1) が成立するとき**束**，(1) と (2) が成立するとき**零元と単位元を持つ束**，(1), (2), (3) が成立するとき**相補束**，(1), (4) が成立するとき**分配束**，(1), (2), (3), (4) が成立するとき**ブール束**と呼ばれる．

例

a. 集合 M のベキ集合 $\mathscr{P}(M)$ は零元として $\emptyset$，単位元として M，結合として $\cap, \cup, -$ を持つブール束．

b. $A_1 \in a \wedge A_2 \in a :\Leftrightarrow (A_1 \Leftrightarrow A_2)$ により定義された命題論理の同値命題論理式の類 a はブール束を形成する．$a \sqcap b, a \sqcup b, a'$ は，$A \in a, B \in b$ とするとき，順に $A \wedge B, A \vee B, \neg A$ に対応する類．n は矛盾論理式の類で，単位元は恒真論理式の類．

c. 自然数の集合 $\mathbb{N}$ は，関係 $\leqq$ を用いて，$a \sqcap b$ は a と b の下限，$a \sqcup b$ は上限 (p.35) とするとき分配非相補束となる．

d. 正整数の集合 $\mathbb{N}_+$ はまた，$a \sqcap b = \gcd(a, b)$, $a \sqcup b = \mathrm{lcm}(a, b)$ (p.108) と定めても分配束になる．

e. 射影空間 (p.131) の部分空間全体は，$a \sqcap b$ を集合としての共通部分，$a \sqcup b$ を a と b を含む最小の線形部分空間とすると，射影空間自身を単位元，空集合を零元とする相補束であるが分配束ではない．

例 a から次の定義を得る．

定義 2　集合 M の部分集合からなる集合に $\emptyset$ と M とが属し，かつ二つの部分集合がこれに属するならそれらの共通部分と和集合もまたこの集合に属するとき，この集合を**集合束**という．

注目すべきは公理系（図 A）の**双対性**である．すなわち $\sqcap$ と $\sqcup$，およびこれに対応して n と e とを互いに交換すると，任意の公理は体系内の別の公理に移る．ゆえに束論の任意の証明は，双対的な定理に対する双対的な証明を与える．例えば，最初の等式に $b = a$ を，第 2 の等式に $b = a \sqcup a$ を代入すれば，吸収法則から

$a \sqcap (a \sqcup a) = a$ かつ $a \sqcup (a \sqcap (a \sqcup a)) = a$

が成立する．したがって前者を後者に代入して束論的ベキ等公式 $a \sqcup a = a$ が得られる．その双対を取れば，公式 $a \sqcap a = a$ をその証明とともに得る．

分配束では以下の定理が成立する．

一意性定理　$a \sqcap c = b \sqcap c$ かつ $a \sqcup c = b \sqcup c \Rightarrow a = b$.

証明　$a \sqcap c = b \sqcap c$ から $a \sqcup (a \sqcap c) = a \sqcup (b \sqcap c)$.
さらに吸収法則と分配法則により

$a = (a \sqcup b) \sqcap (a \sqcup c)$.

a と b を交換して，可換法則に注意すれば

$b = (a \sqcup b) \sqcap (b \sqcup c)$.

さらに最初の仮定 $a \sqcup c = b \sqcup c$ を考慮すれば上の 2 等式の右辺は一致し，よって $a = b$.

この定理の系としてブール束での補元の一意性が分かる．

順序理論との関係

束論にとって特に重要なのは．任意の束において

$a \sqsubseteq b :\Leftrightarrow a = a \sqcap b$

で定義される 2 項関係が，順序関係の定義 (p.33) をみたすことである．$a \sqcap b$ および $a \sqcup b$ は，この順序関係に関しそれぞれ a，b の下限および上限 (p.35) になっている．逆にある順序集合 (p.33) において，任意の 2 元に対し下限と上限が存在するならば，これらの下限と上限をそれぞれ $a \sqcap b$ と $a \sqcup b$ とすると，束の公理がみたされる．

順序集合に最小元と最大元 (p.33) が存在すれば，これらは束に対して零元と単位元の役割を果たす．

順序理論との関係から，**ハッセ図** (p.33) を用いた**有限束**の図示が可能になる（図 B）．さらにこの図示によれば，任意の 2 元は上側と下側とを「束ね」られており，「束」の用語の説明となっている．

n 個の元からなる有限集合のベキ集合は 2^n 個の元のブール束をなす．有限ブール束では，任意の元は，その元より下にある零元の隣接元（**原子元**）全体の上限に等しい．ゆえに任意の有限ブール束は，ベキ集合束（図 C）に同型 (p.27) である．特にその元の数は常に 2 のベキである．

一般に，任意の分配束はある集合束に同型である．

ブール環

ブール束の興味深い性質として，二つの演算

$a \cdot b := a \sqcap b$

$a + b := (a \sqcap b') \sqcap (a' \sqcap b)$

を導入しよう．するとこれらは単位元を持つ可換環の性質 (p.31) をすべてみたす．さらに $\forall a (a \cdot a = a)$ が成立する（**ベキ等元**）．この系として次が成立：$\forall a (a + a = n)$.

逆に任意の元がベキ等である単位可換環（**ブール環**）に対し，

$a \sqcap b := a \cdot b$,

$a \sqcup b := a + b + a \cdot a, a' := e + a$

と置けば，ブール束が構成される．

（1）エピメニデス（紀元前 600 年頃）

クレタ人エピメニデスは「私が今言うことは嘘である.」と主張した.

彼が嘘をついたのならば，彼の主張は偽であり，彼は嘘をつかなかったことになる．しかし彼が嘘をつかなかったならば，彼の主張は真であり，彼は嘘をついたことになる.

（2）プロクロス（450 年頃）

プロタゴラスは一人の弟子に法律を教えることとし，その弟子が最初の訴訟に勝利したならば，授業料をそのとき支払うとの約束を交わした．その弟子は教程を修了した後何の訴訟も引き受けなかったため，プロタゴラスはついに授業料の支払いを求めて訴訟を起こした．彼は次のように論じた：私が訴訟に勝ったら，判決文にしたがって授業料を受け取る．もし負けたら，以前の契約にしたがってやはり授業料を受け取ると．弟子はこれを逆にして，当該の約束あるいは裁判の判決文にしたがって，自分はいずれの場合も支払う必要がないと論じた.

（3）グレリング（1908）

すべての形容語（性質を表す語）を次の 2 種類に分類する.

a) 非自己記述的形容語．その語が意味する性質を持たない形容語．例えば，短い形容詞「長い」，6 音節形容語「2 音節の」，日本語の形容語「フランス語の」.

b) 自己記述的形容語．その語が意味する性質を持つ形容語．例えば，短い形容詞「短い」，7 音節の形容語「7 音節の」，日本語の形容語「日本語の」.

「非自己記述的」という形容詞がどちらのクラスに属するかという問いは矛盾を導く.

a) に属すると仮定すれば，b) に属するとの結論に導かれ，逆もまた成立する.

A

意味論的二律背反

（1）ブラリ - フォルティ（1897）

すべての順序数の集合 B を考える．B は整列可能なので，B が属する順序数がこの順序に属し，したがって B のある切断を表すことになる．これは順序数の理論と矛盾する（p.39）.

（2）カントール（1899）

すべての集合のなす集合 C を考える．C の濃度を考えると矛盾が生じる．なぜなら C のベキ集合は C より真に大きな濃度を持つ（p.25）が，一方でそれは部分集合として C に含まれなければならない.

（3）ラッセル（1903）

自分自身を元として含まない集合すべての集合 R を考える．この集合 R が自分自身を元として含むという仮定は，それがそれ自身を含まないという結論を導き，また逆も成立する（p.13）.

B

構文論的二律背反

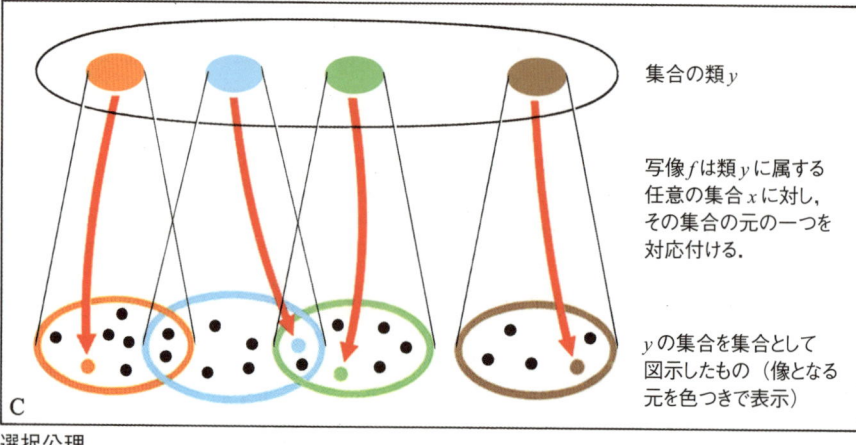

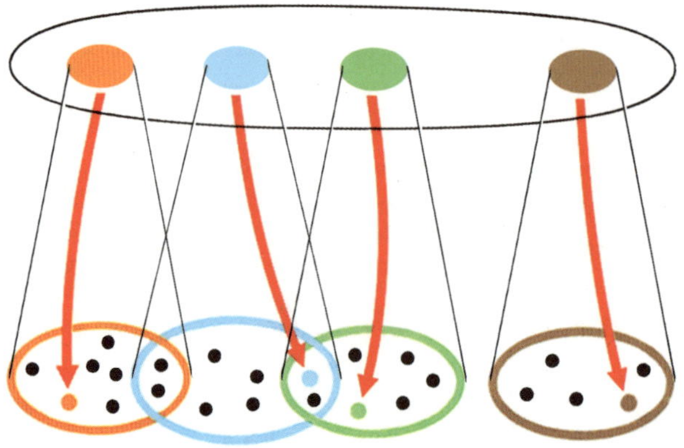

集合の類 y

写像 f は類 y に属する任意の集合 x に対し，その集合の元の一つを対応付ける.

y の集合を集合として図示したもの（像となる元を色つきで表示）

C

選択公理

素朴集合論では矛盾が生じる (p.13)．このような相矛盾する命題を導く考察のことを**二律背反**と呼ぶ．その分析から集合論の新たな構築が得られた．

二律背反には**構文論的二律背反**と**意味論的二律背反**がある．前者では矛盾が純粋に形式的な推論から導かれ (図 B)，後者では命題の意味が重要となる (図 A)．意味論的二律背反を分析すると，この言葉の誤用は，通常の命題と命題についての命題 (A1)，あるいは通常の性質と性質の性質 (A3) 等々を区別していないことによって生じていることが分かる．

これを数学，特に構文論的二律背反がそこに現れる集合論でみれば，それは，例えば，集合論における集合と元との関係を次のように規定して扱う必要があることを意味する．すなわち普遍集合の元，普遍集合の元からなる集合，またそのような集合からなる集合等をそれぞれ区別し，異なる階層の元に対しては対応して異なる変数で表示するのである．そして表現 $x \in y$ は，y に属する階層が x の階層より一段階高いときにのみ定義されるとするのである．こうした考え方は**型理論** (Russel) の基本思想で，$x \in x$ や $\neg x \in x$ などの先に述べた二律背反を導く表現はもはや許されず，これにより経験的に知られているあらゆる構文論的二律背反を回避できる．なお，日常言語では言語階層の区別をしないので，その使用にあたって二律背反は避けられない．

型理論と並んで，後に**公理的集合論**が展開された．その基本思想も同じく，事物のある特定の類で，ある公理的に定められた性質を持つもののみを集合とみなすというところにある．

そのような公理系（複数存在する）を定式化するのに，類と呼ばれる対象に対する変数 $x, y, z, \ldots$ が必要となる．それらの間に 2 項元関係 $x \in y$ が成立しうる．そして少なくとも一つの類に属する類を集合と呼ぶ．

定義 1　$\mathrm{Set}\, x$(x は集合) $:\Leftrightarrow \exists y(x \in y)$

二つの集合は，全く同じ類を要素として含みしかも全く同じ類に要素として含まれるときに等しいという．

定義 2　$x = y :\Leftrightarrow$

$\forall z(x \in z \Leftrightarrow y \in z)$ かつ $\forall z(z \in x \Leftrightarrow z \in y)$

そのように定義された集合に対し，公理的に以下の条件の成立を要請する．

(1) $\exists x : \mathrm{Set}\, x$ （**存在公理**）

(2) $\forall z(z \in x \Leftrightarrow z \in y)$
　$\Rightarrow x = y$ （**外延性公理**）

(3) $\forall x(A(x) \Rightarrow \mathrm{Set}\, x)$
　$\Rightarrow \exists y \forall x(x \in y \Leftrightarrow A(x))$ （**内包公理**）

(4) $\mathrm{Set}\, \emptyset$ （**空集合公理**）

(5) $\mathrm{Set}\, x \Rightarrow \mathrm{Set}\{x\}$ （**一元集合公理**）

(6) $\mathrm{Set}\, x$ かつ $\mathrm{Set}\, y \Rightarrow \mathrm{Set}(x \cup y)$
　（**第 1 和集合公理**）

(7) $\mathrm{Set}\, x \Rightarrow \mathrm{Set} \cup_{y \in x} y$ （**第 2 和集合公理**）

続く 4 公理を定式化する前に，集合論をこのように構築した場合にラッセルの二律背反が生じないことを示さなければならない．

(3) で $A(x)$ を $\neg x \in x$ に置き換えると，まず

$\forall x(\neg x \in x \Rightarrow \mathrm{Set}\, x)$

$\Rightarrow \exists y \forall x(x \in y \Leftrightarrow \neg x \in x)$

を得る．結論部分で $x = y$ とすると

$\forall x(\neg x \in x \Rightarrow \mathrm{Set}\, x) \Rightarrow (y \in y \Leftrightarrow \neg y \in y)$

となる．結論が偽なので，前提も偽．ゆえに

$\neg \forall x(\neg x \in x \Rightarrow \mathrm{Set}\, x)$,

すなわち $\exists x(\neg x \in x \wedge \neg\, \mathrm{Set}\, x)$.

したがって矛盾は生じず，集合ではない類が存在するという命題を得る．

次の公理は無限集合の存在，特に自然数の集合 $\mathbb{N}$ の存在を保証する．

(8) $\exists x(\mathrm{Set}\, x$ かつ $\emptyset \in x$ かつ
　$(y \in x \Rightarrow y \cup \{y\} \in x))$
　（**無限公理**）

したがってこの集合 x は, $\emptyset$ に加えて $\{\emptyset\}, \{\emptyset, \{\emptyset\}\}$, $\{\emptyset, \{\emptyset\}, \{\emptyset, \{\emptyset\}\}\}$ 等も含む．すなわちこの集合は無限集合である．

さらに，対の類を定義し，類に対する関係概念と関数（写像）概念を構築することができる．関数の定義域が集合ならば値域もまた集合でなければならない．

(9) $\mathrm{Set}\, x$ かつ $f : x \to y \Rightarrow \mathrm{Set}\, y$ （**関数公理**）

これから，任意の集合 x についてベキ類 $\mathscr{P}(x)$ の存在が導ける．これもまた集合になる．

(10) $\mathrm{Set}\, x \Rightarrow \mathrm{Set}\, \mathscr{P}(x)$ （**ベキ集合公理**）

次の最後の公理が最も問題である．

(11) 空でない集合 x からなる任意の類 y に対して，すべての $x \in y$ に対し $f(x) \in x$ となる関数 f が存在する．（**類選択公理**）

関数 f は任意の集合からこの集合の元を一つずつ選択する（**選択関数**，図 C）．公理 (11) は，個々の場合にそのような関数をどう構成できるかは何もいわず，その存在のみを要求している．そこで**直観主義** (p.9) はこの公理およびそこから得られたあらゆる結果（p.35，**整列定理**，**ツォルンの補題**）を排除する．

公理的集合論が無矛盾との仮定のもとに，選択公理が他の諸公理から独立していることの証明が可能である．(11) をみたさない他の公理系のモデルもある．よって**選択公理を持つ集合論**とは別に，**選択公理を持たない集合論**を数学的に意味のある形で展開できる．しかし，数学者の大多数は前者の立場に立つ．

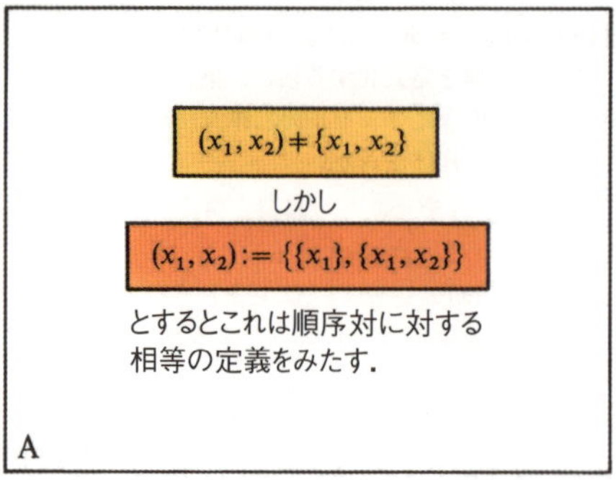

順序対の集合論的定義

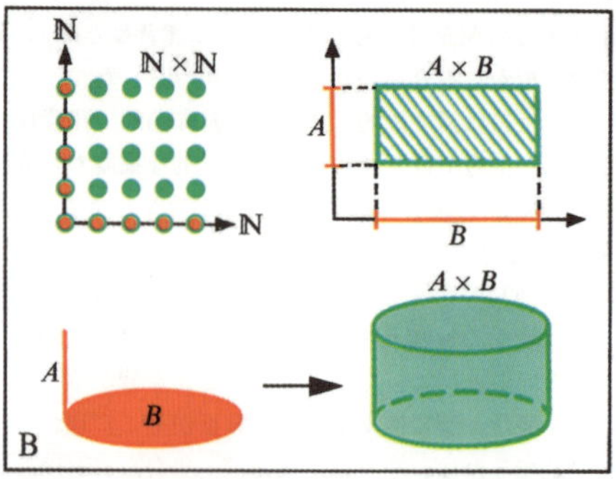

直積

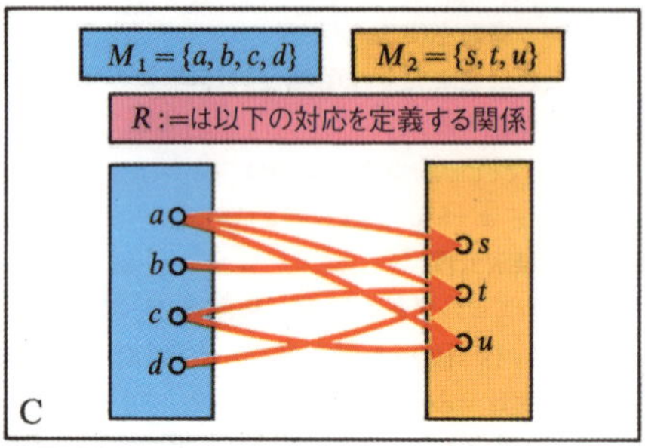

2項関係のグラフ

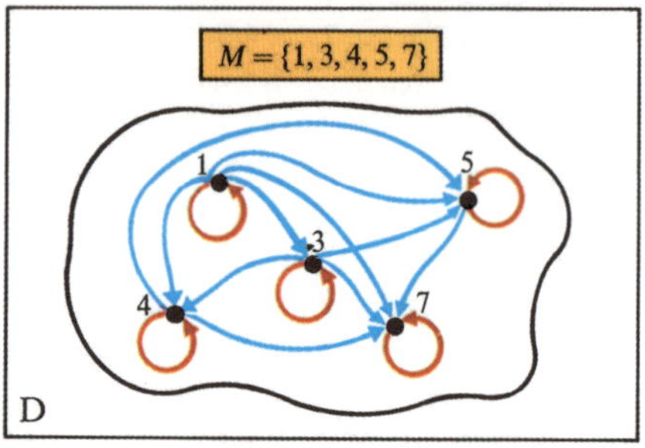

相等関係（赤）順序関係（青）

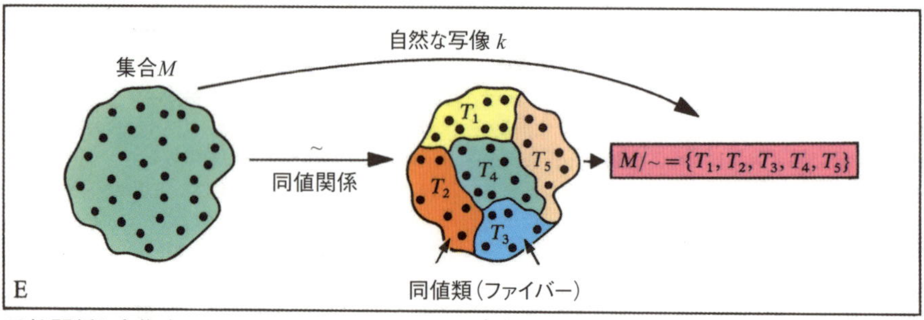

同値関係と商集合

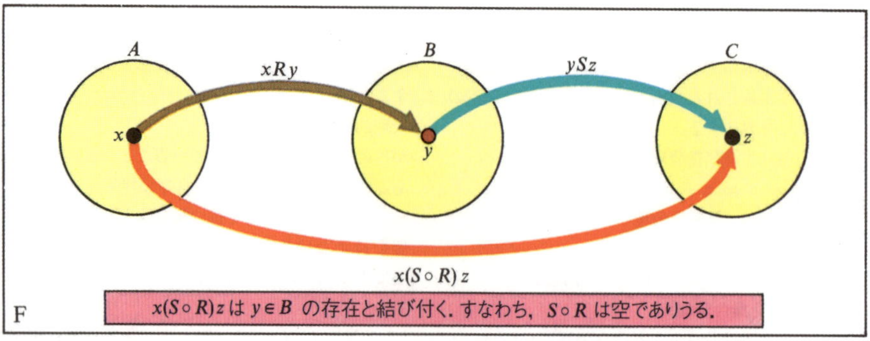

関係の合成

数学の基本的な概念の一つに，集合の直積を基礎とする関係の概念がある．関係とは，一つの集合内の複数の元，またはいくつかの異なる集合の元の間の関係を記述する．なかでも，写像 (p.23) が特に重要で特別な関係として得られる．また，関係は集合上に構造を生み出す (p.27〜)．

直積，関係

2 元 x_1, x_2 の順序を含めて考えることで，**順序対** (x_1, x_2) の概念が得られる（x_1 を第 1 成分，x_2 を第 2 成分という）．等号は

$(x_1, x_2) = (y_1, y_2) :\Leftrightarrow x_1 = y_1$ かつ $x_2 = y_2$

で定義される．順序組の集合論的定義は図 A 参照．順序組の一般化として $\boldsymbol{n}$ **組**を帰納的に定義する．

$(x_1, x_2, \ldots, x_n) := ((x_1, \ldots, x_{n-1}), x_n)$

したがって，二つの n 組が等しいとは，同様に成分ごとに等しいこととする．

定義 1　集合 $M_1, \ldots, M_n$ に対し，次のように表される集合を**直積**という．

$M_1 \times \cdots \times M_n$

$:= \{(x_1, x_2, \ldots, x_n) \mid x_i \in M_i\}$,

$M_1 \times M_2 := \{(x_1, x_2) \mid x_1 \in M_1, x_2 \in M_2\}$.

$M_1 = \cdots = M_n = M$ のとき M^n と表す．

直積により，新しい数学的対象が構成される（図 B）ばかりではなく，関係概念の定義にも用いられる．

定義 2　任意の部分集合 $R \subseteq M_1 \times \cdots \times M_n$ を $\boldsymbol{n}$ **項関係**という．

とりわけ重要なものは **2 項関係** $R \subseteq M_1 \times M_2$ である．これは（M_1 の元が M_2 の元とある一定の規則により対応付けられた）対応として意味づけることができる．これらの対応はグラフ（関係のグラフ）として表せる（図 C）．

$(x_1, x_2) \in R$ を $x_1 R x_2$ とも表す．$M_1 = M_2 = M$ ならば，$\boldsymbol{M}$ **内の 2 項関係** $R \subseteq M \times M$ という．

例　ℕ における，順序関係 “$\leqq$”，相等関係 “$=$”（図 D），集合間の包含関係 “$\subset$”，すべての直線の集合における直交関係 “$\perp$”．

2 項関係の性質

a) $R \subseteq M_1 \times M_2$ について

(1) R **左全的** $:\Leftrightarrow \forall x_1 \exists x_2 (x_1 R x_2)$

(2) R **右全的** $:\Leftrightarrow \forall x_2 \exists x_1 (x_1 R x_2)$

(3) R **両全的** $:\Leftrightarrow$ (1) かつ (2)

(4) R **左一意的**

$:\Leftrightarrow \forall x \forall y \forall z (xRy \wedge zRy \Rightarrow x = z)$

(5) R **右一意的**

$:\Leftrightarrow \forall x \forall y \forall z (xRy \wedge zRy \Rightarrow y = z)$

(6) R **一対一** $:\Leftrightarrow$ (4) かつ (5)

これらの性質は写像の概念 (p.23) の基礎となる．

b) $R \subseteq M \times M$ について

(7) R **反射的** $:\Leftrightarrow \forall x (xRx)$

(8) R **対称的** $:\Leftrightarrow \forall x \forall y (xRy \Rightarrow yRx)$

(9) R **非対称的** $:\Leftrightarrow \forall x \forall y (xRy \Rightarrow \neg(yRx))$

(10) R **恒等的** $:\Leftrightarrow \forall x \forall y (xRy \wedge yRx \Rightarrow x = y)$

(11) R **線形的** $:\Leftrightarrow \forall x \forall y (xRy \vee yRx)$

(12) R **推移的** $:\Leftrightarrow \forall x \forall y \forall z (xRy \wedge yRz \Rightarrow xRz)$

順序構造は (7) から (12) までを基礎とする (p.33〜)．(7), (8), (12) は同値関係の概念を定義．

同値関係，商集合

定義 3　関係 $\sim \subset M \times M$ は，反射的かつ対称的かつ推移的であるとき**同値関係**という．

例　直線の平行性，線分の合同，数集合の同一性，集合の対等 (p.25) は同値関係．

任意の同値関係により，M は互いに素な空でない集合に分割される（類別）．

定義 4　$x \in M$ と関係のある M の元全体の集合を**同値類** $[\![x]\!]$ または x に関する**ファイバー**という．

$[\![x]\!] := \{z \mid x \in M \wedge z \in M \wedge x \sim z\}$.

反射律により $[\![x]\!] \neq \emptyset$．対称律と推移律からは $([\![x]\!] = [\![y]\!] \Leftrightarrow x \sim y)$ と $(z \in [\![x]\!] \wedge z \in [\![y]\!] \Rightarrow [\![x]\!] = [\![y]\!])$ がいえる．すなわち，M の任意の元は唯一つの同値類に含まれ，同値類は互いに素．したがって同値類は新しい集合，M の同値類の集合を生成．

定義 5　$M/\!\sim := \{[\![x]\!] \mid x \in M\}$ を M の $\sim$ による**商集合**という（図 E）．元 $y \in [\![x]\!]$ は類 $[\![x]\!]$ の**代表元**という．R が，$M/\!\sim$ のすべての類の元を一つずつ含むとき，R を $M/\!\sim$ の**完全代表系**という．

$M/\!\sim$ は「抽象化プロセス」の結果である．性質は同値類と同一視され，それ以外の性質は無視される．M の任意類別について全射 $k : M \to M/\!\sim$（**自然な写像**）を定義可能 (p.23)．

例　直線の平行性からは「方向」，線分の合同からは「長さ」，集合の対等からは「濃度」に，集合の相似からは「順序型」の概念にそれぞれ到達する．

関係の合成

$R \subset A \times B$ かつ $S \subset B \times C$ ならば，R と S から

$x(S \circ R)z :\Leftrightarrow \forall (xRy \wedge ySz)$　　（図 F）

で定義される関係 $S \circ R \subseteq A \times C$（$\boldsymbol{R}$ **と** $\boldsymbol{S}$ **の合成**）が定義される．

逆関係

任意の関係 $R \subset M_1 \times M_2$ に対し**逆関係**

$R^{-1} \subset M_2 \times M_1$

が存在する．ここで

$R^{-1} := \{(x_2, x_1) | (x_1, x_2) \in R\}$

と定義する（R 上のグラフでの逆方向の矢印）．

$x_2 R^{-1} x_1 \Leftrightarrow x_1 R x_2$.

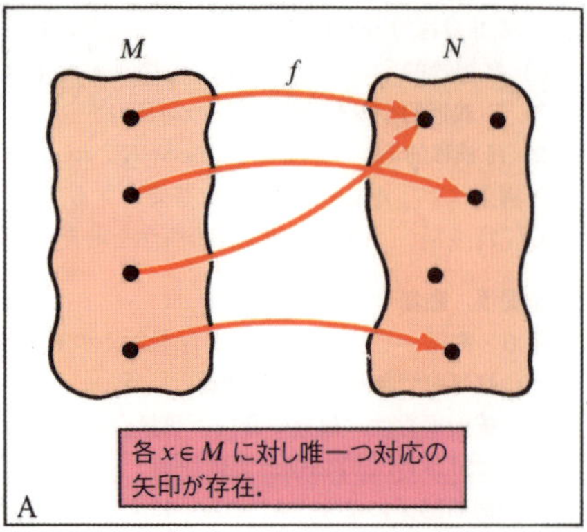

写像

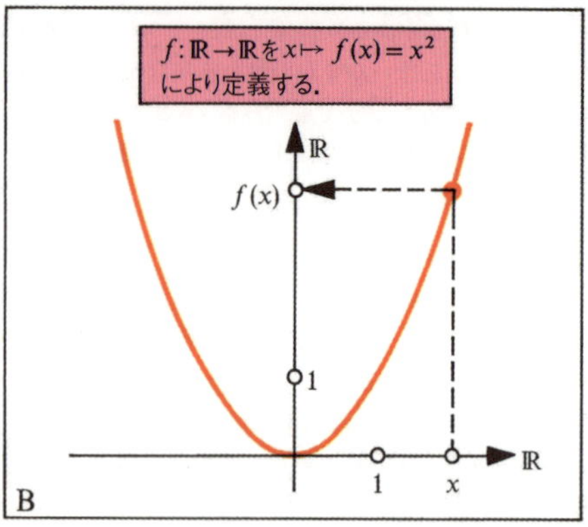

写像のグラフ

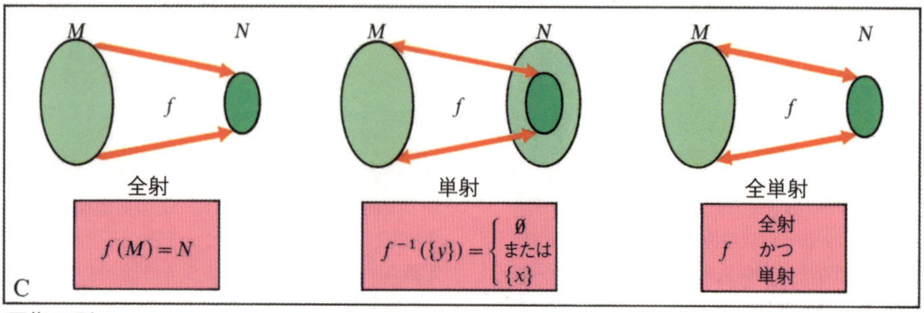

写像の型

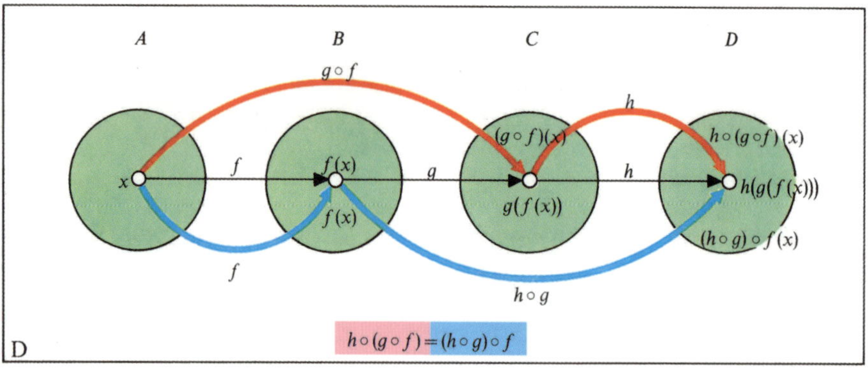

写像の合成における結合法則

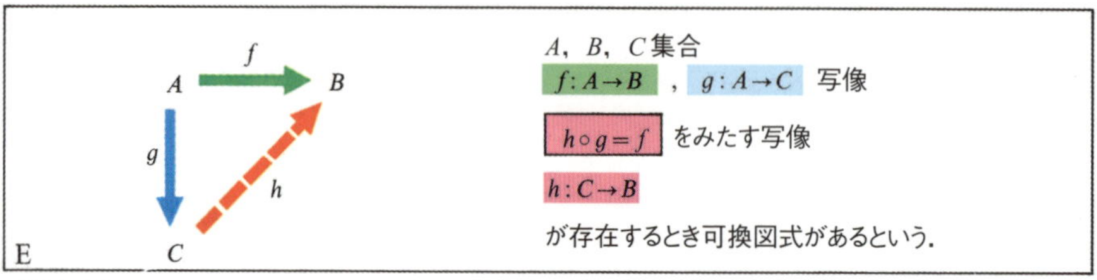

可換図式

関係とは，集合間で一般に**一意的でない**関連付けを定めるもので，一つの元に複数の元が対応しうる．これに対しある集合から他の集合への写像では，集合**全体**を**一意的**に写すことが要請される．これらは左全的，右一意的関係 (p.21) を保証．写像は（代数構造では「関数」とも呼ばれる）どの数学理論にも見られ，新しい数学概念の定義や集合の研究に使われるが，それ自身も数学的考察の対象となる．

写像の定義

定義 1　左全的，右一意的関係 $f \subseteq M \times N$ を**写像**（**関数**）という（図 A）．用語・表記は以下のとおり．

a) 任意の $x \in M$ に対し**唯一つ** $y \in N$ が対応．$(x,y) \in f$ を $x \mapsto y$，$y = f(x)$，$x \mapsto f(x)$ と，$f \subseteq M \times N$ を $f : M \to N$ と表す．

b) $x \mapsto y$ を**対応規則**という．特別な場合には，$y = 2x + 5$ のように関数を数式でも表す．

c) $f(T) := \{f(x) \mid x \in T \subseteq M\}$ を f による T の**像**，$f^{-1}(U) := \{x \mid f(x) \in U \subseteq N\}$ を f による U の**原像**，M を**定義域**，N を**値域**という．（f^{-1} は単なる記号で，写像ではない．下記参照）．

d) $\{(x, f(x)) \mid x \in M\} \subseteq M \times N$ を**写像のグラフ**という．数集合では座標系で表される（図 B）．

注意　写像は，対応 f，定義域，値域の三つで決まる．2 写像 $f, g : M \to N$ は $f(x) = g(x)\ \forall x \in M$ のとき，**等しい**という．

写像の型

a) 全射．$f : M \to N$ は $f(M) = N$ のとき**全射**（**上への写像**）という．全射は両全的，右一意的関係（図 C）．

例　$(x_1, \ldots, x_n) \mapsto x_i$ で定義された $p_i : M_1 \times \cdots \times M_n \to M_i$ は全射で，$\boldsymbol{i}$ **番目の射影**という．$x \mapsto [\![x]\!]$ で定義された $k : M \to M/\!\sim$ は全射．k を**自然な写像** (p.21) という．

b) 単射．$\forall y \in N$ に対し，$f^{-1}(\{y\}) = \{x\}$ または $f^{-1}(\{y\}) = \emptyset$ のとき $f : M \to N$ を**単射**（**一対一写像**，**中への写像**，**埋め込み**）と呼ぶ．単射は左全的，一対一対応関係（図 C）．

例　$i : U \to M,\ U \subseteq M,\ u \mapsto i(u) = u$ は単射で，U の M の中への**埋め込み**（包含写像）という．

c) 全単射．$f : M \to N$ が全射かつ単射のとき f を**全単射**という．全単射は両全的，一対一対応関係（図 C）で，同型概念 (p.27) と関連がある．

例　$1_M : M \to M$ は全単射で，**恒等写像**という．

特別な写像

a) 定数写像．$\forall x, y \in M$ に対し $f(x) = f(y)$ であるとき $f : M \to N$ を**定数写像**と呼ぶ．

b) 制限．$U \subseteq M$ かつすべての $x \in U$ に対し $f(x) = g(x)$ のとき，$g : U \to N$ を $f : M \to N$ の**制限**と呼び，g を $f|U$ と書き「$\boldsymbol{f}$ **を** $\boldsymbol{U}$ **に制限する**」という．

c) 延長．$M \subseteq O$ かつ $g|M = f$ のとき $g : O \to N$ を $f : M \to N$ の**延長**という．

d) 数列．定義域が自然数の集合 $\mathbb{N}$ である任意の写像を**数列**といい，$\{a_0, a_1, a_2, \ldots\}$ と表す．

写像の合成（f, g, h を写像とする．）

$f : A \to B,\ g : B \to C$ に対し，**合成** $g \circ f$（f に g を合成）は関係の合成 (p.21) と同様．$g \circ f : A \to C$ を $(g \circ f)(x) = g(f(x))$ で定義．$g \circ f$ は写像．

$f : A \to B,\ g : B \to C,\ h : C \to D$ に対し**結合法則** $h \circ (g \circ f) = (h \circ g) \circ f$ が成立（図 D）．

以下が成立する．「$1_B \circ f = f$」および「$f \circ 1_A = f$」「f, g 全射 $\Rightarrow g \circ f$ 全射」（単射，全単射も同様）．

多くの応用に対して全単射の次の特徴付けは重要．

$f : A \to B$ 全単射 $:\Leftrightarrow$

$\exists g (g : B \to A \wedge g \circ f = 1_A \wedge f \circ g = 1_B)$

注意　$g \circ f = 1_A$ は f の単射性を，$f \circ g = 1_B$ は f の全射性を保証．ここで 1_A,1_B は恒等写像．

逆写像 f^{-1}

写像 $f : M \to N$ の逆関係 f^{-1} が一意的とは限らなく，一般に写像ではない（図 A）．次が成立．

「f が全単射のときそのときに限り f^{-1} は（逆）写像で，それ自身全単射であり，$f^{-1} \circ f = 1_M$ かつ $f \circ f^{-1} = 1_N$．」

写像と集合演算

写像 $f : M \to N$ と $g : N \to O$ に対し次が成立．

$f(A \cap B) \subseteq f(A) \cap f(B),\ \forall A, B \subseteq M$

$f(\cap_{i \in I} A_i) \subseteq \cap_{i \in I} f(A_i),\ A_i \subseteq M$

$f(A \cup B) = f(A) \cup f(B),\ \forall A, B \subseteq M$

$f(\cup_{i \in I} A_i) = \cup_{i \in I} f(A_i),\ A_i \subseteq M$

$f^{-1}(A \cap B) \subseteq f^{-1}(A) \cap f^{-1}(B),\ \forall A, B \subseteq N$

$f^{-1}(\cap_{i \in I} A_i) = \cap_{i \in I} f^{-1}(A_i),\ A_i \subseteq N$

$f^{-1}(A \cup B) = f^{-1}(A) \cup f^{-1}(B),\ \forall A, B \subseteq N$

$f^{-1}(\cup_{i \in I} A_i) = \cup_{i \in I} f^{-1}(A_i),\ A_i \subseteq N$

$f(f^{-1}(A)) \subseteq A,\ f^{-1}(f(B)) \supseteq B,\ \forall A \subseteq N,\ B \subseteq M$

$f^{-1}(A \backslash B) \subseteq f^{-1}(A) \backslash f^{-1}(B),\ \forall A, B \subseteq N$

$(g \circ f)^{-1}(A) = f^{-1}(g^{-1}(A)),\ \forall A \subseteq O$

可換図式

写像 $f : A \to B,\ g : A \to C$ が同じ定義域 A を持つとする．$f = h \circ g$ となる写像 $h : C \to B$（またはその逆）が存在するとき，これらの写像の図式を**可換図式**という（図 E）．

$\boldsymbol{n}$ **変数関数**

関数 $f : A \to B$ の定義域 M が直積集合 $M_1 \times \cdots \times M_n$ の部分集合ならば，$\boldsymbol{n}$ **変数関数**という．$f((x_1, \ldots, x_n))$ を $f(x_1, \ldots, x_n)$ で表す．

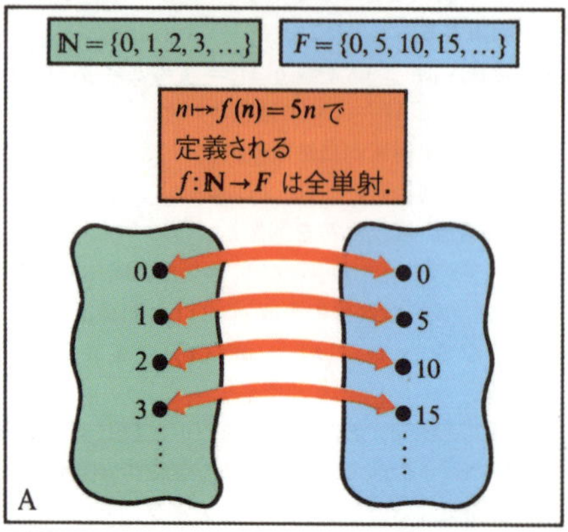

対等

(1) $\mathrm{card}(A)+\mathrm{card}(B)=\mathrm{card}(A\cup B)$
ここで$A\cap B=\emptyset$

(2) $\mathrm{card}(A)\cdot\mathrm{card}(B)=\mathrm{card}(A\times B)$

(3) $\mathrm{card}(A)^{\mathrm{card}(B)}=\mathrm{card}(A^B)$
ここで$A^B:=\{f\mid f:B\to A\}$

(4) $\mathrm{card}(M)\geqq\aleph_0\wedge\mathrm{card}(A)\leqq\aleph_0$
$\Rightarrow\mathrm{card}(M\cup A)=\mathrm{card}(M)$,
すなわち$\mathrm{card}(M)+n=\mathrm{card}(M)+\aleph_0$
$=\mathrm{card}(M)$

B

濃度の演算

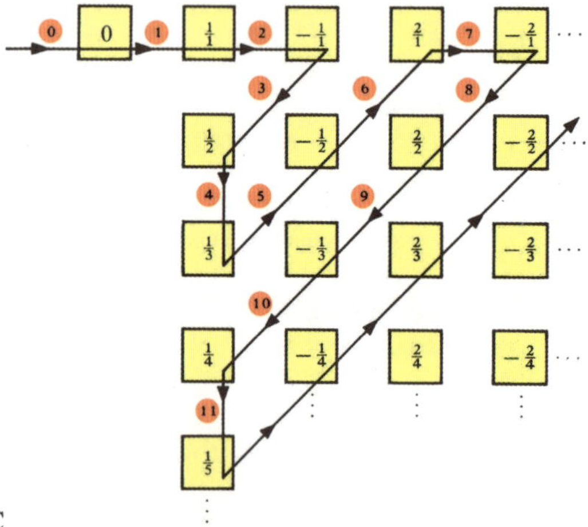

この図式は$\mathbb{Q}$全体に適用される.（ただし分数には可約なものも含まれる.）

この図式は，対角線状にすべての（有理）数を動くので，対応

d: $\mathbb{N}\longrightarrow\mathbb{Q}$

は全射.

他の表し方ですでに対応付けられた分数をとばせば，この写像は全単射.

C

有理数の集合$\mathbb{Q}$の可算性

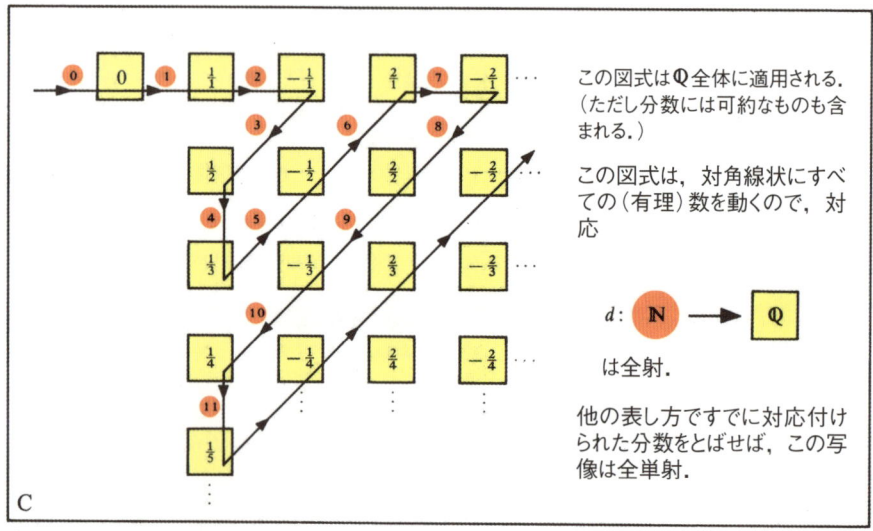

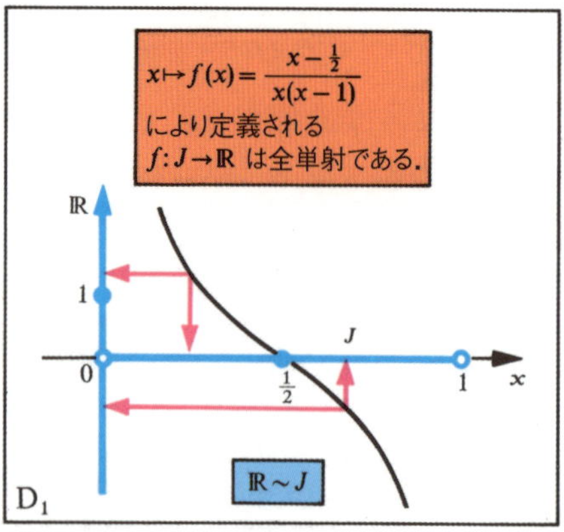

仮定．Jは可算とする.

このとき全単射 $\mathbb{N}\to J$ が存在する.

$0\leftrightarrow r_0=0, z_{00}z_{01}z_{02}z_{03}\cdots$
$1\leftrightarrow r_1=0, z_{10}z_{11}z_{12}z_{13}\cdots$
$2\leftrightarrow r_2=0, z_{20}z_{21}z_{22}z_{23}\cdots$
$3\leftrightarrow r_3=0, z_{30}z_{31}z_{32}z_{33}\cdots$
$\vdots\quad\vdots$
$(z_{ij}\in\{0, 1, \dots, 9\})$

$r=0, \hat{z}_0\hat{z}_1\hat{z}_2\dots$ を
$z_{ii}=1$ に対し$\hat{z}_i=1$ かつ
$z_{ii}\neq1$ に対し $\hat{z}_i=1$ となる数とすると
これはこの中に現れない.

矛盾

D_2

実数の集合$\mathbb{R}$の非可算性

集合を調べる際，$\{0,1,2,3,\ldots\}$, $\{0,5,10,15,\ldots\}$ 等の集合の元の「個数」が問題となるが，これに対しては「個数」（濃度）の概念を正確に定義して初めて答えられる．この概念に自然数の集合 $\mathbb{N}$ は不要である．

同濃度（等濃度）

定義 1　A と B は集合とする．このとき全単射 $A \to B$ が存在すれば，A と B は**対等である**という（記号 $A \sim B$）．

集合 $\{1,5,7,8,9\}$ と $\{a,c,f,g,h\}$ は対等，集合 $\{0,1,2,3,\ldots\}$ と $\{0,5,10,15,\ldots\}$ も同様（図 A）．

濃度，基数

集合が「対等」であるという言葉を定義したが，そのとき「同じ」になる性質を「濃度」と名づける．つまり，濃度の概念は同値関係 (p.21) に基づく抽象化プロセスの結果である．実際対等性「$\sim$」は，全単射写像の性質 (p.23) から容易に示されるように，与えられた集合系 $\mathcal{M}$ での同値関係である．そして商集合 $\mathfrak{M}/\sim$ は対等な集合の同値類からなる．

定義 2　商集合 $\mathfrak{M}/\sim$ の元を**濃度**または（広義の）**個数**という．

集合系の任意の集合 A には一つの濃度，すなわち A が含まれる $\mathfrak{M}/\sim$ の同値類が対応する（自然な写像，p.21）．

$\mathrm{card} : \mathfrak{M} \to \mathfrak{M}/\sim$ を $A \mapsto \mathrm{card}(A) = [\![x]\!]$.

$\mathrm{card}(A)$ を $|A|$ とも書く（A の濃度）．

注意　濃度の概念は選択された集合系に**依存**する．「集合の集合」はその論理的矛盾性 (p.18) によりそれを基礎にできない．

有限集合，無限集合

対等の概念により，自然数の集合を使わずに，有限集合と無限集合が定義できる．

定義 3　集合 M は $M \sim U$ である真部分集合 $U \subset M$ が存在すれば**無限**と，存在しなければ**有限**という．

例　$\mathbb{N}$ は無限集合（図 A）．

$\emptyset, \{0\}, \{0,1\}, \{0,1,2\}$ 等は有限集合．

定義 4　有限集合の濃度を**有限濃度**（有界濃度，個数）といい，無限集合の濃度を**無限濃度**という．

$\emptyset, \{0\}, \{0,1\}, \ldots$ に対応する有限濃度により自然数の集合の集合論的基礎付けが可能になる (p.43)．

濃度の演算

集合系の基数集合では加法，乗法，ベキ乗が定義される．その場合，加法は集合和で，積は直積，ベキ乗はすべての写像の集合に対応する濃度として定義（図 B/1,2,3）．結合法則，可換法則，分配法則，通常の指数法則が成立．

濃度の比較可能性

ある集合系の濃度の集合では線形順序関係

$\mathrm{card}(A) \leqq \mathrm{card}(B)$

$:\Leftrightarrow \forall C(C \subseteq B$ かつ $A \sim C)$

を定義できる．のみならず整列定理 (p.35) と順序数理論 (p.39) により $\leqq$ の整列性さえ示される．

可算，非可算

無限集合の濃度は唯一つとは限らない．それどころか無限濃度の例により無限集合の多様さが分かる．例えば次の定理が成立する．

「任意の集合 M の濃度はベキ集合 $\mathfrak{P}(M)$ の基数より（真に）小さい．すなわち

$\mathrm{card}(M) < \mathrm{card}(\mathfrak{P}(M))$.」

ゆえに，$\mathbb{N}$ から出発して，それより大きな濃度の無限集合を $\mathfrak{P}(\mathbb{N})$ として容易に構成可能．それに対し，有理数の集合 $\mathbb{Q}$ は $\mathbb{N}$ と同濃度（図 C）．$\mathbb{N}$ と同濃度のものは，他に $\mathbb{Q}^n = \mathbb{Q} \times \cdots \times \mathbb{Q}$ や $\cup_{i=1}^{n} M_i$ がある．ここで $\mathrm{card}(M_i) = \mathrm{card}(\mathbb{N})$.

定義 5　集合 M は $\mathrm{card}(M) \leqq \aleph_0$ が成立するとき**可算**，$\mathrm{card}(M) = \aleph_0$ のとき**可算無限**，$\mathrm{card}(M) > \aleph_0$ のとき**非可算**という．

ここで，$\aleph_0 := \mathrm{card}(\mathbb{N})$ とする．

注意　M が**無限集合**かつ A が**可算集合**ならば，

$M \cup A \sim M$

が成立．これから濃度に対する重要な演算規則が得られる（図 B/4）．

可算集合の例は上に既述．

非可算集合に属するのは，$\mathrm{card}(M) \geqq \aleph_0$ として，$\mathfrak{P}(M)$ の他に，集合 M から少なくとも 2 元を持つ集合へのすべての写像からなる集合，および実数集合 $\mathbb{R}$.

$\mathbb{R}$ は部分集合 $J = \{x \mid 0 < x < 1, x \in \mathbb{R}\}$ と対等なので（図 D_1），J の非可算性を示せば $\mathbb{R}$ の非可算性が示される．J の非可算性は背理法で証明される（**カントルの対角線論法**）（図 D_2）．

$\mathbb{R}$ と対等のものは $\mathbb{R}^n = \mathbb{R} \times \cdots \times \mathbb{R}$（複素数の集合 $\mathbb{C}$ ならびに四元数の集合も同様）．よって，1 直線上のすべての点集合と 3 次元ユークリッド空間のすべての点集合は対等．したがって，次元は全単射によって不変ではない（位相幾何参照）．

定義 6　$\mathbb{R}$ の濃度を $\mathfrak{c} := \mathrm{card}(\mathbb{R})$ で表す．$\mathfrak{c}$ を**連続体** $\mathbb{R}$ **の濃度**ともいう．

任意の無限集合は可算無限集合を含み，可算集合の任意の部分集合は可算集合なので，$\aleph_0$ は最小超限濃度．**連続体仮説**は，$\mathfrak{c}$ が $\aleph_0$ の次に大きな基数であることを意味している．

A　構造的構成

数学の専門分野

混合構造（多重構造）

他の公理

代数　順序　位相
基本構造

B　実数 $\mathbb{R}$ の構造

体	順序性	特殊位相空間
$(\mathbb{R};+,\cdot)$	$(\mathbb{R};\leq)$	$(\mathbb{R};\mathfrak{R})$
元の演算	元の比較	数列の収束
代数構造	順序構造	位相構造

C　構造保存写像

代数構造

$(M;+)$ → $(N;+)$

$f(x+y)=f(x)+f(y)$
準同型

例：群

$(M;+;\Omega;\cdot)$ → $(N;+;\Omega;\cdot)$

(1) 準同型
(2) $f(a\cdot x)=a\cdot f(x)$

線形写像（加群準同型）

例：ベクトル空間（加群）

順序構造

$(M;<)$ → $(N;<)$

順序集合

$x<y \Rightarrow f(x)<f(y)$
単調写像

位相構造

$(M;\mathfrak{M})$　$(N;\mathfrak{R})$

$f^{-1}(O)$ ← O, f^{-1}

位相空間

O は N の特定の性質を持つ部分集合 $\Rightarrow$ $f^{-1}(O)$ は M の特定の性質を持つ部分集合

連続写像

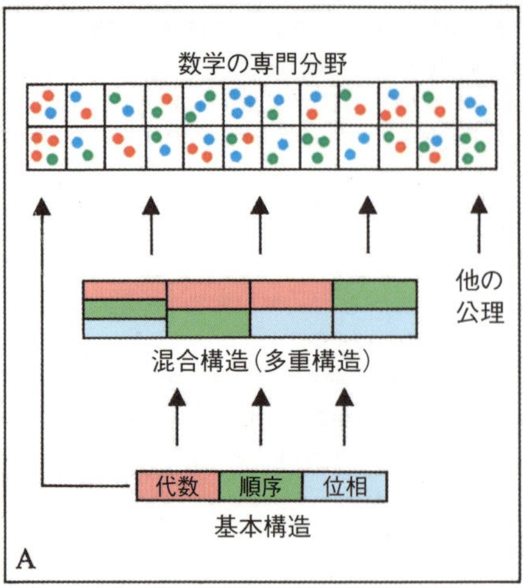

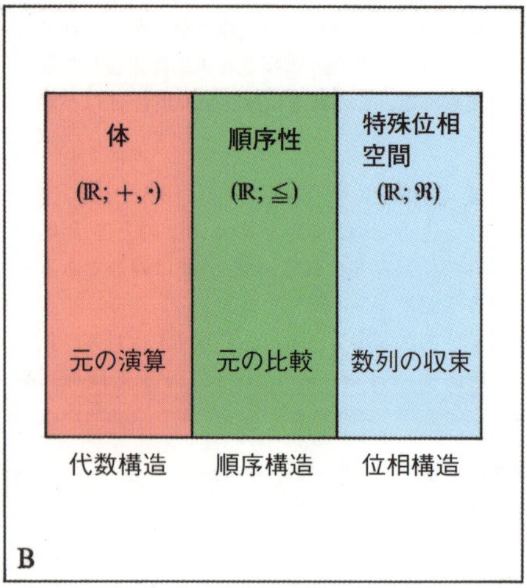

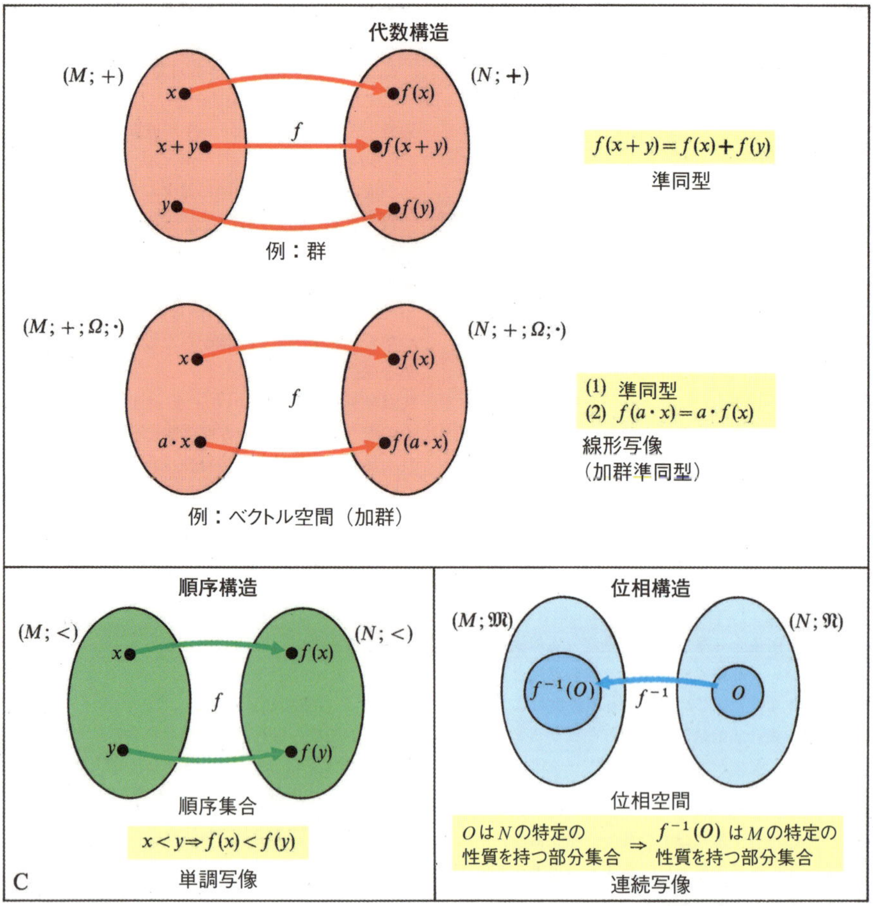

数学という学問体系のより新しい捉え方（ブルバキ）は数学専門分野が互いに閉鎖的なものとなっている状況を打開する．種々の理論の公理的定式化を見直すと，共通した基本構造が浮かび上がってくる．伝統的な専門分野は，これらの基本構造の上にその他の公理や定義を付加して構築された混合構造として展開される（図 A）．

基本構造

a) **代数的構造**．ある集合が**代数的構造**を持つとは，一つまたはそれ以上の（内部または外部）演算 (p.29〜)（例えば数集合の和や積あるいはベクトルにおけるスカラー積）が定義されていることをいう．最も重要な代数的構造は，半群，群，環，体，加群，ベクトル空間 (p.29〜)．代数的構造を研究するのは，主として代数学の任務である (p.61〜)．

b) **順序構造**．ある集合に順序関係 (p.33) を定義すれば，その集合には**順序構造**が入る．大まかに言えば，これは集合内の元を比較するある特定の規則が存在することを意味する．具体的には（$\mathbb{C}$ 以外の）数の集合で「$\leqq$」により定義される関係がこれにあたる．
順序構造には，順序集合，線形順序集合，帰納的順序集合，整列集合がある (p.33〜)．順序構造の理論は集合論と緊密な関係にある．

c) **位相構造**．ある集合の部分集合系 $\mathfrak{M}$ をある特定の性質で表せば (p.41)，その集合には**位相構造**が入る．位相構造は，フィルタ概念を適用することで解析で用いられるそれよりも一般的な収束概念の基礎となる．
位相構造を持つ集合を**位相空間**と呼ぶ．一般，あるいは特殊な位相空間の研究は位相幾何学の主たる任務である (p.197〜)．

多重構造（混合構造）

多重構造は三つの基本構造からなる混合構造である．例えば，代数的構造が順序構造または位相構造とともに現れる（$\mathbb{R}$ は例えば特殊な形での三つの基本構造すべてを持つ．図 B）．多重構造には，位相群，位相ベクトル空間，順序体等がある．

対象

基本構造は関係に帰着できる．すなわち構造付き集合とは，そこに関係の族 $\{R_i\}$ が定義されている集合 M のことである．M に関係 $R_1, \ldots, R_n$ が定義されているとき $(M; R_1, \ldots, R_n)$ と表す．
M と $(R_1, \ldots, R_n)$ からなる順序付けられた組を**対象**という．$n \geqq 2$ のとき構造を定める関係は互いに**両立して**いなければならない．両立条件の選択は個別理論の特徴を決定づける（例えば，環の分配法則，p.31）．

導出構造

基本構造から，さらに三つの重要な構造型が構成される．これら構成され導出された構造は，出発点となった構造ほどには一般に内容豊富ではないが，構造の本質的な部分を際立たせる．

a) **部分構造**（**部分対象**）．構造を特徴付ける関係の作用が**部分集合**に制限されれば，**部分構造**を生ずる．部分構造には，部分群（部分環，部分体，部分加群），部分位相空間，部分順序がある．

b) **積構造**（**積対象**）．同種の構造を持つ集合の**直積** $M_1 \times \cdots \times M_n$ に，成分ごとに $M_1, \ldots, M_n$ となる構造を与えるとき，**積構造**が生ずる．ここで，M_i の持つ特定な共通の性質は保たれる（例えば $\mathbb{R}$ の持つ特定の性質は $\mathbb{R}^n = \mathbb{R} \times \cdots \times \mathbb{R}$ にあてはまる）．

c) **商構造**（**商対象**）．同値関係 $\sim$ による**商空間** $M/\!\sim$ と M の構造を特徴付ける関係（両立性を仮定する）とに M の構造が「移される」とき，**商構造**が生ずる．商構造には，商群（商環，商体，商加群）や商位相空間がある．

構造保存写像

写像によって，**構造化された**集合間の関係を調べることができる．ここで，写像が両方の集合の構造と両立することが重要である．そのような構造保存写像（図 C）を**射**といい，一般に，出発点となる構造（定義域）の「縮小」された像が像集合構造の中に生成される．
構造の本質的な特徴は保存されたままである．例えば，群準同型写像での「群」(p.63)，単調写像での「順序集合」(p.37)，連続写像での「収束」(p.215)．
多重構造の場合，対応する射はそのすべての基本構造と両立していなければならない．連続な群準同型は，例えば位相群に付随する射である．

同型写像

逆写像もまた射である**全単射の射**が存在すれば，二つの構造付き集合は考察の対象となる構造に関して同等とみなすことができる（代数的構造では最後の条件は証明可能であるので省略できる）．この写像を**同型写像**といい，その構造集合を互いに**同型**という．

構造集合が自分自身に同型に写される特別な同型写像は，いわゆる**自己同型写像**である．構造付き集合のすべての自己同型写像の集合は，写像の合成に関して群をなす（**自己同型群**）．この群は，例えばガロア理論 (p.97) や幾何学で重要である．

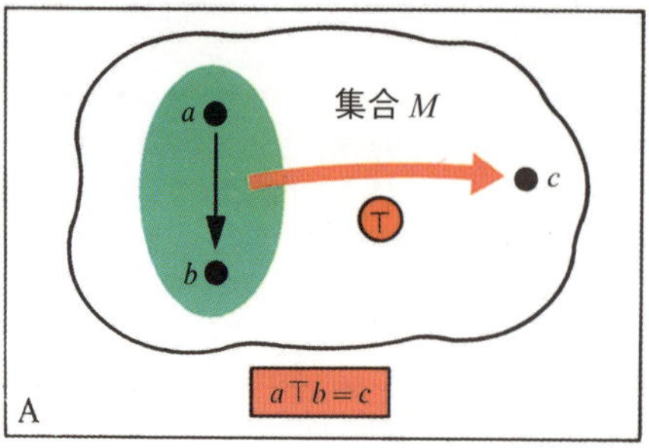

内部演算

B

$M = \{a_0, a_1, a_2, a_3\}$

$a_i \top a_i = a_0 \quad i \in \{0, 1, 2, 3\}$

$a_0 \top a_i = a_i = a_i \top a_0 \quad i \in \{1, 2, 3\}$

$a_1 \top a_2 = a_3 = a_2 \top a_1$

$a_2 \top a_3 = a_1 = a_3 \top a_2$

$a_3 \top a_1 = a_2 = a_1 \top a_3$

⊤	a_0	a_1	a_2	a_3
a_0	a_0	a_1	a_2	a_3
a_1	a_1	a_0	a_3	a_2
a_2	a_2	a_3	a_0	a_1
a_3	a_3	a_2	a_1	a_0

結合表

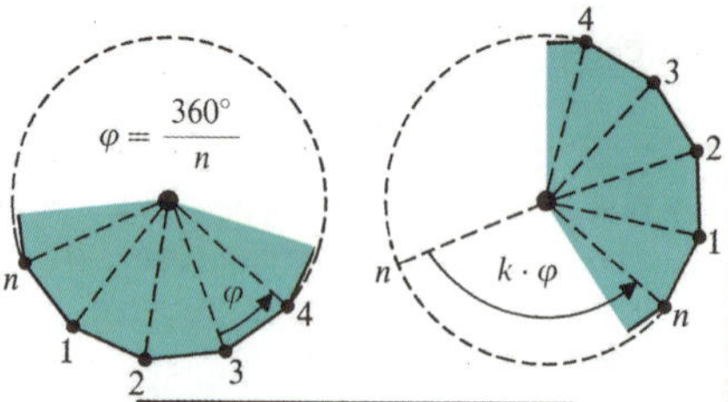

φ の倍数を回転角とする正 n 角形の回転

$(n \in \mathbb{N}, n \geqq 3)$

$D_k := k \cdot \varphi \ (k \in \mathbb{N})$ を回転角とする回転

$D_n = D_0;\ D_{n+1} = D_1;\ \ldots\ D_{n+m} = D_m$

$G_n = \{D_k \mid k \in \{0, 1, \ldots n-1\} \subset \mathbb{N}\}$

は n 角形が自分自身に重なる回転をすべて含む．

内的演算の定義

$\circ : G_n \times G_n \to G_n$

$D_j \circ D_i = D_{i+j}$ で定義．

これは「D_i の後 D_j を行う」と読む．すなわち，まず角度 $i \cdot \varphi$ だけ回転し，その後角度 $j \cdot \varphi$ だけ回転する．

C₁

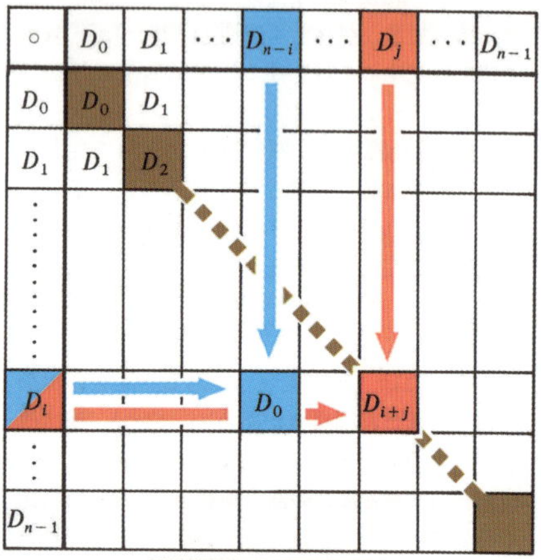

結合法則

$$D_k \circ (D_j \circ D_i) = D_k \circ D_{i+j} = D_{(i+j)+k} = D_{i+(j+k)} = D_{j+k} \circ D_i = (D_k \circ D_j) \circ D_i$$

交換法則

$$D_j \circ D_i = D_{i+j} = D_{j+i} = D_i \circ D_j$$

（茶色の対角線に関し対称であることからも分かる）

C₂

回転群

	＋（単位元 0）	・（単位元 1）
$\mathbb{N}$	0 のみが逆元を持つ	1 のみが逆元を持つ
$\mathbb{Z}$	すべての数が逆元を持つ（反数）	1 と −1 のみが逆元を持つ
$\mathbb{Q}$ $\mathbb{R}$ $\mathbb{C}$		0 でないすべての数が逆元を持つ（逆数）

D

数の集合の逆元

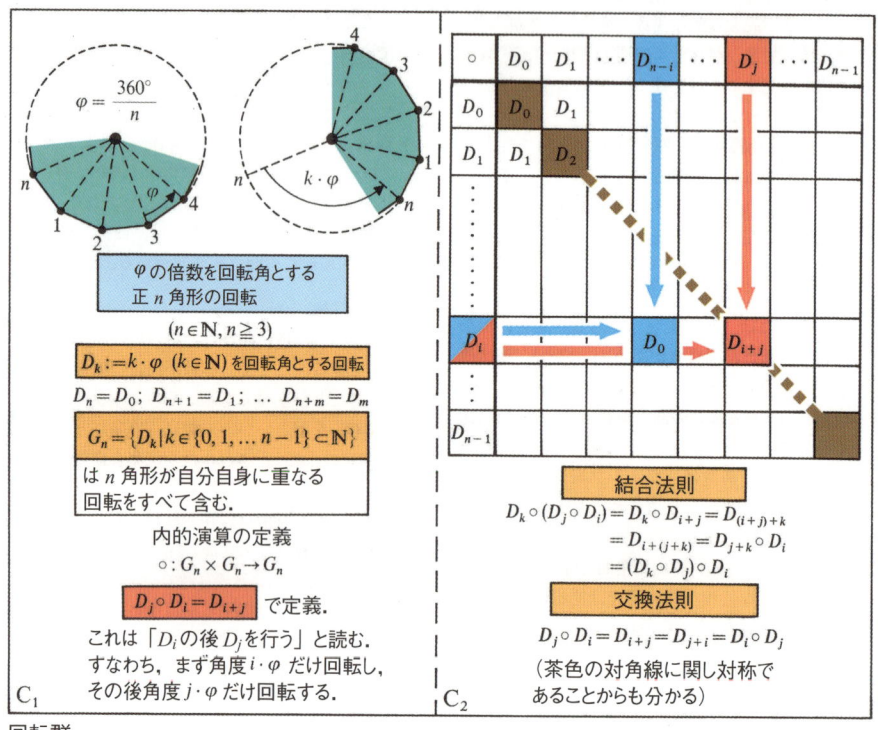

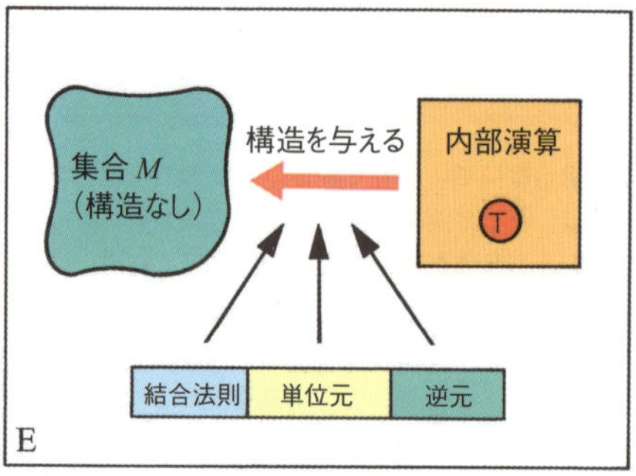

群構造

数を用いた計算プロセスの基本性質は，2 数の和と積，いわゆる「内部演算」が可能なことである．内部演算は数の集合でのみ定義されるわけではないので，内部演算の概念の一般的な把握が重要．

内部演算（内部結合）

空でない集合 M 内で，一般的な演算記号として「$\top$」（**と結合する**と読む）を定義．これは「$+$」，「$\cdot$」等を意味する．M としては数，幾何的対象等がある．

定義 1　任意の $(a,b) \in M \times M$ に対し $a \top b = c$ となる**唯一つの** $c \in M$ が存在するとき，$\top$ を集合 M **上の内部演算**と呼ぶ（図 A）．任意の (a,b) に対しそのような c が存在するとは限らなければ，$\top$ を M **内の内部演算**という．M 上の内部演算が定義される集合を $(M;\top)$ と表す．

注意　任意の内部演算は写像として定義される．$T \subseteq M \times M$ ならば $\top : T \to M$ を $(a,b) \mapsto a \top b$ で定義．M 上演算の一つは $T \subset M \times M$．

有限集合に関しては，（座標系に対応して）**結合表**で図示すれば結合の様子がよりよく表される（図 B）．

***M* 上の結合例**

a) $\mathbb{N},\mathbb{Z},\mathbb{Q},\mathbb{R},\mathbb{C}$ 上の $+$ と $\cdot$

b) 平面上の 1 点を中心とする回転の結合（図 C_1）

c) ベクトルの集合上の和とベクトル積 (p.181,183)

d) $\mathfrak{P}(M)$ 上の $\cap$ と $\cup$ (p.15)

e) (n,m) 行列の集合上の $+$ (p.79)

f) (n,n) 行列の集合上の $\cdot$ (p.79)

***M* 内の演算例**

g) $\mathbb{N}$ での $-, \div$，$\mathbb{Z}$ での $\div$

h) $\{1,2,\ldots,10\}$ での $+, \cdot$

内部演算について以下の一連の性質が導かれる．

結合法則

内部演算は 2 元に対してのみ定まるが，より多くの元に対しても定義されなければならない．

定義 2　$(M,\top)$ の任意の $a_i \in M$ $(i = 1,\ldots,n)$ に対し

$$a_1 \top \cdots \top a_n := (a_1 \top \cdots \top a_{n-1}) \top a_n$$
$$a_1 \top a_2 \top a_3 := (a_1 \top a_2) \top a_3$$

とする $(n \in \mathbb{N}, n \geqq 3)$．

定義を $a_1 \top a_2 \top a_3 := a_1 \top (a_2 \top a_3)$ としたときには，同じ結果が成立するとは限らない．

定義 3　$(a_1 \top a_2) \top a_3 = a_1 \top (a_2 \top a_3)$ を M の任意の元に対する $(M,\top)$ の**結合法則**という．

結合法則が成立すれば括弧の位置は自由で省略可能．数学的帰納法を使い，n 項の場合にも適用可能．

半群

定義 4　結合法則が成立する $(M,\top)$ を**半群**という．

例 a) から f) で，ベクトル積以外は半群となる．

単位元

$a \in \mathbb{N},\mathbb{Z},\mathbb{Q},\mathbb{R},\mathbb{C}$ の演算 $a+0=a$, $a \cdot 1 = a$ やベクトル演算 $\vec{a}+\vec{0}=\vec{a}$，または $A \in \mathfrak{P}(M)$ に対する $A \cup \emptyset = A$, $A \cap M = A$ では，$0, 1, \vec{0}, \emptyset, M$ は「単位元」の役割を持つ．他の元と結合しても自分自身になるからである．

定義 5　すべての $a \in M$ に対し $a \top e = a = e \top a$ が成立するとき，$(M,\top)$ での $e \in M$ を**単位元**という．

逆元

種々の代数的構造の違いは，$a \in M$ に対し $a \top a^{-1} = e$（e 単位元）となる $a^{-1} \in M$（加法では $-a$ とも表記）の存在の可否を問うことで明らかになる．

定義 6　単位元 e を持つ $(M,\top)$ 内で，$a \top a^{-1} = a^{-1} \top a = e$ のとき，$a^{-1} \in M$ を $a \in M$ の**逆元**という．

図 D の表は，数の集合の逆元の存在を説明している．

注意　逆元が存在すれば，逆演算の定義（数の集合の減法および除法等）が可能になる．

群

逆元が存在する内部演算を持つ集合は，特に重要な代数的構造で，これは半群に条件 II と III を追加したものである．

定義 7　$(M,\top)$ が次の性質を持てば**群**と呼ぶ．

I) 結合法則が成立し，II) 単位元が存在し，

III) **任意の**元が逆元を一つ持つ．（図 E）

定義 8　任意の $a,b \in M$ に対し $a \top b = b \top a$ のとき群 $(M;\top)$ を**可換**（または**アーベル**）群という．群の元の個数が有限ならば**有限群**，他の場合を**無限群**という．

群の例　$(\mathbb{Z};+)$,$(\mathbb{Q};+)$,$(\mathbb{R};+)$,$(\mathbb{C};+)$,$(\mathbb{Q}\backslash\{0\};\cdot)$, $(\mathbb{R}\backslash\{0\};\cdot)$, $(\mathbb{C}\backslash\{0\};\cdot)$（図 D）．

$n \geqq 3$ 元の有限群の例．n 角形（図 C）の回転全体の集合（単位元は D_0，D_i の逆元は D_{n-i}．結合法則が添数集合に対し成立）．

2 元または 1 元の群（p.30，図 C）．

図 B の集合 M（**クラインの四元群**）．

例 e), f)（p.81．ただし正則行列に制限）．

（最後の例以外，引用した群はすべて可換）．

定義 9　有限群 G の**位数** $|G|$ とは G の元の個数．

注意　定義 5 と 6 で一方の等式のみを考えれば，**右単位元**，**左単位元**，**右逆元**，**左逆元**が定義される（例：右逆元 $a \top a^{-1} = e$）．

群の公理の下では，右単位元，右逆元の存在のみ仮定すれば，それらは左単位元，左逆元でもあり，しかも一意的であることが証明される (p.63)．

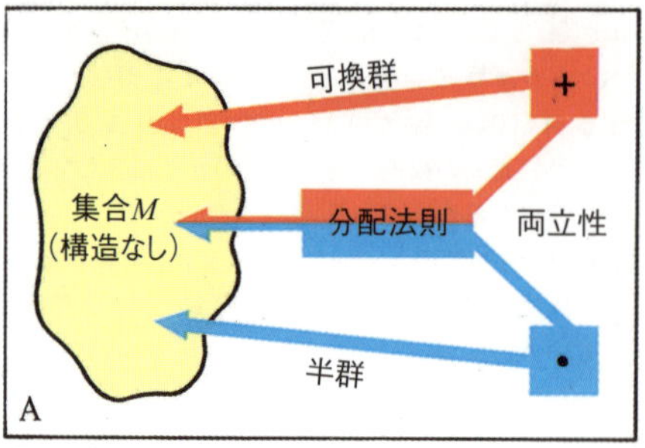

環の構造

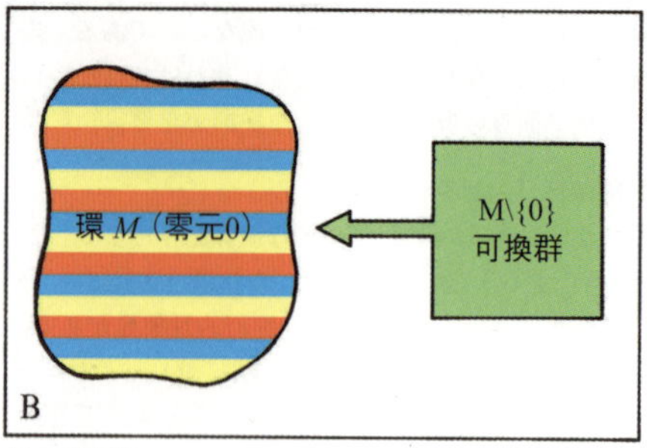

体の構造

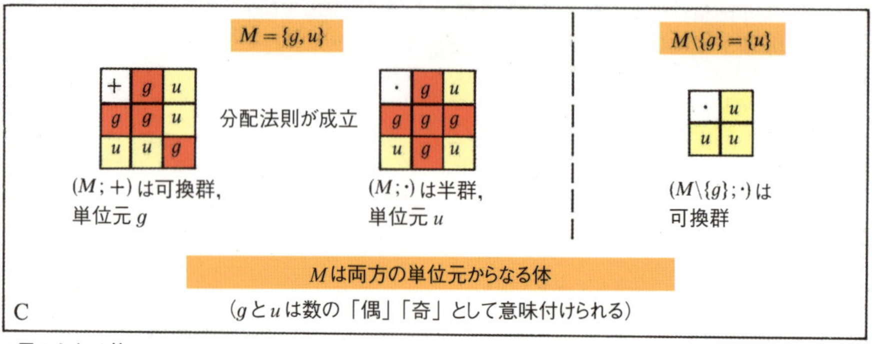

2元からなる体

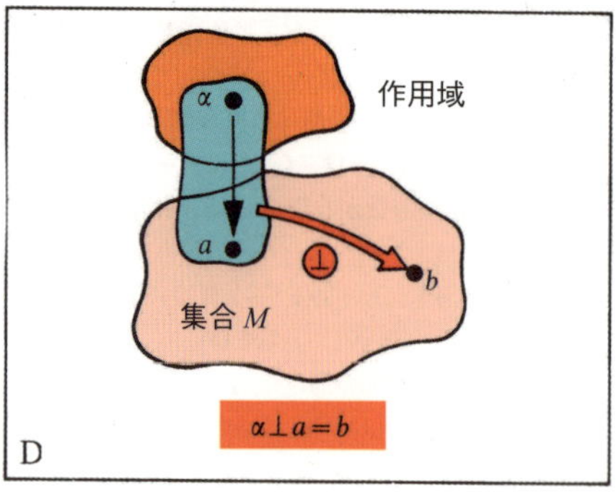

外部演算

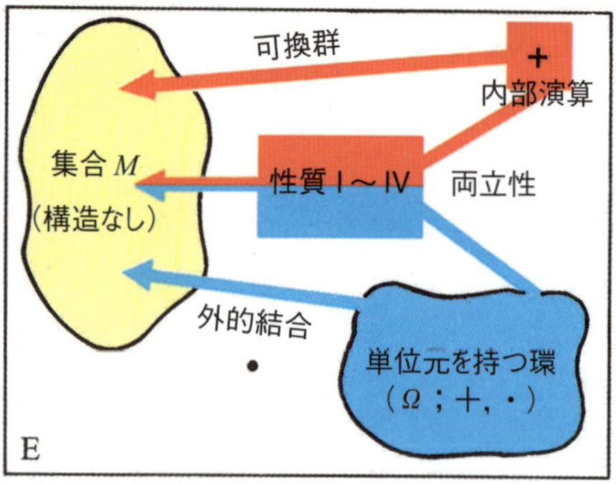

Ω 加群の構造

$G_n = \{D_k \mid k \in \{0, 1, \dots n-1\} \subset \mathbb{N}\}$

（p.28，図Cによる）

作用域 $\mathbb{Z}$ を持つ外部演算の定義

$\mathbb{Z} \times G_n \to G_n$ を次で定義：

$(z, D_k) \mapsto z \cdot D_k$

ここで $z \cdot D_k = \begin{cases} D_{z \cdot k} & (z \geqq 0) \\ D_{|z| \cdot (n-k)} & (z < 0) \end{cases}$

$D_{z \cdot k}$ は $k \cdot \varphi$ を中心角とする回転として意味付けられる．

F

$\mathbb{Z}$ 加群の例

環，整域

代数構造化された集合のうちで，二つの内部演算を持つものが特に重要．数の集合内での計算の類似として考えることから，演算記号として $+$（和）と $\cdot$（積）を取る．構造が統一的であるために演算間の両立性が必要で，そのため次のように定める．

定義 10　すべての $a, b, c \in M$ に対し，
$a \cdot (b+c) = a \cdot b + a \cdot c$ と
$(a+b) \cdot c = a \cdot c + b \cdot c$
が成立すれば，$(M; +, \cdot)$ で**左分配法則**および**右分配法則**が成立するという．

注意　積が可換ならば，一方のみ成立すればよい．

$\mathbb{Z}$ の構造は，数集合の内で特別な位置を占める．$(\mathbb{Z}, +)$ は可換群．$(\mathbb{Z}, \cdot)$ は単位元 1 を持つ半群．そのような代数的構造は実り多い結果をもたらす．

定義 11　次の条件 I, II, III を持つとき，$(M, +, \cdot)$ を**環**（図 A）という．
I. $(M, +)$ は可換群，
II. $(M, \cdot)$ は半群，
III. 分配則．
$+$ に関する単位元 0 を**零元**という．すべての $a \in M$ に対し $a \cdot 1 = 1 \cdot a = a$ となる**単位元** 1 が存在すれば，**1 を持つ環**と呼ぶ．積が可換のとき，その環を**可換環**という．

注意　a の逆元は $-a$ と表され，$a \cdot (-b) = (-a) \cdot b = -a \cdot b$, $(-a) \cdot (-b) = a \cdot b$ が成立．

例　$+$ と $\cdot$ を持つ $\mathbb{Z}, \mathbb{Q}, \mathbb{R}, \mathbb{C}$ は環．(n, n) 行列の環．剰余環．多項式環．

環分配則から 0 の役割が決まる．すなわち，
$a = 0 \vee b = 0 \Rightarrow a \cdot b = 0$.
逆に $a \cdot b = 0 \Rightarrow a = 0 \vee b = 0$ が成立すれば，環は**零因子を持たない**という．$a \cdot b = 0$ となる $a \neq 0$ と $b \neq 0$ が存在するとき a と b を**零因子**という（例．行列環，剰余環）．

定義 12　単位元 $1 (1 \neq 0)$ を持つが，零因子を持たない可換環を**整域**という．

体

環構造のうちで最も重要なものは，積に関する単位元以外の元に対し，積に関する逆元が存在する構造．この場合，すべての $a \in M$ に対して $0 \cdot a = 0 \neq 1$ が成立するので，零元に対しては逆元が存在しない．（集合が少なくとも 2 元を含むなら，零元と単位元は常に異なることが示される．）よって，M が環構造を持つなら，積に関する逆元は $M \backslash \{0\}$ でのみ存在する．

定義 13　I. $(M; +, \cdot)$ が環，かつ
II. $(M \backslash \{0\}; +, \cdot)$ が可換群（図 B）のとき，
$(M; +, \cdot)$ を**体**，II で可換性を放棄するとき，$(M; +, \cdot)$ を**斜体**という．

注意　a^{-1} は a に対する逆元を表す．

例　$+$ と $\cdot$ を持つ $\mathbb{Q}, \mathbb{R}, \mathbb{C}$，剰余体，二元体（図 C）．

どの体にも同じように，減法や 0 によらない除法を定義できる．すなわち $a - b := a + (-b)$, $c/d = c \cdot d^{-1}$.

外部演算（外部合成）

内部演算の他にも，外部演算が重要な代数構造となる．この場合には，集合 $M \neq \emptyset$ の**作用域**という他の集合が必要となる．作用域の元が M の元と結合し，M の元となる．演算記号として $\perp$ を使用する．

定義 14　**任意の** $(\alpha, a) \in \Omega \times M$ に対し，**唯一つ** $b \in M$ が存在し $\alpha \perp a = b$ ならば，$\perp$ を作用域 Ω との集合 M **上外部演算**という．任意の (α, a) に対し，そのような b が存在すると限らなければ，$\perp$ は $\boldsymbol{M}$ **内外部演算**という（図 D）．$\boldsymbol{M}$ **上外部演算**を定義する集合を $(M, \Omega; \perp)$ で表す．

注意　任意の外部演算は写像として定義可能．$T \subseteq \Omega \times M$ とし，$\perp : T \to M$ を $(\alpha, a) \to \alpha \perp a$ で定義．$T = \Omega \times M$ に対し M 上外部演算を扱う．一般に，作用域としては環と体を用いる．

$\Omega = M$ のとき，内部演算は外部演算と同等として扱うことができる．

例　ベクトル集合上のスカラーとの積 $(\Omega = \mathbb{R})$，
回転の倍数 $(\Omega = \mathbb{Z})$（図 F），
行列とスカラーの積 $(\Omega = \mathbb{R})$.

加群，ベクトル空間

例のように，外部演算は内部演算と関連して現れることが多い．このとき，作用域は 1 を持つ環（$\mathbb{Z}$ 等）や体で，作用域の内部演算は $+$ と $\cdot$ なので，M 上外部演算 $\cdot$ と M 上内部演算 $\cdot$ の区別が必要．

定義 15　$(M; +)$ を可換群，$(\Omega; +, \cdot)$ を 1 を持ち Ω に関する M 上外部演算 $\cdot$ を持つ環とする．このとき，すべての $a, b \in M$ と $\alpha, \beta \in \Omega$ に対し，
I. $\alpha \cdot (a+b) = \alpha \cdot a + \alpha \cdot b$
II. $(\alpha + \beta) \cdot a = \alpha \cdot a + \beta \cdot a$
III. $(\alpha \cdot \beta) \cdot a = \alpha \cdot (\beta \cdot a)$
IV. $1 \cdot a = a$　　（図 E）
が成立するとき $(M; +, \Omega; \cdot)$ を**環 Ω 上加群**（または単に **Ω 加群**）という．

性質 I から III は，四演算の保存性を決定づける．

例　（$+$ に対応する）内部演算 $\circ$ と，（$\cdot$ に対応する）外部演算 $\cdot$ を持つ回転の集合は，$\mathbb{Z}$ 加群（図 F）．
単位元を持つ任意の環（任意の体）は自分自身の上の加群．
環の乗法は外部演算とみる．

特に，作用域が体の加群は特別な役割を果たす．

定義 16　Ω 加群の作用域が体ならば，その加群を**体 Ω 上ベクトル空間**という．

例　ベクトルの集合は体 $\mathbb{R}$ 上ベクトル空間．
任意の体は自分自身の上のベクトル空間．

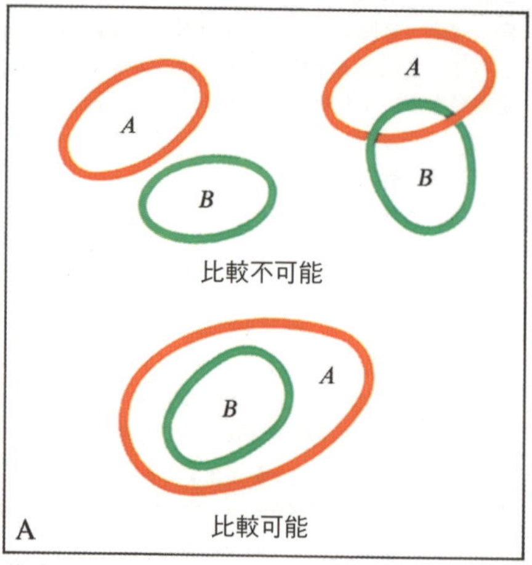

集合の比較可能性

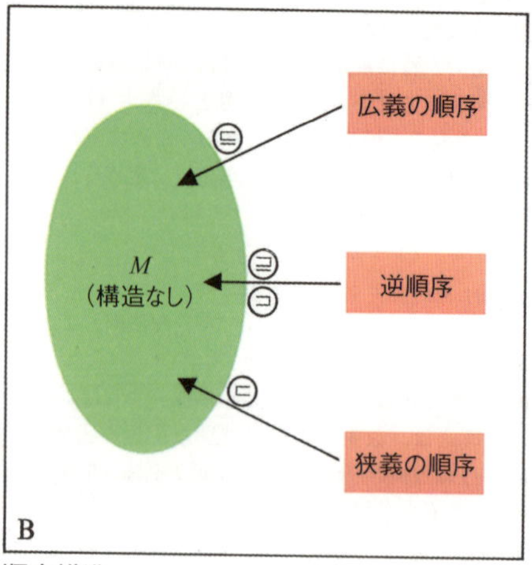

順序構造

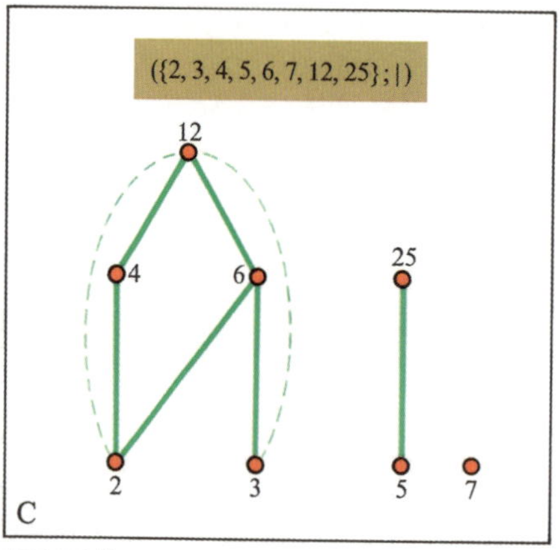

順序図式

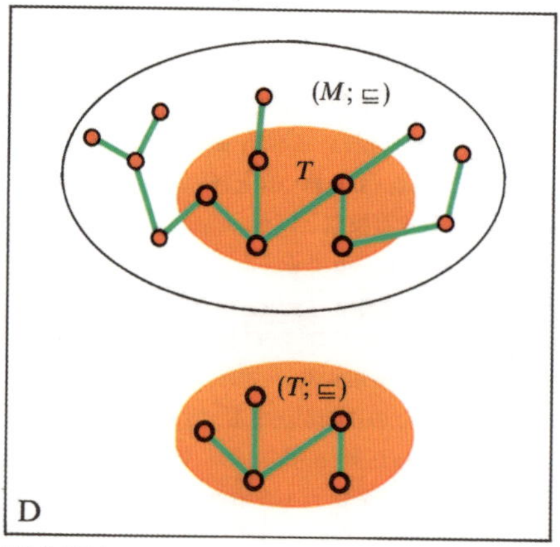

部分順序

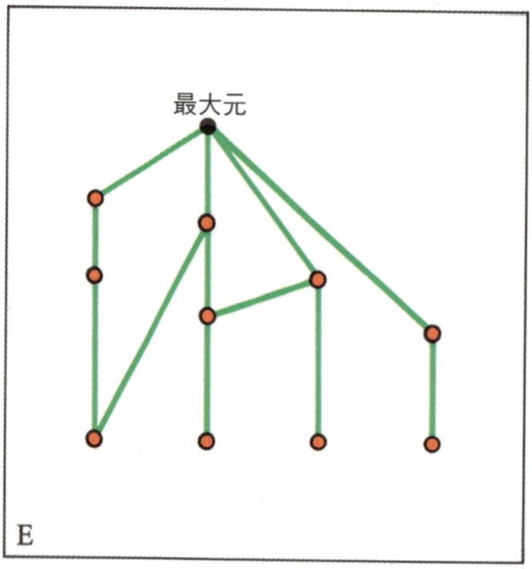

最大元

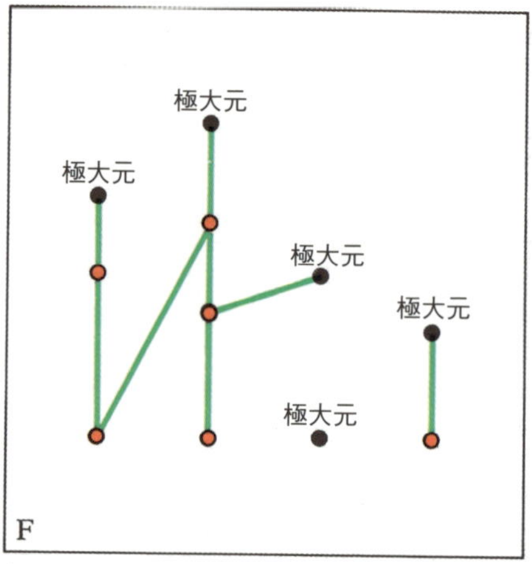

極大元

集合 $\mathbb{N},\mathbb{Z},\mathbb{Q},\mathbb{R}$ では，関係 $\leqq$ により任意の 2 数を比較でき，集合内で「順序」を決められる．集合系内では，関係 $\subseteq$ により集合の比較をできるが，2 集合が常に比較可能とは**限らない**（図 A）．上記の二つの関係のどちらも，比較の基礎的特徴を有する (p.13)．すなわち，

(1) 任意の元は自分自身と比較可能（反射律）
(2) a と b, b と a が比較可能ならば $a=b$（対称律）
(3) a が b と，b が c と比較可能ならば，a は c と比較可能（推移律）

上の性質は，数で既知の順序概念の一般化に基づく．一般比較（任意の 2 元の比較可能性）は放棄．

順序関係，順序集合

定義 1　$M\times M$ の部分集合 $\sqsubseteq$ が反射的かつ対称的かつ推移的 (p.21) ならば，$\sqsubseteq$ を**順序関係**，$(M;\sqsubseteq)$ を**順序集合**という．

注意　$\sqsubseteq$ は「小さいまたは等しい」と読む．

順序集合の例

$(\mathfrak{P}(M),\subseteq)$ ならびに $\subseteq$ を有する任意の集合系．
$(\mathbb{N};\leqq)$（$\mathbb{Z},\mathbb{Q},\mathbb{R}$ も同様）．
可約性もまた $\mathbb{N}$ における順序関係．

狭義の順序関係

関係 $<$ は反射律をみたさず数の集合では順序関係で**はない**．任意の集合系の $\subset$ に対しても同様．しかし，反射律のかわりに他の性質 $a<b\Rightarrow\neg(b<a)$ ならびに $A\subset B\Rightarrow\neg(B\subset A)$，すなわち「関係の非対称性」(p.21) により狭義の順序関係を定義可能．

定義 2　$M\times M$ の部分集合 $\sqsubset$ が非対称かつ推移的ならば，$\sqsubset$ を**狭義の順序関係**，$(M;\sqsubset)$ を**狭義の順序集合**という．

注意　$\sqsubset$ は「より小さい」，「真に小さい」と読む．

順序構造の構成

反射律が成立しないため，狭義の順序関係は決して順序関係にはならず，逆もまた真．それでもなお，順序構造の構成に関し両方とも同等とみなす．この事実は，任意の順序関係は同一集合上で狭義順序関係を誘導し，また逆も成立する．反射律を特徴付ける**対角線** $D:=\{(x,x)|x\in M\}$ が橋渡し的役割を担う．

$\sqsubseteq$　順序関係 $\Rightarrow\sqsubseteq\setminus D$ 狭義の順序関係，
$\sqsubset$　狭義の順序関係 $\Rightarrow\sqsubset\cup D$ 順序関係．

元についてみるとこれは以下を意味している．

$x\sqsubseteq y\Leftrightarrow x\sqsubset y$ または $x=y$,
$x\sqsubset y\Leftrightarrow x\sqsubseteq y$ かつ $x\neq y$.

よって，$\sqsubseteq$ と $\sqsubset$ は同等に適用できる（図 B）．$\sqsubseteq$ と $\sqsubset$ の逆順序関係 $\sqsupseteq$ および $\sqsupset$ に対しても同様．すなわち

$x\sqsupseteq y:\Leftrightarrow y\sqsubseteq x$ ならびに $x\sqsupset y:\Leftrightarrow y\sqsubset x$.

順序関係 $\subseteq,\subset,\leqq,<$,「…は～の約数」に関する順序は，逆順序関係 $\supseteq,\supset,\geqq,>$,「…は～の倍数」と対応．

線形順序集合

集合の任意の 2 元の比較から線形関係が成立 (p.21).

定義 3　$\sqsubseteq$ が線形順序関係ならば，$(M;\sqsubseteq)$ を**線形順序集合**（または**連鎖**）という．

例　$\leqq$ を持つ $\mathbb{N},\mathbb{Z},\mathbb{Q},\mathbb{R}$ は線形順序集合.
それに反し $(\mathfrak{P}(M);\subseteq)$ と $(\mathbb{N};|)$ は非線形順序集合.

順序図式（ハッセ図式）

有限集合の順序構造は，簡単な場合には**順序図式**（ハッセ図式）を使い包括的図示可能.

$a\sqsubset b$ または $a\sqsubseteq b$ が成立すれば，集合の任意の元を図上の点に対応させ，a の上に b を描き a と結ぶと取り決める．さらに，「a と結ばれた他の点の上に b があれば，b は a と結ばない」（推移律）と，取り決めて，ab を結ばない．図 C はこの方法で図示されたものである．

$a\sqsubseteq b$ かつ $\forall x(a\sqsubseteq x\sqsubseteq b\Rightarrow a=x$ または $b=x)$ ならば，b を a の上隣接元として表す．有限順序関係集合の元は「連鎖」（定義 3）の形に順序付け可能．よって，$\mathbb{N},\mathbb{Z},\mathbb{Q},\mathbb{R}$ の有限集合の順序関係は「数直線」上で図示可能.

部分順序

集合 M の順序構造を部分集合 T 上に制限すれば，**部分順序**になる（図 D）．M の構造は T 上に継承される．しかし，一般に部分順序は上の集合の順序より特別なものである（M は連鎖ではないが，図 C では例えば $\{2,4,12\}$ は連鎖）．部分順序を使い「もっと上の集合」の構造を調べることが可能（例えば**ツォルンの補題**，p.35）．その場合，以下の概念が必要.

最大元，極大元

（以下では M を順序集合とする.）

定義 4　$g:=\max M$: M の**最大元**（図 E）
$:\Leftrightarrow g\in M$ かつ $\exists x(x\in M\Rightarrow x\sqsubseteq g)$.

図 C のように，順序集合では最大元が存在するとは限らない（存在すれば一意的）．しかし，図 C からこの順序集合にはこの集合の元と比較可能な相対的最大元が存在 (12,25,7)．それらを極大元と呼ぶ.

定義 5　m : M の**極大元**（図 F）
$:\Leftrightarrow m\in M$
かつ $\exists x((x\in M\wedge m\sqsubseteq x)\Rightarrow x=m)$

順序集合は全体としていくつ極大元を含んでもよい（図 C,F）．それに反し，線形順序集合は，極大元を持つとすれば高々一つ，すなわち最大元のみ．極大元の存在に関しては，ツォルンの補題 (p.35) がある.

注意　**最小**元および**極小**元の概念も同様に $\sqsupseteq$ を使い定義可能.

A $S=\{s_1, s_2, s_3\}=\{T\text{の上界}\}$ $(M; \subseteq)$

上界

B $s_2=(S)=(T)$ $(M; \subseteq)$

上限

C

$T\text{の極大元}$ ⇐ $T\text{の最大元}$ ⇒ $T\text{の上限}$ ⇒ $T\text{の上界}$

Tに属せば

最大元，極大元，上界，上限の関係

D $(\mathbb{Q}; \leq)$ および $T:=\{x \mid x \in \mathbb{Q}^+ \wedge x^2 \leq 2\}$ が与えられているとする．

x は面積が $x^2 \leq 2$ である正方形の1辺の長さと解釈される．

$\mathbb{Q}$ の部分集合 T の上界は存在する．例えば，1.5，1.42，1.415 等．つまり，T は上に有界である．

$\mathbb{Q}$ の部分集合 T の上限は存在しない．なぜなら $\sqrt{2} \notin \mathbb{Q}$ （「実数」p.48. 図A 参照）

しかし $(\mathbb{R}; \leq)$ で考えれば，T は明らかに $\sqrt{2}$ を $\mathbb{R}$ における上限として持つ．一般に，以下が成立する．

$(\mathbb{R}; \leq)$ 内では，$\mathbb{Q}$ の任意の上に有界な部分集合は上限を持つ（上限定理．p.49）

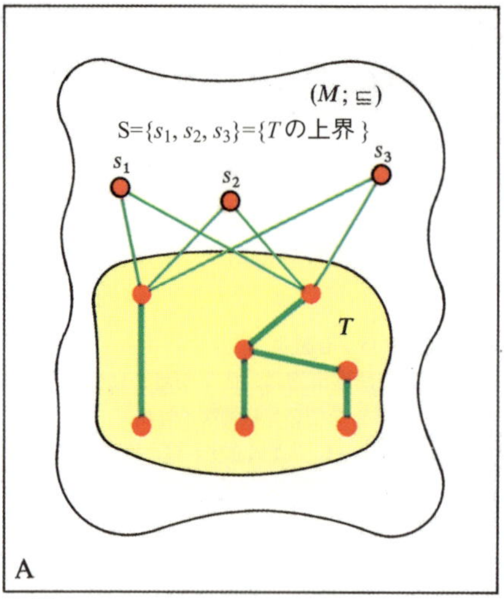

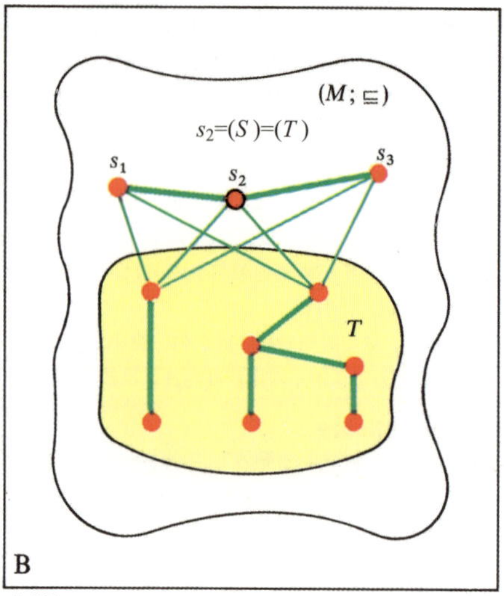

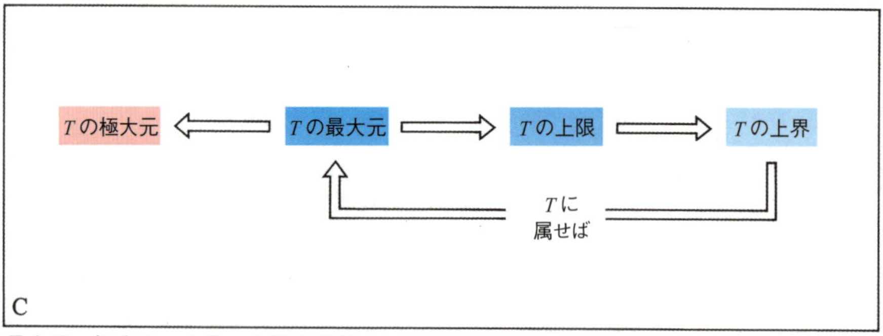

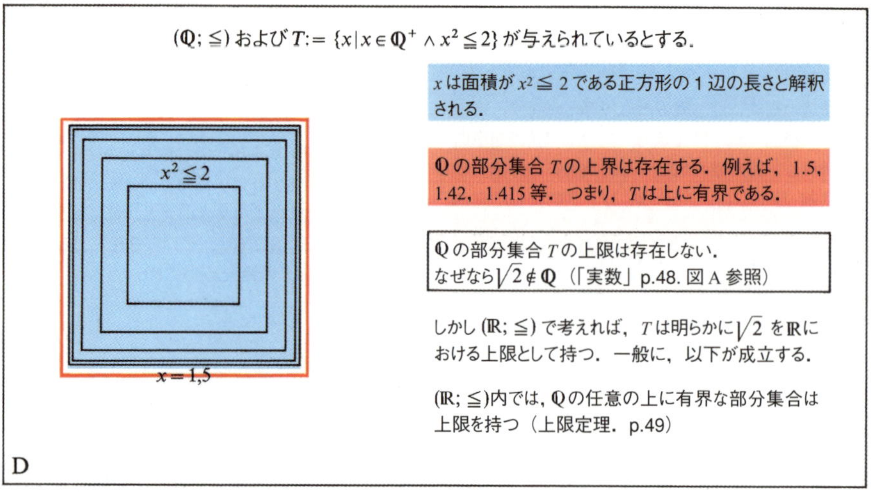

上限を持たない $\mathbb{Q}$ の有界部分集合

上界，上限

集合の最大元の概念は，定義 4 により部分順序にも適用される．部分集合 T に最大元が存在しないなら，T のすべての元と比較可能な元 s が M 内に必ず存在．すなわち，s は $(T \cup \{s\})$ の最大元となる．例えば，$(\mathbb{Q}, \leqq)$ の部分集合 $F := \{x \mid x = 1 - \frac{1}{n}, n \in \mathbb{N} \backslash \{0\}\}$ をみたす数 $1, \frac{3}{2}, 2$ は，この性質を持つ．

定義 6　$s : T$ の**上界**（図 A）

$:\Leftrightarrow T \subseteq M$

かつ $s \in M$ かつ $\exists x (x \in T \Rightarrow x \sqsubseteq s)$.

s が存在すれば，T は**上界**を持つという．

注意　定義 6 により，部分集合の最大元が存在すれば一つの上界．ゆえに，上界の概念を最大元の概念の拡張とみなす．

$s : T$ の上界 $\Leftrightarrow s : (T \cup \{s\})$ の最大元

有界な部分集合に対し，すべての上界の集合 S を考察可能で，S の最小元が問題となる．上で与えられた集合 F に対して $S = \{x \mid x \in \mathbb{Q}$ かつ $x \geqq 1\}$ および $1 = (S$ の最小元$)$．一般には，そのような「**最小上界**」（上限）は存在するとは限らない（図 D）．

定義 7　$o := \sup T : T$ の**上限**（図 B）

$:\Leftrightarrow T \subseteq M$ かつ $S = \{s \mid s : T$ の上界$\}$

かつ $o = \min(S)$

定義 7 からただちに，部分集合の上限は存在すれば一意的（下限も同様）．最大元，極大元，上界，上限の間の関係は図 C のとおり．

注意　上限の概念は，無理数による集合 $\mathbb{R}$ への $\mathbb{Q}$ の完備化等のように，多くの完備化プロセスで重要な役割を果たす．

$(\mathbb{Q}; \leqq)$ では，**どの**有界部分集合にも上限があるというわけでは**ない**（図 D）．無理数が導入されている $(\mathbb{R}; \leqq)$ はこの性質を備えている (p.49)．

注意　**下界**，**下限**ならびに $\inf T$ に関しても同様．

整列集合，整列性

順序関係の線形性は，任意の 2 元からなる部分集合（のみならず空でない任意の有限部分集合）が最小元を持つことと同値．すなわち以下が成立する．

$a \sqsubseteq b$ または $b \sqsubseteq a$

$\Leftrightarrow \forall c\ (c \in \{a, b\}$，かつ c は $\{a, b\}$ の最小元$)$

この視点からは，完全順序集合 $(\mathbb{N}; \leqq)$ と $(\mathbb{Z}; \leqq)$ を比較すると，$(\mathbb{Z}; \leqq)$ よりも $(\mathbb{N}; \leqq)$ はもっと重要であることが分かる．$(\mathbb{N}; \leqq)$ では，**各無限部分集合**（また $\mathbb{N}$ 自身）の中に最小元が存在し，$(\mathbb{Z}; \leqq)$ に対しては成立しない（$\mathbb{Z}$ 自身，または $\{0, -1, -2, \ldots\}$ は最小元を持たない）．$(\mathbb{N}; \leqq)$ においても特別な線形関係順序が存在．

定義 8　順序集合 $(M; \sqsubseteq_w)$ は，M の空でない任意の部分集合が最小元を持てば，**整列集合**という．この場合，$\sqsubseteq_w$ を**整列順序関係**という．

整列性からは線形性（上記参照）が導かれる．すなわち，任意の整列集合は連鎖である（p.33，線形順序集合）．逆は成立しない．

$(\mathbb{Z}; \leqq)$ は連鎖であるが整列ではない（上記参照）．

整列性から得られる注目すべき結果は，整列集合の任意の元は最大元でなければ，整列順序関係の意味においてちょうど一つ直後に後続の元を持つという性質（自然数，p.43）．誤解が生じない限り，整列集合を「数列」と言い表す．

例　$(\mathbb{N}; \leqq)$ とすべての有限連鎖は整列である．$\mathbb{Z}$ は，順序列 $(0, 1, -1, 2, -2, \ldots)$ から容易にわかる他の整列順序関係を導入して $(z_i \sqsubseteq_w z_k :\Leftrightarrow i \leqq k)$ と整列にできる．

$(\mathbb{Q}; \leqq)$ と $(\mathbb{R}; \leqq)$ は整列ではない．それらは $(\mathbb{Z}; \leqq)$ を部分順序として含む．

$\mathbb{Q}$ に対してはまた数列（対角線論法，p.25）で整列順序を定義できる．この方法は，$\mathbb{R}$ は非可算となるため，$\mathbb{R}$ には適用不可能．今までのところ $\mathbb{R}$ に整列性を定義することには成功していない．

整列定理（下記参照）の成立を仮定すると，任意の集合（$\mathbb{R}$ もまた）整列順序にすることができる．

注意　整列順序を考察することは，濃度を導入する根拠となる (p.37)．

ツォルンの補題，整列定理

少し古い数学の文献には，無限集合に関する証明の補助手段として超限帰納法 (p.39) とともに**整列定理**

「**任意の集合は整列順序にできる．**」

が頻繁に用いられている．整列定理は公理的集合論 (p.19) の選択公理の結果として成立．逆に，整列定理から選択公理が導かれる．したがって，選択公理への批判 (p.19) は同値な整列定理にも向けられる．このように，整列性の**存在**のみは保証されるが，一般に関係そのものに関していえば，考察の対象としている集合上の順序構成とは結びつけられないという事実は，整列定理を適用してもまだ不十分であることを意味している．

任意の線形順序部分集合が上限を持つ順序集合は少なくとも一つ極大元を持つ．

という整列定理に同値な**ツォルンの補題**により，この欠陥を除去可能．

注意　「任意の線形順序部分集合が上限を持つ」という性質を備えた順序集合を，**帰納的順序**集合という．

したがって，整列定理のかわりにツォルンの補題を適用すれば，与えられた集合の「順序」構造と「関係」を結びつけることができる．こうすると，証明は一般により明確でより短くなる．

次の「**強い意味のツォルンの補題**」が有用である．

$(M; \sqsubseteq)$ が帰納的順序であれば，任意の $x \in M$ に対して $x \sqsubseteq m$ である極大元 m が存在する．

(1)		$(\mathbb{N}; \leqq) := (0, 1, 2, \ldots)$	$0=$ 最初の数，最後の数なし
(2)		$(\mathbb{N}; \sqsubseteq_1) := (\ldots, 2, 1, 0)$	最初の数なし．$0=$ 最後の数
(3)		$(\mathbb{N}; \sqsubseteq_2) := (\ldots, 5, 3, 1, 0, 2, 4, \ldots)$	最初の数，最後の数ともになし
(4)	$(\mathbb{N} \cup \{-1\}; \sqsubseteq_3) := (0, 1, 2, \ldots, -1)$		$0=$ 最初の数，$-1=$ 最後の数，最後の数に対し直前の数は存在しない．
(5)	$(\mathbb{N} \cup \{-1, -2\}; \sqsubseteq_4) := (0, 1, 2, \ldots, -1, -2)$		$0=$ 最初の数，$-2=$ 最後の数，-1 が最後の数の直前の数．
(6)		$(\mathbb{N}; \sqsubseteq_5) := (2, 3, 4, \ldots, 0, 1)$	$2=$ 最初の数，$1=$ 最後の数，0 が最後の数の直前の数．

A

対等性と順序構造

$(M_1; \sqsubseteq_1) \cong (M_2; \sqsubseteq_2) \wedge \sqsubseteq_1$ 整列 $\Rightarrow \sqsubseteq_2$ 整列

$\mathfrak{M}/\cong$
順序型の集合

$\mathfrak{M}_{nw}/\cong$
（$\leqq$ 反対称性なし）

$\mathfrak{M}_{w}/\cong$
順序数の集合
（$\leqq$ 反対称性あり）

B

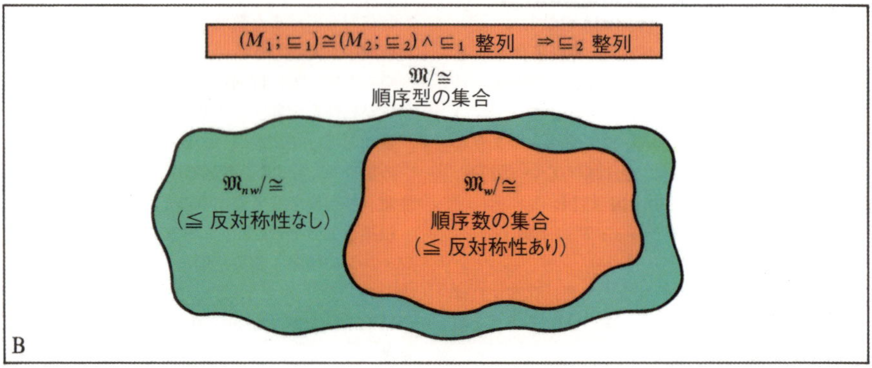

順序型の集合の類別

$A = \{x \mid x \in \mathbb{Q} \wedge -2 < x \leqq -1\}$ $B = \{x \mid x \in \mathbb{Q} \wedge 1 \leqq x < 2\}$

$(A; \leqq)$ と $(B; \leqq)$ は順序同型ではない．なぜなら A は最大元を持つが，B は持たない．

$C = \{x \mid x \in \mathbb{Q} \wedge 1 < x \leqq \frac{3}{2}\}$ $D = \{x \mid x \in \mathbb{Q} \wedge -\frac{3}{2} \leqq x < -1\}$

次の命題が成立する．$C \subset B$ かつ $(C; \leqq) \cong (A; \leqq)$ 他方，$D \subset A$ かつ $(C; \leqq) \cong (B; \leqq)$，

すなわち，$otyA \leqq otyB$ かつ $otyB \leqq otyA$ であるが，$otyA \neq otyB$

$f: C \to A$ を
$x \mapsto f(x) = 2x - 4$
で定義．

$g: D \to B$ を
$x \mapsto g(x) = 2x + 4$
で定義．

C

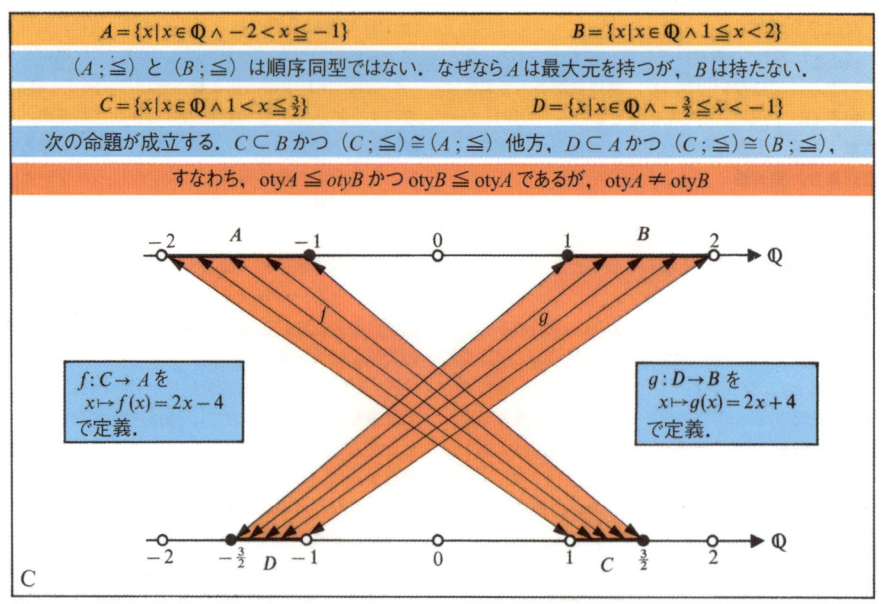

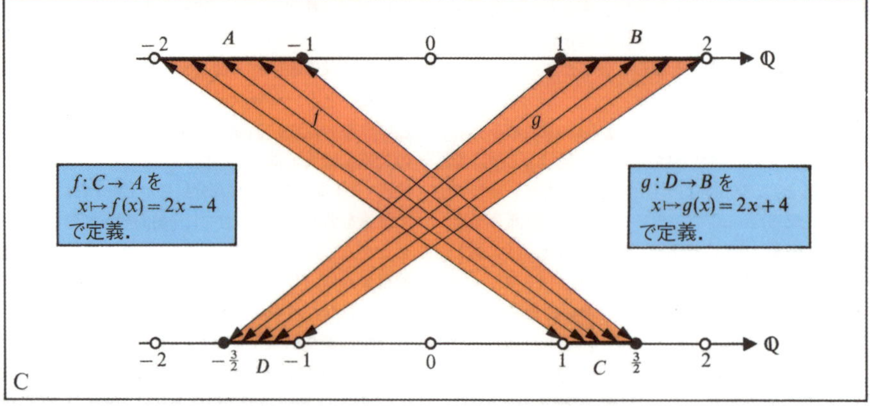

反対称性が成立しない例

基数 (p.25) を集合の元の「個数」としてみることができる．その場合，二つの**構造化されていない**集合を，全単射の写像を使い比較して考察を進めるとする．これと，集合の「元を一つ一つ数え上げること」は，区別しなければならない．ここで，集合の元にはある一定順序が与えられ，任意の元の順序内での「位置」は一意的に固定されていることを出発点とする．つまり，「数え上げること」に対しては**順序構造**を前提条件とする．

図 A の（いくつかの）集合は，濃度に関しては区別不可能であるが，順序に関しては違いが生じる．(2) と (3) では，最初の数（最小数）がないので「数え上げ」不可能．(5) と (6) では順序構造に違いがないので，「数え上げ」に関しては同じ．(1),(4),(5) では同じにはならない．

構造保存全単射写像（相似写像等，下記参照）を使い順序集合を比較可能．「数え上げ」は順序数の概念（特に順序型等，下記参照）を使い正確に把握可能．

相似写像

定義 1　$(M;\sqsubseteq_1)$, $(N;\sqsubseteq_2)$ を順序集合，$f{:}M \to N$ を写像とする．

(a) f **単調** $:\Leftrightarrow \forall x \forall y (x \sqsubseteq_1 y \Rightarrow f(x) \sqsubseteq_2 f(y))$

(b) f **相似** $:\Leftrightarrow f$ 全単射 かつ f, f^{-1} 単調

相似写像が存在すれば，$(M;\sqsubseteq_1)$ と $(N;\sqsubseteq_2)$ は**相似**といい，$(M;\sqsubseteq_1) \cong (N;\sqsubseteq_2)$ と表す．

相似集合は同等の（同型）順序を持ち，順序理論的には識別不可能．図 A に挙げた順序 (1) から (5) までは互いに相似ではなく，(5) と (6) は相似．

注意　相似写像は全単射であるので，相似集合は同濃度．逆は一般には成立しない（図 A）．

順序型

$\cong$ は順序集合の任意の集合系 $\mathfrak{M}$ における同値関係 (p.21) であるので，相似な二つの順序集合の性質は類の性質を持つ．証明は次の性質による．

(1) 1_M は相似，(2) f 相似 $\Rightarrow f^{-1}$ 相似

(3) f 相似 かつ g 相似 $\Rightarrow g \circ f$ 相似

これにより，商集合は相似集合の類からなる．

定義 2　商集合 $\mathfrak{M}/\cong$ の元を**順序型**という．

順序型は，任意の順序集合と自然に対応する (p.21)．順序型対応 oty を次のように定義する．

$$\mathrm{oty} : \mathfrak{M} \to \mathfrak{M}/\cong,$$
$$(M;\sqsubseteq) \mapsto \mathrm{oty}(M;\sqsubseteq) = [\![(M;\sqsubseteq)]\!]$$

次の命題が成立するが，逆は成立しない（図 A）．

$$\mathrm{oty}(M;\sqsubseteq_1) = \mathrm{oty}(N;\sqsubseteq_2)$$
$$\Rightarrow \mathrm{card}(M) = \mathrm{card}(N)$$

注意　整列性は相似写像では不変（図 B）．よって $\mathfrak{M}/\cong$ は，整列集合のすべての順序型の類 $\mathfrak{M}_w/\cong$ と，$\mathfrak{M}$ の非整列集合のすべての順序型の類 $\mathfrak{M}_{nw}/\cong$ との，互いに素な 2 類に分割される．

順序型の比較可能性

相似集合は互いに同濃度であるので，基数 (p.25) を順序関係とする順序型に対し，順序関係 $\leqq$ は保存される．その関係と整合性を持つ定義は次のものである．

$$\mathrm{oty}(A;\sqsubseteq_1) \leqq \mathrm{oty}(B;\sqsubseteq_2)$$
$$:\Leftrightarrow \exists C (C \subseteq B \text{ かつ } C \cong A)$$

ここで，C は B の部分順序（p.25）．

この関係は反射的かつ推移的ではあるが**非対称的**（図 C）．ゆえに，順序関係ではない．

整列集合の順序型の類 $\mathfrak{M}_w/\cong$ に制限すれば，対称性もみたす（定理 1 の結果）．

順序数

定義 3　整列集合の順序型を**順序数**（序数）といい，$\mathrm{ord}(M;\sqsubseteq_w)$ と表す（図 B）．

注意　ord は，写像 oty の $\mathfrak{M}$ のすべての整列集合の部分集合 $\mathfrak{M}_w$ への制限と考えられる．

上で定義された関係 $\leqq$ を順序数に制限すれば，**順序関係**が存在．整列集合の特別な構造から，関係が**線形**のみならず**整列**であることになる．対称性と線形性は以下の定理より得られる．

定理 1　任意の二つの整列集合は，互いに相似か，または一方が他方の真部分集合に相似か，どちらか一方のみ成立する．

真部分集合を厳密に決定することができる．それは，ある元 x より小さなすべての元を含む部分集合は**切片** A_x である（p.49，定義 1）．定理 1 から次の結果を得る．

結果　整列集合はその切片とは相似ではない．

有限順序数

$(\mathbb{N};\leqq)$ は整列．ゆえに，$\mathbb{N}$ の任意の有限部分集合もまた整列．非構造化部分集合 $\emptyset$, $\{0\}$, $\{0,1\}$ 等は有限基数であり，$(\mathbb{N};\leqq)$ の部分順序として有限順序数を表す．

$(E;\sqsubseteq_w)$ は $\mathrm{card}(E) = n$ となる整列集合であるので，E は数列であり，例えば E を順序 $a_0 \sqsubseteq_w a_1 \sqsubseteq_w \cdots \sqsubseteq_w a_{n-1}$ の形に表すことができる．その結果，$f : E \to \{0,1,\ldots,n-1\}, a_i \mapsto i$ は相似写像．$\mathrm{ord}(E;\sqsubseteq_w) = \mathrm{ord}(\{0,1,\ldots,n-1\};\leqq)$ となる．

有限集合の例から，ある集合と異なる整列集合の存在は明白（ある順序で順序付けられた元の，等しくない任意の置換は新しい整列性を生成．すなわち，$\mathrm{card}(E) = n$ に対して，$n!$ 個の互いに異なる E の整列が存在する）．

有限集合では整列（順序）性が異なっても順序数は同じ（上記参照）．すなわち，

$$\mathrm{card}(E) = \mathrm{card}(F) \Leftrightarrow |E| = |F|$$

となり，有限順序数は有限基数 $0, 1, 2$ 等と同一視される．超限順序数 (p.39) とは本質的に異なる（数類，p.39）．

$(A; \sqsubseteq_w) := (a_0, a_1, \ldots)$　　　$\alpha := \mathrm{ord}(A; \sqsubseteq_w)$

$\updownarrow\ \updownarrow\ \updownarrow$

$(A \cup \{x\}; \sqsubseteq_w) := (a_0, a_1, \ldots, x)$　　　$\beta := \mathrm{ord}(A \cup \{x\}; \sqsubseteq_w)$

次が成立　$\alpha < \beta \wedge \neg \forall \gamma (\alpha < \gamma < \beta)$

A

ある順序数の直後の順序数

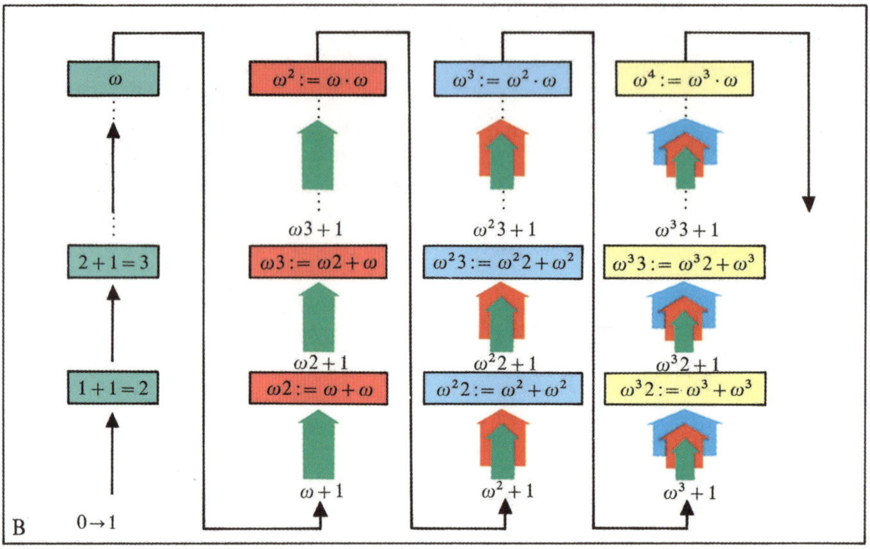

順序数の列（カントル）

$(X; \sqsubset_1) := (x_0, x_1, \ldots)$　　　$(Y; \sqsubset_2) := (y_0, y_1, \ldots)$

a）**順序和，順序数の和**

$X \cap Y = \emptyset, \quad (X \cup Y; \sqsubset_v) := (x_0, x_1, \ldots, y_0, y_1, \ldots)$

定義：　$\mathrm{ord}(X; \sqsubset_1) + \mathrm{ord}(Y; \sqsubset_2) := \mathrm{ord}(X \cup Y; \sqsubset_v)$

b）**順序積，順序数の積**

$(X \times Y; \sqsubset_p) := ((x_0, y_0), (x_0, y_1), \ldots, (x_1, y_0), (x_1, y_1), \ldots)$

定義：　$\mathrm{ord}(Y; \sqsubset_2) \cdot \mathrm{ord}(X; \sqsubset_1) := \mathrm{ord}(X \times Y; \sqsubset_p)$

$(X; \sqsubset_1) := (0, 1, 2, \ldots)$, $\mathrm{ord}\, X = \omega$　　　**例**　　　$(Y; \sqsubset_2) := (y_0, y_1)$, $\mathrm{ord}\, Y = 2$

a）$(X \cup Y; \sqsubset_v) = (0, 1, 2, \ldots, y_0, y_1)$　　　$\mathrm{ord}(X \cup Y) = \omega + 2$

$(Y \cup X; \sqsubset_v) = (y_0, y_1, 0, 1, 2, \ldots)$　　　$\mathrm{ord}(Y \cup X) = \omega$

すなわち　$\mathrm{ord}\, X + \mathrm{ord}\, Y \neq \mathrm{ord}\, Y + \mathrm{ord}\, X$

b）$(X \times Y; \sqsubset_p) = ((0, y_0), (0, y_1), (1, y_0), (1, y_1), \ldots)$　　　$\mathrm{ord}(X \times Y) = \omega$

$(Y \times X; \sqsubset_p) = ((y_0, 0), (y_0, 1), \ldots, (y_1, 0), (y_1, 1), \ldots)$　　　$\mathrm{ord}(Y \times X) = \omega \cdot 2$

すなわち　$\mathrm{ord}\, X \cdot \mathrm{ord}\, Y \neq \mathrm{ord}\, Y \cdot \mathrm{ord}\, X$

C

順序数の和と積

超限順序数

$\omega := \mathrm{ord}(\mathbb{N}; \leqq)$ で与えられる**最小**超限順序数は，重要な超限順序数である．

ord$(A; \sqsubseteq_w) < \omega$ のとき，$(A; \sqsubseteq_w)$ は $(\mathbb{N}; \leqq)$ の切片に相似でなければならない（定理 1，p.37）．しかし，これは $\mathbb{N}$ の有限部分群．よって，A も有限で，ord$(A; \sqsubseteq_w)$ は有限順序数．

他の超限順序数は次の定理から得られる．

定理 2　順序数の代表元の集合に最大元としてもう 1 元 α を付加すれば，その直後の順序数 β $(\beta := \alpha + 1)$ とそこから続く代表元集合が存在する（図 A）．

整列集合 $(0, 1, \ldots, -1), (0, 1, \ldots, -1, -2), \ldots, (0, 1, \ldots, -1, \ldots, -n)$ 等は，ω に続く順序数 $\omega + 1, \omega + 2, \ldots, \omega + n$ 等を表す．定理 2 を使うと，確かに任意の順序数 α に対しその直後の数 $\alpha + 1$ を挙げることができるが，**すべての**順序数を生成するわけではない．例えば，$\omega + \omega$ と表される $(0, 1, \ldots, -1, -2, \ldots)$ への順序数は，この方法では生成できない．この集合は最大元を持たないからである．有限順序数に対する方法を適用すれば，ω に対しても同じことが成立する．しかし，ω と $\omega + \omega$ は，それらより小さな順序数すべてに対して上限であるが，集合に属さないという性質を持つ．これらを**極限数**という．一般に，順序数の直後の数とはならない順序数 $(\neq 0)$ を極限数という．

極限数に関する上述の方法は，常に繰り返すことができる．$\omega + \omega$（または $2 \cdot \omega$）から，次に大きな極限数 $\omega + \omega + \omega$（または $3 \cdot \omega$）等が導かれる．このことから，とぎれない**順序数の列**（図 B）が得られる．それは特別な性質を持つがそのうちの一つは，次の定理である．

定理 3　順序数列の任意の切片 Ω_α の順序数は α．

ブラリ-フォルティの二律背反

すべての順序数の集合 Ω というのは，矛盾する概念．Ω の存在を仮定すれば，Ω を整列（整列順序 $\leqq$, p.37）にでき，$\alpha \in \Omega$ となる順序数 $\alpha := \mathrm{ord}(\Omega; \leqq)$ が存在．α により $\mathrm{ord}(\Omega_\alpha; \leqq) = \alpha$ となる $(\Omega; \leqq)$ の切片 Ω_α が決まり（定理 3），$(\Omega_\alpha; \leqq)$ と $(\Omega; \leqq)$ は定理 1 (p.37) の結果に矛盾するので相似．

注意　順序数列の切片ならびにその部分集合のみを考察すれば，矛盾は生じない．

数類

非構造化集合は種々の方法で整列化可能．有限集合に対し種々の順序数を定義可能（図 A，p.36）．

a が基数のとき，濃度 a の代表元集合であるすべての順序数の集合を**数類** $Z(a)$ といい，次が成立．

a 有限 $\Rightarrow \mathrm{card}(Z(a)) = 1$

a 超限 $\Rightarrow \mathrm{card}(Z(a)) \geqq a$

ゆえに，例えば $\aleph_0 = \mathrm{card}(\mathbb{N})$ である $Z(\aleph_0)$ は，基数が $\aleph_1$ で表される非可算集合である．$\aleph_0$ と $\aleph_1$ の間には基数が存在しないことが示される．よって，連続体仮説 (p.25) は $\mathrm{card}(\mathbb{R}) = \aleph_1$ という意味．

注意　数類の概念と順序数に対する整列順序関係 $\leqq$ を使うと，基数に対する関係 $\leqq$ はまた整列．

順序数の演算

順序集合の**順序付けられた和集合**を認めると，順序数に対する**非可換和**を定義することができる（図 C/a）．すなわち，順序集合の**辞書的積**により，順序数の**非可換乗法**を導入できる（図 C/b）．これら二つの演算に対して結合法則が成立．分配法則は左分配法則のみみたす（p.25，基数の演算）．

集合の元の数え上げ過程

集合の元の数え上げでは，数列で「良く定義」された「位置」を，集合の任意の元に一意的に定義付けなければならない．ゆえに，数え上げは整列集合に対してのみ意味を持つ．

整列集合 $(M; \sqsubseteq_w)$ を与えて，順序数を利用して数え上げを行う．$\alpha := \mathrm{ord}(M; \sqsubseteq_w)$ とするとき，$(M; \sqsubseteq_w)$ は α より小さい順序数 β の切片 $(\Omega_\alpha; \leqq)$ に相似（定理 3）．ゆえに，$(M; \sqsubseteq_w)$ は元の「位置」を順序数で表した数列 $\{x_0, x_1, \ldots, x_\beta, \ldots\}$ 上のすべての元を動く．この方法で，有限集合上の数え上げ過程を無限整列集合上に拡張できる．すなわち，数え上げの結果は，$(M; \sqsubseteq_w)$ に属する順序数 α となる．

超限帰納法

順序数列では，自然数は有限順序数の切片で表される．よって，より詳細に，**ペアノの公理系** (p.43) の第 5 命題は，順序数の任意の切片に移されるかどうかという問題となるのは当然である．そうすれば数学的帰納法 (p.11) の原理の超限順序数への拡張が可能となるからである．

定理 4　$\Omega_\alpha = \{\beta \,|\, \beta < \alpha\}$ を順序数列の切片とし，$M \subseteq \Omega_\alpha$ とする．

(1) $0 \in M$ かつ

(2) 任意の切片 $\Omega_\beta \subseteq M (\beta < \alpha)$ とともに $\beta \in M$ も成立すれば，$M = \Omega_\alpha$ が成立．

$\Omega_\alpha = \mathbb{N}$ に対し，定理 4 はペアノ公理系第 5 命題に同値．よって，定理より数学的帰納法の原理を超限順序数へ拡張可能（**超限帰納法**）．よって，

$$\forall \beta (\beta \in \Omega_\alpha \Rightarrow A(\beta))$$

の形の命題が証明可能．その際，以下の 2 点を示す．

(1) $A(0)$,　(2) $\forall \gamma (\gamma < \beta \Rightarrow A(\gamma)) \Rightarrow A(\beta)$

(2) の証明は，$\Omega_\alpha = \mathbb{N}$ の場合には次の命題と同値である．$\forall n (A(n) \Rightarrow A(n+1))$．極限数は前の元に 1 を足すことによってできるわけではないので，極限数を含む序数の切片に対しては，この同値関係は成立しない．

注意　超限帰納法のかわりに**ツォルンの補題** (p.35) を適用することも多い．

$$(a_n) := \left((-1)^n \frac{1}{n+1}\right) = \left(1, -\frac{1}{2}, \frac{1}{3}, -\frac{1}{4}, \frac{1}{5}, \cdots\right)$$

$n \geqq 0$ のときすべての a_n
$n \geqq 2$ のときすべての a_n
$n \geqq 5$
0 の近傍

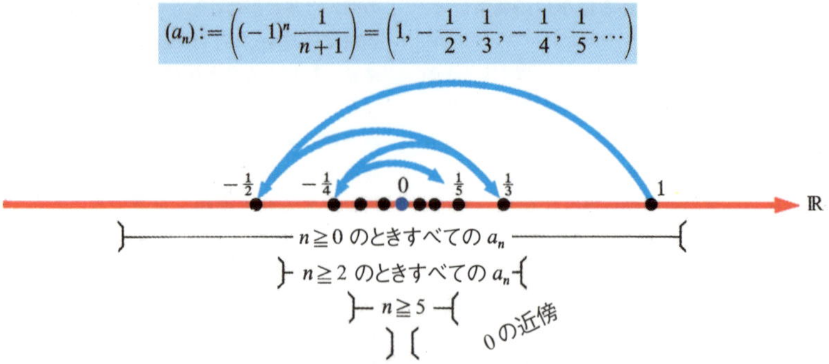

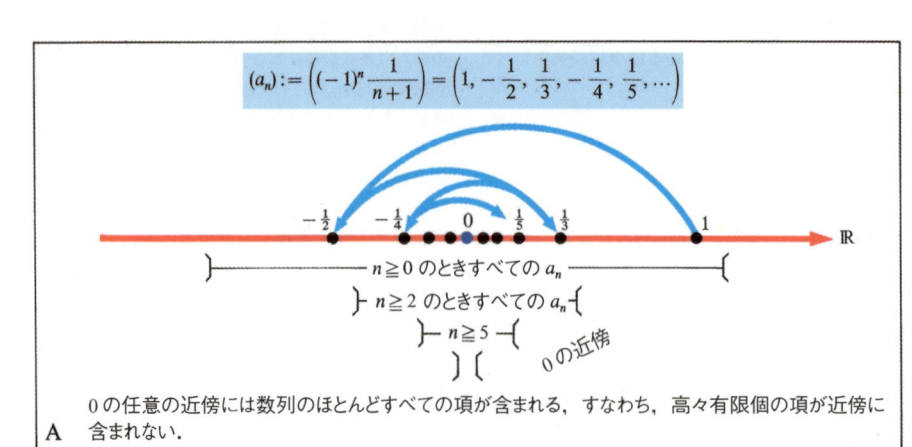

0 の任意の近傍には数列のほとんどすべての項が含まれる，すなわち，高々有限個の項が近傍に含まれない．

A 数列の収束

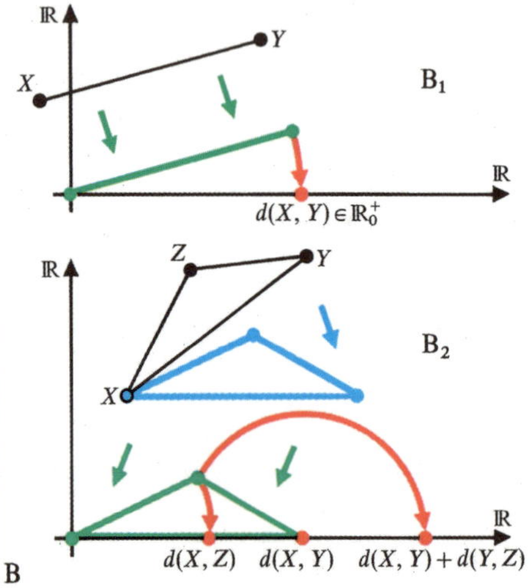

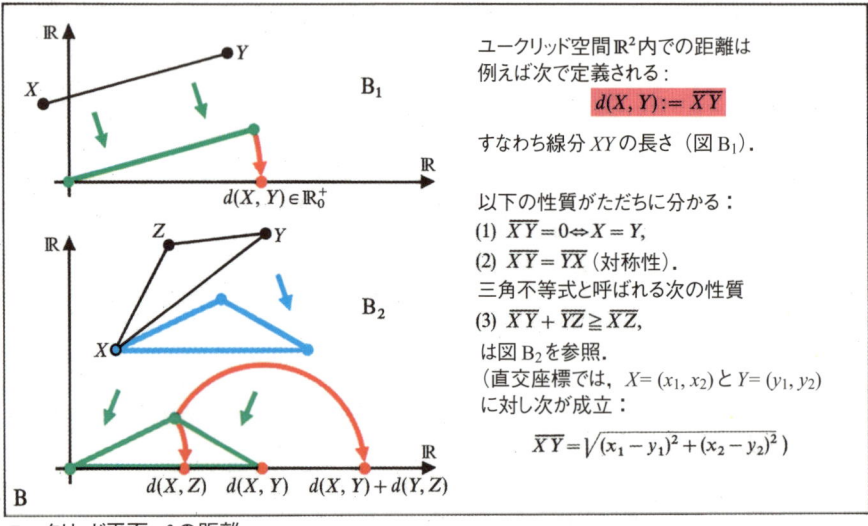

ユークリッド空間 $\mathbb{R}^2$ 内での距離は例えば次で定義される：

$$d(X, Y) := \overline{XY}$$

すなわち線分 XY の長さ（図 B_1）．

以下の性質がただちに分かる：
(1) $\overline{XY} = 0 \Leftrightarrow X = Y$,
(2) $\overline{XY} = \overline{YX}$（対称性）．
三角不等式と呼ばれる次の性質
(3) $\overline{XY} + \overline{YZ} \geqq \overline{XZ}$,

は図 B_2 を参照．
（直交座標では，$X = (x_1, x_2)$ と $Y = (y_1, y_2)$ に対し次が成立：

$$\overline{XY} = \sqrt{(x_1 - y_1)^2 + (x_2 - y_2)^2}$$

B ユークリッド平面 $\mathbb{R}^2$ の距離

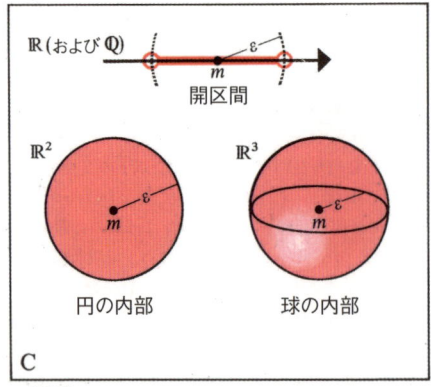

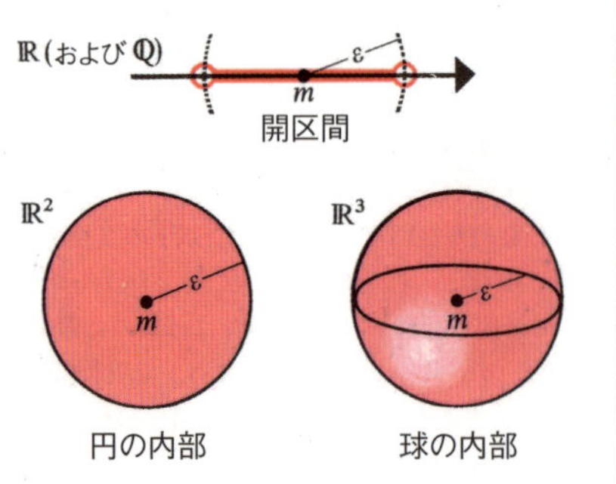

C ε 近傍

D 点 a における連続性

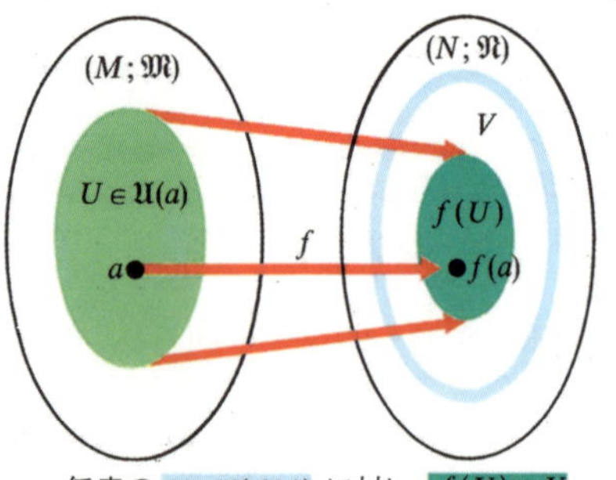

任意の $V \in \mathfrak{U}(f(a))$ に対し，$f(U) \subseteq V$ となる $U \in \mathfrak{U}(a)$ が存在する．

この節で重要な構成手段と研究手段となるのは数列（p.51と解析）．**数列の収束**概念の説明のためには，代数的構造および順序構造のみでは不十分．数列の収束点が存在するとは，数列のほとんどすべての項が常に点の任意の「近傍」内にあることを意味することが，図から分かる（図A）．この図で，集合の特定の部分集合を際立たせて描くと正確に把握しやすい．集合に**位相構造**を入れると，その集合は近傍の概念により公理的に基礎付けられた**位相空間**になる．この公理性の観点から，数列の収束性が説明できる．

位相空間

公理化に際し，可能な限り簡単な公理を基礎とするのが望ましいことから，次の定義に到達する．

定義1　$\mathfrak{M}$ が次の性質を持つ $\mathfrak{P}(M)$ の部分集合のとき，$(M;\mathfrak{M})$ を**位相空間**，$\mathfrak{M}$ を M 上の**位相**，$\mathfrak{M}$ の元を M の点による**開集合**という．

(I) $\emptyset \in \mathfrak{M}, M \in \mathfrak{M}$,

(II) $O_1, O_2 \in \mathfrak{M} \Rightarrow O_1 \cap O_2 \in \mathfrak{M}$,

(III) $\mathfrak{N} \subseteq \mathfrak{M} \Rightarrow \cup_{O\in\mathfrak{N}} O \in \mathfrak{M}$

近傍の概念は，開集合を用い，次のように定義される．

定義2　$U \subseteq M$ かつ $x \in O \subseteq U$ となる $O \in \mathfrak{M}$ が存在するとき，U を x の**近傍**という．x のすべての近傍の集合を $\mathcal{U}(x)$ で表す．$M \in \mathcal{U}(x)$ から $\mathcal{U}(x) \neq \emptyset$ が分かる．

注意　位相空間は近傍公理によっても定義でき，その定義により開集合概念の説明もできる（p.205）．

数列の収束の定義には近傍概念（定義2）を用いる．

定義3　$\{a_0, a_1, \ldots\}$ は位相空間 $(M;\mathfrak{M})$ における数列とする．任意の近傍 $U \in \mathcal{U}(a)$ に対し，すべての $n \geqq n_0$ について $a_n \in U$ となる $n_0 \in \mathbb{N}$ が存在するとき，その数列は $a \in M$ に**収束する**といい，$\lim_{n\to\infty} a_n = a$ と表す．

一般の位相空間において収束点は唯一つとは限らない（p.215）．M の任意の異なる2点に対して互いに素な近傍が存在すること（**ハウスドルフ空間**）をさらに追加すれば，収束の一意性は保証される．ハウスドルフ空間には，いわゆる距離空間が含まれる．

距離空間

集合 M 上に**距離**が定義されていれば，すなわち性質

(1) $d(x,y) = 0 \Leftrightarrow x = y$,

(2) $d(x,y) = d(y,x)$,

(3) $d(x,y) + d(y,z) \geqq d(x,z)$

を持つ写像 $d : M \times M \to \mathbb{R}_0^+$ が存在すれば，M を**距離空間**という．$d(x,y)$ は x と y の「距離」として把握できる（$\mathbb{R}^2$，図B）．

例　絶対値を使うと距離を $d(x,y) := |x-y|$（p.47）で定義可能なので，$\mathbb{Q}$ と $\mathbb{R}$ は距離空間．

任意の距離空間は容易に位相化可能．m を中心とする半径 ε の **$\boldsymbol{\varepsilon}$ 近傍**を

$U(m,\varepsilon) = \{x \mid x \in M \wedge d(x,m) < \varepsilon\}$（図C）

とする．このとき M の部分集合にその ε 近傍全体が含まれれば，この部分集合を**開集合**と呼ぶ．ゆえに，距離空間は位相空間になる．ε 近傍はそれ自身開集合であるので，この位相において決定的役割を果たす．ある点のすべての近傍の集合のかわりに，その点の周りのすべての ε 近傍からなる集合を考察すれば十分．ゆえに，収束点 a の任意の ε 近傍 $U(a,\varepsilon)$ に対し，すべての $n \geqq n_0$ について $a_n \in U(a,\varepsilon)$ であるように $n_0 \in \mathbb{N}$ が存在すれば，すなわち

$\forall\varepsilon(\varepsilon \in \mathbb{R}^+ \Rightarrow \exists n_0 \forall n(n \geqq n_0 \Rightarrow d(a_n, a) < \epsilon))$

ならば数列は収束する（定義3）．

連続写像

位相構造を保存する写像は，開集合で定義され連続写像を定義する．

定義4　$(M;\mathfrak{M})$ と $(N;\mathfrak{N})$ を位相空間，$f : M \to N$ を写像とする．

$\forall O(O \in \mathfrak{N} \Rightarrow f^{-1}(O) \in \mathfrak{M})$ のとき，f は **$\boldsymbol{M}$ 上（大域的）連続**であるという（p.26，図C）．

$\forall V(V \in \mathcal{U}(f(a)) \Rightarrow \exists U(U \in \mathcal{U}(a)$ かつ $f(U) \subseteq V))$（図D）のとき f は **$\boldsymbol{a \in M}$ で（局所的）連続**であるという．

f が任意の点で局所連続であるとき，そのときに限り f は大域的連続であることを容易に示すことができる．

注意　全単射連続写像 f が存在し f^{-1} もまた連続ならば，二つの位相空間は位相的には区別できない．特に，連続写像は構造保存写像といえる（位相参照）．

距離空間では，ε 近傍のみを用いて局所連続性を証明できる．すなわち，

「$\boldsymbol{f(a)}$ の任意の $\boldsymbol{\varepsilon}$ 近傍に対応する $\boldsymbol{a}$ の $\boldsymbol{\varepsilon}$ 近傍が存在し，$\boldsymbol{a}$ の $\boldsymbol{\varepsilon}$ 近傍に対する像が $\boldsymbol{f(a)}$ の $\boldsymbol{\varepsilon}$ 近傍内に存在するとき，そのときに限り $\boldsymbol{f}$ は $\boldsymbol{a}$ で連続.」

さらに，連続性を純粋に極限値の考察に帰着させると，

「$\boldsymbol{a}$ に収束する任意の数列 $\boldsymbol{\{a_n\}}$ に対し

$$\lim_{n\to\infty} f(a_n) = f(\lim_{n\to\infty} a_n) = f(a)$$

が成立するときそのときに限り $\boldsymbol{f}$ は $\boldsymbol{a}$ で連続.」

となる，これは解析における通常の連続条件．

特殊な位相構造

ハウスドルフ空間および距離空間は特殊な位相空間である，とすでにいった．**位相**（p.197〜）では，導出された位相構造（部分空間，積空間，商空間）や他の性質（分離公理，連結性，コンパクト性等）を追加した特殊な位相構造の研究を予定．

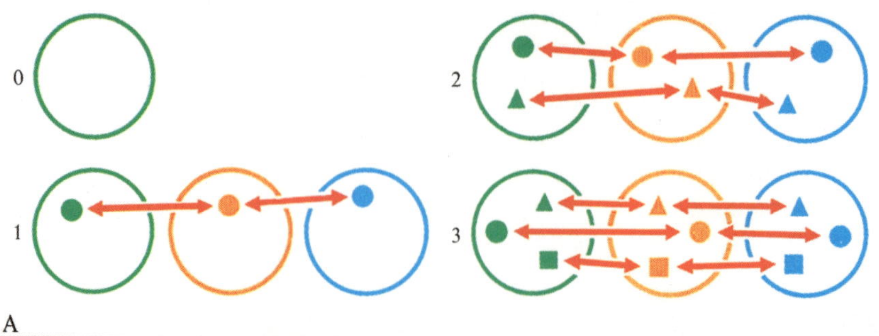

有限濃度としての自然数の意味付け

+	0	1	2	3	…	n	n'	…
0	0	1	2	3	…	n	n'	…
1	1	2	3	4	…	n'	n''	…
2	2	3	4	5	…	.	.	…
⋮	⋮	⋮	⋮	⋮	⋮	⋮	⋮	⋮
m	m	m'	.	.	…	$m+n$	$(m+n)'$	…
m'	m'	m''	.	.	…	$(m+n)'$	$(m+n)''$	…
⋮	⋮	⋮	⋮	⋮	⋮	⋮	⋮	⋮

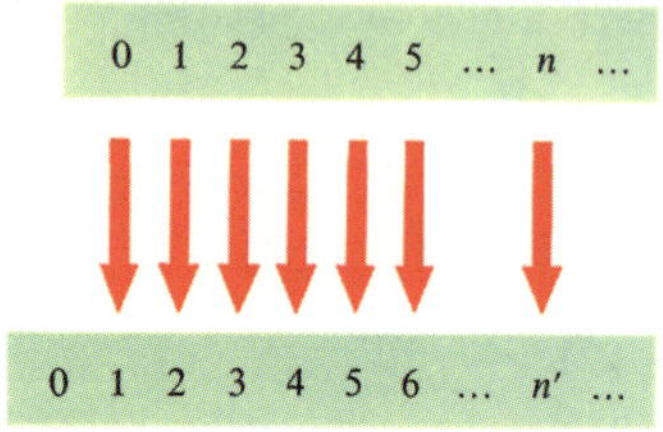

B

自然数における+と後者との関係表

$$
\begin{aligned}
5+2 &= 5+1' && \text{定義1により}\\
&= (5+1)' && \text{定義2により}\\
&= (5+0')' && \text{定義1により}\\
&= (5+0)'' && \text{定義2により}\\
&= 5'' && \text{定義2により}\\
&= 6' && \text{定義1により}\\
&= 7 && \text{定義1により}
\end{aligned}
$$

C_1

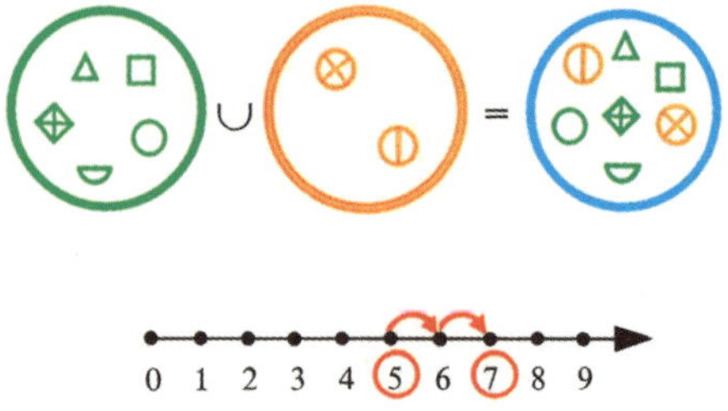

C_2 $5+2=5''=7$

命題 5+2=7 の証明，その和集合としての解釈と数半直線での表示

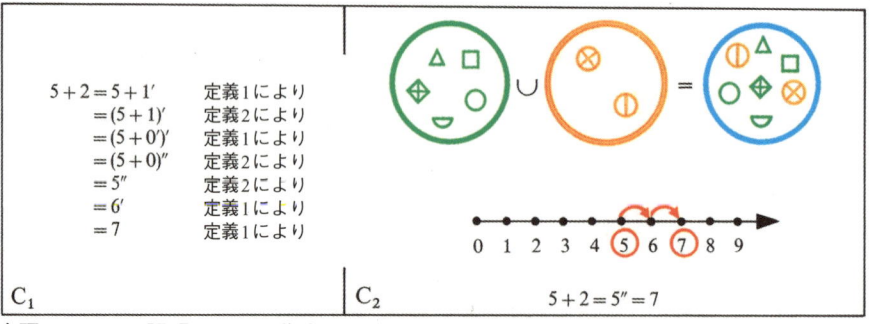

	加法	乗法
結合法則	$(n+m)+k=n+(m+k)$	$(nm)k=n(mk)$
交換法則	$n+m=m+n$	$nm=mn$
単位元の定義	$n+0=0+n=n$	$n\cdot 1=1\cdot n=n$
単調性	$n\leqq m\Leftrightarrow n+k\leqq m+k$	$k>0\Rightarrow(n\leqq m\Leftrightarrow nk\leqq mk)$
簡約法則	$n+k=m+k\Rightarrow n=m$	$k\neq 0\Rightarrow(nk=mk\Rightarrow n=m)$
分配法則	$k(m+n)=km+kn$	

D

自然数の半環における計算法則

数系の構成

数は，集合とほぼ同様の仕方でまとめられる．すなわち等濃度集合の同値類という抽象化を経由して，**自然数**の概念が得られる (p.25).

数体系を公理論的に基礎付けるには，包括的な大きな数領域から出発して，その部分構造を調べていく形と，以下に述べるように，自然数から順に上部構造を構築する形の 2 通りが可能である．

自然数の公理

自然数の最初の公理的特徴付けはペアノに由来する．彼の公理は次のとおり（一部修正）：

(1) $0 \in \mathbb{N}$. 0 は自然数である．

(2) 任意の自然数 n に対し，n の**後者**（**直後**）である自然数 n' がただ一つ存在する．
$(\forall n \in \mathbb{N} \Rightarrow \exists n' \in \mathbb{N})$

(3) 0 はどんな自然数の後者でもない．
$(n \in \mathbb{N} \Rightarrow n' \neq 0)$

(4) 同じ後者を持つ二つの自然数は等しい．
$(\forall n \in \mathbb{N},\ \forall m \in \mathbb{N} \wedge n' = m' \Rightarrow n = m)$

(5) $\mathbb{N}$ の部分集合 M が元 0 を含み，M の各元がその後者を含むならば，$M = \mathbb{N}$ である．
$(M \subseteq \mathbb{N} \wedge 0 \in M (n \in M \Rightarrow n' \in M) \Rightarrow M = \mathbb{N})$

ペアノの公理と異なり，ここでは自然基数に合わせて最小の自然数として 1 のかわりに 0 を取った (図 A).

公理 (5) は**数学的帰納法** (p.11) という証明手続きの基礎である．これには次の同値な形がある：

(5′) $(\forall P(0), \forall n \in \mathbb{N}, P(n) \Rightarrow P(n')) \Rightarrow (\forall n \in \mathbb{N} \Rightarrow P(n))$

ある性質が 0 について成り立ち，n について成り立つとき後者についても成り立つならば，すべての自然数について成り立つ．後者の概念を用いて基礎概念 0 から他の自然数が具体的に定義される：

定義 1　$1 := 0'$, $2 := 1'$, $3 := 2'$ 等々．

加法

加法と乗法の**演算**は公理系そのものには含まれず，帰納的に定義される．初めに**加法**を考察する．

定義 2　$n + 0 := n$ かつ $n + m' := (n + m)'$.

以上のようにしてすべての自然数に対する内部演算としての和が定義される．すなわち $n+m$ が定義されるような m からなる集合を M とすると定義 2 より $0 \in M \wedge (m \in M \Rightarrow m' \in M)$ となる．したがって (5) より $M = \mathbb{N}$ となる．特に $n + 1 = n'$ である（図 B と C).

このように定義された加法の一意性とよく知られた次の計算法則は (4), (5) から導かれる．

定理 1　$(n+m)+k = n+(m+k)$ (**結合法則**).

定理 2　$n + m = m + n$ (**交換法則**).

定理 1 は k に関する帰納法により容易に証明される．定理 2 の証明は (5) の意味を特に明らかにする：$m = 0$ とすると，$n = 0$ に対する定理の主張は明らか．一方 $0 + n = n + 0 = n$ と定義 2 から $0 + n' = (0 + n)' = n' = n' + 0$ が導かれる．したがって (5) より $\forall n(n + 0 = 0 + n)$. この系として，$1 + 0 = 0 + 1$ が得られ，一方 $1 + n = n + 1 \Rightarrow 1 + n' = (1+n)' = (n+1)' = (n')' = n' + 1$ だから，再び (5) より $\forall n(n+1 = 1+n)$ が得られる．後は $n+m = m+n \Rightarrow n+m' = m'+n$ さえ示せばよい．ところがすでに示したように $n + m' = (n+m)' = (m+n)' = m+n' = m+(n+1) = m + (1 + n) = (m + 1) + n = m' + n$.

上述の計算法則により $(\mathbb{N}; +)$ は 0 を単位元に持つ可換半群 (p.29) になる．自然数を集合論的に解釈すれば，加法は互いに素な集合の和集合を取ることとして説明できる（図 C).

順序構造

さらに次のように定義する．

定義 3　$n \leqq m :\Leftrightarrow \exists k(n + k = m)$.

定義 4　$n < m :\Leftrightarrow n \leqq m \ \wedge \ n \neq m$.

$(\mathbb{N}; \leqq)$ が**線形順序集合**（**鎖**）(p.33) となること，$(\mathbb{N}; <)$ が**狭義の線形順序集合** (p.33) となることは容易に示される．これらの順序構造は，加法によって与えられた代数構造と次の意味で両立している：

定理 3　$n \leqq m \Leftrightarrow n + k \leqq m + k$ (**加法の単調性**).

帰納法により，次の系が得られる：ある集合が，自然数 k を含み，かつそれに含まれる自然数に対してその後者をも必ず含むならば，その集合は $n \geqq k$ となる自然数すべてを含む．順序 $\leqq$ の線形性により自然数は，**ハッセ図** (p.33) を書けば，**数半直線**として幾何学的に表示できる（図 C). さらに定理 3 に対応して等式に関する次の定理が示される：

定理 4　$n + k = m + k \Rightarrow n = m$ (**簡約法則**).

減法

定義 3 より $n \leqq m$ ならば，方程式 $n + x = m$ は解を持つ．この一意的に定まる解を m と n の差と呼び $x = m - n$ と表す．

乗法

乗法は加法と同様に内部演算として帰納的に定義される：

定義 5　$n \cdot 0 := 0$ かつ $n \cdot m' := n \cdot m + n$.

ここで加法と同様の法則が成り立ち，$(\mathbb{N} \setminus \{0\}; \cdot)$ はまた単位元 1 を持つ可換半群をなす．単調性と簡約法則はここでも成り立つ（図 D). さらに加法と乗法は次のように関連している：

定理 5　$k \cdot (m + n) = k \cdot m + k \cdot n$ (**分配法則**).

まとめて $(\mathbb{N}; +; \cdot)$ は**可換半環**であるという．

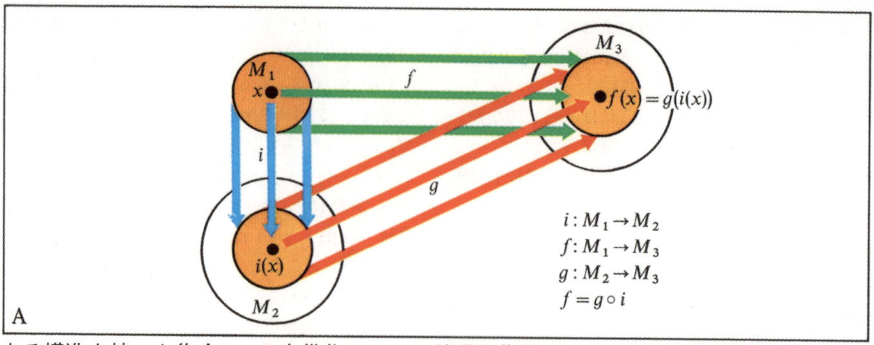

ある構造を持った集合 M_1 の完備化における普遍写像問題

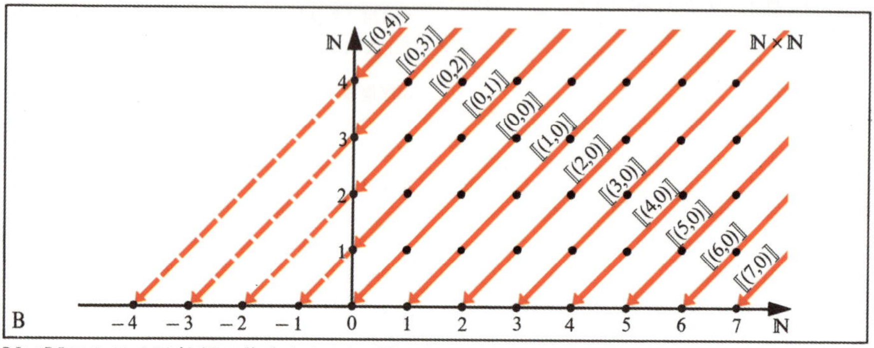

$\mathbb{N}\times\mathbb{N}$における同値類の集合としての$\mathbb{Z}$

加法

A$_1$　$a \in \mathbb{Z}^+ \wedge b \in \mathbb{Z}^- \wedge |a| \geqq |b| \Rightarrow a+b=|a|-|b|.$

　　$a \in \mathbb{Z}^+ \wedge b \in \mathbb{Z}^- \wedge |a| \leqq |b| \Rightarrow a+b=-(|b|-|a|).$

符号の異なる二つの整数の和は，それら２数の絶対値の差を取り（大きいものから小さいものを引く），その結果に絶対値が大きいほうの数と同じ符号を付けることで得られる．

A$_2$　$a \in \mathbb{Z}^- \wedge b \in \mathbb{Z}^- \Rightarrow a+b=-(|a|+|b|).$

符号が同じ二つの整数の和は，それら2数の絶対値の和を取り，その結果に同じ符号を付けることで得られる．

減法

S　$a \in \mathbb{Z} \wedge b \in \mathbb{Z} \Rightarrow a-b=a+(-b).$

ある整数を減じるとは，その反元を加えることである．

乗法

M$_1$　$a \in \mathbb{Z}^+ \wedge b \in \mathbb{Z}^- \Rightarrow ab=-|a|\cdot|b|.$

符号の異なる二つの整数の積は，それら2数の絶対値の積に負の符号を付けることで得られる．

M$_2$　$a \in \mathbb{Z}^- \wedge b \in \mathbb{Z}^- \Rightarrow ab=|a|\cdot|b|.$

符号が同じ二つの整数の積は，それら2数の絶対値の積として得られる．

C

整数における計算規則

完備化の問題

$\mathbb{N}$ 内の加法と乗法は一般に可逆ではない．加法の逆演算としての減法を実行することは，**負の整数**の付加によって可能になる．これにより自然数のなす**半環** $\mathbb{N}$ が整数のなす**環** $\mathbb{Z}$ に拡張される．ここおよび後に行われる拡張は次のような仕組みになっている：

(1) ある構造を持った集合 M_1（ここでは $\mathbb{N}$）に対して特別な性質の付加構造を持つ集合 M_2（ここでは $\mathbb{Z}$）が構成される．

(2) 構造を保つ単射 $i : M_1 \to M_2$ があって，それによって M_1 は M_2 に埋め込まれる (p.27)．したがって M_1 と $i[M_1]$ は同型で，M_1 と $i[M_1]$ は同一視される．

(3) 集合 M_3 が同様に要求されている付加構造を持ち，M_1 が M_3 に埋め込まれるならば，M_2 も M_3 に埋め込まれる．構造を保つ単射 $f : M_1 \to M_3$ に対し，$f = g \circ i$ をみたす写像 $g : M_2 \to M_3$ が一意的に存在する（写像 i の**普遍性質**，図 A）．

すると M_2 は M_1 の上部構造を持つ最小のもので，同型を除いて一意的に決まり，構成法に依存しない．

$\mathbb{Z}$ の構成

$m \leqq n$ の場合，同一の差 $n - m$ を持つ整数の対は $\mathbb{N} \times \mathbb{N}$ の中に無限個存在する．しかし $n_1 - m_1 = n_2 - m_2$ より $n_1 + m_2 = n_2 + m_1$ が導かれるから，$\mathbb{N} \times \mathbb{N}$ を次に述べる同値関係 $\sim_1$ により同値類別 (p.21) できる．

定義 1　$(n_1, m_1) \sim_1 (n_2, m_2) :\Leftrightarrow n_1 + m_2 = n_2 + m_1$.

その同値類を，それを与える一つの整数対を重括弧で括ることで表す．例えば $(2,5) \sim_1 (8,11)$ であるから $(2,5) \in [\![(8,11)]\!]$ を得る．$\mathbb{Z}$ は同値類全体の集合として定義される（商集合，p.21）（図 B）．

定義 2　$\mathbb{Z} := \mathbb{N} \times \mathbb{N}/\sim_1 = \{[\![(n,m)]\!] \mid (n,m) \in \mathbb{N} \times \mathbb{N}\}$.

$\mathbb{Z}$ の代数的構造

$\mathbb{Z}$ に次により環の構造を導入する：

定義 3　$[\![(n,m)]\!] + [\![(k,l)]\!] := [\![(n+k, m+l)]\!]$.

定義 4　$[\![(n,m)]\!] \cdot [\![(k,l)]\!] := [\![(nk+ml, nl+mk)]\!]$.

これらの演算が可換かつ結合的で分配法則が成り立つことは，$\mathbb{N}$ での対応する計算則から容易に導かれる．$\mathbb{Z}$ においてはさらに，$\mathbb{Z}$ の任意の元 $[\![(n,m)]\!], [\![(k,l)]\!]$ に対し方程式 $[\![(n,m)]\!] + x = [\![(k,l)]\!]$ が解ける．なぜなら $x = [\![(k+m, n+l)]\!]$ と置けば定義 1，定義 3 と簡約法則 (p.43) より，この x が解であることが導かれる．これにより環が構成されたことになる．なぜなら上記の性質は加法に関して単位元と逆元の存在を保証しているからである．しかしながら $\mathbb{Z}$ が $\mathbb{N}$ の加法に関する完備化であるかどうかの問題が残されている．

$\mathbb{N}$ の拡張としての $\mathbb{Z}$

$m \leqq n$ のとき，その差 $n - m$ によって整数対 (n,m) を導入したので類 $[\![(n,0)]\!]$ と n を同一視すればよいであろうことは容易に思いつく．したがって $n \mapsto [\![(n,0)]\!]$ で定義される写像 $i : \mathbb{N} \to \mathbb{Z}$ を考える．事実，この写像は構造を保つ写像（環準同型，p.71）になっている．なぜなら，定義 3，4 より $i(m+n) = i(m) + i(n)$, $i(mn) = i(m)i(n)$ が導かれるからである．さらに定義 1 より $i(n) = i(m) \Rightarrow n = m$ は明らかで，i は単射である．類 $[\![(0,n)]\!]$ $(n \neq 0)$ は通常 $-n$ と書かれ，**負の整数**と呼んで自然数と区別する．また 0 を除く自然数は**正の整数**とも呼ばれ，時には $+$ の符号を付けて明示する．

写像 i の普遍性については p.68，図 C を参照．ここで用いた構成法は p.69 で展開されているものと一致する．すなわち $(\mathbb{Z}; +)$ は $(\mathbb{N}; +)$ を含む最小の群として同型を除いて一意に決まる．そして $(\mathbb{Z}; +, \cdot)$ は半環 $(\mathbb{N}; +, \cdot)$ を含む最小の環となる．ここで乗法について何の付加構造を加える必要もない．また簡約法則より $\mathbb{Z}$ は零因子を持たず，したがって**整域** (p.31) であることが分かる．

$\mathbb{Z}$ の順序構造

自然数と異なり，$\mathbb{Z}$ 内のすべての数は後者ばかりでなく**前者**（**直前の元**）をも持つ．$\mathbb{Z}$ は $\mathbb{N}$ と同様に順序付けられる：

定義 5　$a \leqq b :\Leftrightarrow b - a \in \mathbb{N}$.

$\mathbb{Z}$ 内のこの順序関係は自然数に対する以前のものと一致するが整列順序 (p.35) ではない．$\mathbb{Z}$ は数半直線の拡張として**数直線**上に表現される（図 B）．正の整数の集合を $\mathbb{Z}^+$，負の整数の集合を $\mathbb{Z}^-$ で表す．0 を含めるときは $\mathbb{Z}_0^+$, $\mathbb{Z}_0^-$ 等と書き表す．

$\mathbb{Z}$ での計算規則

$\mathbb{Z}$ では構成法により加法，減法，乗法の三つの演算が制限なしに実行可能である．計算規則を定式化する（図 C）には，反数と絶対値の概念を用いて，$\mathbb{Z}$ の計算を $\mathbb{N}$ に帰着すると都合がよい．$0 - a$ のかわりに $-a$ と書き，a と $-a$ は互いに**反数**であるという．双方のうち一方は必ず自然数であり，それを a の**絶対値**と呼んで $|a|$ で表す．すなわち $a \geqq 0$ のときは $|a| := a$，$a < 0$ のときは $|a| := -a$ である．

図 C M_1 の証明：$a = [\![(a,0)]\!]$ かつ $b = [\![(0,|b|)]\!]$ だから，定義 4 より $ab = [\![(a,0)]\!] \cdot [\![(0,|b|)]\!] = [\![(0, a \cdot |b|)]\!] = -(a \cdot |b|)$.

図 C M_2 の証明：$a = [\![(0,|a|)]\!]$ かつ $b = [\![(0,|b|)]\!]$ だから，定義 4 より $ab = [\![(0,|a|)]\!] \cdot [\![(0,|b|)]\!] = [\![(|a| \cdot |b|, 0)]\!] = |a| \cdot |b|$.

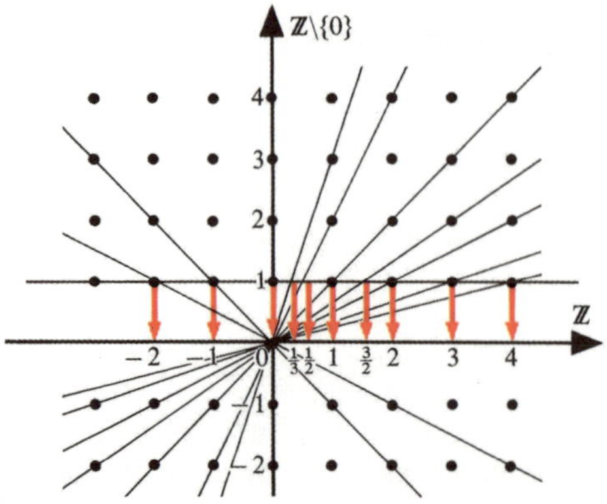

すべての同値な対は原点を通る1直線上にある．水平な数直線から距離が1である平行線はこの直線と一点で交わるので，この点を数直線上に垂直に射影した像が対応する有理数を与える．

A

$\mathbb{Z}\times(\mathbb{Z}\backslash\{0\})$ の同値類の集合としての有理数と$\mathbb{Q}$における配列の仕方

加法　$[\![(a,b)]\!]+[\![(c,d)]\!]=[\![(ad+bc,bd)]\!],\ \frac{a}{b}+\frac{c}{d}=\frac{ad+bc}{bd}.$

乗法　$[\![(a,b)]\!]\cdot[\![(c,d)]\!]=[\![(ac,bd)]\!],\ \frac{a}{b}\cdot\frac{c}{d}=\frac{ac}{bd}.$

減法　ある有理数を減じることは，その反数を加えることで得られる．
$[\![(a,b)]\!]=\frac{a}{b}$ の反数は，$-[\![(a,b)]\!]=[\![(-a,b)]\!]=\frac{-a}{b}=-\frac{a}{b}.$

除法　ある有理数で除すことは，その逆数を乗じることで得られる．
$[\![(a,b)]\!]=\frac{a}{b}\ (a\neq 0)$ の逆数は，$[\![(a,b)]\!]^{-1}=[\![(b,a)]\!]=\frac{b}{a}.$

倍加（約分）とは，対になった二つの数に同じ整数を乗じる（同じ整数で除す）ことをいう．倍加あるいは約分は同値類の中での代表元を変えるのみで同じ有理数を表す．

$$[\![(a,b)]\!]=[\![(ac,bc)]\!],\ \frac{a}{b}=\frac{ac}{bc}.\quad [\![(a,b)]\!]=[\![\frac{a}{d},\frac{b}{d}]\!],\ \frac{a}{b}=\frac{\frac{a}{d}}{\frac{b}{d}},\quad d\neq 0.$$

B　$\frac{a}{b}$は，$b>0$ かつ a と b とが互いに素(p.108)であるとき，有理数の正規表現であるという．

同値類表示および分数表示を用いた$\mathbb{Q}$の計算規則と有理数の正規表現

有理数$\frac{a}{b}$で，bが 10のベキ $b=10^n$ である場合，aの十進表示で右からn桁を小数点を打って区切り，bを表記せずに済ますという表示ができる（十進小数表示）．

$$\frac{47}{10}=4.7\qquad \frac{35}{100}=0.35\qquad \frac{6}{1000}=0.006$$

有理数$\frac{a}{b}$の十進小数表示は［倍加によって］bの素因数分解（p.107）が2と5のベキからなる場合にのみ可能である（なぜなら $10^n=2^n5^n$ ）．

$$\frac{3}{4}=\frac{3}{2^2}=\frac{3\cdot5^2}{2^25^2}=\frac{75}{10^2}=0.75\qquad \frac{13}{80}=\frac{13}{2^4\cdot5}=\frac{13\cdot5^3}{2^4\cdot5^4}=\frac{1625}{10^4}=0.1625$$

（無限小数については p.53 を参照）

C

十進小数表示

乗法における逆元存在の問題は，任意の整数 a と b に対する方程式 $bx=a$ の可解性に帰着される．その解が存在するときには，それを a の b による**商**と呼び $x=a\div b$ と書かれる．$\mathbb{Z}$ においてはそのような除法は一般的には可能でない．p.45 に述べたステップに従って，除法が制限なしに実行できるよう $\mathbb{Z}$ を完備化することが課題となる．ここでもちろん整数 0 は特別である．$(\forall c\in\mathbb{Z}\Rightarrow 0\cdot c=0)$ だから，$\mathbb{Z}$ 内で方程式 $0\cdot x=a$ は，$a=0$ のとき解が一意的でなく，$a\neq 0$ のとき解を持たない．したがって拡張された集合においても方程式 $bx=a$ の可解性を要求することが意味を持つのは $b\neq 0$ に対してのみである．かくして環 $\mathbb{Z}$ を**体**の構造を持つ集合 $\mathbb{Q}$ に移行させることになる．

$\mathbb{Q}$ の構成

数の対の集合 $\mathbb{Z}\times(\mathbb{Z}\setminus\{0\})$ を考え，そこに同値関係を導入する．ここで $\mathbb{Z}$ で割り算が可能な場合に，$a_1\div b_1=a_2\div b_2$ から $a_1b_2=a_2b_1$ が導かれることに着目する．

定義 1　$(a_1,b_1)\sim_2(a_2,b_2):\Leftrightarrow a_1b_2=a_2b_1$.

$\mathbb{Q}$ は，この同値類の集合として定義される（図 A）.

定義 2　$\mathbb{Q}:=\mathbb{Z}\times(\mathbb{Z}\setminus\{0\})/\sim_2$
$=\{[\![(a,b)]\!]\mid(a,b)\in\mathbb{Z}\times(\mathbb{Z}\setminus\{0\})\}$.

$\mathbb{Q}$ の元は**有理数**と呼ばれる．

$\mathbb{Q}$ の代数的構造

$\mathbb{Q}$ には体としての代数構造が定義される．有理数に対して通常の分数計算の計算法則が成り立つように考えると，加法と乗法は次のように定義すればよい．

定義 3　$[\![(a,b)]\!]+[\![(c,d)]\!]:=[\![(ad+bc,bd)]\!]$.

定義 4　$[\![(a,b)]\!]\cdot[\![(c,d)]\!]:=[\![(ac,bd)]\!]$.

容易に分かるように，$(\mathbb{Q};+)$ は単位元 $[\![(0,1)]\!]$ を持ち，$[\![(a,b)]\!]$ の加法に対する逆元（**反数**）が $-[\![(a,b)]\!]=[\![(-a,b)]\!]$ となる可換群である．さらに $(\mathbb{Q}\setminus\{[\![(0,1)]\!]\};\cdot)$ は単位元 $[\![(1,1)]\!]$ を持つ可換群となる．$[\![(a,b)]\!]$ の乗法に関する逆元（**逆数**）は $[\![(a,b)]\!]^{-1}=[\![(b,a)]\!]$ である．この逆元の作り方は，$a\neq 0$ のときのみ $\mathbb{Q}$ の元を定める．さらに分配法則も証明されて $(\mathbb{Q};+;\cdot)$ は体となる．**$\mathbb{Q}$ はすなわち最初に求めた性質をみたしている．**

$\mathbb{Z}$ を含む最小の体としての $\mathbb{Q}$

$\mathbb{Q}$ が $\mathbb{Z}$ の拡張であることを認識するためには，埋め込み写像 i で $\mathbb{Z}$ を $\mathbb{Q}$ 内に同型に埋め込まなければならない．$[\![(0,1)]\!]$ は 0 の，$[\![(1,1)]\!]$ は 1 の役割を果たすから $i:\mathbb{Z}\to\mathbb{Q}$ を $a\mapsto[\![(a,1)]\!]$ で定義する．
写像 i は環構造を保つ（環準同型，p.71）．なぜなら次が成立：$i(a+b)=[\![(a+b,1)]\!]=[\![(a,1)]\!]+[\![(b,1)]\!]=i(a)+i(b)$, $i(ab)=[\![(ab,1)]\!]=[\![(a,1)]\!]\cdot[\![(b,1)]\!]=i(a)i(b)$. 定義 1 より，$i(a)=i(b)\Rightarrow a=b$ が導かれて，i は単射となる．
以下では，$[\![(0,1)]\!]$ のかわりに 0，$[\![(1,1)]\!]$ のかわりに 1 と書き，一般に $[\![(a,1)]\!]$ を整数 a と同一視する．
有理数 $[\![(a,b)]\!]$ は方程式 $[\![(b,1)]\!]\cdot x=[\![(a,1)]\!]$ の解であり，したがって整数の商として $[\![(a,b)]\!]=a\div b$ と書ける．通常の記法では有理数は $\frac{a}{b}:=[\![(a,b)]\!]$ と分数の形で書かれる．分数は以下整数の対の同値類のこととし，任意の $a\in\mathbb{Z}$, $b\in\mathbb{Z}\setminus\{0\}$ に対し $a\div b=\frac{a}{b}$ が成り立つ．$\mathbb{Z}$ での考察 (p.45) に対応して，ここでもその構成の仕方から i の普遍性質が導かれる．$(\mathbb{Q};+;\cdot)$ は環 $(\mathbb{Z};+;\cdot)$ を含むような最小の体として同型を除いて一意的に定まる．同様の構成方法によって任意の整域を体に拡大できる（**商体**）.
$\mathbb{Q}$ においては，任意の $p\in\mathbb{Q}$, $q\in\mathbb{Q}\setminus\{0\}$ に対する方程式 $qx=p$ は $x=q^{-1}p$ として一意的に解ける．$\mathbb{Q}$ での計算法則と有理数の特別な記法は図 B と C にまとめられている．

$\mathbb{Q}$ の順序構造

$[\![(a,b)]\!]=[\![(-a,-b)]\!]$ より任意の有理数は $[\![(a,b)]\!]$, $b>0$ という形で書ける（**正規表現**，図 B）．$[\![(a_1,b_1)]\!]=[\![(a_2,b_2)]\!]$ であれば，$b_1>0$, $b_2>0$ のときは定義 1 より a_1 と a_2 はともに $\mathbb{Z}^+$ の元であるか，ともに $\mathbb{Z}^-$ の元であるか，またはともに 0 かのいずれかである．

定義 5　$b>0$ である有理数 $[\![(a,b)]\!]$ は，$a>0$ $(a<0)$ のとき**正**（**負**）であると呼ばれる．

正の有理数全体の集合を $\mathbb{Q}^+$，負の有理数全体の集合を $\mathbb{Q}^-$ で表す．0 を含める場合はそれぞれ $\mathbb{Q}_0^+$, $\mathbb{Q}_0^-$ と書く．
すると $\mathbb{Q}$ に線形順序関係を導入することが可能で，これは先の $\mathbb{Z}$ の順序の拡張となっている．

定義 6　$p\leqq q:\Leftrightarrow q-p\geqq 0$.

$\mathbb{Q}$ もまた，数直線を用いて図示できる（図 A）．順序関係は代数的構造と両立する．単調性 (p.42, D) は $\mathbb{Q}$ においても成立する．
二つの異なる有理数 p と q の間には，さらに別の有理数が存在する．例えば $(p+q)/2$. したがって集合 $\{r\mid r\in\mathbb{Q}\wedge p<r<q\}$ は無限集合である．さらに $(\mathbb{Q};\leqq)$ は**アルキメデス的順序性**をみたす．すなわち $\mathbb{Q}^+$ の任意の元 p,q に対し，$np>q$ をみたす $n\in\mathbb{N}$ が存在する．

$\mathbb{Q}$ の位相的構造

絶対値を，$p\geqq 0$ のとき $|p|=p$, $p<0$ のとき $|p|=-p$ として定義することによって $\mathbb{Q}$ に**距離** (p.41) が定義され，したがって**位相構造**が定まる．$d(p,q)=|p-q|$ で定義される関数 $d:\mathbb{Q}\times\mathbb{Q}\to\mathbb{Q}_0^+$ は距離を特徴付ける性質を持つ．距離空間 $\mathbb{Q}$ の位相構造は本質的には**開区間** $(a,b):=\{x\mid x\in\mathbb{Q}\wedge a<x<b\}$ によって定義される．

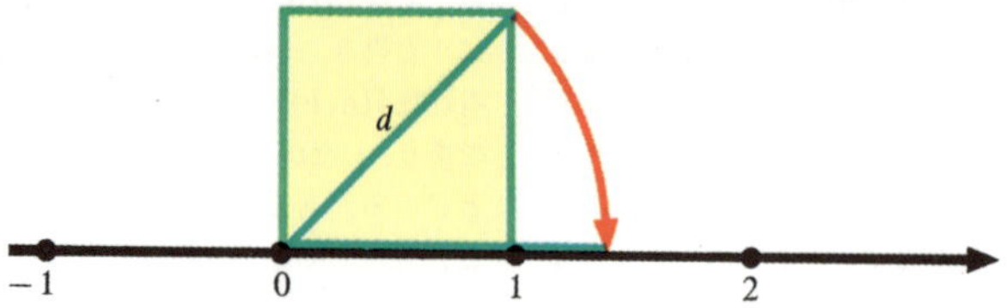

定理：$d^2=2$となる有理数dは存在しない．

証明（背理法）：$d^2=2$ である有理数 d があったとし，その正規表現を$d=\frac{a}{b}$とする．
$d^2=\frac{a^2}{b^2}$ だから，$a^2=2b^2$．よって a^2 は 2 で割り切れる．
ところがもし a が奇数で $2n+1$ の形ならば，$a^2=4(n^2+n)+1$．一方 $a=2n$ ならば，
$a^2=4n^2$ だから，$b^2=2n^2$ であり，したがって b も 2 で割り切れなければならない．
これは $\frac{a}{b}$ が d の正規表現であるという仮定に矛盾する．

定理：無理数 $d=\mathbb{Q}^-\cup\{x|x\in\mathbb{Q}_0^+\wedge x^2<2\}$ は $d^2=2$という性質を持つ．

証明：定義 6 から $d^2=\mathbb{Q}^-\cup\{xy|x\in\mathbb{Q}_0^+\wedge x^2<2\wedge y\in\mathbb{Q}_0^+\wedge y^2<2\}$.
ところで条件 $x\in\mathbb{Q}_0^+\wedge x^2<2\wedge y\in\mathbb{Q}_0^+\wedge y^2<2$ より $(xy)^2=x^2y^2<4$ で $xy<2$. 逆に $z<2$ であるどんな $z\in\mathbb{Q}_0^+$ も $x\in\mathbb{Q}_0^+\wedge x^2<2\wedge y\in\mathbb{Q}_0^+\wedge y^2<2$ である x, y の積として書ける .
したがって $d^2=\{z|z\in\mathbb{Q}\wedge z<2\}=A_2=2$.

A

$\sqrt{2}$の非有理性

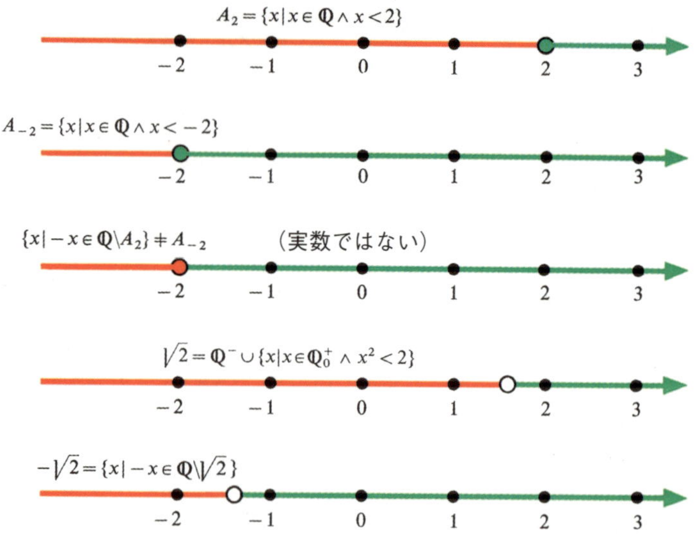

ある実数の補集合$\mathbb{Q}\backslash r$は例えば r が有理数のときには最小元を持ち，無理数のときには開集合になる．したがって集合 $\{x|-x\in\mathbb{Q}\backslash r\}$ は r が無理数の場合のみ，$\mathbb{Q}$ の開下方集合であり，したがって実数である．有理数の反数はしたがって無理数の場合と定め方が異なる（p.49）．

B

実数の計算

$\mathbb{Q}$ では四則演算を制限なく行えるので，代数構造をこれ以上拡張する理由はない．しかしながら順序構造，位相構造には著しい不完全さがあるので，実数領域 $\mathbb{R}$ への拡張が必要となる．

$\mathbb{Q}$ の順序構造の不完全性

$(\mathbb{Q};\leqq)$ は p.33，定義 3 の意味で線形順序集合になっており，有理数は，数直線上に密に存在しているにもかかわらず，それを完全にはみたしていない．例えば，1 辺 1 の正方形の対角線の長さ d は三平方の定理によれば $d^2 = 1^2 + 1^2$．この線分をコンパスで数直線上に移す（図 A）と，その像として平方が 2 であるような一つの数が定まる．確かに 1; 1.4; 1.41; 1.414; 1.4142; ... のような近似値の列を与えることはできるが，集合 $T = \{x \mid x \in \mathbb{Q} \ \wedge \ x^2 < 2\}$ には上限が存在しない（p.34，図 D，および p.35，定義 7）．

新しい完備化の問題のため，付加すべき構造の性質を定式化するのに次の定義を用いる：

定義 1　ある線形順序集合 $(M, \sqsubseteq)$ において，$p \in M$ が定める**切断**とは集合 $A_p := \{x \mid x \in M \wedge x \sqsubset p\}$ のことである．

定義 2　線形順序集合 $(M, \sqsubseteq)$ において集合 $B \subset M$ は，B が元 x を持てば $y \sqsubseteq x$ となるすべての $y \in M$ を含む，という条件をみたすとき**下方集合**と呼ばれる．最大値を持たない下方集合を**開下方集合**と呼ぶ．

有理数が決定する切断はすべて開下方集合であるが，逆は真ではない．例えば $\mathbb{Q}^- \cup \{x \mid x \in \mathbb{Q}_0^+ \wedge x^2 < 2\}$ は明らかに開下方集合であるが，有理数の切断ではない．

そこで問題は，完備化された集合 $\mathbb{R}$ では各開下方集合が $\mathbb{R}$ のある元の切断であるように，集合 $(\mathbb{Q};\leqq)$ を完備化することである．

$\mathbb{R}$ の構成

定義 3　$\mathbb{Q}$ の開下方集合全体の集合を $\mathbb{R}$ で表し，$\mathbb{R}$ の元を**実数**と呼ぶ．

したがって各々の実数はある「有理数の集合」として定義される．以下それらを通常 $r, s, \ldots$ 等で表す．次に述べる順序により，$\mathbb{R}$ はアルキメデス的順序集合となる：

定義 4　$r \leqq s :\Leftrightarrow r \subseteq s \quad (r, s \in \mathbb{R})$.

すると $\mathbb{R}$ は求める付加的構造の性質を持つ．

定理　$\mathbb{R}$ の任意の開下方集合はある実数の切断．

証明　B を $\mathbb{R}$ 内の一つの開下方集合とする．$r = \bigcup_{x \in B} x$ と置く．すべての x は有理数からなる集合だから，r もそうで，しかも $\mathbb{Q}$ の開下方集合の性質をすべて持っており，したがって一つの実数である．特に r は最大元 g を持たない．なぜなら，$g \in r$ とすると $g \in x$ となる $x \in B$ が存在する．x は最大元を持たないから $g' > g$ となる $g' \in x$ が存在する．r の構成法より B は $\mathbb{R}$ 内の r の切断となる．

この定理の系として，上に有界な実数の集合は上限を持つ（上限存在定理）．

$\mathbb{Q}$ の $\mathbb{R}$ への埋め込み

$\mathbb{R}$ が $\mathbb{Q}$ と同型な部分順序集合 (p.33) を含むことをみるために，$p \mapsto i(p) = A_p$ で写像 $i : \mathbb{Q} \to \mathbb{R}$ を定義する．すなわち任意の有理数はそれが定める $\mathbb{Q}$ の切断に写される．$p \leqq q \Rightarrow A_p \subseteq A_q$ だから i は順序を保つ（順序準同型）．また異なる有理数の定める切断は異なるから，i は単射である．有理数の定める切断でない実数は**無理数**と呼ばれる．

ちなみに実数を定義するには，開下方集合 r のかわりに**デデキントの切断**を使うこともできる．それは，$\mathbb{Q}$ の下方集合 B に対する対 $(B, \mathbb{Q} \setminus B)$ である．

次を示すことが残っている：求める付加的構造の性質を持つ任意の順序集合 M と任意の順序単準同型 $f : \mathbb{R} \to M$ に対し，$f = g \circ i$ をみたす順序準同型 $g : \mathbb{R} \to M$ が存在する (p.44，図 A)．

$r \in \mathbb{R}$ を $\mathbb{Q}$ の開下方集合とする：

$$r' = \{x \mid x \in M \wedge (\forall p \in \mathbb{Q} \setminus r \Rightarrow x < f(p))\}$$

とする．すると r' は M 内の開下方集合で，したがってある元 $a \in M$ の切断である．$g(r) = a$ として写像 $g : \mathbb{R} \to M$ が得られる．$r \leqq s$ より $r' \subseteq s'$ が得られ，したがって $g(r) \leqq g(s)$ である．すなわち g は順序準同型．g を特に有理数 $q \in \mathbb{Q}$ の切断 $i(q)$ に適用すれば

$$\begin{aligned} i(q)' &= \{\, x \mid x \in M \wedge (\forall p \in \mathbb{Q} \setminus i(q) \Rightarrow x < f(p))\} \\ &= \{x \mid x \in M \wedge x < f(q)\,\} \end{aligned}$$

は $f(q)$ の切断で，ゆえに $g \circ i = f$．ただしこの構成法において g は一意的に決定されなくともよい．

$\mathbb{R}$ の代数的構造

$\mathbb{R}$ は，$\mathbb{Q}$ の代数的性質を使うことなしに構成された．しかしながら $\mathbb{R}$ の代数的構造の導入は，それを $\mathbb{Q}$ の拡張として表現することによって可能となる．

定義 5　$r + s := \{x + y \mid x \in r \wedge y \in s\}$.

定義 6　$r \geqq 0,\ s \geqq 0$ のとき

$$rs := \mathbb{Q}^- \cup \{xy \mid x \in r \setminus \mathbb{Q}^- \wedge y \in s \setminus \mathbb{Q}^-\}.$$

任意の実数の積は $rs = (-r)(-s) = -((-r)s) = -(r(-s))$ により定義 6 に帰着される．

$\mathbb{R}$ はこの演算によって体の構造を持つ．実数 r の加法の逆元と乗法の逆元は次のようにして得られる：

$-r = A_{-p}$（$r = A_p,\ p \in \mathbb{Q}$ のとき）

$-r = \{x \mid -x \in \mathbb{Q} \setminus r\}$（$r$ が無理数のとき），

$r^{-1} = \cup_{x \in \mathbb{Q} \setminus r} A_{x^{-1}}$（$r > 0$ のとき），

$r^{-1} = -(-r)^{-1}$（$r < 0$ のとき）．

上記の写像 $i : \mathbb{Q} \to \mathbb{R}$ は，これらの構造を保つ．

収束列

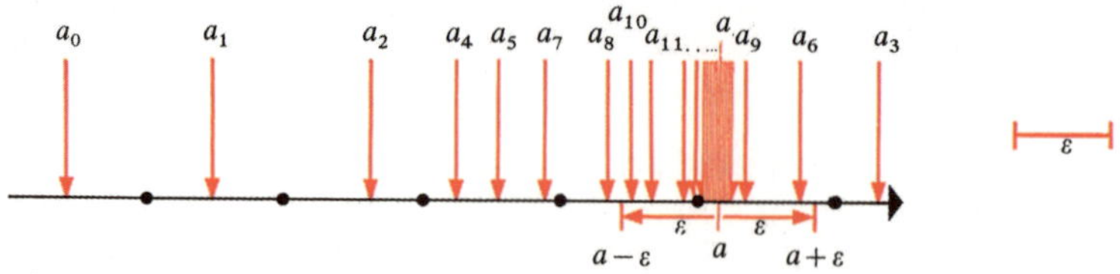

ここで与えた例では $n_0(\varepsilon)=9$ である．なぜなら $a-a_9, a-a_{10}, a-a_{11}, a-a_{12}, \cdots$ は ε より小さい．
収束性の証明は，任意の正数 ε に対し，整数 $n_0(\varepsilon)$ が存在して，$\forall n \geqq n_0(\varepsilon)$ に対し $|a-a_n|<\varepsilon$ となるのを示すことである．

A_1

基本列

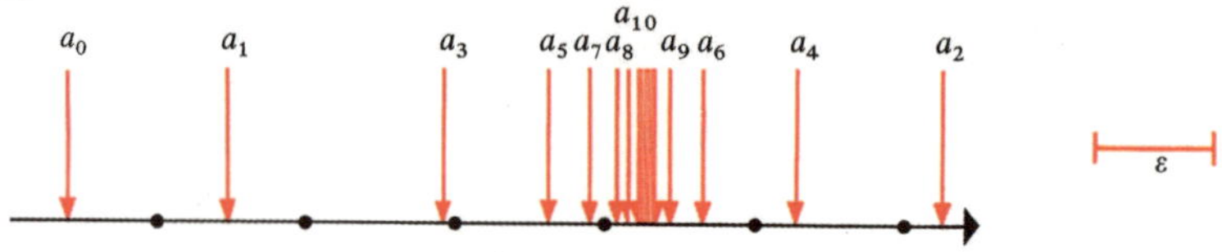

収束列では，その項が n の増大とともに極限値にいくらでも近づくだけでなく，項どうしのお互いの距離もどんどん減少する．上の例では $n_0(\varepsilon)=6$ 以降互いの距離，すなわち

$$
\begin{aligned}
a_6-a_7,\ a_6-a_8,\ a_6-a_9,\ a_6-a_{10}, \ldots \\
a_7-a_8,\ a_7-a_9,\ a_7-a_{10}, \ldots \\
a_8-a_9,\ a_8-a_{10}, \ldots \\
a_9-a_{10}, \ldots
\end{aligned}
$$

の絶対値は ε より小さい．
基本列であるとは，任意の正数 ε に対し，整数 $n_1(\varepsilon)$ が存在して，すべての $n \geqq n_1$ と $m \geqq n_1$ に対し $|a_n-a_m|<\varepsilon$ となることである．この性質を持つすべての数列が必ずしも収束するわけではない．

A_2

単調増大列

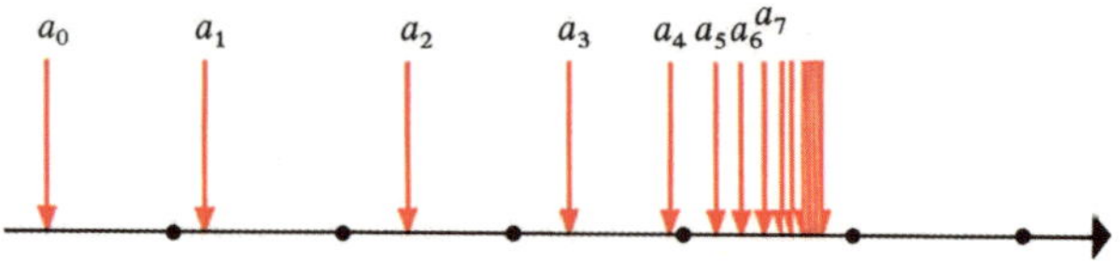

すべての n に対し $a_{n+1} \geqq a_n$ であること．同様に単調減少列も定義される．
定理：任意の有界単調列は基本列である．

A_3

$\mathbb{Q}$ 内の数列

$(M; \mathfrak{M}, \top)$ は，$(M; \mathfrak{M})$ が位相空間で，$(M; \top)$ が群であり，両立条件：
$(x, y) \mapsto x \top y^{-1}$ で定義される写像 $f: M \times M \to M$ は連続である（$M \times M$ は直積位相，p.205）をみたすとき，**位相群**と呼ばれる．
例：群 $(\mathbb{Q}; +), (\mathbb{Q} \setminus \{0\}; \cdot), (\mathbb{R}; +), (\mathbb{R} \setminus \{0\}; \cdot)$ は $\mathbb{Q}, \mathbb{R}$ に自然な位相（p.205）を与えるとき，位相群である．

B

位相群

$\mathbb{Q}$ の位相構造の非完備性

実数の全く異なる別の導入法は，カントルにさかのぼり，それは $\mathbb{Q}$ の位相構造の非完備性から生ずる．この完備化でも，$\mathbb{Q}$ の代数的構造や順序構造は用いない．簡単のためここでは最少限度の記述にとどめる．群 $(\mathbb{Q};+)$ は p.47 で導入された距離によって**位相群**となり（図 B），そこで収束性を調べることができる．p.41 より距離空間の点列 $\{a_n\}=\{a_0,a_1,a_2,\ldots\}$ が元 a に収束するとは，任意の $\varepsilon>0$ に対して，ある $n_0\in\mathbb{N}$ が存在して，すべての $n\geqq n_0$ に対して $d(a,a_n)<\varepsilon$ が成り立つことをいい，$\lim_{n\to\infty} a_n=a$ と書く（図 A）．$\mathbb{Q}$ 内では特に $\lim_{n\to\infty} a_n=a \Leftrightarrow (\forall\varepsilon\in\mathbb{Q}^+ \Rightarrow \exists n_0(\forall n\geqq n_0 \Rightarrow |a-a_n|<\varepsilon))$ が成り立つ．

点列に関する次の二つの性質は重要である．

定義 1　点列 $\{a_n\}$ は $\lim_{n\to\infty} a_n=0$ であるとき**零列**と呼ばれる．

定義 2　点列 $\{a_n\}$ は，任意の $\varepsilon>0$ に対して，$n_1\in\mathbb{N}$ が存在して，すべての $n\geqq n_1$ と $m\geqq n_1$ に対して $d(a_n,a_m)<\varepsilon$ となるとき**基本列**である，または**コーシー列**であるという（図 A）．

注意　一般に位相群に対して，点列 $\{a_n\}$ が a に収束するとは，次のようにも定式化される．零元の任意の近傍に対して，ある n_0 が存在して $n\geqq n_0$ となるすべての n に対して $a-a_n$ がこの近傍に含まれる．また基本列の概念は，$m\geqq n_1$, $n\geqq n_1$ なるすべての m,n に対して a_n-a_m がこの近傍に含まれることとしても定式化される．

定理　任意の収束列は基本列である．

証明　与えられた $\varepsilon>0$ に対し，$\frac{\varepsilon}{2}>0$ だから，収束性より n_1 が存在して，$n\geqq n_1$ であるすべての n に対して $|a-a_n|<\frac{\varepsilon}{2}$．すると $n\geqq n_1$, $m\geqq n_1$ なるすべての n,m に対して三角不等式より $|a_n-a_m|=|(a_n-a)+(a-a_m)|\leqq |a_n-a|+|a-a_m|<\frac{\varepsilon}{2}+\frac{\varepsilon}{2}=\varepsilon$.

しかしながら定理の逆は成り立たず，すべての基本列が収束するわけではない．例えば $\sqrt{2}$ を小数位で近似する数列は $\mathbb{Q}$ 内では収束しない基本列である．ここで $\mathbb{Q}$ の拡張に求められる付加的な位相的性質は，その拡張された集合においては任意の基本列が収束することである．この性質を持つ空間は**完備**であると呼ばれる．また，$\mathbb{Q}$ の位相構造に対する p.45 の意味での完備化を単に**完備化**と呼ぶ．

$\mathbb{Q}$ の完備化の構成

構成される集合の元としてまず基本列そのものを用いることが考えられよう．しかし，収束する基本列を考えればすぐ分かるように，同じ極限値を持つ数列は無数に存在する．$\{a_n\}$ と $\{b_n\}$ をそのような二つの数列とすると，もちろん $\{a_n-b_n\}$ は零列となる．このことより，すべての基本列の集合に，次に述べる同値関係 $\sim_3$ を導入して同値類別する：

定義 3　$\{a_n\}\sim_3\{b_n\} :\Leftrightarrow \{a_n\},\{b_n\}$ は $\mathbb{Q}$ 内の基本列で，$\lim_{n\to\infty}(a_n-b_n)=0$.

$\sim_3$ は同値関係の性質 (p.21) をすべてみたす．

定義 4　$\overline{\mathbb{Q}}:=\{[\![\{a_n\}]\!] \mid \{a_n\}$ は $\mathbb{Q}$ 内の基本列 $\}$.

$\overline{\mathbb{Q}}$ の中には $[\![\{a_n\}]\!]+[\![\{b_n\}]\!]:=[\![\{a_n+b_n\}]\!]$ として，類の代表元の取り方によらない加法と減法が導入される．零列のなす類が零元の役割を果たし 0 で表される．

0 と異なる任意の類は，常にその各項がすべて正，またはすべて負である代表元を持つことが示される．したがって，次の定義が意味を持つ：

定義 5　$[\![\{a_n\}]\!]>0 :\Leftrightarrow [\![\{a_n\}]\!]\neq 0$ かつ $(\exists\{x_n\}\sim_3\{a_n\},(\forall x_n>0))$,
$[\![\{a_n\}]\!]<0 :\Leftrightarrow [\![\{-a_n\}]\!]>0$.

これにより $\overline{\mathbb{Q}}$ に順序を定義できる．また

$$|[\![\{a_n\}]\!]| := \begin{cases} [\![\{a_n\}]\!] & ([\![\{a_n\}]\!]>0) \\ [\![\{-a_n\}]\!] & ([\![\{a_n\}]\!]<0) \end{cases}$$

によって $\overline{\mathbb{Q}}$ に絶対値が導入され，それによって $\overline{\mathbb{Q}}$ に距離が導入されて位相構造が入り，位相群としての性質をみたす．$\overline{\mathbb{Q}}$ では任意の基本列が収束し，求める $\mathbb{Q}$ の完備化となっている．

$\mathbb{Q}$ の $\overline{\mathbb{Q}}$ への埋め込み

$i(p)=[\![\{p,p,p,\ldots\}]\!]$ によって定義される写像 $i:\mathbb{Q}\to\overline{\mathbb{Q}}$ は構造を保つ単射である．構造を保つとは $(\mathbb{Q};+)$ の群構造と位相構造を保つことである．

$\overline{\mathbb{Q}}$ の構成法より i の普遍性も導ける．M を求めている構造性質を持つある集合とし，$\mathbb{Q}$ が M に構造を保つ写像 $f:\mathbb{Q}\to M$ で埋め込まれているとすると，まず $\{a_n\}$ が $\mathbb{Q}$ の基本列ならば $\{f(a_n)\}$ が M 内の基本列となることが導かれる．$\{f(a_n)\}$ は M の構造性質より M の元 $r'\in M$ に収束する．$g([\![\{a_n\}]\!])=r'$ によって定義される写像 $g:\overline{\mathbb{Q}}\to M$ によって $\overline{\mathbb{Q}}$ を M に埋め込むことができ $f=g\circ i$ である．ゆえに $\overline{\mathbb{Q}}$ はすべての基本列がその中で収束する集合で $\mathbb{Q}$ を含む最小のものであり，同型を除いて一意的に定まる．

$\overline{\mathbb{Q}}$ と $\mathbb{R}$ の同型

$\mathbb{Q}$ のいわゆる有理位相と区別して $\overline{\mathbb{Q}}$ の位相構造を実位相と呼ぶ．$[\![\{a_n\}]\!]\cdot[\![\{b_n\}]\!]:=[\![\{a_nb_n\}]\!]$ および $[\![\{a_n\}]\!]\neq 0$（かつ $a_n\neq 0$）に対し $[\![\{a_n\}]\!]^{-1}:=[\![\{a_n^{-1}\}]\!]$ と定義することにより $\overline{\mathbb{Q}}$ の代数構造は体に拡張され，$\mathbb{R}$ と $\overline{\mathbb{Q}}$ はすべての構造性質を保つ全単射で写り合い，それによって同一視される．例えば $\{a_n\}$ を $\mathbb{Q}$ 内の基本列としたとき，これと同値な単調増加列 (図 A) $\{b_n\}$ が常に存在する．すると $\bigcup_{n\in\mathbb{N}} A_{b_n}$ は $\mathbb{Q}$ 内の開下方集合となり，$\varphi([\![\{a_n\}]\!])=\bigcup_{n\in\mathbb{N}} A_{b_n}$ で定義される写像 $\varphi:\overline{\mathbb{Q}}\to\mathbb{R}$ は構造を保つ全単射．

$[a_n; b_n]\quad a_n = k_n \cdot 10^{-n},\quad b_n = (k_n+1)\cdot 10^{-n}$

$[1; 2]$	$k_0 = 1$
$[1.4; 1.5]$	$k_1 = 14$
$[1.41; 1.42]$	$k_2 = 141$
$[1.414; 1.415]$	$k_3 = 1414$
$[1.4142; 1.4143]$	$k_4 = 14142$
…	…

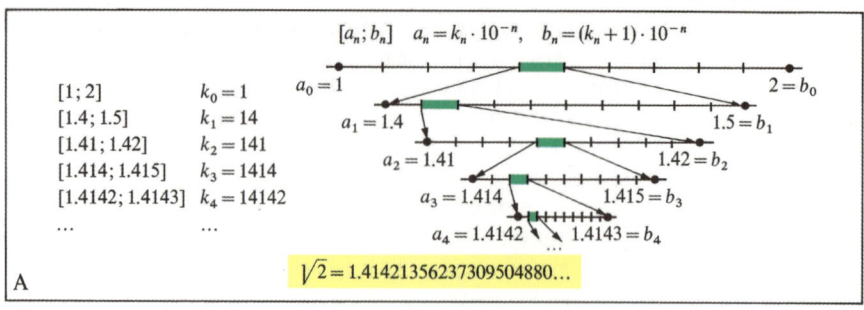

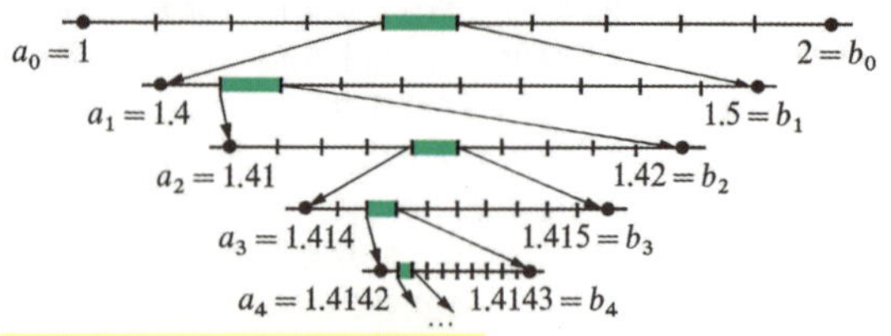

$\sqrt{2} = 1.41421356237309504880\ldots$

A

$\sqrt{2}$ への区間縮小表示の例

各正の有理数 $p = \dfrac{m}{n}$（負の数についてはその反数を考える）は余りを持つ除法を繰り返すことによって有限あるいは循環 g 進小数で書くことができる．除法が終了しなければ，遅くとも小数点以下 $n-1$ 桁までには同じ余りが現れるので周期が始まる．周期の上には点を打って示す．

$g=10$ の場合の例：　$\dfrac{23}{198} = 0.116161616\ldots = 0.1\dot{1}\dot{6}\ldots$

一般には次の形で書かれる：

$\dfrac{m}{n} = a_0, a_1\ldots a_k\overline{b_1\ldots b_l}\ldots$ ここで $a_0 \in \mathbb{N}$ かつ $0 \leqq a_i < g\ \ (i \in \{1\ldots k\})$

$0 \leqq b_j < g\ \ (j \in \{1\ldots l\})$.

最初の添数 k は，n' を n の素因数分解で g と素な部分とするとき，$\dfrac{n}{n'}$ が g^x の約数となるような最小の $x \in \mathbb{N}$ になる．

周期の長さ l は n' が g^y-1 の約数となるような最小の $y \in \mathbb{N}\backslash\{0\}$ になる（m と n は互いに素）．

上の例では　$n = 198 = 2\cdot 3^2\cdot 11$　$n' = 99 = 3^2\cdot 11$　$\dfrac{n}{n'} = 2$,　$k=1$,　$l=2$.

2 は $x=1$ に対し 10^x の約数だが，$x=0$ に対してはそうでない．

99 は $y=2$ に対し 10^y-1 の約数だが，$y=1$ に対してはそうでない．

各循環 g 進小数は一つの有理数を表し，分数の形で書くことができる．一般に帯分数の形で書くと次のように書ける：

$$a_0, a_1\ldots a_k\overline{b_1\ldots b_l}\ldots = a_0 + \frac{\left(g^l\sum_{\nu=1}^{k} a_\nu g^{k-\nu} + \sum_{\nu=1}^{l} b_\nu g^{l-\nu}\right) - \sum_{\nu=1}^{k} a_\nu g^{k-\nu}}{(g^l-1)\,g^k}$$

$g=10\ (k=2,\ l=1)$ の例：$0.25\dot{4}\ldots = 0 + \dfrac{254-25}{9\cdot 100} = \dfrac{229}{900}$.

B

有理数の g 進表示

$r^s = t$　$r \in \mathbb{R}_0^+$,　$s \in \mathbb{R}$,　$t \in \mathbb{R}_0^+$.

ベキ乗する
（ベキの値 t を求める）

$t = r^s$
$r^{s_1}\cdot r^{s_2} = r^{s_1+s_2}$
$r^{s_1} : r^{s_2} = r^{s_1-s_2}$
$r_1^s \cdot r_2^s = (r_1\cdot r_2)^s$
$r_1^s : r_2^s = (r_1 : r_2)^s$
$(r^{s_1})^{s_2} = r^{s_1\cdot s_2}$
$r > 1 \Rightarrow$
$(s_1 < s_2 \Leftrightarrow r^{s_1} < r^{s_2})$
（単調性）

ベキ根を取る
（ベキ根の値 r を求める）

$r = \sqrt[s]{t}\ (s \neq 0)$

$\sqrt[s]{t} = t^{\frac{1}{s}}$　だから，
すべてのベキ乗の公式は
ベキ根に対しても成り立つ．
特に：
$\sqrt[s]{t_1}\cdot\sqrt[s]{t_2} = \sqrt[s]{t_1\cdot t_2}$
$\sqrt[s]{t_1} : \sqrt[s]{t_2} = \sqrt[s]{t_1 : t_2}$
$\sqrt[s_1]{\sqrt[s_2]{t}} = \sqrt[s_1\cdot s_2]{t}$

対数を取る
（ベキ指数を求める）

$s = \log_r t\ \ (r \neq 0, t \neq 0, r \neq 1)$
$\log_r(t_1\cdot t_2) = \log_r t_1 + \log_r t_2$
$\log_r(t_1 : t_2) = \log_r t_1 - \log_r t_2$
$\log_r(t^u) = u\cdot\log_r t,\ \log_r \sqrt[u]{t} = \dfrac{\log_r t}{u}$
$\dfrac{\log_r t}{\log_r u} = \log_u t$
特別の記法：
$\mathrm{lg}\, t := \log_{10} t$　（常用対数）
$\ln t := \log_e t$　（自然対数）
$\mathrm{lb}\, t := \log_2 t$　（2 進対数）

C

$\mathbb{R}$ の第 3 段階の算法

区間縮小法

ワイエルシュトラスは実数の3番目の特徴付けを与えた．それはデデキント (p.49) やカントル (p.51) の方法のように一般化に適したものではないが，通例の**実数の小数表示**へ容易につながる．ここではその概要だけにとどめる．

中心となる概念は**区間縮小法**である．それは次のような $\mathbb{Q}$ 内の閉区間列 $\{[a_n, b_n]\}$) のことである：$a_{n+1} \geqq a_n$, $b_{n+1} \leqq b_n$ かつ $\lim_{n\to\infty}(b_n - a_n) = 0$．各区間は前の区間に含まれ，区間の幅は縮小して 0 に近づく（図 A）．その区間はある有理数に収束しうるが，必ずそうなるとも限らない．区間縮小列全体の集合には $\{[a_n, b_n]\} \sim_4 \{[c_n, d_n]\} :\Leftrightarrow (\forall n \in \mathbb{N} \Rightarrow a_n \leqq d_n \wedge c_n \leqq b_n)$ として同値関係 $\sim_4$ が定義される．その同値類は以前定義した実数の持つすべての性質を持っている．同値類 $[\![\{[a_n, b_n]\}]\!]$ は開下方集合 $\bigcup_{n\in\mathbb{N}} A_{a_n}$ と同一視される．

実数の表現

自然数の十進記法はよく知られている．それは次の形の有限級数表示のことである：

$z_n \cdot 10^n + z_{n-1} \cdot 10^{n-1} + \cdots + z_1 \cdot 10^1 + z_0$.

ここで $z_\nu \in \mathbb{N} \wedge 0 \leqq z_\nu < 10$．累乗の記法については，この頁の定義1を参照．数 z_ν は表示の当該桁の数字と呼ばれ，一意的に決まる．例えば $5436 = 5 \cdot 10^3 + 4 \cdot 10^2 + 3 \cdot 10^1 + 6$.

注意　級数表現で数 10 は別の任意の整数 $g \geqq 2$ で置き換えられる（g 進表示）．

正の実数 r の表現については，それに対応して決まる区間縮小列で，$b_n - a_n = 10^{-n}$ かつ $a_n = k_n \cdot 10^{-n} < r$, $b_n = (k_n + 1) \cdot 10^{-n} \geqq r$ $(k_n \in \mathbb{N})$ をみたすものが存在する．数 a_n に対して

$a_n = z_m 10^m + z_{m-1} 10^{m-1} + \cdots + z_1 10 + z_0 + z_{-1} 10^{-1} + \cdots + z_{-n} 10^{-n}$（**有限小数**）

なる形の表現が得られ，実数 r については**無限小数**としての表現が得られる．ただしここで無限級数は解析学における意味で解釈する．負の実数への書き換えは，その反数を考えればよい．この方法だと，数1は $0.999\cdots = 0.\overline{9}\cdots$（**循環小数**）として表現される．そこである決まった箇所から後のすべての桁の数が9であるような数は，9と異なる最後の桁の数に1を加え，残りを取り去る形で表示される実数に等しい．すなわち9を周期に持つ小数，そしてこのような小数のみが有限小数による第2の表示を持つ．したがってすべての無限小数（周期0を除く）全体の集合は $\mathbb{R}$ と同一視される．

任意の有理数 $\frac{m}{n}$ は，m の n による除法によって十進小数に展開できる．遅くとも $n-1$ 番目のステップまでには同じ余りの数が出てくるので，その展開はそこで終わるかあるいは周期的になる．逆に任意の循環小数は有理数だから（図 B），無理数の集合は非循環無限小数の集合と同一視される．

$\mathbb{R}$ の代数的構造の拡張

$\mathbb{R}$ には加法，減法（第1段）と乗法，除法（第2段）に加えて，内的演算としてベキ（第3段）が，その逆演算とともに定義される．その定義は段階的に行われる．

定義 1　$r^0 := 1$, $r \in \mathbb{R}$, $n \in \mathbb{N}$ に対し $r^{n+1} := r \cdot r^n$.

これについてよく知られた計算法則が成り立つ：$r^m r^n = r^{m+n}$, $r^n s^n = (rs)^n$, $(r^m)^n = r^{mn}$．ベキの概念の一般化として，正実数のベキ根を定義するには p.49 の定義3を前提する．

定義 2　$n \in \mathbb{N}\backslash\{0\}$, $r \in \mathbb{R}_0^+$ に対して $\sqrt[n]{r} := \mathbb{Q}^- \cup \{x \mid x \in \mathbb{Q}_0^+ \wedge x^n \in r\}$.

$(\sqrt[n]{r})^n = r$ が成り立つ（p.48, 図 A 参照）．すなわち $\sqrt[n]{r}$ は方程式 $x^n = r$ の解である．ベキ根の決定は例えば区間分割によって任意の精度の近似を取ることができる．ベキの定義は負や分数のベキに拡張される．するとベキ根の概念はベキの概念に包含される．

定義 3　$n \in \mathbb{N}$, $r \in \mathbb{R} \setminus \{0\}$ に対して $r^{-n} := \frac{1}{r^n}$．$m \in \mathbb{Z}$, $n \in \mathbb{N} \setminus \{0\}$, $r \in \mathbb{R}^+$ に対して $r^{m/n} := (\sqrt[n]{r})^m$．$m > 0$ のときは $r = 0$ でも可．

上に与えたベキに関する計算法則は有理数指数に対しても正しいことが分かる．さらに $r > 1$ のとき，$r^p > 1$ と $p > 0$ が同値であることが容易に示される．p_1 と p_2 を $p_2 > p_1$ なる任意の有理数とする．$r > 1$ のとき，$r^{p_2 - p_1} > 1$ だから $r^{p_2} > r^{p_1}$.

この単調性は任意の実数指数ベキに対しての一般化を可能にする．$r \in \mathbb{R}_0^+$ と $s \in \mathbb{R}$ に対して次のように置く：

定義 4　$r \geqq 1$ のとき $r^s := \bigcup_{p\in s} r^p$ $(p \in \mathbb{Q})$.

$0 < r < 1$ のとき $r^s := (r^{-1})^{-s}$.

$r = 0$ かつ $s > 0$ のとき $r^s := 0$.

注意　$r = 0$ と $s = 0$ に対して定義1より $0^0 = 1$ が導かれる．このように定義されたベキの値は常に $\mathbb{R}_0^+$ に属する．上の計算法則はそのまま成り立つ（図 C）．

ベキ根を取ることに加えて，累乗にはもう一つの逆演算，対数法がある．$r \in \mathbb{R}^+$, $r \neq 1$ と $t \in \mathbb{R}^+$ に関する方程式 $r^x = t$ は単調性と上限の定理より，常に解を持つ．これを $x = \log_r t$ と表す（r を底とする t の対数と呼ぶ）．対数を取ると，乗法と除法（第2段）は加法，減法（第1段）に帰着され，累乗とベキ根は乗法と除法（第2段）に帰着される（図 C）．

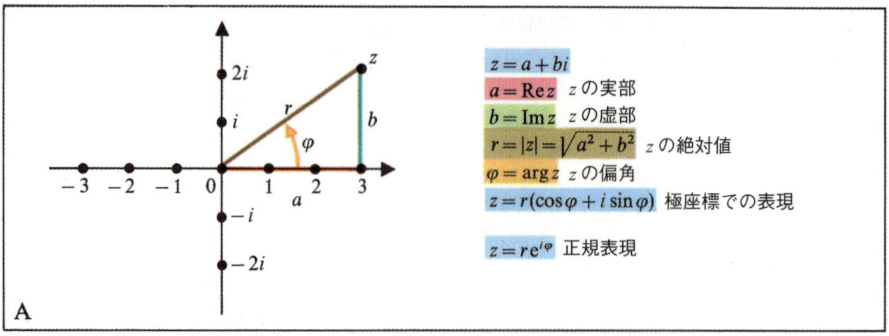

複素数平面（ガウス 平面）

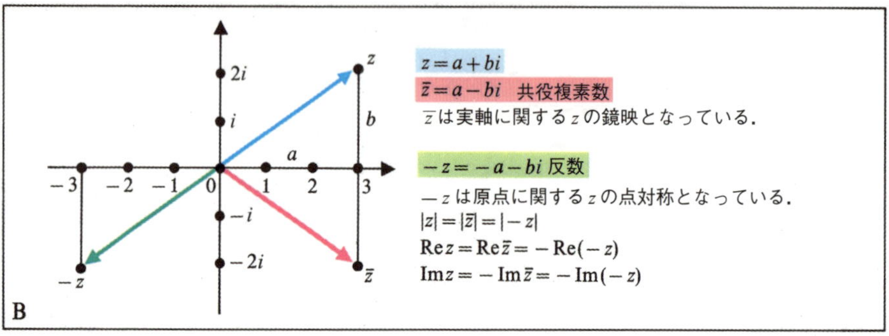

共役複素数と反数

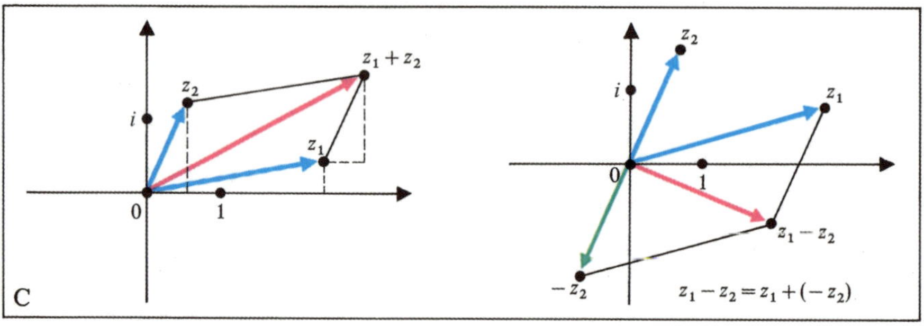

複素数の加法と減法

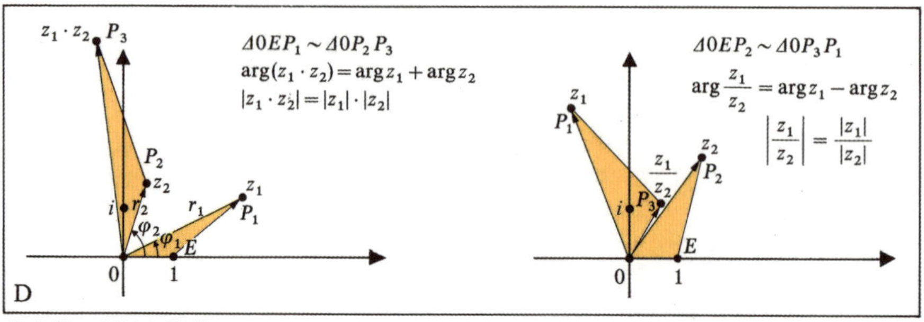

複素数の乗法と除法

複素数の体 $\mathbb{C}$ の構成

$\mathbb{R}$ の代数構造の拡張によって，その著しい不完全さが明らかになる．すなわち第 3 段の演算 (p.53) は $\mathbb{R}$ の任意の元に対して定義されるわけではない．例えば記号 $\sqrt{-1}$ は実数としては定義できない．別の定式化をすれば，多項式環 $\mathbb{R}[X]$ (p.85) の多項式 X^2+1 は $\mathbb{R}$ に零点を持たない，すなわち既約である．

代数学において次が示される (p.93)．任意の体 K に対して K 上の多項式環 $K[X]$ から既約多項式を取るとき，その多項式がそこで零点を持つような K の拡大体が構成できる．前述の特別な場合に応用すれば，$\mathbb{R}[X]$ の $\bmod X^2+1$ の剰余環を構成することになる．このために，まず $\mathbb{R}[X]$ の多項式 $f(X)$, $g(X)$ に対して，次の同値性を導入する：

定義 1　$f(X) \sim_5 g(X) :\Leftrightarrow (\exists h(X) \in \mathbb{R}[X] \wedge f(X)-g(X)=h(X)(X^2+1))$.

定義 2　$\mathbb{C} := \mathbb{R}[X]/\sim_5 = \{[\![f(X)]\!] \mid f(X) \in \mathbb{R}[X]\}$.

注意　$\mathbb{R}[X]/\sim_5$ のかわりに $\mathbb{R}[X]/(X^2+1)$ とも書く．

$\mathbb{C}$ には代表元の取り方に依存しないような類の加法，乗法が導入される：

定義 3　$[\![f(X)]\!]+[\![g(X)]\!] := [\![f(X)+g(X)]\!]$.
$[\![f(X)]\!]\cdot[\![g(X)]\!] := [\![f(X)g(X)]\!]$.

$(\mathbb{C};+,\cdot)$ はさらに体となる．$[\![f(X)]\!]$ の乗法に関する逆元の存在は，以下のようにして示される：X^2+1 の既約性より $f(X)$ と X^2+1 の最大公約数は 1．$\mathbb{R}[X]$ ではユークリッドの互除法 (p.107) が可能だから，多項式 $h(X)$, $k(X)$ で $f(X)h(X)+(X^2+1)k(X)=1$ となるものが存在する．これより

$[\![f(X)]\!][\![h(X)]\!]=[\![1]\!]$.

したがって $[\![f(X)]\!]^{-1}=[\![h(X)]\!]$.

それぞれの類は $a+bX$ $(a,b\in\mathbb{R})$ の形の多項式を唯一つ含み，したがって実数の対が定まる．すなわち

(1) $(a+bX)\sim_5(c+dX) \Leftrightarrow a=c\wedge b=d$,

(2) 次数 $\leqq 1$ なる $r(X)$ に対し $f(X)=q(X)(X^2+1)+r(X)$ ならば $f(X)\sim_5 r(X)$.

それゆえ，$a+bX$ $(a,b\in\mathbb{R})$ の形の多項式全体の集合が $\mathbb{C}$ の代表系をなし，次が得られる：

$[\![a+bX]\!]+[\![c+dX]\!]=[\![(a+c)+(b+d)X]\!]$,
$[\![a+bX]\!]\cdot[\![c+dX]\!]=[\![(ac+bdX^2)+(ad+bc)X]\!]=[\![(ac-bd)+(ad+bc)X]\!]$.

逆元については直接示す．簡単な計算により，

$$[\![a+bX]\!]^{-1}=\left[\!\!\left[\frac{a}{a^2+b^2}-\frac{b}{a^2+b^2}X\right]\!\!\right]$$

が確かめられる．$a\mapsto[\![a]\!]$ で定義される写像 $f:\mathbb{R}\to\mathbb{C}$ により $\mathbb{R}$ は $\mathbb{C}$ の中に埋め込まれる．そこで $i:=[\![X]\!]$ と置く．すると i は多項式 X^2+1 の零点で $\mathbb{C}$ の元は $[\![a+bX]\!]=a+b[\![X]\!]=a+bi$ $(a,b\in\mathbb{R})$ なる表現を持つことが分かる．さらに $i^2=-1$ が成り立つ．

$\mathbb{C}$ の元は**複素数**と呼ばれる．構成方法から X^2+1 が零点を持つような $\mathbb{R}$ の拡大体で最小のものであることが分かる．

注意　複素数はしばしば実数の対として直接導入され，そこでの加法や乗法を上記のように定義する．bi $(b\in\mathbb{R})$ の形の数は**純虚数**，i は**虚数単位**と呼ばれる．

複素数の図表現

$\mathbb{C}$ における累乗ならびにその逆を説明する前に，まず複素数を可視化する必要がある．体 $\mathbb{C}$ は $\{1,i\}$ を基底に持つ $\mathbb{R}$ 上の 2 次元のベクトル空間とみることができる．$z=a+bi$ において，実数 a（**実部**），b（**虚部**）を平面の直交座標系の座標と理解する．この方法により，任意の複素数と平面上の点とが一対一に対応する．水平軸は実数を含み，垂直軸は純虚数を含む（**複素数平面**，図 A）．

$\mathbb{C}$ の元に対し，距離の性質 (p.41) をすべて持つ絶対値を導入する：

$|z|=|a+bi|=\sqrt{a^2+b^2}$.

$z=a+bi$ に対し，その**共役複素数**とは，$\overline{z}=a-bi$ のことである（図 B）．$z\overline{z}=|z|^2$，したがって $z^{-1}=\dfrac{\overline{z}}{|z|^2}$ が成り立つ．

共役複素数の計算について次の規則が成り立つことは容易に確かめられる：

$\overline{z_1+z_2}=\overline{z}_1+\overline{z}_2$,　$\overline{z_1-z_2}=\overline{z}_1-\overline{z}_2$,
$\overline{z_1z_2}=\overline{z}_1\cdot\overline{z}_2$,　$\overline{\left(\dfrac{z_1}{z_2}\right)}=\dfrac{\overline{z}_1}{\overline{z}_2}$.

複素数平面においては，極座標 r,φ $(0\leqq\varphi<2\pi)$ を使うと，$z\neq 0$ は $z=r(\cos\varphi+i\sin\varphi)$ と表示できる．ここで $r=|z|$．φ は z の**偏角**と呼ばれ，$\arg z$ と表される．

関数論において，$\cos\varphi+i\sin\varphi=\mathrm{e}^{i\varphi}$ が示され，複素数の非常に有用な複素数の正規表現 $z=r\mathrm{e}^{i\varphi}$ が得られる．

複素数平面における第 1 段演算と第 2 段演算

複素数の加法と減法は複素数平面においてはベクトル的に実行され（図 C），乗法と除法も同じく相似な三角形を使って幾何的に実行される（図 D）．後者は特に**正規表現**を使うと簡単に説明できる．$z_1=r_1\mathrm{e}^{i\varphi_1}$, $z_2=r_2\mathrm{e}^{i\varphi_2}$ とすると

$z_1z_2=r_1r_2\mathrm{e}^{i(\varphi_1+\varphi_2)}$, $\dfrac{z_1}{z_2}=\dfrac{r_1}{r_2}\mathrm{e}^{i(\varphi_1-\varphi_2)}$

が得られる．最後の二つの等式では，それを正規表現にするために，偏角の和，あるいは差は $\bmod 2\pi$ で考えて，0 と 2π の間の値に帰着させる．

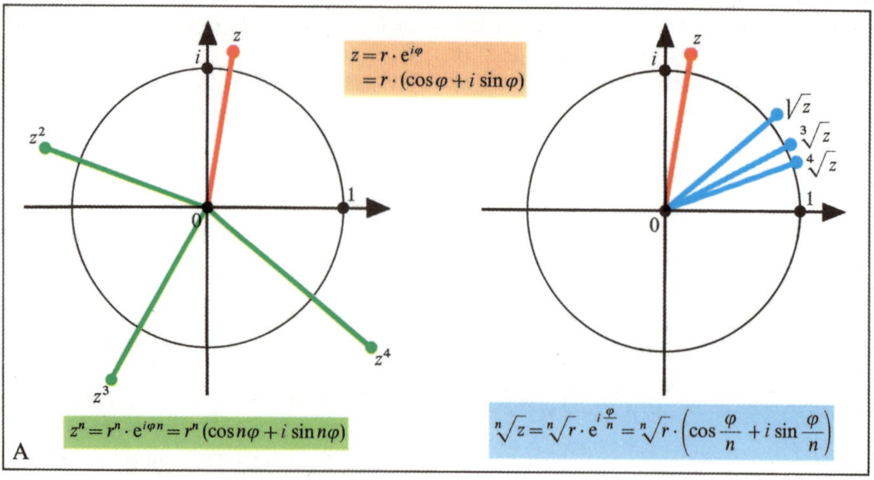

複素数のベキ乗とベキ根（指数は 0 でない自然数）

$(0.4+0.3i)^{5+2i}$ を計算する

$$
\begin{aligned}
0.4+0.3i &= r\cdot e^{i\varphi}\\
r &= \sqrt{0.16+0.09} = 0.5\\
\varphi &= \arctan 0.75 = 0.64350\\
\ln(0.4+0.3i) &= \ln r + i\varphi\\
&= -0.69315 + 0.64350i\\
(0.4+0.3i)^{5+2i} &= e^{(\ln r + i\varphi)(5+2i)}\\
&= e^{-4.75275+1.83120i}\\
&= 0.00864\, e^{1.83120i}\\
&= 0.00864(-0.25748+0.96628i)\\
&= -0.00222+0.00835i
\end{aligned}
$$

$\log_{3+2i}(1+4i)$ を計算する

$$
\begin{aligned}
1+4i &= r_1\, e^{i\varphi_1}\\
r_1 &= \sqrt{1+16} = 4.1231\\
\varphi_1 &= \arctan 4 = 1.32582\\
3+2i &= r_2\, e^{i\varphi_2}\\
r_2 &= \sqrt{9+4} = 3.6056\\
\varphi_2 &= \arctan\tfrac{2}{3} = 0.58800\\
\ln(1+4i) &= \ln r_1 + i\varphi_1\\
&= 1.41661 + 1.32582i\\
\ln(3+2i) &= \ln r_2 + i\varphi_2\\
&= 1.28247 + 0.58800i\\
\log_{3+2i}(1+4i) &= \frac{\ln(1+4i)}{\ln(3+2i)}\\
&= 1.3044 + 0.4358i
\end{aligned}
$$

B

複素数でベキを取ることと対数を取ること

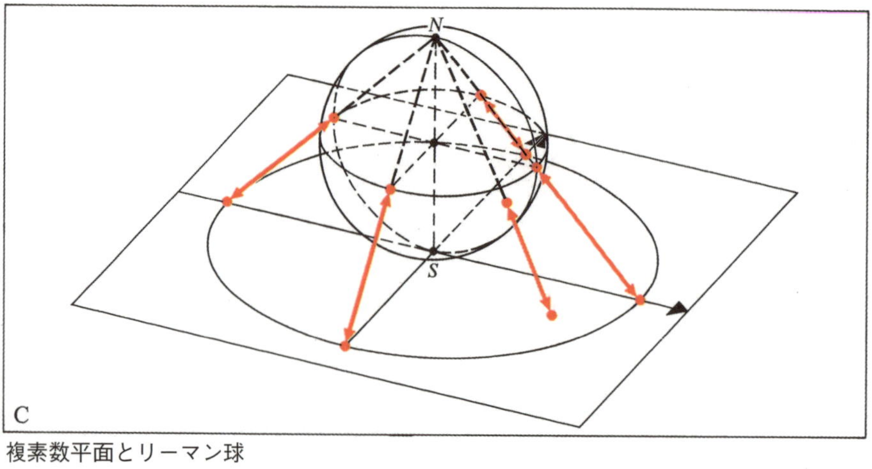

複素数平面とリーマン球

ℂ の代数的閉性

自然数のベキは乗法に帰着できるから，複素数の自然数ベキは容易に計算できる：

$$z = r\mathrm{e}^{i\varphi} \wedge n \in \mathbb{N} \Rightarrow z^n = r^n \mathrm{e}^{in\varphi}.$$

したがって $|z^n| = |z|^n$ であり

$$\arg z^n \equiv n \arg z \bmod 2\pi,\ 0 \leqq \arg z^n < 2\pi$$

(図 A)．対応して，ベキ根は実数に対する計算に帰着される：

$$z = r\mathrm{e}^{i\varphi} \wedge n \in \mathbb{N}\backslash\{0\} \Rightarrow \sqrt[n]{z} = \sqrt[n]{r} \cdot \mathrm{e}^{i\frac{\varphi}{n}}.$$

ここで $|\sqrt[n]{z}| = \sqrt[n]{|z|}$ と $\arg \sqrt[n]{z} = \frac{1}{n} \arg z$ が成り立つ（図 A)．

$\sqrt[n]{z}$ は多項式 $X^n - z$ の一つの零点である．この多項式は n 個の異なる零点を持ち，それらは $x_k = \sqrt[n]{z} \cdot \mathrm{e}^{i\frac{2\pi}{n}k}$, $k \in \{0, 1, 2, \ldots, n-1\}$ と書ける．記号 $\sqrt[n]{z}$ は，その n 個の零点のうち最小の偏角のものを表すことになる．$X^n - 1$ の零点は **1 の n 乗根**と呼ばれる．それらは，複素数平面内の単位円に内接する正 n 角形で，1 頂点が正実数軸上にあるものの各頂点に対応する．

上で述べた結果より，ℂ 内では $X^2 + 1$ だけでなく，任意の $z \in \mathbb{C}$ に対する多項式 $X^2 - z$ が零点を持つことになる．初等的では全くないがはるかに一般的な次の結果がある．

複素数の代数的主定理　$\mathbb{C}[X]$ の次数 $n > 0$ の任意の多項式は ℂ において少なくとも 1 個の零点を持つ（p.86 参照)．

代数学の基本定理とも呼ばれるこの定理には，多くの異なった証明が知られている．もっとも純粋に代数的な方法では証明がうまくいかない．しかし関数論のリウヴィルの定理の系としていとも簡単に証明される．この性質のゆえに体 ℂ は**代数的閉**と呼ばれる．

主定理の系として，$\mathbb{C}[X]$ の次数 $n > 0$ の任意の多項式は n 個の 1 次因子の積に分解されることが導かれる．係数がすべて実数のときは，x_i が零点ならば $\overline{x}_i$ もまた零点であり，したがって $\mathbb{R}[X]$ において多項式は 1 次因子と 2 次因子の積に分解される．n が奇数なら，少なくとも一つの零点が $x_i = \overline{x}_i$ であるから，少なくとも一つの実零点が存在する．

ℂ における第 3 段の演算

複素数の正規表現により，複素数を指数に持つベキ乗を，これまでの計算則を保ったまま拡張することが可能になる．

$z = r\mathrm{e}^{i\varphi}$, $z \neq 0$ と $w = x + iy$ に対し，

$$\begin{aligned} z^w = (r\mathrm{e}^{i\varphi})^{x+iy} &:= r^x r^{iy} \mathrm{e}^{i\varphi x - \varphi y} \\ &= (r^x \mathrm{e}^{-\varphi y})\, \mathrm{e}^{i(y \ln r + \varphi x)}. \end{aligned}$$

累乗根は実数の場合と同様ベキに帰着される：

$$\sqrt[w]{z} := z^{1/w} \quad (z \in \mathbb{C},\ w \in \mathbb{C}\backslash\{0\}).$$

[訳注：正規表現で，元来 $\varphi = \arg \varphi + 2\pi i k$, $k \in \mathbb{Z}$ なので，ベキは一般に無限個の値を持つ（多価性)．]

対数，特に e を底とする対数について，正規表現は都合がよい：

$$\ln z := \ln r + i\varphi \quad (z = r\mathrm{e}^{i\varphi} \neq 0).$$

$\ln z$ は方程式 $e^x = z$ の一つの解で，$0 \leqq \varphi < 2\pi$ とすれば唯一つである．$\mathrm{e}^{2\pi i} = 1$ だから，さらに無限個の解，すなわち $\ln r + i\varphi + 2\pi i k$ $(k \in \mathbb{Z})$ がある．$w \neq 0, 1$ となる複素数 w を底とする場合は，実数の場合にならって $z \neq 0$ に対し

$$\log_w z := \frac{\ln z}{\ln w}$$

と置く．$\log_w z$ は方程式 $w^x = z$ の解である．乗法の逆として 0 による除法が不可能なように，累乗根と対数についての上記の値の除外は避けられない．

ℂ におけるその他の構造特性

ℂ の代数的構造が ℝ のそれの拡張であるのに対し，ℝ から ℂ への移行で順序構造は失われる．たしかに

$$z_1 \sqsubset z_2 :\Leftrightarrow \begin{cases} |z_1| < |z_2| \vee \\ (|z_1| = |z_2| \wedge \arg z_1 < \arg z_2) \end{cases}$$

として全順序構造を入れることはできるが，代数的構造を保ち，加法と乗法に関する単調性 (p.42, 図 D) が成り立つような，いかなる順序付けも不可能である．

これに対して実位相は複素数の絶対値によって ℂ 拡張される．次の重要な定理が成り立つ．

複素数に関する位相的主定理　複素数の任意の基本列は ℂ 内に極限値を持つ．

したがって ℂ は完備である (p.51)．

リーマン球，コンパクト化

複素数平面の 0 の点の上に直径 1 の球を置いたものを考えると（図 C)，北極点からの立体射影によって，複素数平面と，球面から北極点を除いた部分との間の同相写像が得られる．このとき複素数平面内の単位円はいわゆるこの**リーマン球**の赤道と対応している．北極に対応する新しい点 ∞ を考えると，複素数平面にこの点を添加することにより**コンパクト空間**が得られる (p.219)．平面において点 ∞ に対する近傍の基本形は，点 0 を中心とする円の外側の領域からなる．孤立した 1 点を添加することが，平面の**コンパクト化**の唯一の方法ではない（射影幾何では全く別の方法が取られる，p.129）が，複素関数論では特別な意味を持っている．こうして構成されたコンパクト空間においては，正則関数や有理型関数の挙動がみやすく，このコンパクト化によってのみいわゆるリーマン面が得られる (p.415)．

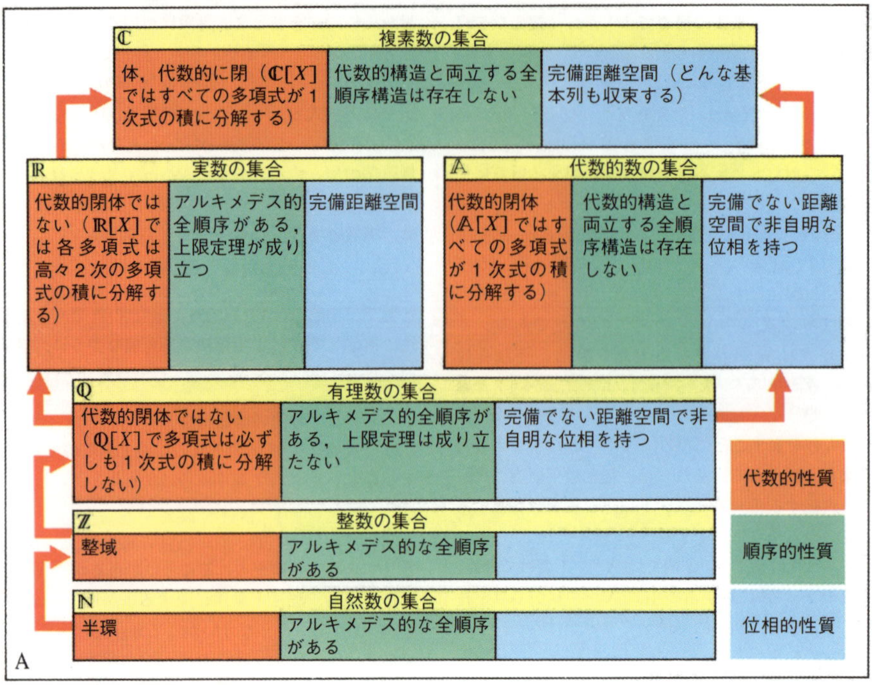
ℂ 複素数の集合
体，代数的に閉（ℂ[X] ではすべての多項式が 1 次式の積に分解する）
代数的構造と両立する全順序構造は存在しない
完備距離空間（どんな基本列も収束する）
ℝ 実数の集合
代数的閉体ではない（ℝ[X] では各多項式は高々 2 次の多項式の積に分解する）
アルキメデス的全順序がある，上限定理が成り立つ
完備距離空間
𝔸 代数的数の集合
代数的閉体（𝔸[X] ではすべての多項式が 1 次式の積に分解する）
代数的構造と両立する全順序構造は存在しない
完備でない距離空間で非自明な位相を持つ
ℚ 有理数の集合
代数的閉体ではない（ℚ[X] で多項式は必ずしも 1 次式の積に分解しない）
アルキメデス的全順序がある，上限定理は成り立たない
完備でない距離空間で非自明な位相を持つ
ℤ 整数の集合
整域
アルキメデス的な全順序がある
ℕ 自然数の集合
半環
アルキメデス的な全順序がある
代数的性質
順序的性質
位相的性質
A

数系の構成と構造的性質

四元数は

$$\alpha = a + bi + cj + dk \qquad (a, b, c, d \in \mathbb{R})$$

の形で，ℝ上の 4 次元ベクトル空間をなし，その基底 1, i, j, k に右表のような関係が成り立つように積を導入することで斜体となる．a を α のスカラー部分，$bi+cj+dk$ を α のベクトル部分と呼ぶ．四元数 $\bar{\alpha} := a - bi - cj - dk$ は α の**共役**と呼ばれる．

·	1	i	j	k
1	1	i	j	k
i	i	-1	k	$-j$
j	j	$-k$	-1	i
k	k	j	$-i$	-1

例と他の性質

$\alpha_1 = 3 + 2i - 4j + k$，$\bar{\alpha}_1 = 3 - 2i + 4j - k$，$\alpha_2 = 4 - 3i + j - 5k$，$\bar{\alpha}_2 = 4 + 3i - j + 5k$

絶対値 $|\alpha| := \sqrt{\alpha\bar{\alpha}}$ $\alpha_1\bar{\alpha}_1 = 30,\ |\alpha_1| = \sqrt{30}$ $\alpha_2\bar{\alpha}_2 = 51,\ |\alpha_2| = \sqrt{51}$

逆 $\alpha^{-1} := \dfrac{\bar{\alpha}}{|\alpha|^2}$，$\alpha\alpha^{-1} = \alpha^{-1}\alpha = 1$ が成り立つ．

$$\alpha_1^{-1} = \frac{3 - 2i + 4j - k}{30}, \qquad \alpha_2^{-1} = \frac{4 + 3i - j + 5k}{51}$$

加法と減法

$\alpha_1 + \alpha_2 = 7 - i - 3j - 4k$ $\alpha_1 - \alpha_2 = -1 + 5i - 5j + 6k$

乗法

$\alpha_1\alpha_2 = 27 + 18i - 6j - 21k$ $\alpha_2\alpha_1 = 27 - 20i - 20j - k$ $\alpha_1\alpha_2 \neq \alpha_2\alpha_1$ である．

除法

$\alpha_1\alpha_2^{-1} = \dfrac{-3 - 2i - 26j + 29k}{51}$ $x\alpha_2 = \alpha_1$ の解，

$\alpha_2^{-1}\alpha_1 = \dfrac{-3 + 36i - 12j + 9k}{51}$ $\alpha_2 y = \alpha_1$ の解．

B

四元数

数系の公理的構成

数系の構成 (p.42 から p.57) においては，自然数の導入が根本的な役割を果たしている．数領域の様々な構造特性に関連した完備化問題を通して，$\mathbb{Z}$, $\mathbb{Q}$, $\mathbb{R}$, $\mathbb{C}$ が順に得られていく (図 A)．実数の導入の際，場合によっては全く異なった方法によって同型な数領域が得られることをすでにみた．これはまた他の領域に対しても成り立つ．特にすべてを公理的に導入することもできる．$\mathbb{Z}$ に対する公理系はペアノの公理系を手本にしており，概要は次のとおり：

(1) $0 \in \mathbb{Z}$.

(2) 任意の $g \in \mathbb{Z}$ に対して，その後者と前者とが存在する．

(3) 0 はその後連続して現れるどの後者とも異なる．

(4) $\mathbb{Z}$ の部分集合 M が 0 を含み，かつ M の任意の元がその前者と後者をも含めば $M = \mathbb{Z}$ である．

$\mathbb{Q}$ は標数 0 (p.95) の最小の体として，$\mathbb{R}$ は任意の基本列が収束するアルキメデス順序体として，公理的に特徴付けられる．$\mathbb{C}$ は代数的閉性の要請から規定される公理的立場から得られる．自然数はそれぞれの数領域の下部構造としてそのつど現れている．

自然数の一意的特徴付け

ペアノの公理系は自然数を同型を除いて一意的に特徴付けている (単性またはカテゴリー的公理系)．それは第 1 階の述語論理による表現方法によっては定式化されないので，自然数に関する命題をすべてそこから導き出すいかなる手順も存在しない (p.9)．今日まで証明されていない整数論の予想のいくつかが，真ではあるが，原理的に証明不可能であるということも考えられる．

代数的数と超越数

$\mathbb{C}$ は，まずはじめに $\mathbb{Q}$ の代数的閉包を取り，しかる後に位相的に完備化することによっても導入できる．すると中間体として**代数的数**のなす体，すなわち $\mathbb{Q}[X]$ のすべての多項式の零点全体のなす体が得られる．この集合は $\mathbb{R}$ や $\mathbb{C}$ とは対照的にまだ可算集合である．

代数的でない複素数は**超越数**と呼ばれる．それらの中には，重要な数 e や π が含まれる．

注意　ある数が超越的であることの証明は，一般には難しく，背理法で示されることが多い．すなわちその数が $\mathbb{Q}[X]$ のある多項式の零点であるとして矛盾を導くのである．

代数学で示されるように，$\mathbb{Q}$ と代数的数のなす体の間には無限個の体 (**代数拡大体**) が存在する．

p 進数

完備化のプロセスを少し変更することにより全く異なる数領域が現れる．例えば $\mathbb{Q}$ の完備閉包を構成するカントルの手法を，任意の距離空間，特に付値体 (p.112) に適用して翻案することができる．

$\mathbb{Q}$ 自身も次に述べる ***p* 進付値**によって通常の絶対値によるそれとは異なる距離空間と考えることができる．$r \neq 0$ を有理数，p を有理素数とし，$w_p(r) \in \mathbb{Z}$ を r を素因数分解したときの指数とすると，$|r|_p = p^{-w_p(r)} \wedge |0|_p = 0$ とすることにより一つの距離が得られる．$|r|_p$ の値は，0 であるか，または p のベキである (**離散付値**，例えば $p = 2$ に対しては，$|2|_2 = 2^{-1}$，$|\frac{3}{4}|_2 = |3 \cdot 2^{-2}|_2 = 2^2$, $|25|_2 = |5^2|_2 = 1$ である．収束や基本列の概念は p.51 にあるように構成される．数列 $\{2^n\} = (1, 2, 4, 8, 16, \ldots)$ は 0 に収束するが，数列 $\left\{\sum_{k=0}^{n} 2^{k+1}\right\} = (2, 6, 14, 30, \ldots)$ は -2 に収束する．ここでも，収束しない基本列が存在する．例えば $\left\{\sum_{k=0}^{n} 2^{k^2}\right\}$ がそうであることが示せる．カントルの手続き (p.51) によって $\mathbb{Q}$ の完備化である ***p* 進数**の体 $\mathbb{Q}_p$ が得られる (ヘンセル)．これと g 進表現した実数 (p.53) と混同してはならない．異なる素数に対して $\mathbb{Q}_p$ は互いに同型ではなく，またそれぞれ $\mathbb{R}$ とも同型にならないが，濃度は $\mathbb{R}$ と同じである．p 進数体は整数論において重要な役割を果たす (p.113)．

四元数

複素数の構成から次のような問いが生じる．$\mathbb{C}$ はまだ新しい拡張を持ち得るか？ 特に $\mathbb{R}$ 上の有限次ベクトル空間でもあるような $\mathbb{R}$ の別の拡大体 K が存在するか？ この問いに対する答えは否定的である．しかし，K に対して乗法に関する可換性を断念し，すべての $a \in \mathbb{R}$ と $\alpha \in K$ に対する等式 $a\alpha = \alpha a$ の成立だけを要請すると，フロベニウスによれば，$\mathbb{C}$ の他にこの性質を持ついわゆる**斜体**として 4 次元の**四元数**からなる体がただ一つ存在する．基底元 1, i, j, k を選び，すべての元を $\alpha = a + bi + cj + dk$, $a, b, c, d \in \mathbb{R}$ のように表す．図 B の乗積表によって乗法は α の実部と呼ばれる a と，ベクトル部分と呼ばれる $bi + cj + dk$ によって規定される．

複素数の場合に対応して $\overline{\alpha} := a - bi - cj - dk$, $|\alpha| := \sqrt{\alpha \cdot \overline{\alpha}}$ と置く．

$\mathbb{C}$ は $\mathbb{R}$ と同様にこの部分体とみることができる．零因子の存在を許すか，乗法に関する結合性を放棄すれば，$\mathbb{R}$ を含むようなさらに大きな代数構造が存在する．

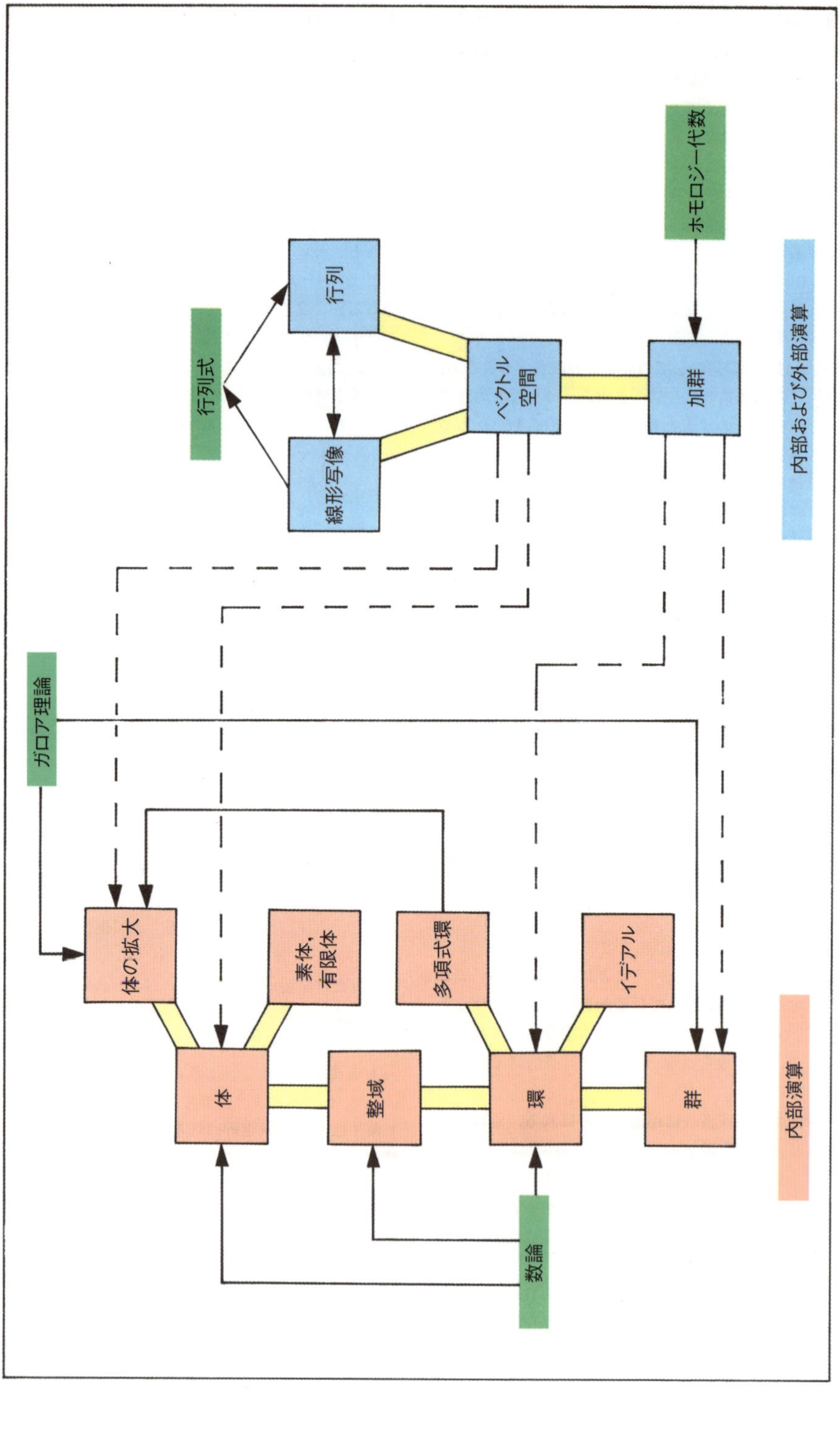

ホモロジー代数
行列
行列式
ベクトル空間
加群
線形写像
内部および外部演算
ガロア理論
体の拡大
素体，有限体
多項式環
イデアル
体
整域
環
群
数論
内部演算

代数学では（群，環，体，加群，ベクトル空間のような）**代数的構造**を持つ集合の性質を取り扱う．集合は有限または無限とする．代数的構造は（結合則，可換則，単位元・逆元の存在，分配則のような）特別な性質を持つ**内部**または**外部演算**によって表現される．代数的構造を持つ集合の研究には，**導出された構造** (p.27) を調べることが有効である．このようなものとしては，**部分構造**（部分群，剰余環，部分体，部分加群，イデアルなど），**商構造**（商群，商環，商体，商加群など）および**積構造**（群，加群などの直積）などがある．

代数的構造を持つ二つの集合を比較するときは，それらの構造を保存する写像を通して行われる．そのようなものは，各構造についての**準同型**（群準同型，環準同型，体準同型，加群準同型，線形写像など）と呼ばれる．代数的構造を持つ二つの集合は，それらの間に全単射の準同型があれば，代数的に同値（**同型**）という．その際，そのような写像を**同型（写像）**と呼び，場合に応じて，群同型，環同型，体同型，加群同型などと呼ぶ．この同型の概念によって，代数的構造を持つ集合の類別が行われ，同型な代数的構造集合の類の概念が生じる．代数学の主要な課題の一つは，そのような類を，それから適切な代表元（**モデル**）を選んで特徴付けることである（p.65, 67 の巡回群のモデル，p.77 の有限次元ベクトル空間のモデルなど）．

群論 (p.63〜69) では，結合則をみたし，逆元・単位元の存在が保証される内部演算で構造化された集合を扱う．有限群，無限群が扱われるが，可換群は特に詳しく調べられる．正規部分群は，特別重要な部分群として登場する．群構造は，多くの代数的構造に対して基本をなすものである．

環論 (p.71〜73) では，可換群であってさらに結合的で，もとの群演算と分配則により両立するもう一つの演算が付け加えられる集合を扱う．そこではイデアルが群論での正規部分群にあたる概念として登場する．イデアルは，特に環における整除の理論において重要な意味を持つ（数論）．

単位元を持つ，あるいは持たない可換環以外にも，零因子を持たない整域（整環）も論じられる．

環は，加群の理論では作用域として用いられるが，またそれ自身，自分の作用について特別な加群でもある．**多項式環** (p.85〜87) とそれに関連する諸概念は，体拡大等の代数学の多方面の分野で重要な意味を持つ．

体論 (p.71〜73) は，可換環で第 2 内部演算（乗法）も（零元を除外した）群構造をなすもの（体）を扱う理論である．環と体の関連はイデアルを通して別の角度からもみられる．

体論で重要な意味を持つのは，体がその部分体に対して持つ関係である．この関係は**体の拡大の理論** (p.89〜93) の基本テーマである．このような問題設定に対しては，**素体**または**有限体** (p.95) などが基底的な意味を持つ．体拡大の研究では，とりわけベクトル空間や多項式環の理論における概念（次元など）が役立つ．

ガロア理論 (p.97〜105) では，有限群の性質が反映する特別な体拡大が記述される．ガロア理論を用いると，n 次一般方程式が根号によって解けるかどうかについての答えが，$n \geqq 5$ に対しては否定的であることを示すことができる．そればかりでなくガロア理論は，コンパスと定規による作図の可能性についても，有力な判定手段を与えている．実際，これにより一連の古典的な作図問題（円の面積の方形化など）に決定的に答えることができる．

加群の理論 (p.75〜77) は，可換群の構造に加えて，その内部演算と両立する外部演算が与えられている集合を扱うものである．その際，作用域として考えられているのは単位元を持つ可換環である．この加群の理論は，明らかに可換群論やイデアル論と密接な関係にある．

加群の概念を使えば，関手の手法 (p.239) を適用して，ホモロジーの理論 (p.239) を展開することができる．その理論の体系化は，今日では**ホモロジー代数**という代数学の新しい分野でなされるが，ここではそれには深入りしない．

ベクトル空間の理論 (p.77〜79) は，加群の理論の特別な場合である．というのは，そこでは作用域が一つの体であるような加群が考えられているからである．この理論は**線形方程式系** (p.83) の解法の理論から発展してきたもので，多方面にわたって応用される可能性を持っている．ベクトル空間の構造と密接に関係するのが，**行列** (p.79, 81) とそれらの作用である．**行列式** (p.81) の概念もまたベクトル空間の理論の中に取り込まれる．加群とベクトル空間の理論は**線形代数**として一つにくくられることもある．

$\cdot$	a_0	a_1	a_2	a_3	a_4	a_5
a_0	a_0	a_1	a_2	a_3	a_4	a_5
a_1	a_1	a_2	a_0	a_4	a_5	a_3
a_2	a_2	a_0	a_1	a_5	a_3	a_4
a_3	a_3	a_5	a_4	a_0	a_2	a_1
a_4	a_4	a_3	a_5	a_1	a_0	a_2
a_5	a_5	a_4	a_3	a_2	a_1	a_0

A_1

真部分群

$\{a_0, a_1, a_2\}$，$\{a_0, a_3\}$，$\{a_0, a_4\}$，$\{a_0, a_5\}$

$\circ$	D_0	D_1	D_2	D_3	D_4
D_0	D_0	D_1	D_2	D_3	D_4
D_1	D_1	D_2	D_3	D_4	D_0
D_2	D_2	D_3	D_4	D_0	D_1
D_3	D_3	D_4	D_0	D_1	D_2
D_4	D_4	D_0	D_1	D_2	D_3

A_2

（D_0 から D_4 は正五角形の回転に対応する．p.28，図C．）

真部分群を持たない

真部分群には，単位元（a_0 および D_0）以外に少なくとも一つ元 x が含まれなければならない．この元以外にベキ $x^2 := x \cdot x$, $x^3 := x \cdot x^2$ 等が部分群に属する．
図 A_2 では，D_1 から D_4 は真部分群に属さない，そのベキはどれも群全体を生成するからである．よって，図 A_2 の群は真部分群を含まない．
図 A_1 では，真部分群はすぐ見いだせる．

有限群の真部分群

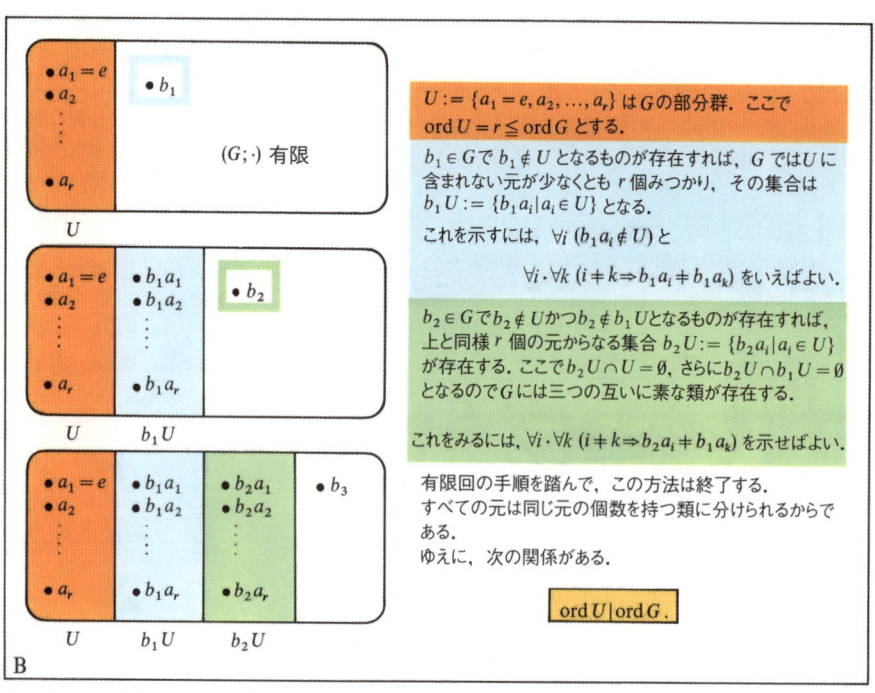

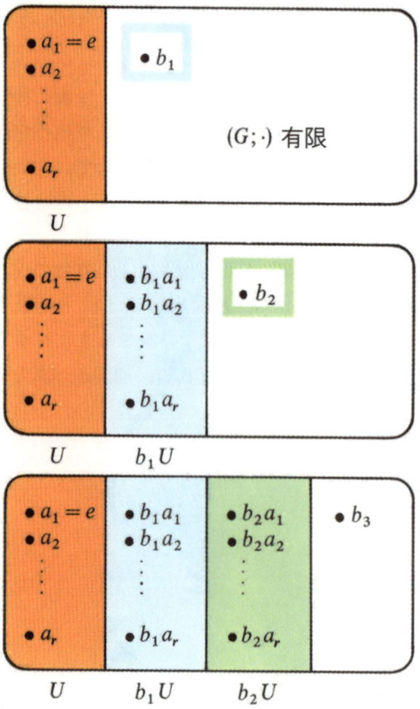

$U := \{a_1 = e, a_2, \ldots, a_r\}$ は G の部分群．ここで $\mathrm{ord}\, U = r \leqq \mathrm{ord}\, G$ とする．

$b_1 \in G$ で $b_1 \notin U$ となるものが存在すれば，G では U に含まれない元が少なくとも r 個みつかり，その集合は $b_1 U := \{b_1 a_i | a_i \in U\}$ となる．
これを示すには，$\forall i\ (b_1 a_i \notin U)$ と

$\forall i \cdot \forall k\ (i \neq k \Rightarrow b_1 a_i \neq b_1 a_k)$ をいえばよい．

$b_2 \in G$ で $b_2 \notin U$ かつ $b_2 \notin b_1 U$ となるものが存在すれば，上と同様 r 個の元からなる集合 $b_2 U := \{b_2 a_i | a_i \in U\}$ が存在する．ここで $b_2 U \cap U = \emptyset$，さらに $b_2 U \cap b_1 U = \emptyset$ となるので G には三つの互いに素な類が存在する．

これをみるには，$\forall i \cdot \forall k\ (i \neq k \Rightarrow b_2 a_i \neq b_1 a_k)$ を示せばよい．

有限回の手順を踏んで，この方法は終了する．
すべての元は同じ元の個数を持つ類に分けられるからである．
ゆえに，次の関係がある．

$\mathrm{ord}\, U \,|\, \mathrm{ord}\, G$．

B

オイラー・ラグランジュの定理

群概念とそれに関する概念の定義は p.29 を参照．群論の目的は群の研究の適切な手段の準備と，すべての群の**モデル** (p.65) による把握にある．後者は，現在は部分的にのみ解かれている．

群の性質

群 $(G;\top)$ の公理から，次の (1)〜(7) が導かれる．

(1) 右逆元はまた左逆元である．

証明 $a^{-1}\top a=(a^{-1}\top a)\top(a^{-1}\top(a^{-1})^{-1})=a^{-1}\top(a\top a^{-1})\top(a^{-1})^{-1}=a^{-1}\top e\top(a^{-1})^{-1}=a^{-1}\top(a^{-1})^{-1}=e=a\top a^{-1}$

(2) 右単位元はまた左単位元である．

証明 $e\top a=(a\top a^{-1})\top a$
$=a\top(a^{-1}\top a)=a\top e$

(3) 単位元はただ一つだけ存在する．

証明 e,f 単位元 $\Rightarrow$ (2) より $e=e\top f=f$.

(4) 各元にはただ 1 個の逆元が存在する．

証明 $a^{-1},\hat{a}$ ともに a の逆元 $\Rightarrow$ $\hat{a}=\hat{a}\top(a\top a^{-1})=(\hat{a}\top a)\top a^{-1}=e\top a^{-1}=a^{-1}\Rightarrow$ 単位元，逆元は一意的．

(5) 方程式 $a\top x=b$，$y\top a=b$ は，すべての $a,b\in G$ に対しただ一つの解 $x\in G$ または $y\in G$ を持つ（「…少なくとも一つの解…」の形では，これは p.29 の定義 7, II, III のかわり）．

(6) $a=b\Leftrightarrow a\top c=b\top c\Leftrightarrow c\top a=c\top b$.

これは (5) の解 $x=a^{-1}\top b$, $y=b\top a^{-1}$ となる．

(7) $(a\top b)^{-1}=b^{-1}\top a^{-1}$ が成立．

証明 (6) を使えば，$(a\top b)^{-1}\top(a\top b)=e\Rightarrow(a\top b)^{-1}\top a=b^{-1}\Rightarrow(a\top b)^{-1}=b^{-1}\top a^{-1}$.

部分群

定義 1 群 $(G;\top)$ の空でない部分集合で，群演算に関しそれ自身群をなすものを G の**部分群**と呼ぶ．

群の，単位元のみの部分集合と，全集合は部分群．これら以外の部分群を**真部分群**と呼び区別する．

例 $n\mathbb{Z}=\{\ldots,-2n,-n,0,n,2n,\ldots\}$, $n\in\mathbb{N}\setminus\{0,1\}$ は，$(\mathbb{Z};+)$ の真部分群．

したがって無限群は必ず真部分群を持つ．これは有限群に対しては必ずしもいえない（図 A）．

次の定理は部分群の判定に便利である．

定理 1 群 $(G;\top)$ で，$U\subseteq G$ は $U\neq\emptyset$ かつ $\forall a\forall b(a\in U\wedge b\in U\Rightarrow a\top b^{-1}\in U)$ のとき，そのときに限り G の部分群である．

巡回生成群

群 $(G;\top)$ の任意の元 x は G の部分群に含まれ，その最小のもの $U_x:=\{x^k\,|\,x\in G\wedge k\in\mathbb{Z}\}$ を，***G* の元 *x* で生成される巡回部分群**と呼ぶ．ただし

$$x^k:=\begin{cases}x\top\cdots\top x & (k\text{ 回})\ (k\in\mathbb{Z}^+)\\ e & (k=0)\\ x^{-1}\top\cdots\top x^{-1} & (|k|\text{ 回})\ (k\in\mathbb{Z}^-)\end{cases}$$

U_x は $x^r=e$ となる自然数 $r\neq 0$ が存在するとき，そのときに限り有限群となる（U_x の位数＝そのような最小の r）．一般には次のように定義する．

定義 2 $G=\{x^k\,|\,k\in\mathbb{Z}\}$ となる $x\in G$ があれば，群 $(G;\top)$ を**巡回群**，x を G の**生成元**と呼ぶ．

例 $(\mathbb{Z};+)$ とそのすべての真部分群は無限巡回群で，回転群 G_n (p.28, 図 C) は有限巡回群である．

剰余類

$x\in G$ が部分群 U の元でないとき，U と $xU:=\{x\top u\,|\,u\in U\}$ は交わらない．ある $u\in U$ に対し $x\top u\in U$ なら $x\in U$ となるから．U と xU は同濃度だが，$e\notin xU$ であり xU は部分群ではない．

定義 3 U は群 G の部分群とし，$x\in G$ とするとき，$xU:=\{x\top u\,|\,u\in U\}$ を U に関する**左剰余類**，$Ux:=\{u\top x\,|\,u\in U\}$ を**右剰余類**と呼ぶ．

注意 加法 $+$ では，剰余類は $x+U$, $U+x$ と表す．

二つの左（右）剰余類では，一致するか，交わらないかしかない．すなわち，群全体は互いに交わらない左（右）剰余類に分割される．**全左（右）剰余類**の集合は G/U（$U\setminus G$）で表される．

有限群のこの分割からオイラー・ラグランジュの定理を得る（図 B）．

定理 2 有限群の部分群の位数は，常に群全体の位数の約数である．

注意 有限群 G の部分群 U では，左（右）剰余類の個数を，**G における U の指数** ($\operatorname{ind}U$, $[G:U]$, (G/U)) と呼び，等式 $\operatorname{ord}G=\operatorname{ind}U\cdot\operatorname{ord}U$ が成り立つ．

準同型

群では，準同型（代数的構造を保存する）写像が重要．

定義 4 内部演算を持つ集合 $(M;\top)$, $(\hat{M};\hat{\top})$ を考える．すべての $a,b\in M$ に対し $f(a\top b)=f(a)\hat{\top}f(b)$ となる $f:M\to\hat{M}$ を**準同型**写像，M と $f(M)$ は**準同型**という．群 $G,\hat{G}$ に対し，準同型 $f:G\to\hat{G}$ を**群準同型**と呼ぶ．

例 部分群埋込写像．恒等写像 I_G．$\exp:(\mathbb{R};+)\to(\mathbb{R}^+;\cdot)$, $x\mapsto e^x$．$\ln:(\mathbb{R}^+;\cdot)\to(\mathbb{R};+)$, $x\mapsto\ln x$．$l_m:(\mathbb{R};+)\to(\mathbb{R};+)$, $x\mapsto mx$．$f_a:(\mathbb{Z};+)\to G$, $z\mapsto a^z$ $(a\in G)$ 等．

定義集合上の構造が像の上に移されるのが準同型の意味で，群準同型 $f:G\to\hat{G}$ では，G の部分群は $\hat{G}$ の部分群に移る．次が成り立つ．

定理 3 群（可換群，半群，単位元を持つ半群）G，内部演算を持つ集合 $\hat{M}$，任意の準同型 $f:G\to\hat{M}$ に対し，像 $f(G)$ は群（可換群，半群，単位元を持つ半群）である．

注意 定理 3 の証明では，以下も成立する．

$$f(e)=\hat{e},\quad f(x^{-1})=f(x)^{-1}.$$

A

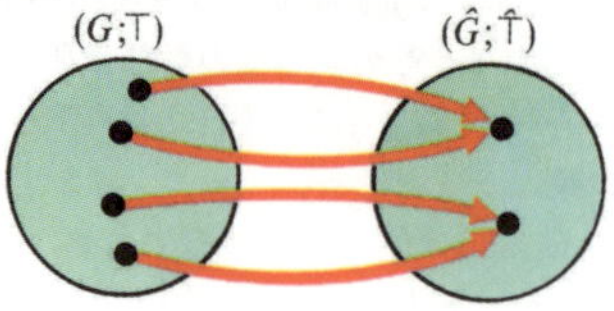

全射の群準同型写像は「縮小」を表す．すなわち，G のいくつかの元が $\hat{G}$ では一つの同じ元に対応する．

例：$e\in G$ とするとき G と $\hat{G}:=\{e\}$ は，$x\mapsto f(x)=e$ で定義された群準同型 $f:G\to\hat{G}$ による準同型群である．

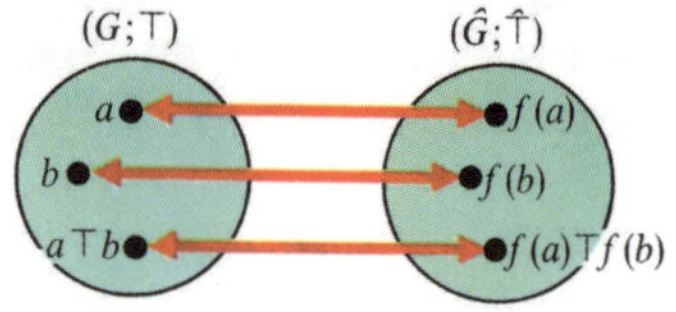

全単射の群準同型は，演算が保存されるため集合の等濃度性（p.25）を保証している．

例：$f:(\mathbb{R};+)\to(\mathbb{R}^+;\cdot)$ を $x\mapsto 2^x$ で定義する．（図B）．

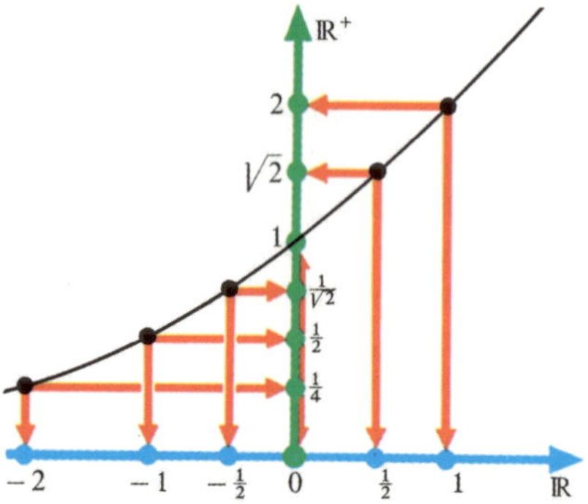

写像 $f:(\mathbb{R};+)\to(\mathbb{R}^+;\cdot)$ を $x\mapsto 2^x$ で定義すると，全単射の群準同型である．すなわち，$(\mathbb{R};+)$ と $(\mathbb{R}^+;\cdot)$ は同型群である．

B

同型群の例

$\begin{pmatrix}a_1,\ldots,a_n\\a_{i_1},\ldots,a_{i_n}\end{pmatrix},\begin{pmatrix}a_1,\ldots,a_n\\a_{k_1},\ldots,a_{k_n}\end{pmatrix}\in S_n$ に対して，

積を次のように定義する．

$$\begin{pmatrix}a_1,\ldots,a_n\\a_{i_1},\ldots,a_{i_n}\end{pmatrix}\cdot\begin{pmatrix}a_1,\ldots,a_n\\a_{k_1},\ldots,a_{k_n}\end{pmatrix}:=\begin{pmatrix}a_1,\ldots,a_n\\a_{r_1},\ldots,a_{r_n}\end{pmatrix},$$

ここで $\begin{pmatrix}a_1,\ldots,a_n\\a_{i_1},\ldots,a_{i_n}\end{pmatrix}$ は $\begin{pmatrix}a_{k_1},\ldots,a_{k_n}\\a_{r_1},\ldots,a_{r_n}\end{pmatrix}$ に変形できる．

例：$\begin{pmatrix}123\\132\end{pmatrix}\cdot\begin{pmatrix}123\\321\end{pmatrix}=\begin{pmatrix}321\\231\end{pmatrix}\cdot\begin{pmatrix}123\\321\end{pmatrix}=\begin{pmatrix}123\\231\end{pmatrix}$

単位元は $\begin{pmatrix}a_1,\ldots,a_n\\a_1,\ldots,a_n\end{pmatrix}$ である．

$\begin{pmatrix}a_1,\ldots,a_n\\a_{i_1},\ldots,a_{i_n}\end{pmatrix}$ に対する逆元は $\begin{pmatrix}a_{i_1},\ldots,a_{i_n}\\a_1,\ldots,a_n\end{pmatrix}$ である．

例：$\begin{pmatrix}123\\312\end{pmatrix}$ は $\begin{pmatrix}123\\231\end{pmatrix}=\begin{pmatrix}312\\123\end{pmatrix}$ に対する逆元．

C

置換群

$\mathbb{Z}_n:=\mathbb{Z}/n\mathbb{Z}$ に定義される同値関係 $\sim(x\sim y\Leftrightarrow x-y\in n\mathbb{Z})$ は，$n\geqq 1$ に対する $\mathbb{Z}$ での可除性で表すと理解しやすくなる．

$$\boxed{x\sim y\Leftrightarrow n\,|\,x-y\,.}$$

$n=0$ のときは，どの類もただ一つの元からなる．　$x-y\in\{0\}\Leftrightarrow x=y$ が成立するからである．よって，$\mathbb{Z}_0$ は $\mathbb{Z}$ と同一視される．

$n=1$ のときは，ただ一つの類からなる．1はすべての差 $x-y$ を割り切るからである．この類は0で代表される．すなわち $[0]=\{x|\ 1|x\}=\mathbb{Z}$．ゆえに，$\mathbb{Z}_1=\{[0]\}$．　$\mathbb{Z}_1$ は $\mathbb{Z}$ の部分群 $\{0\}$ と同一視される．

$n=2$ のときは0と1で代表される類に対応する．

$$[0]=\{x|\ 2|x\}=\{\ldots,-4,-2,0,2,4,\ldots\},\quad [1]=\{x|\ 2|x-1\}=\{\ldots,-3,-1,1,3,\ldots\}.$$

$n=3$ のときは次の類を得る．

$$[0]=\{x|\ 3|x\}=\{\ldots,-6,-3,0,3,6,\ldots\},$$
$$[1]=\{x|\ 3|x-1\}=\{\ldots,-5,-2,1,4,7,\ldots\},$$
$$[2]=\{x|\ 3|x-2\}=\{\ldots,-4,-1,2,5,8,\ldots\}.$$

よって，任意の $n\geqq 1$ に対して $\mathbb{Z}_n=\{[0],[1],\ldots,[n-1]\}$ となる．　$\mathbb{Z}_n$ は $n\geqq 1$ に対して位数 n の有限巡回群である．

D

mod n の剰余群

群の同型

二つの準同型群 G と $\hat{G}$ の間には，まだ本質的な構造上の差異が存在する可能性がある（図 A）．しかし，全単射群準同型ならば，二つの群は群論では区別できない（図 A）．

定義 5 全単射準同型 $f : G \to \hat{G}$ を**群同型**と呼び，二つの群を**同型**という（$G \cong G$）．

例 $(\mathbb{R}; +)$ と $(\mathbb{R}^+; \times)$ は同型群である（図 B）．

単射群準同型 $f : G \to \hat{G}$ では，$G \cong f(G) \subseteq \hat{G}$．群の全体では，同型概念は同値関係，$G \cong G$, $G \cong \hat{G} \Rightarrow \hat{G} \cong G$, $G \cong \hat{G} \wedge \hat{G} \cong \overset{*}{G} \Rightarrow G \cong \overset{*}{G}$．群論の目的は，群の各同型クラスの適切な**モデル**を与えることである．

例 すべての無限巡回群は，生成元 a を指定すれば群準同型 $f_a : \mathbb{Z} \to G$, $z \mapsto a^z$ により $(\mathbb{Z}; +)$ と同型．$(\mathbb{Z}; +)$ はこの意味で無限巡回群のクラスのモデルとなる（有限巡回群，p.67 参照）．

一般の無限群のモデルについては，まだほとんど何も知られていない．有限群の場合は，置換群により制限が生じる．

置換群

自然数 $n\,(\neq 0)$ に対し，$\boldsymbol{n}$ **個の元の置換**とは，集合 $\{a_1, a_2, \ldots, a_n\}$ の自分自身の上への全単射と解釈される．これを図式 $\left(\begin{smallmatrix} a_1 & \cdots & a_n \\ a_{i_1} & \cdots & a_{i_n} \end{smallmatrix}\right)$ で表す．

例 $\alpha_0 = \left(\begin{smallmatrix} 1&2&3 \\ 1&2&3 \end{smallmatrix}\right)$, $\alpha_1 = \left(\begin{smallmatrix} 1&2&3 \\ 3&1&2 \end{smallmatrix}\right)$, $\alpha_2 = \left(\begin{smallmatrix} 1&2&3 \\ 2&3&1 \end{smallmatrix}\right)$, $\alpha_3 = \left(\begin{smallmatrix} 1&2&3 \\ 1&3&2 \end{smallmatrix}\right)$, $\alpha_4 = \left(\begin{smallmatrix} 1&2&3 \\ 3&2&1 \end{smallmatrix}\right)$, $\alpha_5 = \left(\begin{smallmatrix} 1&2&3 \\ 2&1&3 \end{smallmatrix}\right)$ は元 $1, 2, 3$ のすべての置換である．

写像の合成 (p.23) に関し，n 元の置換全体は位数 $n!$ の群をなす（図 C 参照）．

例 置換群 $\{\alpha_0, \alpha_1, \alpha_2, \alpha_3, \alpha_4, \alpha_5\}$ の演算表（積の表）は，p.62，図 A 参照．

濃度の同じ集合の置換群は互いに同型で，元の性質に関係なく，元の個数のみで決まる．したがって，上の群は位数 $n!$ の置換群 S_n（**対称群**）と表せる．置換群 S_n を使えば，位数 n のすべての群が決まる．位数 n の群はすべて S_n の部分群と同型だからである（**ケーリーの定理**）．すなわち群 $G = \{a_1, a_2, \ldots, a_n\}$ の各元 a_i に対し，一意的に決まる置換 $\left(\begin{smallmatrix} a_1, \ldots, a_n \\ a_i \top a_1, \ldots, a_i \top a_n \end{smallmatrix}\right)$ を対応させられる．この写像 f は単射群準同型である．$G \cong f(G) \subseteq S_n$．このようにして，有限群のモデルをすべて置換群の部分群として考えられるが，置換群の構造自体複雑で，今もって十分な一般論は得られていない．

商群（剰余類群），正規部分群

p.63 のように，群 $(G; \top)$ は任意の部分群 U により，左（右）剰余類の集合 G/U（$U \setminus G$）に分割される．このような類別には同値関係 $\sim$ (p.21) が対応する．$b \in aU \Leftrightarrow a^{-1} \top b \in U$ つまり $a \sim b \Leftrightarrow a^{-1} \top b \in U$ とする．

注意 G/U を商集合 $G/\!\sim$ とみると，剰余類 aU は同値類 $[a]$．

ここで，G 上内部演算 $\top$ が G/U 上内部演算となるかが，問題となる．G と G/U は標準写像 $k : G \to G/U$, $x \to [x] = xU$ により結ばれるから (p.21, 23)，この k で G の群構造を G/U 上に移し，そこで群演算 $\overset{*}{\top}$ を調べる．

定義 6 すべての $[a], [b] \in G/U$ に対して，
$[a] \overset{*}{\top} [b] := [a \top b]$.

この演算が代表元の取り方によらないなら，つまり演算保存両立条件

$x \in [a] \wedge y \in [b] \Rightarrow x \top y \in [a \top b]$

をみたすなら，$\overset{*}{\top}$ は G/U 上の演算となる．この条件を仮定すれば，$(G/U; \overset{*}{\top})$ は内部演算を特つ集合で，標準写像 k は全射準同型となる．したがって，$(G/U; \overset{*}{\top})$ は群 G の準同型像として，それ自身群 (p.63，定理 3)．では，どのような部分群が演算保存をするかが問題となる．答は次の定理である．

定理 4 G の部分群 U は，すべての左剰余類 xU が同時に右剰余類 Ux であるとき，つまり $xU = Ux$ $(x \in G)$ が成り立つとき，そのときに限り演算保存条件をみたす．

これから次の定義が導かれる．

定義 7 G の部分群 N は，$xN = Nx$ がすべての $x \in G$ に対し成り立てば，G の**正規部分群**と呼ぶ．

例 可換群では，すべての部分群が正規部分群．p.62 の図 A では，部分群 $\{a_0, a_1, a_2\}$ が正規部分群であるが部分群 $\{a_0, a_3\}$ は違う．

定義 7 に従って，次の定理が得られる：

定理 5 $(G; \top)$ を群，N を G の正規部分群，G/N を同値関係 $\sim$ $(x \sim y \Leftrightarrow x^{-1} \top y \in U)$ による商集合とする．このとき，定義 6 の内部演算 $\overset{*}{\top}$ により $(G/N; \overset{*}{\top})$ は群，標準写像 $k : G \to G/N$ は群準同型となる．

定義 8 定理 5 での群 $(G/N; \overset{*}{\top})$ を，N による G の**商群**（**剰余類群**）と呼ぶ．

例 $n\mathbb{Z} := \{nz \,|\, z \in \mathbb{Z}\}$ $(n \in N)$ は可換群 $(\mathbb{Z}; +)$ の正規部分群である．剰余類群 $(\mathbb{Z}_n; +)$ ($\mathbb{Z}_n = \mathbb{Z}/n\mathbb{Z}$, $[x] + [y] = [x + y]$) を法を n とする**剰余類群**と呼ぶ（図 D）．これは巡回群であり，$n \geqq 1$ ならばすべて有限群．

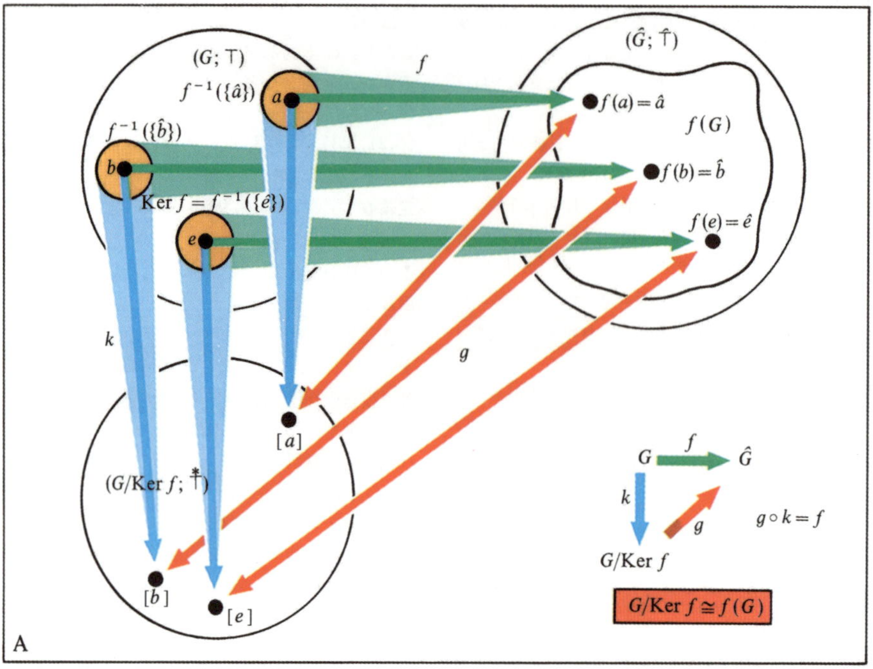

A 準同型定理

$(G; \top)$, $(\hat{G}; \hat{\top})$
$f^{-1}(\{\hat{a}\})$, a, $f(a) = \hat{a}$, $f(G)$
$f^{-1}(\{\hat{b}\})$, b, $f(b) = \hat{b}$
$\mathrm{Ker}\, f = f^{-1}(\{\hat{e}\})$, e, $f(e) = \hat{e}$
$(G/\mathrm{Ker}\, f; \hat{\top})$, $[a]$, $[b]$, $[e]$
k, g

$G \xrightarrow{f} \hat{G}$, $k \downarrow \nearrow g$, $G/\mathrm{Ker}\, f$, $g \circ k = f$

$G/\mathrm{Ker}\, f \cong f(G)$

B 巡回群のモデル

$\mathbb{Z} \xrightarrow{f_a} G = f[\mathbb{Z}]$
$k \downarrow \nearrow g$
$\mathbb{Z}/\mathrm{Ker}\, f_a$

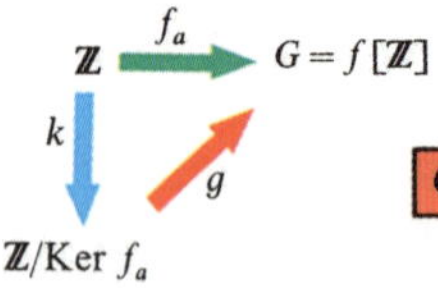

$G \cong \mathbb{Z}/\mathrm{Ker}\, f_a$

$\mathrm{Ker}\, f_a = \{z \mid z \in \mathbb{Z} \wedge f_a(z) = e\}$
$= \begin{cases} \{0\}, & (G\text{ 無限のとき}) \\ n\mathbb{Z}, & (G\text{ 有限のとき}) \end{cases}$
(n は $\neq 0$ かつ $a^n = e$ となる最小自然数)

$\Rightarrow G \cong \begin{cases} \mathbb{Z}, & (G\text{ 無限のとき}) \\ \mathbb{Z}_n, & (G\text{ 有限のとき}) \end{cases}$

C 基底定理の例

位数100の可換群は，ちょうど4個存在する．

証明：直積で表されている問題の巡回部分群は剰余群 $\mathbb{Z}_{n_i}$〈定理6〉によって代表される．このことにより，次の関係が成立する．

$n_1 \mid n_2, \ldots, n_{k-1} \mid n_k$ かつ $n_1 \cdot \ldots \cdot n_k = 100$．

100の約数は1, 2, 4, 5, 10, 20, 25, 50, 100 であり，したがって，次の分割から可能である．

$100 = 1 \cdot 100 = 2 \cdot 50 = 5 \cdot 20 = 10 \cdot 10$

（$4 \nmid 25$ であるので $4 \cdot 25$ は不適）．
ゆえに，位数が100の可換群はちょうど4個存在する．

D 有限群

ord G	1	2	3	4	5	6	7	8	9	10	11	12	13	14	15
群の個数	1	1	1	2	1	2	1	5	2	2	1	5	1	2	1
その内可換なもの	1	1	1	2	1	1	1	3	2	1	1	2	1	1	1

任意の素数に対し，ちょうど一つ（可換）群が存在する．任意の素数の平方に対し，ちょうど二つ（可換）群が存在する．群の個数は約数の総数とともに増加する．(このことは，まだここでは完全には定式化してない!)

準同型定理

ある群 $\hat{G}$ の構造を調べるには，既知の群 G と比較する．その比較には，準同型 $f: G \to \hat{G}$ を使い，$\hat{G}$ の中で準同型像 $f(G)$ を部分群としてみる．

ここで，G と $f(G)$ の構造は一般に全く異なるので，$f(G)$ と同型な群で G の特徴が読み取れるようなものを構成する．

そのために商群の概念が必要である．商群がいつも作れるかは，次の定理によって分かる．

準同型定理　群 $(G;\top)$，$(\hat{G};\hat{\top})$ と群準同型 $f: G \to \hat{G}$ に対し，次が成り立つ．

(1) $\mathrm{Ker}\, f := \{x \mid x \in G \wedge f(x) = \hat{e}\} = f^{-1}(\{\hat{e}\})$（$\hat{e}$ は $\hat{G}$ の単位元）は G の正規部分群．

(2) 商群 $G/\mathrm{Ker}\, f$ は，写像 $g: G/\mathrm{Ker}\, f \to \hat{G}$，$[x] \to f(x)$ により，$f(G)$ と同型である．

(3) 標準写像 $k: G \to G/\mathrm{Ker}\, f$，$x \to [x]$ により $f = g \circ k$ と表される写像 g は一意的に定まる．

証明　(1) 正規部分群の逆像（原像）は正規部分群であるから，$\mathrm{Ker}\, f = f^{-1}(\{\hat{e}\})$ は G の正規部分群．

(2) 写像 g の定義が $[x]$ の代表元によらないことが次のように分かる．$[x] = [y] \Rightarrow y \in [x] \Rightarrow x^{-1} \top y \in \mathrm{Ker}\, f \Rightarrow f(x^{-1} \top y) = \hat{e} \Rightarrow f(x^{-1}) \hat{\top} f(y) = \hat{e} \Rightarrow f(x)^{-1} \hat{\top} f(y) = \hat{e} \Rightarrow f(x) = f(y)$

$\Rightarrow$ は $\Leftarrow$ で置き換えられるから，g の単射性も証明される．g の定義から，$g(G/\mathrm{Ker}\, f) = f(G)$ も明らか．g は準同型なので，$G/\mathrm{Ker}\, f \cong f(G)$．ここで，$g([x] \overset{*}{\top} [y]) = g([x \top y]) = f(x \top y) = f(x) \hat{\top} f(y) = g([x]) \hat{\top} g([y])$

(3) $g \circ k(x) = g([x]) = f(x)$，$\forall x \in G$ だから，$g \circ k = f$．また $\bar{g} \circ k = f$ から $\bar{g} \circ k = g \circ k = f$ となり，k の全射性から $\bar{g} = g$．

注意　$[x] = [y] \Rightarrow f(x) = f(y)$ から，類 $[x]$ は像が $f(x)$ となるすべての元全体である．すなわち $[x] = f^{-1}(\{f(x)\})$（図 A）．

準同型定理の応用

1. 巡回群のモデル　G を生成元 a による巡回群とするとき，写像 $f_a: \mathbb{Z} \to G$，$f_a(x) = a^x$ は全射群準同型．したがって $\mathbb{Z}/\mathrm{Ker}\, f_a \cong f_a(\mathbb{Z}) = G$．正規部分群 $\mathrm{Ker}\, f_a$ は $n\mathbb{Z}$ $(n \in \mathbb{Z})$ だから $G \cong \mathbb{Z}_n$（図 B）．すなわち

定理 6　群 $(\mathbb{Z};+)$ は同型を除き無限巡回群である．剰余類群 $\mathbb{Z}_n$(p.65) は，同型を除き唯一の位数 n の巡回群である．

2. フェルマーの小定理　単位元 e を持つ任意の有限群 G において，$a^{\mathrm{ord}\, G} = e$，$\forall a \in G$ が成立．

証明　元 $a \in G$ で生成される部分群 U_a (p.63) に，$a^r = e$ となる最小の自然数 $r \neq 0$ があり，定理 6 より $U_a \cong \mathbb{Z}_r$，すなわち $\mathrm{ord}\, U_a = r$ となる．p.63 の定理 2 により，$r|n$ $(n = \mathrm{ord}\, G)$，したがって $a^n = a^{r \cdot m} = (a^r)^m = e^m = e$ となる．

3. 第 1 同型定理　G を群，U を G の部分群，N を G の正規部分群とする．$UN := \{x \top y \mid x \in U \wedge y \in N\}$ に対し，$U/U \cap N \cong UN/N$ が成り立つ．

証明　$U \cap N$ は U の正規部分群，UN は G の部分群である．N は UN に対しても正規部分群．標準写像 $k: G \to G/N$ を制限すれば，全射準同型

$k/U: U \to k(U)$, $k/UN: UN \to f(UN)$

を得る．ここで準同型定理を 2 回用いて，

$U/\mathrm{Ker}(k/U) \cong k(U) \cong UN/\mathrm{Ker}(k/UN)$，$\mathrm{Ker}(k/U) = U \cap N$，$\mathrm{Ker}(k/UN) = N$ となり，$U/U \cap N \cong UN/N$ が示された．

4. 第 2 同型定理　G_1 と G_2 を群，N_1 と N_2 をそれぞれ G_1 と G_2 の正規部分群とする．$f: G_1 \to G_2$ が $f^{-1}(N_2) = N_1$ となる全射群準同型ならば，$G_1/N_1 \cong G_2/N_2$ が成り立つ．

5. 直積，有限生成可換群に対する基底定理　p.28 の図 B の G は巡回群ではないが，次のようにすべての元が元 a_1, a_2 で生成される．

$a_0 = a_1^2$, $a_1 = a_1$, $a_2 = a_2$, $a_3 = a_1 \top a_2$

一般には次のように定義される．

定義 9　群 $(G;\top)$ が生成元系 $\{x_1, \ldots, x_r\}$ により**有限生成**されるとは，次の形になることをいう．

$G = \{x_{v_1}^{z_1} \top \cdots \top x_{v_r}^{z_r} \mid z_i \in \mathbb{Z}, x_{v_i} \in \{x_1, \ldots, x_r\}\}$

一般に，有限生成群の元の表現は一意的ではない（上の例で $a_0 = a_1^2 = a_2^2$ など）が何らかの規則を追加し，一意性を持たせることも多い．上の例で，第 1 成分を部分群 $\{a_0, a_1\}$ から，第 2 成分を部分群 $\{a_0, a_2\}$ から選べば $a_0 = a_0 \top a_0$, $a_1 = a_1 \top a_0$, $a_2 = a_0 \top a_2$, $a_3 = a_1 \top a_2$ と一意的に表される．

定義 10　可換群 $(G;\top)$ が部分群 $U_1, \ldots, U_k$ の**直積**であるとは，G の任意の元 x が $x = x_1 \top \cdots \top x_k$ $(x_j \in U_j)$ の形に一意的に表されることとする．

基底定理　有限生成可換群 $(G;\top)$ は，自然数 l, k に対し，k 個の有限巡回群 $U_1, \ldots, U_k$ と l 個の無限巡回群 $\bar{U}_1, \ldots, \bar{U}_l$ の直積で表される．ただし，$\mathrm{ord}\, U_i \mid \mathrm{ord}\, U_{i+1}$，$i \in \{1, \ldots, k-1\}$ とする．（$l = 0$ と $k = 0$ の場合，有限ならびに無限部分群となる）．有限可換群では $l = 0$ で $\mathrm{ord}\, U_1 \cdot \mathrm{ord}\, U_2 \cdot \cdots \cdot \mathrm{ord}\, U_k = \mathrm{ord}\, G$.

基底定理から，与えた位数に対し，その位数の可換群（の同型類）の個数を決定できる（図 C, D）．

$S_3 := \{a_0, a_1, a_2, a_3, a_4, a_5\}$

（p.62，図A₁とp.65参照）

S_3は次の包含関係により可解である．

$$S_3 \supseteq U_1 = \{a_0, a_1, a_2\} \supseteq U_0 = \{a_0\},$$

理由：

(1) U_1 は S_3 の正規部分群で，U_0は U_1の正規部分群である．

(2) $U_1/\{a_0\}$ は可換．U_1は可換であり，$S_3/U_1 = \{\{a_0, a_1, a_2\}, \{a_3, a_4, a_5\}\}$ は2元の群として可能である．

A

対称群S_3の可解性

$$\begin{pmatrix} \ldots a \ldots b \ldots c \ldots \\ \ldots b \ldots c \ldots a \ldots \end{pmatrix}$$

という形の置換を，**3次巡回置換**という．a,b,c 以外のすべての元は自分自身に対応し，集合$\{a,b,c\}$の写像は巡回置換であるからである．

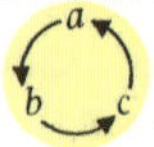

簡略形

(abc)

例：$\begin{pmatrix} 1234567 \\ 1532467 \end{pmatrix} = (254)$

B

3次の巡回置換

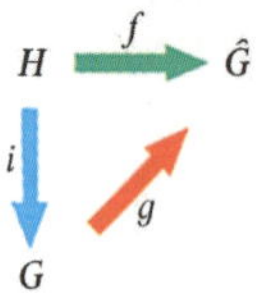

$\hat{G}$を可換群とし，$f: H \to \hat{G}$ を単射準同型写像（Hから$\hat{G}$への埋め込み）とする．

$i: H \to G$ を $h \mapsto [(a \top h, a)]$ で定義する．ここで $[(x, x')] = i(x) \overset{*}{\top} i(x')^{-1}$

もしこのとき，群準同型 $g: G \to \hat{G}$ が存在し $g \circ i = f$ であれば，次の等式が成立しなければならない．

$$\begin{aligned} g([(x, x')]) &= g(i(x) \overset{*}{\top} i(x')^{-1}) = g(i(x)) \hat{\top} g(i(x')^{-1}) \\ &= g \circ i(x) \hat{\top} g(i(x'))^{-1} \\ &= g \circ i(x) \hat{\top} (g \circ i(x'))^{-1} = f(x) \hat{\top} f(x')^{-1}. \end{aligned}$$

実際，$g: G \to \hat{G}$ は $[(x, x')] \mapsto f(x) \hat{\top} f(x')^{-1}$ で定義される単射群準同型で $g \circ i = f$ となる．

(a) g は一意的である．f が一意的であるから．

(b) g の定義は類の代表元の選び方には依存しない．次の等式が成立するからである．

$[(x, x')] = [(y, y')] \Rightarrow x \top y' = y \top x' \Rightarrow f(x \top y') = f(y \top x') \Rightarrow f(x) \hat{\top} f(y') = f(y) \hat{\top} f(x') \Rightarrow f(x) \hat{\top} f(x')^{-1} = f(y) \hat{\top} f(y')^{-1} \Rightarrow g([(x, x')]) = g([(y, y')])$.

(c) g は単射である．(b)の矢印が逆向きにも成立するからである．

(d) g は準同型である．次の等式が成立するからである．

$g([(x, x')] \overset{*}{\top} [(y, y')]) = g([(x \top y, x' \top y')]) = f(x \top y) \hat{\top} f(x' \top y')^{-1} = f(x) \hat{\top} f(y) \hat{\top} (f(x') \hat{\top} f(y'))^{-1} = f(x) \hat{\top} f(y) \hat{\top} f(y')^{-1} \hat{\top} f(x')^{-1} = f(x) \hat{\top} f(x')^{-1} \hat{\top} f(y) \hat{\top} f(y')^{-1} = g([(x, x')]) \hat{\top} g([(y, y')])$.

C_1

ゆえに，H から$\hat{G}$への任意の埋め込みに対し，G から$\hat{G}$への一意的に定まる埋め込みが存在し，上の図式は可換となる．

G_1とG_2を半群 H の二つの拡張とし性質(1)から(3)を持つとする．

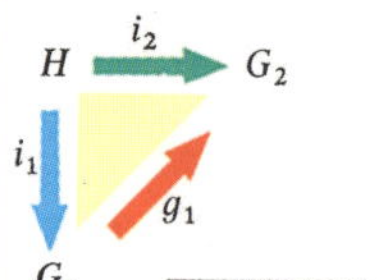

$g_1 \circ i_1 = i_2$

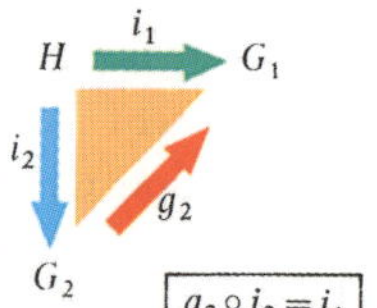

$g_2 \circ i_2 = i_1$

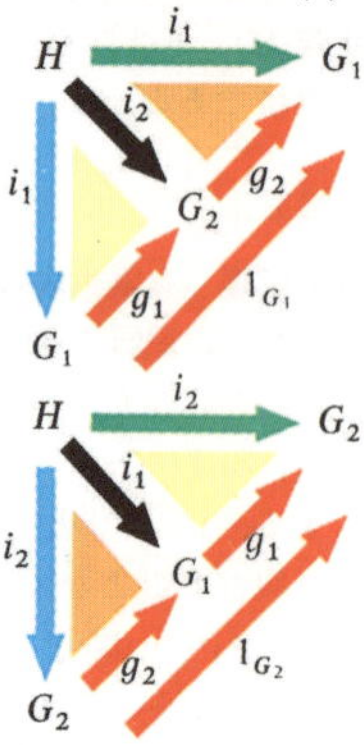

C_2

$g_1 \circ i_1 = i_2$ と $g_2 \circ i_2 = i_1$ を互いに代入すると次の等式を得る．

$(g_2 \circ g_1) \circ i_1 = i_1, \quad (g_1 \circ g_2) \circ i_2 = i_2$.

$g_2 \circ g_1$ と $g_1 \circ g_2$ により左の図式は可換となる．

他方，1_{G_1}と 1_{G_2}からも図式は可換となる．

一意性により次の式が成立する．

$$g_2 \circ g_1 = 1_{G_1}, \quad g_1 \circ g_2 = 1_{G_2}.$$

したがって，g_1 と g_2 は全単射である(p.33)．

よって次の関係が成立する．

$$G_1 \cong G_2.$$

C_3

普遍的な性質

可解群

根号による方程式解法 (p.101) にガロア理論を応用するとき，可解群の概念が特に重要．

定義 11 群 G に下の二つの性質を持つ部分群列

$$G = U_k \supseteq U_{k-1} \supseteq \cdots \supseteq U_1 \supseteq U_0 = \{e\}$$

$(k \in \mathbb{N})$ があるとき，G を**可解**という．

(1) U_i は U_{i+1} の正規部分群である．

(2) 商群 U_{i+1}/U_i，$i \in \{0, \ldots, k-1\}$ は可換群．

可換群は $G \supseteq \{e\}$ により常に可解．$G/\{e\}$ が可換だからである．非可換群では，例えば S_3（図 A）と S_4 が可解．反対に次が成り立つ．

定理 7 対称群 S_n は，$n \geqq 5$ に対して非可解．

間接証明をする．$n \geqq 5$ に対し S_n が可解，すなわち $U_k = S_n$ となる定義 11 の部分群列が存在すると仮定する．

すべて**3 元巡回置換**（図 B）全体を D で表すと $D \subseteq U_{i+1} \Rightarrow D \subseteq U_i$ となり，矛盾 $D \subseteq U_0 = \{e\}$ が導かれる．なぜなら，$D \subseteq S_n = U_k$ だから $D \subseteq U_{k-1}$，これから $D \subseteq U_{k-2}$，これを有限回繰り返し $D \subseteq \{e\}$ となるからである．

上の結果を示すには，$\forall\sigma = (abc) \in D$ を選び $x \neq y$ かつ $x, y \notin \{a, b, c\}$ なる x, y を取り $\tau = (axb) \in D$, $\rho = (bcy) \in D$ として $\sigma = \rho \cdot \tau \cdot \rho^{-1} \cdot \tau^{-1}$ を確かめる．実際 $D \subseteq U_{i+1}$ から，可換群 U_{i+1}/U_i では $[\sigma] = [e]$ つまり $\sigma \in eU_i = U_i$ となる．

半群の拡張

構造を拡張する重要な例には，半群 $(\mathbb{N}; +)$ からの群 $(\mathbb{Z}; +)$ の構成がある (p.45)．この方法の本質的な特徴は次の三つ．

(1) 拡張されたものは群である．

(2) 半群はこれに単射準同型で埋め込まれ，拡張は半群を含む．

(3) この半群が埋め込まれる任意の群の中に，ただ一つの仕方でこの拡張が埋め込まれる．これらの埋め込み図式は可換（**埋め込みの普遍性**）．

この拡張方式は**簡約律**：

$$\forall a \forall b (a \top x = b \top x \Rightarrow a = b)$$

の成り立つ可換半群に対し実行可能．すなわち

定理 8 $(H; \top)$ を簡約律が成り立つ可換半群とする．二項関係 $\sim \subseteq H^2 \times H^2$ を $(x, x') \sim (y, y') \Leftrightarrow x \top y' = y \top x'$ で定義すると，以下が成り立つ．

(a) $\sim$ は同値関係である．

(b) $G := H \times H/\sim$ は，定義

$$[(x, x')] \overset{*}{\top} [(y, y')] := [(x \top y, x' \top y')]$$

の内部演算 $\overset{*}{\top}$ により可換群となる．

(c) $a,\ h \in H$ に対し $i(h) := [(a \top h, a)]$ と置けば，$i : H \to G$ は単射準同型で，すべての $[(x, x')] \in G$ に対し $[(x, x')] = i(x) \overset{*}{\top} i(x')^{-1}$ となる．

証明 (a) $\sim$ が同値関係であることの証明は割愛（反射性には可換律，推移性には簡約律が必要）．

(b) $\sim$ により $H \times H$ を交わらない類

$$[(x, x')] = \{(u, u') \mid x \top u' = u \top x'\}$$

に分割し，商集合 $G := H \times H/\sim$ 上に

$$[(x, x')] \overset{*}{\top} [(y, y')] := [(x \top y, x' \top y')]$$

により演算 $\overset{*}{\top}$ を定義する．この定義は類の代表元によらない．

G の可換律や結合律は，すでに H で成り立つこと，演算 $\overset{*}{\top}$ が成分ごとに定義されることから明らか．G の単位元は $[(a, a)] = \{(x, x) \mid x \in H\}$．実際，$[(x, x')] \overset{*}{\top} [(a, a)] = [(x \top a, x' \top a)] = [(x, x')]$．

$[(x, x')]$ の逆元は $[(x', x)]$．実際 $[(x, x')] \overset{*}{\top} [(x', x)] = [(x \top x', x' \top x)] = [(x \top x', x \top x')] = [(a, a)]$．よって G は可換群である．

(c) 写像 $i : H \to G$ で H は G の中に埋め込まれる．実際，i は単射準同型．また，任意の $[(x, x')] \in G$ に対し

$$\begin{aligned} [(x, x')] &= [(x \top x \top x', x' \top x \top x')] \\ &= [(x \top x, x)] \overset{*}{\top} [(x', x' \top x')] \\ &= i(x) \overset{*}{\top} i(x')^{-1}. \end{aligned}$$

注意 (c) から，G の任意の元は $i[H]$ の元とその逆元による表示を持つ．したがって G は $i[H]$ を含む最小の群．

定理 8 による拡張の構成は性質 (1), (2) を持つ．普遍性 (3) は図 C_1 を参照．

普遍性からの帰結として

定理 9 性質 (1)〜(3) を持つ拡張はすべて定理 8 の拡張と同型である．

証明には，性質 (1) から (3) を持つ二つの拡張 G_1, G_2 を仮定し，それらへの H の埋め込みを i_1, i_2 とする．このとき，(3) から一意的に G_1 から G_2 への，G_2 から G_1 への埋め込み g_1, g_2 が存在し，図 C_2 の図式が可換となる．それらを図 C_3 のようにまとめると，g_1 と g_2 はともに全射となる．したがって G_1 と G_2 は同型な群である．

注意 特別な構成法で得た群 $H \times H/\sim$ は，同型を除けば拡張問題の唯一の答である．

例

簡約律を持つ可換半群	拡張群
$(\mathbb{N}; +)$	$(\mathbb{Z}; +)$
$(\mathbb{N}\backslash\{0\}; \cdot)$	$(\mathbb{Q}^+; \cdot)$
$(\mathbb{Z}\backslash\{0\}; \cdot)$	$(\mathbb{Q}\backslash\{0\}; \cdot)$
$(\mathbb{Q}^+; +)$	$(\mathbb{Q}; +)$

環と体

A

環と体

(1) K 上の二つの自己同型写像 φ と σ の合成 $\sigma \circ \varphi$ は再び K 上の自己同型写像である.

理由. φ, σ 全単射 $\Rightarrow \sigma \circ \varphi$ 全単射かつ $\sigma \circ \varphi(a+b) = \sigma \circ \varphi(a) + \sigma \circ \varphi(b)$.

(2) 結合律は成立する. 任意の写像の合成に対し結合律が成立するからである.
(3) 単位元は恒等写像 1_K である.
(4) 自己同型写像 φ の逆元は逆写像 φ^{-1} である.

理由. φ 全単射 $\Rightarrow \varphi^{-1}$ 全単射かつ $\varphi^{-1}(a+b) = \varphi^{-1}(a) + \varphi^{-1}(b)$.

$a + b = \varphi \circ \varphi^{-1}(a) + \varphi \circ \varphi^{-1}(b) = \varphi(\varphi^{-1}(a) + \varphi^{-1}(b)) \Rightarrow \varphi^{-1}(a+b) = \varphi^{-1}(a) + \varphi^{-1}(b)$

B

Kの自己準同型写像の群 Aut(K, K)

$i: R \to \overline{B}$ を $a \mapsto [(a, 1)]$ で定義し $i(R) = \overline{R} \cong R$ かつ $\overline{B}$ を $\overline{R}$ の $\overline{B}$ における分数の体とする.

$f: R \to K$ が K の任意の単射環準同型であれば,

ただ一つ単射環準同型
$g: \overline{B} \to K$, $[(a, b)] \mapsto f(a) \cdot f(b)^{-1}$ が存在し, $g \circ i = f$ となる.

g が単射準同型であることは定義をチェックすれば分かる. もし仮に $\overline{g}: \overline{B} \to K$ もまた単射環準同型で $\overline{g} \circ i = f$ となれば, $\overline{g} \circ i = g \circ i$ から $\overline{g}/\overline{R} = g/\overline{R}$ が成立する. $\overline{B}$ は $\overline{R}$ in $\overline{B}$ の中の $\overline{R}$ の分数の体であるので, $[(a, b)]$ は $[(a, 1)] \cdot [(b, 1)]^{-1}$ と表される. これから $\overline{g} = g$ となる.

$\overline{B}$ は K における $f(R)$ の分数の体に同型であり, したがって, 同型を除いて一意的に定まる.

C

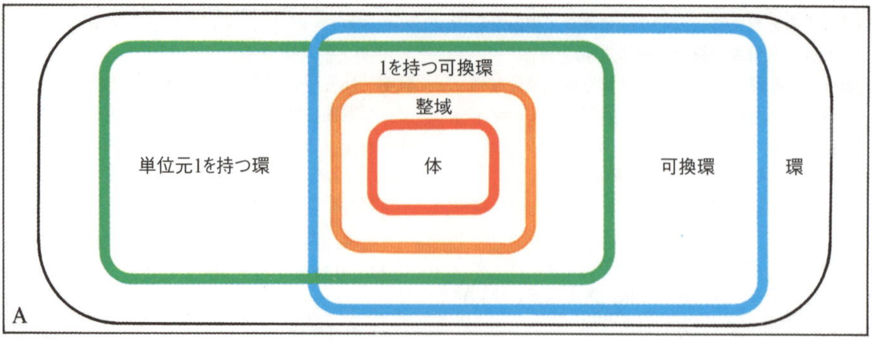

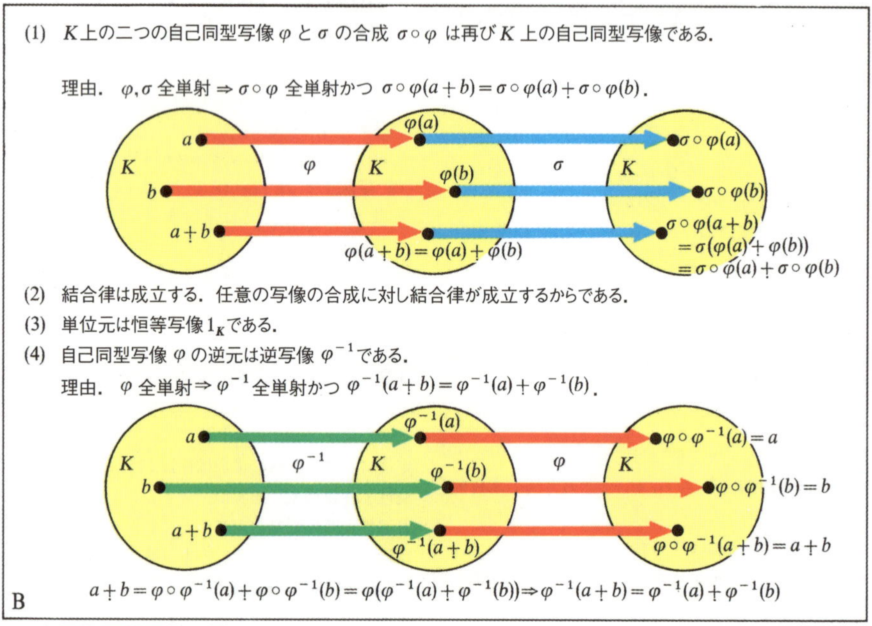

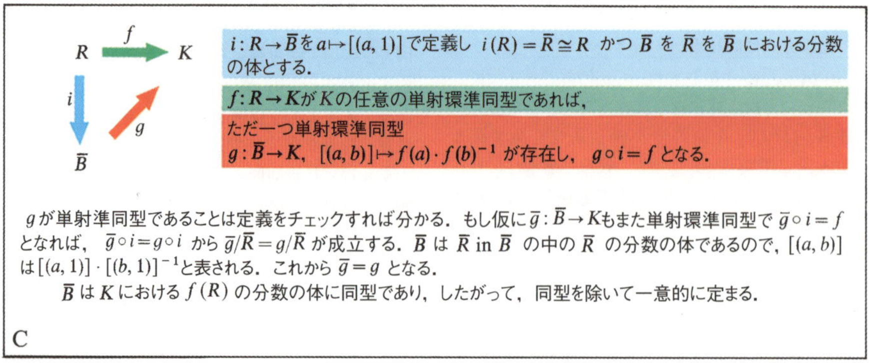

商体

環，可換環，単位元 1 を持つ環，整域，体などの定義については p.31 を参照（図 A 参照）.

部分構造

群の場合と同様，部分構造が重要となる.

定義 1　環 R（体 K）の空でない部分集合が，その演算に関し環（体）であるとき，**部分環**（**部分体**）と呼ぶ．R はこれを含む環（K は含む体）という.

例　集合 $n\mathbb{Z} := \{nx \mid x \in \mathbb{Z}\}$ は $\mathbb{Z}$ の部分環，$\mathbb{Z}$ は $\mathbb{Q}$ の部分環，また $\mathbb{Q}$ は $\mathbb{R}$ の部分体である.

定理 1　環 R の部分集合 U が $U \neq \emptyset$ であり

$$\forall a \forall b (a \in U \wedge b \in U \Rightarrow a+(-b) \in U \wedge ab \in U)$$

が成り立つとき，そのときに限り R の部分環である．体 K の空でない部分集合 U は，K の部分環であり，

$$\forall a \forall b (a \in U \wedge b \in U \setminus \{0\} \Rightarrow ab^{-1} \in U)$$

となるとき，そのときに限り K の部分体である.

定理 1 により，部分体の共通部分も部分体である.

環と体の準同型

群準同型（p.63）同様，次のように定義される.

定義 2　$(R, +, \cdot), (S, +, \cdot)$ はともに環（体）とするとき写像 $f : R \to S$ が**環（体）準同型**であるとは，すべての $a, b \in R$ に対し以下が成り立つことである.

$$f(a+b) = f(a) + f(b),\ f(ab) = f(a)f(b)$$

R と S がともに単位元 1 を持つ環のときは，さらに $f(1) = 1 \in S$ とする.

全単射の環（体）準同型を**環**（または**体**）**同型**と呼ぶ.

加法に関しては環（体）準同型 f は群準同型で，体では乗法に関しても群準同型．よって，環や体の f による像は常に部分環または部分体である.

自己同型

特に重要なものに，体の自分自身上への同型がある.

定義 3　K が体のとき，体同型 $\varphi : K \to K$ を K の**自己同型**と呼び，その全体を $\operatorname{Aut} K$ で表す.

写像の合成に関し $\operatorname{Aut} K$ は群をなすので，あらゆる体には群を対応させられる．この性質はガロア理論（p.97）に応用する.

$\operatorname{Aut} K$ の空でない任意の部分集合 T に対し，K の部分体が作られる．すなわち T のすべての自己同型により自分自身に写される K の元全体を考える．実際，

$$F(T) := \{x \mid x \in K \wedge \forall \sigma (\sigma \in T \Rightarrow \sigma(x) = x)\}$$

は T に対する**固定体**と呼ばれる部分体である.

分数体

R が整域，$K \supseteq R$ が体のとき，R を含む最小の K の部分体 B を K における R の**分数体**と呼ぶ.

$a, b \in R,\ b \neq 0$ ならば b^{-1}，ab^{-1} は B に属する．実際，求める分数体は

$$R = \{ab^{-1} \mid a \in R \wedge b \in K \wedge b \neq 0\}.$$

例　$\mathbb{Q}$ は $\mathbb{R}$ における $\mathbb{Z}$ の分数体．E が体，K が E の部分体，$a \in E$ のとき，$K(a)$（添加体，p.88）は $K[a]$（添加環，p.85）の E における分数体となる.

商体

分数体の構成では，それを含む体の存在が必要だったがこの仮定は落とすことができる．すなわち，任意の整域 R に対し，次の性質を持つ R の商体と呼ばれる体 $\overline{B}$ が構成される.

(1) $\overline{B}$ の中には R と同型な部分環 $\overline{R}$ が存在する.

(2) $\overline{B}$ は，$\overline{R}$ を含む最小の部分体すなわち $\overline{B}$ における $\overline{R}$ の分数体である.

(3) $\overline{B}$ は同型を除いて，ただ一つ決まる.

$\overline{B}$ を作るには，まず対 $(a, b) \in R \times R \setminus \{0\}$ の集合に同値関係 $\sim$ を以下のように導入する.

$$(a_1, b_1) \sim (a_2, b_2) \quad \Leftrightarrow \quad a_1 b_2 = a_2 b_1$$

次に $\overline{B} := (R \times R \setminus \{0\}) / \sim$ 上に内部演算

$$[(a, b)] + [(c, d)] = [(ad + bc, bd)]$$
$$[(a, b)] \cdot [(c, d)] = [(ac, bd)]$$

を定義し（「分数計算」（第 1 成分が分子，第 2 成分が分母）に関する“通分”法則の完全なアナロジーであることに注意），代表元の取り方によらないことを示せば $(\overline{B}; +, \cdot)$ が体であることが分かる（p.47 参照）.

まだ性質 (1) $\sim$ (3) を確かめなければならない.

(1) 部分集合 $\overline{R} := \{[(a, 1)] | a \in R\}$ は $\overline{B}$ に含まれる整域で，写像 $i : R \to \overline{B}$，$a \mapsto [(a, 1)]$ により R と同型.

(2) $\overline{B}$ は $\overline{B}$ 中の $\overline{R}$ の分数体．実際，$[(b, 1)]^{-1} = [(1, b)]$ から以下が成立.

$$\{[(a,1)] \cdot [(b,1)]^{-1} \mid a \in R \wedge b \in R \wedge b \neq 0\}$$
$$= \{[(a, b)] \mid a \in R \wedge b \in R \setminus \{0\}\} = \overline{B}$$

(3) K が単射環準同型 $f : R \to K$ で R が埋め込まれる体なら，$\overline{B}$ もまた $[(a, b)] \mapsto f(a)f(b)^{-1}$ で定義される環準同型 $g : \overline{B} \to K$ により K の中に埋め込まれる．この g は条件 $g \circ i = f$ により一意に決まる（図 C）．したがって $\overline{B}$ は同型を除き一意に決まる R の商体.

注意　特に K が R を含む体のときは，この $\overline{B}$ が常に K における R の分数体に同型.

例　$\mathbb{Q}$ は $\mathbb{Z}$ の商体として定義できる（p.47）．R が整域なら多項式環 $R[X]$ も整域（p.85 参照）．したがって，$R[X]$ の商体を定義できる.

$$\left\{ \frac{f(X)}{g(X)} \;\middle|\; f(X), g(X) \in R[X] \wedge g(X) \neq 0 \right\}$$

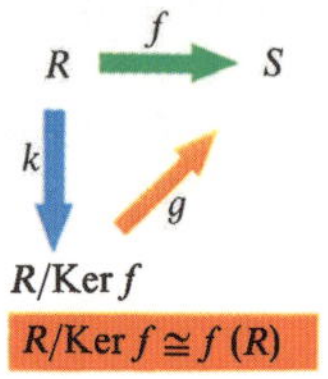

$f: R \to S$ を任意の環準同型とする．

$\mathrm{Ker}\,f := \{x \mid x \in R \wedge f(x) = 0\}$ は R のイデアルであり，商環 $R/\mathrm{Ker}\,f$ は自然な写像 $k: R \to R/\mathrm{Ker}\,f$ により環準同型として構成される．

このとき，$g: R/\mathrm{Ker}\,f \to S$ を $[x] \mapsto f(x)$ で定義すると単射環準同型であり $g \circ k = f$ となる．すなわち，

$$g(R/\mathrm{Ker}\,f) = f(R) \quad \text{であり，よって} \quad R/\mathrm{Ker}\,f \cong f(R)$$

$\mathrm{Ker}\,f$ はイデアルである．$\mathrm{Ker}\,f$ は $(R; +)$ の部分群であり，$R \cdot \mathrm{Ker}\,f \subseteq \mathrm{Ker}\,f$ が $\forall x \forall r\,(x \in \mathrm{Ker}\,f \wedge r \in R \Rightarrow f(rx) = f(r)\,f(x) = 0)$ であることから成立する．

f とともに g もまた環準同型．g の定義から $g \circ k = f$ となる．g は単射である．$f(x) = f(y) \Rightarrow f(x - y) = 0 \Rightarrow x - y \in \mathrm{Ker}\,f \Rightarrow x \in y + \mathrm{Ker}\,f = [y] \Rightarrow [x] = [y]$ となるからである．

A

環の準同型定理

$\mathbb{Z}_4 := \mathbb{Z}/4\mathbb{Z} = \{[0], [1], [2], [3]\}$ の結合表

+	[0]	[1]	[2]	[3]
[0]	[0]	[1]	[2]	[3]
[1]	[1]	[2]	[3]	[0]
[2]	[2]	[3]	[0]	[1]
[3]	[3]	[0]	[1]	[2]

·	[0]	[1]	[2]	[3]
[0]	[0]	[0]	[0]	[0]
[1]	[0]	[1]	[2]	[3]
[2]	[0]	[2]	[0]	[2]
[3]	[0]	[3]	[2]	[1]

環 $\mathbb{Z}_4$ は零因子を持つので整域ではない．$[2] \cdot [2] = [0]$ となるからである．

$\mathbb{Z}_5 := \mathbb{Z}/5\mathbb{Z} = \{[0], [1], [2], [3], [4]\}$ の結合表

+	[0]	[1]	[2]	[3]	[4]
[0]	[0]	[1]	[2]	[3]	[4]
[1]	[1]	[2]	[3]	[4]	[0]
[2]	[2]	[3]	[4]	[0]	[1]
[3]	[3]	[4]	[0]	[1]	[2]
[4]	[4]	[0]	[1]	[2]	[3]

·	[0]	[1]	[2]	[3]	[4]
[0]	[0]	[0]	[0]	[0]	[0]
[1]	[0]	[1]	[2]	[3]	[4]
[2]	[0]	[2]	[4]	[1]	[3]
[3]	[0]	[3]	[1]	[4]	[2]
[4]	[0]	[4]	[3]	[2]	[1]

環 $\mathbb{Z}_5$ は零因子を持たない．ゆえに，整域である．

このことから $\mathbb{Z}_5 \backslash \{[0]\}$ の任意の元に対して，積に関する逆元が存在する（単位元 $[1]$ はどの列にも一つのみ存在する）．したがって，$\mathbb{Z}_5$ は体でもある．

B

剰余環の例（p.64も参照）

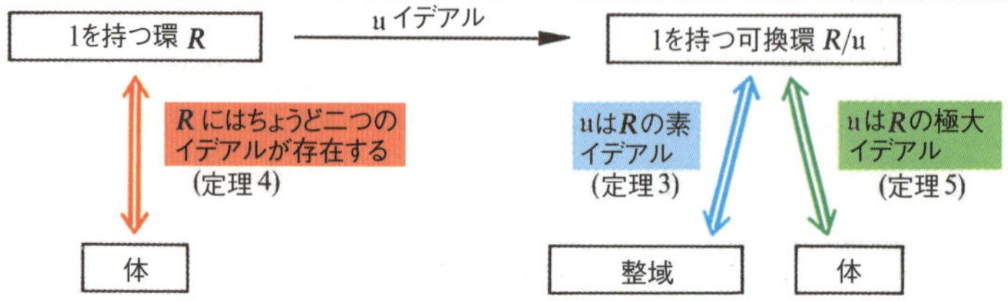

C

まとめ

環 $(R;+,\cdot)$ の加法群 $(R;+)$ の部分群 $\mathfrak{u}$ では，可換商群 $(R/\mathfrak{u};+)$ と標準写像 $k:R\to R/\mathfrak{u}$ から群準同型を得る（p.65，定理 4）．さらに，環 $R/\mathfrak{u}$ と環準同型 k に関する乗法を $R/\mathfrak{u}$ 上に定義するため，次のように定義する．

定義 4　$[x]\cdot[y]=[x\cdot y]\quad\forall[x],[y]\in R/\mathfrak{u}$

この乗法が $R/\mathfrak{u}$ 上内部演算となるのは $R\mathfrak{u}\subseteq\mathfrak{u}$ つまり $\forall r\forall u\ r\in R\wedge u\in\mathfrak{u}\Rightarrow ru\in\mathfrak{u}$ のとき．ただし，$R\mathfrak{u}:=\{ru\,|\,r\in R\wedge u\in\mathfrak{u}\}$．これから次の定義をする．

定義 5　可換環 $(R;+,\cdot)$ で，R の部分集合 $\mathfrak{u}$ が $(R;+)$ の部分群かつ $R\mathfrak{u}\subseteq\mathfrak{u}$ のとき，$\mathfrak{u}$ を**イデアル**と呼ぶ．

注意　非可換環では左右イデアルを区別する．イデアルは特殊な部分環．$\mathbb{Z}$ のイデアルは部分環 $n\mathbb{Z}$ $(n\in\mathbb{N})$ と $\mathbb{Z}$ 自身だけ．どんな環 R でも，零イデアル $\mathfrak{o}=\{0\}$ と R はイデアル．

さて，上の問の答えは次のように述べられる．

定理 2　環 $(R;+,\cdot)$ で，$\mathfrak{u}\subseteq R$ は $(R;+)$ の部分群，$(R/\mathfrak{u};+)$ は商群，標準写像 $k:R\to R/\mathfrak{u}$ は群準同型とする．このとき，定義 4 の乗法に関し $(R/\mathfrak{u};+,\cdot)$ が k を環準同型とする環となるのは，$\mathfrak{u}$ が R のイデアルであるとき，そのときに限る．

定義 6　この定理により環となる $(R/\mathfrak{u};+,\cdot)$ を，$\mathfrak{u}$ による R の**商環**と呼ぶ．

注意　環のイデアルは群の正規部分群に対応する．群の準同型定理（p.67）は環でも成立する．

剰余類環 $\mathbb{Z}_n$

環 $(\mathbb{Z};+,\cdot)$ とイデアル $n\mathbb{Z}$ $(n\geqq 1)$ とその剰余群 $(\mathbb{Z}_n;+)$ (p.65) に定理 2 を適用すれば，法 n の**剰余類環** $(\mathbb{Z}_n;+,\cdot)$ を得る．ただし $[x]+[y]=[x+y]$，$[x]\cdot[y]=[x\cdot y]$ と置く．これらには零因子を持つものもある（$\mathbb{Z}_4$, 図 4）．零因子のない剰余類環 $\mathbb{Z}_5$ は，体でもある．一般に次が示される（定理 3, 7 参照）．

$\mathbb{Z}_n$ $(n\geqq 2)$ は整域 $\Leftrightarrow$ $\mathbb{Z}_n$ は体 $\Leftrightarrow$ n は素数

整域の特徴付け（素イデアルによる）

$\mathbb{Z}_n$ 同様，一般の環 R の商環 $R/\mathfrak{u}$ が整域となる条件をみるため，単位元を持つ可換環 R では $R/\mathfrak{u}$ に零因子がないことに注意．すなわち，$([xy]=0\Rightarrow[x]=0\vee[y]=0)\Leftrightarrow(xy\in\mathfrak{u}\Rightarrow x\in\mathfrak{u}\vee y\in\mathfrak{u})$ に注意し次の定義をする．

定義 7　イデアル $\mathfrak{p}\neq R$ が $\forall x\forall y\ (xy\in\mathfrak{p}\Rightarrow x\in\mathfrak{p}\vee y\in\mathfrak{p})$ のとき，R の**素イデアル**と呼ぶ．

注意　素イデアルという名称は次の関係による．

$n\mathbb{Z}$：素イデアル $\Leftrightarrow$ $\mathbb{Z}_n$：整域 $\Leftrightarrow$ n：素数

定義 7 によって次の定理が述べられる．

定理 3　単位元 1 を持つ可換環 R，R のイデアル $\mathfrak{u}$ に対し，$\mathfrak{u}$ が素イデアルのとき，そのときに限り商環 $R/\mathfrak{u}$ は整域となる．

注意　単位元 1 を持つ可換環 R は，零イデアル $\mathfrak{o}$ が素イデアルのとき，そのときに限り整域となる $(R\cong R/\mathfrak{o})$．**例**　$\mathbb{Z}_n$ は整域 $\Leftrightarrow$ n は素数

体の特徴付け（極大イデアルによる）

単位元 1 を持つ可換環 R がいつ体であるかは，イデアルの言葉で答えられる．例えば $\mathfrak{u}\neq\mathfrak{o}$ が体 K のイデアルとすると，$a\in\mathfrak{u}$ $(a\neq 0)$ があり $aa^{-1}=1$ となる $a^{-1}\in K$ があるので，$K\mathfrak{u}\subseteq\mathfrak{u}$ から $1\in\mathfrak{u}$ つまり $\mathfrak{u}=K$．よって，任意の体にはちょうど二つのイデアル $\mathfrak{o}$ と K がある．同様に，単位元 1 を持つ可換環 R がちょうど二つのみイデアルを持つとき，R での逆元の存在が示される．すなわち，

定理 4　単位元 1 を持つ可換環 R は，ちょうど 2 個のイデアル $\mathfrak{o}$ と R を持つとき，そのときに限り体．

この定理から，商環 $R/\mathfrak{u}$ が体となる条件も得る．R が 1 を持つ可換環なら $R/\mathfrak{u}$ も同じ．よって定理 4 から，$R/\mathfrak{u}$ はそのイデアルが $\mathfrak{o}$ と $R/\mathfrak{u}\neq\mathfrak{o}$ のみのとき，そのときに限り体．この条件は R のイデアル $\mathfrak{u}$ の性質として特徴付けられる．すなわち，$R/\mathfrak{u}$ に $\mathfrak{o}$ や $R/\mathfrak{u}$ と異なるイデアルが存在するには，$\mathfrak{u}$ を含み $\mathfrak{u}$ や R と異なるイデアル $\mathfrak{v}$ が R に存在することが必要十分．この命題の否定は，R に $\mathfrak{u}$ を含み R と異なるイデアルが $\mathfrak{u}$ のみのとき，つまり，R のイデアル全体を $\subseteq$ で順序付け，R 以外のイデアルで $\mathfrak{u}$ が極大元（p.33，**極大イデアル**）のとき，そのときに限り $R/\mathfrak{u}$ は体である．

定理 5　R を単位元 1 を持つ可換環，$\mathfrak{u}$ を R のイデアルとする．このとき $R/\mathfrak{u}$ は，$\mathfrak{u}$ が極大イデアルであるとき，そのときに限り体である．

注意　単位元 1 を持つ可換環 R は，$\mathfrak{o}$ が極大イデアルのとき，そのときに限り体である（定理 4）．

定理 3 と定理 5 から次が得られる．

定理 6　単位元を持つ可換環では，すべての極大イデアルは素イデアルである．

単項イデアル環では，この逆も成り立つ（定理 7）．

単項イデアル，単項イデアル環

単位元 1 を持つ可換環 R では，任意の $a\in R$ に対し $Ra:=\{ra\,|\,r\in R\}$ はイデアル（$n\mathbb{Z}$ と比較）．

定義 8　単位元 1 を持つ可換環 R に対し，$(a):=Ra$ を $a\in R$ で**生成されたイデアル**と呼ぶ．R のイデアル $\mathfrak{u}$ とある $a\in R$ に対し，$\mathfrak{u}=(a)$ を**単項イデアル**と呼ぶ．R のイデアルがすべて単項イデアルのとき，R を**単項イデアル環**と呼ぶ．

例　$\mathbb{Z}$ や体 K 上多項式環 $K[X]$ は単項イデアル環（p.85）．

定理 7　単項イデアル環 R，R のイデアル $\mathfrak{u}\neq\mathfrak{o}$ に対し，$\mathfrak{u}$ は，素イデアルであるとき，そのときに限り極大イデアルである．

結果　定理 5 と合わせて次が成り立つ．

$\mathbb{Z}_n$ $(n\geqq 2)$ は体 $\Leftrightarrow$ n は素数

$K[X]/\mathfrak{u}$ $(\mathfrak{u}\neq\mathfrak{o})$ は体 $\Leftrightarrow$ $\mathfrak{u}$ は素イデアル

(M; +; Ω; ·) をΩ加群とする．このとき次の性質を持つ．

(1) $o \cdot x = 0, \alpha \cdot 0 = 0$（oはΩの零元，0 は M の単位元）

(2) $\alpha \cdot (-x) = -(\alpha \cdot x) = (-\alpha) \cdot x$　(3) $(-\alpha) \cdot (-x) = \alpha \cdot x$

A

加群の計算規則

$(R; +, \cdot)$ を1を持つ環とする．

このとき，$(R; +)$ は可換環であり，積の結合「・」は作用域 R 上の外部演算である．

1を持つ任意の環は自分自身の上の加群とみることができる．

R の**部分加群**は，定理1により R のイデアルに等しい．

$(G; \top)$ を可換環とする．

このとき，G 上に作用域を持つ外部演算「・」を定義できる．

$$z \cdot x := \begin{cases} x \top \ldots \top x & (z \text{ 回}) \quad (z \in \mathbb{Z}^+) \\ e & (z = o) \\ x^{-1} \top \ldots \top x^{-1} & (|z| \text{ 回}) \quad (z \in \mathbb{Z}^-) \end{cases}$$

任意の可換群は $\mathbb{Z}$ 上の加群とみることができる．

G の**部分加群**は定理1により G の**部分群**に等しい．

B

1を持つ環と，加群としての可換環

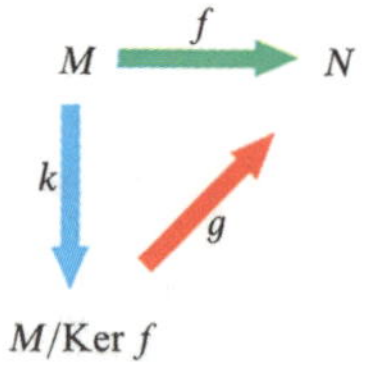

$M/\mathrm{Ker}\, f \cong f(M)$

$f: M \to N$ を任意の加群同型写像とする．

$\mathrm{Ker}\, f := \{x \mid x \in M \wedge f(x) = 0\}$ は M の部分加群であるので，商加群 $M/\mathrm{Ker}\, f$ は加群準同型としての自然な写像 $k: M \to M/\mathrm{Ker}\, f$ で構成される．

このとき，$g: M/\mathrm{Ker}\, f \to N$ を $[x] \mapsto f(x)$ で定義すると単射加群準同型であり，$g \circ k = f$ をみたす．すなわち，$g(M/\mathrm{Ker}\, f) = f(M)$ であり，よって $M/\mathrm{Ker}\, f \cong f(M)$ となる．

C

加群の準同型定理

第1同型定理：U と V をΩ加群 M の部分加群とする．このとき次の関係が成立する．

$$U/U \cap V \cong UV/V$$

第2同型定理：M_1 と M_2 をΩ加群とし，U_1 と U_2 を M_1 および M_2 の部分加群とする．このとき $f: M_1 \to M_2$ が全射加群準同型で $f^{-1}(U_2) = U_1$ であれば次の関係が成立する．

$$M_1/U_1 \cong M_2/U_2$$

M がΩ加群で U_1 と U_2 が M の部分加群ならば次の関係が成立する．

$$(M/U_1)/(U_2/U_1) \cong M/U_2$$

D

加群の同型定理

線形方程式系の解法の理論（p.83）からベクトル空間の理論が発展した．この理論の一般化の一つが加群の理論であるが，この理論ではベクトル空間は特殊な加群である．加群概念の応用範囲は非常に多方面にわたることが分かった．“加群”，“ベクトル空間”の概念の定義と例は p.31 を参照．

注意　図 A の加群で重要な 3 規則に注意．誤解の恐れのないときは外部演算を αx と書く．

部分加群

群や環や体の部分構造同様に定義する．

定義 1　Ω 加群 M の空でない部分集合 U は，M の内部や外部演算に関し Ω 加群のとき，M の部分加群と呼ぶ．

例　$\{0\}$ と M は部分加群．部分加群は $(M;+)$ の部分群．しかし，すべての部分群が部分加群とは限らない．実際 $\forall\alpha\forall a\ (\alpha \in \Omega \wedge a \in U \Rightarrow \alpha a \in U)$ をみたす．次が成り立つ．

定理 1　U は下の条件をみたすとき，そのときに限り $(M;+;\Omega;\cdot)$ の部分加群である．

(1) $(U;+)$ は $(M;+)$ の部分群である．

(2) $\forall\alpha\forall a(\alpha \in \Omega \wedge a \in U \Rightarrow \alpha a \in U)$

この定理から，一つの Ω 加群のいくつかの部分加群の共通部分 $\bigcap_{i\in I} U_i$ および $U_1 + \cdots + U_n := \{u_1 + \cdots + u_n \mid u_i \in U_i\}$ が部分加群であることが分かる．

注意　加群の理論は可換群やイデアルなどと非常に近い関係にある（図 B）．

加群準同型

加群構造と両立する写像は（同じ作用域の）外部演算と両立する群準同型のことである．

定義 2　M と N を Ω 加群とする．次の (1), (2) が成り立つとき，$f: M \to N$ を**加群準同型**と呼ぶ．

(1) $f(a+b) = f(a) + f(b)$　(2) $f(\alpha a) = \alpha f(a)$ $(\forall a, b \in M,\ \alpha \in \Omega)$

全単射の加群準同型を加群同型と呼ぶ．

注意　$f(\alpha a + \beta b) = \alpha f(a) + \beta f(b)$ と上の (1), (2) は同値である（$\forall a, b \in U,\ \alpha, \beta \in \Omega$）．

すべての加群準同型 $f: M \to N$ に対し，M の部分加群 U の像 $f(U)$ は（したがって $f(M)$ も）N の部分加群．群準同型のとき同様，$\mathrm{Ker}\, f := \{x \mid x \in M \wedge f(x) = 0\}$ とすれば，（準同型定理などで）重要な M の部分加群を得る．

商加群

Ω 加群 M の中で，部分加群 U を選ぶと商群 M/U を得る（p.65）．$(M;+)$ は可換群なので U は M の正規部分群だからである．そこで，

定義 3　$\alpha \in \Omega$, $[x] \in M/U$ に対し，M/U 上の外部演算 $\alpha[x] = [\alpha x]$ を定義すれば，M/U は Ω 加群，標準写像 $k: M \to M/U$, $x \mapsto [x]$ は加群準同型となる．

すなわち，

定理 2　M を Ω 加群，U を M の部分加群とする．このとき，M/U は定義 3 の外部演算により Ω 加群となり，標準写像は加群準同型となる．

定義 4　この定理の Ω 加群 M/U を，U による M の**商加群**と呼ぶ．

注意　群の**準同型定理**および**同型定理**（p.67）は加群に対して成立する（図 C, D）．

加群の直和

$M_1, M_2, \ldots, M_n$ が Ω 加群のとき，M_i の演算を成分ごとに定義して直積集合 $\prod_{i=1}^{n} M_i := M_1 \times \cdots \times M_n$ 上の演算を定義することにより，新しい Ω 加群を作ることができる．

定義 5　$\forall(x_1, \ldots, x_n), (y_1, \ldots, y_n) \in \prod_{i=1}^{n} M_i$, $\forall\alpha \in \Omega$ に対し，次のように置く．

$$(x_1, \ldots, x_n) + (y_1, \ldots, y_n) := (x_1 + y_1, \ldots, x_n + y_n)$$

$$\alpha(x_1, \ldots, x_n) := (\alpha x_1, \ldots, \alpha x_n)$$

このようにしてできた Ω 加群を $M_1, \ldots, M_n$ の**直積**と呼ぶ．$M_1 = M_2 = \cdots = M_n (=: M)$ の場合には M^n と表す．

例　単位元 1 を持つすべての環 R に対し，次は R 加群．

$$R^* := \{(x_1, \ldots, x_n) \mid x_i \in R\}$$

直積の特徴は，成分への射影（p.23）が全射加群準同型である．

注意　直積は任意の添数集合の場合にも導入できる．その場合，重要な部分加群である**直和**も得られる．有限添数集合では直積も直和も一致する．

直積の応用には，加群が一定の部分加群を指定すると完全に記述できるかという問題がある．Ω 加群 M の部分加群 U_i の直積 $\prod_{i=1}^{n} U_i$ を作り，これを $(x_1, \ldots, x_n)$ 加群準同型 $f: \prod_{i=1}^{n} U_i \to M$, $x_1 + \cdots + x_n$ により M と対応させれば，像は部分加群 $U_1 + \cdots + U_n$ である．この f が加群同型ならば，M はこれらの部分加群で記述される．

同型の必要条件により次の定理が成立．

定理 3　Ω 加群 M が部分加群 U_i の直積 $\prod_{i=1}^{n} U_i$ と同型になるのは，すべての $x \in M$ が $x = x_1 + \cdots + x_n$ $(x_i \in U_i)$ と一意的に表されるとき，そのときに限る．

このような同型のあるとき，簡単に

M は**部分加群** $\boldsymbol{U_1, \ldots, U_n}$ **の直積**である

という（p.67，定義 10）．部分加群が 2 個の場合には判定はやさしい．$M = U_1 + U_2$ かつ $U_1 \cap U_2 = \{0\}$ のとき，そのときに限り M は U_1 と U_2 の直積となる．

M を Ω 加群とする.

(1) $L(T)=\bigcap_{T\subseteq U} U$ （U 部分加群）

(2) $L\left(\bigcup_{i=1}^{n} U_i\right)=U_1+\ldots+U_n$ （U_i 部分加群）

(3) $T_1\subseteq T_2\subseteq M\Rightarrow T_1\subseteq L(T_1)\subseteq L(T_2)\subseteq L(M)=M$

(4) $L(L(T))=L(T)$

A

包含関係の性質

$(\mathbb{Q};+,\cdot)$ は $\mathbb{Q}$ 上加群とみなすことができる（p.74，図B参照）.

(a) $\{1\}$ は $\mathbb{Q}$ 上 $\mathbb{Q}$ の生成系である．$a\in\mathbb{Q}$ から $a=a\cdot 1$ が成立するからである.

(b) $\{1\}$ は $\mathbb{Q}$ 上1次独立．$a\cdot 1=0\Rightarrow a=0$ となるからである.

$\mathbb{Q}$ 加群 $(\mathbb{Q};+,\cdot)$ は自由加群である.

$(R;+,\cdot)$ を1を持つ環とする．このとき，$R^n(n\in\mathbb{N}\backslash\{0\})$ は直積としての R 加群である（p.75参照）.

(a) $E:=\{(1,0,\ldots,0),(0,1,0,\ldots,0),\ldots,(0,\ldots,0,1)\}$ は R 上 R^n の生成系である.
$(x_1,x_2,\ldots,x_n)\in R^n$ であるので
$(x_1,x_2,\ldots,x_n)=x_1\cdot(1,0,\ldots,0)+x_2\cdot(0,1,0,\ldots,0)+\ldots+x_n\cdot(0,\ldots,0,1)$ が成立するからである.

(b) E は R 上1次独立である.
$a_1\cdot(1,0,\ldots,0)+a_2\cdot(0,1,0,\ldots,0)+\ldots+a_n\cdot(0,\ldots,0,1)=(0,\ldots,0)$ とすると，
$(a_1,a_2,\ldots,a_n)=(0,\ldots,0)$，すなわち $a_i=0$ がすべての $i\in\{1,\ldots,n\}$ に対して成立するからである.

R 加群 R^n は自由加群である.

$(\mathbb{Q};+)$ は $\mathbb{Z}$ 加群とみることができる（p.74，図B参照）.

(a) $\mathbb{Q}$ の 0 を含む任意の部分集合は $\mathbb{Z}$ 上1次従属である．$1\cdot 0+0\cdot a+0\cdot b+\ldots=0$ となり，係数がすべては 0 とはならないからである.

(b) 任意の2元集合 $\{a,b\}\subset\mathbb{Q}\backslash\{0\}$ は $\mathbb{Z}$ 上1次従属である．$a=\dfrac{p}{q},b=\dfrac{r}{s}\ (p,q,r,s\in\mathbb{Z}\backslash\{0\})$ と
$n=r\cdot q, m=-s\cdot p$ から次の等式が成立するからである．すなわち，$n\cdot a+m\cdot b=0$.
ここで n と m の一方は 0 ではない.
$\mathbb{Q}$ の任意の部分集合で一つ以上元を持つものは，$\mathbb{Z}$ 上1次従属である.

(c) $\{a\}\subset\mathbb{Q}\backslash\{0\}$ の1元部分集合は $\mathbb{Z}$ 上1次従属である．$n\cdot a=0\Rightarrow n=0\ (n\in\mathbb{Z})$ となるからである.

(d) $\mathbb{Q}\backslash\{0\}$ の1元部分集合は $\mathbb{Z}$ 上で $\mathbb{Q}$ の生成系ではない．$a=\dfrac{p}{q}(p,q\in\mathbb{Z}\backslash\{0\})$ とすると，
例えば $\dfrac{p}{2q}\notin\{n\cdot a\,|\,n\in\mathbb{Z}\}$ となるからである.

$\mathbb{Z}$ 加群 $(\mathbb{Q};+)$ は自由加群ではない.

B

自由加群と非自由加群の例

V を K 上の有限次元ベクトル空間とし，U を部分空間，V/U をそれらによる商空間とする.
このとき次の性質が成立する。

(1) U は有限次元で $\dim(U/K)\leqq\dim(V/K)$ である.

(2) $\dim(U/K)=\dim(V/K)\Rightarrow U=V$

(3) V/U は有限次元で $\dim(V/U/K)=\dim(V/K)-\dim(U/K)$ である.

C

有限次元ベクトル空間の性質

線形集合，生成系

T が Ω 加群 M の空でない部分集合のとき，M で $\sum_{x\in T}\alpha_x x$ の形の式を考える．ただし，$\alpha_x \in \Omega$ は高々有限個が 0 と異なるとする（T は添数集合となるので，T の元全部が現れるが和の中ではただ有限個の項が 0 ではない）．このような式を T の元の **1 次結合**（線形結合）と呼ぶ．T の元の 1 次結合全体は M の部分加群であり，T を含む最小のもの．これを T の**線形集合**と呼び $L(T)$ で表す．L を**集合作用素**と呼ぶ．

注意　$L(T)$ を T により生成された部分加群と呼び，$L(\emptyset)=\{0\}$ とする．

$L(T)$ は常に M の部分加群で，$L(T)=M$ となる $T\subset M$ を考える．

定義 6　M を Ω 加群とする．$L(E)=M$ のとき，M の部分集合 E を M の Ω 上**生成系**という．

$L(M)=M$ であるから，任意加群に生成系は存在する．興味があるのは，M の真のあるいは有限部分集合である生成系である．後者を**有限型の加群**と呼ぶ．

例　$\{(1,0,\ldots,0),(0,1,0,\ldots,0),\ldots,(0,\ldots,0,1)\}$ は R 加群 R^n の有限生成系である．

M のすべての元 x は E の元の 1 次結合で表される．一般に，この表現は一意的でない．表現の一意性には，次の概念が必要．

1 次独立性，基底

$\sum_{x\in T}\alpha_x x=0$ のときすべての α_x が常に $=0$ となるとき，そのときに限り生成系 E による一意的表現が得られる．

定義 7　M を Ω 加群とする．M の部分集合 T が Ω 上 **1 次独立**（線形独立）であるとは，$\sum_{x\in T}\alpha_x x=0$ とするとき，常にすべての α_x が 0 となるときにいう．それ以外の場合，T は Ω 上 **1 次従属**（線形従属）という．

注意　$\emptyset$ は 1 次独立であるとする．

1 次独立性を調べる際，有限集合に制限できる．実際，

　T の有限部分集合がすべて 1 次独立であるとき，そのときに限り T は 1 次独立である．

さらに注目に値するのは，すべての Ω 加群 M には包含関係について極大 1 次独立部分集合が存在することである（p.35，ツォルンの補題の応用）．結局，Ω 加群の M の元の一意表現は 1 次独立性で保証される．

定義 8　M を Ω 加群とする．M の 1 次独立生成系を M の**基底**と呼ぶ．基底が存在するとき，M を**自由加群**と呼ぶ．

例　$(\mathbb{Q};+)$ は $\mathbb{Q}$ 加群として自由である．同様に R 加群 R^n, $n\in\mathbb{N}\backslash\{0\}$ も自由加群（図 B）．これに対し，$(\mathbb{Q};+)$ は $\mathbb{Z}$ 加群としては自由でない（図 B）．

自由加群の特性は次の定理で明らか．

定理 4　M を基底 B を持つ自由 Ω 加群とし，N を任意の Ω 加群とする．基底上で定義される任意写像 $f:B\to N$ に対し，B 上で f と一致する加群準同型 $f^*:M\to N$ が一意的に存在する．これを $n=\sum_{b\in B}\alpha_b b$ に対し，$f^*(x)=\sum_{b\in B}\alpha_b f(b)$ と定義し，f の**線形拡張**と呼ぶ．

ベクトル空間

特に，体 K 上加群，すなわち $\boldsymbol{K}$ **上のベクトル空間**には，常に基底が存在する．その際，本質的であるのは，演算領域で掛算の逆が存在すること．すなわち，すべての極大 1 次独立集合は基底であることが示される．

定理 5　体 K 上のすべてのベクトル空間は基底を持つ．

注意　一般にベクトル空間にはいろいろな基底がある．

基底を作るには，1 個の生成系 E から 1 次独立部分集合（空のこともある）を選び，この集合を順次 E の元を補い，より大きな 1 次独立部分集合にすれば，E の極大 1 次独立部分集合に達する．この方法は次の定理を基にしたものである．

定理 6（基底拡張定理）　V を K 上ベクトル空間，E を V の生成系，A を E の 1 次独立部分集合とする．このとき A を $A\subseteq B\subseteq E$ となる基底 B に拡張できる．

注意　ベクトル空間の理論では，部分加群・商加群といわず**部分空間・商空間**というのが慣例．ベクトル空間の準同型は**線形写像**という（p.79）．ベクトル空間の元は**ベクトル**と呼び，$\boldsymbol{a},\boldsymbol{b},\boldsymbol{x},\boldsymbol{y},\ldots$ あるいは $\vec{a},\vec{b},\vec{x},\vec{y},\ldots$（解析幾何）と表す．

有限次元ベクトル空間

定義 9　有限基底を持つベクトル空間を**有限次元的**という．

有限次元ベクトル空間に対し基底の元の個数は特性量の一つである．実際それは同ベクトル空間ではすべての基底に共通の量である．

定義 10　K 上有限次元ベクトル空間 V の基底の元の個数を，V の K 上**次元**と呼び $\dim(V/K)$ で表す．

例　K^n はすべての体 K に対し n 次元の K 上ベクトル空間（図 B）．

これらベクトル空間 K^n により同型を除けば，すべての K 上ベクトル空間を得る．実際，次が成り立つ．

定理 7　二つの K 上ベクトル空間は，次元が等しいとき，そのときに限り同型である．K^n は同型を除けば，唯一の n 次元の K 上ベクトル空間である．

例　ベクトル空間 $\mathbb{R}^3$（p.181）は同型を除き唯一の 3 次元の $\mathbb{R}$ 上ベクトル空間．

注意　有限次元ベクトル空間の他の性質は図 C 参照．

A

$$f(b_1) = \alpha_{11}\hat{b}_1 + \alpha_{12}\hat{b}_2 + \ldots + \alpha_{1m}\hat{b}_m$$
$$f(b_2) = \alpha_{21}\hat{b}_1 + \alpha_{22}\hat{b}_2 + \ldots + \alpha_{2m}\hat{b}_m$$
$$\vdots$$
$$f(b_n) = \alpha_{n1}\hat{b}_1 + \alpha_{n2}\hat{b}_2 + \ldots + \alpha_{nm}\hat{b}_m$$

$B, \hat{B}$ に関して

(α_{ik})

$$(\alpha_{ik}) := \begin{pmatrix} \alpha_{11} & \alpha_{12} & \ldots & \alpha_{1m} \\ \alpha_{21} & \alpha_{22} & \ldots & \alpha_{2m} \\ \vdots & & \alpha_{ik} & \vdots \\ \alpha_{n1} & \alpha_{n2} & \ldots & \alpha_{nm} \end{pmatrix}$$

i 行目 / k 列目

線形写像と行列

B₁

もし

$f: V \to \hat{V}$, $B, \hat{B}$ に関し, (α_{ik})
$g: V \to \hat{V}$, $B, \hat{B}$ に関し, (β_{ik})

$$f(b_i) = \sum_{k=1}^{m} \alpha_{ik}\hat{b}_k \quad g(b_i) = \sum_{k=1}^{m} \beta_{ik}\hat{b}_k$$

であれば, このとき

$f+g : V \to \hat{V}$, $B, \hat{B}$ に関し, $(\alpha_{ik} + \beta_{ik})$

$\alpha \cdot f : V \to \hat{V}$, $B, \hat{B}$ に関し, $(\alpha \cdot \alpha_{ik})$

$$(f+g)(b_i) = f(b_i) + g(b_i)$$
$$= \sum_{k=1}^{m} \alpha_{ik}\hat{b}_k + \sum_{k=1}^{m} \beta_{ik}\hat{b}_k$$
$$= \sum_{k=1}^{m} (\alpha_{ik} + \beta_{ik})\hat{b}_k$$

$$(\alpha \cdot f)(b_i) = \alpha \cdot f(b_i)$$
$$= \alpha \cdot \sum_{k=1}^{m} \alpha_{ik}\hat{b}_k$$
$$= \sum_{k=1}^{m} \alpha \cdot \alpha_{ik}\hat{b}_k$$

B₂

もし

$f: V \to \hat{V}$, $B, \hat{B}$ に関し, (α_{ik})
$g: \hat{V} \to \overline{V}$, $\hat{B}, \overline{B}$ に関し, (β_{kj})

$$f(b_i) = \sum_{k=1}^{m} \alpha_{ik}\hat{b}_k \quad g(\hat{b}_k) = \sum_{j=1}^{l} \beta_{kj}\overline{b}_j$$

であれば, このとき

$g \circ f : V \to \overline{V}$, $B, \overline{B}$ に関し, $\left(\sum_{k=1}^{m} \alpha_{ik}\beta_{kj}\right)$

$$(g \circ f)(b_i) = g\left(\sum_{k=1}^{m} \alpha_{ik}\hat{b}_k\right)$$
$$= \sum_{k=1}^{m} \alpha_{ik}g(\hat{b}_k) = \sum_{k=1}^{m} \alpha_{ik} \sum_{j=1}^{l} \beta_{kj}\overline{b}_j$$
$$= \sum_{j=1}^{l} \left(\sum_{k=1}^{m} \alpha_{ik}\beta_{kj}\right)\overline{b}_j$$

線形写像の結合, 線形写像の合成

C₁ 行列の加法

$$\begin{pmatrix} \alpha_{11} & \ldots & \alpha_{1m} \\ \vdots & & \vdots \\ \alpha_{n1} & \ldots & \alpha_{nm} \end{pmatrix} + \begin{pmatrix} \beta_{11} & \ldots & \beta_{1m} \\ \vdots & & \vdots \\ \beta_{n1} & \ldots & \beta_{nm} \end{pmatrix} = \begin{pmatrix} \alpha_{11}+\beta_{11} & \ldots & \alpha_{1m}+\beta_{1m} \\ \vdots & & \vdots \\ \alpha_{n1}+\beta_{n1} & \ldots & \alpha_{nm}+\beta_{nm} \end{pmatrix}$$

行列と体の元との積

$$\alpha \cdot \begin{pmatrix} \alpha_{11} & \ldots & \alpha_{1m} \\ \vdots & & \vdots \\ \alpha_{n1} & \ldots & \alpha_{nm} \end{pmatrix} = \begin{pmatrix} \alpha \cdot \alpha_{11} & \ldots & \alpha \cdot \alpha_{1m} \\ \vdots & & \vdots \\ \alpha \cdot \alpha_{n1} & \ldots & \alpha \cdot \alpha_{nm} \end{pmatrix}$$

C₂ 行列の積

$$\begin{pmatrix} \alpha_{11} & \alpha_{12} & \ldots & \alpha_{1m} \\ \alpha_{21} & \alpha_{22} & \ldots & \alpha_{2m} \\ \vdots & & & \vdots \end{pmatrix} \cdot \begin{pmatrix} \beta_{11} & \beta_{12} & \ldots \\ \beta_{21} & \beta_{22} & \ldots \\ \vdots & \vdots & \\ \beta_{m1} & \beta_{m2} & \ldots \end{pmatrix} =$$

$$\begin{pmatrix} \alpha_{11}\cdot\beta_{11} + \alpha_{12}\cdot\beta_{21} + \ldots + \alpha_{1m}\cdot\beta_{m1} & \alpha_{11}\cdot\beta_{12} + \alpha_{12}\cdot\beta_{22} + \ldots + \alpha_{1m}\cdot\beta_{m2} & \ldots \\ \alpha_{21}\cdot\beta_{11} + \alpha_{22}\cdot\beta_{21} + \ldots + \alpha_{2m}\cdot\beta_{m1} & \alpha_{21}\cdot\beta_{12} + \alpha_{22}\cdot\beta_{22} + \ldots + \alpha_{2m}\cdot\beta_{m2} & \ldots \\ \vdots & & \end{pmatrix}$$ 1行目 / 2行目

1列目 / 2列目

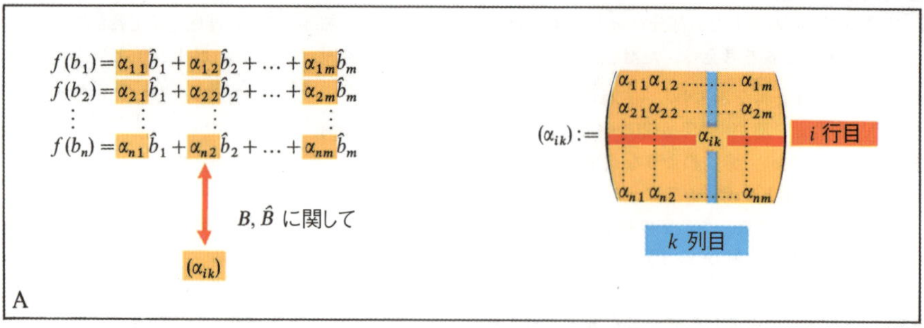

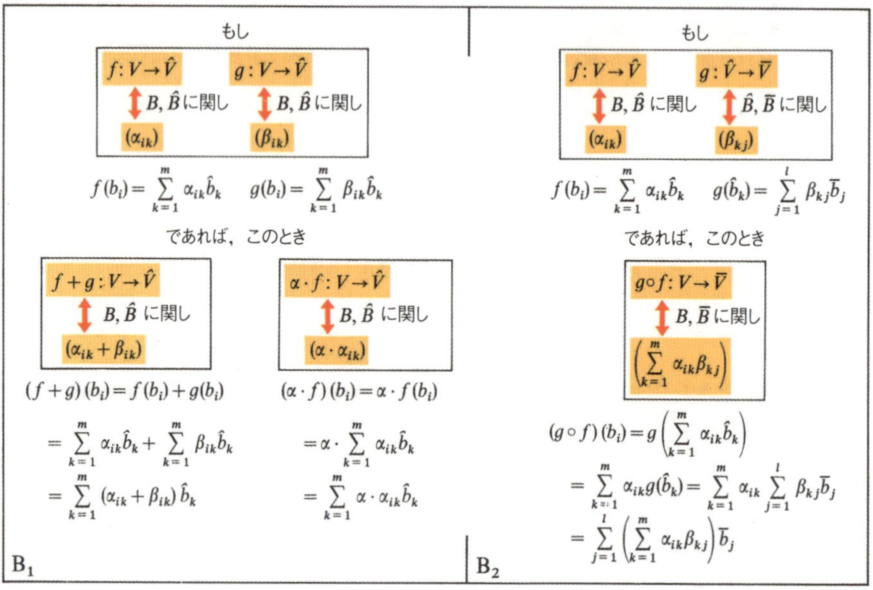

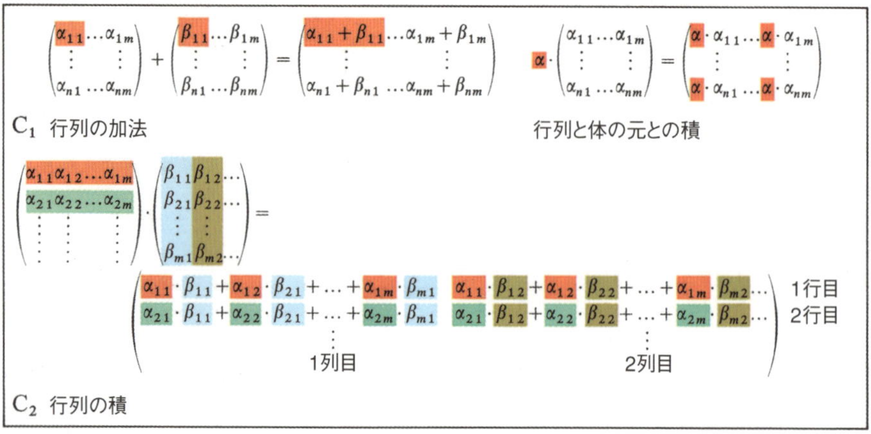

行列の結合

線形写像

ベクトル空間では，加群準同型（p.75，定義 2）のことを**線形写像**という．準同型定理および同型定理（p.74）は線形写像の言葉で記述される．

すべてのベクトル空間は基底を持つ（p.77，定理 5）ので，線形写像は基底元の像で決定される（p.77，定理 4）．K 上有限次元のベクトル空間では，この性質のため線形写像と行列の間に密接な関係がある．

有限次元ベクトル空間の線形写像と行列

K 上次元が n, m の有限次元ベクトル空間 $V, \widehat{V}$ の基底 $B := \{\boldsymbol{b_1}, \ldots, \boldsymbol{b_n}\}$，$\widehat{B} := \{\hat{\boldsymbol{b}}_1, \ldots, \hat{\boldsymbol{b}}_m\}$ と，$\widehat{V}$ の n 個の（必ずしも異なるとは限らない）元 $\hat{\boldsymbol{x}}_1, \ldots, \hat{\boldsymbol{x}}_n$ に対し，$f(\boldsymbol{b}_i) = \hat{\boldsymbol{x}}_i$ $(i \in \{1, \ldots, n\})$ となる線形写像 $f : V \to \widehat{V}$ が唯一存在する．これらの $\hat{\boldsymbol{x}}_i$ は $\widehat{B}$ による一意表現 $\hat{\boldsymbol{x}}_i = \sum_{k=1}^{m} \alpha_{ik} \hat{\boldsymbol{b}}_k$ を持つので，

$$f(\boldsymbol{b}_i) = \sum_{k=1}^{m} \alpha_{ik} \hat{\boldsymbol{b}}_k \ \ (i \in \{1, \ldots, n\})$$

が成立．よって基底 $B, \widehat{B}$ に関し線形写像は必ずしも異なるとは限らない体 K の元 α_{ik} $(i \in \{1, \ldots, n\},\ k \in \{1, \ldots, m\})$ ですべて一意的に定まる．α_{ik} 全体は行列（図 A）の形にまとめる．

定義 11　K を体とし α_{ik} $(i \in \{1, \ldots, n\},\ k \in \{1, \ldots, m\})$ を必ずしも互いに異なるとは限らない K の元とする．このとき，

$$(\alpha_{ik}) := \begin{pmatrix} \alpha_{11} & \cdots & \alpha_{1m} \\ \vdots & \ddots & \vdots \\ \alpha_{n1} & \cdots & \alpha_{nm} \end{pmatrix} \quad (\text{図 A})$$

を体 K 上の (n, m) **行列**と呼ぶ．ここで i は行番号，k は列番号，n は行の個数，m は列の個数．

各 (n, m) 行列に対し線形写像 $f : V \to \widehat{V}$ が決まり，次の定理を得る．

定理 8　V と $\widehat{V}$ を次元 n, m で基底が $B, \widehat{B}$ の K 上有限次元ベクトル空間とする．$B, \widehat{B}$ に関する任意の線形写像 $f : V \to \widehat{V}$ に対し，ちょうど 1 個の K 上 (n, m) 行列が全単射で対応する．

線形写像 $f : V \to \widehat{V}$ 全体が $\mathcal{L}(V, \widehat{V})$，$K$ 上 (n, m) 行列全体が $M_{n,m}(K)$ のとき，全単射写像 $\ell : \mathcal{L}(V, \widehat{V}) \to M_{n,m}(K)$ を得る（定理 8）．

ベクトル空間 $\mathcal{L}(V, \widehat{V})$ と $M_{n,m}(K)$

$\mathcal{L}(V, \widehat{V})$ 上で $f + g : V \to \widehat{V}$，$x \mapsto f(x) + g(x)$ で，$\alpha f : V \to \widehat{V}$，$x \mapsto \alpha f(x)$ と定義すると，内部演算と外部演算が入る．これらの演算で $\mathcal{L}(V, \widehat{V})$ は K 上ベクトル空間となる．定理 8 から $f + g, \alpha f$ に対し行列が対応（図 B_1）し，(n, m) 行列の演算の定義を得る（図 C_1）．

$(\alpha_{ik}) + (\beta_{ik}) := (\alpha_{ik} + \beta_{ik})$（**行列の加法**）

$\alpha(\alpha_{ik}) := (\alpha\alpha_{ik})$（**行列への体の元の乗法**）

これで $M_{n,m}(K)$ も K 上ベクトル空間となる．実際，上の写像 ℓ はベクトル空間の同型 $\mathcal{L}(V, \widehat{V}) \cong M_{n,m}(K)$．

注意　加法の単位元（零元）は，成分がすべて K の零元の行列，**零行列**である．(z_{ik}) の加法の逆元は $(-z_{ik})$．これ以外の種類の加法は考えない．

1 カ所だけ K の単位元があり他はすべて K の零元の行列の集合は，$M_{n,m}(K)$ の基底．そのような行列は nm 個あるから次が成立．

$$\dim K(\mathcal{L}(V, \widehat{V})) = \dim K(M_{n,m}(K)) = nm$$

双対ベクトル空間 $\mathcal{L}(V, K)$

すべての K 上 n 次元ベクトル空間 V に対し，V と同型なベクトル空間 $\mathcal{L}(V, K)$ ができる．実際 K は自分自身の上のベクトル空間であり，$\dim K(K) = 1$，つまり $\dim(\mathcal{L}(V, K)) = n$．

定義 12　$\mathcal{L}(V, K)$ およびその元をそれぞれ V の**双対ベクトル空間**，**線形型式**と呼ぶ．

双対空間の定義は，V の部分空間（$\mathbb{R}^3$ での直線，平面など）を，特別な線形型式の集合で記述できることにある．

注意　線形型式の一般化の一つは，テンソル（p.390）．

線形写像の合成

K 上有限次元ベクトル空間の間の線形写像 $f : V \to \widehat{V}$，$g : \widehat{V} \to \overline{V}$ の合成写像 $g \circ f : V \to \overline{V}$ も線形写像．この合成も図 B のように f, g の行列で決まる（図 C_2）．

$$(\alpha_{ik}) \cdot (\beta_{kj}) = \left(\sum_{k=1}^{m} \alpha_{ik} \beta_{kj} \right) \ \textbf{行列の積}$$

注意　写像の合成では，f の値域と g の定義域が一致する必要がある．よって，行列の積は，第 1 の行列の列数と第 2 の行列の行数が一致するときのみ考える．

環 $\mathcal{L}(V, V)$ と $M_{n,n}(K)$

ベクトル空間 $\mathcal{L}(V, V)$，すなわちベクトル空間 V からそれ自身の中への線形写像全体を考えると，写像の合成は $\mathcal{L}(V, V)$ 上内部演算．この演算は結合的であるが非可換．恒等写像は単位元．逆元の存在は保証されない．

線形写像の加法と合成で，$\mathcal{L}(V, V)$ は一般に非可換で零因子と単位元を持つ環．実際，分配則は成り立つ．全く同じことが，$\mathcal{L}(V, V)$ に付随し，行列の加法と積の定義される K 上の (n, n) 行列（**n 次正方行列**）全体 $M_{n,n}(K)$ についてもいえる．積の単位元は**単位行列** (δ_{ik})．$i = k$ のとき $\delta_{ik} = 1$，$i \neq k$ ならば $\delta_{ik} = 0$ とする．写像 $\ell : \mathcal{L}(V, V) \to M_{n,n}(K)$ は $\ell(1_V) = (\delta_{ik})$ である環同型，すなわち環として $\mathcal{L}(V, V) \cong M_{n,n}(K)$．

注意　外部演算（K の作用）も考えると，$\mathcal{L}(V, V)$ や $M_{n,n}(K)$ は単位元を持つ K 上代数である．

A

$$P = \begin{pmatrix} 1 & 2 & 3 & 4 & 5 \\ 5 & 4 & 1 & 3 & 2 \end{pmatrix}$$

$\rightarrow (13245) \rightarrow (13425) \rightarrow (13452) \rightarrow (14352)$
$\leftarrow (54132) \leftarrow (45132) \leftarrow (41532) \leftarrow (14532)$

8回入れ替える。
つまり $\mathrm{sgn}\,P = (-1)^8 = +1$

置換の符号

B

2次の行列式

$P:\begin{pmatrix}1&2\\1&2\end{pmatrix},\begin{pmatrix}1&2\\2&1\end{pmatrix}$

$\mathrm{sgn}\,P: \quad +1 \quad\quad -1$

$\begin{vmatrix}\alpha_{11}&\alpha_{12}\\\alpha_{21}&\alpha_{22}\end{vmatrix} = +\alpha_{11}\cdot\alpha_{22} - \alpha_{12}\cdot\alpha_{21}$

3次の行列式

$P:\begin{pmatrix}1&2&3\\1&2&3\end{pmatrix}\begin{pmatrix}1&2&3\\1&3&2\end{pmatrix}\begin{pmatrix}1&2&3\\3&1&2\end{pmatrix}\begin{pmatrix}1&2&3\\2&1&3\end{pmatrix}\begin{pmatrix}1&2&3\\2&3&1\end{pmatrix}\begin{pmatrix}1&2&3\\3&2&1\end{pmatrix}$

$\mathrm{sgn}\,P: \quad +1 \quad\quad -1 \quad\quad +1 \quad\quad -1 \quad\quad +1 \quad\quad -1$

$\begin{vmatrix}\alpha_{11}&\alpha_{12}&\alpha_{13}\\\alpha_{21}&\alpha_{22}&\alpha_{23}\\\alpha_{31}&\alpha_{32}&\alpha_{33}\end{vmatrix} = +\alpha_{11}\cdot\alpha_{22}\cdot\alpha_{33} - \alpha_{11}\cdot\alpha_{23}\cdot\alpha_{32} + \alpha_{13}\alpha_{21}\alpha_{32} - \alpha_{12}\alpha_{21}\alpha_{33} + \alpha_{12}\alpha_{23}\alpha_{31} - \alpha_{13}\alpha_{22}\alpha_{31}$

$= \alpha_{11}\begin{vmatrix}\alpha_{22}&\alpha_{23}\\\alpha_{32}&\alpha_{33}\end{vmatrix} - \alpha_{21}\begin{vmatrix}\alpha_{12}&\alpha_{13}\\\alpha_{32}&\alpha_{33}\end{vmatrix} + \alpha_{31}\begin{vmatrix}\alpha_{12}&\alpha_{13}\\\alpha_{22}&\alpha_{23}\end{vmatrix}$

2次と3次の行列式

C

C_1, C_2, C_3, C_4, C_5, C_6, C_7

行列式の計算規則

D

$\det(\alpha_{ik})$ (n次)

α_{rs} の部分行列式 A_{rs} (n次)

$(-1)^{r+s}$ α_{rs} の余因子 $\tilde{A}_{rs}$ ($n-1$次)

$\tilde{A} = \begin{pmatrix}\tilde{A}_{11}&\cdots&\tilde{A}_{n1}\\\vdots&&\vdots\\\tilde{A}_{1n}&\cdots&\tilde{A}_{nn}\end{pmatrix}$

(α_{ik}) の余因子行列

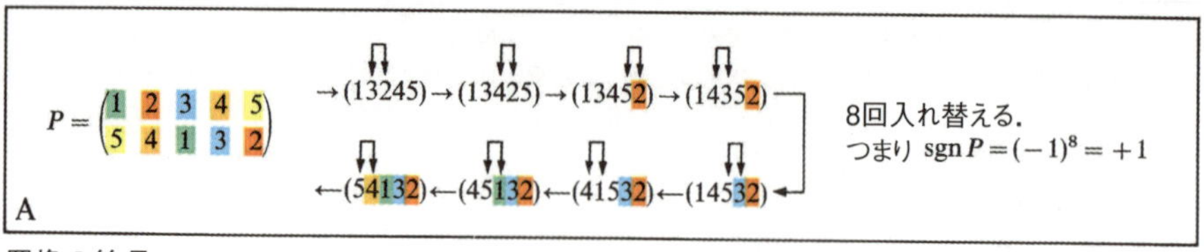

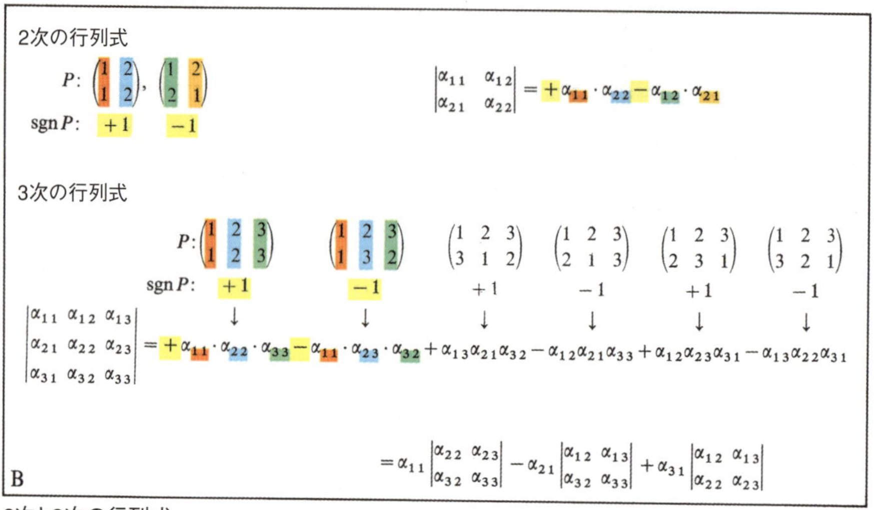

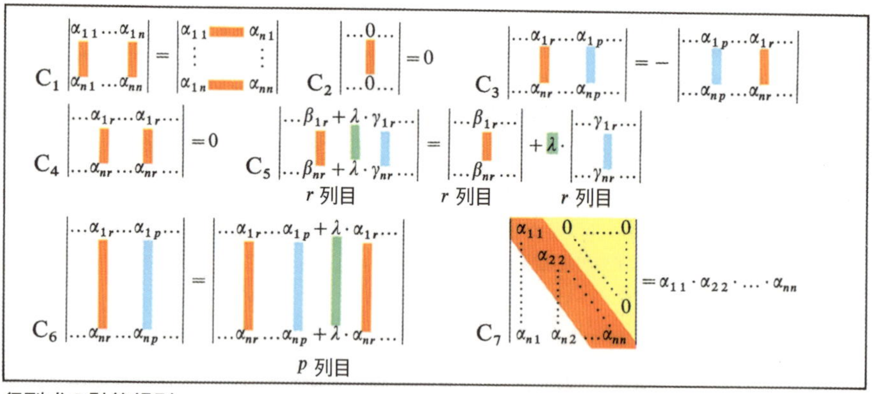

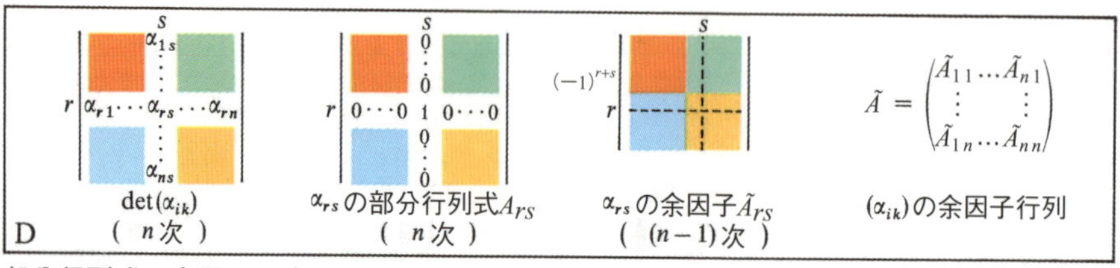

部分行列式，余因子，余因子行列

自己同型群 Aut V

n 次元ベクトル空間 V からそれ自身 (p.79) への線形写像全体 $\mathcal{L}(V,V)$ は，一般には逆写像が存在しないので，合成に関し群ではない．しかし全単射線形写像 $f \in \mathcal{L}(V,V)$，すなわち V の自分自身への同型に限れば，$f^{-1} \circ f = 1_V$ となる全単射線形写像 $f^{-1} \in \mathcal{L}(V,V)$ が存在する．そのような線形写像のみ考える．

定義 13　$\mathcal{L}(V,V)$ に属する全単射線形写像を V の**自己同型**と呼ぶ．V の自己同型全体を $\mathrm{Aut}\,V$ で表す．

写像の合成に関して $\mathrm{Aut}\,V$ は一般には**非可換**の群である．これを V の**線形群**とも呼ぶ．

正則行列

空間 V で一つの基底 B を固定して，B に関し $\mathrm{Aut}\,V$ の元に対応する行列全体 $\subseteq M_{n,n}(K)$ を考える (p.79)．ここで大切なのは，この行列の集合は，基底を取り換えても変わらないこと．よって $\mathrm{Aut}\,V$ で $M_{n,n}(K)$ の部分集合が決まる．

定義 14　V の自己同型に対応するような $M_{n,n}(K)$ の元は**正則行列**と呼ばれる．

正則行列の特徴付けは，行列を計算して得る体の元，すなわち行列式の概念でのみ可能なことが，行列式の理論から分かる．

行列式

行列式の定義で必要なのは，**置換の符号**の概念．対称群 S_n (p.65) に属する置換 $P = \left(\begin{smallmatrix} 1 & \cdots & n \\ i_1 & \cdots & i_n \end{smallmatrix}\right)$ で順列 $\{1,\ldots,n\}$ から出発し，隣接する二つの成分を p 回入れ換えて順列 $\{i_1,\ldots,i_n\}$ に到達したとき $(-1)^p$ を P の**符号** ($\mathrm{sgn}P$) と呼ぶ．P の符号は一意的に決まる．こうして次のように定義する．

定義 15　(α_{ik}) を K 上 (n,n) 行列とするとき，

$$\begin{vmatrix} \alpha_{11} & \cdots & \alpha_{1n} \\ \vdots & & \vdots \\ \alpha_{n1} & \cdots & \alpha_{nn} \end{vmatrix} = \sum_{P \in S_n} \mathrm{sgn}P\, \alpha_{1i_1}\alpha_{2i_2}\cdots\alpha_{ni_n}$$

を (α_{ik}) の n 次の**行列式**と呼ぶ．ただし，$P = \left(\begin{smallmatrix} 1 & \cdots & n \\ i_1 & \cdots & i_n \end{smallmatrix}\right)$．ベクトル $\boldsymbol{s}_1,\ldots,\boldsymbol{s}_n \in K^n$ に対しこの行列式を $\det(\boldsymbol{s}_1,\ldots,\boldsymbol{s}_n)$ と書く．

n 次行列式は $n!$ 個の項からなる．各項は行列のそれぞれの行または列のちょうど 1 個の成分を含む．

計算例　図 B

行列式諸規則

(1) 行列式の列を同じ順序で行に書き換えても，値は変わらない（図 C_1）．

注意　規則 (1) により，列についてのすべての規則は，行についても同様に成り立つ．

(2) 行列式の列が 0 のみからなるとき，その値は 0（図 C_2）．$\det(\ldots,\mathbf{0},\ldots) = 0$.

(3) 行列式の二つの列を入れ換えると，符号のみ変わる（図 C_3）．

系　行列式の二つの列が一致するとき，値は 0 となる（図 C_4）．$\det(\ldots,\mathbf{s}_r,\ldots,\mathbf{s}_r,\ldots) = 0$

(4) 行列式の加法定理（図 C_5）．$(\lambda \in K)$

$$\det(\ldots,\boldsymbol{a}_r + \lambda\boldsymbol{b}_r,\ldots) = \det(\ldots,\boldsymbol{a}_r,\ldots) + \lambda\det(\ldots,\boldsymbol{b}_r,\ldots)$$

系　(a) 行列式は一つの列に他の列の λ 倍を加えても，その値は変わらない（図 C_6）．

$$\det(\ldots,\boldsymbol{s}_r,\ldots,\boldsymbol{s}_p,\ldots) = \det(\ldots,\boldsymbol{s}_r,\ldots,\boldsymbol{s}_p + \lambda\boldsymbol{s}_r,\ldots)$$

(b) 行列式の一つの行のすべての成分に $\lambda \in K$ を掛けると，行列式の値はその λ 倍になる．

$$\det(\ldots,\lambda\boldsymbol{s}_r,\ldots) = \lambda\det(\ldots,\boldsymbol{s}_r,\ldots)$$

(c) $\det(\lambda(\alpha_{ik})) = \lambda^n \det(\alpha_{ik})$

(d) 行列式は，その列ベクトル集合が K 上 1 次独立のとき，そのときに限り値が $\neq 0$.

(5) 行列が三角型のとき，すなわち $k > i$ に対し $\alpha_{ik} = 0$ のとき，行列式の値は積 $\alpha_{11}\cdots\alpha_{nn}$ に等しい（図 C_7）．

結果． 単位行列 (δ_{ik}) の行列式の値は 1.

(6) 行列式に対する積定理

$$\det((\alpha_{ik})(\beta_{ik})) = \det(\alpha_{ik})\det(\beta_{ik})$$

(7) 行列式の展開定理．固定した番号 s の列に対して小行列式 A_{rs}，$r \in \{1,\ldots,n\}$（図 D）をすべて計算すれば次が成立．

$$\det(\alpha_{ik}) = \sum_{r=1}^{s} \alpha_{rs}A_{rs}$$

注意　A_{rs} を計算するには，r 番目の行と s 番目の列を消去し $(n-1)$ 次の小行列式 S_{rs}（図 D）を作り，$A_{rs} = (-1)^{r+s}S_{rs}$ と置く．

図 B は，3 次行列式の第 1 列についての展開．

正則行列の群 $\mathrm{GL}_n(K)$

行列 $(\alpha_{ik}) \in M_{n,n}(K)$ の逆行列 $(\alpha_{ik})^{-1}$ が存在する必要条件は，$\det(\alpha_{ik}) \neq 0$. 実際 $(\alpha_{ik})(\alpha_{ik})^{-1} = (\delta_{ik})$ と (6) から $\det(\alpha_{ik})\det(\alpha_{ik})^{-1} = 1$ で，$\det(\alpha_{ik}) \neq 0$. この条件は十分でもある．小行列式 A_{rs} の随伴行列 $\mathrm{ad}(\alpha_{ik})$（図 D）により，$(\alpha_{ik})^{-1} := \mathrm{ad}(\alpha_{ik})/\det(\alpha_{ik})$ は (α_{ik}) の逆行列であるから．

(6) から，$M_{n,n}(K)$ の行列式が 0 でない行列全体は，行列の積に関し（一般には）非可換群をなす．この群を $\mathrm{GL}_n(K)$ と表す．さらに次が成立する．

行列は $\mathbf{GL}_n(K)$ に属するとき，そのときに限り正則である．

$\mathrm{Aut}\,V$ に対応する正則行列全体 $\mathrm{GL}_n(K)$ に対し $\mathrm{Aut}\,V \cong \mathrm{GL}_n(K)$ が成り立つ．

$$\begin{array}{l} 5x_1+7x_2+15x_3=6 \\ x_1+2x_2+\ \ 4x_3=4 \\ 2x_1+3x_2+\ \ 7x_3=5 \end{array} \quad \Leftrightarrow \quad \begin{pmatrix} 5 & 7 & 15 \\ 1 & 2 & 4 \\ 2 & 3 & 7 \end{pmatrix} \begin{pmatrix} x_1 \\ x_2 \\ x_3 \end{pmatrix} = \begin{pmatrix} 6 \\ 4 \\ 5 \end{pmatrix} \qquad \det A = 2$$

クラメールの法則

$$x_1=\tfrac{1}{2}\begin{vmatrix} 6 & 7 & 15 \\ 4 & 2 & 4 \\ 5 & 3 & 7 \end{vmatrix}=-7, \quad x_2=\tfrac{1}{2}\begin{vmatrix} 5 & 6 & 15 \\ 1 & 4 & 4 \\ 2 & 5 & 7 \end{vmatrix}=\tfrac{1}{2}, \quad x_3=\tfrac{1}{2}\begin{vmatrix} 5 & 7 & 6 \\ 1 & 2 & 4 \\ 2 & 3 & 5 \end{vmatrix}=\tfrac{5}{2}$$

解：　$\boxed{(-7, \tfrac{1}{2}, \tfrac{5}{2})}$

消去法

この方法の目的は，$\begin{array}{l} x_1=c_1 \\ x_2=c_2 \\ x_3=c_3 \end{array}$ すなわち $\begin{pmatrix} 1 & 0 & 0 \\ 0 & 1 & 0 \\ 0 & 0 & 1 \end{pmatrix} \begin{pmatrix} x_1 \\ x_2 \\ x_3 \end{pmatrix} = \begin{pmatrix} c_1 \\ c_2 \\ c_3 \end{pmatrix}$ の形の連立1次方程式の同値変形をして，

解 (c_1, c_2, c_3) を容易に読み取れるようにすることである．

ここで同値変形とは次の操作をいう．

(1) 方程式の入れ替え　　(2) 方程式の加法

(3) $\mathbb{R}\backslash\{0\}$ の元による乗法

一般には次のような手順を取る．三つの方程式から二つずつの方程式の組を二つ作り，それぞれ2変数まで下げる．これら二つの方程式からさらに1変数にまで下げる．出てきた値と元の方程式とで他の値を求める．

$$\begin{array}{rl} & 5x_1+7x_2+15x_3=6 \\ (+) & x_1+2x_2+\ \ 4x_3=4/\cdot(-5) \\ \hline & -3x_2-\ 5x_3=-14 \end{array} \qquad \begin{array}{rl} & x_1+2x_2+4x_3=4/\cdot(-2) \\ (+) & 2x_1+3x_2+7x_3=5 \\ \hline & x_2+\ x_3=3 \end{array}$$

$$-2x_3=-5$$

$$\boxed{x_3=\tfrac{5}{2}} \qquad \boxed{x_2=\tfrac{1}{2}} \qquad \boxed{x_1=-7}$$

解：　$\boxed{(-7, \tfrac{1}{2}, \tfrac{5}{2})}$

消去法のシステム化

連立1次方程式の $\begin{pmatrix} 5 & 7 & 15 & 6 \\ 1 & 2 & 4 & 4 \\ 2 & 3 & 7 & 5 \end{pmatrix}$ という形の係数の行列から(1)行の入れ替え，(2)行を加える，

(3) $\mathbb{R}\backslash\{0\}$ の元を行に掛ける，という操作をして

$\begin{pmatrix} 1 & 0 & 0 & c_1 \\ 0 & 1 & 0 & c_2 \\ 0 & 0 & 1 & c_3 \end{pmatrix}$ という形に持ち込む．

$$\begin{pmatrix} 5 & 7 & 15 & 6 \\ 1 & 2 & 4 & 4 \\ 2 & 3 & 7 & 5 \end{pmatrix} \overset{(1)}{\Leftrightarrow} \begin{pmatrix} 1 & 2 & 4 & 4 \\ 5 & 7 & 15 & 6 \\ 2 & 3 & 7 & 5 \end{pmatrix} \overset{(2),(3)}{\Leftrightarrow}$$

$$\begin{pmatrix} 1 & 2 & 4 & 4 \\ 0 & -3 & -5 & -14 \\ 0 & 1 & 1 & 3 \end{pmatrix} \overset{(2),(3)}{\Leftrightarrow} \begin{pmatrix} 1 & 2 & 4 & 4 \\ 0 & -3 & -5 & -14 \\ 0 & 0 & -2 & -5 \end{pmatrix} \overset{(3)}{\Leftrightarrow} \begin{pmatrix} 1 & 2 & 4 & 4 \\ 0 & -3 & -5 & -14 \\ 0 & 0 & 1 & \frac{5}{2} \end{pmatrix} \overset{(2),(3)}{\Leftrightarrow} \begin{pmatrix} 1 & 2 & 4 & 4 \\ 0 & -3 & 0 & -\frac{3}{2} \\ 0 & 0 & 1 & \frac{5}{2} \end{pmatrix} \overset{(3)}{\Leftrightarrow}$$

$$\begin{pmatrix} 1 & 2 & 4 & 4 \\ 0 & 1 & 0 & \frac{1}{2} \\ 0 & 0 & 1 & \frac{5}{2} \end{pmatrix} \overset{(2),(3)}{\Leftrightarrow} \begin{pmatrix} 1 & 0 & 4 & 3 \\ 0 & 1 & 0 & \frac{1}{2} \\ 0 & 0 & 1 & \frac{5}{2} \end{pmatrix} \overset{(2),(3)}{\Leftrightarrow} \begin{pmatrix} 1 & 0 & 0 & -7 \\ 0 & 1 & 0 & \frac{1}{2} \\ 0 & 0 & 1 & \frac{5}{2} \end{pmatrix}$$

解：　$\boxed{(-7, \tfrac{1}{2}, \tfrac{5}{2})}$

$\mathbb{R}$ 上の連立1次方程式

方程式

方程式の定義には**項**の概念が必要．これは，集合の元を表す記号，適切に定義された演算記号や変数 x_i を含む表現式である．変数には，基礎集合 G_i の元を代入する．

例 5, $\sqrt{2}$, $2x+1$ ($G=\mathbb{Q}$), $\frac{1}{x}(G=\mathbb{R})$, x_1+x_2-3 ($G_1=G_2=\mathbb{R}$), $\frac{3}{x_1-x_2}x_3$ ($G_1=G_2=G_3=\mathbb{R}$).

二つの項 T_1, T_2 を等号 '=' で結んでできる $T_1=T_2$ を**方程式**，T_1, T_2 の中にちょうど n 個の変数 $x_1,\ldots,x_n$ （基礎集合は $G_1,\ldots,G_n$）が含まれるときは $\boldsymbol{n}$ **変数の方程式**と呼ぶ．この n 変数の方程式に代入するのは $G_1\times\cdots\times G_n$ の元である n 組である．この直積集合 G を**方程式の基礎集合**と呼ぶ．

例 (1) $2x+1=5$ ($G=\mathbb{Q}$), (2) $\frac{1}{x}=2$ ($G=\mathbb{R}$), (3) $\frac{1}{x_1-x_2}x_3=x_1-3$ ($G=\mathbb{R}\times\mathbb{R}\times\mathbb{R}$).

(例えば (2) で 0 をあるいは (3) で $(1,1,1)$ を）定義できない式を除外するため，**方程式の定義集合** D を決めておく．それは，代入して真か偽かどちらかはっきりする G の元全体である．

例 (1) $D=\mathbb{Q}$, (2) $D=\mathbb{R}$ ($\{0\}$), (3) $D=\mathbb{R}\times\mathbb{R}\times\mathbb{R}$ ($\{(x_1,x_2,x_3)\,|\,x_1=x_2\}$).

注意 D については，方程式はすべて命題形式 (p.15)．

方程式論の課題は，方程式系の**解集合** L を決めることで，それは方程式に代入したとき**真**命題となる D のすべての元（解）全体である．解集合を決定するときによく用いられるには，与えられた方程式系を**同値変形**により，同じ解集合を持つ（$x=\alpha$ のような）単純な方程式系に帰着させる方法である．解集合が同じ方程式系同士は**同値**であるという．

例 $4x^2-4x-5=2x^2+1$ ($G=D=\mathbb{R}$) $\Leftrightarrow 2x^2-4x-6=0 \Leftrightarrow x^2-2x-3=0 \Leftrightarrow x^2-2x+1-1-3=0 \Leftrightarrow (x-1)^2-4=0 \Leftrightarrow (x-1+2)(x-1-2)=0 \Leftrightarrow x+1=0 \vee x-3=0 \Leftrightarrow x=-1 \vee x=3$. $L=\{-1,3\}$.

注意 二つの命題 $A(x)$, $B(x)$ の解集合の同値性は命題 $\forall x A(x) \Leftrightarrow B(x)$ の同値性と同じ．ゆえに記法 $A(x) \Leftrightarrow B(x)$ には問題がない．

線形方程式系

定義 基礎集合が体 K の n 個の変数 $x_1,\ldots,x_n$ の，m 個の方程式系

$$\text{(I)}\quad \begin{matrix} a_{11}x_1 + \cdots + a_{1n}x_n = b_1 \\ \vdots \qquad\qquad \vdots \qquad\quad \vdots \\ a_{m1}x_1+\cdots+a_{mn}x_n = b_m \end{matrix} \quad (a_{ik}, b_i \in K)$$

を K 上の**線形方程式系**と呼ぶ．一つでも 0 でない b_i があれば (I) を**非同次**，そうでないとき**同次**という．上の m 個の方程式すべての解となる n 組 $(x_1,\ldots,x_n)\in K^n$ を (I) の**解**と呼ぶ．

$A:=(a_{ik})$, $\boldsymbol{x}:=(x_1,\ldots,x_n)\in K^n$, $\boldsymbol{b}=(b_1,\ldots,b_m)\in K^m$ と置けば，(I) と同値で，しばしば (I) より扱いやすい**行列の方程式**を得る．

(II) $A\boldsymbol{x}=\boldsymbol{b}$ （$\boldsymbol{x},\boldsymbol{b}$ は列ベクトル）

次の場合には，解集合は簡単に決定される．

クラメールの法則

定理 1 $n=m$ で $\det A\neq 0$ のとき，系 $A\boldsymbol{x}=\boldsymbol{b}$ はちょうど 1 個の解 $\boldsymbol{x}=A^{-1}\boldsymbol{b}$ を持つ．

p.81 の A^{-1} の式と同ページの展開定理を用いれば，解 $\boldsymbol{x}=(x_1,\ldots,x_n)$ は $k=1,\ldots,n$ 各成分に対し，

$$x_k=\frac{1}{\det A}\begin{vmatrix} a_{11}\cdots a_{1(k-1)} & b_1 & a_{1(k+1)}\cdots a_{1n} \\ \vdots \qquad\quad \vdots & \vdots & \vdots \qquad\quad \vdots \\ a_{n1}\cdots a_{n(k-1)} & b_n & a_{n(k+1)}\cdots a_{nn} \end{vmatrix}$$

で決定される．（クラメールの法則）

例 p.82 の図．

注意 実用上は，クラメールの法則は不便．サイズの大きい行列式の計算は一般に大変だからである．掃き出し法（p.82）か近似計算が実用的．

同次または非同次の一般解法は常にクラメールの法則の計算に帰着されるので，クラメールの法則は理論的に重要．

同次系

同次系 $A\boldsymbol{x}=\boldsymbol{o}$ は常に解を持つ．$\boldsymbol{o}\in K^n$ がすでに解である．$\boldsymbol{x},\boldsymbol{y}$ が二つの解のとき，$\boldsymbol{x}-\boldsymbol{y}$, $\lambda\boldsymbol{x}$ ($\lambda\in K$) も解．したがって同次系の解集合 L_h は K 上ベクトル空間，具体的には K^n の部分空間 (p.75，定理 1 を使う)．

解空間 L_h の次元は行列 A により決まる．行列 A の列（行）のうち 1 次独立なものの最大個数を r (rank$A$) とすれば，$\dim(L_h/K)=n-r$．したがって $n-r$ 個の 1 次独立な解 $\boldsymbol{x}_1,\ldots,\boldsymbol{x}_{n-r}$ がみつかれば，$\{\boldsymbol{x}_1,\ldots,\boldsymbol{x}_{n-r}\}$ は L_h の基底であり，その全体は $L_h=\{\boldsymbol{x}\,|\,\boldsymbol{x}=\lambda_1\boldsymbol{x}_1+\cdots+\lambda_{n-r}\boldsymbol{x}_{n-r},\ \lambda_i\in K\}$

注意 上の $\boldsymbol{x}=\lambda_1\boldsymbol{x}_1+\cdots+\lambda_{n-r}\boldsymbol{x}_{n-r}$ を同次形の**一般解**と呼ぶ．$\boldsymbol{x}_i$ はクラメールの法則を用いる一般的解法で求められる．

非同次系

非同次系はいつも解を持つとは限らない，例えば $x_1+x_2=0\wedge x_1+x_2=1$ など．

可解性の判定法に次の定理がある．

定理 2 非同次系 $A\boldsymbol{x}=\boldsymbol{b}$ は，$\boldsymbol{b}$ が A の列ベクトル $\boldsymbol{s}_1,\ldots,\boldsymbol{s}_n$ の 1 次結合のとき，すなわち，

$$\boldsymbol{b}=\lambda_1\boldsymbol{s}_1+\cdots+\lambda_n\boldsymbol{s}_n\ (\lambda_i\in K)$$

と表されるとき，そのときに限り解を持つ．

解を持つ非同次系 $A\boldsymbol{x}=\boldsymbol{b}$ の解集合 L_{ih} は対応する同次系 $A\boldsymbol{x}=\boldsymbol{o}$ の解集合 L_h で表される．すなわち $\boldsymbol{x}_0$ が非同次系 $A\boldsymbol{x}=\boldsymbol{b}$ の特殊解のとき，等式 $L_{ih}=x_0+L_h$（左剰余類）が成立．

$\mathbb{Z}[q] := \left\{ \sum_{\nu=0}^{r} a_\nu q^\nu \mid q \in \mathbb{Q} \wedge a_\nu \in \mathbb{Z} \wedge r \in \mathbb{N} \right\}$ は1を持つ $\mathbb{Q}$ の部分環

$\mathbb{Z}[q]$ では和と積の交換法則と結合法則および分配法則が成立する．$\mathbb{Q}$ でそれらが成立するからである．

$1 \in \mathbb{Z}[q]$ である．$1 \in \mathbb{Z}$ かつ $\mathbb{Z} \subseteq \mathbb{Z}[q]$ であるから．

a) $z_1 \in \mathbb{Z}[q] \wedge z_2 \in \mathbb{Z}[q] \Rightarrow z_1 - z_2 \in \mathbb{Z}[q]$

$z_1 := \sum_{\nu=0}^{r} a_\nu q^\nu \wedge z_2 := \sum_{\nu=0}^{s} b_\nu q^\nu$（$r \geqq s$ としても一般性を失わない）$\Rightarrow z_1 - z_2 = \sum_{\nu=0}^{r} a_\nu q^\nu - \sum_{\nu=0}^{s} b_\nu q^\nu \Rightarrow$

$z_1 - z_2 = a_0 - b_0 + (a_1 - b_1)\,q + \ldots + (a_s - b_s)\,q^s + a_{s+1} q^{s+1} + \ldots + a_r q^r \Rightarrow z_1 - z_2 = \sum_{\nu=0}^{r} c_\nu q^\nu \in \mathbb{Z}[q]$

b) $z_1 \in \mathbb{Z}[q] \wedge z_2 \in \mathbb{Z}[q] \Rightarrow z_1 \cdot z_2 \in \mathbb{Z}[q]$

$z_1 := \sum_{\nu=0}^{r} a_\nu q^\nu \wedge z_2 := \sum_{\nu=0}^{s} b_\nu q^\nu \Rightarrow z_1 \cdot z_2 = \sum_{\nu=0}^{r} a_\nu q^\nu \cdot \sum_{\nu=0}^{s} b_\nu q^\nu \Rightarrow z_1 \cdot z_2 = a_0 b_0 + (a_0 b_1 + a_1 b_0)\,q +$

$+ (a_0 b_2 + a_1 b_1 + a_2 b_0)\,q^2 + \ldots + (a_{r-1} b_s + a_r b_{s-1})\,q^{r+s-1} + a_r b_s q^{r+s} \Rightarrow z_1 \cdot z_2 = \sum_{\nu=0}^{r+s} d_\nu q^\nu \in \mathbb{Z}[q]$

A

注意：b)では積の交換法則は省略できない．

中間環 $\mathbb{Z}[q]$

$(R; +, \cdot)$ を1を持つ環とする．このとき，すべての数列 $(a_0, a_1, \ldots)$，$a_\nu \in R$ の集合 F を構成することができ，高々有限個の a_ν は $\neq 0$ である．すなわち，すべての写像 $f: \mathbb{N} \to R$ の集合を構成することができる．ここで $f(\mathbb{N}) \cap R \backslash \{0\}$ は有限集合である．F 上で次のように定義する．

等号：	$(a_0, a_1, \ldots) = (b_0, b_1, \ldots) :\Leftrightarrow a_0 = b_0, a_1 = b_1, \ldots$
和：	$(a_0, a_1, \ldots) + (b_0, b_1, \ldots) := (a_0 + b_0, a_1 + b_1, \ldots)$
積：	$(a_0, a_1, \ldots) \cdot (b_0, b_1, \ldots) := (a_0 b_0, \ldots, a_0 b_i + a_1 b_{i-1} + \ldots + a_i b_0, \ldots)$
零元：	$(0, 0, \ldots)$　　単位元：$(1, 0, 0, \ldots)$
和に関する逆元：	$(-a_0, -a_1, \ldots)$ は $(a_0, a_1, \ldots)$ の逆元
次の命題が成立する：	$(F; +, \cdot)$ は1を持つ環

$(\{(a, 0, 0, \ldots) \mid a \in R\}; +, \cdot)$ は R に同型な F の部分環で，R と同一視される．したがって，F は R の拡大環とみることができる．

F には特別な元が存在する．

$$X := (0, 1, 0, 0, \ldots)$$

$X^2 := X \cdot X = (0, 0, 1, 0, 0, \ldots)$, $X^3 := X \cdot X^2 = (0, 0, 0, 1, 0, 0, \ldots)$ 等が成立する．すなわち，

$$(a_0, a_1, a_2, \ldots) = (a_0, 0, 0, \ldots) + (a_1, 0, 0, \ldots) \cdot X + (a_2, 0, 0, \ldots) \cdot X^2 + \ldots$$

（高々有限個に対して $a_\nu \neq 0$ となるので和は有限となる．）

$(a, 0, 0, \ldots) \in F$ と $a \in R$ を同一視すると次の等式が成立する．

$$(a_0, a_1, \ldots) = \sum_{\nu=0}^{r} a_\nu X^\nu$$

F は X に関する R 上のすべての集合で，$R[X]$ と表す．F は最小環であるので，R を集合として含み，X を元として含む．

B　X は不定元または超越元という．$\sum_{\nu=0}^{r} a_\nu X^\nu = 0 \in F$ から $a_\nu = 0 \in R$ が常に成立するからである．

R の多項式環 $R[X]$

$f(X)$　　$g(X)$

$X^4 + 2X^3 + X + 1 = X^2(X^2 - 1) + \underline{2X^3 + X^2 + X + 1}$

→ $2X^3 + X^2 + X + 1 = 2X(X^2 - 1) + \underline{X^2 + 3X + 1}$

→ $X^2 + 3X + 1 = 1(X^2 - 1) + 3X + 2$

$X^4 + 2X^3 + X + 1 = (X^2 + 2X + 1)(X^2 - 1) + 3X + 2$

計算方法

$(X^4 + 2X^3 + X + 1) : (X^2 - 1) \mid X^2 + 2X + 1$

$-(X^4 - X^2)$

$2X^3 + X^2 + X + 1$

$-(2X^3 - 2X)$

$X^2 + 3X + 1$

$-(X^2 - 1)$

$3X + 2$

C

$X^4 + 2X^3 + X + 1$ を $X^2 - 1$ で割るアルゴリズム

中間環の構成，環への添加

$\mathbb{Q}$ は $\mathbb{Z}$ を含む最小の体（p.47）．したがって $\mathbb{Z} \subseteq T \subseteq \mathbb{Q}$ となる部分集合 T は，$\mathbb{Q}$ の部分構造として環構造を持つ．そのような**中間環**は簡単に与えられる．

$q \in \mathbb{Q}$ がある中間環に属せば，すべてのベキ q^ν $(\nu \in \mathbb{N})$，すべての積 $a_\nu q^\nu$ $(a_\nu \in \mathbb{Z}, \nu \in \mathbb{N})$，有限和 $\sum_{\nu=0}^{r} a_\nu q^\nu$ $(r \in \mathbb{N})$ がその中間環に属する．

$$\mathbb{Z}[q] := \left\{ \sum_{\nu=0}^{r} a_\nu q^\nu \middle| a_\nu \in \mathbb{Z} \wedge r \in \mathbb{N} \right\} \text{（図 A）}$$

は $q \in \mathbb{Q}$ に対し 1 を含む中間環である（$q \in \mathbb{Z}$ のとき $\mathbb{Z}[q] = \mathbb{Z}$）．この構成法を一般化する．

定理 1　S は 1 を持つ可換環（図 A，注），R は S の 1 を含む部分環とするとき，$\alpha \in S$ に対し，

$$R[\alpha] := \left\{ \sum_{\nu=0}^{r} a_\nu \alpha^\nu \middle| a_\nu \in R \wedge r \in \mathbb{N} \right\}$$

は 1 を含む（R と S の間の）中間環である．

$R[\alpha]$ は α と R を含む**最小**の環である．

定義 1　$R[\alpha]$ を，α を R へ環添加して生成された環と呼ぶ（「R に α を添加」と読む）．

多項式，多項式環 $R[X]$

環 $R[\alpha]$ に現れる元の形は形式化を示唆する．明らかに，$R[\alpha]$ の元は**形式的な式**

$a_0 + a_1X + \cdots + a_rX^r$ $(a_\nu \in R \wedge r \in \mathbb{N})$

において，X に α を代入して得られる．

定義 2　R を 1 を持つ環とするとき，

$$f(X) = a_0 + a_1X + \cdots + a_rX^r$$

を R 上の X の**多項式**，X を**不定元**と呼ぶ（$a_r \in R \wedge r \in \mathbb{N}$）．$a_\nu \in R$ を**係数**，R を**係数環**と呼ぶ．R 上の X の多項式全体を $R[X]$ で表す．

$R[X]$ の元の恒等性を定義する．

定義 3　$R[X]$ に属する二つの多項式が等しいとは，同じ番号の係数はすべて一致し，両者の他の係数がすべて 0 を意味する．

例　$1+X^2+a_3X^3$, $b_0+b_2X^2+X^3+b_4X^4$ は，$b_0 = b_2 = a_3 = 1$ かつ $b_4 = 0$ のとき等しい．

定理 1 同様，$R[X]$ が 1 を持つ環になるよう加法と乗法を定義する．

定義 4　$R[X]$ の元 $f(X) := \sum_{\nu=0}^{r} a_\nu X^\nu$ と $g(X) := \sum_{\nu=0}^{r} b_\nu X^\nu$ に対し，r, s の大きいほうを t とし，$a_\nu = 0$ $(\nu > r)$, $b_\nu = 0$ $(\nu > s)$,

$$f(X) + g(X) = \sum_{\nu=0}^{t} (a_\nu + b_\nu)X^\nu,$$

$$f(X)g(X) = \sum_{\nu=0}^{r+s} \left(\sum_{\mu=0}^{\nu} a_\nu b_{\nu-\mu} \right) X^\nu$$

とする．$R[X]$ の零元（**零多項式**）は $0 \in R$ を使い $n(X) := 0$，単位元（**単位多項式**）は $1 \in R$ を使い $e(X) := 1$ とする．また $f(X)$ の加法に関する逆元は $-f(X) := \sum_{\nu=0}^{r} (-a_\nu)X^\nu$ とする．

乗法の結合則や分配則を示すには有限級数（の積）の計算法則が必要．R が零因子を持たない可換環ならば，$R[X]$ もこれらの性質を持つ環である．次の定理が成り立つ．

定理 2　R を 1 を持つ環（1 を持つ可換環，整域）とすると，R 上の多項式環 $R[X]$ もまた 1 を持つ環（1 を持つ可換環，整域）となる．

注意　$R[X]$ はまた R の上の環（拡大環）として構成することもできる（図 B）．

多項式の次数

定義 5　$f(X) = \sum_{\nu=0}^{r} a_\nu X^\nu \neq 0$ を $R[X]$ に属する多項式とする．$a_\nu \neq 0$ となる最大の自然数 ν を $\boldsymbol{f}$ **の次数**（$\deg f$），これに対応する係数を $f(X)$ の**最高次の係数**と呼ぶ．最高次の係数が 1 のとき，多項式は**正規化**されているという．

例　定数多項式 $f(X) = a_0 \neq 0$ は次数 0．零多項式には次数を定義しない．$X + X^r$ は次数 r で正規化されている．

明らかに次が成り立つ．

$\deg(f+g) \leqq \max(\deg f, \deg g)$

$\deg(fg) \leqq \deg f + \deg g$

R が整域であるときは，

$\deg(fg) = \deg f + \deg g$

実際 $a_r \neq 0$, $b_s \neq 0$ をそれぞれ $f(X), g(X)$ の最高次係数とすると，$a_\nu b_\nu \neq 0$．これは X^{r+s} の係数として $f(X)g(X)$ の最高次の係数である．

多項式環 $R[X_1, \ldots, X_n]$

単位元 1 を持つ環 R に不定元 $X_1, \ldots, X_n$ を添加すれば，$r \in \mathbb{N}$ に対し次の形式的表現式が考えられる．

$$\sum_{0 \leqq \nu_i \leqq r} a_{\nu_1 \cdots \nu_n} X_1^{\nu_1} \cdots X_n^{\nu_n} \quad (a_{\nu_1 \cdots \nu_n} \in R)$$

これを $\boldsymbol{R}$ **上の** $\boldsymbol{X_1, \ldots, X_n}$ **の多項式**と呼ぶ．このような多項式全体を $R[X_1, \ldots, X_n]$ で表す．定義 4 の演算を一般化すれば $R[X_1, \ldots, X_n]$ は単位元 1 を持つ環となる（定理 2 もそのまま一般化される）．

注意　$R[X_1, \ldots, X_n]$ は不定元を**逐次添加**して得られ，結果は順序によらず，$R[X_1, \ldots, X_i] = R[X_1, \ldots, X_{i-1}][X_i]$ $(i \in \{2, \ldots, n\})$．

体 K 上の多項式環 $K[X]$ での整除性

注意　ここでの問題は環上の多項式環においても得られるが，簡単のため**係数体** K を用いる．

環 $\mathbb{Z}$ での整除性の定義 $a|b \Leftrightarrow {}^\exists z, z \in \mathbb{Z} \wedge b = za$ は $K[X]$ 上にも同様に定義できる．

定義 6　$g(X) \in K[X]$ が $f(X) \in K[X]$ を割り切る $g(X)|f(X)$ とは，$f(X) = g(X)h(X)$ となる $h(X) \in K[X]$ が存在すること（この $h(X)$ もまた $f(X)$ の**因子**）をいう．$0 < \deg g < \deg f$ のときは，$g(X)$ を $f(X)$ の**真の因子**と呼ぶ．K 上の多項式が $K[X]$ に真の因子を持たないとき，K 上**既約**，他の場合を K 上**可約**と呼ぶ．

注意　可約多項式は真の約数を持つ整数に該当し，既約多項式は素数に対応する．

例　X^2-1 はすべての体上で可約．実際 $X^2-1=(X+1)(X-1)$．X^2+1 は $X^2+1=(X+i)(X-i)$ となり $\mathbb{C}$ 上可約，$\mathbb{R}$ 上では既約．次数 1 の多項式はすべて既約．

$g(X)$ が $f(X)$ の因子ならば，$a\in K\setminus\{0\}$ に対し $ag(X)$ も因子．自然数の一意因数分解定理に対応するものとして次が成り立つ．

定理 3　$K[X]$ の任意の多項式は $K[X]$ の既約多項式の積に一意的に分解する．

注意　一意性の証明は p.93 の定理 9（p.107，108 も参照）による．

例　$X^4-2X^3-X^2+4X-2$ は $\mathbb{Q}$ 上で $(X^2-2)(X-1)^2$, $\mathbb{R}$ 上で $(X+\sqrt{2})(X-\sqrt{2})(X-1)^2$ と分解．分解は係数体を何に取るかに依存する．

互除法

自然数に対しては，余りのある割り算を導入できる．これは $\mathbb{N}$ 上の算法により正確に記述される．112 と 25 に対して $112=4\cdot 25+12$ 等．一般に任意の $a,b\in\mathbb{N}$ に対し $a=qb+r$, $0\leqq r<b$ となる $q,r\in\mathbb{N}$ が一意的に存在する．**除法**と呼ばれるこの手続きは環 $K[X]$ に対しても実行可能．

定理 4　$K[X]$ で多項式 $f(X), g(X)$ に対し $q(X)$, $r(X)$ が一意的に存在し，

$$f(X)=q(X)g(X)+r(X)$$

となる．ただし $\deg f<\deg g$.

例　p.84 の図 C.

注意　$K[X]$ は定理 4 によりユークリッド環(p.107)．したがって，ユークリッド互除法（p.106）を適用でき，最後の 0 でない余りが最大公因子．

定義 7　$\gcd(f,g)$ は f も g も割り切り，次数最高の正規化された多項式とする．$\gcd(f,g)=1$ のとき，$f(X)$ と $g(X)$ は互いに素であるという．

ここで次の定理が成り立つ．

定理 5　$K[X]$ で 0 と異なる多項式 $f(X), g(X)$ に対し，互いに素な多項式 $u(X), v(X)$ が存在し，次が成立．

$$u(X)f(X)+v(X)g(X)=\gcd(f,g)$$

注意　$f(X), g(X)$ が互いに素ならば，次が成立．

$$u(X)f(X)+v(X)g(X)=1$$

多項式の零点

多項式の既約因子への分解では $X-\alpha$ $(\alpha\in K)$ の形の最小次多項式が現れる（定理 3 の例）．

定義 8　$X-\alpha|f(X)$ のとき，$X-\alpha$ を $f(X)$ の **1 次因子**と呼ぶ．

$X-\alpha|f(X)$ は $f(X)=(X-\alpha)g(X)$ を意味する．不定元 X を $\alpha\in K$ で置き換えると $f(\alpha)\in K$ を得るが，上の場合 $f(\alpha)=(\alpha-\alpha)g(\alpha)$ となり，$f(\alpha)=0$ である．

定義 9　$f(\alpha)=0$ のとき，$\alpha\in K$ を $f(X)\in K[X]$ の**零点**と呼ぶ．

したがって $X-\alpha$ が $f(X)$ の 1 次因子ならば，$\alpha\in K$ は $f(X)$ の零点で，この逆も成り立つ．実際 $f(\alpha)=0$ とすると，$f(X)=g(X)(X-\alpha)+r(X)$, $\deg r<1$（定理 4）と書くと $r(X)$ は 0 で，$f(X)=(X-\alpha)g(X)$ を得る．

定理 6　$f(X)$ が $X-\alpha$ を因子とするとき，そのときに限り $\alpha\in K$ は $f(X)$ の零点である．

多重零点

$f(X)=(X-\alpha)g(X)$ のとき，$X-\alpha|g(X)$ の場合，多重零点という．例えば 1 は $X^3-4X^2+5X-2\in\mathbb{Q}[X]$ の 2 重零点で，2 は単純（あるいは 1 重）零点．

定義 10　$(X-\alpha)^m|f(X)$, $(X-\alpha)^{m+1}\nmid f(X)$ のとき，$\alpha\in K$ は $f(X)\in K[X]$ の $\boldsymbol{m}$ **重零点**という．（m は零点 α の**重複度**．）

定理 6 と定義 10 から次が得られる．

定理 7　次数 $n\geqq 1$ の多項式 $f(X)\in K[X]$ は K で高々 n 個相異なる零点を持つ．すなわち，零点の重複度の和は n に等しいかまたは小さい．

注意　$\mathbb{R}[X]$ では，X^2+1 のように零点を持たない多項式が存在する．これに対し次数 $n\geqq 1$ の $\mathbb{C}[X]$ の多項式は $\mathbb{C}$ において少なくとも一つの零点を持つ（p.57，複素数に対する代数学の基本定理）．定理 7 から，全零点の重複度の和は n で，次数 $n\geqq 1$ の $\mathbb{C}[X]$ のすべての多項式は

$$a_n(X-\alpha_1)^{m_1}\cdots(X-\alpha_x)^{m_s},\ \sum_{i=1}^{s}m_i=n$$

の形に分解する．これを，「$\mathbb{C}$ 上では多項式は 1 次因子の積に完全に分解する」という．

多重零点を調べるのは，次の概念により容易になる．

定義 11　多項式 $f(X):=\sum_{\nu=0}^{r}a_\nu X^\nu$ に対して，$f'(X):=\sum_{\nu=1}^{r}\nu a_\nu X^{\nu-1}$ をその導関数と呼ぶ．

導関数については次の規則が成り立つ．

(1) $(f(X)+g(X))'=f'(X)+g'(X)$

(2) $(cf(X))'=cf'(X)$ $(c\in K)$

(3) $(f(X)g(X))'=f'(X)g(X)+f(X)g'(X)$

(4) $(f(X)^n)'=nf(X)^{n-1}f'(X), n\in\mathbb{N}\setminus\{0\}$

これらの規則から次が得られる．

定理 8　$\alpha\in K$ は $f(\alpha)=0$ かつ $f'(\alpha)\neq 0$ のとき，そのときに限り $f(X)\in K[X]$ の単純零点である．$f(X)$ の m 重零点 $(m\geqq 2)$ は $f'(X)$ の少なくとも $m-1$ 重零点である．

例　$X^n-1\in\mathbb{C}[X]$ $(n\geqq 1)$ は単純零点のみ持つ．実際 0 は零点でなく，$\alpha\in\mathbb{C}\setminus\{0\}$ に対し $n\alpha^{n-1}\neq 0$．したがって，この多項式は単位円周上にちょうど n 個の相異なる零点を持つ（p.57）．

既約性判定法

任意の多項式の既約性を判定できる一般の判定法は存在しない．ここでは多くの判定法から重要なもののみ取り上げる．

次数 $n \geqq 2$ の既約多項式 $f(X) \in K[X]$ は零点を持たない．この必要条件は十分ではない．すなわち K に零点を持たない多項式が可約なことがありえる．

例　$\mathbb{R}$ 上可約な多項式 $X^4 - 4 = (X^2 - 2)(X^2 + 2) \in \mathbb{Q}[X]$ は $\mathbb{Q}$ で零点を持たない．

$n = 2, 3$ の場合は，上の条件は十分でもある．なぜなら，可約とすれば，必ず 1 次因子があるから．すなわち，

定理 9　次数が 2 または 3 の多項式 $f(X) \in K[X]$ は，K に零点を持たないとき，そのときに限り既約である．

特別な形の多項式に対する類似の定理にはアーベルによるものがある．

定理 10　素数次数 p の多項式 $X^p - a_0 \in K[X]$ は，K に零点を持たないとき，そのときに限り既約である．

注意　$X^p - a_0$ が K に零点を持たないとは，すべての $\alpha \in K$ に対し $a_0 \neq \alpha^p$ であることと同値．

例　$X^2 + 1$, $X^3 - 2$, $X^{11} - 6 \in \mathbb{Q}[X]$ は $\mathbb{Q}$ 上既約．

$\mathbb{Q}$ 上の既約性

$\mathbb{Q}[X]$ の多項式の $\mathbb{Q}$ 上既約性の問題は，$\mathbb{Z}[X]$ の多項式についての問題と同様．すなわち $f(X) = \sum_{\nu=0}^{r} a_\nu X^\nu \in \mathbb{Q}[X]$ に対し，$a_\nu = p_\nu / q_\nu$ ($p_\nu, q_\nu \in \mathbb{Z}$) を係数の既約分数表示とすると，$f(X) = \frac{1}{b} \sum_{\nu=0}^{r} b_\nu X^\nu$, $b = \mathrm{lcm}(q_0, \ldots, q_r)$, さらに $f(X) = \frac{a}{b} \sum_{\nu=0}^{r} c_\nu X^\nu$, $a = \gcd(b_0, \ldots, b_r)$ と表せる．このとき $f^*(X) = \sum_{\nu=0}^{r} c_\nu X^\nu \in \mathbb{Z}[X]$ を $f(X)$ に付随する**原始多項式**と呼ぶ．次が成り立つ．

定理 11　$f(X) \in \mathbb{Q}[X]$ は，付随する原始多項式 $f^*(X) \in \mathbb{Z}[X]$ が $\mathbb{Q}$ 上既約のとき，そのときに限り $\mathbb{Q}$ 上既約である．

重要な十分性の判定法として，アイゼンシュタインの判定条件がある．

定理 12　多項式 $f(X) = \sum_{\nu=0}^{n} a_\nu X^\nu \in \mathbb{Z}[X]$ は，$p \nmid a_n, p | a_\nu$ ($\nu = 0, 1, \ldots, n-1$) かつ $p^2 \nmid a_0$ となる素数 p が存在すれば，既約である．

例　$X^2 + 2X^2 + 2$, $5X^4 + 6X^2 - 3X + 12$, $X^n + 2^n X^{n-1} + \cdots + 2^2 X + 2$ ($n \geqq 1$) は $\mathbb{Q}$ 上既約．最後の例は，$\mathbb{Q}[X]$ には任意の次数の既約多項式が存在することを示している．

注意　定理 12 の逆は成立しない．実際，$X^4 + 4 \in \mathbb{Z}[X]$ は $\mathbb{Q}$ 上既約であるが，定理の条件をみたさない．

正規化多項式 $f(X) = \sum_{\nu=0}^{r} a_\nu X^\nu \in \mathbb{Z}[X]$ は $\mathbb{Q}$ では高々 a_0 の約数となる零点しか持たないことに注意すれば，定理 9 から次が得られる．

定理 13　次数が 2 または 3 の正規化多項式 $f(X) \in \mathbb{Z}[X]$ は，a_0 の約数がどれも $f(X)$ の零点でないならば，$\mathbb{Q}$ 上既約である．

例　多項式 $X^3 - 3X - 1 \in \mathbb{Z}[X]$ では，± 1 のみが $a_0 = -1$ の約数であるが，これらはどれも零点でないから $X^3 - 3X - 1$ は $\mathbb{Q}$ 上既約である．

体上代数的な要素

$\sqrt{2} \in \mathbb{R}$ は多項式 $X - \sqrt{2} \in \mathbb{R}[X]$ の零点であり，$X^2 - 2 \in \mathbb{Q}[X]$ の零点でもある．このことから，すべての実数はある $\mathbb{Q}[X]$ の多項式の零点ではないかと考えられる．しかし，答えは否定的である．実際，非可算無限個の**超越数**という実数（e や π など）は，どのような $\mathbb{Q}[X]$ の多項式 ($\neq 0$) の零点にもなりえない（p.59）．$\mathbb{Q}[X]$ の多項式の零点となる複素数を**代数的数**と呼ぶ．

この問題は一般化される．

定義 12　E を K の拡大体とする．αE が $K[X]$ の **0 と異なる**多項式の零点となるとき，α を K 上**代数的**と呼ぶ．それ以外のときは**超越数**と呼ぶ．

K 上 $\alpha \in E$ が代数的であるとき，α を零点とする $K[X]$ のすべての多項式のうち，次数が最小のものが存在する．（定理 4 を使えば）そのようなものは，α を零点とするすべての多項式 $\in K[X]$ を割る．このことから，次数最小で正規化されたものは唯一となる．

定理 14　$\alpha \in E$ が K 上代数的なら，次の性質を持つ多項式 $m_\alpha(X) \in K[X]$ が一意的に決まる．

(1) $m_\alpha(X)$ は α を零点に持ち最小次数である．

(2) $m_\alpha(X)$ は α を零点に持つすべての多項式 $\in K[X]$ の因子である．

(3) $m_\alpha(X)$ は正規化されている．

定義 13　定理 14 の性質を持つ多項式 $m_\alpha(X) \in K[X]$ を代数的元 α の**最小多項式**と呼ぶ．

最小多項式は次の定理によっても特徴付けられる．

定理 15　多項式 $f(X) \in K[X]$ は，$f(\alpha) = 0$ で，K 上既約で正規化されているとき，そのときに限り $\alpha \in E$ の最小多項式である．

例　$X^n - 2$ は正規化され，$\mathbb{Q}$ 上既約かつ $(\sqrt[n]{2})^n - 2 = 0$ だから $\sqrt[n]{2}$ の最小多項式である．

$\sqrt{3} + \sqrt{2}$ は $\mathbb{Q}$ 上代数的である．実際，$(\sqrt{3} + \sqrt{2})^2 = 5 + 2\sqrt{6}$ また $((\sqrt{3} + \sqrt{2})^2 - 5) = 24$ だから，$\sqrt{3} + \sqrt{2}$ は $(X^2 - 5)^2 - 24 = X^4 - 10X^2 + 1 \in \mathbb{Q}[X]$ の零点．この多項式は $\mathbb{Q}$ 上既約で正規化されているから $\sqrt{3} + \sqrt{2}$ の最小多項式．

体鎖

$$\overbrace{E \supseteq Z_s \supseteq \ \cdots \ \supseteq Z_{i+1} \supseteq Z_i \supseteq \ \cdots \ \supseteq Z_1 \supseteq K}^{\deg(E/K)=n}$$

$\deg(E/Z_s)$　　$\deg(Z_{i+1}/Z_i)$　　$\deg(Z_1/K)$

$$\deg(E/K) = \deg(E/Z_s)\cdot\ldots\cdot\deg(Z_{i+1}/Z_i)\cdot\ldots\cdot\deg(Z_1/K)$$

A　証明は s についての帰納法による．次数定理を適用する．

次数定理の体鎖への応用

部分体 $\mathbb{Q}(\sqrt{2})\subset\mathbb{R}$ では加法と乗法は内部演算である．
したがって，例えば次の二つの命題が成立する．

$b\in\mathbb{Q}\wedge\sqrt{2}\in\mathbb{Q}(\sqrt{2})\Rightarrow b\sqrt{2}\in\mathbb{Q}(\sqrt{2})$，　$a\in\mathbb{Q}\wedge b\sqrt{2}\in\mathbb{Q}(\sqrt{2})\Rightarrow a+b\sqrt{2}\in\mathbb{Q}(\sqrt{2})$．

$\mathbb{Q}(\sqrt{2})$ の元はすべて $a+b\sqrt{2}\ (a,b\in\mathbb{Q})$ という形であることが示される．

a) $(\{x\mid x=a+b\sqrt{2}\wedge a,b\in\mathbb{Q}\};+,\cdot)$ は，$\mathbb{R}$ の部分体であり $\mathbb{Q}(\sqrt{2})$ に含まれる．

証明 (1) $(a+b\sqrt{2})-(c+d\sqrt{2})=(a-c)+(b-d)\sqrt{2}$，

(2) $(a+b\sqrt{2})\cdot(c+d\sqrt{2})^{-1}=(a+b\sqrt{2})\dfrac{c-d\sqrt{2}}{c^2-2d^2}=\dfrac{ac-2bd}{c^2-2d^2}+\dfrac{bc-ad}{c^2-2d^2}\sqrt{2}\quad(c+d\sqrt{2}\neq 0)$．

b) $\sqrt{2}=0+1\sqrt{2}$ であるので $\sqrt{2}\in\{x\mid x=a+b\sqrt{2}\wedge a,b\in\mathbb{Q}\}$ となる．ゆえに，$\mathbb{Q}(\sqrt{2})$ の定義から次の包含関係が成立する．　$\mathbb{Q}(\sqrt{2})\subseteq\{x\mid x=a+b\sqrt{2}\wedge a,b\in\mathbb{Q}\}$．

a) と b) から次の等式が成立する．

$$\mathbb{Q}(\sqrt{2})=\{x\mid x=a+b\sqrt{2}\wedge a,b\in\mathbb{Q}\}.$$

$x\in\mathbb{Q}(\sqrt{2})\Leftrightarrow x=a+b\sqrt{2}\wedge a,b\in\mathbb{Q}$ であるので，$\{1,\sqrt{2}\}$ は $\mathbb{Q}(\sqrt{2})$ $\mathbb{Q}$ 上の生成系である．
このことから，$\{1,\sqrt{2}\}$ は $\mathbb{Q}(\sqrt{2})$ $\mathbb{Q}$ 上の基底となる．$\{1,\sqrt{2}\}$ は $\mathbb{Q}$ で1次独立である $a+b\sqrt{2}=0\Leftrightarrow a=0\wedge b=0$ であるからである．ゆえに,次の結果となる．

$$\deg(\mathbb{Q}(\sqrt{2})/\mathbb{Q})=2.$$

（p.93，例 (a) 参照）

B

拡大体 $\mathbb{Q}(\sqrt{2})$ について

I. $\sqrt{2}$ と $\sqrt{3}$ ともに $\sqrt{6}$ も積 $\sqrt{2}\cdot\sqrt{3}$ として $\mathbb{Q}(\sqrt{2},\sqrt{3})$ に属する．図B と同様に次の関係が得られる．

$$\mathbb{Q}(\sqrt{2},\sqrt{3})=\{x\mid x=a_1+a_2\sqrt{2}+a_3\sqrt{3}+a_4\sqrt{6}\wedge a_i\in\mathbb{Q}\}.$$

II. $\{1,\sqrt{2},\sqrt{3},\sqrt{6}\}$ は $\mathbb{Q}(\sqrt{2},\sqrt{3})$ の $\mathbb{Q}$ 上の基底，すなわち次の次数となる．

$$\deg(\mathbb{Q}(\sqrt{2},\sqrt{3})/\mathbb{Q})=4.$$

III. $\frac{1}{6}(\sqrt{3}+\sqrt{6})^2-\frac{3}{2}=\sqrt{2}$ と $\frac{1}{4}(\sqrt{2}+\sqrt{6})^2-2=\sqrt{3}$ から $\mathbb{Q}(\sqrt{2},\sqrt{3})$ は $\sqrt{3}$ と $\sqrt{6}$ ならびに $\sqrt{2}$ と $\sqrt{6}$ の添加により生成される．すなわち次の等式が成立する．

$$\mathbb{Q}(\sqrt{2},\sqrt{3})=\mathbb{Q}(\sqrt{2},\sqrt{6})=\mathbb{Q}(\sqrt{3},\sqrt{6}).$$

IV. $\frac{1}{2}(\sqrt{2}+\sqrt{3})+\frac{1}{2}(\sqrt{2}+\sqrt{3})^{-1}=\sqrt{3}$ と $\frac{1}{2}(\sqrt{2}+\sqrt{3})-\frac{1}{2}(\sqrt{2}+\sqrt{3})^{-1}=\sqrt{2}$ から $\sqrt{2}\in\mathbb{Q}(\sqrt{2}+\sqrt{3})$ かつ $\sqrt{3}\in\mathbb{Q}(\sqrt{2}+\sqrt{3})$，すなわち $\mathbb{Q}(\sqrt{2},\sqrt{3})\subseteq\mathbb{Q}(\sqrt{2}+\sqrt{3})$ となる．
他方 $\sqrt{2}+\sqrt{3}\in\mathbb{Q}(\sqrt{2},\sqrt{3})$, すなわち $\mathbb{Q}(\sqrt{2}+\sqrt{3})\subseteq\mathbb{Q}(\sqrt{2},\sqrt{3})$ である．

ゆえに：$\mathbb{Q}(\sqrt{2},\sqrt{3})=\mathbb{Q}(\sqrt{2}+\sqrt{3})$ が成立する．

C

拡大体 $\mathbb{Q}(\sqrt{2},\sqrt{3})$ について

数体系の構成過程では，$\mathbb{R}$ や $\mathbb{C}$ は $\mathbb{Q}$ が $\mathbb{R}$ の部分体，$\mathbb{R}$ は $\mathbb{C}$ の部分体であるように作られる．これらを**体の拡大**という．

定義 1　E と K は体とする．$K \subseteq E$ のとき E を K 上**拡大体**と呼び，$K \subseteq Z \subseteq E$ である体 Z を（E と K の）中間体と呼ぶ．

K の拡大体 E の構造についての一つの重要な命題は，体 E が下の体 K 上のベクトル空間であることから得られる（p.77）．したがって次元の概念（p.77）を体にも適用できる．体については体 E の部分体 K 上の（拡大）次数 $\deg(E/K)$ が考えられる．次元はある既約多項式の次数と関係付けられるからである（p.91, 93）．

定義 2　$\deg(E/K) := \dim(E/K)$．$\deg(E/K)$ が有限ならば，E を K 上**有限次拡大**と呼ぶ．

例　$\{1, i\}$ は $\mathbb{C}$ の $\mathbb{R}$ 上基底なので，$\deg(\mathbb{C}/\mathbb{R})| = 2$．これに対し $\deg(\mathbb{C}/\mathbb{Q})$ は有限でない（p.91，代数的閉包）．

体拡大に関しより詳しくは中間体が存在するか調べることにより得られる．これは有限次拡大において特に有効．

有限次拡大

p.55 では $\mathbb{C}$ を $\mathbb{R}$ を真に含む最小拡大体として導入した．$\mathbb{C}$ と $\mathbb{R}$ の間には真の中間体はない．これは $\deg(\mathbb{C}/\mathbb{R}) = 2$ からも分かる．有限次拡大の任意の中間体 Z に対し，$\deg(Z/K)$ は $\deg(E/K)$ の約数であるから．

定理 1（次数定理）　E を K の拡大体とし，Z を中間体とするとき，次が成り立つ（図 A 参照）．

(1) $\deg(E/K)$ 有限
$$\Rightarrow \deg(E/Z) \text{ 有限} \wedge \deg(Z/K) \text{ 有限}.$$

(2) $\deg(E/K)$ 有限
$$\Rightarrow \deg(E/K) = \deg(E/Z)\cdot\deg(Z/K)$$

定理 1 から直ちに，次数が素数の拡大体は真の中間体を持たないことが分かる．$\deg(\mathbb{C}/\mathbb{R}) = 2$ から $\mathbb{C}$ と $\mathbb{R}$ の間には真の中間体は存在しない．

定理 1 によりさらに，有限次拡大体では中間体の次数は有限個しかない．自然数には有限個の約数しかないからである．

注意　このことは中間体の個数が有限といっているわけではない（p.91 の定理 1，p.97）．中間体が無限個とすれば，同次数の中間体が無限個存在することになる．

中間体の構成，体添加

中間体の構成は一般に次のように行う．

K の拡大体 E の部分集合 A に対し，A を含む最小中間体が，A を含むすべての中間体の共通部分として決まる（p.71）．この体を $K(A)$ で表す．

定義 3　E を K の拡大体とし，$A \subseteq E$ とする．このとき $K(A) := \bigcap_{A\subseteq Z\subset E} Z$（$Z$ は中間体）を K への A の添加で生成する体（「A を添加した K」）と呼ぶ．A が有限集合 $\{\alpha_1, \dots, \alpha_r\}$ のときは $K(\alpha_1, \dots, \alpha_r)$（「$\alpha_1, \dots, \alpha_r$ を添加した K」）と書く．

体として $K(A)$ は K と A の他は，K と A の元の和差積商から生ずるすべての元を含む．このようにできる元は，K と A の元の有理式と呼ぶ．このような有理式全体は（E の）部分体をなす．これは $K(A)$ に含まれ，A を含む体でもあり，$K(A)$ は K と A の元の有理式全体の体と一致する．これにより次が成り立つ．

定理 2　E が K 上の拡大体で，$A \subseteq E$, $B \subseteq E$ ならば，次が成り立つ：

(1) $K(A)(B) = K(B)(A) = K(A \cup B)$．

(2) $A \subseteq B \Rightarrow K(A) \subseteq K(B)$．

(3) $K(A) = \bigcup_{T\subseteq A} K(T)$（$T$ は有限集合）．

注意　(1) から有限集合の添加は個々の元を順に添加することがすぐに分かる．
$$K(\alpha_1, \dots, \alpha_r) = K(\alpha_1)(\alpha_2)\cdots(\alpha_r)$$
(3) は，任意の部分集合の添加は有限集合の添加を意味する．

したがって K 上の有限次拡大体 E は，生成系（p.77）を K に添加して生成する．$\{\alpha_1, \dots, \alpha_r\}$ を K 上のベクトル空間としての E の生成系とするとき，定義 3 により $K(\alpha_1, \dots, \alpha_r) \subseteq E$ であるが，任意の $x \in E$ は $x = \sum_{i=1}^{r} \lambda_i \alpha_i$（$\lambda_i \in K$）と書けるので，$E \subseteq K(\alpha_1, \dots, \alpha_r)$ でもある．

定理 3　E を体 K の有限次拡大とし，$\{\alpha_1, \dots, \alpha_r\}$ を E の K 上の生成系（基底）とするとき，$E = K(\alpha_1, \dots, \alpha_r)$ が成り立つ．

例　(1) $\{1, i\}$ は $\mathbb{C}$ の $\mathbb{R}$ 上の基底なので $\mathbb{C} = \mathbb{R}(1, i)$ であるが，$1 \in \mathbb{R}$ から $\mathbb{C} = \mathbb{R}(i)$ となる．$\mathbb{C}$ は $\mathbb{R}$ への i の添加により生成される体．

(2) 同様に $\mathbb{Q}$ へ $\mathbb{Q}$ に属さない $\mathbb{R}$ の元を添加して，$\mathbb{Q}$ と $\mathbb{R}$ の間の真の中間体を構成できる．$\mathbb{Q}(\sqrt{2})$ 等はそのような中間体（図 B）．
一般に $\sqrt{m} \notin \mathbb{Q}$ となる $m \in \mathbb{N}$ に対し $\mathbb{Q}(\sqrt{m}) = \{x \mid x = a + b\sqrt{m} \wedge a, b \in \mathbb{Q}\}$ は $\deg(\mathbb{Q}(\sqrt{m})/\mathbb{Q}) = 2$ である中間体である．

(3) $\mathbb{Q}$ 上より高次の中間体を作るには，例えばもっと多くの実数を添加する（図 C）．

注意　例 (1)～(3) により，有限次拡大は基底の一部を添加するだけで生成される（定理 3 参照）．

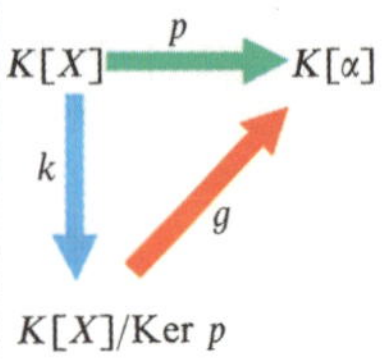

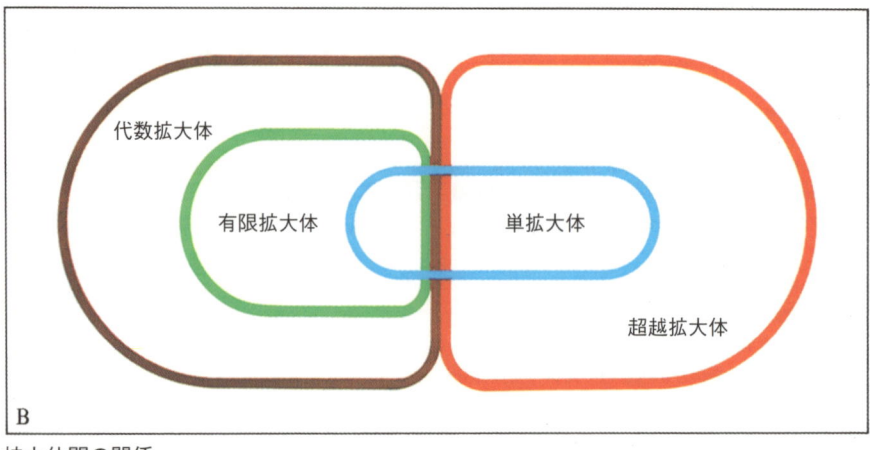

$p: K[X] \to K[\alpha]$ を $f(X) \mapsto f(\alpha)$ で定義すると
$K[X]$ の構成法から全射環準同型となる．

$\mathrm{Ker}\ p = \{f(X) \mid f(X) \in K[X] \wedge f(\alpha) = 0\}$
は $K[X]$ からのすべての多項式の集合で α を零点とする．

環の準同型定理（p.72）から次の同型が得られる．
$K[X]/\mathrm{Ker}\ p \cong K[\alpha]$

$K[\alpha]$ 整域 $\Rightarrow K[X]/\mathrm{Ker}\ p$ 整域 $\Rightarrow \mathrm{Ker}\ p\ K[X]$ の素イデアル（定理3，p.73）

$\Rightarrow \begin{cases} K[X]/\mathrm{Ker}\, p \cong K[\alpha] & \text{体（}\mathrm{Ker}\ p \neq \mathfrak{o}\text{ のとき）} \\ K[X] \cong K[\alpha] & \text{体ではない（}\mathrm{Ker}\ p = \mathfrak{o}\text{ のとき）} \end{cases}$（定理7からの帰結，p.73）

$\mathrm{Ker}\ p \neq \mathfrak{o}$
⇕
α は，0と異なる $K[X]$ の多項式の零点である．
（α は K 上代数的）
⇕
$K[\alpha] = K(\alpha)$
$K[\alpha]$ はすでに体となる．

$\mathrm{Ker}\ p = \mathfrak{o}$
⇕
α は，$K[X]$ の0とは異なる多項式の零点には決してならない．
（α は K 上超越的）
⇕
$K[\alpha] \cong K[X]$
$K[\alpha]$ は整域であるが，体ではない．
$K(\alpha)$ は $K[X]$ の商体と同型である．

A

単拡大体 $K(\alpha)$

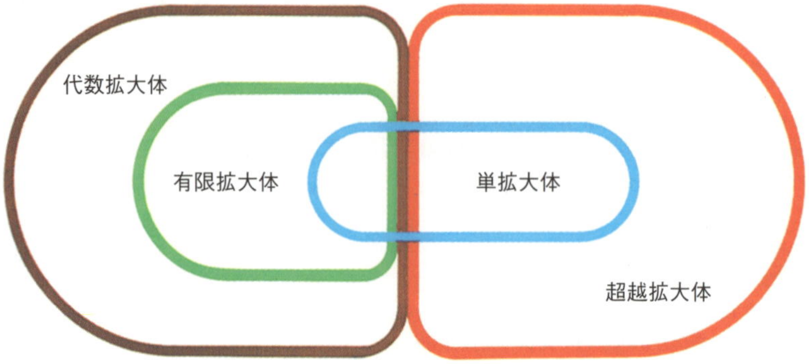

B

拡大体間の関係

K に唯一の元を添加して生成する K 上の拡大体 E（単拡大）の構造は，きわめて容易に次のように導入される．

単拡大

定義 4　K 上の拡大体 E を $E = K(\alpha)$ と書くとき**単拡大**，E の元 α を**原始元**と呼ぶ．

例　$\mathbb{C} = \mathbb{R}(i), \mathbb{Q}(\sqrt{2}), \mathbb{Q}(\sqrt{2}+\sqrt{3})$ など (p.89)．

定義から $K(\alpha)$ は整域 $K[\alpha] = \{\sum_{\nu=0}^{r} \lambda_\nu \alpha^\nu \mid \lambda_\nu \in K \wedge r \in \mathbb{N}\}$ (p.85) を含む最小の体，すなわち $K[\alpha]$ の商体である．したがって，

$$K(\alpha) = \{ab^{-1} \mid a, b \in K[\alpha] \wedge b \neq 0\} \text{ (p.71)}$$

単拡大の特徴付け

単拡大 $K(\alpha)$ は多項式環 $K[X]$ との関係で類別する．$f(X)$ に $f(\alpha)$ を対応させる写像 $p : K[X] \to K[\alpha]$ は全射環準同型で次の同型を得る．

$$K[X]/\operatorname{Ker} p \cong K[\alpha]$$

$\operatorname{Ker} p \neq \{0\}$ すなわち α が K 上代数的のとき，$K[X]/\operatorname{Ker} p$ は体（p.87）．上の同型から，この場合 $K(\alpha)$ は $K[\alpha]$ と一致する．$\operatorname{Ker} p = \{0\}$ すなわち α が K 上超越的（p.87）ならば，$K[\alpha]$ は $K[X]$ と同型なので体ではない．このときは $K(\alpha)$ は $K[\alpha]$ の商体（p.71）と同型．まとめると

定理 4　E が単拡大 $K(\alpha)$ であるとすると，$K(\alpha)$ は $K[\alpha]$ と一致（$\Leftrightarrow$ α は K 上代数的）か，$K[X]$ の商体と同型（$\Leftrightarrow$ α は K 上超越的）のどちらかである．

有限次単拡大

I. $E = K(\alpha)$ が有限次の単拡大で，$n = \deg(E/K)$ $(= \dim_K E)$ とする．このとき $n+1$ 個の元 $1, \alpha, \ldots, \alpha^n$ は K 上 1 次従属なので，すべてが 0 ではない $\lambda_0, \ldots, \lambda_n \in K$ があって，$\sum_{\nu=0}^{n} \lambda_\nu \alpha^\nu = 0$ すなわち α は 0 でない多項式 $\sum_{\nu=0}^{n} \lambda_\nu X^\nu \in K[X]$ の零点で，代数的．

II. α が K 上代数的ならば単拡大 $K(\alpha)$ は K 上有限次元．すなわち $K(\alpha)$ は $K[\alpha]$ と一致（定理 4）し，（α の）最小多項式 $m_\alpha(X) = \sum_{\nu=0}^{m} \lambda_\nu X^\nu \in K[X]$ (p.87) が存在し，関係式 $\sum_{\nu=0}^{m} \lambda_\nu \alpha^\nu = 0$ $(\lambda_m = 1)$ が導かれ，$\alpha^m = -\sum_{\nu=0}^{m-1} \lambda_\nu \alpha^\nu$ から，$K(\alpha)$ のすべての元が $1, \alpha, \ldots, \alpha^{m-1}$ の 1 次結合として表され，$\{1, \alpha, \ldots, \alpha^{m-1}\}$ が $K(\alpha)$ の K 上生成系であることが分かる．したがって $K(\alpha)$ は K 上の有限次拡大となる．

注意　$m_\alpha(X)$ の最小性（p.87）から $\{1, \alpha, \ldots, \alpha^{m-1}\}$ が $K(\alpha)$ の K 基底となる．すなわち $\deg(K(\alpha)/K) = \deg(m_\alpha(X))$．

I, II は次の定理にまとめられる．

定理 5　K 上の単拡大は，その原始元が K 上代数的のとき，そのときに限り有限次拡大である．

ここでシュタイニッツの定理を述べる．

定理 6　K 上有限次拡大体は，有限個の中間体しか持たないとき，そのときに限り単拡大である．

代数拡大

E が K 上の有限次拡大（単拡大の必要はない）のときは，I で見たように E の任意の元は K 上代数的である．

定義 5　K の拡大体 E の任意の元が K 上代数的のとき**代数的**，そうでないとき**超越的**という．

有限次拡大はすべて代数的である．逆は一般には成り立たない．例えば，すべての代数的数のなす体 $\mathbb{A}$（p.59）は $\mathbb{Q}$ 上代数的であるが，$\mathbb{Q}$ 上無限次元（下出，代数的閉包）．

K 上代数的な元を有限個付加して生成する拡大体 E は，K 上有限次元（$E = K(\alpha_1, \ldots, \alpha_s)$ は α_i を逐次付加して生成するから）．逆にすべての有限次拡大は有限個の代数的な元（例えば生成元の系，p.89，定理 3）を付加して生成するから，次の定理が得られる．

定理 7　有限次拡大はすべて代数的である．K 上の拡大体 E は有限個の K 上代数的な元を添加して生成するとき，そのときに限り有限次拡大である．

代数的閉包

K の拡大体 E に含まれるすべての K 上代数的元の集合を，E における K の**代数的閉包**と呼ぶ．$K[X]$ のすべての多項式の E 上の零点を含む，K 上代数的中間体を扱う．

例　$\mathbb{C}$ における $\mathbb{Q}$ の代数的閉包は，すべての代数的数の体 $\mathbb{A}$ (p.59)．$\mathbb{Q}[X]$ には任意次数の既約多項式がある（p.87）ので，$\mathbb{A}$ は $\mathbb{Q}$ の有限次拡大ではない．したがって，$\mathbb{A}$ には $\mathbb{Q}$ 上の有限個の生成元の系は存在しない．特に $\mathbb{C}$ は $\mathbb{Q}$ 上無限次元である．

体 K は，任意の拡大体の中で K の代数的閉包と一致するとき，**代数的閉体**と呼ぶ．これは複素数体等の本質的な性質の一つである（p.59）．有限体（p.95）は代数的閉体でない．しかし，どんな体に対しても，代数的閉体である拡大体を構成できる（クロネッカー・シュタイニッツ）．証明にはツォルンの補題を使う．

(1) 商環 $K[X]/(f(X))$

$f(X)\in K[X]$ を次数 $n>1$ の既約多項式とし，$(f(X))$ をそれからなる主イデアルとする(p.73)．商環 $K[X]/(f(X))$ を構成する同値関係~(p.65)は $p(X)\sim g(X):\Leftrightarrow g(X)-p(X)\in(f(X))$ で定義される．したがって，$K[X]/(f(X))$ は次の類で与えられる．

$$[p(X)]=\{g(X)\mid g(X)-p(X)=h(X)\cdot f(X)\wedge h(X)\in K[X]\}.$$

R は零多項式と次数が n より小さなすべての多項式からなる集合を表す．

$$R:=\left\{r(X)\mid r(X)=\sum_{\nu=0}^{n-1}a_\nu X^\nu\in K[X]\right\}.$$

(a) $K[X]/(f(X))$ の任意の類には**高々一つの** R の多項式が存在する．同じ類の二つの異なる多項式 $g_1(X)$ と $g_2(X)$ に対して $\deg(g_1(X)-g_2(X))\geqq n$ が成立する．しかし各類に**少なくとも一つ** R の多項式が存在する．任意の $g(X)\in[p(X)]$ に対して，除法のアルゴリズム(p.86)により，$f(X)$ のただ一つの余り $r(X)$ が存在し $g(X)=q(X)\cdot f(X)+r(X)$，$r(X)\in R$ となるからである．これから $g(X)-r(X)=q(X)\cdot f(X)$ となり，$g(X)$ と $f(X)$ による余り $r(X)$ は同じ類に属する．

したがって，任意の類を $K[X]/(f(X))$ から選べば，その類は**ちょうど一つ** R からの多項式を含む．よって，R の多項式は類の適切な代表元である．

他方，R の任意の多項式は一つの類に含まれるので次の命題が成立する．

集合 R は $K[X]/(f(X))$ の完全代表系である．

(b) さらに (a) から，$f(X)$ の類のすべての多項式の余りは等しいことが分かる．ゆえに，次のように言い表すことができる：

$K[X]/(f(X))$ の類は，$f(X)$で割った余りが同じとなる多項式からなる．

よって，$K[X]/(f(X))$の元を $\bmod f(X)$ の**剰余類**といい，$K[X]/(f(X))$を $\bmod f(X)$ の**剰余(類)環**という．

注：剰余類の計算は，多項式同士の積の次数がn以上となるときには，次数を下げて R の元の計算に帰着される．

(c) 定理7，p.73の結果，$K[X]/(f(X))$ は，$(f(X))$ が素イデアル(定理7，p.73)のとき，そのときに限り体である．既約多項式 $f(X)$ に対して，$(f(X))$ は素イデアルである．

理由．$g_1(X)\cdot g_2(X)\in(f(X))\Rightarrow g_1(X)\cdot g_2(X)=h(X)\cdot f(X)\Rightarrow f(X)\mid g_1(X)\cdot g_2(X)$

$\Rightarrow f(X)\mid g_1(X)\vee f(X)\mid g_2(X)$ ($f(X)$ 既約だから)

$\Rightarrow g_1(X)=h_1(X)\cdot f(X)\vee g_2(X)=h_2(X)\cdot f(X)\ \Rightarrow g_1(X)\in(f(X))\vee g_2(X)\in(f(X))$.

よって，既約多項式 $f(X)$ に対し，$K[X]/(f(X))$ は体となる．

(2) K に同型な $K[X]/(f(X))$ の部分体

$K^*:=\{[a]\mid a\in K\}$ とする．このとき，写像 $f:K\to K^*$を$a\mapsto[a]$で定義すると K からK^*への同型となり，多項式$f(X)$ の形には依存しない．すなわち，次の同型が得られる．

$$K^*\cong K.$$

(3) $K[X]/(f(X))$ の元 $f(X)$ の零点の存在

$K^*\cong K$であるので$f(X)=a_0+a_1X+\cdots+a_nX^n\in K[X]$ のかわりに多項式 $f(\hat{X})=[a_0]+[a_1]\hat{X}+\cdots+[a_n]\hat{X}^n\in K^*[\hat{X}]$ で考えることができ(区別するために変数 $\hat{X}$を導入した)．このとき$\alpha:=[X]\in K[X]/(f(X))$は$f(\hat{X})$の零点である．

$f([X])=[a_0]+[a_1]\cdot[X]+\cdots+[a_n]\cdot[X]^n=[a_0+a_1X+\cdots+a_nX^n]=[f(X)]=[0]$ であるから，次の命題が成立する．

$K[X]/(f(X))$ で $f(X)$は零点を持つ．

(4) 単拡大としての $K[X]/(f(X))$

$K[X]/(f(X))$ で部分体 $K^*(\alpha)$，$\alpha=[X]$を考察する．α は代数的であるので，定理4，p.91から $K^*(\alpha)=K[\alpha]$ が成立する．

任意の元$[r(X)]\in K[X]/(f(X))$，$r(X)=a_0+a_1X+\cdots+a_{n-1}X^{n-1}\in R$に対して，

$[r(X)]=[a_0]+[a_1]\cdot[X]+\cdots+[a_{n-1}]\cdot[X]^{n-1}\in K^*(\alpha)$ が成立する．

これから次の事実が得られる．

$$K[X]/(f(X))=K^*(\alpha)=K^*[\alpha].$$

定理8の証明

多項式の分解体

p.55 で $\mathbb{C}$ は，多項式 $X^2+1 \in \mathbb{R}[X]$ が $\mathbb{C}$ に零点を持つ最小の $\mathbb{R}$ の拡大体として導入された．これは次の**問題**として一般化される．

体 K 上の次数が 1 以上のすべての多項式が零点を持つ K の拡大体 E を構成できるか？

このような拡大体の構成が次数 $\geqq 1$ の K 上既約な多項式に対して可能なら，この問題は解ける．すべての多項式は既約因子の積に分解するからである（p.86）．

$\deg f = 1$ の場合，$a_1X + a_0 \in K[X]$ に対して，零点 $-a_1{}^{-1}a_0$ が K 内にあるから，K 自身が求める体．$\deg f > 1$ のときは答えは次の定理である．

定理 8 既約多項式 $f(X) \in K[X]$ の次数が 1 より大きいとき，次が成り立つ．

(1) $f(X)$ を生成元とする単項イデアル $(f(X))$ による剰余環 $K[X]/(f(X))$ は体である．

(2) K は $K[X]/(f(X))$ の部分体 K^* と同一視される．

(3) $f(X)$ は $K[X]/(f(X))$ の中で零点 α を持つ．

(4) $K[X]/(f(X)) = K^*(\alpha) = K^*[\alpha]$.

証明は p.92 参照（**単代数拡大体**）．

定理 6 により，すべての多項式 $f(X) \in K[X]$ に対し逐次体拡大を行えば K を含み，$f(X)$ が 1 次因子（p.86）に分解する拡大体を構成できる．

$$f(x) = a_n(x-\alpha_1)^{r_1} \cdot \cdots \cdot (x-\alpha_s)^{r_s}$$

定義 6 E を $f(X) \in K[X]$ が 1 次因子に分解する K の拡大体とする．このとき，この性質を持つ最小中間体を $f(X)$ の K 上**分解体**と呼ぶ．

任意の多項式に対し分解体が存在し，それは多項式の係数体の有限次拡大である．さらに多項式の分解体が異なる拡大体に含まれていても，同じ多項式の分解体はすべて同型である．したがって，一つの多項式に対し一つの分解体が決まる．

定理 9 すべての多項式 $f(X) \in K[X]$ に対し，同型を除き一意的に決まる分解体が存在する．$\alpha_1, \ldots, \alpha_s$ が $f(X)$ のすべての零点ならば，$K(\alpha_1, \ldots, \alpha_s)$ が分解体である．

例 $\mathbb{C} = \mathbb{R}[i]$ は $X^2+1 \in \mathbb{R}[X]$ の，$\mathbb{Q}(\sqrt{2})$ は $X^2-2 \in \mathbb{Q}[X]$ の，$\mathbb{Q}(\sqrt[3]{2}, \frac{1}{\sqrt[3]{4}}(-1+i\sqrt{3}))$ は $X^3-2 \in \mathbb{Q}[X]$ の分解体である．

多くの理論（p.97 のガロア理論等）で分解体の係数体上の次数を決定することが重要．分解体が単拡大 $K(\alpha)$ ならば，$\deg(K(\alpha)/K)$ は α の最小多項式 $m_a(X)$ の次数として決まる（p.91 の注）．p.87，定理 15 から，問題は α を零点とする K 上既約な $K[X]$ の正規多項式をみつけること．

例 (a) $X^2+1 \in \mathbb{R}[X]$，$X^2-2 \in \mathbb{Q}[X]$ はそれぞれ $i, \sqrt{2}$ の最小多項式で，$\mathbb{C} = \mathbb{R}[i]$，$\deg(\mathbb{C}/\mathbb{R}) = 2$，$\deg|\mathbb{Q}(\sqrt{2})/\mathbb{Q}| = 2$ となる．

(b) $X^n - 1 \in \mathbb{Q}[X]$ の分解体は単拡大 $\mathbb{Q}(\varepsilon)$，$\varepsilon = \cos\frac{2\pi}{n} + i\sin\frac{2\pi}{n} \in \mathbb{C}$ である．ε は 1 の**原始 n 乗根**であり，$\varepsilon^0, \varepsilon^1, \varepsilon^2, \ldots, \varepsilon^{n-1}$ がすでに X^n-1 の全零点である．

多項式 $X^n - 1 = (X-1)(X-\varepsilon)\cdots(X-\varepsilon^{n-1})$ を $\mathbb{Q}[X]$ で既約因子に分解すると，因子として円分多項式を得る．

$$\Phi_i(X) = \prod_\nu (X - \eta_{i\nu})$$

ここで $\eta_{i\nu}$ は 1 の原始 i 乗根すべてを動く．

$$X^n - 1 = \prod_{i|n} \Phi_i(X)$$

となり，ε は $\mathbb{Q}$ 上既約な円分多項式 $\Phi_n(X) \in \mathbb{Q}[X]$ の零点である．$\Phi_n(X)$ の次数は 1 の原始 n 乗根の個数で，オイラーの関数 φ (p.109) により表される．

$$\deg(\mathbb{Q}(\varepsilon)/\mathbb{Q}) = \varphi(n)$$

分離多項式

$\mathbb{Q}[X]$ の多項式を既約因子に分解すると，既約因子は $\mathbb{C}$ で単純（重複度 1 の）零点のみを持つ．ここから分離多項式の概念を得る．

定義 7 次数 1 以上の多項式 $f(X) \in K[X]$ は $f(X)$ のすべての K 上既約因子がそれぞれの分解体で，単純零点のみを持つとき，**分離的**という．次数 1 以上のすべての多項式 $\in K[X]$ が分離的ならば，K を**完全体**と呼ぶ．

注意 分離的多項式の概念は特にガロア理論で重要．多項式の分離性の判定法は，

定理 10 K 上既約な多項式 $f(X) = \sum_{\nu=0}^{r} a_\nu X^\nu \in K[X]$，導関数が $f'(X) = \sum_{\nu=0}^{r} \nu a_\nu X^\nu \neq 0$ (p.86) となれば，$f(X)$ はその分解体で，単純零点のみ持つ．

標数 0 の体（p.95），$a_\nu \neq 0$, $\nu \in \mathbb{N} \setminus \{0\}$ に対し $\nu a_\nu \neq 0$ となるので，任意の既約多項式 $f(X)$ に対し $f'(X) \neq 0$ となる．定理 10 により次が成り立つ．

定理 11 標数 0 の任意の体は完全体である．

例 $\mathbb{Q}, \mathbb{R}, \mathbb{C}$ は完全体であるので，多項式 $X^n - 1 \in \mathbb{Q}[X]$ は分離的．

注意 標数が 0 でなくても，すべての有限体は完全体である．したがって，非分離的な多項式は標数 p の無限体上にしか存在しない（p.95）．必要条件は $f'(X) = 0$.

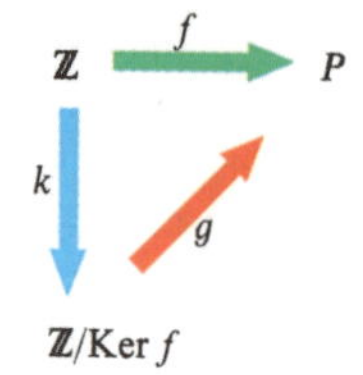

$f:\mathbb{Z}\to P$ を $z\mapsto z\circ 1$ で定義すると全射環準同型である．

$$\mathrm{Ker}\, f=\{z\,|\,z\in\mathbb{Z}\wedge z\circ 1=0\}$$

環準同型定理（p.72）から次の同型を得る．

$$P\cong\mathbb{Z}/\mathrm{Ker}\, f$$

P 整域 $\Rightarrow\mathbb{Z}/\mathrm{Ker}\, f$ は整域 $\Rightarrow\mathrm{Ker}\, f$ は $\mathbb{Z}$ の素イデアル（定理3，p.73）

$$\Rightarrow \mathrm{Ker}\, f=\begin{cases} p\mathbb{Z} & (p\text{ 素数})\\ \mathfrak{o} & (\text{p.73})\end{cases}\quad\Rightarrow P\cong\begin{cases}\mathbb{Z}_p & (\mathrm{Ker}\, f=p\mathbb{Z}\neq\mathfrak{o}\text{ のとき})\\ \mathbb{Z} & (\mathrm{Ker}\, f=\mathfrak{o}\text{ のとき})\end{cases}$$

$\mathrm{Ker}\, f=p\mathbb{Z}$（$p$ 素数）

$\Updownarrow$

$p\circ 1=0$ となる最小の自然数 $p\neq 0$ が存在する

$\boxed{P\cong\mathbb{Z}_p}$

は有限体であり，よって K の素体である

$\mathrm{Ker}\, f=\mathfrak{o}$

$\Updownarrow$

$\forall z\,(z\in\mathbb{Z}\backslash\{0\}\wedge 1\in K\Rightarrow z\circ 1\neq 0)$

$\boxed{P\cong\mathbb{Z}}$

は整域であるが，体ではない．素体は，P を含む最小の体として P の商体である．素体は $\mathbb{Z}$ の商体に同型，すなわち $\mathbb{Q}$ に同型である．

A

素体

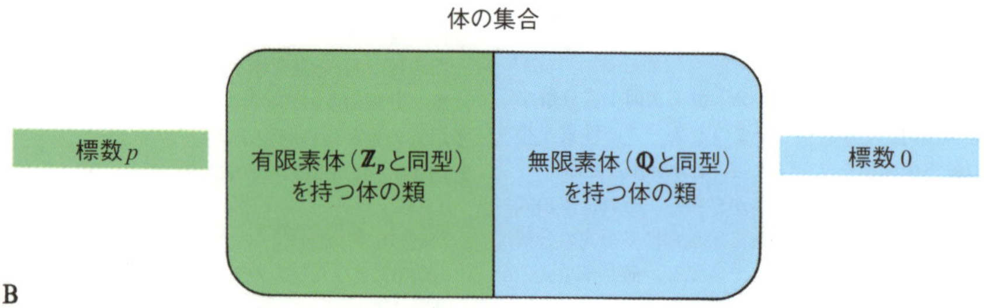

B

標数

$K=\{0,1,a,b\}$

+	0	1	a	b
0	0	1	a	b
1	1	0	b	a
a	a	b	0	1
b	b	a	1	0

·	0	1	a	b
0	0	0	0	0
1	0	1	a	b
a	0	a	b	1
b	0	b	1	a

$1+1=0,\quad a+a=0,\quad b+b=0$

C

4 元から成る標数 2 の体

素体

定義 1 体がそれ自身と異なる部分体を含まないとき，**素体**と呼ぶ．

例 $\mathbb{Q}$ は $\mathbb{Z}$ を含む最小体としての構成により素体．剰余類体 $\mathbb{Z}_p$（p 素数）も同様に素体である．すでに $\mathbb{Z}_p$ 自身と異なる加法群がただ一つ $\{[0]\}$ のみだからである (p.73).

すべての体はただ一つの素体すなわちすべての部分体の共通部分を部分体として含む（p.71，定理 1 参照）．ここでは 0 と 1 を含む最小の部分体が問題となる．この部分体は構成的に与えられ，以下のように，$\mathbb{Z}_p$ の一つまたは $\mathbb{Q}$ と同型．

素体の構成

任意の体 $(K;+,\ \cdot\ )$ において，$1 \in K$ の全倍数 $z \circ 1$ $(z \in \mathbb{Z})$ の集合 P に注目する．ただし，

$$z\circ 1 := \begin{cases} 1+\cdots+1\ (z\ \text{回}) & (z\in\mathbb{Z}^+\ \text{のとき}) \\ 0 & (z=0\ \text{のとき}) \\ -(1+\cdots+1)\ (|z|\ \text{回}) & (z\in\mathbb{Z}^-\ \text{のとき}) \end{cases}$$

これについて加法と乗法の次の計算規則が成り立つ．

$$z_1 \circ 1 + z_2 \circ 1 = (z_1 + z_2) \circ 1$$
$$(z_1 \circ 1) \circ (z_2 \circ 1) = (z_1 z_2) \circ 1$$

これにより P は整域となる．図 A では，$z \circ 1 = 0$ となる $z \in \mathbb{Z} \setminus \{0\}$ があるときは，P がすでに体で，求める素体である．この場合には素体は有限集合で，$\mathbb{Z}_p$ の一つと同型．

他の場合，P は $\mathbb{Z}$ と同型で，P の商体が求める素体であり，これは $\mathbb{Q}$ と同型．

定理 1 体の素体は，同型を除けば，剰余類体 $\mathbb{Z}_p$ の一つか，有理数体 $\mathbb{Q}$ かのどちらかである．

体の標数

定理 1 は，すべての体を有限素体を含むものと無限素体を含むものの二つの類に分けられることを示唆する（図 B）．

定義 2 体は，その素体が $\mathbb{Z}_p$（p 素数）と同型のとき，**標数 $\boldsymbol{p}$** の体といい，その他の場合は標数 0 の体という（このときは素体は $\mathbb{Q}$ に同型）．

体は，$p \circ 1 = 0$ となる最小の自然数 $p \neq 0$ が存在するとき，そのときに限り標数 p である（図 A 参照）．

例 図 C は標数 2 の体．$\mathbb{Q}$, $\mathbb{R}$, $\mathbb{C}$ の標数は 0 である．

標数 p の体では，次の計算が成り立つ．

(1) すべての $a \in K$ に対して $p \circ a = 0$.

(2) すべての $a \in K$, $n \in \mathbb{Z}$ に対し，
$n \circ a = 0 \Leftrightarrow a = 0 \vee p|n$.

(3) すべての $a, b \in K$ に対して，$(a+b)^p = a^p + b^p$, $(a-b)^p = a^p - b^p$, $(ab)^p = a^p b^p$.

結果 上の (3) より，写像 $\sigma : K \to K$, $a \mapsto a^p$ は単射体準同型である．有限体 K に対しては σ はさらに全射となるので，σ は体 K の自己同型．

有限体

有限体はガロアが初めて研究したので**ガロア体**ともいう．

例 図 C の体，剰余類体 $\mathbb{Z}_p$，有限体は，有限性から $\mathbb{Q}$ と同型な素体を持たないので，標数はすべて素数．

標数 p の有限体は，p 個の元からなる素体 P の有限次拡大．$\deg(K/P) = r$ であり $\{\alpha_1, \ldots, \alpha_r\}$ を K の P 上の基底とすれば，

$$x = \sum_{\nu=0}^{r} \lambda_\nu \alpha_\nu \mapsto (\lambda_1, \ldots, \lambda_r) \quad (\lambda_\nu \in P)$$

により定義される全単射 $f : K \to P^r$ が存在する．したがって，$|K| = |P^r| = p^r$ となる．次の定理を得る．

定理 2 有限体 K の標数は素数 p で，位数は p^r．ただし，r は K の素体上の次数である．

上の証明では，有限体であることのみ必要で，素体であることは必要ないので，もっと一般に

定理 3 E が有限体 K の有限次拡大で，$|K| = q$, $\deg(E/K) = r$ ならば，$|E| = q^r$ が成り立つ．

有限体の存在

有限体の研究は，次の定理により本質的に簡易化される．

定理 4 同じ位数の有限体はすべて同型である．

元の位数 2 の体 $(\mathbb{Z}_2)$, 位数 3 の体 $(\mathbb{Z}_3)$, 位数 4 の体（図 C），位数 5 の体 $(\mathbb{Z}_5)$, ..., は同型を除きただ一つ存在する．定理 4 は，$|K| = p^r$ なら乗法群 $K \setminus \{0\}$ の任意の元 α に対し $\alpha^{p^r - 1} = 1$ となるので証明できる．K のすべての元 α に対して $\alpha^{p^r} - \alpha = 0$，すなわち K のすべての元が多項式 $X^{p^r} - X \in P[X]$（P 素体）となるから．したがって，K は多項式 $X^{p^r} - X$ の分解体として，同型を除き一意的に決まる．

次に，すべての素数ベキ p^r, $r \in \mathbb{N} \setminus \{0\}$ に対し p^r 個の元からなる体 K が存在するかという疑問が生じる．$r = 1$ では剰余類体 $\mathbb{Z}_p$ が答え．任意の r に対しては多項式 $X^{p^r} - X \in \mathbb{Z}_p[X]$ 1 次因子の積に完全に分解する $\mathbb{Z}_p$ の拡大体 E を作ればよい．このとき $X^{p^r} - X$ の零点となる E の元の全体 K はちょうど p^r 個の元を持つ体となる．したがって，定理 4 とともに次が得られる．

定理 5 すべての素数ベキ p^r に対し，p^r 個の元からなる体が同型を除いてただ一つ存在する．

注意 有限体は完全に既知とみなし，本質的に剰余類体 $\mathbb{Z}_p$ により決定される．

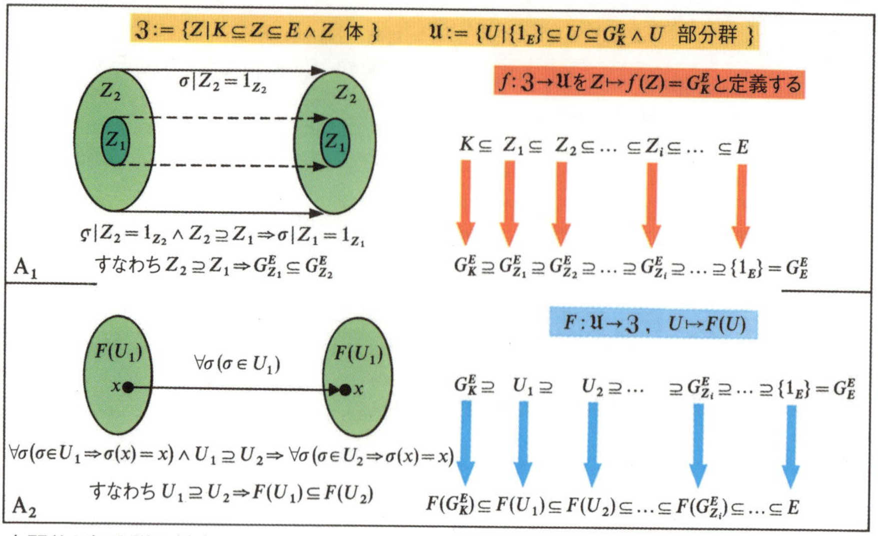

中間体と部分群の対応

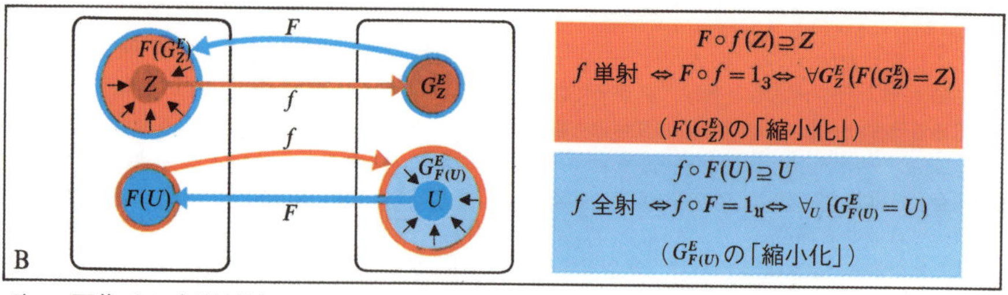

ガロア写像 f の全単射性

$E := \mathbb{Q}(\sqrt{2}, \sqrt{3})$ はガロア群 $G_{\mathbb{Q}}^E = V_4$ を持つ $\mathbb{Q}$ 上有限ガロア拡大である
(クラインの四元群，p.28，図B)

a) **deg $(E/\mathbb{Q}) = 4$**

$B = \{1, \sqrt{2}, \sqrt{3}, \sqrt{6}\}$ はベクトル空間 $\mathbb{Q}(\sqrt{2}, \sqrt{3})$ の $\mathbb{Q}$ 上の基である．すなわち，deg $(E/\mathbb{Q}) = 4$ かつ
$x \in E \Leftrightarrow x = \alpha_1 + \alpha_2\sqrt{2} + \alpha_3\sqrt{3} + \alpha_4\sqrt{6} \wedge \alpha_i \in \mathbb{Q}$ (p.88参照)

b) **$G_{\mathbb{Q}}^E = V_4$**

$\sigma \in G_{\mathbb{Q}}^E \Rightarrow \sigma | \mathbb{Q} = 1_{\mathbb{Q}} \Rightarrow \forall x\,(\sigma(x) = \alpha_1 + \alpha_2\sigma(\sqrt{2}) + \alpha_3\sigma(\sqrt{3}) + \alpha_4\sigma(\sqrt{2})\,\sigma(\sqrt{3}))$ であるので $\sigma \in G_{\mathbb{Q}}^E$ は集合 $\{\sigma(\sqrt{2}), \sigma(\sqrt{3})\}$ で一意的に定まる．σ は準同型であるので，さらに $\sigma^2(\sqrt{2}) = 2$, $\sigma^2(\sqrt{3}) = 3$ となる．したがって，

$\sigma(\sqrt{2}) \in \{\sqrt{2}, -\sqrt{2}\}$,　$\sigma(\sqrt{3}) \in \{\sqrt{3}, -\sqrt{3}\}$ となり，よって　ord $G_{\mathbb{Q}}^E \leqq 4$ が成立する．

事実，四つの自己準同型は $\sigma_0, \sigma_1, \sigma_2, \sigma_3$ 以下のように定義される．

$\sigma_0(\sqrt{2}) = \sqrt{2}$	$\sigma_1(\sqrt{2}) = -\sqrt{2}$	$\sigma_2(\sqrt{2}) = \sqrt{2}$	$\sigma_3(\sqrt{2}) = -\sqrt{2}$
$\sigma_0(\sqrt{3}) = \sqrt{3}$	$\sigma_1(\sqrt{3}) = \sqrt{3}$	$\sigma_2(\sqrt{3}) = -\sqrt{3}$	$\sigma_3(\sqrt{3}) = -\sqrt{3}$

ゆえに，$G_{\mathbb{Q}}^E = \{\sigma_0, \sigma_1, \sigma_2, \sigma_3\} = V_4$ となる(p.28，図B参照)．

c) **$F(G_{\mathbb{Q}}^E) = \mathbb{Q}$**

$\mathbb{Q} \subseteq F(G_{\mathbb{Q}}^E)$ は常に成立する(図B)．$F(G_{\mathbb{Q}}^E) \subseteq \mathbb{Q}$ を示せばよい．

$$x \in F(G_{\mathbb{Q}}^E) \Rightarrow \forall i\,(\sigma_i(x) = x) \Rightarrow \begin{Bmatrix} \alpha_2\sqrt{2} + \alpha_4\sqrt{6} = 0 \\ \alpha_3\sqrt{3} + \alpha_4\sqrt{6} = 0 \end{Bmatrix} \Rightarrow \alpha_2 = \alpha_3 = \alpha_4 = 0$$
，すなわち $x \in F(G_{\mathbb{Q}}^E) \Rightarrow x = \alpha_1 \in \mathbb{Q}$

C

有限ガロア拡大の例

ガロア理論は，特に方程式の根号 (p.101) による可解性（円の方形化 p.103〜105 などの）作図可能性などの問題に有効．このような問題を扱うときには基礎体 K 上の**拡大体** (p.89) の構成が鍵となる．この際，拡大を決める過程で種々の中間体が現れる．ガロア理論は，特に**有限次ガロア拡大**に対しては，中間体の**群論的**記述の可能性を示している（主定理）．

問題の定式化

基礎体 K 上の拡大体 E を与えると，拡大体 E に対し E の自己同型群 $\mathrm{Aut}\,E$ (p.71) が対応する．目標は，K を含むすべての中間体に対して一対一に対応するように $\mathrm{Aut}\,E$ の部分群を決めること．こうすると部分群から中間体がよく分かる．

ここで E の部分体 k に対して，k 上で特別の振る舞いをする $\mathrm{Aut}\,E$ の元の集合を考える，すなわち

定義 1　元 $\sigma \in \mathrm{Aut}\,E$ は，σ の k 上への制限が k の恒等写像 $(\sigma|_k = 1_k)$ となるとき，k 上**相対的な** E の**自己同型**と呼ぶ．すべての k 上相対的な E の自己同型の集合 G_k^E を**ガロア群**と呼ぶ．

したがって G_K^E は K のすべての元を不変にする E の自己同型の全体である．G_K^E がまたすべての中間体 Z についての G_Z^E が $\mathrm{Aut}\,E$ の部分群である．E のすべての元を固定するのは恒等写像のみだから，特に $G_E^E = \{1_E\}$．

ここで中間体の包含関係が群論的に表現されると予想される．実際，次は自明．

$K \subseteq Z \subseteq E \Rightarrow G_K^E \supseteq G_Z^E \supseteq G_E^E = \{1_E\}$

すなわち，全中間体の集合 $\mathfrak{Z}$ から，G_K^E の全部分群の集合 $\mathfrak{U}$ への写像 f で，包含関係を逆転させるものが存在する（図 A_1）．

定義 2　写像 $f : \mathfrak{Z} \to \mathfrak{U}$, $Z \mapsto f(Z) = G_Z^E$ をガロア写像と呼ぶ．

ガロア写像の全単射性

$\mathrm{Aut}\,E$ の任意の部分集合 $T \neq 0$（したがって任意の部分群）に対し，E の部分体である**固定体** $F(T)$ (p.71 参照) が決まるので，f と同様，包含関係を逆転する写像 $F : \mathfrak{U} \to \mathfrak{Z}$ も存在する（図 A_2）．よって，次のガロア写像 f がいつ全単射となるかを調べる．まず判定条件 (p.23) を使う．

f : 全単射 $\Leftrightarrow$

$\exists F : \mathfrak{U} \to \mathfrak{Z}(F \circ f = 1_{\mathfrak{Z}} \wedge f \circ F = 1_{\mathfrak{U}})$

ここで $F \circ f = 1_{\mathfrak{Z}} \Leftrightarrow \forall Z(F(f(Z)) = Z) \Leftrightarrow \forall Z(F(G_Z^E) = Z)$, また $f \circ F = 1_u \Leftrightarrow \forall U(f(F(U)) = U) \Leftrightarrow \forall U(G_{F(U)}^E = U)$ であるので，f の全単射性が成立するのは，すべての中間体が，対応するガロア群の固定体と一致し ($Z \subseteq F(G_Z^E)$)，またすべての部分群が，対応する固定体の像と一致 ($U \subseteq G_{F(u)}^E$) するとき，そのときに限る（図 B）．

注意　ここで第 1 条件は f の単射性を，第 2 条件は f の全射性を保障（図 B）．

有限次ガロア拡大，主定理

次数 $n \in \mathbb{N} \setminus \{0\}$ の**有限**拡大 E/K に対し，基礎体 K のみが拡大のガロア群の固定体つまり $F(G_K^E) = K$ であれば，そのガロア写像 f の全単射性の全条件がすでにみたす．言い換えると，

(a) $F(G_K^E) = K \Rightarrow \forall Z(F(G_Z^E) = Z) \Rightarrow f$: 単射

(b) $\forall Z(F(G_Z^E) = Z) \Rightarrow \forall Z(\mathrm{ord}(G_Z^E) = |E/Z|)$ さらに $\mathrm{Aut}\,E$ のすべての有限群 U に対して $\mathrm{ord}(U) = \deg(E/F(U))$ が成り立つので，(b) から $\forall U(G_{F(U)}^E = U)$ すなわち f の全射性が従う．

定義 3　体 k 上の拡大 E は $\deg(E/K) = n \in \mathbb{N} \setminus \{0\}$ で $F(G_k^E) = k$ のとき，**有限ガロア体**という．

主定理は次のように述べられる．

E を基礎体 K 上の有限ガロア拡大，G_K^E をそのガロア群とする．このとき次が成り立つ．

(1) E は，すべての中間体 Z に対し有限ガロア的であって，ガロア群は G_Z^E と一致する．すなわち $\forall Z(F(G_Z^E) = Z)$．

(2) G_K^E の任意の部分群 U は，固定体 $F(U)$ 上のガロア群．すなわち $\forall U(G_{F(U)}^E = U)$．

(3) すべての体 Z $(K \subseteq Z \subseteq E)$ に対し，$\mathrm{ord}(G_Z^E) = \deg(E/Z)$ となる．

系　この場合，(1) と (2) から次の二つが帰結する．

(I) ガロア写像 f は全単射で $f^{-1} = F$ となる．

また，(I) と (3) から

(II) 体 K とその有限ガロア拡大の間には高々有限個の中間体があるのみである．

注意　帰結 (II) により主定理の長所がみえてくる．E が無限集合のとき，すべての中間体を直接あげることは有限ステップでは実行できない．しかし，別の道すなわち有限ガロア群の部分群を調べると，有限ステップで中間体の全体を見渡すことが可能．

有限ガロア拡大の多項式判定法

図 C では $\mathbb{Q}(\sqrt{2}, \sqrt{3})$ で $\mathbb{Q}$ 上有限ガロア的であることが示されている．しかし，$\mathbb{Q}(\sqrt{2}, \sqrt{3})$ はまた $(X^2-2)(X^2-3) \in \mathbb{Q}[X]$ の分解体でもある．$\mathbb{Q}$ 上既約な X^2-2, X^2-3 は重複零点を持たないので，この多項式は分離的 (p.93)．すなわち有限次ガロア拡大 $\mathbb{Q}(\sqrt{2}, \sqrt{3})$ は，分離多項式の分解体である．有限ガロア拡大が常に分離多項式により，このように表されることは次の定理より分かる．

定理 1　K 上拡大体 E が，有限ガロア的であるのは，E が K 上分離的なある多項式の分解体であるとき，そのときに限る．

$E := \mathbb{Q}(\sqrt{2}, \sqrt{3})$ は $\mathbb{Q}$ 上有限ガロア体であり $G_{\mathbb{Q}}^{E} = V_4$ をみたす（図C，p.96参照）

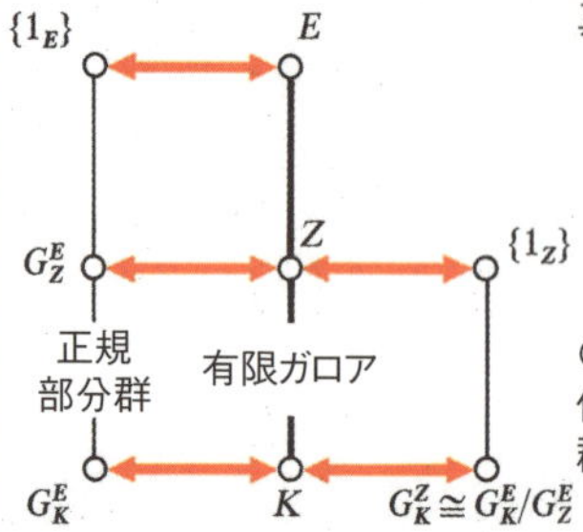

任意の部分群の位数は群位数の約数である．ゆえに，位数2の真部分群のみが存在する．すなわち以下の部分群である．

$U_1 = \{\sigma_0, \sigma_1\}$ $U_2 = \{\sigma_0, \sigma_2\}$ $U_3 = \{\sigma_0, \sigma_3\}$

これらの部分群に中間体が対応する．

$Z_1 = \mathbb{Q}(\sqrt{3})$ $Z_2 = \mathbb{Q}(\sqrt{2})$ $Z_3 = \mathbb{Q}(\sqrt{6})$

分離多項式

$X^2 - 3$ $X^2 - 2$ $X^2 - 6$

の分解体として，すべての中間体は $\mathbb{Q}$ 上有限ガロア体である．他方，V_4 は可換であり，すなわち任意の部分群は V_4 の正規部分群である．

$$G_{\mathbb{Q}}^{Z_1} = \{\sigma_0/Z_1, \sigma_2/Z_1\} \cong G_{\mathbb{Q}}^{E}/G_{Z_1}^{E} = \{\sigma_0 G_{Z_1}^{E}, \sigma_2 G_{Z_1}^{E}\}$$
$$G_{\mathbb{Q}}^{Z_2} = \{\sigma_0/Z_2, \sigma_1/Z_2\} \cong G_{\mathbb{Q}}^{E}/G_{Z_2}^{E} = \{\sigma_0 G_{Z_2}^{E}, \sigma_1 G_{Z_2}^{E}\}$$
$$G_{\mathbb{Q}}^{Z_3} = \{\sigma_0/Z_3, \sigma_1/Z_3\} \cong G_{\mathbb{Q}}^{E}/G_{Z_3}^{E} = \{\sigma_0 G_{Z_3}^{E}, \sigma_1 G_{Z_3}^{E}\}$$

A

ガロア群の正規部分群

$$p(\sigma) = \begin{pmatrix} \alpha_1 & ,\ldots, & \alpha_r \\ \sigma(\alpha_1), & \ldots, & \sigma(\alpha_r) \end{pmatrix}$$
$$p(\tau) = \begin{pmatrix} \alpha_1 & ,\ldots, & \alpha_r \\ \tau(\alpha_1), & \ldots, & \tau(\alpha_r) \end{pmatrix}$$

(1) **p 単射**

$$p(\sigma) = p(\tau) \Rightarrow \forall i\ (\sigma(\alpha_i) = \tau(\alpha_i))$$
$$\forall i\ (\sigma(\alpha_i) = \tau(\alpha_i)) \Rightarrow \sigma = \tau$$

(2) **p 準同型**

$$p(\tau \circ \sigma) = \begin{pmatrix} \alpha_1 & ,\ldots, & \alpha_r \\ \tau\circ\sigma(\alpha_1), & \ldots, & \tau\circ\sigma(\alpha_r) \end{pmatrix}$$
$$= \begin{pmatrix} \alpha_1 & ,\ldots, & \alpha_r \\ \sigma(\alpha_1), & \ldots, & \sigma(\alpha_r) \end{pmatrix} \cdot \begin{pmatrix} \alpha_1 & ,\ldots, & \alpha_r \\ \tau(\alpha_1), & \ldots, & \tau(\alpha_r) \end{pmatrix}$$
$$= p(\sigma) \cdot p(\tau)$$

B （p.65参照）

単射準同型 $p : G_K^E \to S_r$

$f(X) \in K[X]$ を次数 n とし，互いに異なる零点 $\alpha_1, \ldots, \alpha_n$ を持つ．

$f(X)$ は K 上で可約とすると，次のようになる．

$$f(X) = g_1(X) \cdot g_2(X) \cdot \ldots \quad (g_i(X)\ K \text{ 上既約})$$

$\{\alpha_{i1}, \alpha_{i2}, \ldots\} \subseteq \{\alpha_1, \ldots, \alpha_n\}$ は $g_i(X)$ の零点の集合とする．

$g_i(X)$ の零点は $g_i(X)$ の零点に移されるので $\sigma \in G_K^E$ に対して次のようになる：

$$p(\sigma) = \begin{pmatrix} \alpha_{11}, \alpha_{12} & ,\ldots, & \alpha_{21}, \alpha_{22} & ,\ldots \\ \underbrace{\sigma(\alpha_{11}), \sigma(\alpha_{12}), \ldots,} & & \underbrace{\sigma(\alpha_{21}), \sigma(\alpha_{22}), \ldots} & \end{pmatrix} \in S_n$$

$g_1(X)$ の零点　　$g_2(X)$ の零点

推移域

よって，次の置換 $\begin{pmatrix} \alpha_{11}, \ldots \\ \alpha_{21}, \ldots \end{pmatrix} \in S_n$ に対し $\sigma \in G_K^E$ は存在しない．

α_{21} は $g_2(X)$ の推移域内に存在しなければならないからである．

ゆえに，p が全射であるためには，ただ一つの推移域が存在することが必要である．すなわち，$f(X)$ は K 上既約である．

C

$G_K^E \cong S_n$ の必要条件

例：$f(X) = (X - x_1)(X - x_2) \Rightarrow f(X) = X^2 - (x_1 + x_2)X + x_1 x_2$

$f(X) = (X - x_1)(X - x_2)(X - x_3) \Rightarrow f(X) = X^3 - (x_1 + x_2 + x_3)X^2 + (x_1 x_2 + x_1 x_3 + x_2 x_3)X - x_1 x_2 x_3$

一般に：$f(X) = (X - x_1)(X - x_2) \cdot \ldots \cdot (X - x_n) \Rightarrow$

$$f(X) = X^n - (x_1 + x_2 + \ldots + x_n)X^{n-1} + (x_1 x_2 + x_1 x_3 + \ldots + x_1 x_n + x_2 x_3 + x_2 x_4 + \ldots + x_2 x_n + \ldots)X^{n-2}$$
$$- (x_1 x_2 x_3 + \ldots)X^{n-3} + \ldots + (-1)^{n-1}(x_1 x_2 \ldots x_{n-1} + x_1 x_2 \ldots x_{n-2} x_n + \ldots + x_2 x_3 \ldots x_n)X$$
$$+ (-1)^n x_1 x_2 \ldots x_n \Rightarrow$$

$$f(X) = X^n + a_{n-1}X^{n-1} + a_{n-2}X^{n-2} + \ldots + a_1 X + a_0 \quad : a_{n-1} = -\sum_{i=1}^{n} x_i; \quad a_{n-2} = \sum_{i<j}^{1\ldots n} x_i x_j; \quad \ldots;$$
$$a_r = (-1)^k \left(\sum_{\substack{r_1 < \cdots < r_k \\ k = n - r}}^{1\ldots n} x_{r_1} x_{r_2} \ldots x_{r_k} \right); \ldots; \quad a_1 = (-1)^{n-1} \left(\sum_{i=1}^{n} x_1 \ldots \cancel{x_i} \ldots x_n \right); \quad a_0 = (-1)^n x_1 x_2 \ldots x_n$$

a_i を変数 $x_1, \ldots, x_n$ の初等**対称関数**と呼ぶ．これらは $x_1, \ldots, x_n$ について対称である．すなわち，$x_1, \ldots, x_n$ の置換に対して不変である．

D

初等対称関数

有限ガロア拡大の性質

(A) E が K 上有限ガロア拡大（ガロア群 G_K^E）のとき，任意の $\sigma \in G_K^E$ と任意の中間体 Z で決まる中間体 $\sigma(Z)$ に対しガロア群 $G_{\sigma(Z)}^E = \sigma G_Z^E \sigma^{-1} = \{\sigma \circ \tau \circ \sigma^{-1} | \tau \in G_Z^E\}$ が対応する．

(B) E, K, G_K^E を上と同じとするとき，中間体 Z に対して次のことが成り立つ（例，図 A）．

(1) Z は G_Z^E が G_K^E の正規部分群であるとき，そのときに限り，K 上有限ガロア的．

(2) Z が K 上有限ガロア的ならば，$G_K^Z \cong G_K^E / G_Z^E$．

(C) 与えられた二つの部分体の両方の最大共通部分体を「共通部分」($\sqcap$)，両方を含む最小部分体をそれらの「和」($\sqcup$) と呼び，これらの概念を同様に部分群に対し流用すれば，有限ガロア拡大に対し次が成り立つ．$f(Z_1 \sqcap Z_2) = G_{Z_1}^E \sqcup G_{Z_2}^E$，$F(U_1 \sqcap U_2) = F(U_1) \sqcup F(U_2)$, $f(Z_1 \sqcup Z_2) = G_{Z_1}^E \sqcap G_{Z_2}^E$, $F(U_1 \sqcup U_2) = F(U_1) \sqcap F(U_2)$．

注意　$\sqcap$ と $\sqcup$ に関して集合 $\mathfrak{Z}$ と $\mathfrak{U}$ は束 (p.17) であり，この意味でガロア写像 f は結合 $\sqcap$ と $\sqcup$ を反転させる「束同型」となる．

多項式のガロア群

定義 4　E が多項式 $f(X) \in K[X]$ の分解体のとき，G_K^E を**多項式 $\boldsymbol{f(X)}$ のガロア群**という．

多項式のガロア群は次のように記述する．

定理 2　次数 n の多項式 $f(X) \in K[X]$ のガロア群 G_K^E は，$f(X)$ の相異なる零点の個数を $r (\leqq n)$ とすると，対称群 S_r のある部分群と同型である．

証明　$\{\alpha_1, \alpha_2, \ldots, \alpha_r\}$ が $f(X)$ の相異なる零点集合のとき，$E = K(\alpha_1, \alpha_2, \ldots, \alpha_r)$ (p.93，定理 9) で，$\sigma \in G_K^E$ は像集合 $\{\sigma(\alpha_1), \ldots, \sigma(\alpha_r)\}$ により一意的に決まる．σ が単射で $f(\alpha_i) = 0$ から $f(\sigma(\alpha_i)) = 0$ となり，この集合は $\{\alpha_1, \ldots, \alpha_r\}$ と一致．したがって，すべての $\sigma \in G_K^E$ に順列 $p(\sigma) = \begin{pmatrix} \alpha_1 & \cdots & \alpha_r \\ \sigma(\alpha_1) & \cdots & \sigma(\alpha_r) \end{pmatrix} \in S_r$ (p.65) が対応し，$p : G_K^E \to S_r$ は単射群準同型（図 B）で，定理は証明された．

注意　$f(X)$ の零点に重複がないときは $G_K^E \cong p(G_K^E) \subseteq S_n$．$G_K^E \cong S_n$ となるには，$f(X)$ は K 上既約で分離的が必要（**必要条件**，図 C）．

次の定理は，ガロア群が S_n と同型な次数 n の多項式が確かに存在することを示している．

定理 3　代数的独立変数 $x_1, \ldots, x_n$ の基本対称式 $a_1, \ldots, a_{n-1}$（図 D）に対し，$f(X) = (X - x_1) \cdots (X - x_n) = X^n + a_{n-1}X^{n-1} + \cdots + a_1 X + a_0 \in K(a_0, \ldots, a_{n-1})[X]$ と置くとき，$f(X)$ のガロア群は対称群 S_n と同型．

証明　$E = K(x_1, \ldots, x_n)$ は $Z = K(a_0, \ldots, a_{n-1})$ 上の $f(X)$ の分解体で，定理 2 と注意から，$G_Z^E \cong p(G_Z^E) \subseteq S_n$ なので，p の全単射のみ示せばよい．すべての置換 $\begin{pmatrix} x_1 & \cdots & x_n \\ x_{\nu_1} & \cdots & x_{\nu_n} \end{pmatrix}$ は自己同型 $\sigma \in \mathrm{Aut}\, E$ を引き起こし，a_i はすべて $x_1, \ldots, x_n$ について対称で，Z の元もすべて固定される．よって $\sigma \in G_Z^E$ から p は全射．

注意　定理 2 の注意から，$f(X)$ は $K(a_0, \ldots, a_{n-1})$ 上既約で分離的．したがって，この分解体は，S_n と同型なガロア群を持つ $K(a_0, \ldots, a_{n-1})$ 上有限次ガロア拡大．

一般の多項式のガロア群

定義 5　$K(u_0, \ldots, u_{n-1})[X]$ の元 $g(X) = X^n + u_{n-1}X^{n-1} + \cdots + u_1 X + u_0$ を $\boldsymbol{n}$ **次の一般多項式**と呼ぶ（$u_0, \ldots, u_{n-1}$ は独立変数）．

一般多項式は p.101 の一般方程式と関係するので，ガロア群も決まる．すなわち，

定理 4　n 次一般多項式は $K(u_0, \ldots, u_{n-1})$ 上既約かつ分離的で，そのガロア群は S_n と同型．

証明　同型 $f : K(u_0, \ldots, u_{n-1}) \to K(a_0, \ldots, a_{n-1})$，$f(u_i) = a_i$ に定理 3 を適用すると，$g(X)$ は $f(X)$ に移り，f は分解体の同型 $f' : K(\alpha_1, \ldots, \alpha_n) \to K(x_1, \ldots, x_n)$ に拡張される．ただし，$\alpha_1, \ldots, \alpha_n$ は $g(X)$ の零点．よって定理 4 は定理 3 から従う．

多項式 $\boldsymbol{X^n - 1 \in \mathbb{Q}[X]}$ のガロア群

定理 5　$X^n - 1 \in \mathbb{Q}[X]$ の分解体 $\mathbb{Q}(\varepsilon)$（ε : 1 の原始 n 乗根）は $\mathbb{Q}$ 上有限ガロア的で，そのガロア群は可換群である．

証明　p.93 より $E = \mathbb{Q}(\varepsilon)$ は分離多項式 $X^n - 1 \in \mathbb{Q}[X]$ の分解体なので，E は $\mathbb{Q}$ 上有限ガロア的．元 $\sigma \in G_{\mathbb{Q}}^E$ は $\sigma(\varepsilon)$ で決まる．$\sigma(\varepsilon)$ も 1 の原始 n 乗根で $\sigma(\varepsilon) = \varepsilon^m$ となる．ただし，m は n と共通因子を持たない．よって各元 $\sigma \in G_{\mathbb{Q}}^E$ に対し剰余類 $[m]$ (p.65) が対応する写像 $f : G_{\mathbb{Q}}^E \to \mathbb{Z}_n$ を得るが，類の代表元は常に n と互いに素．$\mathbb{Z}_n$ のそのような剰余類全体は可換乗法群をなす．f は単射だから，$G_{\mathbb{Q}}^E$ はその部分群と同型で可換となる．

有限体のガロア群

定理 6　有限体 K の有限次拡大体 E はすべて K 上有限ガロア的で，そのガロア群は巡回群である．

証明　$\deg(E/K) = n$, $|K| = q$ のとき，E はちょうど q^n 個の元を持ち (p.95，定理 3)，分離多項式 $X^{q^n} - X$ の分解体 (p.95，定理 4)．実際，ちょうど E のすべての元が零点となる．したがって，E は K 上有限ガロア的．$\sigma : E \to E$, $x \mapsto x^q$ は同型，すなわち $\mathrm{Aut}\, E$ の元 (p.97)．K のすべての元 x について $x^q = x$ であるから $\sigma|_K = 1_K$，すなわち $\sigma \in G_K^E$．主定理より $\mathrm{ord}(G_K^E) = n$ だから，$\sigma^s = 1_E$ となる $s \leqq n$ がある．よって，すべての $x \in E$ に対し $x^{q^s} = \sigma^s(x) = x$ となる．このことから $s = n$．よって，$G_K^E = \{1_E, \sigma, \ldots, \sigma^{n-1}\}$ となり，巡回群．

3次方程式

標準形 $x^3+ax^2+bx+c=0$ $(a,b,c\in\mathbb{R})$ $\xleftarrow{x=z-\frac{a}{3}}$ 簡約形 $z^3+pz+q=0$ $(p=b-\frac{1}{3}a^2,\ q=\frac{2}{27}a^3-\frac{1}{3}ab+c)$

標準形で x を $z-\frac{a}{3}$ で置き換えると，簡約形が得られる．簡約形の任意の解 z に対して $x=z-\frac{a}{3}$ は標準形の解である．

$z^3+pz+q=0$ $\xleftarrow{z=u+v}$ $u^3+v^3+q=0\wedge 3uv+p=0$.

$p=0$ のときは，簡約形の解は自明である（純3次方程式．下記参照）．$p\neq 0$ のときは，簡約形は $z=u+v$ により $u^3+v^3+q+(3uv+p)(u+v)=0$ となる．今，(u,v) が連立方程式 $u^3+v^3+q=0\wedge 3uv+p=0$ ならば $z=u+v$ は簡約形の解である．
適切な式変形により，次の連立方程式を得ることができ，それらの解 (u,v) はまた $u^3+v^3+q=0\wedge 3uv+p=0$ もみたす．

$$u^3=-\frac{q}{2}+\sqrt{\frac{1}{4}q^2+\frac{1}{27}p^3}\wedge 3uv+p=0$$
$$(p=b-\frac{1}{3}a^2,\ q=\frac{2}{27}a^3-\frac{1}{3}ab+c).$$

よって，問題は本質的に以下の形の純3次方程式の解法に帰着される．

$$u^3=k\ \ (k\in\mathbb{C}).$$

この方程式は，複素数体 $\mathbb{C}$ で三つの解を持つ．

$$u_1=\sqrt[3]{k},\quad u_2=\varepsilon\cdot u_1,\quad u_3=\varepsilon^2\cdot u_1\quad (\varepsilon=-\frac{1}{2}+\frac{\sqrt{3}}{2}i).$$

等式 $3uv+p=0$ から u_1,u_2,u_3 に対する値 v_1,v_2,v_3 を得る．このとき，簡約形の解として次のものを得る．

$z_1=u_1+v_1$ に対し $u_1=\sqrt[3]{-\frac{q}{2}+\sqrt{\frac{1}{4}q^2+\frac{1}{27}p^3}}$ および $v_1=-\frac{p}{3u_1}$ とする．
$$z_2=u_2+v_2=\varepsilon\cdot u_1+\varepsilon^2\cdot v_1,\quad z_3=u_3+v_3=\varepsilon^2\cdot u_1+\varepsilon\cdot v_1\quad (\varepsilon=-\frac{1}{2}+\frac{\sqrt{3}}{2}i).$$

（カルダノの解）

A

3次方程式の解法

4次方程式

標準形 $x^4+ax^3+bx^2+cx+d=0$ $(a,b,c,d\in\mathbb{R})$ $\xleftarrow{x=z-\frac{a}{4}}$ 簡約形 $z^4+pz^2+qz+r=0$ $(p=b-\frac{3}{8}a^2,\ q=c-\frac{ab}{2}+\frac{1}{8}a^3,\ r=d-\frac{ac}{4}+\frac{1}{16}a^2b-\frac{3}{256}a^4)$

簡約形の解法

$$z^4+pz^2+qz+r=0\ \Leftarrow\ (z^2+p)^2-(Qz+R)^2=0\ \Leftrightarrow\ z^2+P=Qz+R\vee z^2+P=-Qz-R$$
$$(2P-Q^2=p,\ -2QR=q,\ P^2-R^2=r).$$

$q=0$ のとき，双2次方程式 $z^4+pz^2+r=0$ は2次方程式に帰着できる．$q\neq 0$ のときは，まず連立方程式 $2P-Q^2=p\wedge -2QR=q\wedge P^2-R^2=r$ の解 (P,Q,R) を求めなければならない．適切に式変形すると次の形になる．

(1) $Q^2=\frac{q^2}{4(P^2-r)}$,　(2) $R^2=P^2-r$,　(3) $QR=-\frac{q}{2}$,　(4) $P^3-\frac{p}{2}P^2-rP+\frac{pr}{2}-\frac{1}{8}q^2=0$.

(4) の解 P は，(1) と (2) の解から (3) をみたす (Q,R) という組を選び，(P,Q,R) を $z^2+P=Qz+R\vee z^2+P=-Qz-R$ に代入する．この連立方程式の解は簡約形の四つの解である．

（フェラーリの解）

B

4次方程式の解法

ガロア理論が発展するための本質的な刺激となったのは，**方程式の根号による可解性**への問からもたらされた．よく知られているように複素数体 $\mathbb{C}$ では，一般2次方程式 $x^2+px+q=0$ $(p,q\in\mathbb{R})$ は常にベキ乗根を求めて解く．

$$L=\{\tfrac{1}{2}(-p+\sqrt{p^2-4q}),\tfrac{1}{2}(-p-\sqrt{p^2-4q})\}$$

同様の解法が3次と4次の一般方程式に対しても存在する（図 A, B）．そこで，5次あるいはさらに高次の一般方程式も同じように解かれるか問われる．アーベルの定理（下出）の中で，この問は否定的に答えられる．

問題の定式化

前注　問題をやさしくするために，以下では体の標数は常に0 (p.95) と仮定する．

定義1　K を体，$u_0,\ldots,u_{n-1}$ $(n\in\mathbb{N})$ を独立変数とする方程式

$$x^n+u_{n-1}x^{n-1}+\cdots+u_1x+u_0=0$$

を K 上の $\boldsymbol{n}$ **次一般方程式**と呼ぶ．

次数 n の一般方程式には，$K(u_0,\ldots,u_{n-1})[X]$ の元である $\boldsymbol{n}$ **次の一般多項式**（p.99，定義5）

$$g(X)=X^n+u_{n-1}X^{n-1}+\cdots+u_1X+u_0$$

が対応する．$g(X)$ のどの零点も一般方程式の **'解'** とする．

定義2　K を体とする．$X^n-a=0$ $(a\in K,$ $n\in\mathbb{N}\setminus\{0\})$ を K 上**純粋方程式**と呼ぶ．このときの解をすべて K 上の**ベキ根**と呼ぶ．

2次方程式の解集合は，どの解も根 $\sqrt{p^2-4p}$（純方程式 $x^2-p^2+4q=0$）で $\mathbb{R}(p,q)$ に添加して得られる体の中で表される．$\mathbb{R}(p,q)$ のこのような拡大を**単純ベキ根拡大**と呼ぶ．しかし，3次あるいは4次の方程式の解法が示すように（図 A, B），単純ベキ拡大のみで済ますことはできない．

$$\sqrt[n]{\cdots+\sqrt[m]{\cdots}+\cdots+\sqrt[k]{\cdots}+\cdots}$$

という式が現れる．このような式は，体にベキ根を次々と添加することによって表現される．こうして次の定義に至る．

定義3　K を体とし，$K=K_0\subseteq K_1\subseteq\cdots\subseteq K_s=E$ を体の拡大列とする．E は

(1) $K_{i+1}=K_i(\alpha_i)$ $(i=0,\ldots,s-1)$

(2) α_i は K_i 上のベキ根である

とき，K の**ベキ拡大**と呼ばれる．

定義4　n 次一般多項式の分解体が一つのベキ拡大の中に含まれるときに，n 次一般方程式は**根号によって解かれる**という．

したがって，根号を使って解かれる方程式とは，対応する多項式の零点（方程式の解）がベキ根によって計算されるという意味である．例えば $\mathbb{R}(p,q,\sqrt{p^2-4q})$ は $X^2+pX+qX$ の分解体であると同時に $\mathbb{R}(p,q)$ のベキ拡大である．ここでの問は次のようになる：

すべての $n\in\mathbb{N}$ に対し，n 次一般多項式の分解体はあるベキ拡大の中に含まれるか？

可解性への群論的必要条件

ガロア理論を使えば，可解性（定義4）のための体論的条件を群論的なものに変えることができる．定理4 (p.99) によれば，n 次一般多項式 $g(X)$ は $K(u_0,\ldots,u_{n-1})$ 上既約かつ分離的である．

分離多項式として $g(X)$ は有限ガロア的な分解体 E を持つ（p.97，定理1）．対応するガロア群は対称群 S_n と同型である（p.99，定理4）．

さて，n 次一般方程式が根号によって解かれれば，E はあるベキ拡大に含まれなければならない．そして，この付加的条件はガロア群の特定の性質の中に反映されていると想定しなければならない．この性質がガロア群の可解性 (p.69) である．すなわち

定理1　n 次一般方程式がベキ根号により可解ならば，対応する一般多項式のガロア群は可解である．

注意　これにより，対称群 S_n が可解であることが，一般方程式の可解性への群論的必要条件であることが分かる．

アーベルの定理

群論 (p.69) では，$n\geqq 5$ に対し対称群 S_n が可解でないことが示されている．したがって，n 次一般方程式が可解であるための上の必要条件は，$n\geqq 5$ に対してはみたされない．すなわち

定理2（アーベルの定理）　標数0の体上では，$n\geqq 5$ に対する n 次一般方程式はベキ根号によって解くことはできない．

注意　ガロア群の可解性は，（方程式が）ベキ根号によって解けるための十分条件であることも証明できる．

S_2,S_3,S_4 は可解 (p.69) だから，2次，3次，4次の方程式は常にベキ根号によって解ける．

注意　3次あるいは4次の一般方程式の解法，解公式は実際の応用には一般に面倒なものである．

実用上は近似法で求められる解で十分である．$\mathbb{R}$ 上の3次多項式のそのような近似解は三角法的にあるいはグラフを使って求められる．近似法（はさみうち法），ニュートン法，逐次近似法，グレーフェ法，（解析参照）が利用される．

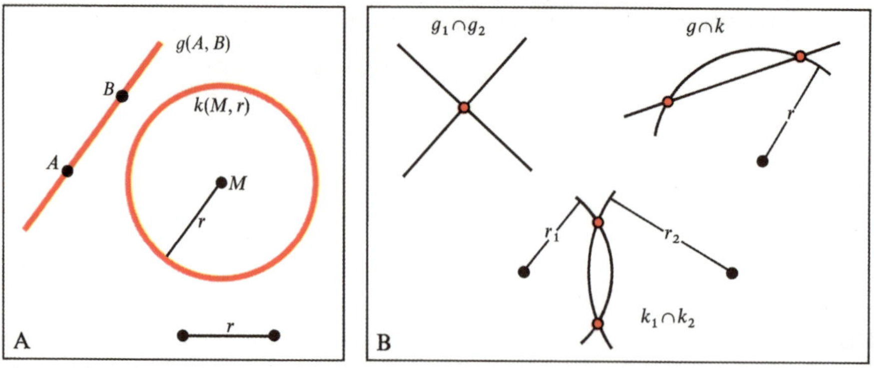

許される作図手順

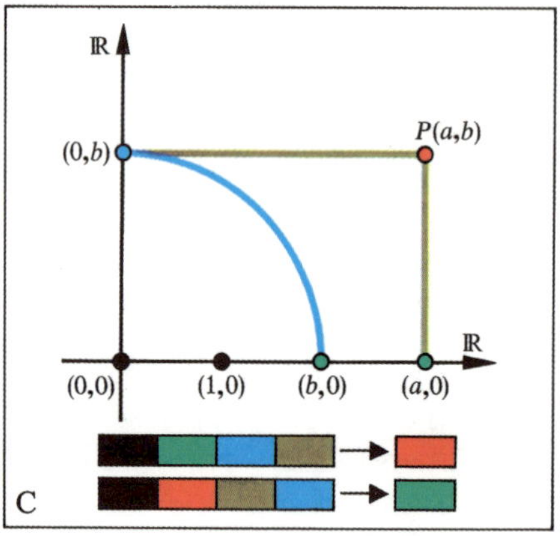

点の構成

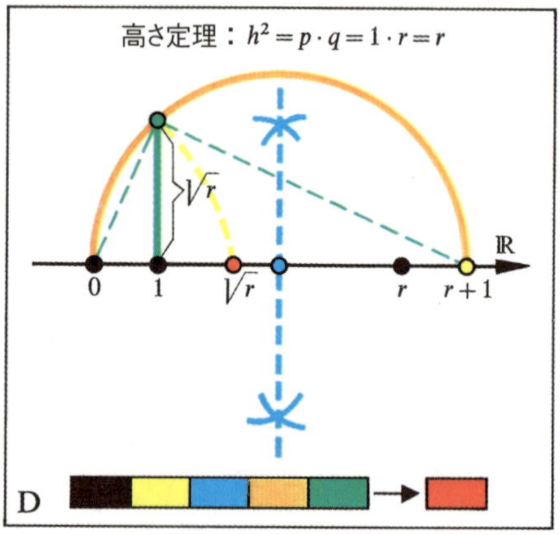

$\sqrt{r}\,(r>0)$ の構成

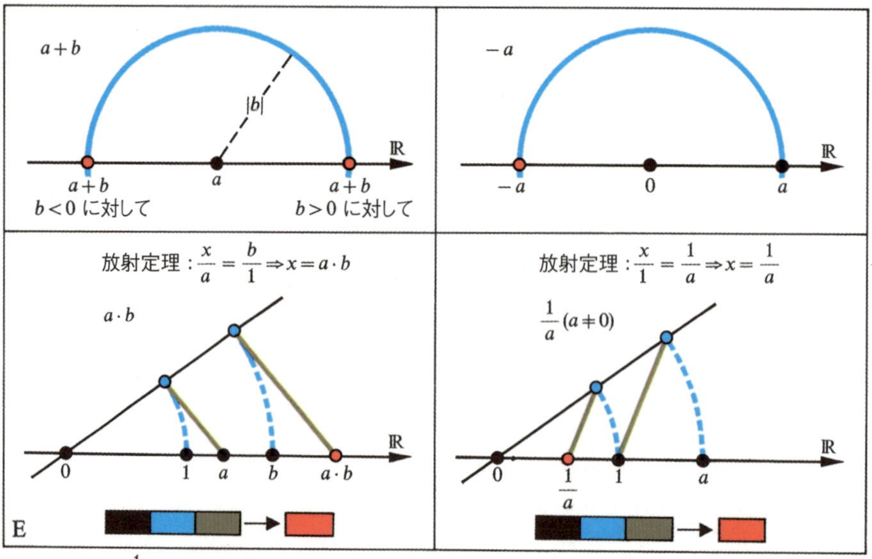

$a+b,\ -a,\ a \cdot b,\ \frac{1}{a}\ (a \neq 0)$ の構成

古典幾何の諸問題に，作図問題がある．この問題では，使ってよい手段にはある制限がつけられる．例えば作図をただ定規のみで，あるいはコンパスのみで，あるいは定規とコンパスのみを使って実行することなどが要求される．

特に関心を持たれたものは，**コンパスと定規による作図**であった．いくつもの作図可能か否かの証明は，問題の代数化によってやっと成功した．

コンパスと定規による作図可能性

平面上の図形は，それが有限個の点から（例えば三角形が3頂点から決まるように）決まり，またそれらの点のどれもが最初に与えられた点，あるいはすでに求まっている点からコンパスと定規を使った有限回の操作によって作図されるとき，**コンパスと定規によって作図可能**である．この際の許される**作図手段**は次の二つ（図 A, B）である：

(1) 与えられた点かすでに求められた点で確定される定直線または円による作図．

(2) 2直線，あるいは2円，あるいは円と直線の交点による作図．

直交座標系を導入すれば，作図問題は**代数化**される．各点には唯一の実数対が決まり，逆も成立（解析幾何参照）．座標系は二つの点 $P_0(0,0)$, $P_1(1,0)$ によって決めよう．以下では，これらの点は最初に与えておく．

このとき点 $P(a,b)$ を与えた上の点からコンパスと定規を使って作図するという問題を考える．これは，2点 $P(a,0)$, $P(b,0)$ の作図と同値である（図 C）．点 $P(x,0)$ の作図は数直線上での**実数 x の作図**とみなすことができる．すなわち次が成り立つ：

$P(a,b)$ が作図可能 $\Leftrightarrow$ a,b が作図可能

作図可能性への判定条件

図 E から分かるように，与えられた $0,1,a,b\in\mathbb{R}$ から常にコンパスと定規で $a+b$, $-a$, $a\cdot b$, $\frac{1}{a}$ $(a\neq 0)$ が作図可能である．これからただちに，与えられた実数（以下では $0,1$ は常にこのうちに入っているとする）の有理式は作図可能である．

すなわち，0 と 1 のみからすべての $x\in\mathbb{Q}$ が作図可能となり，$a_0,\dots,a_n$ からすべての $x\in\mathbb{Q}(a_0,\dots,a_n)$ が作図される．これにより**体概念**との関連が確立する．実際，$\mathbb{Q}(a_0,\dots,a_n)$ は $\mathbb{Q}$ に $a_0,\dots,a_n$ を添加して得られる体だからである (p.89)．図 D から分かるように，与えられた正実数の平方根は常に作図可能である．したがって，$\mathbb{Q}(a_0,\dots,a_n)$ の任意の正元の平方根も作図可能．すなわち，$\mathbb{Q}(a_0,\dots,a_n)$ にはそのような平方根は皆添加することができ，したがって，先行する体からこの操作によって生成される拡大体の任意の元は作図可能である．

この方法を続ければ体の**鎖** (I) が得られる：

$K_0=\mathbb{Q}(a_0,\dots,a_n)\subseteq K_1\subseteq\cdots\subseteq K_i\subseteq K_{i+1}\subseteq\cdots$

ただし，$K_{i+1}=K_i(\sqrt{r_i})$ $(r_i\in K_i, r_i>0, i=0,1,\dots)$．こうして，(I) の形の体鎖の中の体の元であることがコンパスと定規での作図可能性のための**十分条件**の一つとなる．すなわち

$x\in K_i$ ならば，x は与えられた実数 $a_0,\dots,a_n$ から作図可能である．

この十分条件はまた**必要**でもあることが分かる．x が作図可能ならば，点 $P(x,0)$ は有限回操作によって得られなければならない．許される作図ステップの実行は代数的に次を意味する．

(1′) 直線または円の方程式を書き示すこと（それらの係数は最初に与えられた数またはすでに作図された数の有理式である）．

(2′) 交点座標の計算（この際与えられた，あるいは作図されている数の有理式の他には平方根号のみが現れる．なぜなら1次または2次の方程式を解くだけだからである．解析幾何参照）．

したがって，x が作図可能であるならば，x は有理的な操作と前もって求められた数の平方根とによって表現されねばならない，すなわち x は $\mathbb{Q}(a_0,\dots,a_n)$ に次々に平方根を添加してできる体の元となっている．これは次のようにいえる．

定理 1　$x\in\mathbb{R}$ は，体鎖 (I) 内にある体の元のとき，そのときに限り $a_0,\dots,a_n\in\mathbb{R}$ からコンパスと定規を使って作図可能である．

定理 1 の精密化

定理 1 によって幾何問題は代数の問題に帰着される．今や代数的手段によって，いつ x が体鎖の中の体に属するか否かが決定される．ガロア理論から次の定理を得る．

定理 2　$x\in\mathbb{R}$ は，それが $\mathbb{Q}(a_0,\dots,a_n)$ 上の次数が 2^m $(m\in\mathbb{N})$ の形の有限ガロア拡大 E に含まれるとき，そのときに限り，$a_0,\dots,a_n\in\mathbb{R}$ からコンパスと定規を使って作図可能である．

$x\in\mathbb{R}$ が作図可能であるためには，それが $\mathbb{Q}$ 上のある代数拡大に含まれていることが必要である．

注意　定理 2 の証明については文献に委ねる．定理 2 の本質的部分は拡大の次数についての命題である．この方法で，多項式を使って作図可能の可解性を判定することができる．

定理 2 が有用であることは，一連の例 (p.105) から分かる．

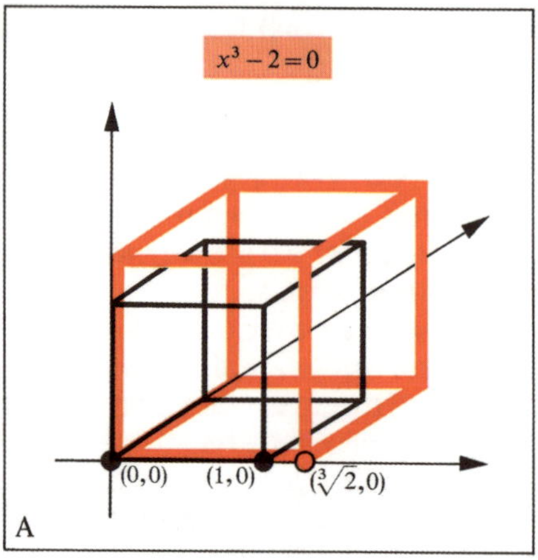

デロスの問題（立方体の倍積）

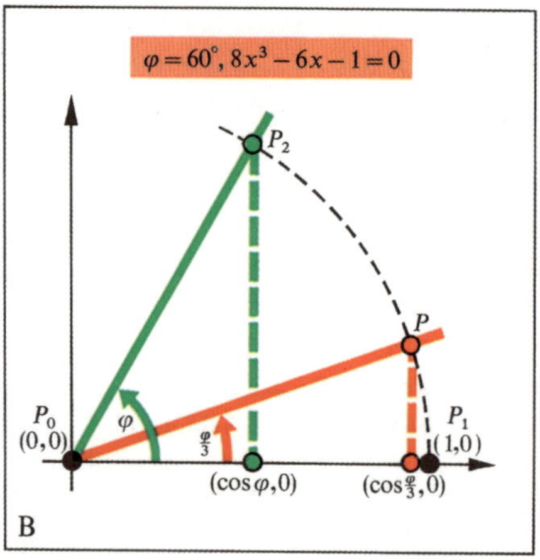

角の3等分

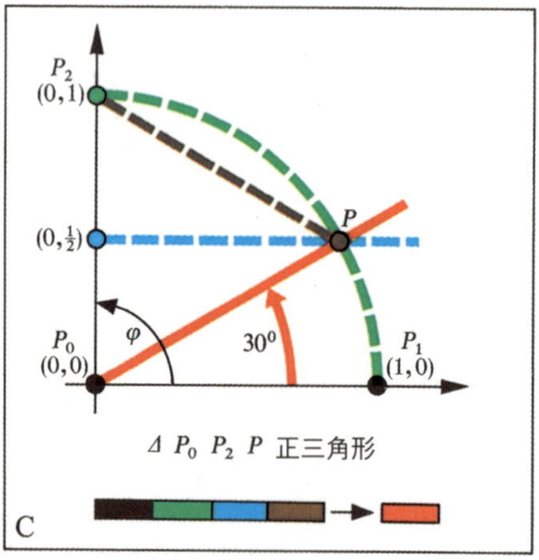

直角の3等分

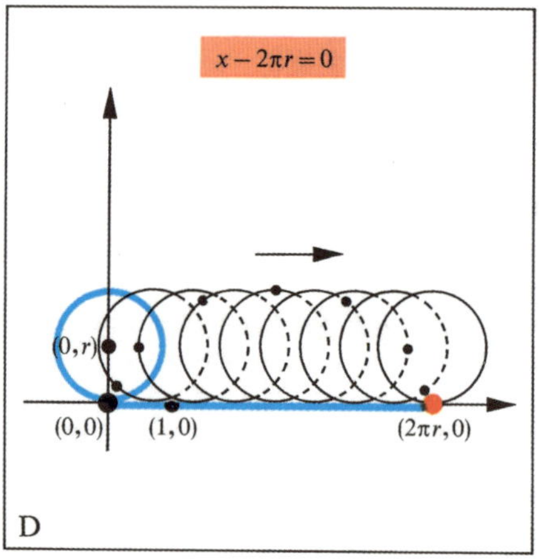

円周の直線化

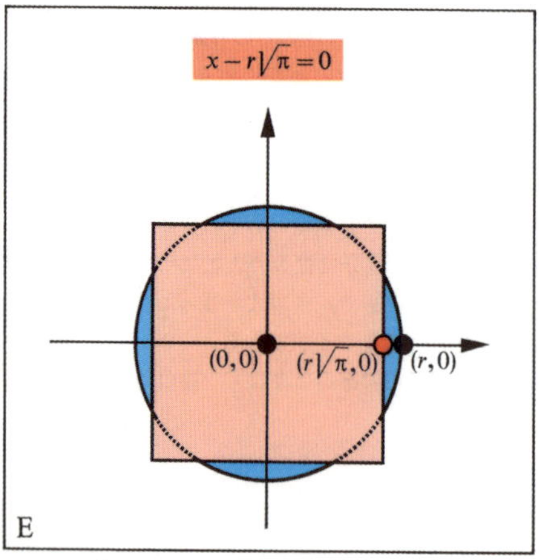

円の面積の方形化

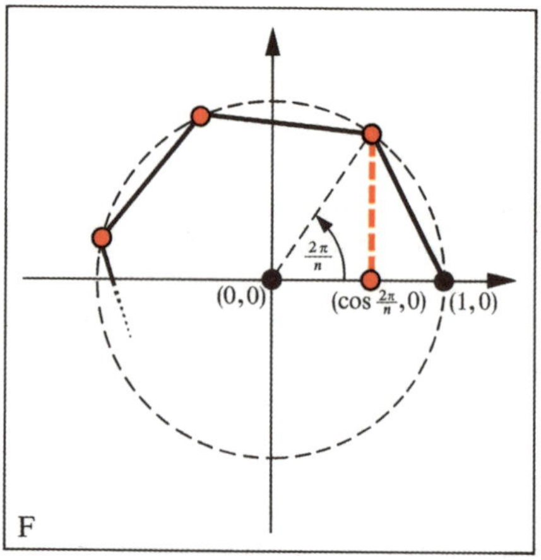

正 n 角形の作図

作図可能の例

a) デロスの問題（立方体の倍積）：

1 辺の長さ 1 の立方体に対し，体積 2 倍の立方体作図，すなわち $\sqrt[3]{2}$ を作図すること（図 A）.

定理 3　立方体倍積は定規とコンパスでは不可能.

証明　基礎体は $\mathbb{Q}$ で，$\sqrt[3]{2}$ は $\mathbb{Q}$ 上既約多項式 $X^3 - 2 \in \mathbb{Q}[X]$ の零点．よって $\mathbb{Q}(\sqrt[3]{2})$ の $\mathbb{Q}$ 上次数は 3. $\sqrt[3]{2}$ が作図可能なら，$\sqrt[3]{2}$ は $\mathbb{Q}$ 上次数 2^m の拡大体 E 内にある（p.103 定理 2）．$\mathbb{Q} \subseteq \mathbb{Q}(\sqrt[3]{2}) \subseteq E$ から，この仮定は p.89 の次数定理より $3|2^m$．矛盾.

b) 角の 3 等分

角 φ は点 P_0, P_1, P_2 で決まるとする．作図すべき点 P は，P_0, P_1, P の決める角が $\varphi/3$ となるはず（図 B）．一般性を失うことなく P_0, P_1, P_2 は図 B のようにしてよい．すなわち P_2 は底点 $(\cos\varphi, 0)$ で定まり，点 $(\cos(\varphi/3), 0)$ の作図問題となる.

定理 4　角の 3 等分は，一般の角に対してはコンパスと定規では作図不能である.

証明　基礎体は $\mathbb{Q}(\cos\varphi)$ で，$\cos(\varphi/3)$ は多項式 $4X^3 - 3X - \cos\varphi \in \mathbb{Q}(\cos\varphi)[X]$ の零点（三角恒等式 $\cos\varphi = 4\cos^3(\varphi/3) - 3\cos(\varphi/3)$ から分かる）．よって，この多項式が $\mathbb{Q}(\cos\varphi)$ 上既約のとき，定規とコンパスで作図不能（(a) の証明参照）．ゆえに特別な角について，この多項式が既約なことを示せば十分．角 $\varphi = 60^\circ$ に対し多項式 $4X^3 - 3X - \frac{1}{2} \in \mathbb{Q}[X]$ または同値な $8X^3 - 6X - 1 \in \mathbb{Z}[X]$ を得る．$Y = 2X$ と置き $Y^3 - 3Y - 1$，この多項式は $\mathbb{Q}$ 上既約（p.87 の定理 13，例）．よって $4X^3 - 3X - \frac{1}{2}$ は $\mathbb{Q}$ 上既約.

注意　特別な角については，3 等分は作図可能．例 $\varphi = 90^\circ$（図 C）.

c) 円周の直線化

この問題では，与えた半径 r の円周と同長の線分の作図が問われる（図 D,「円周の巻き戻し」）.

定理 5　円周の直線化はコンパスと定規では不可能.

証明　$x = 2\pi r$ から $\pi \in \mathbb{R}$ を作図したいが，π は超越数（p.59）としてどのような $\mathbb{Q}$ の代数拡大内にもないから，不可能（p.103，定理 2）.

d) 円の正方化

定理 6　与えられた半径 r の円を同面積の正方形に変えることは，コンパスと定規では不可能である.

証明　正方形の 1 辺 $x = r\sqrt{\pi}$ が（図 E）作図可能ならば，$\pi = (\sqrt{\pi})^2$ も作図可能．これは不可能.

e) 正 n 角形の作図

半径 1 の円を与え，この円を外接円とする正 n 角形を作図．特別な n ではコンパスと定規での作図は可能（下を見よ）．正 n 角形は点 $(\cos\alpha_n, 0)$, $\alpha_n = 2\pi/n$ が作図可能のとき，そのときに限り作図可能（図 F）．定理 2 (p.103) から，これは，$\cos\alpha_n$ を含む最小有限ガロア拡大が $\mathbb{Q}$ 上 2^m の形の次数を持つときに限る．なお $\mathbb{Q}(\cos\alpha_n)$ は自分自身 $\mathbb{Q}$ 上有限ガロア的．なぜなら，

(1) $\mathbb{Q} \subseteq \mathbb{Q}(\cos\alpha_n) \subseteq \mathbb{Q}(\varepsilon)$, $\varepsilon = \cos\alpha_n + i\sin\alpha_n$.

(2) ε は 1 の原始 n 乗根 (p.93) で，$\mathbb{Q}(\varepsilon)$ は分離多項式 $X^n - 1$ の分解体として $\mathbb{Q}$ 上有限ガロア的．そのガロア群 G は可換（p.99，定理 5）.

(3) ゆえに G の全部分群は G の正規部分群 (p.65)．特に $\mathbb{Q}(\cos\alpha_n)$ も $\mathbb{Q}$ 上有限ガロア的（p.99, (B)）.

したがって $\cos\alpha_n$ は $\mathbb{Q}(\cos\alpha_n)$ の $\mathbb{Q}$ 上次数が 2^m のときに作図可能（p.103，定理 2）．$\mathbb{Q}(\cos\alpha_n)$ の $\mathbb{Q}$ 上次数は次のように決まる.

(4) $|\mathbb{Q}(\varepsilon)/\mathbb{Q}| = \varphi(n)$ (p.93).

(5) $|\mathbb{Q}(\varepsilon)/\mathbb{Q}(\cos\alpha_n)| = 1$ または 2．なぜなら ε は次の多項式の零点だから.

$$X^2 - 2(\cos\alpha_n)X + 1 \in \mathbb{Q}(\cos\alpha_n)[X]$$

(6) 次数についての定理 (p.89) より，

$$|\mathbb{Q}(\cos\alpha_n)/\mathbb{Q}| = \varphi(n) \text{ か } \varphi(n)/2.$$

ゆえに $\cos\alpha_n$ は $\varphi(n)$ か $\varphi(n)/2$ が 2^m，つまり $\varphi(n)$ が 2^r の形のとき，そのときに限り作図可能．$\varphi(n)$ の性質 (p.109) から，n の素因数分解が ${p_1}^{\alpha_1} \cdots {p_s}^{\alpha_s}$ $(p_i < p_{i+1}, \alpha_i \in \mathbb{N} \setminus \{0\})$ のとき，

$$\varphi(n) = (p_1 - 1){p_1}^{\alpha_1 - 1} \cdots (p_s - 1){p_s}^{\alpha_s - 1}.$$

$i = 1, \ldots, s$ に対して $p_i - 1 = 2^{k_i}$ $(k_i \in \mathbb{N})$ のときには，$\varphi(n) = 2^r$ の形になり，さらに

$$\begin{cases} \alpha_2 = \cdots = \alpha_s = 1 \ (p_1 = 2 \text{ のとき}) \\ \alpha_1 = \cdots = \alpha_s = 1 \ (p_1 \neq 2 \text{ のとき}) \end{cases}$$

すなわち $\varphi(n) = 2^r$ となるのは n がちょうど

$$n = {p_1}^{\alpha_1} p_2 \cdots p_s$$

という形のとき．ただし $p_i = 2^{k_i} + 1$ と書け（この形の素数を**フェルマー素数**と呼ぶ．p.117），$p_1 = 2$ のときは α_1 は任意，$p_1 \neq 2$ のときは $\alpha_1 = 1$ とする．まとめると，

定理 7　正 n 角形は，n が 2 ベキとフェルマー素数全体の互いに異なるものの有限積のとき，そのときに限りコンパスと定規を使い作図可能.

注意　フェルマー素数はすべて $2^{2^t} + 1$ $(t \in \mathbb{N})$ の形に表されるが，この形のすべての数が素数とは限らない．現在のところ，$t = 0, \ldots, 4$ に対応する $3, 5, 17, 257, 65537$ がフェルマー素数と分かっているのみ.

定理 7 から，$n = 3, 4, 5, 6, 8, 10, 12, 15, 16, 17, 20$ などは正 n 角形が作図可能．これ以外の正 n 角形はコンパスと定規によっては作図できない.

数 6 は，$\mathbb{Z}[\sqrt{-5}]$ では次の 2 種類の分解を持つ：

$$6=2\cdot 3 \text{ および } 6=(1+\sqrt{-5})\cdot(1-\sqrt{-5}).$$

$a+b\sqrt{-5}\mapsto a^2+5b^2$ で定義される関数 $g:\mathbb{Z}[\sqrt{-5}]\to\mathbb{N}$ は単調値関数であり，次が成り立つ：

$$g(2)=4,\qquad g(3)=9,$$
$$g(1+\sqrt{-5})=6,\qquad g(1-\sqrt{-5})=6.$$

これら 4 個の元が真の因子 t を持てば，$g(t)$ は 4, 6, 9 の真の因子，すなわち 2 または 3 でなければならないが，方程式 $a^2+5b^2=2$ も $a^2+5b^2=3$ も整数解を持たないので，$\mathbb{Z}[\sqrt{-5}]$ 内にそのような元は存在しない．したがって 6 の既約元への分解は一意的に定まらない．　因子たちは素元ではない．

$\mathbb{Z}[\sqrt{-5}]$ は一意分解環ではない．

$\mathbf{A_1}$

次のイデアルを考える：

$$\mathfrak{a}=(2,1+\sqrt{-5})=(2,1-\sqrt{-5}),\quad \mathfrak{b}=(3,1+\sqrt{-5}),\quad \mathfrak{c}=(3,1-\sqrt{-5}),$$

すると次が成り立つ：

$$\mathfrak{a}^2=(2)$$
$$\mathfrak{b}\cdot\mathfrak{c}=(3)$$
$$\mathfrak{a}\cdot\mathfrak{b}=(1+\sqrt{-5})$$
$$\mathfrak{a}\cdot\mathfrak{c}=(1-\sqrt{-5}).$$

すなわち上記の既約元によって生成されたイデアルはさらに分解される．イデアル $\mathfrak{a},\mathfrak{b},\mathfrak{c}$ は素イデアルで乗法的最終構成要素として素数に取ってかわるものである．イデアル (6) に対し，一意的な $(6)=\mathfrak{a}^2\mathfrak{b}\mathfrak{c}$ が成り立つ．

$\mathbb{Z}[\sqrt{-5}]$ はデデキント環である．

$\mathbf{A_2}$

既約元への分解

ユークリッド環の二つの元 a_1, a_2 で $g(a_1)\geqq g(a_2)>0$ であるものに対し，剰余を持つ除法を次々に実行して，次のような元 $q_2, q_3, \cdots$ を定めることができる：

$$a_1=a_2q_2+a_3 \quad \text{ここで}\quad g(a_3)<g(a_2)$$
$$a_2=a_3q_3+a_4 \quad \text{ここで}\quad g(a_4)<g(a_3)$$
$$a_3=a_4q_4+a_5 \quad \text{ここで}\quad g(a_5)<g(a_4)$$
$$\cdots \qquad\qquad \cdots$$

数列 $\{g(a_i)\}$ は有限回で 0 に達するので，列 $\{a_i\}$もそうなる．もし $g(a_n)>0$ かつ $g(a_{n+1})=0$ であれば，a_n は列$\{a_i\}$の最後の 0 でない項であり，$a_n=\gcd(a_1,a_2)$ となる．なぜならa_n はそれ以前のすべての$\{a_i\}$の約元であり，またa_1 とa_2 の共約元はそれ以後のすべての$\{a_i\}$の約元だからである．

例：$a_1=816,\ a_2=294.$

割り算		等式
816÷294の商2	588	$816=294\cdot 2+228$
294÷228の商1	228	$294=228\cdot 1+66$
228÷66の商 3	198	$228=66\cdot 3+30$
66÷30の商2	60	$66=30\cdot 2+6$
30÷6の商5	30	$30=6\cdot 5$
	0	

$\gcd(816, 294)=6$ 次々に代入することにより

$$\begin{aligned}6&=1\cdot 66-2\cdot 30\\&=-2\cdot 228+7\cdot 66\\&=-9\cdot 228+7\cdot 294\end{aligned}$$

$$6=-9\cdot 816+25\cdot 294 \text{（gcd の線形結合表示）}$$

B

ユークリッドの互除法と最大公約数

概観

数論の元来の対象は有理整数環 $\mathbb{Z}$ であり，そこでは加法，減法と乗法が自由にできるが除法はそうでない．$a, b \in \mathbb{Z}$ に対して $\frac{a}{b} \in \mathbb{Z}$ のとき a は b で**割り切れる**（整除される）という．数論においてはこの整除関係が問題とされる．a の b による整除性は，方程式 $bx = a$ が整数解を持つことと同値である．その一般化として，ある代数方程式または連立代数方程式が整数解を持つかどうかという問題が生じる（ディオファントス方程式）．整除性の考察は任意の整域から出発するのが通例である．

整除性の基本概念

1 を持ち零因子を持たない可換環は整域と呼ばれる (p.31)．重要な例として $\mathbb{Z}$ の他に整域 R 上の多項式環 $R[X]$ あるいは体 K 上の多項式環 $K[X]$，さらには 2 次整数環 $\mathbb{Z}[\sqrt{m}\,] := \{a + b\sqrt{m} \mid a, b \in \mathbb{Z}\}$（ここで $m \in \mathbb{Z}, \sqrt{m} \notin \mathbb{Z}$）が挙げられる．整域に対して，次の定義をする．

定義 1　a が b の**因子**であるとは，$b = aq$ となる元 $q \in R$ が存在することを意味し $a \mid b$ で表す．

$e \mid 1$ となるとき e は**単元**と呼ばれる．

a と b は，$a \mid b$ かつ $b \mid a$ であるとき**同伴**であるといい，$a \sim b$ で表す．

b の因子 a は，単元でもなく b と同伴でもないとき，b の**真因子**と呼ばれる．a が単元でなく，かつ真因子を持たないとき**既約**であるという．

注意　上記の関係 $\sim$ は同値関係である．$a \sim b$ であるとき $a = be$（e は単元）と書ける．

$\mathbb{Z}$ における単元は $+1$ と -1．体においては 0 でない元はすべて単元．環 $\mathbb{Z}[\sqrt{7}]$ においては，例えば $8 + 3\sqrt{7}$ は $(8 + 3\sqrt{7})(8 - 3\sqrt{7}) = 1$ より単元．

値関数

多くの整域において，ある写像 $g : R \to \mathbb{N}$ を通して整除関係の見通しがよくなる．

定義 2　写像 $g : R \to \mathbb{N}$ が整域 R 上の**値関数**であるとは次の条件をみたすものである：

(1) $g(ab) = g(a)g(b)$（準同型性），

(2) $g(a) = 0 \Leftrightarrow a = 0$.

値関数に対して次が成立：$b = aq$ から $g(b) = g(a)g(q)$ となるから，a が b の因子であれば $g(a)$ は $g(b)$ の因子であり，$g(a) \leqq g(b)$ となる．$a \sim b$ ならば $g(a) = g(b)$ で，また e が単元なら $g(e) = 1$.

定義 3　値関数 g は，$b \neq 0$ の任意の真因子 a に対して $g(a) < g(b)$ となるとき**単調**であるという．

値関数 g に対して，$g(a) = 1$ より a が単元であることが導かれるとき g は単調となることが容易に分かる．次の定理は単調値関数が存在する必要条件を与える．

因子鎖定理　単調値関数を持つ環において，各項がその直前の項の真因子になっているような点列 $\{a_n\}$ は有限個の項しか持ちえない．

まず重要な整域上にはそのような値関数が存在することを示す：$\mathbb{Z}$ 上では $g(a) := |a|$ によって一つの単調値関数が定義される．$\mathbb{Z}[\sqrt{m}]$ 上では $g(a + b\sqrt{m}) := |a^2 - b^2 m|$，$K[X]$ 上では

$$g(a(X)) := \begin{cases} 0, & a(X) = 0 \text{ のとき}, \\ 2^{\deg a(X)}, & a(X) \neq 0 \text{ のとき}, \end{cases}$$

によって単調値関数が定義される．

注意　上で 2 のかわりに，任意の $r > 1$ が取れる．

任意の整域上に単調値関数が存在するとは限らない．例えば代数的整数全体のなす環 (p.113) では上記の因子鎖定理が成り立たない．実際，列 $(\sqrt{2}, \sqrt[4]{2}, \sqrt[8]{2}, \sqrt[16]{2}, \ldots)$ は無限に続く真因子の列となっている．

定理 1　単調値関数を持つ整域において，単元でない任意の元は有限個の既約元の積で表現できる．

分解は一意的と限らない．因子の並べ方，同伴な元の違いを無視してもなお異なる分解が存在しうる（図 A 参照）．

素元，素元分解環

既約元の概念はまだ数の乗法的最終構成要素としての要請を満足していない．

定義 4　p は単元でなく，かつ次の条件をみたすとき**素元**と呼ばれる：

$p \mid ab$ ならば $p \mid a$ または $p \mid b$ である．

定理 2　任意の素元は既約元である．

実際 $p = ab$ なら $a \mid p \wedge b \mid p$ が導かれ，また定義 4 より $p \mid a \vee p \mid b$ となり $p \sim a \vee p \sim b$. よって p は真因子を持たない．

素元への分解は，もしそれが存在すれば，次の意味で一意的である．二つの分解があるとき，素元の対ごとに同伴になる．この証明は定義 4 を用いて，因子の個数に関する帰納法で示される．

定義 5　整域において各元が素元への分解を持つとき，**素元分解環**と呼ぶ．

注意　$\mathbb{Z}[\sqrt{-5}]$ は素元分解環でない．

素元分解環の重要なクラスとして次に述べるユークリッド環が挙げられる．そこでは元 b を a で割って余りが r である，すなわち $b = aq + r$ という除法が意味を持つ．

定義 6　値関数 g が次の付加的条件を持つとき**ユークリッド的**であるという：

$$0 < g(a) \leqq g(b) \Rightarrow \exists q(g(b - aq) < g(b)).$$

ユークリッド的値関数が定義される環を**ユークリッド環**という．

上の条件における q は $g(b - aq) < g(a)$ となるように常に決めることができる．$b - aq = r$，すなわち $b = aq + r$ と書いて r を b の a による剰余と呼ぶ．ここで $g(r) < g(a)$ である．

注意　任意のユークリッド的値関数は単調．

定理 3　ユークリッド環は一意分解環．

証明　ユークリッド環において素元でない既約元が存在すると仮定する．そのような元 u で $g(u)$ が最小となるものを取る．すなわち $g(v) < g(u)$ となるすべての既約元 v は素元となる．u は素元ではないから積 ab で u を因子として持つが，u は a, b いずれの因子にもなっていないものが存在する．ab をそのような積のうちで値関数の値が最小となるものとする．$g(a)$ と $g(b)$ が $g(u)$ より小さいとすれば，a と b は，したがって ab は一意的な分解を持つ．これより u はこれらの元の一つと同伴（矛盾）．そこで $g(a) \geqq g(u)$ としてみると $g(a-qu) < g(a)$ となる q が存在する．したがって $g((a-qu)b) < g(ab)$．積 $(a-qu)b = ab - qub$ は u で割り切れるから，その因子の一つが u で割り切れなければならない．すなわち $u \mid a - qu$ であり，$u \mid a$ となる（矛盾）．

定理 3 の逆は成立しない．例えば $\mathbb{Z}[X]$ は一意分解環であるがユークリッド環ではない．

注意　$\mathbb{Z}$ はユークリッド環．$q{=}1$ または $q{=}-1$ とすれば定義 6 の条件がみたされるから．多項式環 $K[X]$ はすべてユークリッド的．なぜなら $a(X)$ と $b(X)$ を $K[X]$ の二つの多項式，その最高次係数をそれぞれ α, β, g を上で定義された値関数，さらに $\deg a(X) = n \geqq \deg b(X) = m > 0$ とすれば，$g(b(X) - \frac{\beta}{\alpha}X^{n-m}a(X)) < g(b(X))$ となるから．2 次整数環 $\mathbb{Z}[\sqrt{m}\,]$ の中では，有限個のみがユークリッド的，$m = -2, -1, 2, 3$ 等．

$\mathbb{Z}$ が一意分解環であるという事実は，**初等整数論の基本定理**と呼ばれている．一意分解環でない環において，乗法的最終構成要素の構成問題が起こるが，その要素は環の元ではない．その構成は，多くの場合に様々な方法（イデアル論，付値論）によって実際可能である．

イデアル論

求める数領域の拡張は，数の類を取ることによって実行される．これはちょうどアフィン平面に元来存在しない点を付加して射影平面を作るのに対応している．この新しい点は互いに平行な直線たちの類として定義された (p.129)．数論においては，元来ない，観念上の数として p.73 で導入された**イデアル**が現れる．そこでは素イデアルの概念が定義された．ここでイデアルとは，R 上の加群となっているような R の部分環である．$\mathfrak{u}$ が有限個の生成系 $\{u_1, \ldots, u_n\}$ を持てば，$\mathfrak{u} = \{r_1u_1 + \cdots + r_nu_n \mid r_i \in R\}$ となり，これを $\mathfrak{u} = (u_1, u_2, \ldots, u_n)$ と表す．

定義 7　任意のイデアルが有限個の生成系を持つ環は，**ネーター環**と呼ばれる．任意のイデアルがただ 1 個の元で生成される環は，**単項イデアル環**と呼ばれる．

二つのイデアル $\mathfrak{u}$ と $\mathfrak{v}$ の積とはすべての積 uv ($u \in \mathfrak{u}, v \in \mathfrak{v}$) で生成されるイデアル，すなわち，そのような積の有限和全体の集合のことである．この概念を用いて，R の数のかわりにそのイデアルを分解することを試みる．

定義 8　整域で，その任意のイデアルが素イデアル分解を持つものを**デデキント環**と呼ぶ．

そのような分解は因子の順序を除いて一意的である．

定理 4　ユークリッド環は単項イデアル環．

a をイデアル $\mathfrak{a}$ の元で値関数が最小値を取るものとすると $\mathfrak{a} = (a)$ である．

a の素元への分解は $\mathfrak{a}$ の素イデアルへの分解に対応する．任意のユークリッド環は一意分解環かつデデキント環である．しかし一意分解環でないデデキント環の重要な例が存在する．$m \equiv 2(4)$ または $m \equiv 3(4)$ となる m に対する 2 次整数環 $\mathbb{Z}[\sqrt{m}\,]$ はデデキント環である．特に $\mathbb{Z}[\sqrt{-5}\,]$（図 A_2）．また $m \equiv 1(4)$ である m に対しては環 $\mathbb{Z}[\frac{1+\sqrt{m}}{2}]$ がデデキント環である．これらの環の一部だけが同時にユークリッド環である．

定理 5　整域 R がデデキント環であることと (0) 以外の任意の素イデアルが極大イデアル (p.73) であることとは同値．

一意分解環であるがデデキント環でない例として，体 K 上の複数の不定元を持つ多項式環 $K[X_1, X_2, \ldots, X_n]$ (p.85) がある．この場合素イデアル (X_1) は素イデアル (X_1, X_2) に真部分集合として含まれ，定理の条件が成り立たない．数論では，一般に環の元の集合は理論展開上十分に包括的でなく，イデアル全体の集合を考えれば包括的となる．

注意　デデキント的でない環において，ある場合にはいわゆる準素イデアル $\mathfrak{q}$ への分解が考えられる．ここで準素イデアルとは

$$(xy \in \mathfrak{q} \wedge x \notin \mathfrak{q} \Rightarrow \exists n \in \mathbb{N}(y^n \in \mathfrak{q}))$$

で定義される．$n = 1$ の場合が素イデアル．

最大公約元 (gcd) と最小公倍元 (lcm)

数論においては，環の 2 元に対する**最大公約元** (gcd) と**最小公倍元** (lcm) の概念が重要である：

$$d = \gcd(a,b) :\Leftrightarrow d|a \wedge d|b \wedge (d'|a \wedge d'|b \Rightarrow d'|d),\ v = \mathrm{lcm}(a,b) :\Leftrightarrow a|v \wedge b|v \wedge (a|v' \wedge b|v' \Rightarrow v|v').$$

注意　d と v は同伴を除いて一意に決まる．

a と b は $1 = \gcd(a,b)$ のとき**互いに素**であるという．任意の環でこのように定義された元が存在するわけではない．一意分解環において，任意の元は素元ベキ積の形に書ける：$a = e\prod_i p_i^{\alpha_i}$．ここで e は単元．積はすべての素元にわたるが，ベキ指数は有限個のみが 0 と異なる．次は容易に分かる．

$$\gcd(a,b) = \prod_i p_i^{\min((\alpha_i, \beta_i))},$$
$$\mathrm{lcm}(a,b) = \prod_i p_i^{\max((\alpha_i, \beta_i))}.$$

gcd の線形結合表示

ユークリッド環においては，a_1 と a_2 の素元分解が与えられていなくとも，$\gcd(a_1, a_2)$ はユークリッドの互除法によって有限回の手続きで決定される (p.106，図 B)．この手続き（また，ユークリッド環が単項イデアル環であるという事実）より，a_1 と a_2 に対して $\gcd(a_1, a_2) = a_1x_1 + a_2x_2$ となる元 x_1, x_2 の存在が導かれる．

注意　最大公約元と最小公倍元の概念は，イデアルにまで拡張される：$\gcd(\mathfrak{a}, \mathfrak{b}) = \{a + b \mid a \in \mathfrak{a} \wedge b \in \mathfrak{b}\}$, $\mathrm{lcm}(\mathfrak{a}, \mathfrak{b}) = \mathfrak{a} \cap \mathfrak{b}$.

剰余類と剰余類環

これまでは，整域 R の元 b が元 a で割り切れるかどうかを問題にしてきた．ユークリッド環においてはより精密に，同じ余りを持つ元をまとめてできる，いわゆる**剰余類**が生じる．余りが 0 の元は，ちょうど単項イデアル (a) を形成する．

定義 9　$b_1 \equiv b_2(a)$（b_1 は b_2 と a を**法として合同**）$:\Leftrightarrow b_1 - b_2 \in (a)$.

イデアルに関する合同を考えることにより，これは任意の環に拡張できる．

定義 10　$b_1 \equiv b_2(\mathfrak{a}) :\Leftrightarrow b_1 - b_2 \in \mathfrak{a}$.

合同関係は同値関係になっている．剰余類 $[\![b]\!]$ の集合 $R/(a)$ は環をなし，**剰余（類）環**または**商環**と呼ばれる．p.73 によれば，$R/\mathfrak{a}$ が整域であることと $\mathfrak{a}$ が素イデアルであることとは同値である．$\mathbb{Z}_p := \mathbb{Z}/(p)$ はしかも体となる．より一般に

定理 6　R をユークリッド環，$\mathfrak{p}$ を素イデアルとすると，$R/\mathfrak{p}$ は体である．

証明　$\mathfrak{p}$ は素元 p で生成されるものとする．$[\![a]\!] \neq [\![0]\!]$ とすると，$\gcd(a, p) = 1$ だから，ある $b, q \in R$ が存在して，線形結合表示 $ab + pq = 1$ が成立．$[\![a]\!] \cdot [\![b]\!] = [\![1]\!]$ だから $[\![b]\!]$ は $[\![a]\!]$ の逆元で $R/\mathfrak{p}$ は体となる．

剰余環に関しては，数論において重要な次の分解定理が成立：

定理 7　R をユークリッド環とし，$a = q_1q_2 \cdots q_n$ は，対ごとに互いに素な因子 q_i を持つものとする．すると任意の元 $[\![b]\!] \in R/(a)$ は $[\![b]\!] = [\![b_1]\!] + [\![b_2]\!] + \cdots + [\![b_n]\!]$ $([\![b_i]\!] \in R/(q_i))$ の形に一意的に表現される（p.67，群の直積を参照）．

証明には特に次を示す（直交ベキ等元の存在）．

$$[\![1]\!] = [\![e_1]\!] + [\![e_2]\!] + \cdots + [\![e_n]\!],\ [\![e_i]\!] \in R/(q_i),$$

$$[\![e_i]\!] \cdot [\![e_j]\!] = \begin{cases} [\![0]\!] & (i \neq j \text{ のとき}), \\ [\![e_i]\!] & (i = j \text{ のとき}). \end{cases}$$

連立合同式

ユークリッド環において連立合同式 $x \equiv c_i(q_i)$, $i \in \{1, \ldots, n\}$ を考えると次が成立：

定理 8（連立合同式の基本定理）　$\gcd(q_i, q_j) = 1$ $(i \neq j)$ が成り立つとき，連立合同式 $x \equiv c_i(q_i)$, $i \in \{1, \ldots, n\}$ の解の集合は $\mathrm{mod}\, a$ の類からなる．ここで $a = q_1 \cdots q_n$.

証明　まず初めに商 $a_i = a/q_i$ を考えると，これら a_i による線形表示

$1 = x_1a_1 + x_2a_2 + \cdots + x_na_n = e_1 + e_2 + \cdots + e_n$

が存在．e_i と c_i の積を取って $c_1e_1 + c_2e_2 + \cdots + c_ne_n$ を考えると，これは連立合同式の解で，他の解はすべて $\mathrm{mod}\, a$ で合同．

例　$x \equiv 1(3)$, $x \equiv 3(4)$, $x \equiv 5(7)$.

$a = 3 \cdot 4 \cdot 7$, $a_1 = 84/3 = 28$, $a_2 = 84/4 = 21$, $a_3 = 84/7 = 12$, $1 = 7 \cdot 28 - 7 \cdot 21 - 4 \cdot 12 = 196 - 147 - 48$, $x \equiv 196 \cdot 1 - 147 \cdot 3 - 48 \cdot 5(84) \equiv -485(84) \equiv 19(84)$.

剰余環の単元とオイラーの φ 関数

ユークリッド環 R の剰余環 $R/(a)$ の単元を調べることは数論で重要である．類 $[\![b]\!]$ は，$[\![b]\!] \cdot [\![b']\!] = [\![1]\!]$ となる類 $[\![b']\!]$ が存在するとき単元である．

定理 9　類 $[\![b]\!]$ が $R/(a)$ の単元 $\Leftrightarrow \gcd(a, b) = 1$.

定理 10　任意の $[\![b]\!] \in R/(a)$ が R の n 個の部分環 R_i の元 $[\![b_i]\!]$ によって $[\![b]\!] = [\![b_1]\!] + [\![b_2]\!] + \cdots + [\![b_n]\!]$ と一意的に表されるとする．このとき $[\![b]\!]$ が $R/(a)$ の単元であることと任意 i について $[\![b_i]\!]$ が R_i の単元であることとは同値．

定理 9 の証明は gcd の線形結合表示に戻ればよい．定理 10 については，まず $i \neq j$ について $[\![b_i]\!] \cdot [\![b_j]\!] = [\![0]\!]$ より $[\![b]\!] = [\![b_1]\!] + \cdots + [\![b_n]\!]$ と $[\![b']\!] = [\![b'_1]\!] + \cdots + [\![b'_n]\!]$ について $[\![b]\!] \cdot [\![b']\!] = [\![b_1]\!] \cdot [\![b'_1]\!] + \cdots + [\![b_n]\!] \cdot [\![b'_n]\!]$ となる．$[\![1]\!] = [\![e_1]\!] + \cdots + [\![e_n]\!]$ を $[\![1]\!]$ の一意的表現とするとき，$[\![b]\!]$ が単元ならば，すべての i について $[\![b_i]\!] \cdot [\![b'_i]\!] = [\![e_i]\!]$ となるように選べるから $[\![b_i]\!]$ は R_i の単元である．逆に各 $[\![b_i]\!]$ が単元なら $[\![b_i]\!] \cdot [\![b'_i]\!] = [\![e_i]\!]$ となるような $[\![b'_i]\!]$ が存在して，$[\![b]\!] \cdot [\![b']\!] = [\![1]\!]$ である．

系　$R/(a)$ の単元が有限個ならば，その個数は，R_i の単元の個数の積である．特に，$R = \mathbb{Z}$, $a = e\prod_i p_i^{\alpha_i}$ を a の素因数分解とする．すると定理 9 より $R/(a)$ の単元の個数は，a と素な剰余類（すなわち a と素な代表元を持つ剰余類）の個数と等しい．その個数は $\varphi(a)$ で表される**オイラーの関数**（オイラーの φ 関数）．

前述の結果より $\varphi(a) = \prod_{p_i|a} \varphi(p_i^{\alpha_i})$ である．p^α と素でない類は cp $(0 \leqq c < p^{\alpha-1})$ の形の数で生成されるから，そのような剰余類は $p^{\alpha-1}$ 個存在する．よって $\varphi(p^\alpha) = p^\alpha - p^{\alpha-1} = p^\alpha(1 - \frac{1}{p})$ である．これより最終的に次を得る：

$$\varphi(a) = \prod_{p_i|a} p_i^{\alpha_i}\left(1 - \frac{1}{p_i}\right) = a\prod_{p_i|a}\left(1 - \frac{1}{p_i}\right).$$

注意　$\mathrm{mod}\, m$ で素な剰余類は乗法群 G_m をなし，$m = p^\alpha$ $(p \neq 2)$ のときは巡回群になる．G_{p^α} の生成元は $\mathrm{mod}\, p^\alpha$ の**原始根**と呼ばれ，その個数は $\varphi(\varphi(p^\alpha))$ である．

$n=2$　$x_1^2+x_2^2=x_3^2$ は，正整数による解を持つ．その解はピタゴラス数と呼ばれ，そのすべてが次の形に書ける：

$$\left.\begin{aligned} x_1&=(a^2-b^2)\,c\\ x_2&=2abc\\ x_3&=(a^2+b^2)\,c \end{aligned}\right\}\quad a,b,c\in\mathbb{Z}^+$$

例：$c=1,\ \mathbf{gcd}\ (x_1,x_2,x_3)=1$

a	2	3	4	4	5	5	6	6	7	7	7	8	8	8	8	…
b	1	2	1	3	2	4	1	5	2	4	6	1	3	5	7	…
x_1	3	5	15	7	21	9	35	11	45	33	13	63	55	39	15	…
x_2	4	12	8	24	20	40	12	60	28	56	84	16	48	80	112	…
x_3	5	13	17	25	29	41	37	61	53	65	85	65	73	89	113	…

$n\geqq 3$　$x_1^n+x_2^n=x_3^n$ は，正整数による解を持たない．このいわゆる「フェルマーの大定理」は 350 年以上にわたりあらゆる証明の試みが成功しなかった．部分的結果として，$n=4$ および 125000 以下の奇素数に対する証明は得られたが，その方法では一般化して制限をはずせなかった．ついに 1994 年になって，谷山や Frey の研究を用いる新しい方法によって Wiles により完全な証明が得られた．

A

フェルマーの方程式

相異なる奇素数 p,q に対し次が成り立つ：$\left(\frac{q}{p}\right)=\left(\frac{p}{q}\right)\cdot(-1)^{\frac{p-1}{2}\cdot\frac{q-1}{2}}$

証明：$\left(\frac{q}{p}\right)=(-1)^\nu$ と置く．ガウスの補題により ν を決めるため，$1\leqq x\leqq\frac{p-1}{2}$ に対する qx を取って，それらの絶対最小剰余を考える．すると ν は

(1)　　$-\frac{p}{2}<qx-py\leqq 0.$

の解 $y\in\mathbb{Z}^+$ の数である．これから $py<qx+\frac{p}{2}<q\frac{p}{2}+\frac{p}{2}=\frac{q+1}{2}p$，よって $y<\frac{q+1}{2}$.
さらに $1\leqq y$ だから，不等式 (1) の解の対 (x,y) を，$1\leqq x\leqq\frac{p-1}{2}$，$1\leqq y\leqq\frac{q-1}{2}$ の範囲で求めることになる．
同様に $\left(\frac{p}{q}\right)=(-1)^\mu$ となる未知数 μ が，$1\leqq x\leqq\frac{p-1}{2}$，$1\leqq y\leqq\frac{q-1}{2}$ の範囲での

(2)　　$0\leqq qx-py<\frac{q}{2}$

の解の対の数として得られる．したがって $\left(\frac{q}{p}\right)=\left(\frac{p}{q}\right)(-1)^{\nu+\mu}$，ここで $\nu+\mu$ は右図の平行線で区切られた図形内の格子点の数である．

図形の対称性から，この数は黄色の長方形全体の格子点の数 $\frac{p-1}{2}\cdot\frac{q-1}{2}$ と偶数個だけ異なる．よって証明された．

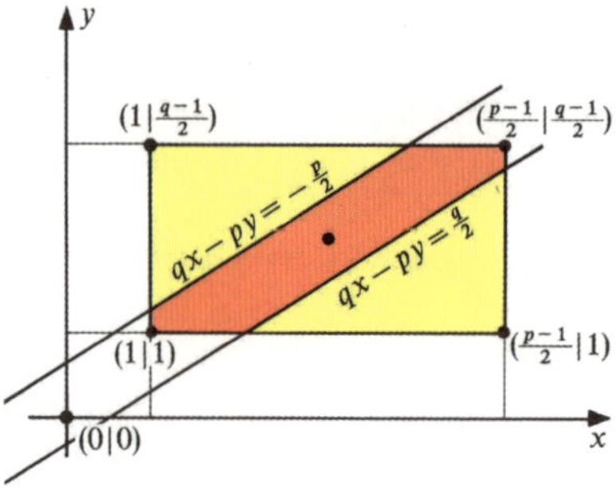

応用：
(a) 第 2 主問題について
a が与えられているとすると，$\left(\frac{a}{p}\right)$ は p の $4a$ を法とする剰余類のみによる．さらに a が，$a\equiv 1(4)$ である素数ならば，p の a を法とする剰余類のみによる．

(b) ルジャンドル記号の計算
例：

$$\left(\tfrac{230}{137}\right)=\left(\tfrac{93}{137}\right)=\left(\tfrac{3}{137}\right)\cdot\left(\tfrac{31}{137}\right)=\left(\tfrac{137}{3}\right)\cdot\left(\tfrac{137}{31}\right)=\left(\tfrac{2}{3}\right)\cdot\left(\tfrac{13}{31}\right)=-\left(\tfrac{31}{13}\right)=-\left(\tfrac{5}{13}\right)=-\left(\tfrac{13}{5}\right)=-\left(\tfrac{3}{5}\right)$$
$$=-\left(\tfrac{5}{3}\right)=-\left(\tfrac{-1}{3}\right)=+1$$

合同式 $x^2\equiv 230\ (137)$ はしたがって解を持つ．
式変形では p.111 の定理 6,8 および $a\equiv a'(p)$ ならば $\left(\frac{a}{p}\right)=\left(\frac{a'}{p}\right)$ との公式を用いた．

B

平方剰余の相互法則

ディオファントス方程式

$f(X_1, X_2, \ldots, X_n)$ を $\mathbb{Z}[X_1, X_2, \ldots, X_n]$ $(n \geqq 2)$ の多項式とする．方程式 $f(x_1, x_2, \ldots, x_n) = 0$ で，整数解を求めるとき，これを**ディオファントス方程式**と呼ぶ．多くの場合これは合同式の解として求まる．例えば $g(x_1, \ldots, x_{n-1}) + x_n b = 0$ の形のディオファントス方程式は合同式 $g(x_1, \ldots, x_{n-1}) \equiv 0(b)$ と同値.

例　$ax_1 + bx_2 - c = 0$ のかわりに，$ax_1 - c \equiv 0(b)$ を解く．このために，群論における事実，有限群 G の任意の元 g に対して $g^{\mathrm{ord}\, G} = e$ となることから導かれるフェルマーの小定理 (p.67) を使う．b について素な剰余類 $[\![a]\!]$ は $\mathbb{Z}_b$ の単元で，そのようなものの個数は $\varphi(b)$ だから $[\![a]\!]^{\varphi(b)} = [\![1]\!]$．したがって，$\gcd(a, b) = 1$ なら $a^{\varphi(b)} \equiv 1(b)$ である．それゆえ，$ax_1 - c \equiv 0(b)$ の解は $\gcd(a, b) = 1$ の場合，$x \equiv a^{\varphi(b)-1}c(b)$ の形である．

p.109 の定理 8 により，上記の方程式の解法は連立方程式に拡張できる．高次の方程式では困難が生じる．フェルマーは $x_1^n + x_2^n = x_3^n$ $(n > 2)$ をみたす $\mathbb{Z}^+$ の三つ組が存在しないという予想を提示したが，これは 1994 年にようやく証明された（図 A）.

ベキ剰余

$x_1^n + mx_2 - a = 0$ の形のディオファントス方程式，あるいはこれと同値な合同式 $x_1^n - a \equiv 0(m)$ は特に重要である．

定義 1　$\mathrm{mod}\, m$ で素な剰余 a は，合同式 $x^n \equiv a(m)$ に解が存在するとき，$\mathrm{mod}\, m$ で ***n*** **乗剰余**といい，そうでないとき ***n*** **乗非剰余**という．

次の二つの基本的問題が生じる：

I. どの a が $\mathrm{mod}\, m$ で n 乗剰余か？

II. どの m に対し，a は $\mathrm{mod}\, m$ の n 乗剰余か？

まず，問題は $m = p^\alpha$ の場合に帰着される：

定理 1　$m = p_1^{\alpha_1} p_2^{\alpha_2} \cdots p_k^{\alpha_k}$ を m の素因数分解とする．a が $\mathrm{mod}\, m$ で n 乗剰余であることと，すべての $i \in \{1, 2, \ldots, k\}$ について a が $\mathrm{mod}\, p_i^{\alpha_i}$ で n 乗剰余であることとは同値.

ベキ剰余に関する第 1 主問題

$m = p^\alpha$ のとき，問題 I は次の定理によって完全な解答が与えられる：

定理 2（オイラーの判定規準）　a が $\mathrm{mod}\, p^\alpha$ $(p \neq 2)$ で n 乗剰余であることと，$a^{\frac{\varphi(p^\alpha)}{\gcd(n, \varphi(p^\alpha))}} \equiv 1(p^\alpha)$ であることとは同値．a が偶数である n に対して $\mathrm{mod}\, 2^\alpha$ $(\alpha \geqq 2)$ で n 乗剰余であることと $a \equiv 1(4)$ かつ $a^{\frac{2^{\alpha-2}}{\gcd(n, 2^{\alpha-2})}} \equiv 1(2^\alpha)$ であることとは同値である．任意の奇数 a は $\mathrm{mod}\, 2$ で n 乗剰余であり，奇数 n について $\mathrm{mod}\, 2^\alpha$ で n 乗剰余である．

注意　$p \neq 2$ で $\gcd(n, \varphi(p^\alpha)) = 1$ ならば，フェルマーの小定理から任意の a に対し $a^{\varphi(p^\alpha)} \equiv 1(p^\alpha)$ が成立.

定理 2 は平方剰余 $(n = 2)$ の場合簡単になる：

定理 3　a が $\mathrm{mod}\, p^\alpha$ $(p \neq 2)$ で平方剰余であることと，$a^{\frac{p-1}{2}} \equiv 1(p)$ であること，すなわち a が $\mathrm{mod}\, p$ で平方剰余であることとは同値である．$\mathrm{mod}\, 2^\alpha$ で平方剰余であることと，$a \equiv 1(2^\beta)$ であることとは同値．ただし，$\beta = \min(\alpha, 3)$.

ベキ剰余に関する第 2 主問題

$n = 2$ のとき，問題 II は次のとおり：どの奇素数 p に対し a は $\mathrm{mod}\, p$ で平方剰余か？ 結果を簡単に記述するため**ルジャンドル記号** $(\frac{a}{p})$ を定義する．

定義 2　$\gcd(a, p) = 1$ で p が奇素数のとき

$$\left(\frac{a}{p}\right) = \begin{cases} 1, & a \text{ が } \mathrm{mod}\, p \text{ で平方剰余}, \\ -1, & a \text{ が } \mathrm{mod}\, p \text{ で平方非剰余}. \end{cases}$$

定理 4　r を任意の $\mathrm{mod}\, p$ の原始根 (p.109) とし，$a \equiv r^v(p)$ とする．すると $(\frac{a}{p}) = (-1)^v$.

なぜなら，a が平方剰余であることと，v が偶数であることとが同値だから．系として $(\frac{ab}{p}) = (\frac{a}{p})(\frac{b}{p})$ が得られ，結局 $(\frac{-1}{p})$, $(\frac{2}{p})$ の値と，奇素数 q に対する $(\frac{q}{p})$ の値が必要になる．

定理 5　$\left(\dfrac{a}{p}\right) \equiv a^{\frac{p-1}{2}}(p)$.

証明　フェルマーの小定理より，$a^{p-1} = (a^{\frac{p-1}{2}})^2 \equiv 1(p)$，すなわち $a^{\frac{p-1}{2}} \equiv \pm 1(p)$ が成り立つ．定理 3 と併せれば，求める等式が導かれる．

特に $a = -1$ と置けば次が得られる：

定理 6　$\left(\dfrac{-1}{p}\right) = \begin{cases} 1, & p \equiv 1(4) \text{ のとき}, \\ -1, & p \equiv -1(4) \text{ のとき}. \end{cases}$

$\mathrm{mod}\, p$ で 0 と異なる剰余は次のいずれかに帰着される：$\pm 1, \pm 2, \ldots, \pm \frac{p-1}{2}$（絶対最小剰余）.

定理 7（ガウスの補題）　$\gcd(a, p) = 1$ とし，$a \cdot 1, a \cdot 2, \ldots, a \cdot \frac{p-1}{2}$ をその絶対最小剰余に帰着したものを $h_1, h_2, \ldots, h_{\frac{p-1}{2}}$ とし，この中の負の h_i の個数を ν と置く．すると $(\frac{a}{p}) = (-1)^\nu$.

証明はすべての h_i の積を取り，絶対値 $|h_i|$ が $1, 2, \ldots, \frac{p-1}{2}$ の数のすべてをわたることを示す．$a = 2$ のとき，剰余 $2, 4, \ldots, p-1$ を絶対最小剰余に帰着させる．個数を数えて条件 $\nu \equiv \frac{p^2-1}{8}(2)$ を得る．

定理 8　$\left(\dfrac{2}{p}\right) = \begin{cases} 1, & p \equiv \pm 1(8), \\ -1, & p \equiv \pm 3(8). \end{cases}$

定理 9（平方剰余の相互法則）　p と q を相異なる奇素数とする．すると

$$\left(\frac{q}{p}\right) = \left(\frac{p}{q}\right) \cdot (-1)^{\frac{p-1}{2} \cdot \frac{q-1}{2}}$$

が成り立つ．すなわち

$$\left(\frac{q}{p}\right) = \begin{cases} \left(\frac{p}{q}\right), & p \equiv 1(4) \vee q \equiv 1(4), \\ -\left(\frac{p}{q}\right), & p \equiv -1(4) \wedge q \equiv -1(4). \end{cases}$$

（証明と応用は図 B).

注意　高次の剰余法則に対しても，問題 II については類似の公式と相互法則が成り立つ．

体における整除理論

整域における整除理論は，その商体上に容易に拡張される．

定義 1　R を整域，K をその商体とする．$\frac{b}{a}$ が R に含まれるとき，a は R に関する b の**因子**であるという．$a|_R b :\Leftrightarrow \frac{b}{a} \in R$

同伴性の概念も同様に書き換えられる．R が一意分解整域 (p.107) ならば，K の元の素因数分解として，指数を $\mathbb{Z}$ に取ったものがでてくる．$a = e_a \prod_i p_i^{\alpha_i}$, $b = e_b \prod_i p_i^{\beta_i}$ に対して，$a|_R b$ はすべての i について $\alpha_i \leqq \beta_i$ となることと同値．

付値

素数 p を固定する．元 $a \in K\backslash\{0\}$ の素因数分解を取れば，p の指数 α が決まる．$0 < c < 1$ となる実数 $c \in \mathbb{R}$ を取る．a に対して $\varphi(a) = c^\alpha$ と置くと，整除理論で重要な役割を果たした絶対値 (p.107，値関数) と類似の性質を持った関数が得られる．これから示すように，付値と呼ばれる類似の関数が定義される体が，たとえ基礎となる整域が一意分解環でなくとも，数多く存在する．ここから整除理論への新しい道筋が見えてくる．

定義 2　体 K から非負実数の集合への写像 $\varphi : K \to \mathbb{R}_0^+$ は次の性質をみたすとき**付値**と呼ばれる：

(V1) $\varphi(a) = 0 \Leftrightarrow a = 0$

(V2) $\varphi(ab) = \varphi(a)\varphi(b)$　　**(準同型性)**

(V3) $\exists c(c \in \mathbb{R} \wedge \varphi(a+b) \leqq c \cdot \max(\varphi(a), \varphi(b)))$　　**(極大性)**

(V3) において $c = 1$ と取れるとき，φ は**非アルキメデス的付値**，そうでないとき**アルキメデス的付値**と呼ばれる．

注意　(V2) から次が従う：$\varphi(\frac{a}{b}) = \frac{\varphi(a)}{\varphi(b)}$, $\varphi(1) = 1$，より一般に 1 のベキ根 e に対し $\varphi(e) = 1$．よって $\varphi(-a) = \varphi(a)$．

任意の体において $\varphi(0) = 0$ とし，$a \neq 0$ となるすべての a について $\varphi(a) = 1$ と決めることにより，一つの付値が得られる．これは**自明な付値**と呼ばれる．非自明な付値 φ が与えられたとき $0 < \varphi(a_0) < 1$ となるような元 a_0 が少なくとも 1 個存在する．非アルキメデス的付値 φ に対しては，$\varphi(a) \neq \varphi(b)$ のとき $\varphi(a+b) = \max(\varphi(a), \varphi(b))$ が成立．

定理 1　n 個の元を持つ有限体は自明な付値しか持たない．

なぜなら $a^n = 1$ だから，任意の 0 でない元は 1 のベキ根．

注意　正標数の体は非アルキメデス的付値しか持ちえない．

定義 3　二つの付値 φ_1, φ_2 は $\varphi_1(a) < \varphi_1(b) \Leftrightarrow \varphi_2(a) < \varphi_2(b)$ となるとき，**同値**であるという．

定理 2　φ_1 と同値な φ_2 に対して，ある $s \in \mathbb{R}^+$ が存在して $\varphi_2(a) = \varphi_1(a)^s$ となる．逆に，このような φ_1 は，φ_2 と同値な付値となる．

体 $\mathbb{Q}$ の付値

有理数体 $\mathbb{Q}$ においては，絶対値から一つのアルキメデス的付値が構成される．さらに，任意の素数 p に対して **p 進付値**と呼ばれる非アルキメデス的付値 φ_p が次のように定義される：

$$\varphi_p(a) := \begin{cases} 0, & a = 0 \text{ のとき}, \\ p^{-\alpha_p}, & a \neq 0 \text{ のとき}. \end{cases}$$

ここで α_p は a の p 指数．$\varphi_p(a)$ のかわりに $|a|_p$, $|a|$ のかわりに $|a|_\infty$ とも書く．数論において，次の**オストロフスキーの定理**は特別な意味を持つ：

定理 3　付値 $|\ |_\infty$ と p が素数全体を動くときの付値 $|\ |_p$ の全体は，同値でない $\mathbb{Q}$ の付値の代表系を構成する．任意の付値は，これらの付値のいずれか一つと同値である．

非アルキメデス的付値に関する部分の証明では，集合 $\{x \mid x \in \mathbb{Q} \wedge \varphi(x) \leqq 1\}$ が素イデアルとなり，したがってある素数が生成する単項イデアルとなる事実を示す．

K 上の有理関数体 $K(X)$ の付値

自明な付値を持つ体 K に不定元 X を添加した体 $K(X)$ の付値はすべて容易に定まる．それらはすべて非アルキメデス的である．それらを決定するには単項イデアル環 $K[X]$ のすべての付値を調べれば十分．

第 1 の場合：$\varphi(X) \leqq 1$ とする．

すると $\varphi(a_n X^n) = \varphi(a_n) \cdot \varphi(X)^n = \varphi(X)^n \leqq 1$ であり，(V3) からすべての多項式 $f(X)$ に対して $\varphi(f(X)) \leqq 1$．φ が自明でないとすると $\varphi(f(X)) < 1$ となる $f(X)$ が存在．この $f(X)$ を素因子に分解すれば，少なくとも一つの素因子 $p(X)$ に対し $\varphi(p(X)) < 1$．$p(X)$ で割り切れるすべての多項式についても同様．一方 $p(X)$ と素な多項式 $q(X)$ については，線形表示より $\varphi(q(X)) = 1$ が導かれる．したがって $f(X) = p(X)^\alpha q(X)$ ならば $\varphi(f(X)) = \varphi(p(X))^\alpha$．つまり任意の素な多項式に対し，$\mathbb{Q}$ の p 進付値に対応する付値が定義される．

第 2 の場合：$\varphi(X) > 1$ とする．この場合，同値を除いて唯一の付値 φ が存在して

$$\varphi(f(X)) = \varphi(a_n X^n + a_{n-1} X^{n-1} + \cdots + a_0) = \varphi(X)^n = \varphi(X)^{\deg f(X)}$$ が成り立つ．

$K = \mathbb{C}$ の場合，素な多項式はすべて $X - a$ の形をしており，各 $a \in \mathbb{C}$ に対し上記の第 1 の場合にあたる付値が定まる．これは，$r(X) \in \mathbb{C}(x)$ に対し，a における零点ないしは極での位数に関する情報を与える．一方，第 2 の場合に現れる付値は無限遠における情報を与える．これが上で絶対値に ∞ の添字をつけた理由である．一般にリーマン面上で定義された関数体において，その曲面の各点に一つの付値が対応する．

指数付値

非アルキメデス的付値 φ に対して

$$\nu(a) := \begin{cases} \infty, & a = 0 \text{ のとき}, \\ -\log\varphi(a), & a \neq 0 \text{ のとき}, \end{cases}$$

と置くことにより，次の性質を持つ写像 $\nu : K \to \mathbb{R} \cup \{\infty\}$ が定義できる：

(E1) $\nu(a) = \infty \Leftrightarrow a = 0$,

(E2) $\nu(ab) = \nu(a) + \nu(b)$,

(E3) $\nu(a+b) \geqq \min(\nu(a), \nu(b))$.

定義 4　条件 (E1), (E2), (E3) をみたす写像 $\nu : K \to \mathbb{R} \cup \{\infty\}$ を K の**指数付値**と呼ぶ．$a \neq 0$ であるすべての a に対して $\nu(a) = 0$ であるとき，ν を**自明な指数付値**と呼ぶ．

逆に指数付値に非アルキメデス的付値を対応させることができる．$\mathbb{Q}$ の p 進付値から導かれるものは，同値性を除いて $\nu_p(a) = \alpha_p$ に一致．ここで α_p は a の素因数分解の p 指数．集合 $W := \{\nu(a) \mid a \neq 0 \wedge a \in K\}$ は加法に関する群，いわゆる**値群**をなす．

定義 5　W が正の最小値を持つとき，ν を**離散指数付値**，そうでないとき**稠密指数付値**と呼ぶ．

$\mathbb{Q}$ における ν_p は離散指数付値の例となっているが，このとき W の元はすべて，その正の最小値（その値は 1 となるように正規化できる）の倍数となっており，これ以外のとき W は $\mathbb{R}$ の中で稠密である．以下指数付値を単に付値と呼ぶ．

定理 4　非自明な指数付値 ν に対して，K の部分集合 $B := \{x \mid x \in K \wedge \nu(x) \geqq 0\}$ は整域となり，その商体は再び K となる．部分集合 $\mathfrak{p} := \{x \mid x \in K \wedge \nu(x) > 0\}$ は B の素イデアルとなる．

B を ν の**付値環**，$\mathfrak{p}$ を ν の**付値イデアル**，$\mathfrak{K} := B/\mathfrak{p}$ を ν の**剰余体**と呼ぶ．

注意　ν を離散付値とする．$a \in K$ に対し $\nu(a)$ が $\nu(K)$ の最小正数値となるとすると，$\mathfrak{p} = (a)$．

K の標数 (p.95) が，p ならば剰余体 $\mathfrak{K}$ もそうである．これに反して，K の標数が 0 のときには，$\mathfrak{K}$ は標数 0 の場合もあれば，正標数の場合もある．この最後の例として，p 進付値がある．W_0 を W の部分群で，定義域を素体に制限して得られるものとする．すると離散的な場合，剰余群 W/W_0 は有限群となる．その位数 e は付値の**絶対分岐指数**と呼ばれる．上で説明した概念は付値体の分類に使われる (p.114，図 A)．

付値体の完備化

p.51 で体 $\mathbb{R}$ の構成に関するカントルの方法を紹介した．それはまず絶対値によって $\mathbb{Q}$ 内の収束や基本列の概念を定義し，任意の基本列が収束するような $\mathbb{Q}$ の完備化をすべての基本列のなす環の同値類の集合として構成した．すなわちこの環の零列のなすイデアルによる剰余体として記述される．この構成においては絶対値の性質で，位相空間として表現された付値体にも適合するもののみが用いられる．

そこで任意の付値体 K に対して類似の方法により，付値 φ による完備化 K_φ が得られる．同値な付値からは同じ完備化が導かれ，p.51 で示されたように付値 φ は K_φ 上に拡張される．$\mathbb{Q}$ の完備化は，その付値に応じて $\mathbb{Q}_p$（p 進体，ヘンゼル）あるいは $\mathbb{Q}_\infty = \mathbb{R}$ で表される．

付値の拡張の問題

$\mathbb{Z}$ から，それを含む数領域へ移行すると，整除性は本質的に変化し，場合によっては素元への分解も不可能になって，可能なのは高々イデアルの素イデアルへの分解までになる (p.107)．そこでイデアル論と並ぶ第 2 の解決手段を付値論が与える．$\mathbb{Q}$ においては各素数に非アルキメデス的付値の類が対応する．整域のその商体への埋め込みと，その付値をすべて見いだすことによって整除性の全貌が明らかになる．体は，その素体に（代数的または超越的な）元を次々に添加することにより得られる．素体の付値は完全に分かっているので，単純超越拡大あるいは単純代数拡大上に付値がいかに拡張されるか，すなわち新しい付値で，その基礎体への制限がちょうど元の付値と同値になるようなものがあるか否かが数論における問題となる．数論で重要性の低い超越拡大においては，基礎体の任意の付値は，無限個の同値でない拡張を持つ．有限次代数拡大の場合，この問題を解くにはまだ準備が必要である．

有限次代数拡大におけるノルム

有限次代数拡大について，まずはじめに $\mathbb{R}$ の絶対値の $\mathbb{C} = \mathbb{R}(i)$ への拡張と比べてみる．$|\alpha| = \sqrt{|\alpha\,\overline{\alpha}|}$ と置けばよい．ここで $\alpha\,\overline{\alpha} \in \mathbb{R}$．$N(\alpha) = \alpha\,\overline{\alpha}$ は α のノルムとも呼ばれる．まずこのノルムの類似を一般的に定義しよう．L を K の代数拡大で $\deg(L/K) = n$ とし，$\{\omega_1, \ldots, \omega_n\}$ を基底としよう．そこで任意の $\alpha \in L \setminus \{0\}$ に対して $x \mapsto \alpha x$ で定義される写像 $\sigma_\alpha : L \to L$ を考えるとこれは L の自己同型となる．これに対して基底によって n 次正則行列 (α_{ik}) が対応する (p.81)．そこで

$$N(\alpha) := \begin{cases} 0, & \alpha = 0 \text{ のとき}, \\ \det(\alpha_{ik}), & \alpha \neq 0 \text{ のとき}, \end{cases}$$

と置けばこれは基底の取り方によらない．

K の標数	p		0				
K の素体の付値	自明		自明		p-進		絶対値
剰余体 $\mathfrak{K}=B/\mathfrak{p}$ の標数	$\mathrm{char}\,\mathfrak{K}=\mathrm{char}\,K$		$\mathrm{char}\,\mathfrak{K}=0$ （同一標数）		$\mathrm{char}\,\mathfrak{K}=p$ （異標数）		—
K の付値の種類	非アルキメデス的 「離散」	「稠密」	非アルキメデス的 「離散」	「稠密」	非アルキメデス的 「離散」	「稠密」	アルキメデス的 「稠密」
更なる分類の対象	$p, \mathfrak{K}$	$p, \mathfrak{K}, W$	$\mathfrak{K}$	$\mathfrak{K}$ W	$p, \mathfrak{K}$ $e=\mathrm{ord}(W/W_0)$	$p, \mathfrak{K}$ $W, W/W_0$	—

A

付値体の分類

$\mathbb{Q}(\sqrt{3})$

$p=2, p=3$ で分岐，それ以外の任意の素数 p に対し p は，$(\frac{3}{p})=1$ で分解，　すなわち，$p\equiv 1, 11\ (12)$，p は，$(\frac{3}{p})=-1$ で素元のまま，すなわち $p\equiv 5, 7\ (12)$，∞ では分解．

$\mathbb{Q}$ の絶対値は次の二つの拡張を持つ：

$|a+b\sqrt{3}|_{\infty_1}=|a+b\sqrt{3}|$ $|a+b\sqrt{3}|_{\infty_2}=|a-b\sqrt{3}|$

（添字のない絶対値 $|\ |$ は $\mathbb{R}$ でのそれ）

$|a+b\sqrt{3}|_{\infty_1}\cdot|a+b\sqrt{3}|_{\infty_2}=|a^2-3b^2|=N(a+b\sqrt{3})$

$\mathbb{Q}(\sqrt{-5})$

$p=2$，$p=5$ で分岐，
それ以外の任意の素数 p に対し p は $(\frac{-5}{p})=1$ で分解，
すなわち $p\equiv 1, 3, 7, 9\ (20)$，$p\equiv 3,\ 7\ (20)$ に対し，分解した素因子は主因子でない．この体の類数は 2 である．
p は，$(\frac{-5}{p})=-1$ で素元のまま，すなわち $p\equiv 11, 13, 17, 19\ (20)$，$\infty$ では分岐．$\mathbb{Q}$ の絶対値は次の唯一の拡張を持つ：

$|a+b\sqrt{-5}|_{\infty}=|a+b\sqrt{-5}|=\sqrt{a^2+5b^2}=\sqrt{N(a+b\sqrt{-5})}$

（添字のない絶対値 $|\ |$ は $\mathbb{C}$ でのそれ）

B

2 次体 $\mathbb{Q}(\sqrt{m})$ での素数の分解

$m<0$	h
$-1, -2, -3, -7, -11, -19, -43, \ldots$	1
$-5, -6, -10, -13, -15, -35, \ldots$	2
$-23, -31, \ldots$	3
$-14, -39, \ldots$	4
$-47, \ldots$	5

各類数に対しては有限個の m のみがそこに属す．

$m>0$	h
$2, 3, 5, 6, 7, 11, 13, 14, 17, 19, 21, 22, 23, 29, 33, 37, 41, \ldots$	1
$10, 15, \ldots$	2

類数が 1 である m は無限個あると予想されている．

C

2 次体 $\mathbb{Q}(\sqrt{m})$ の類数の例

有限次代数拡大への離散付値の拡張

L を $\deg(L/K)=n$ である K の有限次拡大で付値 φ を持つ体とする．$\alpha\in L$ に対して

$\Phi(\alpha):=\sqrt[n]{\varphi(N(\alpha))}$

と定義する．$a\in K$ については $N(a)=a^n$ であるから $\Phi(a)=\varphi(a)$ となる．Φ が付値の条件 (V1), (V2) をみたすことは容易に確かめられるが，一般には (V3) は満足しない．ここで，K の完備性が重要な役割を果たす．実際次が成り立つ．

定理 5　K が φ に関して完備なら，Φ は L の付値である．Φ は同値性を除いて一意的な φ の L への拡張で，L は Φ に関して同じく完備である．

基礎体 K が完備でない場合の φ の拡張は様子が異なる．これについては単純拡大 $L=K(\theta)$ の場合の拡張を考えれば十分である．一般の場合は，これを次々に繰り返して得られる．$m(X)$ を θ の最小多項式 (p.87) とする．$m(X)$ は K 上既約であるが，一般に完備化 K_φ の中では $m(X)=f_1(X)\cdots f_r(X)$ と既約因子の積の形に書ける．

体 $K_\varphi(\theta_1)$ に注目する．ただし，θ_1 は $f_1(X)$ の一つの零点である．K の付値は K_φ に拡張され，さらに定理 5 より $K_\varphi(\theta_1)$ 上に一意的に拡張される．これによって $K_\varphi(\theta_1)$ の部分体として $K(\theta_1)$ も付値を持ち，これは $L=K(\theta)$ と同型である．この同型を通して $K(\theta_1)$ の付値を L に移せばよい（付値同型性）．以上の考察は $m(X)$ の分解の r 個すべての因子について実行できる．この方法で φ の L 上への拡張で同値でないものが得られ，これらがすべてであることも示される．

注意　この拡張に関する結果は，アルキメデス的付値，非アルキメデス的付値のいずれでも成り立つ．また指数付値でも同様である．よく知られている $\mathbb{R}$ の絶対値の $\mathbb{C}$ への拡張も，この方法で得られる．

因子

素元 $p\in K$ は K から L へ移る際，一般的には素元としての性質を失う．p から構成される離散付値 φ あるいは指数付値 w と，それらの L 上への拡張 Φ_i あるいは W_i $(i=1,\dots,l)$ を考察する．指数付値はすべて最小正整数として 1 を取るように正規化しておく．したがって，$W_i(p)$ は $w(p)$ の倍数となり，$W_i(p)=e_iw(p)$ と書ける．この数 e_i は w に関する W_i の**相対分岐指数**と呼ばれる．W_i の剰余体 $\mathfrak{K}_i$ は w の剰余体 $\mathfrak{K}$ の有限次拡大である．その拡大次数 $f_i:=\deg(\mathfrak{K}_i/\mathfrak{K})$ は W_i の w に関する**剰余次数**と呼ばれる．これについて $n=\sum_{i=1}^r e_if_i$ が成り立つ．素元 p_i に記号 $\mathfrak{p}_i$（**素因子**）を，L の対応する付値の同値類のそれぞれには記号 $\overline{\mathfrak{p}}_{ij}$ を対応させると，素因子 $\mathfrak{p}_i$ の L での形式的分解 $\mathfrak{p}_i=\overline{\mathfrak{p}}_{i1}^{e_1}\cdots\overline{\mathfrak{p}}_{ir_i}^{e_i}$ が得られる．これは，L の付値環がデデキント環の場合，L の素イデアル (p_i) の分解に対応する．

表現 $\prod\mathfrak{p}_i^{\alpha_i}$ を**因子**と呼ぶ．体 K の各元には因子 $\prod\mathfrak{p}_i^{\alpha_i}$ を対応させることができ，その拡大体への移行に応じて，さらなる分解が得られる．しかしながら，任意の因子が無条件に体の元に対応しているわけではない．そうなっている因子，すなわち体の元に対応している因子は**主因子**と呼ばれる．これは単項イデアルに対応する．L の因子全体のなす乗法群 D 内で主因子全体は部分群 H をなす．剰余群 D/H は体 L の重要な不変量を記述する．代数体や代数関数体では，$h:=\mathrm{ord}(D/H)$ は常に有限で，この体の**類数**と呼ばれる．これを決定することは数論における重要な問題の一つである（図 C）．

任意の代数体 K に対して，その有限次代数拡大 L で，K の任意の因子が L では主因子となるものが存在する．また，K の拡大体 L で，L のすべての因子が主因子となるもの，すなわち L の類数が 1 となるものが存在するかどうかは，今日まで未解決の問題である．

2 次体上の付値の応用

$K=\mathbb{Q}$ とし，$L=\mathbb{Q}(\sqrt{r})$ $(r\in\mathbb{Q})$ をいわゆる 2 次体とする．$r=\frac{a}{b}$, $a,b\in\mathbb{Z}$ とすると $\sqrt{ab}=b\sqrt{r}$ であるから，$\sqrt{ab}$ もまた L の生成元である．したがって平方因子を持たない $m\in\mathbb{Z}$ に対する $\mathbb{Q}(\sqrt{m})$ の形の体を調べればよい．$\sqrt{m}$ の最小多項式は X^2-m である．平方剰余の理論 (p.111) より，次の分解定理が得られる（図 B も参照のこと）：

定理 6　素数 $p\in\mathbb{Q}$ は，2 次体 $\mathbb{Q}(\sqrt{m})$ で次のように分解する：

$p=2\wedge m\equiv 1(8)\Rightarrow\mathfrak{p}=\overline{\mathfrak{p}}_1\overline{\mathfrak{p}}_2$（**2 は分解**）．

$p=2\wedge m\equiv 5(8)\Rightarrow\mathfrak{p}=\overline{\mathfrak{p}}$（**2 は素元のまま**）．

$p=2\wedge(m\equiv 2(4)\vee m\equiv 3(4))\Rightarrow\mathfrak{p}=\overline{\mathfrak{p}}^2$（**2 は分岐**）．

$p\neq 2\wedge p\nmid m\wedge\left(\dfrac{m}{p}\right)=1\Rightarrow\mathfrak{p}=\overline{\mathfrak{p}}_1\overline{\mathfrak{p}}_2$（$\boldsymbol{p}$ **は分解**）．

$p\neq 2\wedge p\nmid m\wedge\left(\dfrac{m}{p}\right)=-1\Rightarrow\mathfrak{p}=\overline{\mathfrak{p}}$（$\boldsymbol{p}$ **は素元のまま**）．

$p\neq 2\wedge p|m\Rightarrow\mathfrak{p}=\overline{\mathfrak{p}}^2$（$\boldsymbol{p}$ **は分岐**）．

注意 1　詳しくは述べないが，ここでの概念構成はアルキメデス付値の絶対値の場合にも同様に翻訳できる．定理 6 の内容は次のように続けられる：

$p=\infty\wedge m>0\Rightarrow\infty$ は分解．

$p=\infty\wedge m<0\Rightarrow\infty$ は惰性．

注意 2　有限次代数拡大の場合，高々有限個の素因子のみが分岐する．

2	3	5	7	9	11	13	15	17	19	21	23	25	27	29
31	33	35	37	39	41	43	45	47	49	51	53	55	57	59
61	63	65	67	69	71	73	75	77	79	81	83	85	87	89
91	93	95	97	99	101	103	105	107	109	111	113	115	117	119
121	123	125	127	129	131	133	135	137	139	141	143	145	147	149
151	153	155	157	159	161	163	165	167	169	171	173	175	177	179
181	183	185	187	189	191	193	195	197	199	201	203	205	207	209
211	213	215	217	219	221	223	225	227	229	231	233	235	237	239
241	243	245	247	249	251	253	255	257	259	261	263	265	267	269
271	273	275	277	279	281	283	285	287	289	291	293	295	297	299
301	303	305	307	309	311	313	315	317	319	321	323	325	327	329
331	333	335	337	339	341	343	345	347	349	351	353	355	357	359
361	363	365	367	369	371	373	375	377	379	381	383	385	387	389
391	393	395	397	399	401	403	405	407	409	411	413	415	417	419
421	423	425	427	429	431	433	435	437	439	441	443	445	447	449

素数 p = 2, 3, 5, ... の倍数を順に，それぞれ p^2 から始めて消していく．消されなかった最初の数が次の素数である．N までのすべての素数を得るには，この手続きを $p \leqq \sqrt{N}$ までの素数に対して行えばよい．上の例では $N = 450$ である．この手続きは $p = 19$ まで行われている．消されていないすべての数が素数である．簡単のため 2 以外の偶数はあらかじめ除き，2 重に消すことはしていない．

A

エラトステネスのふるい

x	$\pi(x)$	$x/\ln x$	$\frac{\pi(x)}{x/\ln x}$
2	1	2.885	0.347
10	4	4.343	0.921
10^2	25	$2.171 \cdot 10$	1.151
10^3	168	$1.448 \cdot 10^2$	1.161
10^4	1 229	$1.086 \cdot 10^3$	1.132
10^5	9 592	$8.686 \cdot 10^3$	1.104
10^6	78 498	$7.238 \cdot 10^4$	1.084
10^7	664 579	$6.204 \cdot 10^5$	1.071
10^8	5 761 455	$5.429 \cdot 10^6$	1.061
10^9	50 847 534	$4.825 \cdot 10^7$	1.054
10^{10}	455 052 512	$4.343 \cdot 10^8$	1.048

$\pi(x)$ は x 以下の素数の数を表す．$\pi(x)$ と $x/\ln x$ は漸近的に等しい，すなわち

$$\lim_{x\to\infty} \frac{\pi(x)}{x/\ln x} = 1 .$$

右のグラフで両軸は対数目盛になっている．

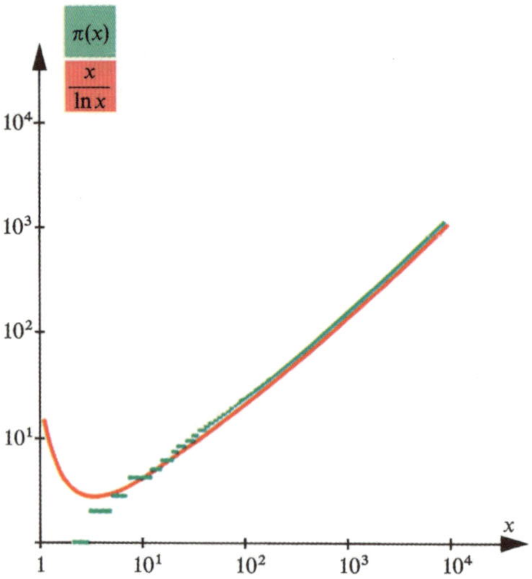

B

素数分布

素数の集合の無限性

以下，自然数の集合 $\mathbb{N}$ 中の素数の性質について述べる．素数全体の集合を P で表す．ユークリッドは次の定理を証明した：

定理 1　集合 P は無限集合である．

証明　P が有限集合と仮定し，数 $q = 1 + \prod_{p\in P} p$ を考える．すべての $p \in P$ に対し $q \equiv 1\ (p)$，よって q は P の素数の積として書けない（矛盾）．

オイラーは別の証明を見いだした．次の式から出発：

$$\sum_{n=0}^{\infty} p^{-n} = (1-p^{-1})^{-1} \quad \text{（等比級数）}$$

ここで p を集合 P 全体に動かし積を取ると

$$\prod_{p\in P}(1-p^{-1})^{-1} = \sum_{n=1}^{\infty}\frac{1}{n}.$$

右辺は発散するから P は有限集合ではありえない．積の発散から $\sum_{p\in P}\frac{1}{p}$ の発散も導かれる．

$\sum_{n=1}^{\infty}\frac{1}{n}$ は発散するが $\sum_{n=1}^{\infty}\frac{1}{n^z} = \prod_{p\in P}(1-p^{-z})^{-1}$ は $\mathrm{Re}\,z > 1$ となるすべての $z \in \mathbb{C}$ に対して収束する．このように定義された関数は**リーマンのゼータ関数**と呼ばれる．この関数は複素平面全体に有理型関数として解析接続 (p.409) され，$z = 1$ を唯一の極（位数 1）として持つ．さらにすべての負の偶数点を零点として持ち，この他に領域 $0 \leqq \mathrm{Re}\,z \leqq 1$ 内に無限個の零点がある．このうち無限個の零点の実部が $\frac{1}{2}$ である．**リーマン予想**とは領域 $0 \leqq \mathrm{Re}\,z \leqq 1$ 内にある零点はすべて実部が $\frac{1}{2}$ というもので，今日まで肯定的にも否定的にも証明されていない．この予想から，ゼータ関数および類似の関数の性質を併せて用いると，素数の分布に関する重要な結果が導かれる（**解析数論**）．

素数表

素数表を作成する際，通常は**ふるいの方法**を使う．これは合成数を次々と除いていく方法である．この方法で古典的なものは**エラトステネスのふるい**である（図 A）．この方法は N が大きくなると実行が困難で，様々の単純化がある．$x \geqq 2$ に対し，$2 \leqq p \leqq x$ となる素数 p の個数を $\pi(x)$ で表すことにする．

素数定理

素数は N が大きくなるにつれ現れ方が少なくなるが，その分布は実に不規則である．次の定理はガウスとルジャンドルが予想し，アダマールとドラヴァレ-プーサンが解析的な補助手段を用いて証明した．

定理 2（第 1 素数定理）　$\pi(x)$ は漸近的に $x/\log x$ で表現される．すなわち

$$\lim_{x\to\infty}\frac{\pi(x)}{x/\ln x} = 1 \quad \text{（図 B）.}$$

近似のよさを評価するにはゼータ関数の性質が必要．同様に次の定理が証明される：

定理 3（第 2 素数定理）　$\pi(x)$ は漸近的に $\int_2^x \frac{\mathrm{d}t}{\ln t}$ で表現される．

これら 2 定理は素数分布についてのよい情報を与える．この他ある定められた区間での素数の存在を保証する定理がある．例えば，任意の $N \geqq 2$ に対して，N と $2N$ の間には素数が存在する（ベルトラン，チェビシェフ）．次のディリクレの算術級数定理は広範囲な重要性を持つ：

定理 4　a, b を $\gcd(a,b) = 1$ となる自然数とすると等差数列 $c_n = a + nb$ は無限個の素数を含む．

フェルマー数

$F_k := 2^{2^k} + 1$ で定義される数を**フェルマー数**と呼ぶ．F_k で素数であるものは正多角形の作図問題 (p.105) を考える際重要になる．$F_0 = 3$, $F_1 = 5$, $F_2 = 5$, $F_3 = 17$, $F_4 = 65537$ は実際素数である．これに反して $k = 6$ から $k = 19$ までの F_k はすべて素数でない．以上の他に，フェルマー素数が存在するかどうかは今日まで分かっていない．

メルセンヌ数

$M_k := 2^k - 1$ で定義される数は**メルセンヌ数**と呼ばれる．この数は，いわゆる**完全数**を探すときに現れる．n が完全数であるとは n と異なる n の約数の和がちょうど n となる数のことである．例えば $6 = 1 + 2 + 3$ は完全数である．奇数の完全数は 10^{20} 以下では一つも存在せず，全く存在しないと予想されている．偶数の場合，n が完全数であることと，n がある $M_k \in P$ によって $n = M_k \cdot 2^{k-1}$ と書けることとは同値である．

M_k は $k \in P$ のときのみ素数でありうる．なぜなら $k|l$ ならば $M_k|M_l$．計算機を用いて $k < 100000$ の範囲で 28 個のメルセンヌ素数がみつかっている．すなわち $k = 2, 3, 5, 7, 13, 17, 19, 31, 61, 89, 107, 127, 521, 607, 1279, 2203, 2281, 3217, 4253, 4423, 9689, 9941, 11213, 19937, 21701, 23209, 44497, 86243$ に対するメルセンヌ素数．

さらに $k = 110503, 132049, \ldots, 43112609$（19 個）についてメルセンヌ素数であることが知られている．

素数理論における未解決問題

素数 p で $p + 2$ も素数のとき，それらを**双子素数**と呼ぶ．平均的に 2 素数間の距離は次第に大きくなるから，双子素数の存在は大きくなるにつれて稀になる．実際，p が素数全体を動くとき，級数 $\sum\frac{1}{p}$ は発散するが，和を双子素数に制限すれば収束する（ブルン）．双子素数が無限に存在するかどうかは分かっていない．その他，多くの未解決問題があるが，一つ挙げれば**ゴールドバッハ予想**がある．これは，「2 より大きい偶数は必ず二つの素数の和として表せる」というものである．

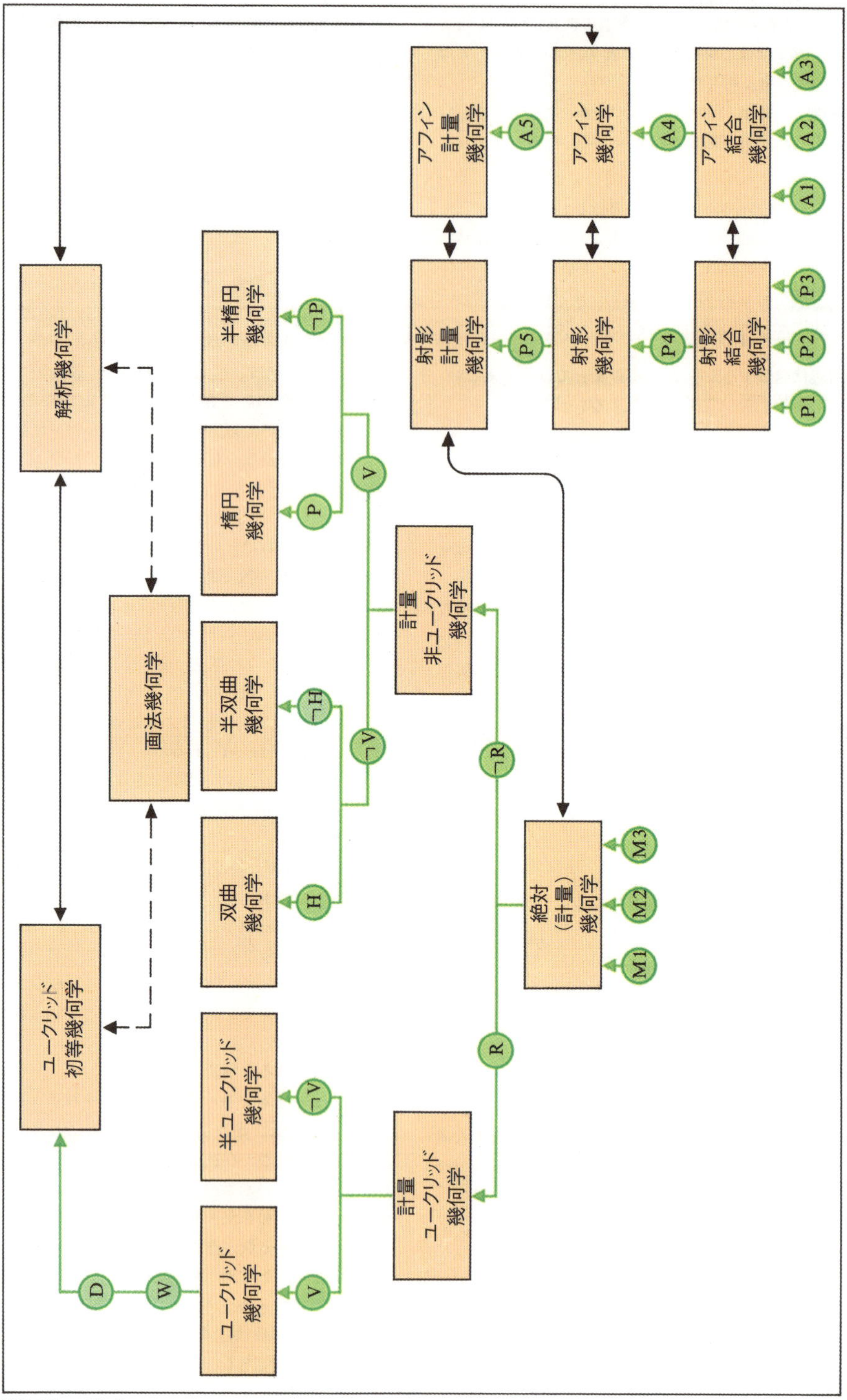

解析幾何学
画法幾何学
ユークリッド初等幾何学
ユークリッド幾何学
半ユークリッド幾何学
双曲幾何学
半双曲幾何学
楕円幾何学
半楕円幾何学
計量ユークリッド幾何学
計量非ユークリッド幾何学
絶対（計量）幾何学
射影計量幾何学
射影幾何学
射影結合幾何学
アフィン計量幾何学
アフィン幾何学
アフィン結合幾何学
D
W
V
¬V
H
¬H
P
¬P
R
¬R
M1
M2
M3
P1
P2
P3
P4
P5
A1
A2
A3
A4
A5

幾何学の構成

公理的方法

体論からの公式，諸性質などは，人類の幾何学的認識を刺激し発展させた．実際，**公理的方法**の導入とともに，幾何学は数学に特有の規律となったのである．ユークリッドはこのときはまだ具体的に**点，直線などの基本概念**を定義しようとした．例えば「1点は部分を全く持たないもの」など．彼は直感から抽出された最も単純な性質を諸公理の中で定式化し，そこから純論理的な演繹によって新しい命題を引き出そうとした．ヒルベルト以後そのような具体的な定義は放棄され，現在の公理体系においては，もうそれ以上定義されないような基本概念の間にはある種の（直交性，結合，平行性などの）関係の性質が公準化され，そのもとで何が思い浮かべられるかは，公理系の解釈に任されるに留まる．

平行線の公理

この発展への刺激となったのは，ユークリッドの平行線の公理“任意の直線に対して，その上にない任意の点を通る平行線がちょうど 1 本存在する”を，もっと単純な公理群に帰着させようという，何百年も続いた空しい試みであった．平行線の公理はみたさないが，それ以外のすべての公理はみたされているようなモデル（クラインのモデル，p.123）が与えられえたことによって，遂にこの公理の独立性が確認されえたのであった．このことにより，**非ユークリッド幾何学**と呼ばれる，それ自身の中に矛盾のない，新しい諸幾何学へと発展していく道が開かれたのである．

絶対幾何

狭義の絶対幾何は平行線の公理からも，またその否定からも独立に証明される幾何の定理のなす体系を意味する．

公理系をさらに制限していくと，ユークリッドのあるいは古典的な非ユークリッド幾何ばかりでなく，もっと広い応用上重要な幾何で成り立つような一群の定理が得られる（**広義の絶対幾何**，以下 (p.123) 単に絶対幾何と呼ぶ）．他の公理（群）を付け加えると，ユークリッド計量の，あるいは非ユークリッド計量の幾何 (p.127)，さらにはユークリッド幾何と並ぶ非常に多くの非ユークリッド幾何（p.170～）が得られる．

射影幾何，写像群

計量空間の要素を，いわゆる理想的要素，すなわち特別の公理を置いたり，通常の要素の類として導入されるものにまで拡大すると，**射影空間** (p.129) に到達する．こうして，任意の計量空間は射影空間に埋め込むことができることが示される．このような空間では**射影的共線変換**と呼ばれる特定の変換，すなわち点を点に，直線を直線にまた平面を平面に写し，結合関係を保つ変換 (p.131) が考えられる．このような変換は一つの群をなしている．この群とその部分群を調べていることを通して，幾何の体系内部での諸定理の関係付けに至ることができる．

アフィン変換のなす群と呼ばれる重要な部分群は通常要素がそれらによってただ通常要素の上にのみ写されることを要請することによって定義される (p.148～)．さらに直線あるいは平面の間の「垂直」関係が保たれることを要求すると，相似変換のなす部分群が得られ，そこからさらに鏡映によって生成される合同変換（すなわち線分の長さを保存する変換）の群にまで到達する．変換概念による幾何の構成はまた反対の順序にも行う．すなわち合同変換から始めることもできる (p.140～159)．クラインによれば幾何学の課題の本質はこれらの群，あるいは部分群の不変量のすべてを決定することにある．

解析幾何

対応する公理系からの定理導出による総合的な幾何学の構築と並んで，それとは独立の方法として，数集合と方程式を用いて幾何学的図形を定義し研究していく，解析幾何学（p.180～）が登場する．どちらの方法でも同じ結果が得られることは，一つには，どのような射影空間も適当な体上の座標空間として捉えられ，座標の導入には多様性があるという事実から帰結する．他方どのような座標空間においても，ある特定の幾何学の公理がどの範囲までみたされているかを容易に検証することができる．しかし，クラインの見解に従うと，幾何で典型的であるのは，適当な座標変換群に対して不変であるような命題のみとなる．

特に，計量的性質を使うが，座標はできる限り放棄するような幾何の代数的な表現は**ベクトル**の概念によって得られる (p.180)．

解析幾何で大きな位置を占めるのは 2 次の代数曲線または**代数曲面** (quadrics) である．これらについては射影変換に対する不変性について特別の興味が持たれるからである（p.186 と p.190～）．

注意　これらの研究は高次の代数的曲線・曲面に，またそれらの双有理変換に対する不変性に拡張される（**代数幾何学**）．

画法幾何

表現幾何での問題は，3 次元あるいはより高い次元の**幾何学的図形**を平面上に作図することである (p.164～)．この幾何の意義は空間的な直観能力を高めることと，工学・美術の問題への応用とにある．

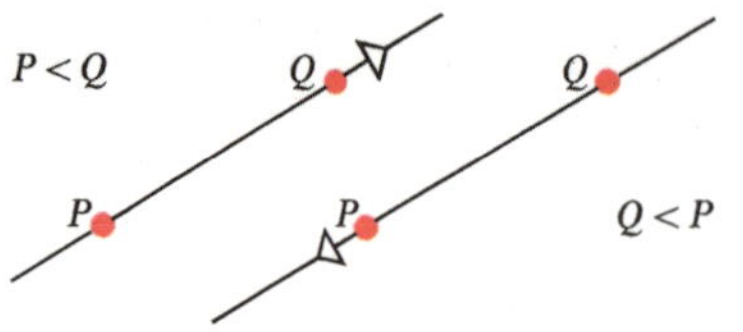

直線 g は2通りの方法で向き付けられる.

A

直線の向き付け

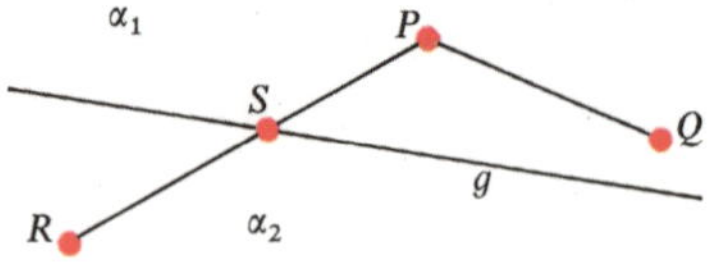

$P \in \alpha_1 \wedge Q \in \alpha_1$ だから PQ は g と共通点を持たない. $P \in \alpha_1 \wedge R \in \alpha_2$ だから PR は g と共通点 S を持つ.

B

平面の半平面への分解

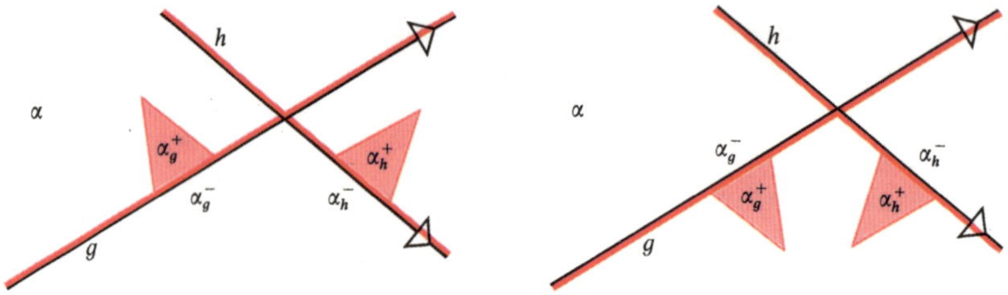

平面 α は，あらかじめ与えられた槍直線 g によって，2通りに向き付けられる．g から，正で示される α_g^+ と負で示される α_g^- ができる．一つの槍直線 h が正であるか負であるかを確定する．最初の図では正の半平面は常に左側に，負の半平面は右側にあり，2番目の図ではその逆である．2番目の図の関係は平面を裏返せば，最初の図のものに対応する．正の側は赤い三角旗で強調されている．

C

平面の向き付け

旗 (A, a, α_1)，(B, b, α_2) が与えられたものとする．ここで，α_1 と α_2 は α にある向き付けを与えたものとする．

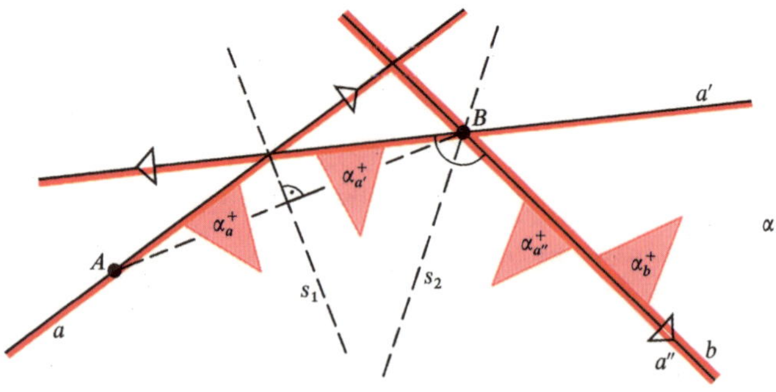

A から B への線分 AB の垂直二等分線 s_1 を考える．A を通る槍直線 a は，B を通る槍直線 a' に移る．角の二等分線による鏡映により，a' は $a''=b$ に移る．a'' と b の正の側は一致しないので，a'' に対する3番目の鏡映が必要となる．別の点と向き付けを取れば，場合によっては，少ない鏡映ですむこともある．

D

平面における鏡映による旗の移送

幾何学的概念の直感的分析

公理的方法では**幾何学の基本概念**は，それらの間に成り立っている諸関係により陰に定義される．ユークリッド幾何に対するヒルベルトの公理系が断定的—すべてのモデルは同型—であるのに対して，現在では，群，体などの公理系にならって，同型でないいくつかのモデルがあるような，もっと単純な公理系を最初に置く試みがなされる．それにもかかわらず幾何学がこれまで一般構造理論の中で発展しなかった理由は，その公理系の持つ特殊な語法と動機付けとにある．すなわち幾何学的概念は本来，直感から引き出されたものであり，理論の成果については，少なくとも一部は，再度経験の領域に応用されうると期待されている．

公理系の動機付けは，平面および空間図形の直感的分析を前提にしている．そこでは**点**，**直線**，**平面**などは最も単純な形象として登場するが，その際，直線と平面は点の集合として把握されうるものである．それらの間の重要な関係として，**結合関係**が生まれる．点 P は直線 l と結合するのは $P \in l$ のとき P が l 上にあるときである．直線 l が平面 α と結合するのは $l \subset \alpha$ のとき（l が α 上にあるとき）である．直線に進行方向を与える可能性は，正しく直感より生ずる．実際これには2種類の方法がある．もし P が進行方向に関して Q の前にあるとき $P < Q$（Q の前の P）と書き，それと反対の向き付けのときには $\underline{QP}$ と書かれる（図A）．向き付けられた直線は，**槍直線**（そうちょくせん）と呼ばれる．

どの点 $P \in l$ も l を二つの半直線に分割し，その際 P は両方の**半直線**に属すると考えよう．P と Q を l 上の異なる2点とすると，それらによって生ずる四つの半直線のうちの二つが，2個以上の点を含む共通部分，すなわち**線分** PQ を持つ．PQ の，P と Q とは異なる点はすべて P と Q の間にあるという．向き付けられた線分は**矢**，向き付けられた半直線は**光線**と呼ばれる．

平面 α はその上に載っている直線 l によって二つの半平面に分割される．P と Q は同一半平面に属する線分 PQ は l とどのような共通点も持たないが，これとは反対に，両端点が異なる半平面上にある線分は l と交わる（図B）．一つの槍上を進行するとき左側にある半平面を勝手に正または負の印を付け，右側にある半平面を反対に負または正に記し付けると，**向き付けられた平面**が得られる．

今や観察者にとってどの槍に対しても，その槍で分割された半平面のどちらが正でどちらが負であるかが決まってしまう（図C）．向き付けはまた1直線にない三つ組みの点 (A, B, C) によっても生成されうる．A と B を通り $A < B$ となる槍を取り，C が載っている側の半平面を勝手に正または負と呼べばよい．平面の向き付けは，いずれにせよ二様に定めうるのである．

同様に，空間は一つの平面によって半空間に分割され，その平面がすでに向き付けられているときは，半空間に正と負の区別を付けることによって**向き付けられた空間**とされる．点 A とこれを通る槍 a と a を含んでいる向き付けられた平面 α から成る三つ組みは**旗**と呼ばれる．鏡映と呼ばれ，点を点に，直線を直線に，平面を自分自身に写す特別な写像によって，槍はその向き付けとともに保たれる場合は，点ごとに固定されるが，平面の向き付けは反転されることが実現される．いくつかの鏡映を合成するといわゆる**運動**が生まれる．平面ではどのような二つの旗もある運動によって互いに移りあうことが直感的に確認される（図Dの例）．この事実は自由運動性と呼ばれている．

注意　旗と鏡映の概念は，空間にも拡張される．空間での鏡映は一つの向き付けられた平面を点ごとに固定する．すべての運動は平面では高々3個の，空間では高々4個の鏡映によって生成される．

この他の重要な幾何学的概念の一つに角がある．向き付けられた平面での角は，1点（頂点）から出る順序付けられた二つの半直線（辺）の対として定義することができる．角の計算には，頂点を中心とする半径1の円弧が用いられる，この円弧は第1の辺の正の側から始まり，第2辺の負の側で終わるように取る．多くの場合，順序をつけない半直線の対もまた角として使用される．

角計算に使われる円弧のあるほうの平面の部分はその角の**角領域**と呼ばれる．角が比較されたり加えられたりするときは，一般に角の同値類が考えられている．実際，角はそれらが偶数個の鏡映（偶運動）によって移りあうとき，同じ類に属すると決められる．二つの角の類を加える場合は，一方の第2辺が他方の第1辺と重なり合うようにそれらの代表元を並置する．

角の大きさによる順序はこの加法と両立しない．これに対して，2π を法とする剰余類を考えて定義される，いわゆる角の巡回順序は加法と両立する．

平面上の相異なる2直線は，一方が他方に沿う鏡映によって自分自身に写されるときは，互いに**垂直**であるといわれ，またそれらが共有点を持たないときは，**平行**であるといわれる．直感的には1直線とその上にない1点に対して，その点を通る垂直な直線も平行な直線も唯一つだけ存在すると思われる．

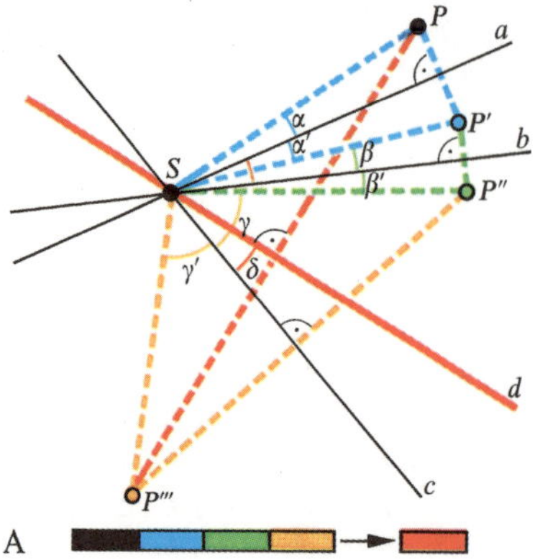

共有点 S を持つ3本の直線 a,b,c に対して鏡映 $\sigma_a, \sigma_b, \sigma_c$ を考え，ある点 P にこれらを適用する．直線 d を $\delta=\alpha+\beta$ で $\measuredangle PSP'''=2(\alpha+\beta+\gamma)$ が d によって等分されるように取る．δ は a と b のなす定まった角であり，P の取り方には依存しない．したがって次が成り立つ．

$$\sigma_c \circ \sigma_b \circ \sigma_a = \sigma_d$$

A

公理(M3)の直観的理解

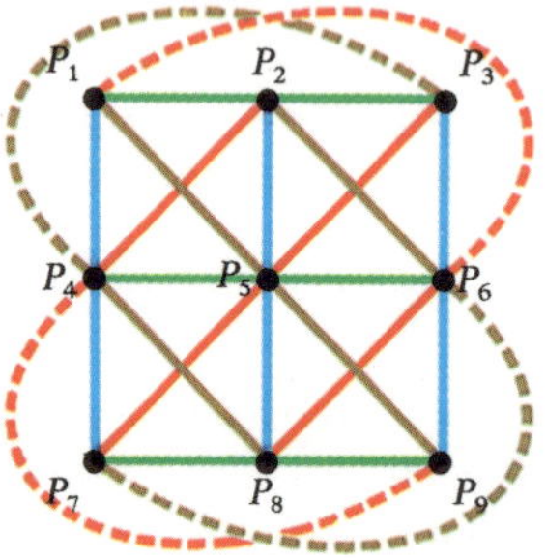

平面は9個の点 $P_1, \cdots, P_9$ からなるものとする．次に挙げる点集合は，図では線で結ばれ，平面の直線を形づくる．

$g_1=\{P_1,P_2,P_3\}$,　$g_2=\{P_4,P_5,P_6\}$,　$g_3=\{P_7,P_8,P_9\}$,
$g_4=\{P_1,P_4,P_7\}$,　$g_5=\{P_2,P_5,P_8\}$,　$g_6=\{P_3,P_6,P_9\}$,
$g_7=\{P_1,P_5,P_9\}$,　$g_8=\{P_2,P_6,P_7\}$,　$g_9=\{P_3,P_4,P_8\}$,
$g_{10}=\{P_1,P_6,P_8\}$,　$g_{11}=\{P_2,P_4,P_9\}$,　$g_{12}=\{P_3,P_5,P_7\}$.

直線で垂直なものは簡単に示すことができる．一つの直線 g_i の鏡映は，g_i の点をそれ自身の上に移し，g_i 上にない2点を交換し，それは g_i に垂直である．

B

9点，12本の直線からなる計量平面のモデル

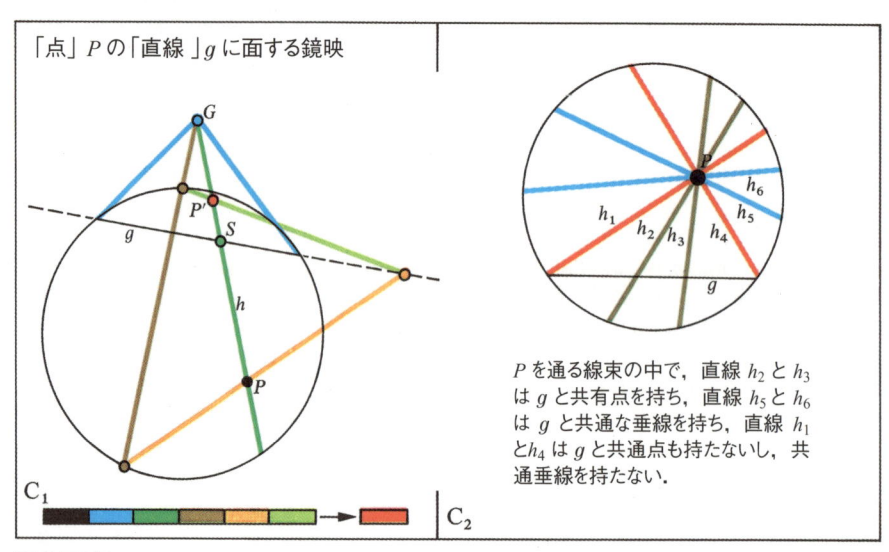

「点」P の「直線」g に面する鏡映

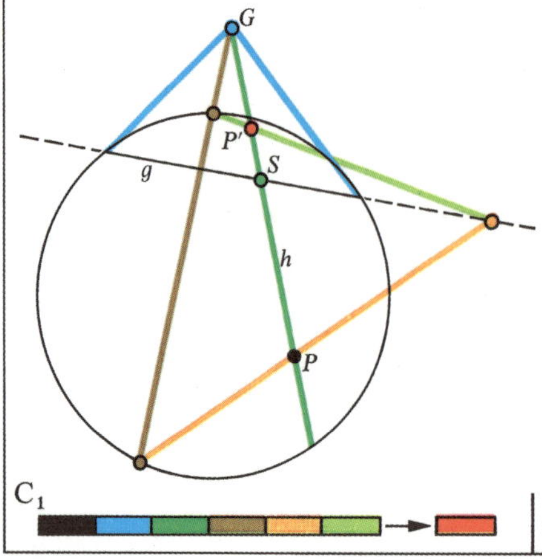

C_1

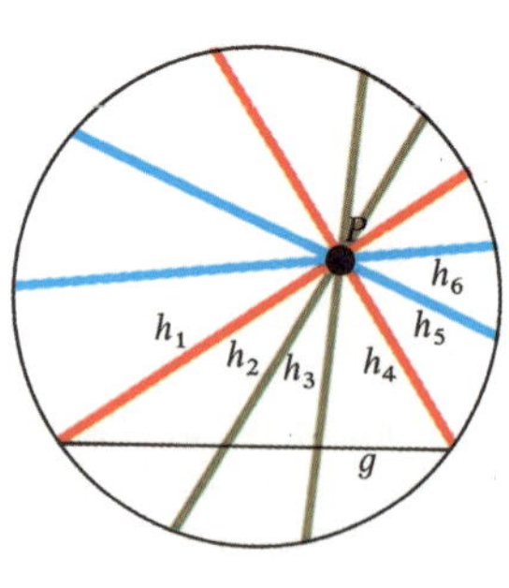

P を通る線束の中で，直線 h_2 と h_3 は g と共有点を持ち，直線 h_5 と h_6 は g と共通な垂線を持ち，直線 h_1 と h_4 は g と共通点も持たないし，共通垂線を持たない．

C_2

双曲モデル

計量平面

公理系の中に現れ，それによって陰に定義されている幾何学的基本概念として，以下では**点**と**直線**が現れる．Π は全点の集合とし，Γ は全直線の集合とする．点を表すには大文字の，直線には小文字のラテン文字を用いる．Π と Γ に対しては相互の結合関係 $I \subseteq \Pi \times \Gamma$，また対称な関係 $\perp \subset \Gamma \times \Gamma$（互いに垂直）などの記号を用いる．$PIg$ はまた「P は g 上にある」あるいは「g は P を通る」などと読む．

定義 1　$\sigma(\Pi) = \Pi, \sigma(\Gamma) = \Gamma$ となるような $\Pi \cup \Gamma$ からそれ自身への全単射 σ は，関係 I と $\perp$ と両立するとき，すなわち $PIg \Rightarrow \sigma(P)\mathrm{I}\sigma(g)$ かつ $a \perp b \Rightarrow \sigma(a) \perp \sigma(b)$ が成り立つとき，**直交共線変換**と呼ばれる．

定義 2　**直線 g に面する鏡映** σg（直線鏡映）は，恒等写像 $1_{\Pi \cup \Gamma}$ とは異なり，g 上の点をすべて固定し，$\sigma^2 = \sigma_g \circ \sigma_g = 1$（恒等写像）となるような直交線変換のことである．

定義 3　鏡映の合成によって生成される写像は**運動**と呼ばれる．

すべての運動が鏡映であるわけではない．運動の全体はしかし群となっている；いわゆる運動群．

定義 4　点と直線の集合は次の公理がみたされるとき**計量平面**と呼ばれる：

(M1) 少なくとも一つの直線が存在し，各直線には少なくとも 3 個の点が存在する．任意の相異なる 2 点 A, B に対して，それらと結合する（を通る）直線 $g(A, B)$ が唯一つ存在する．

(M2) a が b と垂直ならば，両者と結合する点が存在する．任意の点を通り，任意の直線に垂直な直線（垂線）が存在する．はじめから点が直線上にあるときは唯一つある．

(M3) 任意の直線に面する鏡映が少なくとも一つ存在する．1 点または 1 垂線を共有する 3 直線のそれぞれに面する三つの鏡映の合成は再びある直線に面する鏡映である（図 A）．

(M1)〜(M3) から導かれる定理の系はバッハマンにより**絶対幾何学**と命名された．

注意 1　幾何学の別の構成法で，鏡映という中心概念のかわりをするのが合同の概念である．運動の幾何には，運動群によって幾何学的諸性質を非常に簡単に代数的に定式化できるという長所がある．

注意 2　上記の定義を拡張すれば，計量平面のかわりに高次元の計量空間が定義される．

モデル

a) 公理はそれらが点，直線についての通常の直感的表象と両立するように定式化されている．モデルを一つ作るには，$\Pi = R \times R$ と選び，実係数 2 変数の線形方程式の解集合を直線と呼び，$a_1x + b_1y = c_1$ と $a_2x + b_2y = c_2$ とで定義される 2 直線が垂直であるのは $a_1a_2 + b_1b_2 = 0$ となるときとすればよい．

b) 図 B では，9 点と 12 直線のみからなる他のモデルが与えられている．

c) 第 3 の重要なモデル（クラインのモデル，双曲的平面，p.172〜）は，一つの円を固定しその円の内部の全点を点として，またすべての割線（円と 2 点で交わる直線）の円の内部にある部分（弦）を直線として用いれば得られる．割線が円と交わる 2 点での接線の（本来的な，あるいは非本来的な）交点はその割線の**極**と呼ばれる．2 直線が垂直であるのは，一方を定義する割線が他方の割線の極を通るときであるとする．極を G とする直線 g に面する鏡映による点 P の像 P' は次のように構成される（図 C_1）：まず P を通る g の垂線を引き，g との交点を S とする．このとき P と P' とは G と S に関して調和の位置にあるとされる（p.131 の調和ホモロジー参照）．この計量平面においてはすべての直線 g に対して，その上にない 1 点を通り g と交わらない無限に多くの直線が存在する．ちょうど二つの直線のみが g と共通点も持たずまた共通垂線も持たない（図 C_2）．

d) 全く別のモデルは**楕円的平面**であるが，そこでは相異なる 2 直線は必ず交わるが，さらに 2 直線が 1 点 P ばかりでなく 1 垂線 g をも共有するようにさえできる．この際 P は g の極，g は P の極線と呼ばれる．計量平面においては 1 直線は高々一つの極を，1 点は高々一つの極線を持つのみである．極と極線のこの概念は，上記の双曲的モデルに現れるような，円錐曲線に関しての極と極線を混同されてはならない．関連は射影的極性の概念について生ずる (p.133)．

絶対幾何の単純な定理

公理 (M3) で要求されている鏡映の性質の精密化として，次の定理が成り立つ：

定理 1　各直線 g に面する唯一の鏡映 σg が存在する．

定理 2　σg によって自分自身の上に写像される直線は g と g の垂線のみである．

定義 5　1 点 P を通り，互いに垂直な 2 直線に沿う鏡映の合成は **P での鏡映**（点鏡映）と呼ばれる．

定理 3　各点 P において唯一つ鏡映 σP が存在する．

3 直線のなす直角図形の存在については，次の定理がいえる：

定理 4　二つの互いに垂直な直線 g, h と，g と h のどちらとも垂直でなくまた g と h の交点も通らない直線 k が存在する．

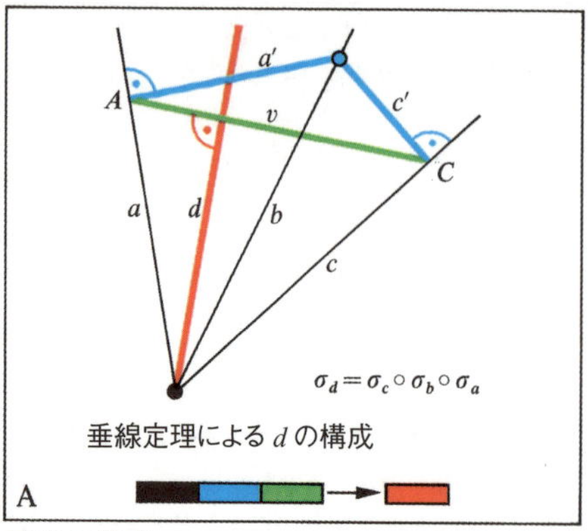

鏡映の構成

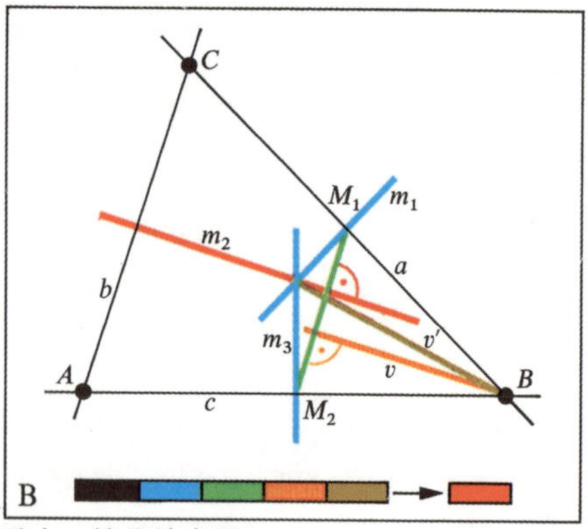

垂直二等分線定理

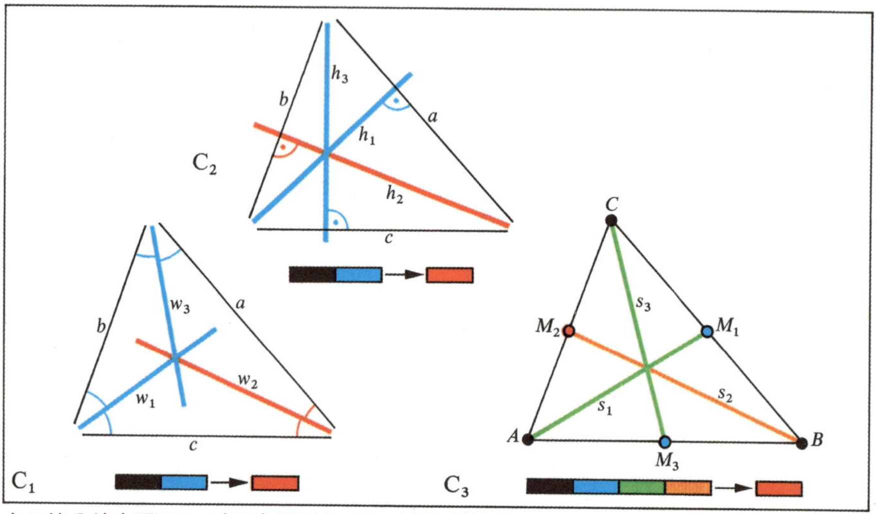

角二等分線定理(C_1)，高さ定理(C_2)，辺二等分定理(C_3)

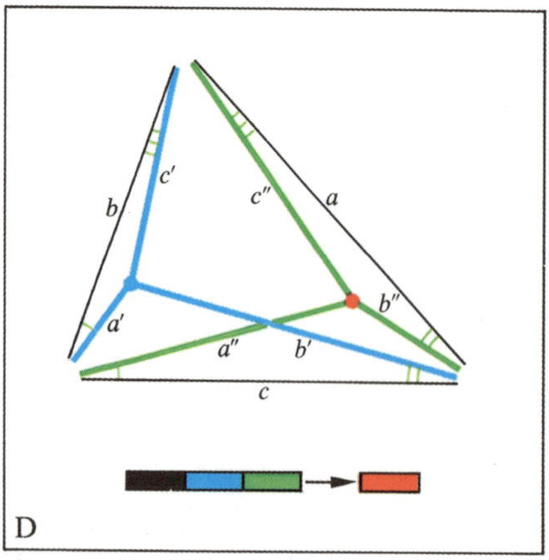

定理10

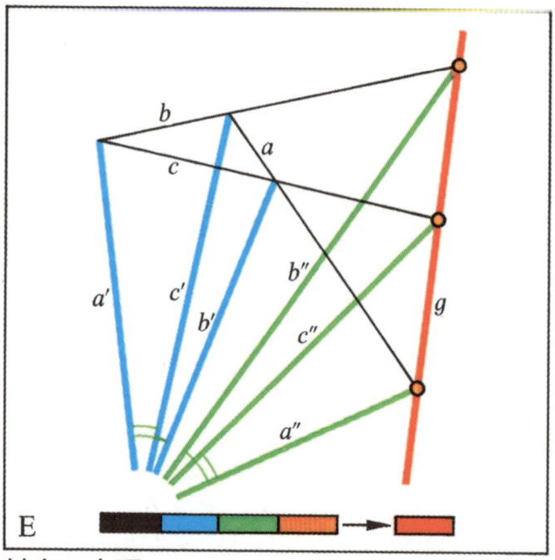

対合の定理

直線束

1点または1垂線を共有する3直線に面する鏡映の積は(M3)によって再び鏡映となる．他方，三つの直線鏡映の積が，それらの直線が1点または1垂線を共有することなく，直線鏡映となりうるような計量平面も確かに存在する．次のように定義する：

定義 6　3直線 a, b, c は $\sigma_c \circ \sigma_b \circ \sigma_a = \sigma_d$ となる直線 d が存在するとき，**束の中にある**と呼ぶ．

定義 7　a, b が相異なる直線であるとき，a と b とともに束の中にあるようなすべての直線の集合を**直線束**と呼び，$G(a, b)$ で表す．

もし a, b が1点 P を共有するならば，$G(a, b)$ は P を通る直線すべての集合であり，P はこの**束の中心**と呼ばれる．また，もし a, b が1垂線 g を共有するならば，$G(a, b)$ は g の垂線すべての集合となり，g はこの**束の軸**と呼ばれる．中心も軸もない直線束は**支えなし**のものと呼ばれる．任意の直線束 $G(a, b)$ 上には条件 $\sigma_y = \sigma_b \circ \sigma_x \circ \sigma_\alpha$ で定義される位数2の変換 $x \mapsto y$ があるが，これを a, b に関する**対合**と呼び，上の y は a, b に関して $\boldsymbol{x}$ **の対合**であるという．もちろんこのとき x も y の対合となっている．もし直線対 (a, b) が角二等分線 w すなわち $\sigma_w(a) = b$ となる直線 w を持つ（ただしこれは計量平面一般について成り立つことではない）ならば，x と y は w に関して鏡映の位置にある．3直線が一つの直線束の中にあるかどうかを確かめるときは定理が判定条件を与えている：

定理 5（イェルムスレウ (Hjelmslev) 垂線定理）　a, b, c は直線束の中にあり $\sigma_c \circ \sigma_b \circ \sigma_a = \sigma_d$ とする．もし a と a' とがそれらの交点 A で垂直であり，c と c' とが交点 C で垂直であり，$A \neq C$ であるならば，a', b, c' が直線束の中にあるのは，A, C を通る直線が d に垂直なとき，またそのときに限る．

三角形と三辺形についての諸定理

三角形とは以下では1直線上にない3点とそれらを結ぶ3直線から成る図形のことをいい，三辺形は同一直線束の中にない3直線から成る図形を指す．

これまでの道具立ては三角形と三辺形に関する一連の定理を証明するのにすでに十分なものとなっている．学校数学では，この証明に（線分の長さの性質，平行線の公理などの）強い手段を使う．

定理 6（垂直二等分線定理）　A, B, C を頂点とする三角形において m_1, m_3 をそれぞれ $\sigma_{m_1}(C) = B$，$\sigma_{m_2}(B) = A$ とする直線とする．このとき $\sigma_{m_2}(C) = A$ となり m_1, m_2, m_3 が直線束の中にあるような直線 m_2 が存在する．

証明　この3辺を a, b, c（図 B）とし，a と m_1 の交点を M_1，c と m_3 の交点を M_3 とする．B から M_1, M_2 を結ぶ直線に垂線 v' を1本下ろすと，線定理によって，v の対合である直線 v' は m_1, m_3 とともに直線束の中にある．M_2 を m_1, m_3 に関して v' の対合とすれば $\sigma_{m_2} = \sigma_{m_3} \circ \sigma_{v'} \circ \sigma_{m_1}$ となり，したがって $\sigma_{m_2}(C) = \sigma_{m_3} \circ \sigma_{v'} \circ \sigma_{m_1}(C) = \sigma_{m_3} \circ \sigma_{v'}(B) = \sigma_{m_3}(B) = A$ となる．

同様の補助手段を用いて，次の諸定理が証明される：

定理 7（角二等分線定理）　三辺形 a, b, c において w_1 と w_3 を $\sigma_{w_1}(c) = b$，$\sigma_{w_3}(c) = b$ となるような2直線とする．w_2 が w_1, w_3 とも，また a, c とも同一直線束中にあるならば $\sigma_{w_2}(c) = a$ となる（図 C_1）．

定理 8（高さ定理）　a, b, c を辺とする三辺形において $h_1 \perp a$，$h_2 \perp b$，$h_3 \perp c$ かつ a, b, h_3 と a, h_2, c と h_1, b, c がそれぞれ同一直線束内にあるならば h_1, h_2, h_3 も同一直線束の中にある（図 C_2）．

定理 9（辺二等分定理）　A, B, C を頂点とする三角形において $\sigma_{M_1}(C) = B$，$\sigma_{M_3}(B) = A$ とする．さらに s_1 を A と M_1 を通る直線，s_3 を C と M_3 を通る直線とする．もし S_2 が s_1, s_3 とともに直線束の中にある直線であるならば $\sigma_{M_2}(C) = A$ となるような点 M_2 が S_2 上にある．

次の定理は三角形において互いに対合である直線に関する命題である．

定理 10　$a, b, c, a', b', c', a'', b'', c''$ を a' は b, c に関して a'' に，同様に b' は a, c に関して b'' に，c' は a, b に関して c'' に対合であるような9直線とする．このとき a', b', c' が同一直線束の中にあれば，a'', b'', c'' もまた直線束の中にある（図 D）．

絶対幾何での多くの証明の際，ヘッセンベルク (Hessenberg) の次の定理が役に立つ：

定理 11（対合の定理）　a, b, c を辺とする三辺形と直線束中にある a', b', c' とが，a', b, c または a, b', c または a, b, c' のそれぞれの三つ組が同一直線束にあるように与えられているとする．このときさらに a'', b'', c'' をそれぞれの対合において a', b', c' に対応するものとするならば，a, a'' とも b, b'' とも同一直線束の中にある直線 g はまた c, c'' とも同一直線束中にある（図 E）．

注意　計量空間での点鏡映を新しい計量空間の点として，また直線鏡映を直線として捉えることができる．ただしこの際 $\sigma_P \mathrm{I} \sigma_g :\Leftrightarrow (\sigma_p \circ \sigma_g)^2 = 1$（すなわち $\sigma_g \circ \sigma_h$ は位数2），$\sigma_g \perp \sigma_h :\Leftrightarrow (\sigma_g \circ \sigma_h)^2 = 1$（すなわち $\sigma_g \circ \sigma_h$ は位数2）と定義し，σ_g を決めたとき写像 $\sigma_p \mapsto \sigma_g \circ \sigma_P \circ \sigma_g$，$\sigma_h \mapsto \sigma_g \circ \sigma_h \circ \sigma_g$ を σ_g に面した鏡映と名づける．P を σ_P に，g を σ_g に写す全単射は，点鏡映または直線鏡映をそれぞれ点または直線と同一視することを許す一つの同型を表している．それゆえ鏡映の合成はまた計量空間の元の積として書かれる．こうして諸定理と証明の非常に簡潔な記法を可能にする非常に優雅な表現形式が得られる．

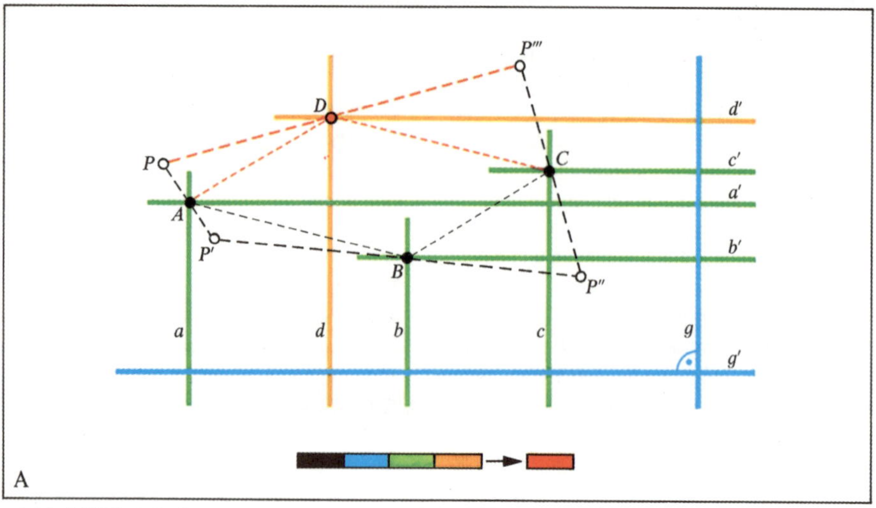

3個の点鏡映の合成

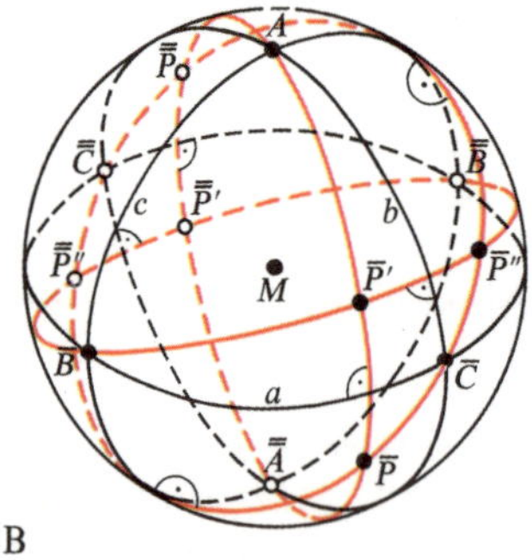

一つの球面上の二つの対点を「点」，大円を「直線」と呼ぶ．垂線や鏡映の概念の初等幾何学的解釈により，計量平面の一つのモデルが得られる．そこでは3極線，すなわち図の直線 a, b, c, で，どの二つを取っても垂直となっているものが存在する．これらは，「点」$A=\{\bar{A},\bar{\bar{A}}\}, B=\{\bar{B},\bar{\bar{B}}\}, C=\{\bar{C},\bar{\bar{C}}\}$ で交わる．
「直線」a, b, c, に関する鏡映は明らかに，$\sigma_c\circ\sigma_b\circ\sigma_a=1$ をみたす．
例として，$P=\{\bar{P},\bar{\bar{P}}\}$ の鏡映が示されている．

B

極三辺形を持つ楕円平面のモデル

満足する公理								
R	¬R	V	¬V	P	¬P	H	¬H	平面の名前
o								計量的ユークリッド
	o							計量的非ユークリッド
o		o						ユークリッド
o			o					半ユークリッド
	o	o		o				楕円的
	o	o			o			半楕円的
	o		o			o		双曲的
	o		o				o	半双曲的

注意：
P から ¬R と V が導かれる．¬V と H から ¬R が導かれる．¬H から ¬V が導かれる．

C

計量平面の種別

直辺形公理

新しい公理を付け加えて，計量平面をさらに区分けするところにきた．

直辺形公理 (R)　2本の相異なる共通垂線を持つ2本の相異なる直線が存在する．

注意　そのような直線から成る図形を**直辺形**と呼ぶ．R の否定 ¬R は，どのような相異なる2直線も高々1本の共通垂線しか持ちえないこととなる．

定義 1　R が成り立つ計量平面は計量ユークリッド的であるといわれる．R が成り立つときは計量非ユークリッド的といわれる．

定理 1　計量ユークリッド的平面では共通垂線を持つ2本の異なる直線はすべての垂線を共有する．

3直角を持つ四角形では第4の角も直角となる．

定義 2　共通垂線を持つ計量ユークリッド的平面上の2直線は平行であるといわれる（記号：$a \parallel b$）．

この平行の概念によって，今や平行移動が特別の運動として定義される．

定義 3　$a \parallel b$ であるとき，合成写像 $\sigma_b \circ \sigma_a$ は平行移動と呼ばれる．

平行移動の全体は運動群の部分群となるが，これは特に可換な正規部分群である．さらに注目に値するのは点鏡映についての次の定理である．

定理 2　計量ユークリッド的平面では，三つの点鏡映の合成は再び点鏡映である．すなわち A, B, C に対して $\sigma_C \circ \sigma_B \circ \sigma_A = \sigma_D$ となるような D が存在する（図 A）．

証明　g と g' を任意の二つの互いに垂直な直線とし，a, b, c または a', b', c' をそれぞれ A, B, C を通る g' または g への垂線とする．定理1によって a, b, c, g の属する垂線束の中のどの直線も a', b', c', g' の属する垂線束の中のどの直線とも垂直である．したがって $\sigma_a \circ \sigma_{a'} = \sigma_A$, $\sigma_b \circ \sigma_{b'} = \sigma_B$, $\sigma_c \circ \sigma_{c'} = \sigma_C$ となる．さらにこれらの垂線束の中に $\sigma_c \circ \sigma_b \circ \sigma_a = \sigma_d$, $\sigma_{c'} \circ \sigma_{b'} \circ \sigma_{a'} = \sigma_{d'}$ となる直線 d, d' が存在する．垂直な直線に関する鏡映は可換なので，これらのことから

$$\sigma_C \circ \sigma_B \circ \sigma_A = \sigma_c \circ \sigma_{c'} \circ \sigma_b \circ \sigma_{b'} \circ \sigma_a \circ \sigma_{a'}$$
$$= \sigma_c \circ \sigma_b \circ \sigma_a \circ \sigma_{c'} \circ \sigma_{b'} \circ \sigma_{a'} = \sigma_d \circ \sigma_{d'} = \sigma_D$$

となる，ただし D は d と d' の交点とする．

図 A は合成 $\sigma_C \circ \sigma_B \circ \sigma_A$ が任意の点 P に作用する例である．図のように A, B, C が1直線上にないときは，D は常に A, B, C を頂点とする平行四辺形の第4の頂点である．

結合可能性公理

定義2による平行の概念はまだ平行な直線と交わらない直線が同じであるという直感的表象と一致していない．計量ユークリッド的な平面のうちには，その上の直線とその直線の上にない1点に対して，その点を通りその直線と交わらない直線が，複数あるようなものが存在する．しかし，それらの直線のうち，ちょうど一つが定義2の意味で g と平行である．1点も，また1垂線も共有しないような直線は**結合不能なもの**と呼ばれる．このようなものを除外したいときは，さらに1個の公理の妥当性を要求すればよい．

結合可能性公理 (V)　2直線は常に1点か，1垂線かを共有する．

定義 4　V が成り立つ計量ユークリッド的平面は**ユークリッド的**であるという．¬V が成り立つときは，半**ユークリッド的**と呼ばれる．

この制限によってもまだ無限個の互いに同型でないユークリッド的な平面，とりわけ有限個の点から成る諸計量平面などが存在する．

極三辺形公理

公理 V によって計量非ユークリッド的平面をさらに区別することができる．V が成り立つときには，三角形の3角が直角であるようなことが起こりうる（図 B）．

極三辺形公理 (P)　互いに垂直であるような3本の直線 a, b, c が存在する．

注意　a, b, c はちょうど $\sigma_c \circ \sigma_b \circ \sigma_a = 1$ となるときに互いに垂直である．$\sigma_b \circ \sigma_a = \sigma_c$ となり，したがって点鏡映 $\sigma_b \circ \sigma_a$ は同時に直線鏡映となる．P が成り立つような計量平面では，すべての点鏡映が線鏡映でさえある．したがって P からは V と ¬R の妥当性が導かれる．

定義 5　P が成立する計量平面は，楕円的といわれる．¬R と V と ¬P が成り立つときは半楕円的と呼ばれる．

注意　半楕円的平面では，直線の集合は，それが楕円的平面になるように拡大することができる．（この他の楕円的平面の諸性質については p.177 参照.）

双曲的公理

まだ V が成り立っていないような，結合不能な直線のあるような計量平面を調べることが残っている．1直線 g に対して1点 P を通り g と結合不能な直線 a があり，h を P から g に下ろした垂線とすれば，$\sigma_h(a)$ は a と異なり，同様に g と結合不能である．これまでの公理からは，これ以上に P を通り g と結合不能な直線は存在しないことを導くことはできない．ここで次を要請できる：

双曲的公理 (H)　1点を通り与えられた直線と結合不能な直線は，高々2個しか存在しない．

定義 6　¬V と H が成り立っている計量平面は**双曲的**であるといわれる．

注意　¬V と H から R が従う．（この他の双曲的平面の諸性質については p.173 参照.）

計量平面の分類

公理 R, V, P, H またはそれらの否定を付け加えることによって，全計量平面の分類が完成する（図 C）．

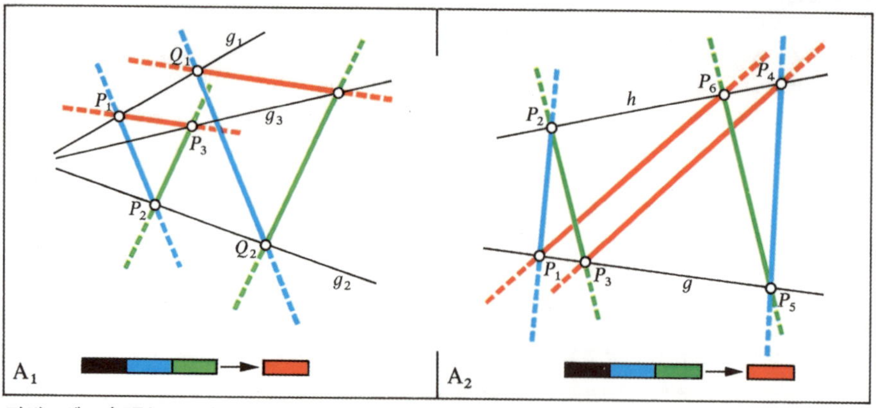

デザルグの定理とパッポス–パスカルの定理（アフィン形）

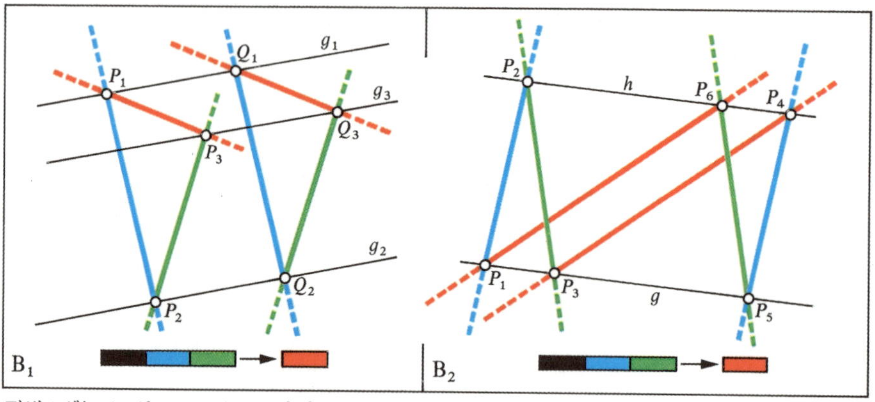

デザルグとパッポス–パスカルの小定理

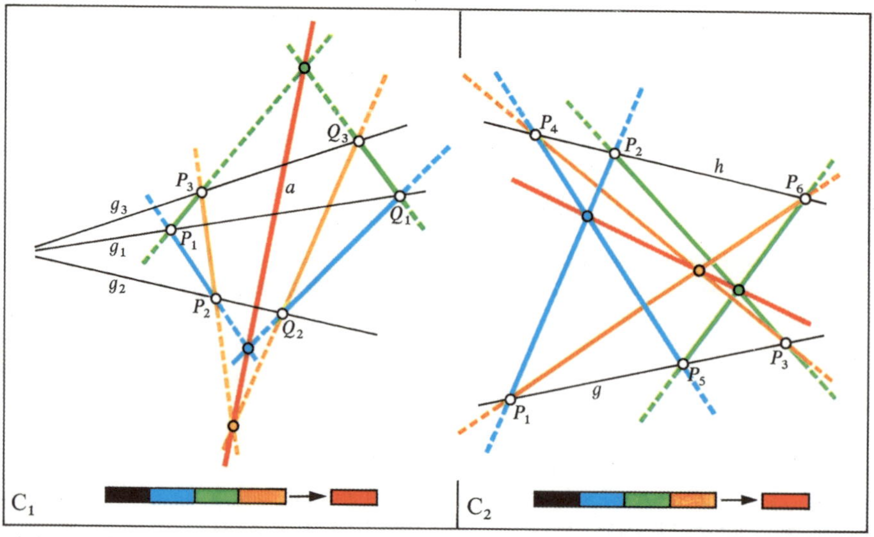

デザルグの定理とパッポス–パスカルの定理（射影形）

アフィン平面

多くの幾何の定理では，特にユークリッド幾何においては，結局のところ点と直線の間の結合の問題，すなわちある結合関係から別のものが導かれるかどうかが主題である．このような定理を定式化するときには，直交性と鏡映の概念は使わないですむ．公理系をこの事情に合わせるとすると，計量平面の概念は新しい平面概念に置き換えられなくてはならない．すなわち次のように定義する：

定義 1　点と直線の集合は次の公理がみたされるとき**アフィン結合平面**と呼ばれる：

(A1) 任意の相異なる 2 点 A, B に対して，両点と結合する直線が唯一つ存在する．

(A2) 任意の直線 g に対して，それとは結合しない点が存在する．

(A3) 任意の直線 g とその上にない任意の点 P に対して，P と結合し，g との共有点を持たない直線 h が唯一つ存在する（P を通る g の平行線）．

座標を導入するためには，次の**推論定理**と呼ばれる公理が重要であるが，これらはアフィン結合平面では必ずしも成り立つとは限らない．

(A4′) デザルグの定理（アフィン形）　二つの三角形の対応する頂点対が共通直線，すなわち 1 点を共有する 3 直線上にあり，対応する辺の二つの対が平行であるとき，第 3 の辺対も平行となる（図 $\mathrm{A_1}$）．

(A4) パッポス-パスカルの定理（アフィン形）　六角形の頂点が交互に（三つずつ）二つの直線上に載っていて対辺の二つの対が平行であるとき，第 3 の対辺の対も平行である（図 $\mathrm{A_2}$）．

デザルグまたはパッポス-パスカルの図形において問題の直線が平行（図 $\mathrm{B_1, B_2}$）であるとき，上の言明はデザルグまたはパッポス-パスカルの**小定理**と呼ばれるものになる．ヘッセンベルクはパッポス-パスカルの定理からデザルグの定理が従うことを示した．逆は成り立たない．すなわちアフィン結合平面のうちには，デザルグの定理のほうのみが成り立つものがある．

定義 2　(A4) が成り立っているアフィン結合平面を**アフィン平面**と呼ぶ．

注意　デザルグの定理が成り立っているときは，**デザルグ的結合平面**といわれる．

射影平面

アフィン幾何学では，互いに交わる直線と，互いに平行な直線との違いが事柄を複雑にしている．点と直線の集合の適切な拡大によって，どのような 2 直線も共有点を持つようにすることができる．平行な直線のなす束はすべて**非本来的な点**と呼ぶことにする．また，この点は束のすべての直線と結合するとし，非本来的点全体の集合は**非本来的直線**と呼ぶことにする．こうすると，2 本の平行線も，任意の直線と非本来的直線も，一つの非本来的点を共有する．このように拡大された平面を次の定義の意味で**射影的**と呼ぶ．

定義 3　点と直線と集合は，それについて次の公理がみたされるとき**射影結合平面**と呼ばれる：

(P1) 相異なる任意の 2 点 A, B に対して，それらと結合する直線が唯一つ存在する．

(P2) 相異なる任意の 2 直線 g, h に対して，それらと結合する点が唯一つ存在する．

(P3) 4 点であって，そのうちのどの 3 点も一つの直線と結合しない．

上のアフィン推論定理に対しては，その射影的アナロジーは，その中の三つの平行線対を，直線対の交点が共線的，すなわち 1 直線上にあるような，3 個の直線対で置き換えることによって定式化される．

(P4′) デザルグの定理（射影形）　二つの三角形の対応する頂点対が共点的な 3 直線上にあれば，対応する辺対の 3 交点は共線的である（図 $\mathrm{C_1}$）．

(P4) パッポス-パスカルの定理（射影形）　六角形の頂点が交互に三つずつ 2 直線上に載っているならば，対辺の対の 3 交点は共線的である（図 $\mathrm{C_2}$）．

定義 4　(P4) が成り立っている射影的結合平面を**射影平面**と呼ぶ．

注意　p.135 の (A5), (P5) 参照．

上ではすでに，どのようにして一つのアフィン平面から出発して，1 本の外の直線と各直線にそれぞれ新しい 1 点を付け加えることによって，射影平面に到達しうるかが示された．この方法はまた反対向きに実行することができる．射影的結合平面（射影平面）において，1 本の任意の直線とそれと結合するすべての点を取り除くと，アフィン結合平面（アフィン平面）が生まれる．したがって，どちらの公理系も本質的には同じ幾何学的構造に到達する．射影幾何の長所はとりわけ公理の双対性にある．すなわち，点と直線の概念を入れ替えても公理系は同値なものに移行するのみなので，射影幾何学の任意の定理に対して，その中の点と直線の概念を交換して述べられる定理も一緒に成り立つことになる．

計量平面との関連

計量平面の最重要な種類と，ここで導入されたアフィン的，射影的な諸平面の間には簡単な関係がある．

(1) ユークリッド平面は常にアフィン平面である．もちろんこれも上記の方法で射影平面に拡大することができる．

(2) 楕円的平面は常に射影平面である．

(3) 双曲的平面はアフィン的でも射影的でもない．

この最後の場合，射影平面の中にはめ込むことができるかどうかの疑問が残る．これが実際できることは，p.133 で示される．

A₁ $g_i \leftrightarrow P_i$

A₂ $A_i \leftrightarrow B_i$

A₃ $g_i \leftrightarrow h_i$

1次元基本図形の背景射

B
与えられたもの：異なる3点 A_1, A_2, A_3
　を通る直線 a と異なる3点 B_1, B_2, B_3
　を通る直線 b
求めるもの：射影変換 π で
　　$\pi(A_i) = B_i, \ i \in \{1, 2, 3\}$
　をみたすもの．
解を求めるためのヒント：π は Z_1, Z_2
　を中心とする二つの背景射の合成
　として得られる．

射影幾何学の基本定理

C₁ ホモロジー $(Z \notin a)$
$Z \mapsto Z;\ a \mapsto a;$
$A_i \mapsto B_i;\ g_i \mapsto h_i$

C₂ 調和的ホモロジー $(\pi^2 = 1)$
$Z \mapsto Z;\ a \mapsto a;\ Z \notin a$
$A_i \leftrightarrow B_i;\ g_i \leftrightarrow h_i$

C₃ エレイション $(Z \in a)$
$Z \mapsto Z;\ a \mapsto a$
$A_i \mapsto B_i;\ g_i \mapsto h_i$

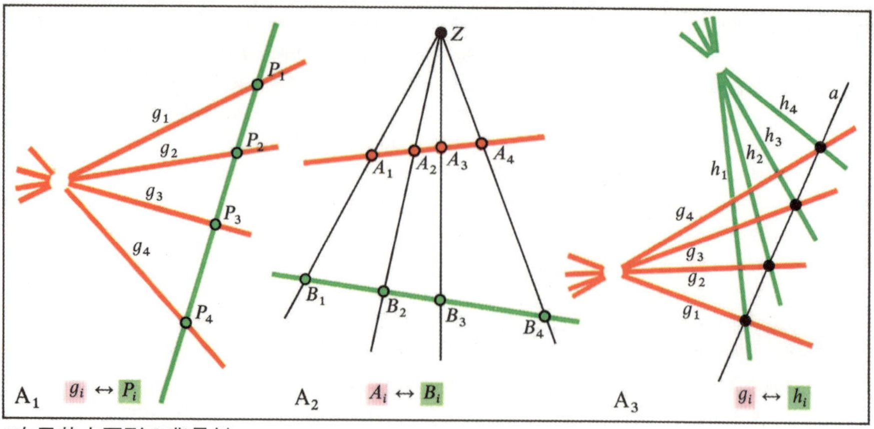

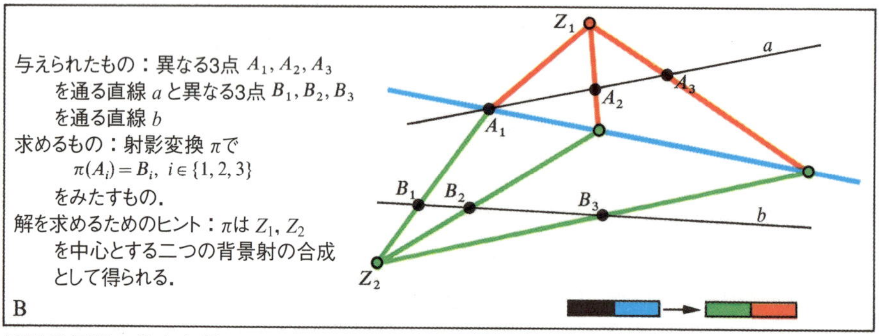

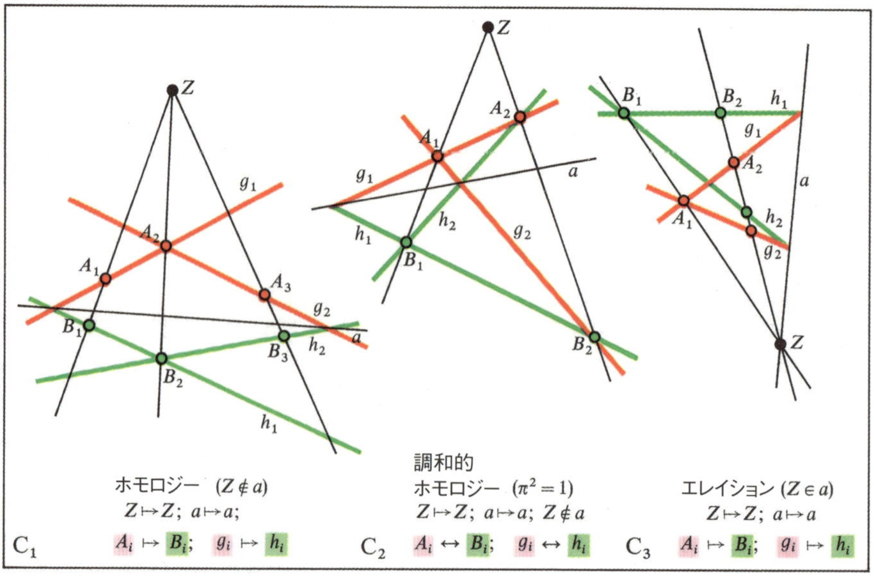

背景共線変換

1 次元基本図形の射影変換

射影平面には特別に重要なタイプの変換がある．これらにおいては一般に，**1 次元基本図形**と呼ばれる 1 直線と結合する全点の集合（**点列**），また 1 点と結合する全直線の集合（直線束）とが特別な役割を演ずる．ではまず 1 次元基本図形の間の写像を考えてみる．

定義 1 背景射とは，点列と直線束の間の 1：1 対応であって，それによって対応し合う点と直線は結合するようなもの，あるいは二つのそのような対応の合成であって，それによって二つの点列または二つの直線束が互いに変換されあうようなものを指していう（図 A).

点列から他の点列上への背景射では，対応を引き起こす直線束は 1 点（**背景射の中心**）を通り，直線束から他の直線束上への射影では，対応する直線の交点は一つの直線（**背景射の軸**）の上に載っている．

定義 2 有限個の背景射の合成は射影変換と呼ばれる．

このような変換の意味を明らかにしているのが，射影幾何学の基本定理と呼ばれる次の定理である．

定理 1 点列からそれ自身の上への射影変換で，与えられた（相異なる）3 点を（別の）与えられた 3 点に（順序も込めて）写すものが，唯一つ存在する（図 B).

共線変換

射影平面上の 1 次元基本図形の変換と並んで，全射影平面からそれ自身の上への変換も考察される．

定義 3 射影平面上の全点の集合と，全直線の集合とをそれぞれそれら自身の上に写す全単射であって，結合関係を変えないものを，**共線変換**と呼ぶ．

定義 4 共線変換のうち，1 直線上の点をすべて固定し，1 直線束の中の直線をすべて固定するものは，**背景的**と呼ばれる．その際，点ごとに固定される直線はその背景共線変換の**軸**，またその全通過直線が固定される点を**中心**と呼ぶ．

定理 2 中心を Z，軸を a とする背景共線変換の全体は，写像の合成に関して可換群をなす．

証明にはパッポス-パスカルの定理が決定的に用いられる．定理 2 は任意の射影的結合平面に対して成り立つわけではない．

定義 5 背景共線変換は，その中心が軸と結合しないときは，**ホモロジー**と呼ばれ，反対の場合は**エレイション**と呼ばれる．

π が中心 Z，軸 a の背景共線写像であるとき，任意の点 P と任意の直線 g に対して，Z, P, $\pi(P)$ は共線的であり，a, g, $\pi(g)$ は共点的である．

P と Q を Z に共線的で，a と結合的でない 2 点とすれば，Z を中心，a を軸とし，P を Q に写すような背景共線写像が唯一存在する．この写像が特に対合的で，A を $g(Z,P)$ と a の交点とすればホモロジーであり，この点の対 (P,Q) は，点の対 (Z,A) に対して調和的であるといい，この写像は調和的ホモロジーと呼ばれる．

定義 6 背景的共線変換の合成は，射影的共線変換と呼ばれる．

射影共線写像は，どのような 1 次元基本図形も射影的に写す．少なくとも一つの点列を射影的に写す共線写像はそれだけで射影的であり，したがって，すべての点列を射影的に写す．

任意の二つの四角形に対して，一方を他方の上に写す射影共線写像が一つ存在する．

相反変換

定義 7 射影平面の全点の集合 Π を全直線の集合 Γ 上に，また Γ を Π 上に写す全単射は，それによって共線的な点集合が共点的な直線集合に，また反対向きにも移されるとき，**相反変換**と呼ばれる．

定義 8 相反変換は，任意の 1 次元基本図形を射影的に写すとき，**射影的**であるといわれる．

少なくとも一つの点列を射影的に写す相反変換は射影的ということになる．射影平面と計量平面との関連の研究で重要なのは，**極関係**と呼ばれる対合的な相反変換である．この際，対応する点と直線はそれぞれ**極点**，**極直線**などと呼ばれる．2 点はそれぞれが互いに他の極直線上にあるとき，互いに**共役**であるといわれる．また 2 直線はそれぞれが互いに他の極点を通るとき，互いに**共役**であるといわれる．1 点は，自分自身の極直線上にあるとき，また 1 直線は，自身の極点を通るとき**自己共役的**であるといわれる．極関係は，自己共役的な点を持つときは**双曲的**，自己共役点を全く持たないときは**楕円的**と呼ばれる．双曲的な極関係の例は一つの円錐曲線に関する極点および極直線 (p.187) が，また楕円的極関係の一例は，楕円モデル (p.123) に見られる極点および極直線が与えている．

あらかじめ極関係を一つ固定しておけば，互いに共役な 2 直線を直交するものとすることによって，射影平面に直交性を導入することができる．この概念により座標を導入すれば (p.133)，距離が定義可能となる (p.135).

注意 共線変換と相反変換の研究は，3 次元空間の中でも持ち込むことができるが，その場合は点と平面が双対的となり，直線は自己双対的となる．何かある射影的結合空間に埋め込まれるような射影的結合平面においては，さらに (P4) が成り立つ．これについては逆も成り立つ．

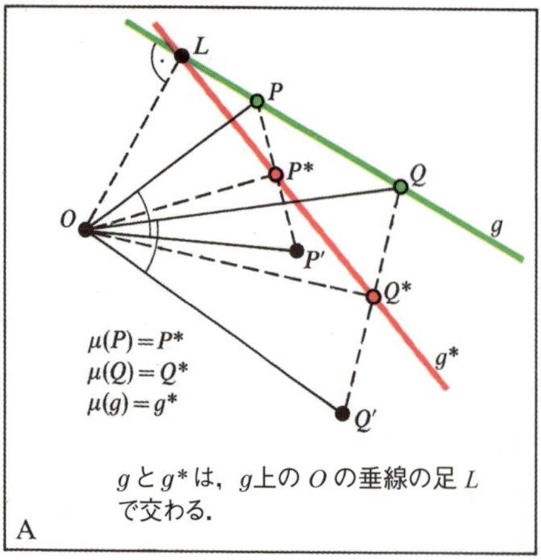
L
P
P*
Q
O
g
P′
Q*
g*
Q′
μ(P)＝P*
μ(Q)＝Q*
μ(g)＝g*
g と g* は，g上の O の垂線の足 L
で交わる．
A

計量平面における半回転

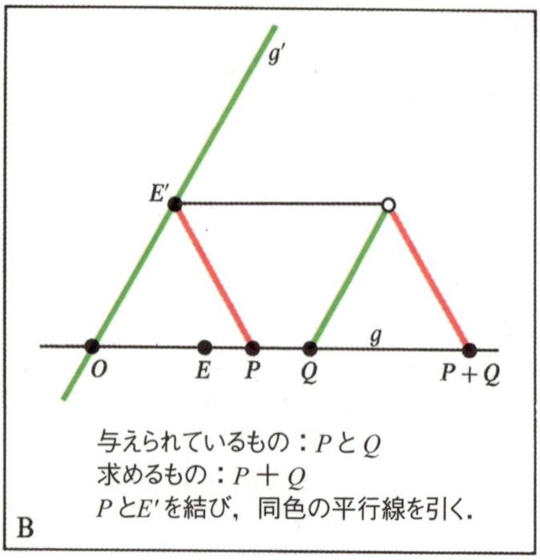
g′
E′
O
E
P
Q
g
P＋Q
与えられているもの：P と Q
求めるもの：P ＋ Q
P とE′ を結び，同色の平行線を引く．
B

アフィン平面内の点の加法

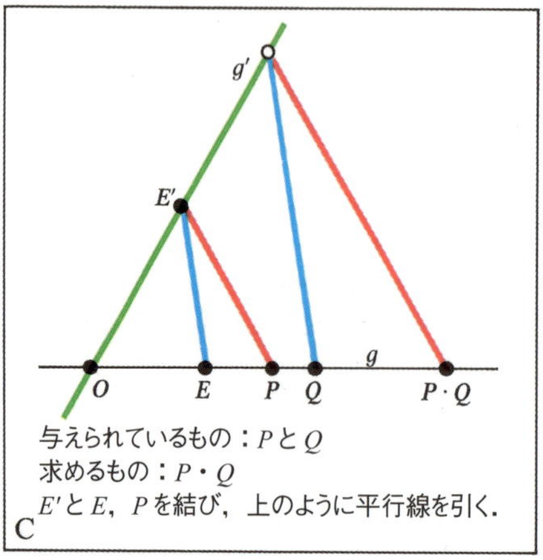
g′
E′
O
E
P
Q
g
P · Q
与えられているもの：P と Q
求めるもの：P・Q
E′ と E，P を結び，上のように平行線を引く．
C

アフィン平面内の点の乗法

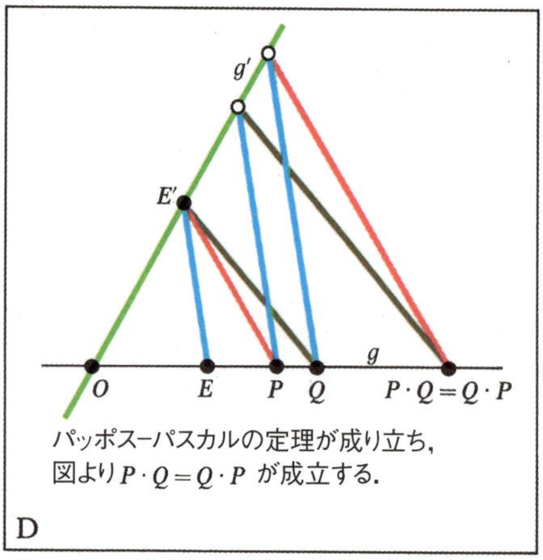
g′
E′
O
E
P
Q
g
P · Q＝Q · P
パッポスーパスカルの定理が成り立ち，
図より P · Q＝Q · P が成立する．
D

パッポスーパスカルの定理と乗法の可換性

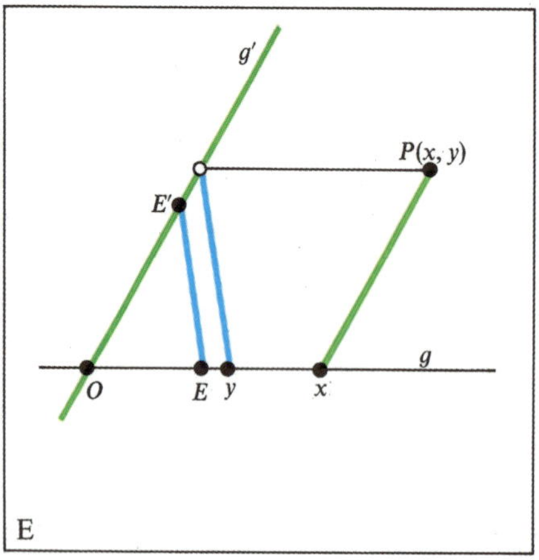
g′
P(x, y)
E′
O
E
y
x
g
E

アフィン平面での座標

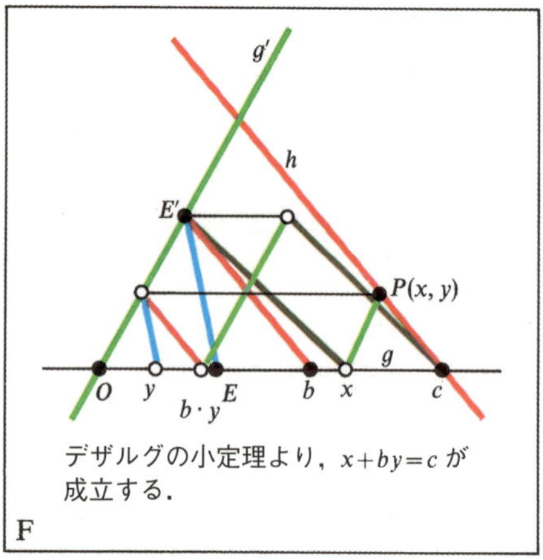
g′
h
E′
P(x, y)
g
O
y
b · y
E
b
x
c
デザルグの小定理より，x＋by＝c が
成立する．
F

直線の一致

回転と半回転

アフィン平面と射影平面の間には密接な関連がある．任意のアフィン平面は拡大のプロセス (p.129) を経て，ある射影平面に埋め込まれる．そればかりか任意の計量平面も射影平面に埋め込まれる．これを示すには運動群には属さない特別な写像，すなわちイェルムスレウによって研究された半回転が用いられる．

定義 1　1 点 O と結合する 2 本の直線に面する二つの鏡映の合成は，O の周りの**回転**と呼ばれる．

定義 2　点 O の周りの非対合的な回転 δ が与えられていて，$P' = \delta(P)$ とし P^* を PP' の中点（垂線の足として常に存在）とするとき，$\mu(\Pi) \subseteq \Pi$, $\mu(\Gamma) \subseteq \Gamma$ となるような $\Pi \cup \Gamma$ の自分自身への写像 μ で $P \mapsto P^*$, $g(P, Q) \mapsto g(P^*, Q^*)$ によって定義されるものを δ に属する点 O の周りの**半回転**と呼ぶ（図 A）．

注意　μ は共線的な点をそれに写すので直線の写像については，定義は意味を持たない．

計量平面の理想平面

計量平面は今や理想元の概念によって射影平面に拡大される．

計量平面の任意の直線束は**理想点**として表現される．中心 (p.125) を持つ直線束は**本来的**理想点と呼ばれ，その中心と同一視することができる．**本来的**理想直線は一つの直線と結合するすべての理想点の集合として理解される．ここで固定点 O を一つ選ぶ．O を通る全垂線束は，O の遠直線 o と呼ばれる理想点集合をなす．これも同様に理想直線とされる．理想直線に数えられる最後のものは O での半回転の一つによって，本来的直線に写されうるような，理想点集合のすべてである．これには特に本来的理想直線が属するが，双曲的平面ではこのようなものばかりではない．理想元の定義は，半回転の中心 O の選び方によらないことを示すことができる．

計量平面の全理想点，理想直線の集合は，その平面の理想平面と呼ばれる．

定理 1　計量平面の理想平面は射影平面である．

アフィン平面での座標

任意の体 K に対して，座標平面と呼ばれるアフィン平面が作られるが，そこでは点は $K \times K$ の元であり，直線は 2 変数の線形方程式の解集合である．興味深いのは，すべてのアフィン平面がある体上の座標平面として捉えられることである．座標の導入はこれに留まらず，さらに射影平面に対しても続行できる．上で示した射影平面への計量平面の埋め込み可能性により，計量平面においても座標の導入が，したがってまた一種の計量化が可能となるが，これが計量平面の呼び名の由来である．アフィン平面での座標の導入の際，1 直線上にない 3 点 O, E, E' が任意に取られるが，これにより直線 $g(O, E)$, $g'(O, E')$ が決まる．$K = \{P \mid P\mathrm{I}g\}$ と置く．K の元に対して，二つの算法「$+$」と「$\cdot$」が $(K; +, \cdot)$ が体となるように導入される（図 B, C）．

体の公理の証明には p.129 の推論定理が本質的に用いられる．$(K; +, \cdot)$ が斜体であることを示すためには，デザルグの定理で十分である．乗法の可換性をいう場合にはパッポス-パスカルの定理も必要になる（図 D）．点 O は，体 K の零元に，E は単位元に対応する．体の元の対とアフィン平面の点との対応は，図 E に示されている．一つの直線 h 上の点の座標は，ある線形方程式をみたしている．これは $h \parallel g$ に対しては自明であるが，そうでない一般の場合は，図 F に従って $x + by = c$ の形の方程式が得られる．ただし c は g と h の交点であり，b は E を通り h に平行な直線と g との交点である．

射影平面での座標

K 上の座標平面としての射影平面のモデルは，K の元の三つ組 $(a_0, a_1, a_2) \neq (0, 0, 0)$ を考え，比例する三つ組の類

$$\llbracket(a_0, a_1, a_2)\rrbracket = \{(x_0, x_1, x_2) \mid \exists\lambda \in K - \{0\} : (x_0, x_1, x_2) = (\lambda a_0, \lambda a_1, \lambda a_2)\}$$

を取り，これらを別々に点または直線と呼べば得られる．以下では，点を表す三つ組は (x_0, x_1, x_2) と，また直線を表す三つ組は (u_0, u_1, u_2) と記される．$x_0u_0 + x_1u_1 + x_2u_2 = 0$ がみたされるとき，またそのときに限り $\llbracket(x_0, x_1, x_2)\rrbracket$ は $\llbracket(u_0, u_1, u_2)\rrbracket$ と結合するといわれる．

こうすれば射影平面の公理系はただちに確かめられる．体の元 x_0, x_1, x_2 または u_0, u_1, u_2 はそれぞれ同次の点または直線座標系と呼ばれる．

また逆に射影平面が一つ与えられたときには，まず任意の直線（それを g_∞ と書く）を 1 本とり，その上のすべての点を除けば，アフィン平面に移行する (p.129) が，そこでは上で見たように，座標を導入することができる．1 点 (x, y) に対して，三つ組 (x_0, x_1, x_2) を $x = x_1/x_0$, $y = x_2/x_0$, $x_0 \neq 0$ となるように対応させれば，**同次座標**が得られる．このとき直線 h の方程式は $u_0x_0 + u_1x_1 + u_2x_2 = 0$（ただし $(u_1, u_2) \neq (0, 0)$）の形に書かれるが，この際 u_0, u_1, u_2 は直線の同次座標を表す．h と g_∞ の交点は h の方程式をみたす三つ組 $(0, x_1, x_2) \neq (0, 0, 0)$ として決められるが，$(u_1, u_2) \neq (0, 0)$ なので，そのような三つ組は常に存在し互いに比例する．g_∞ 自身は $\llbracket(1, 0, 0)\rrbracket$ と表される．このようにして，射影平面上のすべての点と直線は適当な体上の同次座標系によって捉えることができるのである．

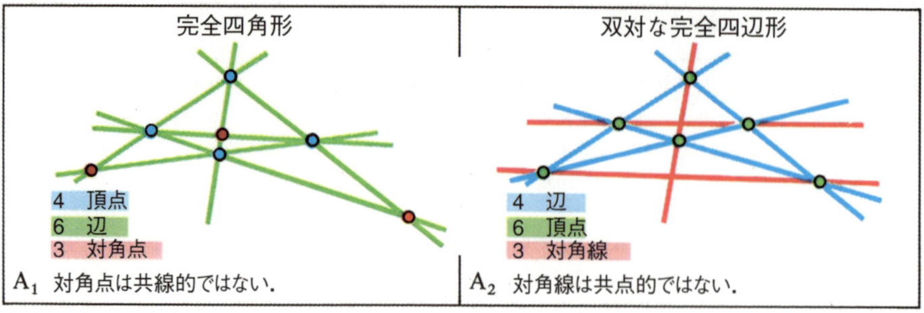

完全四角形，完全四辺形とファノの公理

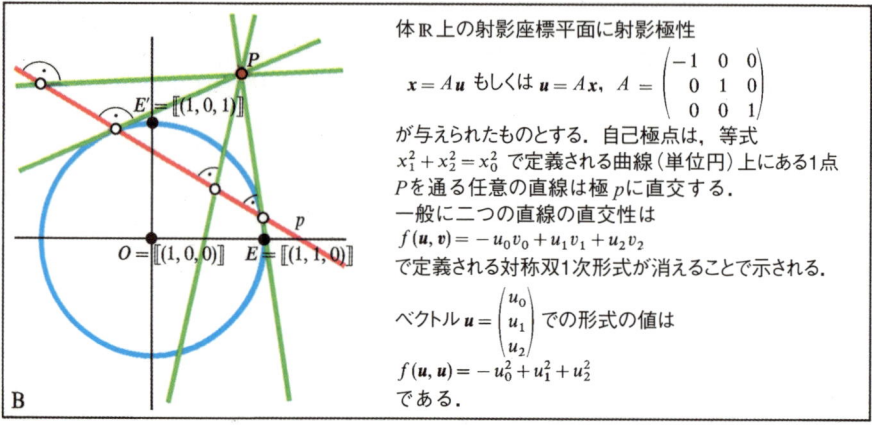

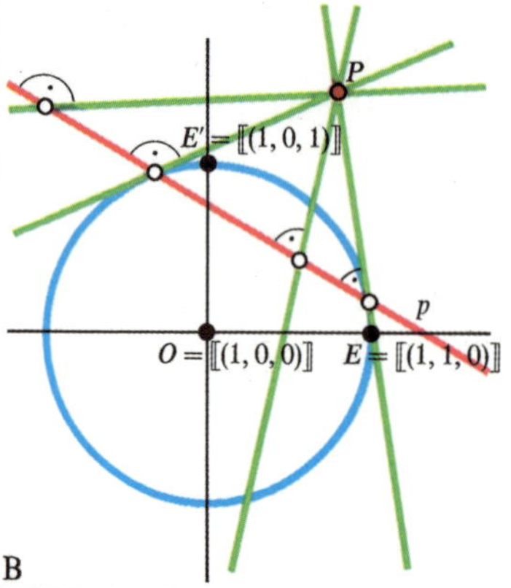

体 $\mathbb{R}$ 上の射影座標平面に射影極性

$$\boldsymbol{x}=A\boldsymbol{u} \text{ もしくは } \boldsymbol{u}=A\boldsymbol{x},\quad A=\begin{pmatrix}-1&0&0\\0&1&0\\0&0&1\end{pmatrix}$$

が与えられたものとする．自己極点は，等式 $x_1^2+x_2^2=x_0^2$ で定義される曲線（単位円）上にある1点 Pを通る任意の直線は極 pに直交する．

一般に二つの直線の直交性は

$$f(\boldsymbol{u},\boldsymbol{v})=-u_0v_0+u_1v_1+u_2v_2$$

で定義される対称双1次形式が消えることで示される．

ベクトル $\boldsymbol{u}=\begin{pmatrix}u_0\\u_1\\u_2\end{pmatrix}$ での形式の値は

$$f(\boldsymbol{u},\boldsymbol{u})=-u_0^2+u_1^2+u_2^2$$

である．

通常射影計量平面

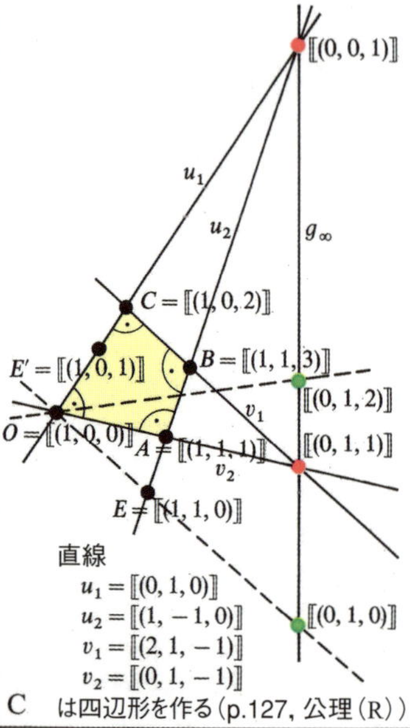

体 $\mathbb{R}$ 上の射影座標平面の直線 $g_\infty=[\![(1,0,0)]\!]$ 上に

$$y_1=-x_1+x_2,\qquad y_2=-2x_1+x_2$$

で定義される，固定点を持たない対合的射影変換が与えられたとする．

2点 $[\![(0,x_1,x_2)]\!]$, $[\![(0,y_1,y_2)]\!]$ が極的であることと $2x_1y_1-x_1y_2-x_2y_1+x_2y_2=0$ が成立することとは同値である．二つの直線 $u=[\![(u_0,u_1,u_2)]\!]$, $v=[\![(v_0,v_1,v_2)]\!]$ は，g_∞から（色で示した）極点 $U=[\![(0,u_2,u_1)]\!]$ と $V=[\![(0,v_2,-v_1)]\!]$ を切り取り，二つは直交すると呼ばれる．これは対称双1次形式

$$f(\boldsymbol{u},\boldsymbol{v})=u_1v_1+u_1v_2+u_2v_1+2u_2v_2$$

が0を取ることと同値である．g_∞ はすべての直線と直交する．$\boldsymbol{u}=\begin{pmatrix}u_0\\u_1\\u_2\end{pmatrix}$ での形式の値は

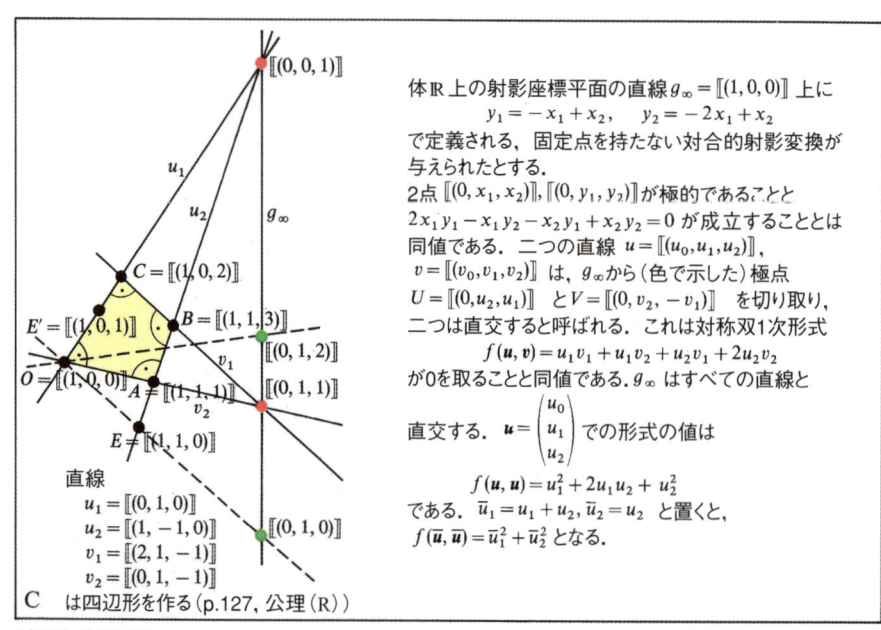

$$f(\boldsymbol{u},\boldsymbol{u})=u_1^2+2u_1u_2+u_2^2$$

である．$\bar{u}_1=u_1+u_2,\ \bar{u}_2=u_2$ と置くと，$f(\bar{\boldsymbol{u}},\bar{\boldsymbol{u}})=\bar{u}_1^2+\bar{u}_2^2$ となる．

特異射影計量平面

ファノ (Fano) の公理

計量平面の理想平面は射影平面である (p.133)．それはすべての射影平面に対して成り立つわけではない次の性質を持っている：

(P5) ファノの公理　完全四角形の対角点は共線的でない．

定義　(P5) が成り立つ射影平面を射影計量平面と呼ぶ．

ここで，完全四角形とは，そのうちのどの 3 点も共線的でない四つの点（頂点）を意味する．これには 6 本の 2 頂点を結ぶ直線（辺）がある．頂点を共有しない二つの辺は，対辺と呼ばれ，それらの交点は対角点と呼ばれる（図 A_1）．双対の完全四角形（図 A_2）に対しても対応する定理が成り立つ．

注意　次の (P5) のアフィン版の特殊化によって，アフィン計量平面が定義される．

(A5)：平行四辺形の対角線は必ず交わる．

ある射影平面で (P5) が成り立つことは，付随する座標体の標数が 2 と異なることと同値である．したがって計量平面は，標数が 2 ではない体上の射影平面の部分平面として理解される．

通常射影計量平面

射影計量平面において射影極性 π (p.131) が与えられているとき，$a \perp b \Leftrightarrow \pi(b)\mathrm{I}a$ によって非ユークリッド的直交性が定義される．この平面は通常射影計量平面と呼ばれる．非結合的な極-極線対をそれぞれ中心-軸として持つ任意の調和的ホモロジーは，直交する直線を再び直交する直線に移す．このような写像の合成の全体は群をなし，その元はこの**通常射影計量平面**の運動と呼ばれる．

射影的な相反変換と共線変換は行列 (p.79〜) により線形変換として簡単に表現される．一列行列

$$\boldsymbol{x} = \begin{pmatrix} x_0 \\ x_1 \\ x_2 \end{pmatrix} \text{ あるいは } \boldsymbol{u} = \begin{pmatrix} u_0 \\ u_1 \\ u_2 \end{pmatrix}$$

などは**ベクトル**とも呼ばれる．行と列の入れ替えにより，いわゆる転置行列が生ずる：${}^t\boldsymbol{x} := (x_0, x_1, x_2)$，${}^t\boldsymbol{u} := (u_0, u_1, u_2)$．この際 $[\![\boldsymbol{x}]\!]$ で表されるベクトルの類 $r\boldsymbol{x}$（ただし $r \in K$，$r \neq 0$），ここで $\boldsymbol{x} \neq \boldsymbol{0} := \begin{pmatrix} 0 \\ 0 \\ 0 \end{pmatrix}$ は点，また類 $[\![\boldsymbol{u}]\!] = \{r\boldsymbol{u} \mid r \in K, r \neq 0\}$（ただし，$u \neq 0$）は直線となる．条件 ${}^t\boldsymbol{u} \cdot \boldsymbol{x} = 0$ は $[\![\boldsymbol{x}]\!]$ と $[\![\boldsymbol{u}]\!]$ が結合することを意味するものとする．

射影的相互変換と共通変換はそれぞれ $\boldsymbol{x} = F\boldsymbol{u}$，$\boldsymbol{x}' = A\boldsymbol{x}$ のように表される．行列 $F = (f_{ik})$，$A = (a_{ik})$ に対しては $\det(F) \neq 0$，$\det(A) \neq 0$ が成り立つ．極性 π の際は $f_{ik} = f_{ki}$ すなわち F は対称である．これには非退化双 1 次形式

$$f(\boldsymbol{u}, \boldsymbol{v}) = \boldsymbol{u}^\top F\boldsymbol{v} = \boldsymbol{v}^\top F\boldsymbol{u} = \sum_{i,k=0}^{2} f_{ik} u_i v_k$$

が付随する．上で定義した π についての運動は極一極線関係を，したがってまた直交性を不変にする．すなわち $f(\boldsymbol{u}, \boldsymbol{v})$ は一般化されたスカラー積 (p.183) であり，$f(\boldsymbol{u}, \boldsymbol{v}) = 0$ は $\boldsymbol{u}$ と $\boldsymbol{v}$ の直交性を意味する．$f(\boldsymbol{u}, \boldsymbol{u}) = \sum_{i,k}^{2} u_i u_k$ はベクトル $\boldsymbol{u}$ の**形式値**と呼ばれ，非常に広い意味でベクトル $\boldsymbol{u}$ の‘長を’の平方とみなすことができる．これによって，**射影的計算**と呼ばれる．一般化された距離概念が得られるが，これは場合によっては，トポロジーでの計量の概念から大きく外れることもある．

注意　上の双 1 次形式は座標系をうまく取れば $f(\boldsymbol{u}, \boldsymbol{v}) = c_0 u_0 v_0 + c_1 u_1 v_1 + c_0 c_1 u_2 v_2$（ただし，$c_0, c_1 \in K - \{\delta\}$）の形にできる．

π が双曲的であるときは，零ベクトルではないが $f(\boldsymbol{u}, \boldsymbol{u}) = 0$ となるベクトル $\boldsymbol{u}$，いわゆる等方的ベクトルすなわち自身と極関係にある点に属するものが存在する．もし π が楕円的ならば，確かに $f(\boldsymbol{u}, \boldsymbol{u}) = 0$ から常に $\boldsymbol{u} = 0$ が従う．双曲的な場合の例は図 B で示されている．そこでは双曲的平面の理想曲面（クラインのモデル，p.122，図 C）．

特異射影計量平面

射影計量平面において一つの任意の直線（g_∞ と記す）上に固定的を持たない対合的な射影変換 π を与えると，ユークリッド的な直交概念に到達する．互いに対応する 2 点は**極的**であるといわれ，2 直線はそれら g_∞ との交点が極的であるとき，**直交**するといわれる（図 C）．このような平面は，**特異射影計量平面**と呼ばれる．中心 Z が g_∞ 上にあり，軸が直線 g_∞ を Z に極的な点で横切る調和ホモロジーは，この平面でも直交する直線を再び直交する直線に移す．そのような変換の合成の全体はまたいわゆる運動群となる．この場合の射影平面は，標数が 2 と異なる体上のアフィン平面に g_∞ を非本来的な直線として付け加えたものとして捉えることができる．この際，最初に与えられた変換 π には，2 成分ベクトル

$$\boldsymbol{u} = \begin{pmatrix} u_1 \\ u_2 \end{pmatrix}, \quad \boldsymbol{v} = \begin{pmatrix} v_1 \\ v_2 \end{pmatrix}$$

に対して定義される対称双 1 次式 $f(\boldsymbol{u}, \boldsymbol{v}) = \sum_{i,k=1}^{2} f_{ik} u_i v_k$ が一般化されたスカラー積として，また $f(\boldsymbol{u}, \boldsymbol{v}) = \sum_{i,k=1}^{2} f_{ik} u_i v_k$ が $\boldsymbol{u}$ の形式値として付随する．ここで $f(\boldsymbol{u}, \boldsymbol{v})$ は $f(\boldsymbol{u}, \boldsymbol{v}) = u_1 v_1 + c u_2 v_2$（ただし $-c$ は K の中で平方元ではない）の形に変形することができる．すなわち $f(\boldsymbol{u}, \boldsymbol{u}) = 0$ は $\boldsymbol{u} = \boldsymbol{0} = \begin{pmatrix} 0 \\ 0 \end{pmatrix}$ のときのみに成り立つ．

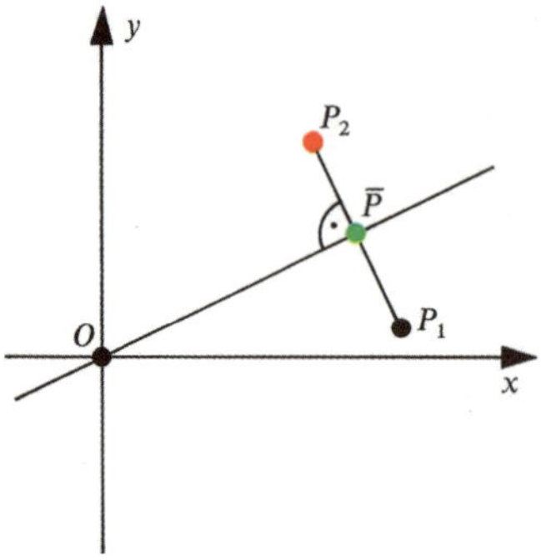

ベクトル $\boldsymbol{u}$ と $\boldsymbol{v}$ の直交性 $u_1v_1+cu_2v_2=0$ より方程式 $y=mx$ で定義される原点を通る直線 g に対する点 $P_1=(x_1, y_1)$の垂線の足を $\overline{P}=(\overline{x}, \overline{y})$ とすると

$$\overline{x}=\frac{x_1+cmy_1}{1+cm^2}, \quad \overline{y}=\frac{mx_1+cm^2y_1}{1+cm^2}$$

が得られる．P_1 の $\overline{P}$ に関する鏡映を取ることにより

$$x_2=\frac{(1-cm^2)\,x_1+2cmy_1}{1+cm^2},$$

$$y_2=\frac{2mx_1-(1-cm^2)\,y_1}{1+cm^2}$$

が得られる．P_2 は P_1 の g に関する鏡映の像である．

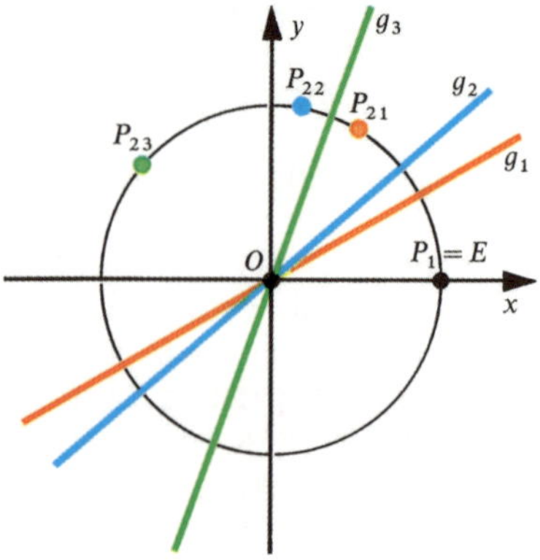

特別な点　$P_1=E=(1,0)$ を取り

$$P_2=\left(\frac{1-cm^2}{1+cm^2}, \frac{2m}{1+cm^2}\right).$$

P_2の座標は，等式

$x^2+cy^2=1$ をみたす．

集合

$$\left\{\left(\frac{1-cm^2}{1+cm^2}, \frac{2m}{1+cm^2}\right)\middle|\, m\in K\right\}$$

は単位円と呼ばれる．

A

原点を通る直線の鏡映と単位円に関する鏡映

B がA と C の中間にあれば，異なる3点 A, B, C は，一つの直線を決め，B は C と A の中間にある．相異なる2点 A, B に対して，A と C の中間に B があるような点 C が，常に少なくとも一つ存在する．3点に対して，そのうちの二つの中間を通る直線が高々一つ存在する．A, B, C を1直線上にない3点とし，g を直線で3点のいずれをも通らないものとする．g がA と B の中間の点を含めば，A と C の中間点または B と C の中間点を含む（パッシュの定理）．

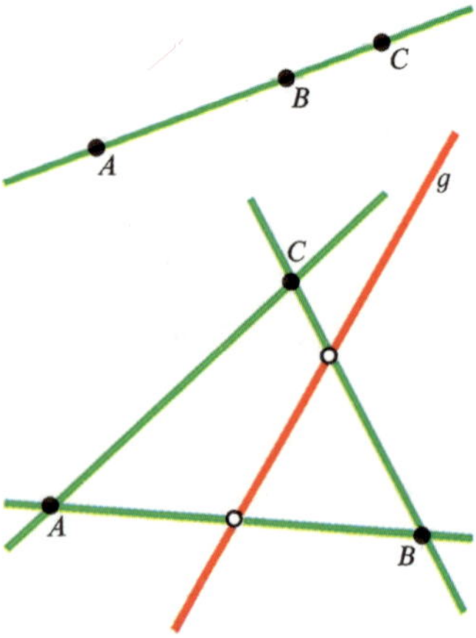

B

ヒルベルトによる3項関係の性質

角二等分公理

すでにp.127で定義されたような, ユークリッド平面ではp.135でのように計量が導入される. ベクトル $\boldsymbol{u} = \begin{pmatrix} u_1 \\ u_2 \end{pmatrix}$ と $\boldsymbol{v} = \begin{pmatrix} v_1 \\ v_2 \end{pmatrix}$ の直交条件は, $u_1v_1 + cu_2v_2$（ただし, $-c$ は座標体 k の非平方元）の形の対称双1次形式が0となることである. この c は**直交性定数**と呼ばれる. この種の平面は通常の諸性質の多くをまだ持つには至っていない. 例えば角は無条件に二等分されない, 直角に対してさえも, ここで次の直角に対する角二等分公理 (W^*) あるいは, 任意角に対する二等分公理 (W) が成り立つために, 座標体 k がどのような性質を持つべきか, との問が立てられる.

($\mathbf{W}^*$)　直交する任意の2直線 g, g' に対して, 直線 h で, h に面する鏡映が g と g' を交換するようなものが存在する.

(W)　1点 p と結合する任意の2直線 g, g' に対して h に面する鏡映が g と g' を交換するような直線 h が存在する.

直交座標系を一つ固定に, 原点を通る直線に面するようなすべての鏡映による基準点 $(1, 0)$ の像のなす集合を考える. それは $x^2 + cy^2 = 1$ となる点 (x, y) から成立, **単位円**と呼ばれる.

($\mathbf{W}^*$) はこの単位円が y 軸と交わる, との条件と同値になる. これはしかし c が k の平方元であることを意味する. この場合は, 単位円と y 軸の交点として $(0, 1)$ が取れるような, 座標系に移ることによって $c = 1$ が成り立つようにできる. したがって **($\mathbf{W}^*$)** は, -1 が k で非平方であるとき, またそのときに限って, 成り立つ. (W) は, 単位円が原点を通る任意の直線と交わるという, もっと強い条件を意味する. $(x^2 + y^2 = 1) \wedge (y = mx)$ の解集合はどの元 $m \in k$ に対しても空ではありえない. すなわちすべての $m \in k$ に対して $1 + m^2$ は平方元であることになる. そのときはしかし, 平方元の和はすべて, それ自身, 平方元となる. この性質を持つ体は**ピタゴラス的**と呼ばれる. したがって **(W)** は, 座標体がピタゴラス的であるとき, またそのときに限って成り立つ. 代数を使えば, すべてのピタゴラス的な体は無条件に一意的にというのではないが, 順序付け可能であることが示される. (W) が成り立つようなユークリッド平面に対しては, このように, 興味ある性質がいろいろと引き出される.

向き付け

順序付けられた座標対 k が与えられているときは, 任意の直線 g 上の点集合に対して, ちょうど2通りの方法で順序関係 $<$ を定義することができる. これにより直線 g は槍直線 (p.121) と呼ばれる, 向き付けられた直線となる. 今や, 1点は1直線を二つの半直線に分解するということも意味を持つ.

もし, $P < Q$ が $Q < R$ であるならば, Q は P と R の間にあるといわれる. Q が P と R の間にあること自体は, g に対して, 二つの可能な順序付けのどちらを選んだかには関係ない.

注意　この三項関係はヒルベルトによる幾何学の構成では陰に定義される基本概念である（図B), 直線の向き付け可能性に引き続き, 平面が向き付け可能であることが分かる. 一つの槍直線 $(g, <)$ を与えると, 平面上の g と結合しない点は, 二つの類（**開半平面**）に分かれる. 2点は, それらの間に g 上の点がないとき, 同じ類に属するとされる, 一つの開半平面と g との和集合は（単に）**半平面**と呼ばれる. g によって生じた半平面のうちの一つを勝手に‘正の’——通常は‘左側の’——, 他を‘負の’ものと呼び, $(g, <)$ を偶運動, すなわち偶数個の鏡映の合成により, 他の槍直線 $(h, <)$ に移したとき, $(g, <)$ の正または負の半平面の像をそれぞれ $(h, <)$ の正または負の半平面と呼ぶ. このようにして, 全槍直線には一意的に, 正と負の‘側’ができる. 個の状態で, 平面は向き付けられたといわれる. すなわち平面は2通りに向き付けることができる. 点と, その点を通る槍と, 向き付けられた平面の三つ組を**旗**と呼ぶ. (W) が成り立つユークリッド平面では, 二つの旗は, 常に, 運動によって互いに移り合う（**自由運動性**, p.121).

注意　旗の3次元類似物はフラッグと呼ばれる. 二つのフラッグは空間においても運動により互いに移り合う.

完備性

通常のユークリッド的な初等幾何では座標体は全実数の体 $\mathbb{R}$ である. $\mathbb{R}$ に関係 $<$ により, アルキメデス的にすら順序付けられていて (p.47), 順序関係に関して完備である (p.49). 完備性は幾何学的定式化においては次の公理（デデキント）によって要請される.

(D)：槍直線 $(g, <)$ 上のある点集合 M が上界を持つならば, それは上限（p.49 参照）も持つ.

次のことが示される. すなわち (W) と (D) が成り立つようなユークリッド的平面の座標体は常にアルキメデス的に順序付けられ, $\mathbb{R}$ と同型でさえある. こうしてユークリッド的初等幾何に特別な平面 $\mathbb{R}^2$ が得られる. そこでは任意の線分 AB には, AB の長さと呼ばれる実数 $\overline{AB}$（p.40, 図B）が, また任意の多辺形には, その面積と呼ばれる実数 (p.151) が対応させられる.

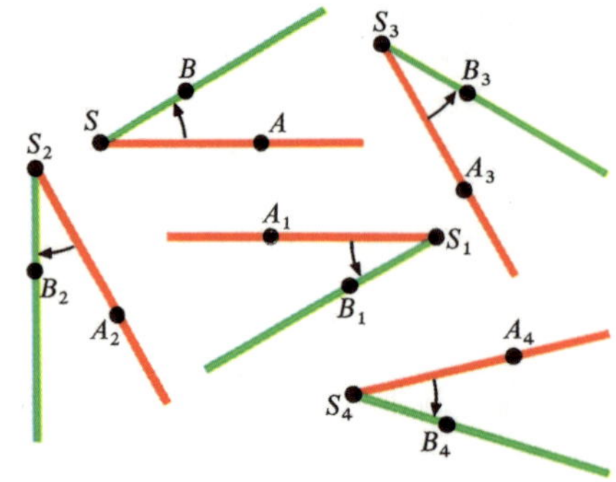

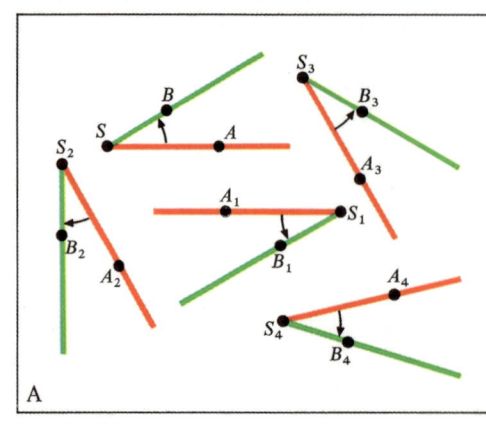

角 $\angle ASB$, $\angle A_1S_1B_1$, $\angle A_3S_3B_3$ は $\angle ASB$ と同じ同義的合同類に属するが $\angle A_2S_2B_2$ と $\angle A_4S_4B_4$ は，これらと反対の類に属する．五つの角は合同について，同じ類 $|\angle ASB|$ に属する．

A

角と角の類

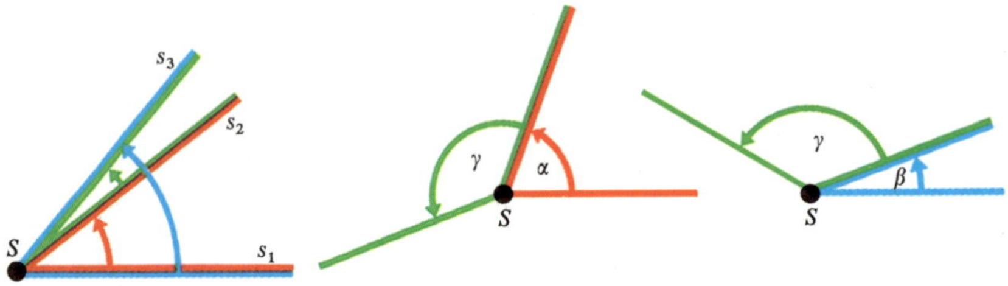

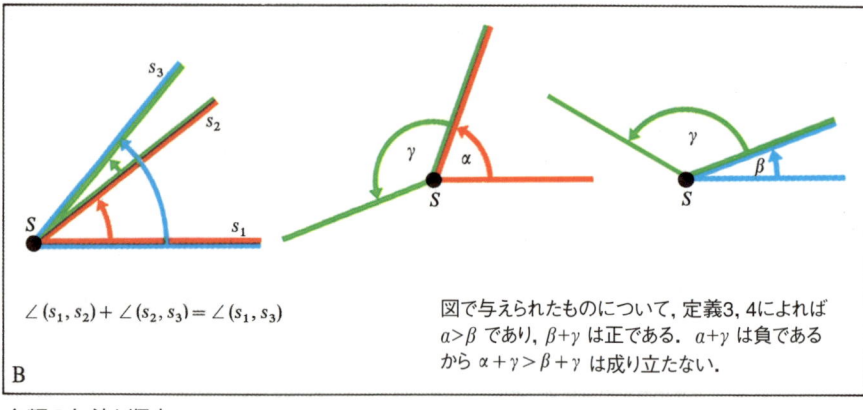

$\angle(s_1, s_2) + \angle(s_2, s_3) = \angle(s_1, s_3)$

図で与えられたものについて，定義3, 4によれば $\alpha > \beta$ であり，$\beta + \gamma$ は正である．$\alpha + \gamma$ は負であるから $\alpha + \gamma > \beta + \gamma$ は成り立たない．

B

角類の加法と順序

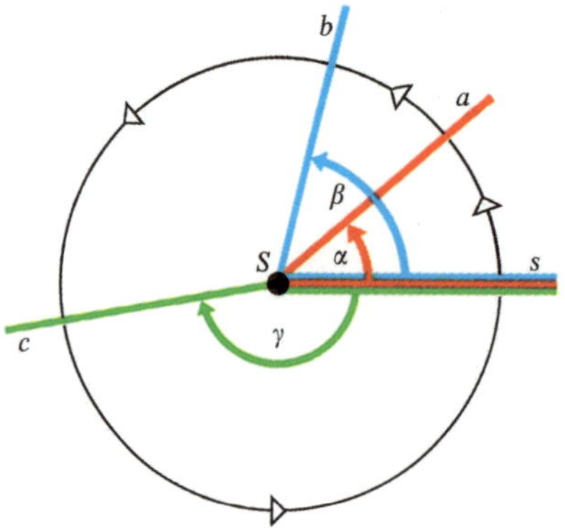

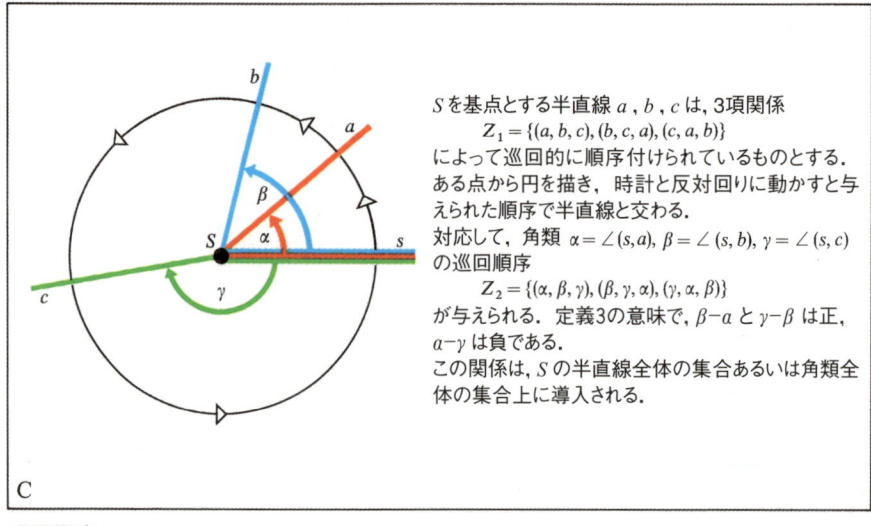

S を基点とする半直線 a , b , c は，3項関係

$$Z_1 = \{(a, b, c), (b, c, a), (c, a, b)\}$$

によって巡回的に順序付けられているものとする．ある点から円を描き，時計と反対回りに動かすと与えられた順序で半直線と交わる．

対応して，角類 $\alpha = \angle(s, a)$, $\beta = \angle(s, b)$, $\gamma = \angle(s, c)$ の巡回順序

$$Z_2 = \{(\alpha, \beta, \gamma), (\beta, \gamma, \alpha), (\gamma, \alpha, \beta)\}$$

が与えられる．定義3の意味で，$\beta - \alpha$ と $\gamma - \beta$ は正，$\alpha - \gamma$ は負である．

この関係は，S の半直線全体の集合あるいは角類全体の集合上に導入される．

C

巡回順序

角と角の種類

今や，向き付けられたユークリッド的平面に対して角概念が定義されるべきところにきた．

定義1　角 $\angle(s_1, s_2)$ で理解されるものは（必ずしも異なるとは限らない）始点 S を共有する二つの半直線 s_1 と s_2 の順序対である．s_1 と s_2 は，角の**辺**，S は角の**頂点**と呼ばれる．

A が s_1 上の1点，B が s_2 上の1点（ただし，A, B は S と異なるとする）であるとき，この角は $\angle ASB$ とも書かれる．2辺が一致する角は**零角**と呼ばれる．2辺が補い合って1直線となるとき，そのような角は**開角**といわれる．慣用に従って角を比較したり，加え合わせたりするには，適切な角の同値類を考える必要がある．

定義2　二つの点集合 M_1, M_2 は，M_1 が適当な運動によって M_2 上に写されるとき，**同義的に合同**であるといい，それを記号 $M_1 \cong M_2$ で表す．また M_1 が M_2 上に偶運動によって写すことができるときに，単に**合同**であるといい，$M_1 \equiv M_2$ と表す．

この両者の関係を通して，全角の集合の中に同値類が生ずる．与えられた $\angle ASB$ に対して，それの属する関係 $\cong$ についての類を $\angle ASB$ で，また，関係 $\equiv$ についての類を $|\angle ASB|$ で書き表す（図A）．零角はすべて一つの類（0と書く）に属する．同様にすべての開角も一つの類をなす．

注意　学校での幾何では本来，角の類がしばしば想定されているときもそれらを角と呼んでいる．学校の幾何では，$|\angle ASB|$ のほうの類が問題にされているが，以下では類 $\angle ASB$ のほうも考える．これらに対してはギリシャ文字を変数として用いる．

角類の和

角類 α, β を加えるには，α, β からそれぞれ代表 $\angle(s_1, s_2)$, $\angle(s_2, s_3)$ を，それらが同じ頂点を持ち，第1の角の第2の脚と第2の角の第1の脚とが一致するように選び，$\alpha + \beta = [\![\angle(s_1, s_2)]\!] + [\![\angle(s_2, s_3)]\!] = [\![\angle(s_1, s_3)]\!]$ と定義する．角類の全体はこの加法に関して，可換群をなし，この群は1点の周りの全回転のなす群と同型である．

角類の順序

角の一つの脚 s は半直線として，全直線に延長されるが，この直線は s の全点 A に対して $s \leqq A$ となるように向き付けられる．平面が前もって向き付けられている場合には，これによって s の正と負の側が決まる．

定義3　零角でも開角でもない角は，それの第2脚が第1脚の正の（または負の）側にあるときに，**正**（または**負**）と呼ばれる．開角は正とされる．

この定義は，代表元を通して，角から角類 α に引き移される．

定義4　正の角 α, β に対して，$\alpha - \beta$ が正であるとき α は β **より大きい** $(\alpha > \beta)$ という．

定義5　角 $\angle(s_1, s_2) \in \alpha$ は，α が正であって $\alpha+\alpha$ が開角によって代表されるときに**直角**と呼ばれる．また α が直角より小さい（大きい）ときにこの角は**鋭角**（**鈍角**）と呼ばれる．

関係 $<$ は，正の角の類に限れば，厳密な順序関係を表している．残念ながら，それは今導入した加法と両立しない．$\alpha > \beta$ から $\alpha + \gamma > \beta + \gamma$ は無条件には従わない（図B），にもかかわらず角類の全体は巡回的に順序付けすることができ，この巡回順序は加法と両立することが示される．

巡回順序

定義6　以下の公理がみたされるとき，集合 M は三項関係 Z によって**巡回的に順序付け**られるという：

(Z1) $(a, b, c) \in Z$ ならば a, b, c は互いに異なる．

(Z2) a, b, c が互いに異なり $(a, b, c) \notin Z$ ならば $(c, b, a) \in Z$ である．

(Z3) $(a, b, c) \in Z$，かつ $(a, c, d) \in Z$ ならば $(a, b, d) \in Z$.

これらがみたされるときは，M の互いに異なる元 a, b, c に対して，(a, b, c), (b, c, a), (c, a, b) のみが Z に属するか，(a, c, b), (c, b, a), (b, a, c) のみが Z に属するかどちらか一方のみ成り立つ（図C）．

全角類の集合に三項関係 Z を $(\alpha, \beta, \gamma) \in Z$ となるのは $\beta - \alpha$, $\gamma - \beta$, $\alpha - \gamma$ のうちの少なくとも二つが正であるとき，そのときに限ると定義すると，巡回順序が得られる．これは $(\alpha, \beta, \gamma) \in Z$ から常に $(\alpha + \delta, \beta + \delta, \gamma + \delta) \in Z$ が従うとの意味で加法と両立する．以前に正角の集合に導入された順序との関連は同値性：$\alpha < \beta \Leftrightarrow (0, \alpha, \beta) \in Z$ によって与えられている．

角の測定

初等ユークリッド幾何学では角の大きさは実数によって与えられる．これを基礎付けるには，最初に巡回的に順序付けられた集合に自然な位相を導入する．これにより実数の加法群から全角類の集合の上への連続写像 $f : \mathbb{R} \to W$ であって，その核が整数の加法群と同型であるような準同型が与えられる．核 $\ker(f)$ は適当に選んだ正実数 k の全整数倍よりなる．単位円の弧長としての角の大きさの直観的解明は $k = 2\pi$ と固定することによって得られる．この際 $f^{-1}(\alpha)$ は α の弧度（量）と呼ばれる．これはただ 2π を法として定まるにすぎず，通常区間 $(-\pi, \pi]$ あるいは $[0, 2\pi)$ の中のものとして決定する．**度**または **gon** などを単位にする角の測定には $1^\circ := \dfrac{\pi}{180}$ または $1\mathrm{gon} := \dfrac{\pi}{200}$ と置けば到達する．すなわち $90^\circ = 100\mathrm{gon} = \dfrac{\pi}{2}$ となる．角 α の大きさは $\overline{\alpha}$ によって表される．

注意　物理学では弧度法による角の大きさを表すときの単位は **radian**（略して rad）と記される．

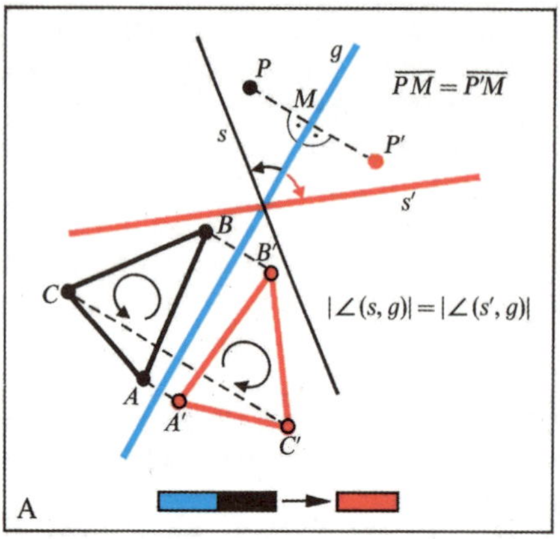

鏡映

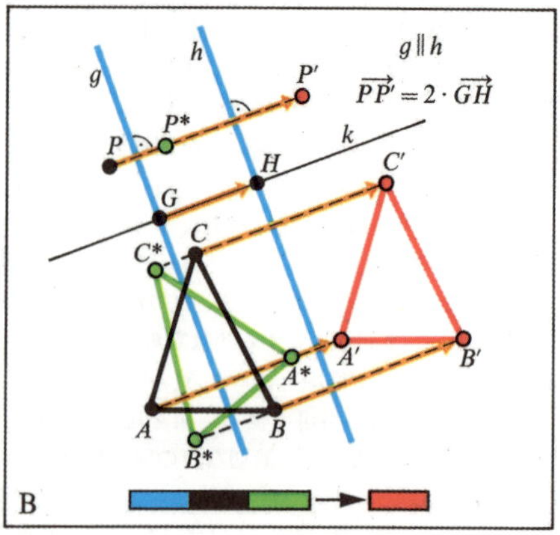

平行移動

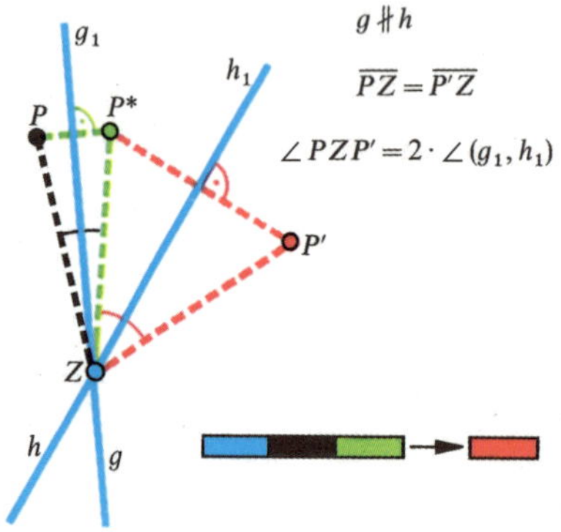

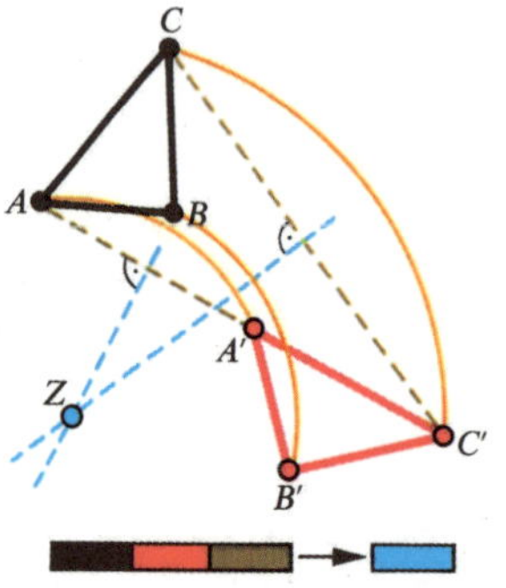

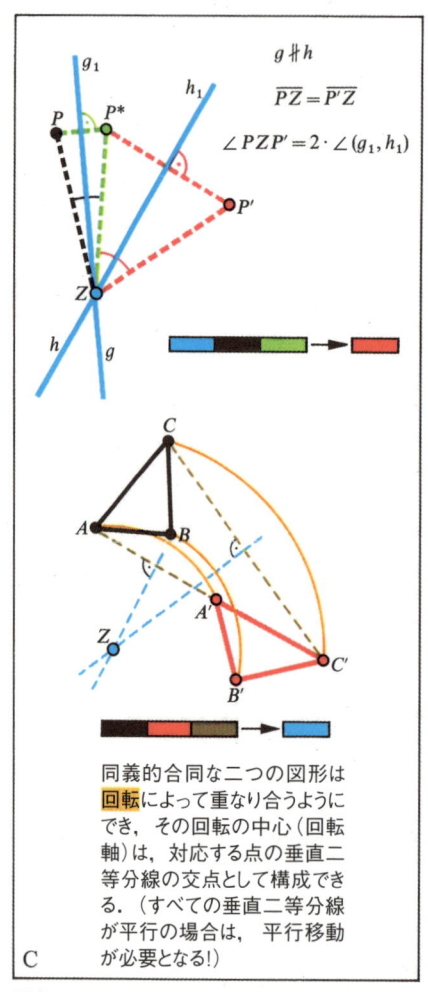

同義的合同な二つの図形は回転によって重なり合うようにでき，その回転の中心（回転軸）は，対応する点の垂直二等分線の交点として構成できる．（すべての垂直二等分線が平行の場合は，平行移動が必要となる!）

C

回転

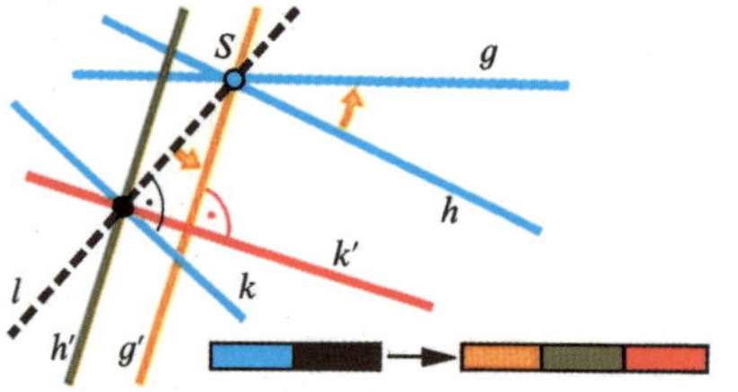

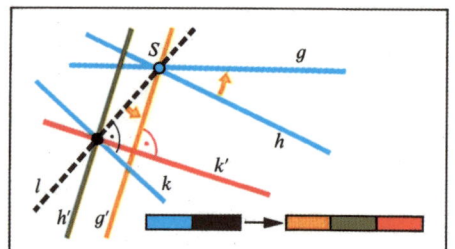

$\sigma_k\circ\sigma_h\circ\sigma_g$ が構成され，g と h が平行でないとし，直線 k の垂線で交点 S を通るものを l とする．直線 g' を (**M 3**) より存在が分かる $\sigma_l\circ\sigma_h\circ\sigma_g=\sigma_{g'}$ をみたす直線とする．すると $\sigma_k\circ\sigma_h\circ\sigma_g=\sigma_k\circ\sigma_l\circ\sigma_{g'}$ である．$\sigma_k\circ\sigma_l$ は $k'\perp g'$ と $h'\perp k'$ より点鏡映として $\sigma_{k'}\circ\sigma_{h'}$ で取り換えられる．これより $\sigma_k\circ\sigma_h\circ\sigma_g=\sigma_{k'}\circ(\sigma_{h'}\circ\sigma_{g'})$ は平行移動と鏡映の合成となる．その平行移動ベクトルは k' と平行である．

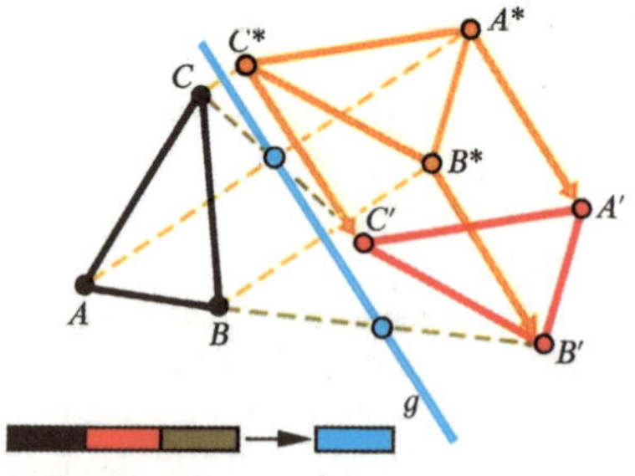

同義的合同な二つの図形は滑鏡映により，重なり合うようにでき，その滑鏡映の軸は対応する点の中点を結ぶことにより構成できる．

D

滑鏡映

以下，簡単に初等ユークリッド幾何の平面 $\mathbb{R}^2$ での更なる構成を，写像幾何学的観点から展開してみよう．あらゆる種類の共線変換の系統的な研究は，幾何学的材料の概観的配列によって与えられる．図形の性質を対応する実数の性質に帰するという他の可能性についても変換の方程式の導入を通して，触れることにする．

運動とその不変式

絶対幾何では，特殊な直交共線変換として鏡映の概念が導入された（p.123，定義 2）．それらの合成，すなわち運動も同じく直交共線変換であるが，逆にすべての直交共線変換が運動であるわけではない（p.147 参照）．p.139 の定義 2 によれば，複数の図形は，それらが運動によって互いに他の上に写されるとき，**合同**であるといわれる．したがって運動は**合同変換**とも呼ばれる．これらが適用されるとき，図形の重要な性質は保存される．

定理 1　合同な線分の長さは等しい，合同な角の大きさは等しい，また合同な面の面積は等しい（面積の定義については p.151 を見よ），平行な直線は運動によりまた平行な直線に移行する．

鏡映

最も単純な運動は，直線 g に沿う鏡映である．これは**固定元**（変換により自身の上に写される点または直線）として，固定点ばかりからなる直線 g（固定点直線）とそれに垂直なすべての直線の旗を持つ．P' が点 P の像点であって $P' \neq P$ であるとき，g は PP' の垂直二等分線（図 A）となっている．S' が g と平行でない直線 S の像直線であるときは，S と S' がなす角は g によって二等分される（図 A）．$\mathbb{R}^2$ 上に向き付けが与えられていて，ある槍直線とその正の側にある 1 点 P を鏡映すると，像点 P' は槍直線の像に対して，負の側に載っていて，この逆も成り立つ．このことから図形の周方向も変わることも分かる（図 A）．

平行移動

二つの平行な直線 g, h に沿う鏡映の合成 $\sigma_h \circ \sigma_g$（図 B）は平行移動と呼ばれる（p.127，定義 3）．その記述にはベクトルを用いるのが便利である．

定義 1　点の順序対 (P, P') は**矢**と呼ばれ，P はその矢の始点，P' は終点と呼ばれる．

定義 2　二つの矢 (P, P'), (Q, Q') は，$PP' \parallel QQ'$, $\overline{PP'} = \overline{QQ'}$ かつ $PQ \parallel P'Q'$ であるとき，**平行等**であるといわれる．P, P', Q, Q' が同一直線上にあるときは，その上に両方の矢とも同じ順序を定義する．

この平行等性は同値関係である．

定義 3　平行等性な矢の成す類を**ベクトル**と呼ぶ．類 $[\![(P, P')]\!]$ は $\overrightarrow{PP'}$ で表す．

ベクトルは，直観的にはその代表元である矢印によって表される．$\overrightarrow{P'P}$ は $\overrightarrow{PP'}$ の逆ベクトルと呼ばれる．これは $P \neq P'$ のときは $\overrightarrow{PP'}$ と異なる．$P = P'$ である類 $[\![(P, P')]\!]$ は**零ベクトル** $\overrightarrow{0}$ と呼ばれる．p.135 で導入されたベクトルは座標の概念を通して関連付けられる．

定理 2　平行移動においては，点 P とその像点 P' のなす順序対は (P, P') の全体は一つのベクトルを表す．

全鏡映の集合の場合とは違って，全平行移動の集合は可換群をなす．平行移動の合成は $\mathbb{R}^2$ でのすべてのベクトルの集合に加法で表される結合を引き起こし，これに関して全ベクトルは零ベクトルを単位元とし，平行移動群と同型な群をなす．

平行移動 $\sigma_h \circ \sigma_g$ に対して，k が g, h の共通垂線であって G, H がそれぞれ k の gh との交点であるとすると，対応する平行移動ベクトル $\overrightarrow{t} = \overrightarrow{PP'}$ は $2\overrightarrow{GH}$ と等しい（図 B）．

定理 3　恒等写像と異なる平行移動は固定点を持たない．固定直線はちょうど，平行移動ベクトルと平行な直線である．図形の周方向は平行移動では保存される．

回転

平行でない直線 g, h に沿う鏡映の合同は p.133 の定義 1 によって回転と呼ばれる（図 C）．

点とその像点は**回転の中心** Z から等距離にある．すべての角 $\angle PZP'$ は同じ角類あるいは同じ向きの合同変換に属する（**回転角**）．回転は中心と回転角によって一意的に決まる．また，g_1, h_1 を Z によって g と h 上にできる半直線とすれば $\angle PZP' = 2\angle(g_1, h_1)$ が成り立つ（図 C）．1 点 Z の周りの回転の全体は，恒等写像も込めて可換群をなす．恒等写像と異なる回転は Z の他に固定点を持たないし，一般には固定直線も持たない．回転角が開角（点回転，p.123）であるときに，Z を通る全直線が固定直線となる．回転では，周方向は保たれる．全平行移動と全回転の集合は全偶運動の群をなしている．

滑鏡映

すべての奇運動は（鏡映も込めて）三つの鏡映の合成 $\sigma_k \circ \sigma_h \circ \sigma_g$ として捉えられる．この際，常に k と h が g と垂直であるように取れ，この変換は g に沿う鏡映と g に平行なベクトルによる平行移動の合成となる．このように表現されることから，奇運動はまた**滑鏡映**（図 D）とも呼ばれる．これらは，鏡映そのものでない限りは，固定点を持たず，また軸 g の他には固定直線も持たない．

A_1 線分の中点と垂直二等分線

A_2 直線 g に対して $P \perp g$ となる点 P を通る垂直二等分線

A_3 直線 g に対して $\neg P \perp g$ となる点 P を通る垂直二等分線

A_4 a の二等分角

コンパスと定規による基本的作図

B 補角の対 (α, β)
$\overline{\alpha} + \overline{\beta} = 180°$

対頂角の対
$(\alpha_1, \alpha_2), (\beta_1, \beta_2)$
$\overline{\alpha}_1 = \overline{\alpha}_2, \overline{\beta}_1 = \overline{\beta}_2$

同位角の対
$(\alpha_1, \alpha_2), (\beta_1, \beta_2), (\gamma_1, \gamma_2), (\delta_1, \delta_2)$

錯角の対
$(\alpha_1, \gamma_2), (\beta_1, \delta_2), (\gamma_1, \alpha_2), (\delta_1, \beta_2)$

三角形における内角和と外角
$\overline{\alpha} + \overline{\beta} + \overline{\gamma} = 180°$
$\overline{\gamma}' = \overline{\alpha} + \overline{\beta}$

角についての定理

C_1 中心角 α
円周角 β
接弦角 γ
$\overline{\beta} = \overline{\gamma}, \overline{\alpha} = 2 \cdot \overline{\beta} = 2 \cdot \overline{\gamma}$

C_2 ターレスの定理：半円を弦とする円周角は，すべて直角である．

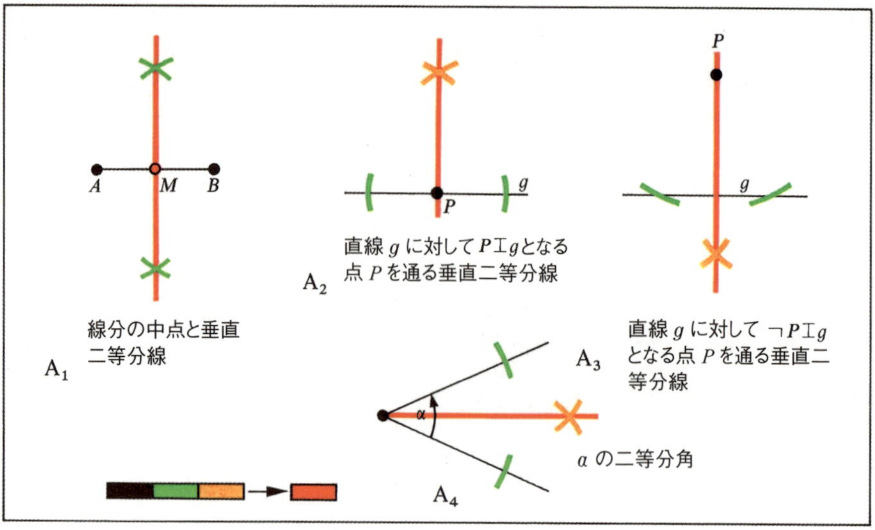

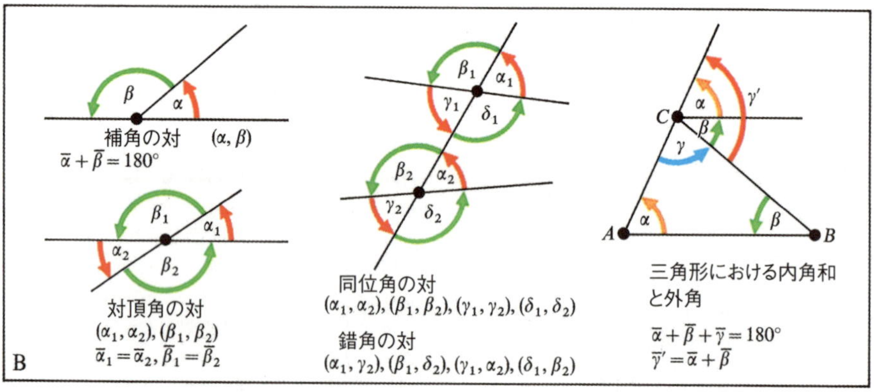

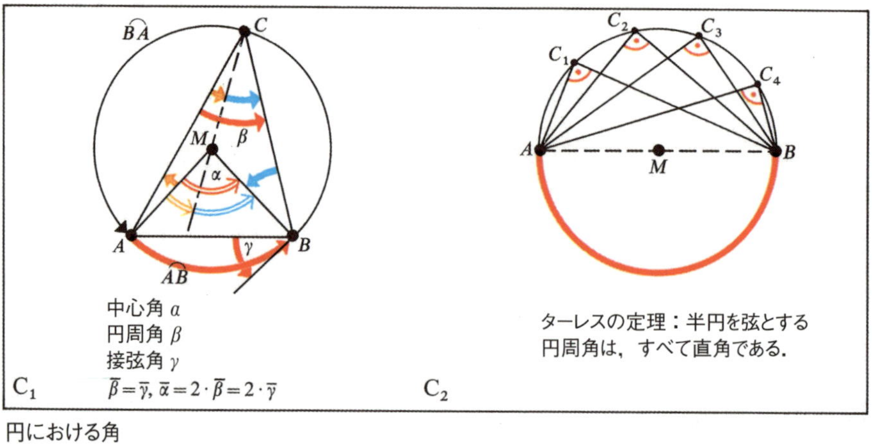

円における角

対称性

合同変換は幾何学的図形の探究と作図問題の解法に役立つ．このとき対称性の概念が重要となる．

定義 5　図形は，それが恒等的でない合同変換により自身の上に写像されるとき，**対称**であるといわれる．問題の変換が直線鏡映，点鏡映，または回転であるのに従って，**軸対称性**，**点対称性**，**回転対称性**と呼ばれる．

多くの問題の解法はまず，図形を補って対称なものにすることを目指す．一般にいう**基本作図**は軸対称な図形（図 A）へ誘導する．

角についての定理

二つの角頂点と一つの脚（辺）とを共有し，他の脚が補い合って 1 直線となる二つの角は，（互いに）**補角**であるといわれる．すなわち補い合って $180°$ となるのである．両脚が対となって直線をなす二つの角は互いに**対頂角**であるといわれる．これらの角の大きさは等しい（点対称！）．

定義 6　二つの直線が第 3 の直線によって点 A, B において横切られているときにできる，A または B を頂点とする角のうちで，それらの一方の脚の上にそれぞれ B または A が載っているもの（4 個）は**内角**と呼ばれ，他の四つは**外角**と呼ばれる．頂点の異なる外角と内角で横切る直線の同じ側にあるものは互いに**同位角**であるといわれる．頂点の異なる二つの内角，または二つの外角で，横切る直線の異なる側にあるものは，互いに**錯角**であるといわれる（図 B）．

定理 4　平行線に沿う同位角または錯角の大きさは等しい（平行移動と点鏡映の適用）．同位角または錯角の大きさが等しいとき，横切られる 2 直線は平行である．

三角形にできる角においては，両脚のそれぞれに角頂点以外の（三角形の）1 頂点が載っている**内角**とそれらの補角である**外角**の区別がある．定理 4 から内角和定理と外角定理が導かれる（図 B）．

定理 5　三角形の内角の和は $180°$ になる．

定理 6　三角形では，どの外角も隣接しない内角の和と同じ大きさになる．

円における直線と角

定義 7　$\mathbb{R}^2$ 上で，1 点 M から等距離にあるすべての点の集合は**円**と呼ばれる．点 M は円の**中心**と呼ばれる．

円と直線から成る図形の軸対称性から，1 直線と一つの円の共有点の個数は 0，1 または 2 であることが分かる．

定義 8　直線は，円の共有点の個数が 0，1 か 2 であるに従って，その円の**外線**，**接線**，あるいは**割線**とも呼ばれる．

定義 9　円の中心が頂点であるような角はその円の**中心角**と呼ばれる．

中心角 $\angle AMB$ は円を二つの弧 $\widehat{AB}$ と $\widehat{BA}$ に分割するが，これらにはそれぞれ角 $\angle AMB$ と $\angle BMA$ を対応させることができる（図 C_1）．

定義 10　角は，その頂点が円の上にあり，その両脚が円を横切るとき，その円の**円周角**と呼ばれる．

円周角 $\angle ACB$ には弧 $\widehat{AB}$ が対応する（図 C_1）．

定義 11　角は，その頂点が円の上にあり，一つの脚がその円をもう 1 点で横切り，他の脚が頂点における接線の上の半直線であるとき，その円の**接弦角**と呼ばれる．

接弦角に対しても，その角の弦に関して，他の脚と同じ側にある弧を対応させることができる（図 C_1）．

定理 7　対応する弧が同一であるようなすべての円周角と，二つの接弦角は等しい大きさであるが，これはこの弧に属する中心角の大きさのちょうど半分である（図 C_1）．

中心角が開角であるときは，対応する弧は半円であり，そのときの円周角はすべて直角である（ターレスの定理，図 C_2）．

合同変換

合同変換は全平面をそれ自身の上に写像するものであるが，直観的に捉えられる場合は，単純な図形に制限して考える．

定理 8　1 直線上にない三つの固定点を持つ合同変換は恒等写像である．

これにより，合同変換は 1 直線上にない 3 点と，それらの像点により一意的に決まることが分かる．実際二つのそのような変換 f_1, f_2 があったとすると，$f_2 \circ f_1^{-1}$ は三つの固定点を持つことになり，$f_2 \circ f_1^{-1} = 1$ から $f_1 = f_2$ が従う．このような理由から，初等幾何では三角形は特に重要である．もし二つの三角形が合同であるならば，それらはすべての辺の長さにおいても，すべての角の大きさにおいても一致しているが，合同であることの確認についてはすべての辺と角を比較する必要はない．以下の**合同の定理**が成り立っているからである．

定理 9　二つの三角形は，一方の 3 辺が，対ごとに他方の 3 辺と長さが等しいとき，合同である（3 辺：SSS と略記）．

定理 10　二つの三角形は，一方の 2 辺とそれらが挟む角が，他方の対応する部分と同じ大きさであるとき，合同である（辺，角辺：SWS と略記）．

定理 11　二つの三角形は，一方の 1 辺と二つの角が，他方の対応する部分と同じ大きさであるとき合同である（角々辺：SWW と略記）．

定理 12　二つの三角形は，一方の 2 辺とそのうちの大きいほうの辺の対角が，他方の対応する部分と同じ大きさであるとき，合同である（辺々角：SSW と略記）．

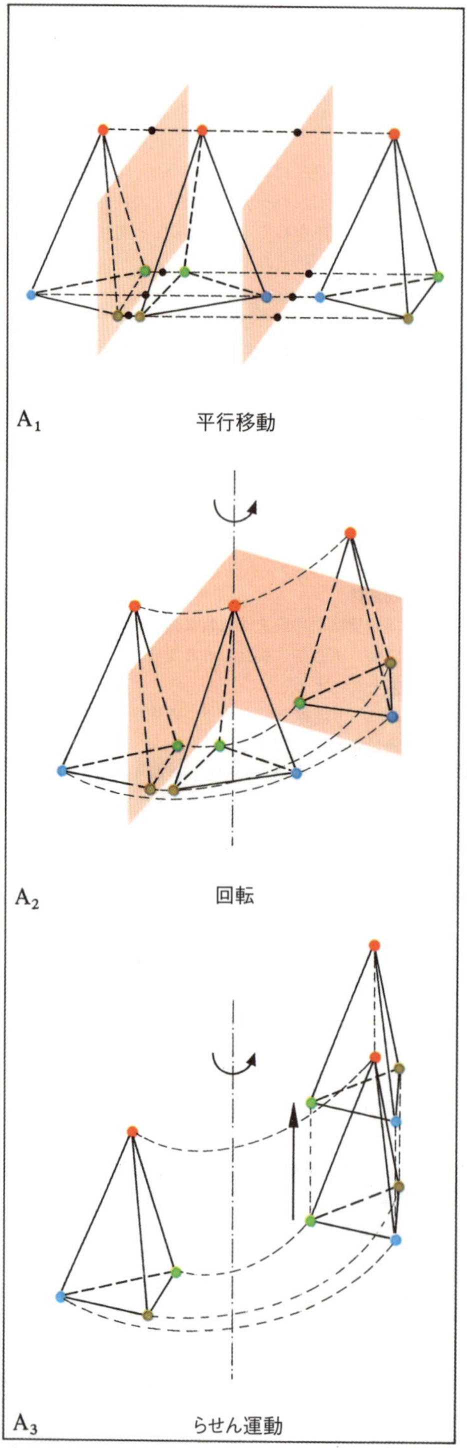

空間における直線移動

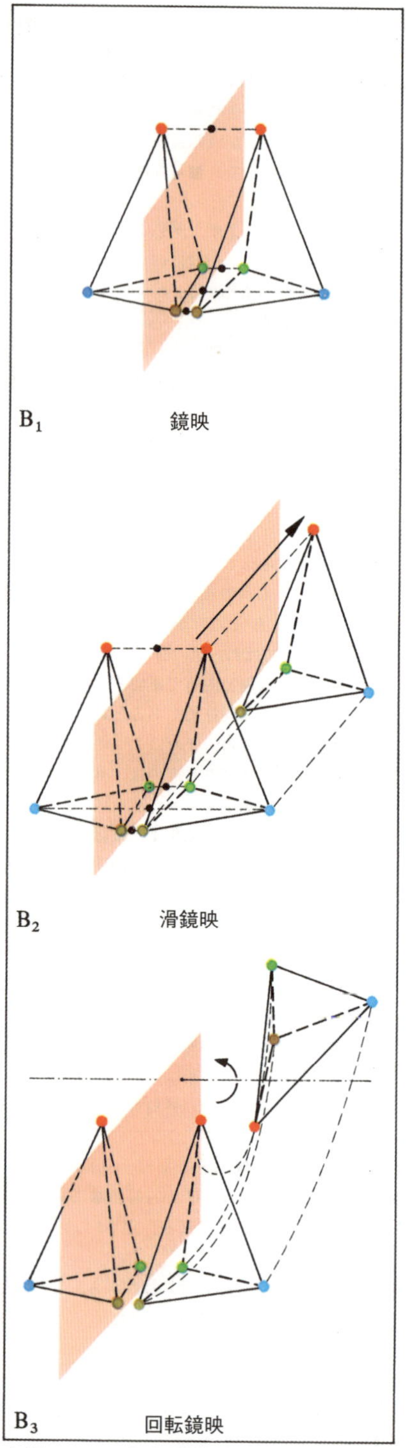

空間における非直線移動

計量平面の定義 (p.123) の際，すでに同様の方法で計量空間が定義されることに言及されていた．3 次元の空間幾何学の構成は，類似の方法で初等ユークリッド幾何の空間 $\mathbb{R}^3$ に至るまで続行される．

空間における直交性と平行性

直線 k が平面 ε 上にあり，点 S で交わる，相異なる 2 本の直線 g と h に垂直であるとき，直線 k は平面 ε に**垂直**であるといい，このとき平面 ε 上にあり，S を通るすべての直線に垂直である．垂線を共有する，二つの平面，あるいは一つの平面と一つの直線は**平行**であるといわれる．このとき，一方が他方に含まれないならば，それらは共有点を持たない．平行でない 2 平面はちょうど 1 本の直線を共有する．一つの平面に平行なすべての平面は平面束を，また同様に 1 本の直線を共有するすべての平面も束をなす．

2 本の直線は，両者がともに載っている平面が存在しないとき，**斜傾**であるといわれる．平面 ε_1 が，平面 ε_2 に垂直な直線を含んでいるとき，平面 ε_1 は平面 ε_2 に**垂直**であるといわれる．

平面鏡映

どのような平面 ε にも，σ_ε で表され**平面鏡映**と呼ばれる恒等写像でない包合的な写像が対応するが，これはもちろん全点の，全直線の，あるいは全平面の集合をそれぞれ，それ自身の上に写し，直交性と結合関係を保つものである．これにより対応しあう 2 点 P, $P' = \sigma_\varepsilon(P)$ は ε の異なる側にあり，PP' は常に ε と垂直であり，ε によって二等分される．固定点は ε 上のすべての点であり，固定直線は，すべての ε 上を走る直線を，すべての ε に垂直な直線とであり，固定背面は，ε に垂直なすべての平面である．向き付けられた平面の，空間での正の側は平面鏡映により，像平面の負の側に移る．これから，いわゆる図形の**ネジ方向**の変化が従う．すなわち右ネジ方向は左ネジ方向に移る．

注意　図形の奇運動は，直観的に体験できるような本来の運動ではない．

p.120 の図 D に類似の考察により，空間でのその二つの**旗** (p.137) も高々 4 個の平面鏡映を繰返しによって互いに移り合うこと，したがってすべての運動は高々 4 個の平面鏡映の合成として表現されうることが示される．

平行移動

空間においても，平行な 2 平面に沿う鏡映の合成は**平行移動**と呼ばれ（図 A_1），平面の場合と同様，一つのベクトルによって記述することができる．恒等写像と異なる平行移動は固定点を持たず，固定直線と固定平面は，平行移動ベクトルと平行な直線と平面のすべてである．

回転

もし ε_1 が ε_2 と平行でなければ，$\sigma_{\varepsilon_2}\circ\sigma_{\varepsilon_1}$ は**回転**と呼ばれる．この回転はこれらの平面の共有直線を軸として行われる（図 A_2）．回転は回転軸と回転角を与えることによって決定される．軸は固定直線であり，その上の点は固定点，回転軸に垂直なすべての平面がちょうど固定平面の全体である．

滑鏡映

3 個の平面鏡映の合成 $\sigma_{\varepsilon_3}\circ\sigma_{\varepsilon_2}\circ\sigma_{\varepsilon_1}$ を作る際に，二つの場合が区別される．第 1 の場合が起こるのは，それの上に 3 平面 ε_1, ε_2, ε_3 が垂直に立つ平面 ε_4 が存在するときである．このとき変換は ε_4 とそれに平行なすべての平面の各々の上で，滑鏡映として作用し，したがってこれは空間の変換としても，平面鏡映と（ε_4 に）平行な平行移動の合成として記述される．これもまた**滑鏡映**と呼ばれる（図 B_2）．固定元は，滑鏡映面，これと垂直で平行移動ベクトル $\overrightarrow{t}$ に平行な平面，そして，滑鏡映面の中の $\overrightarrow{t}$ に平行な直線がすべてである．特に ε_1, ε_2, ε_3 が一つの束の中にあるときは，$\sigma_{\varepsilon_3}\circ\sigma_{\varepsilon_2}\circ\sigma_{\varepsilon_1}$ は単なる平面鏡映である．この場合の鏡映面の構成は p.135 の定理 5 に従って実行することができる．

回転鏡映

第 2 の場合が起こるのは，三つの平面のすべてに垂直である平面が存在しないときである．このとき 3 平面は 1 点を通る 3 本の直線で（二つずつ）交わる．この点は唯一の固定点である，この変換が回転 $\sigma_{\varepsilon_3}\circ\sigma_{\varepsilon_2}$ と平面鏡映 σ_{ε_1} の合成であるからである．ところで，回転と鏡映を合成するときは，回転軸が鏡映面に対して垂直に走るように調整できることが知られている．このようにしてできる変換は**回転鏡映**と呼ばれる（図 B_3）．回転軸と鏡映面が固定元となる．回転鏡映の重要な特別の場合として点鏡映が考えられるが，この場合は三つの鏡映面は対ごとに垂直に並んでいる．平面の場合と異なって空間では点鏡映は回転でありえない．

らせん運動

四つの平面鏡映の合成は**らせん運動**と呼ばれる（図 A_3）．そのようなものは，常に一つの回転と回転軸の方向への平行移動の合成として表現される．したがって，回転と平行移動はらせん運動の特別な場合であることになる．回転でも平行移動でもないらせん運動は固定点を持たず，また一般には固定平面も持たない．回転軸は固定直線である．平面上の変換 (p.143) と同様，空間での合同変換に対してもそれが 1 平面上にない 4 個の固定点を持ったらば恒等写像であることが成り立つ．これにより，合同変換は，1 平面上にない 4 点とそれらの像点を与えることにより一意的に決定されることになる．

A 中心伸縮

点 Z, P, P' が与えられたとき，直線 $g(Z, P)$ 上にない適当な点 A に対して直線 $g(Z, A)$ 上の点 A' で PA と $P'A'$ が平行となるものをみつけよ．

B 中心伸縮の合成

Z_1, Z_2, Z_3 をそれぞれ伸縮の中心とする．$\pi_1, \pi_2, \pi_3 = \pi_2 \circ \pi_1$ の伸縮因子を k_1, k_2, k_3 とすると Z_1, Z_2, Z_3 は共線的で，$k_3 = k_2 \cdot k_1$ が成り立つ．

C 回転伸縮

$\triangle ABC \sim \triangle A'B'C'$
円は，S, A, A' を通るもの，ないし S, B, B' を通るものとして決まる．

D 鏡映伸縮

$k = \dfrac{\overline{A'B'}}{\overline{AB}}$ とすると T_1 と T_2 は

$$\dfrac{\overline{A'T_1}}{\overline{T_1 A}} = k, \quad \dfrac{\overline{B'T_2}}{\overline{T_2 B}} = k$$

によって決まる．

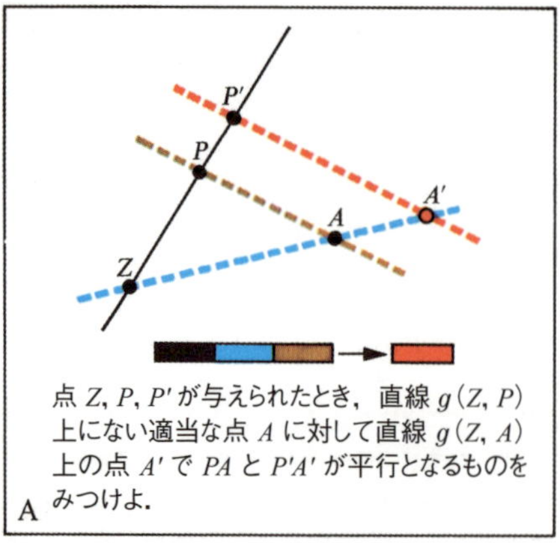

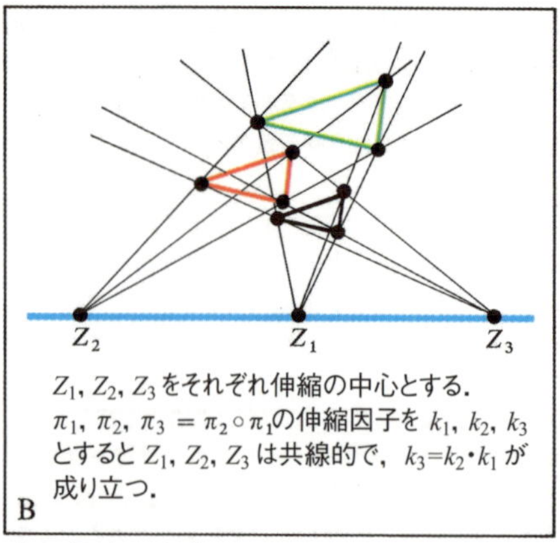

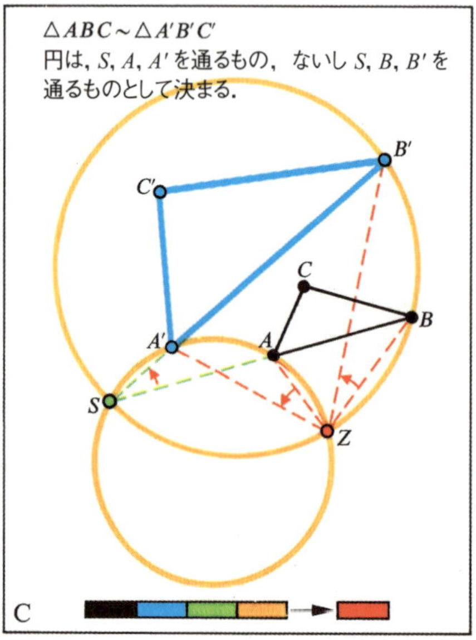

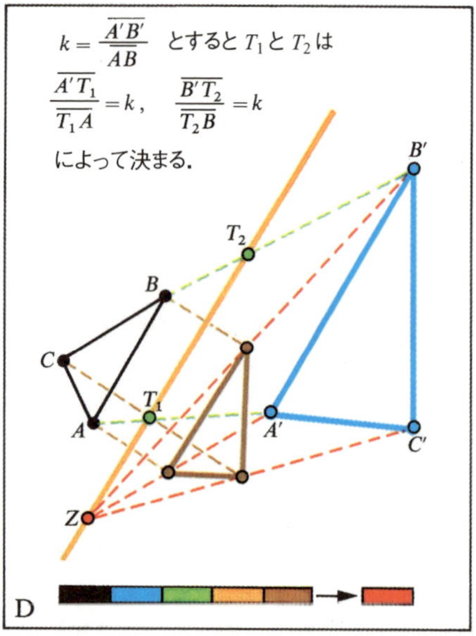

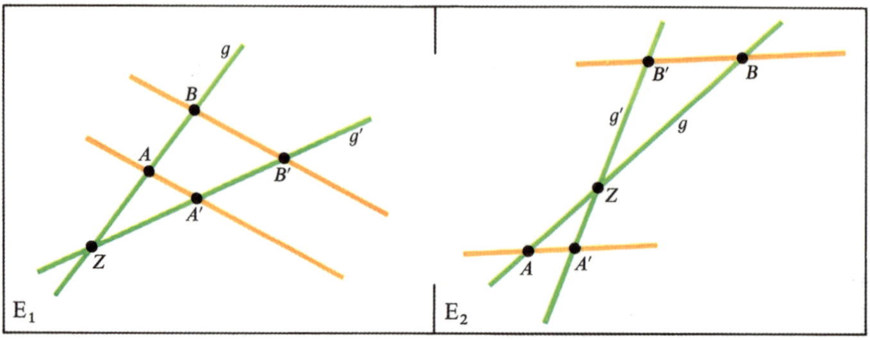

射線定理

中心伸縮

すべての直交共線変換が合同変換であるとは限らない．これを見るには，変換元であってすべての直線 g に対して $\pi(g) \parallel g$ となるものを探せばよい．そのような変換はもし固定点がないとするなら，平行移動となってしまう．もし1個より多い固定点を持つならば，一つの固定点を通るすべての直線が固定直線となるから恒等写像となる．このような変換は（唯一の）固定点 Z と点とその像点の対 (P, P') とによって一意的に決まる（図 A）．すなわち恒等写像も含めて次のように定義する：

定義 1　共線変換 π は，少なくとも一つの固定点 Z を持ち，すべての直線 g に対して $\pi(g) \parallel g$ が成り立つとき，**中心伸縮**と呼ばれる．Z は**伸縮の中心**と呼ばれる．

性質 $\pi(g) \parallel g$ より，このような変換は常に直交的であることが従う．点とその像点は中心 Z とともに共線的でなければならない．座標系を取って $(k, 0)$ が，中心 $O = (0, 0)$ の中心伸縮による標準点 $(1, 0)$ の像であるとすると，p.132 の図 C により点 $P(a, 0)$ は点 $P'(ak, 0)$ に写される．したがって線分 OP, OP' に対して $\overline{OP'} = |k| \cdot \overline{OP}$ となる．さらにまた，すべての線分 PQ に対しても $\overline{P'Q'} = |k| \cdot \overline{PQ}$ が示される．$\mathbb{R}\backslash\{0\}$ の元 k は**伸縮因子**と呼ばれる．中心伸縮は Z と k により一意的に決定される．$|k| > 1$ のときは，図形は拡大され，$|k| < 1$ からに縮小される，また $k = 1$ のときに恒等写像となり，$k = -1$ ならば点鏡映となる．

一つの中心を共有する中心伸縮の全体は，合成に関して群をなす．これに対して，中心伸縮の全体に，因子 $k \neq 1$ の伸縮と因子が k^{-1} であって中心の異なる伸縮の合成は，平行移動となるので群ではない．すべての中心伸縮にすべての平行移動を合わせてやっと群となる（伸縮因子の積が1でないような）二つの中心伸縮の合成 $\pi_3 := \pi_2 \circ \pi_1$ はまた中心伸縮であり，これらの中心 Z_1, Z_2, Z_3 に1直線上にある．Z_1 は π_2 によっても π_3 によっても全く同じ点に写されるからである（図 B）．

相似変換

中心伸縮を行う際に，図形とその像との間には，非常に近い類似性が存在する．実際，多くの性質が保存されるからである．例えば，角の大きさ，周の向き付けなど，また，線分の長さは一斉に $|k|$ 倍，面積は k^2 倍される．

定義 2　二つの図形は，ある中心伸縮によって互いに他の上に写されるとき，**背景相似**であるといわれる．伸縮の中心は**相似点**と呼ばれる．

今述べた諸性質は，周の向き付けの保存を除けば，中心伸縮と合同変換の合成についても成り立つ．

定義 3　中心伸縮と合同変換の合成は**相似変換**と呼ばれ，図形の周の向き付けを保つか変えるかに従って，向きを保つものと向きを変えるものとに分かれる．

定義 4　二つの図形は，それらが互いに他の上にある相似変換によって写されるとき，**相似**（記号：$\sim$）であるといわれる．

注意　任意の相似変換は直交共線変換であり，この逆も成り立つ．

向きを保つ任意の相似変換は，平行移動であるか，中心伸縮と回転の合成である．図 C は，後者の場合，伸縮の中心は常に回転の中心と一致するように選べることを示している．そのような変換は回転伸縮と呼ばれる．向きを変える任意の相似変換は，中心伸縮と鏡映との合成であり，**鏡映伸縮**と呼ばれる．伸縮の中心は，それが鏡映の軸にあるように選ぶことができる（図 D）．全相似変換の集合は，合成に関して，一般に**共形群**と呼ばれる群を作るが，これは合同変換の群を部分群として含むものである．

射線定理

中心伸縮を使って，線分比に関する重要な定理のいくつかが基礎付けられる．

定理 1　直線 $g(A, B)$, $g'(A', B')$ が1点 Z を通り，また $AA' \parallel BB'$ が成り立つならば，次の (1), (2) が成り立つ：

(1)　$\overline{ZA} : \overline{ZB} = \overline{ZA'} : \overline{ZB'}$

(2)　$\overline{AA'} : \overline{BB'} = \overline{ZA} : \overline{ZB}$（図 E_1, E_2）

普通，この定理は半直線の場合に述べられる．したがって，最初の部分は**第1射線定理**，後の部分は**第2射線定理**として引用される（図 E_1）．これらの言明は制限を設けて，逆向きにすることができる．

定理 2　2本の直線 $g(A, B)$ と $g'(A', B')$ が1点 Z を通り，g 上の点 Z, A, B が g' 上の点 Z, A', B' と同じ順序に並んでいるならば，$\overline{ZA} : \overline{ZB} = \overline{ZA'} : \overline{ZB'}$ から $AA' \parallel BB'$ が成り立つことが従う．

定理 3　$AA' \parallel BB'$ であり，直線 $g(A, B)$ 上の点 Z が $\overline{AA'} : \overline{BB'} = \overline{ZA} : \overline{ZB}$ となるように置かれているならば Z は直線 $g'(A', B')$ 上にも載っている．

線分の分割

射線定理は線分 AB を任意に与えられた比に分割する問題の解法を与えている．

点 T が $g(A, B)$ 上にあり，$T \neq B$ であるとき，AB が T によって分割されるときの**分割比**とは $\overrightarrow{AT} = \lambda \cdot \overrightarrow{TB}$ と書かれるときの実数 λ を意味する．したがって $|\lambda| = \overrightarrow{AT} : \overrightarrow{TB}$ である．T が A と B の間にあるときは λ は正（**内分**）であり，それ以外の場合は負（**外分**）である．線分が内で比 λ で，外で比 $-\lambda$ で分割されているとき，その線分は比 λ で**調和的に**分割されているという（p.148, 図 D, 分点は T_i と T_a）．

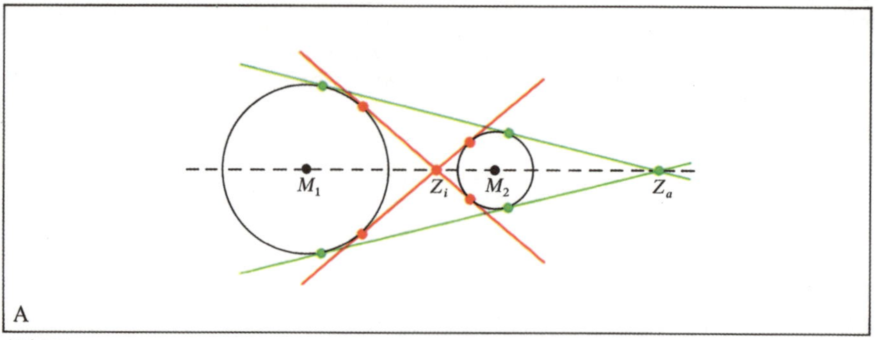

相似円

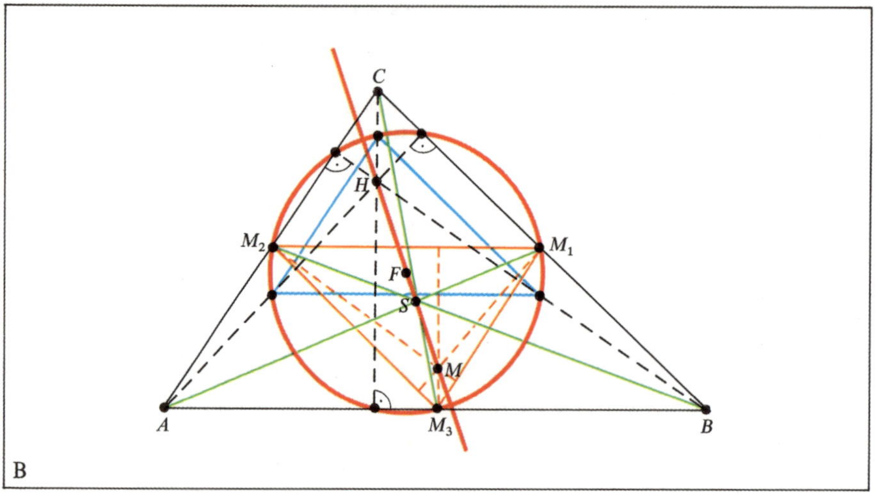

オイラー直線とフォイヤーバッハ円

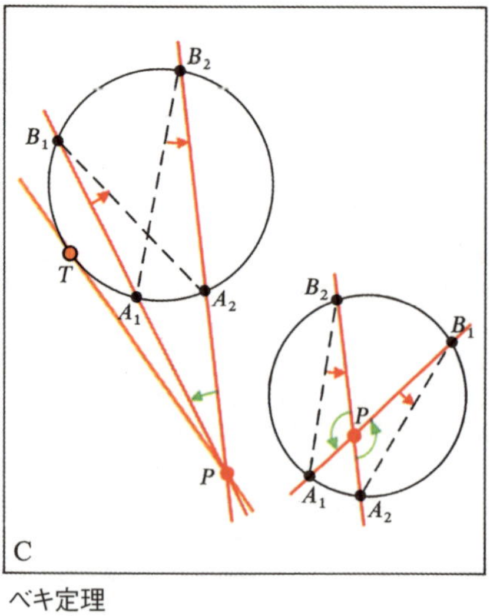

ベキ定理

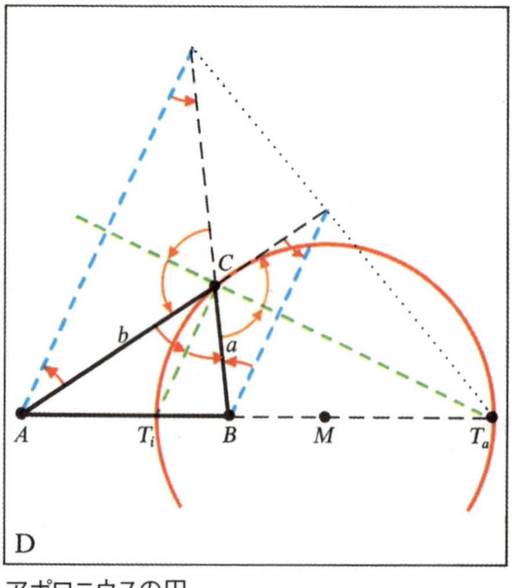

アポロニウスの円

三角形と円における相似性

相似関係は同値関係の一つであって，平面 $\mathbb{R}^2$ 上の全図形の集合のうちに，合同関係を拡張する幾何学的類似性を表す類別をもたらす．中心相似的な三角形はすでにデザルグの定理のアフィン版の図形の中に現れた（p.128，図 A_1）．この定理の逆として次が成り立つ．

定理 4　合同でない二つの三角形が，三つの平行辺対を持つならば，それらは背景相似のうちにある．

相似な三角形については，対応する辺の比と対応する角の大きさがすべて一致することが一般的に成り立つ．二つの三角形が相似であることをいうには，全部の辺比と角の大きさが一致することを確かめる必要はない．合同定理群 (p.143) に対応して次の**相似定理群**が成り立つ．

定理 5　二つの三角形は，一方の 3 辺が他方の 3 辺と全く同じ（長さの）比例関係にあるとき，互いに相似である．

定理 6　二つの三角形は，2 辺の比とそれらの挟む角の大きさにおいて一致するとき，互いに相似である．

定理 7　二つの三角形は，二つの角の大きさが一致するとき，互いに相似である．

定理 8　二つの三角形は，二つの辺の比と大きいほうの辺の対角の大きさが等しいとき，互いに相似である．

これらの説明には，場合に応じて一方の三角形を，対応辺の長さが他方のそれと一致するように，中心伸縮するだけで十分である．三角形の場合とは違って，すべての円はそれだけで一つの図形相似類をなす．さらに強く次が成り立つ：

定理 9　すべての円は，互いに背景相似である．

二つの円の半径の長さが異なるときは，二つの相似（中心）点がある．各々の伸縮比は，一方で正（外側の相似（中心）点）であり，他方で負（内側の相似（中心）点）である．相似（中心）点はそれぞれ両円の外側の，または内側の共通接線の交点である（図 A）．

オイラー直線とフォイヤーバッハ円

三角形 ABC の 3 辺の中点，M_1, M_2, M_3 を結べばちょうど半分の長さの辺を持った三角形が得られる．これら二つの三角形は背景相似である．相似（の中心）点は中線の交点 S である（図 C）．これより次が従う：

定理 10　三角形の 3 中線は，互いに他を 2 対 1 の比に分割する．

$\triangle ABC$ の三つの垂線分は上の中心伸縮により $\triangle M_1M_2M_3$ のそれらに写される．後者は同時に $\triangle ABC$ の辺の垂直二等分線でもあるので，3 垂線の交点 H は三つの垂直二等分線の交点 M に写される．これにより次のオイラーの定理が証明される：

定理 11　すべての三角形において，3 垂線の交点 H と，3 中線の交点 S と，三つの垂直二等分線の交点 M は 1 直線上にあり，$\overline{HS} : \overline{SM} = 2 : 1$ である．

この H, S, M を通る直線は**オイラー直線**と呼ばれる（図 B）．H を伸縮の中心として選び，$\triangle ABC$ を $k = \frac{1}{2}$ として縮小すれば，頂点 H_1, H_2, H_3 が各垂線分の上の部分の中点である三角形が得られる．これは $\triangle M_1M_2M_3$ と点対称であり，対称の中心 F はオイラー直線の上にあり，線分 HM の中点である．F は $\triangle H_1H_2H_3$ と $\triangle M_1M_2M_3$ の外接円の共通の中心である．この外接円の上にはまたターレスの定理により，$\triangle ABC$ の三つの垂線の足が載っている．この円は**フォイヤーバッハ円**または **9 点円**と呼ばれる（図 B）．

ベキ定理

1 点 P から一つの円にそれぞれ交点が A_1, B_1 または A_2, B_2 であるような二つの割線を引くと（図 C），三角形 $\triangle PA_1B_2$ と $\triangle PA_2B_1$ は互いに相似である（p.143 の定理 7，p.149 の定理 9）．これより $\overline{PA_1} : \overline{PB_2} = \overline{PA_2} : \overline{PB_1}$ すなわち $\overline{PA_1} \cdot \overline{PB_1} = \overline{PA_2} \cdot \overline{PB_2}$ が従う．

定理 12　1 点 P を通り，一つの決められた円と交わるどの直線に対しても，P からの二つの割線分の長さの積は同じ大きさである．

P が円の外にあるときは，P からの接線分の平方もこの同じ値となる．内積 $p := \langle \overrightarrow{PA}, \overrightarrow{PB} \rangle$ (p.183) を使えば，この積に符号をつけることができる．円の外部の点に対して $p > 0$，内部の点に対して $p < 0$，また円周上の点に対しては $p = 0$ となる．この p は点 p のこの円についての**ベキ**と呼ばれる．定理 12 はこのことから**ベキ定理**とも呼ばれる．二つの円に関して等しいベキを持つ点は両円の中心を結ぶ直線に垂直に伸びる 1 本の直線上にある．この直線は両円の**ベキ直線**と呼ばれる．二つの円が交わるときは，このベキ直線は二つの交点を結ぶ直線と一致する．第 3 の円があるときの 3 本のベキ直線は 1 点で交わり，この点は 3 円の**ベキ中心**と呼ばれる．

アポロニウスの円

定理 13　三角形では，一つの内角と，それに隣接する外角の二等分線は，対辺と角を挟む辺の比において調和的に分割する（図 D）．

ここで，二つの角二等分線が互いに垂直であることに注意すると，次の定理が得られる：

定理 14　二つの固定点 A, B からの距離の比が定数 λ であるようなすべての点の集合は，線分 T_iT_a を直径とする円（アポロニウスの円）である．ただし，T_i と T_a は，線分 AB を比 λ で調和的に分割するものとする（図 D）．

A_1 軸アフィン変換	A_2 ズラシ

背景アフィン変換

B 空間における平行射影

C 多辺形

多辺列：$p = A_1 A_2 \cup A_2 A_3 \cup A_3 A_4 \cup \cdots \cup A_n A_1$
開多辺形：P^0
多辺形：$P = p \cup P^0$

D

▱ $ABCD \stackrel{z}{=}$ ▱ $ABEF$

△ $ABC \stackrel{z}{=}$ ▱ $ABDE$

分割同等性

E

▱ $ABCD \stackrel{e}{=}$ ▱ $ABEF$

相方の平行四辺形は △ FCG を補充することにより分割合同となる.

▱ $BCFE \stackrel{e}{=}$ ▱ $DEHG$
（いわゆる補充平行四辺形）

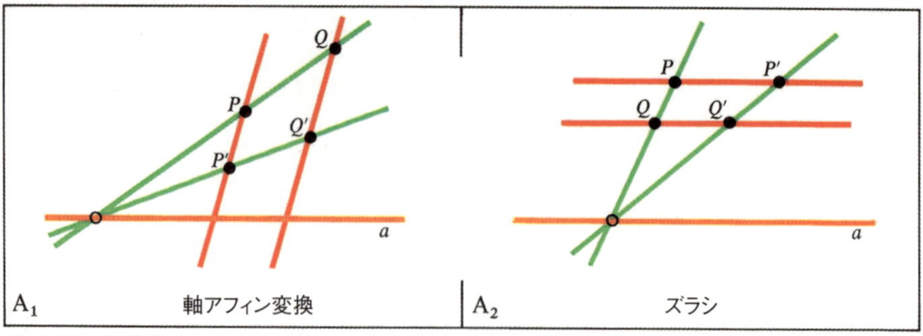

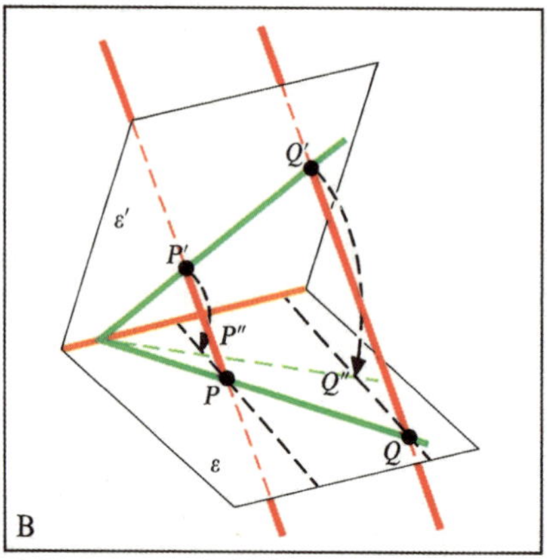

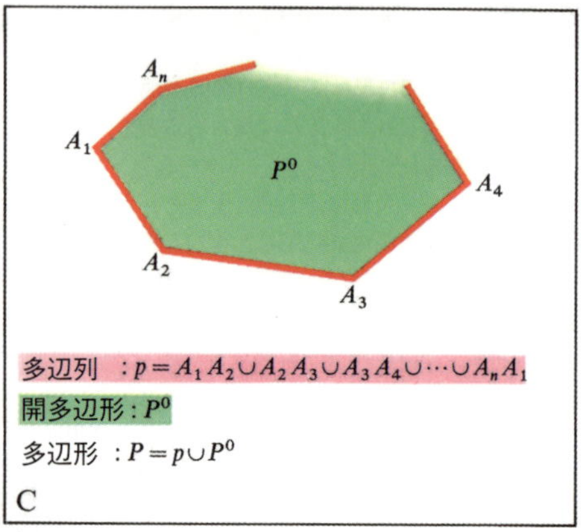

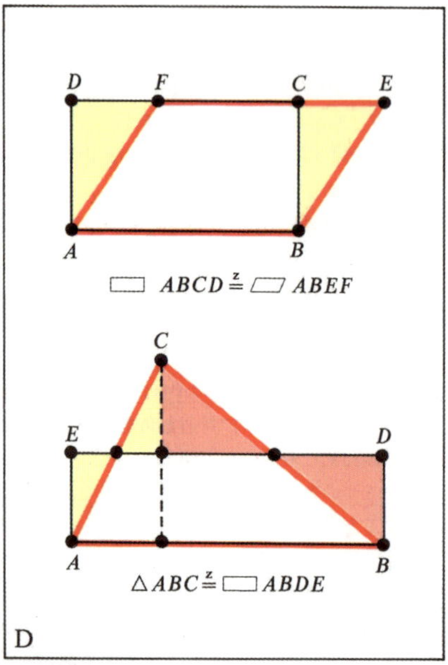

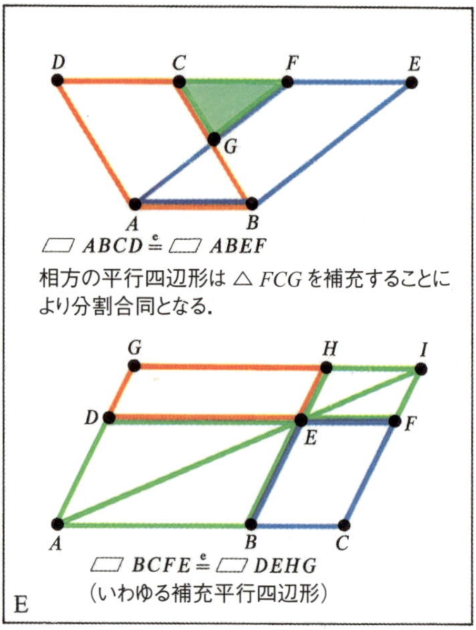

補充同等性

背景アフィン変換

相似変換の概念によって直交共線変換はすべて取り込まれた．線分 PP' が軸によって垂直二等分されるという性質を弱めれば，軸鏡映からもっと一般の共線変換に到達する．

定義 1　共線変換であって，1 本の直線 a の各点を固定し，固定されない点とその像点の対を結ぶ直線 $g(P,P')$ がすべて互いに平行であるようなものは**背景アフィン変換**と呼ばれる．a はその**アフィニティ軸**，直線 $g(P,P')$ は**アフィニティ直線**と呼ばれる．それらはいわゆるアフィニティの方向を決めるものである．

a がアフィニティ直線族と交わるとき，変換は**アフィン変換**と呼ばれ（図 A_1），そうでない場合は**ズラシ**と呼ばれる（図 A_2）．

背景アフィン変換によって移り合う図形は，互いに**背景アフィン的**であるといわれる．

変換の固定元については，固定点直線としてのアフィニティ軸の他に固定直線としてのアフィニティ直線族がある．保存されるのは平行性，また同様に線分の分割比などである．

これから導かれることとして，軸 a 上にない点 P とその像 P' の a からの距離の比が P によらず一定であることが分かる．この比，あるいはそのマイナスが P と P' が a の同じ側あるいは反対側にあるかに従って，**アフィニティ比**として定義される．ズラシの場合，このアフィニティ比 k は 1 である．$k=-1$ のときは，変換は**アフィン鏡映**と呼ばれる．アフィニティ直線族が a に垂直に走るときには**直交アフィン変換**と呼ばれるものになる．直交アフィン鏡映は軸鏡映である．背景アフィン変換を得る別の方法は，互いに交わる 2 平面を空間に取り平行射影によって互いに他の上に写した後に両面が一致するように，それらの共有直線 a を軸にして回転させればよい．このようにして a をアフィニティ軸とする背景アフィン変換が得られることは容易に確かめられる．

多辺形の面積

背景アフィン変換の更なる重要な性質は図形の面積と関係する．

これについて最初に考えられるのは，平面上の連結かつ閉じた線分列であるが，これらにはさらに各成分の内点はすべて唯一つの線分に属し，端点はすべてちょうど二つの線分に属するとの条件がつく．そのような線分列（**単純閉多辺列**）は平面を二つの領域に分ける (p.225)．それらの一つが常に有界であり，**開多辺形**，その閉包が**多辺形**と呼ばれる（図 C）．多辺形の面積は次のように陰に定義することができる:

定義 2　$\mathcal{P}$ を平面上のすべての多辺形 P の集合とするとき，次の三つの性質を持つ写像 $I:\mathcal{P}\to\mathbb{R}^+$ を**面積関数**と呼ぶ:

(I1) $P_1\equiv P_2\Rightarrow I(P_1)=I(P_2)$.

(I2) $P=P_1\cap P_2\wedge P_1^\circ\cap P_2^\circ=\emptyset\Rightarrow I(P)=I(P_1+I(P_2))$（ただし，$P_i^\circ$ は P_i の内部を意味する，p.114）．

(I3) 辺長 1 の正方形 E に対して $I(E)=1$.

注意 1　同様に (I3) で単位正方形を単位立方体で置き換えるだけで，空間での全多面体の集合上に体積の概念が定義される．

注意 2　加法性 (I2) を持つ一般化された体積関数は他の集合系 $\mathcal{M}$ の上にも，$\mathcal{M}$ が A,B とともに $A\cup B$ と $A\setminus B$ とを含む限り定義される．このような集合系は**集合環**と呼ばれる（測度論参照）．

定義 2 から平行四辺形についての面積公式が（1 辺の長さとその辺上の高さの積），また三角形については，同じ積の半分との公式が導かれる．この際，下記の 2 概念が重要な役割を演ずる：

定義 3　二つの多辺形は，それぞれが内点を共有しない有限個の多辺形に分割されできた部分が合同な対に完全に分かれるとき**分割同等**（記号 $\overset{Z}{=}$）であるといわれる．

定義 4　二つの多辺形はそれぞれに有限個の互いに合同な三角形の対を付け加えることによって，分割同等な多辺形になるまで補うことができるとき，**補充同等**であるといわれる（図 E）．

補充同等である多辺形は，ボーヤイ (Bolyai) の定理によって常に分割同等でもある．多辺形の面積は三角形の面積の和として計算される．この際，結果が三角形への分割の仕方によらないことを示すことができる．背景アフィン変換に対して次の定理が成り立つ：

定理 1　背景アフィン的な三角形の面積比はアフィニティ比 k の平方に等しい．k が正のとき周の向き付けは等しいが，k が負のときはそれが反転する．

証明は，まず 1 辺がアフィニティ軸と平行な三角形に対して行ってから一般の三角形に拡張する．この定理は多辺形に対して，また多辺形で近似できるような面に対して一般化される．

定理 1 から，二つの図形の面積比は背景アフィン変換の際，保存されることが従う．

背景アフィン変換の群

合成に関して，共通の軸を持つズラシ全体の集合は群をなす．同様に共通軸を持つ背景アフィン変換の集合も群となる．上記の最初の群は可換であるが，後者の群はそうではない．

これとは異って，勝手な二つの背景アフィン変換は共線変換ではあるが，一般にもはや背景アフィン変換ではない．

$\overline{AT}:\overline{TC}=\overline{A'T'}:\overline{T'C'}$, $\overline{BT}:\overline{TP}=\overline{B'T'}:\overline{T'P'}$

A_1　図では分割比率は 3 もしくは 2.

$\triangle ABC^* \sim \triangle A'B'C'$

A_2

アフィン変換

$b^2 = cq$　　　$h^2 = pq$　　　$a^2 + b^2 = c^2$

$\square ACEF$
$\stackrel{z}{=} \square ABGF$
$\stackrel{z}{=} \square AKIC$
$\stackrel{z}{=} \square AKLD$

$\square DCEF$
$\stackrel{z}{=} \square DCGH$
$\stackrel{z}{=} \square DBIH$
$\stackrel{z}{=} \square DBLK$

B_1　　B_2　　B_3

ピタゴラスの諸定理

四辺形／アフィン凧／台形／等脚台形／平行四辺形／凧／長方形／ひし形／正方形

アフィニティ軸　　対称軸　　● 対称の中心

C

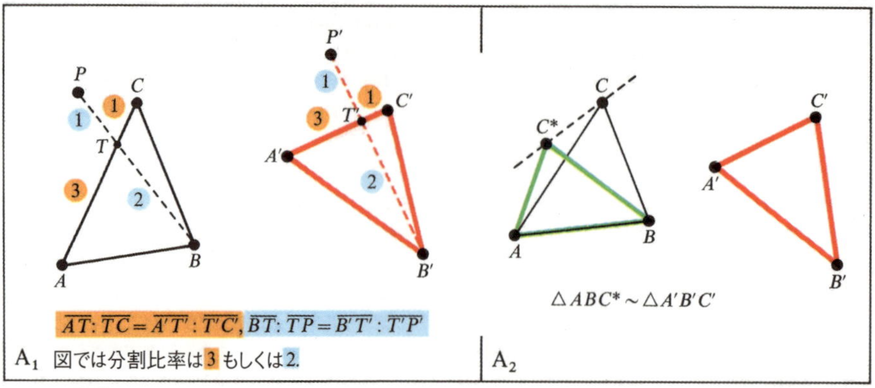

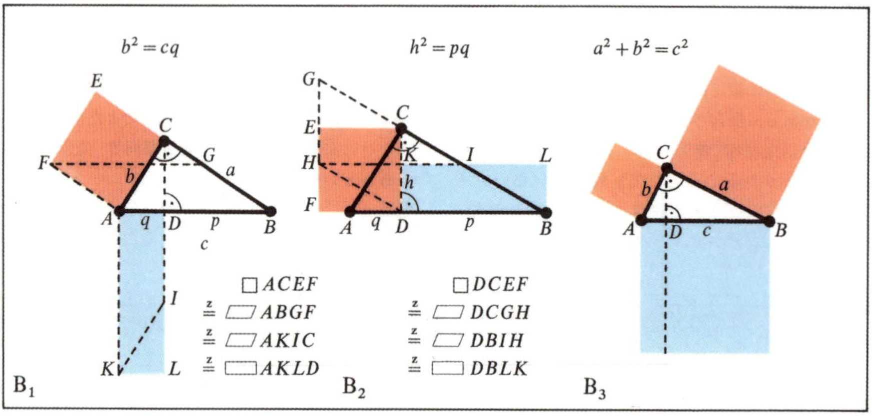

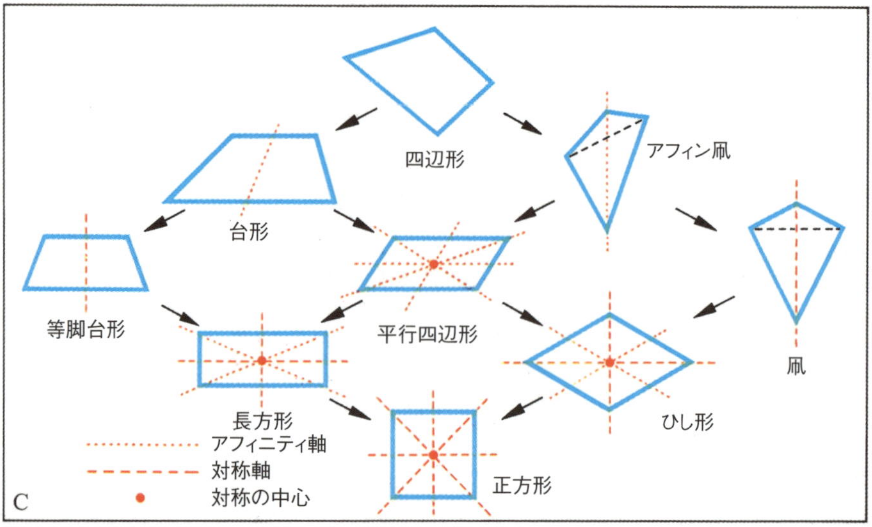

四角形の分類

一般アフィン変換

定義 5　背景アフィン変換と相似変換の合成は**アフィン変換**と呼ばれる．あるアフィン変換によって互いに他の上に写される図形は**アフィン**であるといわれる．

線分の分割比，図形の面積比，直線の平行性などはアフィン変換の際にも保存される．

任意のアフィン変換は高々三つの背景アフィン変換の合成として表現されることが示される．そしてアフィン変換はすでに初等ユークリッド幾何の平面の最も一般の共線変換を表現しているのである．すなわち，

定理 2　$\mathbb{R}^2$ のすべての共線変換はアフィン変換である．これは，1 直線にない 3 点とそれらの像点を与えることによって一意的に決定される．

証明　変換の全単射性より平行性が保存されることが分かり，したがってまた線分の中点も保存される．実際，中点を添えた任意の線分は平行四辺形の一つの対角線は両対角線の交点を添えたものとして表すことができる．これを使ってさらに，線分の分割比が保存されることも導かれる（実数の 2 進表示）．さて，1 直線にない 3 点 A, B, C とそれらの像点 A', B', C' が与えられているときは，分割比の保存を使って，任意の点の像点を作図することができる（図 A_1）．次に点 C^* を $\triangle ABC^* \sim \triangle A'B'C'$ となるように取れば，$g(A, B)$ を軸とする適当な背景アフィン変換により $\triangle ABC$ を $\triangle ABC^*$ に，これにさらに上の相似変換を施して $\triangle A'B'C'$ に持っていくことができる（図 A_2）．この合成変換は定義 5 の意味でアフィンである．

定理 2 の系として，任意の二つの三角形がアフィンであることが導かれる．

全アフィン変換の集合は，合成に関して群をなす，すなわち**アフィン群**である．アフィン変換の中での類別は，固定元の種類と個数にもとづいて可能となる．背景アフィン的でないアフィン変換は固定点を持たないか，唯一つ持つ．固定点が 1 個のとき，それを通る固定直線は 1 本または 2 本，あるいは無限に多く存在する．最初の場合は中心伸縮のときである．少なくとも 2 本の固定直線を持つアフィン変換は**オイラー・アフィニティ**と呼ばれる．そのような変換は，一方の軸が他方のアフィニティ方向を決めているような二つの軸アフィン変換の合成である．

ピタゴラスの諸定理

p.151 の結果によれば，ズラシ変換ではアフィニティ比の値が 1 なので，図形の面積は保存される．ズラシを用いて，直角三角形についてのいくつかの重要な面積定理が証明される．

定理 3（ユークリッドの挟辺定理）　任意の直角三角形においては，直角を挟む 1 辺上に載る正方形は，その辺の斜辺上への正射影と斜辺とを 2 辺とする長方形と等面積である（式で $a^2 = cp$, $b^2 = cq$）．

証明には，ズラシ，90° の回転，2 度目のズラシを次々に行えばよい（図 B_1）．

証明はまた，二つの面積の分解等性を示すことによっても得られる．

定理 4（ユークリッドの垂線定理）　任意の直角三角形においては，斜辺への垂線を 1 辺とする正方形は，直角を挟む 2 辺の斜辺上への正射影を 2 辺とする長方形と等面積である（式：$h^2 = pq$）．

図 B_2 では，ズラシを用いた証明法が示されている．挟辺定理と垂線定理とは，長方形を等面積の正方形に変える，あるいは平方根を作図するという問題への解を与えている．

注意　上で与えられた公式は，積の間の等式の形にかわって，比の間の等式の形に書き表されるが，これらは相似変換によって証明することもできる．実際，任意の直角三角形は，斜辺への垂線により生ずる二つの部分三角形と相似だからである．

定理 3 を 2 回用いて次が導かれる．

定理 5（ピタゴラスの定理）　任意の直角三角形において，それぞれの挟辺上にある正方形の面積の和は，斜辺上にある正方形の面積に等しい（式：$a^2 + b^2 = c^2$，図 B_3）．

この定理の逆も成り立つ．3 辺の長さが a, b, c の三角形に対して，関係式 $a^2 + b^2 = c^2$ が成り立つならば，この三角形は直角三角形である．

三角形と四角形の分類

対合的なアフィン変換はアフィン鏡映（特別な場合：軸鏡映）であるか，点鏡映である．これらの変換は，幾何学的図形の分類の際に，与えられた図形がそのような変換によって自身の上に写されるかどうかを問題とすることによって，引き合いに出される．三角形の場合，軸鏡映が簡単な分類に使われる．アフィン鏡映については，任意の三角形が各中線に沿うものによって自分自身に写されてしまい，点鏡映についてはそのようなものは存在しないからである．結局，三角形は非対称なもの (0)，二等辺なもの (1)，三等辺なもの (3) と分類される．括弧の中にあるのは，対称軸の数である．アフィン鏡映によって自身の上に写されるような四角形は，二つの平行辺（**台形**）を持つか，あるいは他の対角線により二等分される対角線（**アフィン凧**）を持つ．さらに付け加わる軸あるいは点対称性を考慮すると，図 C に示されているような分類が得られる．矢印は特殊化への移行を示している．

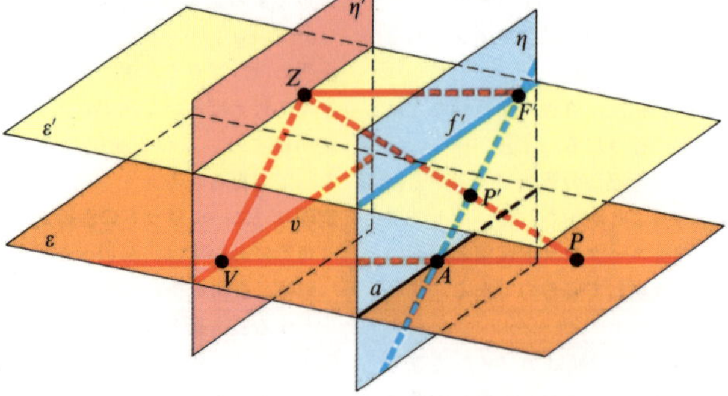

空間における中心射影

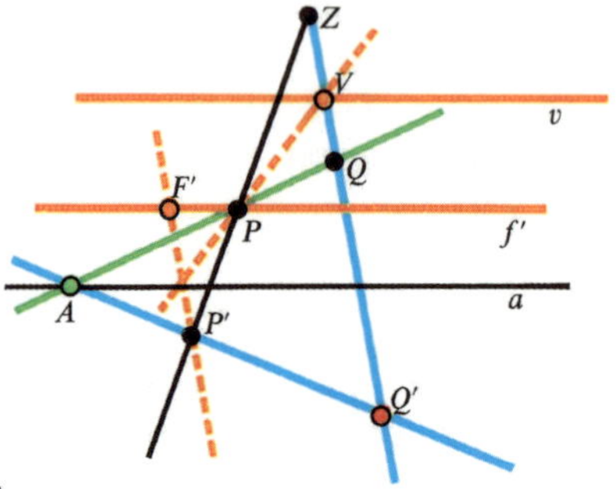

与えられたもの：Z, a, P, P', ここで Z, P, P' は共線的.

求めるもの：任意の点 Q に対して，その像 Q' を見いだす.

直線 $g(P, Q)$ と a の交点 A を見いだし，直線 $g(A, P')$ と共線的直線 $g(Z, Q)$ の交点を取る.

図ではさらに $g(Z, Q)$ の消滅点 V と逃亡点 F' の構成も示している.

背景共線変換

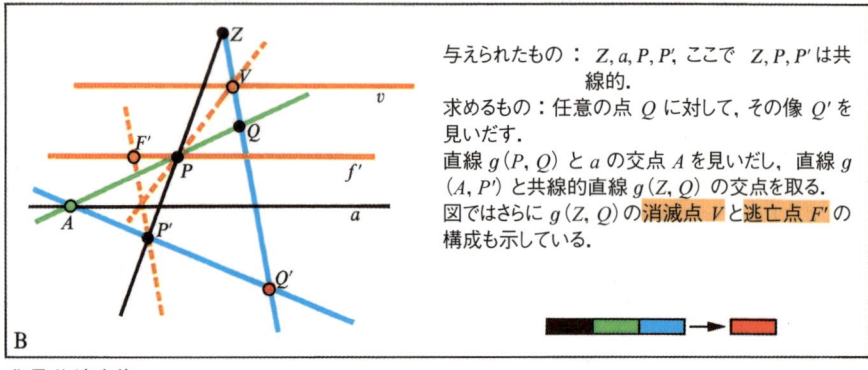

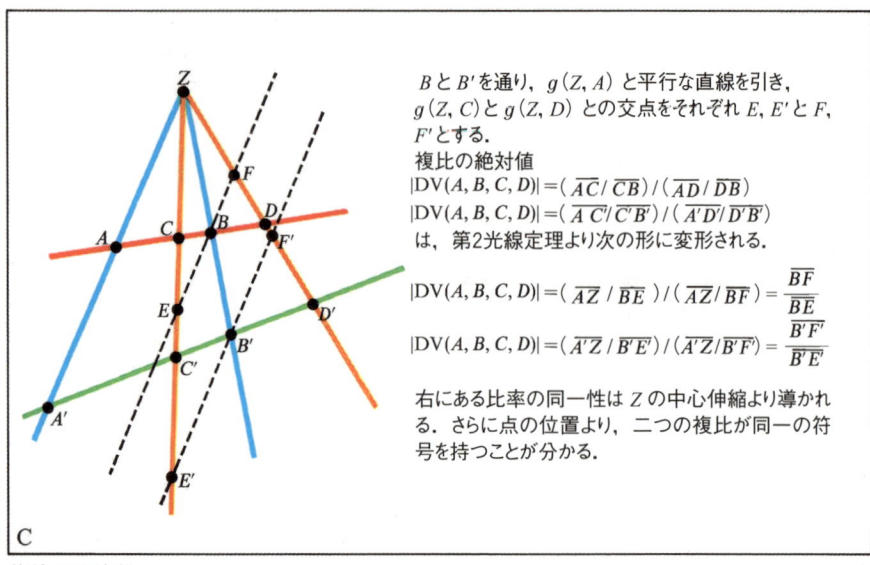

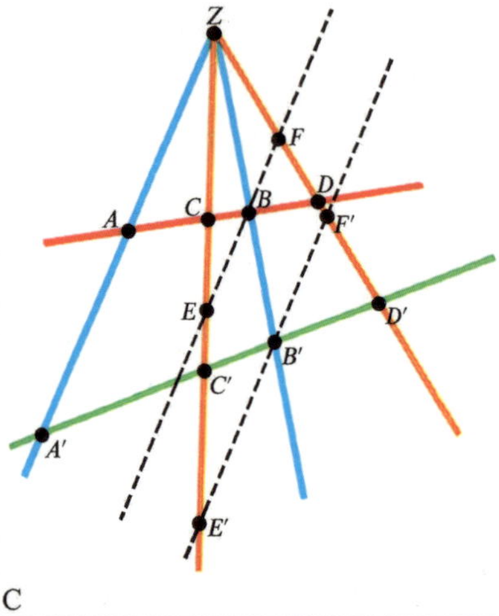

B と B' を通り，$g(Z, A)$ と平行な直線を引き，$g(Z, C)$ と $g(Z, D)$ との交点をそれぞれ E, E' と F, F' とする.

複比の絶対値

$|\mathrm{DV}(A, B, C, D)| = (\overline{AC}/\overline{CB})/(\overline{AD}/\overline{DB})$

$|\mathrm{DV}(A, B, C, D)| = (\overline{A'C'}/\overline{C'B'})/(\overline{A'D'}/\overline{D'B'})$

は，第2光線定理より次の形に変形される.

$$|\mathrm{DV}(A, B, C, D)| = (\overline{AZ}/\overline{BE})/(\overline{AZ}/\overline{BF}) = \frac{\overline{BF}}{\overline{BE}}$$

$$|\mathrm{DV}(A, B, C, D)| = (\overline{A'Z}/\overline{B'E'})/(\overline{A'Z}/\overline{B'F'}) = \frac{\overline{B'F'}}{\overline{B'E'}}$$

右にある比率の同一性は Z の中心伸縮より導かれる．さらに点の位置より，二つの複比が同一の符号を持つことが分かる.

複比の不変性

空間 $\mathbb{R}^3$ における中心射影

アフィン変換は $\mathbb{R}^2$ における最も一般的な共線変換を表現する．p.151 では背景アフィン変換がどのようにして空間での平行射影を通して得られるかに触れられた．この方法は一見すると，二つの平面 $\varepsilon, \varepsilon'$ を互いに他の上に写す射影の直線族として平行なものではなく $\varepsilon, \varepsilon'$ の外にある 1 固定点 Z を通る直線族を取れば，一般化可能であるように思われる（中心射影）．平面 $\varepsilon, \varepsilon'$ が平行であるときは，空間での中心伸縮が得られる．これに対して，ε と ε' が共有直線 a を持つならば，この中心射影はもはや $\varepsilon, \varepsilon'$ の間の全単射ではない．すなわち η, η' をそれぞれ Z を通り $\varepsilon, \varepsilon'$ に平行な平面とし，v を ε と η' の交線，f' を ε' と η の交線とすれば，v は ε' の中に像を，f' は ε の中に原像を持たないことが分かる．この際の v は**消滅直線**，f' は**逃亡直線**と呼ばれる．

空間 $\mathbb{P}^3(\mathbb{R})$ における中心射影

このような除外の起こるのは，平面 $\varepsilon, \varepsilon'$ を p.129 で展開した方法に従って，非本来点の族と 1 本の本来直線を付け加えて射影平面にすれば，取り除かれる．そうすれば直線 v には ε' の非本来直線が点ごとに対応し，ε' の非本来直線が点ごとに，直線 f' の上に写される．ユークリッド空間 $\mathbb{R}^3$ におけるすべて平面を非本来点の添加により射影平面とし，この際，平行な平面は皆同じ非本来直線を得るものとし，さらにすべての非本来元を一まとめにして空間の非本来平面とすれば，射影空間 $\mathbb{P}^3(\mathbb{R})$ が得られる．この空間においては，どのような二つの射影平面の間の中心射影も，たとえそれらが平行であろうとも，またそれらの一つが非本来的であろうとも，全単射となる．

背景共線変換

ユークリッド平面 $\mathbb{R}^2$ を拡張して得られた射影平面 $\mathbb{P}^2(\mathbb{R})$ から自分自身の上への全単射変換が，空間で二つの平面 $\varepsilon, \varepsilon'$ を中心射影し，さらにそれらの共有直線 a を軸にして両者が一致するように回転させると得られる．直線 a が非本来的であるときは，平行移動によって ε を ε' に重ねる．

対応する 2 点を結ぶ直線はすべてこの場合にも，変換の固定点である 1 点 Z を通るが，他方 a は点ごとに固定される．これは，**背景射影変換**と呼ばれていたところの，p.131 の定義 4 の意味の背景共線変換のことである（図 B）．

定義 1　背景共線変換では上の固定点は**共線中心**と呼ばれ，固定直線 a は**共線軸**，Z を通る直線は**共線直線**と呼ばれる．

消滅直線 v と逃亡直線 f' は a と平行である．変換の，ホモロジーとエレイションへの振り分けは p.131 の定義 5 に従って行われる．

定義 2　二つの図形は，一つの背景共線変換によって互いに他の上に写されるとき，**背景射影的**であるといわれる．

背景アフィン変換，中心伸縮および平行移動などは，Z または a または両方ともが非本来的であるとき，変換を本来的な元の上のみに制限して考えるならば，背景共線変換の特別な場合となる．

平行線は同一の非本来点を通過するので，それらの像は逃亡直線上の 1 点で交わる．したがってアフィン変換の場合と違って背景共線変換においては，平行性は保存されない．平行四辺形も再び平行四辺形に写されるとは限らないので，線分の中点もさらには線分の分割比もまた保存されるとは限らない．これと反対に保存されるのは，2 点が 1 線分を分割するときの分割比の商である．複比と呼ばれるこの比を正確に定義するには，まず各直線上の非本来点がその上の任意の線分を分ける分割比を -1 とする必要がある．

定義 3　1 直線上の相異なる 4 点 A, B, C, D の**複比** $\mathrm{DV}(A, B, C, D)$ とは，A と B が本来点であるときは，それぞれ C と D が線分 AB を分けるときの分割比の商を意味する．A または B が非本来点であるときには，$\mathrm{DV}(A, B, C, D) := \mathrm{DV}(C, D, A, B)$ と置いて定める．

本来的な点 A, B, C, D については

$$|\mathrm{DV}(A, B, C, D)| = \left(\frac{\overline{AC}}{\overline{CB}}\right) \Big/ \left(\frac{\overline{AD}}{\overline{DB}}\right)$$

が成り立つ．$\mathrm{DV}(A, B, C, D) = \mathrm{DV}(C, D, A, B)$ が常に成立することは容易に確かめられる．

定理 1　4 点の複比は背景共線変換において保存される（図 C）．

定理 2　恒等写像と異なる任意の背景共線変換は共線中心と共線軸上の点以外に固定点を持たず，また共線軸以外に固定直線を持たない．

定理 3　同一の中心 Z を持つすべての背景共線変換の集合は合成に関して群をなす．同様に同一共線軸を持つすべての背景共線変換の集合も群をなす．

射影共線変換

任意の背景共線変換の合成は一般には，この類の変換ではなく，もっと一般の変換，すなわち射影共線変換（p.131，定義 6）であるが，これは単に**射影変換**とも呼ばれる．

すべての $\mathbb{P}^2(\mathbb{R})$ での射影変換は高々五つの背景共線変換の合成であることが示される．さらに任意の射影共線変換は一つの背景射影変換と一つのアフィン変換の合成としても表すことができる．この際アフィン変換とは，本来点を本来点に写すような共線変換を意味する．

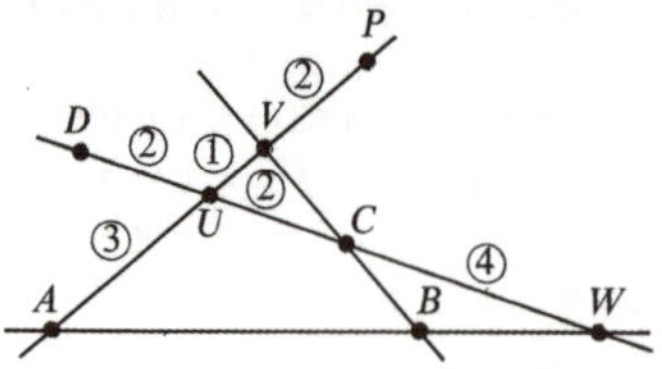

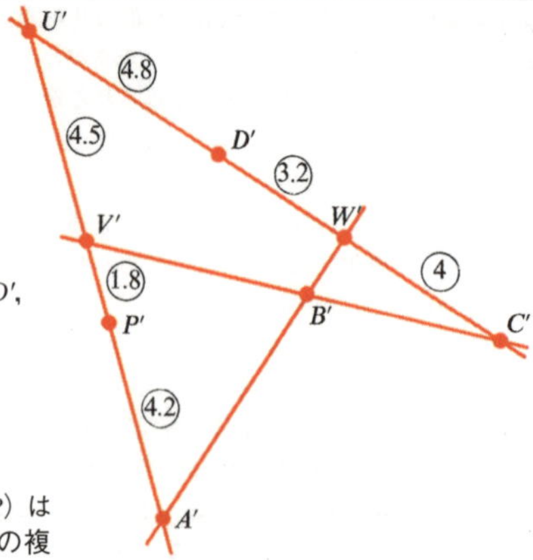

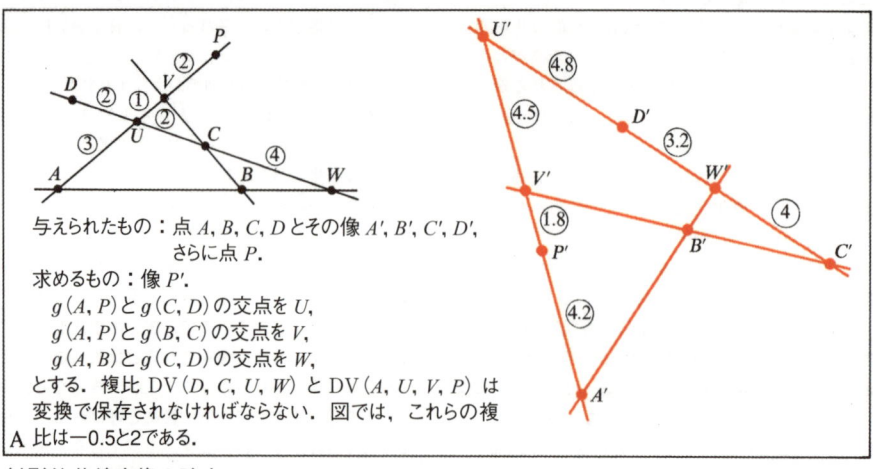

与えられたもの：点 A, B, C, D とその像 A', B', C', D',
さらに点 P.

求めるもの：像 P'.

$g(A, P)$ と $g(C, D)$ の交点を U,
$g(A, P)$ と $g(B, C)$ の交点を V,
$g(A, B)$ と $g(C, D)$ の交点を W,
とする．複比 $\mathrm{DV}(D, C, U, W)$ と $\mathrm{DV}(A, U, V, P)$ は変換で保存されなければならない．図では，これらの複比は−0.5と2である．

A

射影的共線変換の確立

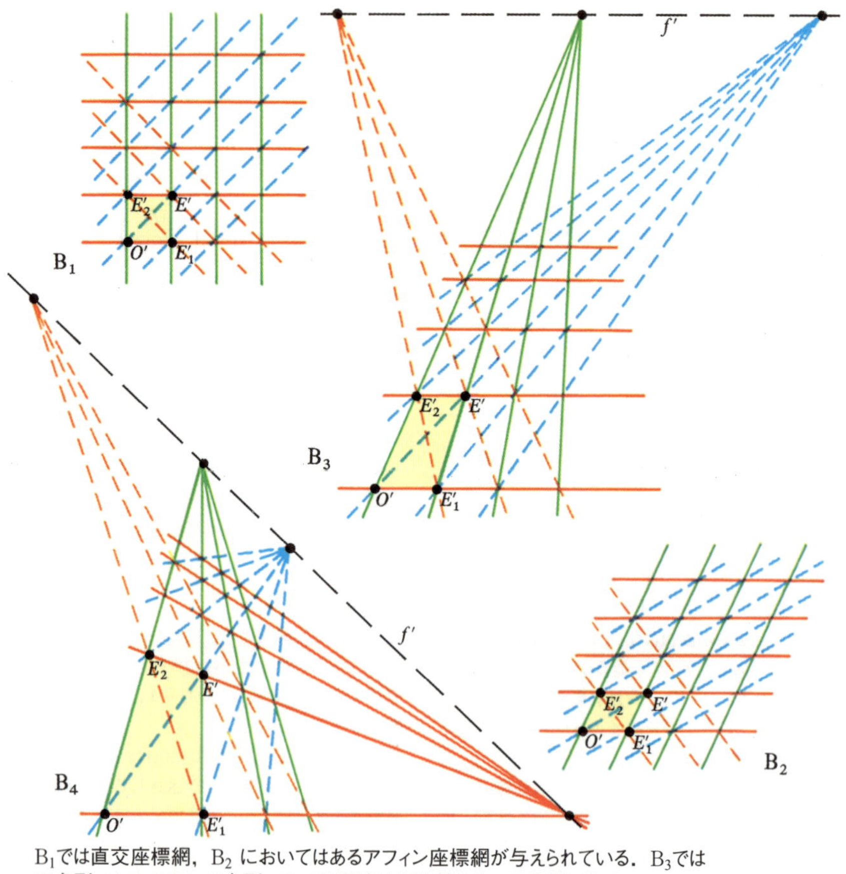

B_1では直交座標網，B_2 においてはあるアフィン座標網が与えられている．B_3では四角形 $O'E'_1E'E'_2$ は台形，B_4では平行な辺を持たない四角形である．

メービウス網

共線変換の確立

定理 4　すべての射影共線変換の集合は，合成に関して群をなす，すなわち射影群．

$\mathbb{P}^2(\mathbb{R})$ では射影直線変換の概念によって，一般共線変換がすべて捉えられた．すなわち，

定理 5　$\mathbb{P}^2(\mathbb{R})$ においては，任意の共線変更は射影的である．この定理は，$\mathbb{P}^2(\mathbb{R})$ ばかりでなく一般の射影空間に対しても成り立つ．

定理 6　いかなる射影変換も，そのうちのどの 3 点も 1 直線上にないような 4 点とそれらの像点を与えることによって一意的に決定される．

図 A は射影共線変換による複比の保存に基づく，任意の点 P の像点 P' の作図方法を呈示している．

固定元については，すべての射影共線変換は，少なくとも 1 個の固定点と，少なくとも 1 本の固定直線を持つ．その上の全点が固定される直線があれば，変換は背景共線変換である．

この固定点についての性質は，p.153 のアフィン変換の性質と矛盾していない，そこでは変換の $\mathbb{R}^2$ への作用のみが観察されているからである．すなわち $\mathbb{P}^2(\mathbb{R})$ での任意のアフィン変換は，付加条件として非本来的直線を固定直線に持つのである．図形のアフィン相似の一般化として今や射影相似が登場する：

定義 4　二つの図形は射影変換により互いに他の上に写されるとき，**射影的**であるといわれる．

すべての三角形が互いにアフィンであったのに対して，すべての四角形が互いに射影的である．

注意　定理 6 の重要な応用の一つは，いわゆる写真測量術での航空写真の修正である．すなわち，平らな地形のどのような写真も一つの中心射影の結果を表している．写真の中のある地形の任意の点の位置は，決められた 4 点の位置を地図上に確定しておけば，原理に従って地図の中に作図される．実際には，このような準備をした上で航空写真と地図を十分に目の細かい，いわゆるメービウスの網をかけるのである．

メービウス網

定義 5　アフィン座標網（等間隔の平行線のなす二つの直線束からなる網）の射影像は**メービウス網**と呼ばれる．

アフィン座標網そのものがすでに一つのメービウス網である．メービウス網は，$(0,0), (1,0), (0,1), (1,1)$ の像点 O', E_1, E_2, E' が手元にあれば，ただちに作図される（図 B の例）．なぜなら，最初の二つのアフィン平行線束は，四辺形 C', E_1, E', E_2 のそれぞれの対辺の対の交点（逃亡直線上にある）を通る二つの直線束に写される．逃亡直線上ではまたアフィン網の対角線束の像直線束も交わる．この対角線像の交点を使えば，メービウス網はいくらでも細くすることができる．このようにして，一つの網上の任意の点は他の網上の点にいくらでも正確に引き移すことができる．

調和的な（二つの）点対または直線対

すでに p.131 で対合的な背景共線変換，すなわち調和ホモロジーが研究された．これらは，アフィン鏡映ばかりでなく，点鏡映さえも含んでいるので，**射影鏡映**と呼ばれる．すなわち前者の場合は共線軸が非本来的なものとなっている．調和ホモロジーでは消滅直線と逃亡直線とが一致している．

P と P' が対応点の対であり，A が共線直線 $g(P, P')$ と軸 a が交わる点であるとするとき，p.131 に従えば二つの点対 (P, P') と (Z, A) は調和的であるといわれる．複比の不変性からただちに

$$\mathrm{DV}(Z, A, P, P') = \mathrm{DV}(Z, A, P', P)$$

他方，定義 3 より第 2 の複比は第 1 のものの逆数であることが分かる．これは $\mathrm{DV}(Z, A, P, P') = -1$ のときしか起こりえない．値 $+1$ は排除される．もともと定義によって複比は 0 でも 1 でもありえない．したがって，調和的な二つの点対では，一方の対の 2 点は，他方の点対を端点とする線分も，分割比が同じ絶対値を持つが，符号が逆になるように分割する（**線分の調和的分割**と呼ばれる）．$\mathrm{DV}(Z, A, P, P') = -1$ なる 4 点については，任意のホモロジーは，Z を中心に持ち，その軸は A を通り，P を P' に調和的に写す．

複比の不変性のゆえに，互いに調和的な点対に写される．同様のことが互いに調和的な直線対 $(g_1, g_2), (g_3, g_4)$ に対しても成り立つ．これらは 1 点 S を通る二つの直線対であって，S を通らない 1 本の直線と互いに調和的な点対において交わるものである．それらは S を通らない任意の直線を互いに調和的な点対において横切る．

円錐曲線

1 直線上の点の射影座標は 1 次方程式をみたす．これらの続きとして，$\mathbb{P}^2(\mathbb{R})$ の点集合で，それを射影して得られる像の座標に対してある対称 2 次方程式の値が 0 となるようなものが研究される (p.189)．このようなものの特別例として円がある．このような像は空間での中心射影により，一つの円錐の平面での切り口の図形として得ることができる．できる曲線が非本来点を全く持たないか，一つ持つか，二つ持つかに従って，楕円，または放物線，または双曲線が得られる．$\mathbb{P}^2(\mathbb{R})$ で本来点と非本来点の区別を放棄するならば，全射映変換によって不変な一つの統一的な曲線のタイプが生ずる．

直交座標系における
基底ベクトルの変換

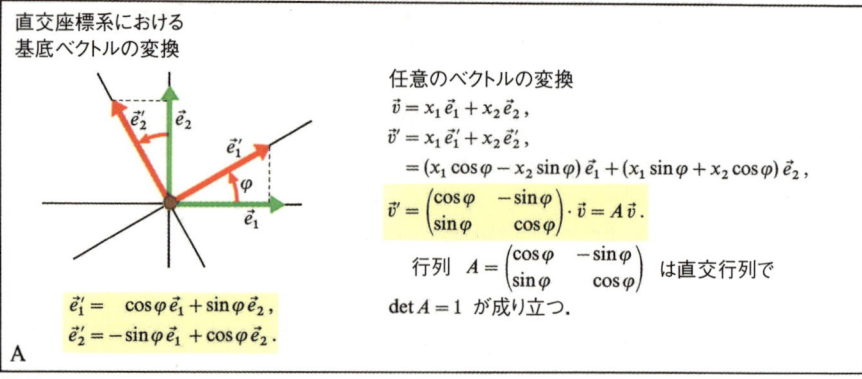

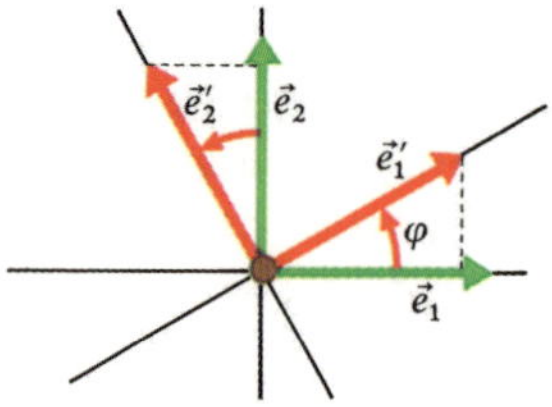

$\vec{e}_1' = \quad \cos\varphi\,\vec{e}_1 + \sin\varphi\,\vec{e}_2\,,$
$\vec{e}_2' = -\sin\varphi\,\vec{e}_1 + \cos\varphi\,\vec{e}_2\,.$

任意のベクトルの変換

$$\vec{v} = x_1\vec{e}_1 + x_2\vec{e}_2\,,$$
$$\vec{v}' = x_1\vec{e}_1' + x_2\vec{e}_2'\,,$$
$$= (x_1\cos\varphi - x_2\sin\varphi)\,\vec{e}_1 + (x_1\sin\varphi + x_2\cos\varphi)\,\vec{e}_2\,,$$
$$\vec{v}' = \begin{pmatrix}\cos\varphi & -\sin\varphi\\ \sin\varphi & \cos\varphi\end{pmatrix}\cdot\vec{v} = A\,\vec{v}\,.$$

行列　$A = \begin{pmatrix}\cos\varphi & -\sin\varphi\\ \sin\varphi & \cos\varphi\end{pmatrix}$　は直交行列で
$\det A = 1$　が成り立つ．

A

回転

直交座標系における
基底ベクトルの変換

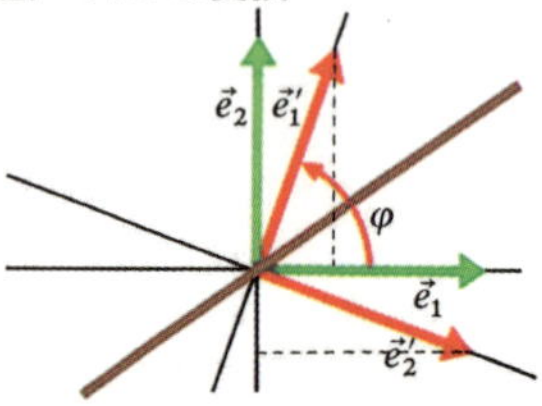

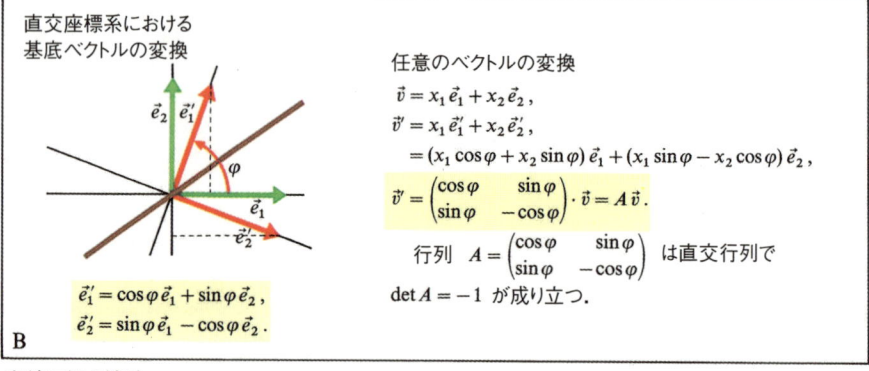

$\vec{e}_1' = \cos\varphi\,\vec{e}_1 + \sin\varphi\,\vec{e}_2\,,$
$\vec{e}_2' = \sin\varphi\,\vec{e}_1 - \cos\varphi\,\vec{e}_2\,.$

任意のベクトルの変換

$$\vec{v} = x_1\vec{e}_1 + x_2\vec{e}_2\,,$$
$$\vec{v}' = x_1\vec{e}_1' + x_2\vec{e}_2'\,,$$
$$= (x_1\cos\varphi + x_2\sin\varphi)\,\vec{e}_1 + (x_1\sin\varphi - x_2\cos\varphi)\,\vec{e}_2\,,$$
$$\vec{v}' = \begin{pmatrix}\cos\varphi & \sin\varphi\\ \sin\varphi & -\cos\varphi\end{pmatrix}\cdot\vec{v} = A\,\vec{v}\,.$$

行列　$A = \begin{pmatrix}\cos\varphi & \sin\varphi\\ \sin\varphi & -\cos\varphi\end{pmatrix}$　は直交行列で
$\det A = -1$　が成り立つ．

B

直線に沿う鏡映

アフィン変換は　$\det A \neq 0$　となる　A　により，$\vec{x}' = A\vec{x} + \vec{t}$　の形で記述される．$\det A > 0$　の場合は，これは向きを保ち，　$\det A < 0$ の場合向きを反対にする．図形の面積は，この変換によって $|\det A|$ 倍となる．したがって　$|\det A| = 1$　なら変換は，面積を不変にする．$\det A = 1$ の場合は，変換はズラシで，$\det A = -1$　の場合は，アフィン鏡映である．
特性方程式 $\det(A - \lambda E) = 0$ を調べることは，固有値，固有ベクトルをみつけることにつながる．ある固定点を通る直線が固有値　$\lambda = 1$　に対する固有ベクトルと平行であれば，変換で直線上の点は，固定されたままである．このような直線が存在すれば，変換は背景アフィン変換で，その直線は，アフィニティ直線である．

例：

変換式：$\vec{x}' = \begin{pmatrix}-1 & 1\\ 2 & 0\end{pmatrix}\cdot\vec{x} + \begin{pmatrix}-3\\ 3\end{pmatrix}.$

$$A - \lambda E = \begin{pmatrix}-1 & 1\\ 2 & 0\end{pmatrix} - \lambda\begin{pmatrix}1 & 0\\ 0 & 1\end{pmatrix} = \begin{pmatrix}-1-\lambda & 1\\ 2 & -\lambda\end{pmatrix},\ \det(A - \lambda E) = \lambda^2 + \lambda - 2\,.$$

特性方程式：$\lambda^2 + \lambda - 2 = 0\,.$

固有値：$\lambda_1 = 1,\ \lambda_2 = -2.$　　　固有ベクトル：$\vec{v}_1 = \begin{pmatrix}1\\ 2\end{pmatrix},\ \vec{v}_2 = \begin{pmatrix}1\\ -1\end{pmatrix}.$

固定点であることから，条件 $x_2 = 2x_1 + 3$　が生じる．表現される直線は $\vec{v}_1$　と平行で，点ごとに固定され，背景アフィン変換の軸となっている．固有ベクトル $\vec{v}_2$ は，アフィニティ方向を決める．
C

アフィン変換

点空間およびベクトル空間における変換

これまでのページで扱われたいろいろなタイプの変換は，座標の導入により $x_i' = f_i(x_1, x_2)$ $(i = 1, 2)$ の型の写像方程式系により記述されるが，これらは与えられた点 P の座標 (x_1, x_2) からその像点 P' の座標 (x_1', x_2') を計算する方法である．このような表現は合同-，相似-，アフィンまでの変換に対しては特に簡単になる．すなわちユークリッド平面 $\mathbb{R}^2$ を，まず原点 0 を決め，各点 P にその位置ベクトル $\vec{x} = \overrightarrow{OP}$ を対応させて，$\mathbb{R}$ 上のベクトル空間として捉え (p.181, $\mathbb{R}^3$)，写像方程式系をベクトル方程式 $\vec{x}' = f(\vec{x})$ として書き下せばよい．さらに上に挙げた変換はすべて直線を直線に写し平行性と分割比を保存するので，ただ各点には決まった像点があるだけではなく，各ベクトル $\vec{v}$ に対しても，平行移動で一致する矢印の類とは，一意的に決まる像ベクトル $\vec{v}'$ が存在する．平行移動はすべてのベクトルをそれ自身に写すので，$\mathbb{R}^3$ の全ベクトルの集合に引き起こされる変換 $\hat{f}: V^2 \to V^2$ はもとの点変換 $f: \mathbb{R}^2 \to \mathbb{R}^2$ よりもさらに簡単になる．変換 $\hat{f}$ については第1にそれらが線形写像であることから (p.79)，写像方程式は $\vec{v}' = A\vec{v}$ の形に書き下すことができる，ただし A は実係数の正則 2×2 行列である (p.79〜81)．すなわち $\det A \neq 0$.

合同変換

ベクトル変換 $\hat{f}$ は，基底ベクトル $\vec{e_1}, \vec{e_2}$ の像 $\vec{e}_1', \vec{e}_2'$ が分かれば，一意的に決まる．直交座標系（互いに垂直で長さの等しい基底ベクトル）で考えているときは事情は特に簡単になる．図 A では角 φ の回転に対しての写像方程式が，また図 B では直線鏡映の方程式が導かれている．後者の場合も $\vec{e_1}$ と $\vec{e}_1'$ の間の角は φ で表されている．これらのときの行列 A に対しては $|\det A| = 1$ が成り立つ．回転のときは $\det A = 1$，鏡映のときは $\det A = -1$ である．A の転置行列 $A^\top$ については $A^\top = A^{-1}$，すなわち $AA^\top = E$ となる，ただし E は単位行列 $\begin{pmatrix} 1 & 0 \\ 0 & 1 \end{pmatrix}$ を表す．このような行列は**直交行列**と呼ばれる．

点変換 f については，次のように理解される：向きを変えないすべての合同変換は原点の周りの回転と平行移動の合成として，また向きを反転させるすべての合同変換は原点を通る直線に沿う鏡映と平行移動の合成として捉えられる．具体的には，平行移動ベクトル $\vec{t} = \overrightarrow{OO'}$ を用いて写像方程式 $\vec{x}' = A\vec{x} + \vec{t}$ が得られる．A は上で説明された性質を持つ．平行移動そのものの場合は $\varphi = 0$ すなわち $A = E$ である．

相似変換

この場合には単にベクトルの変換のところに伸縮因子 k が付け加わるだけである: $\vec{v}' = kA\vec{v}$, $k \neq 0$, $|\det A| = 1$, A は直交行列．これに従って点変換の方程式は

$$\vec{x}' = kA\vec{x} + \vec{t}.$$

$\det A = 1$ のとき，変換は向きを保ち，$\det A = -1$ のときは，向きを反転させる．$A^* = kA$ と置けば写像方程式は $\vec{v}' = A^*\vec{v}$, $\vec{x}' = A^*\vec{x} + \vec{t}$ の形にも書ける．そのときは $|\det A^*| = k^2$ であるが，これはこの写像での面積変化の際に掛けられる因子である．

アフィン変換

アフィン変換（p.189 の解析幾何の意味での正則アフィン変換）は，p.153 の定理 2 により 1 直線上にない 3 点の像を任意に与えて決められる (共線) 変換である．そうだとすれば二つの単位ベクトルの像に対しても，ただそれらが 1 次独立であるという条件を付けるだけで，勝手に与えることができる．したがって変換の行列には，ただ正則であるとの条件が残るのみである．すなわち V^2 あるいは $\mathbb{R}^2$ におけるアフィン変換はそれぞれ $\vec{v}' = A\vec{v}$, $\vec{x}' = A\vec{x} + \vec{t}$（ただし $\det A \neq 0$）の形に書き下すことができる．逆にまたこのようなものは常にアフィン変換である．ベクトル $\vec{v}(\neq \vec{0})$ がアフィン線形変換 $\hat{f}$ により，($\vec{0}, \vec{v}$ と）共線的なベクトル $\vec{v}'$ に写されるとき，$\vec{v}$ は $\hat{f}$ の**固有ベクトル**と呼ばれる．固有ベクトルに対しては $A\vec{v} = \lambda\vec{v}$ すなわち $(A - \lambda E)\vec{v} = 0$ が成り立つ．$\vec{v}$ についてのこの方程式は λ についての 2 次方程式 $\det(A - \lambda E) = 0$（**特性方程式**）が実解（**固有値**）を持つとき，またそのときに限って，$\vec{0}$ と異なる解を持つ．これにより $\hat{f}$ に属するアフィン変換 f の固定元を見いだす手掛かりが得られる．固有ベクトルに平行な直線 g は，f により g に平行な直線に写される．さらに点 $P \in g$ が点 $P' \in g$ の上に写されるならば，g は固定直線となる．特に固有ベクトルと平行であって固定点を通る直線はすべて固定直線である（図 C).

$\mathbb{P}^2(\mathbb{R})$ における共線的変換

射影空間における射影共線変換もまた，点のあるいは直線の同次座標 (p.133) を用いるならば，線形変換である．$\mathbb{P}^2(\mathbb{R})$ での共線変換はすべて射影的であり，ベクトル的記法による点変換として，$\vec{x}' = A\vec{x}$ の形の方程式の表現に到達する (p.135)．今度は $\vec{x} = \begin{pmatrix} x_0 \\ x_1 \\ x_2 \end{pmatrix}$, $\vec{x}' = \begin{pmatrix} x_0' \\ x_1' \\ x_2' \end{pmatrix}$ は 3 成分のベクトルで，A は実係数の 3×3 行列である．平面の本来点に対して式 $x = \frac{x_1}{x_0}$, $y = \frac{x_2}{x_0}$ によってアフィン座標に移行すれば，変換の方程式は

$$x' = \frac{a_{11}x + a_{12}y + a_{13}}{a_{31}x + a_{32}y + a_{33}},\ y' = \frac{a_{21}x + a_{22}y + a_{23}}{a_{31}x + a_{32}y + a_{33}}$$

の形のいわゆる有理変換式として書き表すことができる．$a_{31}x + a_{32}y + a_{33} = 0$ は消滅直線の方程式である．

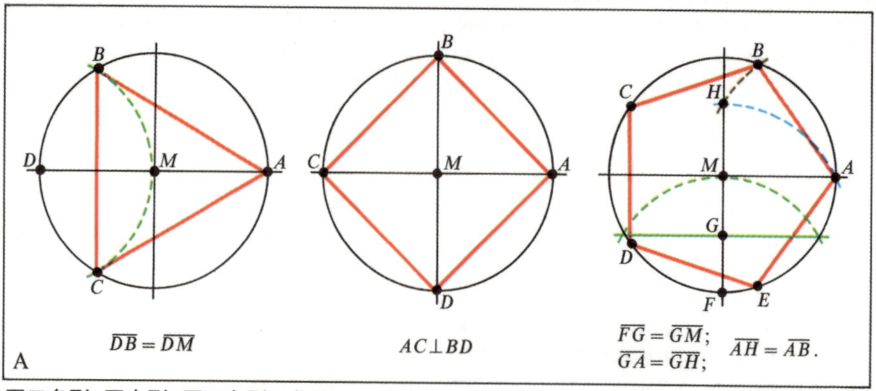

A

$\overline{DB} = \overline{DM}$　　$AC \perp BD$　　$\overline{FG} = \overline{GM};$　$\overline{GA} = \overline{GH};$　$\overline{AH} = \overline{AB}.$

正三角形, 正方形, 正五角形の作図

B　外接多角形と内接多角形

C　円の部分

弧

扇形

円切片

$$b = \frac{2\pi r}{360°} \cdot \alpha$$

$$A_1 = \frac{\pi r^2}{360°} \cdot \alpha = \frac{1}{2} br$$

$$A_2 = \frac{r^2}{2}\left(\frac{\pi}{180°}\alpha - \sin\alpha\right)$$

D

四面体　　立方体　　八面体　　十二面体　　二十面体

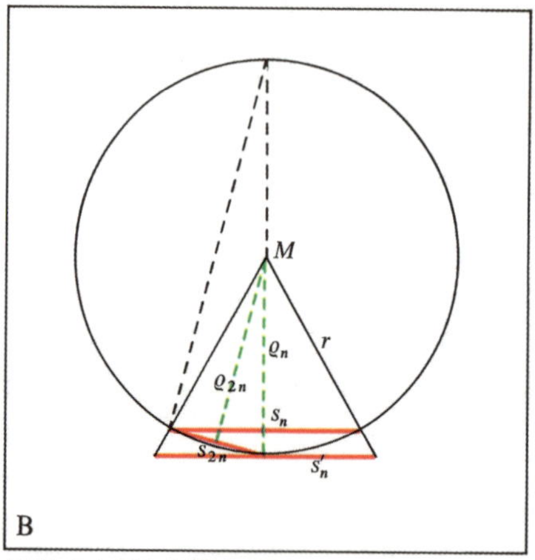

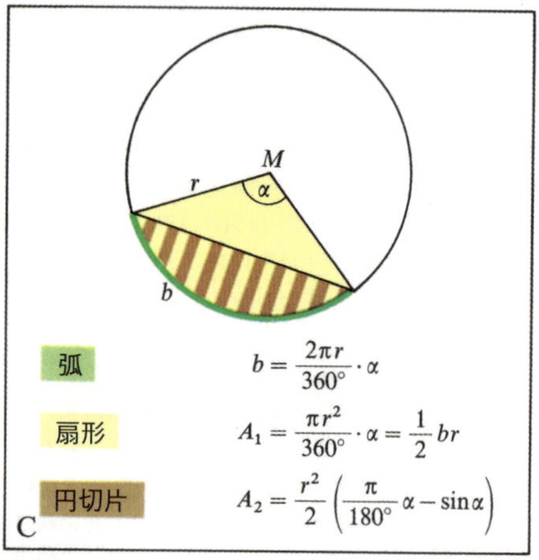

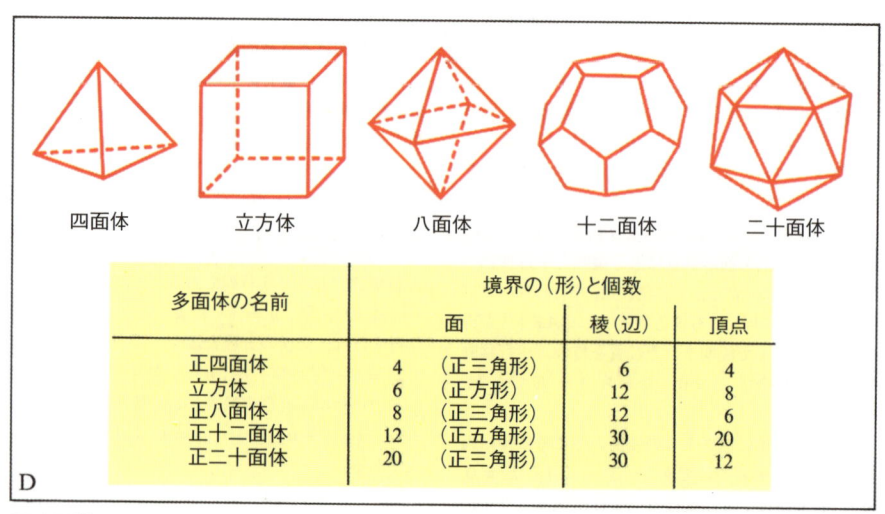

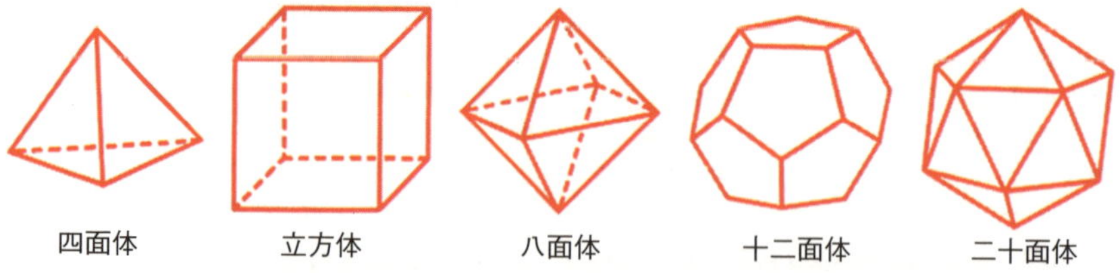

多面体の名前	境界の（形）と個数		
	面	稜（辺）	頂点
正四面体	4　（正三角形）	6	4
立方体	6　（正方形）	12	8
正八面体	8　（正三角形）	12	6
正十二面体	12　（正五角形）	30	20
正二十面体	20　（正三角形）	30	12

正多面体

正 n-角形

平面 $\mathbb{R}^2$ では任意の線分にその長さとして一つの実数を対応させることができる (p.40)．この対応はただちに曲線に対して引き移されるものではない．円周の長さの例に即して，どのようにしてある場合には曲線の長さの定義が可能であるかが説明されるべきであろう．この手続きは解析学の方法を用いて大幅に一般化される．

正 n-角形 ($n \leqq 3$) とは，n 個の頂点を持つ開多辺形 (p.151) であって，すべての辺が同じ長さであり，すべての内角が同じ大きさであるようなものを指す．すべての正 n-角形は，すべての頂点を通る外接円と，すべての辺と接する内接円を持つ．外接円と内接円の中心は一致する．中心が M で半径が T の円が与えられているとき，任意の n に対して適当な正 n-角形を内接させることができる．ある場合には，コンパスと定規による作図が可能であり（図 A，p.105 も参照），辺長 s_n が従ってまた周長 $u_n = ns_n$ が計算できる．この内接円の半径 ρ_n については，ピタゴラスの定理によって次が成り立つ：

$$\rho_n^2 = r^2 - \left(\frac{s_n}{2}\right)^2,\ \rho_n = r\sqrt{1 - \left(\frac{s_n}{2r}\right)^2}$$

（図 B）

M からの伸縮比 $k_n = \frac{r}{\rho_n}$ の中心伸縮は与えられた円に外接する n-角形をもたらす．この正多角形の辺長 s'_n，周長 u'_n について次が得られる：

$$s'_n = \frac{r}{\rho_n}s_n,\ u'_n = \frac{r}{\rho_n}u_n \quad (\text{図 B}).$$

A と B を内接 n-角形の隣り合う二つの頂点とすれば，$\angle AMB$ の二等分線の円周との交点は A, B とともに内接 $2n$-角形の連続する 3 頂点を与える．このときの辺長 s_{2n} も s_n からユークリッドの挟辺定理により計算される．

$$s_{2n}^2 = 2r(r - \rho_n),\ s_{2n} = r\sqrt{2\left(1 - \frac{\rho_n}{r}\right)}$$

（図 B）

これより以前と同様にして内接 $2n$-角形についての計算がされる．

円周の長さ

頂点の数が n_0（例えば $n_0 = 6$，この場合 $s_6 = r$）の決められた正多角形から始めて，上のように頂点の数を倍加することによって正多角形の列を作る．区間列 $\{(u_n, u'_n)\}$（ただし，$n = n_0 2^k$，$k \in \mathbb{N}$）は区間縮小列 (p.53) となっている．$u_{2n} > u_n$，$u'_{2n} < u'_n$ が成り立ち，$u'_n - u_n$ が零列であることはすぐに確かめられる．したがってこの縮小列は一つの実数を代表している (p.53)．この数 u は n_0 の取り方にはよらない．なぜなら，第 2 の多角形列を頂点数 m_0 で始め，第 3 のものを頂点数 $n_0 m_0$ で始めれば，一方で第 1 のものと第 2 のものが，他方で第 2 のものと第 3 のものが p.53 の定義の意味で同値な区間縮小列となるからである．

この区間縮小列で表された実数は，円に内接するすべての正多角形の周長より大きく，また外接するすべての正多角形の周長より小さく，円周の長さと名付けられる．$r = 1$ としたときの円周の長さの半分を π と書く．任意の円に対しては $u = 2\pi r$ となる．この方法は円周の長さの定義と，その存在証明には非常に有効であるが，実際の計算の実行には非常に面倒なものである．これはアルキメデスにさかのぼるものであるが，彼は 96-角形に至るまで実行した．彼によって $3\frac{10}{71} < \pi < 3\frac{10}{70}$ が見いだされた．

解析学ははるかに良い収束の計算方法を提供している．無限級数によって π は電子計算機を使って 100000 桁まで計算された．$\pi = 3.141592653589793\cdots$．リンデマンは π が超越数であることを証明した．これにより特に，半径 r を与えたとき，円周の長さを持つ線分をコンパスと定規を使って作図する（円の直線化）のは不可能であることが分かる (p.105)．

円の面積

周の長さのかわりに，円に内接または外接する正多角形の面積 A_n, A'_n を計算すれば，$A_{2n} = \frac{r}{2}u_n$，$A'_n = \frac{r}{2}u'_n$ となる．したがって区間列 (A_n, A'_n)（ただし $n = n_0 2^k, k \in \mathbb{N}$）は区間縮小列である．このときの代表される実数 $A = \frac{r}{2}u = \pi r^2$ は**円の面積**と呼ばれる．円についての計算では，円の面積の計算ののち，関係式 $A = \frac{r}{2}u$ を使って円周を決めることもできる．円周や円板のよく知られた形の部分についての公式は図 C に挙げてある．

正多面体

このような概念構成を空間 $\mathbb{R}^3$ へ拡げるとき，まず問題となるのは正多角形の類似物である．この立体は**正多面体**と呼ばれる．それは有限個の合同な正多角形によって境界づけられている．一つの頂点に流れ込む陵は合同な頂点図形をなしている．n 角形に $n-2$ 個の三角形に分割されるので，正 n-角形での内角の大きさは $\frac{n-2}{n} \times 180^\circ$ と計算される．また各頂点には少なくとも三つの面が集まっている．一つの頂点に集まる角の和は 360° より小さくなければならないので，各頂点に，3, 4 または 5 個の正三角形が，3 個の正方形が，3 個の正五角形が集まるという可能性しかない．こうして 5 種類の可能な正多面体が生れる（図 D）．円での計算を球に引き移すのは，今やただちに実行可能ではないことが分かる．多面体による球のいくらでも正確な近似を得るには，明らかに正多面体だけでは不十分なのである．

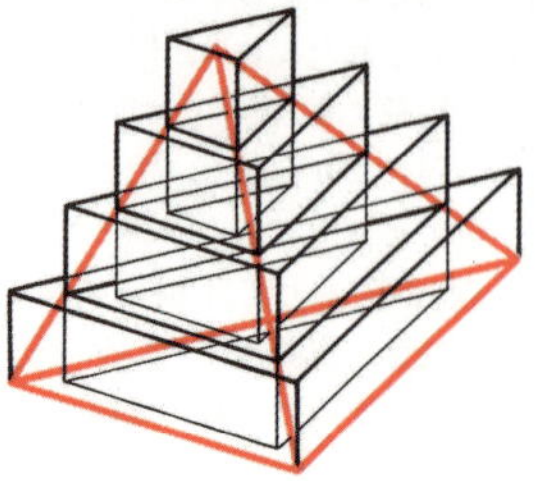

公式 $\sum_{k=1}^{n} k^2 = \frac{n(n+1)(2n+1)}{6}$ を用いて，内接・外接 n 層階段体の体積が得られる：

$$V_n = \frac{h}{n}\cdot\sum_{k=1}^{n-1} G\frac{k^2}{n^2} = \frac{Gh}{n^3}\sum_{k=1}^{n-1} k^2 = \frac{1}{3}Gh\left(1-\frac{1}{n}\right)\left(1-\frac{1}{2n}\right),$$

$$V_n' = \frac{h}{n}\cdot\sum_{k=1}^{n} G\frac{k^2}{n^2} = \frac{1}{3}Gh\left(1+\frac{1}{n}\right)\left(1+\frac{1}{2n}\right).$$

これより，角錐の体積 $V = \frac{1}{3}Gh$ が得られる．

A

角錐の体積

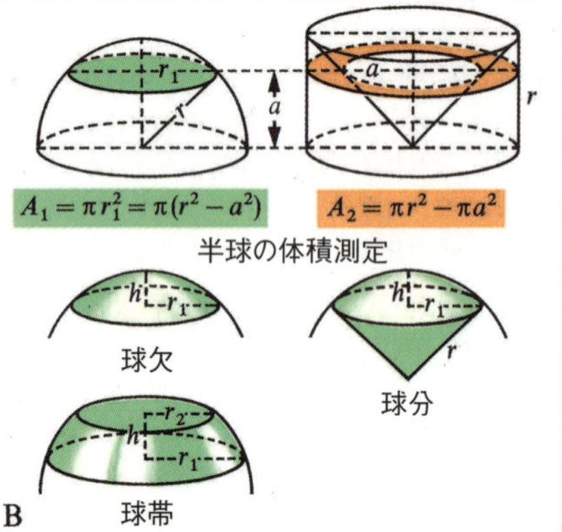

B

球と球の部分

角柱	$V = Gh$
円柱	$V = \pi r^2 h$
円柱側面積	$M = 2\pi rh$
角錐	$V = \frac{1}{3}Gh$
角錐台	$V = \frac{1}{3}h(G_1 + \sqrt{G_1 G_2} + G_2)$
円錐	$V = \frac{1}{3}\pi r^2 h$
円錐側面積	$M = \pi rs$
円錐台	$V = \frac{1}{3}\pi h(r_1^2 + r_1 r_2 + r_2^2)$
円錐台側面積	$M = \pi(r_1 + r_2)s$
球	$V = \frac{4}{3}\pi r^3,\ A = 4\pi r^2$
球欠	$V = \frac{1}{3}\pi h^2(3r - h)$
	$= \frac{1}{6}\pi h(3r_1^2 + h^2)$
	$M = 2\pi rh = \pi(r_1^2 + h^2)$
球分	$V = \frac{2}{3}\pi r^2 h$
球帯	$V = \frac{1}{6}\pi h(3r_1^2 + 3r_2^2 + h^2)$
	$M = 2\pi rh$

C

立体計算の公式

ポリトープ（多胞体）の名前 $\mathbb{R}^4$	境界の個数（と形）			
	体	面	稜（辺）	頂点
正　5胞	5　四面体	10	10	5
正　8胞	8　立方体	24	32	16
正　16胞	16　四面体	32	24	8
正　24胞	24　八面体	96	96	24
正　120胞	120　十二面体	720	1200	600
正　600胞	600　四面体	1200	720	120

ポリトープ（多胞体）の名前 $\mathbb{R}^n\ (n \geqq 5)$	境界の個数（と形）	
	$(n-1)$ 次元ポリトープ	k 次元ポリトープ $(0 \leqq k \leqq n-1)$
正 n 次元単体	$n+1$ $(n-1)$ 次元単体	$\binom{n+1}{k+1}$ k 次元単体
n 次元立方体	$2n$ $(n-1)$ 次元立方体	$\binom{n}{k}2^{n-k}$ k 次元立方体
正 n 次元 2^n 胞	2^n $(n-1)$ 次元単体	$\binom{n}{k+1}2^{k+1}$ k 次元単体

n 次元球	n 次元体積 V_n	$(n-1)$ 次元表面積 A_n
	n が偶数のとき $\frac{\pi^{\frac{n}{2}}}{\left(\frac{n}{2}\right)!}r^n$，$n$ が奇数のとき $\frac{2^n \pi^{\frac{n-1}{2}}\left(\frac{n-1}{2}\right)!}{n!}r^n$，	$\frac{nV_n}{r}$

D

正ポリトープ，n 次元球の体積と表面積

角柱と円柱

空間で一つの多角形 P に対して，それが置かれている平面と平行でないベクトルの方向への平行移動を及ぼすと，多角形上の点が通過して描く空間での点集合を**角柱**と呼ぶ．このとき P の境界が描くのは角柱の**側面**である．P とその像 P' は角柱の**底面**と呼ばれ，それらの距離は**高さ**と呼ばれる．この平行移動ベクトルが P の平面と垂直であるときは，**直角柱**と呼ばれる．

多角形の分解等値性を（プリズムもそのうちに入っているところの）多面体にまで引き移すならば，底面が分解等値で高さの等しい直角柱は明らかに分解等値である．したがって，このときの角柱体積の決定は**直方体**（隣接陵が垂直である角柱）の場合に帰着されるが，これに対しては p.151 の定義 2 と注意 1 に従って，単位立方体と比較して，体積 $V = Gh$ が対応させられる，ただしここで G は底面の面積 h は高さを表す．

同じ公式が任意の角柱に対して成り立つことは以下の 3 ステップを踏んで証明することができる：

(1) 平行四辺形を底面とする任意の角柱（**剥げ石**）は，底面積と高さが等しい直方体と分解等値である．

(2) 任意の三角柱（底面が三角形）は，それを等面積の底面を持ち高さが等しい直方体と分解等値である．

(3) 任意の角柱は，底面の総体がその角柱の底面を作り，高さが等しい有限個の三角柱に分解される．

多角形のかわりに（半径 r の）円板を取り，これに平行移動を及ぼすと角柱のかわりに**円柱**が得られる．円周の計算のときのような極限移動により円柱の体積に対しても $V = \pi r^2 h$ が得られ，さらに直円柱であるときは側面の面積について $M = 2\pi rh$ が得られる．

角錐と円錐

一つの多角形 P のすべての点が多角形の載っている平面上にない 1 点 S と線分で結ばれている図を思い浮かべると，これらの線分上のすべての点のなす点集合が得られるが，これは**角錐**と呼ばれる．P の境界点を端に持つ線分の全体はこの角錐の**側面**をなす．点 S の多角形の載っている平面からの距離は角錐の**高さ**と呼ばれる．角錐の体積計算は角柱のときほど簡単ではない．特に分解等値性の概念についてはあまり多くは述べられない．実際デーン (Dehn) は，同じ底面と高さを持ちながら，分解等値でない角錐があることを示した．この理由から，角錐については体積計算可能な立体でそれを近似し，区間縮小法によってその体積を近似する．すべての角錐は三角錐に分解することができるので，三角錐について調べれば十分である．体積計算の際，一つの三角錐を—垂線の足は底面の中にあるとする計算は常にこの場合に帰する— 底面に平行で等間隔の n-層 ($n \in \mathbb{N} \setminus \{0\}$) の平面で切り分ける．切断面はすべて（底面から）中心 S の伸縮によって生ずる．したがって k-番目の切断面の面積は $G_k = \frac{h^2}{n^2} G$ (p.147) と表される．今や，これらを底面としてできる角柱を積み重ねて，内接または外接する立体を作ることができる．それらの体積をそれぞれ V_n, V'_n とすれば $\{(V_n, V'_n)\}$ ($n \in \mathbb{N} \setminus \{0\}$) は角錐の体積を代表する区間縮小列となっている．解析での簡単な極限移行により $V = \frac{1}{3} Gh$ が得られる（図 A）．角錐の極限としての円錐のように角錐の極限として円錐が得られる．したがって円錐の体積について $V = \frac{1}{3}\pi r^2 h$ が成り立つ．直円錐が与えられていて，その側線分の長さを s とするとき，その側面の面積として $M = \pi rs$ が得られる．これは半径が s で弧長が $2\pi r$ の扇形の面積と一致するが，これを得るには側面を切り開いて平面上に展開したと思えばよいのである．

注意　円柱および円錐の概念は，円板のかわりに曲線で囲まれた他の図形を底面に用いれば，一般化される．

球

球の体積の定義および計算法は角錐の体積計算と同様に，円柱形の切片による近似と区間縮小法を通して実行される．すでにアルキメデスは類似の方法で球の体積を決定した．彼はまず，半球と同じ底面と高さを持つ円柱から，上面から底面の中心へと向う円錐を繰り抜いたものとが，どの高さでも，等面積の切り口を持つことを確め（図 B)，そのことから両者の体積の等しいことを推論した．

球の表面は薄円錐台の側面の集りか，または球の中心に流れ込む小角錐の底面の集りかによって近似される．球，球の部分，その他の立体についての公式は図 C に挙げられている．

注意 1　積分法では，ここで展開された曲線の長さ，面の面積，立体の体積などの近似法が大幅に整備され，計算しやすいように発展させられる．

注意 2　多面体およびそれらによって近似される立体などの研究はより高い次元の空間にも拡張される．そのときの多面体の類似物は**ポリトープ**と呼ばれる．図 D には $\mathbb{R}^n$ ($n \geqq 4$) でのすべての正ポリトープと n-次元の球（**超球**）の体積公式が与えられている．

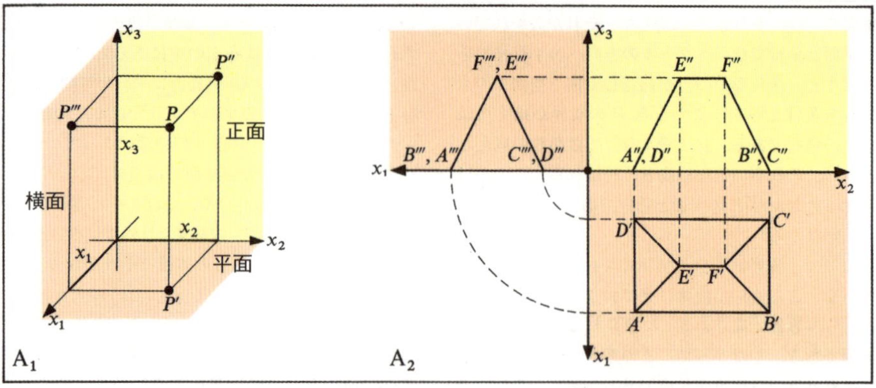

空間座標と三つの側面図(A_1)，図表射影(A_2)

直線の跡点(B_1)と平面の跡直線(B_2)

C 直線と平面の交点

与えられたもの：跡 h_0 と v_0 を持つ平面 ε，像 g' と g'' を持つ直線 g.
求めるもの：ε と g の交点 S.

補助線として，ε 内にある直線 h で，g と同じ平面図を持つものを用いる．

D 平面上の1点の垂線

与えられたもの：跡 h_0 と v_0 を持つ平面 ε と像 P' と P'' を持つ点 P.
求めるもの：ε 上の P の垂線 l の足と長さ $\overline{PS}$.

$l' \perp h_0$，$l'' \perp v_0$，図C に対応した S の構成，$\overline{PS} = P^*S^*$

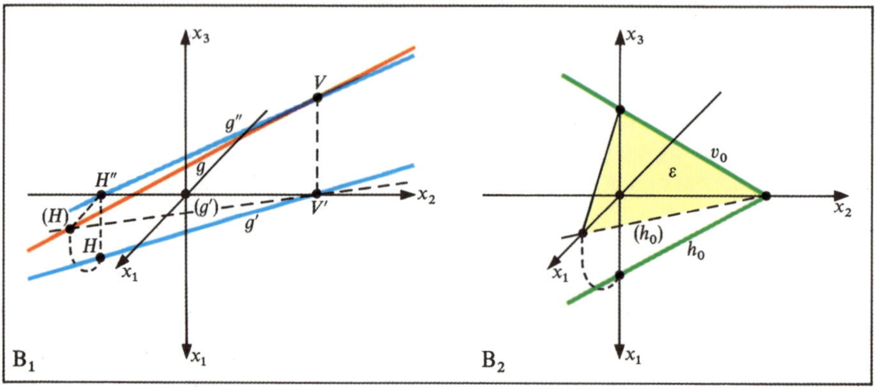

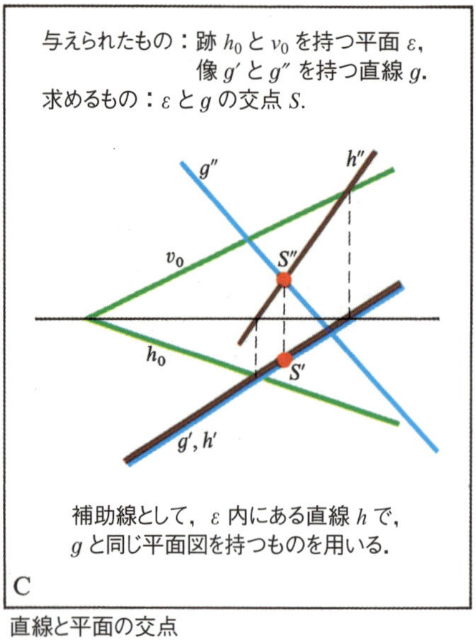

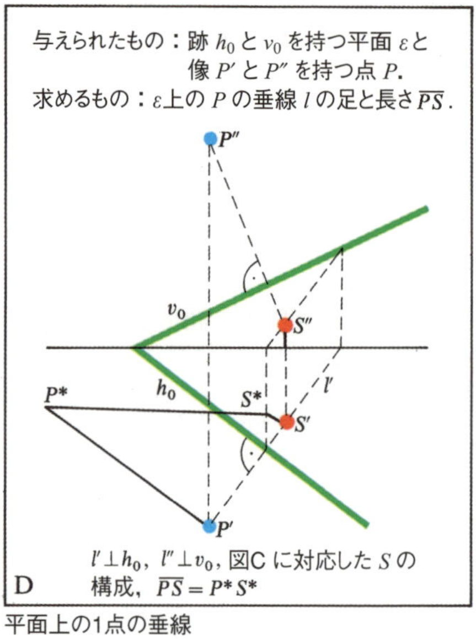

画法幾何学の課題

画法幾何学の目的は空間図形を平面 $\mathbb{R}^2$ 上に写して，得られた図像からもとの図形の諸性質を回復することができるようにすることである．点は点に，直線は直線に写されるという．そのような写像についての最重要な要請は射影によって実現される．絵画や写真の写像の場合，おおむね中心射影が行われる．人間の眼で写像も，網膜は平面ではないが，これと似ている．工学上の製図や数学での立体表現ではむしろ平行射影のほうが用いられる．この写像はおおむね良好な空間イメージを伝えてくれるが，一対一の写像でない点で短所を持っている．しかし，まさにこの点において画法幾何学は興味あるものである．

空間座標系と側面図

空間に直行座標系を導入すれば，写像するべき図形の各点 P には実数の三つ組 (x_1, x_2, x_3) を対応させることで，またその反対の対応もできる（図 A_1）．これらの実数はこの順に**横座標**，**縦座標**，**立座標**と呼ばれる．多面体 (p.231) を確定するには，頂点の座標を知り，稜を指定するのみで十分である．もっと複雑な図形でも，まだ有限個の点と稜などの座標指定だけで十分であることが多い．この際の座標系は，x_1-軸が前方を，x_2-軸が右の手を，x_3-軸が上方を向いているように思い浮かべるのが普通である．

定義 1　点 $P(x_1, x_2, x_3)$ の座標平面上への直交射影により，P の三つの側面図が得られる，すなわち**平面図** $P'(x_1, x_2, 0)$，**正面図** $P''(0, x_2, x_3)$，**横面図** $P'''(x_1, 0, x_3)$（図 A_1）．

図形の正面図では，前方から眺めて見える稜は実線で，見えない稜は破線で描かれる．平面図では上から見て得られる同様の図が描かれる．平面図はさらに x_2-軸の周りに下に向って折り開かれる．同様に横面図は x_3-軸の周りに折り開かれるが，左からの眺めの場合は右に向けて，右からの眺めの場合は左に向けて開かれる．このとき x_2-軸に垂直な平面は平面図ファイル（あるいは単に**ファイル**）と，また x_3-軸に垂直な平面は横面図ファイルと呼ばれる．したがって P' と P'' は一つのファイルの上に，P'' と P''' は一つの横面図ファイルの上に載っている．

側面図の組合せ

1 点に対して折り開かれて 1 枚となった 3 側面図上の像点が上記のように図示されているとき，三つ組の点 (P, P', P'') から明らかに点 P の空間での位置が一意的に再現される．このためにはすでに側面図二つで十分である．通常，平面図と正面図とが選ばれ，この表現は**二図表射影**と呼ばれる．$P \mapsto (P', P'')$ と定義される写像 $\pi : \mathbb{R}^3 \to \mathbb{R}^2 \times \mathbb{R}^2$ は一対一である．写し出される図形の形状と位置によっては，正面図と横面図を使うほうがより直観的になることもある．この場合も写像は一対一になる．三面図すべてを採用するときには（**三図表射影**，図 A_2），直観性が高まって，点をそれ以上に際立たせる必要はなくなるほどである．点 $P(x_1, x_2, x_3)$ の平面図と正面図は，$x_1 = -x_3$ であるときは一致する．この性質を持つすべての点は一つの平面，すなわち**結合平面**をなす．$x_1 = x_3$ であるときは，P の二つの像点は x_2-軸を挟んで等距離にある．このような P の全体は**双対結合平面**と呼ばれる平面をなす．空間での任意の直線は二図表射影によって，一般には直線対 (g', g'') に写されるが，特別な場合には 1 点と 1 直線の上に写されることもある．

定理 1　二つの直線は各側面図上でのそれらの像の交点が同一ファイル上にあるとき，またそのときに限り，交わる．

定義 2　直線 g が底面（x_1x_2 平面）または正面（x_2x_3 平面）と交わる点は，それぞれ**水平跡点** H または**垂直跡点** V と呼ばれる（図 B_1）．

定義 3　平面 ε が底面または正面を切る交線はそれぞれ**水平跡**または**垂直跡**と呼ばれる（図 B_2）．

定理 2　一つの平面の水平跡と垂直跡は x_2-軸上で交わるか，それと平行である．

定理 3　直線 g が平面 ε 上に載っているならば，g のそれぞれの跡点は ε のそれぞれの跡直線上にある．

定義 4　平面図平面（底面）と平行な直線は**高度直線**と呼ばれ，正面図平面（正面）と平行な直線は**前面直線**と呼ばれる．

定理 4　直線 g が平面 ε に対して垂直に立っているならば，g の平面図は ε の中のどの高度直線は平面図とも垂直であり，その正面図は ε の中のどの前面直線の正面図とも垂直である．

定理 5　平面図形の平面図と正面図は互いに軸アフィン的 (p.151) である．この際，アフィン軸は，その図形の置かれている平面と結合平面との交線の，互いに一致する平面図と正面図である．

定理 6　一つの直線の両跡点とその直線と結合平面および双対結合平面との交点の対は互いに調和的な点対同士である．

画法幾何学では，交点，垂線，平行線などの作図について，あるいは**陰影の付け方**や**透視図の描き方**などにおいて，何通りもの方法がある．図 C では例として，跡点，跡直線などによって与えられた 1 本の直線と 1 枚の平面の交点の作図法が示されている．図 D では 1 平面と 1 点 P が与えられ，P から平面に下した垂線の足の作図が主題である．点と平面の間の距離を決定するときは結局，いわゆる**支持台形**が像平面の中に折りたたまれる．

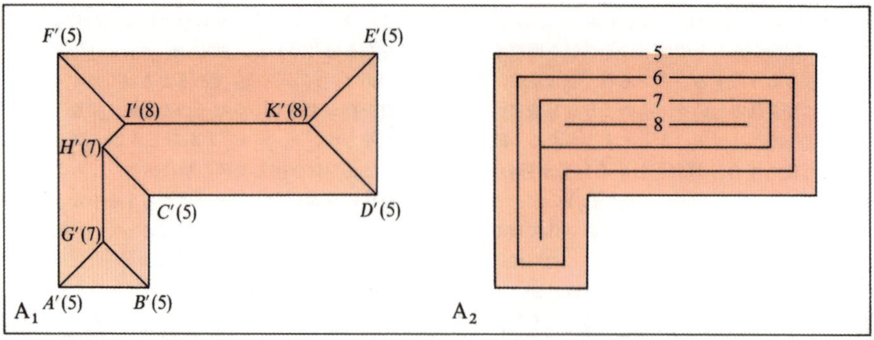

俯瞰射影 (A_1) と屋根の等高線図 (A_2)

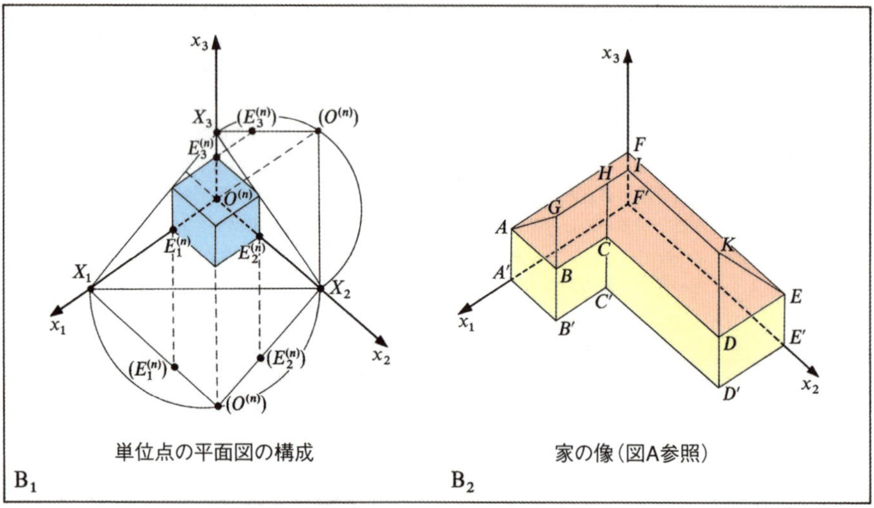

法計測軸写像

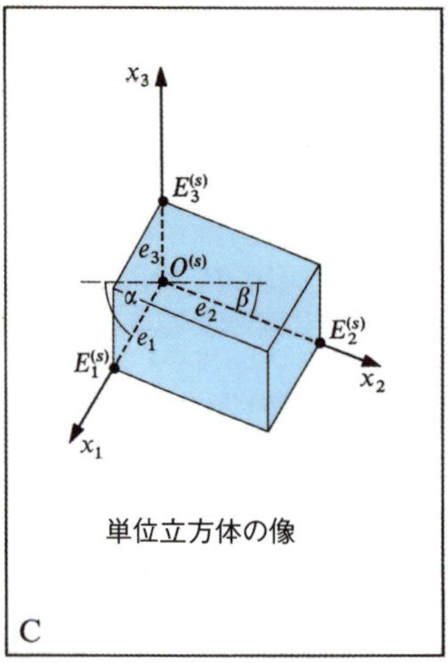

斜計測軸写像

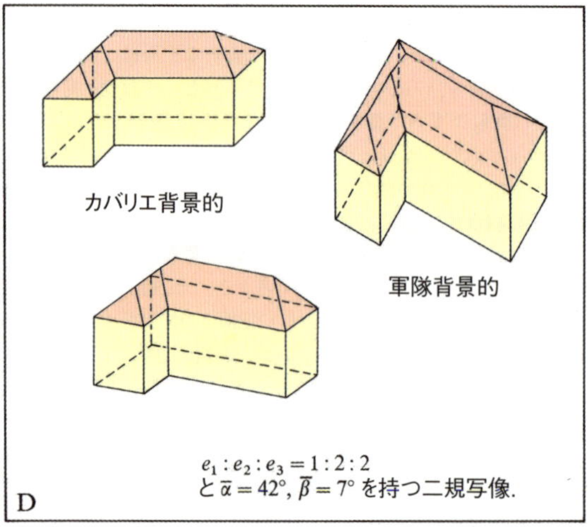

慣用の計測軸的表現

俯瞰射影

垂直な平行射影を一対一写像に拡張するもう一つの方法は，点 P の平面図 P' に**高さ** x_3 を括弧付きで添えることである．$P'(x_3)$ は P の**高さ付き平面図**と呼ばれる．対応 $P \mapsto P'(x_3)$ は**俯瞰射影**と呼ばれる全単射を定義する．

この射影は特に空間での重なり合いを持たない図の表示に便利である．例えば屋根（図 A_1），傾斜地，山野の地形など．ある種の地図には，いわゆる等高線図がついているが，その中では（ある単位での）整数高度それぞれに，その高度のすべての点が結ばれて**等高線**にされている（図 A_1 の屋根について図 A_2 で実行）．実際，使われる高度が等間隔に次々に続くとき，これらの線は表現される斜面が急であればあるほど，密に並ぶので，その面の活々とした直観像が得られる．すべての等高線を垂直に横切る曲線（**直交軌跡**）は，それに沿ってボールが転り落ちるところのいわゆる**最大降下線**に対応する．

法計測軸写像

定義 5　立体が一つの座標軸系とともに，平行射影により 1 平面上に写すことを，**平行計測軸写像**と呼び，そのときの像を**平行計測軸面図**と呼ぶ．

重要になるのは，**法計測軸写像**すなわち像平面に対して垂直に射影される写像の場合である（$P^{(n)}$：点 P の像）．座標軸が像平面を点 X_1, X_2, X_3 で切り，$O^{(n)}$ を原点 O の像とすると，定理 4 により $O^{(n)}$ は三角形 $X_1X_2X_3$ の垂心である．この場合常に鋭角三角形だから，$O^{(n)}$ はこの三角形の内部にある．図面は，$O^{(n)}X_3$ が上を向くように置かれる．図 B_1 では，軸上の単位点の像 $E_1^{(n)}, E_2^{(n)}, E_3^{(n)}$ の作図法が示されているが，その際二つの三角形 $O^{(n)}X_1X_2$ と $O^{(n)}X_3X_2$ は像平面に折り開かれている．さらに辺の長さ 1 の立方体の像も書き込まれている．今や座標の与えられた任意の点の像の作図は自明となる（図 B_2）．点 P に，P の法計測軸面図の投影図と P の法計測軸面図の平面図の点の対 $(P^{(n)}, P'^{(n)})$ を対応させて全単射を得る．これは，P の x_1x_2 平面にある平面図 P' の法計測軸面図の投影図を表す．同様に，P の法計測軸面図の平面図や側面図を適用できる．

斜計測軸写像

一般の平行計測軸写像——**斜計測軸写像**と呼ばれる——の場合においても，まず原点と座標系の単位点の像が決められる．（P の像を $P^{(s)}$ とする）．これらの 4 像はすべてが 1 直線上にはないが，そのほかは何の制限もなく取れる．すなわち次のポールケ (Pohlke) の定理が成り立つ:

定理 7　平面上に 1 直線上にはない 4 点 $O^{(s)}, E_1^{(s)}, E_2^{(s)}, E_3^{(s)}$ が与えられたとき，それらは常にある平行計測軸射影による原点および一つの直交射影系の単位点の像として捉えることができる．

図においてまず $O^{(s)}E_3^{(s)}$ を上向きに置く．$O^{(s)}E_1^{(s)}$ と $O^{(s)}E_2^{(s)}$ が水平線となす角をそれぞれ α, β と，また線分 $O^{(s)}E_1^{(s)}, O^{(s)}E_2^{(s)}, O^{(s)}E_3^{(s)}$ の長さをそれぞれ e_1, e_2, e_3 と書くことにする（図 C）．角 α, β の外は本質的にはただこれらの長さの比のみが重要である．角の大きさとこれらの比はどのようにでも選んでよいが，実際にはある一定の値が好まれる．例えば $e_1 = e_2 = e_3$ となるときは写像は**等規**，正確に二つの長さが等しいときは**二規**，三つともが長さが異なるときは**三規**と呼ばれる．

$e_2 = e_3$ から $|\beta| = 0°$ となる写像は**カバリエ (Kavalier) 背景的**と呼ばれる．$e_1 = e_2$ かつ $|\alpha| + |\beta| = 90°$ のときは，**軍隊背景的**といわれる．このほかよく使われるものとして等規で $|\alpha| = |\beta| = 30°$ のもの，二規で $e_1 : e_2 : e_3 = 1 : 2 : 2$, $|\alpha| = 42°$, $|\beta| = 7°$ のものなどがある（図 D）．後ろから 2 番目のものは法計測軸写像であり，最後のものも，それに非常に近い写像である．このようなものは，場合によっては作図が簡単になることがある．例えば球の，斜計測軸写像は楕円であるが，法計測軸写像は常に円である．ついでながら，図形のどのような斜計測軸写像も，その図形のアフィン像をうまく選んでそれを法計測軸写像で写せば得られる．斜計測軸写像もまた平面図の一つの計測軸像を補えば一対一の写像に拡張することができる．

注意 1　上で用いた $(n), (s)$ などの添え字は読みやすくするために普通は省略される．

注意 2　平行射影から中心射影に移行すれば，同様に中心計測軸的な側面図が作図される．

地図のデザイン

球面と思われている地球の表面を平面上に写すとき，いろいろな問題が起こってくる．そのような写像は歪みなしには不可能である．すなわちすべての距離を縮尺に従って正確に写す（**等長写像**）ことはできない．にもかかわらず写像を，角の大きさを変えない（**等角写像**）ように，あるいは面積を縮尺どおりに写す（**等面積写像**）ように，あるいは他の何らかの性質が保存されるようにすることは達成することができる．

地図デザインに射影を用いることもできる．例えば直接，平面上に射影する（**方位角デザイン**，p.66, 図 C），あるいは円錐面または円柱面に射影してから，それらの面を平面上に切り開く（**円錐-または円柱デザイン**）．射影以外にも種々の変更された写像方法（**偽射影**）が使われることもある．

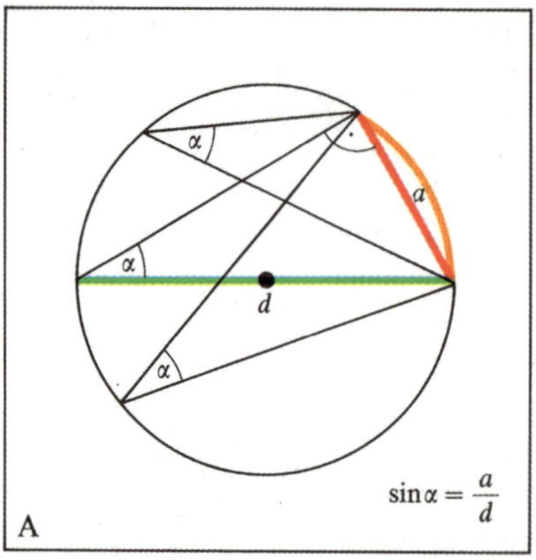

角の正弦

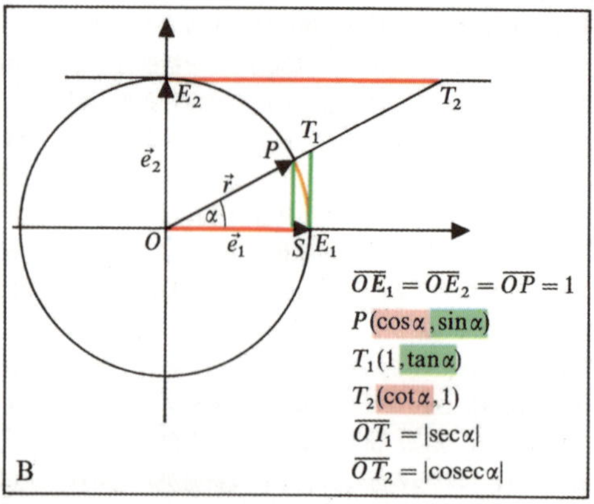

単位円での角関数の説明

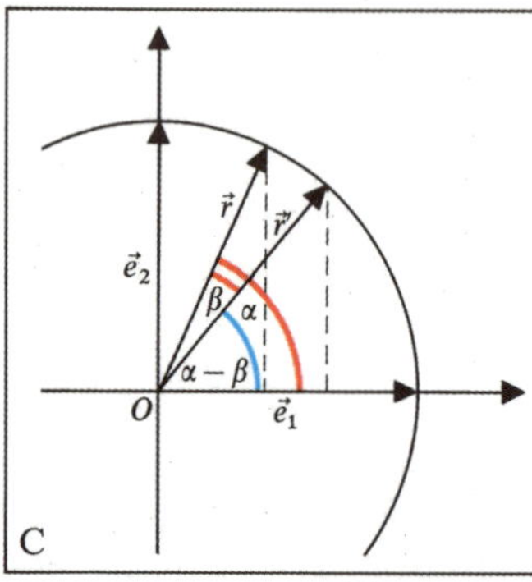

ベクトルの角度−βの回転の変換式

$$\vec{r}' = \begin{pmatrix} \cos\beta & \sin\beta \\ -\sin\beta & \cos\beta \end{pmatrix} \vec{r}$$

は，βが鋭角のときは角関数の定義から容易に導かれる（p.158参照）．ベクトル

$$\vec{r} = \begin{pmatrix} \cos\alpha \\ \sin\alpha \end{pmatrix}$$

に注目すると像ベクトルの座標として次が得られる．

$$\cos(\alpha-\beta) = \cos\alpha\cos\beta + \sin\alpha\sin\beta,$$
$$\sin(\alpha-\beta) = -\cos\alpha\sin\beta + \sin\alpha\cos\beta.$$

$\sin(\alpha-\beta)$と$\cos(\alpha-\beta)$に対する公式の説明

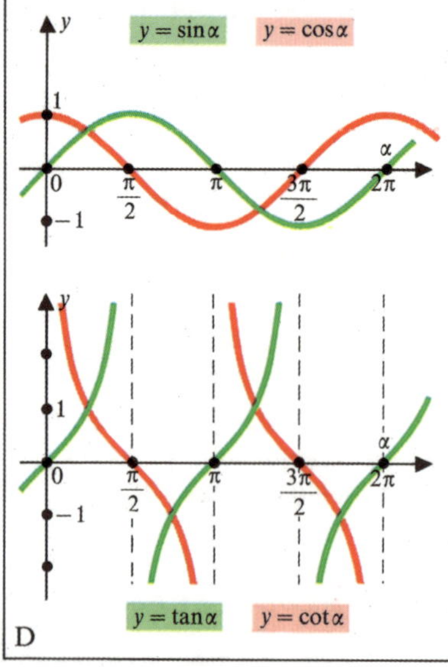

α	sin α	cos α	tan α	cot α
0°	0	1	0	—
$30° = \frac{\pi}{6}$	$\frac{1}{2}$	$\frac{1}{2}\sqrt{3}$	$\frac{1}{3}\sqrt{3}$	$\sqrt{3}$
$45° = \frac{\pi}{4}$	$\frac{1}{2}\sqrt{2}$	$\frac{1}{2}\sqrt{2}$	1	1
$60° = \frac{\pi}{3}$	$\frac{1}{2}\sqrt{3}$	$\frac{1}{2}$	$\sqrt{3}$	$\frac{1}{3}\sqrt{3}$
$90° = \frac{\pi}{2}$	1	0	—	0

$$\sin\alpha = \sqrt{1-\cos^2\alpha} = \frac{\tan\alpha}{\sqrt{1+\tan^2\alpha}} = \frac{1}{\sqrt{1+\cot^2\alpha}}$$

$$\sqrt{1-\sin^2\alpha} = \cos\alpha = \frac{1}{\sqrt{1+\tan^2\alpha}} = \frac{\cot\alpha}{\sqrt{1+\cot^2\alpha}}$$

$$\frac{\sin\alpha}{\sqrt{1-\sin^2\alpha}} = \frac{\sqrt{1-\cos^2\alpha}}{\cos\alpha} = \tan\alpha = \frac{1}{\cot\alpha}$$

$$\frac{\sqrt{1-\sin^2\alpha}}{\sin\alpha} = \frac{\cos\alpha}{\sqrt{1-\cos^2\alpha}} = \frac{1}{\tan\alpha} = \cot\alpha$$

角関数のグラフと換算公式

角関数

ピタゴラスの定理とユークリッドの定理を介して，直角三角形と関係するような特定の幾何の問題には，ある種の計算的方法が利用できる．別のタイプの問題では，**角関数**と呼ばれる関数によって確立される線分の長さと角の大きさの間の関数が必要となる．そのような関数の導入には円周で測る角概念が最も適している．p.143 の定理 7 からは大きさの等しい円周角には等しい長さの弦が対応することが導出される．角の大きさと線分の長さの比とは中心伸縮に対して不変であるので，弦の長さと直径の比 $a:d$ は対応する円周角の大きさのみに依存する（図 A）．このようにして区間:$0 \leqq \alpha < \pi$ 上で定義された関数 $\alpha \mapsto a:d$ を**正弦関数** (sinus) と呼ぶ（名称 sinus は弦を指すインド語の誤訳から生じたもの）．すなわち $a:d = \sin\alpha$ と書く．

鋭角の α に対しては円周角を一方の脚が直径となるように置くことができる．この脚と対応弦からできる三角形はターレスの定理により直角三角形となり，$\sin\alpha$ はその α に向かい合う対辺と斜辺の長さの比であることが分かる（図 A）．このような事情から $\sin\alpha$ は鋭角に対しては円とは関係なく定義することもできる．同様に α に対して側する挟辺と斜辺の長さの比を取ることができる．これは α の補角（合わせて 90° となる角）の正弦値を表し，$\cos\alpha$（**余弦** (cosinus)，complements sinus の意）と記される．任意の角に対する $\sin\alpha, \cos\alpha$ の定義の一般化の一つは，計算方法も込めて鋭角に対してはすぐに初等的に示される．次の公式（図 C）

(1) $\sin(\alpha-\beta) = \sin\alpha\cos\beta - \cos\alpha\sin\beta$

(2) $\cos(\alpha-\beta) = \cos\alpha\cos\beta + \sin\alpha\sin\beta$

と，弧長による角計測から理解されることとして，小さな正の角に対しては弦長と弧長が漸近的に等しいことを述べている公式

(3) $\lim_{\alpha\to 0} \frac{\sin\alpha}{\alpha} = 1$

によって確立される．すなわち $\sin, \cos$ を f, g で置き換えて，(1), (2), (3) を実連続関数の対 (f, g) に対する方程式とみなすとき，解析学によって解は一意的であり，それが $(\sin, \cos)$（の一般化）である．さらにベキ級数展開

$$\sin\alpha = \sum_{n=0}^{\infty} \frac{(-1)^n \alpha^{2n+1}}{(2n+1)!},\ \cos\alpha = \sum_{n=0}^{\infty} \frac{(-1)^n \alpha^{2n}}{(2n)!}$$

が得られる．これらの級数は任意の実数 α に対して収束し関数表を作成に，十分使用可能である．これらの関数は周期的であって，その周期は全角に対する弧長 2π である．すなわち $\sin\alpha = \sin(\alpha + k\cdot 2\pi)$, $\cos\alpha = \cos(\alpha + k\cdot 2\pi)$, $k \in \mathbb{Z}$ が成り立つ．さらに $\sin(\alpha+\pi) = -\sin\alpha$, $\cos(\alpha+\pi) = -\cos\alpha$ が成り立つ．

こうして任意角に対して，直交座標系において単位ベクトル $\vec{e_1}$ を α だけ回転したときの終点の座標としての $\sin\alpha, \cos\alpha$ という新しい意味付けが得られる（図 B）．さらに**正接関数**および**余接関数**が

$$\tan\alpha := \frac{\sin\alpha}{\cos\alpha},\ \cot\alpha := \frac{\cos\alpha}{\sin\alpha}$$

と定義される．これらの関数は周期 π を持ち，それぞれ $\alpha = (2k+1)\frac{\pi}{2}$, $\alpha = k\pi$ $(k \in \mathbb{Z})$ を定義できない点の列として持つ．また次が成り立つ．

$$\cot\alpha = \tan\left(\frac{\pi}{2} - \alpha\right) \text{ (complement tangens.)}$$

注意　時により

$$\sec\alpha := \tfrac{1}{\cos\alpha},\ \mathrm{cosec}\alpha := \tfrac{1}{\sin\alpha}$$

なども使われる．

鋭角に対しては上に挙げたすべての関数が直角三角形での辺の比として導入される．図 B には正接，正割などの由来も込めて，単位円に即した幾何学的な説明が含まれている．図 D では関数のグラフと重要な特殊値が示されている．

$\alpha = \beta$ と置いて (2) から従うのは，任意の角 α についての等式：

$$\sin^2\alpha + \cos^2\alpha = 1.$$

これにより，与えられた角 α に対して，一つの角関数の値から他のすべての角関数の値を計算することが可能になる（図 D の逆算公式）．

(2) と (3) と同様の公式が角の和，差について，またすべての角関数に対して導き出される（いわゆる**加法定理**）．

$$\sin(\alpha\pm\beta) = \sin\alpha\cos\beta \pm \cos\alpha\sin\beta,$$
$$\cos(\alpha\pm\beta) = \cos\alpha\cos\beta \mp \sin\alpha\sin\beta,$$
$$\tan(\alpha\pm\beta) = \frac{\tan\alpha \pm \tan\beta}{1 \mp \tan\alpha\tan\beta},$$
$$\cot(\alpha\pm\beta) = \frac{\cot\alpha\cot\beta \mp 1}{\cot\beta \pm \cot\alpha}$$

これからさらに倍角と分角に対する公式も得られる，

$$\sin(2\alpha) = 2\sin\alpha\cos\alpha,$$
$$\cos(2\alpha) = \cos^2\alpha - \sin^2\alpha = 2\cos^2\alpha - 1 = 1 - 2\sin^2\alpha,$$
$$\tan(2\alpha) = \tfrac{2\tan\alpha}{1-\tan^2\alpha},\ \cot(2\alpha) = \tfrac{\cot^2\alpha - 1}{2\cot\alpha},$$
$$\sin\tfrac{\alpha}{2} = \pm\sqrt{\tfrac{1-\cos\alpha}{2}},\ \cos\tfrac{\alpha}{2} = \pm\sqrt{\tfrac{1+\cos\alpha}{2}}.$$

これらの公式もまたベキ級数展開と並んで関数表の作成に適している．すなわち $\sin 30° = 0.5$ より出発して角の二等分を繰り返すことにより，いくらでも小さな角の正弦に移ることができ，$\sin(\alpha+\beta)$ についての公式を用いて，いくらでも小さい間隔の数表を作ることができる．

和と積に，またその反対向きの変形にも加法公式は利用される：

$$\sin\alpha + \sin\beta = 2\sin\tfrac{\alpha+\beta}{2}\cos\tfrac{\alpha-\beta}{2},$$
$$\sin\alpha - \sin\beta = 2\cos\tfrac{\alpha+\beta}{2}\sin\tfrac{\alpha-\beta}{2},$$
$$\cos\alpha + \cos\beta = 2\cos\tfrac{\alpha+\beta}{2}\cos\tfrac{\alpha-\beta}{2},$$
$$\cos\alpha - \cos\beta = -2\sin\tfrac{\alpha+\beta}{2}\sin\tfrac{\alpha-\beta}{2}.$$

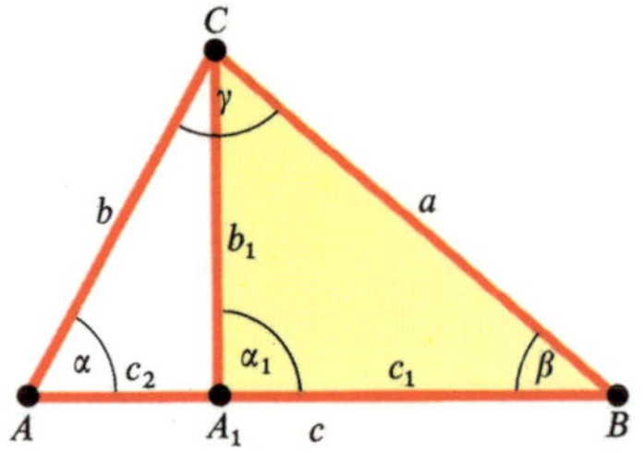

補助手段としてベクトルを用いない証明：
直角三角形 A_1BC を持つ三角形 ABC を考える．ピタゴラスの定理より次を得る．

$a_2^2 = b_1^2 + c_1^2$，そのとき
$b_1^2 = b^2 - c_2^2$ と
$c_1^2 = (c \mp c_2)^2$（ここで α が鋭角のとき負符号，鈍角のとき正符号）．代入により次を得る．

$$a^2 = b^2 - c_2^2 + c^2 \mp 2cc_2 + c_2^2,$$
$$a^2 = b^2 + c^2 \mp 2cc_2.$$

すると $c_2 = \pm b\cos\alpha$ が得られる（α が鋭角のとき正符号，鈍角のとき負符号）．すなわち

$$a^2 = b^2 + c^2 - 2bc\cos\alpha$$

が得られる．

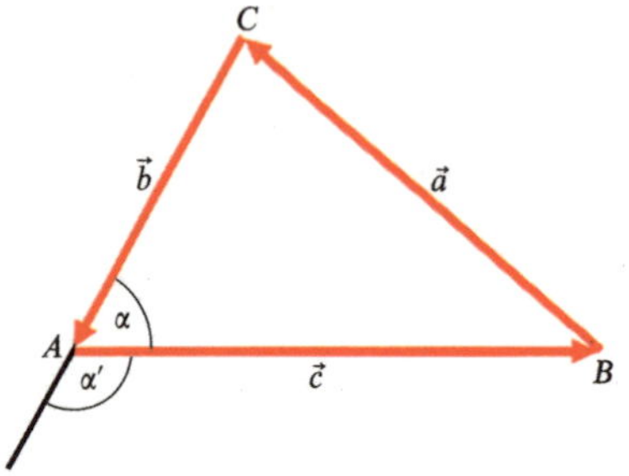

ベクトルを用いた証明：
ベクトル等式 $\vec{a} = \vec{b} + \vec{c}$ を用いて，ベクトルのそれ自身との内積を取ると，次が得られる．

$$\langle \vec{a}, \vec{a} \rangle = \langle \vec{b} + \vec{c}, \vec{b} + \vec{c} \rangle$$
$$= \langle \vec{b}, \vec{b} \rangle + 2\langle \vec{b}, \vec{c} \rangle + \langle \vec{c}, \vec{c} \rangle$$
$$a^2 = b^2 + c^2 + 2bc\cos\alpha'$$
$$\alpha' = \angle(\vec{b}, \vec{c}) = \alpha \text{ の補角} = \pi - \alpha,$$

したがって次を得る．

$$a^2 = b^2 + c^2 - 2bc\cos\alpha.$$

A

余弦定理

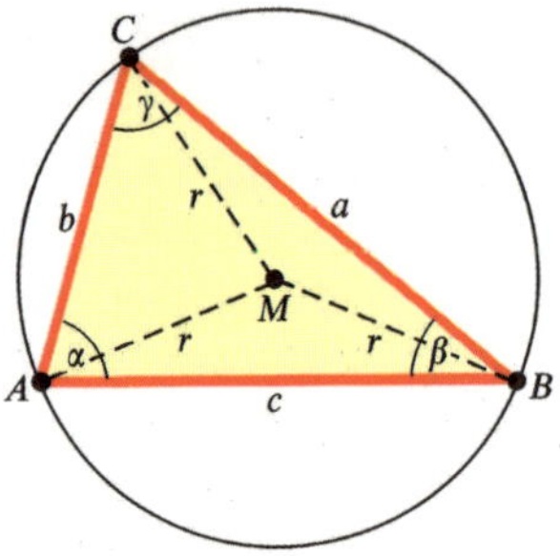

三角形の角は，その外接円の円周角である．r を外接円の半径とすれば，正弦の定義より次が導かれる．

$$\frac{a}{2r} = \sin\alpha, \quad \frac{b}{2r} = \sin\beta, \quad \frac{c}{2r} = \sin\gamma.$$

B

正弦定理

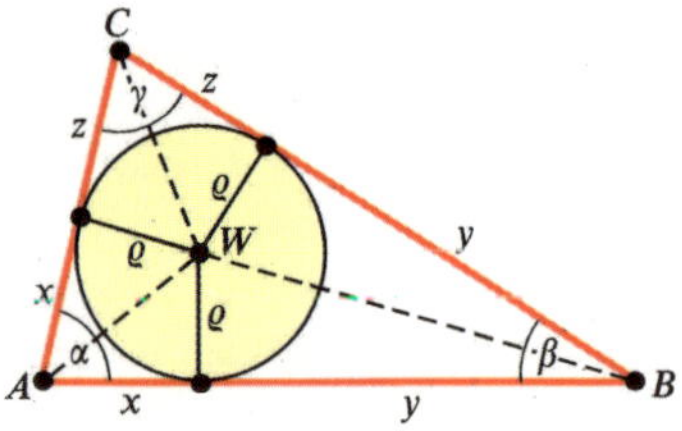

三角形の辺は，内接円（半径 ϱ）の正接として得られる．正接線分は対ごとに長さが等しい．それらを x，y，z とすれば次が得られる．

$$x + y + z = s,$$
$$x + y \qquad = c,$$
$$y + z = a,$$
$$x \qquad + z = b.$$

これより，次が導かれる．

C $x = s - a, \quad y = s - b, \quad z = s - c.$

三角形の内接円

直角三角形での計算

直角三角形での 2 辺の長さあるいは 1 辺の長さと 1 鋭角からの計算は，ピタゴラスの定理，三角関数の加法定理によって実行される．そのような計算法は，関数表を合せて用いると，作図による量の決定を正確さにおいてはるかに超える．

任意の三角形での計算

三角法の本来の目的は，任意の三角形の 3 辺と 3 角の大きさを一般的に与えたとき，そのうちに一部から残りを計算することであるが，これには 6 変数の間の三つの独立な方程式が必要となる．

そのような方程式系を述べる一方法として，ピタゴラスの定理の次の一般化がある：

余弦定理（図 A の記号参照）：

$$a^2 = b^2 + c^2 - 2bc\cos\alpha$$
$$b^2 = c^2 + a^2 - 2ca\cos\beta$$
$$c^2 = a^2 + b^2 - 2ab\cos\gamma$$

最初の等式の証明は図 A に示されている．他の二つは巡回置換を施して得られる．

余弦定理は, 3 辺 (SSS) あるいは 2 辺と夾角 (SWS) が与えられるときは，直接応用される．それ以外の場合には計算の実行が厄介なので，他の方法が取られる．

円の弧長での正弦の定義から使うのは，

正弦定理（図 B）：

$$\frac{a}{2r} = \sin\alpha, \quad \frac{b}{2r} = \sin\beta, \quad \frac{c}{2r} = \sin\gamma$$

ただし，ここで r は三角形の外接円の半径を表す．

この方程式系は 7 個の変数を含んでいるので，もう一つの方程式が必要となる．例えば $\alpha + \beta + \gamma = 2\pi$.

正弦定理は r を消去すれば $a : b : c = \sin\alpha : \sin\beta : \sin\gamma$ と書かれる（すなわち三角形の 3 辺の長さは，それらの対角の正弦と同じ比を持つ）．

正弦定理は加法定理と合わせれば，三角形についてのすべての問題の解法に用いられるが，計算が簡単になるのは正確には SWW, WSW, SSW などの場合である．これらはちょうど，余弦定理の適用が難しくなる場合なので，両定理はうまく補い合っているといえる．

対数を使っての計算に対しては余弦定理は，その中に現れる和のために全く適していないので，特に SSS と SWS 型の問題を計算上乗り越えるために辺と角の間の別の関係が確立された．今日では計算機の導入によって対数計算はもちろんほとんど行われないので，以下のような公式はあまり意味を持たなくなった．

正接定理：

$$\frac{\tan\dfrac{\alpha+\beta}{2}}{\tan\dfrac{\alpha-\beta}{2}} = \frac{a+b}{a-b}$$

正接平方定理：

$$\tan^2\frac{\alpha}{2} = \frac{(s-b)(s-c)}{s(s-a)}$$

ただし，s は三角形の周の長さの半分である，すなわち $2s = a + b + c$.

他の類似の等式は巡回置換によって得られる．正接定理は SWS 型の問題に適用される．実際，a, b, γ からまず $\frac{\alpha+\beta}{2} = \frac{\pi}{2} - \gamma$ が分かり，正接定理を用いて $\frac{\alpha-\beta}{2}$ が決まる．そうすれば $\alpha = \frac{\alpha+\beta}{2} + \frac{\alpha-\beta}{2}$, $\beta = \frac{\alpha+\beta}{2} - \frac{\alpha-\beta}{2}$ と求まる．

半角定理とも呼ばれる正接平方定理は，SSS 型の問題に適用できるという長所を持っている．

正接定理は右辺を正弦定理で書き変えたのち p.169 の加法公式を適用すれば証明される．

正接平方定理の証明には余弦定理を

$$\cos\alpha = \frac{b^2 + c^2 - a^2}{2bc}$$

の形にして p.169 の $\sin\frac{\alpha}{2}$, $\cos\frac{\alpha}{2}$ の公式に代入する．さらに 2 乗して 2 項公式を使ったのち因数分解して商を取れば定理の主張が得られる．

三角形計算についてのその他の公式

三角形の 3 辺を内接円の接点が分割して生ずる線分は同じ長さの三つの対に分れるが，それらの長さは $s-a$, $s-b$, $s-c$ である（図 C）．図より $\tan\frac{\alpha}{2} = \frac{\rho}{s-a}$ なので，正接平方定理から，

$$\rho = \sqrt{\frac{(s-a)(s-b)(s-c)}{s}}$$

が従う．

三角形の面積 A_Δ は部分三角形 ABW, BCW, CAW の面積に分割することができる．これらはみな高さ ρ であるので，

$$A_\Delta = \rho s = \sqrt{s(s-a)(s-b)(s-c)}$$

（ヘロン）

となる．

三角形の高さを三角法的に計算すれば，さらに次の面積公式が得られる:

$$A_\Delta = \frac{1}{2}ab\sin\gamma = \frac{1}{2}bc\sin\alpha = \frac{1}{2}ca\sin\beta.$$

ここで例えば $\sin\gamma = \frac{c}{2r}$ を使えば $A_\Delta = \frac{abc}{4r}$ が，そしてこれから $r = \frac{abc}{4A_\Delta}$ が得られ，三角形の 3 辺の長さから，外接円の半径も計算することができる．

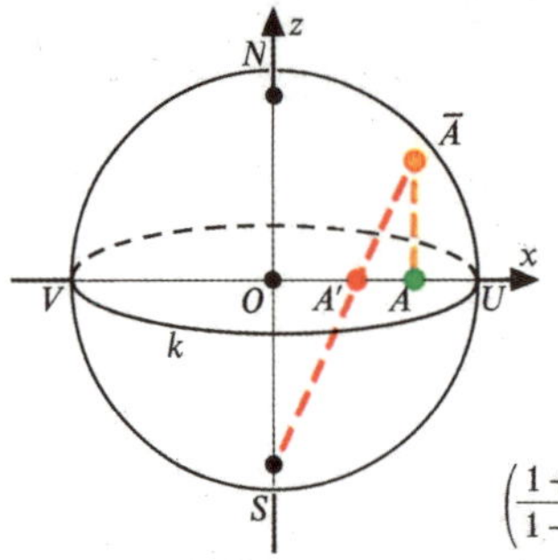

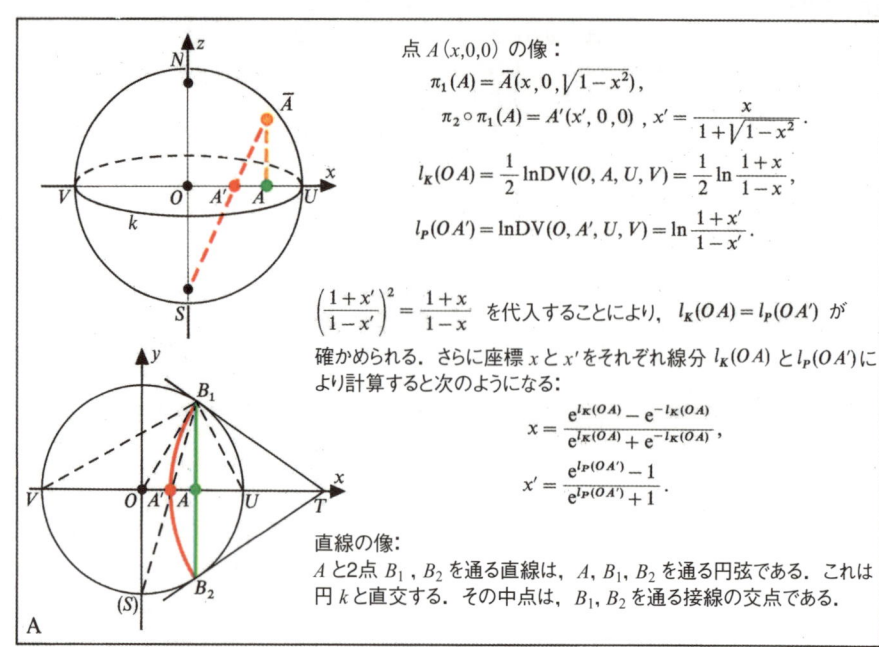

点 $A(x,0,0)$ の像：

$$\pi_1(A)=\bar{A}(x,0,\sqrt{1-x^2}),$$

$$\pi_2\circ\pi_1(A)=A'(x',0,0)\ ,\ x'=\frac{x}{1+\sqrt{1-x^2}}.$$

$$l_K(OA)=\frac{1}{2}\ln \mathrm{DV}(O,A,U,V)=\frac{1}{2}\ln\frac{1+x}{1-x},$$

$$l_P(OA')=\ln \mathrm{DV}(O,A',U,V)=\ln\frac{1+x'}{1-x'}.$$

$\left(\frac{1+x'}{1-x'}\right)^2=\frac{1+x}{1-x}$ を代入することにより，$l_K(OA)=l_P(OA')$ が確かめられる．さらに座標 x と x' をそれぞれ線分 $l_K(OA)$ と $l_P(OA')$ により計算すると次のようになる：

$$x=\frac{e^{l_K(OA)}-e^{-l_K(OA)}}{e^{l_K(OA)}+e^{-l_K(OA)}},$$

$$x'=\frac{e^{l_P(OA')}-1}{e^{l_P(OA')}+1}.$$

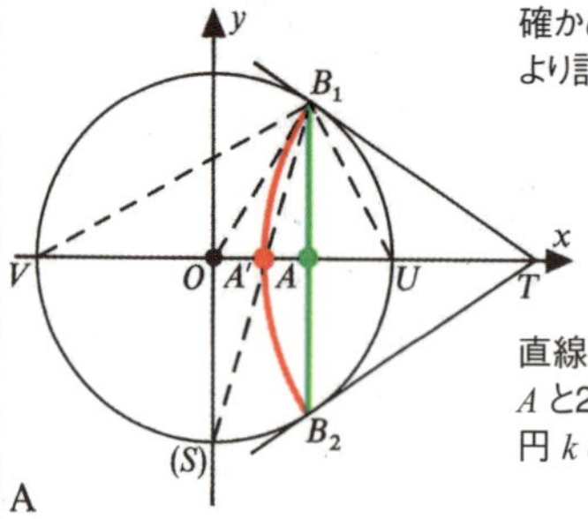

直線の像：

A と2点 B_1，B_2 を通る直線は，A, B_1, B_2 を通る円弧である．これは円 k と直交する．その中点は，B_1, B_2 を通る接線の交点である．

A

クラインのモデルからポアンカレモデルへの移行

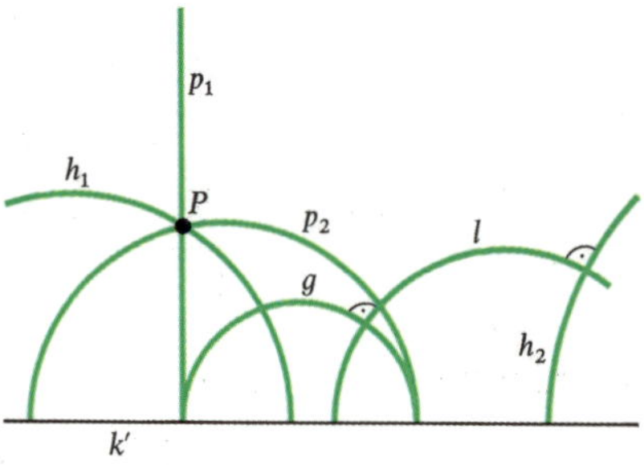

双曲平面の点は上半平面で，「直線」は k に直交する半直線と上半平面の半円である．二つの「直線」は，共通垂線を持つ共有点を持つか，または k' に共有点を持つ．後半の場合は，双曲的平行線と呼ばれる．

任意の「直線」g に対して，その上にない点を通る双曲的平行線が，ちょうど二つ存在する．

B

ポアンカレ上半平面モデル

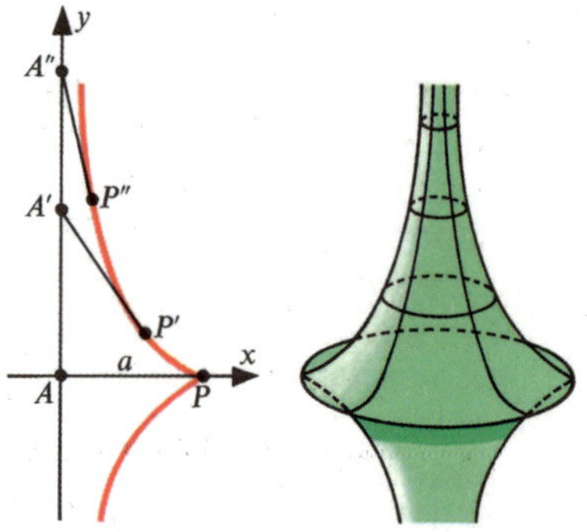

トラクトリックスは直線 g 上の動点 A から等距離 a である点 P の道として生じる．$a=1$ で g が y 軸であるとき，条件は

$$y'=\mp\frac{\sqrt{1-x^2}}{x}$$

で与えられる．この微分方程式は

$$y=\ln\frac{1\pm\sqrt{1-x^2}}{x}\mp\sqrt{1-x^2}$$

となる解を持つ．この曲線の y 軸の周りに回転したものは，定負ガウス曲率を持つ（擬球面）．

C

トラクトリックスと擬球面

クラインのモデル，線分の双曲的長さ

双曲的平面は，p.127 の定義によって，その上に互いに結合不能な直線が存在する計量平面である，ただしそこでは 1 点を通り，与えられた直線と結合不能な直線は高々 2 本しかない．すでに p.123 で，この性質を持つ計量平面のモデルが与えられた（クラインのモデル）．

ユークリッド平面のいろいろなモデルのうちで，初等ユークリッド幾何での平面 $\mathbb{R}^2$ はさらに公理 (A) と (D) を付け加えることによって特徴付けられた．これらの公理はクラインのモデルでもみたされていて，そのことにより，それがこの性質を持つ同型を除いて唯一の双曲的平面であることが示される．その理想平面 (p.133) はみたされているものと仮定する．

クラインのモデルにおける全運動（鏡映の合成全体）の集合は，その理想平面での射影的共線変換であって，無限遠点のなす円周をそれ自身の上に写すものの全体である．

二つ有限点 A, B を結ぶ直線上の無限遠点を U, V とするとき，複比 $\mathrm{DV}(A, B, U, V)$ は射影共線変換によって不変に保たれる．$\mathrm{DV}(B, A, U, V) = \mathrm{DV}(A, B, U, V)^{-1}$ なので，$\pm \ln \mathrm{DV}(A, B, U, V)$ の中から，正実数値を選んで，線分 AB の向き付けにもよらず，それをどのように運動させても値が変わらないようにする．実際 $l_k(AB) = \frac{1}{2}|\ln \mathrm{DV}(A, B, U, V)|$ は計量のみたすべきすべての性質を持つことが示される（線分の**双曲的な長さ**）．特に直線上に 3 点 A, B, C がこの順に並んでいるとき，$\mathrm{DV}(A, B, U, V) \cdot \mathrm{DV}(B, C, U, V) = \mathrm{DV}(A, C, U, V)$ が成り立つので，対数の性質から $l_K(A, B) + l_K(B, C) = l_K(A, C)$ が従う．線分の長さの定義の中の因子 1/2 は，三角法においてユークリッド平面の場合との類似が広く成り立つために，付け加えられたものである（以下参照）．

ポアンカレの円板モデルと角計測

クラインのモデルにおいても，角計測は同様に適当な複比を用いて導入することができるが，この点では他のモデルのほうが勝っている．これはまずクライン・モデルの無限遠点を作る円 k を一つの球面の赤道に貼り付け，最初に双曲的平面上の点を垂直射影 π_1 により上半球に写し，次にこれを南極からの中心射影 π_2 により再び k の内部に写し出すことによって得られる．クライン・モデルの双曲的直線は π_1 により球面上の垂直半円に変わり，さらに（立体射影）π_2 はこれを k と直交する円弧に変える．このいわゆるクラインの円板モデルにおいては k の内部の点のすべてが有限点の全体であり，k の内部にあり k と直交する円弧と直径のすべてが双曲的平面の有限直線の全体となる．今やユークリッド的に測る双曲的直線の間の角は運動に対して不変に保たれる．すなわち双曲的運動は正確に k の内部をそれ自身の上に写す共形的（角度を変えない）写像に対応する．このような変換のなす群は関数論のところで詳しく調べられる．そこでは k は複素平面の中に単位円として埋め込まれる．

双曲的平面での角度としてポアンカレ・モデルにおけるユークリッド角度を用いられるのは全く自然である．線分の長さもこのモデルでは容易に計算される．U, V はそこで A', B' を通る‘直線’が円周 k に到達する点とし，a, b, u, v を複素平面上のこれらの点に対応する複素数とし，関数論的な複比 $\mathrm{DV}(a, b, u, v) = ((a-u)/(u-b))/((a-v)/(v-b))$ を考えると，これは射影的なものに対応して作られていて，4 点がユークリッド直線上にあるときは，それと一致している．この A', B' がクライン・モデルからポアンカレ・モデルに移行するときの点 A, B の像であるときは，$\mathrm{DV}(A, B, U, V) = [\mathrm{DV}(A', B', U, V)]^2$ が成り立つ．したがって $l_p(A', B') := \ln \mathrm{DV}(a, b, u, v)$ と置けば，$l_p(A', B') = l_K(A, B)$ と一致する．ポアンカレ・モデルには線分長さの定義の中の因子 $\frac{1}{2}$ は自然に含まれている．実軸上の点 $A(x, 0)$ とその像 $A'(x', 0)$ の，それぞれの原点からの距離については簡単な公式（図 A）が得られるが，これは逆に x と x' について解くこともできる．

ポアンカレの上半平面モデル

複素平面上の単位円板の内部は変換 $z \mapsto \frac{z+i}{iz+1}$ によって上半平面の上に写すことができる．この等角的な 1 次分数変換は，クラインの円板モデルにおける直線を，実軸上に中心を持つ上半平面側の半円，あるいは実軸に垂直な半直線に写す（ポアンカレの**上半平面モデル**，図 B）．線分の長さと角度の計算は円板モデルの場合と同様に行われる．

擬球面

擬球面という言葉で理解されるものは，一定な負のガウス曲率を持つ曲面である（微分幾何参照）．ベルトラーミ (Beltrame) によれば，そのような曲面は双曲的平面の一部として捉えることができる．ただしその際，直線は曲線であって，上の任意の 2 点を最短に結んでいるようなものとし，線分の長さと角度はユークリッド的に測られるものとする．そのような曲面の例としてドラクトリックス（索引線）の回転面があるが（図 C），$\mathbb{R}^3$ の中ではすべての例において接平面が決まらないような点の作る特異線が現れる．

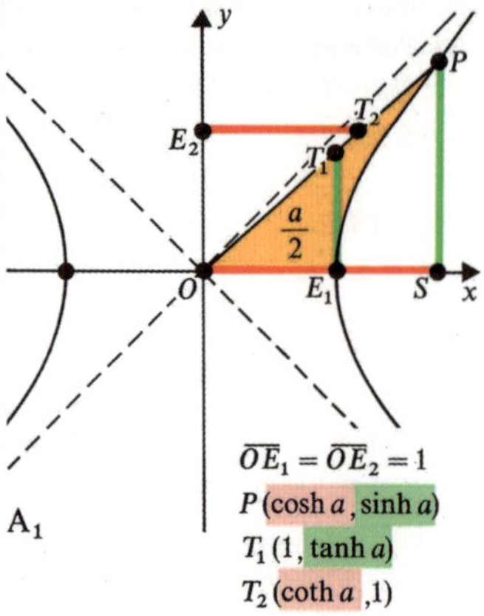

等辺双曲線の説明

$$\sinh x = \sqrt{\cosh^2 x - 1} = \frac{\tanh x}{\sqrt{1-\tanh^2 x}} = \frac{1}{\sqrt{\coth^2 x - 1}}$$

$$\sqrt{\sinh^2 x + 1} = \cosh x = \frac{1}{\sqrt{1-\tanh^2 x}} = \frac{\coth x}{\sqrt{\coth^2 x - 1}}$$

$$\frac{\sinh x}{\sqrt{\sinh^2 x + 1}} = \frac{\sqrt{\cosh^2 x - 1}}{\cosh x} = \tanh x = \frac{1}{\coth x}$$

$$\frac{\sqrt{\sinh^2 x + 1}}{\sinh x} = \frac{\cosh x}{\sqrt{\cosh^2 x - 1}} = \frac{1}{\tanh x} = \coth x$$

A_2

換算公式

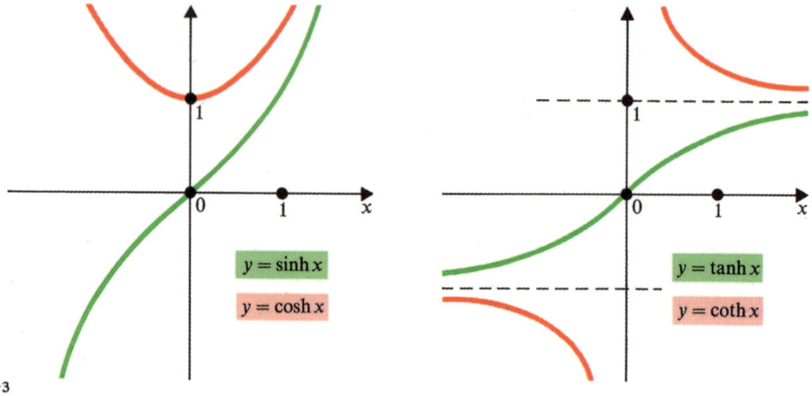

双曲線関数

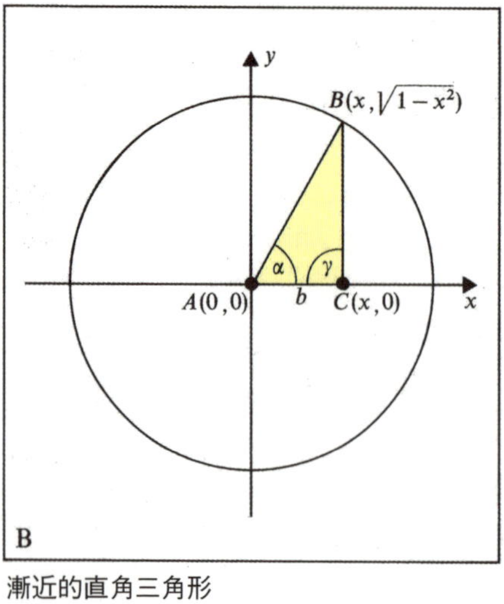

漸近的直角三角形

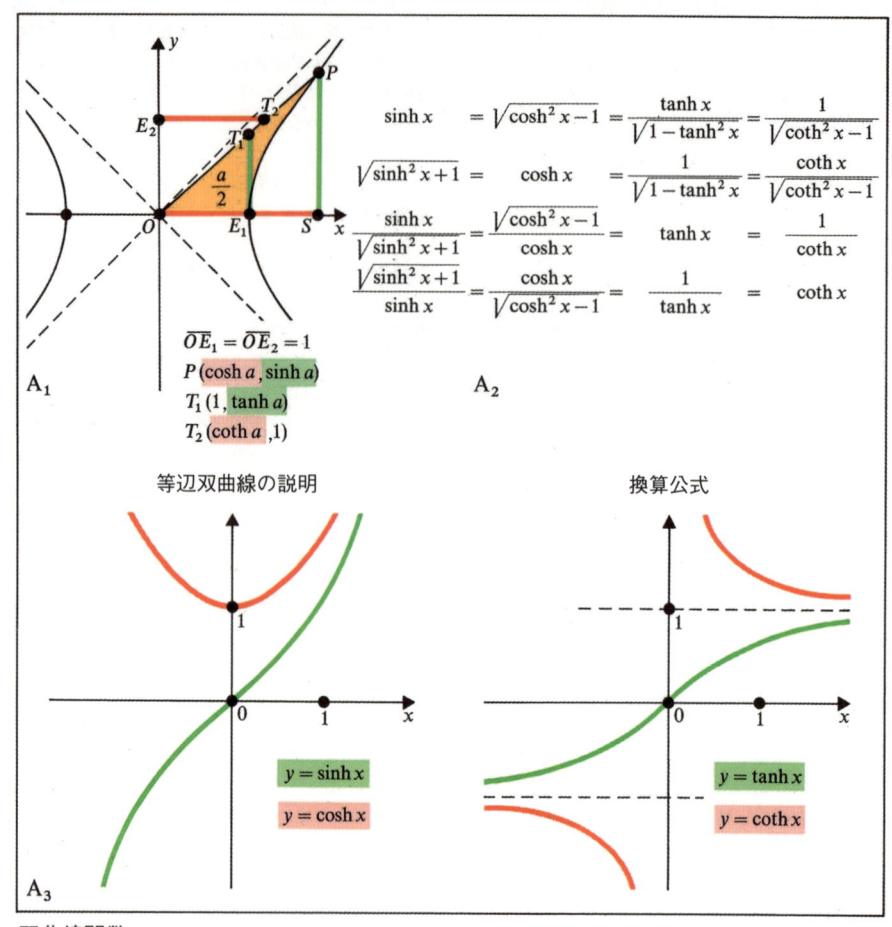

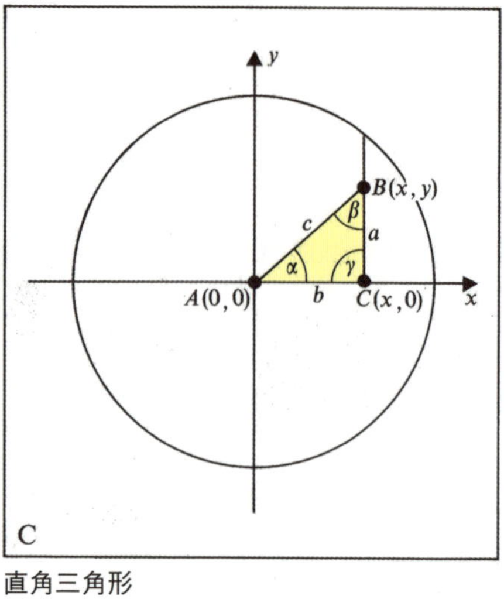

直角三角形

双曲線関数

ユークリッド幾何では，三角形に関する計算のために，三角関数が導入された．双曲幾何においては，これにかわるものとして，$\mathbb{R}$ 上または $\mathbb{R}\setminus\{0\}$ 上定義される**双曲線関数**（双曲的正弦など）が

$$\sinh a := \tfrac{e^a-e^{-a}}{2},\quad \cosh a := \tfrac{e^a+e^{-a}}{2}$$
$$\tanh a := \frac{\sinh a}{\cosh a},\quad \coth a := \frac{\cosh a}{\sinh a}$$

と置いて定義される．

すぐに確かめられるのは三角関数の場合とよく似た加法定理である．例えば

$$\sinh(a\pm b) = \sinh a\cosh b \pm \cosh a\sinh b$$
$$\cosh(a\pm b) = \cosh a\cosh b \pm \sinh a\sinh b$$

特にまた次の重要な関係式も得られる：

$$\cosh^2 a - \sinh^2 a = 1$$

この式から方程式 $x^2 - y^2 = 1$ で定義される双曲線に即した幾何学的解釈が得られる（図 A_1）．そこでは a は双曲線角領域 OE_1P の面積の 2 倍である．他方また関数値は三角関数値との類似で読み取られる．図 A_2 には諸関数の換算公式が含まれている．図 A_3 では関数のグラフが挙げられている．双曲線関数には三角関数の場合のように数表が作られている．

漸近的直角三角形

漸近的直角三角形として理解されるものは，無限遠方に頂点を持つ直角三角形である．クラインのモデルにおいて，頂点 A を原点に置き，直角の頂点 C として実軸上の点 $(x,0)$ を取れば，次の関係式が得られる：

$$\tan\frac{\alpha}{2} = e^{-b}\ \text{（ロバチェフスキー）}$$

すなわち p.175 によって次が成り立つからである：

$$x = \tfrac{e^b-e^{-b}}{e^b+e^{-b}} = \tanh b$$

図 B から $\cos\alpha = \tanh b$, $\sin\alpha = \sqrt{1-\tanh^2 b} = \frac{1}{\cosh b}$．半角に移れば $2\cos^2\frac{\alpha}{2} = 1+\tanh b$, $2\sin\frac{\alpha}{2}\cos\frac{\alpha}{2} = \frac{1}{\cosh b}$ が得られ，さらに商を取れば，上の公式が示される．

直角三角形の計算

有限直角三角形の計算に対しても，クラインのモデルに適している．$r = \frac{\pi}{2}$ であるとき，a, b, c, α, β のデータのうちの二つから残りの三つを決定する問題には 10 個のタイプができる．図 C から 10 個の公式が導かれるが，それらは各々，3 個のデータを含んでいて上のすべての問題のタイプの解を与えている．

定理 1　双曲的な直角三角形においては次の公式が成り立つ：

$$\tanh a = \tan\alpha\sinh b,\ \tanh b = \tan\beta\sinh a$$
$$\tanh a = \cos\beta\tanh c,\ \tanh b = \cos\alpha\tanh c$$
$$\sinh a = \sin\alpha\sin c,\ \sinh b = \sin\beta\sinh c$$
$$\cosh c = \cosh a\cosh b,\ \cosh c = \cot\alpha\cot\beta$$
$$\cos\alpha = \cosh\alpha\sin\beta,\ \cos\beta = \cosh b\sin\alpha$$

証明は第 1 公式に与えよう：

B の座標を x, y とすれば

$$b = \frac{1}{2}\ln\tfrac{1+x}{1-x}$$
$$a = \frac{1}{2}\ln\frac{\sqrt{1-x^2+y}}{\sqrt{1-x^2-y}}$$

これを x, y について解けば

$$x = \tanh b\ \text{(p.173)}$$
$$y = \sqrt{1-x^2}\cdot\tfrac{e^a-e^{-a}}{e^a+e^{-a}} = \frac{\tanh a}{\cosh b}$$

ここで $\tan\alpha = \frac{y}{x}$ に代入すれば第 1 公式が得られる．

任意の三角形の計算

定理 2　双曲的三角形での角の総和は π より小さい．

証明: 直角三角形に対しては $\cosh c = \cot\alpha\cot\beta$ かつ $c \neq 0$ のとき $\cosh c > 1$ なので

$$\cot\alpha\cot\beta > 1$$

したがって $\cot\alpha > \tan\beta$, すなわち $\frac{\pi}{2} - \alpha > \beta$, $\alpha+\beta < \frac{\pi}{2}$．すなわち直角三角形においては角の総和は π より小さい．任意の三角形は二つの直角三角形に分割されるので，これより定理の主張が従う．双曲幾何での三角形についての計算は，ユークリッド幾何の場合に比べるとき，角の総和が一定でないので 6 個の問題のタイプ (SSS, SSW, SWS, SWW, WSW, WWW) を区別しなければならないという点で，より複雑である．ただし解法に必要な定理はユークリッド幾何のものに対応している．

正弦定理：

$$\sinh a : \sinh b : \sinh c = \sin\alpha : \sin\beta : \sin\gamma$$

辺余弦定理：

$$\cosh a = \cosh b\cosh c - \sinh b\sinh c\cos\alpha$$
$$\cosh b = \cosh a\cosh c - \sinh a\sinh c\cos\beta$$
$$\cosh c = \cosh a\cosh b - \sinh a\sinh b\cos\gamma$$

角余弦定理：

$$\cos\alpha = -\cos\beta\cos\gamma + \sin\beta\sin\gamma\cosh a$$
$$\cos\beta = -\cos\beta\cos\gamma + \sin\alpha\sin\gamma\cosh b$$
$$\cos\gamma = -\cos\alpha\cos\beta + \sin\alpha\sin\beta\cosh c$$

これらは，三角形を直角三角形に分割すれば証明できる．辺余弦定理は，SSS と SWS の場合に，角余弦定理は，WWW と WSW の場合にそれぞれ適用される．残りの場合については，第 4 のデータを一つ正弦定理によって計算してから，まだ分かっていない辺へ垂線を引いて三角形を直角三角形に分けて，これを計算すればよい．

三角形の面積

ユークリッド幾何での三角法に対応して，双曲幾何に対しても三角形計算に関する諸公式が確立される．驚くべき結果が，擬球面上の積分計算として表される面積計算によってもたらされる．

定理 3　双曲的三角形の面積は $A_\Delta = \pi - (\alpha+\beta+\gamma)$（双曲的欠除）と表される．

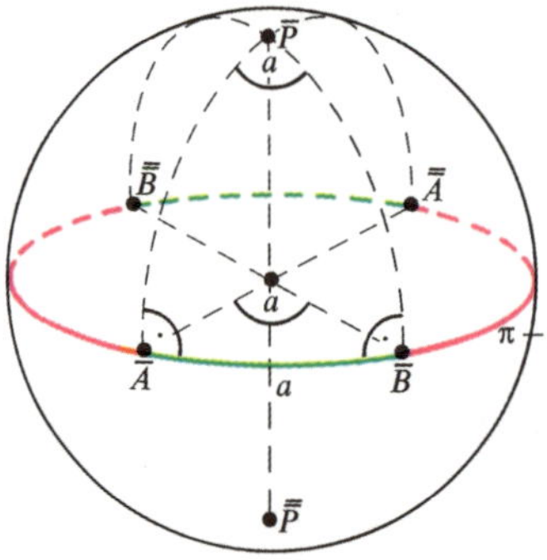

点 $A=\{\bar{A}, \bar{\bar{A}}\}$と $B=\{\bar{B}, \bar{\bar{B}}\}$ は直線 $g(A, B)$を決定し，これを二つの「線分」に分解する．線分の長さは，それぞれ a と $\pi-a$ である．それらは A，B のそれぞれにおける g の垂線が g の極 $P=\{\bar{P}, \bar{\bar{P}}\}$ でなす角の大きさと一致する．

A

線分の長さ

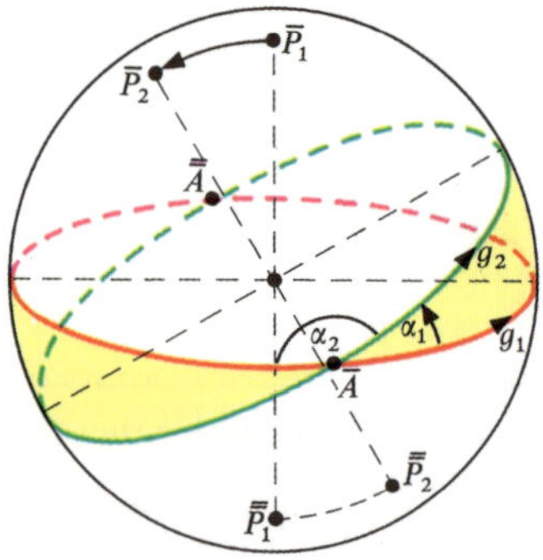

楕円平面は，対点が同一視されるので直線では分解されず，二つの直線 g_1, g_2 によって，二つの二角形に分解される．それは交点 A において角 α_1 と α_2 によって決定される．直線を向き付けすれば，順序付けられた対 $(\vec{g}_1, \vec{g}_2)$ によって二角形が決定され，$\vec{g}_1$ から $\vec{g}_2$ への回転がそれを覆う．双方の直線が反対に向き付けられていれば反対の二角形を得る．

楕円平面の面積は 2π である（単位半球）．

これより二角形の面積は $2\alpha_1$ と $2\alpha_2$ である．

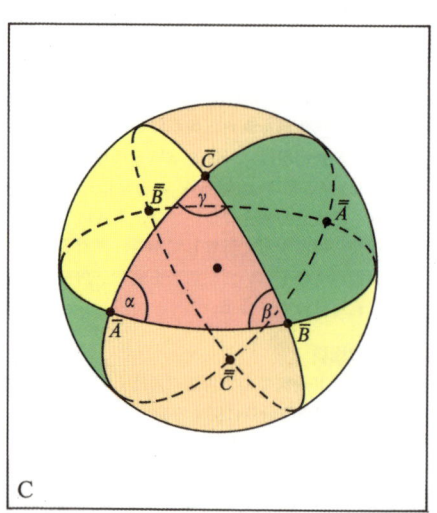

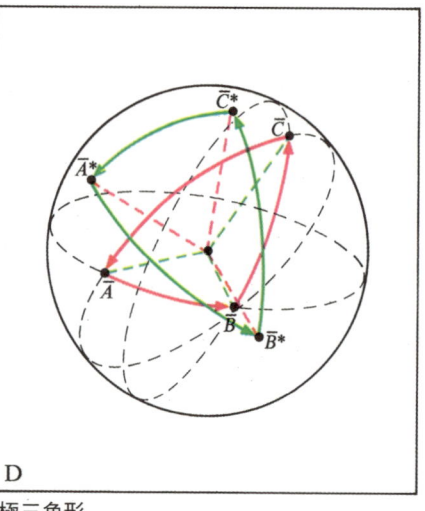

B

二角形

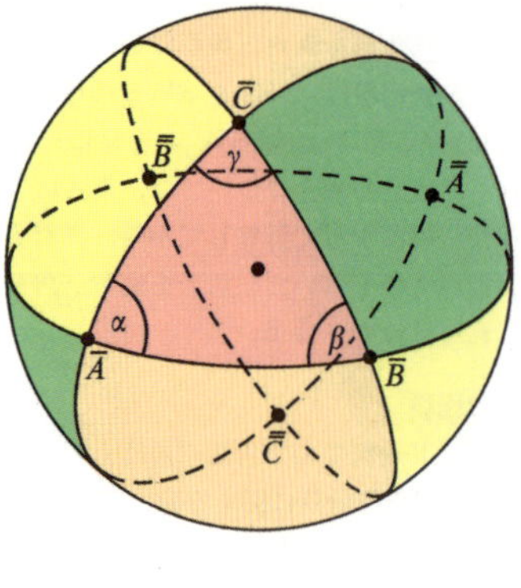

C

三角形

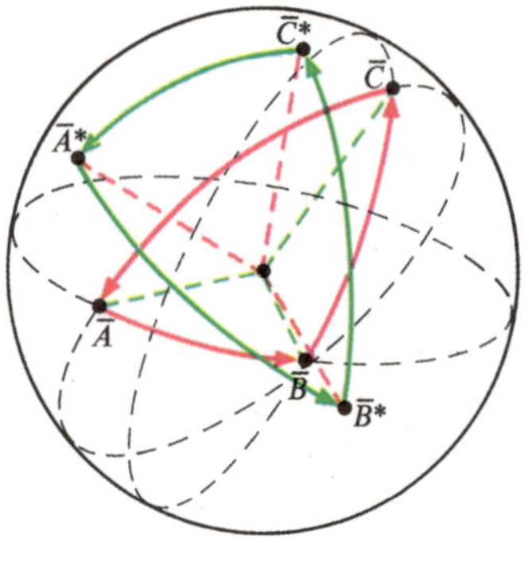

D

極三角形

球面モデル

すでに p.127 で計量平面としての楕円平面が定義されたが，そこでは極三角形すなわち三角が直角であるような三角形が存在する (P)．公理 (P) の成立から公理 (¬R)，(V) を導くことができる．この結果はさらに精密化される．

定理 1　楕円平面では相異なる 2 直線 g_1, g_2 はただ一つの交点 P とただ一つの共通垂線 g を持つ．このとき P は g に対する極，g は P に対する極線と呼ばれる (p.123)．可能な種々のモデルのうちで特別なもの（**球面モデル**）が p.126 の図 B で与えられている．立体射影を用いれば平面 $\mathbb{R}^2$ の中の同型なモデルに移行することもできる．両モデルは他のものに対して更なる性質を持っているために，際立っている．p.137 の公理 (W) に加えて完全性公理が成り立っているが，これは p.137 の (D) とは少し異なる方法で定式化されねばならない．「直線」上の「点」は確かに巡回的に (p.139) 順序付けられるが，線型ではないからである．以下の議論は球面モデルとそれに同型なモデルに関係する．「点」は直径の両端をなす．球面上の点対を意味する（図 A）ことに注意しよう．これは，相異なる 2 点を結ぶ直線がただ一つ決まるために必要である．このようなことは球面上の対蹠点に対してだけ起こることではあろう．球面モデルでは直線は大円，すなわち中心が球の中心と一致するような円である．微分幾何の方法を用いれば，大円が正確に球面上の測地線であることが示される．対蹠点でない 2 点はそれらを通る（唯一の）大円を二つの弧に分割するが，そのうちの一つのみが 2 点を結ぶ最短線となる．対蹠点を同一視すれば，2「点」は二つの「線分」を決める．この場合もそのうちの一方が最短線となる．角は球面モデルではユークリッド的に測られる．線分の長さを測るには単位球面上の弧長を用いる．2「点」A, B がそれらを通る「直線」g を分けてできる．二つの線分の長さは，A と B のそれぞれにおける g の垂線が g の極でなす角（図 A）として表される．線分の長さは常に 0 と π の間にある．A と B によって決まる二つの線分の長さの和は，補い合って π となる．楕円的幾何の球面モデルの研究成果は，図形が半球面の中に限定されている限りは，ただちに対蹠点を同一視しない場合の球面の幾何に応用される．これはいわゆるオイラー三角形，すなわち辺の長さも角も π より小さい球面三角形の場合に当てはまる．このような三角形の研究は球面幾何の主要問題なのである．

二角形，三角形，面積

相異なる二「直線」は必ず交わり，いわゆる**二角形**（図 B）を作る．このような図形は和が π となる交点での角 α_1, α_2 によって決まる．単位球面上の二角形の面積は積分により計算され，それぞれ $A_1 = 2\alpha_1$ または $A_2 = 2\alpha_2$ と与えられる．

2「点」は二つの「線分」を決めるので 3「点」は四つの楕円三角形を決定する（図 C）．これらの三角形のうちの一つの 3 辺の長さを a, b, c，3 角の大きさを α, β, γ とすれば，隣接三角形と呼ばれる残りのものの対応する量は次のとおりである：

$a,\ \pi - b,\ \pi - c,\ \alpha,\ \pi - \beta,\ \pi - \gamma$　または

$\pi - a,\ b,\ \pi - c,\ \pi - \alpha,\ \beta,\ \pi - \gamma$　または

$\pi - a,\ \pi - b,\ c,\ \pi - \alpha,\ \pi - \beta,\ \gamma$

各隣接三角形は出発点の三角形とともに二角形を作り 4 個全部を合わせると全球面の半分に相当する．それぞれの面積を $A; A_1, A_2, A_3$ とすれば，$A + A_1 = 2\alpha$, $A + A_2 = 2\beta$, $A + A_3 = 2\gamma$, $A + A_1 + A_2 + A_3 = 2\pi$ となり，これらから次の定理が従う：

定理 2　楕円三角形の面積は $A_\Delta = (\alpha+\beta+\gamma)-\pi$（球面余剰）と一致する．

三角形の角の総和は常に π より大きいことが分かる．

注意　面積理論はこの場合も双曲幾何の場合も解析学の助けなしに構築することもできる．それには三角形の面積をそれぞれ直接に球面剰余または双曲的欠如として定義し，これらが常に正値であること，それらの運動に対する不変性，それらの加法性（p.151，定義 2，I2）を示せばよい．

極三角形

「直線」は楕円的幾何学においても向き付けられる．すなわち二つの向き付けられた「直線」（有向直線）$\overline{g}_1, \overline{g}_2$ を取り，$\overline{g}_1$ を角度 α だけ回転させて $\overline{g}_2$ に重ね合わせるとき，$\overline{g}_1$ の極 $\overline{P}_1$ はこの回転で長さ α の「線分」を描く（図 B）．今ここに周の向き付けられた三角形（角度を α, β, γ とする）が与えられたとすると，一つの辺で決められた有向直線を次のものに重ね合わせるには，それぞれ夾角の外角分だけ回転されねばならない．このようにして三つの有向直線の極によって決まる三角形（**極三角形**）が生ずるが，そのそれぞれ辺の長さはもとの三角形の対応角と加え合わせると π になる．すなわち

$a' + \alpha = \pi,\ b' + \beta = \pi,\ c' + \gamma = \pi$

極三角形の極三角形はもとの三角形に戻るので

$a + \alpha' = \pi,\ b + \beta' = \pi,\ c + \gamma' = \pi$

も成り立つ．

三角形の角度と辺長に関するどのような定理も，極三角形へ移行すれば，入れかえて辺長と角度に関する双対的な定理となる．

注意　三角形は，すべての辺の長さと角度が $\frac{\pi}{2}$ であるとき，それ自身の極三角形と一致する（極三角形，p.127）．

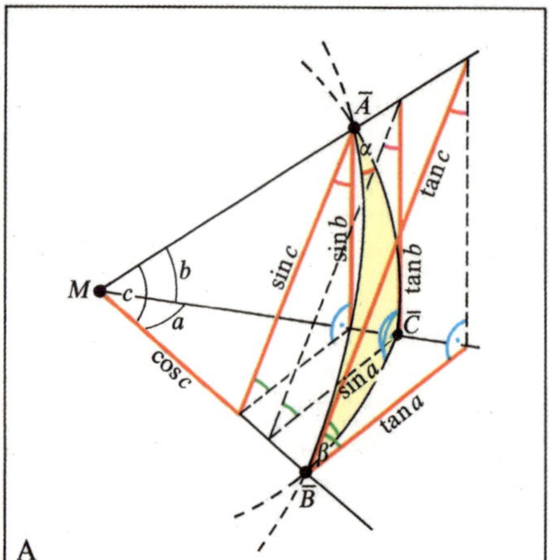

直角三角形

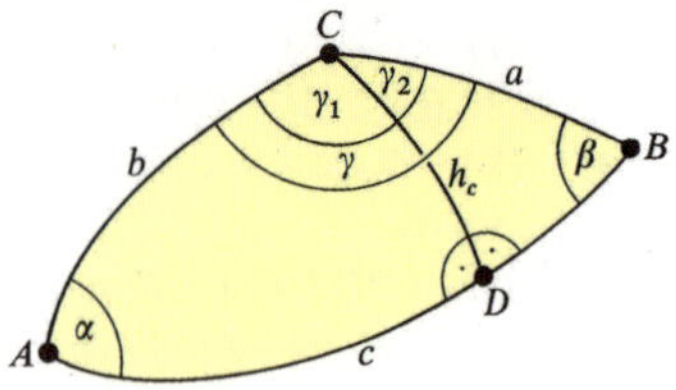

$\sin h_c = \sin b \cdot \sin\alpha$
$\sin h_c = \sin a \cdot \sin\beta$ } 定理5による．

$\sin a \quad \sin\beta = \sin b \quad \sin\alpha$

$\sin a : \sin b = \sin\alpha : \sin\beta$

B

正弦定理

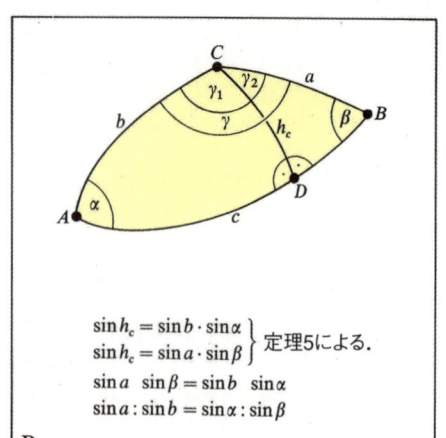

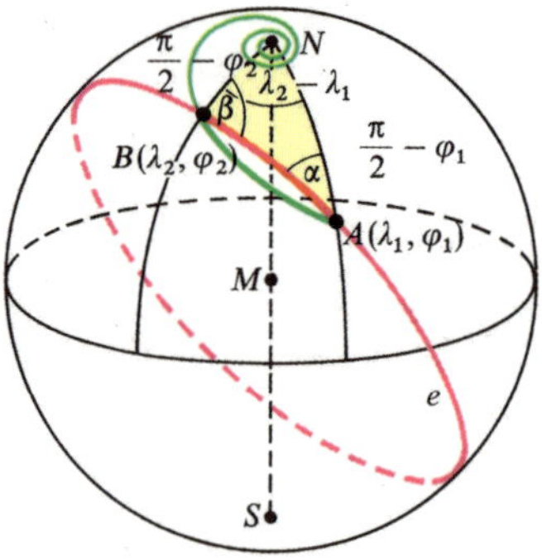

地球上の点はその経度λと緯度φを座標として一意に決定される．
2点$A(\lambda_1, \varphi_1)$と$B(\lambda_2, \varphi_2)$の球面上の距離を求めるために，北極NとA，Bで三角形を作る．辺余弦定理より次が得られる：

$$\cos e = \sin\varphi_1 \sin\varphi_2 + \cos\varphi_1 \cos\varphi_2 \cos(\lambda_2 - \lambda_1)$$

大円の弧（正航路）上の線分の長さは次で与えられる：

$$s_1 = r \cdot e$$

航路角αを持つ斜航路について，λとφの間には次の関係が成り立つ：

$$\frac{\mathrm{d}\lambda}{\mathrm{d}\varphi} = \frac{\tan\alpha}{\cos\varphi}$$

この微分方程式は次の解を持つ：

$$\lambda = \tan\alpha \cdot \ln\tan\left(\frac{\pi}{4} + \frac{\varphi}{2}\right) + C$$

AとBの斜航路上の長さは次で与えられる．

$$s_2 = \frac{r(\varphi_2 - \varphi_1)}{\cos\alpha}$$

C

正航路と斜航路

楕円的三角形での角度，辺長に関する諸定理

楕円的三角形においてもユークリッド的および双曲的な場合と同様に，2 辺の長さの和は残りの辺の長さよりも大きい．これを辺長が $a, \pi - b, \pi - c$ である隣接三角形に適用すると $(\pi - b) + (\pi - c) > a$ すなわち $a + b + c < 2\pi$ が導かれる．

定理 3 楕円的三角形の 3 辺の長さの和は 2π より小さい．

これを極三角形に適用すると評価 $0 < (\pi - \alpha) + (\pi - \beta) + (\pi - \gamma) < 2\pi$ が得られるが，これは p.177 の定理 2 の系の精密化となっている：

定理 4 楕円的三角形での角度の総和は π と 3π の間にある．

直角三角形における計算

楕円的三角形について計算する際も，双曲的な場合と同様 6 個の型の問題の区別が生ずるが，これらはすべて直角三角形での計算に帰着される．ここで $\gamma = \frac{\pi}{2}$ とするが，これはさらに $\alpha = \frac{\pi}{2}$ あるいは $\beta = \frac{\pi}{2}$ であることを除外するものではない．図 A のように球面に $\overline{B}$ を通る接平面を置き，さらにこれと平行な $\overline{A}, \overline{C}$ を通る平面を描いて，中心射影により三角形をこれらの平面の上に写し出せば，できた図形から次の定理が読み取られる：

定理 5 楕円的直角三角形において次の公式が成り立つ：

$$\tan a = \tan\alpha \tan b,\ \tan b = \tan\beta \sin a$$
$$\tan a = \cos\beta \tan c,\ \tan b = \cos\alpha \tan c$$
$$\sin a = \sin\alpha \sin c,\ \sin b = \sin\beta \sin c$$
$$\cos c = \cos a \cos b,\ \cos c = \cot\alpha \cot\beta$$
$$\cos\alpha = \cos\alpha \sin\beta,\ \cos\beta = \cos b \sin\alpha$$

これらの公式は特別な場合として後出の定理の中に含まれている．これらは正確に p.175 のものと対応している．常に両辺に現れる双曲線関数が三角関数（円関数）で置き換えられるのみである．定理 5 からの帰結として二つあるいは三つの角が直角であるときはすべての角がそれらの対辺と同じ大きさとなる．

一般三角形での計算

一つの頂点からその対辺に下した垂線によって分割されてできた部分三角形に対して上の計算を行えば，一般の楕円的三角形に対して双曲幾何のものと全く対応する諸定理が得られる：

正弦定理：

$$\sin a : \sin b : \sin c = \sin\alpha : \sin\beta : \sin\gamma$$

辺余弦定理：

$$\cos a = \cos b \cos c + \sin b \sin c \cos\alpha$$
$$\cos b = \cos c \cos a + \sin c \sin a \cos\beta$$
$$\cos c = \cos a \cos b + \sin a \sin b \cos\gamma$$

角余弦定理：

$$\cos\alpha = -\cos\beta\cos\gamma + \sin\beta\sin\gamma\cos a$$
$$\cos\beta = -\cos\gamma\cos\alpha + \sin\gamma\sin\alpha\cos b$$
$$\cos\gamma = -\cos\alpha\cos\beta + \sin\alpha\sin\beta\cos c$$

辺余弦定理の三つの公式のみですべての型の問題の解決に十分であるが，一般には p.175 で示された双曲幾何の場合の手続に従って解法が実行される．型 SSA あるいは SAA では，正弦定理も使われることがあり，二つの解法が可能となる．

計算を容易にするにはユークリッド幾何の場合と同様いろいろな定理がある．例えば

半角定理：(問題型 SSS に対して)

$$\tan^2\frac{\alpha}{2} = \frac{\sin(s-b)\sin(s-c)}{\sin s \sin(s-a)}$$

半辺定理：(問題型 WWW に対して)

$$\tan^2\frac{a}{2} = \frac{\cos\sigma\cos(\sigma-\alpha)}{\cos(\sigma-\beta)\cos(\sigma-\gamma)}$$

ここで s は周長の半分，σ は角総和の半分であるとする．

ネイピアの等式：(問題型 SWS, WSW に対して)

$$\tan\tfrac{a}{2} : \tan\tfrac{b+c}{2} = \cos\tfrac{\beta+\gamma}{2} : \cos\tfrac{\beta-\gamma}{2}$$
$$\tan\tfrac{a}{2} : \tan\tfrac{b-c}{2} = \sin\tfrac{\beta+\gamma}{2} : \sin\tfrac{\beta-\gamma}{2}$$
$$\cot\tfrac{\alpha}{2} : \tan\tfrac{\beta+\gamma}{2} = \cos\tfrac{b+c}{2} : \cos\tfrac{b-c}{2}$$
$$\cot\tfrac{\alpha}{2} : \tan\tfrac{\beta-\gamma}{2} = \sin\tfrac{b+c}{2} : \sin\tfrac{b-c}{2}$$

ここで挙げられた等式のそれぞれに対して，それから巡回置換から生ずる二つの新しい等式が付け加わる．

面積を表している球面剰余 ε の計算には，p.171 のヘロンの面積公式に対応する，リュイリエ (L'Huilier) の公式が有効である．

$$\tan\frac{\varepsilon}{4} = \sqrt{\tan\tfrac{s}{2}\tan\tfrac{s-a}{2}\tan\tfrac{s-b}{2}\tan\tfrac{s-c}{2}}$$

極限移行の考察

楕円的三角形において 3 辺の長さを限りなく小さくしていくならば，辺の長さの正弦と正接は近似的に辺の長さそのもので置き換えられ，他方余弦の値はほとんど 1 になる．したがって極限状態では諸定理はユークリッド幾何での対応定理に移行する．同様のことは双曲的三角形に対しても述べられる．

応用

楕円幾何学での諸定理は本質的な変更なしに球面についての諸問題に応用可能である，たとえ対蹠点の同一視を行わない場合であっても．そのような課題は航海上のあるいは航空上の距離・位置・航路の算定の際に登場する（数理地理学）．ここでは地球上の大円の弧（**正航路**，図 C）は最短便としての特別な役割をしているが，それに沿って航路角が一般には絶えず変化するという短所も持っている．すべての経線と同じ航路角をなす航路（**斜航路**，図 C）は，反対に楕円的幾何の意味で，もはや「直線的」ではない．この他の応用は天文数学にかかわるが，そこでは天体の運動が追跡され，位置と時刻の確定がもちろん非常に重要である．

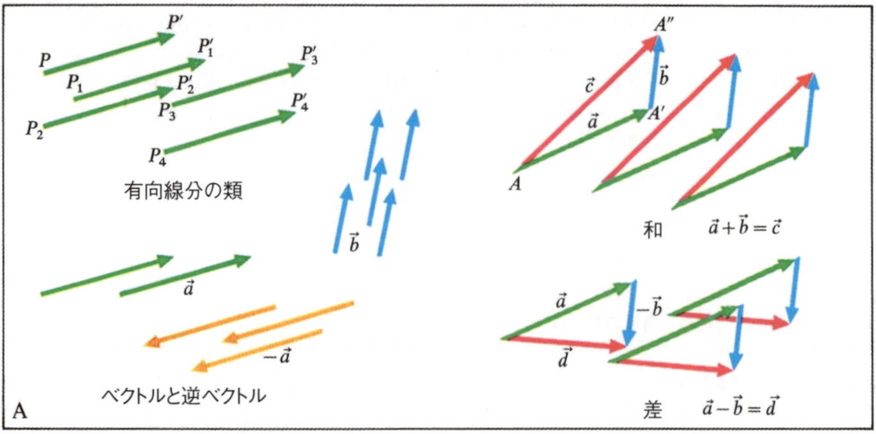

ベクトル，ベクトルの和と差

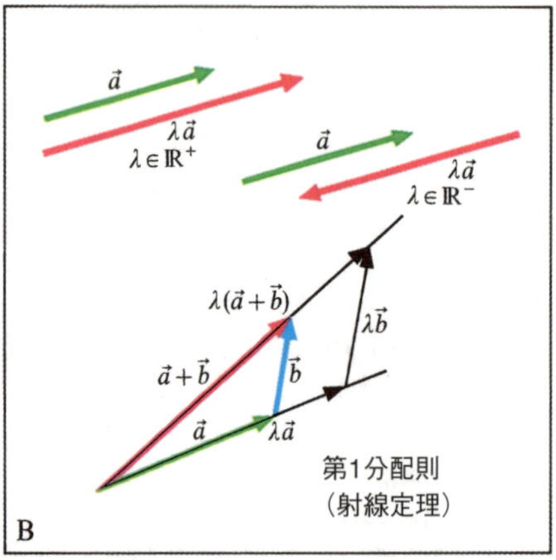

スカラー倍

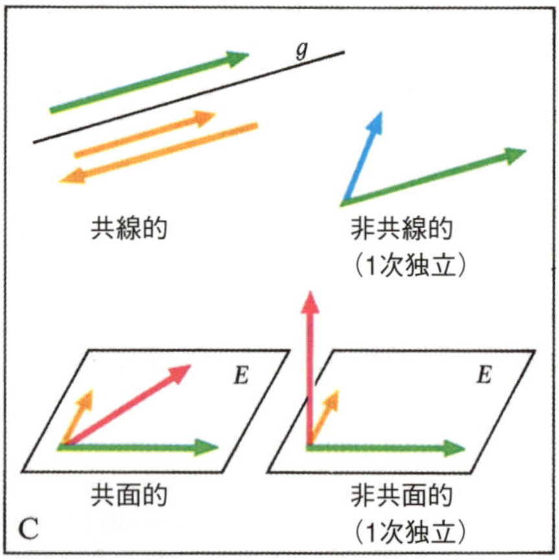

共線性と共面的

ベクトルは基底 $B=\{\vec{b}_1,\vec{b}_2,\vec{b}_3\}$ に関する一意的表現

$$\vec{a}=a_1\vec{b}_1+a_2\vec{b}_2+a_3\vec{b}_3$$

を持つ．したがって

$$\vec{a}=\begin{pmatrix}a_1\\a_2\\a_3\end{pmatrix}$$

とも書かれる．この記法により基本演算は次のように単純に行われる．

$$\begin{pmatrix}a'_1\\a'_2\\a'_3\end{pmatrix}\pm\begin{pmatrix}a''_1\\a''_2\\a''_3\end{pmatrix}=\begin{pmatrix}a'_1\pm a''_1\\a'_2\pm a''_2\\a'_3\pm a''_3\end{pmatrix},$$

$$\lambda\begin{pmatrix}a_1\\a_2\\a_3\end{pmatrix}=\begin{pmatrix}\lambda a_1\\\lambda a_2\\\lambda a_3\end{pmatrix}.$$

D

列記法

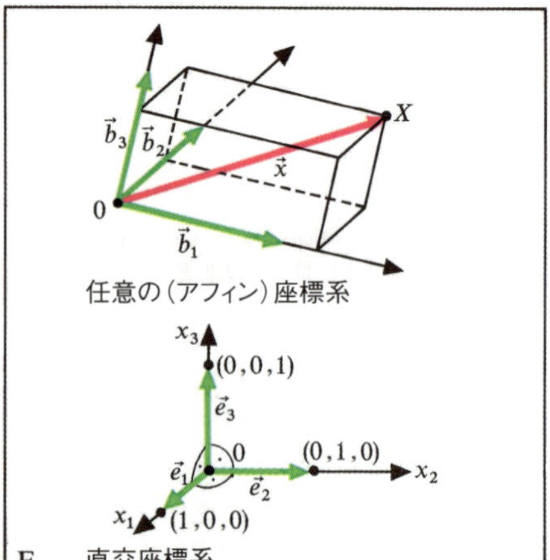

座標系，位置ベクトル

解析幾何学では，代数的補助手段を用いて幾何学的図形を捉え研究する．そこでは点の位置を確定するのは実数または他の体の元を座標として用いる．点同士の相対的位置の記述には**ベクトル**の概念が役立つ．

ベクトルの定義

3 次元ユークリッド空間は以下に述べる考察の上に基礎づけられる．ベクトルは p.141 で詳しく説明されたように，平行移動によって一致する有向線分のなす同値類を意味する．この場合，有向線分は順序付けられた点対 (P, P') のことである．P はその始点，P' はその終点と呼ばれ，類の中の個々の有向線分は，そのベクトルの代表元と呼ばれる．類 $[(P, P')]$ を $\overrightarrow{PP'}$ とも書く（図 A）．ベクトルを表す記号として，上に矢印をつけた小ローマ字が用いられる（以前は二重文字が使われた）．始点と終点が一致する有向線分のなす類は零ベクトル $\vec{0}$ と呼ばれる．ベクトル $\vec{a}$ の長さはその代表元の線分としての長さである．これを表す記号は $|\vec{a}|$ あるいは a とする．

和および差

全ベクトルの集合の上に**和**と呼ばれる内的算法が導入される．和 $\vec{a}+\vec{b}$ を定義するには，まず $\vec{a}$ の代表元 (A, A') を任意に取り，次に $\vec{b}$ の中からその始点が A' であるような代表元を選ぶ．それの終点を A'' とし，$\vec{a}+\vec{b}=\overrightarrow{AA''}$ と置く（図 A）．すぐに分かるのは，全ベクトルの集合がこの算法に関して可換群をなすことである．単位元は零ベクトルである．ベクトル $\overrightarrow{PP'}$ の逆元は $\overrightarrow{P'P}$ であるが，これは**逆ベクトル**と呼ばれる．$\vec{a}$ の逆ベクトルは $-\vec{a}$ と表される．ベクトルの差は $\vec{a}-\vec{b} := \vec{a}+(-\vec{b})$ によって導入される（図 A）．

スカラー倍

ベクトル全体の加法群上には p.31 の定義 14 の意味で $\Omega=\mathbb{R}$ の作用域とする外部算法が定義される．$\mathbb{R} \ni \lambda$ に対して $\lambda\vec{a}$ は $|\lambda\vec{a}| = |\lambda|\cdot|\vec{a}|$ かつその代表元が $\vec{a}$ の代表元と平行であって，$\lambda > 0$ のときは同じ向きに，$\lambda < 0$ のときは反対の向きに平行であるようなベクトルであるとする（図 B）．また $\lambda = 0$ に対しては $\lambda\vec{a}=\vec{0}$ とする．これは p.31 の定義 15 で Ω 加群に対して要請される全性質を持っている．特に，任意のベクトル $\vec{a}, \vec{b}$ と $\mathbb{R}$ の任意の元 λ, μ に対して次が成り立つ：

$\lambda(\vec{a}+\vec{b}) = \lambda\vec{a}+\lambda\vec{b}$（第 1 分配則（図 B）），

$(\lambda+\mu)\vec{a} = \lambda\vec{a}+\mu\vec{a}$（第 2 分配則），

$(\lambda\mu)\vec{a} = \lambda(\mu\vec{a})$（結合則）．

$\mathbb{R}$ は体であるので，ここで与えられた算法に関して，全ベクトルの集合は**ベクトル空間**（p.31，定義 16）となる．これを V^3 と書き表す．同様に平面ではベクトル空間 V^2 が得られる．ベクトル $\vec{a}(\neq \vec{0})$ の方向の**単位ベクトル** $\frac{1}{a}\vec{a}$ は $\vec{a}^\circ$ と記される．

1 次従属と 1 次独立性

複数のベクトルがあって，それらの代表元の定める線分がすべて一つの直線に平行であるとき，それらは**共線的**であるといわれる（図 C）．零ベクトルはすべてのベクトルと共線的であるとする．二つの共線的ベクトル $\vec{a}_1, \vec{a}_2$ のうち，少なくとも一方は他方のスカラー倍となっている．この性質は次のようにも言い換えられる，すなわち $(\lambda_1, \lambda_2) \neq (0,0)$ である実数 λ_1, λ_2 が存在して $\lambda_1\vec{a}_1+\lambda_2\vec{a}_2=\vec{0}$ が成り立つ．共面性は共線性の拡張の一つである．複数のベクトルがあって，それらの代表元が定める線分がすべて一つの平面と平行であるとき，それらは**共面的**であるといわれる（図 C）．二つのベクトルは常に共面的である．また零ベクトルはどのような二つのベクトルとも共面的である．三つの共面的ベクトル $\vec{a}_1, \vec{a}_2, \vec{a}_3$ のうち，少なくとも一つは他の二つの 1 次結合として書き表される．この性質は次のようにも言い換えられる，すなわち $(\lambda_1, \lambda_2, \lambda_3) \neq (0,0,0)$ である三つの実数 $\lambda_1, \lambda_2, \lambda_3$ が存在して，$\lambda_1\vec{a}_1+\lambda_2\vec{a}_2+\lambda_3\vec{a}_3=\vec{0}$ が成り立つ．したがって共面的でない三つのベクトル $\vec{a}_1, \vec{a}_2, \vec{a}_3$ に対しては，この等式は $\lambda_1=\lambda_2=\lambda_3=0$ であるときにのみ成り立つ．共線性，共面性は 1 次従属性 (p.77) の特別な場合である．すなわち n 個のベクトル $\vec{a}_1, \ldots, \vec{a}_n$ は，すべてが 0 ではない n 個の実数 $\lambda_1, \ldots, \lambda_n$ が存在して，$\sum_{i=1}^{n} \lambda_i\vec{a}_i = \vec{0}$ が成り立つとき，**1 次従属**であるといわれる．これ以外の場合には，それらは 1 次独立であるといわれる．V^3 では四つのベクトルは常に 1 次従属である．したがって $\{\vec{b}_1, \vec{b}_2, \vec{b}_3\}$ が基底（p.77，定義 8）であるときは，任意のベクトル $\vec{a}$ は 1 次結合として，$\vec{a}=a_1\vec{b}_1+a_2\vec{b}_2+a_3\vec{b}_3$ と表される．和の因子 $a_i\vec{b}_i$ は成分と呼ばれ，係数 a_i はこの基底に関する座標と呼ばれる．通常，縦に列ベクトルとして，$\vec{a}=\begin{pmatrix}a_1\\a_2\\a_3\end{pmatrix}$ と書き表される．列ベクトルを使っての計算については図 D 参照．

点空間 $\mathbb{R}^3$

空間の定められていた点 O（原点）と一つの基底 B の対 (O, B) は**座標系**と呼ばれる（図 E）．$(O, X(x_1, x_2, x_3)) \mapsto \overrightarrow{OX} = \begin{pmatrix}x_1\\x_2\\x_3\end{pmatrix} \in V^3$ と定義される全単射 $f: \{O\}\times\mathbb{R}^3 \to V^3$ によって任意の点 $X \in \mathbb{R}^3$ には O に関する**位置ベクトル** $\vec{x}=\overrightarrow{OX}$ が対応する．特別な座標系として直交座標系（図 E）がある．その基底ベクトル $\vec{e}_1, \vec{e}_2, \vec{e}_3$ には次の条件が課せられる:

(1) $|\vec{e}_1| = |\vec{e}_2| = |\vec{e}_3| (=1)$

(2) $\vec{e}_i \perp \vec{e}_j \ (i \neq j)$

(3) 三つ組 $(\vec{e}_1, \vec{e}_2, \vec{e}_3)$ は右手系をなす．

ここで最後の条件は，右手を拡げて親指と人差指を $\vec{e}_1$ と $\vec{e}_2$ の方向に向けたとき，それらに対して立てられた中指が $\vec{e}_3$ の方向を指し示すことを意味する．

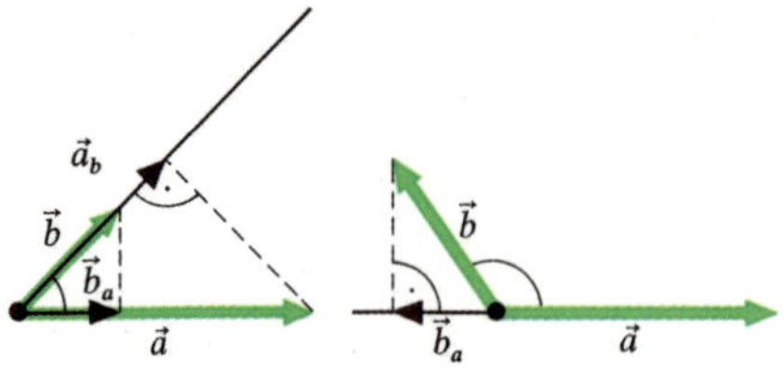

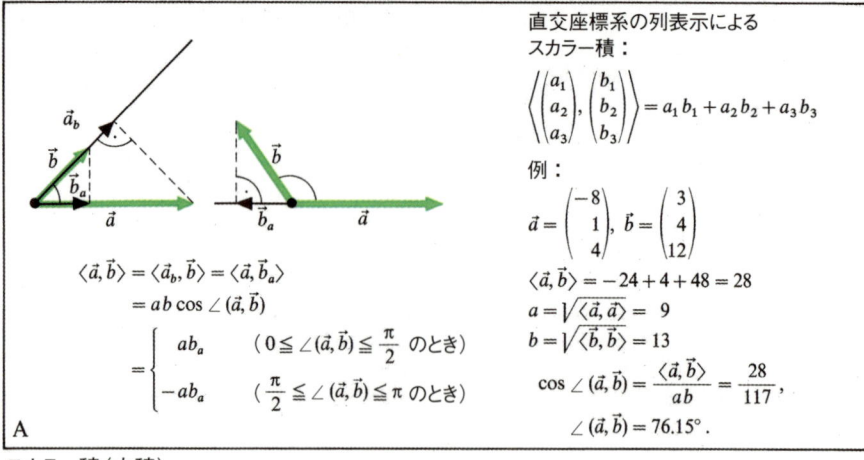

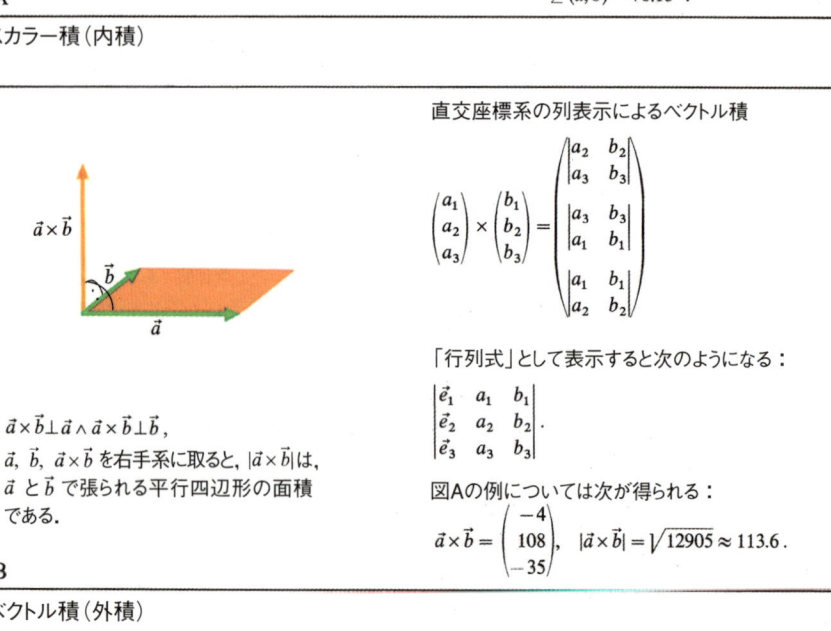

$$\langle \vec{a}, \vec{b} \rangle = \langle \vec{a}_b, \vec{b} \rangle = \langle \vec{a}, \vec{b}_a \rangle$$
$$= ab\cos\angle(\vec{a}, \vec{b})$$
$$= \begin{cases} ab_a & \left(0 \leqq \angle(\vec{a}, \vec{b}) \leqq \dfrac{\pi}{2} \text{ のとき}\right) \\ -ab_a & \left(\dfrac{\pi}{2} \leqq \angle(\vec{a}, \vec{b}) \leqq \pi \text{ のとき}\right) \end{cases}$$

直交座標系の列表示による
スカラー積：

$$\left\langle \begin{pmatrix} a_1 \\ a_2 \\ a_3 \end{pmatrix}, \begin{pmatrix} b_1 \\ b_2 \\ b_3 \end{pmatrix} \right\rangle = a_1 b_1 + a_2 b_2 + a_3 b_3$$

例：

$$\vec{a} = \begin{pmatrix} -8 \\ 1 \\ 4 \end{pmatrix}, \ \vec{b} = \begin{pmatrix} 3 \\ 4 \\ 12 \end{pmatrix}$$

$$\langle \vec{a}, \vec{b} \rangle = -24 + 4 + 48 = 28$$
$$a = \sqrt{\langle \vec{a}, \vec{a} \rangle} = 9$$
$$b = \sqrt{\langle \vec{b}, \vec{b} \rangle} = 13$$
$$\cos\angle(\vec{a}, \vec{b}) = \frac{\langle \vec{a}, \vec{b} \rangle}{ab} = \frac{28}{117},$$
$$\angle(\vec{a}, \vec{b}) = 76.15^\circ .$$

A

スカラー積（内積）

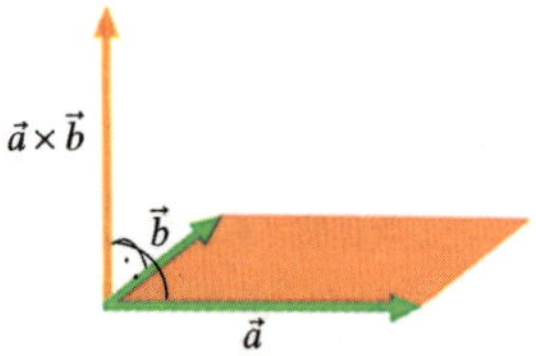

$\vec{a} \times \vec{b} \perp \vec{a} \wedge \vec{a} \times \vec{b} \perp \vec{b}$,
$\vec{a}$, $\vec{b}$, $\vec{a} \times \vec{b}$ を右手系に取ると，$|\vec{a} \times \vec{b}|$は，$\vec{a}$ と$\vec{b}$ で張られる平行四辺形の面積である．

直交座標系の列表示によるベクトル積

$$\begin{pmatrix} a_1 \\ a_2 \\ a_3 \end{pmatrix} \times \begin{pmatrix} b_1 \\ b_2 \\ b_3 \end{pmatrix} = \begin{pmatrix} \begin{vmatrix} a_2 & b_2 \\ a_3 & b_3 \end{vmatrix} \\ \begin{vmatrix} a_3 & b_3 \\ a_1 & b_1 \end{vmatrix} \\ \begin{vmatrix} a_1 & b_1 \\ a_2 & b_2 \end{vmatrix} \end{pmatrix}$$

「行列式」として表示すると次のようになる：

$$\begin{vmatrix} \vec{e}_1 & a_1 & b_1 \\ \vec{e}_2 & a_2 & b_2 \\ \vec{e}_3 & a_3 & b_3 \end{vmatrix}.$$

図Aの例については次が得られる：

$$\vec{a} \times \vec{b} = \begin{pmatrix} -4 \\ 108 \\ -35 \end{pmatrix}, \quad |\vec{a} \times \vec{b}| = \sqrt{12905} \approx 113.6 .$$

B

ベクトル積（外積）

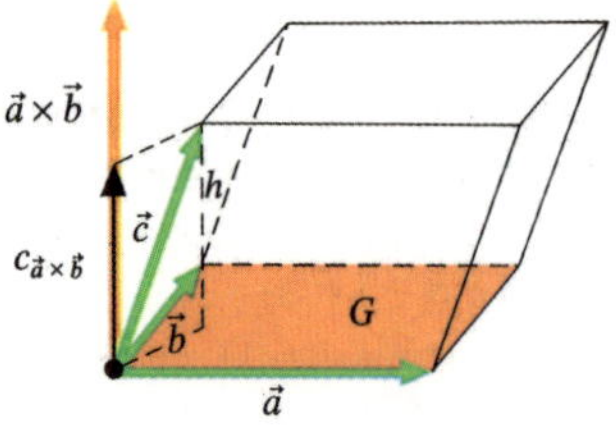

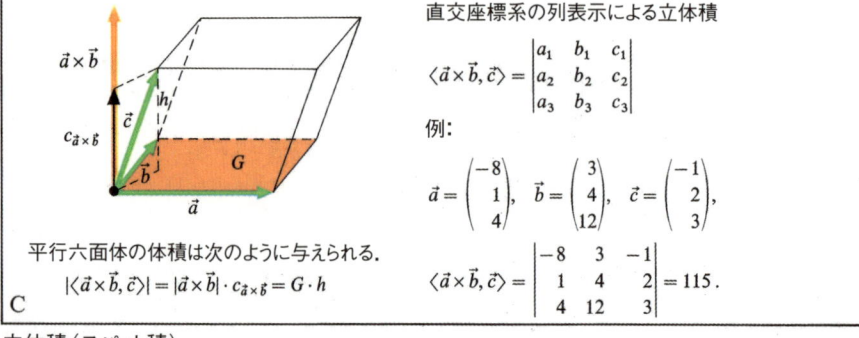

平行六面体の体積は次のように与えられる．

$$|\langle \vec{a} \times \vec{b}, \vec{c} \rangle| = |\vec{a} \times \vec{b}| \cdot c_{\vec{a} \times \vec{b}} = G \cdot h$$

直交座標系の列表示による立体積

$$\langle \vec{a} \times \vec{b}, \vec{c} \rangle = \begin{vmatrix} a_1 & b_1 & c_1 \\ a_2 & b_2 & c_2 \\ a_3 & b_3 & c_3 \end{vmatrix}$$

例：

$$\vec{a} = \begin{pmatrix} -8 \\ 1 \\ 4 \end{pmatrix}, \quad \vec{b} = \begin{pmatrix} 3 \\ 4 \\ 12 \end{pmatrix}, \quad \vec{c} = \begin{pmatrix} -1 \\ 2 \\ 3 \end{pmatrix},$$

$$\langle \vec{a} \times \vec{b}, \vec{c} \rangle = \begin{vmatrix} -8 & 3 & -1 \\ 1 & 4 & 2 \\ 4 & 12 & 3 \end{vmatrix} = 115 .$$

C

立体積（スパット積）

スカラー倍のほかにいくつかの積の算法が存在する．

スカラー積

定義

$$(\vec{a},\vec{b}) \mapsto \langle\vec{a},\vec{b}\rangle = \begin{cases} 0\ (\vec{a}=0 \text{ または } \vec{b}=0 \text{ のとき}) \\ ab\cos\angle(\vec{a},\vec{b}) \\ \qquad (\vec{a}\neq 0 \text{ かつ } \vec{b}\neq 0 \text{ のとき}) \end{cases}$$

とおいて定義される写像 $\langle\ ,\ \rangle : V^3\times V^3 \mapsto \mathbb{R}$ はすべてのベクトル対 $(\vec{a},\vec{b})$ に，$\vec{a}$ と $\vec{b}$ の**スカラー積**と呼ばれる実数を対応させる．この定義は V^2 に制限できる．ここでの角度 $\angle(\vec{a},\vec{b})$ は，通常の合同 (p.137) に関する角の類としての初等幾何学的概念で考えられており，常に $0\leqq\angle(\vec{a},\vec{b})\leqq\pi$ である．$\langle\vec{a},\vec{b}\rangle$ のかわりに $\vec{a}\cdot\vec{b}$ とも書かれる．部分積 $a\cos\angle(\vec{a},\vec{b})$ または $b\cos\angle(\vec{a},\vec{b})$ はそれぞれ $\vec{a}$ と $\vec{b}$ の上にまたは $\vec{b}$ を $\vec{a}$ の上に射影したときに得られるベクトル $\vec{a}_b$ または $\vec{b}_a$ の長さという幾何学的意味を持っている（図 A）．したがって

$$\langle\vec{a},\vec{b}\rangle = \langle\vec{a},\vec{b}_a\rangle = \pm ab_a \text{ あるいは}$$
$$= \langle\vec{a}_b,\vec{b}\rangle = \pm a_b b$$

スカラー積の諸性質（$\vec{a},\vec{b},\vec{c}\in V^3, \lambda\in\mathbb{R}$）

$\langle\vec{a},\vec{b}\rangle = \langle\vec{b},\vec{a}\rangle$（可換則）

$\langle\vec{a},\vec{b}+\vec{c}\rangle = \langle\vec{a},\vec{b}\rangle + \langle\vec{a},\vec{c}\rangle$（分配則）

$\lambda\langle\vec{a},\vec{b}\rangle = \langle\lambda\vec{a},\vec{b}\rangle$（混合結合則）

応用　$\langle\vec{a},\vec{b}\rangle = 0$ が成り立つのは，$\vec{a}\perp\vec{b}$ または $\vec{a}=\vec{0}\vee\vec{b}=\vec{0}$ と同値である．

直交座標系の単位ベクトルに対して，

$$\langle\vec{e}_i,\vec{e}_j\rangle = \begin{cases} 0 & (i\neq j \text{ のとき}) \\ 1 & (i=j \text{ のとき}) \end{cases}$$

が成り立つ．したがって，列ベクトル表示のスカラー積表現は簡単になり

$$\langle\vec{a},\vec{b}\rangle = \left\langle \begin{pmatrix}a_1\\a_2\\a_3\end{pmatrix}, \begin{pmatrix}b_1\\b_2\\b_3\end{pmatrix} \right\rangle = a_1b_1+a_2b_2+a_3b_3$$

これより二つのベクトルの直交性が判定される．スカラー積の定義から $\langle\vec{a},\vec{a}\rangle = a^2$ が導かれ，ベクトル $\vec{a}$ の長さは

$$a = \sqrt{\langle\vec{a},\vec{a}\rangle} = \sqrt{a_1^2+a_2^2+a_3^2}$$

と計算される．さらに 2 点 $P(x_1,x_2,x_3)$，$Q(y_1,y_2,y_3)$ に対して

$$\overline{PQ} = \sqrt{(x_1-y_1)^2+(x_2-y_2)^2+(x_3-y_3)^2}$$

が得られる．零ベクトルでない二つのベクトルの間の角度も計算可能となる．すなわち定義より

$$\cos\angle(\vec{a},\vec{b}) = \frac{\langle\vec{a},\vec{b}\rangle}{ab} \quad \text{（図 A の例参照）}$$

ベクトル積

定義　写像 $\times : V^3\times V^3 \to V^3$ は次のように定義される：

$$(\vec{a},\vec{b}) \mapsto \vec{a}\times\vec{b} = \begin{cases} \vec{0}\ (\vec{a}=0 \text{ または } \vec{b}=0 \text{ のとき}) \\ \vec{c}\ (\vec{a}\neq 0 \text{ かつ } \vec{b}\neq 0 \text{ のとき}) \end{cases}$$

ただしここで $\vec{c}$ は，条件 $c = ab\sin\angle(\vec{a},\vec{b})$，$\vec{c}\perp\vec{a}$，$\vec{c}\perp\vec{b}$ をみたし，$\vec{a},\vec{b},\vec{c}$ がこの順で左手系をなすものとして定義される．この写像はすべてのベクトル対 $(\vec{a},\vec{b})$ に対して，$\vec{a}$ と $\vec{b}$ の**ベクトル積**と呼ばれるベクトルを対応させる．ベクトル積 V^3 上の内部演算であり，2 個以上の因子の積が作れる．ベクトル積 $\vec{a}\times\vec{b}$ の長さは $\vec{a},\vec{b}$ の適当な代表元によって張られる平行四辺形の面積を表している（図 B）．

ベクトル積の諸性質（$\vec{a},\vec{b},\vec{c}\in V^3, \lambda\in\mathbb{R}$）

$\vec{a}\times\vec{b} = -\vec{b}\times\vec{a}$（反交換則）

$\vec{a}\times(\vec{b}+\vec{c}) = \vec{a}\times\vec{b}+\vec{a}\times\vec{c}$（分配則）

$\lambda(\vec{a}\times\vec{b}) = (\lambda\vec{a}\times\vec{b})$（混合結合則）

ベクトル積については三つの因子の間の結合則は成り立たない！

応用　ベクトル積は面積と角度の計算に役立つ．$\vec{a}\times\vec{b}=\vec{0}$ となるのは，正確に $\vec{a}$ と $\vec{b}$ が共線的であるときである．特に任意のベクトル $\vec{a}$ に対して $\vec{a}\times\vec{a}=\vec{0}$．直交座標系での単位ベクトルについては $\vec{e}_1\times\vec{e}_2=\vec{e}_3$，$\vec{e}_2\times\vec{e}_3=\vec{e}_1$，$\vec{e}_3\times\vec{e}_1=\vec{e}_2$ が成り立つ．列ベクトル表示に対して

$$\vec{a}\times\vec{b} = \begin{pmatrix}a_1\\a_2\\a_3\end{pmatrix}\times\begin{pmatrix}b_1\\b_2\\b_3\end{pmatrix} = \begin{vmatrix}a_2 & b_2\\a_3 & b_3\end{vmatrix}\vec{e}_1 + \begin{vmatrix}a_3 & b_3\\a_1 & b_1\end{vmatrix}\vec{e}_2 + \begin{vmatrix}a_1 & b_1\\a_2 & b_2\end{vmatrix}\vec{e}_3$$

図 B では $\vec{a}\times\vec{b}$ も列ベクトルで表されている．

立体積

定義　スカラー積 $\langle\vec{a}\times\vec{b},\vec{c}\rangle$ はベクトル $\vec{a},\vec{b},\vec{c}$ の**立体積**と呼ばれる．

立体積の長さは三つのベクトルによって張られる平行六面体の体積である（図 C）．

立体積の性質　因子の二つのベクトルを入れ換えると，立体積は符号を変える．特に

$\langle\vec{a}\times\vec{b},\vec{c}\rangle = -\langle\vec{a},\vec{b}\times\vec{c}\rangle$（作用対象の可換性）

$\langle\vec{a}\times\vec{b},\vec{c}\rangle = \langle\vec{b}\times\vec{c},\vec{a}\rangle = \langle\vec{c}\times\vec{a},\vec{b}\rangle$（巡回可換性）

応用　$\langle\vec{a}\times\vec{b},\vec{c}\rangle = 0$ が成り立つことは $\vec{a},\vec{b},\vec{c}$ が共面的であることと同値．列ベクトル表示を用いるときは，立体積は行列式として与えられる：

$$\langle\vec{a}\times\vec{b},\vec{c}\rangle = \begin{vmatrix}a_1 & b_1 & c_1\\a_2 & b_2 & c_2\\a_3 & b_3 & c_3\end{vmatrix} = \det(\vec{a}\vec{b}\vec{c})$$

更なる積構成

応用上，ときに多重のあるいは混合の積が現れるが，それらはより単純な積に分解されて表されることもある．例えば

$$\vec{a}\times(\vec{b}\times\vec{c}) = \langle\vec{a},\vec{c}\rangle\vec{b} - \langle\vec{a},\vec{b}\rangle\vec{c}$$
$$(\vec{a}\times\vec{b})\times\vec{c} = \langle\vec{a},\vec{c}\rangle\vec{b} - \langle\vec{b},\vec{c}\rangle\vec{a}$$

これらはグラスマン展開と呼ばれる．また

$$(\vec{a}\times\vec{b})\times(\vec{c}\times\vec{d}) = \langle\vec{a}\times\vec{b},\vec{d}\rangle\vec{c} - \langle\vec{a}\times\vec{b},\vec{c}\rangle\vec{d}$$
$$\langle\vec{a}\times\vec{b},\vec{c}\times\vec{d}\rangle = \langle\vec{a},\vec{c}\rangle\langle\vec{b},\vec{d}\rangle - \langle\vec{a},\vec{d}\rangle\langle\vec{b},\vec{c}\rangle$$

これはラグランジュの公式と呼ばれる．後者の特別な場合として次を得る．

$$\langle\vec{a}\times\vec{b},\vec{a}\times\vec{b}\rangle = a^2b^2 - \langle\vec{a},\vec{b}\rangle^2$$

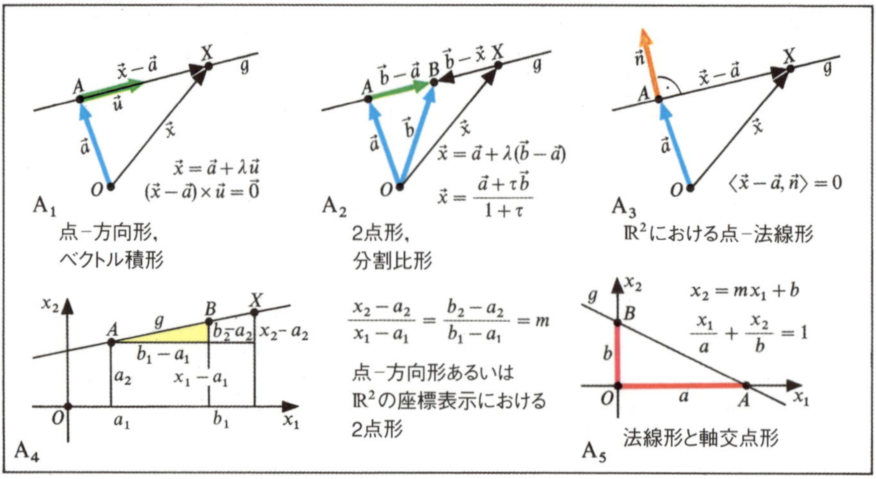

$\vec{x} = \vec{a} + \lambda\vec{u}$
$(\vec{x} - \vec{a}) \times \vec{u} = \vec{0}$
A_1
点−方向形,
ベクトル積形
$\vec{x} = \vec{a} + \lambda(\vec{b} - \vec{a})$
$\vec{x} = \dfrac{\vec{a} + \tau\vec{b}}{1 + \tau}$
A_2
2点形,
分割比形
$\langle \vec{x} - \vec{a}, \vec{n} \rangle = 0$
A_3
$\mathbb{R}^2$における点−法線形
$\dfrac{x_2 - a_2}{x_1 - a_1} = \dfrac{b_2 - a_2}{b_1 - a_1} = m$
点−方向形あるいは
$\mathbb{R}^2$の座標表示における
2点形
A_4
$x_2 = m x_1 + b$
$\dfrac{x_1}{a} + \dfrac{x_2}{b} = 1$
法線形と軸交点形
A_5

直線の方程式

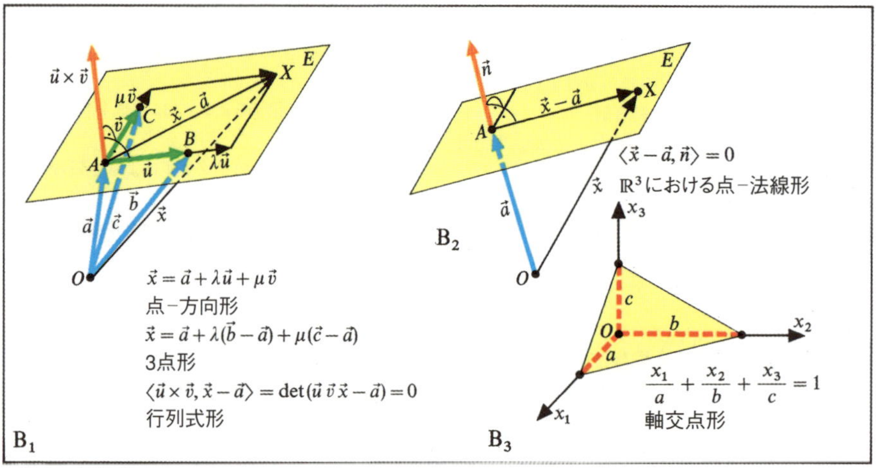

$\vec{x} = \vec{a} + \lambda\vec{u} + \mu\vec{v}$
点−方向形
$\vec{x} = \vec{a} + \lambda(\vec{b} - \vec{a}) + \mu(\vec{c} - \vec{a})$
3点形
$\langle \vec{u} \times \vec{v}, \vec{x} - \vec{a} \rangle = \det(\vec{u}\ \vec{v}\ \vec{x} - \vec{a}) = 0$
行列式形
B_1
$\langle \vec{x} - \vec{a}, \vec{n} \rangle = 0$
$\mathbb{R}^3$における点−法線形
B_2
$\dfrac{x_1}{a} + \dfrac{x_2}{b} + \dfrac{x_3}{c} = 1$
軸交点形
B_3

平面の方程式

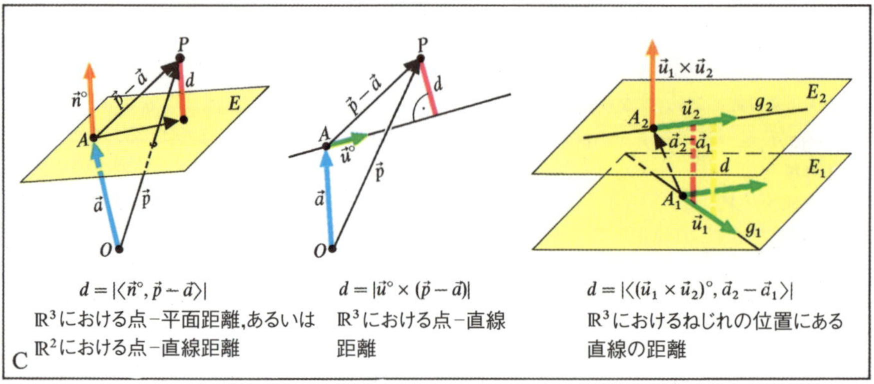

$d = |\langle \vec{n}^{\circ}, \vec{p} - \vec{a} \rangle|$
$\mathbb{R}^3$における点−平面距離,あるいは
$\mathbb{R}^2$における点−直線距離
$d = |\vec{u}^{\circ} \times (\vec{p} - \vec{a})|$
$\mathbb{R}^3$における点−直線
距離
$d = |\langle (\vec{u}_1 \times \vec{u}_2)^{\circ}, \vec{a}_2 - \vec{a}_1 \rangle|$
$\mathbb{R}^3$におけるねじれの位置にある
直線の距離
C

$\mathbb{R}^3$における距離計算

直線の方程式

曲線または曲面の方程式を求めるという課題は，原点 O を与えて，その点集合の点の位置ベクトルの間の関係を，あるいは座標系を与えて，それらの点の座標の間の関係を確立することにある．直線の場合は，いくつかのやり方がある．その上の1点 A の位置ベクトル $\vec{a}$ とその方向ベクトル $\vec{u}$ によって直線が定義されているとき，方程式は

$\vec{\alpha} = \vec{a} + \lambda\vec{u}$（**点-方向形**）

と書かれる（図 A_1）．ここでパラメータ λ は全実数上を動く．直線がその上の2点 A, B によって定められているとき，それらの位置ベクトル $\vec{a}, \vec{b}$ によって $\vec{b} - \vec{a}$ が一つの方向ベクトルを表すので

$\vec{x} = \vec{a} + \lambda(\vec{b} - \vec{a})$（**2点形**）

と書き表される（図 A_2）．これら2種類の形の直線の方程式は $\mathbb{R}^2$ の中でも $\mathbb{R}^3$ の中でも有効である．また線分 AB が点 X によって分けられるときの分割比 τ をパラメータとして選ぶこともできる．$\vec{x} - \vec{a} = \tau(\vec{b} - \vec{x})$（図 A_2）を変形して次を得る：

$\vec{x} = \dfrac{\vec{a} + \tau\vec{b}}{1 + \tau}$（**分割比形**）

ただし，τ は $\mathbb{R} \setminus \{-1\}$ 上を動いて直線上の B を除く全点の位置ベクトルが得られる．直線上の点の位置ベクトル $\vec{x}$ に対して $\vec{u}$ と $\vec{x} - \vec{a}$ は共線的（1次従属）であるから $\mathbb{R}^3$ では直線は次の形の方程式で表される：

$\vec{u} \times (\vec{x} - \vec{a}) = \vec{0}$（**ベクトル積形**）

$\mathbb{R}^2$ での直線はその上の1点 A とそれに垂直な位置ベクトル $\vec{n}$（**法線ベクトル**）とによって定まる．すなわち次のように表される（図 A_3）：

$\langle \vec{n}, \vec{x} - \vec{a} \rangle$（**点-法線形**）

ベクトル方程式は座標間の方程式の系に分解される．$\mathbb{R}^2$ でのパラメータ形に対してパラメータは消去することができる．$\mathbb{R}^2$ でのパラメータを含まない重要な座標方程式には次のものがある（図 $\mathrm{A}_4, \mathrm{A}_5$）．

$\dfrac{x_2 - a_2}{x_1 - a_1} = m$（**点-方向形**），　$\dfrac{x_2 - a_2}{x_1 - a_1} = \dfrac{x_2 - b_2}{x_1 - b_1}$（**2点形**）

$x_2 = mx_1 + b$（**法線形**），　$\dfrac{x_1}{a} + \dfrac{x_2}{b} = 1$（**軸交点形**）

ここで m は直線の傾き，a と b はそれぞれ x_1-軸，x_2-軸との交点の（0 でないほうの）座標を表す．

平面の方程式

空間における平面は，その上の1点 A と二つの1次独立な方向ベクトル $\vec{u}, \vec{v}$ とによって定まる．すなわち（図 B_1）：

$\vec{x} = \vec{a} + \lambda\vec{u} + \mu\vec{v}$（**点-方向形**）

パラメータ λ, μ は互いに独立に全実数を動く．

1直線上にない3点 A, B, C が与えられたとき，それらが定める平面の方程式は次のように書き表される（図 B_1）．

$\vec{x} = \vec{a} + \lambda(\vec{b} - \vec{a}) + \mu(\vec{c} - \vec{a})$（**3点形**）

また，法線ベクトル $\vec{n}$ を用いるときは（図 B_2）：

$\langle \vec{n}, \vec{x} - \vec{a} \rangle = 0$（**点-法線形**）

と表される．法線ベクトルとして，$\vec{u}$ と $\vec{v}$ のベクトル積 $\vec{u} \times \vec{v}$ を用いれば（図 B_1）次が得られる：

$\langle \vec{u} \times \vec{v}, \vec{x} - \vec{a} \rangle = 0$（**行列式形**）

この行列式の計算を実行すれば，実数 x_1, x_2, x_3 についての線形方程式が得られる．このような線形方程式は常に空間の平面を定める．特殊な形のものとしては次の軸交点座標 a, b, c による表現がある．

$\dfrac{x_1}{a} + \dfrac{x_2}{b} + \dfrac{x_3}{c} = 1$（**軸交点形**）

交わり図形

方程式 $\vec{x} = \vec{a}_1 + \lambda_1\vec{u}_1$，$\vec{x} = \vec{a}_2 + \lambda_2\vec{u}_2$ で与えられた2直線が**平行**であるのは，$\vec{u}_1$ と $\vec{u}_2$ が1次従属であるときである．それらが全く**等しい**のは $\vec{u}_1, \vec{u}_2, \vec{a}_2 - \vec{a}_1$ が対ごとに1次従属であるときである．平行でない2直線は，条件 $\vec{a}_1 + \lambda_1\vec{u}_1 = \vec{a}_2\lambda_2\vec{u}_2$ によって決まる座標方程式系が解対 (λ_1, λ_2) を持つときに互いに交わる．反対の場合には，それらは**ねじれの位置**にある．方程式 $\vec{x} = \vec{a}_1 + \lambda_1\vec{u}_1 + \mu_1\vec{v}_1$, $\vec{x} = \vec{a}_2 + \lambda_2\vec{u}_2 + \mu_2\vec{v}_2$ で与えられる2平面が**平行**であるのは，$\vec{u}_1, \vec{v}_1, \vec{u}_2, \vec{v}_2$ が**共線的**すなわちそれらが一つの2次元部分ベクトル空間の中にあるときである．平行でない2平面は常にそれらの**交線**と呼ばれる共通部分（直線）を持つ．交線の方程式を求めるには，まずその上の点を二つの座標平面で明示すればよい．同様にして，直線と平面についてそれらが平行であるかどうか，どのような交点を持つかなどを調べることができる．

距離計算

1点の1直線からの，または1平面からの距離を計算するには，単位法線ベクトル，あるいは単位方向ベクトルを取った上で，点-法線形の，あるいはベクトル積形の方程式を用いるのが適している．

$\mathbb{R}^3$ での平面，あるいは $\mathbb{R}^2$ での直線の，この特別の形の点-法線形表現

$\langle \vec{n}^\circ, \vec{x} - \vec{a} \rangle = 0$（**ヘッセ形式**）

の左辺に勝手な点 P の位置ベクトルを代入すれば，**点 P のこの平面からの距離**は次で与えられる：

$d = |\langle \vec{n}^\circ, \vec{p} - \vec{a} \rangle|$

$\mathbb{R}^3$ では点 P の直線からの距離は，この直線の特別な形のベクトル積形の表現

$\vec{u}^\circ \times (\vec{x} - \vec{a}) = 0$ から，同様の代入により

$d = |\vec{u}^\circ \times (\vec{p} - \vec{a})|$

と与えられる．ねじれの位置にある**二つの直線**

$\vec{x} = \vec{a}_1 + \lambda_1\vec{u}_1$, $\vec{x} = \vec{a}_2 + \lambda_2\vec{u}_2$

の間の距離については，次の公式が成立する．

$d = |\langle (\vec{u}_1 \times \vec{u}_2)^\circ, \vec{a}_2 - \vec{a}_1 \rangle|$

A 球，$\mathbb{R}^2$ における円，円錐と倍円錐

$\langle \vec{x} - \vec{s}, \vec{a}° \rangle = -|\vec{x} - \vec{s}| \cos \omega$
$\downarrow$
$\langle \vec{x} - \vec{s}, \vec{a}° \rangle^2 = |\vec{x} - \vec{s}|^2 \cdot \cos^2 \omega$
$\uparrow$
$\langle \vec{x} - \vec{s}, \vec{a}° \rangle = |\vec{x} - \vec{s}| \cos \omega$

B 楕円（$\alpha = 90°$のとき円） 放物線 双曲線

$90° \geq \alpha > \omega$ $\alpha = \omega$ $\omega > \alpha \geq 0°$

$\vec{s} = \begin{pmatrix} s_1 \\ 0 \\ s_3 \end{pmatrix}$
$\vec{a}° = \begin{pmatrix} \cos\alpha \\ 0 \\ \sin\alpha \end{pmatrix}$

倍円錐の切り口と平面

C 楕円，放物線，双曲線

楕円: $\overline{F_1 P} + \overline{PF_2} = 2a$
放物線: $\overline{PA} = \overline{PF}$
双曲線: $|\overline{F_1 P} - \overline{PF_2}| = 2a$

楕円:
F_1, F_2 焦点，
N_1, N_2 副頂点，
$H_1 H_2$ 長軸，
H_1, H_2 主頂点，
M 中点，
$N_1 N_2$ 短軸

放物線:
F 焦点， S 頂点
l 準線， p パラメータ

双曲線:
F_1, F_2 焦点，
M 中点，
S_1, S_2 頂点，
$S_1 S_2$ 双曲線軸

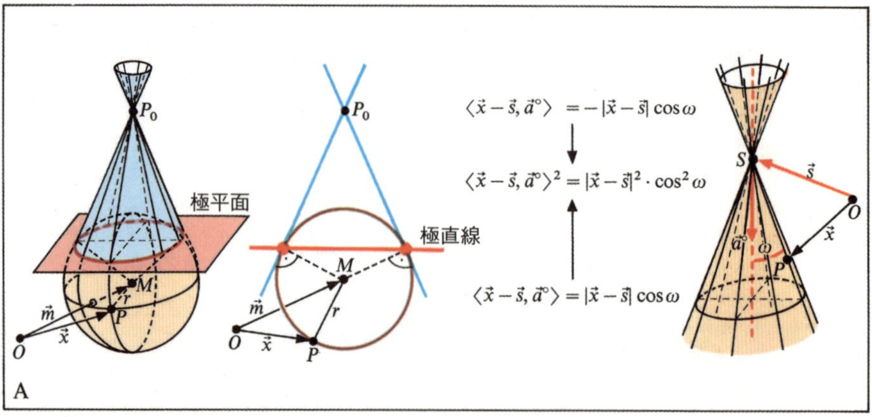

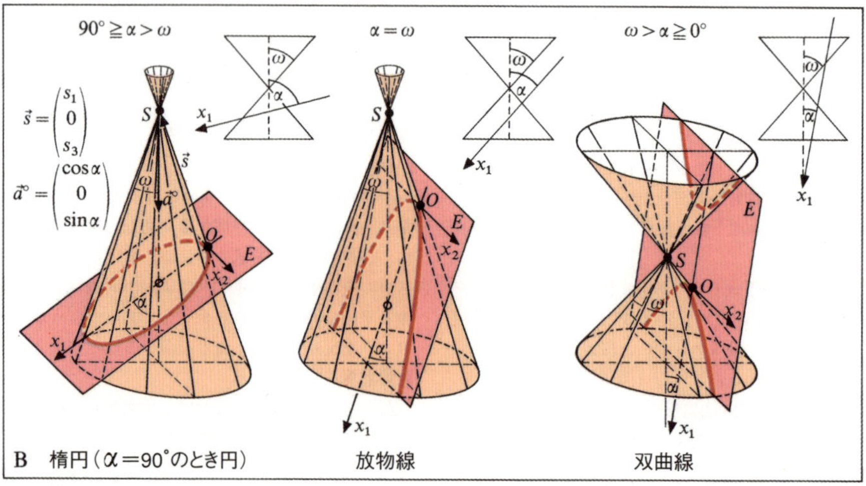

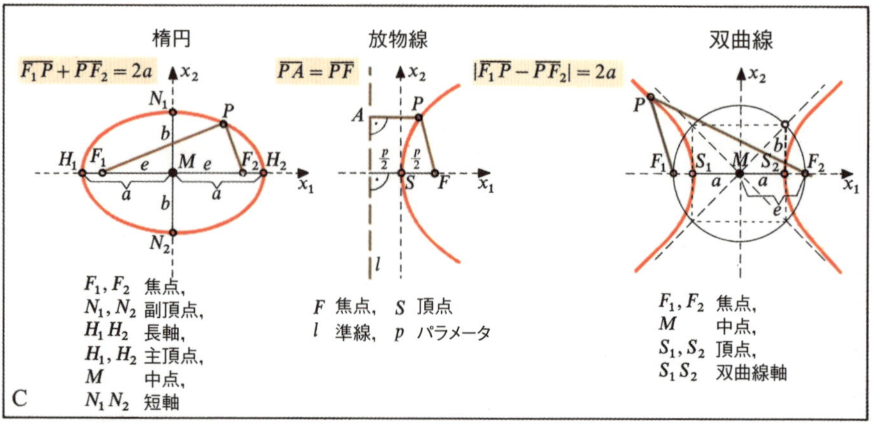

球と円

中心である 1 点 M からの距離が r $(r \in \mathbb{R}^+)$ となる $\mathbb{R}^3$ の（$\mathbb{R}^2$ の）点全体の集合は球面（$\mathbb{R}^2$ 上の円）である．ベクトルについての方程式で表す（図 A）：$|\vec{x}-\vec{m}| = r$ すなわち $\langle \vec{x}-\vec{m}, \vec{x}-\vec{m} \rangle = r^2$ となる．したがって直交座標系での方程式として球面には $(x_1-m_1)^2+(x_2-m_2)^2+(x_3-m_3)^2 = r^2$，また円に対しては $(x_1-m_1)^2+(x_2-m_2)^2 = r^2$ が得られる．

円と球面の接線，接平面

球面（$\mathbb{R}^2$ 上の円）と 1 点のみを共有する直線は**接線**と呼ばれ，共有点は**接点**と呼ばれる．球面の場合は，一つの接点を通る接線の全体は一つの平面すなわち**接平面**を形成する．球面または円の接線はすべて，いわゆる**接半径**と垂直であるので，球面の接平面あるいは $\mathbb{R}^2$ 上の円の接線に対しては，次のベクトル方程式が得られる．

$$\langle \vec{x}-\vec{m}, \vec{b}-\vec{m} \rangle = r^2$$

ただし，ここで $\vec{b}$ は接線の位置ベクトルである．

極平面，極直線

球の外に置かれた 1 点 P_0（極）を通る球面の接線の全体は，倍円錐を形成する（図 A）．このときできる全接点の集合は円であり，その円が載っている平面，すなわち**極平面**が定まる（図 A）．$\mathbb{R}^2$ 上の円の場合には接点はちょうど 2 個あり，それらを通る直線，すなわち**極直線**が決まる（図 A）．極平面あるいは極直線のベクトル方程式は次のように与えられる．

$$\langle \vec{x}-\vec{m}, \vec{p}_\circ-\vec{m} \rangle = r^2$$

円錐，倍円錐

頂点 S，軸単位ベクトル $\vec{a}^\circ$ および開角 2ω によって決定される円錐上の点の全体は，次のベクトル方程式をみたすものとして定義される（図 A）：

$$\langle \vec{x}-\vec{s}, \vec{a}^\circ \rangle = |\vec{x}-\vec{s}| \cdot \cos\omega$$

これを楕円錐に拡大したときの方程式は次のものとなる：$\langle \vec{x}-\vec{s}, \vec{a}^\circ \rangle = |\vec{x}-\vec{s}|^2 \cos^2\omega$ すなわち

$$\langle \vec{x}-\vec{s}, \vec{a}^\circ \rangle^2 = \langle \vec{x}-\vec{s}, \vec{x}-\vec{s} \rangle \cdot \cos^2\omega.$$

倍円錐と平面の切り口

倍円錐と平面の切り口の図形は，いくつかの例外の場合（点，直線，または互いに交わる直線対）を除けば，楕円（円を含む），放物線，または双曲線（図 B）である．これはそれらに応じた特別な直交座標系をとることにより確かめられる（図 B）．このとき平面の方程式は $x_3 = 0$ となる．x_1x_2 平面での切り口の図形の方程式として得られるのは

$$(1-\varepsilon^2)x_1^2 - 2px_1 + x_1^2 = 0 \qquad ここで$$
$$\varepsilon = \frac{\cos\alpha}{\cos\omega},\ p = s(\varepsilon - \cos(\alpha+\omega)).$$

ε は離心率，p はパラメータである．切り口の図形は x_1-軸に関して対称であり原点を含む．$x_2^2 = 2px_1 - (1-\varepsilon^2)x_1^2$ の形の方程式は円錐曲線の**頂点形式**と呼ばれる．$s = 0$ の場合には，上述の例外の切り口が得られる．以下では $s \neq 0$ とする．

I. $90° \geqq \alpha > \omega$ または $\omega > \alpha \geqq 0°$

この場合には x_1-軸は倍円錐を原点でのほかに，点 $A(2p/(1-\varepsilon^2), 0, 0)$ でも交わる，$\varepsilon \neq 1$ だからである．線分 OA の中点 $M(p/(1-\varepsilon^2), 0, 0)$ が原点となるように座標系をズラせば，方程式は

$$\frac{x_1^2}{a^2} + \frac{x_2^2}{a^2(1-\varepsilon^2)} = 1 \ (ただし,\ a := |\frac{p}{1-\varepsilon^2}|)$$

の形となる．$90° \geqq \alpha > \omega$ のときは $1-\varepsilon^2 > 0$，$\omega > \alpha \geqq 0$ のときは反対に $1-\varepsilon^2 < 0$ となる．$b := a\sqrt{|1-\varepsilon^2|}$ と置けば，それぞれに次の形の方程式が得られる：

$$(1)\ \frac{x_1^2}{a^2} + \frac{x_2^2}{b^2} = 1 \qquad (2)\ \frac{x_1^2}{a^2} - \frac{x_2^2}{b^2} = 1$$
$$(90° \geqq \alpha > \omega) \qquad (\omega > \alpha \geqq 0°)$$

(1) をみたす点の集合は**楕円**，(2) をみたす点の集合は**双曲線**と呼ばれる．(1) の場合，$a = b$ $(\Leftrightarrow \alpha = 90°)$ であれば円となる．

II. $\alpha = \omega$ の場合

方程式は $\varepsilon = 1$ となるので

$$(3)\ x_2^2 = 2px_1$$

の形となり，得られる点集合は**放物線**と呼ばれる．

楕円，放物線，双曲線

これらは点の軌跡としても特徴付けられる：

(a) F_1, F_2 が互いの距離 $2e$ であるとき，$\overline{F_1P} + \overline{F_2P} = 2a$ $(a \in \mathbb{R}^+,\ a > e)$ となる点 P 全体の集合は**楕円**，また $\overline{F_1P} - \overline{F_2P} = 2a$ $(a \in \mathbb{R}^+,\ a < e)$ となる点 P 全体の集合は**双曲線**である（図 C）．

(b) ℓ を直線，F を ℓ からの距離が $p(>0)$ である点とするとき，ℓ からも P からも等距離にある点全体の集合は**放物線**である（図 C）．

図 C のように座標系を導入すれば，上の (1) から (3) までの方程式が得られる．それぞれの場合，曲線上の点 $A(a_1, a_2)$ での接線の方程式は以下のよう：

$$(1T)\ \frac{x_1a_1}{a^2} + \frac{x_2a_2}{b^2} = 1 \quad (2T)\ \frac{x_1a_1}{a^2} - \frac{x_2a_2}{b^2} = 1$$
$$(3T)\ x_1a_2 = p(x_1 + a_1)$$

2 変数の一般 2 次方程式

これは，$Ax_1^2 + Bx_2^2 + Cx_1x_2 + Dx_1 + Ex_2 + F = 0$ $(A, \ldots, F \in \mathbb{R})$ の形の方程式である．上の円錐曲線の方程式は，この方程式の特別な形のものである．反対に，若干の例外を除けば一般方程式は円錐曲線のみを表す．目的に応じて $a_{11}x_1^2 + 2a_{12}x_1x_2 + a_{22}x_2^2 + 2a_{01}x_1 + 2a_{02}x_2 + a_{00} = 0$（ただし $a_{ik} \in \mathbb{R}$）が使われるが，これは行列方程式と解釈される：

$$\begin{pmatrix} x_1 & x_2 \end{pmatrix} \begin{pmatrix} a_{11} & a_{12} \\ a_{12} & a_{22} \end{pmatrix} \begin{pmatrix} x_1 \\ x_2 \end{pmatrix} + 2\begin{pmatrix} a_{01} & a_{02} \end{pmatrix} \begin{pmatrix} x_1 \\ x_2 \end{pmatrix} + a_{00} = 0$$

これは 2 次曲面の方程式 (p.191) と同様に扱われる．この方程式の表す図形は，p.192 に示された曲面の座標平面による切り口としても得られる．

$\mathbb{R}^3$

(1) $\vec{x}^* = B\vec{x} + \vec{c}$ ($\det(B)=1$) によって定義された変換が与えられたとする．

アフィンベクトル変換 $\vec{v}^* = B\vec{v}$ は固定ベクトルを持つ．$B\vec{u}^\circ = \vec{u}^\circ$ となる単位固定ベクトルを求める．スカラー積とベクトル積を用いて，二つの単位ベクトル $\vec{v}^\circ, \vec{w}^\circ$ で，$\vec{u}^\circ, \vec{v}^\circ, \vec{w}^\circ$ のどの二つを取っても直交するようなものをみつけ出し，右手系を作る．すると行列 $S := (\vec{u}^\circ\ \vec{v}^\circ\ \vec{w}^\circ)$ は直交行列である．

$\vec{x} = S\vec{x}'$ により，座標系の交換が実行され，原点は固定され，$\vec{u}^\circ, \vec{v}^\circ, \vec{w}^\circ$ によって新しい座標が確定する．新しい座標系では，$\vec{u}^\circ, \vec{v}^\circ, \vec{w}^\circ$ は列表現として $\begin{pmatrix}1\\0\\0\end{pmatrix}, \begin{pmatrix}0\\1\\0\end{pmatrix}, \begin{pmatrix}0\\0\\1\end{pmatrix}$ を持つ．等式(1)は次の形になる：

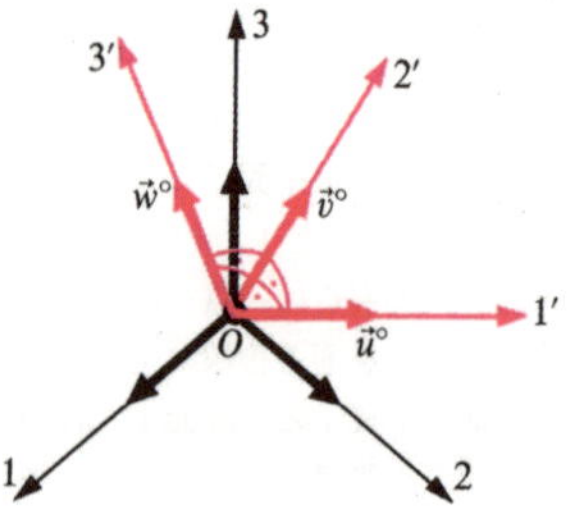

(2) $\vec{x}'^* = (S^\top BS)\vec{x}' + S^\top\vec{c}$.

行列 $S^\top BS$ の部分を計算すると，$0 \leqq \varphi < 2\pi$ となる角 φ が存在して

$$S^\top BS = \begin{pmatrix}1 & 0 & 0\\ 0 & \cos\varphi & -\sin\varphi\\ 0 & \sin\varphi & \cos\varphi\end{pmatrix}$$

となることが示される．したがって

(2a) $$\vec{x}'^* = \begin{pmatrix}1 & 0 & 0\\ 0 & \cos\varphi & -\sin\varphi\\ 0 & \sin\varphi & \cos\varphi\end{pmatrix}\vec{x}' + \begin{pmatrix}\langle\vec{u}^\circ, \vec{c}\rangle\\ \langle\vec{v}^\circ, \vec{c}\rangle\\ \langle\vec{w}^\circ, \vec{c}\rangle\end{pmatrix}.$$

I) $\varphi = 0$. $S^\top BS = E$ すなわち $B=E$ である．したがって変換は**平行移動**である．

II) $0 < \varphi < 2\pi$. (2a)で定義される変換が固定点を持つことと，$\langle\vec{u}^\circ, \vec{c}\rangle = 0$ となることとは同値である．すなわち次の二つの場合に分けられる：

IIa) $\langle\vec{u}^\circ, \vec{c}\rangle = 0$. この場合，$\vec{c} = \vec{0}$ または $\vec{c} \perp \vec{u}$ が成り立つ．

(2a)の固定点は，$\vec{v}^\circ$ と $\vec{w}^\circ$ で張られる座標平面上の点 F で列表示

$$\vec{f}' = \tfrac{1}{2}\begin{pmatrix}1 & 0 & 0\\ 0 & 1 & \cot\frac{\varphi}{2}\\ 0 & \cot\frac{\varphi}{2} & 1\end{pmatrix}\begin{pmatrix}0\\ \langle\vec{v}^\circ, \vec{c}\rangle\\ \langle\vec{w}^\circ, \vec{c}\rangle\end{pmatrix}$$

を持つ．座標系の平行移動 $\vec{x}' = \vec{x}'' + \vec{f}'$ により，点 F は新しい座標で原点に移され，(2a)から次が得られる：

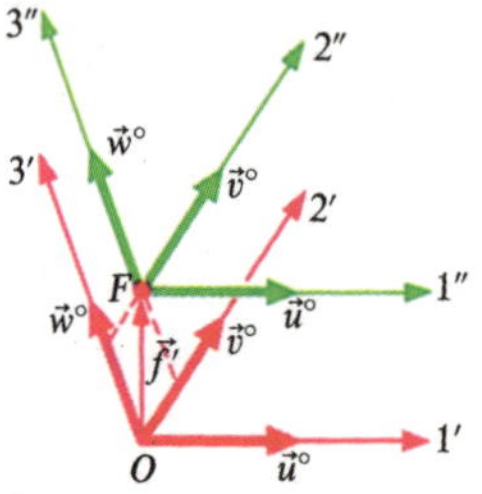

(3) $$\vec{x}''^* = \begin{pmatrix}1 & 0 & 0\\ 0 & \cos\varphi & -\sin\varphi\\ 0 & \sin\varphi & \cos\varphi\end{pmatrix}\vec{x}''.$$

したがって座標軸 $\vec{u}^\circ$ に関する**回転**が存在する．(1)によって与えられた写像は $\vec{x} = S\vec{f}' + \lambda\vec{u}^\circ$ によって規定される回転軸に関する回転である．$\vec{c} = \vec{0}$ の場合は回転軸は原点を通る．

IIb) $\langle\vec{u}^\circ, \vec{c}\rangle \neq 0$. この場合，(2a)の次の分解

(4) $$\vec{x}'^* = \begin{pmatrix}1 & 0 & 0\\ 0 & \cos\varphi & -\sin\varphi\\ 0 & \sin\varphi & \cos\varphi\end{pmatrix}\vec{x}' + \begin{pmatrix}0\\ \langle\vec{v}^\circ, \vec{c}\rangle\\ \langle\vec{w}^\circ, \vec{c}\rangle\end{pmatrix} + \begin{pmatrix}\langle\vec{u}^\circ, \vec{c}\rangle\\ 0\\ 0\end{pmatrix},$$

を考え，次の二つの写像の合成として理解する．

(4a) $$\vec{y} = \begin{pmatrix}1 & 0 & 0\\ 0 & \cos\varphi & -\sin\varphi\\ 0 & \sin\varphi & \cos\varphi\end{pmatrix}\vec{x}' + \begin{pmatrix}0\\ \langle\vec{v}^\circ, \vec{c}\rangle\\ \langle\vec{w}^\circ, \vec{c}\rangle\end{pmatrix},$$ (4b) $$\vec{x}'^* = \vec{y} + \begin{pmatrix}\langle\vec{u}^\circ, \vec{c}\rangle\\ 0\\ 0\end{pmatrix}.$$

(4a)の写像はIIaで扱った回転である．(4a)の写像は回転軸に沿った平行移動である．合成は一つの**らせん運動**．

本来的運動

アフィン線形写像

写像 $f: V^3 \to V^3$, $\vec{v} \mapsto \vec{v}^*$ は性質 $f(\alpha\vec{v}_1 + \beta\vec{v}_2) = \alpha f(\vec{v}_1) + \beta f(\vec{v}_2) = \alpha\vec{v}_1^* + \beta\vec{v}_2^*$ $(\vec{v}_1^*, \vec{v}_2^* \in V^3, \alpha, \beta \in \mathbb{R})$ を持つとき，**アフィン線形写像**と呼ばれる．V^3 の基底 $B = \{\vec{b}_1, \vec{b}_2, \vec{b}_3\}$ を一つ決めると，アフィン線形写像は像ベクトル $\vec{b}_1^*, \vec{b}_2^*, \vec{b}_3^*$ を知ることによって，一意的に定められる．B に関して $\vec{b}_1^*, \vec{b}_2^*, \vec{b}_3^*$ が行ベクトル $\begin{pmatrix} a_{11} \\ a_{21} \\ a_{31} \end{pmatrix}, \begin{pmatrix} a_{12} \\ a_{22} \\ a_{32} \end{pmatrix}, \begin{pmatrix} a_{13} \\ a_{23} \\ a_{33} \end{pmatrix}$ によって表示されるならば，3×3 行列 $A = (\, \vec{b}_1^* \; \vec{b}_2^* \; \vec{b}_3^* \,)$ によって $\vec{v}^* = A\vec{v}$ が成り立つ．逆にすべての 3×3 行列 A には $\vec{v} \mapsto \vec{v}^* = A\vec{v}$ によって定まるアフィン線形写像が対応する．したがって，アフィン線形写像は**行列方程式** $\vec{v}^* = A\vec{v}$ によって完全に記述される．

アフィン点写像

アフィン点写像と呼ばれるのは $\vec{x} \mapsto \vec{x}^* = A\vec{x} + \vec{c}$（ただし A は 3×3 行列，$\vec{c}$ は固定ベクトル）と定義される写像 $f: \mathbb{R}^3 \to \mathbb{R}^3$, $\vec{x} \mapsto \vec{x}^*$ を指す．アフィン点写像は同じ行列 A で定義されるアフィン線形写像 $\vec{v}^* = A\vec{v}$ を引き起こし，逆に任意の $\vec{v} = \vec{x}_1 - \vec{x}_2$ に対して，$\vec{v}^* = (\vec{x}_1 - \vec{x}_2)^* := \vec{x}_1^* - \vec{x}_2^*$ を要請すれば点写像が得られる．すなわち $\vec{v}^* = A\vec{v}$ とアフィン線形写像が定義されているとき，1 点 P_1 に対して，その像点 P_1^* を決めてやれば，対応するアフィン点写像は $\vec{x}^* = A\vec{x} + \vec{c}$ と一意的に定まる．もちろん，ここで $\vec{c} = \vec{x}_1^* - \vec{x}_1$ である．

アフィン点写像の諸性質

アフィン点写像によっては，直線は直線に，平面は平面に写像される．平行性と分割比は（一般に）不変である．アフィン点写像はすべて，1 平面上にない 4 点 P_1, P_2, P_3, P_4 とそれらの像点 $P_1^*, P_2^*, P_3^*, P_4^*$ を与えれば完全に一つに定まる．このとき A と $\vec{c}$ は次のように選ぶことができる：

$$A = ((\vec{x}_2^* - \vec{x}_1^*)(\vec{x}_3^* - \vec{x}_1^*)(\vec{x}_4^* - \vec{x}_1^*)) \cdot ((\vec{x}_2 - \vec{x}_1)(\vec{x}_3 - \vec{x}_1)(\vec{x}_4 - \vec{x}_1))^{-1},$$
$$\vec{c} = \vec{x}_1^* - A\vec{x}_1.$$

アフィン写像で $\det(A) = 0$ となるものは，退化しているまたは特異であるといわれる．このような写像によっては，1 平面上にないどのような 4 点も，それらの像点が常に 1 平面上に載るように写される．$|\det(A)| = 1$ のときは，平行六面体 (p.183) の体積は保存される．このような体積を保つアフィン点写像は**ズラシアフィン性**と呼ばれる．$\det(A) = 1$ となるようなズラシアフィン性においてはベクトルの外積（p.183）も保存される．**非特異（正則）**アフィン点写像，すなわち $\det(A) \neq 0$ のものの全体は，合成に関して群をなし，ズラシアフィン性の全体はその部分群，その中で $\det(A) = 1$ のものの全体はさらにその部分群となる．

運動

アフィン点写像はユークリッド幾何学の枠組に対して，まだ一般的すぎる，それは 2 点間の距離を一般には保存しないからである．距離を，したがって内積をも，保存するアフィン点写像 $\vec{x}^* = B\vec{x} + \vec{c}$ は**運動**と呼ばれ，行列 B は**直交行列** $(BB^\top = E)$ である．行列式の諸定理 (p.81) から $|\det(B)| = 1$ が導かれる．したがって運動は特別なズラシアフィン性である．$\det(B) = 1$ であるときは**本来的運動**，$\det(B) = -1$ であるときは**非本来的運動**といわれる．直交行列 B については $BB^\top = E$ より，その三つの列は互いに直交する長さ 1 のベクトルであることが分かる．逆に $\vec{e}_1, \vec{e}_2, \vec{e}_3$ が互いに直交する長さ 1 のベクトルであるならば，$B := (\, \vec{e}_1 \; \vec{e}_2 \; \vec{e}_3 \,)$ は直交行列である．すなわち $\vec{x}^* := B\vec{x} + \vec{c}$ は運動を定義する．もし $\vec{e}_1, \vec{e}_2, \vec{e}_3$ がこの順序で右手系となるならば，この運動は本来的である．運動の全体は合成に関して群をなし，そのうち本来的なもの全体はその部分群となる．

座標系の取り換え

座標系は原点 O と V^3 の基底 $B = \{\vec{b}_1, \vec{b}_2, \vec{b}_3\}$ (p.181) の対 (O, B) によって与えられる．$\vec{x}$ を点 P の (O, B) に関する位置ベクトルとする．ここで別の座標系 (O^*, B^*) $(B^* = \{\vec{b}_1^*, \vec{b}_2^*, \vec{b}_3^*\})$ を導入したとすると，(O^*, B^*) に関する位置ベクトル $\vec{x}^*$ には，一般に別の列ベクトル表示が与えられる．これらが直交座標系であるときは $\vec{x}^* = B^\top(\vec{x} - \vec{0}^*)$ あるいは $\vec{x} = \tilde{B}\vec{x}^* + \vec{0}^*$ $(\tilde{B} = (\, \tilde{b}_1 \; \tilde{b}_2 \; \tilde{b}_3 \,))$ が得られる．ただし $\vec{0}^*$ は O^* の (O, B) に関する列ベクトル表示，また $\tilde{b}_k$ は b_k^* の B に関する列ベクトル表示とする．$\tilde{B}$ は直交行列であるので，座標の取り換えは運動として記述される．逆に任意の運動はまた直交座標系の取り換えとみなすことができる．

運動のタイプ（p.144 参照）

a) **平行移動**：$B = E$ と置いて得られる運動 $\vec{x}^* = \vec{x} + \vec{c}$ は平行移動を記述する．

b) **回転**：$\det(B) = 1$, $\vec{c} = \vec{0}$ のとき，原点を通る 1 直線を軸とする回転が得られる（図）．$\vec{c} \neq \vec{0}$ の場合にも回転が得られることがある（図）．

c) **らせん運動**：本来的運動の一般形はらせん運動である．回転とその軸に沿っての平行移動の合成をそのように呼ぶのである（図）

d) **回転鏡映**：$\det(B) = -1$ であって，行列 $B + E$ がちょうど二つの 1 次独立行ベクトルを持つときは，典型的な非本来的運動として回転鏡映が得られる．これは一つの平面に関する鏡映と，その平面に垂直な直線を軸とする回転の合成である．

e) **滑鏡映**：$\det(B) = -1$ であって，行列 $B + E$ の任意の二つの列ベクトルが 1 次従属であるときは，非本来的運動の特殊例として滑鏡映が得られる．これは，一つの平面に関する鏡映と，その平面に平行な方向への平行移動の合成である．

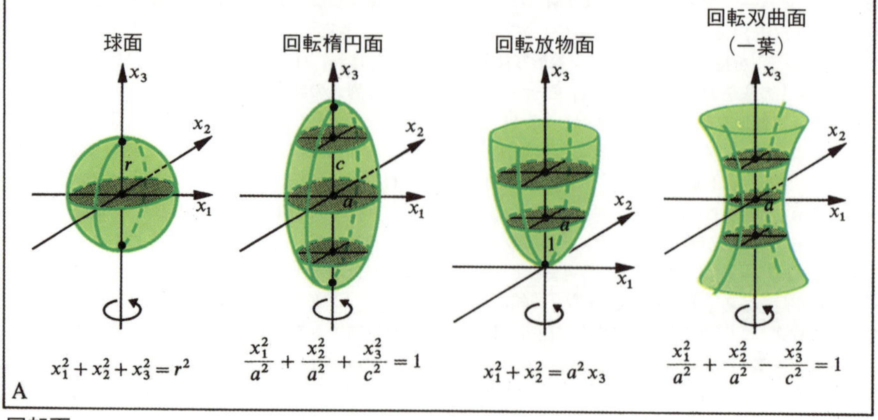

回転面

2次方程式： $7x_1^2+6x_2^2+5x_3^2-4x_1x_2-4x_2x_3+14x_1-8x_2+10x_3+6=0$

行列形：
$$(x_1\,x_2\,x_3)\underbrace{\begin{pmatrix}7&-2&0\\-2&6&-2\\0&-2&5\end{pmatrix}}_{A}\begin{pmatrix}x_1\\x_2\\x_3\end{pmatrix}+2\underbrace{(7\ \ -4\ \ 5)}_{\vec{a}^{\top}}\begin{pmatrix}x_1\\x_2\\x_3\end{pmatrix}+6=0$$

特性方程式：
$$\det(A-xE)=\begin{vmatrix}7-x&-2&0\\-2&6-x&-2\\0&-2&5-x\end{vmatrix}=0\Leftrightarrow(x-3)(x-6)(x-9)=0$$

固有値： $\lambda_1=3,\ \lambda_2=6,\ \lambda_3=9$

単位固有ベクトル： $(A-\lambda_1E)\vec{e}=\vec{o}$　$(A-\lambda_2E)\vec{e}=\vec{o}$　$(A-\lambda_3E)\vec{e}=\vec{o}$

$$\begin{pmatrix}4&-2&0\\-2&3&-2\\0&-2&2\end{pmatrix}\vec{e}=\vec{o}\qquad\begin{pmatrix}1&-2&0\\-2&0&-2\\0&-2&-1\end{pmatrix}\vec{e}=\vec{o}\qquad\begin{pmatrix}-2&-2&0\\-2&-3&-2\\0&-2&-4\end{pmatrix}\vec{e}=\vec{o}$$

$$\vec{e}_1^{\circ}=\frac{1}{3}\begin{pmatrix}1\\2\\2\end{pmatrix}\qquad\vec{e}_2^{\circ}=\frac{1}{3}\begin{pmatrix}2\\1\\-2\end{pmatrix}\qquad\vec{e}_3^{\circ}=\frac{1}{3}\begin{pmatrix}2\\-2\\1\end{pmatrix}$$

変換行列：
$$B=(\vec{e}_2^{\circ}\,\vec{e}_1^{\circ}\,\vec{e}_3^{\circ})=\frac{1}{3}\begin{pmatrix}2&1&2\\1&2&-2\\-2&2&1\end{pmatrix}$$
これらの単位固有ベクトルは，ここに与えられた順序で右手系をなす．

主軸形式：
$$B^{\top}AB=\begin{pmatrix}6&0&0\\0&3&0\\0&0&9\end{pmatrix},\vec{a}^{\top}B=(0\ \ 3\ \ 9)\qquad(x_1^*\,x_2^*\,x_3^*)\begin{pmatrix}6&0&0\\0&3&0\\0&0&9\end{pmatrix}\begin{pmatrix}x_1^*\\x_2^*\\x_3^*\end{pmatrix}+2(0\ \ 3\ \ 9)\begin{pmatrix}x_1^*\\x_2^*\\x_3^*\end{pmatrix}+6=0$$
$$\Leftrightarrow 2x_1^{*2}+x_2^{*2}+3x_3^{*2}+2x_2^*+6x_3^*+2=0$$

平行移動： $\vec{x}^*=\hat{\vec{x}}+\vec{c}$ mit $\vec{c}^{\top}=(0\ \ -1\ \ -1)$: $2\hat{x}_1^2+\hat{x}_2^2+3\hat{x}_3^2-2=0\Leftrightarrow\frac{\hat{x}_1^2}{1}+\frac{\hat{x}_2^2}{2}+\frac{\hat{x}_3^2}{\frac{2}{3}}=1$

回転楕円面（p.193参照）

B

主軸変換の例

一般2次曲面の方程式

円，楕円，放物線，双曲線などを回転させると，$\mathbb{R}^3$ の中に一連の**回転面**が生ずる：球面，回転楕円面，回転放物面，回転双曲面など（図A）．うまく座標系を取ると，これらの曲面には簡単な座標間の方程式が与えられる（図A）．これらの曲面を運動の作用のもとに置くならば，曲面の位置が変わったのみであるのに，はるかに複雑な方程式になってしまう．運動によって変化した座標方程式の形は常に次の形になる：

$$Ax_1^2+Bx_2^2+Cx_3^2+Dx_1x_2+Ex_1x_3+Fx_2x_3+Gx_1+Hx_2+Ix_3+K=0\ (A,\ldots,K\in\mathbb{R}).$$

ここで視点を逆にすると，上の形の方程式によって記述される幾何学的図形の全体が何であるかという疑問が起こる．そのようなものを**次数2の曲面**あるいは**2次曲面**と呼ぶ．2次曲面の一般方程式は，次の形で書き表すのが便利である：

(I) $a_{11}x_1^2+2a_{12}x_1x_2+a_{22}x_2^2+2a_{13}x_1x_3+2a_{23}x_2x_3+a_{33}x_3^2+2a_{01}x_1+2a_{02}x_2+2a_{03}x_3+a_{00}=0\ (a_{ik}\in\mathbb{R})$

こうすれば**行列形**になるからである．

(II) $\vec{x}^\top A\vec{x}+2\vec{a}^\top\vec{x}+a_{00}=0$，ただし

$$A=\begin{pmatrix} a_{11} & a_{12} & a_{13}\\ a_{12} & a_{22} & a_{23}\\ a_{13} & a_{23} & a_{33}\end{pmatrix},\ \vec{a}=\begin{pmatrix}a_{01}\\a_{02}\\a_{03}\end{pmatrix},\ \vec{x}=\begin{pmatrix}x_1\\x_2\\x_3\end{pmatrix}$$

また，$\vec{x}^\top,\vec{a}^\top$ は転置ベクトルを表す．

注意 A は対称行列である，すなわち $A^\top=A$．

主軸変換

(I) で定義された2次曲面には，その幾何学的形状を変えることなく，任意の運動を作用させることができる．最初に回転（これは別の直交座標系の導入と同値，p.189）を用いて2次曲面の位置を，その方程式の中に x_1x_2,x_2x_3,x_1x_3 などの項が現れないようにする．すなわち $\vec{x}=B\vec{x}^*$ の形の回転で，それによって (I) が

(I*) $a_{11}^*x_1^{*2}+a_{22}^*x_2^{*2}+a_{33}^*x_3^{*2}+a_{01}^*x_1^*+a_{02}^*x_2^*+a_{03}^*x_3^*+a_{00}^*=0$（**主軸形**）

に移行するようなものを探す．(II) に代入すれば，新しい行列形が得られる：

(II*) $\vec{x}^{*\top}(B^\top AB)\vec{x}^*+2(\vec{a}^\top B)\vec{x}^*+a_{00}=0$

(I*) と (II*) の一致より $B^\top AB$ は対角行列となる．固有値と固有ベクトルの理論（後出）を用いれば，任意の対称行列 A に対してそのような B をみつけることができる．このようにして構成方法は**主軸変換**と呼ばれる（幾何学的解釈，後出）．

固有値，固有ベクトル

行列 A の**固有値**とは，変数 x の方程式 $\det(A-xE)=0$ の解のことである (p.159)．また，この方程式は A の**特性方程式**と呼ばれる．これは3次の方程式であるが，実対称行列 A の場合には，三つの実解を持つ．これらの解は必ずしも相異なるものではない：単純解，2重解，3重解などがあるからである．λ が行列 A の固有値であるとき，方程式 $(A-\lambda E)\vec{x}=0$ は常に $\vec{0}$ 以外の解を持つ（同次方程式系参照，p.83）．この方程式の解 ($\neq\vec{0}$) は，A の固有値 λ に関する**固有ベクトル**と呼ばれる．したがって固有値 λ についての固有ベクトル $\vec{e}$ に対しては $A\vec{e}=\lambda\vec{e}$ が成り立つ．$\vec{e}$ の0でない定数倍ベクトルも同様に λ に関する固有ベクトルであるから，それを長さ1にすることは常に可能である（単位固有ベクトルと呼ぶ）．固有ベクトルについての以下の定理は主軸変換において本質的である：

(1) 相異なる固有値に対応する固有ベクトルは互いに直交する．

(2) λ が A の2重固有値（3重固有値）であるならば，λ に対してちょうど2個（3個）の1次独立な固有ベクトルが存在する．それらの1次結合は λ についての固有ベクトルである．

結果 常に互いに直交する二つの長さ1の固有ベクトルが存在する．

a) $\lambda_1,\lambda_2,\lambda_3$ が A の三つの単純固有値であるときは，方程式 $A\vec{e}=\lambda_i\vec{e}$ によって，$\lambda_1,\lambda_2,\lambda_3$ に対応する単位固有ベクトル $\vec{e}_1^\circ,\vec{e}_2^\circ,\vec{e}_3^\circ$ が取れるが，これらは (1) によって互いに直交する．

b) λ_1 が単純固有値で，λ_2 が2重固有値であるときは，*a*) の場合と同様に，まず λ_1,λ_2 に対して互いに直交する単位固有ベクトル $\vec{e}_1^\circ,\vec{e}_2^\circ$ が取れる．λ_2 については (2) によって，$\vec{e}_2^\circ$ と1次独立な単位固有ベクトル $\vec{e}_3^\circ$ が存在する．$\vec{e}_3^\circ$ は $\vec{e}_2^\circ$ と直交するように取れ，それは (1) によって $\vec{e}_1^\circ$ とも直交する．そのような単位固有ベクトルは簡単にベクトル積 $\vec{e}_1\times\vec{e}_2$ として定めることもできる．

c) λ が3重固有値であるときは，(2) によって λ に関して3個の1次独立単位固有ベクトル $\vec{e}_1^\circ,\vec{e}_2^\circ,\vec{e}_3^\circ$ が存在し，これらは互いに直交するように選ぶことができる．

注意 このような互いに直交する3個の単位固有ベクトルが主軸変換の際に導入されるべき座標系の軸を決めるものである．

主軸変換詳論

a) $\lambda_1,\lambda_2,\lambda_3$ が A の単純固有値の場合

$\lambda_1,\lambda_2,\lambda_3$ それぞれに単位固有ベクトル $\vec{e}_1^\circ,\vec{e}_2^\circ,\vec{e}_3^\circ$ を決めてやる（図Bの例）．これらがこの順に右手系をなしているならば，$B:=(\,\vec{e}_1^\circ\ \vec{e}_2^\circ\ \vec{e}_3^\circ\,)$ と置くと，$\det(B)=1$ となり，この B は運動の行列となり，次の変形を得る：

$$B^\top AB=\begin{pmatrix}\vec{e}_1^{\circ\top}\\ \vec{e}_2^{\circ\top}\\ \vec{e}_3^{\circ\top}\end{pmatrix}(\,A\vec{e}_1^\circ\ A\vec{e}_2^\circ\ A\vec{e}_3^\circ\,)$$

$$=\begin{pmatrix}\vec{e}_1^{\circ\top}\\ \vec{e}_2^{\circ\top}\\ \vec{e}_3^{\circ\top}\end{pmatrix}(\,\lambda_1\vec{e}_1^\circ\ \lambda_2\vec{e}_2^\circ\ \lambda_3\vec{e}_3^\circ\,)=\begin{pmatrix}\lambda_1 & 0 & 0\\ 0 & \lambda_2 & 0\\ 0 & 0 & \lambda_3\end{pmatrix}.$$

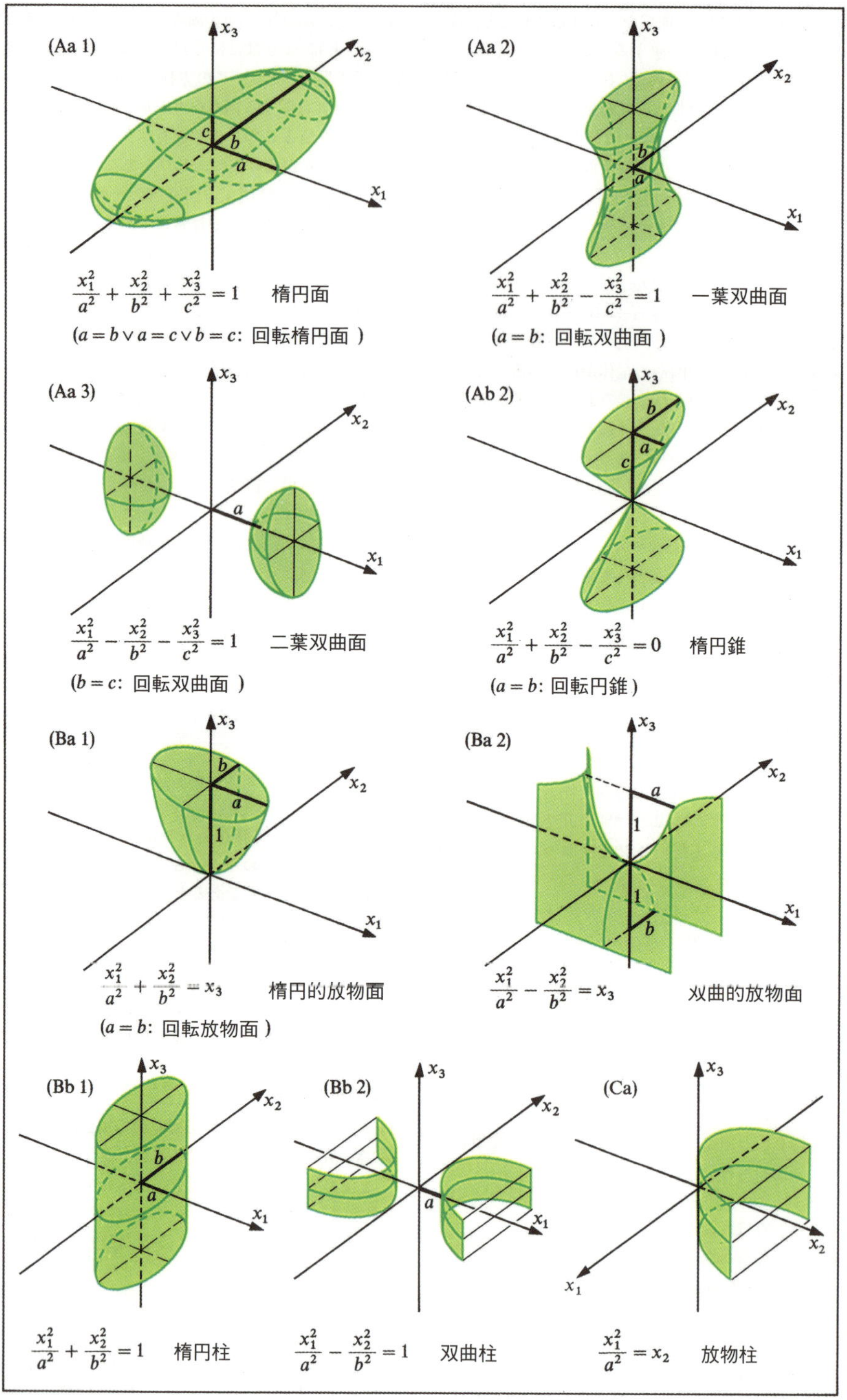
(Aa 1)
$\frac{x_1^2}{a^2}+\frac{x_2^2}{b^2}+\frac{x_3^2}{c^2}=1$　楕円面
($a=b \vee a=c \vee b=c$: 回転楕円面)
(Aa 2)
$\frac{x_1^2}{a^2}+\frac{x_2^2}{b^2}-\frac{x_3^2}{c^2}=1$　一葉双曲面
($a=b$: 回転双曲面)
(Aa 3)
$\frac{x_1^2}{a^2}-\frac{x_2^2}{b^2}-\frac{x_3^2}{c^2}=1$　二葉双曲面
($b=c$: 回転双曲面)
(Ab 2)
$\frac{x_1^2}{a^2}+\frac{x_2^2}{b^2}-\frac{x_3^2}{c^2}=0$　楕円錐
($a=b$: 回転円錐)
(Ba 1)
$\frac{x_1^2}{a^2}+\frac{x_2^2}{b^2}=x_3$　楕円的放物面
($a=b$: 回転放物面)
(Ba 2)
$\frac{x_1^2}{a^2}-\frac{x_2^2}{b^2}=x_3$　双曲的放物面
(Bb 1)
$\frac{x_1^2}{a^2}+\frac{x_2^2}{b^2}=1$　楕円柱
(Bb 2)
$\frac{x_1^2}{a^2}-\frac{x_2^2}{b^2}=1$　双曲柱
(Ca)
$\frac{x_1^2}{a^2}=x_2$　放物柱

2次曲面

b) λ_1 は A の単純固有値，λ_2 は 2 重固有値の場合
固有値 λ_1, λ_2 それぞれに対して単位固有ベクトル $\vec{e}_1^{\circ}, \vec{e}_2^{\circ}$ と決めてやると，$\vec{e}_1^{\circ} \times \vec{e}_2^{\circ}$ も λ_2 に関する単位固有ベクトル（p.191 参照）となり，$\vec{e}_1^{\circ}, \vec{e}_2^{\circ}, \vec{e}_1^{\circ} \times \vec{e}_2^{\circ}$ はこの順で右手系を作る．$B := (\,\vec{e}_1^{\circ}\ \vec{e}_2^{\circ}\ \vec{e}_1^{\circ} \times \vec{e}_2^{\circ}\,)$ と置けば $B^\top AB = \begin{pmatrix} \lambda_1 & 0 & 0 \\ 0 & \lambda_2 & 0 \\ 0 & 0 & \lambda_3 \end{pmatrix}$ となる．

c) λ が A の 3 重固有値の場合
固有値 λ に対して互いに直交する三つの固有ベクトル $\vec{e}_1^{\circ}, \vec{e}_2^{\circ}, \vec{e}_3^{\circ}$ を決める際，$\vec{e}_3^{\circ} = \vec{e}_1^{\circ} \times \vec{e}_2^{\circ}$ と置くことができ，そのときは $\vec{e}_1^{\circ}, \vec{e}_2^{\circ}, \vec{e}_3^{\circ}$ は右手系をなす．ここで $B := (\,\vec{e}_1^{\circ}\ \vec{e}_2^{\circ}\ \vec{e}_1^{\circ} \times \vec{e}_2^{\circ}\,)$ と置けば $B^\top AB = \lambda E$ となる．このとき $B^\top B = BB^\top = E$ なので，$A = \lambda E$ であることが分かる．

2 次曲面の分類

主軸変換は常に実行可能であるので，2 次曲面の分類において主軸形

(I*) $a_{11}^* x_1^{*2} + a_{22}^* x_2^{*2} + a_{33}^* x_3^{*2} + 2a_{01}^* x_1^* + 2a_{02}^* x_2^* + 2a_{03}^* x_3^* + a_{00}^* = 0$ (p.191)

のみの研究に制限することができる．登場する最も重要な 2 次曲面は図の頁から読み取れる．

(A) $a_{11}^*, a_{22}^*, a_{33}^* \neq 0$ の場合
x_1^*, x_2^*, x_3^* についての線形項が消えるような平行移動 $\vec{x}^* = \vec{\hat{x}} - \vec{c}$ が取れる，すなわち
$\vec{c}^\top = \left(\frac{a_{01}^*}{a_{11}^*}, \frac{a_{02}^*}{a_{22}^*}, \frac{a_{03}^*}{a_{33}^*}\right)$ とすればよい．方程式は
$$a_{11}^* \hat{x}_1^2 + a_{22}^* \hat{x}_2^2 + a_{33}^* \hat{x}_3^2 + \hat{a}_{00} = 0.$$

(Aa) さらに $\hat{a}_{00} \neq 0$ の場合：方程式は次の形：
$$\frac{\hat{x}_1^2}{-\frac{\hat{a}_{00}}{a_{11}^*}} + \frac{\hat{x}_2^2}{-\frac{\hat{a}_{00}}{a_{22}^*}} + \frac{\hat{x}_3^2}{-\frac{\hat{a}_{00}}{a_{33}^*}} = 1.$$

(Aa1) 分母がすべて正であるときは**楕円面**（特別例：回転楕円面，球面）が得られる．

(Aa2) 二つの分母のみが正であるときは，**一葉の双曲面**（特別例：回転双曲面）が得られる．

(Aa3) 二つの分母のみが負であるときは，二葉の双曲面（特別例：回転双曲面）が得られる．

(Aa4) すべての分母が負であるときは，実の曲面は現れない．

(Ab) $\hat{a}_{00} = 0$ の場合：このときの方程式の形は $a_{11}^* \hat{x}_1^2 + a_{22}^* \hat{x}_2^2 + a_{33}^* \hat{x}_3^2 = 0$.

(Ab1) すべての係数が正であるときは，$(0,0,0)$ のみが方程式をみたし，実際の曲面ではない．

(Ab2) ちょうど一つの係数が負であるときは，**楕円錐**が得られる．

(B) $a_{11}^*, a_{22}^* \neq 0, a_{33}^* = 0$ の場合
$$a_{11}^* x_1^{*2} + a_{22}^* x_2^{*2} + 2a_{01}^* x_1^* + 2a_{02}^* x_2^* + 2a_{03}^* x_3^* + a_{00}^* = 0$$
が問題となる．$\vec{c}^\top = \left(\frac{a_{01}^*}{a_{11}^*}, \frac{a_{02}^*}{a_{22}^*}, 0\right)$ と置いて，平行移動 $\vec{x}^* = \vec{\hat{x}} - \vec{c}$ を施せば，方程式の形は
$$a_{11}^* \hat{x}_1^2 + a_{22}^* \hat{x}_2^2 + 2a_{03}^* \hat{x}_3 + \hat{a}_{00} = 0$$

(Ba) さらに $a_{03}^* \neq 0$ の場合：さらに $\vec{c}^\top = (0, 0, \frac{\hat{a}_{00}}{2a_{23}^*})$ と置いて，平行移動 $\vec{\hat{x}} = \vec{\bar{x}} - c$ を行って
$$a_{11}^* \bar{x}_1^2 + a_{22}^* \bar{x}_2^2 + 2\hat{a}_{03}^* = 0$$

(Ba1) a_{11}^*, a_{22}^* が同符号であれば，得られる曲面は**楕円的放物面**と呼ばれる（特別な場合として回転放物面）．

(Ba2) 異符号のときは，**双曲的放物面**と呼ばれる曲面になる．

(Bb) $a_{03}^* = 0$ の場合 0 でない $\hat{a}_{00}$ に対しては
$$\frac{\hat{x}_1^2}{-\frac{\hat{a}_{00}}{a_{11}^*}} + \frac{\hat{x}_2^2}{-\frac{\hat{a}_{00}}{a_{22}^*}} = 1$$
と変形できる．

(Bb1) 分母がすべて正ならば，**楕円柱**が生ずる．

(Bb2) 分母が一つだけ負のときは**双曲柱**となる．

(Bb3) 分母がすべて負ならば，曲面は実でない．
$\hat{a}_{00} = 0$ に対しては，方程式は $a_{11}^* \bar{x}_1^2 + a_{22}^* \bar{x}_2^2 = 0$.

(Bb4) a_{11}^* と a_{22}^* が同符号ならば，方程式をみたす点は $(0,0,x_3)$ の形のもののみだから，実の曲面は得られない．

(Bb5) a_{11}^* と a_{22}^* の符号が異なるときは，**互いに交わる 2 平面**に分解する．

(C) $a_{11}^* \neq 0, a_{22}^* = a_{33}^* = 0$ の場合
まず方程式 $a_{11}^* x_1^{*2} + 2a_{01}^* x_1^* + 2a_{02}^* + 2a_{03}^* x_3^* + a_{00}^* = 0$ から平行移動 $\vec{x}^* = \vec{\hat{x}} - c$ $(\vec{c}^\top = (\frac{a_{01}^*}{a_{11}^*}, 0, 0))$ によって，$a_{11}^* \hat{x}_1^2 + 2a_{02}^* \hat{x}_2 + 2a_{03}^* \hat{x}_3 + \hat{a}_{00} = 0$ が得られる．$a_{02}^* = 0$ のときは $y = \frac{\pi}{2}$ と置き，$a_{02}^* \neq 0$ のときは $\varphi = \arctan \frac{a_{03}^*}{a_{02}^*}$ と置き，行列 $D_\varphi = \begin{pmatrix} 1 & 0 & 0 \\ 0 & \cos\varphi & -\sin\varphi \\ 0 & \sin\varphi & \cos\varphi \end{pmatrix}$ による回転 $\vec{\hat{x}} = D_\varphi \vec{\bar{x}}$ を行えば，方程式は次の形になる:
$$a_{11}^* \bar{x}_1^2 + \bar{a}_{02} \bar{x}_1 + \hat{a}_{00} = 0.$$

(Ca) $\bar{a}_{02} \neq 0$ の場合：平行移動 $\vec{\bar{x}} = \vec{x}' - \vec{c}$ $(\vec{c}^\top = (0, \frac{\hat{a}_{00}}{\bar{a}_{02}}, 0))$ を施せば，方程式 $a_{11}^* x_1'^2 + \bar{a}_{02} x_2' = 0$ が得られる．このとき曲面は**放物柱**と呼ばれる．

(Cb) $\bar{a}_{02} = 0$ の場合：このときの方程式は $a_{11}^* \bar{x}_1^2 + \hat{a}_{00} = 0$ と表される．

(Cb1) a_{11}^* と $\hat{a}_{00}$ が同符号であれば，**平行 2 平面**が得られる（$\hat{a}_{00} = 0$ のときは 2 重平面）．

(Cb2) これ以外の場合は，実の曲面にはならない．

2 次曲面の中心

点 M がある 2 次曲面の**中心**であるといわれるのは，その点に関する対称変換（鏡映）$\vec{x}^* = 2\vec{m} - \vec{x}$ によって，その 2 次曲面が自身の上に写されるときである．M が上の 2 次曲面の中心であるのは，$\vec{m}$ が $A\vec{x} + \vec{a} = 0$ の解であるときである．中心があるときにはこれは，**中心形**に書くことができる．すなわち：
$$(\vec{x} - \vec{m})^\top A(\vec{x} - \vec{m}) + \vec{a}^\top \vec{m} + a_{00} = 0.$$
楕円面，単葉または二葉の双曲面，あるいは楕円柱のように，ちょうど一つの中心を持つ 2 次曲面は，**中心 2 次曲面**と呼ばれる．放物面には中心はない．一方で，柱面には 1 個以上の中心がある．

点空間 $\mathbb{R}^1, \mathbb{R}^2$ および $\mathbb{R}^3$ などの一般化として n-次元の点空間 $\mathbb{R}^n (n \in \mathbb{N} \setminus \{0\})$，すなわち $\mathbb{R}$ の元の n-組 $(x_1, \ldots, x_n)$ の全体の集合がある．$\mathbb{R}^3$ のときと同様に「直線」，「平面」，「線分」などの概念が定義される．しかし $n \geqq 4$ に対しては，これらは直観的な基盤を欠いている，すなわち代数的に把握される概念を幾何学的に解釈することになる．

ベクトル空間 V^n

有限次元ベクトル空間の理論 (p.77) において，すでに $\mathbb{R}$ 上 n 次元のベクトル空間は同型を除いてただ一つ存在することが示されている．すなわち，それを V^n で表せば，V^n の一つの基底 $B := \{\vec{b}_1, \ldots, \vec{b}_n\}$ に関して，任意のベクトル $\vec{a} \in V^n$ は一意的に $\vec{a} = a_1\vec{b}_1 + \cdots + a_n\vec{b}_n$ $(a_i \in \mathbb{R})$ と書き表される．したがって，任意のベクトルは一つの基底に関して n 個の実数によって一意的に決定される．これはベクトルの列ベクトル記法を想起させる：$\vec{a} = \begin{pmatrix} a_1 \\ \vdots \\ a_n \end{pmatrix}$，すなわち V^n は全列ベクトルの集合と同一視される．ベクトルの列ベクトル表示は基底の取り方に依存している．ベクトルの内部算法 (加法)，ベクトルと実数との外部算法 (スカラー倍) は列ベクトルを使えば非常に簡単に表現される：

$$\vec{x} = \begin{pmatrix} x_1 \\ \vdots \\ x_n \end{pmatrix}, \vec{y} = \begin{pmatrix} y_1 \\ \vdots \\ y_n \end{pmatrix} \Rightarrow \vec{x}+\vec{y} = \begin{pmatrix} x_1+y_1 \\ \vdots \\ x_n+y_n \end{pmatrix},$$

$$\vec{x} = \begin{pmatrix} x_1 \\ \vdots \\ x_n \end{pmatrix}, \lambda \in \mathbb{R} \Rightarrow \lambda\vec{x} = \lambda\begin{pmatrix} x_1 \\ \vdots \\ x_n \end{pmatrix} = \begin{pmatrix} \lambda x_1 \\ \vdots \\ \lambda x_n \end{pmatrix}.$$

よく用いられる V^n の基底は次のベクトルで与えられる：

$$\vec{e}_1 = \begin{pmatrix} 1 \\ 0 \\ 0 \\ \vdots \\ 0 \end{pmatrix}, \vec{e}_2 = \begin{pmatrix} 0 \\ 1 \\ 0 \\ \vdots \\ 0 \end{pmatrix}, \ldots, \vec{e}_n = \begin{pmatrix} 0 \\ 0 \\ \vdots \\ 0 \\ 1 \end{pmatrix}.$$

位置ベクトル

点空間 $\mathbb{R}^n$ の点の順序付けられた対 (P, Q) に対して，ちょうど一つの V^n のベクトルを次のように対応させることができる．すなわち任意の $P = (x_1, \ldots, x_n)$, $Q = (y_1, \ldots, y_n)$ に対して

$$(P, Q) \mapsto \overrightarrow{PQ} = \begin{pmatrix} y_1 \\ \vdots \\ y_n \end{pmatrix} - \begin{pmatrix} x_1 \\ \vdots \\ x_n \end{pmatrix} = \begin{pmatrix} y_1 - x_1 \\ \vdots \\ y_n - x_n \end{pmatrix} \in V^n$$

と定義する．この写像は全射であるが，単射ではない．$[(P,Q)] := \{(X,Y) | \overrightarrow{XY} = \overrightarrow{PQ}\}$ の形の集合が，有向線分類に対応する．この写像の定義からただちに導かれるのは次の二つ：

(1) 任意の $P \in \mathbb{R}^n$ と任意の $\vec{a} \in V^n$ に対して，$\overrightarrow{PQ} = \vec{a}$ となるような $Q \in \mathbb{R}^n$ が唯一つ存在．

(2) 3 点 $A, B, C \in \mathbb{R}^n$ に対して $\overrightarrow{AB} + \overrightarrow{BC} = \overrightarrow{AC}$.

すなわち $\mathbb{R}^n$ の 1 点 P_0 を固定し，上で定義した写像 $\mathbb{R}^n \times \mathbb{R}^n \to V^n$ を $\{P_0\} \times \mathbb{R}^n$ 上に制限すれば，V^n 上への全単射が得られる．さらに $P_0 = O = (0, \ldots, 0)$ と選べば，$P = (x_1, \ldots, x_n)$ に対して，$(O, P) \mapsto \overrightarrow{OP} = \begin{pmatrix} x_1 \\ \vdots \\ x_n \end{pmatrix}$ を対応させる全単射 $\{O\} \times \mathbb{R}^n \to V^n$ ができる．この写像は，固定された O に関して $\mathbb{R}^n$ のすべての点に唯一つのベクトルを対応させるものと解釈される．$\overrightarrow{OP}$ は点 $P \in \mathbb{R}^n$ に対する**位置ベクトル**と呼ばれる；これをまた $\vec{p}$ などと書く．上の (1) と (2) より，ベクトル算法を用いて点集合 $\mathbb{R}^n$ が記述できる．固定点 O (原点) と V^n の基底の対 (O, B) は**座標系**と呼ばれる．基底 $\{\vec{e}_1, \cdots, \vec{e}_n\}$ (前出) を取るとすれば，座標系は**基底** $O, (1, 0, \cdots, 0), \cdots, (0, \cdots, 0, 1)$ によって決定される (直交座標系の拡張)．

1 次独立性，点独立性

ベクトル $\vec{a}_1, \ldots, \vec{a}_s \in V^n$ $(s \in \mathbb{N} \setminus \{0\})$ は，$\lambda_1\vec{a}_1 + \cdots + \lambda_s\vec{a}_s = \vec{0}$ $(\lambda_i \in \mathbb{R})$ から常に $(\lambda_1, \ldots, \lambda_s) = (0, \ldots, 0)$ が従うとき，**1 次独立**と呼ばれる．1 次独立でない場合には，それらは **1 次従属**であるといわれる (p.77 参照)．V^n での 1 次独立ベクトルの最大個数は n である，1 次独立ベクトルの集合の部分集合に属するベクトルは 1 次独立である．$\mathbb{R}^n$ の点集合に対する類似の概念は**点独立性**である．点 $P_0, \ldots, P_s \in \mathbb{R}^n (s \in \mathbb{N} \setminus \{0\})$ が与えられたとき，$\overrightarrow{P_0P_1} = \vec{p}_1 - \vec{p}_0, \ldots, \overrightarrow{P_0P_s} = \vec{p}_s - \vec{p}_0$ を作ることができる．これらのベクトルが 1 次独立であるとき，点 $P_0, \ldots, P_s$ は**独立**であるといわれる．1 点は常に独立であるとする．$P_0, \ldots, P_s$ が独立ならば，任意の $i \in \{1, \ldots, s-1\}$ に対して $\vec{p}_0 - \vec{p}_i, \ldots, \vec{p}_{i-1} - \vec{p}_i, \vec{p}_{i+1} - \vec{p}_i, \ldots, \vec{p}_s - \vec{p}_i$ も 1 次独立である．

$\mathbb{R}^n$ の部分空間

$\mathbb{R}^n$ では直線，平面などの部分空間は，それぞれ 2 個の，あるいは 3 個の独立な点によって決定される (p.185 の 2 点形の直線方程式，3 点形の平面方程式を参照)．これは次のように一般化される：$\mathbb{R}^n$ の点 $P_0, \ldots, P_s$ に対して，$H := \{P \,|\, \vec{p} = \vec{p}_0 + \lambda_i(\vec{p}_1 - \vec{p}_0) + \cdots + \lambda_s(\vec{p}_s - \vec{p}_0), \lambda_i \in \mathbb{R}\,(i = 1, \ldots, s)\}$ の形の点集合を $\mathbb{R}^n$ の**部分空間**と呼ぶ．もしこれらの点が独立，すなわちこの空間を「張っている」ベクトル $\vec{p}_1 - \vec{p}_0, \ldots, \vec{p}_s - \vec{p}_0$ が 1 次独立であるならば，この空間は **s 次元**の部分空間と呼ばれる．1 次元の部分空間は**直線**，2 次元の部分空間は**平面**，$n-1$ 次元の部分空間は**超平面**と呼ばれる．直線の部分集合 $\{P \,|\, \vec{p} = \vec{p}_0 + \lambda(\vec{p}_1 - p_0), 0 \leqq \lambda \leqq 1\}$ は**線分** P_0P_1 と呼ばれる．代数的取り扱いをするときには，任意の s-次元部分空間は n-変数の $n-s$ 個の等式からなる線形方程式系 (p.83) の解集合として得られることが重要となる．したがって超平面は $a_0 + a_1x_1 + \cdots + a_nx_n = 0$ $(a_i \in \mathbb{R})$ の形の方程式によって与えられる ($\mathbb{R}^2$ での直線の方程式，$\mathbb{R}^3$ での平面の方程式)．

長さ計算，スカラー積

$\mathbb{R}^3$ でも，$\mathbb{R}^2$ での初等ユークリッド幾何のときと同様に線分の長さが定義される．例えば直交座標系を取って置けば，どのような 2 点 $P(x_1,x_2,x_3)$, $Q(y_1,y_2,y_3)$ に対してもそれらの間の距離（線分 PQ の長さ）

$$\overline{PQ}=\sqrt{(y_1-x_1)^2+(y_2-x_2)^2+(y_3-x_3)^2}=\sqrt{\langle\vec{y}-\vec{x},\vec{y}-\vec{x}\rangle}$$

が定まる．さらに $\mathbb{R}^n$ でも全く同様に任意の 2 点 $P=(x_1,\ldots,x_n)$, $Q=(y_1,\ldots,y_n)$ に対して ***PQ* 間の距離**（**線分 *PQ* の長さ**）

$$\overline{PQ}=\sqrt{(y_1-x_1)^2+\cdots+(y_n-x_n)^2}$$

が定義される．このとき $\mathbb{R}^n$ は**ユークリッド空間**と呼ばれる．この距離概念は計量の持つべきすべての性質 (p.41) をみたしている；すなわち次のような性質を持つ $\mathbb{R}^n\times\mathbb{R}^n$ から $\mathbb{R}_0^+$ の中への写像となっている：(1) $\overline{PQ}=0\Rightarrow P=Q$, (2) $\overline{PQ}=\overline{QP}$, (3) $\overline{PQ}+\overline{QR}\geqq\overline{PR}$（三角不等式），ただしこの (3) で等号が成立するのはちょうど Q が線分 PR 上にあるときである．ここでさらに**スカラー積** $\langle\ ,\ \rangle: V^n\times V^n\to\mathbb{R}$ を $\langle\vec{a},\vec{b}\rangle=a_1b_1+\cdots+a_nb_n$（ただし，ここでは基底 $\{e_1,\cdots,e_n\}$ があらかじめ取られている）と置いて定義すれば，表現 $\overline{PQ}=\sqrt{\langle\vec{y}-\vec{x},\vec{y}-\vec{x}\rangle}$ が得られる．このスカラー積によって，V^n のどのベクトル $\vec{a}$ に対しても**長さ**（**絶対値**）が与えられる，すなわち基底 $\{e_1,\ldots,e_n\}$ に関して

$$|\vec{a}|=\sqrt{\langle\vec{a},\vec{a}\rangle}=\sqrt{a_1^2+\cdots+a_n^2}$$

と表現される．明らかに任意の $\lambda\in\mathbb{R},\vec{a}\in V^n$ に対して $|\lambda\vec{a}|=|\lambda|\cdot|\vec{a}|$ が成り立つ．$\vec{a}\neq\vec{0}$ ならば，$\frac{1}{|a|}\cdot\vec{a}$ は長さ 1 (単位ベクトル) となる．どのような二つの単位ベクトルに対しても，それらのスカラー積の絶対値は常に $\leqq 1$ である．このことから，いわゆる**コーシー・シュヴァルツの不等式**が導かれる：

$$\langle\vec{a},\vec{b}\rangle^2\leqq|\vec{a}|^2|\vec{b}|^2\ (\vec{a},\vec{b}\in V^n)$$

注意　ここで等式が成り立つのはちょうど，$\vec{a}$ と $\vec{b}$ が 1 次従属であるときである．

超球面 $\mathbb{S}^{n-1}$

$\mathbb{R}^2$ での円，$\mathbb{R}^3$ での球面の一般化として，$\mathbb{R}^n$ での**超球面**がある．これは 1 点 $M=(m_1,\ldots,m_n)$ からの距離が $r(r\in\mathbb{R}^+)$ であるような点全体の集合である．これに対応する方程式は $\langle\vec{x}-\vec{m},\vec{x}-\vec{m}\rangle=r^2$ あるいは $(x_1-m_1)^2+\cdots+(x_n-m_n)^2=r^2$ である．$r=1, M=(0,\ldots,0)$ に対する超球面は単位超球面と呼ばれ，特に $\mathbb{S}^{n-1}$ で表される．その方程式は

$$\langle\vec{x},\vec{x}\rangle=1 \text{ または } x_1^2+\cdots+x_n^2=1$$

角計量，直交するベクトル

V^3 では $\vec{a}\neq\vec{0},\vec{b}\neq\vec{0}$ に対して

$$\cos\angle(\vec{a},\vec{b})=\frac{\langle\vec{a},\vec{b}\rangle}{|\vec{a}|\cdot|\vec{b}|}$$

が成り立つ．V^n に対しても三つの関係式は二つのベクトル $\vec{a},\vec{b}$ のなす角の**角度**の定義として用いられる．実際，$\vec{a}\neq0,\vec{b}\neq0$ に対して，コーシー・シュヴァルツの不等式より

$$\left|\frac{\langle\vec{a},\vec{b}\rangle}{|\vec{a}|\cdot|\vec{b}|}\right|=\left|\left\langle\frac{1}{|\vec{a}|}\vec{a},\ \frac{1}{|\vec{b}|}\vec{b}\right\rangle\right|\leqq1$$

が成り立つから，ベクトル対 $(\vec{a},\vec{b})$ に対して，0 と π の間にあるそれらの角度 $\angle(\vec{a},\vec{b})$ を対応させることができる．$\angle(\vec{a},\vec{b})=\frac{\pi}{2}$ のときに，$\vec{a}$ と $\vec{b}$ は**直交する**といわれる．角度の定義からただちに $\vec{0}$ と異なるベクトル $\vec{a},\vec{b}\in V^n$ が直交するのは，$\langle\vec{a},\vec{b}\rangle=0$ のとき，またそのときに限ることが導かれる．

直交系

$\vec{0}$ と異なるベクトルの集合 $\{\vec{a}_1,\ldots,\vec{a}_s\}\subseteq V^n$ は，それらのベクトルが互いに直交するときに，**直交系**と呼ばれる．直交系は，それが単位ベクトルばかりからなるときに，正規であるといわれる．V^n の基底 $\{e_1,\ldots,e_n\}$ は正規直交系の一つである．n 個のベクトルのなす直交系はすべて V^n の基底である．1 個の単位ベクトルあるいは一つの正規直交系に対しては（もし $s<n$ ならば）単位ベクトルを作り，それを付け加えても全体が正規直交系となっているようにできる（**直交化原理**）．

***n* 次元平行体，平行体の体積**

$\mathbb{R}^3$ 内の平行体とは，$\{p\,|\,\vec{p}=\vec{p}_0+\lambda_1\vec{b}_1+\lambda_2\vec{b}_2,\ 0\leqq\lambda_i\leqq1\,(i=1,2,3)\}$ の形の点集合である．ただし，P_0 は固定された点で，$\vec{b}_1,\vec{b}_2,\vec{b}_3$ は V^3 の基底である．$\vec{b}_1,\vec{b}_2,\vec{b}_3$ が正規直交基底であるときは単位立方体が得られる．平行体の体積の定義をするためにはまず単位体積が必要である．この役割を果すのが $\mathbb{R}^3$ の場合と同様 $\vec{e}_1,\vec{e}_2,\ldots,\vec{e}_n$ によって張られる単位立方体である．ここで $\mathbb{R}^n$ での平行体の体積に対しても，$\mathbb{R}^3$ での平行体の体積のある種の性質より，n 次元平行体の体積の定義が可能であることが分かる：

ベクトル $\vec{b}_1,\ldots,\vec{b}_n$ によって張られる平行体はその体積として $\det(\vec{b}_1,\ldots,\vec{b}_n)$ を持つ．

$\mathbb{R}^n$ におけるアフィン写像，運動

A を $n\times n$ 行列とし，$\vec{c}\in V^n$ とするとき $\vec{x}\mapsto\vec{x}^*=A\vec{x}+\vec{c}$ と定義される写像 $f:\mathbb{R}^n\to\mathbb{R}^n$ は $\mathbb{R}^n$ の**アフィン点写像**と呼ばれる（p.189 参照）．$\det(A)\neq0$ のときには**非特異アフィン写像**と呼ばれる．このようなものは全単射であり，全体として結合に関して群（**アフィン群**）をなす．どの 2 点の距離も変えないアフィン写像は**運動**と呼ばれる．運動の行列 A は**直交行列**である．すなわち $A^\top=A^{-1}$, したがって $|\det(A)|=1$, また A の列ベクトルは正規直交基底をなす．距離ばかりでなく，角の角度や平行体の体積も変えない．

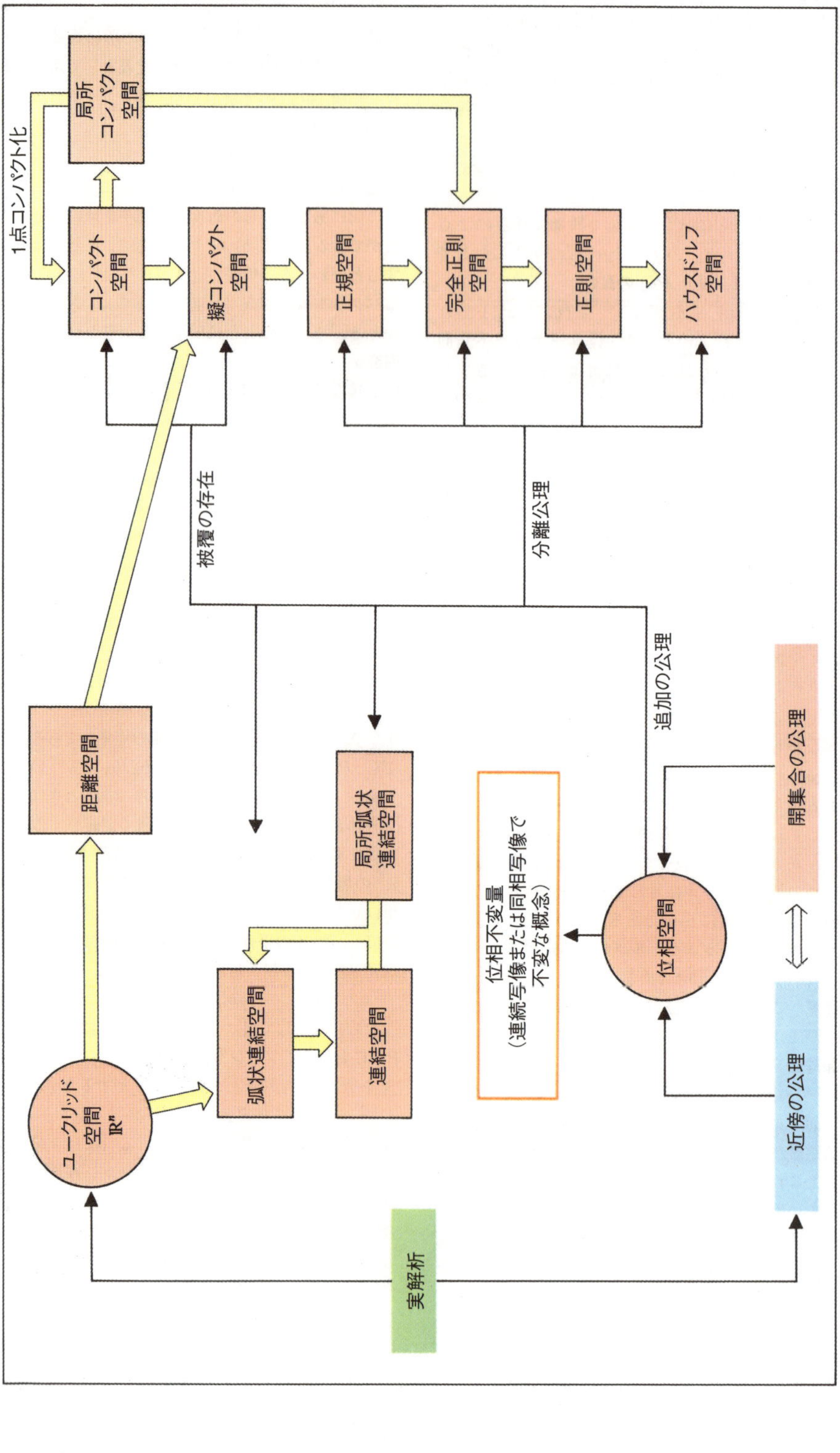
局所コンパクト空間
1点コンパクト化
コンパクト空間
擬コンパクト空間
正規空間
完全正則空間
正則空間
ハウスドルフ空間
被覆の存在
分離公理
追加の公理
距離空間
局所弧状連結空間
弧状連結空間
連結空間
ユークリッド空間 $\mathbb{R}^n$
位相不変量
（連続写像または同相写像で不変な概念）
位相空間
開集合の公理
近傍の公理
実解析

位相空間論が数学の分野として確立されたのは比較的新しい．**集合論的位相空間論**（p.199–225）と**代数的位相幾何学**（p.227–239）は，現在では区別される．後者では代数的手法によって問題を解く．

集合論的位相空間論（位相幾何）の起源は実解析にある．収束の理論は，実数の演算，順序を表に出すことなく，点集合の性質のみを用いて展開できることを示した．こうして**位相構造**が第 3 の構造として抽象化された．すなわち，この構造では，近傍，開集合，閉集合，触点，集積点，収束，連結性，コンパクト性などの一般概念が定式化され，点集合は，それらを基にして分類される．

このように位相空間論が解析学を越えて発展したことに本質的に寄与したのは，その**公理論的基礎付け**である．幾何同様，数種類の点集合が，適切に選ばれた公理系で特徴付けられる．

これは例えば，空間の任意の点に，**近傍公理**（p.205）をみたす部分集合の系，すなわち近傍系を対応させて行われる．位相空間のこの定義は主にハウスドルフにまでさかのぼる．基礎概念「近傍」によって，中心概念「開集合」が捉えられる．位相数学にとって，後者の概念は，位相空間のもう一つの同値な定義としてより正当なものとなる．そこではまず部分集合族が**開集合族**として公理により提示され，次に開集合を用いて「近傍」が定義される（p.205）．この，開集合族に基づく位相空間の定義によりいろいろな証明が容易となる．全開集合の系を**位相**と呼び，それらが部分集合であるところの根底にある集合をその位相の**台集合**と呼ぶ．

二つの**位相空間の比較**は，台空間の間の写像であり，双方の位相の開集合を関係付けるものにより行われる．台集合の間の全単射で，開集合族の間の全単射を引き起こすものが存在するとき，両者を**同相な空間**という．それらは位相的手段によっては区別できない．このような写像を，**同相写像**（ホメオモルフィズム）と呼ぶ（p.209）．幾何学で考えたように，同相写像の作用に対して不変にとどまるような位相空間の性質が重要になる．そのような性質は**位相不変量**と呼ばれる（p.199, 203）．

一連の位相不変量は，さらに**連続写像**（p.209）のような，より広いクラスの写像のもとで不変のままなことがある．もちろん同相写像はすべてそのようなものであるが，連続写像がすべて同相とは限らない．しかし，逆写像も連続であるような，全単射連続写像全体として，同相写像のクラスは完全に記述される．連続写像のもとでの不変量はすべて同相不変量であるので，位相幾何では実解析の場合と同様，連続写像が重要な意味を持つ．それゆえ，ユークリッド空間における位相幾何は「連続幾何」とも呼ばれる（p.199–203）．2 個以上の元を持つ底集合を位相空間化するには，実に多くの方法がある（p.205）．その内から何を選ぶかは，そこで展開されるべき理論に基づいて行われる．例えば，ユークリッド空間には，いわゆる**自然な位相**が与えられる（p.205, 207）．この位相が特別視されるのは，解析学への考慮からである．この位相での開集合を定義する際に用いられる性質は，2 点間の距離が測りうること，すなわち，この空間が**計量的**であることである（p.207）．この「測ること」は，**ユークリッド計量**と呼ばれる写像の性質として記述される．

ユークリッド空間の一般化は**距離空間**（p.207）であるが，これらはユークリッド空間のように計量を用いて位相空間となる．全距離空間の類は純位相的性質によって，すなわち，計量そのものを使うことなく特徴付けられる（**距離付け可能性**，p.221）．

集合の位相付けは，すでにある位相空間で，その集合と特別な写像によって関係付けられているものを利用して行われることもしばしばある．いわば位相を誘導するのである（p.209）．この方法は例えば**部分集合**，**商集合**，**直積**，**和集合**などの位相付けに用いられる（p.209，211）．

位相空間論の目的は，解析学での収束理論を可能な限り一般の位相空間に持ち込むことにある．そのため点列の概念は拡張され**フィルター基**（フィルター，p.215）が考察される．この理論は，しかし，特別な位相空間において初めて満足すべきものとなる（p.217）．

ハウスドルフ空間は分離公理をみたす空間の類に属する（p.217）．この類の重要なものとして，特に距離付可能性の観点から**正則**，**完全正則**，あるいは**正規空間**などがある．距離空間は，この類の空間の例となっている．

被覆の性質の考察から**擬コンパクト空間**，**コンパクト空間**などが定義される（p.219）．コンパクト空間は距離空間と同様，すべての分離公理をみたしているが，すべての距離空間がコンパクトであるわけではない．しかしながら，距離空間はすべて**パラコンパクト**である（p.221）．これはコンパクト性と正規性の間に導入された概念で，距離付け可能性に関して重要なものである．

位相空間論は，解析学，関数論，関数解析，微分幾何などの，数学の多くの分野に基礎を与えるものである．

198 位相空間論／同相写像の直観的意味

A 位相同値な点集合

B 位相同値ではない点集合
（境界なし）　（端点なし）

C 不連続

D 相対化
影

E 同相ではない写像

$f:\{(t,0)|0\leqq t<1\}\to\{(x,y)|x^2+y^2=1\}$
は $(t,0)\mapsto(\cos 2\pi t,\sin 2\pi t)$ と定義する．

(1) f は全単射
(2) f は連続
(3) f^{-1} は点 $(1,0)$ で不連続

F 同相写像

$f:\{(t,0)|x\in\mathbb{R}^1\}\to\{(x,y)|x^2+(y-1)^2=1\wedge y\neq 2\}$
は $(t,0)\mapsto\left(\dfrac{4t}{t^2+4},\dfrac{2t^2}{t^2+4}\right)$ と定義する．

(1) f は全単射
(2) f は連続
(3) f^{-1} は連続

$\mathbb{R}^2$ での直線は円周上の「1点」と位相同値である．

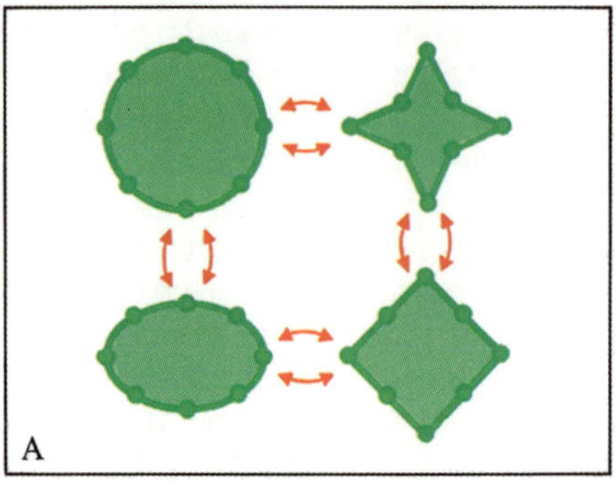

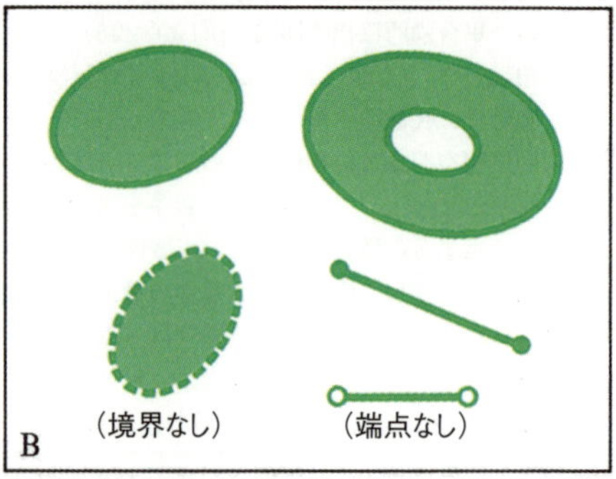

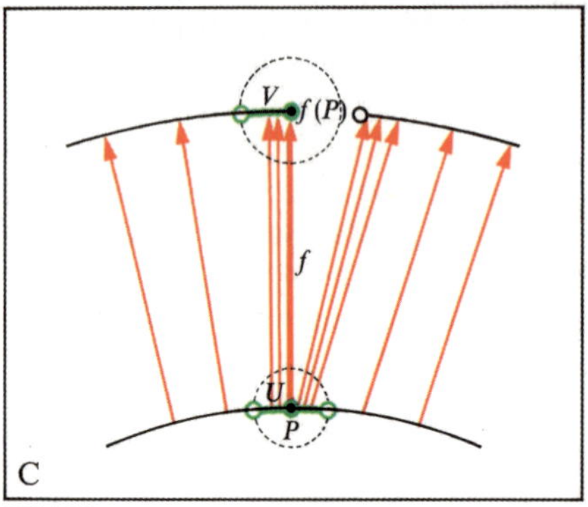

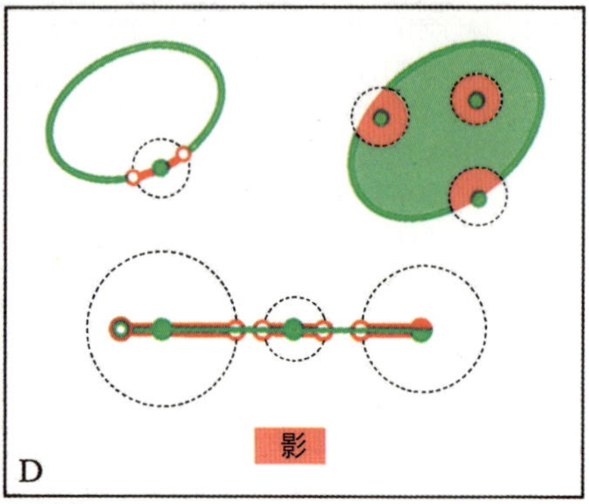

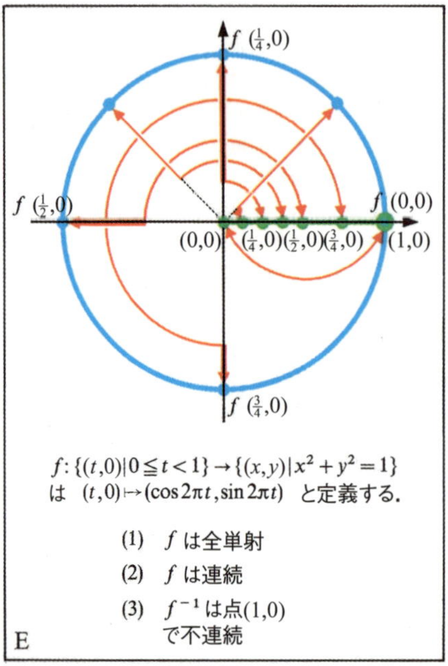

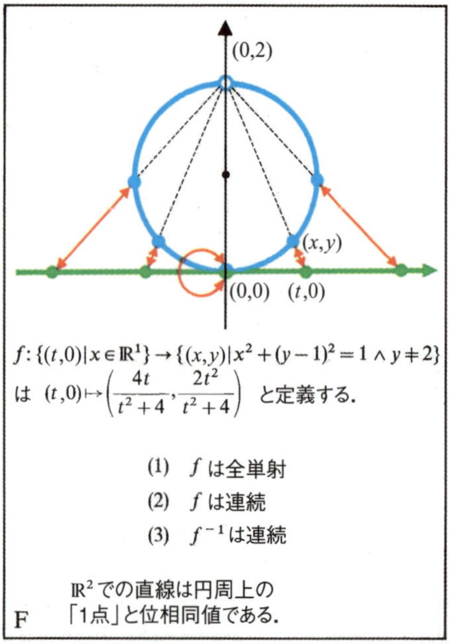

弾性変形

ユークリッド幾何（$\mathbb{R}^2$ 上など）での点集合の記述には，合同変換あるいは相似変換のもとで不変な諸性質を使う．

しかし，上記の変換により互いに移りあわない非常に簡単な平面上の点集合が存在する．例えば図 A の点集合を見てみるとそれらは互いに合同でもなければ相似でもない．しかし，これらが伸縮自在の物質からできていれば，逆転可能な変形（**弾性変形**）により互いに他から作られる．これらは，特別な性質を持った全単射であることが分かる（下記参照）．

弾性変形を行うときにも，点集合のある種の性質は保存されている．例えば，「境界点」は「境界点」に写される．しかも「近接」している点は「近接」点に，境界線は閉じたまま写される．同様のことが「内部」の点に対してもいえる．

これに対し弾性変形には，線分の像がまた線分になるという性質はない（図 A）．したがって，弾性変形の幾何では，線分，直線，角，これらと関係する概念は従属的な役割を果たすのみである．

互いに合同または相似な点集合の類と同様に，弾性変形により互いに他から生じる点集合の類を考えることができる．このようなものを**位相同値**な点集合の類と呼ぶ．このことによって図 A に示された点集合はすべて一つの類に属する．すなわち位相的に同値である．これに対して図 B に示された点集合はどの二つも位相的に同値ではない．これらの一つを他から変形できるような弾性変形を考えられないので，直観的には容易に理解できる．弾性変形の過程を特別な性質を持つ写像（同相写像，下記）により数学化して初めて，正確な命題の記述が可能となる．

非弾性変形の例

弾性変形の際立った特徴は，1 点の「近くの」変形では「本質的でない」変化のみが認められるという性質である．これとは反対に，図 C の変形では点 $f(P)$ の「近く」での本質的変化を示している．$f(P)$ において「裂け目」が生じる．このような写像を**非位相的**と呼ぶ．

近傍

「近く」という概念を厳密にしたい．いま，平面 $\mathbb{R}^2$ 上の固定点 P に，ある点 Q がどの位「近く」にあるかは，P を中心とする開円板を用いて記述できる．$\mathbb{R}^2$ の点 P の**近傍**とは，P を中心とする任意の半径を持つ円板と，それらの一つを含む任意の部分集合族をいう．上の例のような $\mathbb{R}^2$ 上の部分集合 M にだけ限るなら，M における P の近傍として $\mathbb{R}^2$ 上の P の近傍を M 上に落とした「影」を用いる（図 D）．より正確には，M における P の近傍は，$\mathbb{R}^2$ における P の近傍と M の共通部分のことである．これを位相の**相対化**と呼ぶ．

注意　以下では，単に「近傍」とだけいう．その際，相対化された近傍が問題となるかどうかは前後の状況によって決まる．

連続写像

近傍の概念を用いれば，図 C の「裂け目」をより正確に記述できる．明らかに，$f(P)$ には近傍 V で，P の近傍 U をどのように「小さく」取ろうと，U の像が完全に V に含まれることがないようなものが存在する．常に V の外に像点がある．点 P において f が**不連続性**を持つ，あるいは f は点 P において**不連続**であるという．

不連続性の存在を否定する命題は，次のように表す．$f(P)$ の「任意の」近傍 V に対し，完全に V の中に写す P の近傍 U が少なくとも一つは存在する．このとき，f は ***P* において連続**という．写像がすべての点において連続であるとき，**連続写像**と呼ぶ．

同相写像

同相写像については，まず全単射であることが必要である．弾性変形自身，可逆だからである．さらに f と f^{-1} も連続であることも必要．すなわち，写像 f が全単射で f と逆 f^{-1} がともに連続であるとき，**同相写像**（**ホメオモルフィズム**）という．同相写像により互いに他の上に写される点集合は**位相的に同値**という．

注意　図 E，F はそれぞれ非同相，同相の写像の図．非同相写像では f^{-1} が 1 点で不連続．非同相写像を一つ与えただけでは，これら二つの点集合が位相同値でないことの証明としては不十分．

注意　同相写像のほうが，弾性変形の直観的過程よりも一般的な概念である．すなわち，弾性変形としては説明できない同相写像がある．

位相空間論の課題

幾何学的観点からみるとき，位相空間論の役割は位相同値な点集合の類を多く見いだし，それらの代表元を，同相写像の作用のもとで不変な性質（**位相不変量**）を用いて記述することにある．特にまた著しい意味を持つのは，連続写像の作用のもとでも不変である位相不変量（**連続不変量**）である．

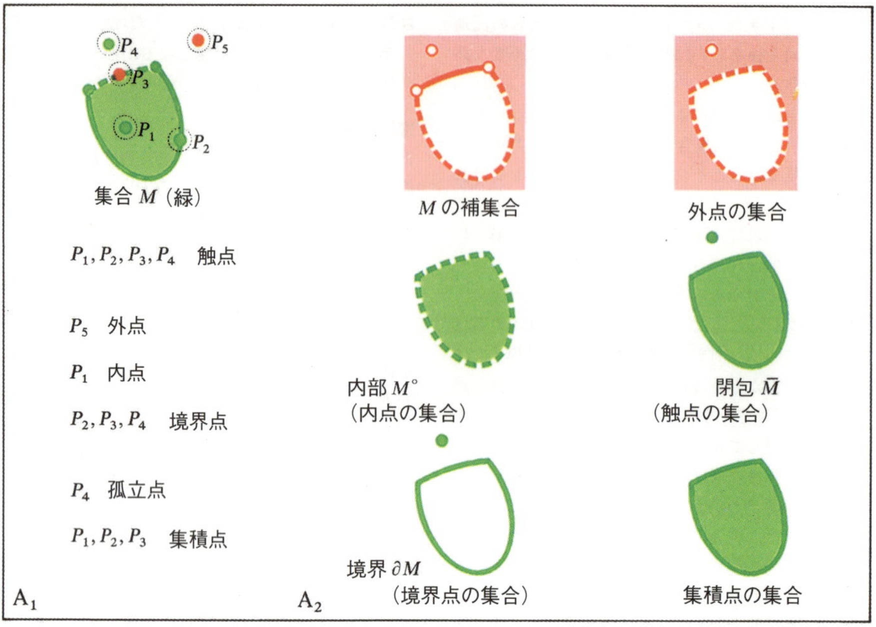

特殊な点，特別な点集合

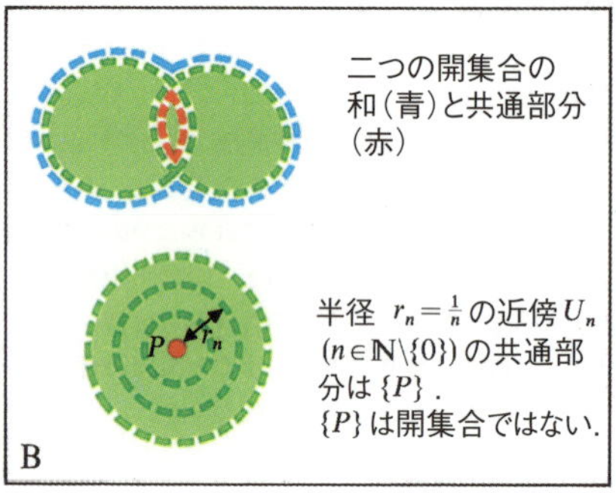

開集合の和と共通部分

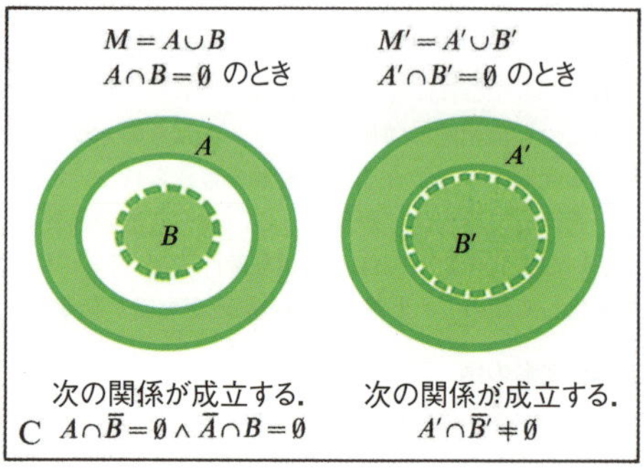

連結

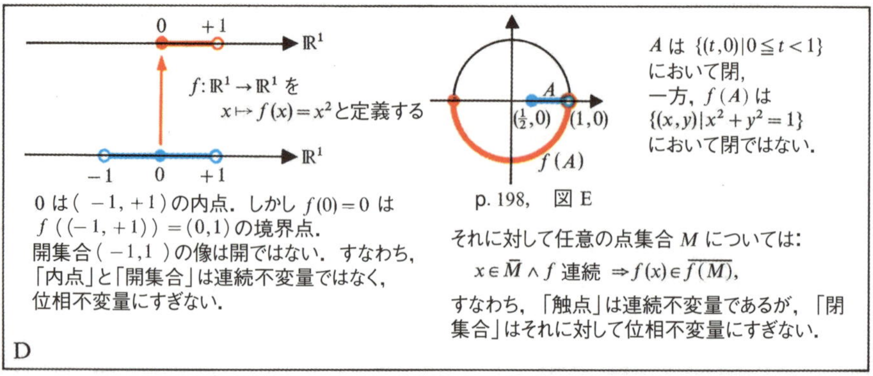

不変量

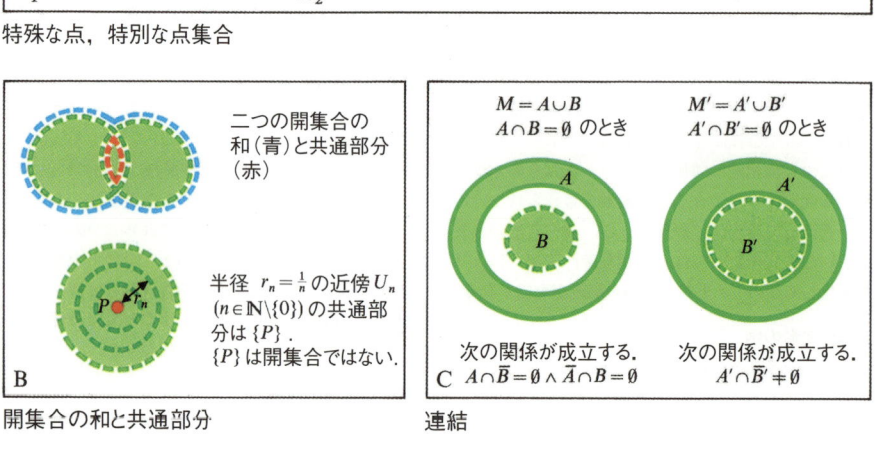

$\mathbb{R}^1$, $\mathbb{R}^2$, $\mathbb{R}^3$ における同相写像

近傍概念（p.199）による $\mathbb{R}^2$ における同相写像の定義を，$\mathbb{R}^1$ と $\mathbb{R}^3$ の場合にも拡張するためには，空間全体の連続写像を定義する近傍として，それぞれ全開区間または全開球（p.40 の図 C 参照）を選び，部分集合上の連続写像については共通部分を取って近傍概念を相対化すればよい．

注意　$\mathbb{R}^1$ の場合，解析学で既知の定義となる（本書後半）．

位相空間論の問題（p.199）に則して，点集合を調べるには，同相写像のもとで不変な位相概念をみつける必要がある．以下の位相概念は，それぞれ対応する近傍概念により $\mathbb{R}^1$ あるいは $\mathbb{R}^3$ およびそれらの部分集合上でも考察できる．

触点，外点，内点，境界点，孤立点，集積点

点集合を調べるとき，まず重要なのは点集合 M に対する最も広い意味で「接触」する空間の点を特徴付けることである．これは M の「**触点**」であり，任意の近傍が少なくとも 1 点を M と共有する空間の点である．例えば図 A の（M に属さない）P_1, P_2, P_3，図 A_1 の P_4．触点以外の空間の点をすべて M の**外点**と呼ぶ．例えば P_5.

触点には，（M の）**内点**（近傍が完全に M に含まれる点，P_1 等）と**境界点**（P_2, P_3, P_4 等）の区別がある．M に属する境界点には，（P_4 等の）その点以外のどのような点も M に属さない近傍を持つ点がある．それらを（M の）**孤立点**と呼ぶ．孤立点でない触点を M の**集積点**と呼ぶ．集積点には，任意の近傍の中に，触点以外の M の点が必ず含まれるという性質がある．

開集合，内部，閉集合，閉包，境界

内点のみからなる点集合を**開集合**と呼ぶ（境界を除いた円板や同相写像によるその像等）．

空間全体は常に開集合である．空集合は開集合と定義する．**無限**個の開集合族の和集合，または**有限**個の開集合族の共通部分はともに開集合である（図 B）．無限個の開集合族の共通部分は開集合とは限らない（図 B）．図 A_1 の集合 M は開集合ではないが，極大な開部分集合を含んでいる．それは（最大であって）M の**内部** M° という（図 A_2）．

集合の補集合が開集合のとき，その集合を**閉集合**と呼ぶ．この際「閉」は「開でない」と同値ではない．実際，図 A_1 の集合は開でも閉でもない．

任意の点集合 M に対し，それを含む閉集合が存在する．

例えば M の触点全体の集合，すなわち M の**閉包** $\overline{M}$（図 A_2）を取ればよい．この集合が閉であることは図から明らか．それは補集合外点の集合が開だからである．$\overline{M}$ は M に集積点をすべて付け加えて得られ，M を含む最小の閉集合である．

M の境界点の全体 ∂M を M の**境界**（図 A_2）と呼び，（M の）内点でも外点でもない点の全体と一致する．

例　有理数全体 $\mathbb{Q}$ は，$\mathbb{R}^1$ の部分集合として開でも閉でもなく，$\mathbb{Q}^\circ = \emptyset$, $\overline{\mathbb{Q}} = \mathbb{R}^1$, $\partial\mathbb{Q} = \mathbb{R}^1$.

注意　相対化（p.199）を用いれば，空間の部分集合に対しても，開かつ閉点集合を説明できる．それらは，空間全体での開または閉点集合と，集合 M との共通部分として得られるまさにその点集合と一致する．

「閉」,「開」,「内点」などの性質は「触点」という性質とは違って，連続不変量でなく，位相不変量にすぎない（図 D）．

連結集合

図 C での点集合 M, M' は，交わらない点集合の和集合として表され，その際 A と A'，また B と B' は位相同値でさえある．にもかかわらず，M と M' は位相的に見て本質的な違いを示している．

M のほうでは A と B のどちらも他と，それらの 1 点を通して「接触」していない．もっと正確には，A には B の触点が，また B には A の触点が含まれない（$A \cap \overline{B} = \emptyset$, $\overline{A} \cap B = \emptyset$）．すなわち M は二つの**空でない**，**分離した**点集合の和である．

これに対して M のほうは決して，二つの空でない，分離した点集合の和としては表されない．常に $A' \cap \overline{B'} \neq \emptyset$ あるいは $\overline{A'} \cap B' \neq \emptyset$ となる．このとき M' は**連結**であるという．

連結点集合の概念は，とりわけ連結性が単なる位相不変量ではなく，**連続**写像で写しても保たれるという理由から，位相空間論において特別の働きをする．よって，点集合の連結性は，この集合の**上**に他の既知の（$\mathbb{R}^1$ 等の）連結集合がある連続写像により写されれば証明される．

この他に，次の二つの命題は大変便利である：

(Z_1)　A と B が連結で $A \cap B \neq \emptyset$ であるならば，$A \cup B$ も連結である．

(Z_2)　A が連結ならば，$\overline{A}$ のみならず $A \subseteq B \subseteq \overline{A}$ となるすべての B も連結である．

$$f_1(x) = \frac{1}{2}\left(\frac{x}{|x|+1} + 1\right)$$

$$f_2(x) = a - \frac{x}{1-x}$$

$$f_3(x) = a + (b-a)x$$

$$f_4(x) = b + \frac{x}{1-x}$$

$\mathbb{R}^1$ 連結

$\Downarrow$ (f_1 連続)

$(0,1)$ 連結

$\Downarrow$ (f_2, f_3, f_4) 同相

$(-\infty, a), (a, b), (b, +\infty)$ 連結

$\Downarrow$ (命題 (Z_2), p.201)

$(-\infty, a], (a, b], [a, b),$
$[a, b], [b, +\infty)$ 連結

A

$\mathbb{R}^1$ での連結性

$M = A \cup B$ で
$A = \left\{(x, y) \,\middle|\, 0 < x \leq 1 \wedge y = \cos\dfrac{\pi}{x}\right\}$ かつ
$B = \{(0, y) \mid -1 \leq y \leq 1\}$ とする.

$M = \overline{A}$ と A の連結性から
M の連結性が分かる.
M は「弧状連結ではない.」
例えば $(0, 1)$ と $(1, -1)$ の間に
道が存在しないからである.

B_1 B_2 B_3

弧と弧状連結性

$\mathbb{R}^3$ 内で結び目の
「ない」円周

$\mathbb{R}^3$ 内での
「結び目のある」
円周と同相な像,
クローバー(三葉結び目)

$\mathbb{R}^2$ において円周は
交わらない
二つの領域を
形成する.

$\mathbb{R}^2$ において円周と
同相な像は
互いに交わらない
二つの領域を
形成する.

C_1 C_2

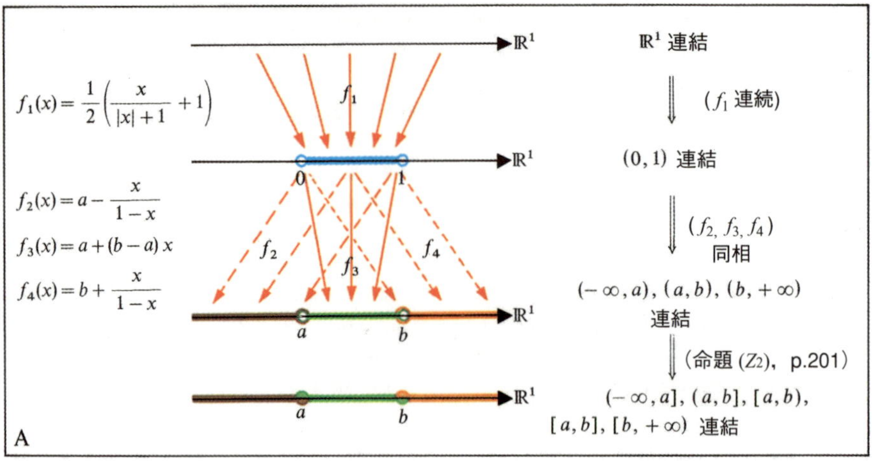

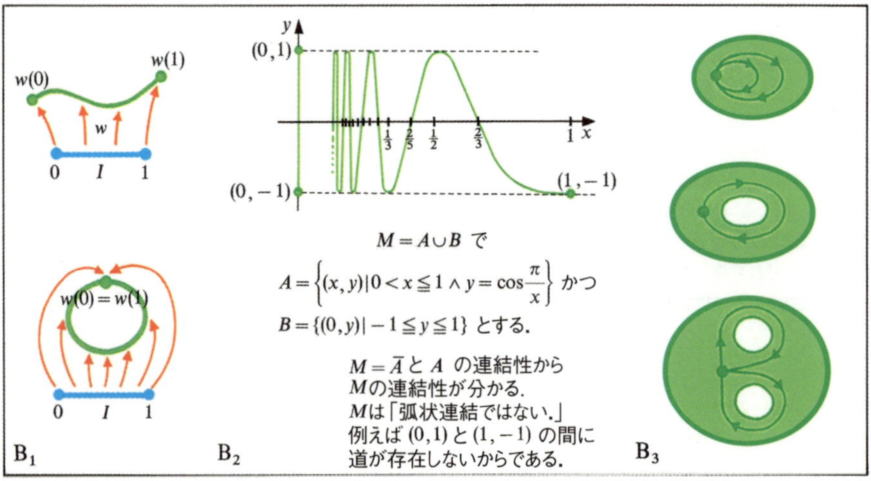

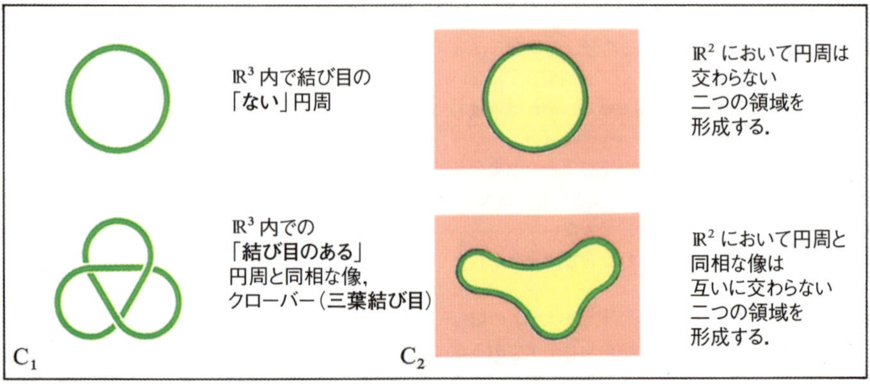

位置の性質

$\mathbb{R}^1$ の連結点集合

$\mathbb{R}^1$ の連結点集合は，空間全体およびすべての区間（$\{a\}$, $a \in \mathbb{R}$ を含める）のみである．図 A 参照．

$\mathbb{R}^2$ および $\mathbb{R}^3$ の連結点集合

$\mathbb{R}^1$ の連結点集合は，$\mathbb{R}^2$ あるいは $\mathbb{R}^3$ の部分集合としても連結である．それらに連続写像を作用させれば，また連結像集合が得られるからである．

ここで注目すべきは区間 $I := [0, 1]$ の連続写像 w による像集合である．すなわち像 $w(I)$ は点 $w(0)$ と $w(1)$ の間の連結な曲線を成す．この意味で w は $w(0)$ と $w(1)$ の間の**道**，また $w(0) = w(1)$ のときは**閉道**と呼ぶ（図 B_1）．

$\mathbb{R}^1$ の場合と比べて，$\mathbb{R}^2$ あるいは $\mathbb{R}^3$ における連結点集合の分類は，はるかに困難となる．それでも**開集合の連結性**には直観的な特徴付けができる．開集合は，その上の任意の 2 点がその中に完全に含まれる（連結）線分列（多辺列）により結ばれるとき，そのときに限り連結である．

注意　連結開集合（**領域**）は解析学で重要である．

連結点集合のもう一つの重要な類が以下の判別方法によって捉えられる．ある点集合の任意の 2 点が，その点集合の中に完全に含まれる道によって結ばれる（**弧状連結**）ときは，この点集合は連結である．しかし，弧状連結でない連結点集合も存在する（図 B_2）．

弧状連結点集合もさらに分類できる．互いに同相でない弧状連結点集合は図 B_3 を参照．直観的には，この点集合に含まれない点を「**囲む**」閉道が存在することから，互いに同相ではないという違いが分かる．例えば図 B_3 の第 1 例ではそのような道はない．すなわち，どの閉道も 1 点に**収縮**させる．この性質を持つ点集合を**単連結**という．

注意　厳密な取扱いはホモトピー論により可能となる（p.227）．

コンパクト点集合

閉連結区間 I を連続写像 w で写すと，像集合は連結のみでなく，閉集合でもある．ここで「連結」性は確かに連続不変量ではあるが，「閉」性あるいは「閉かつ連結」性は連続不変量ではない．したがって像 $w(I)$ の閉性は I の別の性質による以外にない．この性質は I の有界性である．$\mathbb{R}^1$（または $\mathbb{R}^2$, $\mathbb{R}^3$）の部分集合が，一つの開区間（または開円板，開球）に完全に含まれるとき，**有界**であるという．

「閉かつ有界」性は連続不変量であるので，$w(I)$ は閉かつ有界である．「閉であると同時に有界」である点集合をまた**コンパクト**集合とも呼ぶ．直観的にはこの概念は次の命題と結びつけられて解される．すなわち，コンパクト集合の任意の無限部分集合は，そのコンパクト集合の中に集積点を持つ．

コンパクト集合は，必ずしも連結とは限らない．例えば $[0, 1] \cup [2, 3]$．しかし，もしコンパクト集合が連結であって，1 点より多くの点を含むときは，それを**連続体**と呼ぶ．連続体の概念は，定数写像でない連続写像のもとで不変である．

注意　連続体は「曲線」の概念に対して重要な意味を持つ（p.225）．$\mathbb{R}^1$ では連続体は閉区間と一致する．

形状と位置の性質

これまで求められてきた，点集合の位相的性質は位相不変量（ここでは連続不変量）である．したがって，ある点集合がこのような性質を持つならば，位相的に同値な任意の点集合がその性質を持つ．位相的に同値な点集合の一つの類全体，すなわち「形が同じ」点集合の類に共通の性質を，**形状性質**（**内的性質**）と呼ぶ．したがって，形状性質とは，近傍空間を写さずに，空間の部分集合上の同相写像から生ずる不変量である．この観点では，位相同値な点集合が全空間に関して取る特別な「位置」についての判断が放棄されている．図 C_1 の「結び目」は，確かに円周 K と同相であるが，全空間 $\mathbb{R}^3$ の同相変換によって K 上に写されることはない．

これを，「円周と結び目は異なる**位置性質**（**外的性質**）を持つ」という．

このような位置性質は，点集合の近傍空間との関連についての性質であり，近傍空間の間の同相写像のもとで不変である．もちろん，このような性質は近傍空間の選び方に依存する．実際，結び目をさらに $\mathbb{R}^4$ に埋め込んでみると，それは「ほどける」，すなわち $\mathbb{R}^4$ の同相変換により K 上に写される．したがって $\mathbb{R}^4$ の中に入れてしまえば，二つの点集合は形状的性質のみならず，位置的性質も同じである．

図 C_2 では $\mathbb{R}^2$ の点集合の別種の位置的性質が示されている．$\mathbb{R}^2$ では円周またはその同相像から，二つの互いに重なり合わない領域が生じる．この点集合を $\mathbb{R}^3$ に埋め込んだときは，この性質は明らかに消滅する．

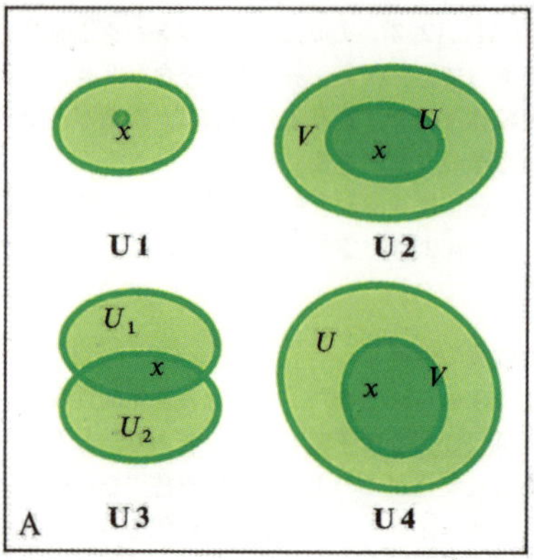

近傍公理

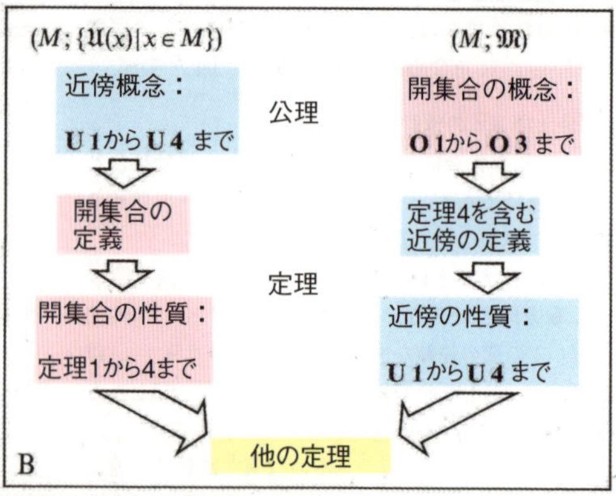

位相空間の公理づけ

定義

$x\in M$ A の「触点」 $:\Leftrightarrow \forall U\ (U\in\mathfrak{U}(x)\Rightarrow U\cap A\neq\emptyset)$ 　必ずしもAに属するとは限らない

$x\in M$ A の「外点」 $:\Leftrightarrow \forall U\ (U\in\mathfrak{U}(x)\wedge U\cap A=\emptyset)$ 　Aに属さない

$x\in M$ A の「内点」 $:\Leftrightarrow \forall U\ (U\in\mathfrak{U}(x)\wedge U\subseteq A)$ 　Aに属する

$x\in M$ A の「境界点」$:\Leftrightarrow \forall U\ (U\in\mathfrak{U}(x)\Rightarrow U\cap A\neq\emptyset\wedge U\cap(M\backslash A)\neq\emptyset)$ 　必ずしもAに属するとは限らない

$x\in M$ A の「孤立点」$:\Leftrightarrow \forall U\ (U\in\mathfrak{U}(x)\wedge(U\backslash\{x\})\cap A=\emptyset)$ 　Aに属する

$x\in M$ A の「集積点」$:\Leftrightarrow x$ $A\backslash\{x\}$ の触点 　必ずしもAに属するとは限らない

A「開集合」 $:\Leftrightarrow \exists x\ (x\in A\Rightarrow x$ A の内点 $)$*

A「閉集合」 $:\Leftrightarrow M\backslash A$ 開集合

A「密な集合」 $:\Leftrightarrow \exists x\ (x\in M\Rightarrow x$ A の触点 $)$

* 開集合を基礎とする位相空間論では，定義の命題は定理である．

記号

$\overline{A}$ A の触点の集合 （A の「**閉包**」）
A° A 内点の集合 （A の「**内部**」）
∂A A の境界点の集合（A の「**境界**」）

性質

$A^\circ\subseteq A,\ A^{\circ\circ}=A^\circ$ 　$A\subseteq\overline{A},\ \overline{\overline{A}}=\overline{A}$ 　$\partial A=\overline{A}\backslash A^\circ$
$A\subseteq B\Rightarrow A^\circ\subseteq B^\circ$ 　$A\subseteq B\Rightarrow\overline{A}\subseteq\overline{B}$ 　$=\overline{A}\cap(M\backslash A^\circ)$
$(A\cap B)^\circ=A^\circ\cap B^\circ$ 　$\overline{A\cup B}=\overline{A}\cup\overline{B}$ 　$=\overline{A}\cap\overline{M\backslash A}$
$\left(\bigcup_{i\in I}A_i\right)^\circ\supseteq\bigcup_{i\in I}A_i^\circ$ 　$\overline{\bigcup_{i\in I}A_i}\supseteq\bigcup_{i\in I}\overline{A}_i$ 　$=M\backslash(A^\circ\cup(M\backslash A)^\circ)$
$\left(\bigcap_{i\in I}A_i\right)^\circ\subseteq\bigcap_{i\in I}A_i^\circ$ 　$\overline{\bigcap_{i\in I}A_i}\subseteq\bigcap_{i\in I}\overline{A}_i$ 　$=\partial(M\backslash A)$

$M\backslash A^\circ=\overline{M\backslash A},\ M\backslash\overline{A}=(M\backslash A)^\circ,\ M=A^\circ\cup\partial A\cup(M\backslash A)^\circ,\ M=A^\circ\cup\overline{M\backslash A},\ M=\overline{A}\cup(M\backslash A)^\circ$

A 開集合 $\Leftrightarrow A\subseteq A^\circ\Leftrightarrow A=A^\circ\Leftrightarrow\partial A\subseteq M\backslash A$ 　A° は開
A 閉集合 $\Leftrightarrow\overline{A}\subseteq A\Leftrightarrow\overline{A}=A\Leftrightarrow\partial A\subseteq A$ 　$\overline{A}$ は閉
A 開集合$\wedge B$ 閉集合 $\Rightarrow A\backslash B$ 開集合 $\wedge B\backslash A$ 閉集合
A 開集合$\wedge A\cap B=\emptyset\Rightarrow A\cap\overline{B}=\emptyset,\ A$ 閉集合 $\wedge A\cup B=M\Rightarrow A\cup B^\circ=M$
A 密 $\Leftrightarrow\overline{A}=M$

(A 1) $\emptyset$ とMは閉．
(A 2) 任意個数の閉集合について共通部分は閉集合．
(A 3) 二つ（有限個）の閉集合の和は閉集合．

C

位相基礎概念と性質

近傍公理による位相空間の定義

$\mathbb{R}^1$, $\mathbb{R}^2$, $\mathbb{R}^3$ の点集合を，位相空間論的見地から調べる（p.199–203）ときの基本概念は**近傍概念**である．しかし，この概念では一般の空間へ拡張するには，特殊すぎる．それは「距離」の概念を含み，計量（p.41）の存在を仮定しているからである．この「計量的」近傍概念を，確かに任意の「距離空間」に拡張（p.207）することはできる．しかし，任意の空間を扱うには，一般化に際し，計量を用いず定式化される「計量的」近傍の特徴性を基礎として概念化しなくてはならない．

もっと進んだ理論に到達するためには，1 点 $x \in M$ の近傍に対し，少なくとも以下の性質（**近傍公理**）を持たねばならないことが（ハウスドルフらにより）示された（図 A 参照）．

(N1)　x は，そのどの近傍にも属する．

(N2)　x の一つの近傍 U を含む任意の集合 V は x の近傍である．したがって M 自身も．

(N3)　x の二つの近傍の共通部分もまた x の近傍．

(N4)　x の任意の近傍 U は x の近傍 V を含み，その結果 U は V の任意の点の近傍を含む．

この公理のもとで次のように定義される．

定義 1　集合 M の各点 x に対し，上の公理 (N1) から (N4) までをみたす $\mathfrak{P}(M)$ の部分集合 $\mathfrak{U}(x)$（x の**近傍系**）が与えられるとき，$(M, \{\mathfrak{U}(x) \mid x \in M\})$ を**位相空間**と呼ぶ．

ここからの理論の流れの中で，p.201 のように，「触点」,「内点」,「開集合」などの基本概念（図 C）を定義し，以下の定理を証明できる．

定理 1　$\emptyset$ と M は開集合である．

定理 2　二つの（有限個の）開集合の共通部分はまた開集合である．

定理 3　任意個の開集合の和集合は開集合である．

定理 4　部分集合 U は，$x \in O \subseteq U$ となる開集合 O が存在するとき，そのときに限り x の近傍である．

開集合系による位相空間の定義

定理 1 から 3 までの命題を公理とすれば，以下の議論で用いる位相空間の同値な定義を得る．

定義 2　$\mathfrak{P}(M)$ の部分集合 $\mathfrak{M}$ が以下の三つの性質を持つとき，$(M, \mathfrak{M})$ を**位相空間**，$\mathfrak{M}$ を**台集合** M 上の**位相**，$\mathfrak{M}$ の元を開集合，M の元を点と呼ぶ．

(O1)　$\emptyset \in \mathfrak{M}$, $M \in \mathfrak{M}$

(O2)　$O_1, O_2 \in \mathfrak{M} \Rightarrow O_1 \cap O_2 \in \mathfrak{M}$

(O3)　$\mathfrak{N} \subseteq \mathfrak{M} \Rightarrow \bigcup_{O \in \mathfrak{N}} O \in \mathfrak{M}$

注意　$(M, \mathfrak{M})$ を「位相 $\mathfrak{M}$ が与えられた M」と読む．

次のステップでは，定理 4 の命題により，このように定義した位相空間の近傍概念を説明する．

定義 3　$U\ (\subseteq M)$ に対し，$x \in O \subseteq U$ となる $O \in \mathfrak{M}$ が存在するとき，U を x の**近傍**と呼ぶ．

$\mathfrak{U}(x)$ は（この意味での）x の**近傍**全体（x の**近傍系**）を表すとし，公理 (N1) から (N4) を定理として証明する（図 B）．こうして，近傍公理系により定義された任意の位相空間に対し，ちょうど一つ，開集合系により同一の台集合上に定義された位相空間の存在（またその逆）が示される．すなわち近傍系と開集合系の概念は一致し，両定義の同値性が導かれる．開集合系による定義の長所は，証明方法がより簡単になることがある点にある．近傍公理系による定義はより直観的で理解しやすい．

注意　図 C の（「開集合」の定義なしの）位相的概念とその性質も全くそのまま成立する．

位相空間の例

(1) $\mathbb{R}^1$ のある集合が空集合か，その集合の各点に対し，ある開区間がその点を含むときこの集合を開集合と定義すれば，全開集合系 $\mathfrak{R}^1$ は $\mathbb{R}^1$ 上位相，すなわち**自然位相**となる．位相空間 $(\mathbb{R}^1, \mathfrak{R}^1)$ は，解析学の基礎となる．同様に $\mathbb{R}^2(\mathbb{R}^3)$ 上位相 $\mathfrak{R}^2(\mathfrak{R}^3)$ も，開区間を開円板（開球）に置き換えれば定義できる．

一般に，距離空間（p.207）はこの方法で位相化できる．その場合，位相は計量の選択に依存する．

(2) 次の定義から $\mathbb{R}^1$ 上の全く異なる位相が得られる．

$$\mathfrak{E} := \{O \mid O = \emptyset \text{ または } O = \mathbb{R}^1 \setminus E\ (E: \text{有限集合})\}$$

(3) $\mathbb{R}^1$ 上の自然位相と密接に関係する位相 $\mathfrak{R}^1_{\mathbb{N}}$ を $\mathbb{N}$ 上に定義できる（相対位相，p.209）．$\mathfrak{R}^1_{\mathbb{N}} = \mathfrak{P}(\mathbb{N})$，すなわち $\mathbb{N}$ のすべての部分集合を開とする．

すべての台集合 M 上で $\mathfrak{P}(M)$ が位相（**離散位相**）となる．

(4) 定義 2 により $\emptyset$ と M は M 上のすべての位相に属する．この最小限の条件が任意の台集合 M 上の位相 $\mathfrak{M} = \{\emptyset, M\}$（**密着位相**）となる．

台集合上の複数の位相の比較

台集合上には様々な位相が定義される．$(\mathbb{R}^1, \mathfrak{R}^1)$, $(\mathbb{R}^1, \mathfrak{E})$, $(\mathbb{R}^1, \mathfrak{P}(\mathbb{R}^1))$, $(\mathbb{R}^1, \{\emptyset, \mathbb{R}^1\})$ 等．これらは確かに，非常に異なる性質を持つ．

同じ台集合上の位相は，包含関係「$\subseteq$」で比較できるが，どの二つもというわけではない（$\mathbb{R}^1$ 上の $\mathfrak{R}^1$ と $\mathfrak{E}$ は比較できない）．$\mathfrak{M}_1 \subseteq \mathfrak{M}_2$ であるとき $\mathfrak{M}_1$ は $\mathfrak{M}_2$ より**粗い**，あるいは $\mathfrak{M}_2$ は $\mathfrak{M}_1$ より**細かい**という．したがって，$\{\emptyset, M\}$ は M 上の位相のうちで「**最も粗く**」，$\mathfrak{P}(M)$ は「**最も細かい**」．

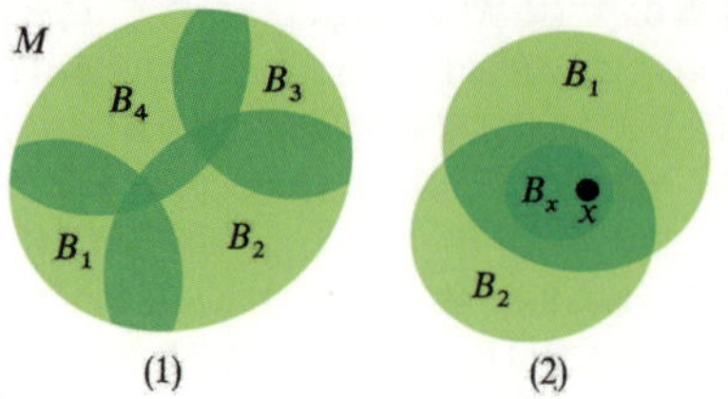

A_1　基の性質

例

$M=\{1,2,3\}$，$\mathfrak{M}=\{\emptyset, M, \{2\}, \{1,2\}, \{2,3\}\}$

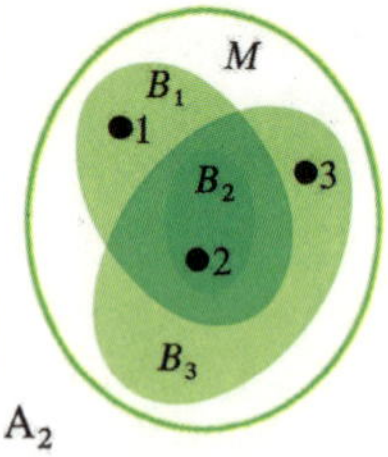

$\{B_1, B_2\}$ と $\{B_2, B_3\}$ は基ではない．
(1) が成立しないから．
$\{B_1, B_3\}$ は基ではない．
(2) が成立しないから．

$\{B_1, B_2, B_3\}$ は基の性質の両方をみたす．

A_2

基の性質

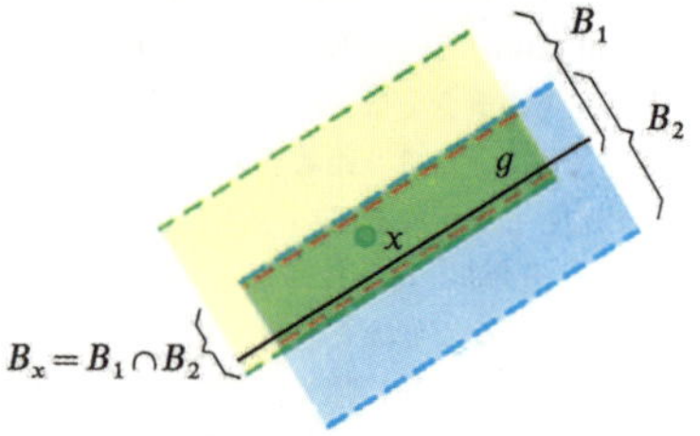

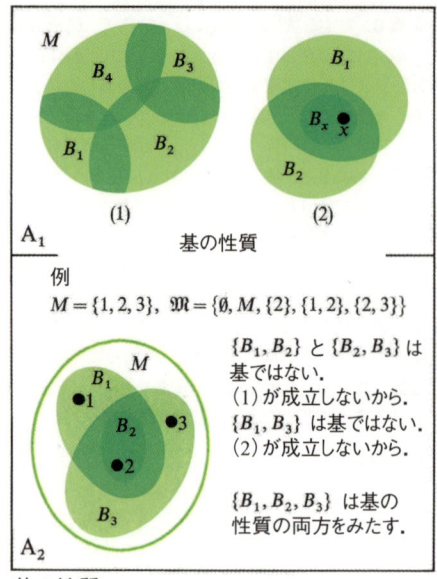

与えられた直線に平行なすべての開帯状集合は，$\mathfrak{R}^2$ の部分集合である．
この集合は確かに基の性質 (1) と (2) をみたすが，$\mathfrak{R}^2$ の基ではない．開円板は帯状集合の和として表すことができないから．
この集合は $\mathbb{R}^2$ 上の位相の生成系を表し，この位相の中では開集合は開帯状集合の任意の和集合である．
帯状集合により生成される位相は，簡単に $\mathbb{R}^2$ 上の「帯位相」とも呼ばれる．

B

$\mathbb{R}^2$ 上の帯位相

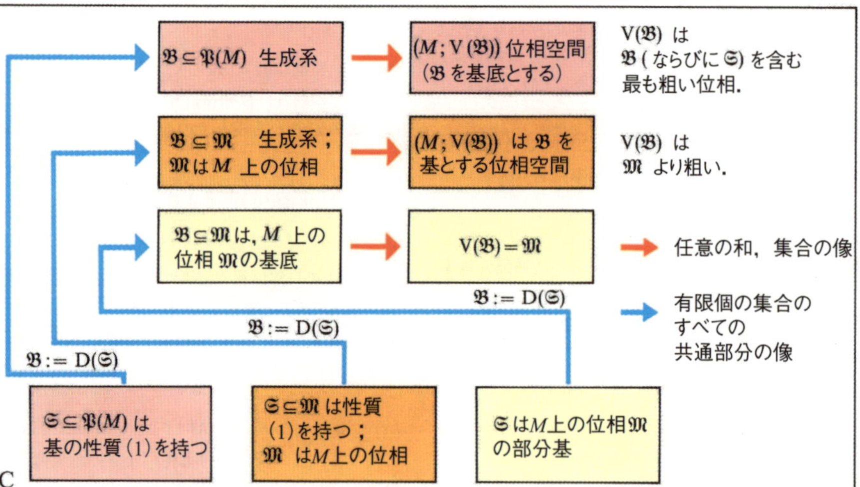

C

生成位相

すべての開円板の集合と，すべての開長方形の集合は $\mathbb{R}^2$ 上の生成系である．

どちらの生成系も同値である．すなわち，$\mathbb{R}^2$ 上で同じ位相である．よって，どちらも $\mathfrak{R}^2$ の同値な基である．

D

同値な生成系

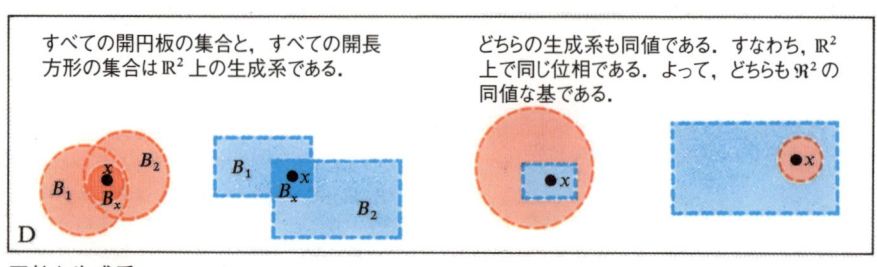

距離空間

距離空間は位相空間の重要なクラス（p.41）.

定義 1　写像 $d : M\times M \to \mathbb{R}_0^+$（$M$ 上の**距離**）が存在し，(1) $d(x,y)=0 \Leftrightarrow x=y$, (2) $d(x,y)=d(y,x)$，(3) $d(x,y)+d(y,z) \geqq d(x,z)$ が成り立つとき，(M,d) を**距離空間**，$d(x,y)$ を x, y 間の**距離**と呼ぶ.

例　ユークリッド空間 $\mathbb{R}^n$ の 2 点 $x=(x_1,\ldots,x_n)$, $y=(y_1,\ldots,y_n)$ の距離，**ユークリッド距離** d_E を

$$d_E(x,y) := \left\{\sum\nolimits_{\nu=1}^{n} (x_\nu - y_\nu)^2\right\}^{1/2}$$

とする（$\mathbb{R}^1$ では $d_E(x,y)=|x-y|$）.

$\mathbb{R}^1$, $\mathbb{R}^2$, $\mathbb{R}^3$ 上の自然位相 $\mathfrak{R}^1$, $\mathfrak{R}^2$, $\mathfrak{R}^3$（p.205）同様，任意の距離空間に位相が与えられる．ε 近傍の概念で空間の開集合系を定義する.

定義 2　距離空間 (M,d) に対し，x の **ε 近傍**を

$$U(x,\varepsilon) := \{y \mid y \in M \text{ かつ } d(x,y) < \varepsilon\}$$

とする．M の部分集合 O は，$\forall x \in O$ に対し x の ε 近傍で O に含まれるものが存在するとき，**開集合**という.

注意　ε 近傍はすべて開集合．定義 2 の意味での開集合全体は，位相空間の公理系（p.205，定義 2）をみたし M 上の**距離位相** $\mathfrak{M}_d$ をなす（$\mathfrak{M}_d$ は d で**生成された位相**）.

例　自然位相 $\mathfrak{R}^1$, $\mathfrak{R}^2$, $\mathfrak{R}^3$ などは，ユークリッド距離 d_E で生成された位相，$\mathbb{R}^n$ 上に d_E で生成された位相を $\mathfrak{R}^n$ で表す．ヒルベルト空間は特別重要な距離空間の一つ（p.221）.

距離空間の本質概念は ε 近傍で，次の定理でも明らか.

定理 1　距離空間の部分集合が開であるのは，ε 近傍の和集合で表されるとき，そのときに限る.

しかし，一般にはすべての ε 近傍が必要なわけではない．例えば $\{U(x,1/\nu) \mid x \in M, \nu \in \mathbb{N}\backslash\{0\}\}$ のみで十分．特に距離空間の場合には可算個の系でよい．$\mathbb{R}^n$ では $\{U(x,1/\nu) \mid x \in \mathbb{Q}^n, \nu \in \mathbb{N}\backslash\{0\}\}$ でよい．よって $\mathfrak{R}^1$ の任意の元は，端点が有理数で，幅が整数分の 1 の開空間の和集合となる.

位相の基

定理 1 の主張は次の定義の根拠となる.

定義 3　位相空間 $(M,\mathfrak{M})$ に対し，$\mathfrak{M}$ の部分集合 $\mathfrak{B}$ は，任意の開集合が $\mathfrak{B}$ の（いくつかの）元の和集合で表されるとき，$\mathfrak{M}$ の**基**と呼ぶ．$\mathfrak{B}$ が可算集合のとき，**可算基**と呼ぶ.

特に興味深いのは，本質的に「$\mathfrak{M}$ より少ない」元を持つ基．例えば距離空間（上記）．$\mathfrak{R}^n$ には可算基さえある（上記）．$\{(a,b) \mid a,b \in \mathbb{R}^1\}$ も $\{(a,b) \mid a,b \in \mathbb{Q},\ 1/(b-a) \in \mathbb{N}\backslash\{0\}\}$ も $\mathfrak{R}^1$ の基.

次の定理は基がみたす必要条件（**基の性質**）である.

定理 2　位相空間 $(M,\mathfrak{M})$ で，$\mathfrak{B} \subseteq \mathfrak{M}$ が $\mathfrak{M}$ の基ならば，(1) $M = \bigcup_{B\in\mathfrak{B}} B$，(2) $\forall B_1, B_2 \in \mathfrak{B}$, $\forall x \in B_1 \cap B_2$ に対し，$x \in B_x \subseteq B_1 \cap B_2$ となる $B_x \in \mathfrak{B}$ が存在する（図 A_1）.

つまり，$\mathfrak{M}$ の部分集合 $\mathfrak{B}$ が条件 (1) または (2) をみたさなければ，$\mathfrak{M}$ の基ではない（図 A_2）．しかし，与えられた位相の部分集合で，その位相の基でなくても (1)，(2) をみたすものがある（図 B）．そのような部分集合から新しい位相が構成できる.

定理 3　集合 M に対し $\mathfrak{B} \subseteq \mathfrak{P}(M)$ となる $\mathfrak{B}$ が定理 2 の基の条件 (1)，(2) をみたせば，$\mathfrak{B}$ の任意個の元の和集合全体 $V(\mathfrak{B}) := \{\bigcup_{B\in\mathfrak{B}'} B \mid \mathfrak{B}' \subseteq \mathfrak{B}\}$ は，M 上位相で，$\mathfrak{B}$ はその基となる.

定義 4　基の性質 (1)，(2) を持つ部分集合 $\mathfrak{B} \subseteq \mathfrak{P}(M)$ を**生成系**，$V(\mathfrak{B})$ を $\mathfrak{B}$ で**生成された位相**という.

$V(\mathfrak{B})$ は $\mathfrak{B}$ を含む最も粗い位相．$\mathfrak{B}$ が位相 $\mathfrak{M}$ の基ならば $V(\mathfrak{B}) = \mathfrak{M}$（図 C）．すなわち $\mathfrak{M}$ のどの基も同じ位相を生成する.

例　図 B の生成系は，$\mathbb{R}^2$ 上に $\mathbb{R}^2$ とは異なる位相，**帯位相**を生成する.

同値な生成系

二つの生成系 $\mathfrak{B}_1$，$\mathfrak{B}_2$ が同じ位相を生成するとき，**同値**という．$\forall B \in \mathfrak{B}_1$（または $B \in \mathfrak{B}_2$）と $\forall x \in B$ に対し，$B_x \in \mathfrak{B}_2$（または $B_x \in \mathfrak{B}_1$）が存在し $x \in B_x \subseteq B$ が成り立つとき，そのときに限り $\mathfrak{B}_1$ と $\mathfrak{B}_2$ は同値（図 D）.

部分集合 $\mathfrak{S} \subseteq \mathfrak{P}(M)$ が定理 2 の基の条件 (1) だけみたせば，$V(\mathfrak{S})$ は一般に位相ではない．しかし次が成立（図 C）.

定理 4　集合 M について $\mathfrak{S} \subseteq \mathfrak{P}(M)$ とする．$\mathfrak{S}$ が定理 2 の基の条件 (1) をみたせば，$\mathfrak{S}$ の有限個の元の共通部分からなる集合族 $D(\mathfrak{S}) = \{\bigcap_{i=1}^{n} S_i \mid S_i \in \mathfrak{S}\ (n \in \mathbb{N})\}$ は生成系となる.

定義 5　位相空間 $(M,\mathfrak{M})$ で $\mathfrak{S} \subseteq \mathfrak{P}(M)$ とし，$D(\mathfrak{S})$ が $\mathfrak{M}$ の基のとき，$\mathfrak{S}$ を $\mathfrak{M}$ の**部分基**と呼ぶ.

この意味で，基の条件 (1) をみたす $\mathfrak{S}$ は $D(\mathfrak{S})$ で生成される位相 $V(D(\mathfrak{S}))$ の部分基である．これは $\mathfrak{S}$ を含む最も粗い位相．$\mathfrak{S}$ あるいは $D(\mathfrak{S})$ が位相 $\mathfrak{M}$ の基ならば $V(D(\mathfrak{S})) = \mathrm{M}$ となる.

近傍基

定義 6　近傍系 $\mathfrak{U}(x)$ の任意の元 U に対し，$\mathfrak{U}(x)$ の部分集合 $\mathfrak{V}(x)$ は，$V \in U$ となる $V \in \mathfrak{V}(x)$ が存在するとき，x の**近傍基**と呼ぶ.

例　x の開近傍全体の集合は常に x の近傍基．距離位相では，x の ε 近傍全体は x の近傍基．近傍基として可算部分集合を選ぶこともできる.

注意　可算基を許す位相空間では，任意の点が可算近傍基を持つ.

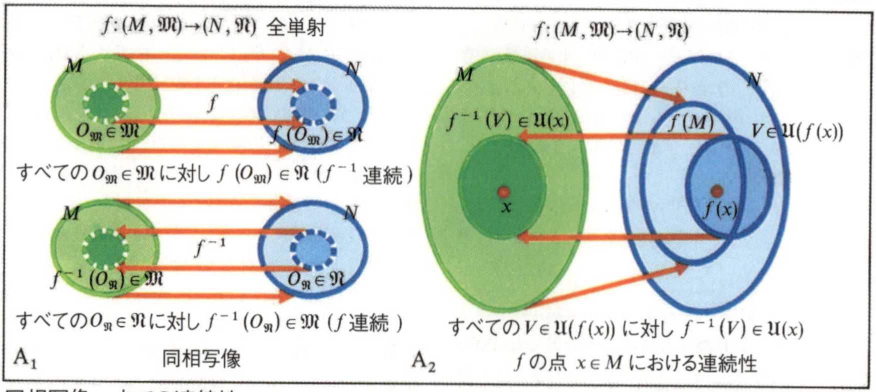
$f: (M, \mathfrak{M}) \to (N, \mathfrak{N})$ 全単射
M
N
f
$O_{\mathfrak{M}} \in \mathfrak{M}$
$f(O_{\mathfrak{M}}) \in \mathfrak{N}$
すべての$O_{\mathfrak{M}} \in \mathfrak{M}$に対し $f(O_{\mathfrak{M}}) \in \mathfrak{N}$ (f^{-1} 連続)
f^{-1}
$f^{-1}(O_{\mathfrak{N}}) \in \mathfrak{M}$
$O_{\mathfrak{N}} \in \mathfrak{N}$
すべての$O_{\mathfrak{N}} \in \mathfrak{N}$に対し $f^{-1}(O_{\mathfrak{N}}) \in \mathfrak{M}$ (f連続)
A_1　同相写像
$f: (M, \mathfrak{M}) \to (N, \mathfrak{N})$
$f^{-1}(V) \in \mathfrak{U}(x)$
$f(M)$
$V \in \mathfrak{U}(f(x))$
x
$f(x)$
すべての$V \in \mathfrak{U}(f(x))$ に対し $f^{-1}(V) \in \mathfrak{U}(x)$
A_2　fの点 $x \in M$ における連続性

同相写像，点での連続性

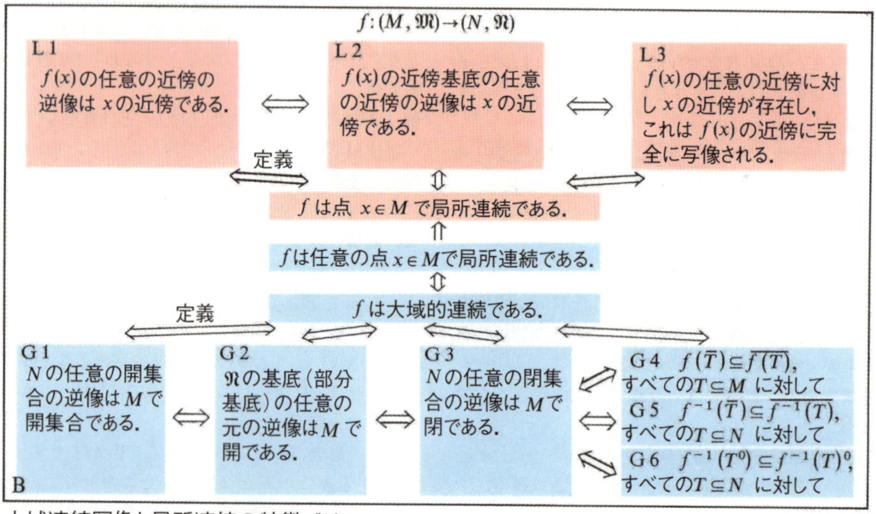
$f: (M, \mathfrak{M}) \to (N, \mathfrak{N})$
L 1
$f(x)$の任意の近傍の逆像は xの近傍である.
L 2
$f(x)$の近傍基底の任意の近傍の逆像は x の近傍である.
L 3
$f(x)$の任意の近傍に対し xの近傍が存在し，これは $f(x)$の近傍に完全に写像される.
定義
f は点 $x \in M$ で局所連続である.
fは任意の点$x \in M$で局所連続である.
f は大域的連続である.
定義
G 1
Nの任意の開集合の逆像はMで開集合である.
G 2
$\mathfrak{N}$の基底（部分基底）の任意の元の逆像はM で開である.
G 3
Nの任意の閉集合の逆像は Mで閉である.
G 4　$f(\overline{T}) \subseteq \overline{f(T)}$, すべての$T \subseteq M$ に対して
G 5　$f^{-1}(\overline{T}) \subseteq \overline{f^{-1}(T)}$, すべての$T \subseteq N$ に対して
G 6　$f^{-1}(T^0) \subseteq f^{-1}(T)^0$, すべての$T \subseteq N$ に対して
B

大域連続写像と局所連続の特徴づけ

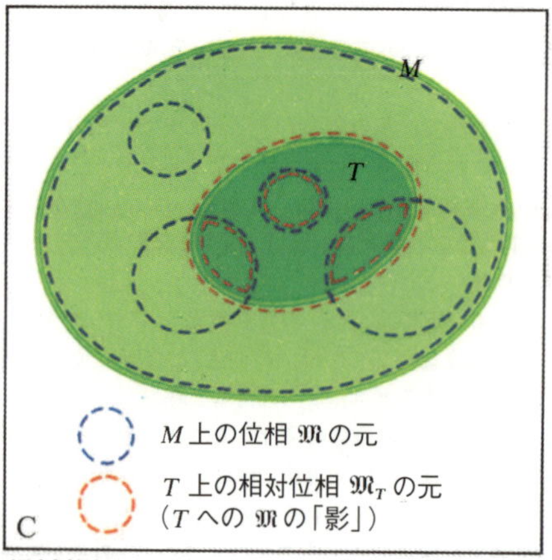
M
T
M上の位相 $\mathfrak{M}$ の元
T 上の相対位相 $\mathfrak{M}_T$ の元
（T への $\mathfrak{M}$ の「影」）
C

相対位相

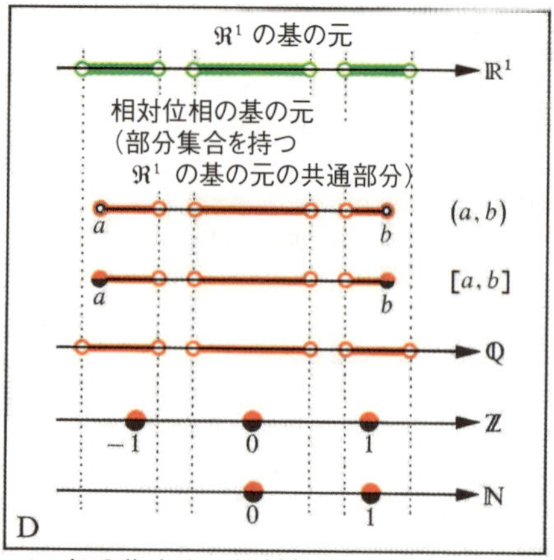
$\mathfrak{R}^1$ の基の元
$\mathbb{R}^1$
相対位相の基の元
（部分集合を持つ
$\mathfrak{R}^1$ の基の元の共通部分）
(a, b)
a
b
$[a, b]$
$\mathbb{Q}$
$\mathbb{Z}$
-1
0
1
$\mathbb{N}$
D

$\mathbb{R}^1$の部分集合上の相対位相

位相空間の間の写像

台集合の位相を関係付ける写像で，位相空間の比較をする．まず二つの位相空間が，いつ位相的に区別不可能（同相）かを定義する．

a) 同相写像

定義 1 位相空間 $(M, \mathfrak{M})$, $(N, \mathfrak{N})$ は，**同相写像** $f : (M, \mathfrak{M}) \to (N, \mathfrak{N})$ が存在するとき，**同相**という．すなわち (1) f は全単射，(2) $O_\mathfrak{M} \in \mathfrak{M}$, $O_\mathfrak{N} \in \mathfrak{N}$ に対し $f(O_\mathfrak{M}) \in \mathfrak{N}$, $f^{-1}(O_\mathfrak{N}) = \mathfrak{M}$（図 A_1）．

同相性は位相空間の集合上の同値関係である．その類は同相（**位相同値**）な位相空間からなる．同相写像で不変な性質を**位相不変性**という．

b) 連続写像

同相写像と関係する連続写像の概念を次に定義する．

定義 2 位相空間 $(M, \mathfrak{M})$, $(N, \mathfrak{N})$ について，$f : (M, \mathfrak{M}) \to (N, \mathfrak{N})$ は，$\forall O_\mathfrak{N} \in \mathfrak{N}$ に対し $f^{-1}(O_\mathfrak{N}) \in \mathfrak{M}$ のとき，**M 上連続**（単に**連続**，**大域連続**）という（図 A_1）．1 点 $x \in M$ に対し，$\forall V \in \mathfrak{U}(f(x)) \Rightarrow f^{-1}(V) \in \mathfrak{U}(x)$ のとき f は**点 x で連続**（**局所連続**）という（図 A_2）．

同相写像と連続写像の関係は，次の定理から明らか．

定理 1 $f : (M, \mathfrak{M}) \to (N, \mathfrak{N})$ は，全単射で f, f^{-1} がともに連続のとき，または f が連続かつ $g \circ f = 1_M$, $f \circ g = 1_N$ となる連続写像 $g(N, \mathfrak{N}) \to (M, \mathfrak{M})$ が存在するとき，そのときに限り同相写像である．

よって，連続写像は位相空間論の基本概念．p.29 の構造論の意味では，構造と両立する写像が必要．連続写像のもとでの不変量（**連続不変量**）は位相不変量でもある．局所連続の概念は解析学での連続概念の一般化（図 B, L3）．一つの近傍基に制限して考えることが重要 (L2)．これは，例えば距離空間の場合には 1 点での連続性が ε 近傍系のみで表せることを意味する (p.41)．

大域連続性は局所連続性に帰着できる（図 B）．それには，いくつかの同値な特徴付けがある（図 B, G2~G6）．特に重要なのは位相の基に関する特徴付け (G2)．

連続写像 $f : (M, \mathfrak{M}) \to (N, \mathfrak{N})$, $g : (N, \mathfrak{N}) \to (O, \mathfrak{O})$ の合成 $g \circ f$ も連続である．f が $x \in M$ で g が $f(x) \in N$ で連続ならば，$g \circ f$ は x で連続である．

注意 写像 f による，すべての開集合（閉集合）の像も開集合（閉集合）のとき，f を**開写像**（**閉写像**）と呼ぶ．全単射の開写像または閉写像は同相写像．

写像による位相の生成

集合 N, 位相空間 $(M, \mathfrak{M})$ で，M 上の位相構造は写像で N 上に「移す」される．ここで，N が写像の値域か定義域かに従い，方法が異なる．

a) 終位相

位相空間 $(M, \mathfrak{M})$, 写像 $f : M \to N$ を与えると，$\mathfrak{N}_{\text{fin}} := \{T \mid T \subseteq N, f^{-1}(T) \in \mathfrak{M}\}$ は N 上の位相，すなわち f と $\mathfrak{M}$ によって生成された**終位相**となる．この構成から $f : (M, \mathfrak{M}) \to (N, \mathfrak{N}_{\text{fin}})$ は連続写像になる．N 上に別の位相 $\mathfrak{N}$ があり写像 f が連続になるのは，$\mathfrak{N} \subseteq \mathfrak{N}_{\text{fin}}$ のとき，そのときに限る．生成写像が連続な値域の位相の内で，$\mathfrak{N}_{\text{fin}}$ は**最も細かい**．全単射 f に対し $\mathfrak{N}_{\text{fin}} = \{f(O) | O \in \mathfrak{M}\}$ であるので，$f^{-1} : (N, \mathfrak{N}_{\text{fin}}) \to (M, \mathfrak{M})$ も連続．すなわち，全単射の場合 $(M, \mathfrak{M})$ と $(N, \mathfrak{N}_{\text{fin}})$ は同相である．$f : (M, \mathfrak{M}) \to (N, \mathfrak{N})$ が連続かつ開かつ全射のときは $\mathfrak{N} = \mathfrak{N}_{\text{fin}}$．

b) 始位相

位相空間 $(M, \mathfrak{M})$ と写像 $g : N \to M$ を与えるとき，$\mathfrak{N}_{\text{ini}} := \{g^{-1}(O) | O \in \mathfrak{M}\}$ は N 上の位相．すなわち g と $\mathfrak{M}$ で**生成された始位相**となる．この構成から $g : (N, \mathfrak{N}_{\text{ini}}) \to (M, \mathfrak{M})$ は連続写像．N 上に別の位相 $\mathfrak{N}$ があれば，写像 g が連続なのは $\mathfrak{N}_{\text{ini}} \subseteq \mathfrak{N}$ のとき，そのときに限る．したがって $\mathfrak{N}_{\text{ini}}$ は，生成写像がそれに関し連続な定義域の位相の内で**最も粗い**．g が全単射の場合は $(M, \mathfrak{M})$ と $(N, \mathfrak{N}_{\text{ini}})$ は同相．

相対位相，部分空間

位相空間 $(M, \mathfrak{M})$ の部分集合 T 上の位相は種々の方法で決まるが $\mathfrak{M}$ から生じる位相が特に重要．そのようなものは，T 上で $\mathfrak{M}$ の「影」を取れば得られる（図 C）．

定義 3 位相空間 $(M, \mathfrak{M})$ で $T \subseteq \mathfrak{M}$ とするとき，$\mathfrak{M}_T := \{O \cap T | O \in \mathfrak{M}\}$ を $(M, \mathfrak{M})$ に関する T 上の**相対位相**，$(T, \mathfrak{M}_T)$ を $(M, \mathfrak{M})$ の**部分空間**と呼ぶ．

$(M, \mathfrak{M})$ に関する T 上の相対位相は，$\mathfrak{M}$ と埋込み $i : T \to M$ で生成される始位相である．実際，i は単射で，$i^{-1}(O) = O \cap T$．ゆえに埋込みは連続．よって連続写像の部分空間上への制限も連続．部分空間 T の閉集合や近傍は，M の閉集合や近傍と T との共通部分となる．$\mathfrak{B}$ が $\mathfrak{M}$ の基であれば，$\mathfrak{B}_T := \{B \cap T | B \in \mathfrak{B}\}$ は $\mathfrak{M}_T$ の基となる．

部分空間の例 $(\mathbb{R}^1, \mathfrak{R}^1)$, $(\mathbb{R}^2, \mathfrak{R}^2)$ は $(\mathbb{R}^3, \mathfrak{R}^3)$ の部分空間，$(\mathbb{R}^1, \mathfrak{R}^1)$ は $(\mathbb{R}^2, \mathfrak{R}^2)$ の部分空間とみなせる．

解析学での区間 $[a, b]$, (a, b) 上の相対位相，$\mathbb{Q}$, $\mathbb{Z}$, $\mathbb{N}$ などの上の相対位相は図 D 参照．$(\mathbb{R}^n, \mathfrak{R}^n)$ のよく用いられる部分空間の一つが超球面 $\mathbb{S}^{n-1}$ である (p.195).

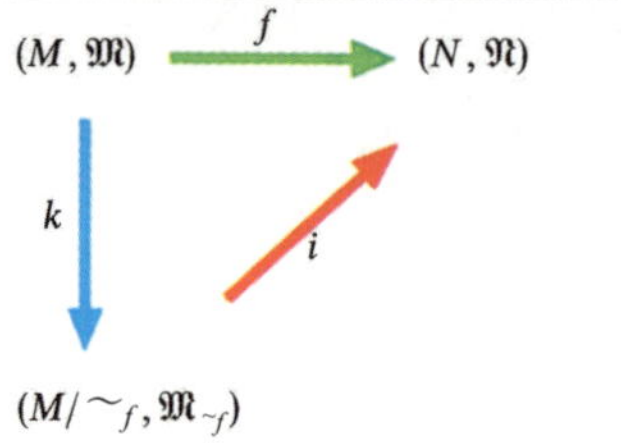

f は $(M, \mathfrak{M})$ から $(N, \mathfrak{N})$ への全射連続写像とし，

k は商空間 $(M/\sim_f, \mathfrak{M}_{\sim f})$ 上の自然な写像とする．
ここで，$\sim_f$ は $x \sim_f y \Leftrightarrow f(x)=f(y)$ で定義される同値関係である．(「像が等しくなる元を同一視する.」)

このとき，全単射連続写像 $i:(M/\sim_f, \mathfrak{M}\sim_f) \to (N, \mathfrak{N})$ が存在し $i \circ k = f$ となる．

さらに，次の条件のうちの一つがみたされるとき，i は位相的，すなわち $(N, \mathfrak{N})$ が商空間 $(M/\sim_f, \mathfrak{M}\sim_f)$ と同相である．

a) f は開(閉)である．　　b) $\mathfrak{N}$ は $\mathfrak{M}$ と f により生成された終位相である．

c) $(M, \mathfrak{M})$ は準コンパクトであり，$(N, \mathfrak{N})$ は T_2 空間である(p.219，定理5)．

例

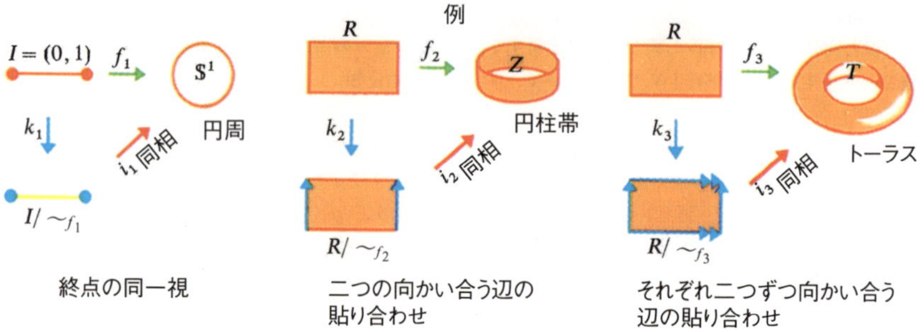

A　f_1, f_2, f_3 は全射，閉，連続写像(図D)．

商空間と同相写像

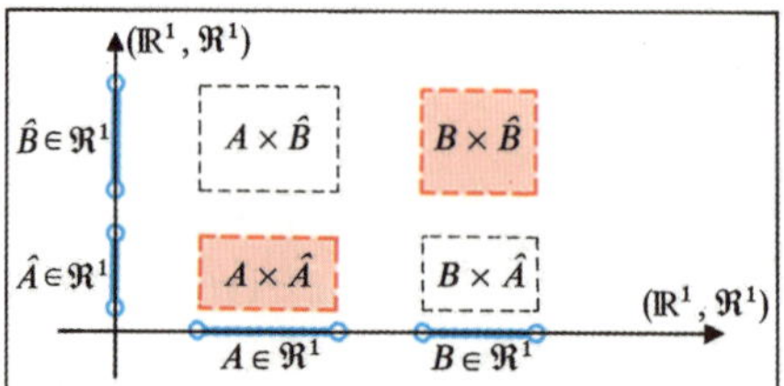

$A, \hat{A}, B, \hat{B}$ の位置を与えても $(A \times \hat{A}) \cup (B \times \hat{B})$ をみたす $C, \hat{C} \in \mathfrak{R}^1$ をみつけられない．
$(A \times \hat{A}) \cup (B \times \hat{B})$ を含む任意の $C \times \hat{C}$ は，$A \times \hat{B}$ と $B \times \hat{A}$ の元も含むからである．

B

積位相

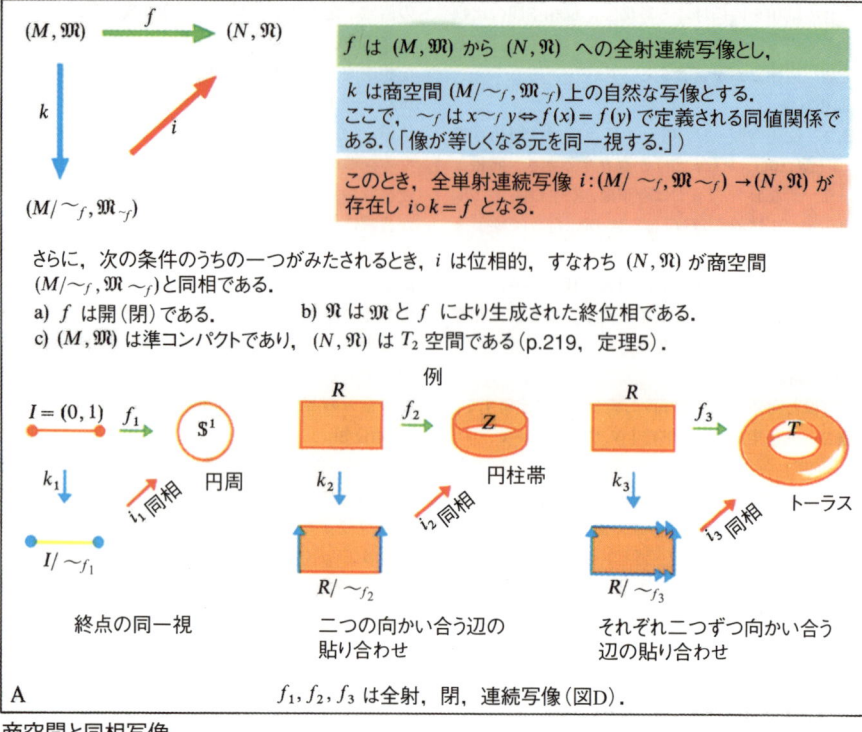

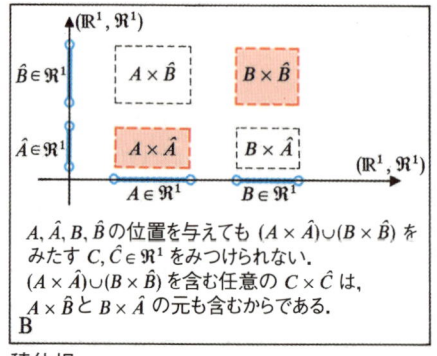

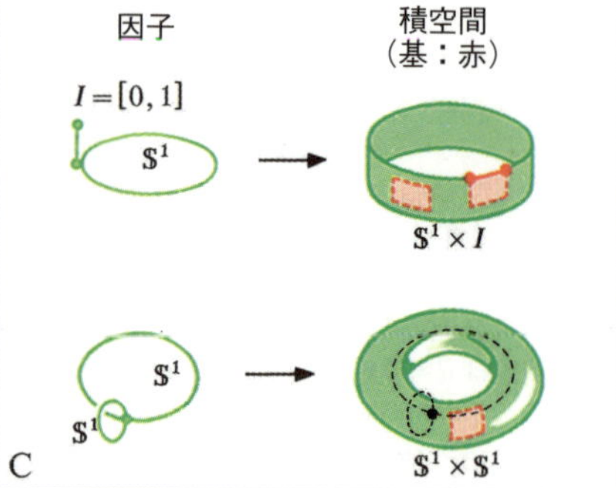

C

円柱帯と積空間としてのトーラス

$f_1:[0,1] \to \mathbb{S}^1$ は $x \mapsto (\cos 2\pi x, \sin 2\pi x)$ により定義され，
$1_{[0,1]}:[0,1] \to [0,1]$ は全射，連続かつ閉

$\Leftarrow$定理2$=$　　　　$=$定理2$\Rightarrow$

$f_1 \times 1_{[0,1]}:[0,1] \times [0,1] \to \mathbb{S}^1 \times [0,1]$
全射，連続，閉

を図Aの f_2 に対し選ぶことができる．

$f_1 \times f_1:[0,1] \times [0,1] \to \mathbb{S}^1 \times \mathbb{S}^1$
全射，連続，閉

を図Aの f_3 に対し選ぶことができる．

D

定理2の応用

商位相（同一視位相）

M 上の同値関係 $\sim_f$ による商集合 $M/\sim_f$ の位相化には，M の位相から生じる位相を適用する．標準写像 $k: M \to M/\sim_f$, $x \mapsto [x]$ を用いる．

定義 1　位相空間 $(M, \mathfrak{M})$，同値関係 $\sim_f$ による商集合 $M/\sim_f$，標準写像 $k: M \to M/\sim_f$ に対し，$\mathfrak{M}$ と k により生成される終位相 $\mathfrak{M}_{\sim_f} := \{T \mid T \subseteq M/\sim_f, k^{-1}(T) \in \mathfrak{M}\}$（p.209）を，$M/\sim_f$ 上の $(M, \mathfrak{M})$ に関する**商位相**，$(M/\sim_f, \mathfrak{M}_{\sim_f})$ を $(M, \mathfrak{M})$ の**商空間**と呼ぶ．

この定義から標準写像 k は明らかに連続．商位相は，k が連続な最も細かい位相である．同値な点を同一視することで M から $M/\sim_f$ 上に移すとの意味で「**同一視位相**」とも呼ぶ．商空間の意義は，調べる位相空間 $(N, \mathfrak{N})$ のかわりに既知の位相空間 $(M, \mathfrak{M})$ の商空間と同相なものがみつかることがしばしばある点にある（図 A）．

積位相，積空間

既知の空間から新しい空間を作り出すには，直積を用いることがある．位相空間 $(M, \mathfrak{M})$, $(\hat{M}, \hat{\mathfrak{M}})$，台集合の直積 $M \times \hat{M}$ には，$\mathfrak{M}$ と $\hat{\mathfrak{M}}$ とから生じる位相が付与される．集合族 $\mathfrak{B}_p := \{O \times \hat{O} \mid O \in \mathfrak{M}, \hat{O} \in \hat{\mathfrak{M}}\}$ は，p.205，定義 2 の (O3) をみたさず $M \times \hat{M}$ 上の位相ではないが，$M \times \hat{M}$ 上の位相の生成系（p.207）である．

定義 2　位相空間 $(M, \mathfrak{M})$, $(\hat{M}, \hat{\mathfrak{M}})$ に対し $\mathfrak{B}_p := \{O \times \hat{O} \mid O \in \mathfrak{M}, \hat{O} \in \hat{\mathfrak{M}}\}$ で生成された $M \times \hat{M}$ 上の位相 $V(\mathfrak{B}_p)$ を**積位相**，$(M \times \hat{M}, V(\mathfrak{B}_p))$ を**積空間**と呼ぶ．

$M \times \hat{M}$ の開集合は $\mathfrak{B}_p$ のいくつかの元の和集合として表される．この表示は $\mathfrak{B}_p$ の部分族の元に限っても可能なことがある．例えば $\mathfrak{B}$, $\hat{\mathfrak{B}}$ がそれぞれ $\mathfrak{M}$, $\hat{\mathfrak{M}}$ の基の場合には，$\{B \times \hat{B} \mid B \in \mathfrak{M}, \hat{B} \in \hat{\mathfrak{M}}\}$ は積位相の基．

例　集合 $\{(a, b) \times (c, d) \mid a, b, c, d \in \mathbb{R}\}$（開長方形全体）は $\mathbb{R}^2 = \mathbb{R} \times \mathbb{R}$ 上の積位相の基である．$\mathbb{R}^2$ 上の積位相は自然位相 $\mathfrak{R}^2$（p.206，図 D）と同値．図 C は，円柱面とトーラスの位相空間化．

$x = (a, \hat{a}) \in M \times \hat{M}$ の全近傍は $U \times \hat{U} (U \in \mathfrak{U}(a), \hat{U} \in \mathfrak{U}(\hat{a}))$ の形の部分集合を含む部分集合全体と一致する．射影 $p: M \times \hat{M} \to M, (a, \hat{a}) \mapsto a$ と $\hat{p}: M \times \hat{M} \to \hat{M}$, $(a, \hat{a}) \mapsto \hat{a}$ は全射で，積空間を各因子空間と結び付ける．それらはともに連続な開写像．積位相は，二つの射影が連続な $M \times \hat{M}$ 上の最も**粗い位相**である．積位相を，p, $\hat{p}$, $\mathfrak{M}$, $\hat{\mathfrak{M}}$ で $M \times \hat{M}$ 上に**生成された始位相**ともいう．

積空間の因子空間は，積空間の中に同相に埋込まれる．$a \in M$, $\hat{a} \in \hat{M}$ を任意に取り，$M \times \{\hat{a}\}$, $\{a\} \times \hat{M}$ にそれぞれ積空間からの相対位相を付与すれば，$e: M \to M \times \{\hat{a}\}$, $x \mapsto (x, \hat{a})$ と $\hat{e}: \hat{M} \to \{a\} \times \hat{M}$, $\hat{x} \mapsto (a, \hat{x})$ はともに同相写像．写像に関する二つの有用な定理をあげる．

定理 1　位相空間から積空間の中への写像 f は，$p \circ f$ と $\hat{p} \circ f$ が連続のとき，そのときに限り連続である．

注意　$\mathbb{R}^2$ の中への連続写像は，$\mathbb{R}^1$ の中への二つの連続写像で置き換えてよい成分ごとに連続．

定理 2　$f: (M, \mathfrak{M}) \to (N, \mathfrak{N})$ と $g: (\hat{M}, \hat{\mathfrak{M}}) \to (\hat{N}, \hat{\mathfrak{N}})$ がともに連続（開，閉，同相）写像であるとき，写像 $(f \times g): M \times \hat{M} \to N \times \hat{N}$, $(a, \hat{a}) \mapsto (f(a), g(\hat{a}))$ も連続（開，閉，同相）である．ただし，$M \times \hat{M}$, $N \times \hat{N}$ にはそれぞれ積位相を付与する．

応用　$(\mathbb{R}^1, \mathfrak{R}^1)$, $((a, b), \mathfrak{R}^1_{(a,b)})$, $((c, d), \mathfrak{R}^1_{(c,d)})$ は互いに同相なので，$(\mathbb{R}^2, \mathfrak{R}^2)$ と $((a, b) \times (c, d), \mathfrak{R}^2_{(a,b)\times(c,d)})$ も同相．図 D.

***n* 重直積** $M_1 \times \cdots \times M_n$ にも同様に位相が付与される．位相空間 $(M_1, \mathfrak{M}_1), \cdots, (M_n, \mathfrak{M}_n)$ に対し，$\{O_1 \times \cdots \times O_n \mid O_i \in \mathfrak{M}_i \ (i = 1, 2, \cdots, n)\}$ は $M_1 \times \cdots \times M_n$ 上**積位相**の生成系となる．

射影 $p_i: M_1 \times \cdots \times M_n \to M_i$ はすべて連続で，上述の性質は対応する定式化のもとですべて成り立つ．

注意　$\mathbb{R}^n$ 上積位相は自然位相 $\mathfrak{R}^n$ と一致．$\mathbb{R}^n$ の中への写像は「成分ごとに連続」のときに限り連続．

和空間

位相空間 $(M, \mathfrak{M})$, $(\hat{M}, \hat{\mathfrak{M}})$ が**互いに素な**台集合を持つとき，**交わらない和集合** $M \cup \hat{M}$ に位相を付与できる．このとき必要なのは，$\mathfrak{M}$, $\hat{\mathfrak{M}}$ がそれぞれ M, $\hat{M}$ 上の相対位相となること．すなわち $M \cup \hat{M}$ の部分集合が，M や $\hat{M}$ との共通部分がそれぞれ $\mathfrak{M}$ または $\hat{\mathfrak{M}}$ の元であるとき，そのときに限り開集合となること．そのような部分集合全体は $M \cup \hat{M}$ 上の位相となる．

定義 3　位相空間 $(M, \mathfrak{M})$, $(\hat{M}, \hat{\mathfrak{M}})$ の台集合が互いに交わらないとき，$\mathfrak{M}_U := \{T \mid T \subseteq M \cup \hat{M}, T \cap M \in \mathfrak{M}, T \cap \hat{M} \in \hat{\mathfrak{M}}\}$ を $M \cup \hat{M}$ 上の**和位相**，$(M \cup \hat{M}, \mathfrak{M}_U)$ を**和空間**と呼ぶ．

埋込み $i: (M, \mathfrak{M}) \to (M \cup \hat{M}, \mathfrak{M}_U)$ と $\hat{i}: (\hat{M}, \hat{\mathfrak{M}}) \to (M \cup \hat{M}, \mathfrak{M}_U)$ はともに連続な開写像である．$\mathfrak{M}_U$ は，i と $\hat{i}$ が連続となる位相の中で最も細かいので，i, $\hat{i}$, $\mathfrak{M}$, $\hat{\mathfrak{M}}$ で**生成される $M \cup \hat{M}$ 上の終位相**と呼ぶ．

和空間からの写像 f は，制限 $f|_M$, $f|_{\hat{M}}$ すなわち $f \circ i$, $f \circ \hat{i}$ がともに連続のとき，そのときに限り連続である．

注意　同様に，和空間は任意個の互いに素な台集合にも構成可能．

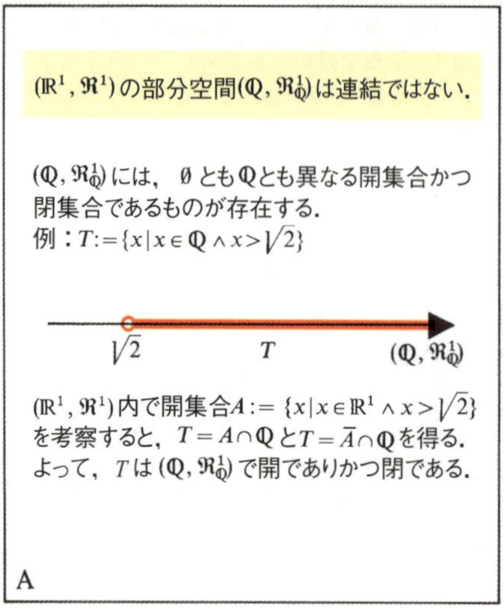

A ($\mathbb{R}^1, \mathfrak{R}^1$) での連結性

($\mathbb{R}^1, \mathfrak{R}^1$) の部分空間 ($\mathbb{Q}, \mathfrak{R}^1_\mathbb{Q}$) は連結ではない.

($\mathbb{Q}, \mathfrak{R}^1_\mathbb{Q}$) には，∅ とも $\mathbb{Q}$ とも異なる開集合かつ閉集合であるものが存在する.
例：$T := \{x \mid x \in \mathbb{Q} \land x > \sqrt{2}\}$

($\mathbb{R}^1, \mathfrak{R}^1$) 内で開集合 $A := \{x \mid x \in \mathbb{R}^1 \land x > \sqrt{2}\}$ を考察すると，$T = A \cap \mathbb{Q}$ と $T = \bar{A} \cap \mathbb{Q}$ を得る.
よって，T は ($\mathbb{Q}, \mathfrak{R}^1_\mathbb{Q}$) で開でありかつ閉である.

B ($\mathbb{R}^2, \mathfrak{R}^2$) の連結性

($\mathbb{R}^2, \mathfrak{R}^2$) は連結

任意の点 $P \in \mathbb{R}^2$ に対し，P と O を通る直線 g_P が存在し，この直線は部分空間として $\mathbb{R}^1$ に同相である.
O はこれらの任意の直線上にあり，その和が $\mathbb{R}^2$ となるので，($\mathbb{R}^2, \mathfrak{R}^2$) は定理3により連結である.

C 中間値の定理

$f(a) < y < f(b)$ である任意の中間値 y に対し，$f(x) = y$ となる $x \in M$ が存在する.

D （連結）成分

$T := \{\frac{1}{n} \mid n \in \mathbb{N} \setminus \{0\}\} \cup \{0\}$

0 にある成分は集合 $\{0\}$ である.
$\{0\}$ は，$(T, \mathfrak{R}^1_T)$ で閉であるが開ではない.

E 非局所連結空間

T をすべての線分 QP_n ($n \in \mathbb{N}$) の和とする.

($\mathbb{R}^2, \mathfrak{R}^2$) の部分空間 $(T, \mathfrak{R}^2_T)$ は定理3による連結である.
この部分空間は局所連結ではない.
線分 QP_0 上の Q と異なる任意の点 R は，連結な近傍を含まない近傍を持つからである.

$\overline{P_n P_0} := \frac{1}{n} \overline{P_1 P_0}$ $(n \in \mathbb{N} \setminus \{0\})$

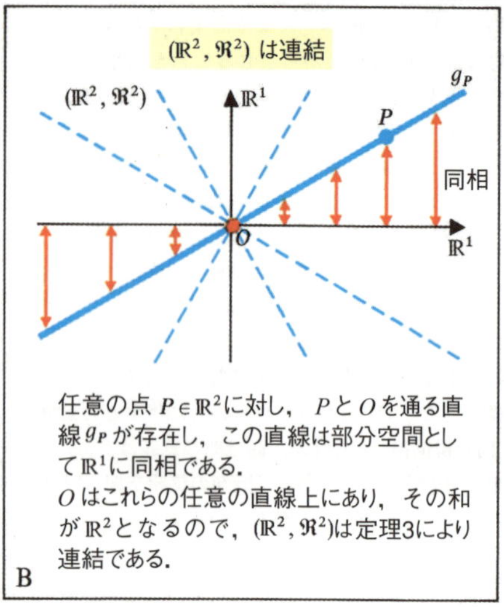

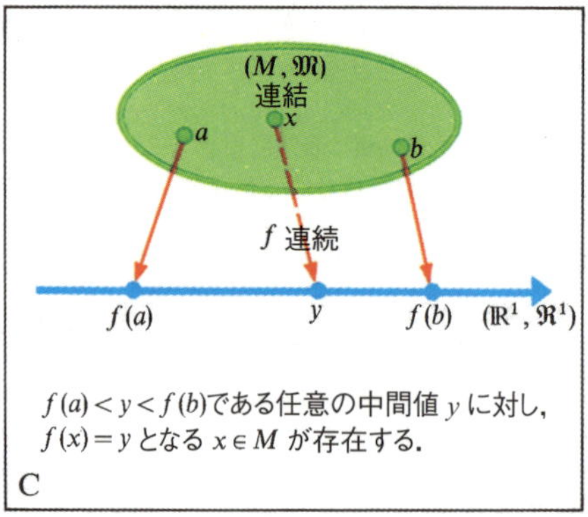

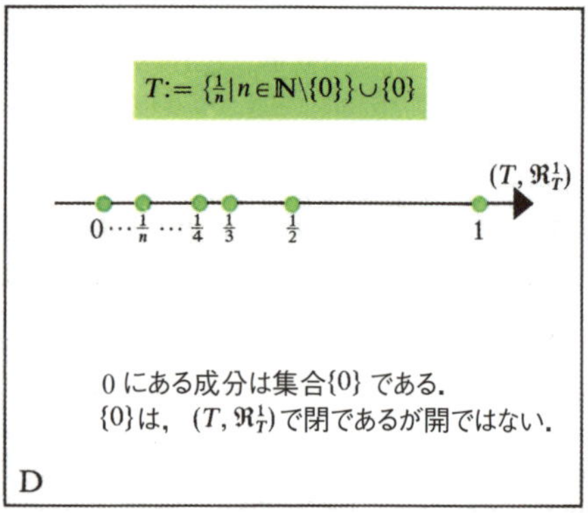

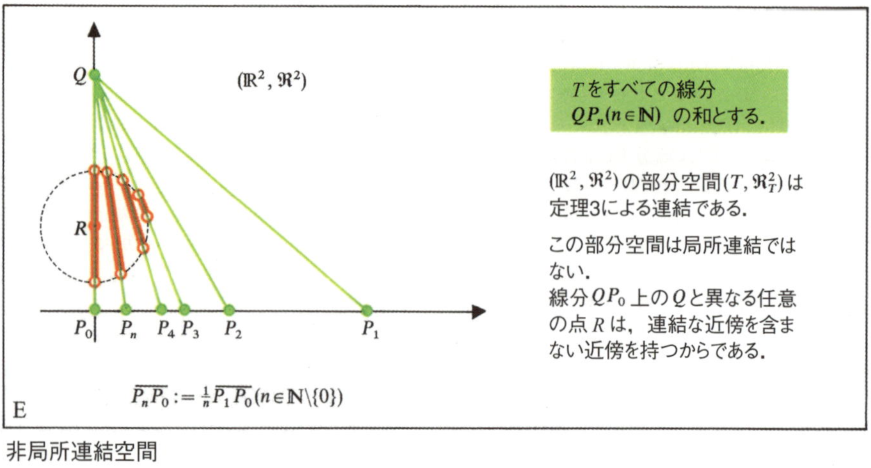

「連結でない」空間の直観的イメージは，互いに共有点を持たない，つまり一方の触点が決して他方に属さない二つの空でない部分集合に分解されると表される（p.201，203）．これは，集合の分離の概念で連結性が定義されることを意味する．

連結空間

定義 1 位相空間 $(M, \mathfrak{M})$ で M の部分集合 A，B は $\overline{A} \cap B = \emptyset$ かつ $A \cap \overline{B} = \emptyset$ のとき，互いに**分離されている**という（$\overline{\ }$：閉包）．

定義 2 位相空間 $(M, \mathfrak{M})$ は，M が空でない，分離部分集合の和で表されないとき，**連結**という．

したがって，**連結でない**空間は，二つの空でない，互いに分離された部分集合の和で表される．

定義 3 相対位相に関して連結であるとき，位相空間の部分集合は**連結**という．

部分空間の二つの部分集合は，もとの位相空間で分離されているとき，そのときに限り分離されているので，連続部分集合に関する命題は相対化によらず表される．例えば

定理 1 位相空間 $(M, \mathfrak{M})$ は，$\emptyset$ と M のみが閉かつ開な部分集合のとき，そのときに限り連結である．

以下の諸定理は非常に役立つ．

定理 2 連結空間の連続写像による像は連結である．

定理 3 T_i $(i \in I)$ が，共通部分が少なくとも空ではない $(M, \mathfrak{M})$ の連結部分集合ならば，和位相を付与された，それらの和集合もまた連結である．

定理 4 連結部分集合 T の閉包 $\overline{T}$ および $T \subseteq A \subseteq \overline{T}$ となるすべての A は，連結である．

例 連結位相空間 $(\mathbb{R}^1, \mathfrak{R}^1)$ のすべての連結部分集合は p.202 の図 A 参照．全有理数全体 $\mathbb{Q}$ は連結ではない（図 A）．定理 2 と定理 3 を用いると，図 B のように $(\mathbb{R}^n, \mathfrak{R}^n)$ の連結性が証明される．$\mathbb{R}^n \backslash \{(0, \cdots, 0)\}$ $(n > 1)$ や ε 近傍などは $\mathbb{R}^n$ の連続部分集合の例．

注意 定理 2 で実数値写像のとき，**中間値の定理**が導かれる．

連結成分

非連結位相空間で，各点と，それを含むできるだけ「大きい」連結部分集合を対応させることは重要．$\{x\}$ 自身が連結なので，すべての点はある連結部分集合の中にある．したがって，x を含むすべての連結部分集合の和集合は，x を含む（包含関係について）最大連結部分集合．この部分集合を x の**連結成分**と呼ぶ．定理 4 から，それは閉集合．どの点（どの連結部分集合）もちょうど一つの成分に含まれる．y が x の成分に属さないならば，y はそれから分離された（よって共通部分を持たない）成分の中にある．**ゆえに任意の位相空間は閉で，いくつかの分離された成分に分解される．**連続位相空間は唯一つの成分を持つ．この性質を用いて次の定理を得る．

定理 5 連結空間の積空間は連結である．

局所連結空間

位相空間成分は閉集合であるが，一般に開集合ではない（図 D）．各点に対し連結近傍が存在すれば，成分は開集合でもある．各点とともにその近傍の一つがその点の成分に含まれるから．局所連結空間はこの条件をみたす．

定義 4 位相空間の各点の任意近傍内にその点の連結近傍が含まれれば，その空間を**局所連結**という．

例 $(1, 2) \cup (3, 4)$ は相対位相に関し局所連結であるが，非連結．図 E は，局所連結でない空間の例．

定理 6 位相空間 $(M, \mathfrak{M})$ は，$\mathfrak{M}$ に属する連結集合が $\mathfrak{M}$ の基となるときに限り局所連結である．

したがって $(\mathbb{R}^n, \mathfrak{R}^n)$ は局所連結である．ε 近傍はすべて連結で $\mathfrak{R}^n$ の基をなすからである．

注意 連結空間とは違い，局所連結空間の連続写像による像は無条件に局所連結とはいえない．しかし局所連結空間の積空間は同様に局所連結である．

弧状連結空間

$(\mathbb{R}^n, \mathfrak{R}^n)$ の部分集合は，任意の 2 点を一つの「道」で結ぶという性質で特徴付けられる．道の直観イメージを任意位相空間に拡張して，次の定義を得る．

定義 5 連続写像 $w : ([0, 1], \mathfrak{R}^1_{[0,1]}) \to (M, \mathfrak{M})$ を**始点** $w(0)$ と**終点** $w(1)$ を結ぶ M 上の**道**と呼ぶ．

定義 6 位相空間は，その任意の点が道で結ばれるとき，**弧状連結**という．部分空間として弧状連結のとき，空間の部分集合を弧状連結と呼ぶ．

例 $(\mathbb{R}^n, \mathfrak{R}^n)$ は弧状連結である．ε 近傍，超球面 $\mathbb{S}^{n-1}$ なども弧状連結である．

定理 7 (a) 弧状連結部分集合は連結である．(b) 弧状連結空間の連続写像による像はまた弧状連結である．(c) 弧状連結空間の積空間も弧状連結．

注意 (a) の逆は成り立たない（p.202，図 B_2）．

弧状（連結）成分

任意の位相空間は，いくつかの最大弧状連結部分集合（**弧状（連結）成分**と呼ぶ）に分解される．各弧状成分は一つの成分に含まれる．

局所弧状連結空間

定義 4 を弧状連結性に転用すれば，**局所弧状連結**空間の概念を得る．その意義は，そのような空間では，弧状成分と連結成分が一致する点にある．よって，連結な局所弧状連結空間は弧状連結．

注意 $(\mathbb{R}^2, \mathfrak{R}^n)$ では連結性と弧状連結性は同じ．$(\mathbb{R}^2, \mathfrak{R}^n)$ が局所弧状連結だからである．

214　位相空間論／点列の収束とフィルター基の収束

$\overline{P_nF} := \frac{1}{n}\overline{P_0F}$ $(n \in \mathbb{N}\setminus\{0\})$

$\mathbb{R}^2$ に自然な位相 $\mathfrak{R}^2$ を持たせると，点列 $\{P_n\}$ は点 F に収束する．帯位相（p.206）を選ぶと，$\{P_n\}$ は g 上の任意の点に収束する．

A 点列の収束の一意性

f 連続，$\{a_n\}$ は a に収束
$V \in \mathfrak{U}(f(a))$ 任意
$\Downarrow$
$f^{-1}(V) \in \mathfrak{U}(a), a_n \in f^{-1}(V)$, すべての $n \geq n_0(V)$
$\Downarrow$
$f(a_n) \in V$, すべての $n \geq n_0(V)$ に対し
$\Downarrow$
$\{f(a_n)\}$ は $f(a)$ に収束

B 連続性と点列の収束

フィルター基 $\mathfrak{F}_1$ は，P を含むすべての開長方形から成る（P の近傍基）．

$\mathfrak{F}_1$ は P に収束する．P を中心とする任意の開円板は $\mathfrak{F}_1$ の元を含む．

C$_1$

フィルター基 $\mathfrak{F}_2$ は，P_1 と P_2 を含むすべての開長方形から成る．

$\mathfrak{F}_2$ は収束しない．$\mathbb{R}^2$ の任意の点に対し，P_1 と P_2 を含まない開円板が存在する．

C$_2$

フィルター基 $\mathfrak{F}_3$ は P を頂点とするすべての開長方形から成る．（P は $\mathfrak{F}_3$ の元ではない．）

$\mathfrak{F}_3$ は P に収束する．P を中心とする任意の開円板は $\mathfrak{F}_3$ の元を含むから．

C$_3$

$\mathbb{R}^2$ に帯位相を入れる．

フィルター基 $\mathfrak{F}_1$（図 C$_1$）

$\mathfrak{F}_1$ は直線 g 上の任意の点に収束する．g 上の点の周りの任意の開帯状集合は $\mathfrak{F}_1$ の元を含むから．

C$_4$

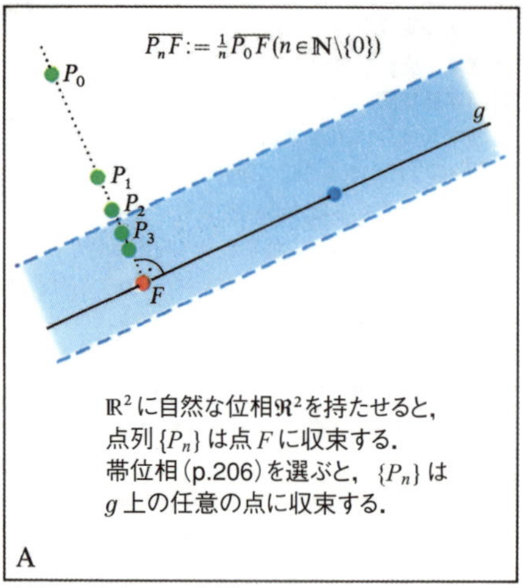

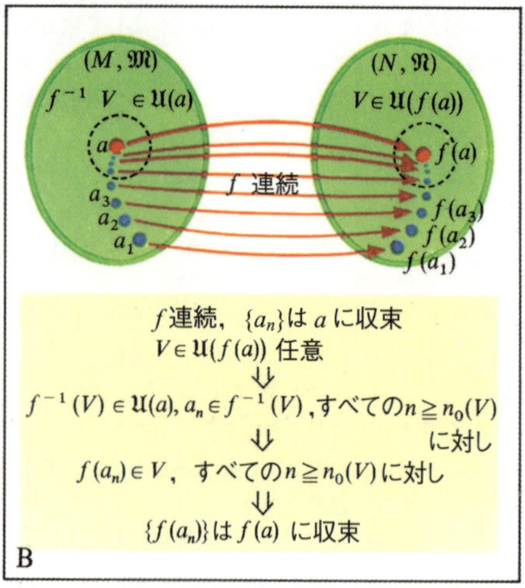

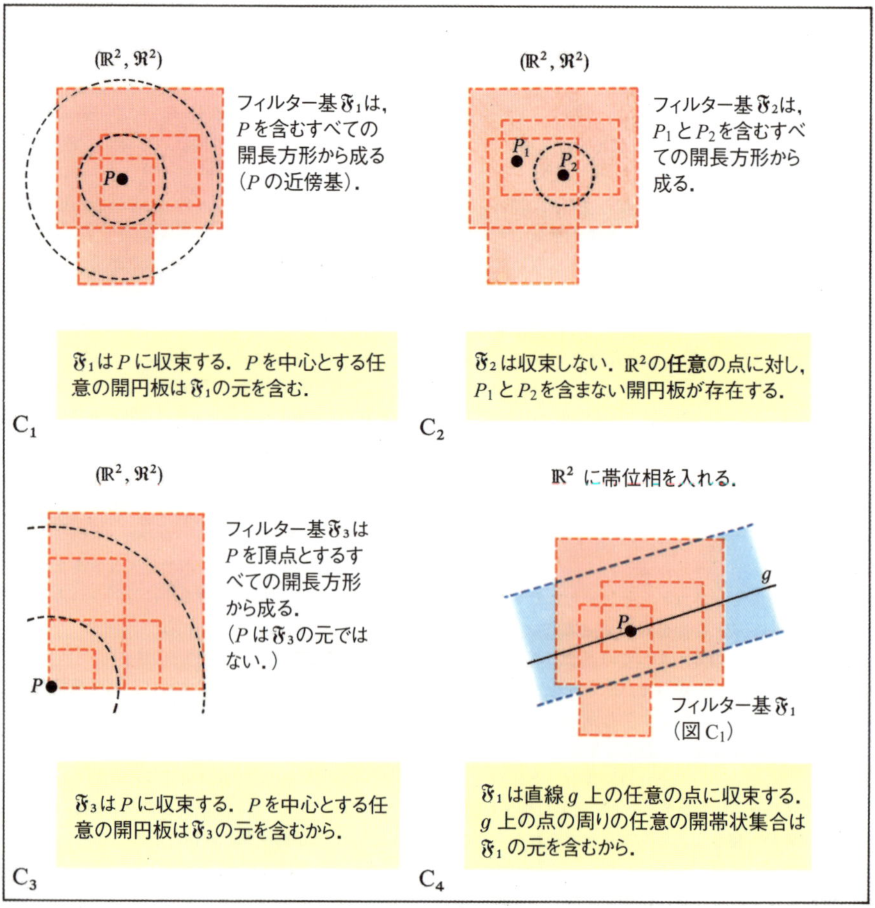

フィルター基，フィルター基の収束

点列の収束

任意の位相空間でも点列の収束を定義できる.

定義 1 位相空間 $(M, \mathfrak{M})$ を, M 上の点列 $\{a_n\}$ に対し, $\{a_n\}$ で $a \in M$ に**収束する**とは, 任意の近傍 $U \in \mathfrak{U}(a)$ に対し $n_0 \in \mathbb{N}$ が存在し, $\forall n \geqq n_0$ ならば $a_n \in U$ となることをいう.

実解析の場合とは異なり, 点列の収束は一意的とは限らない (図 A). 収束性は位相に依存する. 一意性は特別な位相空間 (ハウスドルフ空間等, p.217) で初めて得られる. 距離位相による距離空間等はその例.

連続性と点列の収束

実解析同様, 任意の位相空間でも, 連続写像 f は点列の収束性を保存する. すなわち点列 $\{a_n\}$ が a に収束すれば像点列 $\{f(a_n)\}$ は $f(a)$ に収束 (図 B). 逆に, 位相空間で一般に, a に収束するすべての点列に対し像点列が $f(a)$ に収束しても, a で写像 f は連続とは限らないが, 特別な場合には可能.

定理 1 位相空間 $(M, \mathfrak{M})$, $(N, \mathfrak{N})$ で, $a \in M$ は可算近傍基を持つとする. このとき, $f : (M, \mathfrak{M}) \to (N, \mathfrak{N})$ は, a に収束するすべての点列 $\{a_n\}$ に対し f の像点列が $f(a)$ に収束するとき, そのときに限り a で連続である.

したがって, 距離空間では点列の収束で連続写像の特徴付けができる. 任意の位相空間で必ずしも可能でないのは, 点列の概念がまだ十分一般的でないから. 点列ではなくフィルター基を考えるとよい.

フィルター基, フィルター基の収束

点列 $\{a_n\}$ の末尾部分 $E_k := \{a_n \mid n \geqq k\}$ $(k \in \mathbb{N})$ 全体の集合族 $\mathfrak{E}$ を導入して, 定義 1 を次の形にする.

$\{a_n\}$ は, 任意の $\mathfrak{U}(a)$ の元がある $\mathfrak{E}$ の元を含むとき, そのときに限り a に収束する.

つまり, 点列の収束を決めるのは, 点列の元で構成した部分集合族 $\mathfrak{E}$ (基本フィルター基) が持つ近傍系 $\mathfrak{U}(a)$ と同様な特別な構造である. 点 a での写像 f の連続性も, 集合族 $f(\mathfrak{U}(a)) := \{f(U) \mid U \in \mathfrak{U}(a)\}$ を導入し p.208, 図 B, 性質 L3 を用い, 同様に特徴付け可能.

f は, $\mathfrak{U}(a)$ の任意の元が $f(\mathfrak{U}(a))$ のある元を含んでいるとき, そのときに限り点 a で連続である.

すなわち, 写像 f で生じる集合族 $f(\mathfrak{U}(a))$ と近傍系 $\mathfrak{U}(f(a))$ との同様な構造が, a での f の連続性を特徴付ける. $\mathfrak{E}$ と $f(\mathfrak{U}(a))$ の共通の性質から, 次の定義が導かれる.

定義 2 $\mathfrak{P}(M)$ 内の空でない集合族 $\mathfrak{F}$ が, $\emptyset \notin \mathfrak{F}$ であり, $\mathfrak{F}$ の任意の元の共通部分が $\mathfrak{F}$ のある元を含むとき **M 上のフィルター基**と呼ぶ.

例 集合族 $\mathfrak{E}$, $f(\mathfrak{U}(a))$, $\mathfrak{U}(a)$, 任意の近傍基もフィルター基. 任意の写像によるフィルター基の像もまたフィルター基. 図 C は他の例.

以下で, フィルター基の収束を考える. 点列の基本フィルター基の場合は, 定義 1 と一致する.

定義 3 位相空間 $(M, \mathfrak{M})$ について, M 上の**フィルター基 $\mathfrak{F}$ が $a \in M$ に収束する**とは, $\mathfrak{U}(a)$ の任意の元が $\mathfrak{F}$ のある元を含むときにいう.

例 点 a に収束する点列の基本フィルター基は点 a に収束 (逆に, 基本フィルター基が点 a に収束するとき, 点列は a に収束) する. 点 a の任意の近傍基, よって近傍系も点 a に収束. 他の例は図 C.

収束の一意性については次が成り立つ.

定理 2 ハウスドルフ空間の場合に限り, フィルター基の収束の一意性が保証される.

定義 3 を用いて連続性に関する定理が得られる.

定理 3 $f : (M, \mathfrak{M}) \to (N, \mathfrak{N})$ は, $f(\mathfrak{U}(a))$ が $f(a)$ に収束するとき, そのときに限り $a \in M$ で連続である.

M 上で a に収束する任意のフィルター基 $\mathfrak{F}$ に対し, フィルター基 $f(\mathfrak{F})$ は $f(a)$ に収束する. $\mathfrak{U}(a)$ も a に収束するので, 次が得られる.

定理 4 $f : (M, \mathfrak{M}) \to (N, \mathfrak{N})$ とし, $a \in M$ に収束する任意のフィルター基 $\mathfrak{F}$ に対し, 対応するフィルター基 $f(\mathfrak{F})$ が $f(a)$ に収束するとき, そのときに限り点 a で連続.

定理 4 から, 位相空間一般では, 収束フィルター基の概念が収束点列の概念の適切な一般化であることが明らか.

フィルター基の比較

解析学では, a に収束する点列の任意の部分列も a に収束する. 部分列の概念は, 次の性質を見ればフィルター基にも拡張できる. すなわち, 点列の基本フィルター基の任意の元は, 部分列に対応するある元を常に含む (つまり, 部分列の基本フィルター基は, 元の点列のそれよりも「細かい」). これを拡張し, 二つのフィルター基 $\mathfrak{F}_1$ と $\mathfrak{F}_2$ に対し次の定義と定理が得られる. また, これを収束点列に適用して部分列の収束を得る.

定義 4 フィルター基 $\mathfrak{F}_1$ が $\mathfrak{F}_2$ よりも**細かい**とは, $\mathfrak{F}_2$ の任意の元が $\mathfrak{F}_1$ のある元を含むときにいう.

定理 5 フィルター基 $\mathfrak{F}_1$ が $\mathfrak{F}_2$ より細かく, $\mathfrak{F}_2$ が a に収束すれば, $\mathfrak{F}_1$ も a に収束する.

注意 定義 2 で, $\mathfrak{F}$ の元を含む任意の集合も $\mathfrak{F}$ に属すると**フィルター**となる. これは, 空でない集合系 $\mathfrak{F} \subseteq \mathfrak{P}(M)$ で, この集合系は空集合を含まないが, その任意の 2 元とともにその共通部分も含み, その任意の元を含む集合もまたすべて含むもの. 任意のフィルターはフィルター基でもある.

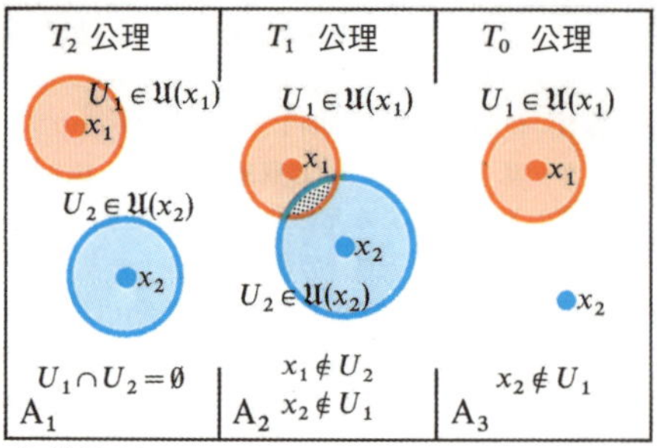

A 分離公理 T_2, T_1, T_0

- A_1: T_2 公理 — $U_1 \in \mathfrak{U}(x_1)$, $U_2 \in \mathfrak{U}(x_2)$, $U_1 \cap U_2 = \emptyset$
- A_2: T_1 公理 — $x_1 \notin U_2$, $x_2 \notin U_1$
- A_3: T_0 公理 — $x_2 \notin U_1$

B 非ハウスドルフ空間の例

$\mathbb{R}^2$ に帯位相を入れる(p.206, 図B)
$x_1, x_2 \in g$ のそれぞれに対する近傍は, 空でない共通部分を持つ.

C T_2 公理を持たない T_1 空間

$(\mathbb{R}^1, \mathfrak{E})$ ここで,
$\mathfrak{E} := \{O \mid O = \mathbb{R}^1 \setminus E \wedge E\ \text{有限}\} \cup \{\emptyset\}$

任意の集合 $\{x\}$ は閉 — $\mathbb{R}^1 \setminus \{x\} \in \mathfrak{E}$ — T_1 空間

$U_1 \in \mathfrak{U}(x_1) \Rightarrow U_1 = \mathbb{R}^1 \setminus E_1$
$U_2 \in \mathfrak{U}(x_2) \Rightarrow U_2 = \mathbb{R}^1 \setminus E_2$
$U_1 \cap U_2$ は $\mathbb{R}^1 \setminus (E_1 \cup E_2) \neq \emptyset$ を含む — T_2 空間ではない

D T_1 公理を持たない T_0 空間

$(\mathbb{N}, \mathfrak{N})$ ここで,
$\mathfrak{N} := \{O_k \mid O_k = \{n \mid n \geq k\} \wedge k \in \mathbb{N}\} \cup \{\emptyset\}$

$O_s \in \mathfrak{U}(s)$, $r \notin O_s$ — T_0 空間

$U \in \mathfrak{U}(r)$, $s \in O_r$ かつ $O_r \subseteq U$
すべての $U \in \mathfrak{U}(r)$ に対して — T_1 空間ではない

E 分離公理 T_3, T_4

- E_1: T_3 公理 — $O \in \mathfrak{M}$, A, $U \in \mathfrak{U}(x)$, $O \cap U = \emptyset$
- E_2: T_4 公理 — $O_1 \in \mathfrak{M}$, A_1, $O_2 \in \mathfrak{M}$, A_2, $O_1 \cap O_2 = \emptyset$

F T_3 公理を持たない T_2 空間

$(\mathbb{R}^1, V(D(\mathfrak{S})))$ ここで,
$\mathfrak{S} := \{[a,b] \mid a, b \in \mathbb{R}^1\} \cup \{\mathbb{Q}\}$ は部分基

$V(D(\mathfrak{S})) \supseteq \mathfrak{R}^1$ — T_2 空間

$\mathbb{R}^1 \setminus \mathbb{Q}$ 閉かつ $x \in \mathbb{Q}$
$\Downarrow$
$U \cap (\mathbb{R}^1 \setminus \mathbb{Q}) \neq \emptyset$ — T_3 空間ではない
(すべての $U \in \mathfrak{U}(x)$ に対し)

G T_4 公理を持たない正則空間

$(H, V(\mathfrak{B}))$ ここで,
$H := \{(x,y) \mid (x,y) \in \mathbb{R}^2 \wedge y \geq 0\}$
$\mathfrak{B}$ はタイプ B_1 ならびに B_2 のすべての部分集合から成る基.

$B_1 \in \mathfrak{B}$, $B_2 \in \mathfrak{B}$ — 正則 / 非正規

(証明は容易ではない)

H まとめ

正規 :⇔ T_1, T_4
$\Downarrow$
完全正則
$\Downarrow$
正則 :⇔ T_1, T_3
$\Downarrow$
T_2 空間
$\Downarrow$
T_1 空間
$\Downarrow$
T_0 空間

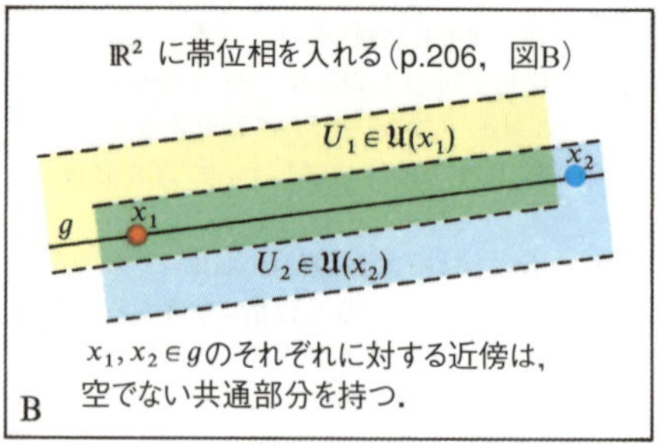

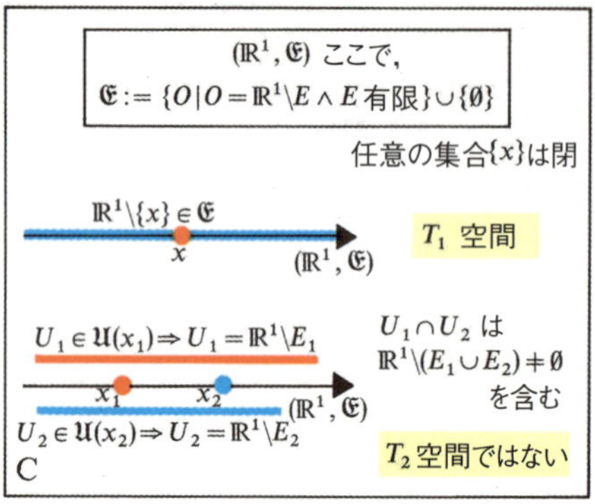

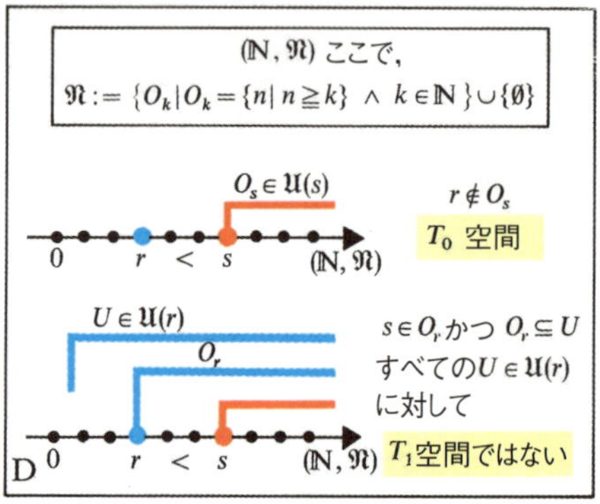

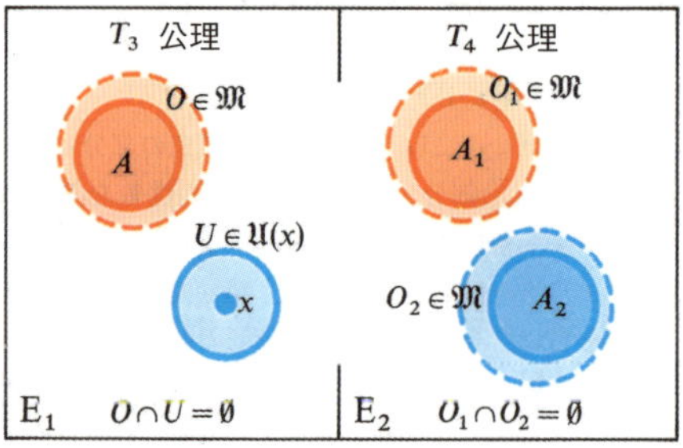

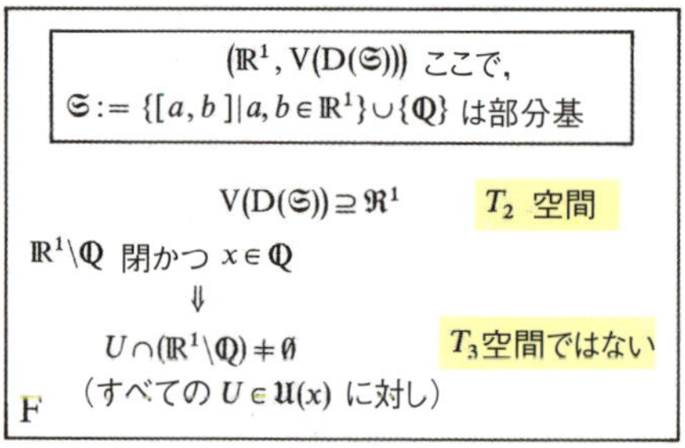

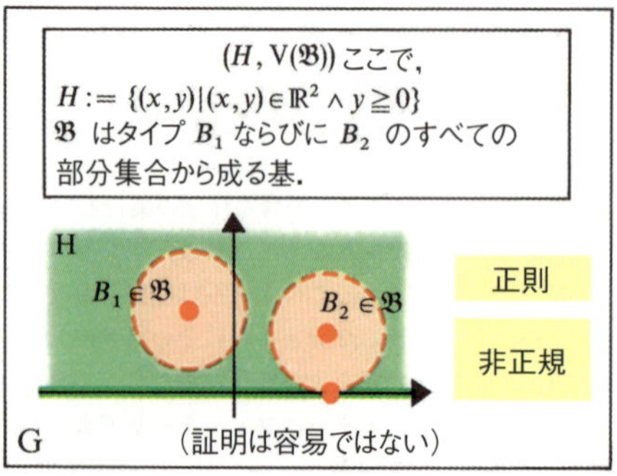

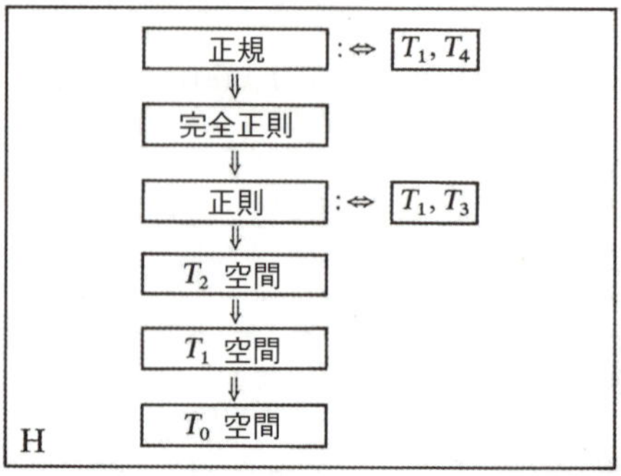

位相空間の構造は，開集合にさらに条件を加えなければ「実り豊かな」理論を期待できないほどに一般的なものである（p.213，収束一意性）．さらに分離公理により，構造が常に距離空間と関連のある特別の位相空間になる．

ハウスドルフ空間，T_0，T_1，T_2 公理

ハウスドルフ空間は，フィルター基（点列）が一意的に収束する位相空間である．

定義 1　互いに異なる任意の 2 点 $x_1, x_2 \in M$ に対し，$U_1 \cap U_2 = \emptyset$ となる近傍 $U_1 \in \mathfrak{U}(x_1)$，$U_2 = \mathfrak{U}(x_2)$ が存在するとき，位相空間 $(M, \mathfrak{M})$ を**ハウスドルフ空間**（**T_2 空間**）と呼ぶ．

この定義の性質を **T_2 公理**（図 A_1）あるいは**ハウスドルフの分離公理**と呼ぶ．

例　距離位相による距離空間，したがって $(\mathbb{R}^n, \mathfrak{R}^n)$ もすべてハウスドルフ的である．帯位相を付与された $\mathbb{R}^2$ は，ハウスドルフ的でない（図 B）．

定理 1　位相空間 $(M, \mathfrak{M})$ では，以下は同値である．

(a)　$(M, \mathfrak{M})$ はハウスドルフ的である．

(b)　任意のフィルター基の収束は一意的である．

(c)　任意の点 $x \in M$ に対して，x のすべての閉近傍の共通部分は集合 $\{x\}$ である．

(d)　対角線集合 $D := \{(x, x) \mid x \in M\}$ は積空間 $M \times M$ の中で閉集合である．

応用　(d) から次が従う．位相空間 $(M, \mathfrak{M})$ から同じハウスドルフ空間への連続写像 f と g が，M のある稠密部分集合上で一致するとき，$f = g$ である（p.204，図 C）．$\overline{\mathbb{Q}} = \mathbb{R}$ から，連続写像 $f : (\mathbb{R}^1, \mathfrak{R}^1) \to (\mathbb{R}^1, \mathfrak{R}^1)$ は $\mathbb{Q}$ の上で一意的に決まる．

(c) から，ハウスドルフ空間で 1 点から成るすべての集合，つまりすべての有限点集合が閉（p.204，図 C(A2)，(A3)）．逆に，すべての 1 点集合 $\{x\}$ が閉である位相空間は，一般にハウスドルフ空間ではない（図 C）．そのような位相空間では，**任意の相異なる 2 点はそれぞれ他の点を含まない近傍を持つ**（**T_1 公理**，図 A_2）という性質で特徴付けられる．これを **T_1 空間**と呼ぶ．T_2 空間は常に T_1 空間．逆は一般に成立しない（図 C）．T_1 公理から **T_0 公理「任意の相異なる 2 点のうち，少なくとも一方は他方を含まない近傍を持つ」**（図 A_3）が導かれる．T_1 公理をみたさない T_0 空間は存在する（図 D）．

注意　帯位相を付与された $\mathbb{R}^2$ は，上に挙げたどの分離公理もみたしていない．

正則空間，T_3 公理

T_0, T_1, T_2 公理では，任意の 2 点を分離し，**T_3 公理**では，任意の閉集合と，その外にある任意の点の分離が必要（図 E_1）．

任意の閉集合 A と，A の外にある任意の点 x に対し，A を含む開集合と，それと交わらない x の近傍とが存在する．（T_3 公理）

T_3 公理のみではまだ T_2 公理の真の精密化とはならないが，さらに T_1 公理を付け加えると，両者から T_2 公理が導かれる．

定義 2　位相空間は，T_1 公理と T_3 公理をみたすとき，**正則**（または **T_3 空間**）という．

例　距離位相による距離空間は正則である．任意の正則空間はハウスドルフ的．逆は成立しない．非正則ハウスドルフ空間が存在するから（図 F）．

定理 2　(a) 任意の点 x の閉近傍全体が x の近傍基となるとき，そのときに限り T_1 空間は正則．

(b) 任意の点 x の任意の近傍 U に対して，$\overline{V} \subseteq U$ となる x の閉近傍 U が存在するとき，そのときに限り T_1 空間は正則である．

正規空間，T_4 公理

T_4 公理「互いに交わらない任意の二つの閉集合 A_1，A_2 に対し，それぞれを含み互いに交わらない開集合 O_1，O_2 が存在する（図 E_2）．」により，閉集合の分離が必要となる．

T_1 公理と T_4 公理から正則性が従う．

定義 3　T_1 公理と T_4 公理をみたす位相空間を**正規空間**（または **T_4 空間**）と呼ぶ．

例　距離位相による距離空間は正規．任意のコンパクト空間も正規（p.219）．正規空間はすべて正則．逆は一般に正しくない．非正規正則空間が存在する（図 G）．

実数値関数を用いる正規空間の次の特徴付けは重要．

定理 3（ウリゾーン）　T_1 空間 $(M, \mathfrak{M})$ は，任意の互いに交わらない二つの閉集合 A_1，A_2 に対し，$A_1 \subseteq f^{-1}(\{0\})$，$A_2 \subseteq f^{-1}(\{1\})$ となる連続写像 $f : (M, \mathfrak{M}) \to ([0,1], \mathfrak{R}^1_{[0,1]})$ が存在するとき，そのときに限り正規である．

完全正則空間

正規空間 $(M, \mathfrak{M})$ で 1 点 $x \in M$ と近傍 $U \in \mathfrak{U}(x)$ に対し，$x \in O \subseteq U$ となる $O \in \mathfrak{M}$ が存在する．定理 3 は，閉集合 $\{x\}$ と $M \backslash O$ に対し適用される．$M \backslash U \subseteq M \backslash O$ であるから，次が示される．

(VR)　連続写像 $f : (M, \mathfrak{M}) \to ([0,1], \mathfrak{R}^1_{[0,1]})$ が存在し，任意の $x \in M$ と任意の近傍 $U \in \mathfrak{U}(x)$ に対し，$f(x) = 0$ かつ $f(y) = 1$，$\forall y \in M \backslash U$ となる．

この性質 (VR) から正則性が導かれる．

定義 4　(VR) を持つ位相空間を**完全正則**という．

まとめ

図 H で上の諸概念の関係が分かる．T_0, T_1, T_2，正則，完全正則の各位相空間の部分空間，積空間はまた同じ型の空間であることに注意．正規空間の部分空間は一般に正規ではない．正規空間の部分空間がすべて正規ならば，その空間を**完全正規**と呼ぶ（距離空間等）．T_i 空間 $(i = 0, 1, 2, 3, 4)$ は，位相不変量．

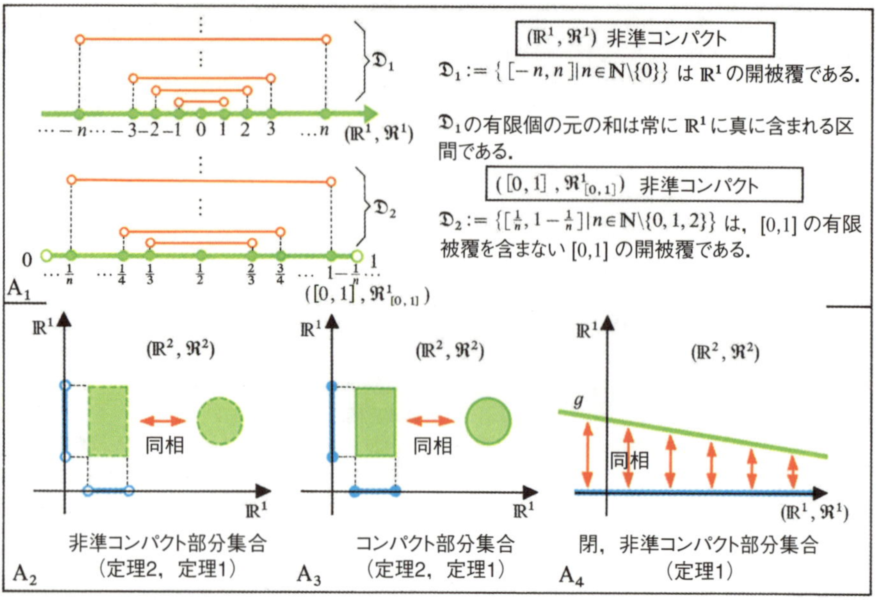

A₁

$(\mathbb{R}^1, \mathfrak{R}^1)$ 非準コンパクト

$\mathfrak{D}_1 := \{[-n, n] \mid n \in \mathbb{N} \setminus \{0\}\}$ は $\mathbb{R}^1$ の開被覆である。

$\mathfrak{D}_1$ の有限個の元の和は常に $\mathbb{R}^1$ に真に含まれる区間である。

$([0,1], \mathfrak{R}^1_{[0,1]})$ 非準コンパクト

$\mathfrak{D}_2 := \{[\frac{1}{n}, 1-\frac{1}{n}] \mid n \in \mathbb{N} \setminus \{0,1,2\}\}$ は, $[0,1]$ の有限被覆を含まない $[0,1]$ の開被覆である。

A₂ 非準コンパクト部分集合 （定理2，定理1）

A₃ コンパクト部分集合 （定理2，定理1）

A₄ 閉，非準コンパクト部分集合 （定理1）

$(\mathbb{R}^1, \mathfrak{R}^1)$ と $(\mathbb{R}^2, \mathfrak{R}^2)$ における準コンパクト性

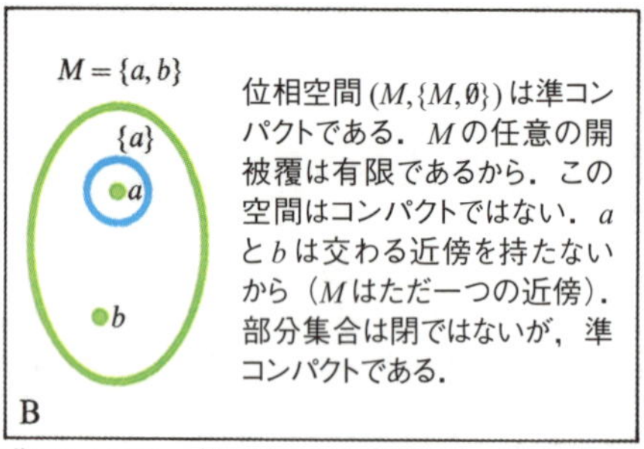

B 非コンパクト，準コンパクト空間

$M = \{a, b\}$

位相空間 $(M, \{M, \emptyset\})$ は準コンパクトである。M の任意の開被覆は有限であるから。この空間はコンパクトではない。a と b は交わる近傍を持たないから（M はただ一つの近傍）。部分集合は閉ではないが，準コンパクトである。

C 最大元と最小元の定理

$(M, \mathfrak{M})$ コンパクト

$\min(f(M))$ $\max(f(M))$

$f(M)$ は閉かつ有界

$f(M)$ の最大元と最小元は存在する。

D₁, D₂ $(\mathbb{R}^1, \mathfrak{R}^1)$ の1点コンパクト化

$\mathbb{S}^1$ は閉有界部分集合としてコンパクト（相対位相 $\mathfrak{R}^2_{\mathbb{S}^1}$ を除いて）。

$f: \mathbb{S}^1 \to \mathbb{R}^1 \cup \{\infty\}$ は全単射（図D_1）

$\mathbb{R}^1 \cup \{\infty\}$ は f と $\mathfrak{R}^2_{\mathbb{S}^1}$ に関する終位相とみなされる（p.209）。f は全単射であるので，これは集合系 $\{f(O) \mid O \in \mathfrak{R}^2_{\mathbb{S}^1}\}$ であり f は同相である。よって，この方法で位相化した空間 $\mathbb{R}^1 \cup \{\infty\}$ はコンパクトである。

図D_2とD_3では，$\mathbb{R}^1 \cup \{\infty\}$ 上の位相が $\mathfrak{R}^1$ のすべての開集合と $\mathbb{R}^1$ のコンパクト部分集合の補集合（$\mathbb{R}^1 \cup \{\infty\}$ に関して）を含む簡単な例。この位相では $\mathbb{R}^1$ の影は $\mathbb{R}^1$ の元である。そのため $(\mathbb{R}^1, \mathfrak{R}^1)$ は部分空間である。

$f(O) = (\mathbb{R}^1 \cup \{\infty\}) \setminus [a; b]$

$f(O) \in \mathfrak{R}^1$

$\mathbb{S}^1$ で開　　$\mathbb{R}^1 \cup \{\infty\}$ で開

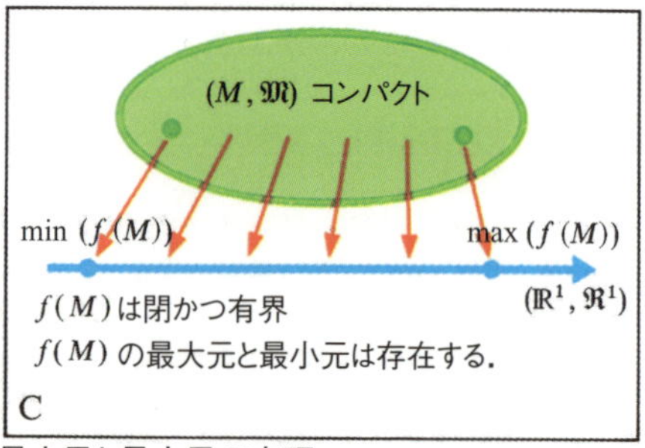

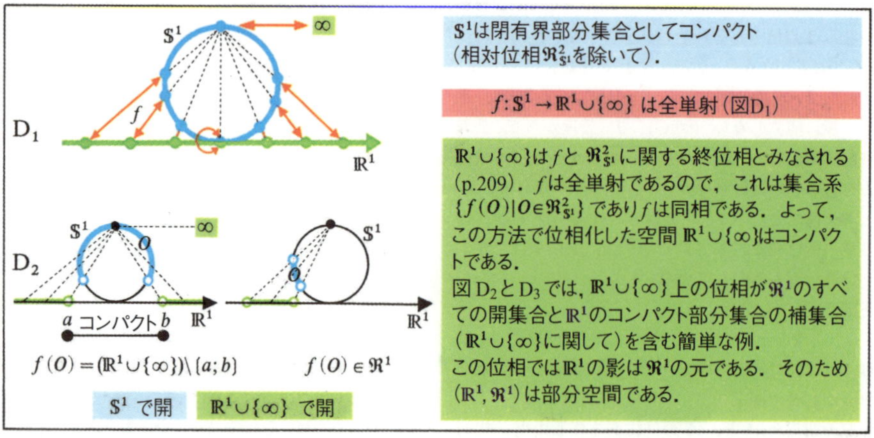

分離公理より本質的に精密な条件を**被覆**を用い空間に入れるとき，特殊な正規空間**コンパクト**または**局所コンパクト**空間を得る．任意の位相空間でのこれらの概念の基礎には，$\mathbb{R}^1$（同様に$\mathbb{R}^n$）の有界閉部分集合が被覆で特徴付けられるという，実解析学で重要な位相的性質がある．

準コンパクト空間，コンパクト空間

定義 1 集合Mに対し，$\mathfrak{D} \subseteq \mathfrak{P}(M), M = \bigcup_{D \in \mathfrak{D}} D$のとき，$\mathfrak{D}$を$M$の**被覆**，$\mathfrak{D}$の元が有限個（可算個）のとき，**有限**（**可算**）被覆と呼ぶ．位相空間$(M, \mathfrak{M})$で，$\mathfrak{D}$の元がすべて開（閉）集合のとき，$\mathfrak{D}$を**開**（**閉**）被覆と呼ぶ．

定義 2 位相空間$(M, \mathfrak{M})$は，Mの任意の開被覆が有限被覆を含むとき，**準コンパクト**という．準コンパクトT_2空間を**コンパクト**と呼ぶ．

つまり，有限被覆を含まないMの開被覆を挙げられれば，$(M, \mathfrak{M})$は準コンパクトではない．

例 図A_1

準コンパクトで非コンパクトな空間も存在する（図B）．

定義 3 相対位相に関し準コンパクト（コンパクト）のとき，位相空間の部分集合を**準コンパクト**（**コンパクト**）と呼ぶ．

T_2空間の準コンパクト部分集合は，コンパクト．T_2空間の部分空間はすべてT_2空間だからである（p.217）．T_2空間$(\mathbb{R}^n, \mathfrak{R}^n)$の部分集合がその例．

準コンパクト性が連続不変量であること，また積空間でも成立することは有用．

定理 1 連続集合による準コンパクト空間の像は準コンパクトである．

定理 2（**ティコノフの定理**） 積空間は，因子がすべて準コンパクト（コンパクト）であるとき，そのときに限り準コンパクト（コンパクト）である．

例 $(0,1)$や(a,b)は$(\mathbb{R}^1, \mathfrak{R}^1)$と同相な部分空間（p.202，図A）で，開区間はすべて準コンパクトではない．しかし閉区間$[a,b]$や有限集合はすべてコンパクト．定理2から，$(\mathbb{R}^n, \mathfrak{R}^n)$は準コンパクトでない．図Aは$(\mathbb{R}^2, \mathfrak{R}^2)$の部分集合について命題．それらは$(\mathbb{R}^n, \mathfrak{R}^n)$でも成立．

これらには準コンパクト**開集合**は見られない．実際，$(\mathbb{R}^n, \mathfrak{R}^n)$では，閉部分集合のみが準コンパクト．$(\mathbb{R}^n, \mathfrak{R}^n)$は$T_2$空間だからである．これは次の定理から従う．

定理 3 T_2空間のコンパクト集合はすべて閉．

T_2空間では，閉部分集合はすべてコンパクトとはいえない（図A_4）．これはコンパクト空間では成立．次が成り立つからである．

定理 4 コンパクト空間では，部分集合は，閉であるとき，そのときに限りコンパクトである．

注意 閉でない準コンパクト部分集合を持ち，準コンパクトであり非コンパクトな空間が存在する（図B）．

よって，コンパクト空間では「閉」，「コンパクト」という概念は同値．これから以下の定理が導かれる．

定理 5 準コンパクト空間からT_2空間上への連続な全単射は同相写像で，両空間ともコンパクト．

注意 定理5は商空間（p.211）や曲線の理論（p.225）等に対し重要．

定理 6 コンパクト空間は正規である．

注意 任意の正規空間がコンパクトとは限らない．例$(\mathbb{R}^n, \mathfrak{R}^n)$．

$\mathbb{R}^n$のコンパクト部分集合

非準コンパクト空間$(\mathbb{R}^n, \mathfrak{R}^n)$で，コンパクト部分集合を特徴付けるには閉包性以外に有界性も必要．

定義 4 閉立方体$(a,b)^n := \{(x_1, \cdots, x_n) \mid x_i \in (a,b)\}$ $(a, b \in \mathbb{R}^1)$に含まれる$(\mathbb{R}^n, \mathfrak{R}^n)$の部分集合を**有界**という．

次が成立（図D参照）．

定理 7 $(\mathbb{R}^n, \mathfrak{R}^n)$の部分集合は，閉かつ有界であるとき，そのときに限りコンパクトである．

注意 定理1を実数値連続関数に適用し定理7に注目すると，最大最小の原理（解析）を得る（図C）．

ボルツァーノ・ワイエルシュトラスの性質

$\mathbb{R}^n$のコンパクト部分集合は，次のボルツァーノ・ワイエルシュトラスの性質によって特徴付けられる．

(BW) 任意の無限部分集合は集積点を少なくとも一つ持つ．

定理 8 (a) 準コンパクト位相空間で(BW)が成立．(b) 距離空間（可算基を許す位相空間）の部分集合は，(BW)が成り立つとき，そのときに限りコンパクト（準コンパクト）である．

注意 (BW)が成り立つが準コンパクトでない位相空間が存在する．

局所コンパクト空間

T_2空間$(\mathbb{R}^n, \mathfrak{R}^n)$は準コンパクトではないが，各点はコンパクトな近傍（閉立方体等）に含まれる．

定義 5 任意の点がコンパクト近傍を持つとき，T_2空間を**局所コンパクト**という．

コンパクト空間はすべて局所コンパクト．逆は$(\mathbb{R}^n, \mathfrak{R}^n)$のように正しくない．任意の局所コンパクト空間は完全正則であるが，正規とは限らない．

コンパクト化（アレクサンドルフ）

局所コンパクトかつ非コンパクトな空間$(M, \mathfrak{M})$が，1点$x_\infty \notin M$を付加したコンパクト空間$(M \cup \{x_\infty\}, \mathfrak{M}_k)$の部分空間となるように拡張できる（**1点コンパクト化**）．$\mathfrak{M}_k$は，ちょうど$\mathfrak{M}$のすべての元とMのすべてのコンパクト部分集合の$M \cup \{x_\infty\}$に関する補集合からなる．**例** 図D．

	ユークリッド空間 $\mathbb{R}^n$	ヒルベルト空間 $\mathbb{R}^\infty$	拡張ヒルベルト空間
元	$\mathbb{R}^n$ の元は写像 $f:\{0,\ldots,n-1\}\to\mathbb{R}^1$, $v\mapsto a_v$ と定義する．簡略形：$(a_0,\ldots,a_{n-1})$ 長さ n の行ベクトルまたは有限列	$\mathbb{R}^\infty$ の元は写像 $f:\mathbb{N}\to\mathbb{R}^1$, $v\mapsto a_v$ とし，$\sum_{v=0}^{\infty} a_v^2$ は収束するとする．簡略形：$(a_0, a_1, \ldots)$ 無限列	元は写像 $f:\mathbb{N}\times I\to\mathbb{R}^1$ (I 添数集合)，$(v,i)\mapsto a_{vi}$ と定義し次の性質を持つ： (1) 高々可算個の $a_{vi}\ne 0$ (2) $\sum_{v,i} a_{vi}^2$ は収束
距離	$d_E(x,y):=\sqrt{\sum_{v=0}^{n-1}(a_v-b_v)^2}$	$d_H(x,y):=\sqrt{\sum_{v=0}^{\infty}(a_v-b_v)^2}$	$d_{eH}(x,y):=\sqrt{\sum_{v,i}(a_{vi}-b_{vi})^2}$

← すべての $v\ge n$ に対し $f(v)=0$ ← I はちょうど一つの元を持つ

A　収束無限列，解析参照

ヒルベルト空間

B

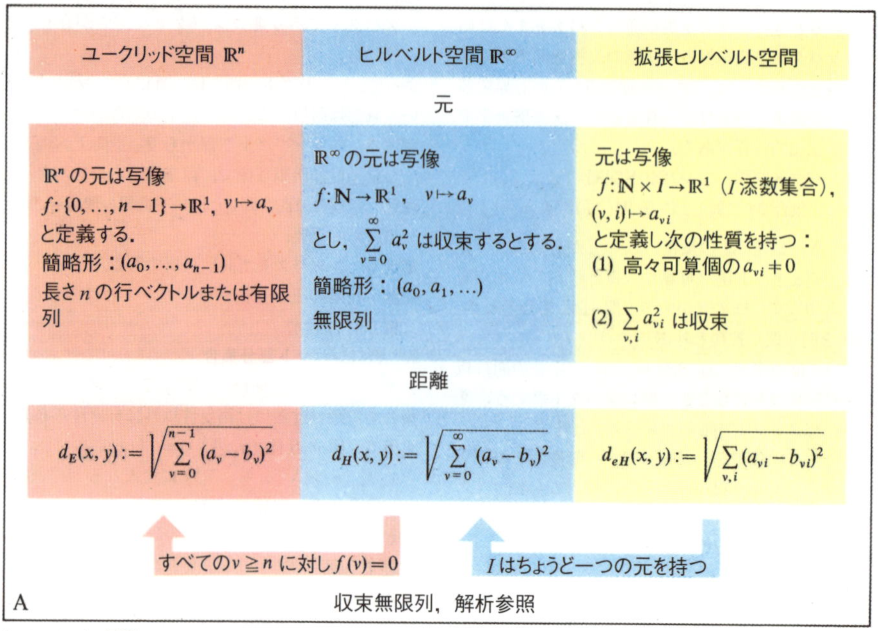

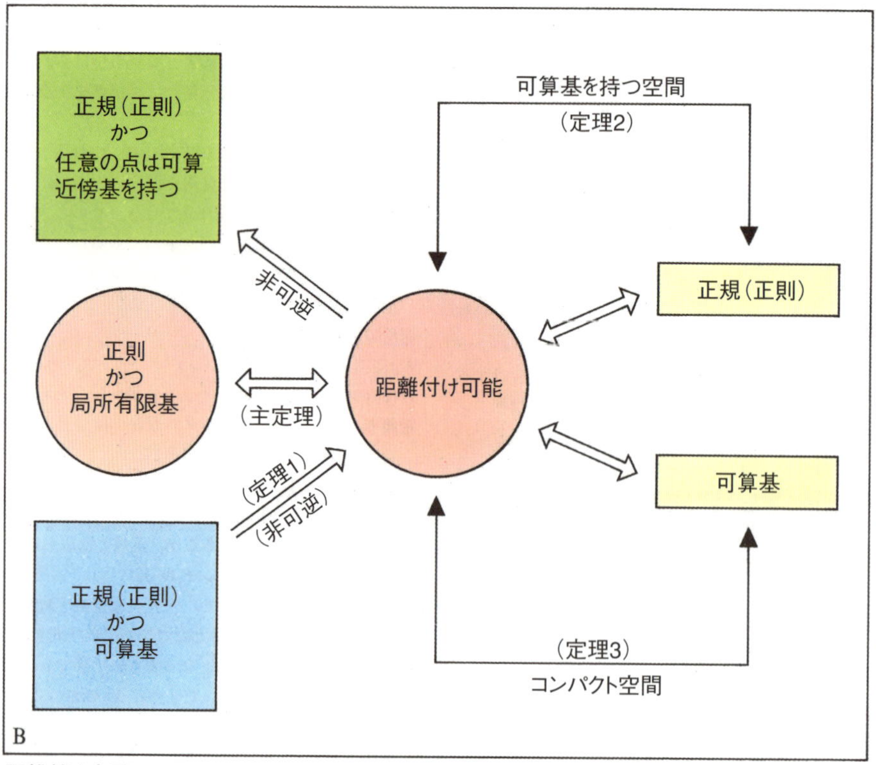

距離付け定理

問題設定

一般に，距離空間 (M,d) 上では距離 d で距離位相 $\mathfrak{M}_d$ が生成される（p.207）．任意の集合は少なくとも一つの距離による位相空間．例えば，$x=y$ のとき距離 $d(x,y):=0$，$d(x,y):=1$，$x\neq y$ のときにより離散位相を得る（p.205）．

ここで，任意の位相は距離により生成されるかを考える（距離付け問題）．

定義 1　d により生成された位相 $\mathfrak{M}_d$ が $\mathfrak{M}$ と一致する距離 d が M 上に存在するとき，位相空間 $(M,\mathfrak{M})$ は**距離付け可能**という．

距離付け可能な空間は，距離空間とまったく同じ位相的性質を持つ．例えばそれは T_2 空間．すなわち，すべての位相空間が距離付け可能とは限らない．例えば，帯位相（p.206，図 B）を与えた $\mathbb{R}^2$ は，T_2 空間ではないので，距離付け可能ではない．

したがって，距離付け問題の目的は，距離付け可能性の条件を見いだすことにある．下記の主定理でこの問題は完全に解かれる．他に種々の位相空間に対し，距離付け可能性に関する定理も得られる．

距離付けに関する諸定理

今の問題に関して，距離空間の最も重要な性質は，

(I)　正規性（p.217）

(II)　すべての点での，可算近傍基の存在（p.207）

距離付け可能な空間は，条件 (I), (II) はみたさねばならないが，(I), (II) をみたし距離付け不可能な空間が存在する．すなわち，上の条件ではまだ十分ではない．

例えば次の (II′) は (II) よりも強い．

(II′)　位相は可算基を持つ．

(II′) をみたせば，(II) もみたす．

(I) と (II′) をみたす位相空間は距離付け可能，すなわち

定理 1（ウリゾーン）　可算基を持つ正規位相空間は距離付け可能である．

この定理の証明では，加算基を持つ正規空間はヒルベルト空間 $\mathbb{R}^\infty$（図 A）の部分空間と同相であることを示す．ヒルベルト空間は距離空間なので，その任意の部分空間も，それと同相な位相空間も距離付け可能．

定理 1 と (I) からさらに次が導かれる．

定理 2　可算基を持つ位相空間は，それが正規であるとき，そのときに限り距離付け可能である．

注意　可算基を持つ空間では，距離付け可能性と正規性はこのように同値．正則性と正規性もこの場合同値なので，定理 1 および 2 での「正規」は「正則」で置き換えてよい．

任意のコンパクト空間はコンパクト（p.219）であるので，定理 1 から，可算基を持つならば距離付け可能．さらに，p.219 の定理 8 を用いて，コンパクトで距離付け可能な空間は可算基を持つことが示される，すなわち

定理 3（ウリゾーン）　コンパクトな位相空間は，可算基を持つとき，そのときに限り正規である．

注意　すなわち距離付け可能性と可算基の存在は，コンパクト空間においては，同値である．

定理 1 では，まだ完全に距離付け問題は解かれていない．この定理の記述は**十分**条件で，**必要**条件では**ない**（すなわち (II′) をみたさない距離空間が存在する）．距離付け問題が解けるには，十分かつ必要な条件，定理 1 の距離付け可能性と同値な条件が必要．そのような条件は定理 1 の条件と，条件 (I), (II) の間にある．次の定理が成り立つ．

主定理（スミルノフ・ナガタ・ビング）

位相空間は，正則であり，σ 局所有限な基を持つとき，そのときに限り距離付け可能である．

ここで，σ 局所有限基を次のように定義する．

定義 2　位相空間の部分集合族が**局所有限**とは，位相空間の任意の点の点の近傍で，それと交わる族の元が高々有限個のみ存在するときにいう．位相空間の基が $\boldsymbol{\sigma}$ **局所有限**であるとは，高々可算個の局所有限開集合族の和のときにいう．

主定理の証明では，最初，σ 局所有限な基を持つ正則空間が距離付け可能であることを示す．その際，距離空間である拡張ヒルベルト空間（図 A）を構成し，任意の σ 有限基を持つ正則空間はそれのある部分空間と同相，したがってそれ自身距離空間であることを証明する．定理の後半部分は，任意の距離空間が σ 局所有限基を持つことの証明である．その際，任意の距離空間のパラコンパクト性を使う．

定義 3　T_2 位相空間が**パラコンパクト**とは，任意の開被覆 $\mathfrak{D}$ に対し，局所有限な開被覆で，その任意の元が $\mathfrak{D}$ のある集合に含まれるものが存在するときにいう．

注意　パラコンパクト性の概念は，コンパクト性と正規性の「中間」にある．実際，任意のコンパクト空間はパラコンパクトであり，また任意のパラコンパクト空間は正規である．距離付け可能ではないパラコンパクト空間が存在する．

パラコンパクト性と距離付け可能性は，ある種の位相空間においては同値な概念である．重要なものとして**局所距離付け可能空間**がある．そのような空間では，各点に部分空間として距離付け可能な開近傍がある．

注意　図 B は距離付け諸定理の概観図である．

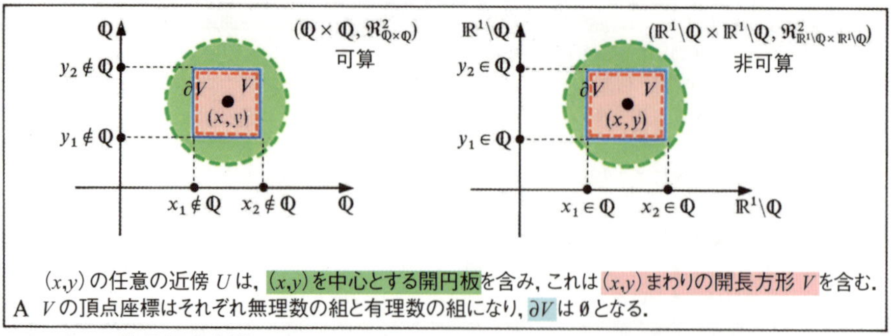

A

(x,y) の任意の近傍 U は，(x,y) を中心とする開円板を含み，これは (x,y) まわりの開長方形 V を含む．V の頂点座標はそれぞれ無理数の組と有理数の組になり，$\partial V = \emptyset$ となる．

左図：$(\mathbb{Q} \times \mathbb{Q}, \mathfrak{R}^2_{\mathbb{Q}\times\mathbb{Q}})$ 可算，$x_1 \notin \mathbb{Q}$, $x_2 \notin \mathbb{Q}$, $y_1 \notin \mathbb{Q}$, $y_2 \notin \mathbb{Q}$

右図：$(\mathbb{R}^1\backslash\mathbb{Q} \times \mathbb{R}^1\backslash\mathbb{Q}, \mathfrak{R}^2_{\mathbb{R}^1\backslash\mathbb{Q}\times\mathbb{R}^1\backslash\mathbb{Q}})$ 非可算，$x_1 \in \mathbb{Q}$, $x_2 \in \mathbb{Q}$, $y_1 \in \mathbb{Q}$, $y_2 \in \mathbb{Q}$

$(\mathbb{R}^2, \mathfrak{R}^2)$ の0次元部分空間

B

$\mathbb{R}^1$ は高々1次元

x の任意の近傍 U は x の開近傍を含み，U は x まわりの開区間 (a,b) も含む．その境界は0次元部分空間 $\{a,b\}$ である．

$\mathbb{R}^1$ は0次元ではない

仮定：$\mathbb{R}^1$ は0次元

この仮定のもとに $x \in \mathbb{R}^1$ に対し $\partial V = \emptyset$ となる近傍 $U \in \mathfrak{U}(x)$ が存在する．

したがって，V は開である．すなわち，境界 $\neq \emptyset$ を持つ開区間の和である．矛盾！

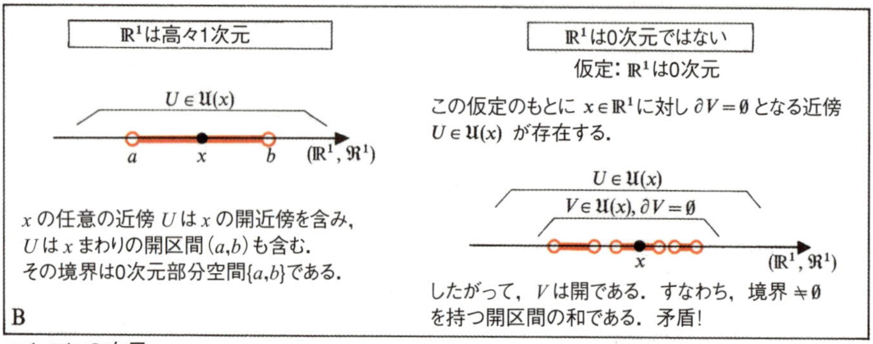

$(\mathbb{R}^1, \mathfrak{R}^1)$ の次元

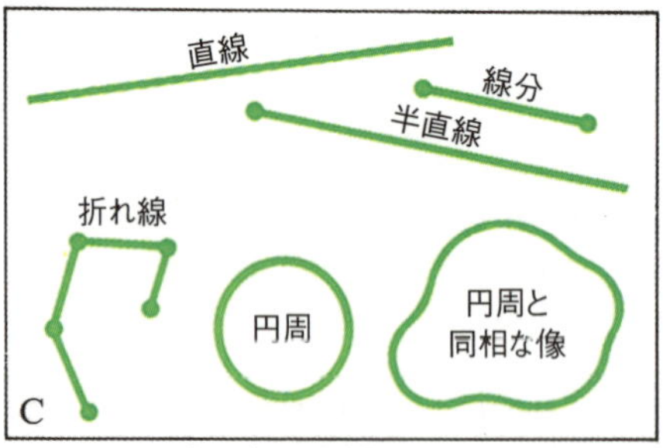

C

直線，線分，半直線，折れ線，円周，円周と同相な像

$(\mathbb{R}^2, \mathfrak{R}^2)$ の1次元部分空間

D

開円板，閉円板，円板と同相な像，角領域，帯状域

$(\mathbb{R}^2, \mathfrak{R}^2)$ の2次元部分空間

E

$O \in \mathfrak{R}^2$

$(\mathbb{R}^2, \mathfrak{R}^2)$ の互いに同相ではない2次元部分空間．

定理5の応用

F

可算基を持つ距離空間（n次元）
同相
コンパクト空間（n次元）
同相
$(\mathbb{R}^{2n+1}, \mathfrak{R}^{2n+1})$（$n$次元）

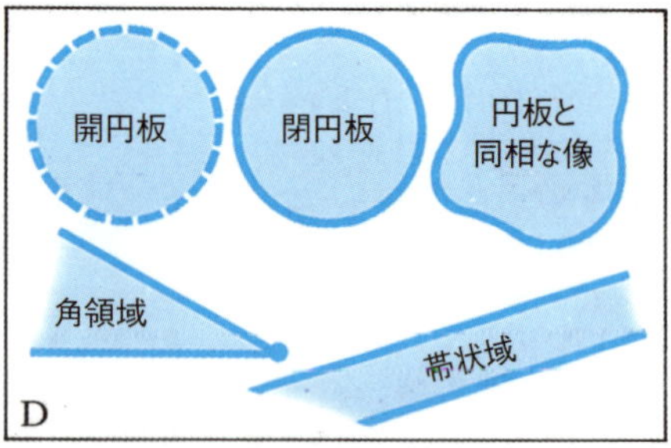

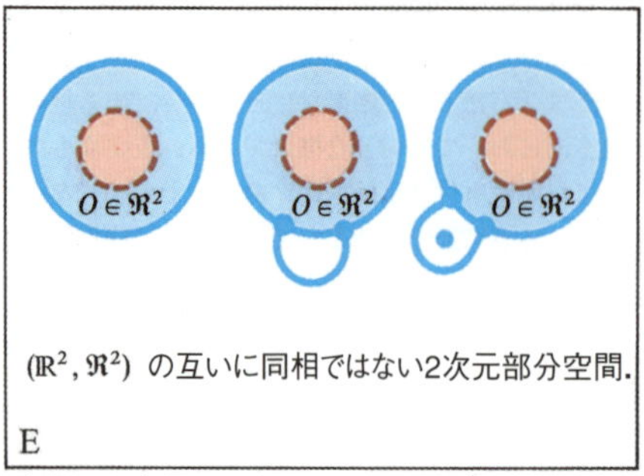

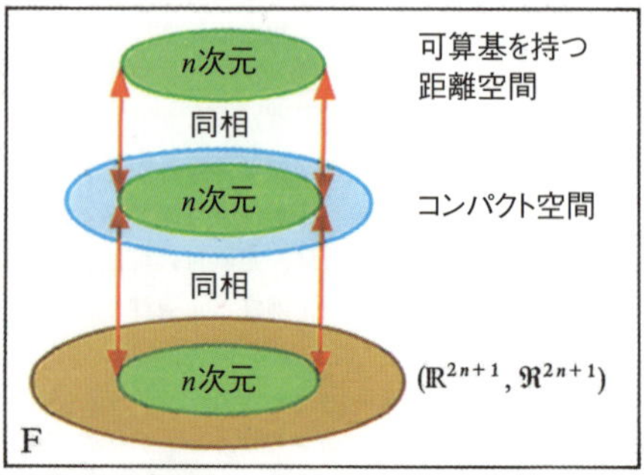

埋め込み定理

代数次元とトポロジー

$n \neq m$ のとき位相空間 $(\mathbb{R}^n, \mathfrak{R}^n)$ と $(\mathbb{R}^m, \mathfrak{R}^m)$, 例えば $(\mathbb{R}^1, \mathfrak{R}^1)$ と $(\mathbb{R}^2, \mathfrak{R}^2)$ は位相同型か，という問題は，トポロジーにおける非常に難しい問題である．これは不可能であることを，ブラウァーが証明した（p.239 参照）．

定理 1 $(\mathbb{R}^n, \mathfrak{R}^n)$ と $(\mathbb{R}^m, \mathfrak{R}^m)$ は，$n = m$ のときそのときに限り位相同型である．

代数では，有限基底を持つ任意のベクトル空間において基底の個数を次元に対応させる（p.77）．この「**代数次元概念**」により，$\mathbb{R}^n$ は n 次元空間になる．

定理 1 から，代数次元は位相空間 $(\mathbb{R}^n, \mathfrak{R}^n)$ の本質的特徴である．よって，位相的補助手段により任意の位相空間（特に $(\mathbb{R}^n, \mathfrak{R}^n)$ の部分空間）に次元として自然数を対応付けられるか，つまり，$(\mathbb{R}^n, \mathfrak{R}^n)$ の次元が代数次元と一致するかが知りたい．ここで，定理 1 により，「同相空間の次元は同じ」とすることは合理的である．

ゆえに，位相空間の次元理論では，「位相不変量」として次元概念の導入を目標にする．

可算基底を持つ距離空間の次元

次元概念を可能な限り独立に把握するため，種々の試みが行われた．ここでの試みは，メンガーとウリゾーンによるものであり，可算基底を持つ距離空間に制限し $(\mathbb{R}^n, \mathfrak{R}^n)$ を含むものである．定義は帰納的に得られ，可算基底を持つ距離空間の部分空間はまた可算基底を持つ距離空間であるという性質を適用する．

定義 1 可算基底を持つ距離空間は，任意の点の近傍 U が，境界 ∂V が空である近傍 V を含むとき，**0 次元**であるという．

任意の点の近傍 U が，境界 ∂V が高々次元 $(n-1)$ の近傍 V を含むとき，**高々 $(n-1)$ 次元** $(n \geqq 1)$ という．

高々 n 次元であるが高々 $(n-1)$ 次元ではないとき，**n 次元**という．高々 n 次元となる n が存在しないとき，**無限次元**という．

数学的帰納法により，空間が n 次元（高々 n 次元）という性質は位相不変量であることを示すことができ，次の定理が成立する．

定理 2 同相な位相空間の次元は同じである

定理 2 の逆は成立しない（図 E）．同様に，帰納法により次の定理が成立する．

定理 3 部分空間の次元は，高々それを含む空間の次元である．

注意 次元は連続不変量ではない（p.224, 図 D）．

0 次元空間の例

可算基を持つ距離空間で，可算で空ではない任意の部分空間は 0 次元で，$(\mathbb{R}^1, \mathfrak{R}^1)$ の有限で空ではない任意の部分空間と部分空間 $(\mathbb{N}, \mathfrak{R}'_{\mathbb{N}})$, $(\mathbb{Q}, \mathfrak{R}'_{\mathbb{Q}})$ 等．しかし，非可算 0 次元空間もまた存在する．台集合 $\mathbb{R}' \backslash \mathbb{Q}$ を持つ部分空間等．区間を含まない $(\mathbb{R}^1, \mathfrak{R}^1)$ の任意の部分空間は 0 次元である（定理 5）．

$(\mathbb{R}^2, \mathfrak{R}^2)$ の 0 次元の例は図 A のとおり．$(\mathbb{R}^n, \mathfrak{R}^n)$ では，部分空間 $\{(x_1, \ldots, x_n) \mid x_i \in \mathbb{Q}\}$ や $\{(x_1, \ldots, x_n) \mid x_i \notin \mathbb{Q}\}$ 等は 0 次元である．0 次元空間の任意の空でない部分空間はまた 0 次元である．0 次元空間の連結成分はちょうど 1 点を持つ．

注意 $\partial V = \emptyset$ は，V が同時に開かつ閉を意味する（p.204, 図 C）．

n 次元空間の例 $(n \geqq 1)$

位相空間 $(\mathbb{R}^1, \mathfrak{R}^1)$ は 1 次元（図 B）．任意の開区間 (a, b) は定理 2 から 1 次元．閉区間 $[a, b]$ ならびに半開区間 $(a, b]$ は $(\mathbb{R}^1, \mathfrak{R}^1)$ の部分区間として高々 1 次元で（定理 3），0 次元ではない．さもなければ (a, b) もまた 0 次元でなければならないから（定理 3）．

$(\mathbb{R}^2, \mathfrak{R}^2)$ の 1 次元部分空間は図 C.

$(\mathbb{R}^2, \mathfrak{R}^2)$ 自身は 2 次元空間である．

$(\mathbb{R}^2, \mathfrak{R}^2)$ の 2 次元部分空間は図 D.

$(\mathbb{R}^3, R^3)$ が 3 次元である証明はすでに困難．

一般に，次が成立する．

定理 4 位相空間 $(\mathbb{R}^n, \mathfrak{R}^n)$ は n 次元．

帰納法で，$(\mathbb{R}^n, \mathfrak{R}^n)$ が高々 n 次元であることを示すのは比較的やさしい．高々 $(n-1)$ 次元とならない証明には，代数位相幾何の方法が必要となる．

$(\mathbb{R}^n, \mathfrak{R}^n)$ の n 次元部分空間の特徴づけには，次の定理が有用である．

定理 5 $(\mathbb{R}^n, \mathfrak{R}^n)$ の部分空間は，$\mathfrak{R}^n$ の元を含むときそのときにのみ n 次元である．

応用 図 E.

$(\mathbb{R}^n, \mathfrak{R}^n)$ の重要な $(n-1)$ 次元部分空間は球 $\mathbb{S}^{n-1}$.

無限次元空間の例

ヒルベルト空間 R^∞（p.220, 図 A）では，0 でない項を高々有限個持つ数列の集合は無限次元部分空間である．ヒルベルト空間それ自体も無限次元．

埋め込み定理

可算基を持つ高々 n 次元距離空間は，同相空間を除き，ユークリッド空間の部分空間で決まる，ということに次元定理の重要な結果がある．

これは次の定理による．

定理 6（埋め込み定理） 可算基を持つ任意の高々 n 次元距離空間は，$(\mathbb{R}^{2n+1}, \mathfrak{R}^{2n+1})$ の部分空間に同相である．

証明には，まずコンパクト空間（図 F）に埋め込み，n 次元コンパクト空間を $(\mathbb{R}^{2n+1}, \mathfrak{R}^{2n+1})$ へ埋め込む．

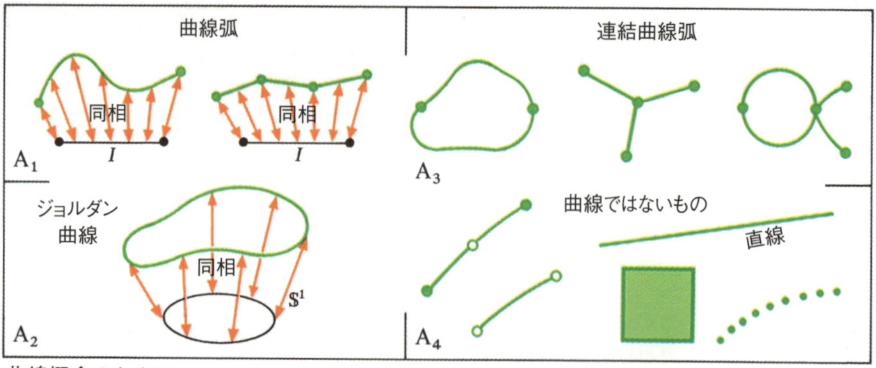

曲線概念のために

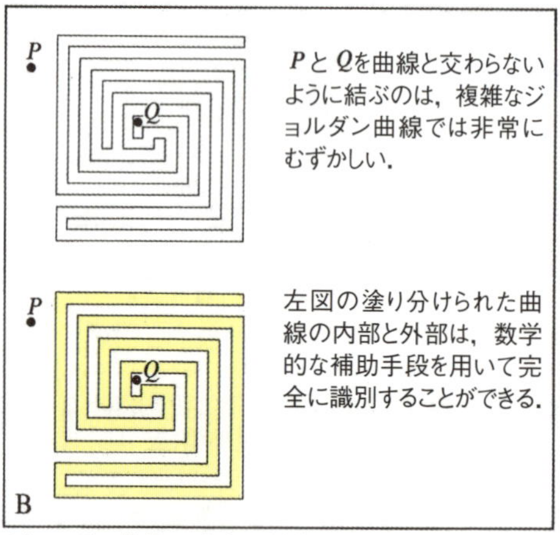

P
Q
PとQを曲線と交わらないように結ぶのは，複雑なジョルダン曲線では非常にむずかしい．
左図の塗り分けられた曲線の内部と外部は，数学的な補助手段を用いて完全に識別することができる．
B

ジョルダン曲線の内部と外部

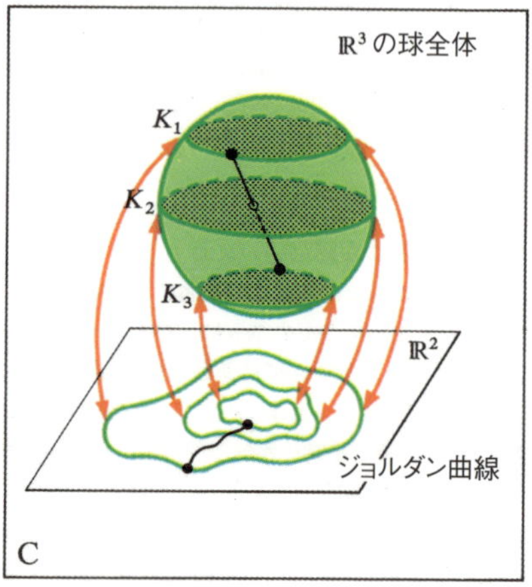

ジョルダン曲線定理の応用

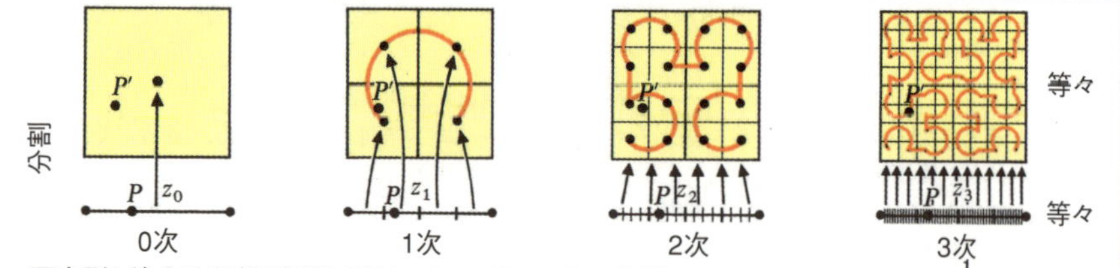

正方形と線分の分割を数列で表す．ここでは，n次の分割 ($n \in \mathbb{N}$) を，1辺の長さが $\frac{1}{2^n}$ の 4^n 個の小正方形と，長さ $\frac{1}{4^n}$ の 4^n 本の小線分から成るとする．

どの分割に対しても，n次の任意の小線分に対し，それぞれ一つずつn次の小正方形が対応する写像 z_n が定義される．

（z_0 と z_1 は上図のように決める．$z_2, z_3, \ldots$ も同様に，上図の赤で色づけした線で決めていく．）

Pを線分の1点とすると，0次元，1次元，2次元，…の小線分の小区間によりPの位置を決めることができる．写像 z_n により，小線分は0次元，1次元，2次元，…の小正方形に対応し，この小正方形はまた小区間を含むので，この写像により小正方形内の1点 P' が一意的に決まる．線分上の点 P に正方形内の点 P' がこうして対応する．このような方法で，線分から正方形への写像が得られる．この写像は連続で全射ではあるが，単射ではない．

D

線分から正方形上への，連続であるが単射ではない写像

$\mathbb{R}^2$ や $\mathbb{R}^3$ の重要な曲線には，曲線弧，ジョルダン曲線，連結曲線弧がある．

曲線弧

曲線弧とは，$\mathbb{R}^2$ や $\mathbb{R}^3$ の点集合で区間 $I = [0, 1]$ と同相なもののこと（図 A_1）．曲線弧には，線分や折れ線も含む．曲線弧と同相な像はまた曲線弧である．

注意 p.219 の定理 5 により，曲線弧はすでに全単射連続写像で一対一に決まる．I が準コンパクトであるから．

ジョルダン曲線

$\mathbb{R}^2$ や $\mathbb{R}^3$ での点集合で，球 $\mathbb{S}^1$ と同相像のものを**ジョルダン曲線**という（図 A_2）．閉曲線の最も簡単な場合が重要．交点（分岐点）を持たないから．これを，「**単閉曲線**」とも呼ぶ．ジョルダン曲線の同相像もジョルダン曲線である．$\mathbb{R}^2$ のジョルダン曲線の重要な性質は，曲線上にない $\mathbb{R}^2$ の点は曲線の「内部」と「外部」という互いに交わらない領域に分けられることにあり，境界は曲線である（p.202, 図 C_2）．これが，**ジョルダンの曲線定理**である．この定理から，内部の点を曲線と交わることなく外部の点と結ぶことはできないことがいえる（図 B）．この性質から，$\mathbb{R}^2$ と $\mathbb{R}^n$ $(n \geqq 3)$ は同相ではないことが分かる．

証明には背理法を用いる．球全体から $\mathbb{R}^2$ への同相写像が存在すると仮定する．球を輪切りにする平行な平面上にある球の境界円の同相像は，$\mathbb{R}^2$ 上ではジョルダン曲線である（図 C）．像が $\mathbb{R}^2$ 上にあるジョルダン曲線は少なくとも三つ存在する．球上の異なる 2 境界円の任意の 2 点は，第 3 境界円と交わらないように 1 本の曲線で結ぶことができるので，同相写像により，ジョルダン曲線の任意の 2 点は第 3 の曲線と交わらずに結ぶことができる．しかし，これはジョルダン曲線定理により，常に可能というわけではないので，球全体から $\mathbb{R}^2$ の同相写像が存在しない．よって，$\mathbb{R}^n$ $(n \geqq 3)$ から $\mathbb{R}^2$ への同相写像が存在しない．球全体で同相写像が存在すれば，$\mathbb{R}^2$ の部分空間に同相でなければならない．$\mathbb{R}^n$ の部分空間としてみられるからである．

注意 ジョルダン曲線もまた，球 $\mathbb{S}^1$ の全単射連続写像により一意的に定まる．

連結曲線弧

図 A_3 のように，任意のジョルダン曲線も二つの曲線弧の連結で表されることから，任意の二つの終点が定まる．曲線弧の連結性により曲線の本数を記述できる（図 A_3）．その場合，任意の二つの曲線弧は高々終点を共有（状況によっては分岐点）し，任意の曲線弧の少なくとも一つの終点が他の曲線弧の終点と一致する（曲線の連結）ことが必要．

注意 曲線弧を連結した曲線は，連結グラフ（p.241）と同相な像として表される．

しかし，曲線弧の連結してもできない「曲線」も存在する．そもそも $\mathbb{R}^2$ や $\mathbb{R}^3$ のどんな点集合が曲線として表されるのかを考えたい．

一般の曲線概念（ウリゾーン，メンガー）

図 A_4 に，曲線とは思えない点集合の簡単な例をあげた．曲線の本質的な特徴づけは，点集合が (1) **連結**，(2) **有界**，(3) **閉**，(4) **1 次元**であることが挙げられる．ここで，$\mathbb{R}^2$ および $\mathbb{R}^3$ の有界かつ閉部分集合はコンパクト部分集合と同一視され（p.219），その結果，曲線としては 1 次元連結コンパクト部分集合，すなわち 1 次元連続体（p.203）が考察の対象となる．

定義 $\mathbb{R}^2$ や $\mathbb{R}^3$ の任意の 1 次元連続体を**曲線**と呼ぶ．

曲線弧，ジョルダン曲線，連結曲線弧はこの定義でも曲線である．「曲線」の概念は位相不変量であり，曲線の同相な像は曲線であるが，連続不変量ではない（下記参照）．

一般の曲線概念では，点集合の有界性が必要となるので，直線，放物線，双曲線などは曲線ではなくなる．有界性を排除すれば，広義の曲線を定義できる．そのときには，曲線はもはや同相写像ではない．

$\mathbb{R}^3$ における一般の曲線概念と I 上の写像

$\mathbb{R}^3$ 内では，区間 I 上の特別な写像を用いて一般の曲線概念を定義することは，うまくいかない．

写像に全単射の条件をつけるならば，同濃度性のみが必要となる．しかし，同濃度集合は次元が等しくないこともある．全単射の連続写像は，上記の特殊なタイプの曲線のみである．連続写像のもとに像空間を考察すれば，そのような曲線概念（ジョルダン）の取り方では広すぎる．

これに関し，ペアノが与えた写像がある．この写像は，区間 I を連続に正方形に写し（図 D）像空間が 2 次元となり，曲線の条件 (4) に矛盾する．

カントルの曲線定義

カントルにより，$\mathbb{R}^2$ の曲線は連続体であり，この連続体の点では，どの近傍も外部の点を含む．

言い換えると，$\mathbb{R}^2$ の曲線は $\mathbb{R}^2$ の開集合を含まない連続体である．

平面では，事実これは一般の曲線概念と同値である．$\mathbb{R}^3$ への一般化は不可能．可能とすれば，例えば球の表面は曲線とみなされるから．

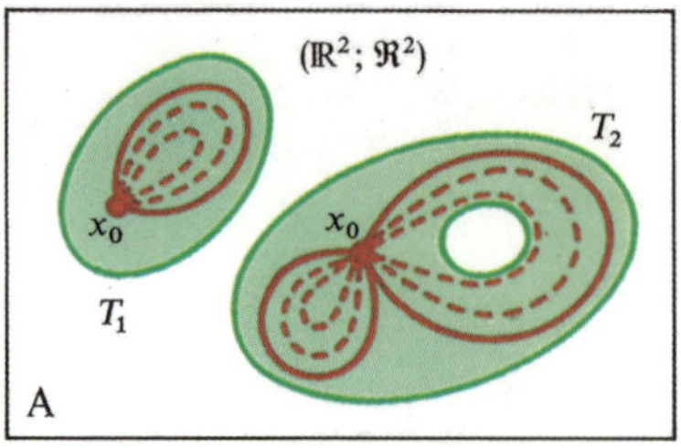

$(\mathbb{R}^2; \mathfrak{R}^2)$ の部分空間

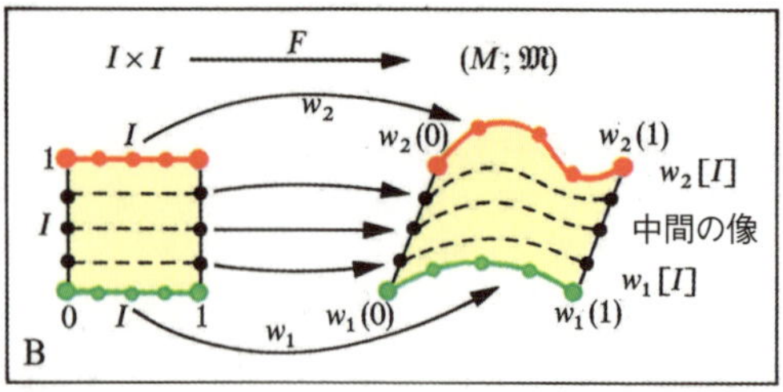

道のホモトピー

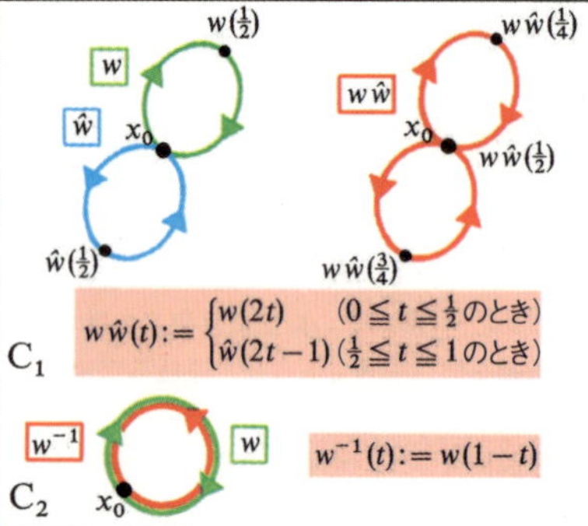

$$w\hat{w}(t) := \begin{cases} w(2t) & (0 \leqq t \leqq \frac{1}{2} \text{ のとき}) \\ \hat{w}(2t-1) & (\frac{1}{2} \leqq t \leqq 1 \text{ のとき}) \end{cases}$$

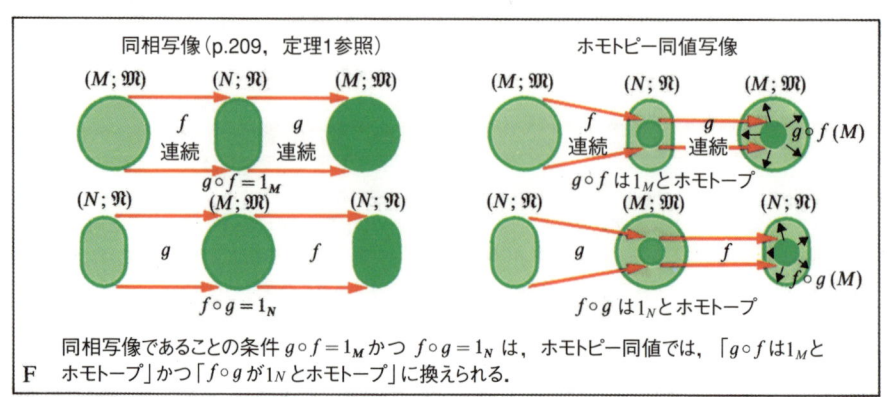

$$w^{-1}(t) := w(1-t)$$

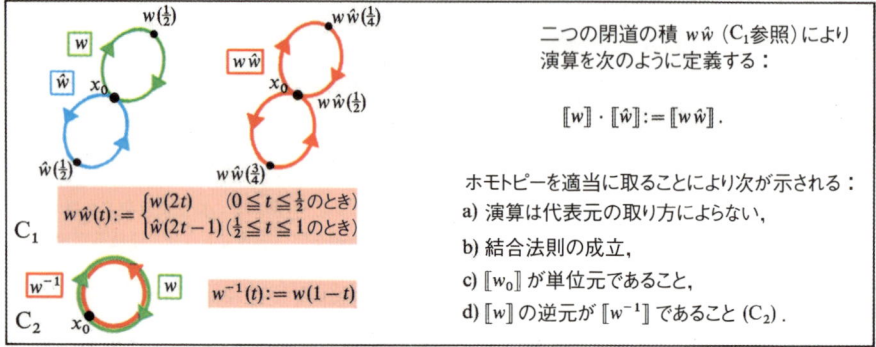

二つの閉道の積 $w\hat{w}$ (C_1参照) により演算を次のように定義する：

$$[\![w]\!] \cdot [\![\hat{w}]\!] := [\![w\hat{w}]\!].$$

ホモトピーを適当に取ることにより次が示される：

a) 演算は代表元の取り方によらない,

b) 結合法則の成立,

c) $[\![w_0]\!]$ が単位元であること,

d) $[\![w]\!]$ の逆元が $[\![w^{-1}]\!]$ であること (C_2).

1次元ホモトピー群 $(\Pi(M, x_0); \cdot)$

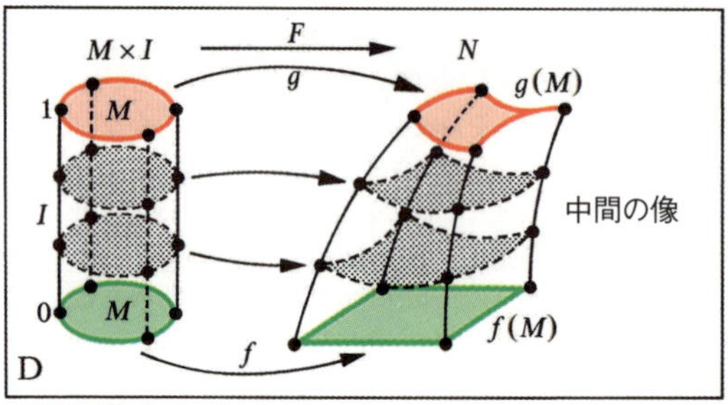

連続写像のホモトピー

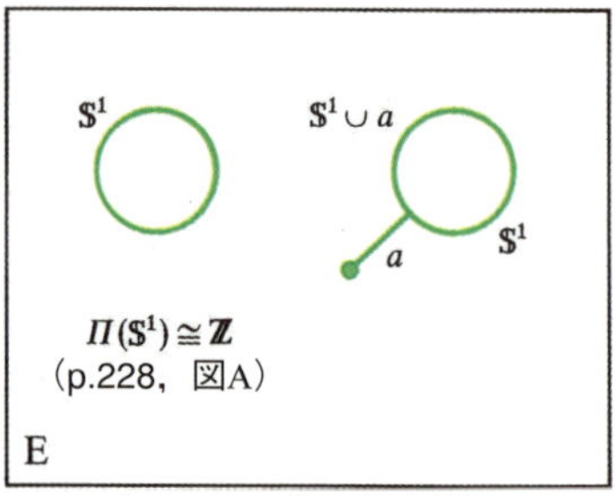

ホモトピー同値，非同相空間

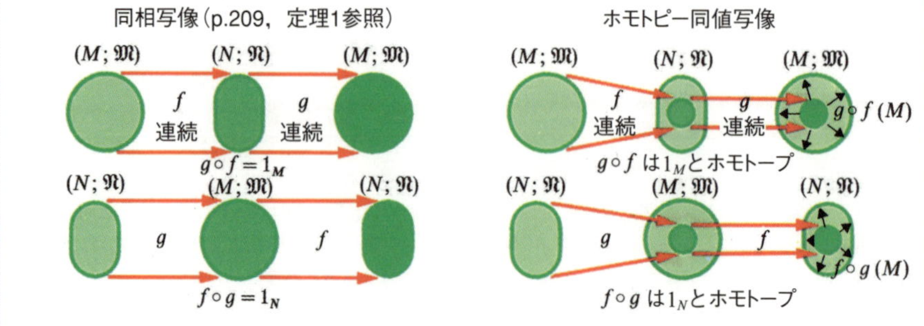

同相写像であることの条件 $g \circ f = 1_M$ かつ $f \circ g = 1_N$ は，ホモトピー同値では，「$g \circ f$ は 1_M とホモトープ」かつ「$f \circ g$ が 1_N とホモトープ」に換えられる．

F

写像のホモトピー同値

代数的位相幾何学（代数トポロジー）では，位相的な問題を代数的な手段（例えば加群や群）によって解くことを目標としている．

しかしながら，トポロジーの解くべき問題である**同相問題**，すなわち位相空間を位相同値により類別する問題には完全な解答を与えるわけではない．その問題は，二つの位相空間について，一つの同相写像を定めることができるか，または，そのような写像は存在しえないことを示すことができるかというものである．後の場合は，代数トポロジーがその補助手段を与える．同相な空間には，同型な群（ホモトピー群，ホモロジー群）を対応させていく．すると，二つの群が同型でなければ，それぞれに対応する位相空間は同型とはならない．もちろん群の同型に対しては同相より弱い条件しか導かれないので，同型は一般に位相空間の同相を決定するわけではない．

道のホモトピー

図Aで表されている $(\mathbb{R}^2; \mathfrak{R}^2)$ の部分空間は同相ではない．このことは，T_2 において「1点に収縮可能」でない閉曲線の存在によって具体的に正当化される(p.203参照)．厳密な根拠の一つは道のホモトピーの概念に基づいている(道の概念についてはp.213)．具体的には，$(M; \mathfrak{M})$ に二つの道 w_1，w_2 を取り，これらの道 $w_1[I], w_2[I]$ を連続写像の集まりによって連続変形することをホモトピーという（図B）．

定義1　w_1 と w_2 を $(M; \mathfrak{M})$ の道とする．連続写像 $F : I \times I :\longrightarrow M$ $(I = [0,1])$ で，すべての $t \in I$ に対して，$F((t,0)) = w_1(t)$ かつ $F((t,1)) = w_2(t)$ となるようなものが存在するとき，w_1 と w_2 は**ホモトープ**であるという（図B）．写像 F を w_1 と w_2 の間の**ホモトピー**という．

位相空間 $(M; \mathfrak{M})$ の道の集合上の「ホモトープ」という関係は同値関係で，ホモトープな道の類を考えることができる．特に1点 $x_0 \in M$ に対して，x_0 を始点かつ終点とするような**閉道の集合**を選び，対応する商集合を $\Pi(M, x_0)$ で表すことにする．いずれの場合においても，それは像が x_0 である定数写像 w_0 に対して，類 $[\![x_0]\!]$ を持つ（**定値道**）．類 $[\![w_0]\!]$ に含まれる道は，x_0 に**可縮**であるという．図Aの部分空間では，$\Pi(T_1, x_0) = \{[\![w_0]\!]\} \subset \Pi(T_2, x_0)$ を明らかにしている．

ホモトピー群，基本群

商集合 $\Pi(M, x_0)$ に演算 $\cdot$ を導入し，$(\Pi(M, x_0); \cdot)$ を群とすることができる（図C）．これを M の x_0 に関する（**1次元**）**ホモトピー群**と呼ぶ．別の点 $x_1 \in M$ に対してもホモトピー群が決められるが，一般には $(\Pi(M, x_0); \cdot)$ とは異なる群が得られる．しかしながら，x_0 と x_1 を結ぶ道が存在すれば，ホモトピー群は同型となる．弧状連結空間（p.213）においては，基点の取り方によらない，同型を除いて唯一のホモトピー群が存在する．この群は**基本群** $\Pi(M)$ と呼ばれる．

位相不変性

任意の弧状連結位相空間 $(M; \mathfrak{M})$ に基本群 $\Pi(M)$ を対応させる．$f : (M; \mathfrak{M}) \to (N; \mathfrak{N})$ を弧状連結空間の間の連続写像とすると，f は $[\![w]\!] \mapsto f^*([\![w]\!]) = [\![f \circ w]\!]$ ($f \circ w$ は N 内の道) で定義される群準同型 $f^* : \Pi(M) \to \Pi(N)$ を誘導する．同相写像については次が得られる．

定理1　$f : (M; \mathfrak{M}) \to (N; \mathfrak{N})$ を弧状連結位相空間の間の同相写像とする．すると $f^* : \Pi(M) \to \Pi(N)$ は同型写像である．

したがって基本群は弧状連結空間で位相不変なものである．すなわち同相な弧状連結空間は同型な基本群を持つ．図Aの弧状連結空間では，群は異なる位数を持ち同型ではないから，同相ではない．しかしながら，基本群の同型からは一般には位相空間の同相性は導かれない．すなわち，同相写像より弱い条件を持つ写像で基本群の同型をもたらすものが存在する．これは，道のホモトピーの概念の定義において，それを連続写像に拡張したホモトピー同値写像の定義にかかわる問題である．

連続写像のホモトピー

二つ連続写像のホモトピーというものを，連続写像の集まりにより，像空間の**連続変形**として具体的に説明することができる（図D）．

定義2　f と g をそれぞれ $(M; \mathfrak{M})$ から $(N; \mathfrak{N})$ への連続写像とする．連続写像 $F : M \times I \to N$ $(I = [0,1])$ で，すべての $x \in M$ について，$F((x,0)) = f(x)$ かつ $F((x,1)) = g(x)$ となるものが存在するとき，f と g は**ホモトープ**であるという．このとき写像 F を f と g の間の**ホモトピー**と呼ぶ．

$(M; \mathfrak{M})$ から $(N; \mathfrak{N})$ への連続写像の集合上のホモトープという関係は同値関係をなす．商集合の元は**ホモトピー類**と呼ばれる．

同相写像の条件を弱めることにより，ホモトピー同値の概念に達する（図F）．

定義3　連続写像 $f : (M; \mathfrak{M}) \to (N; \mathfrak{N})$ が**ホモトピー同値**であるとは，ある連続写像 $g : (N; \mathfrak{N}) \to (M; \mathfrak{M})$ が存在して，$g \circ f$ が 1_M とホモトープかつ $f \circ g$ が 1_N とホモトープとなることをいう．このような写像が存在したとき，位相空間は**ホモトピー同値**（**同じホモトピー型を持つ**）という．

同相な空間は常にホモトピー同値である．それは，任意の位相写像 f がホモトピー同値だからである $(g = f^{-1})$．しかしながら，逆は成り立たない．

定理2　ホモトピー同値な弧状連結空間は，同型な基本群を持つ（**基本群のホモトピー不変性**）．

A $\mathbb{S}^1$の基本群

$\mathbb{S}^1$

w_0^*はw_0にホモトープ
$\hat{w}_0$はw_0にホモトープ

w_1はw_0にホモトープではない
w_{-1}はw_0とw_1にホモトープではない

n重回転

w_nは$w_i (i\in\mathbb{Z} \wedge i\neq n)$とホモトープではない
w_{-n}は$w_i (i\in\mathbb{Z} \wedge i\neq -n)$とホモトープではない

$\mathbb{S}^1$の任意の閉道は，ある閉道$w_i (i\in\mathbb{Z})$とホモトープである．$\mathbb{S}^1$内の閉道のホモトピー類は$w_i (i\in\mathbb{Z})$で代表され，"回転数"iで特徴付けられる．ここで，その符号によって回転の方向の区別が与えられる．
$[\![w_i]\!]\to i$ によって定義される全単射写像 $f:\Pi(\mathbb{S}^1)\to\mathbb{Z}$ が存在し，$\Pi(\mathbb{S}^1)$ の演算に関して，これは群同型を与える：

$$f([\![w_i]\!]\cdot[\![w_k]\!]) = f([\![w_i w_k]\!]) = i+k$$

したがって

$$\boxed{\Pi(\mathbb{S}^1)\cong\mathbb{Z}.}$$

B 立方体

I^1 ; ∂I^1 ($\mathbb{R}^1;\mathfrak{R}^1$)

I^2 ; ∂I^2 ($\mathbb{R}^2;\mathfrak{R}^2$)

I^3 ; ∂I^3 ($\mathbb{R}^3;\mathfrak{R}^3$)

C 2次元ホモトピー群の解釈

∂I^2 ── 同相 ── 同相 ── 同相 ── 連続 ── S_0
$I^2\backslash\partial I^2$ ── $\mathbb{S}^2\backslash\{S_0\}$

$I^2\backslash\partial I^2 \xrightarrow{\text{同相写像}\ f} \mathbb{S}^2\backslash\{S_0\}$

$w^{(2)}|I^2\backslash\partial I^2$ 連続 ↘ ↙ 連続 $g|\mathbb{S}^2\backslash\{S_0\}$

$(M;\mathfrak{M})$, x_0

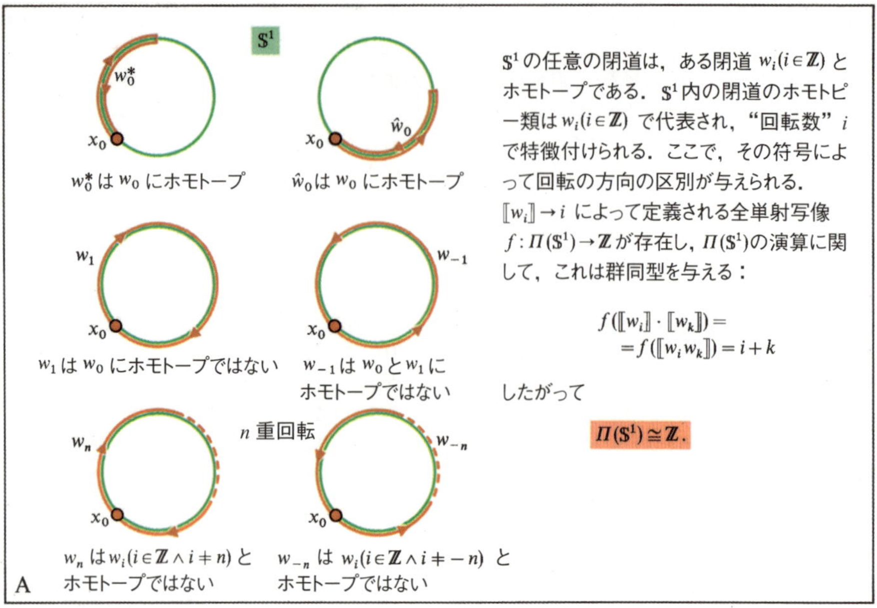

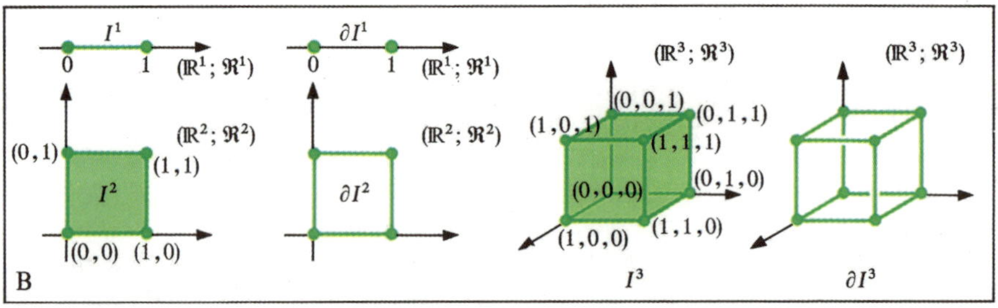

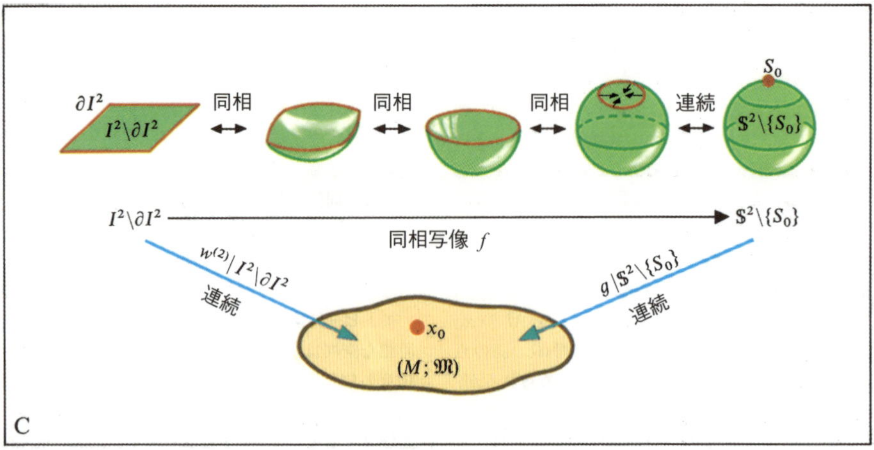

単連結空間

その基空間が1点よりなる位相空間（1点空間）は，元 $[\![w_0]\!]$（w_0 は定値道）からなる自明な基本群 0 を持つ．$n \geqq 2$ のとき球面 $\mathbb{S}^n$ の基本群は，同様に自明である（具体的には，任意の閉じた道は1点に可縮である）．それに対して $\Pi(\mathbb{S}^1)$ は $\mathbb{Z}$ と同型になる（図A）．したがって定理1より $n \geqq 2$ のとき $\mathbb{S}^n$ は $\mathbb{S}^1$ とは同相にならない．すべての $n \geqq 1$ に対して $\Pi(\mathbb{R}^n)$ は自明である．次のように定義する．

定義4 自明な基本群をもつ弧状連結空間を**単連結空間**と呼ぶ．

可縮空間

単連結空間はホモトピー同値によってさらに類別される．$(\mathbb{R}^n; \mathfrak{R}^n)$ が1点空間にホモトピー同値であるのに対して，球面に対しては，これは不成立．

定義5 位相空間は，それが1点部分空間にホモトピー同値であるとき**可縮**であるという．

任意の可縮空間は単連結であるが，逆は不成立（$n \geqq 2$ の場合の $\mathbb{S}^n$）．

変位レトラクト

ある位相空間 $(M; \mathfrak{M})$ が可縮であることを示す場合，連続写像 $f: M \to \{x_0\}$（$x_0 \in M$）に対して，連続包含写像 $i: \{x_0\} \to M$ を選んで，$i \circ f$ が 1_M にホモトープとなることを示すことに帰着することがある（p.227 の定義3参照）．すると常に $f \circ i = 1_{\{x_0\}}$ が成り立つので，f はホモトピー同値な写像である．この方法と関連して次の定義がある．

定義6 位相空間 $(M; \mathfrak{M})$ の部分空間 $(T; \mathfrak{M}_T)$ が M の**変位レトラクト**であるとは，$r|_T = 1_T$ となる**レトラクション**と呼ばれる連続写像 $r: M \to T$ が存在して，$i \circ r$ が 1_M にホモトープとなることである（ここで $i: T \to M$ は包含写像）．

M の変形レトラクト T は，常に $(M; \mathfrak{M})$ にホモトピー同値であり，その基本群は M のものと一致する．

n 次元ホモトピー群

$n, m \geqq 2$ のとき $\mathbb{S}^n$ と $\mathbb{S}^m$ の基本群が一致するという事実より，空間の同相性は推量できない．むしろ $n \neq m$ なら同相ではない（下記参照）．基本群は明らかに位相不変な対象として十分ではない．さらなる不変量が必要である．道の概念の一般化については，n 次元ホモトピー群への拡張がある．これが基本群のように位相不変な対象となることが明らかになる．

定義7 点集合 $I^n := \{(x_1, \ldots, x_n) | x_i \in I\}$ ($I = [0,1]$) は $\mathbb{R}^n$ の ***n* 次元立方体**と呼ぶ（図B）．連続写像 $w^{(n)}: I^n \to (M; \mathfrak{M})$ は M 内の ***n*-道**と呼ぶ．x_0 に関する**閉 *n*-道**とは，I^n の境界 ∂I^n（図B）が $x_0 \in M$ に写されるときをいう．

x_0 に関する閉1-道とは，既出の閉道のことである．閉 n-道の同値を定義するために，連続写像間のホモトピーの概念を一般化しなければならない．

定義8 f と g を $(M; \mathfrak{M})$ から $(N; \mathfrak{N})$ への連続写像，T を $f|_T = g|_T$ となる M の部分集合とする．f と g の間のホモトピー F が存在し，すべての $x \in T$ に対して $F((x,t)) = f(x) = g(x)$ となるとき，***T* を止めてホモトープ**という．

定義8において $T = \emptyset$ と取れば，f と g は，定義2の意味でホモトープである．同値な閉1-道 $w_1^{(1)}$ と $w_2^{(1)}$ に対して $w_1^{(1)}(0) = w_1^{(1)}(1) = w_2^{(1)}(0) = w_2^{(1)}(1) = x_0$ である．すなわち，$\partial I = \{0,1\}$ に関してホモトープである．この性質を任意の閉 n-道に言い換え，それらが境界 ∂I^n に関してホモトープであるとき，**同値**であるという．同値な閉 n-道を類とする同値関係が考えられる．商集合を $\Pi_n(M, x_0)$ で表す．ここで x_0 は M の点で ∂I^n は，そこに写される．$\Pi_n(M, x_0)$ 上には $[\![w^{(n)}]\!] \cdot [\![\hat{w}^{(n)}]\!] := [\![w^{(n)}\hat{w}^{(n)}]\!]$ によって演算が定義される．ここで積 $w^{(n)}\hat{w}^{(n)}$ は次で定義される：

$$w^{(n)}\hat{w}^{(n)}((x_1, \ldots, x_n)) := \begin{cases} w^{(n)}((2x_1, x_2, \ldots, x_n)) & 0 \leqq x_1 \leqq \frac{1}{2} \text{のとき} \\ \hat{w}^{(n)}((2x_1 - 1, x_2, \ldots, x_n)) & \frac{1}{2} \leqq x_1 \leqq 1 \text{のとき} \end{cases}$$

$(\Pi_n(M, x_0), \cdot)$ は群となり，x_0 に関する ***n* 次元ホモトピー群**と呼ばれる．$n = 1$ のときは，既出のホモトピー群 $\Pi(M, x_0)$ である．これについての対応命題は $n \geqq 2$ についても常に成立する．

ホモトピー群の解釈

定義7によれば，閉2-道は正方形面 I^2 で定義されている．まず I^2 を，境界 ∂I^2 を1点 s_0 に同一視し，$I^2 \backslash \partial I^2$ と $\mathbb{S}^2 \backslash \{s_0\}$ が同相と見て球面 $\mathbb{S}^2$ に写し取ることができる（図C）．閉2-道のかわりとして，$\mathbb{S}^2$ から $(M; \mathfrak{M})$ への連続写像で，s_0 を x_0 に写すものが考えられる．そのホモトピー類は適当な演算を選ぶことにより，$\Pi_2(M, x_0)$ に同型な群となる．一般の $n \geqq 1$ についても同様である．

弧状連結空間のホモトピー群

$(M; \mathfrak{M})$ を弧状連結空間とすれば，M のそれぞれの点に関する n 次元ホモトピー群は同型である．したがって，その n 次元ホモトピー群 $\Pi_n(M)$ については，基点なしに述べることができる．$\Pi_1(M)$ は既出の基本群である．重要な事実は次のものである．

定理3 弧状連結空間 $(M; \mathfrak{M})$，$(N; \mathfrak{N})$ がホモトピー同値ならば，すべての $n \in \mathbb{N} \backslash \{0\}$ に対して，$\Pi_n(M)$ と $\Pi_n(N)$ は同型である．

例： 球面 $\mathbb{S}^n$ のホモトピー群について次が成り立つ：$\Pi_n(\mathbb{S}^n) \cong \mathbb{Z}$，$\Pi_n(\mathbb{S}^m) = 0$ ($n, m \in \mathbb{N} \backslash \{0\}, n < m$)．$n > m$ のときの群 $\Pi_n(\mathbb{S}^m)$ については部分的な結果しか得られていない．その群は部分的にしか自明とはならない．定理3から次が導かれる：$\mathbb{S}^n$ と $\mathbb{S}^m$ が同相となることと $n = m$ となることとは同値である．

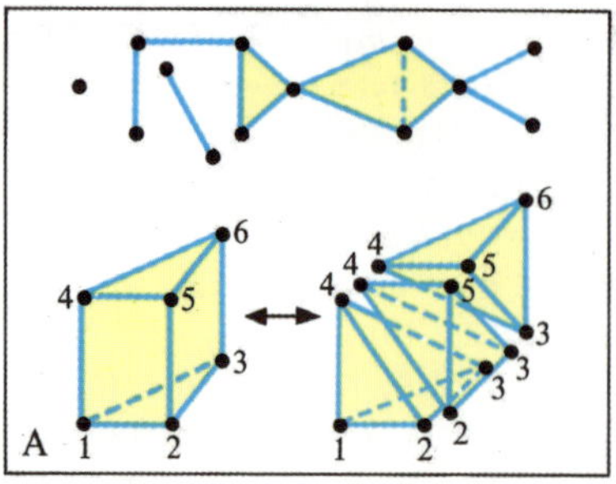

多面体

0 次元単体　P（点）

1 次元単体　P_0P_1（辺）

（2個の0次元面単体）

2 次元単体　$P_0P_1P_2$（三角面）

（それぞれ3個の，0次元，1次元面単体）

3 次元単体　$P_0P_1P_2P_3$（四面体）

（4個の0次元面単体，6個の1次元面単体，4個の2次元面単体）

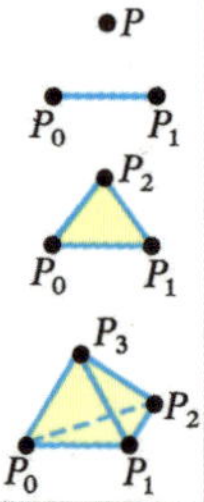

B

単体

$\{P_1, P_2, P_3, P_4, P_1P_2, P_3P_4\}$

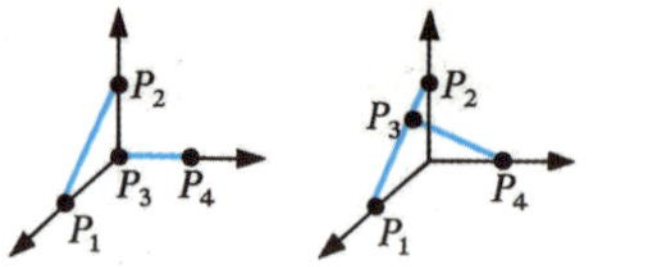

不連結　　連結

C

単体集合の実現

$|K_1| = |K_2|$

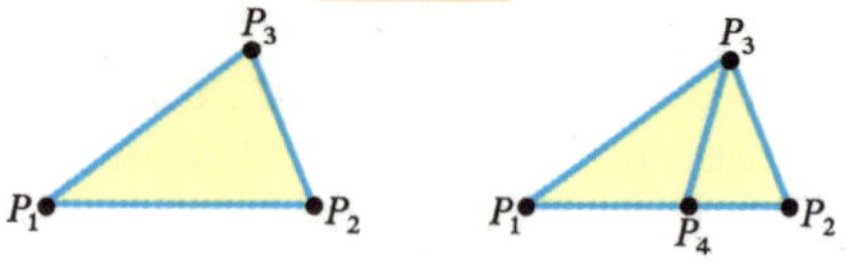

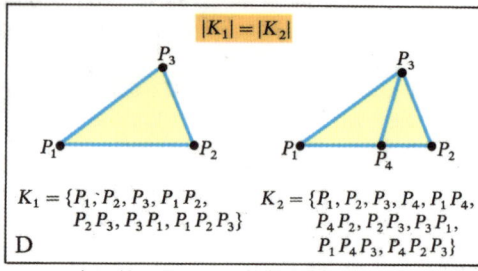

$K_1 = \{P_1, P_2, P_3, P_1P_2, P_2P_3, P_3P_1, P_1P_2P_3\}$

$K_2 = \{P_1, P_2, P_3, P_4, P_1P_4, P_4P_2, P_2P_3, P_3P_1, P_1P_4P_3, P_4P_2P_3\}$

D

一つの多面体の異なる三角形分割

一般の位置にある点 P_0, P_1, P_2 によって張られる $\mathbb{R}^3$ 内の部分空間は，P_0, P_1, P_2 を通る平面である

重心座標

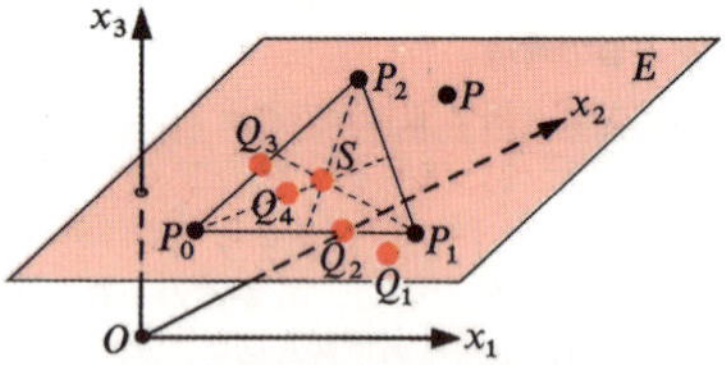

$$P \in E \Leftrightarrow \vec{p} = \vec{p}_0 + \lambda_1(\vec{p}_1 - \vec{p}_0) + \lambda_2(\vec{p}_2 - \vec{p}_0)$$

$$\Leftrightarrow \vec{p} = \lambda_0\vec{p}_0 + \lambda_1\vec{p}_1 + \lambda_2\vec{p}_1 \wedge \lambda_0 + \lambda_1 + \lambda_2 = 1$$

$P \in E \leftrightarrow (\lambda_0, \lambda_1, \lambda_2)$ ここで $\lambda_0 + \lambda_1 + \lambda_2 = 1$

計算例

	P_0	P_1	P_2	S	Q_1	Q_2	Q_3	Q_4
直交座標	$(1,1,2)$	$(4,1,2)$	$(1,3,3)$	$(2,\frac{5}{3},\frac{7}{3})$	$(3,2,1)$	$(3,1,2)$	$(1,2,\frac{5}{2})$	$(\frac{7}{4},\frac{3}{2},\frac{9}{4})$
重心座標	$(1,0,0)$	$(0,1,0)$	$(0,0,1)$	$(\frac{1}{3},\frac{1}{3},\frac{1}{3})$	$(-2,1,1)$	$(\frac{1}{3},\frac{2}{3},0)$	$(\frac{1}{2},0,\frac{1}{2})$	$(\frac{1}{2},\frac{1}{4},\frac{1}{4})$

E$_1$

重心

$$S(\tfrac{1}{3},\tfrac{1}{3},\tfrac{1}{3})\ \text{重心座標} \Rightarrow \begin{pmatrix} x_1 \\ x_2 \\ x_3 \end{pmatrix} = \frac{1}{3}\begin{pmatrix} 1 \\ 1 \\ 2 \end{pmatrix} + \frac{1}{3}\begin{pmatrix} 4 \\ 1 \\ 2 \end{pmatrix} + \frac{1}{3}\begin{pmatrix} 1 \\ 3 \\ 3 \end{pmatrix} = \begin{pmatrix} 2 \\ \frac{5}{3} \\ \frac{7}{3} \end{pmatrix} \Rightarrow S(2,\tfrac{5}{3},\tfrac{7}{3})\ \text{直交座標}$$

$$Q_1(3,2,1)\ \text{直交座標} \Rightarrow \begin{pmatrix} 3 \\ 2 \\ 1 \end{pmatrix} = \lambda_0\begin{pmatrix} 1 \\ 1 \\ 2 \end{pmatrix} + \lambda_1\begin{pmatrix} 4 \\ 1 \\ 2 \end{pmatrix} + \lambda_2\begin{pmatrix} 1 \\ 3 \\ 3 \end{pmatrix} \Rightarrow \lambda_0 = -2 \wedge \lambda_1 = 1 \wedge \lambda_2 = 1 \Rightarrow Q_1(-2,1,1)\ \text{重心座標}$$

2次元単体 $P_0P_1P_2$ の特徴付け

$$P \in P_0P_1P_2 \Leftrightarrow \vec{p} = \frac{\vec{p}_0 + \lambda\vec{p}_3}{1+\lambda} \wedge \lambda \geqq 0 \wedge \vec{p}_3 = \frac{\vec{p}_1 + \mu\vec{p}_2}{1+\mu} \wedge \mu \geqq 0$$

（分割公式，p.185）

$$\Leftrightarrow \vec{p} = \frac{1}{1+\lambda}\vec{p}_0 + \frac{\lambda}{(1+\lambda)(1+\mu)}\vec{p}_1 + \frac{\lambda\cdot\mu}{(1+\lambda)(1+\mu)}\vec{p}_2$$

$$\Leftrightarrow \vec{p} = \lambda_0\vec{p}_0 + \lambda_1\vec{p}_1 + \lambda_2\vec{p}_2 \wedge \lambda_0 + \lambda_1 + \lambda_2 = 1 \wedge 0 \leqq \lambda_0, \lambda_1, \lambda_2 \leqq 1$$

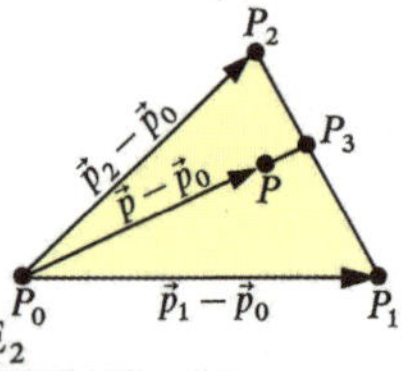

$P \in P_0P_1P_2 \leftrightarrow (\lambda_0, \lambda_1, \lambda_2)$　ここで $\lambda_0 + \lambda_1 + \lambda_2 = 1$，$0 \leqq \lambda_0, \lambda_1, \lambda_2 \leqq 1$

E$_2$

平面の重心座標

多面体は $(\mathbb{R}^n;\mathfrak{R}^n)$ の特別な部分空間としての意味を持つ．それは一般に，$\mathbb{R}^n$ における位相的問題を同相性を用いて多面体に持ち込めるからである．補助手段は基本群等で，それは弧状連結多面体に対しては，比較的単純に算出される．組合せ的補助手段を用いるので，これは代数トポロジーの一分野である**組合せトポロジー**に含まれる問題である．

$(\mathbb{R}^2;\mathfrak{R}^2)$, $(\mathbb{R}^3;\mathfrak{R}^3)$ 内の多面体に対する例

図 A では $(\mathbb{R}^2;\mathfrak{R}^2)$ と $(\mathbb{R}^3;\mathfrak{R}^3)$ の部分空間で多面体として表される二つの例を挙げている．それらは有限個の頂点，辺，三角形面によって，$(\mathbb{R}^3;\mathfrak{R}^3)$ では，さらに四面体で構成されていると考えられる．この多面体の構成要素は**単体**と呼ばれ，0 次元，1 次元，2 次元，3 次元単体と区別して呼ばれる（図 B）．一つの単体に対して，三角形の辺や四面体の側面の類似として，それぞれを**面単体**（部分単体）という（図 B）．一つの辺は面単体として，頂点を持つ．

$(\mathbb{R}^2;\mathfrak{R}^2)$, $(\mathbb{R}^3;\mathfrak{R}^3)$ 内の多面体の定義

多面体は単体からなる集合として定義される．例えば $\{P_1,P_2,P_3,P_4,P_1P_2,P_3P_4\}$ 等である．この集合はもちろん位相空間ではない．しかしながら，与えられた単体の集合の中の点をまとめることにより，$(\mathbb{R}^2;\mathfrak{R}^2)$ または $(\mathbb{R}^3;\mathfrak{R}^3)$ の部分空間が得られる．それらは，平面または空間の中に様々な方法で実現される．上の例では，図 C において $(\mathbb{R}^3;\mathfrak{R}^3)$ 内の実現が与えられている．これらが同相であることは，必ずしも必要でない．これは，与えられた単体集合において，単体の**結合関係**（**重なり具合**）が与えられていないからである．次の条件を付け加える：

(1)　二つの単体の共通部分は空であるか，二つの単体の共通の面単体である．

(2)　それぞれの単体の任意の面単体は，またそれに含まれる．

この取り決めによれば，図 C において C_1 のほうだけが，単体集合 $\{P_1,P_2,P_3,P_4,P_1P_2,P_3P_4\}$ の実現である．なぜなら C_2 においては，$P_1P_2 \cap P_3P_4 = \{P_3\}$ で P_3 は P_1P_2 の面単体でないからである．一方，C_2 は単体集合 $\{P_1,P_2,P_3,P_4,P_1P_3,P_3P_2,P_3P_4\}$ の一つの実現を与えている．

定義 1　性質 (1) と (2) を持つ有限単体集合 K は**単体的複体**と呼ばれる．

単体的複体は，その点集合は平面または空間の多面体として定義される．

定義 2　K を単体的複体とし，$|K|$ を K のすべての単体の点からなる集合とする．$|K|$ を**多面体**と呼び，また逆に K は $|K|$ の**単体分割**（三角形分割，三角測量）と呼ばれる．

注意　$|K|$ には常に相対位相が定義される．

一つの多面体に異なる三角形分割が与えられることもある（図 D）．一つの単体的復体の異なる実現は常に同相である．

注意　その単体分割が，0 次元と 1 次元の単体からなる多面体は，**グラフ理論**で扱う（p.241～）．

$(\mathbb{R}^n;\mathfrak{R}^n)$ に多面体を定義するためには，単体の概念の一般化が必要である．

$(\mathbb{R}^n;\mathfrak{R}^n)$ 内の単体

$(\mathbb{R}^n;\mathfrak{R}^n)$ に単体を定義するためには，空間 $\mathbb{R}^n$ のいくつかの性質が必要となる（p.194 参照）．

(1) $\mathbb{R}^n$ の $s+1$ 個（$s \leqq n$）の $P_0,\ldots,P_s$ 点は，s 個のベクトル $\vec{p}_1-\vec{p}_0,\ \ldots,\ \vec{p}_s-\vec{p}_0$ が 1 次独立のとき，**一般の位置にある**と呼ばれる．1 点は常に一般の位置にある．一般の位置にある点集合の部分集合を取ると，それらは一般の位置にある．

(2)　$\mathbb{R}^n$ の点 $P_0,\ \ldots,\ P_s$ が一つの部分空間 H を「張る」とは，$H := \{P|\vec{p}=\vec{p}_0+\lambda_1(\vec{p}_1-\vec{p}_0)+\cdots+\lambda_s(\vec{p}_s-\vec{p}_0)\wedge\lambda_i\in\mathbb{R}\}$ となることである．$s+1$ 個の点が一般の位置にあるならば，その部分空間は s 次元である．$s=n$ のときは $H=\mathbb{R}^n$ である．点 $P\in\mathbb{R}^n$ が H に含まれることと $\vec{p}=\lambda_0\vec{p}_0+\cdots+\lambda_s\vec{p}_s$ かつ $\lambda_0+\cdots+\lambda_s=1$（$\lambda_i\in\mathbb{R}$）となることとは同値である．

(3)　$\mathbb{R}^n$ の点 $P_0,\ldots,P_s$ が一般の位置にあることと，$P_0,\ldots,P_s$ で張られる部分空間の任意の点に対して $\vec{p}=\lambda_0\vec{p}_0+\cdots+\lambda_s\vec{p}_s$ かつ $\lambda_0+\cdots+\lambda_s=1$ となる一意に決まる $\lambda_0,\ldots,\lambda_s\in\mathbb{R}$ が存在することは同値である．

(4)　$P_0,\ldots,P_s$ を $\mathbb{R}^n$ は一般の位置にあるとする．$P_0,\ldots,P_s$ で張られる部分空間の任意の点は，n-組 $(x_1,x_2,\ldots,x_n)$ による表現を持ち，一方では (3) により $\lambda_0+\cdots+\lambda_s=1$ なる $(s+1)$-組 $(\lambda_0,\ldots,\lambda_s)$ による表現を持つ．λ_i を部分空間の**重心座標**と呼ぶ．座標がすべてが同じ重心座標を持つ点は**重心**と呼ばれる（図 E_1）．この見地に立てば，$(\mathbb{R}^n;\mathfrak{R}^n)$ の 0 次元から 3 次元単体は 1 個から 4 個の 1 次独立な点で張られる $\mathbb{R}^3$ の部分空間の部分集合である．正確にいうと，その点は非負な重心座標を持つ（図 E_2）．

定義 3　$P_0,\ldots,P_s$ は $\mathbb{R}^n(s\leqq n)$ で一般の位置にあるものとする．$\sigma^s := \{P|\vec{p}=\lambda_0\vec{p}_0+\cdots+\lambda_s\vec{p}_s\wedge\lambda_i\in\mathbb{R}_0^+\wedge\lambda_0+\cdots+\lambda_s=1\}$ を **s 次元幾何学的単体**と呼ぶ．点 $P_0,\ldots,P_s$ は単体の**頂点**と呼ばれる．

$s+1$ 個の頂点を持つ単体 σ^s において，$r+1$ 個（$r\leqq s$）の頂点を選ぶと，これらは同様に 1 次独立で，それらの決める r 次元単体は，σ^s の部分空間である．$(\mathbb{R}^3;\mathfrak{R}^3)$ 内のときのように，この単体を**面単体**（辺単体）と呼ぶ．0 次元面単体は**頂点**，1 次元面単体は**辺**と呼ばれる．σ^s の s-次元面単体は σ^s 自身である．任意の s 次元単体は $\binom{s+1}{r+1}$ 個の異なる r-次元面単体を持つ．

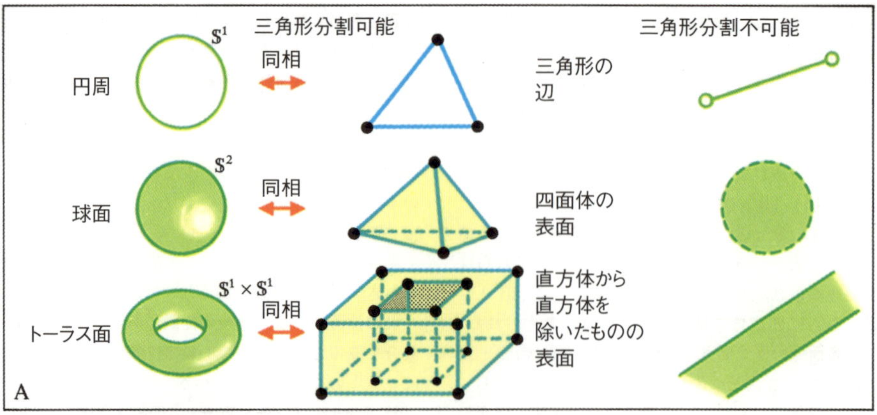

三角形分割可能な図形と不可能な図形

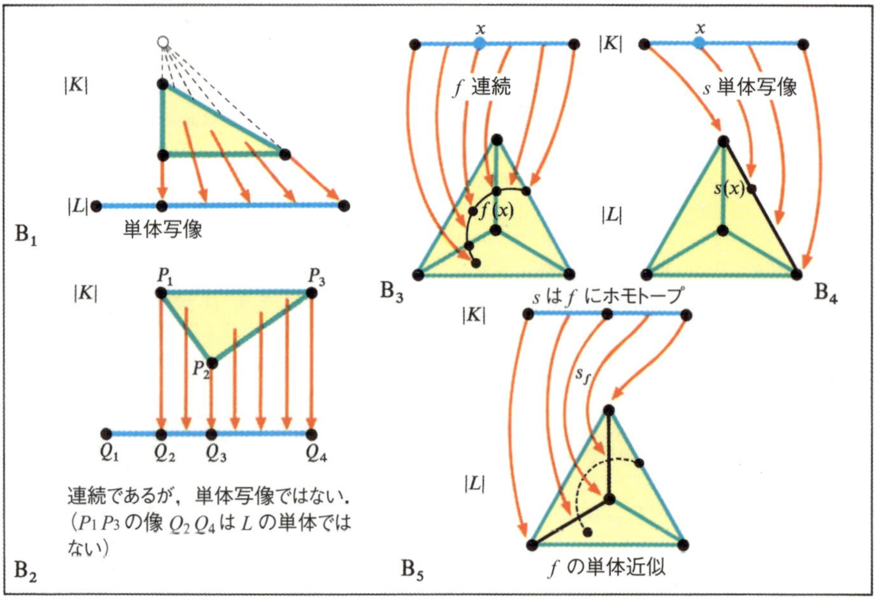

$\mathbb{R}^2$ における単体写像と単体近似

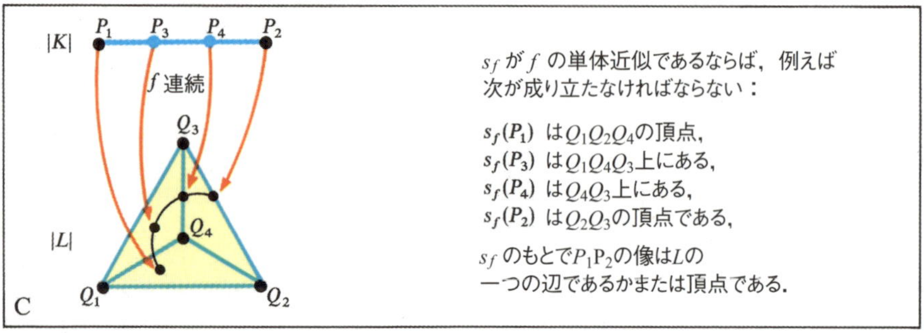

単体近似に関する条件

($\mathbb{R}^n$; $\mathfrak{R}^n$) 内の単体的複体

定義 1（p.231）は次のように一般化される．

定義 4　$\mathbb{R}^n$ 内の単体の有限集合 K は，次をみたすとき**単体的複体**と呼ばれる：

(1)　K の二つの単体の共通部分は空であるか，両者の面単体である．

(2)　任意の単体の任意の面単体は K に含まれる．

単体的複体 K のすべての単体の最大の次元が s であるとき，K は **s 次元**であると呼ばれる．単体的複体 K に対して K' が K の**部分複体**であるとは，$K' \subset K$ で定義 4 の (2) をみたすことをいう（(1) は K の任意の部分集合についてみたされる）．例えば K に属する単体のすべての面単体は一つの部分複体となる．s 次元の単体的複体の高々 r 次元 ($r \leqq s$) の単体全体からなる部分複体を **r 骨格**（**r 次元スケルトン**）と呼ぶ．

($\mathbb{R}^n$; $\mathfrak{R}^n$) の多面体

定義 2（p.231）の類似として，次の定義を与える．

定義 5　K が $\mathbb{R}^n$ の単体の単体的複体のとき，K のすべての単体の点の集合 $|K|$ を ($\mathbb{R}^n$; $\mathfrak{R}^n$) の**多面体**といい，K を $|K|$ の**三角形分割**という．

注意　$|K|$ は ($\mathbb{R}^n$; $\mathfrak{R}^n$) についての相対位相を持つ．多面体は閉かつ有界集合だから ($\mathbb{R}^n$; $\mathfrak{R}^n$) のコンパクト部分集合である（p.219 参照）．それは必ずしも連結とは限らない．

三角形分割可能空間

多面体を用いて，同相性のもとで，その位相空間をとらえることができる．それには，多面体ではないが，それに同相なものを用いる（例：図 A）．

定義 6　多面体に同相な位相空間は**三角形分割可能**（または**曲線多面体**）と呼ばれる．

三角形分割可能でない空間が存在する．例えばコンパクトでない空間はすべて三角形分割可能でない（例：図 A）．三角形分割可能空間としては，閉曲面が含まれ，多面体を用いて完全に類別される (p.237)．

単体写像

位相空間を調べるためには，連続写像が不可欠であることはもちろんである．多面体は特別な位相空間であるので，その $\mathbb{R}^n$ のベクトル空間構造内の単体と単体的複体の構造が一つの役割を果たす．その間の連続写像に注目し，代数的構造や複体構造にも配慮する．それはいわゆる単体写像の定義する性質から推論されるので，連続性を具体的に要求することは断念する．

定義 7　$|K|$ と $|L|$ を多面体とする．写像 $s : |K| \to |L|$ が**単体写像**であるとは，次の条件が成り立つことをいう：

(1)　K の任意の単体の頂点の像は，L の頂点であり，L の一つの単体を張る．

(2)　s の K の一つの単体上への制限は線形写像である（p.79 参照）．

定理 1　任意の単体写像は連続である．

注意　定義の (2) より，単体の内部は，その単体の像の内部に移る．例えば図 B_1，B_2．

単体写像の組合せ論的特質は単体写像が，K と L の頂点の対応によって一意に決定されることで示される．単体写像の合成写像はまた単体写像である．

単体近似

多面体をホモトピー同値ないし同相性によって調べる際，単体写像に制限して考えることができる．その根拠は，任意の連続な多面体写像 f に対して，単体写像 s で f にホモトープなものが構成できるからである．連続な多面体写像 f をそれとホモトープな単体写像 s に置き換えて，その単体写像が像空間の単体構造について可能な限り f との「差異」が小さいことを示す．この「差異」は，像空間の単体を通して把握される．f と s の「差異」の把握を困難にしている点は，$|K|$ の元 x に対し，図 B_3 と B_4 で見られるように，$f(x)$ と $s(x)$ 双方が含まれる単体を特定できないというところにある．単体写像で $|K|$ の任意の点 x に対して，x の像が $f(x)$ を内部に含む単体に含まれるようなものに注目する．この性質を持つ単体写像は，常に f にホモトープであることが示される．

定義 8　$f : |K| \to |L|$ を連続な多面体写像とする．単体写像 $s_f : |K| \to |L|$ が f の**単体近似**であるとは，任意の $x \in |K|$ に対して $f(x)$ を内部に含む単体に $s_f(x)$ が含まれることをいう．

定理 2　s_f を f の単体近似とすれば，s_f と f はホモトープである．f の任意の二つの単体近似はホモトープである．また s_f の単体近似は s_f 自身である．

定理 2 によって，もし任意の連続な多面体写像が単体近似を持つということが保証されれば，連続な多面体写像のホモトピー類を単体近似によって表現できる．図 B_3 における連続な多面体写像を考えると，$|K|$ の三角形分割によって，単体近似写像が見いだせないことが分かる．$|K|$ の単体近似写像による像は L の辺であるか頂点であり，定義 8 の条件が，すべての $x \in |K|$ についてみたされていないことが分かる（図 C）．その根拠は $|K|$ の三角形分割が十分に「細かく」ないことにある．頂点の挿入，例えば辺の中点を付け加えることにより（図 B_5），三角形分割をより「細かい」三角形分割にし，単体近似を得ることができる．一般的な場合には，任意の連続多面体写像 $f : |K| \to |L|$ に対して，K の「細かい」三角形分割を構成し，それについて単体近似 s_f が存在するようにできる．

234 代数的位相幾何学／多面体の基本群

A₁
$w_1 \leftrightarrow \alpha_1 = (P_1, P_4, P_5, P_6, P_1)$
$w_2 \leftrightarrow \alpha_2 = (P_1, P_6, P_5, P_3, P_1)$
$w_3 \leftrightarrow \alpha_3 = (P_1, P_2, P_5)$

A₂
α と β は，P, Q, R が 3 次元 (2 次元) 単体を張るから組合せ的ホモトープである．

図 A_1 においては，α_1 と (P_1, P_2, P_3, P_1)，α_2 と (P_1, P_6, P_3, P_1)，α_2 と (P_1) は，組合せ的ホモトープであるが，α_1 と α_2 はそうではない．

歩群と組合せ的ホモトピー

B
$\mathbb{S}^1 \xleftrightarrow{\text{同相}} |K|$

$\Pi(K, P_1) = \{[\![\alpha_0]\!], [\![\alpha]\!], [\![\alpha^2]\!], \ldots, [\![\alpha^{-1}]\!], [\![\alpha^{-2}]\!], \ldots\}$
$\updownarrow \quad \updownarrow \quad \updownarrow \quad \updownarrow \quad \updownarrow \quad \updownarrow$
$\mathbb{Z} \ = \{ \ 0, \ \ 1, \ \ 2, \ \ldots, \ -1, \ -2, \ \ldots\}$

すなわち $\Pi(\mathbb{S}^1) \cong \mathbb{Z}$ (p.228 参照)

歩群

C $r < s < t$ (赤く色付けられた辺は骨格に含まれるもの)

$[\![k_{st}]\!] = [\![\omega_0]\!]$
$[\![k_{rs}]\!] = [\![k_{st}^{-1}]\!]$
$[\![k_{rs}]\!] = [\![k_{rt}]\!]$
$[\![k_{rs} k_{st} k_{rt}^{-1}]\!] = [\![\omega_0]\!]$
$[\![k_{rs} k_{st}]\!] = [\![k_{rt}]\!]$

同一視

D₁
$\Pi(|K^1|)$ は $[\![k_{24}]\!], [\![k_{25}]\!], [\![k_{23}]\!],$
$[\![k_{46}]\!], [\![k_{56}]\!], [\![k_{35}]\!], [\![k_{36}]\!]$
で生成される自由群 F_7 と同型．

D₂
$\Pi(|K|)$ の計算のためには，3 次元単体も考慮に入れ，図 C に従って，次の同一視を考える．

$[\![k_{24}]\!] = [\![k_{46}]\!] = [\![k_{36}]\!] = [\![\omega_0]\!]$
$[\![k_{25}]\!] = [\![k_{24}]\!] = [\![\omega_0]\!]$
$[\![k_{23} k_{35}]\!] = [\![k_{25}]\!] = [\![\omega_0]\!]$, すなわち $[\![k_{23}]\!] = [\![k_{35}^{-1}]\!]$
$[\![k_{35} k_{56}]\!] = [\![k_{36}]\!] = [\![\omega_0]\!]$, すなわち $[\![k_{56}]\!] = [\![k_{35}^{-1}]\!]$

$\Pi(|K|)$ は，したがって $[\![k_{35}]\!]$ で生成される自由群 F_1 と同型となる．すなわち $\mathbb{Z}$ と同型である．

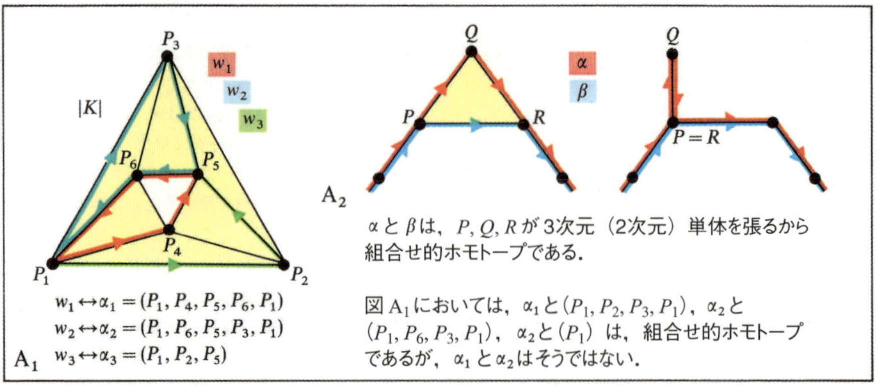

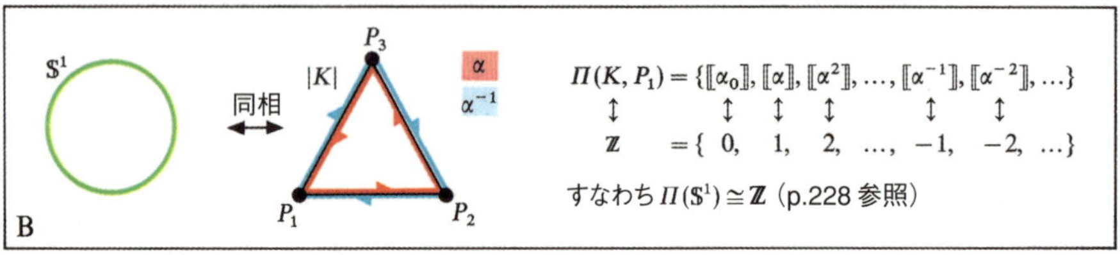

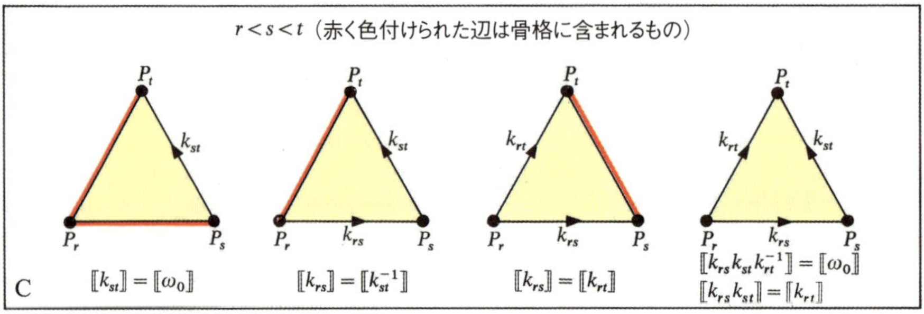

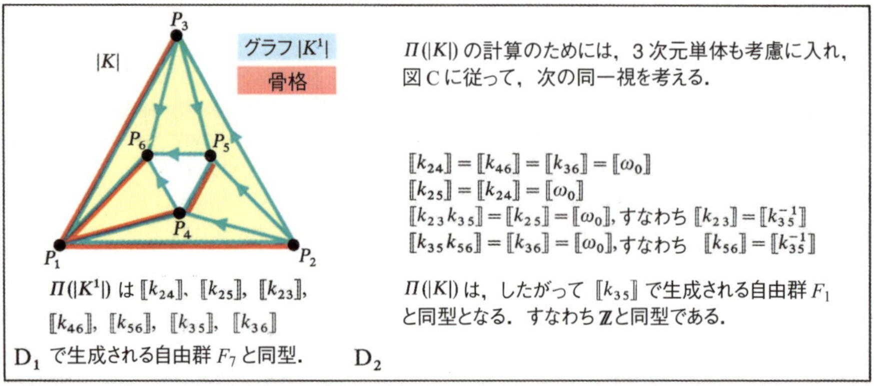

自由群を用いた基本群の計算

$|K|$ を $\mathbb{R}^n$ 内の多面体，P_0 を K の頂点とすると，ホモトピー群 $\Pi(|K|, P_0)$ が構成できるが（p.227），一般にその構造について概観を与えることは単純にはできない．

単体的複体 $|K|$ の組合せ的特性を十分に使用し，$|K|$ 内の（閉）道の概念を単体的複体上に転用する．目標は $\Pi(|K|, P_0)$ に同型な群を組合せ的補助手段により具体化することである．

歩み（辺列）

図 A_1 にあるような多面体 $|K|$ 内のいくつかの道を考えると，それらが K の頂点の列として記述され，特徴付けられることが分かる．

定義 1　$|K|$ を多面体とする．K の頂点の有限列 $\alpha := (P_0, \ldots, P_r)$ は，その列の隣接する 2 頂点が K の単体をなすとき，P_0 と P_r を結ぶ**歩み**であるという．P_0 が始点かつ終点であるとき，すなわち $P_0 = P_r$ のとき α は**閉歩**という（図 A_1）．

注意　一つの経路の頂点は無条件に異なるというわけではない．列 $\alpha_0 = (P_0)$ は，いわゆる**定数歩**で，これは定数道に対応する．

歩み（辺列）のホモトピー，歩群（径路群）

ホモトピー群 $\Pi(|K|, P_0)$ の構成には，閉歩のホモトピーが基本的である．閉歩（閉辺列）に対して次のように定義する．

定義 2　二つの閉歩が**組合せ的ホモトープ**であるとは，次に述べるような有限回の手続きで一方が他方に移るときをいう（両方向に実行可能）：

(1)　$(\ldots, P, P, \ldots) \leftrightarrow (\ldots, P, \ldots)$

(2)　P，Q，R が単体をなすとき，

$(\ldots, P, Q, R, \ldots) \leftrightarrow (\ldots, P, R, \ldots)$　（図 A_2）

P_0 を始終点とする閉歩全体の集合に同値関係が存在する．これに関する商集合を $\Pi(K, P_0)$ で表す．$\Pi(K, P_0)$ に演算・を $[\![\alpha]\!] \cdot [\![\hat{\alpha}]\!] := [\![\alpha\hat{\alpha}]\!]$ で定義する．ここで $\alpha\hat{\alpha}$ は $\hat{\alpha}$ に α をつけ加えたものを表す．$(\Pi(K, P_0); \cdot)$ は，$[\![\alpha_0]\!] = [\![(P_0)]\!]$ を単位元，$[\![\alpha]\!]$ の逆元を $[\![\alpha]\!]^{-1} := [\![\alpha^{-1}]\!]$ $(\alpha^{-1} := (P_0, P_r, \ldots, P_1, P_0))$ として群をなし，P_0 に関する K の**歩群（経路群）**と呼ばれる．例：図 B．

単体近似（p.233）を用いることにより，基本的である次の事実が証明される．

定理 1　多面体 $|K|$ のホモトピー群 $\Pi(|K|, P_0)$ は歩群 $\Pi(K, P_0)$ に同型である．

弧状連結多面体においては，異なる点に関する，それぞれの歩群はホモトピー群が同型だから，同型である．したがって歩群 $\Pi(K)$ が定義され，それは基本群 $\Pi(|K|)$ と同型である．

注意　定理 1 の証明に従って，歩群は 2 切片（2 次元骨格）K^2（p.233），すなわち 0，1，2 次元単体にのみ依存することが明らかになる．したがって $\Pi(K^2, P_0)$ を計算すれば十分である．

そしてその計算は自由群の概念の導入によって簡易化することができる．

有限生成自由群

$a_1, \ldots, a_n, \overline{a}_1, \ldots, \overline{a}_n$ を**シンボル（記号）**とする $(n \in \mathbb{N}\backslash\{0\})$．これらのシンボルの有限個（重複は許す）の列 ω を**語**と呼ぶ．例えば $\omega_1 = a_1 a_2 \overline{a}_1 a_3 \overline{a}_1 \overline{a}_5$ 等．シンボルのない場合も考えて，空の語 ω_0 と呼ぶ．ω に $\hat{\omega}$ をつけ加えたものを積 $\omega\hat{\omega}$ という．二つの語が**同値**であるとは，$a_i \overline{a}_i$ または $\overline{a}_i a_i$ の形のものの，抜き取りやはめ込みによって移り合うときをいう．例えば $a_5 a_1 \overline{a}_2 a_2 \overline{a}_1$ と a_5 は同値である．この同値関係により，同値な語の類 $[\![\omega]\!]$ が構成される．商集合 F_n に演算・を $[\![\omega]\!] \cdot [\![\hat{\omega}]\!] := [\![\omega\hat{\omega}]\!]$ で定義する．$(F_n; \cdot)$ は $[\![\omega_0]\!]$ を単位元，逆元を $[\![\omega]\!]^{-1} := [\![\omega^{-1}]\!]$ として群となる．ここで ω^{-1} は順番を逆にし，a_i を $\overline{a}_i$ に，$\overline{a}_i$ を a_i に置き換えることによって得られる語である．したがって $a_i^{-1} = \overline{a}_i$ で一般に $\overline{a}_i$ を a_i^{-1} で書き表す．また $a_i^2 := a_i a_i$，$a_i^3 := a_i a_i a_i$，$a_i^{-2} := a_i^{-1} a_i^{-1}$ 等々で定義する．すると，これから類に対するベキ法則が導かれる．例えば $[\![a_1^3]\!] \cdot [\![a_1^{-1}]\!] = [\![a_1^2]\!]$．部分集合 $E_n := \{[\![a_1]\!], \ldots, [\![a_n]\!]\}$ を p.67，定義 9 の意味の生成系とする．このとき $(F_n; \cdot)$ は E_n で生成される**有限生成自由群**と呼ばれる．

例　$[\![a]\!]$ で生成される自由群 $F_1 = \{[\![\omega_0]\!], [\![a]\!], [\![a^2]\!], \ldots, [\![a^{-1}]\!], [\![a^{-2}]\!], \ldots\}$ は $\mathbb{Z}$ と同型である．

有限生成自由群による基本群の計算

a)　多面体は**連結グラフ**（p.243）だから，一つの骨格（p.243）が存在する．辺を次のように向き付ける：一つの辺の頂点 P_r と P_s について，小さな添え字を持つほうを始点と指定する．$r < s$ のときは辺にシンボル k_{rs}，$s < r$ のときはシンボル k_{sr} を割り当てる．グラフにおける辺の個数を n_k，頂点の個数を n_e とすると，ちょうど $n_k + 1 - n_e$ 個のシンボルが対応して現れる．次が導かれる．

定理 2　連結グラフの歩群（基本群）は $n = n_k + 1 - n_e$ 個の元 $[\![k_{rs}]\!]$ で生成される自由群 F_n と同型である．

b)　定理 1 の注意により，**弧状連結多面体**については，部分複体 K^2 に制限することができる．まずグラフ $|K^1|$（1 次元骨格）に注目し，$|K^1|$ 内の骨格を考えることによって，定理 2 に従い，自由群 F_n を決定する．2 次元単体の存在から，図 C にあるように，F_n の元の同一視が生じる．これに対する商空間は $|K|$ の基本群と同型である．

定理 3　弧状連結多面体の歩群（基本群）は，ある自由群の商群に同型である．例：図 D_1，D_2．

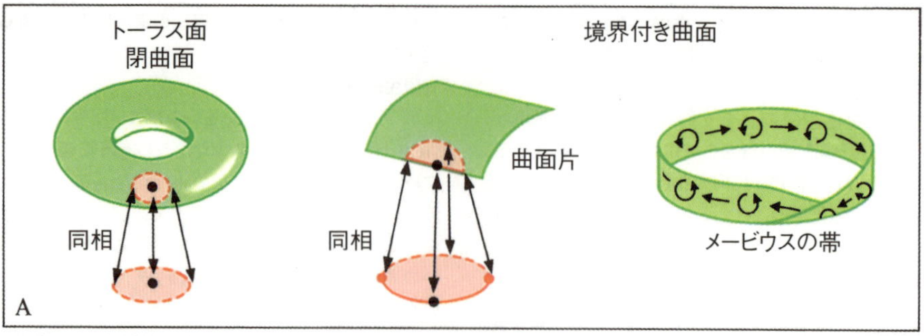
トーラス面
閉曲面
境界付き曲面
曲面片
同相
同相
メービウスの帯
A

閉曲面と境界付き曲面

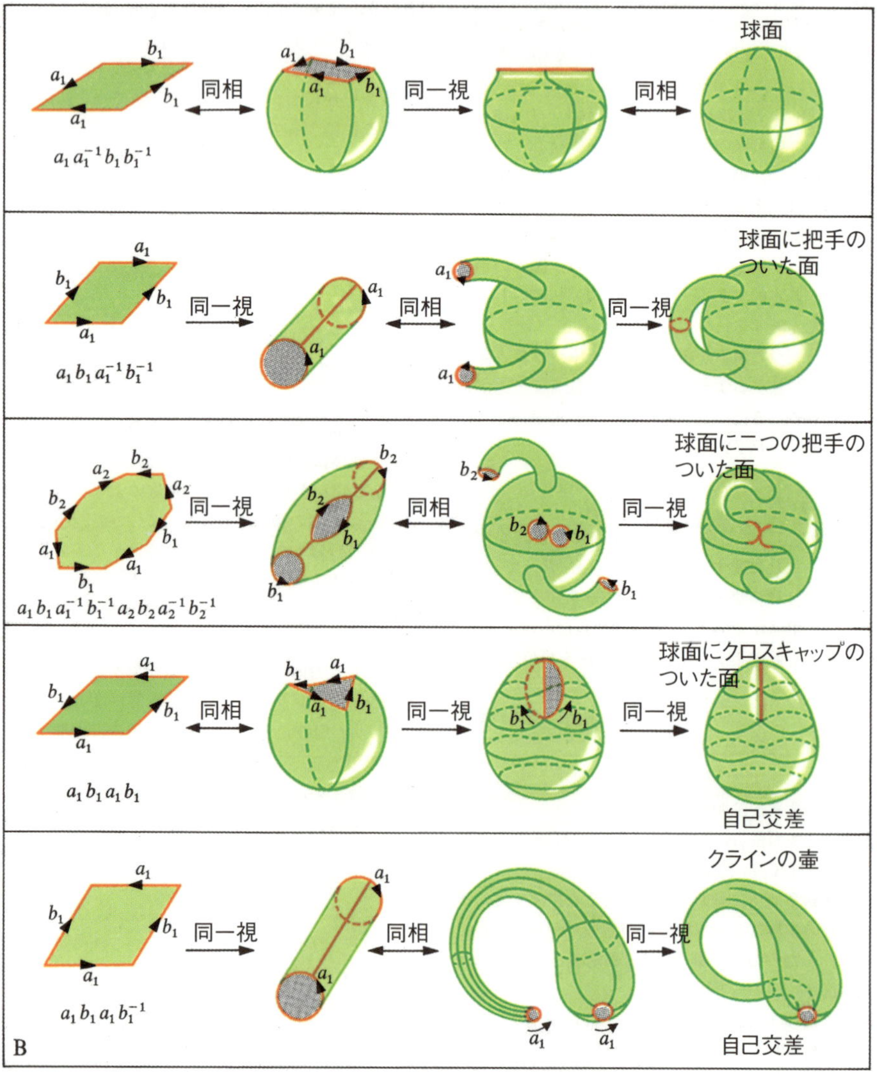
$a_1 a_1^{-1} b_1 b_1^{-1}$
同相
同一視
同相
球面
$a_1 b_1 a_1^{-1} b_1^{-1}$
同一視
同相
同一視
球面に把手のついた面
$a_1 b_1 a_1^{-1} b_1^{-1} a_2 b_2 a_2^{-1} b_2^{-1}$
同一視
同相
同一視
球面に二つの把手のついた面
$a_1 b_1 a_1 b_1$
同相
同一視
同一視
球面にクロスキャップのついた面
自己交差
$a_1 b_1 a_1 b_1^{-1}$
同一視
同相
同一視
クラインの壷
自己交差
B

閉曲面の分類

閉曲面と境界付き曲面

曲面とは特別な 2 次元点集合としてとらえられている．しかしながら曲線の概念 (p.225) の類似として，$\mathbb{R}^3$ 内の 2 次元連続体として説明される．すなわち，曲面とは 2 次元，連結，コンパクト点集合であり，例えば与えられた円弧を持つ閉円板も曲面となる (p.222，図 E 中央)．そのような曲面概念は，さらに一般にとらえられている．明らかに，その任意の点の「近く」で 2 次元性が保証されていなければならない．すなわち，点の近傍での特別な要請が生じる．その定義は，任意の位相空間 $(M;\mathfrak{M})$ に基礎をおいている．

定義　M の連結，コンパクト部分集合が**閉曲面**であるとは，各点がその近傍で，開円板と同相（したがって $\mathbb{R}^2$ と同相）なものを持つことをいう．**境界付き曲面**とは，開円板と同相な近傍を持つ点の他に，いわゆる**境界点**が存在するときをいう．境界点とは，その近傍で，それが開円板とその境界としての円弧を合わせた空間に同相なものを持つことをいう．その結果，円弧の内部に写される (図 A)．

注意　閉曲面は **2 次元多様体**の特別なものである．

定義より，境界付き曲面において，その境界は共通部分のないジョルダン曲線 (p.225) からなっている．閉（境界付き）曲面は，連結で，任意の点が弧状連結な近傍を持つ（局所弧状連結，p.213）ので，弧状連結である．したがって，基本群が構成できる．任意の閉（境界付き）曲面は三角形分割可能である，すなわちある多面体 $|K|$ と同相となると，単純化される．ここで K の三角形分割は高々 2 次元の単体からなっている．さらに閉曲面の場合は，任意の辺がちょうど二つの 2 次元単体に含まれ，これが「閉」という言葉を説明している．

閉曲面の分類

閉曲面の分類，すなわち閉曲面の同相類を代表元によって特徴付けることは完全に解決されている．

まず初めに，任意の閉曲面がある位相空間に同相であることを示す．その位相空間は $\mathbb{R}^2$ 内の $2n$ 辺多角形を対ごとに同一視して得られるものである (例：図 B)．そこでそれぞれ二つの辺は同一視されるが，それ自身の文字を与える二つの辺は二つの方法で同一視されうるから，辺に矢印で向き付けを与え，向きを考慮に入れて同一視を行う (図 B)．

多角形の境界にわたってすべての辺の列を書き上げる．ここで x^{-1} と書くと，x と反対の向き付けが与えられているものとする．すると $a\cdots b^{-1}\cdots c\cdots a\cdots c^{-1}\cdots b^{-1}$ 等々の列表記が得られる．

閉曲面は次の基本形によって完全に類別されることが示される：

(1)　$a_1a_1^{-1}b_1b_1^{-1}$　**（球面）**

(2)　$a_1b_1a_1^{-1}b_1^{-1}\cdots a_gb_ga_g^{-1}b_g^{-1}$ $(g\in\mathbb{N}\backslash\{0\})$
（球面に g 個の把手のついた面）

(3)　$a_1b_1a_1b_1\cdots a_kb_ka_kb_k$ $(k\in\mathbb{N}\backslash\{0\})$
（球面にクロスキャップ（十字帽）のついた面）

基本形に属する閉曲面の基本群は，どの二つも同型にならない．その結果 p.227，定理 1 より，どの二つも同相とはならない．

注意　同相に関しては，一つの把手（g 個の把手）を持つ面はトーラス（g 個の穴のあいたトーラス）面に置き換えることができる．g はこの曲面の**種数**と呼ばれる．

クロスキャップを持つ球面は，球面を切り取り，開いているところを**メービウスの帯**（図 A）で塞いだものである．ここで「塞ぐ」とは，切り口の境界とメービウスの帯の境界を同一視することである．

二つのクロスキャップを持つ球の表面は，**クラインの壺**（図 B）と同相である．上記 (3) のタイプの閉曲面は $\mathbb{R}^4$ 内で初めて実現され，$\mathbb{R}^3$ 内では，自身を通過する形（自己交差）でしか表現できない．

向き付け可能性

曲面上のあるジョルダン曲線に対してこの曲線に沿って向き付けられた円周と同相な像を動かしていき，始点に戻ったときに，その向きが逆になっているものが存在するものとする．このときこの局面は**向き付け不可能**であるという．向き付け可能性は位相的に不変である．向き付け可能な閉曲面は，g 個 $(g\in\mathbb{N})$ の把手を持つ面で代表され，向き付け可能でない閉曲面は k 個 $(k\in\mathbb{N}\backslash\{0\})$ のクロスキャップを持つ面で代表される．向き付け不可能である境界付き曲面の重要な例はメービウスの帯である．曲面が向き付け不可能であることと，それがメービウスの帯と同相な部分空間を含むこととは同値である．

連結数

もう一つの重要な位相不変量は**連結数** z である．これは，その曲面上のジョルダン曲線で，曲面を共通部分のない二つの部分に分けることのないようなもの（自身と交わることは許す）の最大数のことである．向き付け可能な閉曲面においては $z=2g$ が成り立ち，向き付け不可能なものについては $z=k$ である．

圏の性質

A

射の合成

任意の対象 A, B, C に対して次が成立：A と B の間の任意の射 f_{AB} と B と C の間の任意の射 f_{BC} に対して，A と C の間の射 f_{AC} で $f_{AC} = f_{BC} \circ f_{AB}$ となるようなものが唯一つ存在する．

射の合成の結合則

任意の対象 A, B, C, D と三つの射に対して次が成り立つ：
$$f_{CD} \circ (f_{BC} \circ f_{AB}) = (f_{CD} \circ f_{BC}) \circ f_{AB}.$$

射の合成の単位元

任意の対象 A に対して，A と A の間の射 1_A で任意の対象 X に対して次をみたすものが存在する：
$$f_{AX} \circ 1_A = f_{AX} \qquad 1_A \circ f_{XA} = f_{XA}.$$

関手の性質

B

最初の圏の任意の対象 A に対して2番目の圏の対象 $F(A)$ がちょうど一つ対応する．最初の圏の任意の射 f に対して射 $F(f)$ がちょうど一つ対応する．

射合成を持つ関手 F の取り決め

可換図式は可換図式に移され次が成り立つ：
$$F(f_{BC} \circ f_{AB}) = F(f_{BC}) \circ F(f_{AB}).$$

任意の対象 A に対して次が成立：$F(1_A) = 1_{F(A)}$.

代数トポロジーの関手 Π

C

M の基本群 $\Pi(M)$

$$\Pi(g \circ f) = \Pi(g) \circ \Pi(f)$$

f は同相写像 $\Rightarrow$ $\Pi(f)$ は群同型

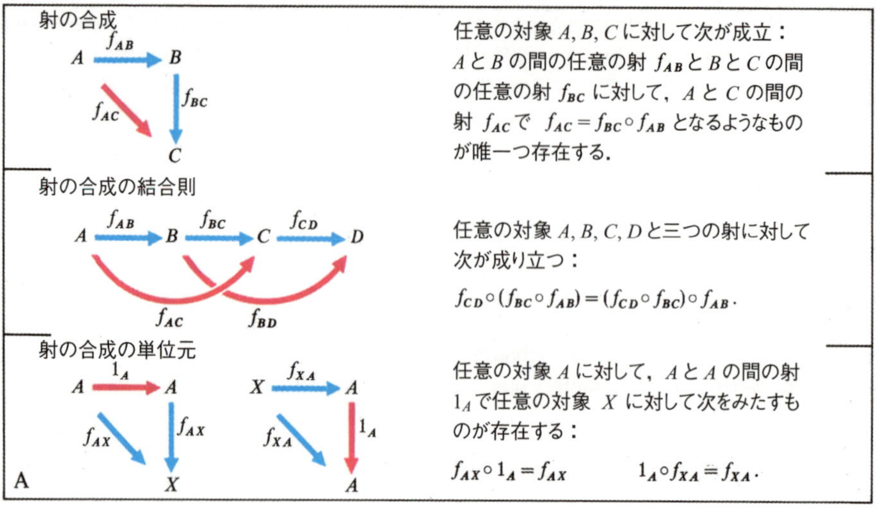

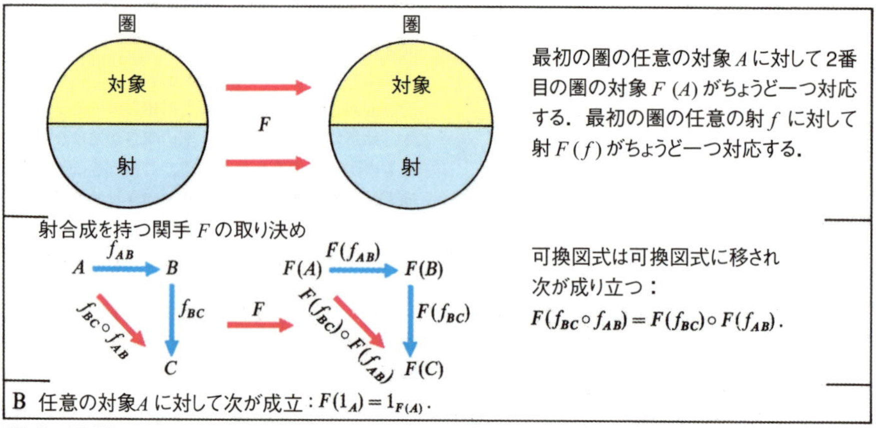

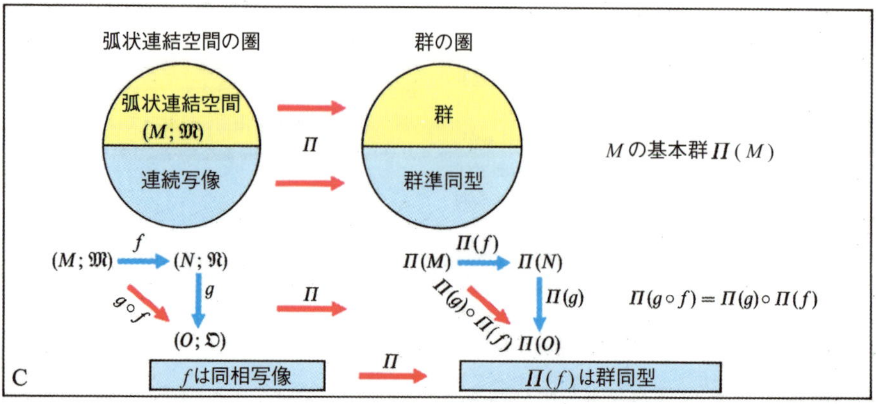

関手的方法

位相空間を代数的手法で研究することは，関手的方法が基礎となっており，それは現代では数学の様々な分野（例えば代数学）への応用が知られる．圏とそれらの間の関手を考察する．

圏とは次のものから成るものである．

(1) 対象 A，B，C，... と

(2) 図 A にある性質を持つ二つの対象の間の射（p.27）の集合．

対象とは同種の構造を持つ（例えば，位相空間，群または順序集合等）もので，射の合成は一般にその構造に合致した写像（連続写像，群準同型，順序写像等）で，射の合成は，それぞれの写像のものである．この方法で位相空間の圏，群の圏，順序集合の圏等が得られる．部分圏も考えられる．例えば，弧状連結位相空間の圏や可換群の圏がそうである．二つの圏の間の関連で**関手**が導入される．関手は最初の圏の一つの対象に対して，2 番目の圏の一つの対象が指定され，最初の圏の射に 2 番目の射が対応付けられ，図 B にある性質がみたされることをいう．この性質より例えば，位相空間の圏（またはその部分圏）から群の圏への関手においては，同相写像は群同型に移される．すなわち位相空間の間の同相写像には群同型が対応する．代数トポロジーの関手は位相空間に位相不変な群を割り当てるものである．

代数トポロジーにおける関手

弧状連結位相空間のなす部分圏と群の圏の間の関手 Π（図 C）が定義される．それは任意の弧状連結位相空間 M にその**基本群** $\Pi(M)$ を対応させるものである（p.227）．

Π を通して，例えば $\mathbb{R}^3$ の閉曲面の類別は可能であるが（p.237），$\mathbb{S}^n$ の類別（p.229）に対しては，さらなる位相不変量が必要となる．これは任意の弧状連結空間 M に $\boldsymbol{n}$ **次元ホモトピー群** $\Pi_n(M)$ を対応させることにより実行される（p.229）．しかしながらその群の計算は非常に難しい（p.229，$\Pi_n(\mathbb{S}^m)$ 参照）．

より広範囲の結果は**ホモロジー関手** H_n（下記参照）によって得られる．この関手は位相空間 M に $\boldsymbol{n}$ **次元ホモロジー群** $H_n(M)$ を対応させるものであり，代数トポロジーの研究において重要な補助手段となる．ホモロジー関手（ホモロジー理論）は多面体の理論により展開される．ここでは単体的ホモロジー理論という言葉を用いる．

単体的ホモロジー理論

この多面体に制限した理論（ポアンカレ）は，r 次元単体的複体 K にホモロジー群 $H_n(K)$ ($n \leqq r$) を対応させるものであり，K の n 次単体に対して構成されるものである．これは $\boldsymbol{n}$ **次元ベッチ群**とも呼ばれ，p_n（$\boldsymbol{n}$ **次元ベッチ数**）個の無限巡回群と s 個の有限巡回群の直和である．有限巡回群の位数（**ねじれ係数**）はある整除性をみたす．

二つの単体複体は，同相な多面体を持てば，同型なホモロジー群を持つことが示される．したがって多面体のホモロジー群という言い方が可能である．よってそれらは，多面体の位相不変量である同一のベッチ数とねじれ係数を持つ．しかしながら，その計算は容易なものではない．

特異ホモロジー理論

この理論（レフシェッツ，アイレンバーグによる）では，任意の位相空間 M に対して，ホモトピー理論と同様に写像の集合を構成する．n 次元立方体のかわりに，$\mathbb{R}^n$ 内で $\overrightarrow{e_i} = (e_0, \ldots, e_n)$ ($e_i = 1$, $i \neq j$ のとき $e_j = 0$) を持つ点 E_i によって張られる n 次元標準単体と呼ばれる単体 Λ_n を選ぶ．任意の $n \in \mathbb{N}$ に対して Λ_n から M への写像の集合から，あるアーベル群 $F(\Lambda_n)$ を構成する．これらの群はいわゆる**境界準同型**（境界作用素）により結びつけられ，ホモロジー代数の用語を用いれば**鎖複体**ができる．したがって任意の位相空間に鎖複体を対応させるホモロジー代数の方法を利用して，いわゆる $\boldsymbol{n}$ **次元特異ホモロジー群** $H_n(M)$ を対応させることができる．これは $F(\Lambda_n)$ の特別な部分群による商群として定義される．

ホモロジー理論のいくつかの結果

位相空間 M が弧状連結であるという性質は $H_0(M) \cong \mathbb{Z}$ と同値である．任意の位相空間に対しては，0 次元ホモロジー群が弧状連結の振る舞い（弧状連結成分の個数）に反映する．

球面については，$m \neq 0, m \neq n$ のとき，$H_m(\mathbb{S}^n) \cong 0$，$m = 0$ または $m = n$ のときは $H_m(\mathbb{S}^n) \cong \mathbb{Z}$ が得られる．これより再び異なる次元の球面は，どの二つも同相とならないことが導かれる．それに対して $H_m(\mathbb{R}^n) \cong 0 (m \geqq 1)$ と $H_0(\mathbb{R}^n) \cong \mathbb{Z}$ なる事実より，$\mathbb{R}^n$ と $\mathbb{R}^m$ の同相性と $n = m$ であることの同値性を結論付けることはできない．このためには特異相対ホモロジー理論が使われる（部分空間の導入）．いわゆるブラウワー（Brouwer）の不動点定理の主張である，$\mathbb{R}^n$ の閉球体からそれ自身への連続写像は少なくとも一つの不動点を持つという事実は，ホモロジー理論を用いて証明される．

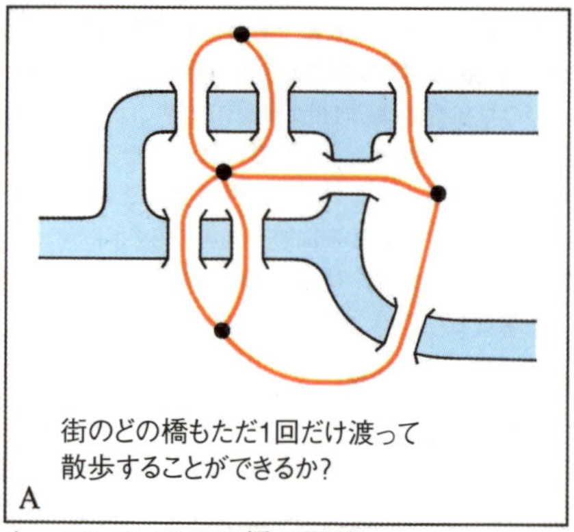

A
街のどの橋もただ1回だけ渡って散歩することができるか？

ケーニヒスベルクの橋の問題

B
$n_e = 6$　$n_k = 10$　$n_f = 6$　(外側の面の数も計算に含める)

$$n_f = n_k - n_e + 2$$

オイラーの多面体公式

C
$E = \{a, b, c\}$　$K = \{k_1, k_2, k_3, k_4\}$
$E \times E/\sim = \{[(a,a)], [(b,b)], [(c,c)],$
　　　　　　　$[(a,b)], [(a,c)], [(b,c)]\}$
$g: K \to E \times E/\sim$ は　$g(k_1) = [(a,b)]$,
$g(k_2) = [(b,c)], g(k_3) = [(b,c)], g(k_4) = [(c,c)]$
と定義する.

← ループ
← 多重辺（2重辺）

グラフ表現

D
$f(c)$　$f(b)$
$f(e)$
$f(a)$　$f(d)$

同型グラフ

E
完全グラフ

F
3頂点（緑, 赤, 青）をそれぞれ他の3頂点（黄）を持つ辺と結ぶ.

$\mathbb{R}^3$ での表現（同型を除いて一意的）

$\mathbb{R}^2$ 内で表す場合には, 辺が交わらずにはできない.

図 E の5頂点を持つ完全グラフもまた非平面グラフ.

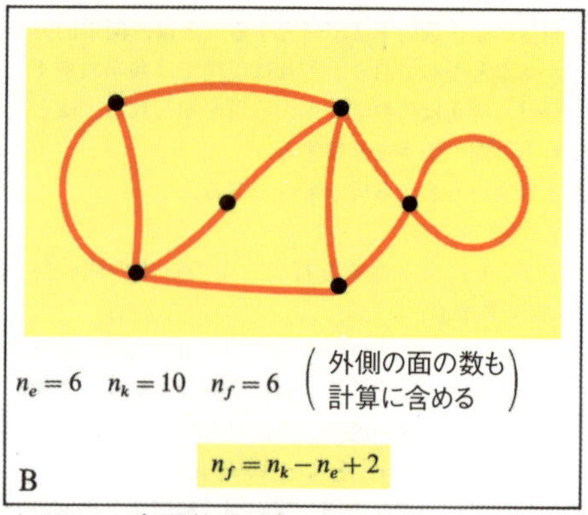

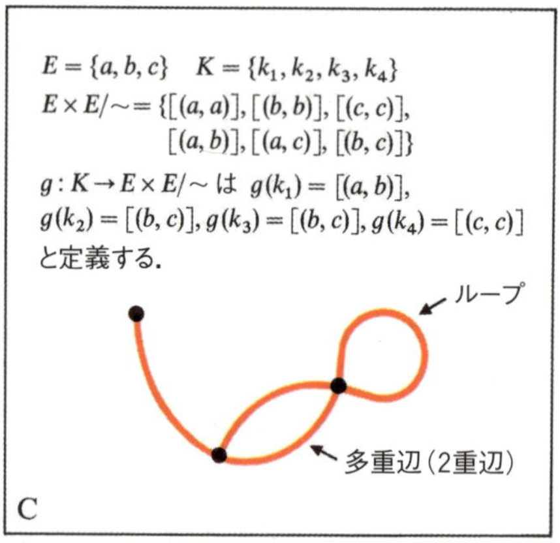

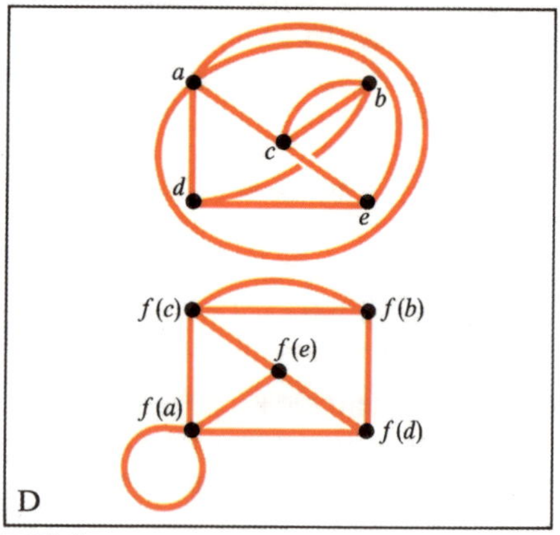

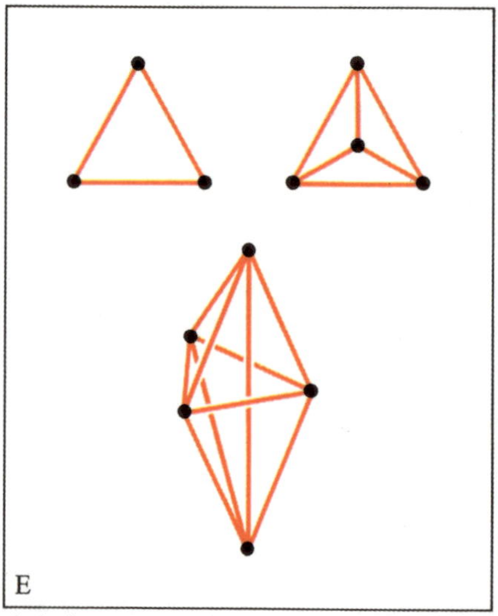

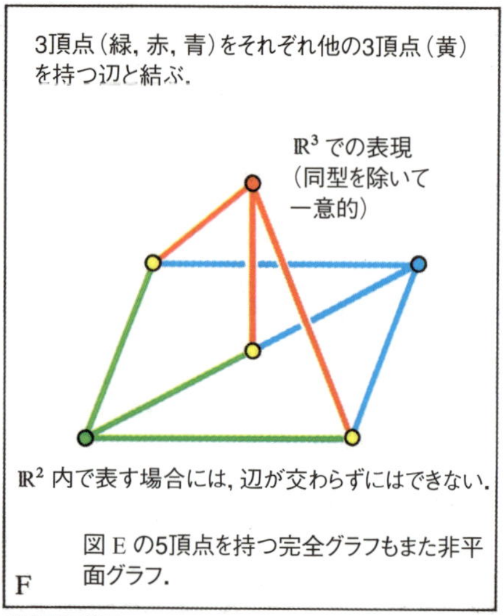

非平面グラフ

グラフ理論は，頂点数や辺数で頂点と辺の間の関係を記述する位相空間論の研究に始まる．よく知られた例としては，**ケーニヒスベルクの橋の問題**がある（図 A）．平面上に 4 点を与え，曲線を自分自身と交わらないように一定の組合せで（場合により多重に）結べば，数学的対象と考えることができる（図 A）．このようにしてできた対象を「グラフ」と呼ぶ．

図 B のグラフはまた別の問題を表している．曲面を n_e 個の頂点と n_k 本の曲線で平面に分割するとき，この面（多角形）の総数 n_f が一意的に決まる．これは「**オイラーの多面体公式**」$n_k - n_e = n_f - 2$ である．

0 次元単体や 1 次元単体 (p.231) から成るあらゆる多面体は，「グラフ」やその同相な像とみなされる．今日では，グラフ理論は独立した分野として認められている．その応用分野は純粋数学を越えて，広範囲に及んでいる（理論物理，工学，ネットワーク理論など）．

グラフの定義

図 A と B の「グラフ」は「位相グラフ」の例である．この例は $(\mathbb{R}^2, \mathfrak{R}^2)$ という位相空間の部分集合とみなされる．グラフ理論は，今日では位相空間に立脚しないグラフの定義を基礎とする．二つの互いに素な集合 E と K を与え，これらを頂点の集合および辺の集合とし，**頂点**と**辺**の**接続関係**（または**接合関係**）を「**写像**」で記述する．接続関係は順序つけられたペア，厳密には順序ペアの「類」で与えられる．例えば，頂点 x と y を辺 k と接続すると，辺 k を頂点ペア (x, y) と (y, x) に対応付けて記述する．それに反し，頂点により記述できない他の辺では，(x, y) と (y, x) は同一視する（同値関係 $\sim$）．今，$E \times E$ がすべての対応付けられた頂点ペアの集合ならば，$E \times E/\sim$ を同一視したペアの類の集合とする．したがって，$E \times E/\sim$ は，$x \neq y$ のとき $[(x, x)] := \{(x, x)\}$ または $[(x, y)] := \{(x, y), (y, x)\}$ という形の類から成る．よって，接続関係は $E \times E/\sim$ 内の K の写像で記述できる．

定義　E と K を互いに素な集合，$g : K \to E \times E/\sim$ を写像とする．このとき，**頂点集合** E と**辺集合** K の三つ組み $G := (E, K, g)$ を**グラフ**と呼ぶ．$k \in K$ かつ $g(k) := [(x, y)]$ であるとき，x と y は k で結ばれているという．$x = y$ の場合は辺を**ループ**という．$k_1, k_2 \in K$ かつ $k_1 \neq k_2$ のとき $g(k_1) = g(k_2)$ であれば，**多重辺**（**2 重辺**）という．

グラフ表現，位相グラフ

グラフに図示する場合，$(\mathbb{R}^3, \mathfrak{R}^3)$ 内の点と曲線，または点以外では交わらないジョルダン曲線（ループの場合）で表される．図 C の例参照．

球面，トーラス，またはその他の閉曲面等の位相空間でも表される．グラフの頂点が位相空間の点であり，辺が高々頂点を共通に持つ曲線またはジョルダン曲線ならば，このグラフを**位相グラフ**と呼ぶ．

グラフの同型

図 D の二つのグラフは一見してかなり異なっているように思える．それにもかかわらず，これらの構造はグラフ理論の意味では同じである．すなわち，接続関係を受けつぐ頂点集合の全単射写像を挙げることができる．このようなグラフを**同型グラフ**と呼ぶ．位相グラフの同相な像は同型グラフになる．

グラフの特殊なタイプ

a) 有限グラフ．頂点集合が有限なグラフを**有限グラフ**と呼ぶ．有限グラフの辺集合は無限となることもある．このときはループや多重辺の個数は有限ではない．

b) 無限グラフ．頂点集合が無限なグラフを**無限グラフ**という．無限グラフの辺集合は有限または無限である．

c) ループがなく多重辺もないグラフは，任意の辺が二つの異なる頂点を結びつけ，任意の二つの頂点が高々一つの辺で結ばれるという条件をみたす．任意の二つの頂点をちょうど一つの辺で結ぶことができるグラフを**完全**グラフと呼ぶ（図 E）．

d) 平面グラフ．平面 $(\mathbb{R}^2, \mathfrak{R}^2)$ 上に表されるグラフを**平面グラフ**と呼ぶ．立体グラフは非常に簡単なものでも，すでに平面上では表されない．この場合平面上に表すと辺が交わる（図 F）．

e) 有向グラフ．任意の辺に対し，一端を始点としたものは**有向グラフ**となる．有向グラフを表す際には，任意の辺に一つ矢印をつけ，「方向」づけをする．

頂点次数

x をグラフの頂点とすると，x の**次数** $(\deg x)$ は x と接続するすべての辺の集合の濃度である（ループは一般に 2 重に数えられる）．

有限ループや多重辺のないグラフでも，$\deg x$ を頂点数とすることができ，辺を x と結びつけることができる．そのようなグラフでは，辺の数は $n_k = \frac{1}{2}\sum_{x \in E} \deg x$ となる．

n_e 個の頂点のある完全有限グラフでは，すべての頂点に対し $\deg x = n_e - 1$ である．よって，辺の総数は $n_k = \frac{1}{2}n_e(n_e - 1)$ となる．どの頂点の次数も同じ次数となるグラフを，**正則**グラフという．これには，完全グラフや，正則多面体の表面を定義するグラフなどがある（p.160，図 D）．

有限ループグラフや多重辺のないグラフおよび正則グラフでは $n_k = \frac{1}{2}n_e \cdot \deg x$ が成立する．

A

$(a, k_1, b, k_2, b, k_3, c, k_4, d, k_5, e, k_6, d, k_7, f, k_7, d, k_8, g)$ a と g を結ぶ開歩
$(a, \ldots\ldots\ldots\ldots\ldots\ldots\ldots\ldots\ldots\ldots\ldots\ldots\ldots\ldots, g, k_9, a)$ a を通る閉歩
$(a, \ldots\ldots\ldots\ldots\ldots\ldots\ldots\ldots\ldots\ldots\ldots, f, k_{10}, g)$ a と g を結ぶ小道
$(a, k_1, b, k_3, c, k_4, d, k_8, g)$ a と g を結ぶ路
$(a, \ldots\ldots\ldots\ldots\ldots, g, k_9, a)$ a を通るサイクル
$(a, k_1, b, k_2, b, k_3, c, k_4, d, k_5, e, k_6, d, k_7, f, k_{10}, g, k_8, d, k_{11}, g, k_9, a)$
　　オイラーサイクル（k_{12} のあるグラフ）
$(a, \ldots\ldots\ldots\ldots\ldots\ldots\ldots\ldots\ldots\ldots\ldots\ldots\ldots\ldots, a, k_{12}, e)$ オイラー回路（k_{12} のないグラフ）
$(c, k_3, b, k_1, a, k_{12}, e, k_5, d, k_8, g, k_{10}, f)$ ハミルトン開路（k_{12} のあるグラフ）

歩み，経路，サイクル

B

橋辺　端辺

B_1　B_2　全域木（ぜんいきぎ）

木と全域木

C

C_1　C_2

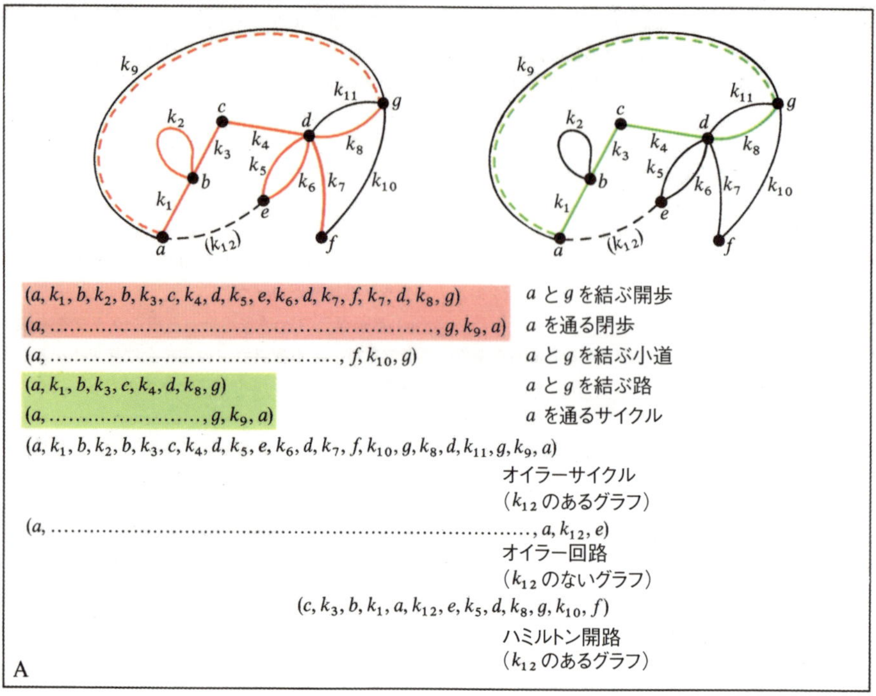

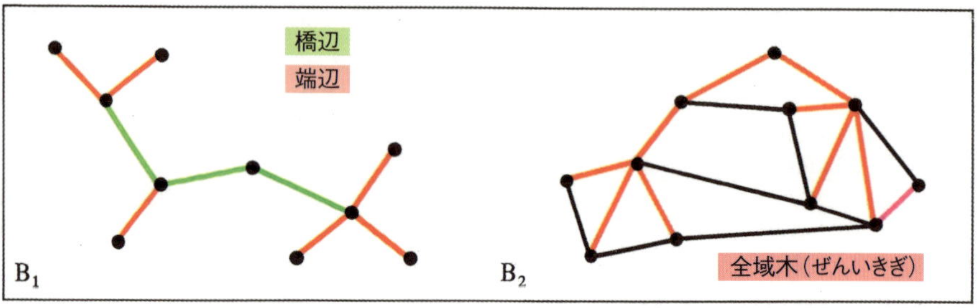

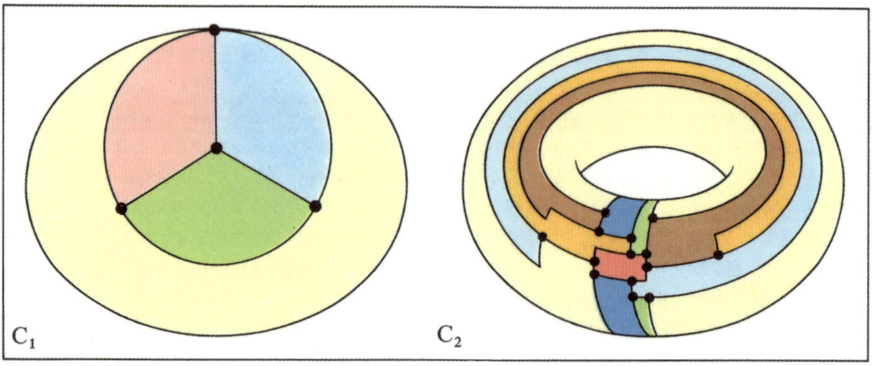

彩色

歩み，路，サイクル

始点 x_1 と**終点** x_n から成る**歩み**(または x_1 と x_n の間の**歩み**(**辺列**))とは，$(x_1, k_1, x_2, k_2, \ldots, x_{n-1}, k_{n-1}, x_n)$ という形の頂点 x_v と辺 k_v の有限列のことをいうとする．ここで，k_v は x_v と $x_{v+1}(v \in \{1, \ldots, n-1\})$ とを結んだもの（図 A)．頂点と辺は何度も現れてよい．$x_1 = x_n$ であれば，x_1 を通る**閉歩**（**閉辺列**）という（図 A)．その他の場合は**開歩**（**開辺列**）という．辺が 1 回しか現れなければ，**小道**という（図 A)．n を歩みの**長さ**という．歩みの頂点がどれも互いに異なれば，x_1 と x_n の間の**路**という（図 A)．

任意の路は開小道である．x_1 と x_n の間の任意の開歩は，「短くし」て x_1 と x_n の間の路にできる．x_1 を通る閉歩は，$x_1, \ldots, x_{n-1}$ が互いに異なれば，x_1 を通る**サイクル**という（図 A)．任意の閉歩を「短くする」とサイクルになる．

グラフの任意の辺がただ 1 回のみ交わる歩みを，**オイラーサイクル**という（図 A)．ケーニヒスベルクの橋の問題 (p.240，図 A) では，そのような曲線を求めている（下記参照)．

サイクルがグラフのすべての頂点を含むとき，**ハミルトンサイクル**といい，路に対しては**ハミルトン開路**という（図 A)．

連結グラフ

任意の頂点間に歩みが存在するとき，グラフは**連結**であるという．位相グラフの場合，このグラフ理論での関係は弧状連結と同じものである．

任意の非弧状連結グラフは，最大連結成分に分解することができる．ループや多重辺のない有限グラフがちょうど z 個の連結成分から成れば，$n_k \leqq \frac{1}{2}(n_e - z)(n_e - z + 1)$ が成立する．よって，$\frac{1}{2}(n_e - 2)(n_e - 1)$ より多くの辺を持つループや多重辺のない有限グラフは連結である．

オイラーサイクルとオイラー回路は，連結グラフでのみ可能である．次が成立する．**有限グラフでは，グラフが連結であり任意の頂点次数が偶数であるとき，そのときに限り，オイラーサイクルが存在する．ちょうど二つの次数が奇数であるときに限りオイラー回路が存在する．**したがって，ケーニヒスベルクの橋の問題は解けない．ハミルトンサイクルやハミルトン開路に対する判定法は，これまでのところ特別なグラフに対してのみ知られている．

注意　任意の頂点次数が偶数である有限グラフも，**オイラーグラフ**と呼ぶ．

木

グラフを調べる際に，**木**という特に簡単な構造を用いることも多い．ここで，サイクルを含まない連結グラフが重要である（図 B)．木は辺に関する二つの性質で特徴づけられる．すなわち，グラフは，連結かつ任意の辺が端辺または橋辺であるとき，そのときにのみ木である．ここで，頂点次数が 1 の辺を**端辺**という（図 B_1)．端辺ではない辺で，その辺を除くと連結成分が非連結となるとき**橋辺**という（図 B_1)．

n_e 頂点を持つ任意の木では，辺数は $n_k = n_e - 1$ である．

木でない連結グラフで，適切な辺を除くと，同じ頂点集合を持つ木（**全域木**）となる（図 B_2)．一般に，同数の辺から成る必ずしも同型ではない全域木をいくつも構成することができる．

4 色問題

地図の印刷をするとき，互いに接する国々を一般に異なる色で表す．このとき，地図を 3 色で表すことはできないことは，図 C_1 の例を参照．**4 色定理**とは，連結した国々から成る任意の非常に複雑な地図も，4 色で塗り分け，しかも隣り合う国同士を異なる色で塗ることができることを示した定理である．ここで，**地図**とは，球表面（や平面）上に有限グラフで頂点や辺や面から成る有限辺集合で構成される物をいう．境界となる辺を含む任意の連結曲面を**国**という．二つの国が辺を共有するとき，**隣接**するという．4 色定理の証明は，コンピュータを援用して遂行された．任意の地図を 5 色で塗り分けることの証明はより簡単である（**5 色定理**)．

注意　彩色問題は，他の閉曲面でも考察できる．トーラス上では，7 色が必要となる地図がある（図 C_2)．この場合，常に高々 7 色で十分であることを証明することは容易である．

平面グラフ

ループや多重辺のない平面上の有限グラフの辺は，頂点を適切に選べば折れ線として平面上に表される．そのような「**折れ線グラフ**」に辺を付加すると，三角形のみを連結したグラフができる．このグラフについては，オイラーの**多面体公式** $n_e + n_f = n_k + 2$ を容易に証明できる．与えられた折れ線グラフが連結のときもまた，公式は成立する．付け加えた辺を取り除くと，n_f と n_k はこの数の分だけ減少するからである．折れ線グラフが，例えば z 個の非連結成分から成るとすると，$n_e + n_f + z - 1 = n_k + 2z$，すなわち $n_e + n_f = n_k + z + 1$ となる．ループや多重辺が有限個数の場合に公式は変化しない．

単連結グラフと2連結グラフ

A₁ 2連結グラフ：各2頂点を少なくとも二つの交わらない路で結ぶ．

A₂ 単連結であるが2連結ではないグラフ：交差しない二つの路で結ばれない頂点 x と y が存在する．

n 連結グラフ，連結度

B₁ $n+1$ 頂点のある完全グラフ（不必要な辺は表示していない）— 交差しない n 本の路

B₂ 連結度2

$w(x_1, x_2) = 3$
$w(x_1, x_3) = 3$
$w(x_1, x_4) = 3$
$w(x_1, x_5) = 2$
$w(x_2, x_3) = 3$
$w(x_2, x_4) = 4$
$w(x_2, x_5) = 2$
$w(x_3, x_4) = 3$
$w(x_3, x_5) = 2$
$w(x_4, x_5) = 2$

テュランのグラフ

$$n_e = (l-1)t + r \quad (1 \leq r \leq l-1)$$

$$n_k = \frac{l-2}{2(l-1)}(n_e^2 - r^2) + \binom{r}{2}$$

$$E = \bigcup_{i=1}^{l-1} E_i, \quad E_i \cap E_k = \emptyset \; (i \neq k)$$

E_1 : $t+1$ 頂点
E_{r+1} : t 頂点
E_r : $t+1$ 頂点
E_{l-1} : t 頂点

C 任意の $E_i (i \in \{1, ..., l-1\})$ のどの頂点も $E_k (i \neq k)$ のすべての頂点と結ばれている．E_i の頂点同士は結ばれていない．

辺の分割

グラフの1辺の上に頂点を置いていくつかの有限長の路に置き換えるとき，辺の分割という．

例：

D 辺の分割

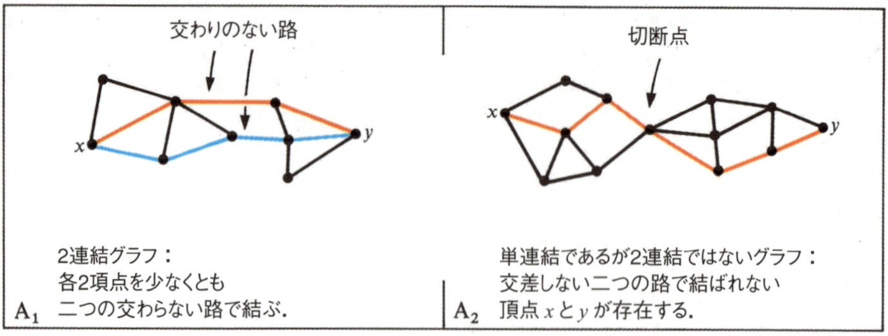

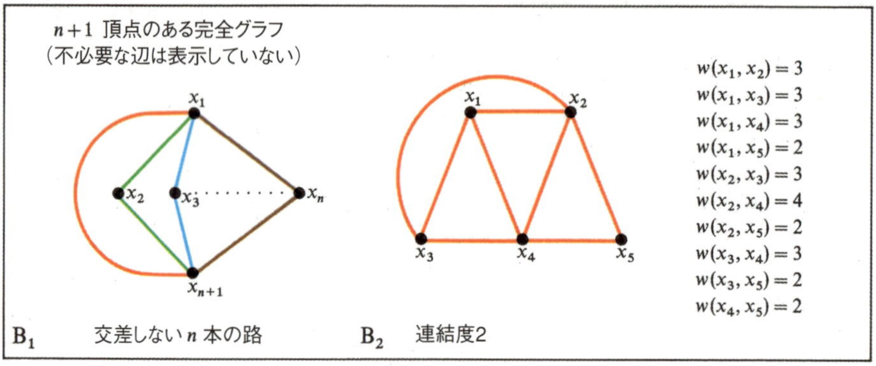

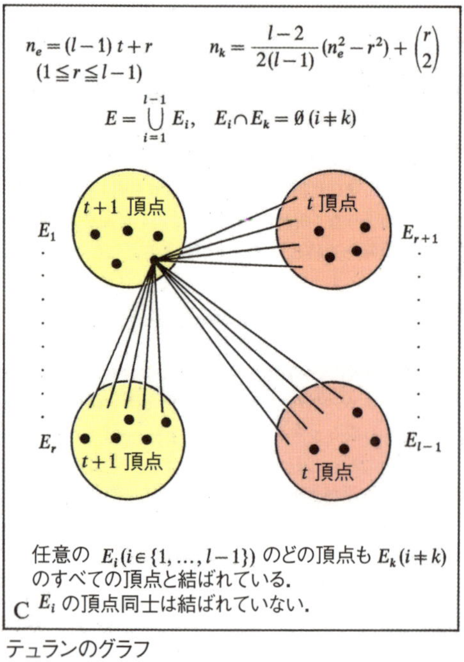

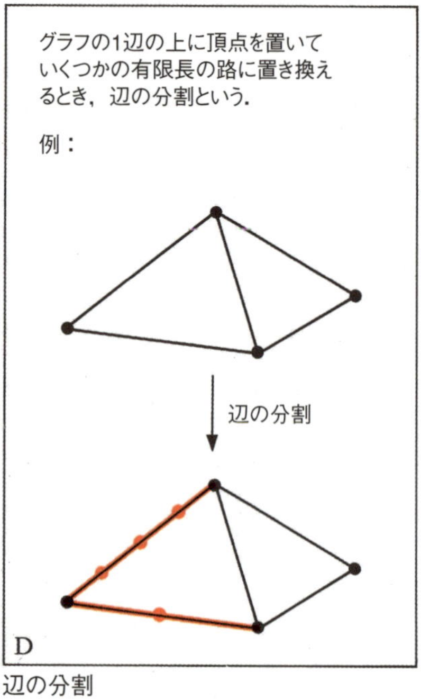

以下では，有限グラフ，ループを持たないグラフ，多重辺のないグラフを考察する．

n 連結グラフ，連結度

連結グラフから頂点や頂点と接続する辺を取り除く問題がよく扱われる．状況によっては，残りのグラフもまた連結かどうか問題になる．例えば，任意の頂点を一つだけ取り除くとする．与えられたグラフの任意の二つの頂点 x と y に対して，x と y 以外に共通な頂点を持たない**少なくとも二つの**路で結ばれているとき，残りのグラフは確かに連結である（xy 間で**交わらない路**という）．この性質を持つグラフを **2 連結**という（例．図 A）．

連結グラフは，**単連結**でもある．任意の 2 頂点間に**少なくともただ一つ**路の存在が必要だからである．2 連結グラフは単連結でもあるが，一般に逆は必ずしも成立しない（図 A_2）．単連結であるが，2 連結ではないグラフは，**連結度** 1 に対応する．完全グラフでないならば，ある点を取り除くと残りのグラフが連結とならなくなる点（**切断点**）（図 A_2）を含む．

注意　2 連結グラフでは，任意の 2 頂点（任意の 2 辺）はサイクル上にある（図 A_1）．

一般化：任意の二つの頂点が少なくとも ($n \in \mathbb{N}\backslash\{0\}$) 個の交わらない路で結ばれるグラフを，**$n$ 連結グラフ**という．n 連結グラフは，少なくとも $n+1$ 頂点を持たなければならない．任意の頂点の頂点次数は $\geqq n$ である．例えば，$n+1$ 頂点を持つ完全グラフは n 連結であるが（図 B_1），$n+1$ 連結ではない．n 連結グラフから高々 $n-1$ 個の頂点を取り除くと，残りのグラフは連結である．厳密には，r 頂点 ($r < n$) を取り除くと，残りは $n-r$ 連結である．

n 連結であるが，$n+1$ 連結ではないグラフを**連結度 n** という．したがって，連結度 n のグラフ上では，**ちょうど** n 本の交わらない路で結ばれる，少なくとも n 本の交わらない路と少なくとも二つの頂点が存在する．

任意の二つの頂点 x と y の間の交わらない路の個数 $w(x,y)$ が分かれば，この数の最小値がグラフの連結度である（図 B_2）．不完全グラフの場合は，辺で結ばれない頂点に制限する（図 B_2）．すなわち，不完全グラフの辺で結ばれていないすべての頂点 x と y に対し $w(x,y) \geqq n$ であれば，辺で結ばれているすべての頂点もまた $w(x,y) \geqq n$ である．

切断数，メンガーの定理

不完全グラフ上で結ばれていない任意の 2 頂点 x と y を考えると，任意のペア (x,y) に対し数 $t(x,y)$ を対応させることができる．この数は，x と y の間のどの路も切断するために，x と y 以外にいくつの頂点が切り離されるかという数を表す．この性質を持つ頂点集合を**切断頂点集合**という．

注意　完全グラフは切断頂点集合を持たない．

グラフに関する数 $t(x,y)$ の最小値をグラフの**切断数**という．この数は，残りのグラフが非連結であるためには，頂点を少なくともいくつ取り除かなければならないかという値である．

グラフの任意の結ばれていない 2 点に対し，$t(x,y) = w(x,y)$ が成立するというのが，**メンガーの定理**である．

注意　この定理に，$t(x,y)$ が有限ではないときに限り $w(x,y)$ は有限ではないという条件も追加すると，ループまたは多重辺を持つ無限グラフに対しても成立する．

メンガーの定理から，非完全グラフでは切断数と連結度が同じである．したがって，連結度が n の非完全グラフでは，ちょうど n 個の頂点を持つ切断頂点集合が存在する．

注意　メンガーの定理は有向グラフにも適用することができる．これは，**輸送問題**を扱う基礎となる．

テュランの定理

以下の問題の辺の数 n_k をみつけたい．すなわち，n_e 個の頂点と n_k 本の辺から成る任意のグラフが性質 E をみたすとする．n_e 個の頂点と $n_k - 1$ 本の辺から成るグラフが性質 E をみたさないとき，この n_k はどのようなものかを知りたい．つまり，性質 E をみたす最小の n_k を求めたい．

次の定理がその解の 1 例となる．

テュランの定理　n_e 個の頂点を持つグラフが l 個の頂点 ($3 \leqq l \leqq n_e$) を持つ完全グラフを含む，という性質を E とする．辺数の最小性から，

$$n_k = \frac{l-2}{2(l-1)}(n_e^2 - r^2) + \binom{r}{2} + 1$$

が成立する．ここで，r は $r \equiv n_e \mod (l-1)$ ($1 \leqq r \leqq l-1$) をみたすとする．n_e 個の頂点と $n_k - 1$ 本の辺からなり性質 E をみたさないグラフは，同型を除きただ一つ存在する（**テュラングラフ**，図 C）．

クラトウスキの定理

最も重要な非平面グラフには図 F，p.240 のグラフや，5 個の頂点を持つ完全グラフがある．これらのグラフのうち一つを含むグラフは非平面である．

逆に，非平面グラフは，これらのうち少なくとも一つを含むかまたは，これらの辺を分割してできるグラフを含む（図 D）．

クラトウスキの定理　有限グラフで，上記のグラフまたはその分割したグラフのどれも含まないとき，そのときに限り平面グラフである．

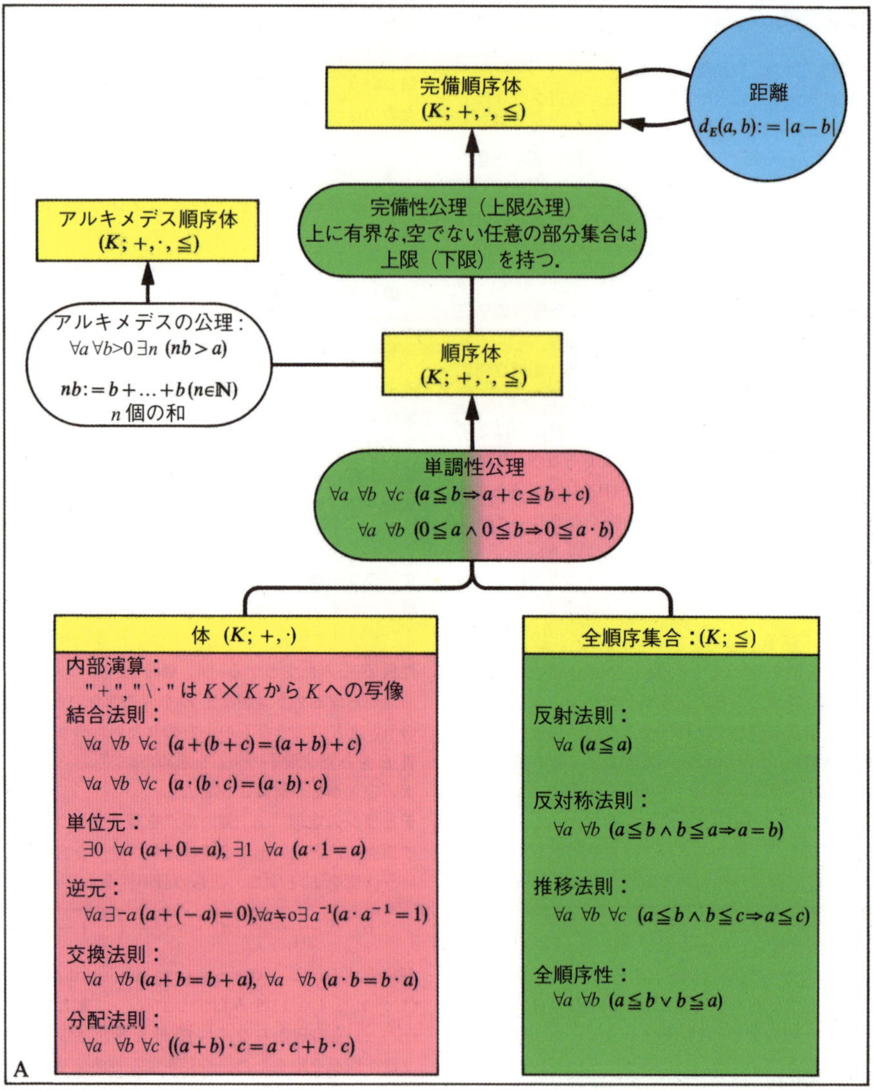

完備順序体 $(K; +, \cdot, \leq)$

距離: $d_E(a, b) := |a - b|$

完備性公理（上限公理）: 上に有界な,空でない任意の部分集合は上限（下限）を持つ.

順序体 $(K; +, \cdot, \leq)$

アルキメデス順序体 $(K; +, \cdot, \leq)$

アルキメデスの公理: $\forall a \; \forall b > 0 \; \exists n \; (nb > a)$
$nb := b + \ldots + b \; (n \in \mathbb{N})$
n 個の和

単調性公理:
$\forall a \; \forall b \; \forall c \; (a \leq b \Rightarrow a + c \leq b + c)$
$\forall a \; \forall b \; (0 \leq a \wedge 0 \leq b \Rightarrow 0 \leq a \cdot b)$

体 $(K; +, \cdot)$

内部演算: "+","\·" は $K \times K$ から K への写像

結合法則:
$\forall a \; \forall b \; \forall c \; (a + (b + c) = (a + b) + c)$
$\forall a \; \forall b \; \forall c \; (a \cdot (b \cdot c) = (a \cdot b) \cdot c)$

単位元:
$\exists 0 \; \forall a \; (a + 0 = a), \; \exists 1 \; \forall a \; (a \cdot 1 = a)$

逆元:
$\forall a \exists -a \, (a + (-a) = 0), \forall a \neq 0 \exists a^{-1} (a \cdot a^{-1} = 1)$

交換法則:
$\forall a \; \forall b \; (a + b = b + a), \; \forall a \; \forall b \; (a \cdot b = b \cdot a)$

分配法則:
$\forall a \; \forall b \; \forall c \; ((a + b) \cdot c = a \cdot c + b \cdot c)$

全順序集合: $(K; \leq)$

反射法則:
$\forall a \; (a \leq a)$

反対称法則:
$\forall a \; \forall b \; (a \leq b \wedge b \leq a \Rightarrow a = b)$

推移法則:
$\forall a \; \forall b \; \forall c \; (a \leq b \wedge b \leq c \Rightarrow a \leq c)$

全順序性:
$\forall a \; \forall b \; (a \leq b \vee b \leq a)$

A 完備全順序体の公理

$a, b, c \in K$ に対し次が成り立つ:

$a \leq b \Rightarrow a + c \leq b + c$	$a < b \Rightarrow a + c < b + c$	$0 \leq |a|$
$a + c \leq b + c \Rightarrow a \leq b$	$a + c < b + c \Rightarrow a < b$	$a \leq |a|$
$a \leq b \wedge 0 \leq c \Rightarrow a \cdot c \leq b \cdot c$	$a < b \wedge 0 < c \Rightarrow a \cdot c < b \cdot c$	$-|a| \leq a$
$a \leq b \wedge c \leq 0 \Rightarrow a \cdot c \geq b \cdot c$	$a < b \wedge c < 0 \Rightarrow a \cdot c > b \cdot c$	$|-a| = |a|$
$a \cdot c \leq b \cdot c \wedge 0 < c \Rightarrow a \leq b$	$a \cdot c < b \cdot c \wedge 0 < c \Rightarrow a < b$	$|a|^2 = a^2$
$a \cdot c \leq b \cdot c \wedge c < 0 \Rightarrow a \geq b$	$a \cdot c < b \cdot c \wedge c < 0 \Rightarrow a > b$	$|a \cdot b| = |a| \cdot |b|$
$a \leq b \wedge c \leq d \Rightarrow a + c \leq b + d$	$a \leq b \wedge c < d \Rightarrow a + c < b + d$	$\left|\dfrac{a}{b}\right| = \dfrac{|a|}{|b|} \; (b \neq 0)$
$0 \leq a \leq b \wedge 0 \leq c \leq d \Rightarrow a \cdot c \leq b \cdot d$	$0 \leq a < b \wedge 0 \leq c < d \Rightarrow a \cdot c < b \cdot d$	$|a \pm b| \leq |a| + |b|$
$a \cdot b > 0 \Leftrightarrow a > 0 \wedge b > 0 \vee$	$a \cdot b < 0 \Leftrightarrow a > 0 \wedge b < 0 \vee$	$|a \pm b| \geq |a| - |b|$
$a < 0 \wedge b < 0$	$a < 0 \wedge b > 0$	$|a| + |b| = 0 \Leftrightarrow a = 0 \wedge b = 0$

B 順序体における計算法則

実解析を進めていく上で基礎となるのは実数の集合（ℝ または $\mathbb{R}^1$ で表される）の多様な構造 (p.27) である．以下 ℝ に対する代数構造，順序構造，位相構造について説明する．いわゆる**極限操作**（数列や級数の収束，関数の極限値等）を行うことが必要になる．代数構造や順序構造を併せ考えることで極限操作の計算上の取り扱いが可能になる．

ℝ の代数構造

ℝ の代数構造は，それが**体**をなしていることである（図 A，ならびに p.31, p.49〜）．減法と除法は加法と乗法の逆元を使って導入される．これらに関してよく知られた計算則が成り立つ (p.49)．

ℝ の順序構造

線形順序関係「$\leqq$」によって $(\mathbb{R}, \leqq)$ は全順序集合となる．順序「$\leqq$」に対して，より厳い順序関係「$<$」を $a < b :\Leftrightarrow a \leqq b \wedge a \neq b$ によって定義する (p.33)．

順序構造は代数構造と両立する．なぜなら加法と乗法について**単調性**が成り立つ（図 A）．これにより $(\mathbb{R}; +, \cdot, \leqq)$ は**順序体**の構造を持つ（図 A）．

注意　不等式の計算において必要となる公式が図 B でいくつか与えられている．また，

$$|a| := \begin{cases} a & (a \geqq 0 \text{ のとき}) \\ -a & (a < 0 \text{ のとき}) \end{cases}$$

で定義される**絶対値** $|a|$ の計算則も与えられる．

$(\mathbb{R}; +, \cdot, \leqq)$ はさらに重要な順序構造の特性を持つ．すなわち順序部分体 $(\mathbb{Q}; +, \cdot, \leqq)$ (p.47) と同様に**アルキメデス的順序体**をなすという事実である．実際次が成り立つ．

定理 1　任意の $a \in \mathbb{R}$ と $b \in \mathbb{R}^+$ に対し，ある $n \in \mathbb{N}$ が存在して $n \cdot b > a$ が成り立つ．

系　(a) 任意の $a \in \mathbb{R}$ に対し，$n > a$ となる $n \in \mathbb{N}$ が存在する．

(b) 任意の $b \in \mathbb{R}^+$ に対し，$\frac{1}{n} < b$ となる $n \in \mathbb{N}$ が存在する．

(c) $a < b$ である任意の $a \in \mathbb{R}$ と任意の $b \in \mathbb{R}$ に対し，$a < q < b$ となる $q \in \mathbb{Q}$ が存在する．

$(\mathbb{Q}; +, \cdot, \leqq)$ と $(\mathbb{R}; +, \cdot, \leqq)$ の根本的な相違点は，完備化の過程 (p.49) から次に述べる上限（下限）の存在定理が後者では成立するが，前者では成立しないところにある (p.35)．

定理 2　上に（下に）有界な，空でない任意の部分集合は上限（下限）を持つ．

$(\mathbb{R}; +, \cdot, \leqq)$ は**完備順序体**としての公理をみたす（図 A 参照）．完備順序体に関する考察により $(\mathbb{R}; +, \cdot, \leqq)$ が同型を除いて唯一のモデルであることが分かる．この結果は，実解析学において完備順序体の諸公理を公理的に扱うことを許す点で重要である．これにより実数の特別な構成法にまで立ち戻る必要がなくなる．

ℝ の位相構造

ℝ 上に $d_E(a, b) := |a - b|$ により距離が定義でき (p.41, p.207)，$(\mathbb{R}; d_E)$ は距離空間となる．この距離によって導入される位相 $\mathcal{R}$（**自然な位相** $\mathcal{R}^1$ ともいわれる）は実解析学の基礎となっている．

$\mathcal{R}$ の要素は，いわゆる開集合で，次の性質を持つ ℝ の部分集合 O として特徴付けられる：各元 $x \in O$ に対し x のある ε-近傍が O に含まれる．ここで x の ε-近傍 ($\varepsilon \in \mathbb{R}^+$) は，開区間 $(x - \varepsilon, x + \varepsilon)$ のことである．ε-近傍全体が $\mathcal{R}$ の基底となるから，空でない任意の開集合は ε-近傍の和集合として表される．

x の近傍自体としては，x を含む開集合を含む任意の部分集合が取れる．しかしながらこうした特別な ε-近傍を考えれば十分である．それは，これらが x の基本近傍系をなすからである (p.207)．x の ε-近傍で ε が有理数であるもの全体は可算基本近傍系をなす．

$(\mathbb{R}; \mathcal{R})$ は連結かつ局所コンパクトな（コンパクトではない）位相空間 (p.213, p.217) で，特に**ハウスドルフ空間**となる (p.217)．すなわち，二つの異なる実数は共通部分を持たない近傍（特に ε-近傍）を持つ．この性質は点列の極限の一意性を保証する (p.249)．

位相の重要な基本概念である触点，外点，内点，孤立点，境界点，集積点，閉集合，閉包 $\overline{A}$，開核 A°，境界 ∂A 等の概念を p.204 から引用して用いる (p.201, p.203 も参照)．ℝ の部分空間，例えば閉区間を考えると，そこには相対位相が導入される (p.199, p.209)．

代数構造を併せて考えると $(\mathbb{R}; +, \cdot, \mathcal{R})$ は**位相体**の公理をみたす．代数構造は位相と両立している．なぜなら，演算が連続だから（ただし，$\mathbb{R} \times \mathbb{R}$ には積位相を入れる，p.211）．

注意　$(\mathbb{R}; +, \cdot, \leqq \mathcal{R})$ は任意の基本列が収束するという意味で完備である．順序体において，この完備性の概念とアルキメデス公理を併せたものは実数体の公理（上限公理）と同値である．

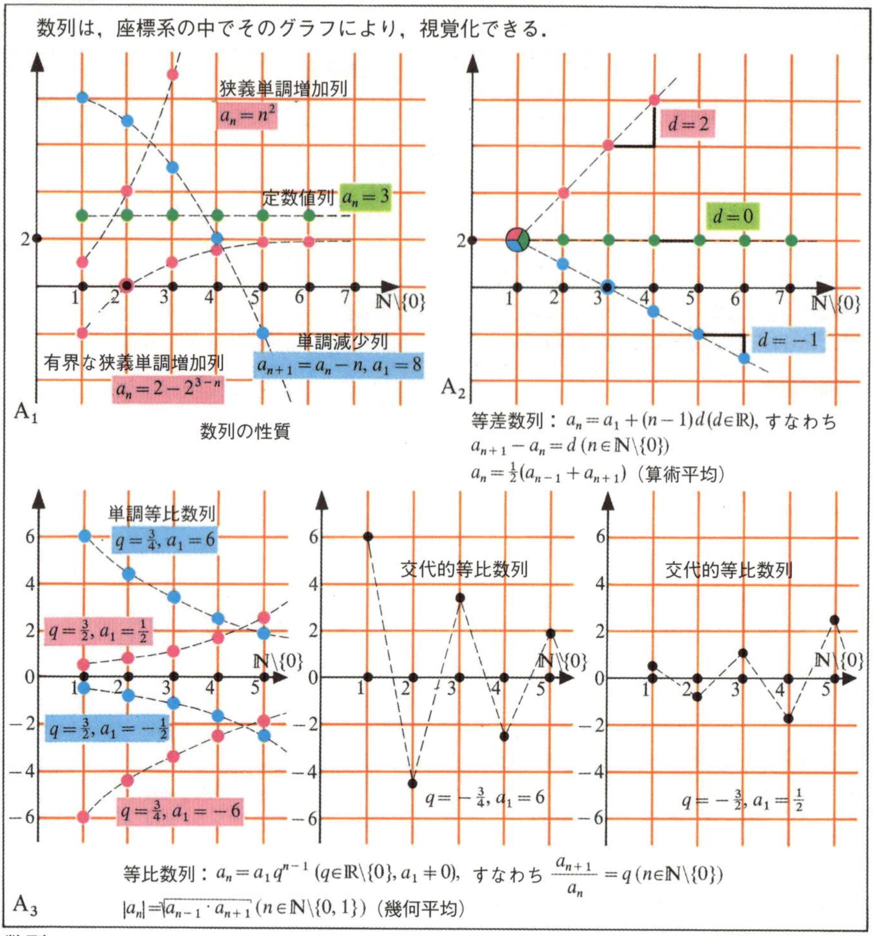

数列

数列は，座標系の中でそのグラフにより，視覚化できる．

A₁
- 狭義単調増加列 $a_n = n^2$
- 定数値列 $a_n = 3$
- 有界な狭義単調増加列 $a_n = 2 - 2^{3-n}$
- 単調減少列 $a_{n+1} = a_n - n,\ a_1 = 8$

数列の性質

A₂
- $d = 2$
- $d = 0$
- $d = -1$

等差数列：$a_n = a_1 + (n-1)d\ (d \in \mathbb{R})$，すなわち
$a_{n+1} - a_n = d\ (n \in \mathbb{N}\setminus\{0\})$
$a_n = \frac{1}{2}(a_{n-1} + a_{n+1})$（算術平均）

A₃
- 単調等比数列 $q = \frac{3}{4},\ a_1 = 6$
- $q = \frac{3}{2},\ a_1 = \frac{1}{2}$
- $q = \frac{3}{2},\ a_1 = -\frac{1}{2}$
- $q = \frac{3}{4},\ a_1 = -6$
- 交代的等比数列 $q = -\frac{3}{4},\ a_1 = 6$
- 交代的等比数列 $q = -\frac{3}{2},\ a_1 = \frac{1}{2}$

等比数列：$a_n = a_1 q^{n-1}\ (q \in \mathbb{R}\setminus\{0\},\ a_1 \neq 0)$，すなわち $\frac{a_{n+1}}{a_n} = q\ (n \in \mathbb{N}\setminus\{0\})$
$|a_n| = \sqrt{a_{n-1} \cdot a_{n+1}}\ (n \in \mathbb{N}\setminus\{0, 1\})$（幾何平均）

B₁

$a_n = \frac{1}{n}$ のとき $\{a_n\}$ は零数列である，すなわち $\lim_{n\to\infty} \frac{1}{n} = 0$.

証明：$\varepsilon \in \mathbb{R}^+$ を取る．すると $|\frac{1}{n} - 0| < \varepsilon \Leftrightarrow \frac{1}{n} < \varepsilon \Leftrightarrow n > \frac{1}{\varepsilon}$.
p.247 の定理 1(a) から，$n_0 \in \mathbb{N}$ となる $n_0 > \frac{1}{\varepsilon}$ が存在する．
すると次が成り立つ：$n \geq n_0 \wedge n_0 > \frac{1}{\varepsilon} \Rightarrow |\frac{1}{n} - 0| < \varepsilon$，
すなわち $\lim_{n\to\infty} \frac{1}{n} = 0$.

B₂

$\{a_n\}: a_n = \frac{n^2 + 2n + 1}{3n^2 + 1}$ は $\frac{1}{3}$ に収束．

証明：$\lim_{n\to\infty} \frac{1}{n} = 0,\ \lim_{n\to\infty} a = a$ および p.251 の定理 6(a)～(c) を用いると，
ゆえに $\frac{n^2 + 2n + 1}{3n^2 + 1} = \frac{n^2(1 + \frac{2}{n} + \frac{1}{n^2})}{n^2(3 + \frac{1}{n^2})} = \frac{1 + 2 \cdot \frac{1}{n} + \frac{1}{n} \cdot \frac{1}{n}}{3 + \frac{1}{n} \cdot \frac{1}{n}}$,

$\lim_{n\to\infty} a_n = \frac{\lim_{n\to\infty} 1 + \lim_{n\to\infty} 2 \cdot \lim_{n\to\infty} \frac{1}{n} + \lim_{n\to\infty} \frac{1}{n} \cdot \lim_{n\to\infty} \frac{1}{n}}{\lim_{n\to\infty} 3 + \lim_{n\to\infty} \frac{1}{n} \cdot \lim_{n\to\infty} \frac{1}{n}} = \frac{1 + 2 \cdot 0 + 0 \cdot 0}{3 + 0 \cdot 0} = \frac{1}{3}$.

収束の証明，極限値の計算（p.251 参照）

数列

定義 1　$\mathbb{N}\backslash\{0\}$ または，これに順序同型な集合 (p.37) から集合 M への写像を**数列**と呼ぶ．$n \mapsto f(n) = a_n$ によって定義される $f : \mathbb{N} \to M$ のかわりに単に $\{a_1, a_2, \ldots\}$ または $\{a_n\}$ と表す．

注意　添数の集合として $\mathbb{N}\backslash\{0\}$ のかわりに $\mathbb{N}$ や $\mathbb{N}$ の無限部分集合，$\mathbb{Z}^-$ 等を取る場合がある．また**数列の値集合**は，数列自身とは区別されるものである．例えば数列 $\{1, 2, 1, 2, \ldots\}$ の値集合は $\{1, 2\}$．

実解析学においては実数に値を取る**実数列**，すなわち $M = \mathbb{R}$ となる数列が重要である．以下では断らない限り，実数列を扱う．

定義 2　$\{a_n\}$ が**定数** :⇔ $\forall n(a_{n+1} = a_n)$

$\{a_n\}$ が**単調増加** :⇔ $\forall n(a_n \leqq a_{n+1})$

$\{a_n\}$ が**狭義単調増加** :⇔ $\forall n(a_n < a_{n+1})$

$\{a_n\}$ が**単調減少** :⇔ $\forall n(a_n \geqq a_{n+1})$

$\{a_n\}$ が**狭義単調減少** :⇔ $\forall n(a_n > a_{n+1})$

$\{a_n\}$ は値集合が上に有界（下に有界）であるとき，**上に有界**（**下に有界**）であるといい，上にも下にも有界なとき，単に**有界**であるという．

例　図 A.

収束数列

数列において，添数が大きくなるにつれて，項がある決まった実数に「限りなく近づく」場合がある．例えば $\{1, \frac{1}{2}, \frac{1}{3}, \frac{1}{4}, \ldots\}$ は 0 に，$\{\frac{1}{2}, \frac{2}{3}, \frac{3}{4}, \frac{4}{5}, \ldots\}$ は 1 に近づく．この特別な振る舞いは「収束」と呼ばれ，$\mathbb{R}$ 上の位相構造の言葉を使って記述される．

定義 3　数列 $\{a_n\}$ が $a(a \in \mathbb{R})$ に**収束する**とは，$a \in \mathbb{R}$ の任意の ε-近傍に対して，ある番号 $n_0 \in \mathbb{N}$ が存在して，$n \geqq n_0$ となるすべての n に対する項は，その ε-近傍に含まれることをいう．実数 a は，この数列の**極限値**と呼ばれ，$\lim_{n\to\infty} a_n = a$ で表される．$a = 0$ の場合**零列**と呼ばれる．収束しない数列は**発散する**という．

注意　上記より，数列が a に収束することと，a の任意の ε-近傍に対し，高々有限個の項が ε-近傍の外側にあることと同値である．

位相空間 $(\mathbb{R}, \mathcal{R})$ はハウスドルフ的であるから，次が導かれる (p.217).

定理 1　数列の極限値は高々 1 個である．

$\mathbb{R}$ の代数構造と順序構造から次を得る．

定理 2　$\{a_n\}$ が a に収束することと次が成り立つこととは同値である：任意の $\varepsilon \in \mathbb{R}^+$ に対して，ある $n_0 \in \mathbb{N}$ が存在し，$n \geqq n_0$ となるすべての n に対して $|a_n - a| < \varepsilon$．

もし数列の構造から極限値が予測できるときは，定理 2 を用いて実際証明を与えることができる（例：図 B_1）．極限値が分からないとき，収束性を示すにはコーシーの判定法が使われる (p.251 参照)．

収束列は有界である．一方有界な非収束列も存在する．例えば $\{1, -1, 1, -1, \ldots\}$．非有界な数列は発散する．発散列でも次に述べるものは特別に扱う：任意の $a \in \mathbb{R}$ に対してある $n_0 \in \mathbb{N}$ が存在して，すべての $n \geqq n_0$ に対して $a_n > a$（または $a_n < a$）が成り立つ．このとき $\{a_n\}$ は**無限に発散する**といい，$\lim_{n\to\infty} a_n = +\infty$（または $\lim_{n\to\infty} a_n = -\infty$）と表す．例えば図 A において，$d \neq 0$ のときの等差数列や $q > 1$ のときの等比数列がそうである．

注意　数列が収束するか否かは，有限個の項を付け加えても，とり去っても，また有限個の項を交換しても，別の値で置き換えても，変わらない．

部分列，集積点

定義 4　$\{a_{i_1}, a_{i_2}, a_{i_3}, \ldots\}$ が数列 $\{a_n\}$ の**部分列**であるとは，各 a_{i_ν} が $\{a_n\}$ に含まれ $i_1 < i_2 < i_3 < \ldots$ となることをいう．

a に収束する数列の任意の部分列はやはり a に収束する．また，収束しない数列が，収束する部分列を持つ場合がある．

定義 5　数列 $\{a_n\}$ のある部分列が存在して $a \in \mathbb{R}$ に収束するとき a を $\{a_n\}$ の**集積点**と呼ぶ．

収束数列は，したがって 1 個の集積点を持つ．集積点を全く持たないか，または 2 個以上の集積点を持つ数列は発散する．しかし発散数列で，1 個の数列集積点を持つものも存在する．例えば $\{2, \frac{1}{2}, 3, \frac{1}{3}, 4, \frac{1}{4}, \ldots\}$．この数列が発散する原因は，その非有界性にある．すなわち次が成り立つ．

定理 3　数列が収束することと，それが有界かつ 1 個の集積点を持つこととは同値である．このときその集積点が極限値である．

定理 3 の証明には次が必要．

ヴォルツァーノ - ワイエルシュトラスの定理　任意の有界数列は集積点を持つ．

集積点であることを示すには次の定理が用いられる：

定理 4　$a \in \mathbb{R}$ が数列 $\{a_n\}$ の集積点であることと a の任意の ε-近傍に無限個の項が含まれることとは同値である．

注意　集積点の概念の定義として定理 4 の主張のほうを用いることもしばしばある．

この概念は集合の**集積点** (p.204) と区別されねばならない．実際，数列の値集合の集積点は数列の集積点であるが逆は必ずしも成り立たない．

例　$\{1, -1, 1, -1, \ldots\}$

$c_{n+1}=\frac{1}{2}\left(c_n+\frac{r}{c_n}\right)$（ただし $c_0\in\mathbb{R}^+$ かつ $r\in\mathbb{R}^+$）で定義される数列は $\sqrt{r}$ に収束．

証明：任意の $a,b\in\mathbb{R}^+$ に対し $\frac{1}{2}(a+b)\geqq\sqrt{ab}$ だから，$c_{n+1}\geqq\sqrt{c_n\cdot\frac{r}{c_n}}=\sqrt{r}$．一方数学的帰納法（p.11）により，次が示せる：$c_{n+1}\leqq\sqrt{r}+\frac{c_1}{2^n}$．したがって任意の $n\in\mathbb{N}$ に対し $\sqrt{r}\leqq c_{n+1}\leqq\sqrt{r}+\frac{c_1}{2^n}$．定理 6 (f) を $a_n=\sqrt{r}$，$b_n=\sqrt{r}+\frac{c_1}{2^n}$ に適用する．
$\lim_{n\to\infty}a_n=\sqrt{r}$，$\lim_{n\to\infty}b_n=\sqrt{r}$ だから，$\lim_{n\to\infty}c_{n+1}=\sqrt{r}$．

注意　数列 $\{c_n\}$ を用いると，平方根の近似値を計算機によって効率よく計算できる．

A

平方根の近似

(1) $\lim_{n\to\infty}\frac{n^k}{n!}=0\quad(k\in\mathbb{N})$

(2) $\lim_{n\to\infty}q^n=0\quad(|q|<1)$,
「すなわち等比数列は $|q|<1$ のとき零列である．」

(3) $\lim_{n\to\infty}n^kq^n=0\quad(k\in\mathbb{N},|q|<1)$

(4) $\lim_{n\to\infty}\frac{a^n}{n!}=0\quad(a\in\mathbb{R})$

(5) $\lim_{n\to\infty}\frac{1}{n^k}=0\quad(k\in\mathbb{Q}^+)$

(6) $\lim_{n\to\infty}\sqrt[n]{a}=1\quad(a\in\mathbb{R}^+)$

(7) $\lim_{n\to\infty}\sqrt[n]{n}=1$

B

重要な極限値

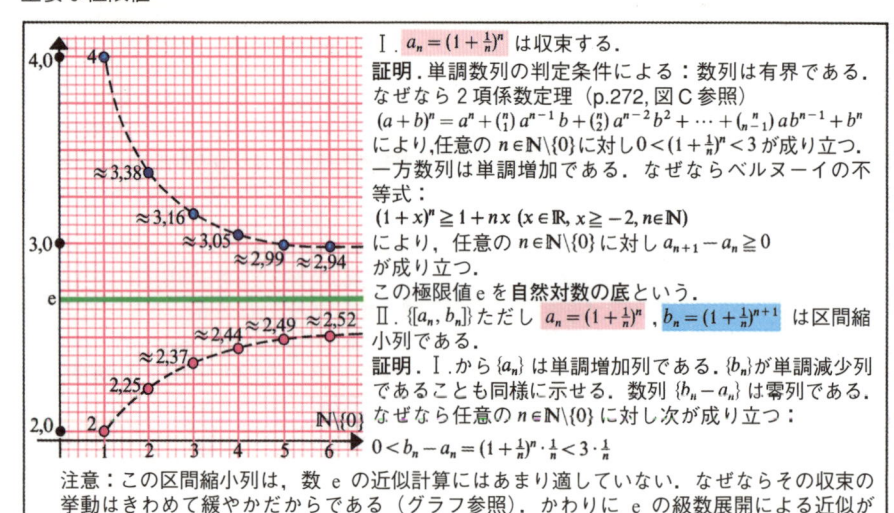

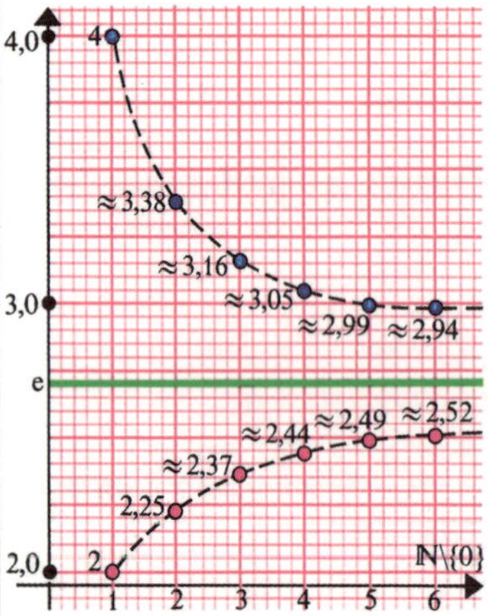

I．$a_n=(1+\frac{1}{n})^n$ は収束する．

証明．単調数列の判定条件による：数列は有界である．なぜなら 2 項係数定理（p.272, 図 C 参照）

$$(a+b)^n=a^n+\binom{n}{1}a^{n-1}b+\binom{n}{2}a^{n-2}b^2+\cdots+\binom{n}{n-1}ab^{n-1}+b^n$$

により，任意の $n\in\mathbb{N}\backslash\{0\}$ に対し $0<(1+\frac{1}{n})^n<3$ が成り立つ．一方数列は単調増加である．なぜならベルヌーイの不等式：

$$(1+x)^n\geqq 1+nx\ (x\in\mathbb{R},x\geqq-2,n\in\mathbb{N})$$

により，任意の $n\in\mathbb{N}\backslash\{0\}$ に対し $a_{n+1}-a_n\geqq 0$ が成り立つ．

この極限値 e を**自然対数の底**という．

II．$\{[a_n,b_n]\}$ ただし $a_n=(1+\frac{1}{n})^n$，$b_n=(1+\frac{1}{n})^{n+1}$ は区間縮小列である．

証明．I．から $\{a_n\}$ は単調増加列である．$\{b_n\}$ が単調減少列であることも同様に示せる．数列 $\{b_n-a_n\}$ は零列である．なぜなら任意の $n\in\mathbb{N}\backslash\{0\}$ に対し次が成り立つ：

$$0<b_n-a_n=(1+\tfrac{1}{n})^n\cdot\tfrac{1}{n}<3\cdot\tfrac{1}{n}$$

注意：この区間縮小列は，数 e の近似計算にはあまり適していない．なぜならその収束の挙動はきわめて緩やかだからである（グラフ参照）．かわりに e の級数展開による近似が用いられる（p.281）．

C

自然対数の底

(1) $\sum_{\nu=1}^{n}(a_1+(\nu-1)d)=\frac{n}{2}(a_1+a_n)$　有限等差級数

(2) $\sum_{\nu=1}^{n}a_1q^{\nu-1}=a_1\frac{q^n-1}{q-1}\quad(q\neq 1)$　有限幾何級数

(3) $\sum_{\nu=1}^{n}\nu=\frac{n}{2}(n+1)$

(4) $\sum_{\nu=1}^{n}\nu^2=\frac{n}{6}(n+1)(2n+1)$

(5) $\sum_{\nu=1}^{n}\nu^3=\frac{n^2}{4}(n+1)^2$

(6) $\sum_{\nu=1}^{n}(a_\nu\pm b_\nu)=\sum_{\nu=1}^{n}a_\nu\pm\sum_{\nu=1}^{n}b_\nu$

(7) $\sum_{\nu=1}^{n}a\cdot a_\nu=a\cdot\sum_{\nu=1}^{n}a_\nu\quad(a\in\mathbb{R})$

(8) $\sum_{\nu=1}^{n}a=n\cdot a\quad(a\in\mathbb{R})$

D

有限級数の例，計算公式

数列の上極限，下極限

収束数列は一つの実数，すなわち極限値を「いくらでも精確に」近似する．有界数列の場合はすべての収束点が部分列によって近似される．H を数列 $\{a_n\}$ の集積点の集合とすると，$\max(H)$, $\min(H)$ が存在し，それぞれ**上極限**，**下極限**と呼ばれ，$\overline{\lim}\, a_n$, $\underline{\lim}\, a_n$ で表される．これらは次をみたす：任意の $\varepsilon \in \mathbb{R}^+$ に対して，ある $n_0 \in \mathbb{N}$ が存在して

(1) すべての $n \geqq n_0$ に対し $a_n < \overline{\lim}\, a_n + \varepsilon$,

(2) 無限個の a_n に対し $\overline{\lim}\, a_n - \varepsilon < a_n$,

(1′) すべての $n \geqq n_0$ に対し $\underline{\lim}\, a_n - \varepsilon < a_n$,

(2′) 無限個の a_n に対し $a_n < \underline{\lim}\, a_n + \varepsilon$.

注意　収束数列の場合，上極限と下極限は等しく，極限値に一致．

単調性規準

有界単調数列のグラフから，この様な数列は必ず収束すると予想される．事実次が成り立つ．

定理 5　有界単調増加（減少）数列は，その数列の値集合の上限（下限）に収束する．

この証明には「上限（下限）の存在定理」が必要となる (p.247).

応用　図 C の I.

極限の諸定理

多くの数列の極限値は，すでに得られている数列の極限値から次の諸定理を用いて導き出せる．

定理 6　$\{a_n\}, \{b_n\}$ を収束数列とすると次が成立．

(a) $\lim\limits_{n\to\infty}(a_n \pm b_n) = \lim\limits_{n\to\infty} a_n \pm \lim\limits_{n\to\infty} b_n$,

(b) $\lim\limits_{n\to\infty}(a_n \cdot b_n) = \lim\limits_{n\to\infty} a_n \cdot \lim\limits_{n\to\infty} b_n$,

(c) $\lim\limits_{n\to\infty} \dfrac{a_n}{b_n} = \dfrac{\lim\limits_{n\to\infty} a_n}{\lim\limits_{n\to\infty} b_n}$, ただし $\lim\limits_{n\to\infty} b_n \neq 0$ かつすべての n について $b_n \neq 0$,

(d) $\lim\limits_{n\to\infty} \sqrt[k]{a_n} = \sqrt[k]{\lim\limits_{n\to\infty} a_n}$, ただしすべての n に対し $a_n \geqq 0$,

(e) $\lim\limits_{n\to\infty} |a_n| = |\lim\limits_{n\to\infty} a_n|$,

(f) $\{a_n\}, \{b_n\}$ はともに a に収束するとする．すべての $n \geqq n_0$ に対して $a_n \leqq c_n \leqq b_n$ が成り立てば $\{c_n\}$ も a に収束,

(g) $\{a_n\}$ が零列で $\{b_n\}$ が有界ならば，数列 $\{a_n \cdot b_n\}$ も零列.

特に数列 $\{a \cdot a_n\}$ は，定数数列 $\{a, a, \ldots\}$ と $\{a_n\}$ の積と見られるから，すべての $a \in \mathbb{R}$ とすべての収束列 $\{a_n\}$ に対して $\lim\limits_{n\to\infty}(a \cdot a_n) = a \cdot \lim\limits_{n\to\infty} a_n$.

応用例　図 A と p.248 の図 B_2．いくつかの重要な極限値は図 B に挙げた．

区間縮小法

定義 6　閉区間の列 $\{[a_n, b_n]\}$ が**区間縮小列**であるとは $\{a_n\}$ が単調増加列，$\{b_n\}$ が単調減少列でありかつ，$\{b_n - a_n\}$ が零列であることをいう．

定理 5 を使えば，数列 $\{a_n\}$, $\{b_n\}$ は収束する．$\{b_n - a_n\}$ は零列だから，それらの極限値は一致する．共通の極限値は，すべての区間に含まれる唯一の実数である．したがって各区間縮小列に対してただ一つの実数が定まる．

例　図 C, II.

コーシーの収束判定条件

極限値を具体的に知ることなく数列の収束を示すことが可能である．

定理 7　数列 $\{a_n\}$ が収束することと次は同値：任意の $\varepsilon \in \mathbb{R}^+$ に対し，ある $n_0 \in \mathbb{N}$ が存在して，$n, m \geqq n_0$ となるすべての n, m に対し $|a_n - a_m| < \varepsilon$.

定理 7 にいう，任意の与えられた正実数に対し，十分大きな添数の 2 項の差がその正実数より小さくなるとの命題は**コーシーの収束判定条件**と呼ばれる．

注意　定理 7 より位相体 $(\mathbb{R}; +, \cdot; \mathcal{R})$ は基本列が収束して完備となる．

級数

有限数列 $\{a_1, \ldots, a_n\}$ から作られる和 $s_n = \sum\limits_{\nu=1}^{n} a_\nu = a_1 + a_2 + \cdots + a_n$ は**有限級数**と呼ばれる．図 D にその例と計算規則を与える．無限数列 $\{a_n\}$ を取ると「可算無限個の和」$a_1 + a_2 + \cdots$ は代数的には定義されない．これにかわりいわゆる**部分和列** $s_1 = a_1$, $s_2 = a_1 + a_2$, …, $s_n = a_1 + a_2 + \cdots + a_n$ を考え，次のように定義する．

定義 7　数列 $\{a_n\}$ に対応する部分和数列 $\{s_n\}$ を**無限級数**（または簡単に**級数**）と呼ぶ．$\{s_n\}$ のかわりに $\sum\limits_{\nu=1}^{\infty} a_\nu$ または $a_1 + a_2 + \cdots$ と表す．級数が収束するならば，その極限値を**和**と定める．このとき，数列 $\{a_n\}$ は**和を持つ**という．その極限値も上と同じ記号で表す．

収束級数の他は発散する級数であるが，その中に（$\pm\infty$ に発散する）**定発散**級数がある．

例　p.252, 図 A.

級数に対し，数列の理論を適用すると定理 7 から次が導かれる．

定理 8（主判定条件）　級数 $\sum\limits_{\nu=1}^{\infty} a_\nu$ が収束することと次とは同値である：任意の $\varepsilon \in \mathbb{R}^+$ に対し，$n_0 \in \mathbb{N}$ が存在して，すべての $n \geqq n_0$ とすべての $k \in \mathbb{N}$ に対し $|a_n + a_{n+1} + \cdots + a_{n+k}| < \varepsilon$ が成り立つ．

定理 8 から次が得られる（$k = 0$ と置く）．

定理 9　$\sum a_n$ が収束すれば，数列 $\{a_n\}$ は零列.

定理は級数が収束する必要条件を与えるが十分条件を与えるものではない（例えば，p.252, 図 A_1 の調和級数を参照）．

応用例　p.252, 図 A_3.

調和級数 $\sum_{\nu=1}^{\infty} \dfrac{1}{\nu}$ は ∞ に発散する.

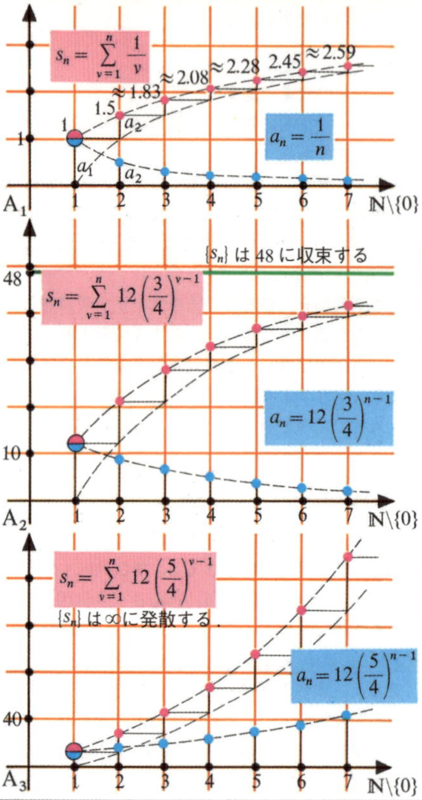

$s_n = \sum_{\nu=1}^{n} \dfrac{1}{\nu}$

$a_n = \dfrac{1}{n}$

証明
$$s_{2^k} = 1 + \dfrac{1}{2} + \left(\dfrac{1}{3} + \dfrac{1}{4}\right) + \cdots + \left(\dfrac{1}{2^{k-1}-1} + \cdots + \dfrac{1}{2^k}\right)$$
$$\Rightarrow s_{2^k} > 1 + \dfrac{1}{2} + 2\cdot\dfrac{1}{4} + 4\cdot\dfrac{1}{8} + \cdots + 2^{k-1}\cdot\dfrac{1}{2^k} = 1 + k\cdot\dfrac{1}{2}.$$

部分列 $\{s_{2^k}\}$ が発散するので, $\{s_n\}$ もまた発散. 数列 $\{s_n\}$ は単調増加なので, ∞ に発散する.

$\{s_n\}$ は 48 に収束する

$s_n = \sum_{\nu=1}^{n} 12\left(\dfrac{3}{4}\right)^{\nu-1}$

$a_n = 12\left(\dfrac{3}{4}\right)^{n-1}$

幾何級数 $\sum_{\nu=1}^{\infty} a_1 q^{\nu-1}$ は $|q|<1$ で収束する.
次が成り立つ: $\sum_{\nu=1}^{\infty} a_1 q^{\nu-1} = \dfrac{a_1}{1-q}$.

証明 $s_n = \dfrac{q^n-1}{q-1} a_1 = \dfrac{a_1}{q-1}\cdot q^n + \dfrac{a_1}{1-q}$.

$|q|<1$ では $\lim_{n\to\infty} q^n = 0$ だから,
$$\lim_{n\to\infty} s_n = \dfrac{a_1}{1-q}.$$

$s_n = \sum_{\nu=1}^{n} 12\left(\dfrac{5}{4}\right)^{\nu-1}$

$\{s_n\}$ は ∞ に発散する.

$a_n = 12\left(\dfrac{5}{4}\right)^{n-1}$

幾何級数 $\sum_{\nu=1}^{\infty} a_1 q^{\nu-1}$ は $|q|\geqq 1$ で ∞ に発散する.

$\{a_1 q^n\}$ は $|q|\geqq 1$ で 0 に収束しないから, 級数は発散. 部分列 $\{s_n\}$ は単調増加なので, ∞ に発散する.

A 調和級数, 幾何級数

優級数判定法
$\sum_{\nu=1}^{\infty} b_\nu$ が収束,
かつ任意の $n \geqq n_0$
に対し $a_n \leqq b_n$

累乗根判定法
すべての $n \geqq n_0$ に
対し $\sqrt[n]{a_n} \leqq r < 1$
あるいは
$\lim_{n\to\infty} \sqrt[n]{a_n} < 1$

劣級数判定法
$\sum_{\nu=1}^{\infty} b_\nu$ が ∞ に発散,
かつ任意の $n \geqq n_0$
に対し $a_n \geqq b_n$

累乗根判定法
すべての $n \geqq n_0$
に対し $\sqrt[n]{a_n} \geqq 1$
あるいは
$\lim_{n\to\infty} \sqrt[n]{a_n} > 1$

B $\sum_{\nu=1}^{\infty} a_\nu$ は収束 ⟵ すべての $n\in\mathbb{N}\setminus\{0\}$ に対し $a_n \geqq 0$ ⟶ $\sum_{\nu=1}^{\infty} a_\nu$ は ∞ に発散

商判定法
すべての $n \geqq n_0$
に対し $\dfrac{a_{n+1}}{a_n} \leqq r < 1$
あるいは
$\lim_{n\to\infty} \dfrac{a_{n+1}}{a_n} < 1$

ラーベの判定法
ある $r > 1$ に対し,
任意の $n \geqq n_0(r>1)$
に対し,
$\dfrac{a_{n+1}}{a_n} \leqq 1 - \dfrac{r}{n}$

商判定法
すべての $n \geqq n_0$
に対し $\dfrac{a_{n+1}}{a_n} \geqq 1$
あるいは
$\lim_{n\to\infty} \dfrac{a_{n+1}}{a_n} > 1$

ラーベの判定法
すべての $n \geqq n_0$
に対し
$\dfrac{a_{n+1}}{a_n} \geqq 1 - \dfrac{1}{n}$

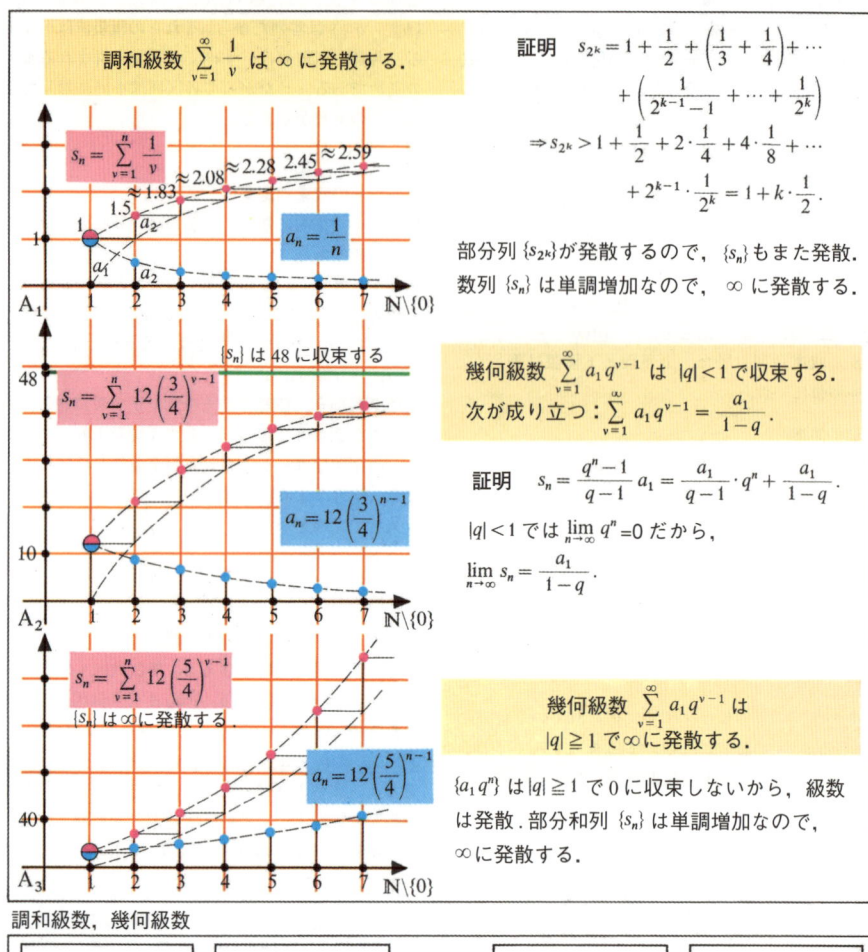

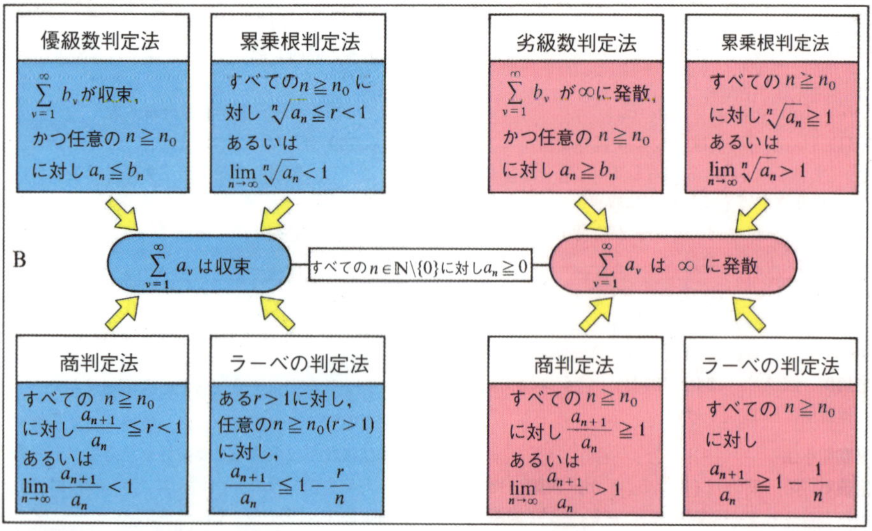

非負項を持つ級数の収束判定法

主判定条件 (p.251) による収束の証明は一般に面倒なので，特別な級数に対する収束の十分条件が数多く考え出された．

正項級数に対する判定条件

正項級数，すなわち負の項を持たない級数に対して部分和数列 $\{s_n\}$ は単調増加となり，収束するか $+\infty$ に発散するかのいずれかである．定理 5 から次が導かれる．

定理 10　正項級数が収束することと $\{s_n\}$ が有界であることとは同値である．

応用　$\sum_{\nu=1}^{\infty} \frac{1}{\nu!}$ は収束．なぜならすべての n に対し

$$s_n \leqq 1 + \frac{1}{2} + \cdots \frac{1}{2^{n-1}} = \frac{\left(\frac{1}{2}\right)^n - 1}{\frac{1}{2} - 1} < 2$$

が成り立つ．

収束または発散を示す重要な方法に**級数比較法**がある．すなわち**優級数判定法**，**劣級数判定法**を用いる（図 B）．

例えば発散調和級数 $\sum_{\nu=1}^{\infty} \frac{1}{\nu}$（図 A_1）との比較により $0 \leqq r \leqq 1$ に対する**一般調和級数** $\sum_{\nu=1}^{\infty} \frac{1}{\nu^r}$ の発散が導かれる．$r > 1$ に対する一般調和級数の収束は次から従う．

定理 11（コーシーの凝集判定法）　$\{a_n\}$ を単調減少の正項数列とする．$\sum a_\nu$ が収束することと，$\sum 2^\nu \cdot a_{2^\nu}$ が収束することとは同値である．

等比級数と比較することにより**コーシーの累乗根判定法**と**ダランベールの商判定法**が得られる（図 B）．しかし，これらの判定法において $r = 1$ あるいは極限値が 1 となる場合は判定ができない．一般調和級数と比較することにより**ラーベの判定法**（図 B）が得られる．

注意　後述の**コーシーの積分判定法**も非常に有用 (p.313)．

交代級数

$\{a_n\}$ を正の項と負の項が交互に現れる数列としたとき，対応する級数を**交代級数**という．

定理 12（ライプニッツの判定法）　交代級数 $\sum a_\nu$ は，数列 $|a_n|$ が単調減少零列ならば，収束する．

応用　$\sum_{\nu=1}^{\infty} (-1)^{\nu+1} \frac{1}{\nu}$ は収束する．

絶対収束級数

正項とは限らない一般の項を持つ級数の収束については，それを正項級数（例えば $\sum |a_\nu|$）の収束に帰着することにより調べることができる．実際次が成り立つ．

定理 13　級数 $\sum |a_\nu|$ が収束すれば，級数 $\sum a_\nu$ も収束する．

級数 $\sum |a_\nu|$ が収束するとき，級数 $\sum a_\nu$ は**絶対収束**するという．絶対収束級数は従って収束するが，この逆は成り立たない．実際上記「応用」に挙げられている級数は収束するが絶対収束しない（図 A_1 の調和級数参照）．定理 13 により，ベキ根判定法，商判定法をそれぞれ $\sqrt[n]{a_n}$ を $\sqrt[n]{|a_n|}$ で，$\frac{a_{n+1}}{a_n}$ を $\left|\frac{a_{n+1}}{a_n}\right|$ で置き換えれば一般の級数に拡張できる．発散の場合も同様．

収束級数に関する計算法則

$\sum a_\nu$ と $\sum b_\nu$ が収束すれば次が成り立つ：

(1) $\sum (a_\nu + b_\nu) = \sum a_\nu + \sum b_\nu$.

(2) $\sum a \cdot a_\nu = a \cdot \sum a_\nu$.

(3) $\sum_{\nu=p+1}^{\infty} a_\nu = \sum_{\nu=1}^{\infty} a_\nu - (a_1 + \cdots + a_p)$.

(4) $c_{p+n} = a_n$ なら $\sum_{\nu=1}^{\infty} c_\nu = c_1 + \cdots + c_p + \sum_{\nu=1}^{\infty} a_\nu$.

(5) $c_1 = a_1 + \cdots + a_{n_1}$, $c_2 = a_{n_1+1} + \cdots + a_{n_2}$, $c_3 = a_{n_2+1} + \cdots + a_{n_3}$, ... とすると，

$$\sum_{\nu=1}^{\infty} c_\nu = \sum_{\nu=1}^{\infty} a_\nu.$$

注意　計算則 (5) により，収束級数では，有限個の項を括弧でくくることができる．これに対し，あらかじめ与えられた括弧は勝手にはずしてはならない．例：$(1-1)+(1-1)+\cdots$ は $an = 1-1$ とみれば 0 に収束するが，$1 - 1 + 1 - 1 + \cdots$ は $a_n = (-1)^{n+1}$ で発散する．

(6) $\sum_{\nu=1}^{\infty} a_\nu$ は絶対収束するものとする．$\sum_{\nu=1}^{\infty} a_\nu^*$ を $\sum_{\nu=1}^{\infty} a_\nu$ の項の順序を入れ換えたものとすると $\sum_{\nu=1}^{\infty} a_\nu^* = \sum_{\nu=1}^{\infty} a_\nu$ が成立．

注意　絶対収束級数は項の並び方によらない．これに対し，絶対収束しない収束級数（**条件収束**級数）は，項の順序を入れ換えて，任意の $s \in \mathbb{R}$ に収束するようにできる（**リーマンの置換定理**）．

(7) $\sum_{\nu=1}^{\infty} a_\nu$ と $\sum_{\mu=1}^{\infty} b_\mu$ を絶対収束級数とする．積 $a_\nu \cdot b_\mu$ $(\nu, \mu \in \mathbb{N}\backslash\{0\})$ 全体を任意の順序に並べた数列を $\{p_n\}$ とすれば，$\sum_{\lambda=1}^{\infty} p_\lambda = \sum_{\nu=1}^{\infty} a_\nu \cdot \sum_{\mu=1}^{\infty} b_\mu$（**コーシーの積定理**）．

無限積

$\{a_n\}$ を各項が 0 でない数列とするとき，有限積 $p_n = \prod_{\nu=1}^{n} a_\nu$ の数列 $\{p_n\}$ を**無限積** $\prod_{\nu=1}^{\infty} a_\nu$ と呼ぶ．数列 $\{p_n\}$ が 0 と異なる極限値に収束するとき，この無限積は**収束する**という．

定理 14　$\prod_{\nu=1}^{\infty} a_\nu$ が収束することと $\sum_{\nu=1}^{\infty} \ln a_\nu$ が収束することとは同値である．

特別な実関数

A_1: $f(x) = \begin{cases} x+2 & (x<-1) \\ x^2 & (x\geqq -1) \end{cases}$ 区分的に定義される関数

A_2: $f(x) = |x| = \begin{cases} x & (x\geqq 0) \\ -x & (x<0) \end{cases}$ 絶対値関数

A_3: $\text{sign}(x) = \begin{cases} 1 & (x>0) \\ 0 & (x=0) \\ -1 & (x<0) \end{cases}$ 符号関数

A_4: $H(x) = \begin{cases} 1 & (x>0) \\ 0 & (x\leqq 0) \end{cases}$ ヘヴィサイド関数

A_5: $G(x) = [x]$ ($[x] = n$, $n \leqq x < n+1$ かつ $n \in \mathbb{Z}$ のとき) ガウスの階段関数

有理的操作と合成

B: $f(x) = 2x$, $g(x) = \frac{1}{4}x^2$

$(f+g)(x) = \frac{1}{4}x^2 + 2x$

$(f-g)(x) = -\frac{1}{4}x^2 + 2x$

$(f \cdot g)(x) = \frac{1}{2}x^3$

$(g \circ f)(x) = x^2$

$\dfrac{f}{g}(x) = \dfrac{8}{x}$

関数の極限値

C_1:

$a_1 \notin D_f$	$a_2 \notin D_f$	$a_3 \in D_f$	$a_4 \in D_f$	$a_5 \in D_f$	$a_6 \in D_f$	$a_7 \in D_f$
極限値が存在；左極限は定義されない	極限値が存在	極限値が存在；$f(a_3)$と一致する	極限値が存在；$f(a_4)$と一致しない	極限値が存在しない；左極限と右極限とが異なる	極限値が存在；$f(a_6)$と一致する；右極限は定義されない	極限値は定義されない

C_2: $f: \mathbb{R}\setminus\{0\} \to \mathbb{R}, x \mapsto f(x) = \cos\frac{\pi}{x}$ で定義

$\{x_1, x_2, x_3, x_4, x_5, \ldots\}$ 0に収束する基本列．しかし $\{f(x_1), f(x_2), f(x_3), f(x_4), \ldots\}$ は発散するので極限値は存在しない．同様に左極限も右極限も存在しない．

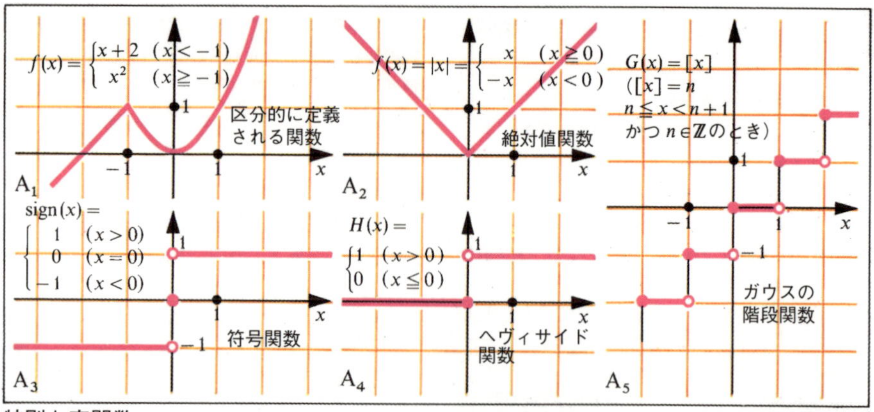

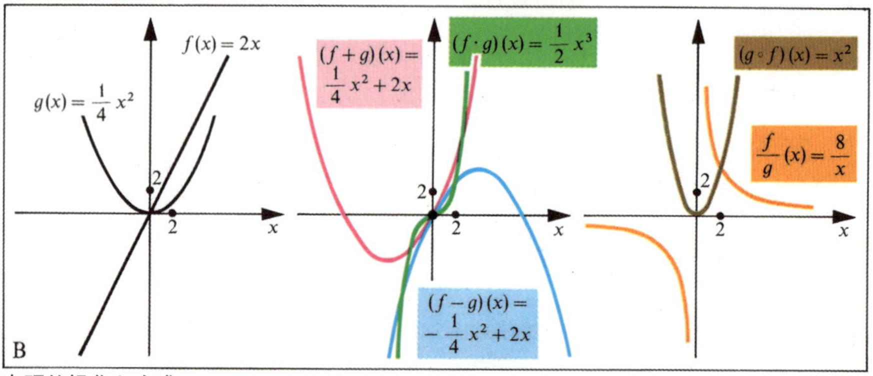

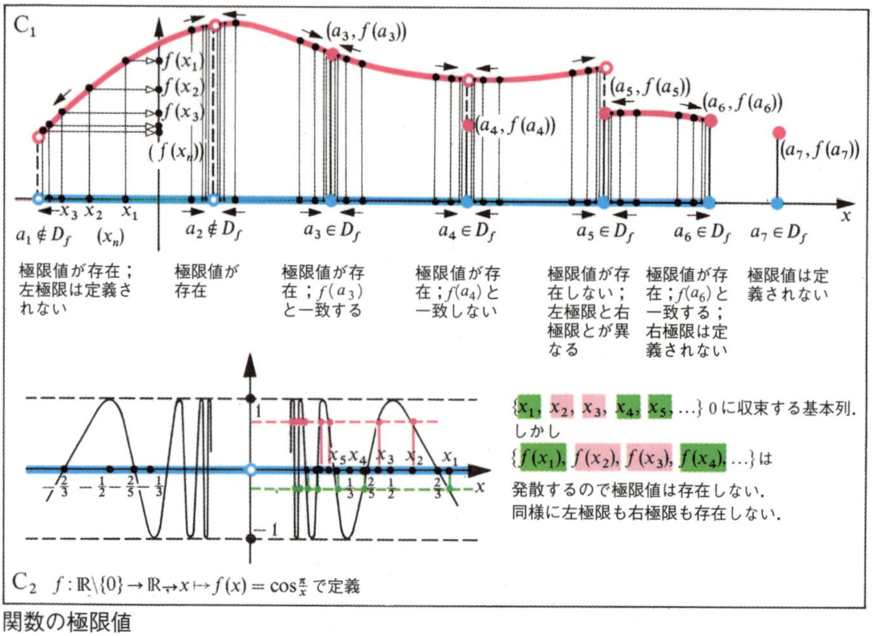

実関数の例

定義 1　$D_f \subset \mathbb{R}, W \subset \mathbb{R}$としたとき，$x \mapsto f(x)$ で定義される写像 $f: D_f \to W$ を**実関数**と呼ぶ．$f(x)$ を x における**値**，D_f を**定義域**，W を**値域**といい，$f[D_f] = W_f = \{f(x) \mid x \in D_f\}$ を**像集合**と呼ぶ．

実関数 f の***グラフ*** $\{(x, f(x)) \mid x \in D_f\}$ は一般に座標系によって表現される．$x \mapsto f(x) = \sum_{\nu=0}^{n} a_\nu x^\nu$ $(a_\nu \in \mathbb{R},\ n \in \mathbb{N}_0)$ で定義される $f: \mathbb{R} \to \mathbb{R}$ は $a_n \neq 0$ のとき n 次の**有理整関数**（**多項式関数**）と呼ばれる．特別な場合として次数が 0 の定数関数，次数 1 の線形関数，$f(x) = ax^n$ で定義される n 次ベキ乗関数がある．1 次関数 $f(x) = x$ は**恒等関数**と呼ばれ $1_{\mathbb{R}}$ で表される．

$$x \mapsto f(x) = \left(\sum_{\nu=0}^{n} a_\nu x^\nu\right) \cdot \left(\sum_{\mu=0}^{m} b_\mu x^\mu\right)^{-1}$$

$(a_\nu, b_\mu \in \mathbb{R},\ n, m \in \mathbb{N})$ によって定義される関数 $f: \mathbb{R}\backslash B \to \mathbb{R}$ は**有理関数**と呼ばれる．ここで B は $\sum_{\mu=0}^{m} b_\mu x^\mu = 0$ の解の集合．

$D_f \cap D_g = \emptyset$ である関数 g, h が与えられたとき

$$x \mapsto f(x) := \begin{cases} g(x) & (x \in D_g) \\ h(x) & (x \in D_h) \end{cases}$$

によって定義された関数 $f: D_f \cup D_g \to \mathbb{R}$ を**区分的に定義された**関数と呼ぶ．

例　図 A．

一方関数 f を定義域 D_f の部分集合 M 上に制限したもの $f|_M$ (p.23) をしばしば用いる．

定義 2　$f: D_f \to \mathbb{R}$ が**単調増加関数**

$:\Leftrightarrow \forall x_1, x_2 (x_1 \leqq x_2 \Rightarrow f(x_1) \leqq f(x_2))$

$f: D_f \to \mathbb{R}$ が**狭義の単調増加関数**

$:\Leftrightarrow \forall x_1, x_2 (x_1 < x_2 \Rightarrow f(x_1) < f(x_2))$

$f: D_f \to \mathbb{R}$ が**単調減少関数**

$:\Leftrightarrow \forall x_1, x_2 (x_1 \leqq x_2 \Rightarrow f(x_1) \geqq f(x_2))$

$f: D_f \to \mathbb{R}$ が**狭義の単調減少関数**

$:\Leftrightarrow \forall x_1, x_2 (x_1 < x_2 \Rightarrow f(x_1) > f(x_2))$

$f: D_f \to \mathbb{R}$ が**上に（下に）有界である**とは，像集合 $f[D_f]$ が上に（下に）有界であることをいう．上にも下にも有界な関数を**有界関数**と呼ぶ．

有理操作と合成

与えられた関数から有理操作や合成操作により新しい関数が得られる（図 B）．

定義 3　関数 $f: D_f \to \mathbb{R}$, $g: D_g \to \mathbb{R}$ が与えられたとき

$x \mapsto (f \pm g)(x) = f(x) \pm g(x)$ で定義される関数 $f \pm g: D_{f\pm g} \to \mathbb{R}$ を f と g の**和**（**差**）**関数**と呼ぶ．ただし，$D_{f\pm g} = D_f \cap D_g$

$x \mapsto (f \cdot g)(x) = f(x) \cdot g(x)$ で定義される関数 $f \cdot g: D_{f\cdot g} \to \mathbb{R}$ を f と g の**積関数**と呼ぶ．ただし，$D_{f\cdot g} = D_f \cap D_g$

$x \mapsto (\frac{f}{g})(x) = \frac{f(x)}{g(x)}$ で定義される関数 $\frac{f}{g}: D_{\frac{f}{g}} \to \mathbb{R}$ を f の g による**商関数**と呼ぶ．ただし，$D_{\frac{f}{g}} = D_f \cap D_g \backslash \{x | g(x) = 0\}$.

$x \mapsto (g \circ f)(x) = g(f(x))$ で定義される関数 $g \circ f: D_f \to \mathbb{R}$ を f と g の**合成関数**と呼ぶ．ただし，$f[D_f] \subset D_g$ とする．

$F(x) = c$ $(c \in \mathbb{R})$ と定義される**定数関数**は単に c と書かれる．$c \in \mathbb{R}$, $f: D_f \to \mathbb{R}$ に対して $x \mapsto (cf)(x) = c \cdot f(x)$ と定義される関数 $cf: D_f \to \mathbb{R}$ は定数関数 c と関数 f の積関数とも考えられる．$c = -1$ とすれば $(-1) \cdot f$ が得られるが，これは $-f$ とも書かれる．$n \in \mathbb{N}$ に対し積関数 $f \cdots f$（n 個）を f^n で表す．また f^0 は値 1 の定数関数と定める．すなわち $f^0 = 1$．f^0 は恒等関数 $1_{\mathbb{R}}$ とは異なる．n 次ベキ関数，有理整関数，有理関数はそれぞれ次の表示を持つ：$a(1_{\mathbb{R}})^n$, $\sum a_\nu (1_{\mathbb{R}})^\nu$, $\sum a_\nu (1_{\mathbb{R}})^\nu / \sum b_\mu (1_{\mathbb{R}})^\mu$

関数の極限値

関数 f について $a \in \mathbb{R}$ の近くでの挙動を調べるには，a に収束する列 $\{x_n\}$ $(x_n \in D_f \backslash \{a\})$（基本列）を取って（$a$ は $D_f \backslash \{a\}$ の集積点とする，「注意」参照），対応する**関数値列** $\{f(x_n)\}$ の挙動を調べる．$a \in D_f$ の場合はそれが $f(a)$ をどの程度近似するかという問題にもなる．こうして関数の極限値の概念に導かれる（図 C_1）．

定義 4　$g \in \mathbb{R}$ が関数 $f: D_f \to \mathbb{R}$ の $a \in \mathbb{R}$ **における極限値**であるとは $\lim_{n\to\infty} x_n = a$ $(x_n \in D_f \backslash \{a\})$ である任意の基本列 $\{x_n\}$ に対し $\lim_{n\to\infty} f(x_n) = g$ となることをいう．これを $\lim_{x\to a} f(x) = g$ と記し，「x が a に近づくとき f の極限値が g である」という．

注意　定義の「$x_n \in D_f \backslash \{a\}$」に注意．極限値は a が $D_f \backslash \{a\}$ の**集積点**である場合のみ定義される．a が孤立点の場合 $D_f \backslash \{a\}$ 内に a に収束する基本列は存在しない．

$\lim_{x\to a} f(x)$ のかわりに $h \neq 0$, $a - h \in D_f$ なる条件のもとで $\lim_{h\to 0} f(a+h)$ を考えてもよい．ここで基本列を「左からのもの」または「右からのもの」に制限して考えると，$h > 0$ かつ $a - h \in D_f$ の条件のもとでの**左極限** $\lim_{h\to 0} f(a-h)$，同様に $h > 0$ かつ $a + h \in D_f$ のもとでの**右極限** $\lim_{h\to 0} f(a+h)$ が得られる．場合によっては二つの極限値の一方のみが現れる（図 C_1）．左極限と右極限が存在して一致すればそれが関数の極限値である．関数が a で極限値を持たないことを示すには，a に収束する基本列で，対応する関数値列が発散するものを選べることを示せばよい（図 C_2）．

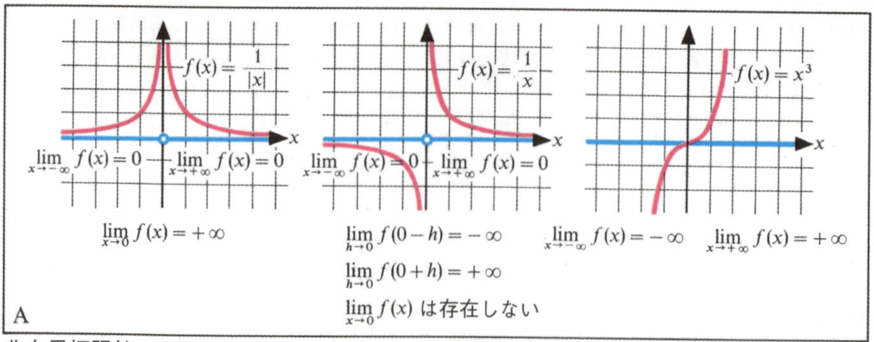

A

$\displaystyle\lim_{x\to-\infty} f(x) = 0 \quad \lim_{x\to+\infty} f(x) = 0$

$f(x) = \dfrac{1}{|x|}$

$\displaystyle\lim_{x\to 0} f(x) = +\infty$

$\displaystyle\lim_{x\to-\infty} f(x) = 0 \quad \lim_{x\to+\infty} f(x) = 0$

$f(x) = \dfrac{1}{x}$

$\displaystyle\lim_{h\to 0} f(0-h) = -\infty$
$\displaystyle\lim_{h\to 0} f(0+h) = +\infty$
$\displaystyle\lim_{x\to 0} f(x)$ は存在しない

$\displaystyle\lim_{x\to-\infty} f(x) = -\infty \quad \lim_{x\to+\infty} f(x) = +\infty$

$f(x) = x^3$

非有界極限値

B

例: $f : \mathbb{R}\setminus\{-1\} \to \mathbb{R}, x \mapsto f(x) = \dfrac{x}{x+1}$ で定義

主張: $\displaystyle\lim_{x\to a} f(x) = \dfrac{a}{a+1}$ ($a \in \mathbb{R}\setminus\{-1\}$)

証明: $\varepsilon \in \mathbb{R}^+$ を任意に与える. まず $|f(x)-g|$ を書き換える

$$|f(x)-g| = \left|\dfrac{x}{x+1} - \dfrac{a}{a+1}\right| = \dfrac{|x-a|}{|x+1|\cdot|a+1|}.$$

ここで $\delta = \min\{\tfrac{\varepsilon}{2}(a+1)^2, \tfrac{1}{2}|a+1|\}$ とすれば, $|x-a|<\delta$ である任意の $x \in D_f\setminus\{a\}$ に対し,

$|x+1| > \tfrac{1}{2}|a+1|$ だから $\dfrac{|x-a|}{|x+1|\cdot|a+1|} < \dfrac{\tfrac{\varepsilon}{2}(a+1)^2}{\tfrac{1}{2}|a+1|^2} = \varepsilon.$

定理2の応用

C₁

$\displaystyle\lim_{n\to\infty} f(x_n) = f(a)$

$\displaystyle\lim_{n\to\infty} x_n = a$

$\forall\{x_n\}\bigl(\displaystyle\lim_{n\to\infty} x_n = a \Rightarrow \lim_{n\to\infty} f(x_n) = f(a)\bigr)$

C₂

$\forall U_\varepsilon(f(a))\ \exists U_\delta(a)\bigl(f[U_\delta(a)] \subseteq U_\varepsilon(f(a))\bigr)$

C₃

$\exists U_\varepsilon(f(a))\ \forall U_\delta(a)\bigl(f(U_\delta(a)) \not\subseteq U_\varepsilon(f(a))\bigr)$

C₄

$f(x) = \begin{cases} 1 & (x \in \mathbb{Q}) \\ -1 & (x \in \mathbb{R}\setminus\mathbb{Q}) \end{cases}$

$x_{2\nu} \in \mathbb{R}\setminus\mathbb{Q}$

$x_{2\nu-1} \in \mathbb{Q}$

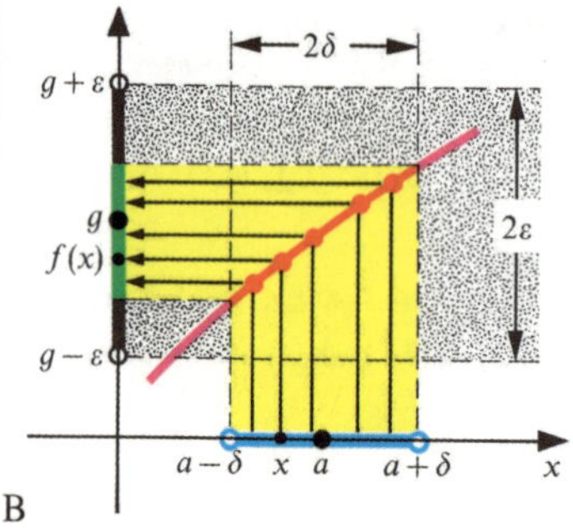

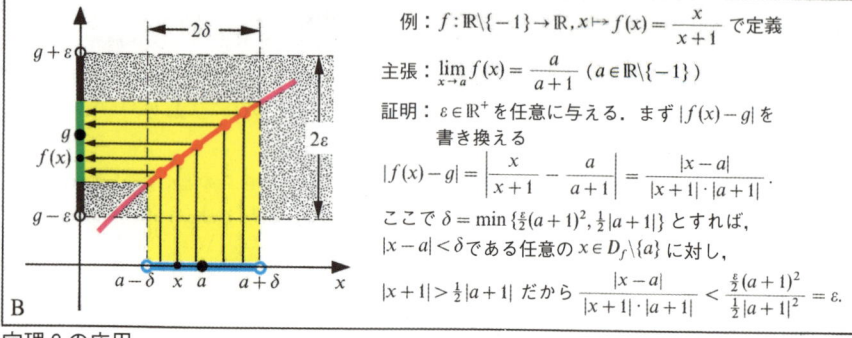

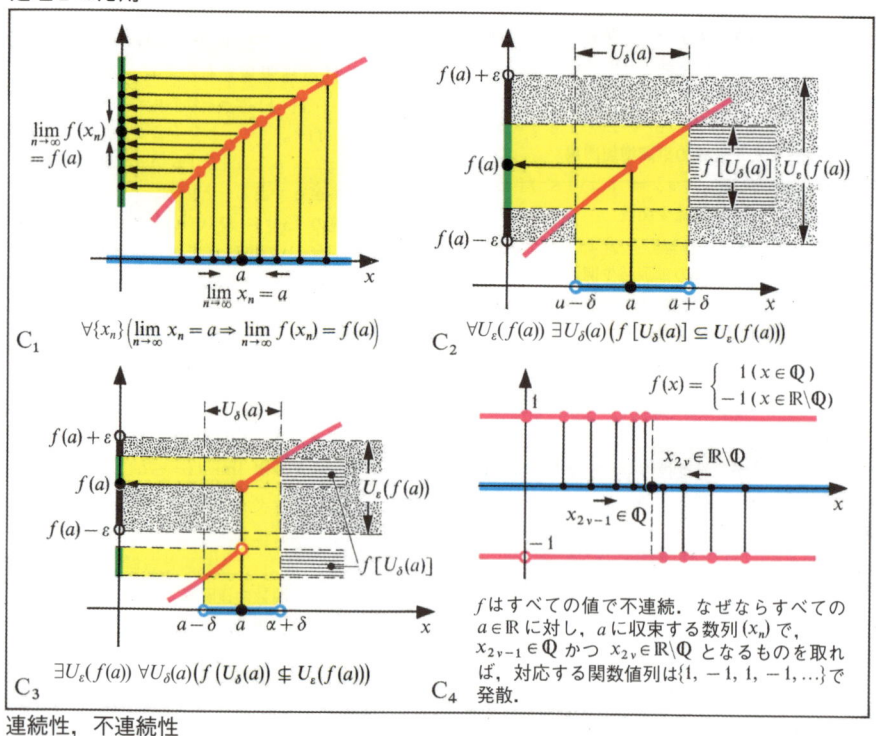

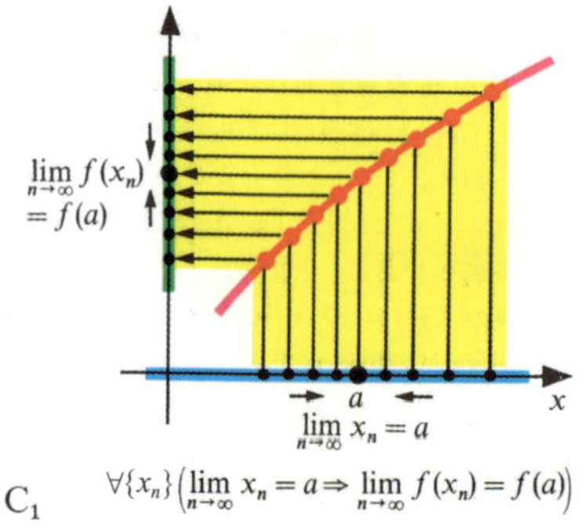

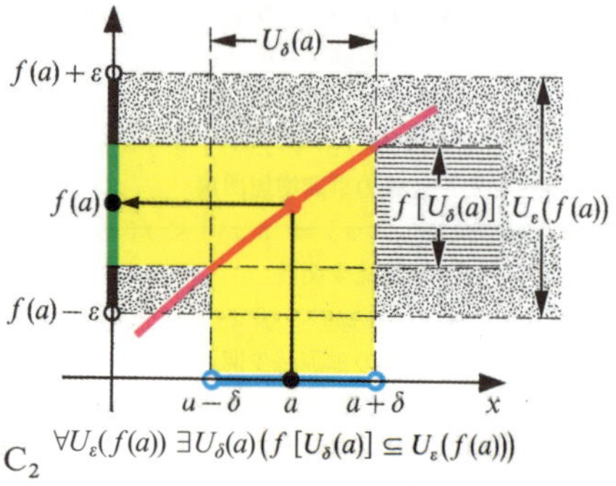

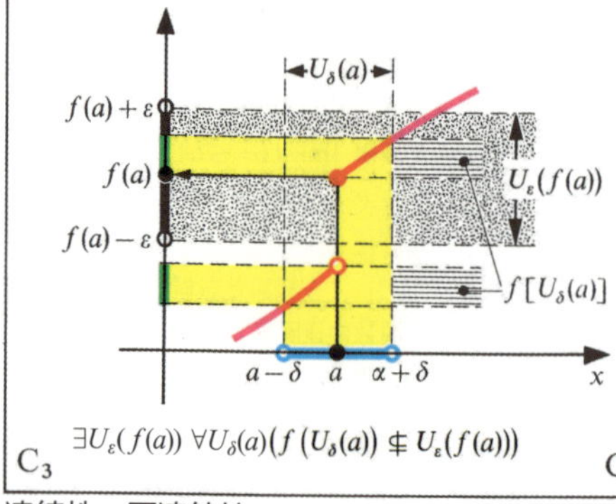

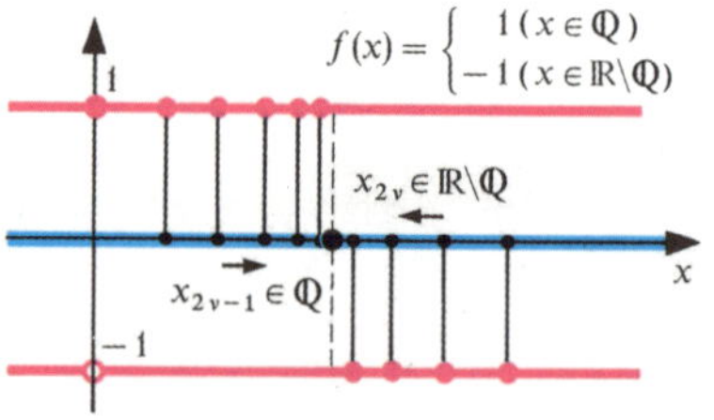

f はすべての値で不連続. なぜならすべての $a \in \mathbb{R}$ に対し, a に収束する数列 (x_n) で, $x_{2\nu-1} \in \mathbb{Q}$ かつ $x_{2\nu} \in \mathbb{R}\setminus\mathbb{Q}$ となるものを取れば, 対応する関数値列は $\{1, -1, 1, -1, \ldots\}$ で発散.

連続性, 不連続性

非有界極限値

ある $a \in \mathbb{R}$ において $D_f \backslash \{a\}$ 内に a に収束する基本列を取ったとき，対応する関数値列が $+\infty$ または $-\infty$ に発散するとき，記号的に $\lim_{x \to a} f(x) = +\infty$ または $\lim_{x \to a} f(x) = -\infty$ と書く．D_f が右側に（左側に）有界でないとき $+\infty$ $(-\infty)$ に発散するすべての数列に対する関数値列を考えることにより，関数の「無限遠での値」を調べることができる．対応する関数値列が共通の値 g を持つとき，$\lim_{x \to \infty} f(x) = g$ $(\lim_{x \to -\infty} f(x) = g)$ と書く．また $\lim_{x \to \infty} f(x) = +\infty$, $\lim_{x \to -\infty} f(x) = +\infty$, $\lim_{x \to \infty} f(x) = -\infty$, $\lim_{x \to -\infty} f(x) = -\infty$ 等の記法も用いられる．

例　図 A.

極限値定理

定理 1　$f : D_f \to \mathbb{R}$, $g : D_g \to \mathbb{R}$ がそれぞれ極限値 $\lim_{x \to a} f(x) = r$, $\lim_{x \to a} g(x) = s$ を持つものとする．すると次が成立．

(a) $\lim_{x \to a}(f \pm g)(x) = \lim_{x \to a}(f(x) \pm g(x)) = r \pm s$.

(b) $\lim_{x \to a}(f \cdot g)(x) = \lim_{x \to a}(f(x) \cdot g(x)) = r \cdot s$.

(c) $\lim_{x \to a} \frac{f}{g}(x) = \lim_{x \to a} \frac{f(x)}{g(x)} = \frac{r}{s}$（ただし $s \neq 0$）.

(d) $\lim_{x \to a} |f(x)| = |r|$.

(e) a のある δ-近傍で $f(x) \leqq g(x)$ または $f(x) < g(x)$ が成り立てば $r \leqq s$.

証明は p.251 の定理 6 から得られる．

定理 2　$f : D_f \to \mathbb{R}$ が与えられ，a を $D_f \backslash \{a\}$ の集積点とする．$g \in \mathbb{R}$ が f の a における極限値であることと次は同値．任意の $\varepsilon \in \mathbb{R}^+$ に対しある $\delta \in \mathbb{R}$ が存在して $|x - a| < \delta$ なるすべての $x \in D_f \backslash \{a\}$ に対し $|f(x) - g| < \varepsilon$ が成立（図 B）.

連続性，連続関数

関数 f が $a \in D_f$ において特別な性質，a に収束する任意の基本列に対応する関数値列が $f(a)$ で十分に近似できる，を持っているとき，f は a で連続であるという．

定義 5　$f : D_f \to \mathbb{R}$, $a \in D_f$ とし, a は D_f の集積点であるとする．f が a において**連続**であるとは, a における関数の極限値 $\lim_{x \to a} f(x)$ が存在して $f(a)$ と一致することをいう：$\lim_{x \to a} f(x) = f(a)$.

$\lim_{x \to a} f(x)$ のかわりに $\lim_{h \to 0} f(a + h)$ $(h \neq 0,\ a + h \in D_f)$ としてもよい．$h > 0$ として，極限値 $\lim_{h \to 0} f(a + h)$（極限値 $\lim_{h \to 0} f(a - h)$）が存在して $f(a)$ と一致するとき，f は a において**右連続**（**左連続**）であるという．$a \in D_f$ において右連続かつ左連続なら連続である．上の連続性の定義は D_f の集積点上でのみ意味がある．D_f の集積点でない点は**孤立点**である (p.204) が，そこでは

定義 6　$f : D_f \to \mathbb{R}$ は D_f の任意の孤立点で**連続**であるとする．

定義 7　$f : D_f \to \mathbb{R}$ が**連続**であるとは D_f のすべての点で連続であることをいう．

定理 2 により連続性を ε-δ 記法により記述することができる．

定理 3　$f : D_f \to \mathbb{R}$ が $a \in D_f$ で連続であることと次は同値．任意の $\varepsilon \in \mathbb{R}^+$ に対しある $\delta \in \mathbb{R}^+$ が存在し $|x - a| < \delta$ であるすべての $x \in D_f$ に対して $|f(x) - f(a)| < \varepsilon$ が成立．

注意　定理 3 は孤立点に関しても成り立っている．D_f の相対位相 (p.209) の近傍概念を使うことにより定理 3 の次のような言い換えが導かれる（「δ-近傍」を D_f の相対的な近傍と考える）．

定理 3*　$f : D_f \to \mathbb{R}$ が $a \in D_f$ で**連続**であることと次は同値．$f(a)$ の任意の ε-近傍 $U_\varepsilon(f(a))$ に対し，ある δ-近傍 $U_\delta(a)$ が存在して $f(U_\delta(a)) \subset U_\varepsilon(f(a))$ が成立（図 C_2）.

これは相対位相で定式化された連続性の定義と同値である (p.209)．連続関数の性質はしばしば「極限を持つ」といわれる．すなわち次が成立：a に収束する D_f のすべて数列 $\{x_n\}$ に対して $\lim_{n \to \infty} f(x_n) = f(a) = f(\lim_{n \to \infty} x_n)$．この性質により，$a$ における連続性が従う．さらに

定理 4　$f : D_f \to \mathbb{R}$ が $a \in D_f$ で連続であることと，a に収束する D_f の任意の数列に対して，対応する関数値列が常に収束することとは同値．

注意　関数値列の極限値は $f(a)$．なぜなら数列として $\{a, a, a, \ldots\}$ が取れるから．

不連続性

定義 8　$f : D_f \to \mathbb{R}$ が $a \in D_f$ で**不連続**であるとは，f が a で連続でないことをいう．

定理 4 から，f が $a \in D_f$ で不連続であることと，a に収束する D_f の数列で，対応する関数値列が発散するか $f(a)$ に収束しないものが存在することとは同値である．$a \in D_f$ に対し右極限値，左極限値が存在し，それらが異なるとき f は a で不連続である．その一方の極限値が $f(a)$ と一致し，他がそれと異なるとき a を**跳躍点**という（p.254 の図 C_1 の a_5）．定理 3*から次が導かれる．f が $a \in D_f$ で不連続であることと次は同値：ある近傍 $U_\varepsilon(f(a))$ が存在して，すべての近傍 $U_\delta(a)$ に対し $f(U_\delta(a)) \not\subset U_\varepsilon(f(a))$ が成立（図 C_3）.

注意　いたるところ不連続な関数 $f : \mathbb{R} \to \mathbb{R}$ が存在する（図 C_4）.

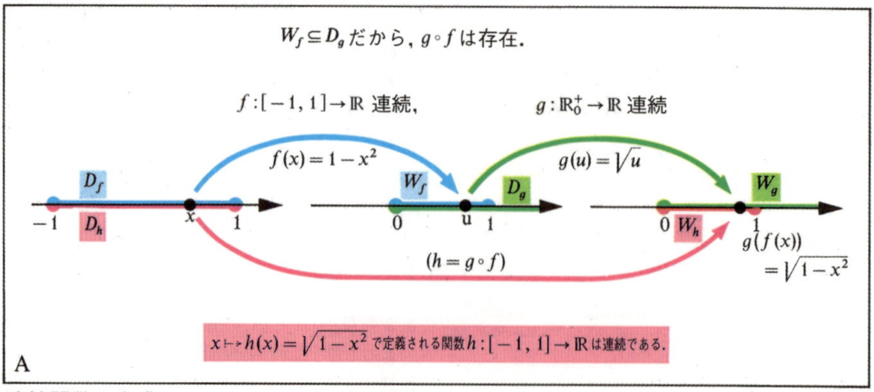

A

$W_f \subseteq D_g$ だから，$g \circ f$ は存在．

$f:[-1, 1] \to \mathbb{R}$ 連続, $\quad g:\mathbb{R}_0^+ \to \mathbb{R}$ 連続

$f(x) = 1 - x^2 \qquad g(u) = \sqrt{u}$

$(h = g \circ f)$

$g(f(x)) = \sqrt{1-x^2}$

$x \mapsto h(x) = \sqrt{1-x^2}$ で定義される関数 $h:[-1, 1] \to \mathbb{R}$ は連続である．

連続関数の合成

B_1, B_2, B_3

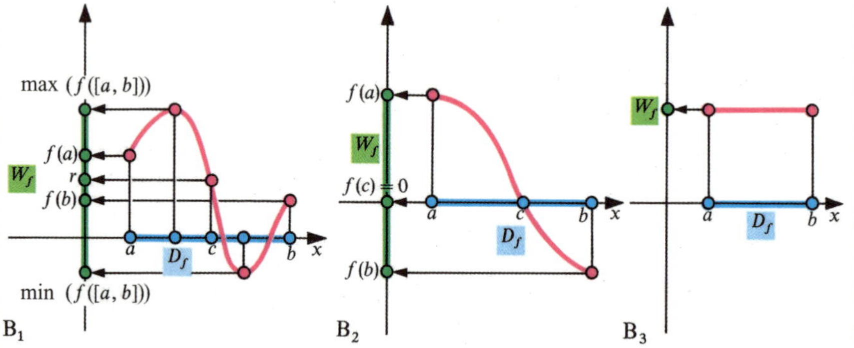

(1) 像集合 $f([a, b])$ は閉区間であり（1 点からなる区間も許す，図 B_3），それは $f(a)$ と $f(b)$ を端点とする閉区間を含む．

(2) $\max(f([a, b]))$, $\min(f([a, b]))$ が存在する．すなわち $f([a, b]) = [\max(f([a, b])), \min(f([a, b]))]$．

連続関数の性質

C_1, C_2, C_3

C_1: $x \mapsto f(x) = 1$ で定義される関数 $f:\mathbb{Q} \to \mathbb{R}$ は連続

$D_f = \mathbb{Q}$

p.256 図 C_4 で記述された関数は至るところ不連続な拡張である．

C_2: $f:D_f \to \mathbb{R}$ は連続

$\lim_{x \to x_0} f(x) = r$

$D_f = [a, b] \setminus \{x_0\}$

f は x_0 まで連続的に拡張可能である．関数値 $g(x_0)$ は一意的に r として定まる．

C_3: $f:D_f \to \mathbb{R}$ は連続

$\lim_{h \to 0} f(x_0 + h) = s$

$\lim_{h \to 0} f(x_0 - h) = r$

$D_f = [a, b] \setminus \{x_0\}$

$r \neq s$ なので，f は x_0 まで連続的に拡張できない．

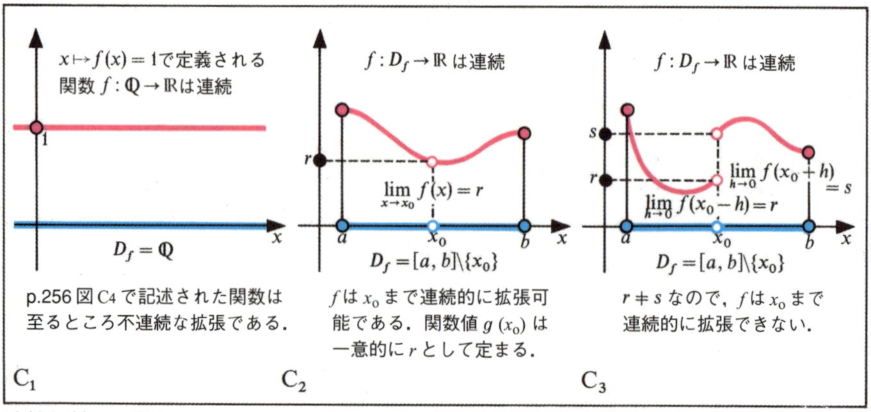

連続的拡張可能性

連続関数の例

図 A で挙げた関数の中で A_1，A_2 は連続であるが，A_3 と A_4 の関数は 1 個不連続点を持つ．A_5 は無限個の不連続点を持つ．定理 4 より**定数関数**と**恒等関数** $1_{\mathbb{R}}$ が連続関数となることは容易に示せる．これらの関数の連続性より，より広い連続関数のクラスとして，**有理関数**のクラスが得られる．また，$x \mapsto f(x) = \sqrt{x}$ で定義される**無理関数**や**三角関数**も連続関数である．

連続関数の有理操作と合成

任意の有理関数は定数関数と恒等関数の有理操作により表される．これらの関数は連続で，有理操作によって連続性は保存されるから有理関数は連続となる．すなわち次が成り立つ．

定理 5　f と g が $a \in D_f \cap D_g$ で連続なら，$f+g$，$f-g$，$f \cdot g$ も a で連続である．$a \in D_f \cap D_g \backslash \{x \mid g(x)=0\}$ なら $\frac{f}{g}$ もまた a で連続．

注意　証明は定理 1 から得られる．

定理 5 から次が導かれる．

定理 6　任意の有理関数は連続である．

関数 h が 2 つの関数 f と g の合成関数 $g \circ f$ として表されることがある（例：図 A）．f と g が連続なら h も連続である．これは次から導かれる．

定理 7　$f(D_f) \subset D_g$ とする．f が $a \in D_f$ で連続であり，g が $f(a)$ で連続ならば $g \circ f$ も a で連続である．

この定理の応用として例えば次の事実が得られる：

(1) 関数 f が $a \in D_f$ で連続ならば $x \mapsto |f(x)|$ で定義される関数 $|f| : D_f \to \mathbb{R}$ も a で連続である．なぜなら，$|f|$ は f と絶対値関数の合成として表される（p.254，図 A_1）．

(2) 関数 f が $a \in D_f$ で連続ならば D_f の部分集合 $M(a \in M)$ への**制限関数** $f|_M$ は a で連続である．なぜなら $f|_M$ は，連続である包含写像 $i : M \to \mathbb{R}$ (p.23) と f との合成 $f \circ i$ として表される．

連続関数の性質

閉区間 $[a,b]$ 上で定義された連続関数はさらに特別な性質を持つ．閉区間は $\mathbb{R}$ の他の部分集合と比べて特に良い位相的性質を持つからである．

正確にいって $\mathbb{R}$ 内の唯一の空でない連結有界閉集合，すなわち唯一の連結かつコンパクト部分集合である（p.203 参照）．

次が成り立つ．

定理 8（区間不変の定理）　f を閉区間 $[a,b]$ 上で連続な関数とすると，像集合 $f[[a,b]]$ も閉区間である．

この定理は次のよく用いられる二つの主張を導く．

定理 9（中間値の定理）　関数 $f : D_f \to W$ は連続で，D_f は閉区間 $[a,b]$ を含むとする．$f(a)$ と $f(b)$ の間の任意の実数 r（$f(a) < r < f(b)$ または $f(a) > r > f(b)$）に対し $f(c) = r$ となる $c \in (a,b)$ が存在する（r は**中間値**と呼ばれる）．

定理 10（最大最小値定理）　f が閉区間 $[a,b]$ 上で定義されている連続関数ならば，最大値 $\max(f([a,b]))$ と最小値 $\min(f([a,b]))$ が存在する．

注意 1　定理 8 は次のように拡張される：閉区間のかわりに「任意の区間または $\mathbb{R}$」とすれば，その値集合も「区間または $\mathbb{R}$」となる．この性質は，連続写像のもとで連結性が保存されること (p.213) と，上記の部分集合が $\mathbb{R}$ 内の唯一の空でない連結部分集合である事実から導かれる (p.203)．

注意 2　定理 9 においてさらに $f(a) \in \mathbb{R}^+$ かつ $f(b) \in \mathbb{R}^-$ であるか，または $f(a) \in \mathbb{R}^-$ かつ $f(b) \in \mathbb{R}^+$ であるとすれば $f(c) = 0$ となる $c \in (a,b)$ が存在する（これは**零点定理**とも呼ばれる，図 B_2）．零点定理から，奇数次の有理整関数は少なくとも一つの零点を持つこと，すなわちそのグラフが x 軸と少なくとも 1 回は交わることが導かれる．

注意 3　最大値と最小値は値の区間の端点で取る場合もある（図 B_2）．定理 10 では閉区間との条件を任意の区間に緩めることはできない．例えば開区間 $\left(\frac{1}{2}\pi, \frac{3}{2}\pi\right)$ に制限された正接関数は有界でない．

関数の連続的拡張

(2) より関数の制限に関して連続性は保存されるが，関数の拡張 (p.23) を考えると連続性は一般的に保存されない（図 C_1）．

定義 9　$f : D_f \to \mathbb{R}$ が $a \in \mathbb{R}$ に**連続的に拡張可能**とは $a \in D_g$，$D_f \subset D_g$，$g|_{D_f} = f$ となる $g : D_g \to \mathbb{R}$ が存在して g が a で連続となることをいう．f が連続なとき，g が連続ならば g を f の**連続的拡張**という．

a が孤立点のとき，f はいく通りもの a への拡張を持つ．これに対し a が D_f の**集積点**のときは，a における関数値の拡張可能性は $\lim_{x \to a} f(x)$ によって一意的に定まる．一般に連続関数の連続的拡張は一意的に決まらないが「点の抜けた区間」の場合は次が成り立つ．

定理 11　$x_0 \in [a,b]$ とし $f : [a,b] \backslash \{x_0\} \to \mathbb{R}$ は連続とする．連続的接続 $g : [a,b] \to \mathbb{R}$ が存在すれば，それは一意的である（図 C_2, C_3）．

注意　連続的拡張可能性の概念は微分可能性の概念の定義で用いられる．

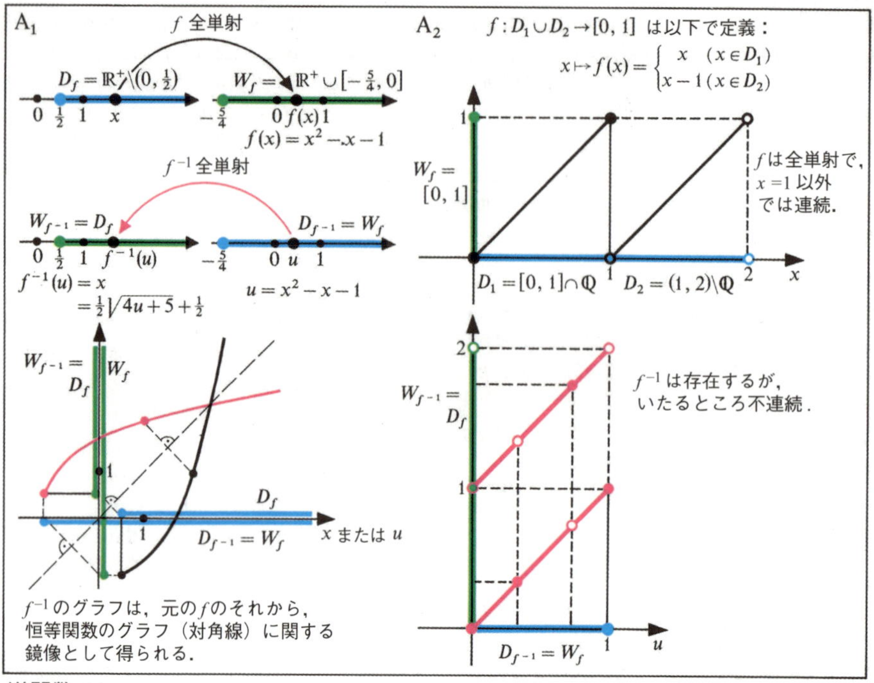

逆関数 f^{-1}

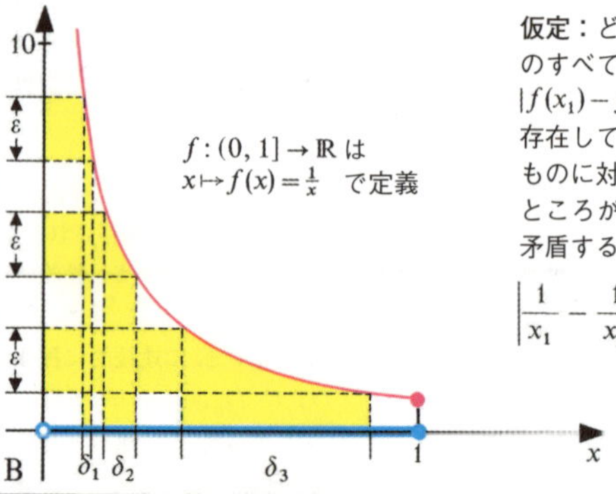

仮定： どんな $\varepsilon \in \mathbb{R}^+$ に対しても，$\delta(\varepsilon)$ が存在して，D_f内のすべての x_1, x_2 で $|x_1 - x_2| < \delta(\varepsilon)$ となるものに対して $|f(x_1) - f(x_2)| < \varepsilon$ が成立．すると，$\varepsilon = 1$に対し $\delta < 1$ が存在して，D_f内のすべての x_1, x_2 で $|x_1 - x_2| < \delta$ となるものに対して $|\frac{1}{x_1} - \frac{1}{x_2}| < 1$が成立する．
ところが $x_1 = \frac{1}{2}\sqrt{\delta}$，$x_2 = \frac{1}{2}\sqrt{\delta} - \frac{1}{2}\delta$ とすると，仮定に矛盾する：

$$\left|\frac{1}{x_1} - \frac{1}{x_2}\right| = \frac{|x_1 - x_2|}{x_1 x_2} = \frac{\frac{1}{2}\delta}{\frac{1}{4}\delta - \frac{1}{4}\delta\sqrt{\delta}} = \frac{2}{1 - \sqrt{\delta}} > 2.$$

一様連続でない関数の例

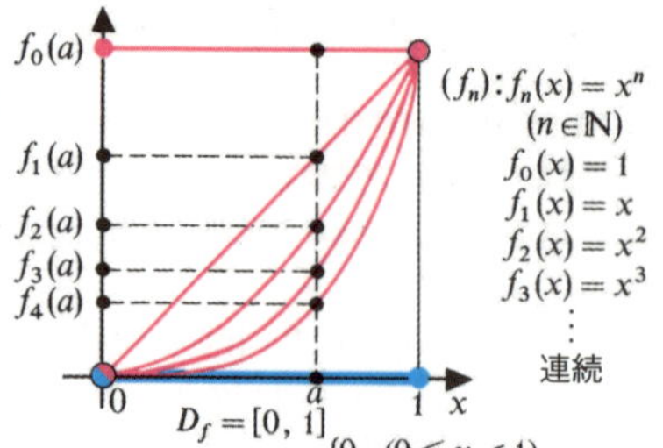

$$\lim_{n \to \infty} f_n(x) = \begin{cases} 0 & (0 \leqq x < 1) \\ 1 & (x = 1) \end{cases}$$

C　だから，極限関数は 1 で不連続．

連続関数の極限

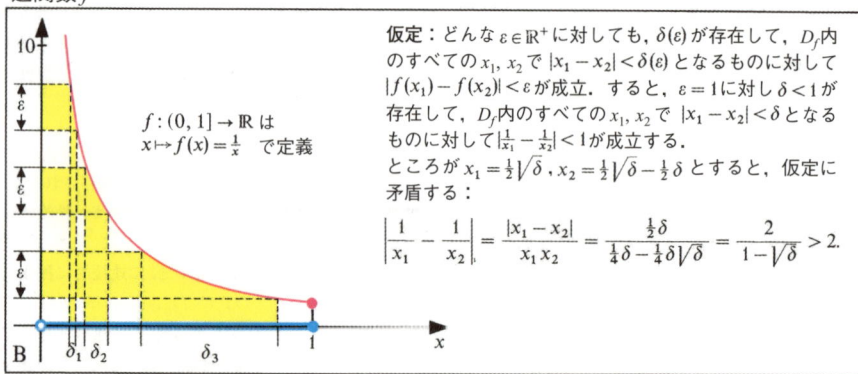

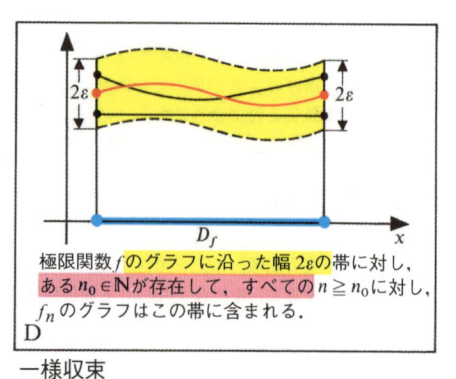

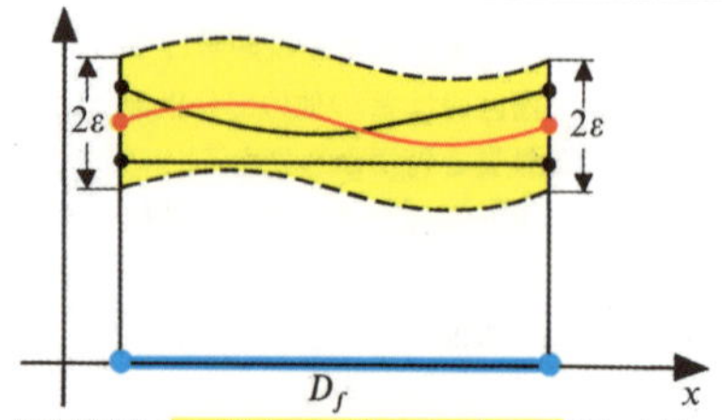

極限関数fのグラフに沿った幅 2εの帯に対し，ある $n_0 \in \mathbb{N}$が存在して，すべての $n \geqq n_0$に対し，f_n のグラフはこの帯に含まれる．

D

一様収束

逆関数と連続性

関数 f に対して f に**逆関数**が存在することと f が全単射であることとは同値 (p.23). **例**：図 A_1. f が全単射で $a \in D_f$ で連続とすると, 逆関数 f^{-1} は存在するが, $f(a)$ で連続とは限らない（図 A_2).

定理 12　f を区間または $\mathbb{R}$ 上で定義された全単射, 連続関数とすると, 逆関数 f^{-1} も連続.

定理 13　f を区間または $\mathbb{R}$ 上で定義された狭義の単調関数とすると, 逆関数 f^{-1} も連続.

定理 13 の証明には, 狭義の単調関数の像集合が区間または $\mathbb{R}$ ならば連続となることを用いる.

一様連続性

連続関数 f の関数値は「隣接する点」での関数値によって「いくらでも精確に」近似される. すなわち, 近似の「精確さ」として, 与えられた $\varepsilon \in \mathbb{R}^+$ に対し, $\varepsilon \in a \in D_f$ に依存して定まる $\delta \in \mathbb{R}^+$ が存在して, もし点 $x \in D_f$ と a との差が δ より小ならば, そこでの関数値と $f(a)$ との差が ε より小となる. もし $\delta \in \mathbb{R}^+$ をすべての $a \in D_f$ で共通にとって, 上記の評価が D_f の「すべての」点でいえるならば, 近似は「同程度に良い」と考えられる. しかしながら図 B に見るように, これはすべての連続関数に対して成り立つ事実ではない.

定義 10　関数 $f : D_f \to W$ は次の条件をみたすとき**一様連続**であるという：任意の $\varepsilon \in \mathbb{R}^+$ に対して, ある $\delta \in \mathbb{R}^+$ が存在して, すべての $a \in D_f$ と $|x - a| < \delta$ となるすべての $x \in D_f$ に対して $|f(x) - f(a)| < \varepsilon$ が成立.

一様連続関数は連続関数の特別なものである. 実際次が成立.

定理 14　任意の一様連続関数は連続.

任意の連続関数が一様連続とは限らないが閉区間上の関数については次が成立.

定理 15　閉区間 $[a, b]$ 上の関数は連続ならば一様連続.

注意　証明には $[a, b]$ のコンパクト性を用いる.

関数列, 一様収束

多項式の列 $\{x, x - \frac{1}{3!}x^3, x - \frac{1}{3!}x^3 + \frac{1}{5!}x^5, \ldots\}$ を考えると, 各 $x \in \mathbb{R}$ に対して実数列が得られる. この数列が収束すればその極限値を対応させることにより $\mathbb{R}$ への関数が定義される. そこで, 数列の項を関数で置き換えることで関数列が定義される：$\{1_\mathbb{R}, 1_\mathbb{R} - \frac{1}{3!}(1_\mathbb{R})^3, \ldots\}$. この列に対し, その各極限値が定義する関数を, この列の極限関数と呼ぶ. 上に挙げた例では正弦関数 (sin) になる (p.280, 図 D). このときまた与えられた列が正弦関数に収束する, ともいう.

定義 11　関数 $f_n : D_{f_n} \to \mathbb{R}$ $(n \in \mathbb{N})$ から作られる列 $\{f_n\}$ が点 $a \in D$ $(D := \cap_{\nu=1}^{\infty} D_\nu)$ において**収束する**とは数列 $\{f_n(a)\}$ が収束することをいう. 列 f_n が関数 $f : D \to \mathbb{R}$ に**収束する**とはすべての $a \in D$ に対して $\{f_n\}$ が a において $f(a)$ に収束することをいう. $x \mapsto f(x) = \lim_{n\to\infty} f_n(x)$ で定義される関数 $f : D \to \mathbb{R}$ を**極限関数**と呼ぶ.

注意　$\{f_n\}$ が点 $a \in D$ で収束しないとき**発散する**という.

連続関数との関連で, 連続関数の収束列の極限関数がまた連続関数になるかどうかという問題は興味深い. 一般的にはこれは成り立たない（図 C).

定義 12　関数列 $\{f_n\}$ が f に**一様収束**するとは次が成り立つことである：任意の $\varepsilon \in \mathbb{R}^+$ に対してある $n_0 \in \mathbb{N}$ が存在して, すべての $x \in D$ とすべての $n \geqq n_0$ について $|f_n(x) - f(x)| < \varepsilon$ が成り立つ（図 D).

定理 16　連続関数の一様収束列は連続な極限関数に収束する.

注意　連続関数の列で連続関数に収束するが一様収束でないものが存在する.

関数項級数, ベキ級数

関数の級数の概念は実級数の類似として構成される (p.251 参照).

定義 13　関数列 $\{f_n\}$ に対して $s_n = f_0 + \cdots + f_n$ によって対応する関数列 $\{s_n\}$ を**関数 f_n の級数**と呼ぶ. $\{s_n\}$ のかわりに $\sum_{\nu=0}^{\infty} f_\nu$ または $f_0 + f_1 + \cdots$ と書く. 級数が収束するとき, この記法はまたその極限関数をも表す.

正弦関数はまた収束級数 $\sum_{\nu=0}^{\infty} \frac{1}{(2\nu+1)!}(1_\mathbb{R})^{2\nu+1}$ でも表現される. また項表示記法を使えば $\sin x = \sum_{\nu=0}^{\infty} \frac{1}{(2\nu+1)!} x^{2\nu+1}$ とも書ける. ベキ関数 $a(1_\mathbb{R})^n$ $(n \in \mathbb{N})$ から作られる級数が重要である.

定義 14　$p := \sum_{\nu=0}^{\infty} a_\nu (1_\mathbb{R})^\nu$ $(a_\nu \in \mathbb{R})$ を**ベキ級数**と呼ぶ. 項表示記法を使えば $p(x) = \sum_{\nu=0}^{\infty} a_\nu x^\nu$.

ベキ級数は $\mathbb{R}$ 全体で収束するわけではない.

定理 17　与えられたベキ級数は点 0 のみで収束しているのでもなく, $\mathbb{R}$ 全体で収束しているものでもないとする. するとある $r \in \mathbb{R}^+$ が存在して, この級数は $|x| < r$ であるすべての x で収束し, $|x| > r$ であるすべての x で発散する. この r は $r = (\overline{\lim} \sqrt[n]{|a_n|})^{-1}$ で与えられる.

この r は**収束半径**, $(-r, r)$ は**収束区間**と呼ばれる. 点 r と $-r$ における収束については定理 17 は何も述べていない. そこで収束する級数もあれば発散する級数もある.

注意　0 でのみ収束する場合は $r = 0$ とも書かれる. 応用は p.271 以降.

接線問題

関数 f にどのような性質があれば，$(x, f(x))$ を通る割線が**接線**と呼ばれる極限状態を持つかを調べること．

微分可能な関数にあっては，導関数 f' が接線の傾き $f'(x)$ を与える．

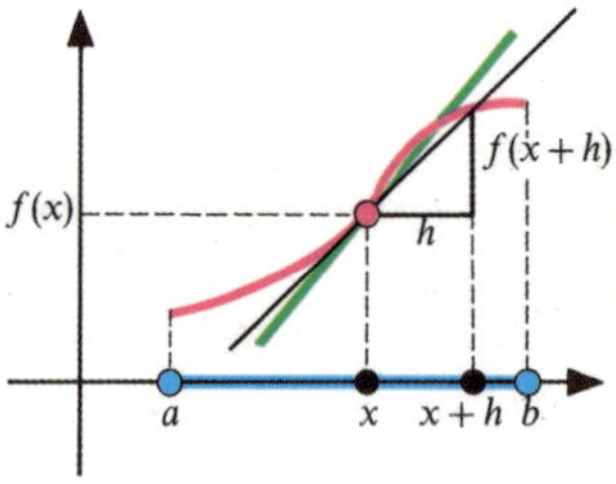

$f:[a, b] \to \mathbb{R}$
微分可能

値 x のところでの f の増加率が近似的に $f'(x)$ に一致する．

$$\frac{f(x+h)-f(x)}{h} \approx f'(x)$$

すなわち十分小さな h に対し

面積問題

非負関数 f にどのような性質があれば，横座標が a と x との間にある，x 軸と f のグラフとで囲まれた図形が**面積**を持つかを調べること．

リーマン積分可能関数においてはそれが面積を与える．

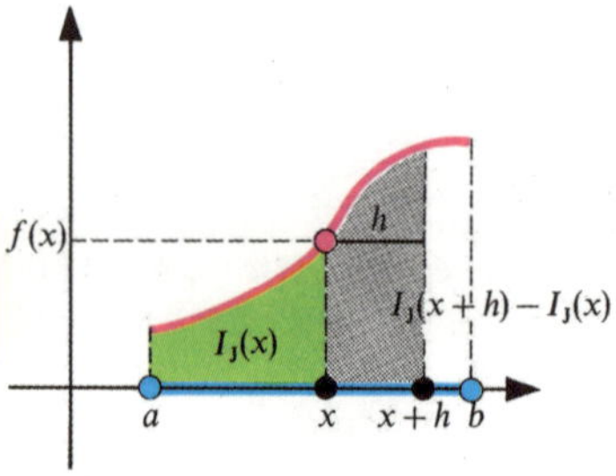

値 x のところでの I_J の増加率が近似的に $f(x)$ に一致する．

$$\frac{I_J(x+h)-I_J(x)}{h} \approx f(x)$$

すなわち十分小さな h に対し

A

接線問題と面積問題との間の関係

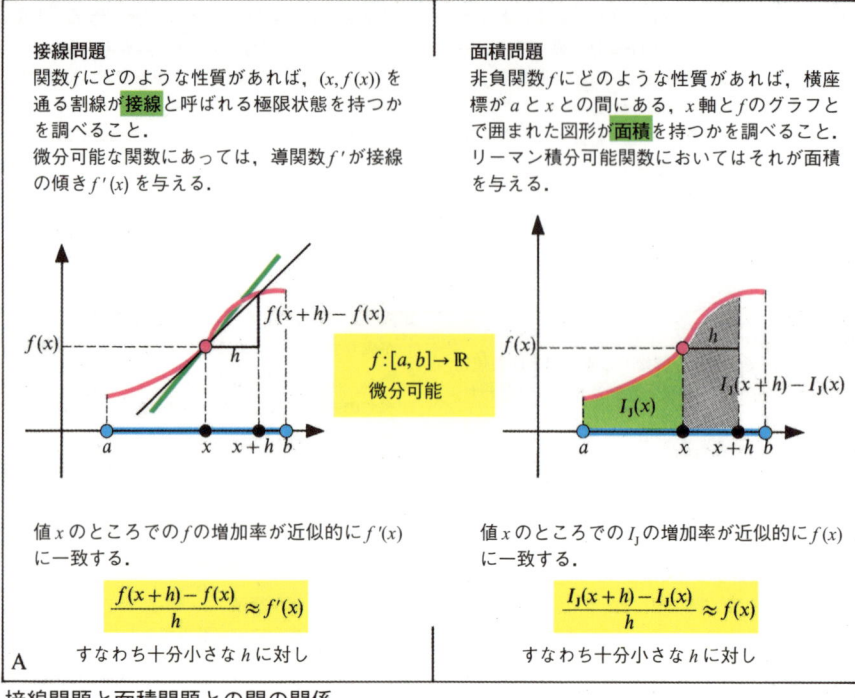

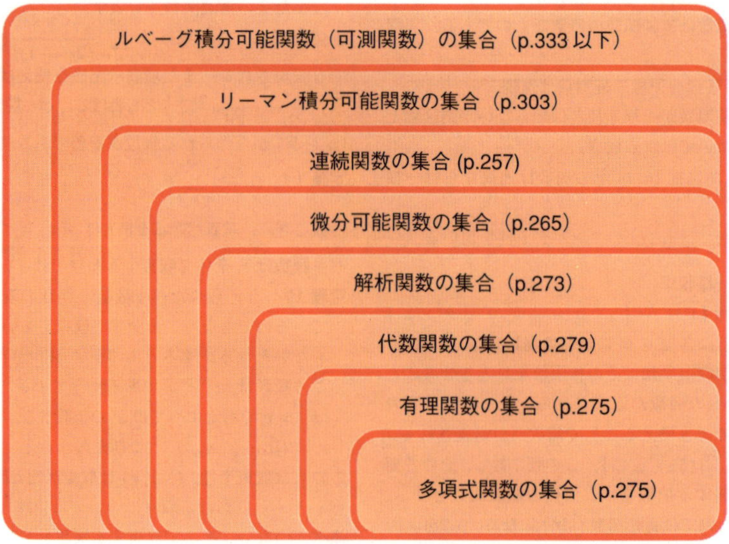

B

関数の分類

数学の中でも最も広範にわたる分野の一つである解析学には多様な部門がある．特徴的なのはいわゆる**無限小操作**による関数の極限値の構成で，なかでも関数の微分，積分が最も重要である．

基本問題を扱うのが**微分法**と**積分法**であり，総称して**無限小解析**ともいわれる無限小解析の知識から導かれる．そのほかの部門としては，さらに**関数解析学**，**微分方程式論**，**微分幾何学**，**関数論**などが挙げられる．

以下では，微分法に続いて積分法を扱うが，逆の順序で扱うこと，あるいは両分野の重要な計算則と定理を一方から他方へと続けて並行的に扱うことによる同時の導入も可能である．それは両分野の密接な関連性を示している．一見，微分法と積分法では扱う問題が全く異なるように見える．微分学では与えられた曲線の傾きを問い，積分学では関数 $f:[a,b]\to\mathbb{R}$ のグラフとして表される曲線で囲まれた図形の面積を問う．もちろんまず傾きや面積をきちんと定義することが，無限小解析の課題である．それによって，関数の**微分可能性**あるいは**積分可能性**の概念が得られる（図 A 参照）．

両概念間には重要な関連性がある．積分可能な関数 $f:[a,b]\to\mathbb{R}$ の任意の点 x におけるグラフの傾き $f'(x)$，グラフの下方の部分で，ある固定された点 a と点 x に囲まれた部分の面積を $I_{\mathrm{J}}(x)$ として，二つの実数 f'，I_{J} が定義される．二つの関数の組 (f',f) と (f,I_{J}) とは類似の性質を持っている．すなわちいずれも 2 番目の関数において変数値を h だけ変化させたときの関数の変化率が 1 番目の関数で近似でき，しかも h を小さくするほど近似がよくなる（図 A）．

積分可能な関数がすべて微分可能とは限らないが，逆は成り立つ．積分可能な関数の集合は微分可能な関数の集合を含む．積分可能性と微分可能性の中間には**連続性の概念**があり，これもまた極限値概念にさかのぼる (p.257)．無限小解析の範囲でさらに概念構築していくことで関数の類別が可能になる（図 B）．

以下のページにある微分法の記述は，**接線問題** (p.265) に始まり，差分商関数の連続的接続可能性としてある点あるいは定義域の部分集合での**微分可能性の概念**を導き，最終的に**導関数**の概念に至る．これに続いて，微分計算則および関数の増減に関する重要な諸定理，関数とその導関数の間の関係を述べる（p.269，**中間値の定理**，p.271，**テイラー展開**）．微分可能関数が局所的に直線で近似できることは**微分**の概念につながる (p.269)．さらに極値問題と曲線論 (p.275) を扱うために重要な判定法を準備する．

次いで特別な類の関数の探究による諸結果が導かれる．**有理関数** (p.275)，**代数関数** (p.279) のほか，**指数関数**，**三角関数**，**双曲線関数**とその**逆関数**を取り扱い，整数論で特に重要な **Γ 関数**，**リーマン ζ 関数**をも論ずる．

さらなる応用として，関数を特別なクラスの関数で近似する問題がある (p.285)．すなわち数の対の集合を適当な関数で補間すること (p.287) や，方程式の数値解法 (p.289) など．

最後に，**多変数関数**への一般化を論じる．その際，微分可能性は線形近似可能性として導入される．一変数の関数との類似がより広範囲にわたって生じる．$\mathbb{R}^n$ の点は，実数の n 個の組として定義されるから，ここに現れる関数は $\mathbb{R}^n$ の点集合から $\mathbb{R}^m$ の中への写像として解釈される（$\mathbb{R}^n$-$\mathbb{R}^m$ 関数，p.291）．これらの空間で重要な $\mathbb{R}$ 上のベクトル空間になることで，これにより多くの物理的な問題を解析学の枠内で取り扱うことが可能になる．関数系あるいは $\mathbb{R}^n$-$\mathbb{R}^n$ 関数の**逆存在**は，微分可能，近似する線形関数の逆存在に帰着される．後者の条件は，少なくとも局所的な逆問題について十分条件であることが示される．これに関する話題としては，**陰関数**や**条件付き極値問題** (p.297) がある．

1 変数関数から多変数関数への移行は後の一般化の準備となる．関数解析学は無限小解析学の結果をより一般のベクトル空間上に拡張しようとするのに対し，関数論では対応する問題を定義域，値域の集合を複素数とした関数について取り扱う．

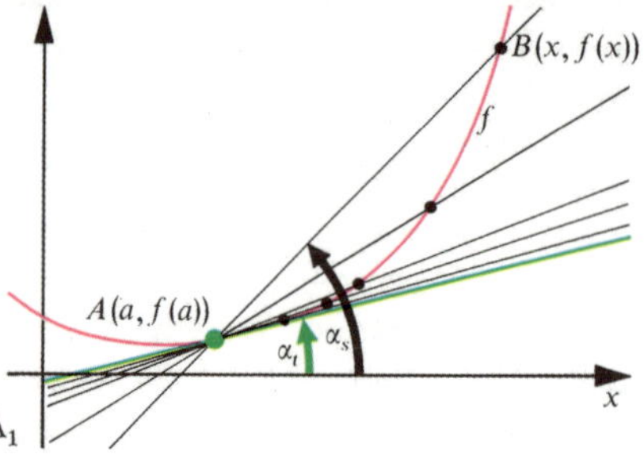

A$_1$

割線 $g(A, B)$ から A での接線への移行：

割線の傾き $m_a(x) = \tan\alpha_s = \dfrac{f(x) - f(a)}{x - a}$,

接線の傾き $\overline{m}_a(a) = \tan\alpha_t = \lim\limits_{x \to a} m_a(x)$. .

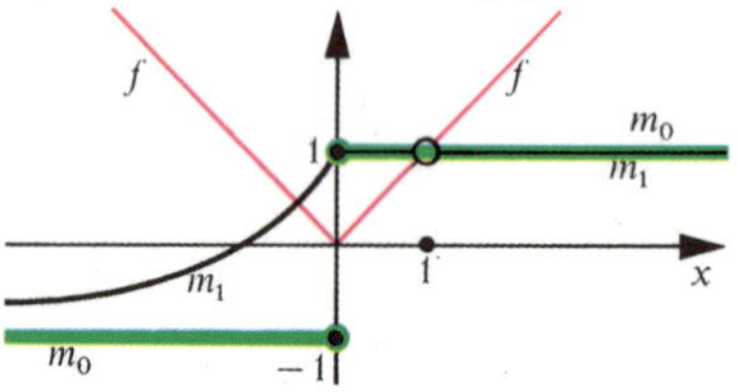

$x \mapsto f(x) = |x|$ で定義される関数 $f: \mathbb{R} \to \mathbb{R}$

$m_a(x) = \dfrac{|x| - |a|}{x - a}$

ma は $a \neq 0$（例えば $a=1$）で連続的に a に接続可能だが，$a = 0$ ではそうでない．緑色のグラフは同時に導関数 f' のグラフを表している．

A$_2$

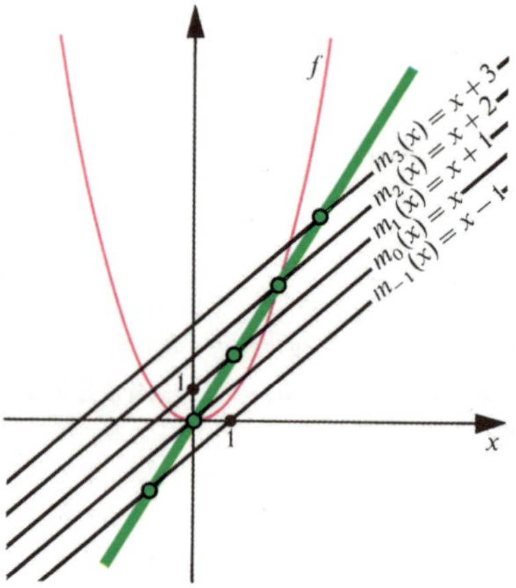

$x \mapsto f(x) = x^2$ で定義される関数 $f: \mathbb{R} \to \mathbb{R}$

$m_a(x) = \dfrac{x^2 - a^2}{x - a} = x + a \quad (x \neq a)$ において

m_a は連続的に a に接続可能で次が成立．

$\overline{m}_a(a) = \lim\limits_{x \to a} m_a(x) = 2a.$

f の導関数 f' は $f'(x) = 2x$ と定義される．

A$_3$

接線問題（A$_1$），差分商関数と導関数（A$_2$, A$_3$）

関数 $g: D_g \to \mathbb{R}$ は $x = \dfrac{m}{3^n}$ $(m \in \mathbb{Z}, n \in \mathbb{N})$ の形に書けるすべての有理数の集合 D_g 上で次のように帰納的に定義されたものとする．

(I) $g\left(\dfrac{m}{3^0}\right) = 0$,

(II) $g\left(\dfrac{3m+1}{3^{n+1}}\right) = g\left(\dfrac{3m+2}{3^{n+1}}\right) = \begin{cases} \dfrac{1}{2}\left(g\left(\dfrac{m}{3^n}\right) + g\left(\dfrac{m+1}{3^n}\right)\right), & g\left(\dfrac{m}{3^n}\right) \neq g\left(\dfrac{m+1}{3^n}\right), \\ g\left(\dfrac{m}{3^n}\right) + \dfrac{1}{2^{n+1}}, & g\left(\dfrac{m}{3^n}\right) = g\left(\dfrac{m+1}{3^n}\right) \text{ の場合} \end{cases}$

図は $n = 0,1,2,3$ の場合の値を示している．g は D_g で連続であるが，$m_a(x)$ は $x \to a$ のとき非有界で，したがって g は至るところ微分不可能であることが容易に分かる．

D_g は $\mathbb{R}$ 内で稠密なので，g は連続関数 $f: \mathbb{R} \to \mathbb{R}$ に拡張できるが，f もすべての $a \in \mathbb{R}$ で微分できないことが $m_a(x)$ を注意深く調べると分かる（D_g が $\mathbb{R}$ 内で稠密であるから，x を D_g に制限して調べる）．

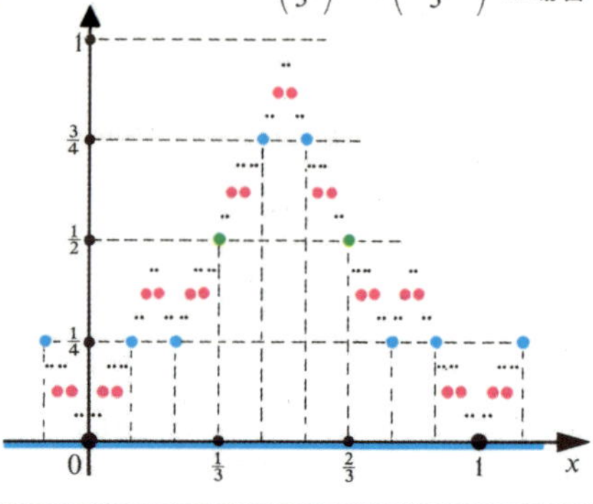

B

連続で，至るところ微分できない関数の例

接線

微分法の出発点は，与えられた曲線上のある点で接線を引くという幾何的問題（ライプニッツ），あるいは物体の速度モーメントの決定といった物理学的問題（ニュートン）であった．その**接線問題**についてより詳しく述べる．曲線上の点 A における接線は，直観的には，曲線上にもう 1 点 B $\neq$ A を取って，A と B を通る直線（割線）を引き，B を曲線に沿って A に近づけることによって得られる．B を A のどちら側から近づけても同一の極限直線から得られるならば，この極限直線を接線という（図 A_1）．

微分可能性と導関数

曲線が関数 $f : D_f \to \mathbb{R}$ のグラフならば，上記のプロセスを計算によって跡付けることができる．割線の傾きが，一定の極限値を持つかどうかを調べる．直線の**傾き**とは，x 軸との**勾配角** α の正接のことである．

$A(a, f(a))$, $B(x, f(x))$ $(x \neq a)$ に対し，それらの割線の傾きは $m_a(x) = (f(x) - f(a))/(x-a)$, $(x \in D_f \backslash \{a\})$ で与えられる．a が D_f の集積点であるとき，$\lim\limits_{x \to a} m_a(x)$ が存在することは，$x \mapsto m_a(x)$ で定義される**差分商（関数）**と呼ばれる関数 $m_a : D_f \backslash \{a\} \to \mathbb{R}$ が a で連続として接続されることと同値である（図 A_2, A_3）．その連続的に接続された関数 $\overline{m}_a : D_f \to \mathbb{R}$ は $\overline{m}_a|_{D_f \backslash \{a\}} = m_a$, $\overline{m}_a(a) = \lim\limits_{x \to a} m_a(x)$ をみたす．

$x - a$ のかわりに記号 h または Δx もしばしば使われる．そのとき，差分商関数は $m_a(a + h) = (f(a + h) - f(a))/h = \Delta f(x)/\Delta x$ と書ける．記号 Δ は A と B の座標差の差を取ることを意味している．

定義 1　関数 $f : D_f \to \mathbb{R}$ が $a \in D_f$ で**微分可能**であるとは，a が D_f の集積点で，a に対する差分商関数 m_a が a に連続的に接続可能なことをいう．f が**微分可能**であるとは，任意の $a \in D_f$ で微分可能なことをいう．

a は D_f の集積点であるから，連続的な接続は可能ならば一意的である．

定義 2　f が $a \in D_f$ で微分可能なとき，$\overline{m}_a(a) = \lim\limits_{x \to a} m_a(x)$ を f の a における**微分係数**という．$D_{f'}$ を f が微分可能である $a \in D_f$ 全体の集合としたとき，$a \mapsto f'(a) = \lim\limits_{x \to a} m_a(x)$ で定義される関数 $f' : D_f \to \mathbb{R}$ を f の**導関数**という．

ふつう，変数 a を x で置き換え，導関数 f' を再び x の関数として書き表す．また，$f'(x)$ のかわりにライプニッツにさかのぼる記法 $\dfrac{\mathrm{d}f(x)}{\mathrm{d}x}$ を用いることもある．これは，商 $\dfrac{\Delta f(x)}{\Delta x}$ の極限値であることが分かる記法である．しかしいわゆる微分 $df(x)$, dx は $\Delta f(x)$, Δx の極限値であることを意味しない．後者の極限値はいずれも 0 である．その幾何学的意味については p.269 を参照．導関数はまた**微分商**ともいわれる．

写像 f を方程式 $y = f(x)$ の形に書くと，f の導関数は $y' = f'(x) = \frac{\mathrm{d}y}{\mathrm{d}x}$ とも書ける．

微分可能性と連続性

定理 1　$a \in D_f$ で微分可能な関数 f は a で連続．

$m_a(x)$ の定義から，微分可能な関数 f に対して，$f(x) = f(a) + (x - a)\overline{m}_a(x)$ が成り立つ．$\overline{m}_a$ の a における連続性より，p.259 の定理 5 を使えば，f の a における連続性が導かれる．定理 1 の逆は成立しない．$\mathbb{R}$ 上 $x \mapsto |x|$ で定義される絶対値関数は $x = 0$ で連続であるが微分可能ではない（図 A_2）．さらに至るところ連続であるが，どの点でも微分可能でない関数の例も存在する（図 B）．

微分則

簡単な関数の導関数は定義 1 から直接求まる．

定理 2　定数関数 $f : \mathbb{R} \to \{c\}$ は，すべての $x \in \mathbb{R}$ に対し $f'(x) = 0$.

定理 3　$x \mapsto x$ で定義される恒等関数 $f : \mathbb{R} \to \mathbb{R}$ は，すべての $x \in \mathbb{R}$ に対し $f'(x) = 1$.

実際すべての $a \in \mathbb{R}$, $x \in \mathbb{R}$ に対し，定理 2 の場合は $m_a(x) = 0$，定理 3 の場合は，$m_a(x) = 1$ である．微分可能な関数に四則演算を施して得られる関数の導関数は定理 5 で与えられる．その準備として，次の**制限則**が必要となる．

定理 4　関数 $f : D_f \to \mathbb{R}$ の $M \subset D_f$ 上への制限を考える．a が $M \cap D_{f'}$ の集積点ならば，$(f|_M)'(a) = f'(a)$ が成り立つ．

f が，ある点で微分可能でなくとも，$f|_M$ がその点で微分可能となる場合が生じる．例えば絶対値関数を $\mathbb{R}_0^+$ または $\mathbb{R}_0^-$ に制限した関数は，元の絶対値関数と異なり，0 で微分可能である（**右側微分可能性**，**左側微分可能性**）．

定理 5　微分可能な関数 f, g の四則演算で得られる関数に対し，それらの導関数の定義域の共通部分において次が成り立つ：

$$(f \pm g)' = f' \pm g' \quad \text{（和法則）},$$
$$(f \cdot g)' = f' \cdot g + f \cdot g' \quad \text{（積法則）},$$
$$\left(\frac{f}{g}\right)' = \frac{f' \cdot g - f \cdot g'}{g^2} \; (g(x) \neq 0) \; \text{（商法則）}$$

系　(1) $x \mapsto f(x) = x^n$ で定義されるベキ関数に対し $f'(x) = nx^{n-1}$（ベキ法則）．（証明は n に関する帰納法．）

(2) 定数倍は微分によって保たれる．

$$(cf)'(x) = c \cdot f'(x)$$

A

$f: \mathbb{R} \to \mathbb{R}$ を次で定義する：
$$x \mapsto f(x) = \begin{cases} x^2 \sin\frac{1}{x} & (x \in \mathbb{R}\setminus\{0\}), \\ 0 & (x = 0) \end{cases}$$

f は微分可能で，次が成立：
$$f'(x) = \begin{cases} 2x \sin\frac{1}{x} - \cos\frac{1}{x} & (x \in \mathbb{R}\setminus\{0\}), \\ 0 & (x = 0) \end{cases}$$

f の正の零点の列 $\{x_n\}$ を考える．
すなわち
$$x_n = \frac{1}{n\pi}, n \in \mathbb{N}.$$
すると $\lim_{n\to\infty} x_n = 0$ だが，
$\{f'(x_n)\} = \{1, -1, 1, -1, 1, -1, \ldots\}$,
だから $\lim_{n\to\infty} f'(x_n)$ は存在せず，
したがって f' は 0 で連続でない．
$(\bar{g}(x) = x^2, \ g(x) = -x^2)$

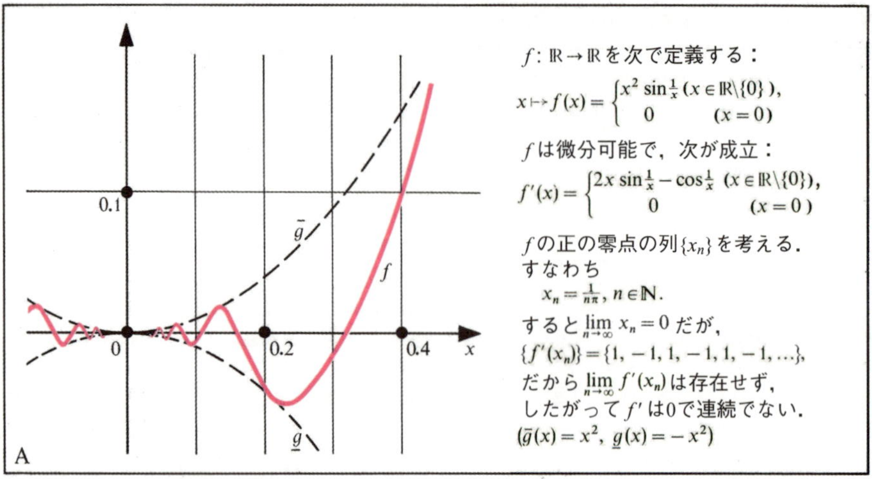

微分可能だが連続的微分可能ではない関数の例

B

$f(x) = \frac{1}{6}x^3 - \frac{1}{4}x^2 - x + 1\frac{1}{12}$

$f'(x) = \frac{1}{2}x^2 - \frac{1}{2}x - 1$

$f''(x) = x - \frac{1}{2}$

$f'''(x) = 1$

$f^{(n)}(x) = 0 \ (n \geq 4)$

関数とその高次導関数のグラフ

C

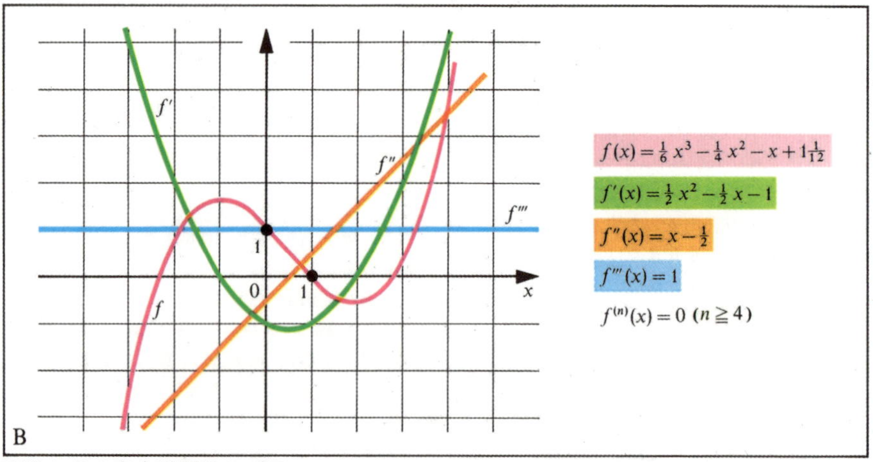

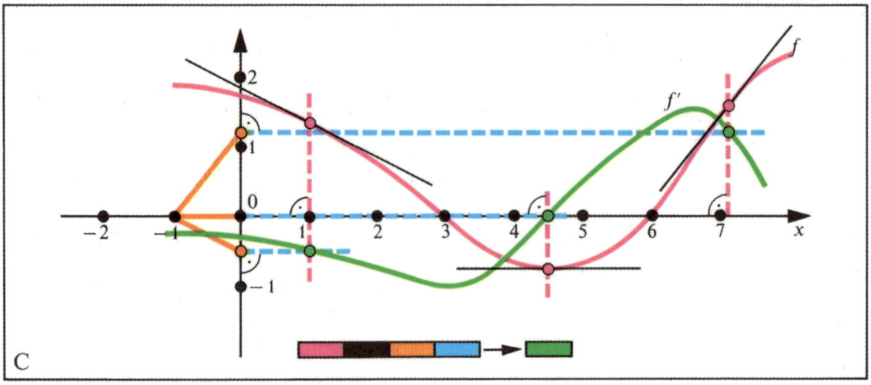

グラフを用いた微分

微分可能な関数の合成

単純な関数の合成として表される関数を考える．例えば，$x \mapsto f(x) = 3x^2+5x-7$ で定義される関数 $f : \mathbb{R} \to \mathbb{R}$ と $u \mapsto g(u) = u^{12}$ で定義される関数 $g : \mathbb{R} \to \mathbb{R}$ が与えられたとき，それらの合成 $g \circ f$ として $x \mapsto h(x) = g(f(x)) = (3x^2+5x-7)^{12}$ で定義される関数が得られる．この場合，f, g, h は微分可能な関数である．$h'(x)$ は，もちろん展開して括弧をはずせば計算できるが，きわめて面倒である．問題は，導関数 f', g' を用いて直接的に h' を計算することで，次の定理がそれに答える．

定理 6（合成法則，鎖法則）　f は $a \in D_f$ で，g は $f(a) \in D_g$ で微分可能であるとする．すると，$g \circ f$ も a で微分可能で $(g \circ f)'(a) = g'(f(a)) \cdot f'(a)$ が成り立つ．すなわち，$(g \circ f)' = (g' \circ f) \cdot f'$.

証明には f, g のそれぞれの差分商関数 $\overline{m}_a$, $\overline{n}_{f(a)}$ の連続的接続を使う．

$$\begin{aligned}(g \circ f)(x) &= (g \circ f)(a) \\ &\quad + (f(x) - f(a)) \cdot \overline{n}_{f(a)}(f(x)) \\ &= (g \circ f)(a) + (x-a) \cdot [\overline{m}_a \cdot (\overline{n}_{f(a)} \circ f)](x)\end{aligned}$$

だから，$\overline{m}_a \cdot (\overline{n}_{f(a)} \circ f)$ が $g \circ f$ の差分商関数の連続的接続．これは，a で連続な関数の積だから連続である．ゆえに，$g \circ f$ が a で微分可能で，上記の導関数を持つ．上記の例に対して，合成法則を適用すれば，$f'(x) = 6x+5$, $g'(u) = 12u^{11}$ だから，$h'(x) = g'(f(x)) \cdot f'(x) = 12(3x^2+5x-7)^{11}(6x+5)$ が得られる．

注意　$y = g(u)$, $u = f(x)$ を合成して $y = g(f(x))$ とすると，ライプニッツの記法を使えば，憶えやすい一見明白な鎖法則の影の定理を得る：

$$\frac{\mathrm{d}y}{\mathrm{d}x} = \frac{\mathrm{d}y}{\mathrm{d}u}\frac{\mathrm{d}u}{\mathrm{d}x}$$

逆関数の微分

既知の関数から新しい関数を得る重要な一つの方法として逆関数の構成がある．すべての関数に逆関数が存在するわけではない．ここで問題としたいのは，f の逆関数が存在するとき，f の連続性や微分可能性がいつ f^{-1} に遺伝するかである．一般には，連続性も，微分可能性も遺伝しない（例えば p.260 の図 A_2 参照）．f^{-1} の微分可能性については次が成立する：

定理 7　f は a で微分可能で，逆関数 f^{-1} を持つとする．もし $f'(a) \neq 0$ で，f^{-1} が $f(a)$ で連続なら f^{-1} は $f(a)$ で微分可能で，$(f^{-1})'(f(a)) = \frac{1}{f'(a)}$ が成り立つ．すなわち，$(f^{-1})' \circ f = \frac{1}{f'}$.

上記の反例から分かるように，f^{-1} の $f(a)$ における連続性の仮定は不可欠で，それは f の a での微分可能性からは導かれない．しかしながら，f が a を含む閉区間で連続であれば，f^{-1} の $f(a)$ での連続性が導かれる（p.261，定理 12）．定理 7 で得られた微分則をライプニッツの記法で書けば $\frac{\mathrm{d}x}{\mathrm{d}y} = \frac{1}{\frac{\mathrm{d}y}{\mathrm{d}x}}$ となる．例として $x \mapsto x^2$ で定義される関数 $f : \mathbb{R}_0^+ \to \mathbb{R}_0^+$ の逆関数を調べる．このとき $f^{-1}(y) = \sqrt{y}$ で $(f^{-1})'(y) = \frac{1}{2x} = \frac{1}{2\sqrt{y}}$ となる．

高次導関数

関数 f の導関数 f' は，再び微分可能となる場合がある．ただし常にというわけではない．実際 $x \mapsto x \cdot |x|$ で定義される関数 $f : \mathbb{R} \to \mathbb{R}$ は至るところ微分可能であるが，$f'(x) = 2 \cdot |x|$ であるから，導関数は $x = 0$ で微分可能でない．$D_{f''}$ を f' が微分可能となるような $x \in D_f$ 全体のなす集合とする．このとき f' の導関数 $f'' : D_{f''} \to \mathbb{R}$ を f の**第 2 次導関数**と呼ぶ．同様に，より高次の導関数を構成できる．f' は第 1 次導関数であり，場合によっては f を 0 次導関数と呼ぶ．導関数の次数は，プライムを付けて表示されるか，または関数記号の肩に括弧付き数字で表示される．すなわち，$f^{(n)}$ は**第 n 次導関数**を意味し，$f^{(n)} = (f^{(n-1)})'$ である．ライプニッツの記法による第 n 次導関数の記号は $\frac{\mathrm{d}^n y}{\mathrm{d}x^n}$.

定義 3　$n \in \mathbb{N}$ とする．関数 $f : D_f \to \mathbb{R}$ は $a \in D_{f^{(n)}}$ のとき（$M \subset D_{f^{(n)}}$ のとき），$\boldsymbol{a}$ で（$\boldsymbol{M}$ で）$\boldsymbol{n}$ **回微分可能**であるといい，$D_{f^{(n)}} = D_f$ のときは，単に $\boldsymbol{n}$ **回微分可能**であるという．

応用上は，微分可能性に関する次の概念が有用：

定義 4　$n \in \mathbb{N}$ とする．関数 $f : D_f \to \mathbb{R}$ は a で（M で）n 回微分可能で，さらに $f^{(n)}$ がそこで連続であるとき，$\boldsymbol{n}$ **回連続微分可能**であるという．

図 A の例は，微分可能な関数が，必ずしも連続微分可能ではないことを示している．任意の $n \in \mathbb{N}$ に対して n 回微分可能であるような関数は**無限回微分可能**といわれる．例えば，すべての有理関数は，その定義域上の関数として無限回微分可能（図 B）．

グラフにおける微分

応用上，微分可能な関数のグラフは与えられるが，関数値を知るために必要な項や数式が分からない場合がしばしばある．その場合にも，目測によって十分な精度で曲線に接線が引ければ，各点ごとの値を求めることで，導関数のグラフをそれなりの精度で描ける．図 C にその手続きが示されている．点 $(x, f(x))$ を通る接線に対し，点 $(-1, 0)$ を通る平行線を引けば，y 軸との交点の座標が $(0, f'(x))$ である．

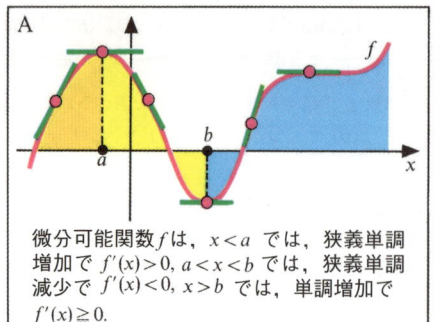

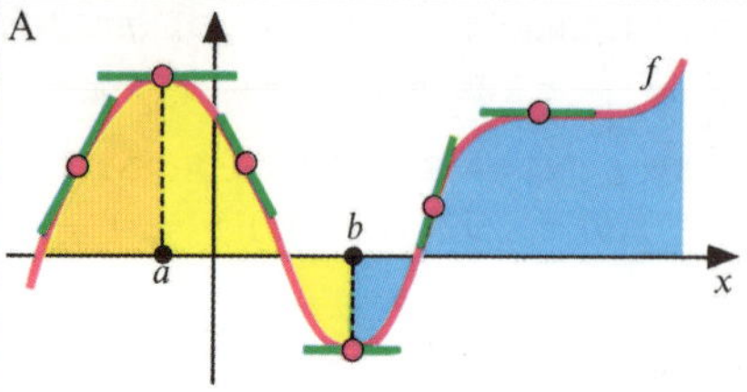

微分可能関数 f は，$x<a$ では，狭義単調増加で $f'(x)>0$, $a<x<b$ では，狭義単調減少で $f'(x)<0$, $x>b$ では，単調増加で $f'(x)\geqq 0$.
f は，$x=a$ で極大値を持ち，$x=b$ で極小値を持つ．次が成立：

$$f'(a)=f'(b)=0.$$

増減の様子と導関数

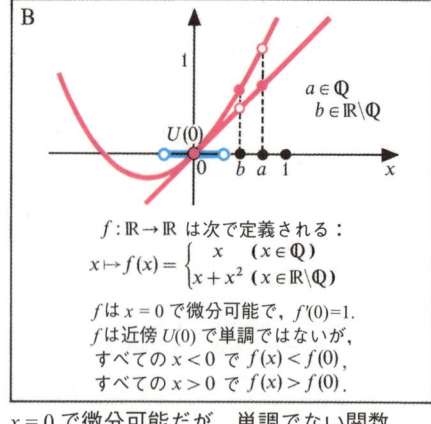

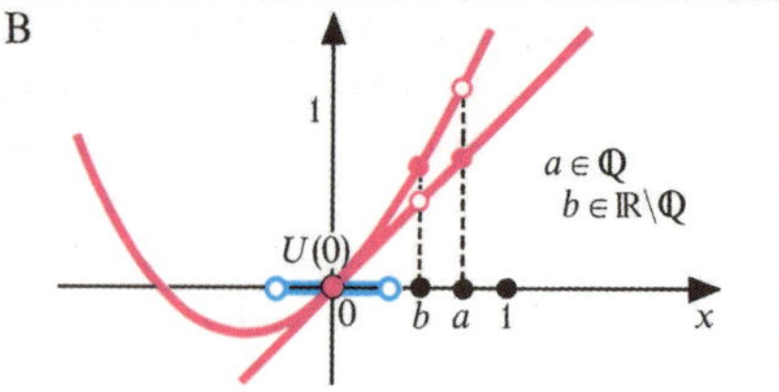

$f:\mathbb{R}\to\mathbb{R}$ は次で定義される：

$$x\mapsto f(x)=\begin{cases} x & (x\in\mathbb{Q}) \\ x+x^2 & (x\in\mathbb{R}\setminus\mathbb{Q}) \end{cases}$$

f は $x=0$ で微分可能で，$f'(0)=1$.
f は近傍 $U(0)$ で単調ではないが，
すべての $x<0$ で $f(x)<f(0)$,
すべての $x>0$ で $f(x)>f(0)$.

$x=0$ で微分可能だが，単調でない関数．

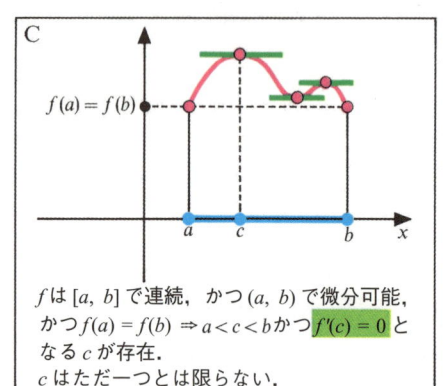

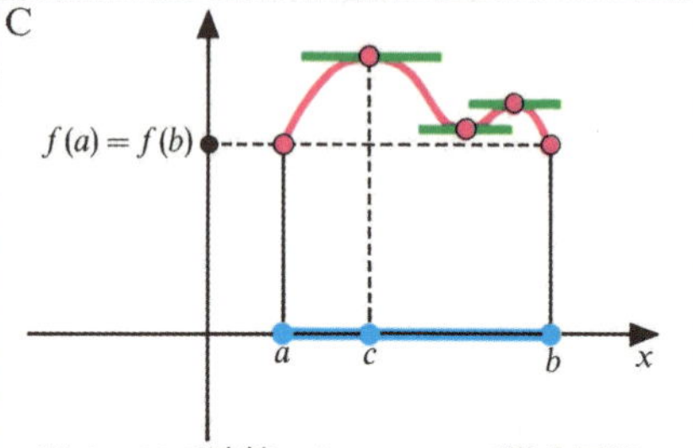

f は $[a,\ b]$ で連続，かつ $(a,\ b)$ で微分可能，かつ $f(a)=f(b)$ ⇒ $a<c<b$ かつ $f'(c)=0$ となる c が存在．
c はただ一つとは限らない．

ロルの定理

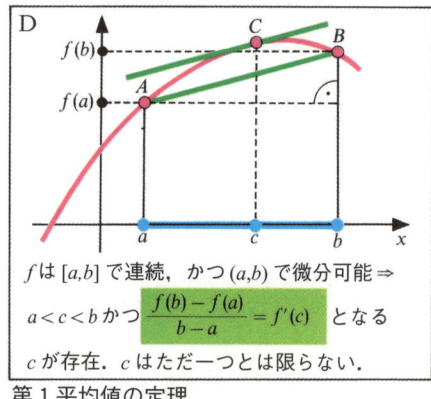

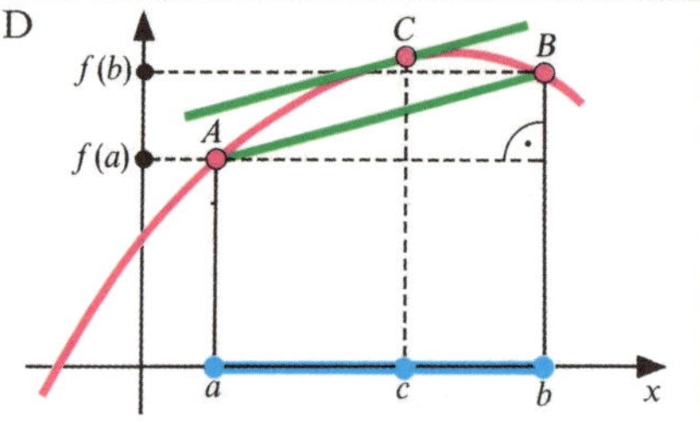

f は $[a,b]$ で連続，かつ (a,b) で微分可能 ⇒
$a<c<b$ かつ $\dfrac{f(b)-f(a)}{b-a}=f'(c)$ となる
c が存在．c はただ一つとは限らない．

第 1 平均値の定理

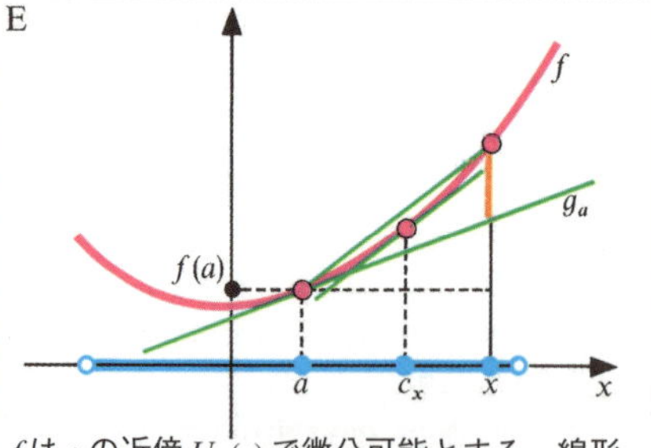

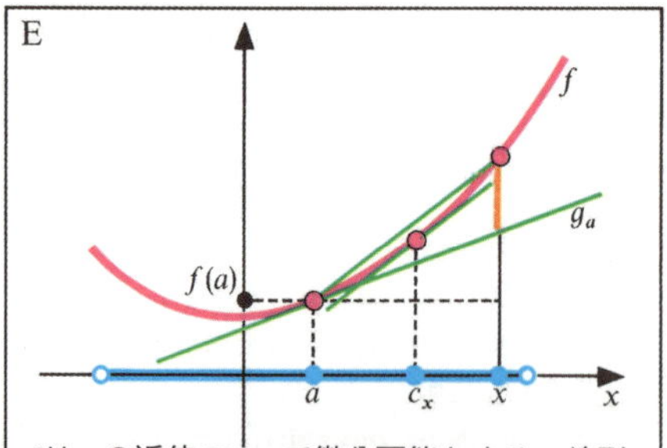

f は a の近傍 $U_\varepsilon(a)$ で微分可能とする．線形関数 g_α を，そのグラフが f のグラフの $(a,f(a))$ における接線であるようなものとする．すると f は g_a で近似される．
関係式 $f(x)=f(a)+(x-a)\,f'(c_x)\ (x\in U_\varepsilon(a))$,
$g_a(x)=f(a)+(x-a)\,f'(a)$ より

$$f(x)-g_a(x)=(x-a)\left(f'(c_x)-f'(a)\right),$$

すなわち近似は $x-a$ と $f'(c_x)-f'(a)$ が小さければ小さいほどよい．

近似

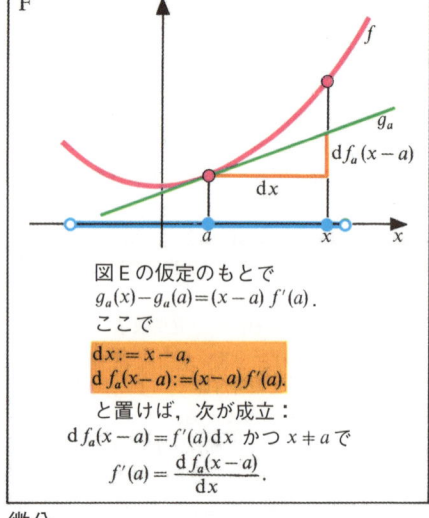

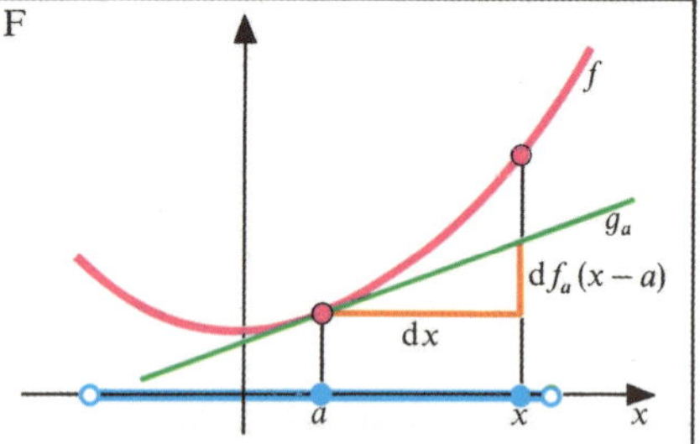

図 E の仮定のもとで
$g_a(x)-g_a(a)=(x-a)\,f'(a)$.
ここで

$\mathrm{d}x:=x-a$,
$\mathrm{d}f_a(x-a):=(x-a)\,f'(a)$.

と置けば，次が成立：
$\mathrm{d}f_a(x-a)=f'(a)\,\mathrm{d}x$ かつ $x\neq a$ で

$$f'(a)=\frac{\mathrm{d}f_a(x-a)}{\mathrm{d}x}.$$

微分

極値とロルの定理

関数 f の微分可能性は局所的な性質であるが，導関数の a での値と a の近傍における関数の増大状況との間には密接な関連がある（図 A）．次の仮定のもとでは，ある点でのすべての導関数の値が分かればその関数の定義域内の個々の点での値がすべて計算できてしまう (p.273)．

定理 1　a で微分可能な関数 $f: D_f \to \mathbb{R}$ について次が成り立つ：

f は $U_\epsilon(a)$ で単調増加関数 $\Rightarrow f'(a) \geqq 0$

f は $U_\epsilon(a)$ で単調減少関数 $\Rightarrow f'(a) \leqq 0$

$f'(a) \neq 0$ なる事実から単調性が導かれるであろうという推測は図 B の例によって否定される．しかしながら，次が成り立つ．

定理 2　a で微分可能な関数 $f: D_f \to \mathbb{R}$ について次が成り立つ：

$f'(a) > 0$ ならば，ある近傍 $U_\epsilon(a)$ が存在して，$x > a$ であるすべての $x \in U_\epsilon(a)$ に対して $f(x) > f(a)$ となり，$x < a$ であるすべての $x \in U_\epsilon(a)$ に対して $f(x) < f(a)$ となる．

$f'(a) < 0$ の場合も，同様の結果が成り立つ．単調性に結びつけるには，さらに強い仮定が必要となる（定理 7 参照）．

定義　$f: D_f \to \mathbb{R}$ が $c \in D_f$ で**極値**を持つとは，ある近傍 $U_\epsilon(c)$ が存在して，$f(c) = \max(f[U_\epsilon(c)])$ または $f(c) = \min(f[U_\epsilon(c)])$ が成り立つことをいう．さらにすべての $x \in U_\epsilon(c)\backslash\{c\}$ に対して $f(c) \neq f(x)$ ならば**狭義の極値**を持つという．

定理 3　$f: D_f \to \mathbb{R}$ が $c \in D_f$ で極値を持てば $f'(c) = 0$ である．

この定理の逆が成立たないことは，$x \mapsto x^3$ で定義される関数 $f: \mathbb{R} \to \mathbb{R}$ を点 0 で考えれば分かる．この場合 $f'(0) = 0$ であるが 0 で極値を持たない．閉区間 $[a,b]$ で定義された連続関数については，$\max(f([a,b]))$ と $\min(f([a,b]))$ が存在するから（p.259，定理 10），さらに次が成立する．

定理 4（ロルの定理）　$f: [a,b] \to \mathbb{R}$ は連続で，(a,b) で微分可能かつ $f(a) = f(b)$ とすると，$f'(c) = 0$ となる $c \in (a,b)$ が存在する（図 C）．

注意　応用上，次の特別な場合が重要：$f(a) = f(b) = 0$ とする．このとき，ロルの定理から，上記の仮定のもとで，関数のこの二つの零点の間には導関数の零点が存在する．

平均値の定理

ロルの定理は次の重要な定理に一般化される．

定理 5（第 1 平均値の定理）　$f: [a,b] \to \mathbb{R}$ は連続で，(a,b) で微分可能とする．すると $\frac{f(b)-f(a)}{b-a} = f'(c)$ となる $c \in (a,b)$ が存在する．

関数のグラフ上で見れば 2 点 $A(a,f(a)), B(b,f(b))$ の間の点 C で，そこでの接線が A，B を結ぶ割線 $g(A,B)$ と平行になるものの存在を意味する（図 D）．

定理 6（第 2 平均値の定理）　$f: [a,b] \to \mathbb{R}$ と $g: [a,b] \to \mathbb{R}$ は連続で，ともに (a,b) で微分可能であるとする．さらに $g(a) \neq g(b)$ かつすべての $x \in (a,b)$ で $g'(x) \neq 0$ とする．すると $\frac{f(b)-f(a)}{g(b)-g(a)} = \frac{f'(c)}{g'(c)}$ となる $c \in (a,b)$ が存在．

第 1 平均値の定理の証明のためには，$x \mapsto h_1(x) = f(x) + \frac{f(b)-f(a)}{a-b}x$ で定義される補助関数 $h_1: [a,b] \to \mathbb{R}$ を，第 2 平均値の定理の証明のためには $x \mapsto h_2(x) = f(x) + \frac{f(b)-f(a)}{g(a)-g(b)} \cdot g(x)$ で定義される補助関数 $h_2: [a,b] \to \mathbb{R}$ を考えて，ロルの定理を適用すればよい．定理 5 の系として単調性判定条件が得られる．

定理 7　$f: [a,b] \to \mathbb{R}$ は連続で，(a,b) で微分可能とする．すべての $x \in (a,b)$ に対して $f'(x) \geqq 0$ $(f'(x) > 0)$ なら f は単調増加（狭義の単調増加）である．

定理は単調減少関数（狭義の単調減少関数）についても同様に定式化される．特別な場合として次が得られる．

定理 8　$f: [a,b] \to \mathbb{R}$ は連続で，(a,b) で微分可能とする．すべての $x \in (a,b)$ に対して $f'(x) = 0$ ならば f は定数関数である．

微分

関数 $f: D_f \to \mathbb{R}$ が a の近傍 $U_\epsilon(a)$ で微分可能ならば，平均値の定理から，任意の $x \in U_\epsilon(a)\backslash\{a\}$ に対し，$c_x \in (x,a)$ または $c_x \in (a,x)$ で，

$$f(x) = f(a) + (x-a)f'(c_x)$$

をみたすものが存在する．この記法は，$g_a(x) = f(a) + (x-a)f'(a)$ で定義される 1 次関数 g_a を用いて f の $U_\epsilon(a)$ での近似値を計算する課題と関連する．$x - a$ と $f'(x) - f'(a)$ が十分小さければ $f(x) - g_a(x)$ も微小である（図 E）．$f'(x) - f'(a)$ が大きいとき，2 回微分可能な関数については，導関数の変化を記述する，第 2 次導関数を併せ用いることによってさらによい近似値が得られる（p.271 参照）．実際上の近似問題では，関数値の差 $f(x) - f(a)$ の決定のみが重要である．これは $g_a(x) = f(a) + (x-a)f'(a)$ に帰着させることができる．この右辺は $\mathrm{d}f_a(x-a) = (x-a)f'(a)$ として線形写像 $\mathrm{d}f_a$ を定義し，これは f の a における**微分**と呼ばれる（図 F）．恒等関数の a に関する微分は $x - a$ では $x - a$ となる．これは $\mathrm{d}x$ で表される．代入して $\mathrm{d}f_a(x-a) = f'(a)\mathrm{d}x$ を得る．

注意　導関数に関するライプニッツの記法 $f'(x) = \frac{\mathrm{d}f(x)}{\mathrm{d}x}$ (p.265) から「導かれる」関係式 $\mathrm{d}f(x) = f'(x)\mathrm{d}x$ は微分に関する上の関係式と同じように見えるが，上記によれば正しくない．導関数の微分の商としての解釈は歴史的な意味を持ち，微分計算に欠かせない．

$f:\mathbb{R}\to\mathbb{R}$ を次で定義：$x \mapsto f(x)=\frac{1}{6}x^3-\frac{1}{4}x^2-x+1\frac{1}{12}$ (p.266 図 B 参照)

次が成立：

$f'(x)=\frac{1}{2}x^2-\frac{1}{2}x-1$ 　 $f(0)=1\frac{1}{12}$ 　 $f(2)=-\frac{7}{12}$

$f''(x)=x-\frac{1}{2}$ 　 $f'(0)=-1$ 　 $f'(2)=0$

$f'''(x)=1$ 　 $f''(0)=-\frac{1}{2}$ 　 $f''(2)=\frac{3}{2}$

$f^{(n)}(x)=0\ (n\geqq 4)$ 　 $f'''(0)=1$ 　 $f'''(2)=1$

$f^{(n)}(0)=0\ (n\geqq 4)$ 　 $f^{(n)}(2)=0\ (n\geqq 4)$.

0 を中心に展開したテイラー多項式

$p_{0,0}(x)=1\frac{1}{12}$

$p_{1,0}(x)=1\frac{1}{12}-x$

$p_{2,0}(x)=1\frac{1}{12}-x-\frac{1}{4}x^2$

$p_{3,0}(x)=1\frac{1}{12}-x-\frac{1}{4}x^2+\frac{1}{6}x^3$

$p_{n,0}(x)=p_{3,0}(x)=f(x)\ (n\geqq 4)$

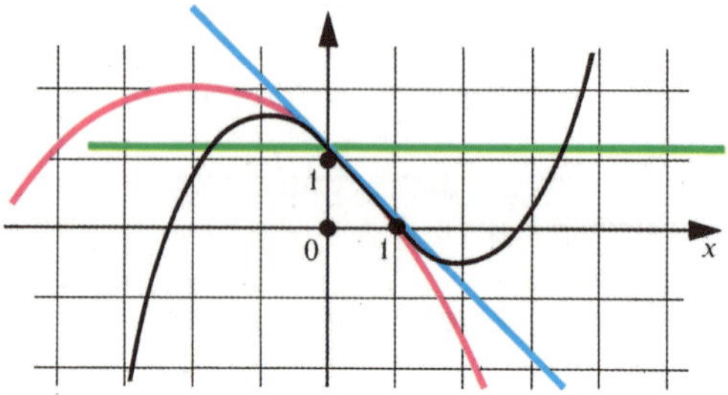

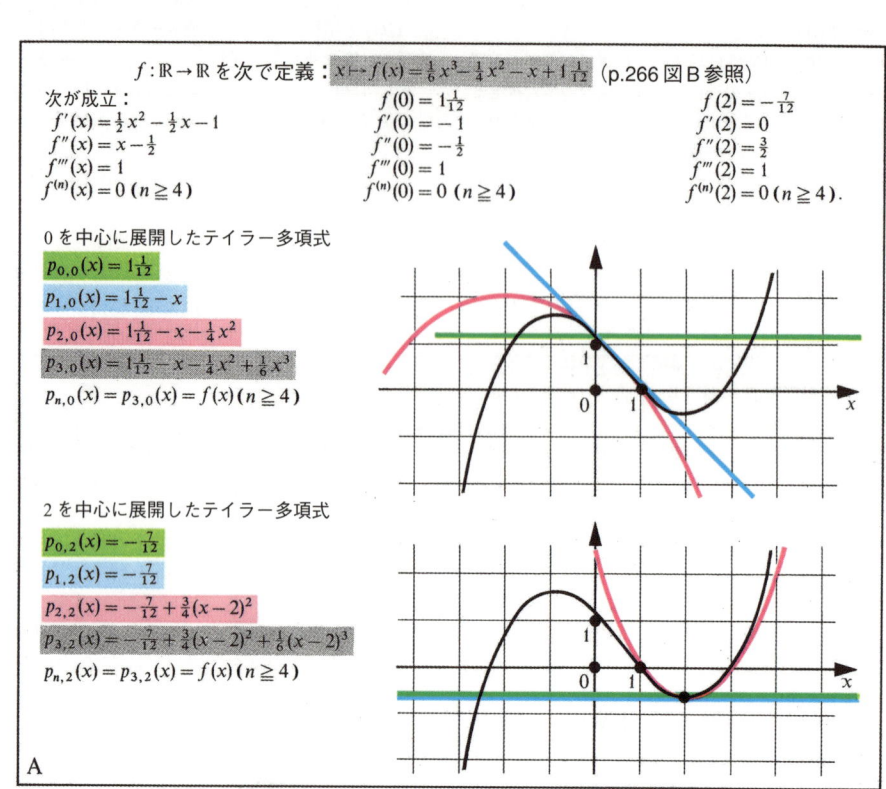

2 を中心に展開したテイラー多項式

$p_{0,2}(x)=-\frac{7}{12}$

$p_{1,2}(x)=-\frac{7}{12}$

$p_{2,2}(x)=-\frac{7}{12}+\frac{3}{4}(x-2)^2$

$p_{3,2}(x)=-\frac{7}{12}+\frac{3}{4}(x-2)^2+\frac{1}{6}(x-2)^3$

$p_{n,2}(x)=p_{3,2}(x)=f(x)\ (n\geqq 4)$

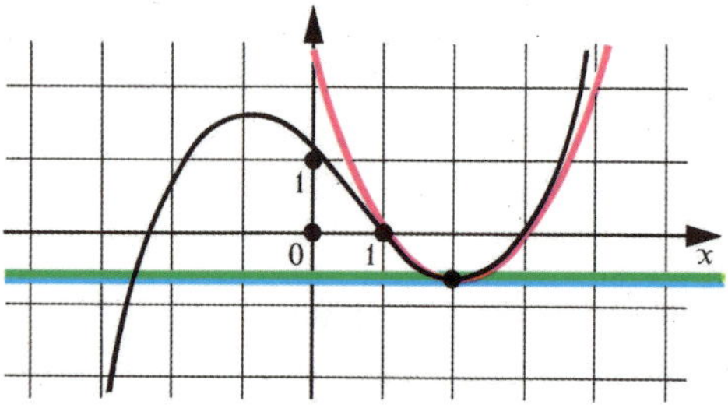

A

多項式関数のテイラー多項式

$f:\mathbb{R}\to\mathbb{R}$ を次で定義：$x \mapsto f(x)=\sin x$ (p.169 参照)

次が成立：

$f'(x)=\cos x$ 　 $f(0)=0$

$f''(x)=-\sin x$ 　 $f'(0)=1$

$f'''(x)=-\cos x$ 　 $f''(0)=0$

$f^{(4)}(x)=\sin x$ 　 $f'''(0)=-1$

$f^{(4)}(0)=0$

$f^{(2n)}(0)=0$

$f^{(2n+1)}(0)=(-1)^n$

0 中心に展開したテイラー多項式

$p_{0,0}(x)=0$

$p_{1,0}(x)=p_{2,0}(x)=x$

$p_{3,0}(x)=p_{4,0}(x)=x-\dfrac{x^3}{3!}$

$p_{5,0}(x)=p_{6,0}(x)=x-\dfrac{x^3}{3!}+\dfrac{x^5}{5!}$

$$p_{2n+1,0}(x)=p_{2n+2,0}(x)=\sum_{\nu=0}^{n}\frac{(-1)^\nu x^{2\nu+1}}{(2\nu+1)!}$$

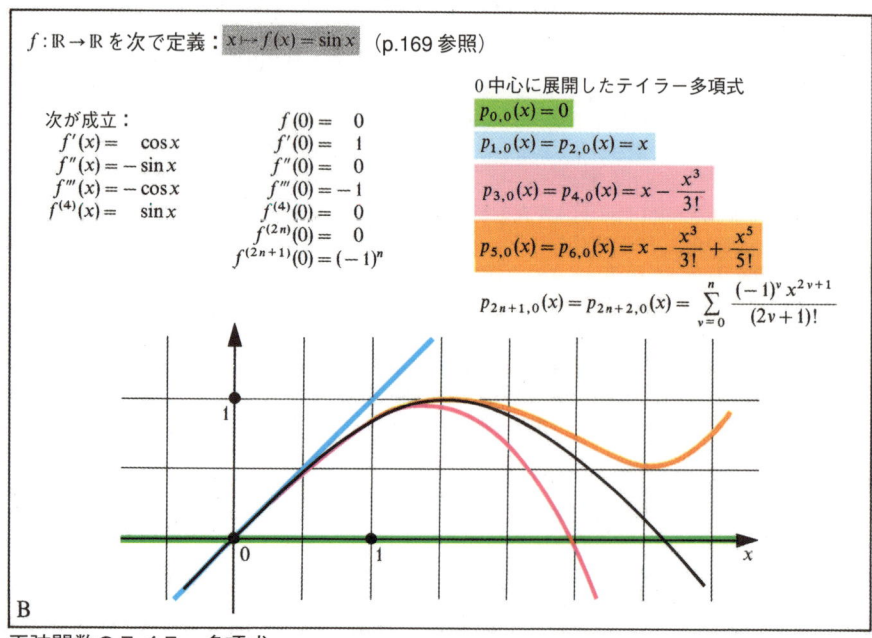

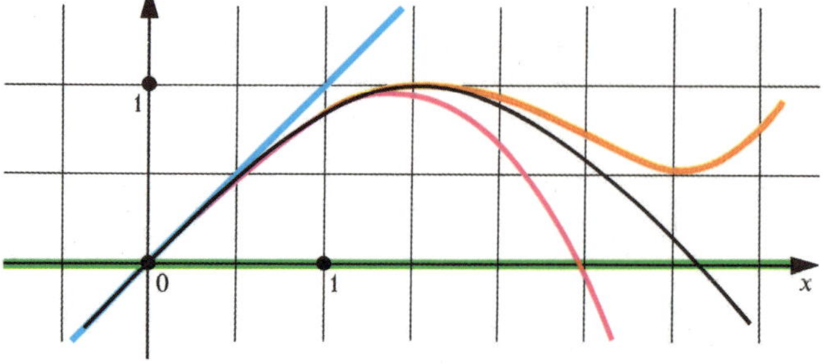

B

正弦関数のテイラー多項式

テイラー多項式とテイラー剰余

微分可能な関数 f について，ある点 a の近傍における関数値の近似として，p.269 で述べたことより $f(a)+(x-a)f'(a)$ を用いることができる．点 a における高次導関数を用いると近似の改良が可能になることが，多項式関数を見ると分かる．$x \mapsto f(x)=\sum_{\nu=0}^{n} a_\nu x^\nu$ で定義される多項式関数が与えられれば，$f(0)=a_0, f'(0)=a_1, f''(0)=2!\,a_2, \ldots, f^{(n)}(0)=n!\,a_n$ が得られるから，

$$f(x)=\sum_{\nu=0}^{n}\frac{f^{(\nu)}(0)}{\nu!}x^\nu$$

と書くことができる．0 のかわりに任意の a を取れば，それに応じて

$$f(x)=\sum_{\nu=0}^{n}\frac{f^{(\nu)}(a)}{\nu!}(x-a)^\nu$$

が得られる．ここでは近似の誤差は最終的に 0 にできる．多項式関数は，その導関数たちのただ 1 点 a における値によって一意に確定する．

ある関数の n 次までの導関数の点 a における値が既知とする．このとき上記の和が，点 a のある近傍で関数を近似できているかという問題が考えられる．次の定義を与える：

定義 1　$f: D_f \to \mathbb{R}$ を，$a \in D_f$ で n 回微分可能な関数とする $(n \in \mathbb{N})$．このとき，

$$p_{n,a}(x) := \sum_{\nu=0}^{n}\frac{f^{(\nu)}(a)}{\nu!}(x-a)^\nu$$

を f の a を中心として展開した **n 次テイラー多項式**と呼ぶ．さらに

$$r_{n,a}(x) := f(x)-p_{n,a}(x)$$

を f の a を中心として展開した **n 次テイラー剰余項**と呼ぶ．

上で与えた近似多項式 $f(a)+(x-a)f'(a)$ は 1 次テイラー多項式に他ならない（図 A では多項式関数のテイラー多項式を扱っている）．n 次テイラー剰余は，a で連続な関数となり，$\lim_{x\to a} r_{n,a}(x)=0$ をみたす．この事実を精密化すると次の定理が得られる：

定理 1　$f: D_f \to \mathbb{R}$ が $a \in D_f$ で n 回微分可能 $(n \in \mathbb{N}\backslash\{0\})$ かつ a は D_f の内点であり，また f は a のある近傍で $(n-1)$ 回微分可能であるとする．すると次が成立：$\lim_{x\to a}\frac{r_{n,a}(x)}{(x-a)^n}=0$.

上記の状況は，n 次テイラー剰余が a で n より高位の零点を持つ，または $f(x)$ が a において $p_{n,a}(x)$ によって n より高位で近似されると，表現される．n 次テイラー多項式はしたがって，n が大きくなるほどより良い近似を与える（例：図 B）．より精密な誤差評価を得るには，n 次テイラー剰余項に関する分析が必要となる．$(n+1)$ 回微分可能な関数においては，これは第 2 平均値定理を用いてなされる．

定理 2　$f: D_f \to \mathbb{R}$ を a を含むある開区間で $(n+1)$ 回微分可能とする $(n \in \mathbb{N})$．すると，この区間内のすべての x に対して次が成り立つ：

$$r_{n,a}(x) = \frac{f^{(n+1)}(a+\theta(x-a))}{n!}(1-\theta)^n(x-a)^{n+1}$$

（コーシーの n 次剰余項）

$$r_{n,a}(x) = \frac{f^{(n+1)}(a+\overline{\theta}(x-a))}{(n+1)!}(x-a)^{n+1}$$

（ラグランジュの n 次剰余項）

ここで，$\theta, \overline{\theta}$ は 0 と 1 の間の実数.

注意　展開する点として 0 を取れば，それぞれ次の特別な場合が得られる：

$$r_{n,0}(x)=\frac{f^{(n+1)}(\theta x)}{n!}(1-\theta)^n x^{n+1},$$

$$r_{n,0}(x)=\frac{f^{(n+1)}(\overline{\theta}x)}{(n+1)!}x^{n+1}$$

$f(x)$ を a において，n より高位で近似する n 次多項式を決定するという問題への解答は，一定の仮定のもとで，それは n 次テイラー多項式に限るという次の定理になる．別の近似条件（例えば，ある区間で $f(x)$ に一様収束する）を考えれば，全く別の近似多項式が得られる（p.285 参照）．

定理 3　$f: D_f \to \mathbb{R}$ を D_f の内点 a で n 回微分可能とする $(n \in \mathbb{N}\backslash\{0\})$．$n$ 次多項式 $p(x)$ が $\lim_{x\to a}\frac{f(x)-p(x)}{(x-a)^n}=0$ をみたすならば $p(x)=p_{n,a}(x)$.

極値への応用

微分可能な関数 f が点 c において極値を取るための**必要**条件が，$f'(c)=0$ であることは p.269 で見た．さらに高次導関数の c での値が分かれば，$f'(x)$ の c での符号変化を保証し，したがって c で極値を取るための**十分**条件を与えることができる．

定理 4　$f: D_f \to \mathbb{R}$ を点 c の近傍で n 回微分可能とし，$k \in \{1,2,\ldots,n-1\}$ に対して $f^{(k)}(c)=0$ かつ $f^{(n)}(c)\neq 0$ とする．n が偶数で $f^{(n)}(c)>0$ なら f は c で極小値を取る．n が偶数で $f^{(n)}(c)<0$ なら f は c で極大値を取る．n が奇数なら極値を取らない．

証明には剰余項

$$r_{n-1,c}(x)=f(x)-f(c) = \frac{f^{(n)}(c+\theta(x-c))}{n!}(x-c)^n$$

を持つテイラー多項式 $p_{n-1,c}(x)$ を考え，c の近傍では $f^{(n)}(c+\theta(x-c))$ と $f^{(n)}(c)$ が同じ符号を持ち，特に n が奇数なら c の前後で $(x-c)^n$ の符号が変化することに注意すればよい．

A

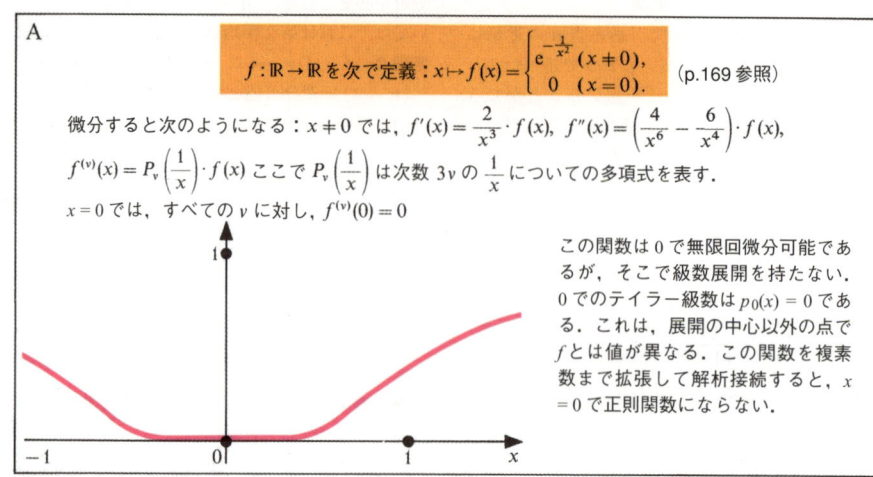

$f : \mathbb{R} \to \mathbb{R}$ を次で定義：$x \mapsto f(x) = \begin{cases} e^{-\frac{1}{x^2}} & (x \neq 0), \\ 0 & (x = 0). \end{cases}$　（p.169 参照）

微分すると次のようになる：$x \neq 0$ では，$f'(x) = \dfrac{2}{x^3} \cdot f(x)$，$f''(x) = \left(\dfrac{4}{x^6} - \dfrac{6}{x^4}\right) \cdot f(x)$，

$f^{(\nu)}(x) = P_\nu\left(\dfrac{1}{x}\right) \cdot f(x)$ ここで $P_\nu\left(\dfrac{1}{x}\right)$ は次数 3ν の $\dfrac{1}{x}$ についての多項式を表す．

$x = 0$ では，すべての ν に対し，$f^{(\nu)}(0) = 0$

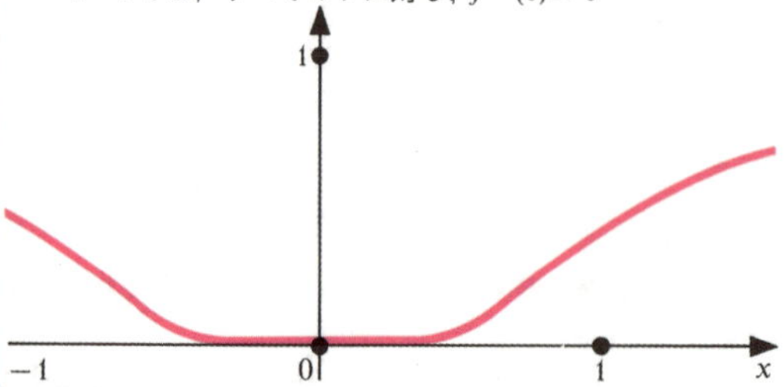

この関数は 0 で無限回微分可能であるが，そこで級数展開を持たない．0 でのテイラー級数は $p_0(x) = 0$ である．これは，展開の中心以外の点で f とは値が異なる．この関数を複素数まで拡張して解析接続すると，$x = 0$ で正則関数にならない．

解析的でない関数の例

B

$\dbinom{r}{0} = 1$ と $\dbinom{r}{\nu+1} := \dbinom{r}{\nu} \cdot \dfrac{r-\nu}{\nu+1}$，$r \in \mathbb{R}$，$\nu \in \mathbb{N}$ から $\nu \neq 0$ に対し，次が従う：

$$\binom{r}{\nu} = \frac{r \cdot (r-1) \cdot (r-2) \cdot \ldots \cdot (r-\nu+1)}{1 \cdot 2 \cdot 3 \cdot \ldots \cdot \nu}.$$

例：$\dbinom{5}{3} = \dfrac{5 \cdot 4 \cdot 3}{1 \cdot 2 \cdot 3} = 10$，$\dbinom{10}{4} = \dfrac{10 \cdot 9 \cdot 8 \cdot 7}{1 \cdot 2 \cdot 3 \cdot 4} = 210$，$\dbinom{7.5}{2} = \dfrac{7.5 \cdot 6.5}{1 \cdot 2} = \dfrac{195}{8}$，

$\dbinom{4}{6} = \dfrac{4 \cdot 3 \cdot 2 \cdot 1 \cdot 0 \cdot (-1)}{1 \cdot 2 \cdot 3 \cdot 4 \cdot 5 \cdot 6} = 0$，$\dbinom{n}{\nu} = 0$ $(n \in \mathbb{N},\ \nu > n,)$ $\dbinom{-2}{5} = \dfrac{(-2) \cdot (-3) \cdot (-4) \cdot (-5) \cdot (-6)}{1 \cdot 2 \cdot 3 \cdot 4 \cdot 5} = -6.$

2 項係数

C

一般の 2 項級数：$(1+x)^r = \displaystyle\sum_{\nu=0}^{\infty} \binom{r}{\nu} x^\nu$，　$r \in \mathbb{R}$，$|x| < 1$.

$r \in \mathbb{N}$ での例（この場合は $\mathbb{R}$ 全体で収束）：

$(1+x)^0 = 1$

$(1+x)^1 = 1 + 1 \cdot x$

$(1+x)^2 = 1 + 2 \cdot x + 1 \cdot x^2$

$(1+x)^3 = 1 + 3 \cdot x + 3 \cdot x^2 + 1 \cdot x^3$

$(1+x)^4 = 1 + 4 \cdot x + 6 \cdot x^2 + 4 \cdot x^3 + 1 \cdot x^4$

……………

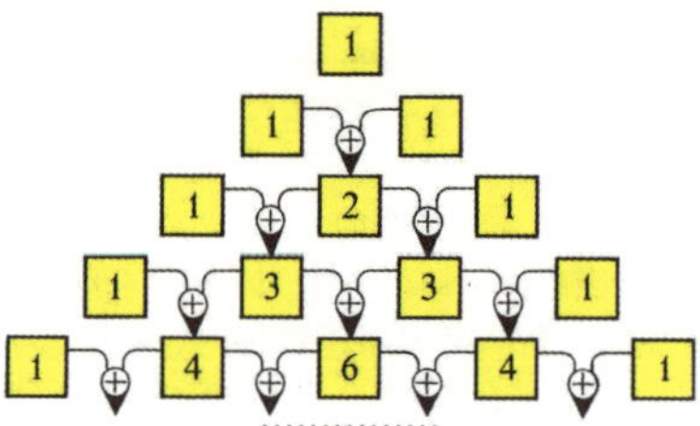

パスカルの三角形

$r \in \mathbb{R} \backslash \mathbb{N}$: での例：$(1+x)^{-1} = \dfrac{1}{1+x} = 1 - x + x^2 - x^3 + x^4 - + \cdots$

$(1+x)^{\frac{1}{2}} = \sqrt{1+x} = 1 + \dfrac{1}{2}x - \dfrac{1}{8}x^2 + \dfrac{1}{16}x^3 - \dfrac{5}{128}x^4 + - \cdots$

一般化：$(a+b)^r = \displaystyle\sum_{\nu=0}^{\infty} \binom{r}{\nu} a^{r-\nu} b^\nu$，$r \in \mathbb{R}$，$|b| < |a|$.

近似値計算での応用：

$1.003^6 = 1 + 6 \cdot 0.003 + 15 \cdot 0.003^2 + 20 \cdot 0.003^3 + \cdots \approx 1.018$

$\dfrac{1}{0.96} = (1 - 0.04)^{-1} = 1 + 0.04 + 0.04^2 + 0.04^3 + \cdots \approx 1.042$

$\sqrt[3]{10} = \sqrt[3]{8+2} = 2 \cdot \sqrt[3]{1 + \dfrac{1}{4}} = 2 \cdot \left(1 + \dfrac{1}{3} \cdot \dfrac{1}{4} - \dfrac{1}{9} \cdot \left(\dfrac{1}{4}\right)^2 + \dfrac{5}{81} \cdot \left(\dfrac{1}{4}\right)^3 - + \cdots\right) \approx 2.154$

2 項級数

テイラー級数

微分可能な関数がテイラー多項式によって近似できる事実から，一般に任意回数微分可能な関数は，$p_{n,a}(x)$ でいくらでも良く近似されると予想されよう．すなわち，任意の $\varepsilon \in \mathbb{R}^+$ に対して，a を含む D_f 内の区間と $n \in \mathbb{N}$ が存在して，この区間内のすべての x に対して $|r_{n,a}(x)| < \varepsilon$ となるようにできる，と．しかしこの性質はすべての関数について，成り立つわけではなく，特別に重要な関数のクラスを特徴付ける．

定義 2　$f : D_f \to \mathbb{R}$ を a で無限回微分可能な関数とする．このとき

$$p_a(x) := \sum_{\nu=0}^{\infty} \frac{f^{(\nu)}(a)}{\nu!}(x-a)^\nu$$

を，a を展開点とする**テイラー級数**と呼ぶ．

テイラー多項式 $p_{n,a}(x)$ は，任意の n に対してテイラー級数の部分和を表している．またテイラー級数は明らかに，$x = a$ では $f(a)$ に収束する．ところが，この級数は，他の点では $f(x)$ に収束するとは限らない．例えば

$$x \mapsto f(x) = \begin{cases} \mathrm{e}^{-\frac{1}{x^2}} & (x \neq 0 \text{ のとき}) \\ 0 & (x = 0 \text{ のとき}) \end{cases}$$

で定義される関数 $f : \mathbb{R} \to \mathbb{R}$（図 A）は，$\mathbb{R}$ 全体で無限回微分可能であり，かつすべての $\nu \in \mathbb{N}$ に対して $f^{(\nu)}(0) = 0$ が成り立つ．したがって 0 を展開点とするテイラー級数は，すべての $x \in \mathbb{R}$ において 0 に収束するが，$x \neq 0$ となる x では，$p_0(x) \neq f(x)$ である．$r_{n,0}(x)$ は，ここでは $f(x)$ に一致し，したがって n が大きくなっても 0 には収束しない．

解析関数

上記のようなことが起きない関数を特徴付けるため，まずテイラー級数が p.261 の意味でベキ級数となっていることに注意する．

定義 3　$f : D_f \to \mathbb{R}$ が $a \in D_f^\circ$（D_f° は D_f の開核）で**解析的**であるとは，f が a でベキ級数展開可能なことをいう．すなわち，級数 $\sum_{\nu=0}^{\infty} a_\nu (x-a)^\nu$ で，a のある近傍で $f(x)$ に収束するものが存在する．f が D_f° の各点で解析的であるとき，f は D_f° **で解析的**であるという．

f が解析的なら，f の a での展開となるベキ級数はある収束区間を定める．すると f は，その収束区間内の各点で，再びベキ級数に展開され，そこで解析関数を表現することが示せる．さらに次が成立：

定理 5　正の収束半径を持つベキ級数 $f(x) = \sum_{\nu=0}^{\infty} c_\nu (x-a)^\nu$ は微分可能な関数 f を定義し

$$f'(x) = \sum_{\nu=1}^{\infty} \nu c_\nu (x-a)^{\nu-1}.$$

2 つの級数は同じ収束半径を持つ．

ゆえに任意の解析関数は微分可能であり，その導関数はベキ級数を**項別微分**することで得られ，これも解析関数となる．したがって，解析関数は常に無限回微分可能であり，任意の点 $a \in D_f^\circ$ で，そこを展開点に持つテイラー級数を持つ．ここで次の一意性定理が成立する：

定理 6　解析関数の点 $a \in D_f^\circ$ でのベキ級数展開は a を展開点に持つテイラー級数と一致する．

よって解析関数が図 A のような挙動をすることはありえない．この関数は $x = 0$ で無限回微分可能ではあるが，解析的ではない．これに対して他の点 $a \in \mathbb{R}$ では解析的である．対応するベキ級数の収束半径は $|a|$ で，$x = 0$ は常に収束区間の境界上にある．この挙動への満足すべき説明は複素関数を研究して初めて与えられる（p.409，複素関数論）．関数の解析性に対する十分条件は，すでに実解析でも与えられる．例えば

定理 7　無限回微分可能な関数 f に対して，そのすべての導関数が区間 $[a, b]$ において，下に一様に有界，すなわち，ある $m \in \mathbb{R}$ が存在し，すべての $n \in \mathbb{N}$ とすべての $x \in [a, b]$ に対して，$f^{(n)}(x) > m$ が成り立つとすると，f は (a, b) において解析的．

もしすべての導関数の値が正ならば，上の仮定はみたされる．同様に「上に一様に有界」で置き換えても定理は成立する．

2 項級数

$n \in \mathbb{N}$ に対して $x \mapsto (1+x)^n$ で定義された関数 $f : \mathbb{R} \to \mathbb{R}$ は簡単な方法で，ベキ級数に展開することができる．実際 $(1+x)^n = \sum_{\nu=0}^{\infty} \frac{f^{(\nu)}(0)}{\nu!} x^\nu = \sum_{\nu=0}^{\infty} \binom{n}{\nu} x^\nu$ が成立する．ここで $\binom{n}{\nu}$ はいわゆる **2 項係数**で，帰納的に $\binom{n}{0} := 1$, $\binom{n}{\nu+1} := \binom{n}{\nu} \cdot \frac{n-\nu}{\nu+1}$,（$\nu \in \mathbb{N}$）で定義されるものである．$\nu > n$ のとき，$\binom{n}{\nu} = 0$ だから，級数の $\nu = n$ から先の項はなく，収束領域は $\mathbb{R}$ 全体である．この係数を求める簡便な計算方法は，性質

$$\binom{n}{\nu} + \binom{n}{\nu+1} = \binom{n+1}{\nu+1}$$

を用いるもので，これはいわゆる**パスカルの三角形**を与える（図 C）．

2 項係数の定義を任意の実数 r に拡張する（図 B）と，もちろん $r \in \mathbb{R} \backslash \mathbb{N}$ に対しては，常に $\binom{r}{n} \neq 0$ となる．実のベキ指数の定義から，この場合にも次が成り立つ：

$$(1+x)^r = \sum_{\nu=0}^{\infty} \binom{r}{\nu} x^\nu \quad \text{（2 項級数）}$$

ただし $r \in \mathbb{R} \backslash \mathbb{N}$ では，その収束半径は 1．

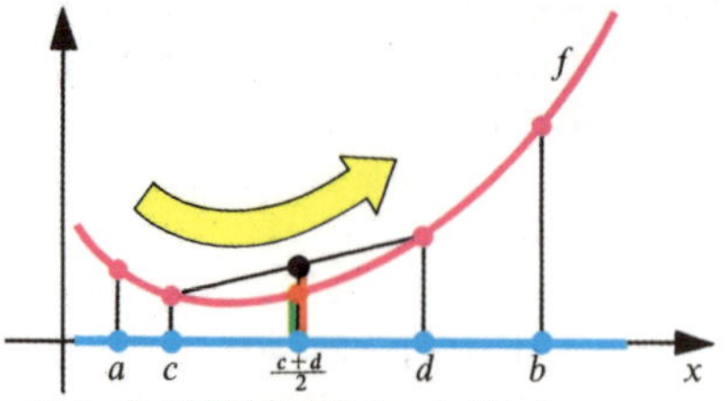

f は $[a, b]$ で下に凸である．なぜなら
$[a, b]$ 内の任意の c, d に対し常に次が成立：

$$f\left(\frac{c+d}{2}\right) \leqq \frac{f(c)+f(d)}{2}.$$

実はより強く次が成立しているので，
f のグラフは (a, b) で狭義に下に凸である．

$$f\left(\frac{c+d}{2}\right) < \frac{f(c)+f(d)}{2}.$$

A_1

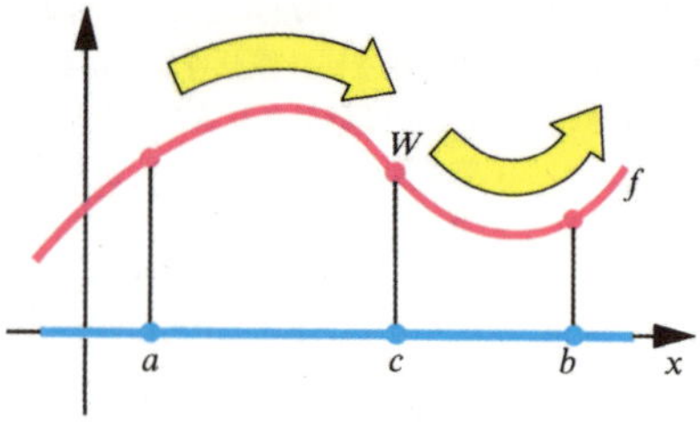

f のグラフは $[a,c]$ で狭義に上に凸で，
$[c,b]$ で狭義に下に凸であり，c は f の変曲点である．

A_2

凸性，曲率，変曲点

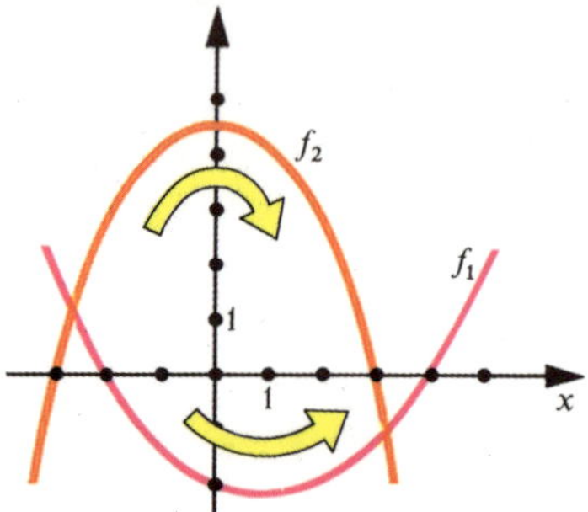

B_1

f_i：$\mathbb{R} \to \mathbb{R}\,(i \in \{1, 2\})$ を次で定義：

$x \mapsto f_1(x) = \frac{1}{4}x^2 - \frac{1}{2}x - 2$

$x \mapsto f_2(x) = -\frac{1}{2}x^2 + 4\frac{1}{2}$

f_1 のグラフは，x^2 の係数が正なので，
狭義に下に凸である．
f_2 のグラフは，x^2 の係数が負なので，
狭義に上に凸である．

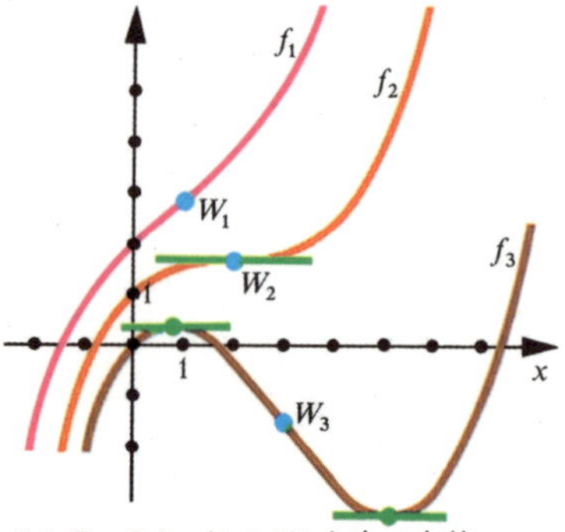

B_2

f_i：$\mathbb{R} \to \mathbb{R}\,(i \in \{1, 2, 3\})$ を次で定義：

$x \mapsto f_1(x) = \frac{1}{12}x^3 - \frac{1}{4}x^2 + x + 2$

$x \mapsto f_2(x) = \frac{1}{12}x^3 - \frac{1}{2}x^2 + x + 1$

$x \mapsto f_3(x) = \frac{1}{12}x^3 - \frac{3}{4}x^2 + x$

これらの関数はそれぞれ 1 個の変曲点を持ち，
それらのグラフは水平な接線を上から順に
0 個，1 個，2 個持つ．

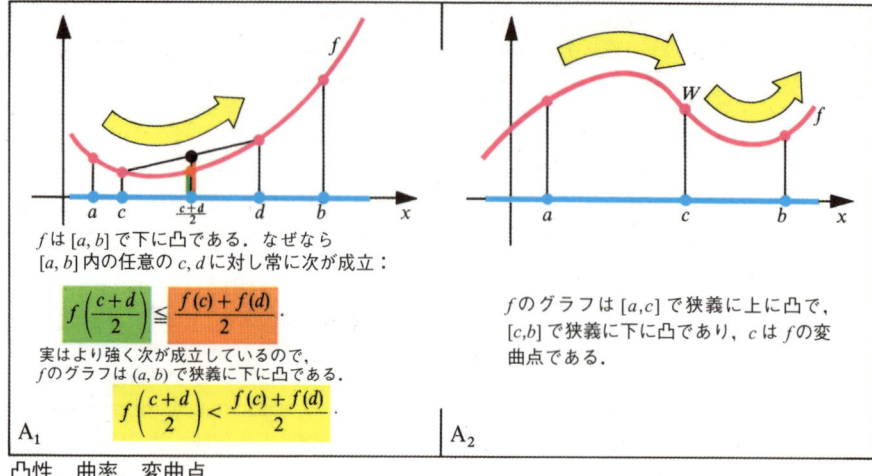

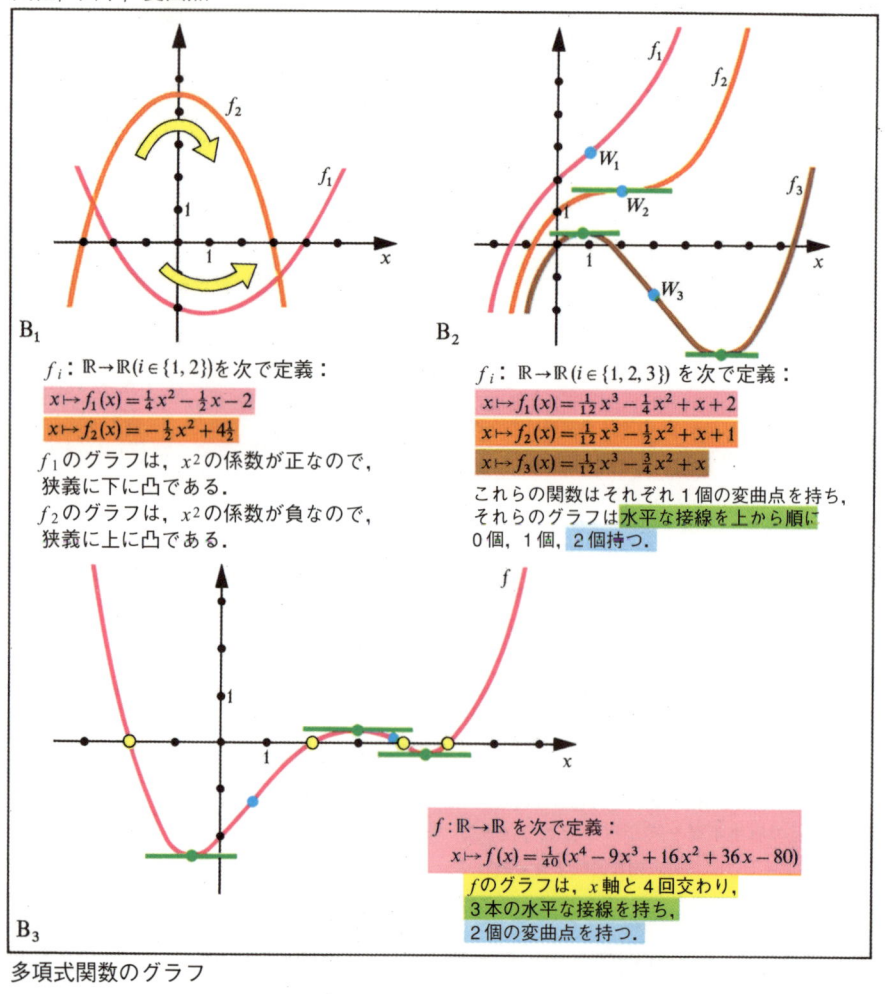

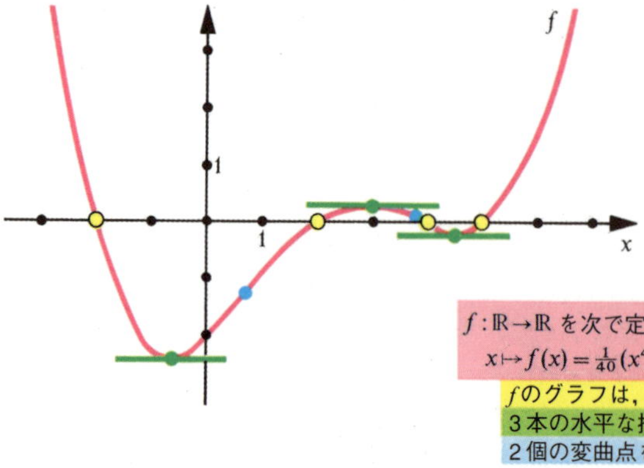

$f: \mathbb{R} \to \mathbb{R}$ を次で定義：

$$x \mapsto f(x) = \tfrac{1}{40}(x^4 - 9x^3 + 16x^2 + 36x - 80)$$

f のグラフは，x 軸と 4 回交わり，
3 本の水平な接線を持ち，
2 個の変曲点を持つ．

B_3

多項式関数のグラフ

有理整関数

$\mathbb{R}$ 全体で定義された最も単純な関数として**多項式関数**が挙げられる．これは $f = \sum_{\nu=0}^{n} a_\nu (1_{\mathbb{R}})^\nu$ で定義される (p.255)．$a_n \neq 0$ のとき，n をこの関数の**次数**という．定数関数 c は，$c \neq 0$ のとき次数 0 である．関数 0（**零関数**）は，この定義では，次数を持たない．n 次多項式関数のグラフは ***n* 次放物線**と呼ばれる．多項式関数は微分可能で，その導関数は再び多項式関数となる．実際 $f = \sum_{\nu=0}^{n} a_\nu (1_{\mathbb{R}})^\nu$ $(n \in \mathbb{N}\backslash\{0\})$ ならば，$f' = \sum_{\nu=1}^{n} \nu a_\nu (1_{\mathbb{R}})^{\nu-1}$．定数関数と零関数の導関数はともに 0.

零点と極大・極小

多項式関数 $f(x)$ は，$\mathbb{R}[x]$ の多項式と見ることができる．複素数における代数学の基本定理 (p.57) より，n 次 $(n > 0)$ の多項式関数は，1 次または 2 次の項の積として表せる．$f(x) = 0$ の解は関数 f の零点とみなせるから，p.86 定理 7 より n 次 $(n > 0)$ 多項式関数は高々 n 個の零点を持つことが分かる．また n が奇数なら，少なくとも 1 つの零点を持つ．n 次 $(n > 0)$ 多項式関数 f の導関数は f より次数が 1 低い $n-1$ 次の多項式関数で，その零点は f のグラフで接線が水平となる点に対応しており，特に極値を取る点は，導関数の零点となっている．したがって極値を取る点は高々 $n-1$ 個であり，n が偶数ならば，そのような点は少なくとも 1 個ある．

変曲点

2 次の導関数から，関数のグラフに関する重要な情報が得られる．

定義 1　$f : D_f \to \mathbb{R}$ が D_f の部分区間 $[a, b]$ において**下に凸**であるとは，f が $[a, b]$ で連続で，すべての $c, d \in [a, b]$ に対して

$$f\left(\frac{c+d}{2}\right) \leqq \frac{f(c) + f(d)}{2}$$

が成り立つことをいう（図 A_1）．

定義 1 の不等式において等号を取り除いた場合を考える．グラフでいえば直線の場合を除くことになる．これが成り立つときグラフは**狭義に下に凸**であるという．同様に，**上に凸**，**狭義に上に凸**も定義される．

定理 1　f が $[a, b]$ で連続，(a, b) で 2 回微分可能とすると，次が成り立つ．

(1) f は $[a, b]$ で下に凸 $\Leftrightarrow$ f' は (a, b) 上で単調増加 $\Leftrightarrow$ すべての $x \in (a, b)$ について $f''(x) \geqq 0$

(2) f のグラフは $[a, b]$ 上狭義に下に凸 $\Leftrightarrow$ f' は $[a, b]$ 上で狭義の単調増加 $\Leftrightarrow$ すべての $x \in (a, b)$ について $f''(x) > 0$

上に凸や狭義に上に凸の概念に関する対応する主張も同様に成立する．

ある関数 f において，そのグラフの凸の状態が上から下へ，または下から上に変化する点 c を関数の**変曲点**といい，$(c, f(c))$ をグラフの**変曲点**という（図 A_2）．これは 2 回微分可能な関数においては，これは f' が c において狭義の極値を持つことと同値である．p.269 定理 5 と p.271 定理 3 より次の条件が得られる．

定理 2　2 回微分可能な関数 f に対して，$c \in D_f^\circ$ が変曲点であるための必要条件は $f''(c) = 0$ である．3 回微分可能な関数に対しては，$f''(c) = 0$ かつ $f'''(c) \neq 0$ が変曲点であるための十分条件である．

***x* が大きいときの関数の挙動**

$x \neq 0$ のとき，$f(x) = a_0 + a_1 x + \cdots + a_n x^n$ を $f(x) = x^n g(x)$, $g(x) = \frac{a_0}{x^n} + \frac{a_1}{x^{n-1}} + \cdots + a_n$ と変形すれば，$\lim_{n \to \pm\infty} g(x) = a_n$ が分かる．無限大に向かう極限値に関し次が成立．

定理 3　n 次の多項式関数 f について次が成り立つ：

n が偶数のとき $\lim_{x \to \infty} f(x) = \lim_{x \to -\infty} f(x) = \mathrm{sign}(a_n) \cdot (+\infty)$

n が奇数のとき $\lim_{x \to \infty} f(x) = -\lim_{x \to -\infty} f(x) = \mathrm{sign}(a_n) \cdot (+\infty)$

記号 $\mathrm{sign}(a_n)$ については，p.254，図 A_3 参照.

有理関数

有理関数は多項式関数の商として定義され，

$$f = \left(\sum_{\nu=0}^{n} a_\nu (1_{\mathbb{R}})^\nu\right) \Big/ \left(\sum_{\mu=0}^{m} b_\mu (1_{\mathbb{R}})^\mu\right)$$

の形を持つ．その定義域は $D_f = \mathbb{R}\backslash B$，ここで B は分母関数の実零点の集合．

商法則 (p.265) によれば，有理関数は D_f 全体で微分可能であり，その導関数は再び有理関数となる．A を分子関数の零点の集合とすれば，$A\backslash B$ が f の零点集合となる．分母関数の n 位 $(n \in \mathbb{N})$ の零点 c があって，分子関数の零点にはなっていないか，または高々 $(n-1)$ 位 $(n \neq 1)$ の零点であるとすると $\lim_{x \to c} |f(x)| = \infty$ が成り立つ．この場合，c を f の**極**と呼ぶ．極の集合を C で表す．すると $C \subset B$．関数 f の極 c の十分小さな近傍において，c の前後で関数値の符号が異なる場合と，同じ場合があり，区別して前者の場合 c を**符号変化の極**，後者の場合**符号同等の極**と呼ぶ（p.276，図 A 参照）．有理関数の分母および分子の既約因子への分解から，$B\backslash C$ のすべての点には関数を連続的に接続できることが分かる．

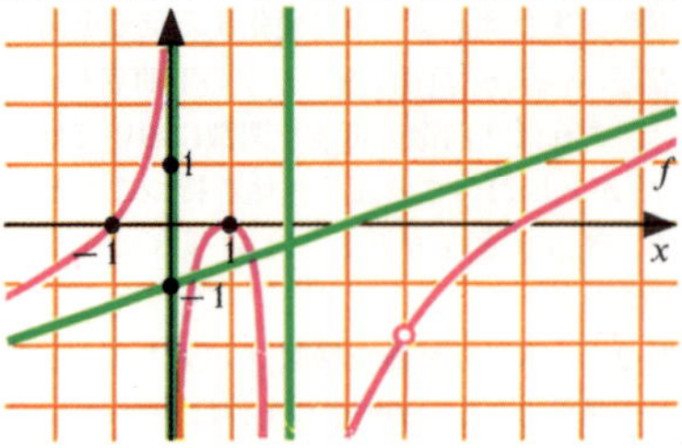

$f: \mathbb{R}\backslash\{0,2,4\} \to \mathbb{R}$ を次で定義：

$$x \mapsto f(x) = \frac{(x+1)\cdot(x-1)^2(x-4)(x-6)}{3x(x-2)^2(x-4)}$$

$$= \frac{1}{3}x - 1 + \frac{-11x^2+19x-6}{3x(x-2)^2}$$

$A = \{-1, 1, 4, 6\}$,　$B = \{0, 2, 4\}$,　$C = \{0, 2\}$

$A\backslash B = \{-1, 1, 6\}$,　$B\backslash C = \{4\}$

$\lim_{x\to 4} f(x) = -1\frac{7}{8}$

A　**漸近線：**　$x = 0$,　$x = 2$,　$y = \frac{1}{3}x - 1$.

漸近線を持つ有理関数のグラフ

(1) $\lim_{x\to 1}\frac{x^2-1}{x-1} = \lim_{x\to 1}\frac{2x}{1} = 2$

(2) $\lim_{x\to -1}\frac{x+1}{x^2+2x+1} = \lim_{x\to -1}\frac{1}{2x+2} = \infty$

(3) $\lim_{x\to 0}\frac{\sin x}{x} = \lim_{x\to 0}\frac{\cos x}{1} = 1$

(4) $\lim_{x\to 0}\frac{e^x-1}{\sin x} = \lim_{x\to 0}\frac{e^x}{\cos x} = 1$

(5) $\lim_{x\to 2}\frac{x^3-3x^2+4}{x^3-2x^2-4x+8} = \lim_{x\to 2}\frac{3x^2-6x}{3x^2-4x-4}$

$$= \lim_{x\to 2}\frac{6x-6}{6x-4} = \frac{3}{4}$$

(6) $\lim_{x\to\infty}\frac{e^{-x}}{3x} = \lim_{x\to\infty}\frac{-e^{-x}}{3} = 0$

(7) $\lim_{x\to\frac{\pi}{2}}\frac{\ln(x-\frac{\pi}{2})}{\tan x} = \lim_{x\to\frac{\pi}{2}}\frac{\cos^2 x}{x-\frac{\pi}{2}}$

$$= \lim_{x\to\frac{\pi}{2}}\frac{-2\cos x\sin x}{1} = 0$$

B

ロピタルの定理の応用

関数 f に対し，次のように置いてみる．

$$f(x) = \frac{a}{x+3} + \frac{b}{x-1} = \frac{a(x-1)+b(x+3)}{(x+3)(x-1)} = \frac{(a+b)x+(-a+3b)}{(x+3)(x-1)}.$$

連立方程式 $a+b=1, -a+3b=15$ の解は $a=-3, b=4$ だから，次が得られる：

$$f(x) = -\frac{3}{x+3} + \frac{4}{x-1}.$$

定理6のやり方にしたがって計算すれば，

$$\frac{2x+1}{(x-1)^2} = \frac{2}{x-1} + \frac{3}{(x-1)^2}$$

$$\frac{(x-1)^2(x+1)(x-6)}{3x(x-2)^2} = \frac{1}{3}x - 1 - \frac{1}{2x} - \frac{19}{6(x-2)} - \frac{2}{(x-2)^2}$$ （図A参照）

$$\frac{15x-26}{(x-4)(x^2+1)} = \frac{2}{x-4} + \frac{7-2x}{x^2+1}$$

C

部分分数分解

分子の関数	分母の関数	簡単な例
定数	奇数次の単項式	$f_1(x) = \frac{1}{x}$
定数	偶数次の単項式	$f_2(x) = \frac{1}{x^2}$
定数	零点を持たない2次式	$f_3(x) = \frac{1}{x^2+1}$
1次単項式		$f_4(x) = \frac{x}{x^2+1}$

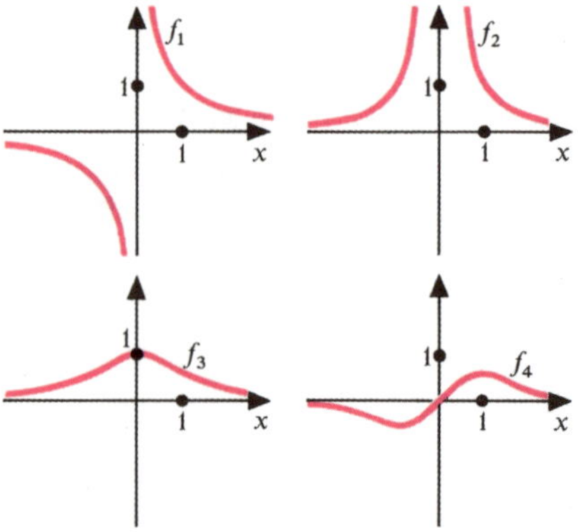

D

部分分数分解に現れる有理関数の型

漸近線

有理関数の一つの極 c の近傍における挙動は，点 $(c, 0)$ を通る x 軸の垂線にグラフを適当な方向から近づけることで知られる．同様の状況が x 軸に垂直でない直線に関しても生じる．

定義 2　ある直線が f のグラフの**漸近線**であるとは，次の二つのいずれかが成り立つことをいう：

(1) 直線は点 $(a, 0)$ を通り，x 軸に垂直になっており $\lim_{x \to a} |f(x)| = \infty$ が成り立つ．

(2) 直線は 1 次関数 l のグラフで $\lim_{x \to \infty} (f - l)(x) = 0$ または $\lim_{x \to -\infty} (f - l)(x) = 0$ が成り立つ．

注意　射影平面においては，漸近線は曲線の無限遠点での接線と解釈できる．

有理関数のグラフは，極における垂直方向の漸近線の他に，別の漸近線を持つ場合がある（図 A）．

多項式関数の場合と同様に，大きな x に対する有理関数の挙動を調べると次が得られる：

$$\lim_{x \to \pm\infty} f(x) = 0 \quad (n < m \text{ のとき})$$

$$\lim_{x \to \pm\infty} f(x) = \frac{a_m}{b_m} \quad (n = m \text{ のとき})$$

$$\lim_{x \to \pm\infty} |f(x)| = \infty \quad (n > m \text{ のとき})$$

最初の場合，x 軸が水平な漸近線となり，2 番目の場合は，点 $(0, \frac{a_m}{b_m})$ を通り，x 軸に平行な直線が漸近線となる．最後の場合は，$\sum_{\nu=0}^{n} a_\nu x^\nu$ を $\sum_{\mu=0}^{m} b_\mu x^\mu$ で余りを持つような割り算を行う：

$$\left(\sum_{\nu=0}^{n} a_\nu x^\nu\right) \Big/ \left(\sum_{\mu=0}^{m} b_\mu x^\mu\right) = r(x) + \left(\sum_{\nu=0}^{m-1} c_\nu x^\nu\right) \Big/ \left(\sum_{\mu=0}^{m} b_\mu x^\mu\right)$$

ここで，$r(x)$ は次数が $n - m$ の有理整関数である．$n = m + 1$ なら r は 1 次関数で，そのグラフは f のグラフの漸近線となる．上の等式の最後の和は，x が大きくなるとき 0 に収束するからである．$n > m + 1$ の場合 r のグラフは多項式で近似曲線を表現するが，定義 2 の意味での漸近線ではない．

ロピタルの法則

分数関数において分子関数と分母関数の共通零点で連続的に接続する問題は，それぞれを 1 次因子に分解し約分することにより解答が得られる (p.275)．次に述べる二つの定理（**ロピタルの法則**）は，対象を有理関数に限定する必要がなく，しかも多くの場合より早く答えが得られる．

定理 4　f と g は $[a, c]$ で連続で，(a, c) で微分可能な関数とする．さらに $f(c) = g(c) = 0$ かつ $g'(x) \neq 0$ とする．すると，$\lim_{x \to c} \frac{f}{g}(x) = \lim_{x \to c} \frac{f'}{g'}(x)$ が成り立つ．ただし，2 番目の極限が存在する場合に限る．

f と g が，c で連続的微分可能で $g'(c) \neq 0$ ならば，$\lim_{x \to c} \frac{f'}{g'}(x)$ は存在して $\frac{f'}{g'}(c)$ に一致する（図 B(1)〜(4)）．$\lim_{x \to c} \frac{f'}{g'}(x)$ を計算するには，場合によっては同じ手続きを繰り返す必要がある（図 B(5)）．定理の主張は，次のようにも拡張される：$\lim_{x \to \infty} f(x) = \lim_{x \to \infty} g(x) = 0$ から $\lim_{x \to \infty} \frac{f}{g}(x) = \lim_{x \to \infty} \frac{f'}{g'}(x)$．ただし，十分大きな x に対し $g'(x) \neq 0$，かつ右辺の極限値が存在するとする．さらに次が成り立つ．

定理 5　f と g は $(a, c]$ で連続で，(a, c) で微分可能な関数とする．さらに $\lim_{x \to c} f(x) = \lim_{x \to c} g(x) = \infty$ であり，(a, c) で $g'(x) \neq 0$ とする．すると $\lim_{x \to c} \frac{f}{g}(x) = \lim_{x \to c} \frac{f'}{g'}(x)$ が成り立つ．ただし，右辺の極限値が存在するとする（図 B(5)，(6)）．

部分分数分解

有理関数のグラフは拡張された意味での**双曲線**といえよう．その形態を把握するには，和の形で表現，いわゆる**部分分数分解**して考察する．例えば $f(x) = \frac{3x-5}{(x-1)(x-2)}$ で定義される関数に対して等式 $f(x) = \frac{a}{x-1} + \frac{b}{x-2}$ がすべての $x \in D_f$ に対して成り立つには，$a = 2$, $b = 1$ と選べばよい．このような分解は，分母がすべて相異なる 1 次因子に分解されるなら実行できる．分解に 2 次の既約因子や多重因子が現れる場合，部分分数の分子には，2 次以上の項も現れる（図 C）．

定理 6　有理関数 f の分母が，次の形の分解を持つとする．

$$\sum_{\mu=0}^{m} b_\mu x^\mu = \prod_{\rho=1}^{r} l_\rho(x)^{c_\rho} \cdot \prod_{\sigma=1}^{s} q_\sigma(x)^{d_\sigma}$$

ここで l_ρ は互いに相異なる 1 次因子，q_σ は互いに相異なる既約 2 次多項式関数．すると，ある多項式関数 r と実数 $A_{\rho\kappa}$，$B_{\sigma\lambda}$，$C_{\sigma\lambda}$ $(\rho \in \{1, \ldots, r\}, \kappa \in \{1, \ldots, c_\rho\}, \sigma \in \{1, \ldots, s\}, \lambda \in \{1, \ldots, d_\sigma\})$ が存在して次のように書ける：

$$f(x) = r(x) + \sum_{\rho=1}^{r} \sum_{\kappa=1}^{c_\rho} \frac{A_{\rho\kappa}}{l_\rho(x)^\kappa} + \sum_{\sigma=1}^{s} \sum_{\lambda=1}^{d_\sigma} \frac{B_{\sigma\lambda} + C_{\sigma\lambda} x}{q_\sigma(x)^\lambda}$$

部分分数の項として現れる関数のグラフの概形は容易に書ける（図 D）．

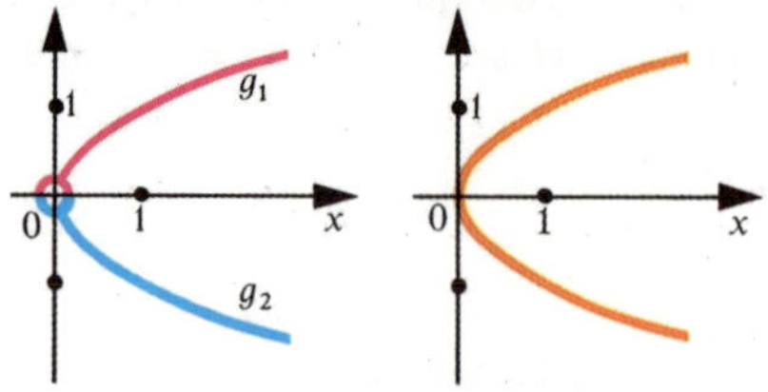

$x \mapsto \sqrt{x}$ で定義される $g_1: \mathbb{R}^+ \to \mathbb{R}^+$ と

$x \mapsto -\sqrt{x}$ で定義される $g_2: \mathbb{R}^+ \to \mathbb{R}^-$

の二つの関数は次の代数関係の分枝である．

$\{(x,y) \mid (x,y) \in \mathbb{R}^2 \wedge y^2 - x = 0\}$.

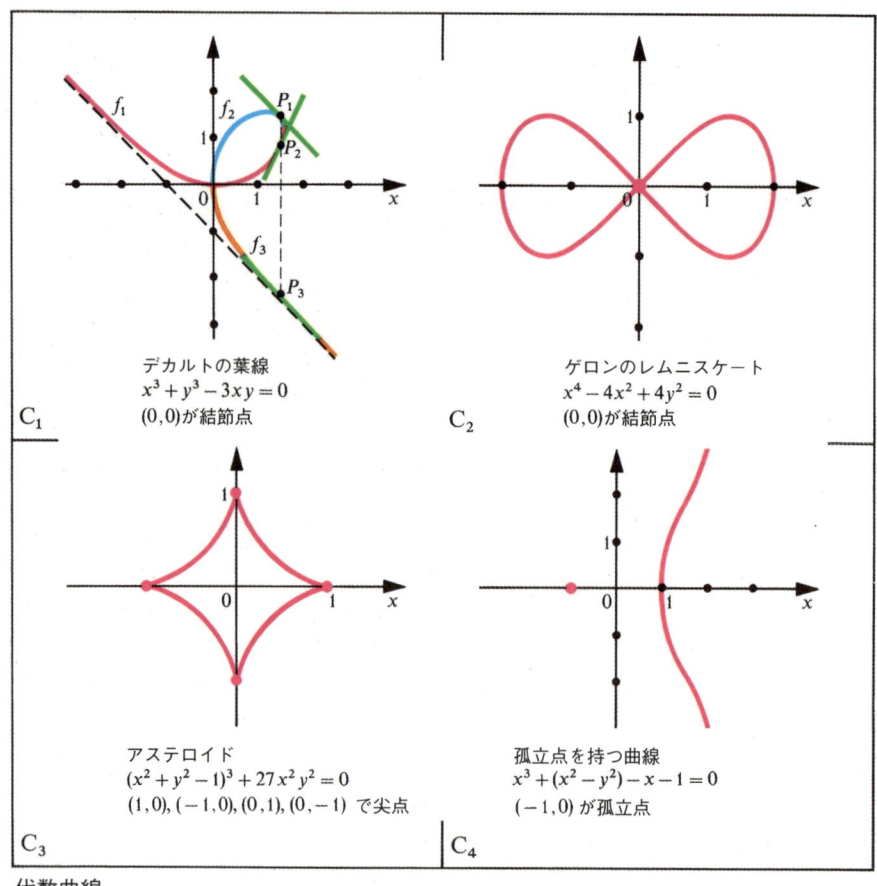

g_1, g_2は解析的だから，代数関数である．しかし(0, 0)を付け加えて，連続に拡張すると，0では微分できないので，代数関数にならない．

A

代数関係と代数関数

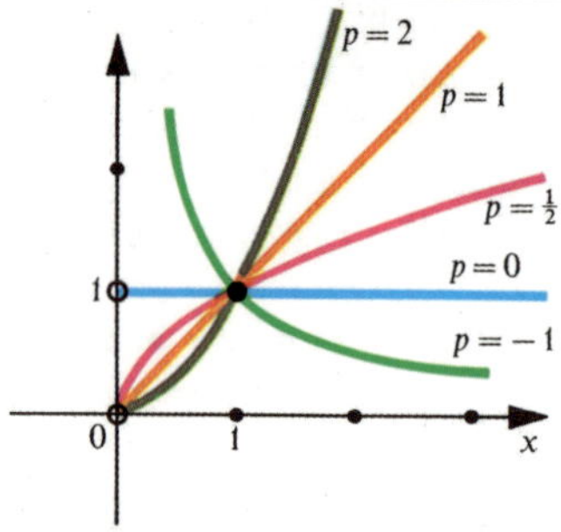

$p \in \mathbb{Q}$に対し，$x \mapsto x^p$ で定義される関数 $f: \mathbb{R}^+ \to \mathbb{R}$ は代数的.

$p=\frac{m}{n}, m \in \mathbb{Z}_0^+, n \in \mathbb{Z}^+$ に対し，f のグラフは $P(x,y)=y^n-x^m=0$ で定義される関係の部分集合である。

$p=\frac{m}{n}$, $m \in \mathbb{Z}^-$, $n \in \mathbb{Z}^+$に対し，f のグラフは $P(x,y)=y^n x^{-m}-1=0$ で定義される関係の部分集合である。

B

ベキ関数

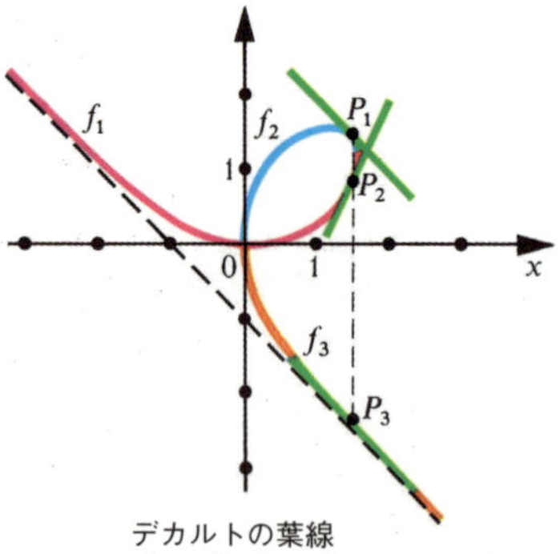

デカルトの葉線

$x^3+y^3-3xy=0$

(0,0)が結節点

C_1

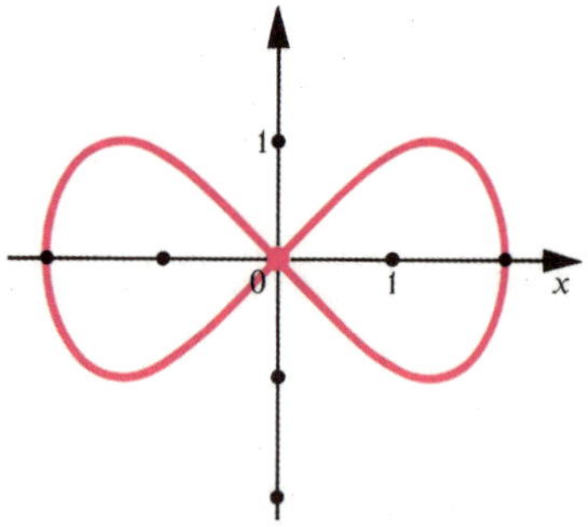

ゲロンのレムニスケート

$x^4-4x^2+4y^2=0$

(0,0)が結節点

C_2

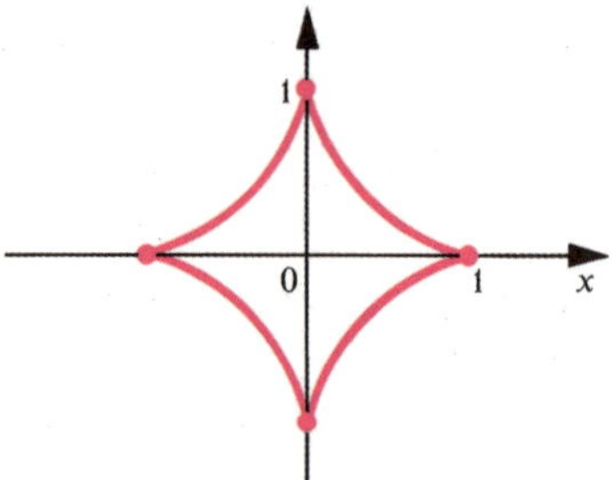

アステロイド

$(x^2+y^2-1)^3+27x^2y^2=0$

$(1,0), (-1,0), (0,1), (0,-1)$ で尖点

C_3

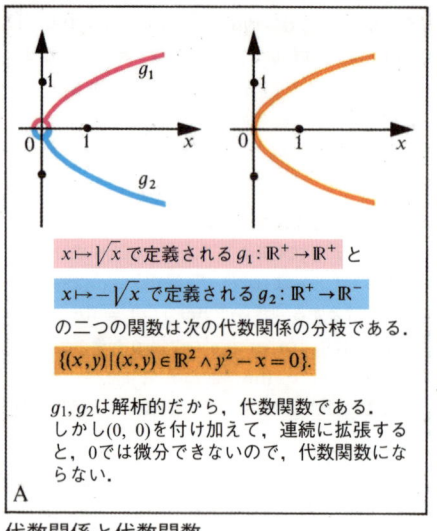

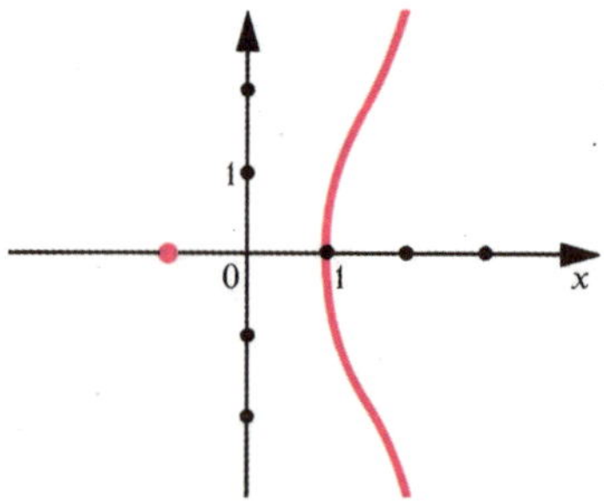

孤立点を持つ曲線

$x^3+(x^2-y^2)-x-1=0$

$(-1,0)$ が孤立点

C_4

代数曲線

代数的関係と代数関数

純粋数学とその応用において，有理関数とともに多くの非有理関数が重要な役割を果たしている．この種の簡単な関数として，有理関数の逆関数がある．$x \mapsto x^2$ で定義される関数 $f : \mathbb{R}^+ \to \mathbb{R}^+$ は逆関数として，$x \mapsto \sqrt{x}$ で定義される関数 $g_1 : \mathbb{R}^+ \to \mathbb{R}^+$ を持つ．$y = g_1(x)$ となる対 (x, y) は $y^2 - x = 0$ をみたす．後者の関係式は g_1 を含むが $\mathbb{R}$ 全体のものである．しかしこれはさらに別の実数についても成立する．例えば：$g_2 : \mathbb{R}^+ \to \mathbb{R}^-$，$g_2(x) = -\sqrt{x}$ で定義される関数 $h : \mathbb{R}^+ \to \mathbb{R}$，$h(x) = \sqrt{x}$ $(x \in \mathbb{Q}^+$ のとき)；$-\sqrt{x}$ $(x \in \mathbb{R}^+ \backslash \mathbb{Q}^+$ のとき)．h は至るところ不連続で，我々の興味から遠いが，g_1 や g_2 は至るところ微分可能でもある：p.267，定理 7 より

$$g_1'(x) = \tfrac{1}{2\sqrt{x}}, \quad g_1'(x) = -\tfrac{1}{2\sqrt{x}}.$$

有理関数からベキ根を取っても得られる関数について類似の関係式が成り立つ．次の定義によりさらに広範囲の関数のクラスが得られる．

定義 1 $P(x, y)$ を $\mathbb{R}[x, y]$ の多項式 (p.85) とするとき，$\{(x, y) \mid (x, y) \in \mathbb{R}^2 \wedge P(x, y) = 0\}$ を $\mathbb{R}$ 上の**代数関係**という．ある代数関係をみたす解析関数 (p.273) を**代数関数**という．

上記の例では，g_1 と g_2 は代数的であるが h はそうでない．また $x = 0$ で微分可能でない絶対値関数は，$y^2 - x^2 = 0$ という代数関係をみたすが代数的ではない．代数関係は空の場合もある．例えば：$\{(x, y) \mid (x, y) \in \mathbb{R}^2 \wedge x^2 + y^2 + 1 = 0\}$．すべての有理関数は代数的である．なぜなら $f(x) = \frac{p(x)}{q(x)}$ で定義される有理関数 $f : D_f \to \mathbb{R}$ は，$x \in D_f$ となるすべての $(x, f(x))$ に対し $P(x, y) = yq(x) - p(x) = 0$ をみたす．ここで，$P(x, y)$ は y について 1 次である．$P(x, y)$ が y について n 次 $(n \in \mathbb{N})$ であれば，それに属する代数関係は n 個の異なる代数関数を含む．それらは代数関係の**分枝**と呼ばれ，それらはまた $P(x, y) = 0$ によって**陰に定義されている**ともいう．

陰関数の微分

f が $P(x, y) = 0$ によって陰関数として定義されているとする．すると対応 $x \mapsto P(x, f(x))$ で定義される関数は D_f 上で恒等的に値が 0 となる．したがって，その導関数も同様に D_f に制限すれば零関数となる．微分の鎖法則より x，$f(x)$，$f'(x)$ に関する等式が得られ，それは $f'(x)$ に関して 1 次となり，一般には $f'(x)$ について解ける．この方法は**陰関数の微分**と呼ばれ，導関数 f' の関数値を，f を x の関数として具体的に表すことなしに，導関数 f' の関数値を求めることができる．

例 等式 $x^3 + y^3 - 3xy = 0$ は 1 つの代数関係を定義する．そのグラフはデカルトの葉（図 C_1）と呼ばれる．x に関する陰関数の微分は，鎖法則と積法則を適用することにより，次のように与えられる：
$3x^2 + 3(f(x))^2 \cdot f'(x) - 3xf'(x) - 3f(x) = 0$，
$(f(x))^2 - x \neq 0$ ならば $f'(x) = \frac{f(x) - x^2}{(f(x))^2 - x}$．
この式は関係式から得られる三つの陰関数 f_1，f_2，f_3 すべてに対して成り立ち，任意の $(x, f_\nu(x))$ における $f_\nu'(x)$ $(\nu = 1, 2, 3)$ の値が計算できる．f_1 のグラフ上の点 P_1 $(1.5, 0.75(\sqrt{5} - 1)$，f_2 のグラフ上の点 P_2 $(1.5, 1.5)$，f_3 のグラフ上の点 P_3 $(1.5, 0.75(-\sqrt{5} - 1)$ に対して $f_1'(1.5) = 0.5 + 0.7\sqrt{5} \approx 2.065$，$f_2'(1.5) = -1$，$f_3'(1.5) = 0.5 - 0.7\sqrt{5} \approx -1.065$ が成り立つ（図 C_1）．

有理指数を持つベキ関数

$y^n - x^m = 0$ $(n \in \mathbb{Z} \backslash \{0\}, m \in \mathbb{N})$ によって定義される代数関係は陰関数として $x \mapsto f(x) = x^{\frac{m}{n}}$ で定義される一つの代数関数を定義する．陰関数の微分より $f'(x) = \frac{m}{n} x^{\frac{m}{n} - 1}$ が導かれる．p.265 の**ベキ法則**は任意の**有理**指数に対し成立する．これらの関数のグラフについては図 B を参照．

注意 2 項級数の微分を考えることにより，任意の**実指数**に対するベキ法則の成立が確かめられる．

代数曲線

定義 2 代数関係のグラフを**代数曲線**と呼ぶ．定義多項式 $P(x, y)$ が $\sum_{\nu=0}^{i} \sum_{\mu=0}^{k} a_{\mu\nu} x^\nu y^\mu$ の形をしているとき，$n = \max\{\nu + \mu \mid a_{\nu\mu} \neq 0\}$ を代数曲線の**次数**と呼ぶ．

代数曲線を調べるには，多項式 $P(x, y)$ が既約であるような**既約**曲線に制限してよい．

図 C で興味深い曲線のいくつかを示す．さらにそのいくつかには特異点が現れることに言及すべきだろう．その定義と分類には $(x, y) \mapsto P(x, y)$ で定義される関数 $P : \mathbb{R}^2 \to \mathbb{R}$ の偏微分を用いる．

定義 3 点 (a, b) が $P(x, y) = 0$ で定義される代数曲線の**特異点**であるとは，$\frac{\partial P}{\partial x}(a, b) = \frac{\partial P}{\partial y}(a, b) = 0$ をみたすことをいう．特異点 (a, b) は

$$\left(\frac{\partial^2 P}{\partial x^2}\frac{\partial^2 P}{\partial y^2} - \left(\frac{\partial^2 P}{\partial x \partial y}\right)^2\right)(a, b) < 0$$

をみたすとき**結節点**（図 C_1,C_2），

$$\left(\frac{\partial^2 P}{\partial x^2}\frac{\partial^2 P}{\partial y^2} - \left(\frac{\partial^2 P}{\partial x \partial y}\right)^2\right)(a, b) = 0$$

をみたすとき**尖点**（図 C_3），

$$\left(\frac{\partial^2 P}{\partial x^2}\frac{\partial^2 P}{\partial y^2} - \left(\frac{\partial^2 P}{\partial x \partial y}\right)^2\right)(a, b) > 0$$

のとき**孤立点**（図 C_4）と呼ばれる．

注意 代数関数と代数曲線の性質をより深く理解するには複素数への拡張が必要である (p.425).

A

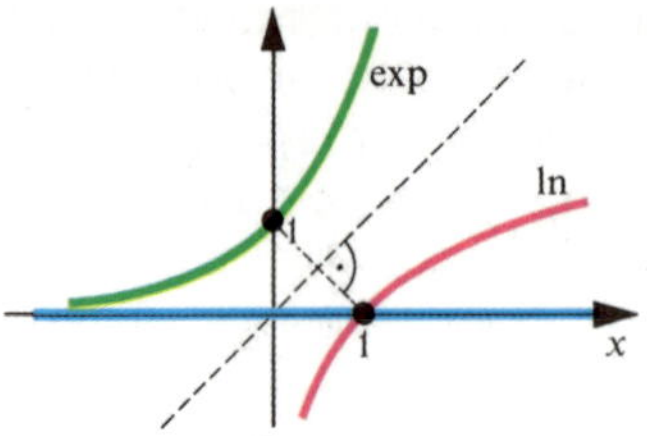

$\exp : \mathbb{R} \to \mathbb{R}$ を次で定義：

$$x \mapsto \exp x = 1 + \frac{x}{1!} + \frac{x^2}{2!} + \frac{x^3}{3!} + \cdots$$

次も成立： $\exp x = e^x = \lim_{n\to\infty}\left(1 + \frac{x}{n}\right)^n.$

$\ln : \mathbb{R}^+ \to \mathbb{R}$ は $\exp x$ の逆関数.

$$\ln(1+x) = x - \frac{x^2}{2} + \frac{x^3}{3} - \frac{x^4}{4} + - \cdots,\quad -1 < x \leqq 1$$

(p.308, 図 C_1)

$$\ln x = 2 \cdot \left[\frac{x-1}{x+1} + \frac{1}{3}\left(\frac{x-1}{x+1}\right)^3 + \frac{1}{5}\left(\frac{x-1}{x+1}\right)^5 + \cdots\right],\quad x > 0.$$

自然指数関数と自然対数関数

B

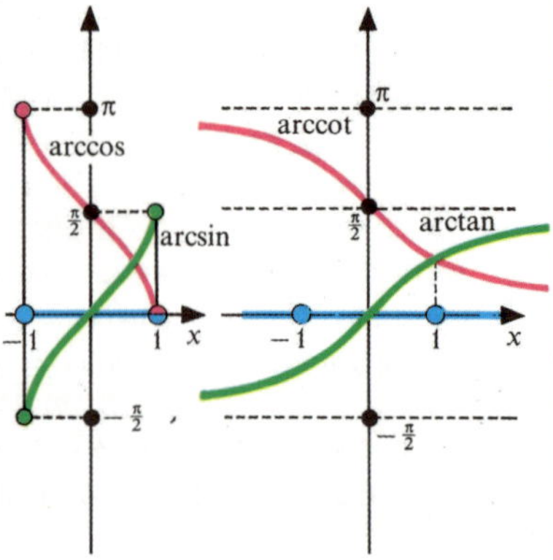

逆三角関数のグラフ

ベルヌーイ数 $B_n (n \in \mathbb{N})$ は帰納的に次で定義される：

$$B_0 := 1,\ B_{n+1} := -\frac{1}{n+2} \cdot \sum_{\nu=0}^{n} \binom{n+2}{\nu} B_\nu,\quad (n \in \mathbb{N}).$$

個々には次を得る.

$$B_1 = -\frac{1}{2} B_0 = -\frac{1}{2}$$

$$B_2 = -\frac{1}{3}(B_0 + 3B_1) = \frac{1}{6}$$

$$B_3 = -\frac{1}{4}(B_0 + 4B_1 + 6B_2) = 0$$

$$B_4 = -\frac{1}{5}(B_0 + 5B_1 + 10B_2 + 10B_3) = -\frac{1}{30}$$

$$B_5 = -\frac{1}{6}(B_0 + 6B_1 + 15B_2 + 20B_3 + 15B_4) = 0$$

奇数番目のベルヌーイ数は B_1 以外は0.
この後の値：

$$B_6 = \frac{1}{42},\quad B_8 = -\frac{1}{30},$$

$$B_{10} = \frac{5}{66},\quad B_{12} = -\frac{691}{2730}.$$

C

ベルヌーイ数

$$\sin x = \frac{x}{1!} - \frac{x^3}{3!} + \frac{x^5}{5!} - \frac{x^7}{7!} + - \cdots = \sum_{\nu=0}^{\infty} \frac{(-1)^\nu}{(2\nu+1)!} x^{2\nu+1},\quad x \in \mathbb{R}$$

$$\cos x = 1 - \frac{x^2}{2!} + \frac{x^4}{4!} - \frac{x^6}{6!} + - \cdots = \sum_{\nu=0}^{\infty} \frac{(-1)^\nu}{(2\nu)!} x^{2\nu},\quad x \in \mathbb{R}$$

$$\tan x = x + \frac{1}{3}x^3 + \frac{2}{15}x^5 + \frac{17}{315}x^7 + \cdots = \sum_{\nu=1}^{\infty} \frac{(-1)^{\nu-1} \cdot 2^{2\nu} \cdot (2^{2\nu}-1) \cdot B_{2\nu}}{(2\nu)!} x^{2\nu-1},\quad |x| < \frac{\pi}{2}$$

$$\cot x = \frac{1}{x} - \frac{1}{3}x - \frac{1}{45}x^3 - \frac{2}{945}x^5 - \cdots = \frac{1}{x} + \sum_{\nu=1}^{\infty} \frac{(-1)^\nu \cdot 2^{2\nu} \cdot B_{2\nu}}{(2\nu)!} x^{2\nu-1},\quad 0 < |x| < \pi$$

$$\arcsin x = x + \frac{1}{2} \cdot \frac{x^3}{3} + \frac{1 \cdot 3}{2 \cdot 4} \cdot \frac{x^5}{5} + \cdots = x + \sum_{\nu=1}^{\infty} \frac{1 \cdot 3 \cdot \ldots \cdot (2\nu-1)}{2 \cdot 4 \cdot \ldots \cdot 2\nu} \cdot \frac{x^{2\nu+1}}{2\nu+1},\quad |x| \leqq 1$$

$$\arctan x = x - \frac{x^3}{3} + \frac{x^5}{5} - \frac{x^7}{7} + - \cdots = \sum_{\nu=0}^{\infty} \frac{(-1)^\nu}{2\nu+1} \cdot x^{2\nu+1},\quad |x| \leqq 1$$

(p.308, 図 C_2)

最後の級数は π の数値計算と結びつく：

$\arctan 1 = \frac{\pi}{4}$ より $\frac{\pi}{4} = 1 - \frac{1}{3} + \frac{1}{5} - \frac{1}{7} + - \cdots$（ライプニッツ）.

もっとずっと収束の速い級数は，arctan1 を加法定理

$\arctan x_1 + \arctan x_2 = \arctan \frac{x_1 + x_2}{1 - x_1 x_2}$ で分解することによって得られる．例えば

$\frac{\pi}{4} = 4\arctan\frac{1}{5} - \arctan\frac{1}{239}$（マチン），$\frac{\pi}{4} = 8\arctan\frac{1}{10} - 4\arctan\frac{1}{515} - \arctan\frac{1}{239}$（マイセル）.

D

三角関数と逆三角関数の級数展開，π の計算

指数関数と対数関数

関数 $f:\mathbb{R}\to\mathbb{R}$ が，その導関数 f' と一致するとすれば，すべて導関数 $f^{(n)}$ $(n\in\mathbb{N})$ は一致する．これにより，展開点 0 におけるテイラー級数として，すべての $x\in\mathbb{R}$ で収束する級数

$$f(x)=f(0)\cdot\sum_{\nu=0}^{\infty}\frac{x^{\nu}}{\nu!}$$

が得られる．$f(0)=1$ と選んで得られる関数を（自然）**指数関数**と呼び，$x\mapsto\exp x=\sum\limits_{\nu=0}^{\infty}\frac{x^{\nu}}{\nu!}$ で定義される写像 $\exp:\mathbb{R}\to\mathbb{R}$ と表す．実数 $\mathrm{e}:=\exp 1=\sum\limits_{\nu=0}^{\infty}\frac{1}{\nu!}=2.718281828459045\cdots$ は**自然対数の底**と呼ばれる．この数は超越的である．p.250，図 C によれば $\mathrm{e}=\lim\limits_{n\to\infty}\left(1+\frac{1}{n}\right)^{n}$ でもある．

超越関数 exp は次の性質を持つ：すべての $x_1,x_2\in\mathbb{R}$ に対し

$$\exp(x_1+x_2)=\exp(x_1)\cdot\exp(x_2)$$

証明には，まず $x\mapsto\exp(x_1+x_2-x)\cdot\exp x$ で定義される関数 $g:\mathbb{R}\to\mathbb{R}$ が $g'=0$，ゆえに定数関数であることを示す．すると $g(0)=g(x_2)$ よりただちに求める式が得られる．系として自然数 n に対して $\exp n=(\exp 1)^{n}=\mathrm{e}^{n}$ が得られる．有理数に対する対応する関係も容易に得られる．exp の連続性と任意の実指数を持つベキに対する p.53 の定義 4 より，すべての $x\in\mathbb{R}$ に対し $\exp x=\mathrm{e}^{x}$ が成り立つ．

自然指数関数は狭義単調増加で像集合は $\mathbb{R}^{+}$ である．p.261 定理 13 から，exp は連続な逆関数を持つ．いわゆる**自然対数関数** $\ln:\mathbb{R}^{+}\to\mathbb{R}^{+}$ を持つ．p.267，定理 7 より $\ln'=\frac{1}{x}$．図 A は exp と ln のグラフとその級数展開を示す．自然指数関数の一般化として $x\mapsto a^{x}$ $(a\in\mathbb{R}^{+})$ で定義される関数 $f:\mathbb{R}\to\mathbb{R}^{+}$ を**指数関数**と呼ぶ．$a=\mathrm{e}^{\ln a}$ を使えば $a^{x}=\mathrm{e}^{x\ln a}$ が得られ，自然指数関数と類似の性質が導け，特に $f'=\ln a\cdot f$．さて，$\ln a$ は $a>1$，$a=1$，$0<a<1$ に応じて，正，0，負となる．それぞれの場合 f は狭義の単調増加，定数，狭義の単調減少関数となる（p.269，定理 7，定理 8）．逆関数は $a\in\mathbb{R}^{+}\backslash\{1\}$ の時に存在して，$\log_a$ と表され，**対数関数**と呼ばれる．$\log_a'(x)=\frac{1}{\ln a}\cdot\frac{1}{x}$ が成立．

三角関数

三角関数 sin と cos (p.169) もその級数展開がいくつかの性質から導ける．$\mathbb{R}$ 上定義された関数の対 (f,g) が $(\sin,\cos)$ の持つ条件

(W1) $f(x_1-x_2)=f(x_1)g(x_2)-g(x_1)f(x_2)$

(W2) $g(x_1-x_2)=g(x_1)g(x_2)+f(x_1)f(x_2)$

(W3) $\lim\limits_{x\to 0}\dfrac{f(x)}{x}=1$

をみたすとする．まず (W3) より $f(0)=0$．さらに (W1) で $x_2=0$ と置けば $g(0)=1$．f と g の差分商を取れば，f と g が微分可能であることが分かり，$f'=g$ かつ $g'=-f$ となる．これにより任意次数の導関数の存在が分かり，p.273，定理 7 から解析性も保障される．テイラー級数によって f と g は $\mathbb{R}$ 全体で一意的に決定されるから $f=\sin$，$g=\cos$ が得られる．

三角関数の持つ様々なよく知られた性質は，級数展開からすべて導ける．例えば $g(0)>0$，$g(2)<0$ が容易に示せるから，g は区間 $(0,2)$ で少なくとも 1 個の零点を持つ．一方 f は $(0,2)$ で 0 とならないから，ロルの定理 (p.269) より g は $(0,2)$ でちょうど 1 個零点を持つことが保障される．(W1) と (W2) により，この零点の 4 倍が，f と g の周期であることが示せる．(W2) よりすべての $x\in\mathbb{R}$ に対して $f^{2}(x)+g^{2}(x)=1$ が成り立つ．したがって $\{(f(x),g(x))|x\in\mathbb{R}\}$ は $\mathbb{R}^{2}$ の単位円を表現する．積分方によれば，これらの関数の周期は単位円の円周長である 2π に等しいことが示せる．

三角関数としてさらに $\tan:=\frac{\sin}{\cos}$ と $\cot:=\frac{\cos}{\sin}$ が定義される (p.169)．これらの関数は，それぞれの分母関数の零点集合を除く $\mathbb{R}$ 全体で定義され，そこで解析的である．

$\tan'=\frac{1}{\cos^{2}}$, $\cot'=-\frac{1}{\sin^{2}}$ が得られる．

商法則により任意次数の導関数が計算される．これらの関数の 0 を展開点とするテイラー級数は，sin や cos よりもちろん複雑となる（図 D）．その係数の計算では**ベルヌーイ数**が現れる（図 C）．

余接関数 (cot) は，0 が定義域に含まれないので（0 は極），0 での級数展開は不可能である．しかし $x\neq k\pi$ $(k\in\mathbb{Z}\backslash\{0\})$ に対して定義される関数 $\cot x-\frac{1}{x}$ は 0 まで連続的に拡張され，0 での級数展開が計算される．これにより，$\cot x$ の級数展開が得られる．しかしこれはテイラー級数ではない（図 D）．

逆三角関数

三角関数はその周期性により逆関数は持たないが，適当な区間に制限すれば可能である．sin を $\left[-\frac{\pi}{2},\frac{\pi}{2}\right]$，cos を $[0,\pi]$，tan を $\left(-\frac{\pi}{2},\frac{\pi}{2}\right)$，cot を $(0,\pi)$ に制限すれば逆関数が得られる．こうして得られた関数を逆三角関数，より正確には，定義域を別の区間に制限したものと区別して**主値逆三角関数**と呼ぶ．図 B にそれらのグラフを与えた．

$$\sinh x = \frac{x}{1!} + \frac{x^3}{3!} + \frac{x^5}{5!} + \frac{x^7}{7!} + \cdots = \sum_{\nu=0}^{\infty} \frac{1}{(2\nu+1)!} x^{2\nu+1}, \qquad x \in \mathbb{R}$$

$$\cosh x = 1 + \frac{x^2}{2!} + \frac{x^4}{4!} + \frac{x^6}{6!} + \cdots = \sum_{\nu=0}^{\infty} \frac{1}{(2\nu)!} x^{2\nu}, \qquad x \in \mathbb{R}$$

$$\tanh x = x - \frac{1}{3}x^3 + \frac{2}{15}x^5 - \frac{17}{315}x^7 + - \cdots = \sum_{\nu=1}^{\infty} \frac{2^{2\nu}(2^{2\nu}-1)B_{2\nu}}{(2\nu)!} x^{2\nu-1}, \qquad |x| < \frac{\pi}{2}$$

$$\coth x = \frac{1}{x} + \frac{1}{3}x - \frac{1}{45}x^3 + \frac{2}{945}x^5 - + \cdots = \frac{1}{x} + \sum_{\nu=1}^{\infty} \frac{2^{2\nu}B_{2\nu}}{(2\nu)!} x^{2\nu-1}, \qquad 0 < |x| < \pi$$

$$\operatorname{arsinh} x = x - \frac{1}{2}\cdot\frac{x^3}{3} + \frac{1\cdot 3}{2\cdot 4}\cdot\frac{x^5}{5} - + \cdots = x + \sum_{\nu=1}^{\infty} \frac{1\cdot 3\cdot \ldots \cdot (2\nu-1)(-1)^\nu}{2\cdot 4\cdot \ldots \cdot 2\nu}\cdot\frac{x^{2\nu+1}}{2\nu+1}, \qquad |x| \leqq 1$$

$$\operatorname{artanh} x = x + \frac{x^3}{3} + \frac{x^5}{5} + \frac{x^7}{7} + \cdots = \sum_{\nu=0}^{\infty} \frac{1}{2\nu+1}\cdot x^{2\nu+1}, \qquad |x| < 1$$

A

（$B_{2\nu}$：ベルヌーイ数, p.280, 図C）

双曲線関数と逆双曲線関数

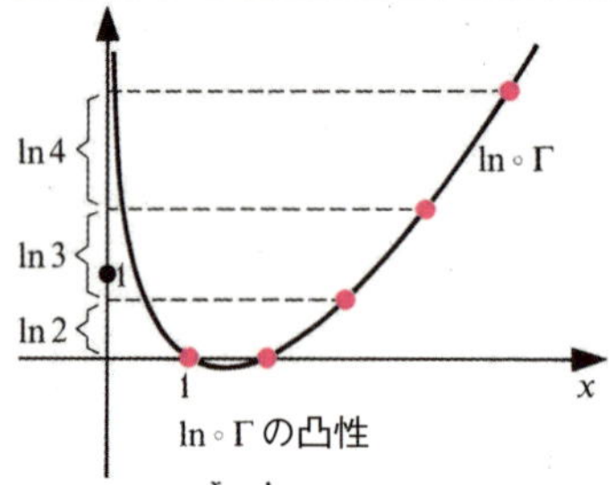

B_1　ln∘Γの凸性

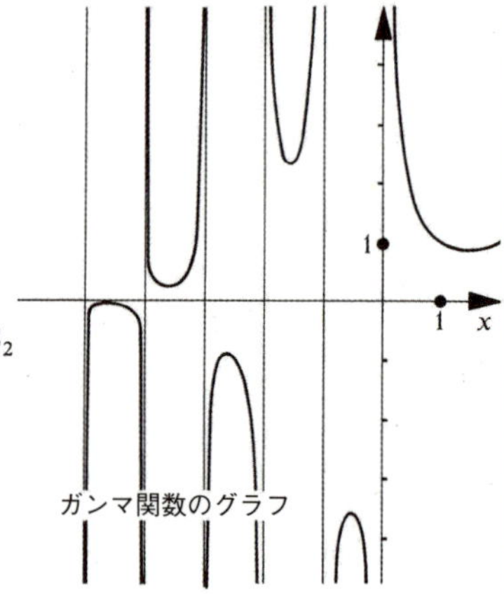

B_2　ガンマ関数のグラフ

$$\Gamma(x) = \lim_{n\to\infty} \frac{n^x \cdot n!}{x(x+1)\cdot\ldots\cdot(x+n)} \qquad \text{（ガウス）}$$

$$\Gamma(x) = \frac{1}{x}\cdot e^{-Cx}\cdot \prod_{\nu=1}^{\infty} \frac{e^{\frac{x}{\nu}}}{1+\frac{x}{\nu}} \qquad \text{（ワイエルシュトラス）}$$

$$\Gamma(x) = \int_0^\infty e^{-t} t^{x-1}\, dt \qquad \text{（オイラー）}$$

ガンマ関数と正弦関数との間には関係がある

B_3　$\Gamma(x)\cdot\Gamma(1-x) = \dfrac{\pi}{\sin \pi x}$，ここで $x = \dfrac{1}{2}$とすると，$\Gamma\left(\dfrac{1}{2}\right) = \sqrt{\pi}$ が得られる．

ガンマ関数

$\zeta : \mathbb{R}\setminus\{1\} \to \mathbb{R}$ は，$x > 1$ に対し，$x \mapsto \zeta(x) = \sum_{\nu=1}^{\infty} \dfrac{1}{\nu^x}$ で定義される．$x = 1$でこの級数は発散する（調和級数，p.252, 図A_1）．$\zeta(x) - \dfrac{1}{x-1}$ は至るところで収束する級数となり，したがってすべての定義域で関数値が定まる．

$$\zeta(x) = \frac{1}{x-1} + \sum_{\nu=0}^{\infty} \frac{(-1)^\nu C_\nu}{\nu!}(x-1)^\nu$$

ただし $C_\nu := \lim_{n\to\infty}\left(\sum_{k=1}^{n} \dfrac{(\ln k)^\nu}{k} - \dfrac{(\ln n)^{\nu+1}}{\nu+1}\right)$.

（C_0はオイラーの定数）

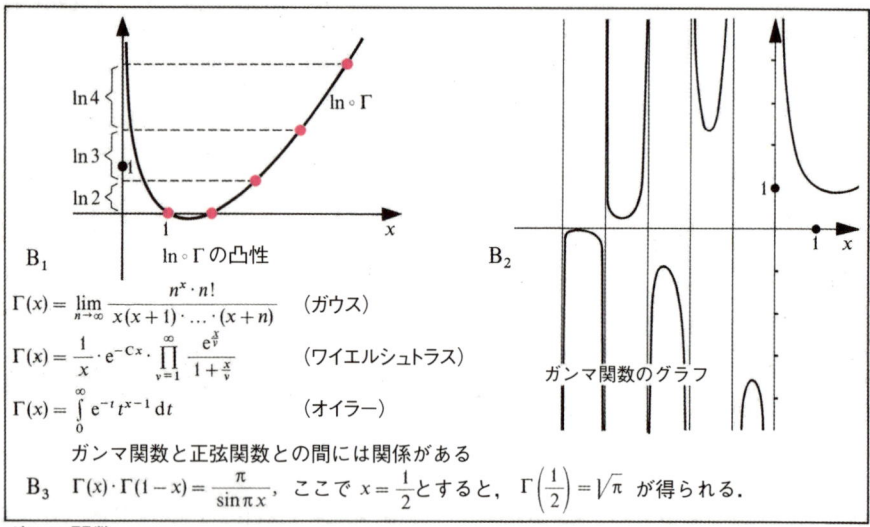

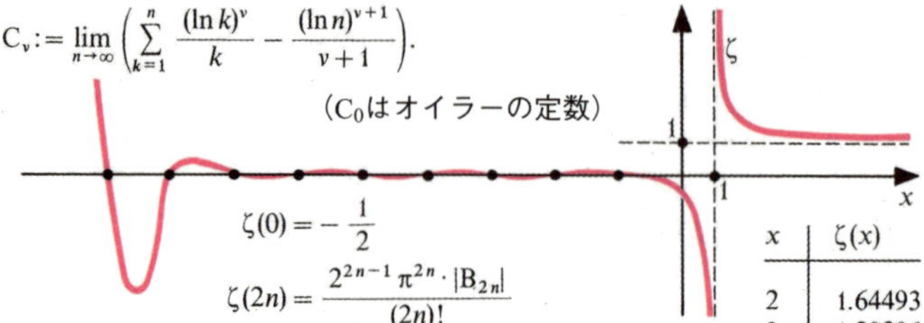

$$\zeta(0) = -\frac{1}{2}$$

$$\zeta(2n) = \frac{2^{2n-1}\pi^{2n}\cdot|B_{2n}|}{(2n)!}$$

$$\zeta(-2n) = 0$$

$$\zeta(-2n+1) = -\frac{B_{2n}}{2n}, \qquad n \in \mathbb{N}\setminus\{0\}$$

（B_n：ベルヌーイ数, p.280, 図C）

x	$\zeta(x)$
2	1.64493
3	1.20206
4	1.08232
5	1.03693
6	1.01734
7	1.00835

C

リーマンのゼータ関数

逆三角関数は解析関数である．p.267，定理 7 によれば，それらの導関数は

$\arcsin'(x) = \frac{1}{\sqrt{1-x^2}}$, $\arccos'(x) = -\frac{1}{1-x^2}$

$\arctan'(x) = \frac{1}{1+x^2}$, $\operatorname{arccot}'(x) = -\frac{1}{1+x^2}$

である．arcsin, arctan のベキ級数展開は p.280, 図 D で与えられている．特に arctan のベキ級数展開は円周率 π の数値計算に役立つ (p.280, 図 D).

双曲線関数

p.281 の条件 (W2) を

(W2*) $g(x_1-x_2) = g(x_1)g(x_2)-f(x_1)f(x_2)$

で置き換えて，(W1), (W2*), (W3) で定義される関数の対は**双曲線正弦関数** (sinh) と**双曲線余弦関数** (cosh) と呼ばれる．これらの関数は双曲線の方程式 $g^2(x)-f^2(x)=1$ をみたし，三角関数と円との関係に類似する．$\sinh' = \cosh$, $\cosh' = \sinh$ が成り立つ．これから，$\mathbb{R}$ 全体で収束するテイラー級数展開が導かれる（図 A）が，三角関数とは異なり周期関数にならない．さらに $x \neq 0$ に対して

$\tanh x := \frac{\sinh x}{\cosh x}$, $\coth x := \frac{\cosh x}{\sinh x}$,

と定義する．すると $\tanh' = \frac{1}{\cosh^2}$, $\coth' = -\frac{1}{\sinh^2}$ が成り立つ．双曲線正接関数 (tanh) や双曲線余接関数 (coth) の級数展開を求めるには，正接関数や余接関数の場合に類似の方法が必要になる (図 A).

逆双曲線関数（面積関数）

sinh, tanh, coth は逆関数を持つが cosh の場合は適当な制限，例えば $\mathbb{R}^+$ 上への制限が必要である．これらの逆関数は**逆双曲線関数（面積関数）**と呼ばれ，ar sinh, ar cosh, ar tanh, ar coth と書かれる．これらの関数もまた解析関数であり，

$\operatorname{ar\,sinh}'(x) = \frac{1}{\sqrt{1+x^2}}$, $\operatorname{ar\,cosh}'(x) = \frac{1}{\sqrt{x^2-1}}$

$\operatorname{ar\,tanh}'(x) = \frac{1}{1-x^2}$, $\operatorname{ar\,coth}'(x) = \frac{1}{1-x^2}$

が得られる．最後の二つは導関数が一致するが，定義域がそれぞれ $(-1,1)$ と $\mathbb{R}\backslash[-1,1]$ で共通部分はない．ar sinh と ar tanh の級数展開は図 A で与えられている．

ガンマ関数

$n \mapsto n!$ で定義される $\mathbb{N}$ 上の関数を $\mathbb{R}$ 上に拡張することによって，別の重要な超越関数が得られる．性質

(G1) $f(x+1) = xf(x)$

(G2) $f(1) = 1$

をみたす関数 $f : \mathbb{R}^+ \to \mathbb{R}$ を考えると，$f(2)=1$, $f(3)=2!$, $f(4)=3!$, 一般に $n \in \mathbb{N}\backslash\{0\}$ に対して $f(n+1)=n!$ となる．すなわち求める一般化は $x! := f(x+1)$ $(x \in \mathbb{R}^+)$ だといえよう．しかしながら条件 (G1), (G2) だけでは関数が一意的には確定しない．意味のある関数が一意的に定まるような条件を定式化するために，$n \in \mathbb{N}\backslash\{0\}$ に対して

$(\ln\circ f)(n+1) = \ln 1 + \ln 2 + \cdots + \ln n$

を考える．自然数に対する $\ln\circ f$ のグラフより，第 3 の条件として次を課すことがよさそうだと分かる：

(G3) $\ln\circ f$ は $\mathbb{R}^+$ の各区間において下に凸.

条件 (G1), (G2), (G3) によって一意的に決まる関数が**ガンマ関数 Γ** である．

p.275, 定義 1 より，条件 (G3) からすべての $n \in \mathbb{N}$ とすべての $x \in (0,1)$ に対し

$$\frac{n^x(n+1)!}{x(x+1)\cdots(x+n+1)} \leqq \Gamma(x) \leqq \frac{n^x n!}{x(x+1)\cdots(x+n)}$$

が成り立つことが分かる．これより**ガウスの積表示**

$$\Gamma(x) = \lim_{n\to\infty} \frac{n^x n!}{x(x+1)\cdots(x+n)}$$

が得られる．x を $x+1$ と置き換えることによって，この表現がすべての $x \in \mathbb{R}^+$ に対して成立することが示せる．この極限はすべての $x \in \mathbb{R}\backslash\mathbb{Z}_0^-$ に対しても存在し，0 と負整数を除く非正実数までガンマ関数が拡張されることが分かる（図 B_2）．もちろんここでは (G1), (G2) だけがそのまま成り立つ：$\Gamma(x) < 0$ にもなりうるから，$(\ln\circ\Gamma)(x)$ は部分的にしか定義されない．$n^x \mathrm{e}^{x\ln n}$ を考慮に入れて変形すれば等式

$$\frac{n^x n!}{x(x+1)\cdots(x+n)} = \frac{\mathrm{e}^{x\left(\ln n - 1 - \frac{1}{2} - \cdots - \frac{1}{n}\right)}\mathrm{e}^{\frac{x}{1}}\cdot\mathrm{e}^{\frac{x}{2}}\cdots\mathrm{e}^{\frac{x}{n}}}{x\left(1+\frac{x}{1}\right)\left(1+\frac{x}{2}\right)\cdots\left(1+\frac{x}{n}\right)}$$

が得られる．オイラーは極限

$\lim_{n\to\infty}\left(\sum_{\nu=1}^{n}\frac{1}{\nu} - \ln n\right)$ の存在を示した．その極限値 $\mathrm{C} = 0.577215664901533\cdots$ は**オイラー定数**と呼ばれている（C は有理数であるかどうかも知られていない）．$\Gamma(x)$ に対して

$$\Gamma(x) = \frac{1}{x}\mathrm{e}^{-\mathrm{C}x}\prod_{\nu=1}^{\infty}\frac{\mathrm{e}^{\frac{x}{\nu}}}{\left(1+\frac{x}{\nu}\right)}$$

（**ワイエルシュトラスの積表示**）が得られる．この表示から $\ln\circ\Gamma$，したがって Γ が任意回数微分可能であることが導かれ，

$$(\ln\circ\Gamma)'(x) = -\mathrm{C} - \frac{1}{x} + \sum_{\nu=1}^{\infty}\frac{x}{\nu(x+\nu)}$$

が得られる．級数を積分し，$\ln\circ\Gamma$ の関数値を計算することにより

$$(\ln\circ\Gamma)(x+1) = -\mathrm{C}x + \sum_{\nu=2}^{\infty}\frac{(-1)^\nu\zeta(\nu)}{\nu}x^\nu, \quad |x| < 1$$

が導かれる．ここで $\zeta(\nu)$ は超越関数の重要な例である**リーマンのゼータ関数**の特殊値である（図 C).

A 近似可能性

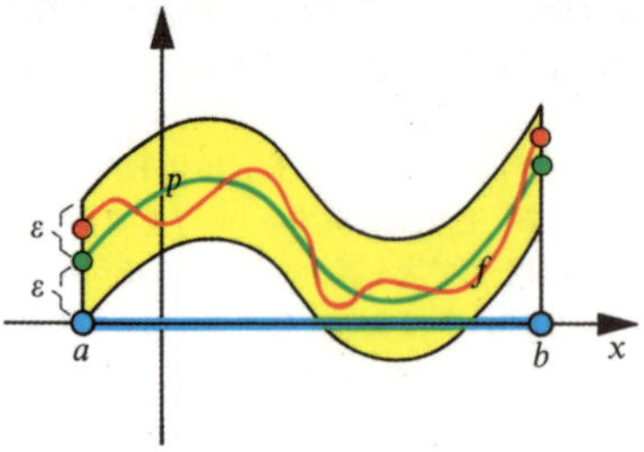

ある関数 $f:[a,b]\to\mathbb{R}$ はあらかじめ与えられた正数 ε に応じて，特定の関数の集合，普通は多項式関数の集合に属するある関数 p によって次のように近似される：すべての $x\in[a,b]$ に対し $|f(x)-p(x)|<\varepsilon$ が成立．

B チェビシェフ多項式

$t_1(x) = x$
$t_2(x) = x^2 - \frac{1}{2}$
$t_3(x) = x^3 - \frac{3}{4}x$
$t_4(x) = x^4 - x^2 + \frac{1}{8}$
$t_5(x) = x^5 - \frac{5}{4}x^3 + \frac{5}{16}x$

C ルジャンドル多項式

$l_1(x) = x$
$l_2(x) = x^2 - \frac{1}{3}$
$l_3(x) = x^3 - \frac{3}{5}x$
$l_4(x) = x^4 - \frac{6}{7}x^2 + \frac{3}{35}$
$l_5(x) = x^5 - \frac{10}{9}x^3 + \frac{5}{21}x$

D 最小2乗法

m 個の点 (x_μ, y_μ), $\mu\in\{1,\ldots,m\}$ をある関数 $\tilde{f} = \sum_{\nu=1}^{n} \alpha_\nu g_\nu$ ($\alpha_\nu \in \mathbb{R}$, g_ν 1次独立な関数) でできるだけよく近似したい（p.285 参照）．最も簡単な場合として，1次関数による近似（$n=2$ かつ $g_1(x)=1, g_2(x)=x$）の解は次の式になる：

$$\alpha_1 = \frac{\sum_{\mu=1}^{m} x_\mu^2 \cdot \sum_{\mu=1}^{m} y_\mu - \sum_{\mu=1}^{m} x_\mu \cdot \sum_{\mu=1}^{m} x_\mu y_\mu}{m \cdot \sum_{\mu=1}^{m} x_\mu^2 - \left(\sum_{\mu=1}^{m} x_\mu\right)^2};$$

$$\alpha_2 = \frac{m \sum_{\mu=1}^{m} x_\mu y_\mu - \sum_{\mu=1}^{m} x_\mu \cdot \sum_{\mu=1}^{m} y_\mu}{m \cdot \sum_{\mu=1}^{m} x_\mu^2 - \left(\sum_{\mu=1}^{m} x_\mu\right)^2}.$$

例：6点 $(1,4)$, $(2,6)$, $(3,7)$, $(5,8)$, $(7,7)$, $(10,9)$ が与えられたとする．すると
$\alpha_1 = \frac{415}{86}$; $\alpha_2 = \frac{37}{86}$
である．

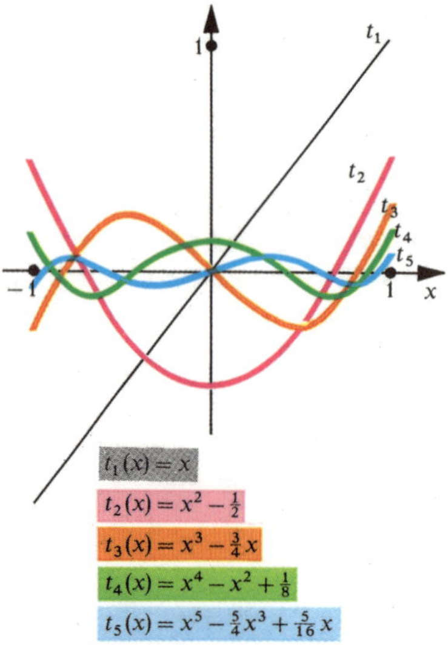

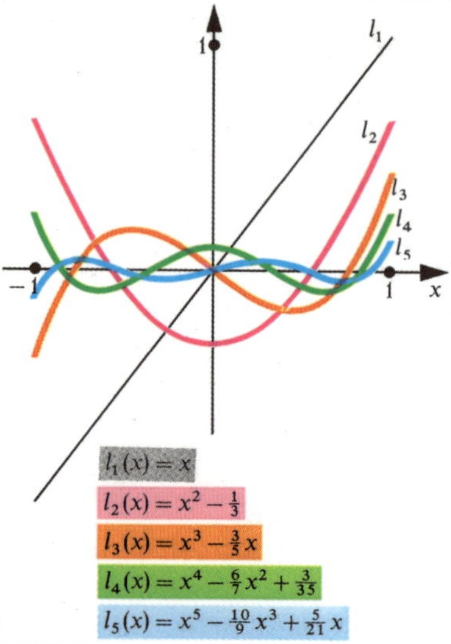

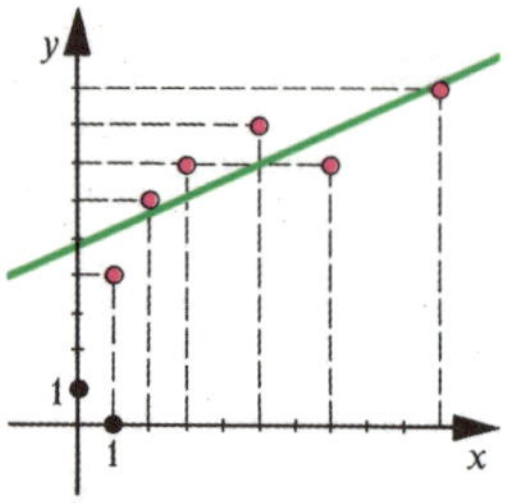

近似理論の問題

n 回微分可能な関数の点 a の近傍の近似値の計算に n 次テイラー多項式が用いられる．それは a においては n 位より高次の近似を与えている (p.271)．**近似理論**とは区間における関数の近似を問題にするものである．

定義 1　$f:[a,b]\to\mathbb{R}$ が関数の集合 F によって**近似可能**とは，任意の $\epsilon\in\mathbb{R}^+$ に対して，ある $p\in F$ が存在して，すべての $x\in[a,b]$ に対して $|f(x)-p(x)|<\epsilon$ が成り立つことをいう．

これはまた $f(x)$ が $p(x)$ によって近似されるともいう．特に興味があるのは有理整関数で近似できる場合である．

定理 1（ワイエルシュトラスの近似定理）　任意の連続関数 $f:[a,b]\to\mathbb{R}$ は有理整関数によって近似可能である．

証明にはまず問題を区間 $[0,1]$ 上で考える．

$$b_n(x)=\sum_{\nu=0}^{n}f\left(\frac{\nu}{n}\right)\cdot\binom{n}{\nu}x^\nu(1-x)^{n-\nu}$$

（ベルンシュタイン多項式）

で定義される近似関数を考えると，これは $[0,1]$ 区間で f に一様に収束するものである．この表現は一つの有理整関数を表している．f を $[a,b]$ で定義された関数とし，φ を $t\mapsto\varphi(t)=t(b-a)+a$ で定義される関数とすれば $f\circ\varphi$ は関数 b_n で近似され，したがって f は関数 $b_n\circ\varphi^{-1}$ によって近似される．$b_n\circ\varphi^{-1}(x)=b_n\left(\frac{x-a}{b-a}\right)$ である．

最良近似

b_n の収束はかなり緩慢なので，f を別の有理整関数で**より良く**近似することを考える．近似が他のものより良いということを厳密に定義するために，関数の集合の中にノルムを通して得られるような距離概念が必要となる（ノルム空間，p.337）．

定義 2　$(V,\|\ \|)$ をノルム空間とし，$U\subset V$ とする．$\overline{f}\in U$ が $f\in V$ の U と $\|\ \|$ に関する**最良近似**であるとは，すべての $g\in U$ に対して $\|f-\overline{f}\|\leqq\|f-g\|$ となることである．

最良近似が存在するか，また存在すればどのようなものであるかは，U と与えられたノルムに依存する．次の定理は，この存在に関するものである．

定理 2　U を $(V,\|\ \|)$ の部分空間とする．任意の $f\in V$ に対して，f の U と $(V,\|\ \|)$ に関する最良近似 $\overline{f}$ が存在する．

a) チェビシェフ多項式

$C_0[a,b]$ を $[a,b]$ で定義された連続関数の集合とし，ノルム $\|\ \|_0$ を

$$\|f\|_0:=\max\{|f(x)|\mid x\in[a,b]\}$$

（チェビシェフノルム）

で定義する．高々 $n-1$ 次の有理整関数全体は n 次元部分空間 G_{n-1} をなすから，$f_n(x)=x^n$ で定義されるベキ関数が G_{n-1} と $\|\ \|_0$ に関して，どのように最良近似されるかという問題は意味を持つ．$\overline{f}_n$ を f_n の最良近似とすれば $t_n:=f_n-\overline{f}_n$ は，n 次の有理整関数で最高次の係数が 1 であるような関数 g_n の中で $[a,b]$ における $|g_n(x)|$ の最大値が最小となるようなものである．$t_n(x)$ は**チェビシェフ多項式**と呼ばれる．

$$t_n(x)=\frac{(b-a)^n}{2^{2n-1}}\cos\left(n\cdot\arccos\left(\frac{2x}{b-a}-\frac{b+a}{b-a}\right)\right)$$

で与えられる．その絶対値の最大値は $\frac{(b-a)^n}{2^{n-1}}$ である．区間 $(-1,1)$ では，特に $t_n(x)=2^{1-n}\cos(n\cdot\arccos x)$ で与えられる（図 B の例）．t_n はその絶対値の最大値を区間の境界で取り，その内部で $(n-1)$ 回取る．その零点は補間理論 (p.287) で重要な役割を果す．

b) ルジャンドル多項式

連続関数に対してチェビシェフノルムのかわりに $\|f\|_2:=\sqrt{\int_a^b(f(x))^2\mathrm{d}x}$ で定義される**ユークリッドノルム**を用いると，対応して得られるものが**ルジャンドル多項式** $l_n(x)$ である．l_n は n 次有理整関数で最高次係数が 1 であるような関数 g_n の中の最良近似を与え，$\int_a^b(g_n(x))^2\mathrm{d}x$ が最小値を取るようなものである．区間を $(-1,1)$ としたときは，次の重要な関係式が利用できる：

$$l_n(x)=\frac{n!}{(2n)!}\frac{\mathrm{d}^n}{\mathrm{d}x^n}(x^2-1)^n\quad（図 C の例）$$

最小 2 乗法

近似理論と類似の問題として，あらかじめ与えられた点 (x_μ,y_μ) $(\mu\in\{1,\ldots,m\})$ からなる有限集合を座標平面において，関数 $\overline{f}$ のグラフでできるだけよく近似するという問題がある．$\overline{f}$ は n 個の 1 次独立な関数 g_ν の 1 次結合として表示されるべきである：$\overline{f}=\sum_{\nu=1}^{n}\alpha_\nu g_\nu$，$\alpha_\nu\in\mathbb{R}$．$m$ 組 $(x_1,\ldots,x_m)$，$(y_1,\ldots,y_m)$，$(\sum_{\nu=1}^{n}\alpha_\nu g_\nu(x_1),\ldots,\sum_{\nu=1}^{n}\alpha_\nu g_\nu(x_m))$ を空間 $\mathbb{R}^m$ の点と考えたとき

$$\sqrt{\sum_{\mu=1}^{m}\left(\sum_{\nu=1}^{n}\alpha_\nu g_\nu(x_\mu)-y_\mu\right)^2}$$

が最小となるような係数 α_ν を決定するという問題は意味がある．p.297 の結果によれば，そのためには偏微分

$$\frac{\partial}{\partial\alpha_i}\sum_{\mu=1}^{m}\left(\sum_{\nu=1}^{n}\alpha_\nu g_\nu(x_\mu)-y_\mu\right)^2$$

がすべての $i\in\{1,\ldots,n\}$ について値 0 を取ることが必要条件である．これから変数 $\alpha_1,\ldots,\alpha_n$ に関する連立方程式が得られ，一般には一意的に解くことができる．

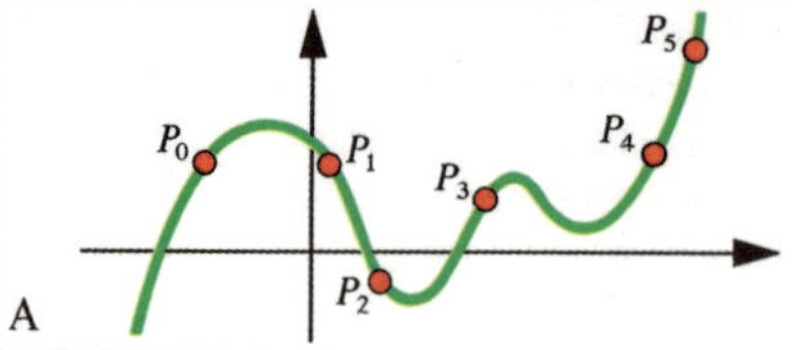

$n+1$ 個の点 $P_\mu(x_\mu, y_\mu)$，$\mu \in \{0, \ldots, n\}$ に対し，高々 n 次の多項式 p_n で，そのグラフがこれら $n+1$ 個の点を通るものを決定する．

補間法の課題

与えられた点：$P_0(1,3),\ P_1(3,-2),\ P_2(4,5),\ P_3(6,10).$

$$p_3(x)=\sum_{\nu=0}^{3}\prod_{\substack{\mu=0\\ \mu\neq\nu}}^{3}\frac{x-x_\mu}{x_\nu-x_\mu}\cdot y_\nu=\frac{x-3}{-2}\cdot\frac{x-4}{-3}\cdot\frac{x-6}{-5}\cdot 3+\frac{x-1}{2}\cdot\frac{x-4}{-1}\cdot\frac{x-6}{-3}\cdot(-2)+$$

$$+\frac{x-1}{3}\cdot\frac{x-3}{1}\cdot\frac{x-6}{-2}\cdot 5+\frac{x-1}{5}\cdot\frac{x-3}{3}\cdot\frac{x-4}{2}\cdot 10$$

$$=-\frac{14}{15}x^3+\frac{319}{30}x^2-\frac{329}{10}x+\frac{131}{5}\quad \text{（図 C 参照）}$$

B

ラグランジュの方法

与えられた点：$P_0(1,3),\ P_1(3,-2),\ P_2(4,5),\ P_3(6,10).$

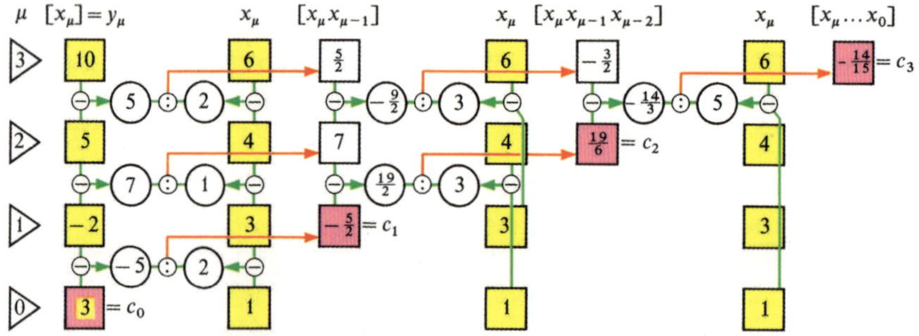

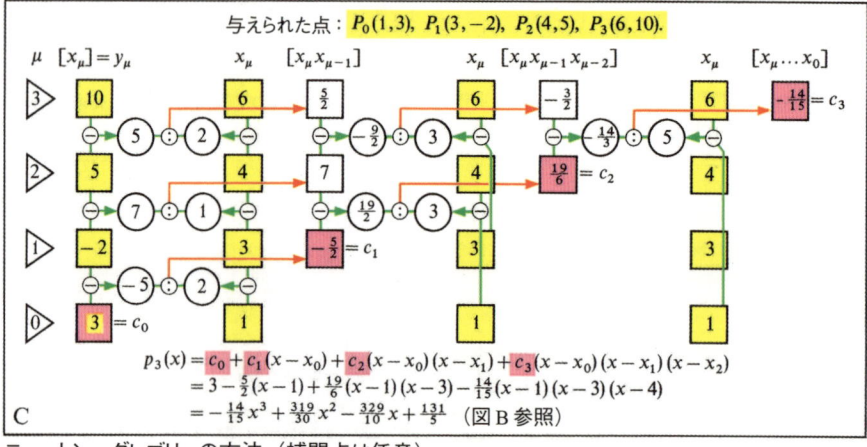

$$p_3(x)=c_0+c_1(x-x_0)+c_2(x-x_0)(x-x_1)+c_3(x-x_0)(x-x_1)(x-x_2)$$

$$=3-\tfrac{5}{2}(x-1)+\tfrac{19}{6}(x-1)(x-3)-\tfrac{14}{15}(x-1)(x-3)(x-4)$$

$$=-\tfrac{14}{15}x^3+\tfrac{319}{30}x^2-\tfrac{329}{10}x+\tfrac{131}{5}\quad \text{（図 B 参照）}$$

C

ニュートン・グレゴリーの方法（補間点は任意）

与えられた点：$P_0(-1,2),\ P_1(1,3),\ P_2(3,5),\ P_3(5,1)$

補間点の間隔：$h=2$

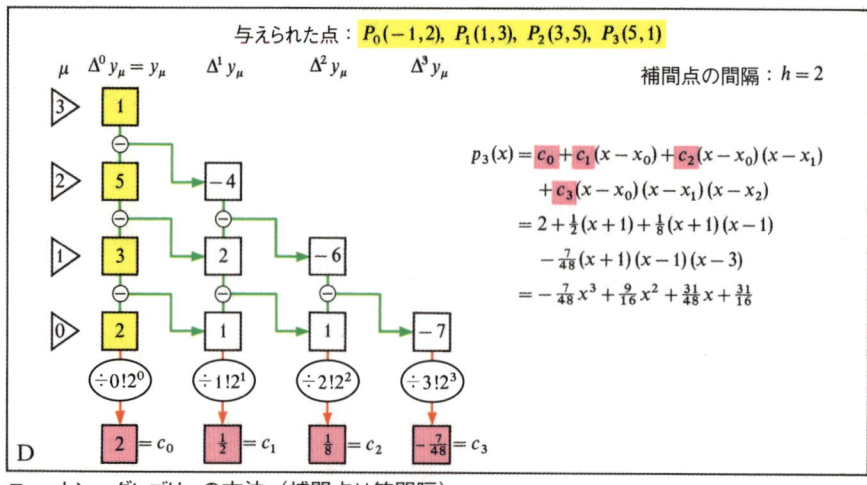

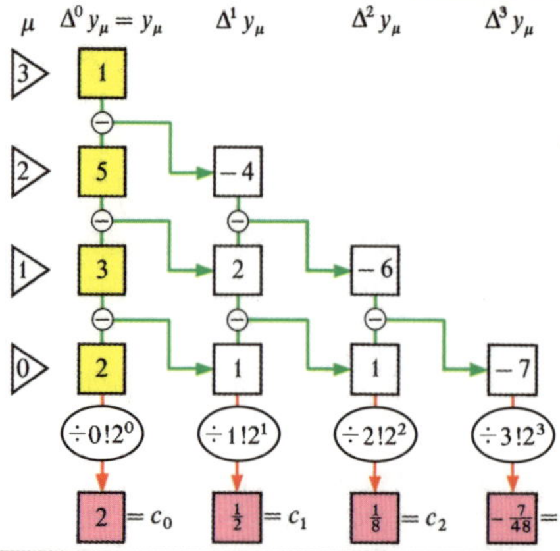

$$p_3(x)=c_0+c_1(x-x_0)+c_2(x-x_0)(x-x_1)$$

$$+c_3(x-x_0)(x-x_1)(x-x_2)$$

$$=2+\tfrac{1}{2}(x+1)+\tfrac{1}{8}(x+1)(x-1)$$

$$-\tfrac{7}{48}(x+1)(x-1)(x-3)$$

$$=-\tfrac{7}{48}x^3+\tfrac{9}{16}x^2+\tfrac{31}{48}x+\tfrac{31}{16}$$

D

ニュートン・グレゴリーの方法（補間点は等間隔）

補間法の問題

補間法とは $n+1$ 個の点 $P_\mu(x_\mu, y_\mu)$ ($\mu \in \{0, \ldots, n\}$)（ただし x_μ どの二つも異なる）が与えられたとき，高々 n 次の有理整関数 p_n で x_μ（**サポート点**と呼ぶ）での値がちょうど y_μ（**サポート値**と呼ぶ）となるようなものを探す問題である（図 A）．したがって $p_n(x) = \sum\limits_{\nu=0}^{n} \alpha_\nu x^\nu$ の係数 α_ν は，すべての $\mu \in \{0, \ldots, n\}$ に対して $\sum\limits_{\nu=0}^{n} \alpha_\nu x_\mu^\nu = y_\mu$ をみたすものとして決定される．$\alpha_0, \ldots, \alpha_n$ を未知数とする連立 1 次方程式は，p.83 の定理 1 により一意的に解ける．これを示すために，対応する連立方程式 $\sum\limits_{\nu=0}^{n} \alpha_\nu x_\mu^\nu = 0$ ($\mu \in \{0, \ldots, n\}$) に注目する．これは $p_n(x_\mu) = 0$ ($\mu \in \{0, \ldots, n\}$) と同値である．解 $(\alpha_0, \ldots, \alpha_n) \neq (0, \ldots, 0)$ があれば，p_n の（どの二つを取っても）異なる $n+1$ 個の零点 x_μ が定まり，これは p_n の次数が高々 n であることに矛盾する．したがって，この連立方程式は自明な解 $(0, \ldots, 0)$ しか持たない．対応する行列の 1 次独立な列ベクトルの個数は $n+1$ 個となり（p.83 の連立 1 次方程式の項参照），その行列式は 0 と異なることが導かれる (p.81, (4d))．補間多項式を簡単に求めるには，いくつかの方法がある．

ラグランジュの方法

ラグランジュによれば，実際代入して確かめられるように，サポート点 $x_0, \ldots, x_n$ に対する補間多項式は

$$p_n(x) = \sum_{\nu=0}^{n} \prod_{\substack{\mu=0 \\ \mu\neq\nu}}^{n} \frac{x - x_\mu}{x_\nu - x_\mu} y_\nu \quad \text{（図 B の例）}$$

で与えられる．これは実際計算すると時間がかかる方法である．またサポート点が新たに加えられた場合，計算をやり直さなければならないという欠点もある．次の方法はこの欠点を補おうとするものである．

ニュートン・グレゴリーの方法

$$p_n(x) = c_0 + c_1(x - x_0) + \cdots + c_n(x - x_0)(x - x_1) \cdots (x - x_{n-1})$$

と置き，条件 $p_n(x_\mu) = y_\mu$ ($\mu \in \{0, \ldots, n\}$) から係数 c_ν を計算していく．$p_n(x_0) = y_0$ より $c_0 = y_0$ が導かれる．条件 $p_n(x_\mu) = y_\mu$ をつけ加えていくことにより，$c_1 = (y_1 - y_0)/(x_1 - x_0)$，$c_2 = \left(\frac{y_2 - y_1}{x_2 - x_1} - \frac{y_1 - y_0}{x_1 - x_0}\right) \Big/ (x_2 - x_0)$ 等が得られる．帰納的に $\mu, \nu \in \mathbb{N}$, $\nu \leqq \mu$ に対して

$[x_\mu] := y_\mu$ （**0 次の勾配**）

$$[x_\mu x_{\mu-1} \cdots x_{\mu-\nu}] := \frac{[x_\mu \cdots x_{\mu-\nu+1}] - [x_{\mu-1} \cdots x_{\mu-\nu}]}{x_\mu - x_{\mu-\nu}}$$

（**ν 次の勾配**, $\nu > 0$）

と定義すれば，すべての $\nu \in \{0, \ldots, n\}$ に対して $c_\nu = [x_\nu x_{\nu-1} \cdots x_0]$ が成り立つ．係数は比較的単純な計算手続きで決定される（図 C）．新たなサポート点の追加に対しては，新しく，追加された係数を計算すればよい．サポート点の配列は問題とはならない．この方法はサポート点が等間隔に並んでいる場合，特に単純になる．x_0 を最小のサポート点とし，すべての $\mu \in \{0, \ldots, n-1\}$ に対して $x_{\mu+1} - x_\mu = h$ とする．ν 次の勾配のかわりに

$\Delta^0 y_\mu := y_\mu$

$\Delta^\nu y_\mu := \Delta^{\nu-1} y_{\mu+1} - \Delta^{\nu-1} y_\mu$, $\nu > 0$

によって定義される差分を取る．すると，すべての $\mu \in \{0, \ldots, n-1\}$ に対して $c_\nu = [x_\nu x_{\nu-1} \cdots x_0] = \frac{1}{\nu!} \cdot \frac{\Delta^\nu y_0}{h^\nu}$ が得られる（図 D）．

注意　等間隔のサポート点に対する補間について，x_0 が最小ではなく，最大または中間のサポート点の場合にも類似の公式が得られる．

補間多項式による近似

連続関数 f を近似するために，$n+1$ 個のサポート点での関数値を決定し，対応する補間多項式を構成してみる．サポート点 x_ν に対しては $f(x_\nu) = p_n(x_\nu)$ が成り立つ．f が $(n+1)$ 回微分可能ならば，その間の値の近似の度合いについての結果を述べることができる．補間誤差 $f(x) - p_n(x)$ は例えば等間隔のサポート点の場合

$$f(x) - p_n(x) = \frac{f^{(n+1)}(\xi)}{(n+1)!}(x - x_0)(x - x_1) \cdots (x - x_n)$$

と書くことができる．ここで ξ は (x_0, x_n) 内のある点である．テイラー多項式は，補間多項式ですべてのサポート点を 1 点にするという極限的な場合とみなせる．補間法の問題において，最初からサポート点が異なる場合として定式化されるとは限らない．k 個 ($k > 1$) のサポート点が 1 点となる場合，補間多項式を一意に決定するには，k 個の条件が必要となる．例えば，y の値の他に，$(k-1)$ 次までの導関数の値が指定されなければならない．問題は結局，区間 $[a, b]$ において，与えられた関数に対してできるだけ良い近似を与えるようなサポート点を，どのように選択するかということにある．それに対する解答は，空間のノルムの入れ方に依存する．チェビシェフノルムを用いる場合，チェビシェフ多項式 $t_{n+1}(x)$ (p.285) の零点をサポート点として選べば最良近似が得られる．ユークリッドノルムを用いた場合はルジャンドル多項式 $l_{n+1}(x)$ (p.285) の零点によって対応する結果が得られる．

A

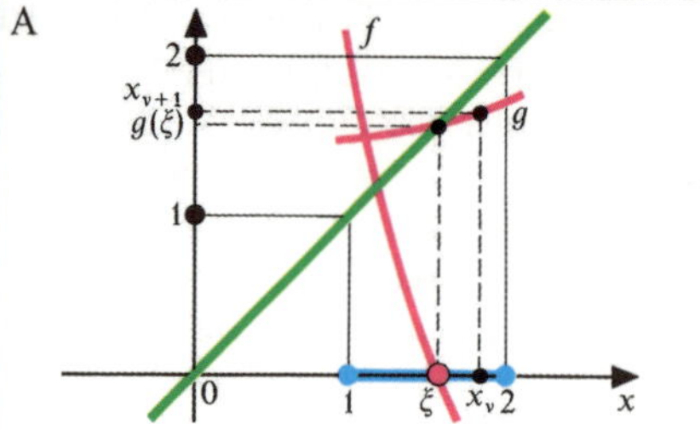

$f(x)=x^2-6x+7$ で定義される関数の零点 $\xi\in[1,2]$ を求めるために，例えば

$$g(x)=x+\tfrac{1}{4}f(x)=\tfrac{1}{4}(x^2-2x+7)$$

とすると，p.289 の収束条件がみたされる．

$x_0=2$ から出発して，順に次を得る：

$x_1=g(x_0)=1.75,\ x_2=g(x_1)=1.641,$
$x_3=g(x_2)=1.603,\ \ldots,$

ここで $\xi=g(\xi)=\lim_{\nu\to\infty}x_\nu$ が成立．

反復法

B

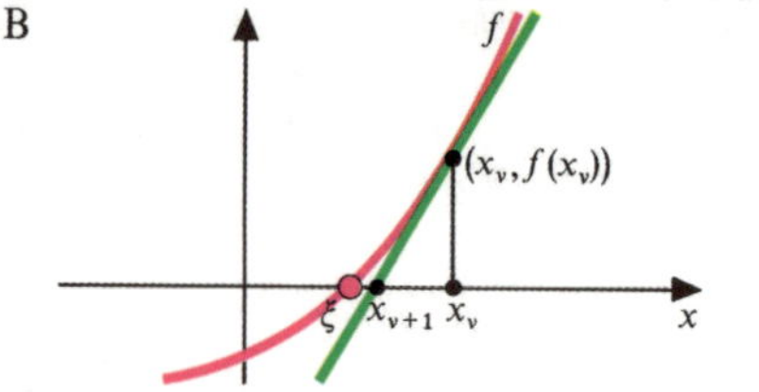

f の零点 ξ の近似値 x_ν を，$(x_\nu, f(x_\nu))$ における接線の x 軸との交点の座標で改良：

$$x_{\nu+1}=x_\nu-\frac{f(x_\nu)}{f'(x_\nu)},$$

例：$f(x)=x^3-3x-1$．

収束条件は例えば区間 $[1.6, 2]$ でみたされる．

$x_0=2$ と置くと，3 回の反復で

$x_1=1.889,\ x_2=1.87945,\ x_3=1.879385245$

を得る（x_3 は 8 桁目まで正しい）．

ニュートン・ラフソン法

C

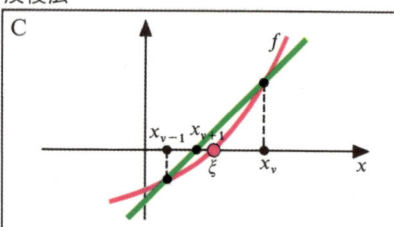

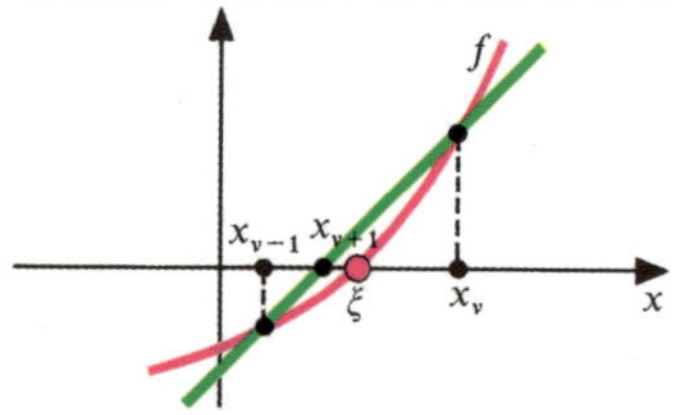

f の零点 ξ の近似値 $x_{\nu-1}$，x_ν を，$(x_{\nu-1}, f(x_{\nu-1}))$，$(x_\nu, f(x_\nu))$ を通る割線の x 軸との交点の座標で改良：

$$x_{\nu+1}=x_\nu-\frac{x_\nu-x_{\nu-1}}{f(x_\nu)-f(x_{\nu-1})}\cdot f(x_\nu),$$

図 B の例で，$x_0=1.8$，$x_1=1.9$ を用いると改良近似値 $x_2=1.878,\ x_3=1.8793$ を得る．

割線法

D

例：$f_0(x)=x^3-3x-1$

（図 B, C 参照）

$f_1(x^2)=x^6-6x^4+9x^2-1$

$f_2(x^4)=x^{12}-18x^8+69x^4-1$

$f_3(x^8)=x^{24}-186x^{16}+4725x^8-1$

$f_4(x^{16})=x^{48}-25146x^{32}+22325253x^{16}-1$

k	0	1	2	3	4
$\sqrt[2^k]{-\frac{a_{k2}}{a_{k3}}}$	0	2.449	2.060	1.9217	1.8838
$-\sqrt[2^k]{-\frac{a_{k1}}{a_{k2}}}$	–	-1.225	-1.399	-1.4983	-1.5281
$-\sqrt[2^k]{-\frac{a_{k0}}{a_{k1}}}$	$-\frac{1}{3}$	-0.333	-0.347	-0.3473	-0.3473

グレーフェ法

E_1　与えられた関数：$f:\mathbb{R}\to\mathbb{R}$

$x\mapsto f(x)=a_nx^n+a_{n-1}x^{n-1}+\cdots+a_0$.

求める関数値：$f(x_\nu)$

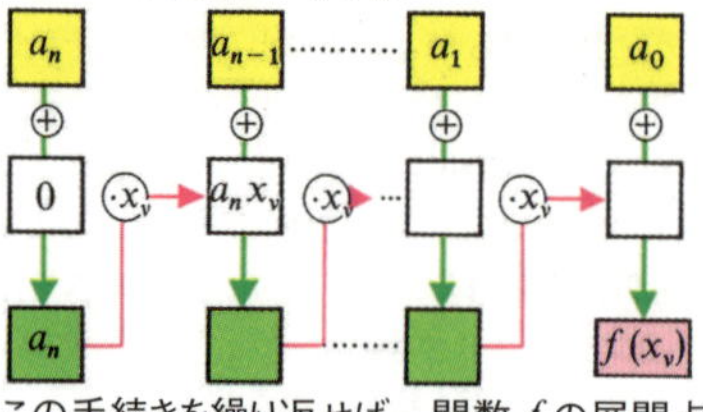

この手続きを繰り返せば，関数 f の展開点 x_ν におけるテイラー展開の係数 $\frac{1}{\mu!}f^{(\mu)}(x_\nu)$ が得られる（p.271）．

E_2　例：

与関数：$f(x)=x^4-2x^3+x^2-7x+3$

求める値：$f(3), f'(3), f''(3), f'''(3)$

1	-2	1	-7	3	
0	3	3	12	15	
1	1	4	5	18	$=f(3)$
0	3	12	48		
1	4	16	53	$=f'(3)$	
0	3	21			
1	7	37	$=\frac{1}{2!}f''(3)$		
0	3				
1	10	$=\frac{1}{3!}f'''(3)$			

組み立て除法

単純な反復法

方程式 $f(x) = 0$ を解くことは，数値解析では重要な問題である．

$g(x) = x + c(x) \cdot f(x)$ と置く．ここで $c(x)$ は，すべての $x \in [a, b]$ について $c(x) \neq 0$ となるようなもので $x = g(x)$ の解がみつけられるようなものを適当に選ぶ．このような解を近似するために，いわゆる**反復法**が考えられる．これは，一つの近似値 x_0 から始めて，$x_{\nu+1} = g(x_\nu)$, $\nu \in \mathbb{N}$ と定め，ある定められた条件のもとで，x_ν が $f(x) = 0$ のある解に収束するというものである．

定理　$g : [a, b] \to [a, b]$ を $x \mapsto g(x)$ で定義される関数で，$[a, b]$ で連続微分可能かつすべての $x \in [a, b]$ に対して $|g'(x)| < 1$ が成り立つものとする（収束条件）．すると方程式 $x = g(x)$ は解 ξ を持つ．ここで ξ は，$x_0 \in [a, b]$ かつ $x_{\nu+1} := g(x_\nu)$, $\nu \in \mathbb{N}$ で決められる $\{x_\nu\}$ について $\xi = \lim_{\nu\to\infty} x_\nu$ となるものである．

収束の度合いは，最初のステップでは不等式

$$|\xi - x_\nu| \leqq \frac{L^\nu}{1-L}|x_1 - x_0|,$$
$$L = \max\{|g(x)| \mid x \in [a, b]\}$$

で評価される．f が $[a, b]$ で連続微分可能で $-2 < f'(x) < 0$ をみたせば $f(x) = 0$ の解 ξ を決定する反復手続きは簡単になる．それは $g = 1_{\mathbb{R}} + f$ が収束定理の前提条件をみたすからである．この場合 $x_{\nu+1} = x_\nu + f(x_\nu)$ は $[a, b]$ における唯一の解 ξ に収束する．この場合，補助関数 c は定数関数 $c = 1$．$0 < f'(x) < 2$ の場合は，$x_{\nu+1} = x_\nu - f(x_\nu)$ が ξ に収束する．この場合の補助関数は $c = -1$．$|f(x)| > 2$ の場合は，別の定数関数 c を選んで $g(x) = x + cf(x)$ が定理の収束の前提条件をみたすようにでき，このときは $x_\nu + cf(x_\nu)$ が ξ に収束する（図 A）．

ニュートン・ラフソン法

この手続きにおいては，c を $g'(\xi) = 0$ となるように選ぶ．$g'(x) = 1 + c'(x)f(x) + c(x)f'(x)$ より $c(x) = -\frac{1}{f'(x)}$ と置く．$x_{\nu+1} = x_\nu - \frac{f(x_\nu)}{f'(x_\nu)}$ の収束条件として，すべての $x \in [a, b]$ に対して $\left|\frac{f(x)f''(x)}{(f'(x))^2}\right| < 1$ が得られる．幾何学的には，まず点 $(x_\nu, f(x_\nu))$ におけるグラフの接線を引き，$x_{\nu+1}$ は，その接線と x 軸との交点の x 座標として決める（図 B）．

割線法 (Regula falsi)

ニュートン・ラフソン法において接線の傾き $f'(x_\nu)$ のかわりに，$(x_\nu, f(x_\nu))$ と $(x_{\nu-1}, f(x_{\nu-1}))$ を結ぶ直線（割線）の傾きを取ると，

$$x_{\nu+1} = x_\nu - \frac{x_\nu - x_{\nu-1}}{f(x_\nu) - f(x_{\nu-1})} f(x_\nu) \quad (\nu \geqq 1)$$

が得られる．$x_{\nu+1}$ は割線と x 軸との交点の x 座標となる．$f(x_\nu)$ の前の因子は x_ν のみに依存しているわけではないので，この手続きに対する収束条件は複雑で，**割線法**と呼ばれている．

ホーナーの方法

前述の手続きに必要となる関数値 $f(x_\nu)$ と $f'(x_\nu)$ を計算するために，有理整関数に関する**ホーナー法**と呼ばれる方法を用いることができる．これは次の変形に基づくものである：

$$a_n x^n + a_{n-1}x^{n-1} + \cdots + a_1 x + a_0$$
$$= (((a_n x + a_{n-1})x + \cdots + a_2)x + a_1)x + a_0$$

図 E_1 に $f(x_\nu)$ を計算する手続きが説明されている．加法に加えて x_ν の積のみが現れている．この手続きの繰り返しにより $f'(x_\nu)$ が計算できる．図 E_1 おける手続きにおいて 3 行目の n 個の数は $m_{x_\nu}(x) = \frac{f(x)-f(x_\nu)}{x-x_\nu}$ で定義される差分商関数 (p.265) の連続的接続の係数となっており，$\overline{m}_{x_\nu}(x_\nu) = f'(x_\nu)$ が成り立つ．

注意　この手続きを繰り返せば，関数 f の展開点 x_ν におけるテイラー展開の係数 $\frac{1}{\mu!}f^{(\mu)}(x_\nu)$ が得られる (p.271).

計算例　図 E_2.

グレーフェ法

$x \mapsto a_n x^n + a_{n-1}x^{n-1} + \cdots + a_0$ で定義される n 次の有理整関数 f_0 を $\mathbb{C}$ 上の関数と考える．すると複素数の代数学基本定理より，これは 1 次因子の積に分解され $a_n(x - \xi_1)(x - \xi_2)\cdots(x - \xi_n)$ の形に書ける．係数比較により $1 \leqq m \leqq n$ のとき

$$\sum_{\nu_1<\nu_2<\cdots<\nu_m} (-\xi_{\nu_1})(-\xi_{\nu_2})\cdots(-\xi_{\nu_m}) = \frac{a_{n-m}}{a_n}$$

が得られる．ξ_ν の絶対値がすべて異なる場合は，零点の特性を表すヴィエタの定理として，その計算が可能となる．例えば $|\xi_1| > |\xi_2| > \cdots > |\xi_n|$ とすれば近似 $\xi_\nu \approx -\frac{a_{n-\nu}}{a_{n-\nu+1}}$ $(\nu \in \{1, \ldots, n\})$ が得られ，この近似は零点の絶対値が異なる度合いが強いほどよくなる．この計算はすべての ν について $a_\nu \neq 0$ であるときのみ可能となる．これ以外の場合では，帰納的に

$$f_k(x^{2^k}) = (-1)^n \cdot f_{k-1}(x^{2^{k-1}}) \cdot f_{k-1}(-x^{2^{k-1}})$$
$$= a_{k,n}x^{2^k n} + a_{k,n-1}x^{2^k(n-1)} + \cdots + a_{k,0}$$

を構成する．十分大きな k について，すべての係数が非零となり

$$\lim_{k\to\infty} \pm \sqrt[2^k]{-\frac{a_{k,n-\nu}}{a_{k,n-\nu+1}}} = \xi_\nu$$
$$(\nu \in \{1, \ldots, n\})$$

を得る．ここで符号は相応に選ばれるものとする（図 D）．これは**グレーフェ法**と呼ばれ，零点が同じ絶対値を持つ場合にも拡張される．

$$f:\mathbb{R}^2\to\mathbb{R}\ \text{は次で定義：}\ \boldsymbol{x}\mapsto f(\boldsymbol{x})=\begin{cases}\dfrac{2x_1x_2}{x_1^2+x_2^2} & \text{ここで}\ \boldsymbol{x}\neq\boldsymbol{o},\\ 0 & \text{ここで}\ \boldsymbol{x}=\boldsymbol{o}.\end{cases}$$

0 を通り，方程式 $x_2=x_1\tan\alpha$ で定義される直線上では $\boldsymbol{x}\neq\boldsymbol{o}$ で $f'(x)=\dfrac{2\tan\alpha}{1+\tan^2\alpha}=\sin 2\alpha$.
グラフはしたがって，x_1-x_2 平面に平行な直線を x_3 軸の周りに回転させると同時に周期的に上げたり下げたりすることで得られる.

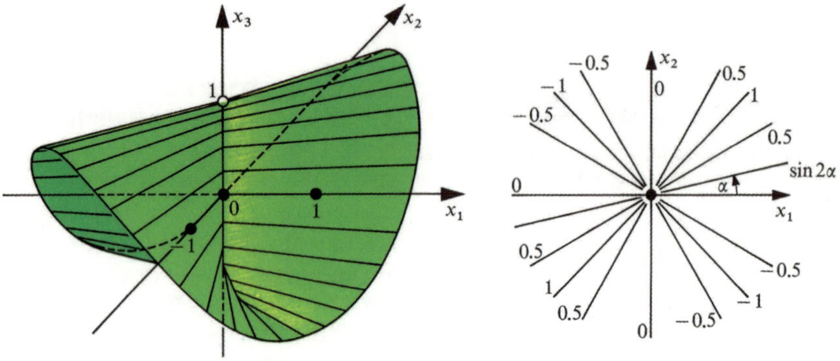

A　斜めから見たグラフの $|x|\leqq 2$ の部分　　グラフの等高線図

$\mathbb{R}^2$-$\mathbb{R}$ 関数の例

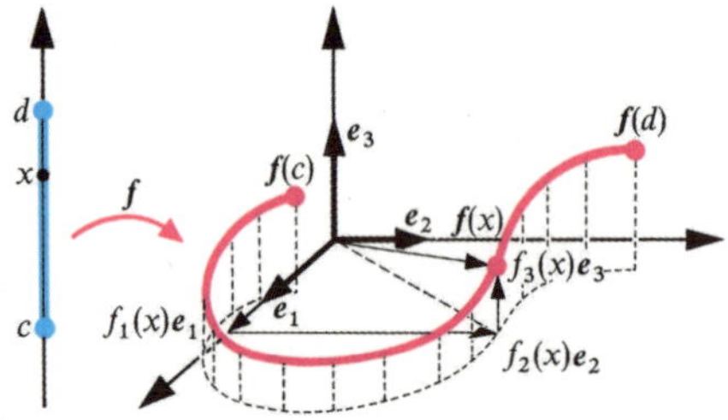

空間内の曲線は $\mathbb{R}$-$\mathbb{R}^3$ 関数

$$\boldsymbol{f}:[c,d]\to\mathbb{R}^3$$

で表される．$\boldsymbol{f}(x)$，したがって $\boldsymbol{f}$ は成分に分解できる：

$$\boldsymbol{f}(x)=\sum_{\mu=1}^{3}f_\mu(x)\boldsymbol{e}_\mu=\begin{pmatrix}f_1(x)\\f_2(x)\\f_3(x)\end{pmatrix};\quad \boldsymbol{f}=\begin{pmatrix}f_1\\f_2\\f_3\end{pmatrix}.$$

B_1

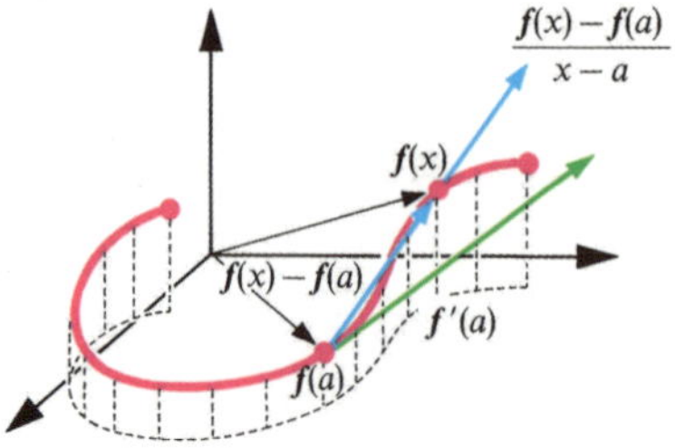

微分するためには，まず差分商 $\dfrac{\boldsymbol{f}(x)-\boldsymbol{f}(a)}{x-a}$ を，$\dfrac{1}{x-a}\cdot(\boldsymbol{f}(x)-\boldsymbol{f}(a))$（スカラー倍，p.181）の意味として定義する．もし極限値が存在する場合には，$a\mapsto\lim\limits_{x\to a}\dfrac{\boldsymbol{f}(x)-\boldsymbol{f}(a)}{x-a}$ で定義される $\mathbb{R}$-$\mathbb{R}^3$ 関数を $\boldsymbol{f}$ の導関数 $\boldsymbol{f}'$ と呼ぶ．$\boldsymbol{f}$ を成分に分解すれば，次が得られる：

$$\boldsymbol{f}'=\begin{pmatrix}f_1'\\f_2'\\f_3'\end{pmatrix}.$$

$\boldsymbol{f}'$ は $D_{\boldsymbol{f}'}=\bigcap\limits_{\mu=1}^{3}D_{f_\mu'}$ で定義される.

B_2

$\mathbb{R}$-$\mathbb{R}^3$ 関数

関数の概念 (p.23) は，これまでの微分法の概念構成で前提としたように定義域や値域の $\mathbb{R}$ の部分集合へ制限しても本質的に変わるものではない．数学が応用される多くの分野では，これまでにない本質的に一般的な関数が現れる．そこで微分可能性の概念が，$f : D_f \to \mathbb{R}^m$ $(D_f \subset \mathbb{R}^m)$ の形の関数に，どの程度拡張されるかを調べる．

$\mathbb{R}^n$ の性質

$\mathbb{R}^n$ $(n \in \mathbb{N}\backslash\{0\})$ は実数の n 組 $(x_1, \ldots, x_n)$ 全体からなる．この n 組は $\mathbb{R}^n$ の点と呼ばれる．p.77 と p.194 で述べたことより $\mathbb{R}$ 上の n 次元のベクトル空間となり，この元はまた列としても表示されることがある．列を変数として見るとき，セミボールド体のイタリック小文字が用いられる．行記法は，書きやすく印刷スペースの節約になるにもかかわらず，列記法にも利点がある．少なくともそれは $\mathbb{R}^n$ の元で演算を実行する場合に現れる．n 個の零からなる列は $\mathbf{0}$ で表される．$\mathbb{R}^m$ に値を持つ関数を表示するとき，$m \neq 1$ の場合には関数を表す記号としてセミボールド体が使われる．$D_{\boldsymbol{f}} \subset \mathbb{R}^n$ である関数 $f : D_{\boldsymbol{f}} \to \mathbb{R}^m$ は $\mathbb{R}^n$-$\mathbb{R}^m$ **関数**と呼ばれる．$\mathbb{R}^n$-$\mathbb{R}^m$ 関数は必ずしも $\mathbb{R}^n$ 全体で定義されている必要はないことに注意しておく．$\mathbb{R}^n$ にはユークリッドの距離 (p.207) により位相が入る．$|\boldsymbol{x}| := \sqrt{\sum_{\nu=1}^{n} x_\nu^2}$ と定義し，$\boldsymbol{x}$ と $\boldsymbol{y}$ の距離を $|\boldsymbol{x} - \boldsymbol{y}|$ で定義する．さらに**収束列**や**連続関数**の概念も導入できる．特に $\mathbb{R}^n$ 内の点列と点集合に関して**ヴォルツァーノ - ワイエルシュトラスの定理**が成り立つ：

- $\mathbb{R}^n$ 内の任意の有界点列は点列集積点 (p.249) を持つ．
- $\mathbb{R}^n$ 内の有界無限集合は集積点 (p.219) を持つ．

$\mathbb{R}^2$-$\mathbb{R}$ 関数の例

$\mathbb{R}^m$ における関数について，これまでの微分学の結果の問題点を提示するため次の関数に注目する．

$$f : \mathbb{R}^2 \to \mathbb{R}$$
$$\boldsymbol{x} \mapsto f(\boldsymbol{x}) = \begin{cases} \dfrac{2x_1x_2}{x_1^2 + x_2^2} & \boldsymbol{x} \neq \mathbf{0} \text{ のとき} \\ 0 & \boldsymbol{x} = \mathbf{0} \text{ のとき} \end{cases}$$

2 変数 x_1, x_2 の関数のグラフは $\mathbb{R}^3$ の点集合として表現できる：

$$\left\{ \begin{pmatrix} x_1 \\ x_2 \\ x_3 \end{pmatrix} \;\middle|\; \begin{pmatrix} x_1 \\ x_2 \end{pmatrix} \in D_f \wedge x_3 = f\left(\begin{pmatrix} x_1 \\ x_2 \end{pmatrix}\right) \right\}$$

この関数は x_1 軸上と x_2 軸上の点では関数値 0 を持つ．それにもかかわらず，この関数は $\mathbf{0}$ で不連続となる．なぜなら $x_1 = x_2$ で定義される直線上の点 $\begin{pmatrix} x_1 \\ x_2 \end{pmatrix} \neq \mathbf{0}$ で関数は値 1 を取るからである．すなわち $f(\mathbf{0}) = 0$ であるにもかかわらず，$\mathbf{0}$ の任意の近傍の中に関数値 1 を取る点があるからである（図 A）．x_2 を固定して，x_1 の関数としてみたとき，これは至るところ連続でもちろん 0 においても連続となるので，原点における不連続性は驚くべきことである．対応することは x_1 を固定したときの x_2 に関する微分可能性についてもいえる．x_1 ないし x_2 に関するいわゆる偏微分可能性からは連続性は導かれず，また，ある点の近傍内での関数値を，その点での偏微分係数値と関数値によって近似することもできない．このように，二つの変数を持つ関数の性質は，1 変数の関数の対応する性質に単純に還元されるものではない．

$\mathbb{R}$-$\mathbb{R}^m$ 関数

まず最初に調べる単純な場合は，$\mathbb{R}$ または $\mathbb{R}$ の部分集合で定義され，空間 $\mathbb{R}^m$ に値を持つものである．($\mathbb{R}$-$\mathbb{R}^m$ **関数**)．このような関数は物理学でもしばしば登場する．また，平面や空間内の曲線のパラメータ表示（p.365～参照）もここに分類されるものである（図 B_1）．

$\mathbb{R}$-$\mathbb{R}^m$ 関数 $\boldsymbol{f}$ の任意の関数値 $\boldsymbol{f}(x)$ は $\boldsymbol{f} = \sum_{\mu=1}^{m} a_\mu \boldsymbol{e}_\mu$ の形に一意的に表される (p.194)．ここで a_μ は実数値関数 f_μ（$\boldsymbol{f}$ **の成分**と呼ばれる）の関数値 $f_\mu(x)$ と解釈でき，**成分表示** $\boldsymbol{f}(x) = \sum_{\mu=1}^{m} f_\mu(x)\boldsymbol{e}_\mu$ が得られる（図 B_1）．逆に $\mathbb{R}$-$\mathbb{R}$ 関数の m 組は，それらの定義域から決められる定義域上で一つの $\mathbb{R}$-$\mathbb{R}^m$ 関数を決定する．p.255 の定義 4 で述べられた関数の極限値の概念をこの場合に翻訳すれば，$\lim_{x \to a} \boldsymbol{f}(x) = \boldsymbol{g}$ が成り立つことは，すべての $\mu \in \{1, \ldots, m\}$ に対して $\lim_{x \to a} f_\mu(x) = g_\mu$ が成り立つことと同値である．1 点 a における連続性も対応して定義される（p.211，積位相，参照）．

差分商関数も構成できて，次が定義される．

定義 1　$\mathbb{R}$-$\mathbb{R}^m$ 関数 $\boldsymbol{f}$ が点 $a \in D_{\boldsymbol{f}}$ で**微分可能**であるとは a が $D_{\boldsymbol{f}}$ の集積点であり $\lim_{x \to a} \frac{\boldsymbol{f}(x) - \boldsymbol{f}(a)}{x - a}$ が存在することをいう（図 B_2）．

$$a \mapsto \lim_{x \to a} \frac{\boldsymbol{f}(x) - \boldsymbol{f}(a)}{x - a}$$

で定義される $\mathbb{R}$-$\mathbb{R}^m$ 関数は $\boldsymbol{f}$ の**導関数** $\boldsymbol{f}'$ と呼ばれる．

定理 1　$\mathbb{R}$-$\mathbb{R}^m$ 関数 $\boldsymbol{f}$ が点 a で微分可能であることと，そこですべての f_μ が微分可能であることとは同値である．このとき $\boldsymbol{f}'(a) = \sum_{\mu=1}^{m} f'_\mu(a)\boldsymbol{e}_\mu$ が成り立つ．

$\mathbb{R}$-$\mathbb{R}^m$ 関数の研究は，対応する $\mathbb{R}$-$\mathbb{R}$ 関数の研究に帰着される．

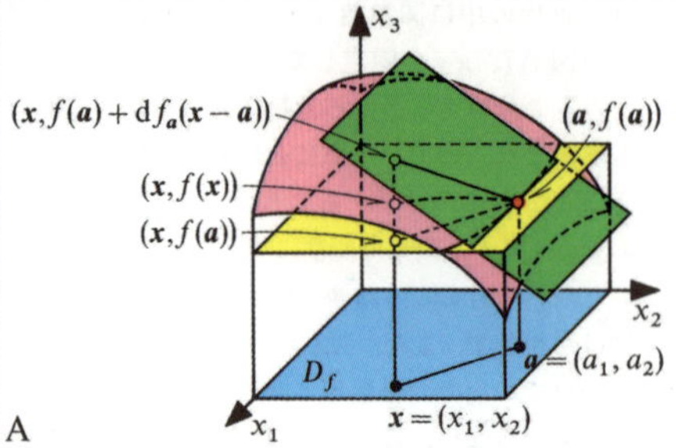

$f: D_f \to \mathbb{R}$ と $D_f \subseteq \mathbb{R}^2$ が，点 $\boldsymbol{a}$ の近傍で線形近似を持つとき，f は点 $\boldsymbol{a}$ で微分可能である．

$\boldsymbol{x} \mapsto f(\boldsymbol{a}) + \mathrm{d}f_{\boldsymbol{a}}(\boldsymbol{x}-\boldsymbol{a})$ で定義される関数のグラフは f のグラフ上の点 $(\boldsymbol{a}, f(\boldsymbol{a}))$ を通る．

注意：さらに調べると，これは f のグラフの $(\boldsymbol{a}, f(\boldsymbol{a}))$ での接平面であることが分かる．

A

微分可能性，線形近似，接平面

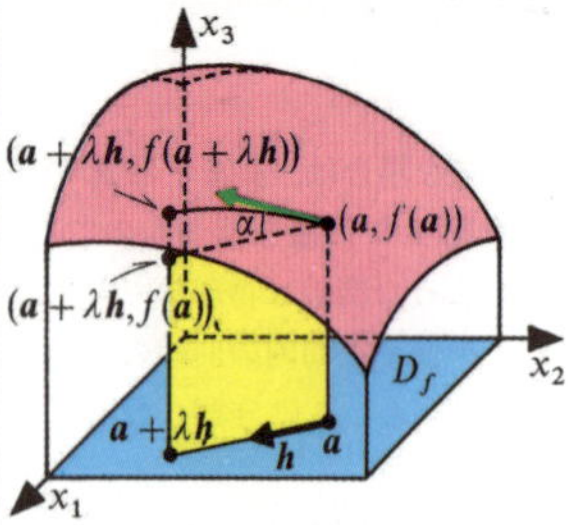

与えられた単位ベクトル $\boldsymbol{h}$ に対する $\lim_{\lambda \to 0} \dfrac{f(\boldsymbol{a}+\lambda\boldsymbol{h}) - f(\boldsymbol{a})}{\lambda}$ を，f の点 $\boldsymbol{a}$ における方向 $\boldsymbol{h}$ の方向微分と呼ぶ．それは $\tan\alpha$ になる．

B$_1$

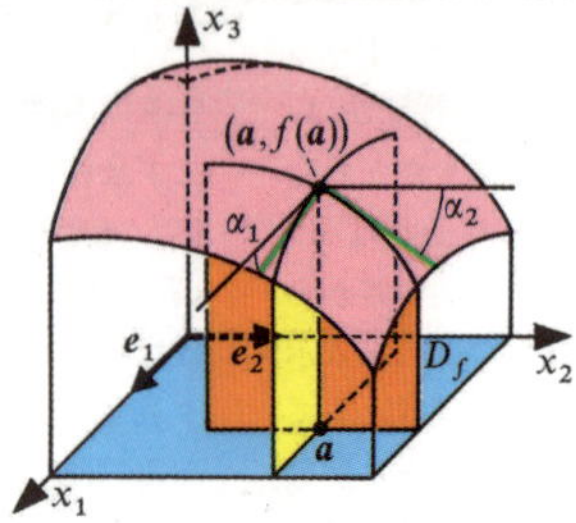

f の ν 番目の基本ベクトル方向の方向微分を f の x_ν に関する偏微分という．

次が成立：$\dfrac{\partial f}{\partial x_1}(\boldsymbol{a}) = \tan\alpha_1$，$\dfrac{\partial f}{\partial x_2}(\boldsymbol{a}) = \tan\alpha_2$．

B$_2$

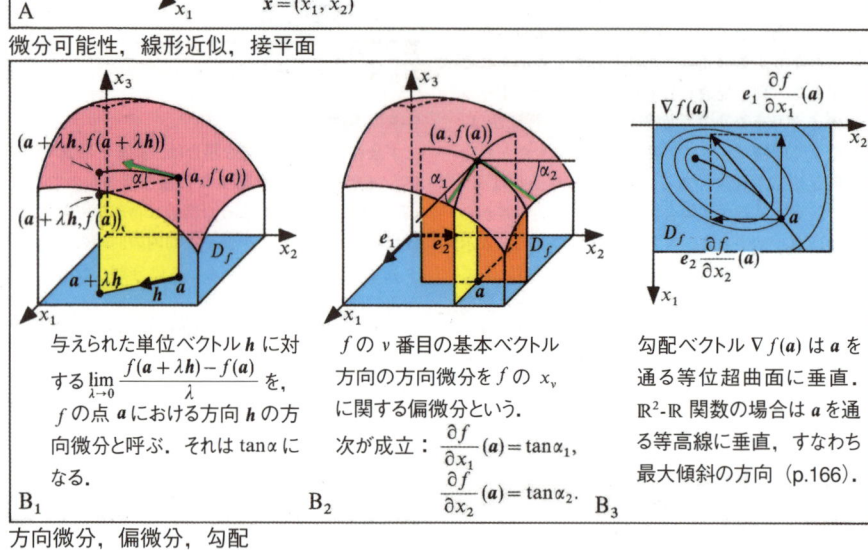

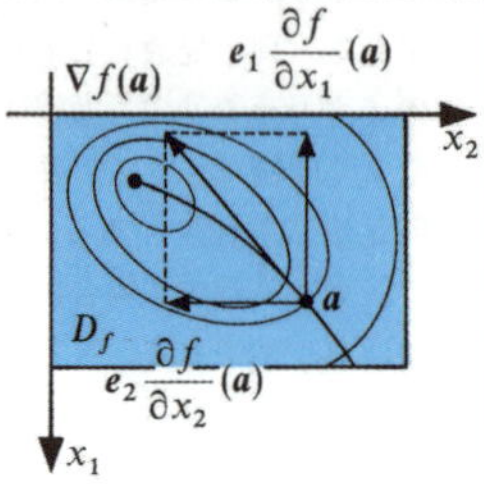

勾配ベクトル $\nabla f(\boldsymbol{a})$ は $\boldsymbol{a}$ を通る等位超曲面に垂直．$\mathbb{R}^2$-$\mathbb{R}$ 関数の場合は $\boldsymbol{a}$ を通る等高線に垂直，すなわち最大傾斜の方向（p.166）．

B$_3$

方向微分，偏微分，勾配

$f: \mathbb{R}^2 \to \mathbb{R}$ を $\boldsymbol{x} \mapsto x_1^2 x_2 + x_2^3$ で定義　　具体例 $\boldsymbol{a} = \begin{pmatrix} 2 \\ 3 \end{pmatrix}$, $f(\boldsymbol{a}) = 39$

偏微分：　$\dfrac{\partial f}{\partial x_1}(\boldsymbol{x}) = 2x_1 x_2$，$\dfrac{\partial f}{\partial x_2}(\boldsymbol{x}) = x_1^2 + 3x_2^2$　　$\dfrac{\partial f}{\partial x_1}(\boldsymbol{a}) = 12$，$\dfrac{\partial f}{\partial x_2}(\boldsymbol{a}) = 31$

勾配：　$\operatorname{grad} f(\boldsymbol{x}) = \nabla f(\boldsymbol{x}) = \begin{pmatrix} 2x_1 x_2 \\ x_1^2 + 3x_2^2 \end{pmatrix}$　　$\operatorname{grad} f(\boldsymbol{a}) = \begin{pmatrix} 12 \\ 31 \end{pmatrix}$

関数行列：（p.295）　$\dfrac{\mathrm{d}f}{\mathrm{d}\boldsymbol{x}}(\boldsymbol{x}) = (\nabla f)^\top(\boldsymbol{x}) = (2x_1 x_2,\ x_1^2 + 3x_2^2)$

微分：

$$\mathrm{d}f_{\boldsymbol{a}}(\boldsymbol{x}-\boldsymbol{a}) = 2a_1 a_2 (x_1 - a_1) + (a_1^2 + 3a_2^2)(x_2 - a_2)$$

$$\mathrm{d}f_{\boldsymbol{x}}(\mathrm{d}\boldsymbol{x}) = \frac{\mathrm{d}f}{\mathrm{d}\boldsymbol{x}}(\boldsymbol{x}) \cdot \mathrm{d}\boldsymbol{x} = 2x_1 x_2 \mathrm{d}x_1 + (x_1^2 + 3x_2^2)\mathrm{d}x_2$$

接平面の方程式：$x_3 = f(\boldsymbol{a}) + \mathrm{d}f_{\boldsymbol{a}}(\boldsymbol{x}-\boldsymbol{a})$　　$x_3 = 12x_1 + 31x_2 - 78$

2 階偏導関数：　$\dfrac{\partial^2 f}{\partial x_1^2}(\boldsymbol{x}) = 2x_2$，$\dfrac{\partial^2 f}{\partial x_1 \partial x_2}(\boldsymbol{x}) = \dfrac{\partial^2 f}{\partial x_2 \partial x_1}(\boldsymbol{x}) = 2x_1$，$\dfrac{\partial^2 f}{\partial x_2^2}(\boldsymbol{x}) = 6x_2$

2 階関数行列：

$$\frac{\mathrm{d}^2 f}{\mathrm{d}\boldsymbol{x}^2}(\boldsymbol{x}) = \frac{\mathrm{d}}{\mathrm{d}\boldsymbol{x}}\left(\frac{\mathrm{d}f}{\mathrm{d}\boldsymbol{x}}\right)^\top(\boldsymbol{x}) = \begin{pmatrix} \dfrac{\partial^2 f}{\partial x_1^2} & \dfrac{\partial^2 f}{\partial x_1 \partial x_2} \\ \dfrac{\partial^2 f}{\partial x_2 \partial x_1} & \dfrac{\partial^2 f}{\partial x_2^2} \end{pmatrix}(\boldsymbol{x}) = \begin{pmatrix} 2x_2 & 2x_1 \\ 2x_1 & 6x_2 \end{pmatrix}$$

2 階微分：

$$\mathrm{d}^2 f_{\boldsymbol{x}}(\mathrm{d}\boldsymbol{x}) = (\mathrm{d}\boldsymbol{x})^\top \cdot \frac{\mathrm{d}^2 f}{\mathrm{d}\boldsymbol{x}^2}(\boldsymbol{x}) \cdot \mathrm{d}\boldsymbol{x} = \frac{\partial^2 f}{\partial x_1^2}(\boldsymbol{x})(\mathrm{d}x_1)^2 + 2\frac{\partial^2 f}{\partial x_1 \partial x_2}(\boldsymbol{x})\mathrm{d}x_1 \mathrm{d}x_2 + \frac{\partial^2 f}{\partial x_2^2}(\boldsymbol{x})(\mathrm{d}x_2)^2$$

$$= 2x_2(\mathrm{d}x_1)^2 + 4x_1 \mathrm{d}x_1 \mathrm{d}x_2 + 6x_2(\mathrm{d}x_2)^2$$

C

偏微分の例

$\mathbb{R}^n$-$\mathbb{R}$ 関数

$\mathbb{R}$-$\mathbb{R}^m$ 関数の次に調べるべき特別な関数は $\mathbb{R}^n$-$\mathbb{R}$ 関数である．これは n 変数を持つ実数値関数として表される．$n > 1$ の場合，これは物理学ではスカラー場とも呼ばれる．

例　物体における熱の分散，液体の圧力分散，n 個の数の算術平均．

このような関数に対しての連続性の概念は以前の場合が直接適用できる．一方，差分商関数はベクトルは割り算不可能なので，通常の意味では構成されない．

微分可能性

1 変数の実数値微分可能関数については

$$\lim_{x \to a} \left(\frac{f(x) - f(a)}{x - a} - f'(a) \right) = 0$$

が成り立っている．すなわち，線形関数 $\mathrm{d}f_a$（f の微分，p.269 の記法）によって

$$\lim_{x \to a} \frac{f(x) - f(a) - \mathrm{d}f_a(x - a)}{x - a} = 0$$

となる．これは，$\mathbb{R}^n$-$\mathbb{R}$ 関数の場合に翻訳される．

定義 2　$\mathbb{R}^n$-$\mathbb{R}$ 関数 f が点 $\boldsymbol{a} \in D_f$ で**微分可能**であるとは，$\boldsymbol{a}$ が D_f の集積点であり，$\boldsymbol{a}$ における f の**微分**と呼ばれるある線形関数 $\mathrm{d}f_{\boldsymbol{a}} : \mathbb{R}^n \to \mathbb{R}$ が存在して

$$\lim_{\boldsymbol{x} \to \boldsymbol{a}} \frac{f(\boldsymbol{x}) - f(\boldsymbol{a}) - \mathrm{d}f_{\boldsymbol{a}}(\boldsymbol{x} - \boldsymbol{a})}{|\boldsymbol{x} - \boldsymbol{a}|} = 0$$

が成り立つことをいう（図 A）．

線形関数の概念については，図と p.79 参照．$\mathbb{R}^n$-$\mathbb{R}$ 関数の場合も，微分可能性は連続性に含まれる．

方向微分

$\boldsymbol{a}$ の近傍において微分可能な関数 f を，あらかじめ与えられた単位ベクトル $\boldsymbol{h}$ に対して $\boldsymbol{a} + \lambda\boldsymbol{h}$ ($\lambda \in \mathbb{R}^+$) の上に制限して考える．すると

$$\frac{f(\boldsymbol{a} + \lambda\boldsymbol{h}) - f(\boldsymbol{a}) - \mathrm{d}f_{\boldsymbol{a}}(\lambda\boldsymbol{h})}{|\lambda\boldsymbol{h}|} = \frac{1}{|\boldsymbol{h}|} \cdot \left(\frac{f(\boldsymbol{a} + \lambda\boldsymbol{h}) - f(\boldsymbol{a})}{\lambda} - \mathrm{d}f_{\boldsymbol{a}}(\boldsymbol{h}) \right)$$

となり，$\lim\limits_{\lambda \to 0} \frac{f(\boldsymbol{a}+\lambda\boldsymbol{h}) - f(\boldsymbol{a})}{\lambda} = \mathrm{d}f_{\boldsymbol{a}}(\boldsymbol{h})$ を得る．左辺の極限は特別な単位ベクトルについては，微分不可能な関数に対しても存在しうる．これは，**点 $\boldsymbol{a}$ における方向 $\boldsymbol{h}$ を持つ方向微分**と呼ばれる（図 B_1）．

偏微分

特に興味深いのは，方向として単位ベクトル $\boldsymbol{e}_\nu$ を取った場合の方向微分である．

定義 3　$\mathbb{R}^n$-$\mathbb{R}$ 関数 f が点 $\boldsymbol{a}$ において x_ν に関して**偏微分可能**であるとは，$\lim\limits_{\lambda \to 0} \frac{f(\boldsymbol{a}+\lambda\boldsymbol{e}_\nu) - f(\boldsymbol{a})}{\lambda}$ が存在することをいい，これを $\frac{\partial f}{\partial x_\nu}(\boldsymbol{a})$ で表す．$\boldsymbol{a} \mapsto \frac{\partial f}{\partial x_\nu}(\boldsymbol{a})$ で定義される関数 $\frac{\partial f}{\partial x_\nu}$ は f の x_ν に関する**偏導関数**と呼ばれる（図 B_2）．

点 $\boldsymbol{a}$ において微分可能な関数は，その点ですべての変数に関して偏微分可能であるが，逆は成り立たない（p.291 の例を参照）．しかしながら次の重要な定理が成立する：

定理 2　$\mathbb{R}^n$-$\mathbb{R}$ 関数 f は D_f のある開部分集合 M において，すべての x_ν に関し偏微分可能で，そこですべての偏導関数が連続であるとする．すると，f は M で微分可能である．

勾配

微分可能な関数の微分 $\mathrm{d}f_{\boldsymbol{a}}$ は偏導関数によって表される．$\mathrm{d}f_{\boldsymbol{a}}(\boldsymbol{x} - \boldsymbol{a}) = \sum\limits_{\nu=1}^{n} \frac{\partial f}{\partial x_\nu}(\boldsymbol{a}) \cdot (x_\nu - a_\nu)$ が成り立つ．恒等関数の微分は $\boldsymbol{x} - \boldsymbol{a}$ となり，これは $\mathrm{d}\boldsymbol{x}$ とも書かれる．上記の和は内積 $\left\langle \begin{pmatrix} \frac{\partial f}{\partial x_1}(\boldsymbol{a}) \\ \vdots \\ \frac{\partial f}{\partial x_n}(\boldsymbol{a}) \end{pmatrix}, \mathrm{d}\boldsymbol{x} \right\rangle$ に他ならない．ここで $\mathrm{d}\boldsymbol{x} = \begin{pmatrix} \mathrm{d}x_1 \\ \vdots \\ \mathrm{d}x_n \end{pmatrix}$，さらに関数の**勾配**（グラディエント）が定義される：

定義 4　f を $\mathbb{R}^n$-$\mathbb{R}$ 関数ですべての x_ν について偏微分可能であるとする．このとき $\mathbb{R}^n$-$\mathbb{R}^n$ 関数 $\begin{pmatrix} \frac{\partial f}{\partial x_1} \\ \vdots \\ \frac{\partial f}{\partial x_n} \end{pmatrix}$ は f の**勾配**と呼ばれ，$\operatorname{grad} f$ で表される．$\nabla := \begin{pmatrix} \frac{\partial}{\partial x_1} \\ \vdots \\ \frac{\partial}{\partial x_n} \end{pmatrix}$ によって形式的に ∇f とも書かれる（図 B_3）．∇ は**ナブラ**と呼ばれる．

関数の偏微分の計算は 1 変数の関数とみなして実行される．ある変数に関する偏微分は，それを除くすべての変数を定数とみて微分すればよい（図 C）．

接平面

定義 2 によれば，$\boldsymbol{x} - \boldsymbol{a}$ に対して近似値 $f(\boldsymbol{x}) \approx f(\boldsymbol{a}) + \langle \nabla f(\boldsymbol{a}), \boldsymbol{x} - \boldsymbol{a} \rangle$ が得られる．f のグラフは $\boldsymbol{a}$ の近くでは等式 $x_{n+1} = f(\boldsymbol{a}) + \langle \nabla f(\boldsymbol{a}), \boldsymbol{x} - \boldsymbol{a} \rangle$ で定義される $(\boldsymbol{a}, f(\boldsymbol{a}))$ を通る $\mathbb{R}^{n+1}$ の超平面で近似される．この超平面は接線の一般化を表している．$n = 2$ の場合は $(\boldsymbol{a}, f(\boldsymbol{a}))$ で f のグラフに接する平面となり（図 A），一般に**接平面**と呼ばれる．

高次偏微分

微分可能な関数の偏導関数が再び偏微分可能な場合がある．2 変数の関数の場合は四つの微分の可能性がある．すなわち

$$\frac{\partial}{\partial x_1}\left(\frac{\partial f}{\partial x_1}\right) = \frac{\partial^2 f}{\partial x_1^2}, \quad \frac{\partial}{\partial x_2}\left(\frac{\partial f}{\partial x_1}\right) = \frac{\partial^2 f}{\partial x_1 \partial x_2}$$

$$\frac{\partial}{\partial x_1}\left(\frac{\partial f}{\partial x_2}\right) = \frac{\partial^2 f}{\partial x_2 \partial x_1}, \quad \frac{\partial}{\partial x_2}\left(\frac{\partial f}{\partial x_2}\right) = \frac{\partial^2 f}{\partial x_2^2}$$

ある開集合において，2 番目の偏導関数が存在し，そこで連続なら $\frac{\partial^2 f}{\partial x_1 \partial x_2} = \frac{\partial^2 f}{\partial x_2 \partial x_1}$ が成り立つ．これらの偏導関数から 2 階の**微分**が定義される（図 C）．

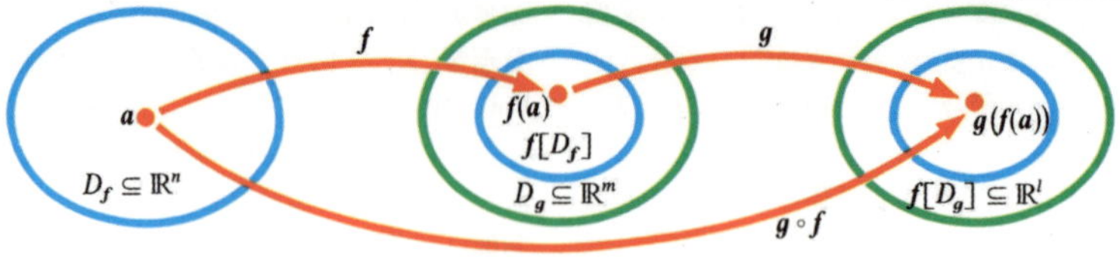

$$\frac{\mathrm{d}(\boldsymbol{g}\circ\boldsymbol{f})}{\mathrm{d}\boldsymbol{x}}(\boldsymbol{a})=\frac{\mathrm{d}\boldsymbol{g}}{\mathrm{d}\boldsymbol{y}}(\boldsymbol{f}(\boldsymbol{a}))\cdot\frac{\mathrm{d}\boldsymbol{f}}{\mathrm{d}\boldsymbol{x}}(\boldsymbol{a})$$

例：

$\boldsymbol{f}: \mathbb{R}^3\to\mathbb{R}^2$ を $\boldsymbol{x}\mapsto\begin{pmatrix}x_1^2+x_2\\x_2+x_3\end{pmatrix}$ で定義される関数，$\boldsymbol{g}:\mathbb{R}^2\to\mathbb{R}^4$ を $\boldsymbol{y}\mapsto\begin{pmatrix}y_1+y_2\\y_1y_2\\\sin y_1\\\mathrm{e}^{y_2}\end{pmatrix}$ で定義される関数とする．

すると，すべての $x\in\mathbb{R}^3$ に対して，次が成り立つ．

$$\frac{\mathrm{d}\boldsymbol{f}}{\mathrm{d}\boldsymbol{x}}(\boldsymbol{x})=\begin{pmatrix}2x_1&1&0\\0&1&1\end{pmatrix},\quad \frac{\mathrm{d}\boldsymbol{g}}{\mathrm{d}\boldsymbol{y}}(\boldsymbol{y})=\begin{pmatrix}1&1\\y_2&y_1\\\cos y_1&0\\0&\mathrm{e}^{y_2}\end{pmatrix},$$

$$\frac{\mathrm{d}\boldsymbol{g}}{\mathrm{d}\boldsymbol{y}}(\boldsymbol{f}(\boldsymbol{x}))\cdot\frac{\mathrm{d}\boldsymbol{f}}{\mathrm{d}\boldsymbol{x}}(\boldsymbol{x})=\begin{pmatrix}1&1\\x_2+x_3&x_1^2+x_2\\\cos(x_1^2+x_2)&0\\0&\mathrm{e}^{x_2+x_3}\end{pmatrix}\cdot\begin{pmatrix}2x_1&1&0\\0&1&1\end{pmatrix}=\frac{\mathrm{d}(\boldsymbol{g}\circ\boldsymbol{f})}{\mathrm{d}\boldsymbol{x}}(\boldsymbol{x})$$

$$=\begin{pmatrix}2x_1&2&1\\2x_1(x_2+x_3)&x_1^2+2x_2+x_3&x_1^2+x_2\\2x_1\cos(x_1^2+x_2)&\cos(x_1^2+x_2)&0\\0&\mathrm{e}^{x_2+x_3}&\mathrm{e}^{x_2+x_3}\end{pmatrix}.$$

A

関数の合成，鎖法則

微分可能な $\mathbb{R}^n$-$\mathbb{R}^n$ 関数 $\boldsymbol{f}$ は，$\dfrac{\mathrm{d}\boldsymbol{f}}{\mathrm{d}\boldsymbol{x}}(\boldsymbol{a})\neq 0$ ならば，$\boldsymbol{a}$ において局所的に可逆である．

例：

$\boldsymbol{x}\mapsto\begin{pmatrix}x_1\cos x_2\\x_1\sin x_2\end{pmatrix}$ で定義される関数 $\boldsymbol{f}:\mathbb{R}^2\to\mathbb{R}^2$ は関数行列 $\dfrac{\mathrm{d}\boldsymbol{f}}{\mathrm{d}\boldsymbol{x}}(\boldsymbol{x})=\begin{pmatrix}\cos x_2&-x_1\sin x_2\\\sin x_2&x_1\cos x_2\end{pmatrix}$ を持ち，

したがって，すべての $\boldsymbol{x}\in\mathbb{R}^2$ に対して $\det\dfrac{\mathrm{d}\boldsymbol{f}}{\mathrm{d}\boldsymbol{x}}(\boldsymbol{x})=x_1$ が成り立つ．よって $\boldsymbol{a}$ の近傍 U と $\boldsymbol{f}(\boldsymbol{a})$ の近傍 V が存在して，$\boldsymbol{f}/U$ は全単射で $\boldsymbol{f}[U]=V$ が成り立つ．さらに，$-\dfrac{\pi}{2}<a_2<\dfrac{\pi}{2}$ ならば

$$\boldsymbol{f}^{-1}(\boldsymbol{y})=\begin{pmatrix}\sqrt{y_1^2+y_2^2}\\\arctan\dfrac{y_2}{y_1}\end{pmatrix}$$ となる．

$\boldsymbol{f}$ は大域的には可逆ではない．逆像 $\boldsymbol{f}^{-1}(\boldsymbol{f}(U))$ は，$\boldsymbol{a}$ の近傍 U の他に，U を x_2 軸方向に 2π の整数倍だけ移動した点集合からなる．

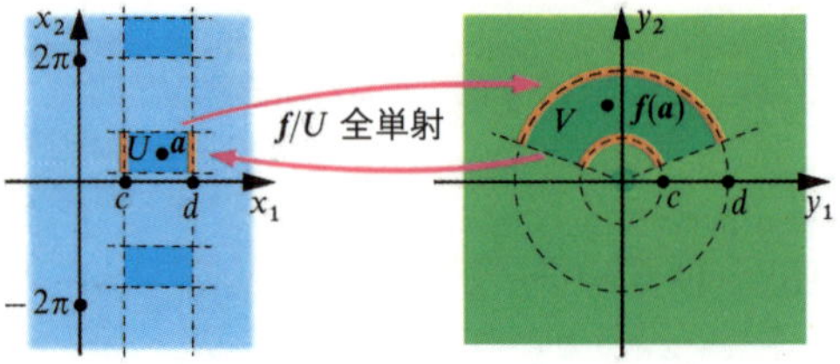

$\boldsymbol{f}$ の $\mathbb{R}_0^+\times\mathbb{R}$ 上への制限は，極座標の導入に用いられる．もちろん，そのときは別の変数表示が使われる（p.319, p.318, 図 B）．

B

可逆性，逆関数

$\mathbb{R}^n$-$\mathbb{R}^m$ 関数

これまで調べた事柄は $\mathbb{R}^n$-$\mathbb{R}^m$ 関数，すなわち m 変数のベクトル値関数の場合に容易に一般化される．$n > 1$, $m > 1$ の場合には物理学では**ベクトル場**とも呼ばれている．

例　力の場，流体の速度場．

微分可能性は定義 2 と同様にして導入される．

定義 5　$\mathbb{R}^n$-$\mathbb{R}^m$ 関数 $\boldsymbol{f}$ が点 $\boldsymbol{a} \in D_{\boldsymbol{f}}$ で**微分可能**であるとは，$\boldsymbol{a}$ が $D_{\boldsymbol{f}}$ の集積点であり，$\boldsymbol{a}$ における $\boldsymbol{f}$ の微分と呼ばれる線形関数 $\mathrm{d}\boldsymbol{f}_{\boldsymbol{a}} : \mathbb{R}^n \to \mathbb{R}^m$ が存在して

$$\lim_{\boldsymbol{x}\to\boldsymbol{a}} \frac{\boldsymbol{f}(\boldsymbol{x}) - \boldsymbol{f}(\boldsymbol{a}) - \mathrm{d}\boldsymbol{f}_{\boldsymbol{a}}(\boldsymbol{x}-\boldsymbol{a})}{|\boldsymbol{x}-\boldsymbol{a}|} = \boldsymbol{0}$$

が成り立つことをいう．

p.291 と同様に任意の $\mathbb{R}^n$-$\mathbb{R}^m$ 関数 $\boldsymbol{f}$ は $\mathbb{R}^n$-$\mathbb{R}$ 関数 f_μ によって成分表示できる．次が成り立つ：

定理 3　$\mathbb{R}^n$-$\mathbb{R}^m$ 関数 $\boldsymbol{f}$ が微分可能であることと，すべての成分 f_μ が微分可能であることは同値で，この場合 $(\mathrm{d}\boldsymbol{f}_{\boldsymbol{a}})_\mu = \mathrm{d}(f_\mu)_{\boldsymbol{a}}$ である．

p.293 より $\mathrm{d}(f_\mu)_{\boldsymbol{a}}(\boldsymbol{x}-\boldsymbol{a}) = \langle \nabla f_\mu(\boldsymbol{a}), \mathrm{d}\boldsymbol{x}\rangle$ が成り立ち，線形関数 $\mathrm{d}(f_\mu)_{\boldsymbol{a}}$ は偏導関数から作られる，いわゆる**関数行列**と呼ばれる (m,n) 行列 $\left(\frac{\partial f_\mu}{\partial x_\nu}\right)$ で決定される．これを記号的に $\frac{\mathrm{d}\boldsymbol{f}}{\mathrm{d}\boldsymbol{x}}$ で表し，$\boldsymbol{a}$ における値を $\frac{\mathrm{d}\boldsymbol{f}}{\mathrm{d}\boldsymbol{x}}(\boldsymbol{a})$ で表すことにする．すると $\mathrm{d}(\boldsymbol{f})_{\boldsymbol{a}}(\boldsymbol{x}-\boldsymbol{a}) = \frac{\mathrm{d}\boldsymbol{f}}{\mathrm{d}\boldsymbol{x}}(\boldsymbol{a})\mathrm{d}\boldsymbol{x}$ が成り立つ．右辺の積は行列の積 (p.78) の意味で取る．関数行列は $\mathbb{R}$-$\mathbb{R}$ 関数の導関数の類似を表現している．点の列記法を使えば，これは $\mathbb{R}^n$-$\mathbb{R}^{mn}$ 関数と考えられる．$\mathbb{R}^n$-$\mathbb{R}$ 関数 f に対しては関数行列は行ベクトルとなり，f の勾配の転置に対応する．関数行列は微分則を単純化する．**鎖法則の一般化**がその例である (p.267, 定理 6 参照)．

定理 4　$\mathbb{R}^n$-$\mathbb{R}^m$ 関数 $\boldsymbol{f}$ が $\boldsymbol{a} \in D_{\boldsymbol{f}}$ で，$\mathbb{R}^m$-$\mathbb{R}^l$ 関数 $\boldsymbol{g}$ が $\boldsymbol{f}(\boldsymbol{a}) \in D_{\boldsymbol{g}}$ で微分可能であるとする．すると $\mathbb{R}^n$-$\mathbb{R}^l$ 関数 $\boldsymbol{g}\circ\boldsymbol{f}$ は $\boldsymbol{a}$ で微分可能であり

$$\frac{\mathrm{d}(\boldsymbol{g}\circ\boldsymbol{f})}{\mathrm{d}\boldsymbol{x}}(\boldsymbol{a}) = \frac{\mathrm{d}\boldsymbol{g}}{\mathrm{d}\boldsymbol{y}}(\boldsymbol{f}(\boldsymbol{a}))\cdot\frac{\mathrm{d}\boldsymbol{f}}{\mathrm{d}\boldsymbol{x}}(\boldsymbol{a})$$

が成り立つ．

$\boldsymbol{g}\circ\boldsymbol{f}$ の関数行列は $\boldsymbol{g}$ と $\boldsymbol{f}$ の関数行列の積となる (図 A)．$n = l = 1$ の場合，等式の右辺の第 1 因子は行，第 2 因子は列となり，特別な場合として次を得る：

$$(g\circ\boldsymbol{f})'(a) = \sum_{\mu=1}^{m} \frac{\partial g}{\partial y_\mu}(\boldsymbol{f}(a))\cdot f'_\mu(a).$$

$\mathbb{R}^n$-$\mathbb{R}^n$ 関数；可逆性

$\mathbb{R}^n$-$\mathbb{R}^n$ 関数では関数行列は (n,n) 正方行列となる．これにより**関数行列式**(**ヤコビ行列式**) $\det\frac{\mathrm{d}\boldsymbol{f}}{\mathrm{d}\boldsymbol{x}}$ が決まり，これはしばしば $\frac{\partial(f_1,\ldots,f_n)}{\partial(x_1,\ldots,x_n)}$ とも書かれて $\mathbb{R}^n$-$\mathbb{R}$ 関数を表す．$\mathbb{R}^n$-$\mathbb{R}^n$ 関数の合成に対しては，p.81 の計算則 (6) より，$\det\frac{\mathrm{d}(\boldsymbol{g}\circ\boldsymbol{f})}{\mathrm{d}\boldsymbol{x}} = \det\frac{\mathrm{d}\boldsymbol{g}}{\mathrm{d}\boldsymbol{y}}\cdot\det\frac{\mathrm{d}\boldsymbol{f}}{\mathrm{d}\boldsymbol{x}}$ が導かれる．この公式は $\mathbb{R}^n$-$\mathbb{R}^n$ 関数の可逆性の条件を定式化するために重要な役割を果たす．もし $\boldsymbol{g} = \boldsymbol{f}^{-1}$ とすれば，$\boldsymbol{g}\circ\boldsymbol{f}$ は $\boldsymbol{x}\mapsto\boldsymbol{x}$ で定義される恒等関数となり，その関数行列式は 1 である．$\det\frac{\mathrm{d}\boldsymbol{f}^{-1}}{\mathrm{d}\boldsymbol{y}}\cdot\det\frac{\mathrm{d}\boldsymbol{f}}{\mathrm{d}\boldsymbol{x}} = 1$ であるから，$\boldsymbol{f}$ が可逆であるためにはすべての $\boldsymbol{x}\in D_{\boldsymbol{f}}$ に対して $\det\frac{\mathrm{d}\boldsymbol{f}}{\mathrm{d}\boldsymbol{x}} \neq 0$ であることが**必要条件**である．この条件は次の例が示すように**十分条件ではない**．

$D_{\boldsymbol{f}}$ を x_1x_2-平面における，中心に穴の開いた開単位円板とし $\boldsymbol{f} : D_{\boldsymbol{f}} \to \mathbb{R}^2$ を $(x_1,x_2)\mapsto\begin{pmatrix} x_1^2 - x_2^2 \\ 2x_1x_2 \end{pmatrix}$ で定義される関数とする．するとすべての $\boldsymbol{x}\in D_{\boldsymbol{f}}$ に対して，確かに $\det\frac{\mathrm{d}\boldsymbol{f}}{\mathrm{d}\boldsymbol{x}}(\boldsymbol{x}) = 4(x_1^2 + x_2^2) > 0$ であるが，$\boldsymbol{f}(x_1,x_2) \neq \boldsymbol{f}(-x_1,-x_2)$ であるから $\boldsymbol{f}$ は可逆ではない．しかし局所的な可逆性を問うことは意味がある．次のように定義する：

定義 6　$D_{\boldsymbol{f}} \subset \mathbb{R}^n$ である関数 $\boldsymbol{f} : D_{\boldsymbol{f}} \to \mathbb{R}^n$ が点 $\boldsymbol{a}\in D_{\boldsymbol{f}}$ において**局所的に可逆である**とは，$\boldsymbol{a}$ と $\boldsymbol{f}(\boldsymbol{a})$ の近傍が存在して，$\boldsymbol{f}$ によって，それらが全単射で移されることをいう．

微分可能な関数については $\boldsymbol{f}(\boldsymbol{a}+\boldsymbol{h}) \approx \boldsymbol{f}(\boldsymbol{a}) + \mathrm{d}\boldsymbol{f}_{\boldsymbol{a}}(\boldsymbol{h})$ が成り立ち，微分が線形関数として 0 と異なる関数行列式を持てば全単射となるから，十分小さな $|\boldsymbol{h}|$ に対して $\boldsymbol{f}$ も全単射となる．すなわち次が得られる．

定理 5　$\mathbb{R}^n$-$\mathbb{R}^n$ 関数 $\boldsymbol{f}$ が点 $\boldsymbol{a}$ で 0 と異なる関数行列式を持てば，$\boldsymbol{f}$ は点 $\boldsymbol{a}$ で局所的に可逆である (図 B)．

$\boldsymbol{f}$ の関数行列と $\boldsymbol{f}^{-1}$ の関数行列の積が単位行列となることを考慮すれば，$\boldsymbol{f}^{-1}$ の点 $\boldsymbol{f}(\boldsymbol{a})$ での n^2 個の偏微分係数は $\boldsymbol{f}$ の点 $\boldsymbol{a}$ での偏微分係数から計算される．

2 変数の関数 $\boldsymbol{f}$ とその逆関数 $\boldsymbol{g}$ については，例えば次が成立する．

$$\frac{\partial g_1}{\partial y_1}(\boldsymbol{f}(\boldsymbol{a})) = \frac{\frac{\partial f_2}{\partial x_2}(\boldsymbol{a})}{\det\frac{\mathrm{d}\boldsymbol{f}}{\mathrm{d}\boldsymbol{x}}(\boldsymbol{a})},$$

$$\frac{\partial g_1}{\partial y_2}(\boldsymbol{f}(\boldsymbol{a})) = \frac{-\frac{\partial f_1}{\partial x_2}(\boldsymbol{a})}{\det\frac{\mathrm{d}\boldsymbol{f}}{\mathrm{d}\boldsymbol{x}}(\boldsymbol{a})},$$

$$\frac{\partial g_2}{\partial y_1}(\boldsymbol{f}(\boldsymbol{a})) = \frac{-\frac{\partial f_2}{\partial x_1}(\boldsymbol{a})}{\det\frac{\mathrm{d}\boldsymbol{f}}{\mathrm{d}\boldsymbol{x}}(\boldsymbol{a})},$$

$$\frac{\partial g_2}{\partial y_2}(\boldsymbol{f}(\boldsymbol{a})) = \frac{\frac{\partial f_1}{\partial x_1}(\boldsymbol{a})}{\det\frac{\mathrm{d}\boldsymbol{f}}{\mathrm{d}\boldsymbol{x}}(\boldsymbol{a})}$$

例：

$(t,\boldsymbol{x})\mapsto\begin{pmatrix}x_1^2+x_2^2-2t^2\\x_1^2+2x_2^2+t^2-4\end{pmatrix}$ $(t\in\mathbb{R},\ \boldsymbol{x}\in\mathbb{R}^2)$ によって定義される関数 $\boldsymbol{f}:\mathbb{R}^3\to\mathbb{R}^2$ は微分可能で

$\dfrac{\partial\boldsymbol{f}}{\partial t}(t,\boldsymbol{x})=\begin{pmatrix}-4t\\2t\end{pmatrix}$, $\dfrac{\partial\boldsymbol{f}}{\partial\boldsymbol{x}}(t,\boldsymbol{x})=\begin{pmatrix}2x_1&2x_2\\2x_1&4x_2\end{pmatrix}$ が成立し，逆行列は $\left(\dfrac{\partial\boldsymbol{f}}{\partial\boldsymbol{x}}\right)^{-1}(t,\boldsymbol{x})=\begin{pmatrix}\dfrac{1}{x_1}&-\dfrac{1}{2x_1}\\-\dfrac{1}{2x_2}&\dfrac{1}{2x_2}\end{pmatrix}$

である．$\bar{t}=1,\ \bar{\boldsymbol{x}}=\begin{pmatrix}1\\1\end{pmatrix}$ としたとき，点 $(\bar{t},\bar{\boldsymbol{x}})$ において $\boldsymbol{f}(\bar{t},\bar{\boldsymbol{x}})=\boldsymbol{o}$，かつ $\det\dfrac{\partial\boldsymbol{f}}{\partial\boldsymbol{x}}(\bar{t},\bar{\boldsymbol{x}})\neq 0$ となり，したがって定理 6 の仮定はみたされている．1 の近傍 U において $\boldsymbol{f}(t,\boldsymbol{x})=\boldsymbol{o}$ で定まる陰関数 $\boldsymbol{g}:U\to\mathbb{R}^2$ が定義される．

式 $\dfrac{\partial\boldsymbol{f}}{\partial\boldsymbol{x}}(t,\boldsymbol{g}(t))\dfrac{\mathrm{d}\boldsymbol{g}}{\mathrm{d}t}(t)+\dfrac{\partial\boldsymbol{f}}{\partial t}(t,\boldsymbol{g}(t))=\boldsymbol{o}$ より $\left(\dfrac{\partial\boldsymbol{f}}{\partial\boldsymbol{x}}\right)^{-1}(t,\boldsymbol{g}(t))$ を乗じて

$\dfrac{\mathrm{d}\boldsymbol{g}}{\mathrm{d}t}(t)=\begin{pmatrix}\dfrac{5t}{g_1(t)}\\-\dfrac{3t}{g_2(t)}\end{pmatrix}$ が得られる．$t\in\left(\dfrac{2}{5}\sqrt{5},\dfrac{2}{3}\sqrt{3}\right)$ に対して $\boldsymbol{g}(t)=\begin{pmatrix}\sqrt{5t^2-4}\\\sqrt{4-3t^2}\end{pmatrix}$ が成り立つ．

A

陰関数

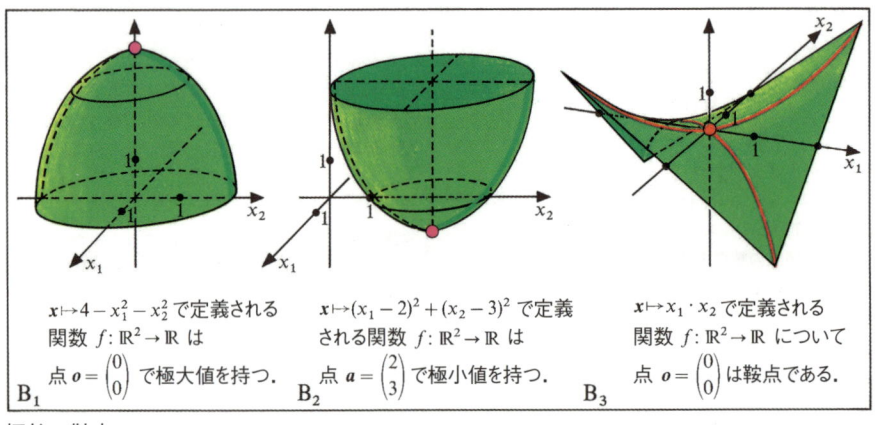

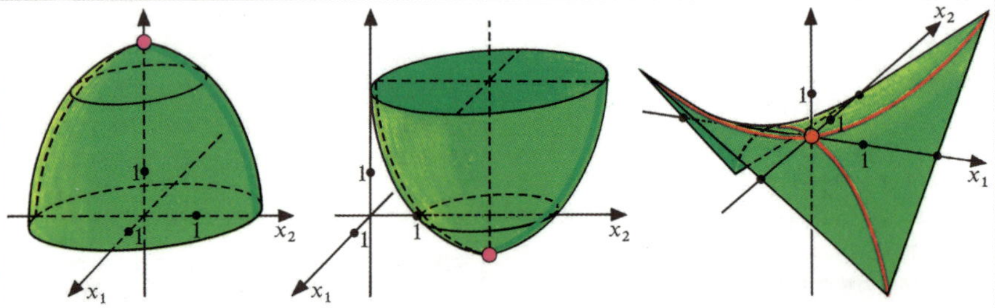

$\boldsymbol{x}\mapsto 4-x_1^2-x_2^2$ で定義される関数 $f:\mathbb{R}^2\to\mathbb{R}$ は点 $\boldsymbol{o}=\begin{pmatrix}0\\0\end{pmatrix}$ で極大値を持つ．

B_1

$\boldsymbol{x}\mapsto(x_1-2)^2+(x_2-3)^2$ で定義される関数 $f:\mathbb{R}^2\to\mathbb{R}$ は点 $\boldsymbol{a}=\begin{pmatrix}2\\3\end{pmatrix}$ で極小値を持つ．

B_2

$\boldsymbol{x}\mapsto x_1\cdot x_2$ で定義される関数 $f:\mathbb{R}^2\to\mathbb{R}$ について点 $\boldsymbol{o}=\begin{pmatrix}0\\0\end{pmatrix}$ は鞍点である．

B_3

極値，鞍点

$\boldsymbol{x}\mapsto -x_1^3-2x_1x_2-x_2^2+3x_1x_3-x_3^2$ で定義される関数 $f:\mathbb{R}^3\to\mathbb{R}$ の極値について調べる．

$\nabla f(\boldsymbol{x})=\begin{pmatrix}-3x_1^2-2x_2+3x_3\\-2x_1-2x_2\\3x_1-2x_3\end{pmatrix}$, $\dfrac{\mathrm{d}^2f}{\mathrm{d}\boldsymbol{x}^2}(\boldsymbol{x})=\begin{pmatrix}-6x_1&-2&3\\-2&-2&0\\3&0&-2\end{pmatrix}$ が成り立つ．（2 階の関数行列，p.292）

$\Delta_1(\boldsymbol{x})=-6x_1$

$\Delta_2(\boldsymbol{x})=12x_1-4$

$\Delta_3(\boldsymbol{x})=26-24x_1$

$\Delta_1(\boldsymbol{x})$ と $\Delta_2(\boldsymbol{x})$ は小行列式

$\Delta_3(\boldsymbol{x})=\det\dfrac{\mathrm{d}^2f}{\mathrm{d}\boldsymbol{x}^2}(\boldsymbol{x})$ はヘッセ行列式．

点 $\boldsymbol{a}$ で狭義の極大値（極小値）を取るための十分条件は次である．

$\nabla f(\boldsymbol{a})=\boldsymbol{o}\wedge\Delta_1(\boldsymbol{a})<0(>0)\wedge\Delta_2(\boldsymbol{a})>0\wedge\Delta_3(\boldsymbol{a})<0(>0)$.

方程式 $\nabla f(\boldsymbol{a})=\boldsymbol{o}$ の解は，$\boldsymbol{a}_1=\begin{pmatrix}\frac{13}{6}\\-\frac{13}{6}\\\frac{13}{4}\end{pmatrix}$，$\boldsymbol{a}_2=\begin{pmatrix}0\\0\\0\end{pmatrix}$ である．

$\Delta_1(\boldsymbol{a}_1)=-13,\ \Delta_2(\boldsymbol{a}_1)=22,\ \Delta_3(\boldsymbol{a}_1)=-26$ であるから，点 $\boldsymbol{a}_1$ で狭義の極大値を持つ．

点 $\boldsymbol{a}_2$ については，$\Delta_1(\boldsymbol{a}_2)=0$ であるから十分条件はみたされない．さらに調べると，極値は取らず，鞍点であることが分かる．

C

極値を取るための十分条件についての例

陰関数

p.279 にあるように，代数関数は 2 変数の多項式で定義される．ここでの立場は一般化可能な様々な観点を持つことである．そこで 2 変数の多項式のかわりに多変数の連立関数方程式を考える．連立方程式 $f_\mu(\boldsymbol{t},\boldsymbol{x})=0$, $\boldsymbol{t}\in\mathbb{R}^n$, $\boldsymbol{x}\in\mathbb{R}^m$, $\mu\in\{1,\ldots,n\}$ の解 $(\boldsymbol{t},\boldsymbol{x})$ は $\mathbb{R}^n\times\mathbb{R}^m$ 内の一つの関係を定義する．この関係がいつ $f_\mu(\boldsymbol{t},\boldsymbol{g}(\boldsymbol{t}))=0$ $(\mu\in\{1,\ldots,n\})$ をみたす $\mathbb{R}^n$-$\mathbb{R}^m$ 関数 $\boldsymbol{g}$ を与えるかという問題を考える．f_μ を成分とする $\mathbb{R}^{n+m}$-$\mathbb{R}^m$ 関数を $\boldsymbol{f}$ とすれば $\boldsymbol{f}(\boldsymbol{t},\boldsymbol{x})=\boldsymbol{0}$ となる．条件を定式化するために $\mathbb{R}^{n+m}$-$\mathbb{R}^{n+m}$ 関数

$$\boldsymbol{F}=(f_1,\ldots,f_m,F_{m+1},\ldots,F_{m+n})$$

で $F_{m+\nu}(\boldsymbol{t},\boldsymbol{x})=t_\nu$（$\boldsymbol{t}$ の ν-成分）となるものを考える．すると $\boldsymbol{F}=(\boldsymbol{f},1_{\mathbb{R}^n})$ と書くことができる．ここで $1_{\mathbb{R}^n}$ は $\mathbb{R}^n$ の恒等関数を表す．すると $\det\frac{\mathrm{d}\boldsymbol{F}}{\mathrm{d}(\boldsymbol{t},\boldsymbol{x})}$ と $\det\frac{\partial\boldsymbol{f}}{\partial\boldsymbol{x}}$ は一致する（関数行列内の記号 ∂ は $\frac{\mathrm{d}\boldsymbol{f}}{\mathrm{d}(\boldsymbol{t},\boldsymbol{x})}$ の x_μ による偏導関数のみを取ってできる m 行を表している）．$\det\frac{\partial\boldsymbol{f}}{\partial\boldsymbol{x}}(\boldsymbol{a})\neq0$ なら定理 5 より $\boldsymbol{F}$ は局所的に可逆である．その逆関数 $\boldsymbol{G}$ から次の等式系が得られる：

$$\begin{cases} x_1=G_1(y_1,\ldots,y_m,u_1,\ldots,u_n)\\ \cdots\\ x_m=G_m(y_1,\ldots,y_m,u_1,\ldots,u_n)\\ t_1=u_1\\ \cdots\\ t_n=u_n\end{cases}$$

$(y_1,\ldots,y_m)=(0,\ldots,0)=\boldsymbol{0}$ と置き u_ν を t_ν で置き換えれば，等式系

$$\begin{cases} x_1=G_1(\boldsymbol{0},t_1,\ldots,t_n)=g_1(t_1,\ldots,t_n)\\ \cdots\\ x_m=G_m(\boldsymbol{0},t_1,\ldots,t_n)=g_m(t_1,\ldots,t_n)\end{cases}$$

が求めている関数を定義する．したがって次が成り立つ：

定理 6　$\boldsymbol{f}$ を微分可能である $\mathbb{R}^{n+m}$-$\mathbb{R}^m$ 関数とし，$(\bar{\boldsymbol{t}},\bar{\boldsymbol{x}})$ $(\bar{\boldsymbol{t}}\in\mathbb{R}^n,\bar{\boldsymbol{x}}\in\mathbb{R}^m)$ を $\boldsymbol{f}(\bar{\boldsymbol{t}},\bar{\boldsymbol{x}})=\boldsymbol{0}$ となる $D_{\boldsymbol{f}}$ の点とし，さらに $\det\frac{\partial\boldsymbol{f}}{\partial\boldsymbol{x}}(\bar{\boldsymbol{t}},\bar{\boldsymbol{x}})\neq0$ が成り立つものとする．すると，近傍 $U(\bar{\boldsymbol{t}})\subset\mathbb{R}^n$ と微分可能な関数 $\boldsymbol{g}:U(\bar{\boldsymbol{t}})\to R^m$ で $\boldsymbol{g}(\bar{\boldsymbol{t}})=\bar{\boldsymbol{x}}$ かつ，すべての $\boldsymbol{t}\in U(\bar{\boldsymbol{t}})$ について $\boldsymbol{f}(\boldsymbol{t},\boldsymbol{g}(\boldsymbol{t}))=\boldsymbol{0}$ となるようなものが存在する．

$n=1$, $m=2$ のときの例は図 A 参照．$n=m=1$ の場合は，陰関数として定義される関数の微分が計算できる．f を微分可能な $\mathbb{R}^2$-$\mathbb{R}$ 関数とし，$g:D_g\to\mathbb{R}(D_g\subset\mathbb{R})$ を $f(x,y)=0$ から定義される陰関数で $f(x,g(x))=0$ がすべての $x\in D_g$ に対して成り立つものとする．すると g も微分可能で，定理 4 と関連して鎖法則の特別な場合が得られる．

$$\frac{\partial f}{\partial x}(x,g(x))+g'(x)\frac{\partial f}{\partial y}(x,g(x))=0$$

（p.279，陰関数の微分を参照）

$\mathbb{R}^n$-$\mathbb{R}$ 関数の極大・極小

1 変数の関数の場合のように多変数の場合も極値を求めることは重要な問題である（図 B_1,B_2）．極値の定義は p.269 で定義したものに対応して決められる．必要条件として次が得られる．

定理 7　微分可能な $\mathbb{R}^n$-$\mathbb{R}$ 関数 f が点 $\boldsymbol{c}\in D_f$ で極値を持つとすると $\nabla f(\boldsymbol{c})=\boldsymbol{0}$ が成立する．すなわち，すべての偏導関数が $\boldsymbol{c}$ で 0 となる．

$\frac{\partial f}{\partial x_1}(\boldsymbol{c})=0$ を示すためには $f_1(x_1)=f(x_1,c_2,\ldots,c_n)$（$c_\nu$ は $\boldsymbol{c}$ の成分）で定義される関数を c_1 の近傍で考える．f は $\boldsymbol{c}$ で極値を持つから，f_1 は c_1 で極値を持ち，p.269 の定理 3 より

$$f'(c_1)=\frac{\partial f}{\partial x_1}(\boldsymbol{c})=0$$

が導かれる．他の偏導関数についての証明も同様である．

条件 $\nabla f(\boldsymbol{c})=0$ は極値であるための必要条件であるが**十分条件ではない**．例えば $f(x_1,x_2)=x_1x_2$ で定義される関数 $f:\mathbb{R}^2\to\mathbb{R}$ は実際 $\nabla f(\boldsymbol{0})=\boldsymbol{0}$ をみたしている．しかしながら f は $\boldsymbol{0}$ で極値を持たない．$\boldsymbol{0}$ の任意の近傍において正の関数値と負の関数値を持つ点 (x_1,x_2) が存在する．x_1 と x_2 の符号が等しい点と異なる点があるからである．そのグラフより，$\boldsymbol{0}$ におけるすべての方向微分係数が 0 となることが分かる．いわゆる**鞍点**となっている（図 B_3）．極値を持つ点 $\boldsymbol{c}$ に対して差 $f(\boldsymbol{c}+\boldsymbol{h})-f(\boldsymbol{c})$ は十分小さな絶対値を持つすべての $\boldsymbol{h}$ について同じ符号を持つ．十分条件を定式化するために，2 次の導関数から行列式を取ったもの $\Delta_k=\det\frac{\partial^2 f}{\partial x_i\partial x_j}$ $(i,j\in\{1,\ldots,k\}$, $1\leqq k\leqq n)$ を考える．Δ_n は f の**ヘッセ行列式**と呼ばれる．Δ_k はこれから最後の $(n-k)$ 個の行と列を削除したものから得られるものである．

定理 8　$\mathbb{R}^n$-$\mathbb{R}$ 関数 f は $\boldsymbol{c}\in D_f$ のある近傍で連続な 2 次導関数を持つものとする．$\nabla f(\boldsymbol{c})=\boldsymbol{0}$ かつ，すべての $k\in\{1,\ldots,n\}$ に対して $\Delta_k(\boldsymbol{c})>0$ が成り立てば，f は点 $\boldsymbol{c}$ で極大値を取る．$\nabla f(\boldsymbol{c})=\boldsymbol{0}$ かつ，すべての $k\in\{1,\ldots,n\}$ に対して $(-1)^k\Delta_k(\boldsymbol{c})>0$ が成り立てば，f は点 $\boldsymbol{c}$ で極小値を取る（例えば，図 C）．

$\mathbb{R}^2$-$\mathbb{R}$ 関数 f が定理 8 の十分条件：$\nabla f(\boldsymbol{c})=\boldsymbol{0}$, $\frac{\partial^2 f}{\partial x_1^2}(\boldsymbol{c})\neq0$, $\Delta_2(\boldsymbol{c})>0$ をみたしているものとする．ここで $\frac{\partial^2 f}{\partial x_1^2}(\boldsymbol{c})>0$ (<0) なら極小（極大）値を取る．$\Delta_2(\boldsymbol{c})<0$ なら $\boldsymbol{c}$ で極値を取らない．$\Delta_2(\boldsymbol{c})=0$ の場合は，2 次の偏導関数では十分条件を定式化することはできない．

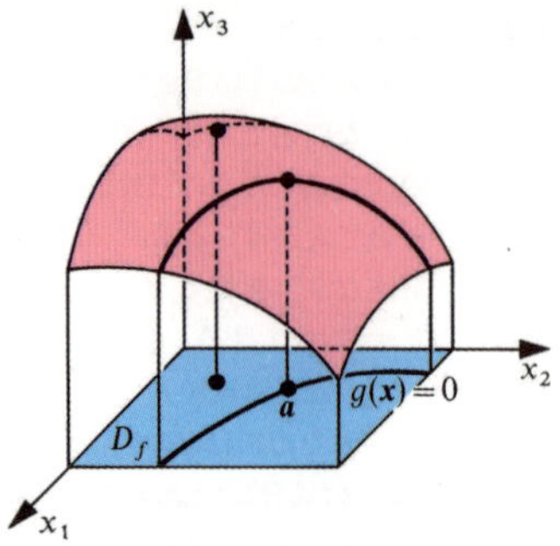

関数 $f: D_f \to \mathbb{R}$ を $g(\boldsymbol{x})=0$ で定義され，D_f の内部にある点集合に制限する．その制限された関数の極値を求める．それは本来の関数についてのものと全く異なる可能性がある．

A_1

p.299 の例について，ラグランジュの乗数の方法を用いる．

$\boldsymbol{x} \mapsto x_1 x_2 x_3$ で定義される関数 $f: (\mathbb{R}^+)^3 \to \mathbb{R}$ について

$$g(\boldsymbol{x}) = 2(x_1x_2 + x_2x_3 + x_3x_1) - A = 0$$

なる条件のもとでの極値を求める．

まず次のように置く．

$$F(\boldsymbol{x}, \lambda) = f(\boldsymbol{x}) + \lambda g(\boldsymbol{x}) .$$

極値を取るための条件 $\nabla f(\boldsymbol{x}, \lambda) = \boldsymbol{o}$ 　は

$$\begin{aligned} &x_2x_3 + 2\lambda(x_2 + x_3) = 0 \\ &x_3x_1 + 2\lambda(x_3 + x_1) = 0 \\ &x_1x_2 + 2\lambda(x_1 + x_2) = 0 \\ &2(x_1x_2 + x_2x_3 + x_3x_1) - A = 0 \end{aligned}$$

となり，これは唯一の解

$$\left(\sqrt{\frac{A}{6}}, \sqrt{\frac{A}{6}}, \sqrt{\frac{A}{6}}, -\frac{1}{4}\sqrt{\frac{A}{6}}\right).$$

を持つ，したがって求める直方体は，立方体となる．

A_2

条件付きの極値問題

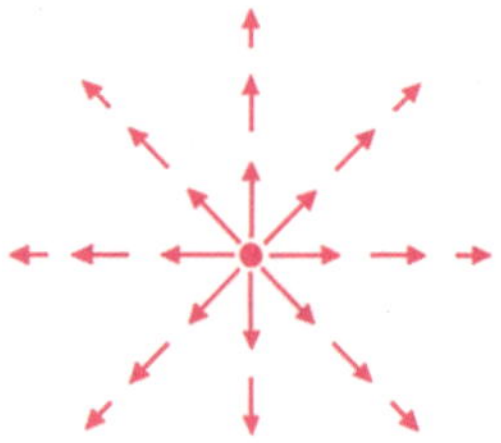

湧出点（正の発散を持つ点）の近傍におけるベクトル場

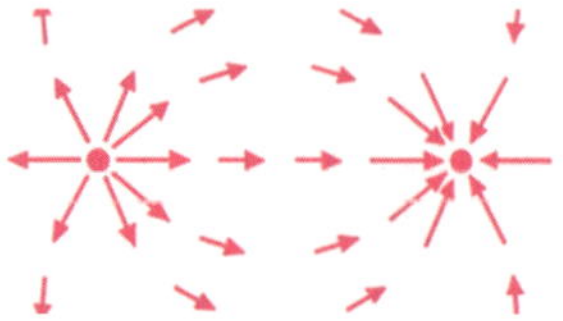

湧出点と消滅点（負の発散を持つ点）の間のベクトル場

B

発散

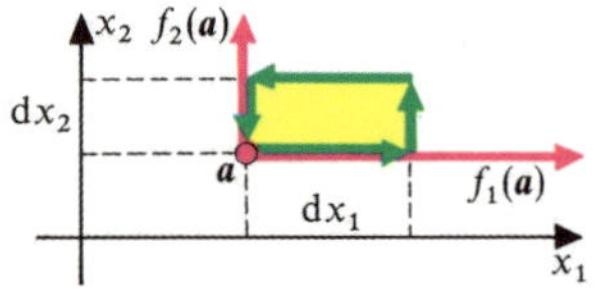

$\mathrm{rot}\, \boldsymbol{f}(\boldsymbol{a})$ のイメージをつかむため，$\boldsymbol{a}$ を端点に持つ小さな面片を，例えば x_3 軸に垂直な面で 1 周し，項 $\langle \boldsymbol{f}(\boldsymbol{x}), \mathrm{d}\boldsymbol{x}\rangle$ の和を取る．それが長方形であれば次を得る．

$$\begin{aligned} &f_1(\boldsymbol{a})\mathrm{d}x_1 + \left(f_2(\boldsymbol{a}) + \frac{\partial f_2}{\partial x_1}(\boldsymbol{a})\mathrm{d}x_1\right)\mathrm{d}x_2 \\ &- \left(f_1(\boldsymbol{a}) + \frac{\partial f_1}{\partial x_2}(\boldsymbol{a})\mathrm{d}x_2\right)\mathrm{d}x_1 - f_2(\boldsymbol{a})\mathrm{d}x_2 \\ &= \left(\frac{\partial f_2}{\partial x_1}(\boldsymbol{a}) - \frac{\partial f_1}{\partial x_1}(\boldsymbol{a})\right)\mathrm{d}x_1\mathrm{d}x_2 \end{aligned}$$

この項は，x_3軸の周りの微分と呼ばれる．面 $\mathrm{d}x_1\mathrm{d}x_2$ で割れば，$\mathrm{rot}\, \boldsymbol{f}(\boldsymbol{a})$ の 3 番目の成分が得られる．

C

回転

$\mathrm{grad}\,(FG) = (\mathrm{grad}\, F)G + F\,\mathrm{grad}\, G$	$\nabla(FG) = (\nabla F)G + F(\nabla G)$
$\mathrm{div}\,(\boldsymbol{f}+\boldsymbol{g}) = \mathrm{div}\,\boldsymbol{f} + \mathrm{div}\,\boldsymbol{g}$	$\langle \nabla, \boldsymbol{f}+\boldsymbol{g}\rangle = \langle \nabla, \boldsymbol{f}\rangle + \langle \nabla, \boldsymbol{g}\rangle$
$\mathrm{rot}\,(\boldsymbol{f}+\boldsymbol{g}) = \mathrm{rot}\,\boldsymbol{f} + \mathrm{rot}\,\boldsymbol{g}$	$\nabla \times (\boldsymbol{f}+\boldsymbol{g}) = \nabla \times \boldsymbol{f} + \nabla \times \boldsymbol{g}$
$\mathrm{div}\,(F\boldsymbol{f}) = \langle \mathrm{grad}\, F, \boldsymbol{f}\rangle + F\,\mathrm{div}\,\boldsymbol{f}$	$\langle \nabla, F\boldsymbol{f}\rangle = \langle \nabla F, \boldsymbol{f}\rangle + F\langle \nabla, \boldsymbol{f}\rangle$
$\mathrm{rot}\,(F\boldsymbol{f}) = \mathrm{grad}\, F \times \boldsymbol{f} + F\,\mathrm{rot}\,\boldsymbol{f}$	$\nabla \times (F\boldsymbol{f}) = (\nabla F) \times \boldsymbol{f} + F(\nabla \times \boldsymbol{f})$
$\mathrm{div}\,\boldsymbol{f} \times \boldsymbol{g} = \langle \mathrm{rot}\,\boldsymbol{f}, \boldsymbol{g}\rangle - \langle \boldsymbol{f}, \mathrm{rot}\,\boldsymbol{g}\rangle$	$\langle \nabla, \boldsymbol{f} \times \boldsymbol{g}\rangle = \langle \nabla \times \boldsymbol{f}, \boldsymbol{g}\rangle - \langle \boldsymbol{f}, \nabla \times \boldsymbol{g}\rangle$
$\mathrm{rot}\,\mathrm{grad}\, F = \boldsymbol{o}$	$\nabla \times \nabla F = \boldsymbol{o}$
$\mathrm{div}\,\mathrm{rot}\,\boldsymbol{f} = 0$	$\langle \nabla, \nabla \times \boldsymbol{f}\rangle = 0$

D

勾配，発散，回転に関する公式

条件付きの極値問題

応用上は，以下のような極値問題がしばしば生じる．それは独立な変数 $x_1,\ldots,x_n$ を持つ $\mathbb{R}^n$-$\mathbb{R}$ 関数において，$g_\mu(x_1,\cdots,x_n)=0$, $\mu\in\{1,\ldots,m\}$, $1\leqq m\leqq n$ の形の座標間の方程式をみたすような点 $\boldsymbol{x}$ 上に定義域を制限した場合に，極値を求めるというものである（**条件付き極値**，図 A_1）．

例　直方体の体積は，表面積が一定 A を持つという条件のもとで極大値を持つ．$(x_1,x_2,x_3)\mapsto x_1x_2x_3$ で定義される関数 $f:(\mathbb{R}^+)^3\to\mathbb{R}$ の条件 $g(x_1,x_2,x_3)=2(x_1x_2+x_2x_3+x_3x_1)-A=0$ のもとで極値を調べる．この問題を解くためには，条件を x_3 について解き，f の項に $x_3=(A-2x_1x_2)/2(x_1+x_2)$ を代入して得られる 2 変数の関数 F に対する極値問題を考えればよい（解：立方体）．

この方法はより多くの変数を持ち，より多くの条件を持つ場合の問題に拡張されるが，煩雑なことが多く，独立な変数と従属な変数を正しく分離することが必要となる．定理 6 によって方程式系の陰関数による可解性 (p.297) を調べることにより，次に述べるラグランジュによる十分条件が得られる．

定理 9　f を $\mathbb{R}^n$-$\mathbb{R}$ 関数, $\boldsymbol{g}$ を（成分 g_μ を持つ）$D\subset\mathbb{R}^n$ で微分可能な関数とする．条件 $g_\mu(\boldsymbol{x})=0$ $(\mu\in\{1,\ldots,m\})$ のもとで f は $\boldsymbol{a}\in D$ で極値を持ち，関数行列 $\frac{\mathrm{d}\boldsymbol{g}}{\mathrm{d}\boldsymbol{x}}$ の各行が 1 次独立なら，次の条件をみたす m 個の実数 $\lambda_1,\ldots,\lambda_m$ が存在する：

すべての $\nu\in\{1,\ldots,n\}$ に対して

$$\frac{\partial}{\partial x_\nu}\left(f+\sum_{\mu=1}^{m}\lambda_\mu g_\mu\right)(\boldsymbol{a})=0$$

上記の数 $\lambda_1,\ldots,\lambda_m$ を**ラグランジュの乗数**と呼ぶ．極値が存在するということと，$n+m$ 個の未知数 $a_1,\ldots,a_n,\lambda_1,\ldots,\lambda_m$ を持つ $n+m$ 個の連立方程式

$$\frac{\partial}{\partial x_\nu}\left(f+\sum_{\mu=1}^{m}\lambda_\mu g_\mu\right)(\boldsymbol{a})=0,\ g_\mu(\boldsymbol{a})=0.$$

$\nu\in\{1,\ldots,n\}$,$\mu\in\{1,\ldots,m\}$ がちょうど 1 個の解を持つことから，その解の $(n+m)$ 個の数の最初の n 個を取ればよい．因子 $\lambda_1,\ldots,\lambda_m$ は，具体的には計算されずに消去される．この方法は結局は

$$F(x_1,\ldots,x_n,\lambda_1,\ldots,\lambda_m)$$
$$=f(x_1,\ldots,x_n)+\sum_{\mu=1}^{m}\lambda_\mu g_\mu(x_1,\ldots,x_n)$$

で定義される関数の極値を決定することを意味している（図 A_2 の例）．

発散と回転

p.293 の定義 4 で導入したスカラー場「勾配」は数学のみならず物理学においても重要である．一つの物体の温度のなすスカラー場 T については，例えば温度勾配のベクトル場 $\operatorname{grad}T$ がある．$\operatorname{grad}T(\boldsymbol{x})$ は $\boldsymbol{x}$ を通る定温の**等位面**に垂直に交わっており，温度の変化が急激であればあるほど大きな絶対値を持つ．**場直線**は $\operatorname{grad}T(\boldsymbol{x})\neq\boldsymbol{0}$ である点 $\boldsymbol{x}$ に対して $\operatorname{grad}T(\boldsymbol{x})$ の方向を持つ．

勾配の他にも，座標系に依存しない類似の概念で重要な役割を果たすものがある．いわゆる**発散**と**回転**である．

定義 7　$\boldsymbol{f}$ を $D_{\boldsymbol{f}}$ で微分可能な $\mathbb{R}^n$-$\mathbb{R}^n$ 関数とするとき $\boldsymbol{x}\mapsto\sum\limits_{\nu=1}^{n}\frac{\partial f_\nu(\boldsymbol{x})}{\partial x_\nu}$ によって $D_{\boldsymbol{f}}$ で定義される $\mathbb{R}^n$-$\mathbb{R}$ 関数を $\operatorname{div}\boldsymbol{f}$ で表し，$\boldsymbol{f}$ の**発散**と呼ぶ．

定義 8　$\boldsymbol{f}$ を $D_{\boldsymbol{f}}$ で微分可能な $\mathbb{R}^3$-$\mathbb{R}^3$ 関数とするとき

$$\boldsymbol{x}\mapsto\begin{pmatrix}\left(\frac{\partial f_3}{\partial x_2}-\frac{\partial f_2}{\partial x_3}\right)(\boldsymbol{x})\\ \left(\frac{\partial f_1}{\partial x_3}-\frac{\partial f_3}{\partial x_1}\right)(\boldsymbol{x})\\ \left(\frac{\partial f_2}{\partial x_1}-\frac{\partial f_1}{\partial x_2}\right)(\boldsymbol{x})\end{pmatrix}$$

によって $D_{\boldsymbol{f}}$ で定義される $\mathbb{R}^3$-$\mathbb{R}^3$ 関数を $\operatorname{rot}\boldsymbol{f}$ で表し，$\boldsymbol{f}$ の**回転**と呼ぶ．

ナブラ演算子 (p.293) を用いれば，記号的に次の表現が得られる：$\operatorname{div}\boldsymbol{f}=\langle\nabla,\boldsymbol{f}\rangle$, $\operatorname{rot}\boldsymbol{f}=\nabla\times\boldsymbol{f}$.

発散の物理学的解釈を与えるために，例えば $\boldsymbol{q}$ をある物体の熱の伝導場とする．点 $\boldsymbol{a}$ を含む十分小さな閉曲面 A を考える．点 $\boldsymbol{a}$ を内部に含む立体の体積を V とし，A を通って外に流れ出る熱の総量を V で割ると，この商の $V\to0$ としたときの極限値がちょうど $\operatorname{div}\boldsymbol{q}(\boldsymbol{a})$ である（図 B）．したがって，発散はここでは $\boldsymbol{a}$ における単位体積あたりの発散する熱量を表す．$\operatorname{div}\boldsymbol{q}(\boldsymbol{a})=0$ であれば $\boldsymbol{a}$ において熱の湧出，消滅はない．一般にすべての $\boldsymbol{x}\in D$ に対して $\operatorname{div}\boldsymbol{f}(\boldsymbol{x})=0$ ならば $\boldsymbol{f}$ は D において**湧き出し無し**と呼ばれる．

速度場 $\boldsymbol{v}$ を持つ回転するある剛体の点 $\boldsymbol{x}$ に対して $\operatorname{rot}\boldsymbol{v}(\boldsymbol{x})$ は，回転軸の方向の角速度ベクトルの 2 倍を表す．この解釈は局所的には，非可縮な液体の速度場を与え，回転の記号の意味を説明している（図 C も参照）．すべての $\boldsymbol{x}\in D$ に対して $\operatorname{rot}\boldsymbol{f}(\boldsymbol{x})=\boldsymbol{0}$ のとき $\boldsymbol{f}$ は D において**渦無し**と呼ばれる．

ベクトル場 $\boldsymbol{f}$ が渦無しであることと，$\boldsymbol{f}=\operatorname{grad}F$ となるスカラー場 F が存在することとは同値である．ここで与えた解釈の厳密な理由付けは，p.327 の積分定理に委ねられる．

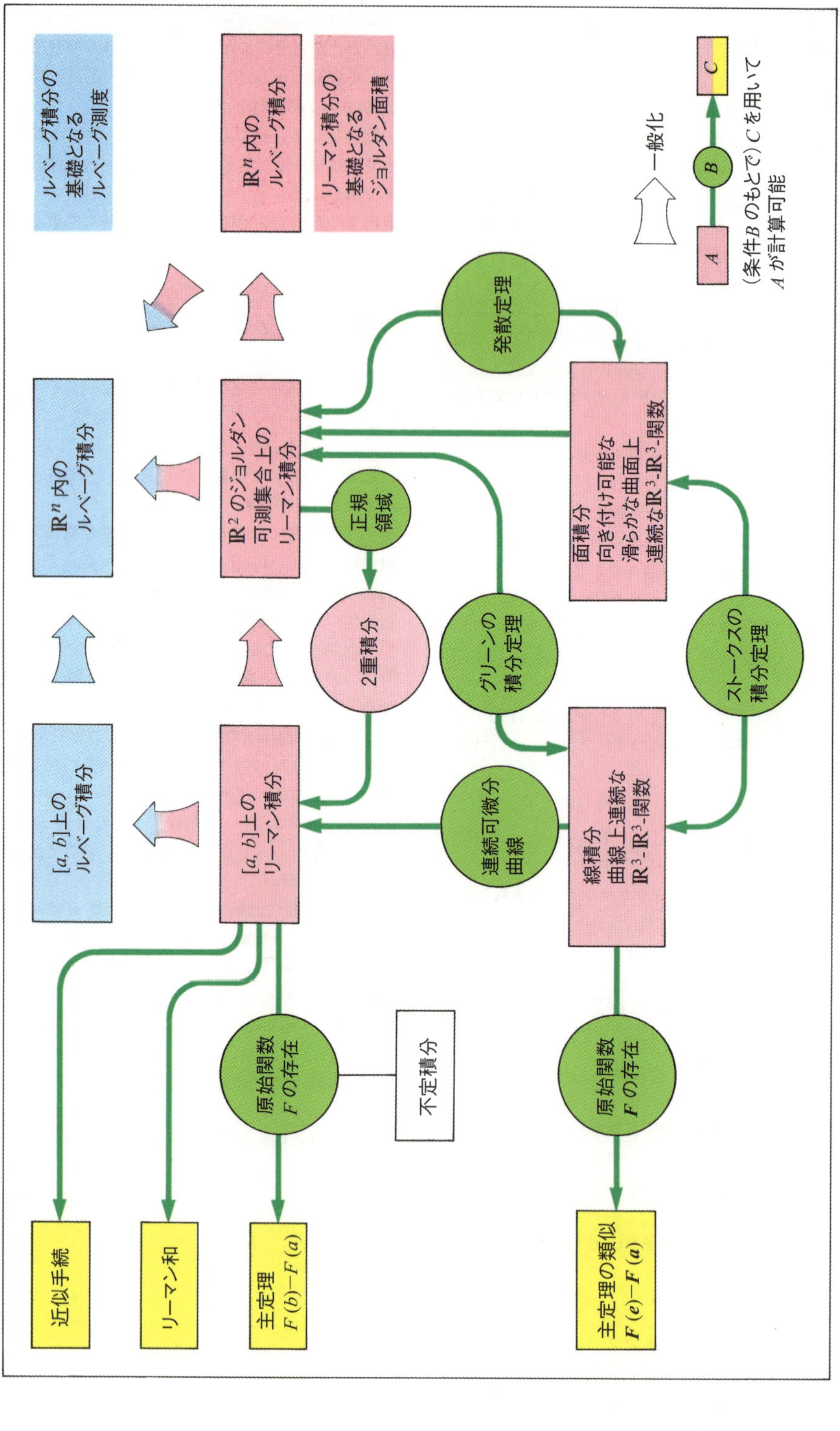
ルベーグ積分の
基礎となる
ルベーグ測度
$\mathbb{R}^n$ 内の
ルベーグ積分
[a, b]上の
ルベーグ積分
$\mathbb{R}^n$ 内の
ルベーグ積分
$\mathbb{R}^2$ のジョルダン
可測集合上の
リーマン積分
[a, b]上の
リーマン積分
リーマン積分の
基礎となる
ジョルダン面積
正規
領域
2重積分
発散定理
グリーンの
積分定理
ストークスの
積分定理
連続可微分
曲線
面積分
向き付け可能な
滑らかな曲面上
連続な$\mathbb{R}^3$-$\mathbb{R}^3$-関数
線積分
曲線上連続な
$\mathbb{R}^3$-$\mathbb{R}^3$-関数
原始関数
F の存在
不定積分
原始関数
F の存在
近似手続
リーマン和
主定理
$F(b)-F(a)$
主定理の類似
$F(e)-F(a)$
一般化
A
B
C
（条件Bのもとで）Cを用いて
Aが計算可能

積分学の展開の本質的な根底に，必ずしも直線で囲まれているとは限らない幾何学的図形の**面積測定の問題**がある．面積問題はその図形を定める関数における極限値を取る過程を含めて様々な場合が起こりうる．その際，どの面積概念を基礎に取るかが重要である．**ジョルダン面積概念**には**リーマン積分**が，**ルベーグ面積概念**には**ルベーグ積分**が結びつく（p.329 以降）．最後のものはリーマン積分の拡張となっている．

p.303 で与えられるリーマン積分の定義は，**階段関数**と呼ばれる単純な関数から出発しており，それを用いることによりリーマン積分が存在するものとしての R-可積分の概念が得られる．連続関数や単調関数は R-可積分関数となる (p.305).

R-可積分関数は不連続点の集合が，ルベーグ測度の意味で零集合となるような関数として，ルベーグ積分の概念によって完全に特徴付けられる．これによれば，R-可積分関数は**ほとんど至るところ連続な**有界関数のことである．

リーマン積分を定義に沿って計算することは，通常面倒なことである．それゆえ**主定理** (p.305) が中心的な役割を果たすことになる．被積分関数に対して原始関数（その微分が被積分関数となるようなもの）の区間の境界の点の関数値の差として得られる．
積分理論の本質的部分の一つは，与えられた被積分関数の**原始関数を探す**ことにある．これから積分計算が，微分計算の「逆」であるという視点が現れてくる．

この関係から**不定積分** (p.307) の概念と記法がでてくる．それらを用いて重要な積分則（例えば，p.309 の部分積分，置換積分）が定式化され利用される．応用として，p.310, p.311 に集められた不定積分の表が得られる．これら広範囲の積分公式は，実際に応用する人のためのものである．

被積分関数を級数に展開することにより，多くの関数に対して原始関数をみつけ出すことができる．もちろん，それには**級数の積分** (p.309) ができるための前提条件にも注意を払わなければならない．

複雑な積分や計算機による近似計算のために**近似手続き**が使える (p.313)．閉区間上に定義されたリーマン積分の概念は，**無限区間**上にも合理的に拡張される (p.313)．応用上**リーマン和**の概念 (p.319) が重要である．リーマン和は，上和，下和と同様にリーマン積分の十分に精度のよい近似を可能にする．
他の文献にも見られるように，この概念はまたリーマン積分の定義としても用いられる．

R-可積分関数の概念は，類似の概念構成により容易に**多変数関数**の場合に拡張される (p.317)．それに付随するリーマン積分は，R-可積分関数が**正規領域**上に定義されていれば**累次積分**に帰着される (p.319)．2 変数関数のリーマン積分は，**体積計算**の問題に密接に結びついている (p.317)．リーマン和 (p.319) はまた，高次元の場合のリーマン積分の近似理論に役立つ．
リーマン積分に関連した概念構成としては**線積分** (p.323) や**面積分** (p.325) が重要である．使われる関数は $\mathbb{R}^3$-$\mathbb{R}^3$ 関数（いわゆるベクトル場）である．双方の概念とも多くの物理学的状況の数学的定式化のために不可欠である．リーマン積分との関連は，いくつかの**積分定理** (p.325) によって明らかになる．

上記構成では，リーマン積分は連続な被積分関数について考えられている．本質的な一般化はジョルダン面積概念の拡張にかかっている．面積概念は，転じて例えばルベーグ測度となり，これは積分概念を究極的に発展させたものといえる．まず，R-可積分関数は**可測関数** (p.333) に拡張され，ルベーグ積分の概念が説明される（p.333 以降）．R-可積分関数の場合は，そのリーマン積分とルベーグ積分とは一致する．リーマン積分の枠内では，不十分な解答しか与えられない場合でもルベーグ積分を考えれば明快で，場合によっては単純な解が与えられる場合もある．

別の積分概念としては，例えば**スティルチェス積分**や**ペロン積分**があるが，ここでは立ち入らない．

縦座標集合の面積

A_1 縦座標集合　　A_2 外接長方形網　　A_3 内接長方形網

階段関数

B_1 階段関数
部分区間の端点での関数値はどのような値を取っても，それも何個取ってもよい．

B_2 二つの階段関数の和
分割 t_1 に対する (a_0, a_1, a_3, a_5)
分割 t_2 に対する (a_0, a_2, a_4, a_5)
分割 $t_1 + t_2$ に対するものは（細分）$(a_0, a_1, a_2, a_3, a_4, a_5)$

B_3 非負階段関数
$$\int_a^b t(x)\,dx = \sum_{\nu=0}^{n-1} c_\nu (a_{\nu+1} - a_\nu) = I_J(B)$$

B_4 有界関数に関する 上（下）階段関数
$(f([a,b]))$ の上限
$(f([a,b]))$ の下限

B_5 積分と面積
$$\int_1^9 t(x)\,dx = 4$$
$$I_J(B) = 20$$

C 有界，リーマン非可積分関数

$x \mapsto f(x) = \begin{cases} 1 & x \in \mathbb{Q} \text{ のとき,} \\ 2 & x \in \mathbb{R} \setminus \mathbb{Q} \text{ のとき.} \end{cases}$

で定義された関数 $f : [a,b] \to \mathbb{R}$

上階段関数の部分区間に対する関数値は 2 より小さく，また下階段関数の値は 1 より大きい．したがって次の式が成り立つ：

$$\overline{\int_a^b} f(x)\,dx = 2(b-a) \qquad \underline{\int_a^b} f(x)\,dx = 1(b-a)$$

D 面積計算

f 非負値
g 非正値
$\{a_\nu \mid \nu = 1, \ldots, n-1\}$
(a,b) 内の零点全体の集合

$$I_J(B_1) = \int_a^b f(x)\,dx$$
$$I_J(B_2) = \left| \int_a^b g(x)\,dx \right|$$
$$I_J(B) = \sum_{\nu=0}^{n-1} \left| \int_{a_\nu}^{a_{\nu+1}} f(x)\,dx \right|$$

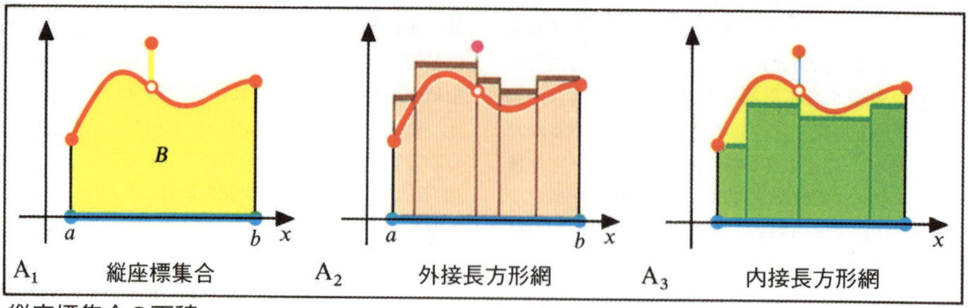

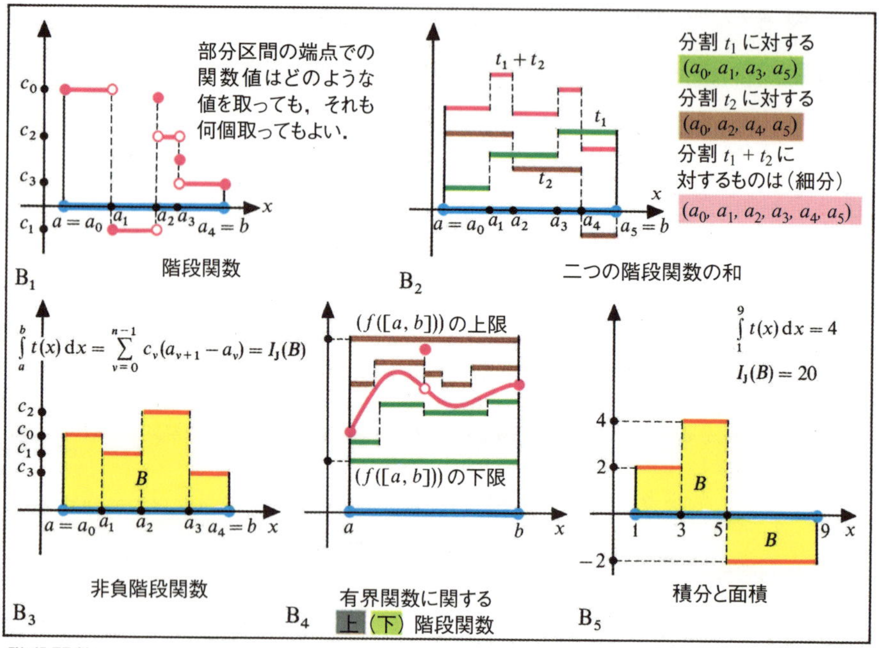

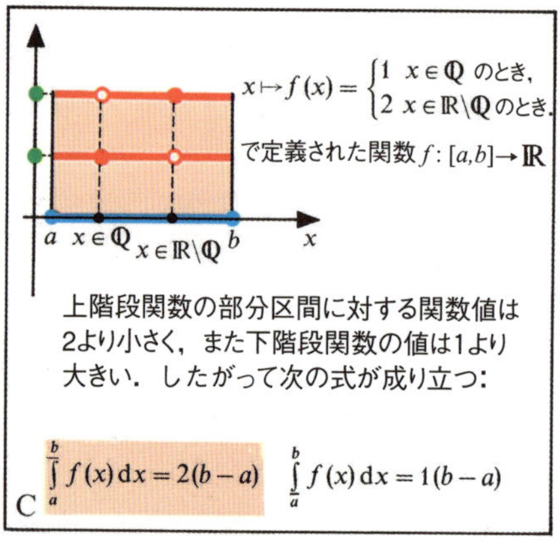

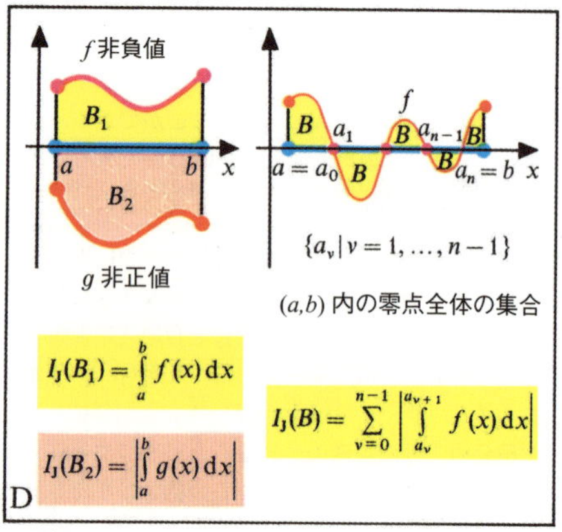

縦座標集合の面積

有界，非負である関数 $f:[a,b]\to\mathbb{R}$ が与えられたとする．付随する**縦座標集合**

$$B:=\{(x,y)\mid x\in[a,b]\wedge y\in[0,f(x)]\}$$

（例えば図 A_1）が面積を持つことを示すことはそれほど容易ではない．**ジョルダン面積概念** (p.329) を基礎において，その点集合を有限個の外接する長方形網と内接する長方形網で近似する（ただし，長方形は退化したものも含める）．図 A_2, A_3 より明らかなように，それらは特別な長方形によるもの（**縞状網目**）に制限できる．これは**階段関数**（下を参照）で記述され，f に付随する縦座標集合は，非負階段関数の縦座標集合で近似される．

階段関数

定義 1　有限数列 $\{a_0,\ldots,a_n\}$ が区間 $[a,b]$ の**分割**であるとは，

$$a_0=a<a_1<\cdots<a_n=b\ (n\in\mathbb{N}\backslash\{0\})$$

が成り立つことをいう．開区間 $(a_\nu,a_{\nu+1})$ は**部分区間**と呼ばれる．$t:[a,b]\to\mathbb{R}$ が $[a,b]$ 上の**階段関数**であるとは，$[a,b]$ の分割が存在して t が各部分区間上定数となっていることをいう（図 B_1）．

階段関数は部分区間の境界点でも定義されているが，部分区間で取る関数値と必ずしも一致しているわけではない．階段関数は**跳躍点**を持つが，それは高々**有限個**である．また，いずれの場合においても階段関数は**有界**である．t_1 と t_2 がともに $[a,b]$ 上の階段関数であるとする．すると t_1+t_2（図 B_2）も，$t_1\cdot t_2$, ct_1 $(c\in\mathbb{R})$ も階段関数である．また，階段関数を閉部分区間に制限したものも階段関数となる．

非負階段関数 t の縦座標集合は面積を持ち（図 B_3），$\int_a^b f(x)\mathrm{d}x$ で表される．$\{a_0,\ldots,a_n\}$ を t に付随する $[a,b]$ の分割とし，$t((a_\nu,a_{\nu+1}))=c_\nu$ とすれば $\int_a^b f(x)\mathrm{d}x=\sum_{\nu=0}^{n-1}c_\nu(a_{\nu+1}-a_\nu)$ が成り立つ．「面積」は分割の取り方には依存しない．次の計算則が成り立つ：

(T1) $$\int_a^b(t_1+t_2)(x)\mathrm{d}x=\int_a^b t_1(x)\mathrm{d}x+\int_a^b t_2(x)\mathrm{d}x$$

(T2) $$\int_a^b(ct)(x)\mathrm{d}x=c\int_a^b t(x)\mathrm{d}x\quad(c\in\mathbb{R}_0^+)$$

(T3) すべての $x\in[a,b]$ について $t_1(x)\leqq t_2(x)$ なら

$$\int_a^b t_1(x)\mathrm{d}x\leqq\int_a^b t_2(x)\mathrm{d}x$$

(T4) $$\int_a^b t(x)\mathrm{d}x=\int_a^c t(x)\mathrm{d}x+\int_c^b t(x)\mathrm{d}x\quad(a\leqq c\leqq b)$$

定義 2　階段関数 $t:[a,b]\to\mathbb{R}$ が $f:[a,b]\to\mathbb{R}$ の**上階段関数**であるとは，すべての $x\in[a,b]$ に対して $t(x)\geqq f(x)$ が成り立つことをいう．$t(x)\leqq f(x)$ の時は**下階段関数**と呼ぶ（図 B_4）．

任意の有界関数 $f:[a,b]\to\mathbb{R}$ は上階段関数と下階段関数を持つ．例えば，値集合の上界と下界で定義される定数関数を考えればよい（図 B_4）．非有界関数については不成立．

上積分，下積分

非負値有界関数 $f:[a,b]\to\mathbb{R}$ に対して，f の上階段関数全体のなす $\mathfrak{O}$，下階段関数全体のなす $\mathfrak{U}$ とすると

$$\overline{\int_a^b} f(x)\mathrm{d}x:=\inf\left\{\int_a^b t(x)\mathrm{d}x\ \middle|\ t\in\mathfrak{O}\right\}$$

（**上積分**）

$$\underline{\int_a^b} f(x)\mathrm{d}x:=\sup\left\{\int_a^b t(x)\mathrm{d}x\ \middle|\ t\in\mathfrak{U}\right\}$$

（**下積分**）

が存在する．上積分と下積分が一致するとき，その共通の値を $\int_a^b f(x)\mathrm{d}x$ で表す．もし存在すれば，この値を付随する縦座標集合の**面積**と呼ぶ．非負値有界関数で，上記の意味で縦座標集合が面積を持たないものが存在する．一般に面積の存在は，関数のより進んだ性質に結びつけられる（p.305 参照）．

リーマン積分

リーマン積分を得るために，縦座標集合の面積としての解釈のために不可欠な，非負値関数への制限を止めてみる．$[a,b]$ 上定義された任意の階段関数に対して $\int_a^b t(x)\mathrm{d}x:=\sum_{\nu=0}^{n-1}c_\nu(a_{\nu+1}-a_\nu)$ と定義する．計算則 (T1) から (T4) までは再び成立し（$\mathfrak{U}$ に関する「非負」という制限は外れる），任意の有界関数に関して上積分と下積分が存在する．

定義 3　有界関数 $f:[a,b]\to\mathbb{R}$ に対して，上積分と下積分が一致するとき，f は $[a,b]$ 上で**リーマン可積分**（または略して **R-可積分**）であるという．その共通の値を $\int_a^b f(x)\mathrm{d}x$ で表し，$[a,b]$ 上の**リーマン積分**と呼ぶ．f は**被積分関数**，$[a,b]$ は**積分区間**，a と b は**積分境界点**と呼ばれる．

定義 4　$\int_a^a f(x)\mathrm{d}x:=0$,

$\int_b^a f(x)\mathrm{d}x=-\int_a^b f(x)\mathrm{d}x$ と定義する．

非負値（非正値）有界関数に対してリーマン積分（リーマン積分の絶対値）は縦座標集合の面積を与えるが，一般には積分の面積としての解釈は不可能である（図 B_5）．

定理（リーマンの判定規準）　有界関数 $f:[a,b]\to\mathbb{R}$ が R-可積分であることと，任意の $\varepsilon\in\mathbb{R}^+$ に対して $\int_a^b t_o(x)\mathrm{d}x-\int_a^b t_u(x)\mathrm{d}x<\varepsilon$ をみたすような上階段関数 t_o と下階段関数 t_u が存在することは同値である．

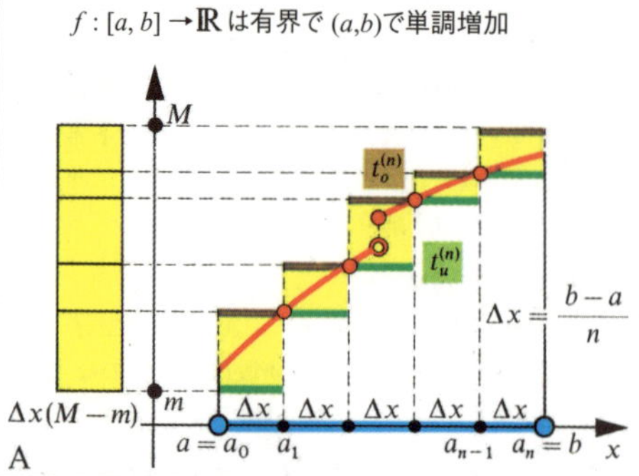

ε ∈ ℝ⁺ が与えられているとする．

$n > \frac{b-a}{\varepsilon}(M-m)$， なるように選ぶ．

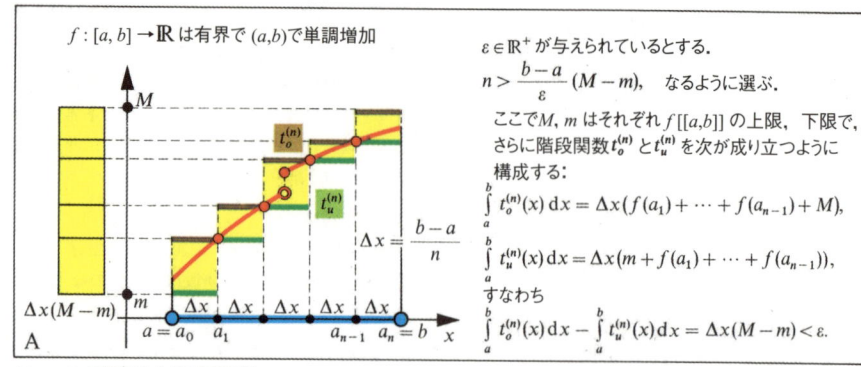

ここでM, m はそれぞれ $f[[a,b]]$ の上限，下限で，さらに階段関数 $t_o^{(n)}$ と $t_u^{(n)}$ を次が成り立つように構成する：

$$\int_a^b t_o^{(n)}(x)\,\mathrm{d}x = \Delta x(f(a_1)+\cdots+f(a_{n-1})+M),$$

$$\int_a^b t_u^{(n)}(x)\,\mathrm{d}x = \Delta x(m+f(a_1)+\cdots+f(a_{n-1})),$$

すなわち

$$\int_a^b t_o^{(n)}(x)\,\mathrm{d}x - \int_a^b t_u^{(n)}(x)\,\mathrm{d}x = \Delta x(M-m) < \varepsilon.$$

リーマン可積分な単調関数

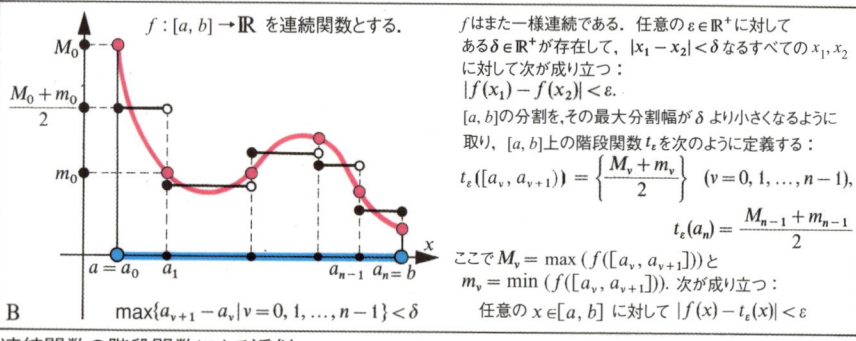

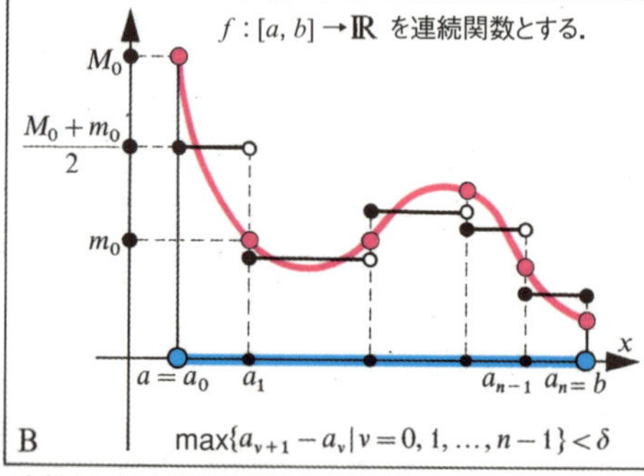

fはまた一様連続である．任意の$\varepsilon \in \mathbb{R}^+$に対して
ある$\delta \in \mathbb{R}^+$が存在して，$|x_1 - x_2| < \delta$ なるすべての x_1, x_2 に対して次が成り立つ：
$|f(x_1) - f(x_2)| < \varepsilon$.
$[a, b]$の分割を,その最大分割幅が δ より小さくなるように取り，$[a, b]$上の階段関数 t_ε を次のように定義する：

$$t_\varepsilon([a_\nu, a_{\nu+1})) = \left\{\frac{M_\nu + m_\nu}{2}\right\} \quad (\nu = 0, 1, \ldots, n-1),$$

$$t_\varepsilon(a_n) = \frac{M_{n-1} + m_{n-1}}{2}$$

ここで $M_\nu = \max(f([a_\nu, a_{\nu+1}]))$ と
$m_\nu = \min(f([a_\nu, a_{\nu+1}]))$．次が成り立つ：
任意の $x \in [a, b]$ に対して $|f(x) - t_\varepsilon(x)| < \varepsilon$

連続関数の階段関数による近似

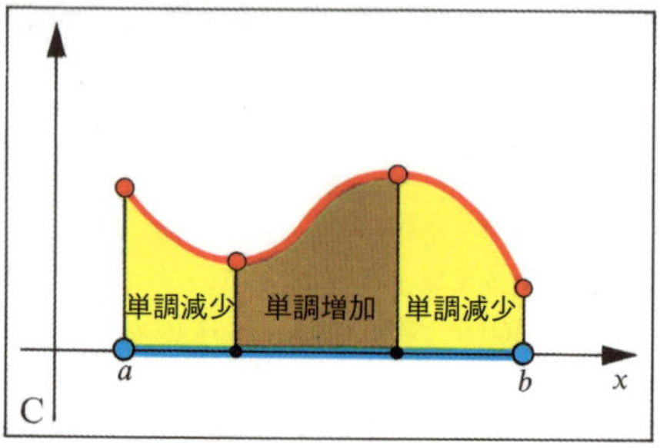

単調関数の分割

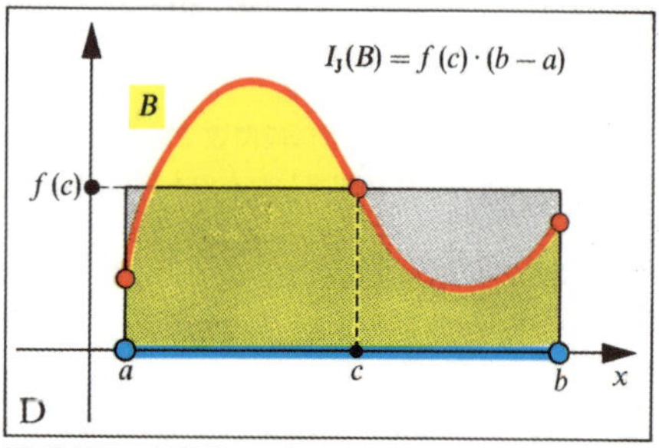

積分学の中間値の定理

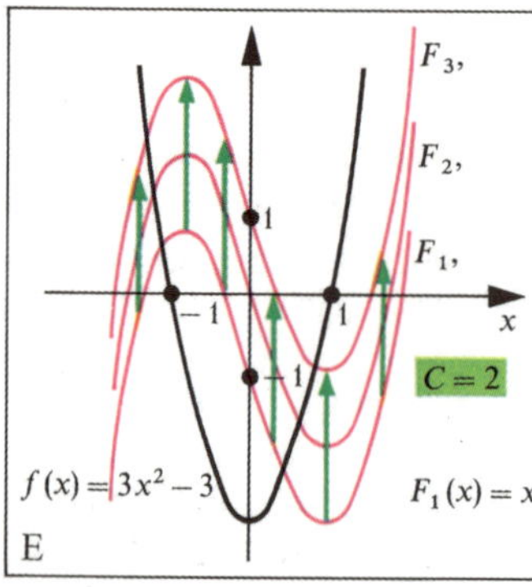

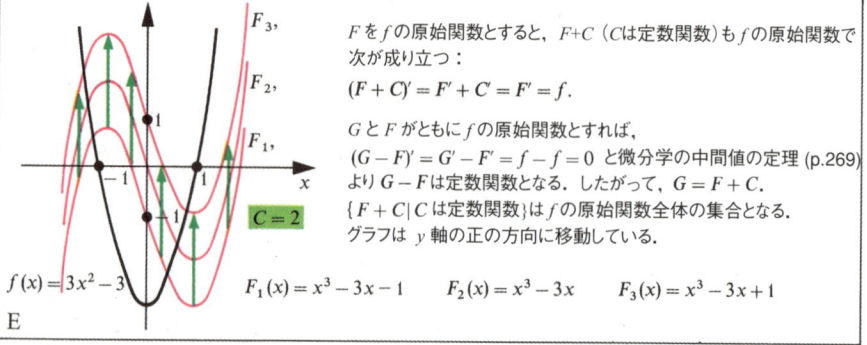

Fをfの原始関数とすると，$F+C$（Cは定数関数）もfの原始関数で次が成り立つ：

$(F+C)' = F' + C' = F' = f$.

GとFがともにfの原始関数とすれば，
$(G-F)' = G' - F' = f - f = 0$ と微分学の中間値の定理 (p.269) より $G - F$は定数関数となる．したがって，$G = F + C$.
$\{F + C \mid C$ は定数関数$\}$はfの原始関数全体の集合となる．
グラフは y 軸の正の方向に移動している．

$F_1(x) = x^3 - 3x - 1$　　$F_2(x) = x^3 - 3x$　　$F_3(x) = x^3 - 3x + 1$

原始関数全体の集合

積分法則

f, g を $[a,b]$ 上定義された R-可積分関数とすると，$f+g$, $f \cdot g$, $c \cdot f$ $(c \in \mathbb{R})$ も同様で，次が成立する：

(R1) $\int_a^b (f+g)(x)\mathrm{d}x = \int_a^b f(x)\mathrm{d}x + \int_a^b g(x)\mathrm{d}x$

(R2) $\int_a^b (c \cdot f)(x)\mathrm{d}x = c \cdot \int_a^b f(x)\mathrm{d}x \ (c \in \mathbb{R})$

(R3) すべての $x \in [a,b]$ に対して，$f(x) \leqq g(x)$ なら
$$\int_a^b f(x)\mathrm{d}x \leqq \int_a^b g(x)\mathrm{d}x$$
が成立（**単調性**）.

(R4) $a \leqq c \leqq b$ のとき
$$\int_a^b f(x)\mathrm{d}x = \int_a^c f(x)\mathrm{d}x + \int_c^b f(x)\mathrm{d}x$$
が成立（**加法性**）.

(R5) m, M をそれぞれ $f([a,b])$ の下界，上界とすると
$$m(b-a) \leqq \int_a^b f(x)\mathrm{d}x \leqq M(b-a)$$

(R6) $\left|\int_a^b f(x)\mathrm{d}x\right| \leqq \int_a^b |f(x)|dx.$

注意　積 $f \cdot g$ の場合，(R1) に対応する法則は存在しない（p.309 の「部分積分」を参照）.

R-可積分関数

リーマンの判定規準 (p.303) により次を得る：

定理 1　(a,b) 上有界な単調関数 $f : [a,b] \to \mathbb{R}$ は R-可積分である（図 A).

単調関数のクラスは R-可積分関数のクラスより小さい．有理整関数を閉区間に制限したもののように，非単調関数でも区分的に単調な関数と考えられるものがある（図 C).

定義 1　$f : [a,b] \to \mathbb{R}$ が**区分的に単調な関数**であるとは，$[a,b]$ のある分割が存在して，f の（開）部分区間への制限が単調となることをいう.

定理 1 と積分法則 (R4) により次が示される.

定理 2　任意の区分的に単調な有界関数 $f : [a,b] \to \mathbb{R}$ は R-可積分である.

これまで見いだした R-可積分関数は必ずしも連続というわけではない．連続関数 $f : [a,b] \to \mathbb{R}$ が与えられたとすると，これは p.261 の定理 15 より，一様連続である．この性質より任意の $\varepsilon \in \mathbb{R}^+$ に対して，ある階段関数 $t_\varepsilon : [a,b] \to \mathbb{R}$ を決めて，すべての $x \in [a,b]$ に対して $|f(x) - t_\varepsilon(x)| < \varepsilon$ となるようにできる．したがって，$[a,b]$ 上の連続関数は階段関数で十分良く近似できる．その R-可積分性は当然予想される．まず，次が示される.

定理 3　関数 $f : [a,b] \to \mathbb{R}$ について，任意の $\varepsilon \in \mathbb{R}^+$ に対して，階段関数 $t_\varepsilon : [a,b] \to \mathbb{R}$ ですべての $x \in [a,b]$ に対して $|f(x) - t_\varepsilon(x)| < \varepsilon$ が成り立つようなものが存在するとき，f は R-可積分である.

定理 3 より次が導かれる.

定理 4　任意の連続関数 $f : [a,b] \to \mathbb{R}$ は R-可積分である.

注意　定理 4 において，f に関する制限を緩めて「有限個の不連続点を持つ」という条件にしても成り立つ．ルベーグ積分の理論 (p.335) によれば，R-可積分関数とは「過度に多くの」不連続点を持たないような有界関数であることが示される．p.302 の図 C の例における不連続点の集合は，個数が「多すぎる」わけである.

積分学における平均値の定理

$f : [a,b] \to \mathbb{R}$ が連続ならば，p.259 定理 10 より値集合の中に，最大値，最小値が存在する．これを，それぞれ k と g で表すと，$f(x_1) = k$, $f(x_2) = g$ となる $x_1, x_2 \in [a,b]$ が存在する．(R5) より $f(x_1) \leqq \frac{1}{b-a}\int_a^b f(x)\mathrm{d}x \leqq f(x_2)$ が得られる．p.259 の定理 9 を用いれば次を得る：

定理 5（平均値の定理）　$f : [a,b] \to \mathbb{R}$ を連続とすれば，$\frac{1}{b-a}\int_a^b f(x)\mathrm{d}x = f(c)$ となる $c \in [a,b]$ が存在する.

積分学の主定理

関数の R-可積分性を示す際，積分そのものを計算する必要はない．計算は階段関数を使えば実行できるが，この手続きは一般には非常に煩雑で，比較的単純な，例えばベキ関数 $f(x) = x^n$ $(n \in \mathbb{N})$ の場合でもそうである．この場合は $\int_a^b x^n\mathrm{d}x = \frac{b^{n+1}}{n+1} - \frac{a^{n+1}}{n+1}$ が得られる．積分を計算するためには，多くの場合，微分と積分の間に成り立つある関係，いわゆる主定理として定式化される関係を利用する.

定義 2　$F : [a,b] \to \mathbb{R}$ が関数 $f : [a,b] \to \mathbb{R}$ の**原始関数**であるとは，$F' = f$ が成り立つことをいう.

定理 6（主定理）　R-可積分関数 $f : [a,b] \to \mathbb{R}$ に原始関数 F が存在すれば
$$\int_a^b f(x)\mathrm{d}x = \int_a^b F'(x)\mathrm{d}x = F(b) - F(a)$$
が成り立つ.

注意　計算上は $F(b) - F(a)$ のかわりに $[F(x)]_a^b$ の記法が便利である.

主定理は，原始関数が存在する場合，積分が**原始関数の点 a, b における関数値の差**として決定されることを主張している．この場合 f に対して，定数を除いてその原始関数を選ぶことができる．なぜなら，f に対する二つの原始関数は定数だけ異なり，差には影響しないからである．積分 $\int_a^b x^n\mathrm{d}x$ $(n \neq -1)$ は，原始関数 $F(x) = \frac{x^{n+1}}{n+1}$ によって，主定理を用いて計算される：
$$\int_a^b x^n\mathrm{d}x = \left[\frac{x^{n+1}}{n+1}\right]_a^b = \frac{b^{n+1}}{n+1} - \frac{a^{n+1}}{n+1}.$$

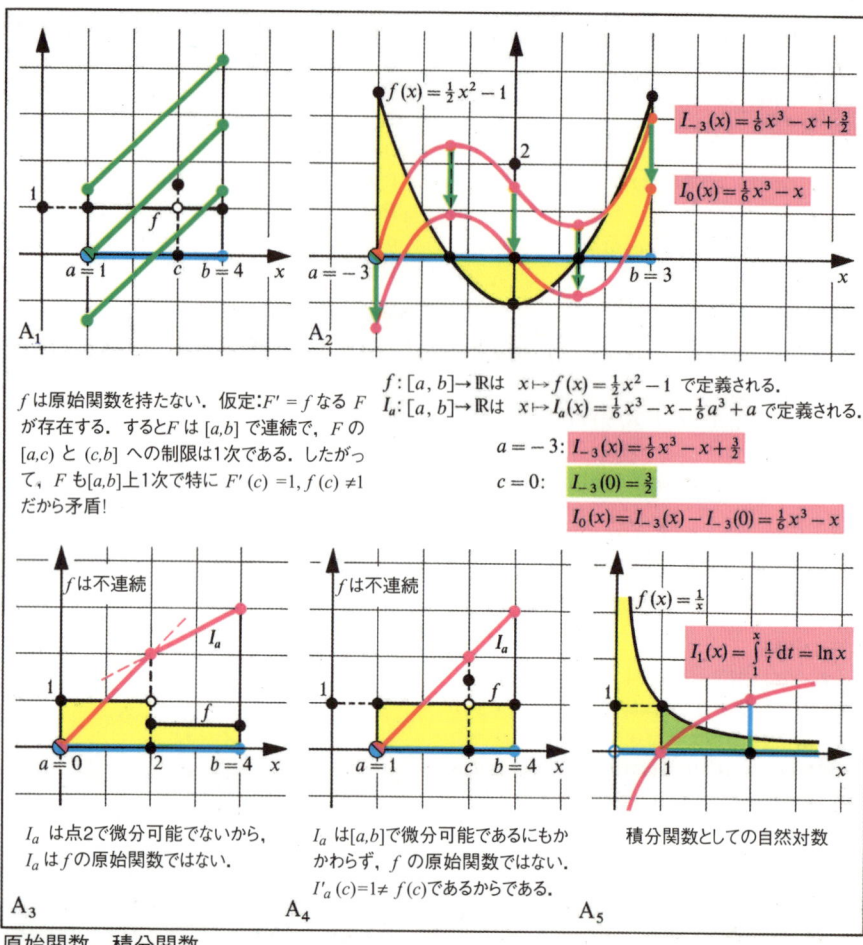

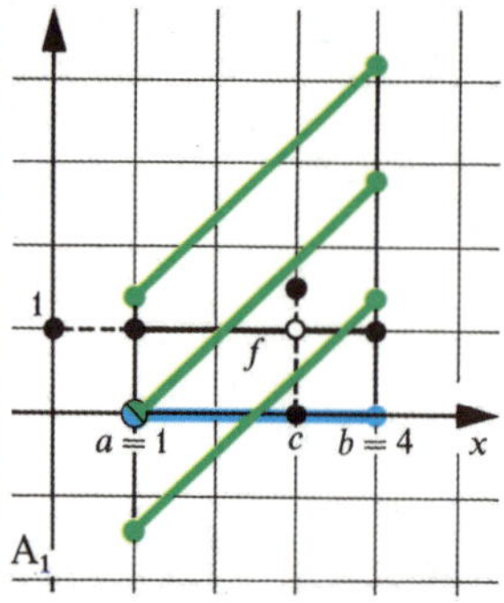

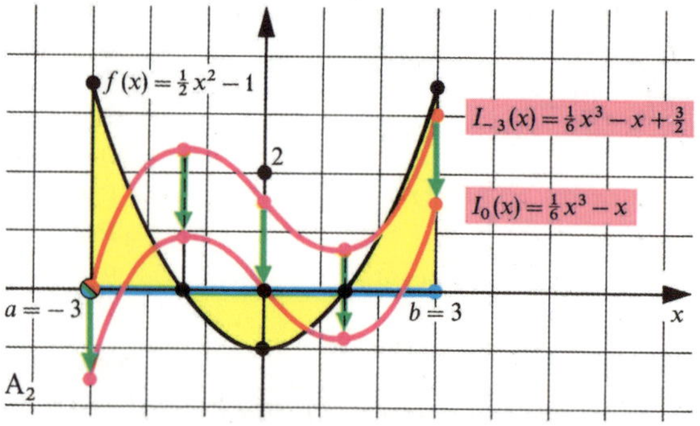

f は原始関数を持たない．仮定:$F'=f$ なる F が存在する．するとF は $[a,b]$ で連続で，F の $[a,c)$ と $(c,b]$ への制限は1次である．したがって，F も$[a,b]$上1次で特に $F'(c)=1, f(c)\neq 1$ だから矛盾!

$f:[a,b]\to\mathbb{R}$は　$x\mapsto f(x)=\frac{1}{2}x^2-1$ で定義される．

$I_a:[a,b]\to\mathbb{R}$は　$x\mapsto I_a(x)=\frac{1}{6}x^3-x-\frac{1}{6}a^3+a$ で定義される．

$a=-3$: $I_{-3}(x)=\frac{1}{6}x^3-x+\frac{3}{2}$

$c=0$: $I_{-3}(0)=\frac{3}{2}$

$I_0(x)=I_{-3}(x)-I_{-3}(0)=\frac{1}{6}x^3-x$

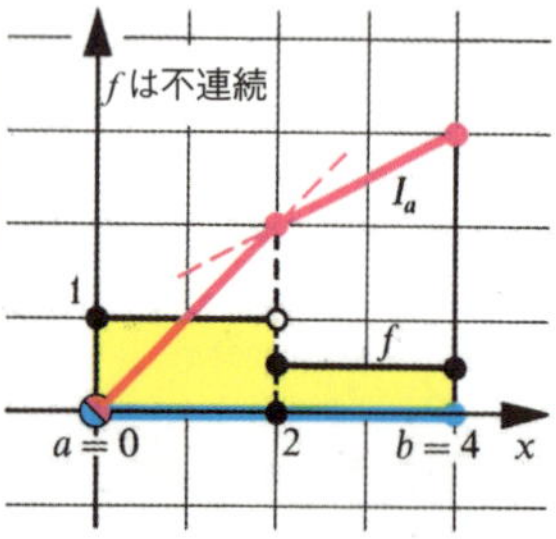

I_a は点2で微分可能でないから，I_a はfの原始関数ではない．

A₃

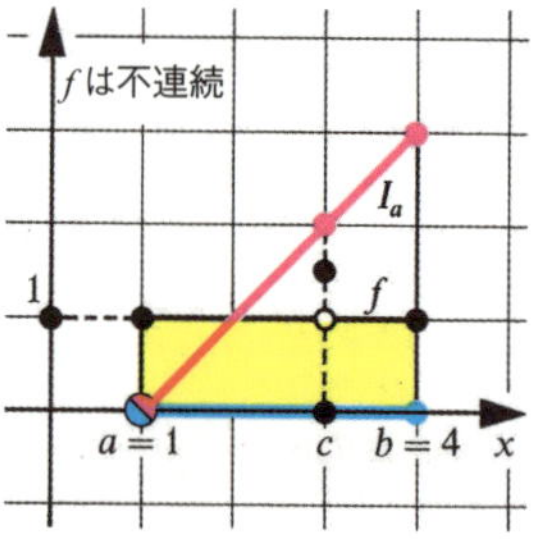

I_a は$[a,b]$で微分可能であるにもかかわらず，f の原始関数ではない．$I'_a(c)=1\neq f(c)$であるからである．

A₄

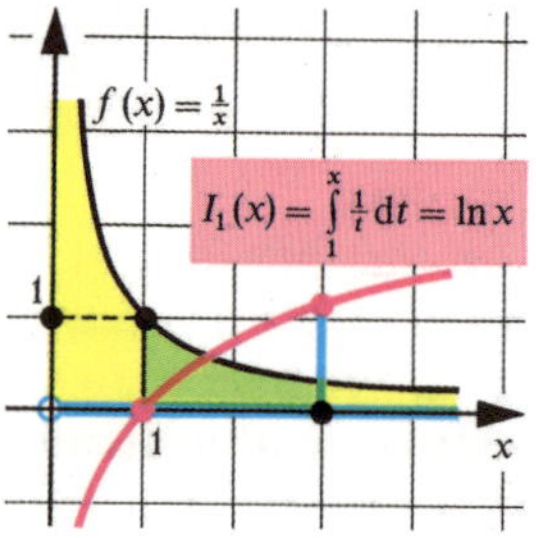

積分関数としての自然対数

A₅

原始関数，積分関数

積分関数の項		原始関数の項	不定積分の記法
← 微分する			
a	$(a\in\mathbb{R})$	ax	$\int a\,dx=ax;\quad \int dx=x$
x^r	$(r\in\mathbb{R}\setminus\{-1\})$	$\frac{1}{r+1}x^{r+1}$	$\int x^r\,dx=\frac{1}{r+1}x^{r+1}$
$\frac{1}{x}\ (0\notin[a,b])$		$\ln\lvert x\rvert$	$\int\frac{1}{x}\,dx=\ln x$
e^x		e^x	$\int e^x\,dx=e^x$
a^x	$(a\in\mathbb{R}^+\setminus\{1\})$	$\frac{1}{\ln a}a^x$	$\int a^x\,dx=\frac{1}{\ln a}a^x$
$\sin x\ (\sinh x)$		$-\cos x\ (\cosh x)$	$\int\sin x\,dx=-\cos x$
$\cos x\ (\cosh x)$		$\sin x\ (\sinh x)$	$\int\cos x\,dx=\sin x$
$\frac{1}{\cos^2 x}\left(\frac{1}{\cosh^2 x}\right)$		$\tan x\ (\tanh x)$	$\int\frac{1}{\cos^2 x}\,dx=\tan x$
$\frac{1}{\sin^2 x}\left(\frac{1}{\sinh^2 x}\right)$		$-\cot x\ (-\coth x)$	$\int\frac{1}{\sin^2 x}\,dx=-\cot x$

B

基本的積分

原始関数の存在

主定理 (p.305) によって $\int_a^b f(x)\mathrm{d}x$ を計算するためには R-可積分関数 f に対する原始関数が存在しなければならない．原始関数を持たないような R-可積分関数が存在することは図 A_1 で示されている．もちろん f に対する原始関数の存在については区間全体での f の連続性が絶対不可欠というわけではない（例は p.266 の図 A の関数の導関数）．f が $[a,b]$ 上連続なら原始関数が存在する．この主張の証明のために，いわゆる積分関数に注目する．

定義 1　$f:[a,b]\to\mathbb{R}$ を R-可積分関数とする．このとき $x\mapsto I_a(x)=\int_a^x f(t)\mathrm{d}t$ で定義される関数 $I_a:[a,b]\to\mathbb{R}$ を f に対する**積分関数**と呼ぶ．

注意　任意の $c\in[a,b]$ に対して $x\mapsto I_c(x)=\int_c^x f(t)\mathrm{d}t$ で定義される積分関数 $I_c:[a,b]\to\mathbb{R}$ が定義できる．$I_c(x)=I_a(x)-I_a(c)$ が成り立つ（図 A_2）．証明には p.305 の法則 (R4) を考慮すればよい．x は，積分の上の境界として現れる積分関数の変数だから，積分の束縛変数として使われるのは機能的でない．しばしば t が束縛変数として用いられる．

p.305 の定理 4 より，連続関数 $f:[a,b]\to\mathbb{R}$ は R-可積分関数で，したがって積分関数 I_a が存在する．それは f に対する原始関数となることが示される．なぜなら，すべての $x\in[a,b]$ に対して

$$I_a'(x)=\frac{\mathrm{d}}{\mathrm{d}x}\int_a^x f(t)\mathrm{d}t=f(x),$$

すなわち $I_a'=f$

が成り立つからである．

次が得られる：

定理　任意の連続関数 $f:[a,b]\to\mathbb{R}$ は原始関数を持つ．

注意　不連続な R-可積分関数 $f:[a,b]\to\mathbb{R}$ もまた積分関数 I_a を持つが，f に対する原始関数とはならない（図 A_3 と図 A_4）．

したがって主定理は連続な被積分関数に対して適用可能となる．積分関数を用いる上記定理の証明は，残念ながら原始関数それ自体に関する情報を与えてはいない．したがって原始関数を見いだすことは，しばしば困難な問題として残る．この問題の解決のために多くの方法が考えだされている．

原始関数の決定の方法

原始関数を得る最も単純な方法は，知られている微分可能な関数を微分しておくことである．出発点の関数は，必ずその導関数の原始関数となっているわけである．この方法により，図 B に挙げられている表が得られる．

適用例　$f(x)=\ln(x)\Rightarrow$(p.281)$\Rightarrow\int_a^b\frac{1}{x}\mathrm{d}x=\ln(b)-\ln(a)$（主定理）

注意　$\ln 1=0$ であるから自然対数の積分関数としての表現を得る：

$$\ln(x)=\int_1^x\frac{1}{t}\mathrm{d}t\ \text{（図 A}_5\text{）}.$$

この方法で例えば有理整関数と三角関数の積分が直接求められるのに対して，有理関数に対しては大きな困難が生じる．原始関数を決定するには，さらにいくつかの方法が必要となる．重要なものとして，部分積分法や置換積分法が挙げられる (p.309)．この手続きの実行は，不定積分の記号によって実用的になる．

不定積分

F を $f:[a,b]\to\mathbb{R}$ に対する一つの原始関数とすれば $\{F+C\mid C:\text{定数関数}\}$ が f に対する原始関数全体の集合となる．したがって f に対する任意の原始関数は $F(x)$ に適当な定数を加えることによって得られる．$\int f(x)\mathrm{d}x:=F(x)$ という記法を用いれば $\int f(x)\mathrm{d}x$ は定数倍を除いて，f に対する原始関数全体の集合を表現する．$\int f(x)\mathrm{d}x$ を f の**不定積分**と呼ぶ．

不定積分のこの特別な記法は，微分と積分の間の関係を明らかにしている．それは次が成り立つからである：

$$\frac{\mathrm{d}}{\mathrm{d}x}\int f(x)\mathrm{d}x=F'(x)=f(x),$$

$$\int f(x)\mathrm{d}x=\int F'(x)\mathrm{d}x=F(x).$$

一方それは積分区間 $[a,b]$ を「付加」することにより，リーマン積分への単純に移行できるという意味でも有用である：

$f:[a,b]\to\mathbb{R}$ を R-可積分で $\int f(x)\mathrm{d}x=F(x)$ とするならば

$$\int_a^b f(x)\mathrm{d}x=[F(x)]_a^b=F(b)-F(a).$$

注意 1　$\int f(x)\mathrm{d}x$ は一つの関数を表すが，$\int_a^b f(x)\mathrm{d}x$ は実数であり，f の $[a,b]$ 上の**定積分**と呼ばれる．

注意 2　不定積分の記法は文献によって不統一であって $\int f(x)\mathrm{d}x=F(x)+C$ という定数をつけ加えた記法も用いられる．

注意 3　不定積分の「計算上」の同値性を考える場合注意しなければならないことがある：$\int f(x)\mathrm{d}x=F_1(x)$ と $\int f(x)\mathrm{d}x=F_2(x)$ から必ずしも $F_1(x)=F_2(x)$ が導かれるわけではなく，$F_1(x)=F_2(x)+C$ となっている．

$\int x\cdot\sin x\,\mathrm{d}x \quad f'(x)=\sin x,\ g(x)=x$

$\int x\cdot\sin x\,\mathrm{d}x = x(-\cos x)-\int(-\cos x)\mathrm{d}x$

A$_1$ $\int x\cdot\sin x\,\mathrm{d}x = -x\cos x+\sin x$

$\int\cos^2 x\,\mathrm{d}x \quad f'(x)=\cos x,\ g(x)=\cos x$

$\int\cos^2 x\,\mathrm{d}x = \sin x\cos x+\int\sin^2 x\,\mathrm{d}x$

$\int\cos^2 x\,\mathrm{d}x = \sin x\cos x+\int(1-\cos^2 x)\mathrm{d}x$

$2\int\cos^2 x\,\mathrm{d}x = \sin x\cos x + x$

A$_2$ $\int\cos^2 x\,\mathrm{d}x = \frac{1}{2}(\sin x\cos x + x)$

$\int t\cdot\sin t^2\,\mathrm{d}t \quad (f\circ\varphi)(t)=\sin t^2,\ \varphi(t)=t^2$

$\varphi'(t)=2t,\ f(x)=\sin x$

$\int t\cdot\sin t^2\,\mathrm{d}t=\frac{1}{2}\int 2t\cdot\sin t^2\,\mathrm{d}t$

$\int t\cdot\sin t^2\,\mathrm{d}t=\frac{1}{2}[\int\sin x\,\mathrm{d}x]_{x=t^2}$

A$_3$ $\int t\cdot\sin t^2\,\mathrm{d}t=-\frac{1}{2}\cos t^2$

$\int\sqrt[3]{x+2}\,\mathrm{d}x \quad \varphi^{-1}(x)=t=\sqrt[3]{x+2},\ \varphi'(t)=3t^2$

$\int\sqrt[3]{x+2}\,\mathrm{d}x=[\int t\cdot 3t^2\,\mathrm{d}t]_{t=\sqrt[3]{x+2}}$

A$_4$ $\int\sqrt[3]{x+2}\,\mathrm{d}x=\frac{3}{4}\cdot\sqrt[3]{(x+2)^4}$

$\int\sqrt{1-x^2}\,\mathrm{d}x \quad \varphi(t)=x=\sin t$

$\int\sqrt{1-x^2}\,\mathrm{d}x=[\int\sqrt{1-\sin^2 t}\cos t\,\mathrm{d}t]_{t=\varphi^{-1}(x)}$

$\int\sqrt{1-x^2}\,\mathrm{d}x=[\int\cos^2 t\,\mathrm{d}t]_{t=\varphi^{-1}(x)}$

A$_5$ $\int\sqrt{1-x^2}\,\mathrm{d}x=\frac{1}{2}x\sqrt{1-x^2}+\frac{1}{2}\arcsin x$

$\int\frac{x}{x^2+1}\mathrm{d}x \quad \varphi(x)=x^2+1,\ \varphi'(x)=2x$

$\int\frac{x}{x^2+1}\mathrm{d}x=\frac{1}{2}\int\frac{2x}{x^2+1}\mathrm{d}x$

A$_6$ $\int\frac{x}{x^2+1}\mathrm{d}x=\frac{1}{2}\ln|x^2+1|$

積分の例

$t=\varphi^{-1}(x)$	$x=\varphi(t)$	$\varphi'(t)$	$t=\varphi^{-1}(x)$	$x=\varphi(t)$	$\varphi'(t)$
$t=ax+b$	$x=\frac{1}{a}(t-b)$	$\frac{1}{a}$	$t=\sqrt{\pm a^2+x^2}$	$x=\sqrt{t^2\mp a^2}$	$\frac{t}{\sqrt{t^2\mp a^2}}$
$t=\sqrt[n]{ax+b}$	$x=\frac{1}{a}(t^n-b)$	$\frac{1}{a}nt^{n-1}$	$t=\sqrt{a^2-x^2}$	$x=\sqrt{a^2-t^2}$	$-\frac{t}{\sqrt{a^2-t^2}}$
$t=a^x$	$x=\frac{1}{\ln a}\ln t$	$\frac{1}{\ln a}\cdot\frac{1}{t}$	$t=\arcsin\frac{x}{a}$	$x=a\sin t$	$a\cos t$
$t=e^x$	$x=\ln t$	$\frac{1}{t}$	$t=\arccos\frac{x}{a}$	$x=a\cos t$	$-a\sin t$
B $t=\ln x$	$x=e^t$	e^t	$t=\arctan\frac{x}{a}$	$x=a\tan t$	$\frac{a}{\cos^2 t}$

慣用の変数変換

定理より，収束区間においてベキ級数は項別積分可能である．それは，この級数が，そこで一様収束するからである．この性質は，積分関数で定義されるような複雑な関数に対して，そのベキ級数展開したとき用いられる．例：

与えられた関数	用いられるベキ級数	項別積分
$\ln(1+x)=\int_0^x\frac{1}{1+t}\mathrm{d}t$ （p. 307参照）	$\frac{1}{1+t}=\sum_{\nu=0}^{\infty}(-1)^\nu t^\nu$, $\lvert t\rvert<1$ （p. 272，図C）	$\ln(1+x)=\sum_{\nu=0}^{\infty}\int_0^x(-1)^\nu t^\nu\mathrm{d}t=\sum_{\nu=1}^{\infty}\frac{(-1)^{\nu+1}}{\nu}x^\nu$, $\lvert x\rvert<1$ （p. 280，図A）
$\arctan x=\int_0^x\frac{1}{1+t^2}\mathrm{d}t$ （p. 281，283参照）	$\frac{1}{1+t^2}=\sum_{\nu=0}^{\infty}(-1)^\nu t^{2\nu}$, $\lvert t\rvert<1$	$\arctan x=\sum_{\nu=0}^{\infty}\int_0^x(-1)^\nu t^{2\nu}\mathrm{d}t=\sum_{\nu=0}^{\infty}\frac{(-1)^\nu}{2\nu+1}x^{2\nu+1}$, $\lvert x\rvert<1$ （p. 280，図D）
$\int\frac{\sin x}{x}\mathrm{d}x=\int_0^x\frac{\sin t}{t}\mathrm{d}t$ （正弦関数に関した積分）	$\sin t=\sum_{\nu=0}^{\infty}\frac{(-1)^\nu}{(2\nu+1)!}t^{2\nu+1}$ （p. 280，図D） $\frac{\sin t}{t}=\sum_{\nu=0}^{\infty}\frac{(-1)^\nu}{(2\nu+1)!}t^{2\nu}$, $t\in\mathbb{R}\setminus\{0\}$, $\lim_{t\to 0}\frac{\sin t}{t}=1$	$\int\frac{\sin x}{x}\mathrm{d}x=\sum_{\nu=0}^{\infty}\int_0^x\frac{(-1)^\nu}{(2\nu+1)!}t^{2\nu}\mathrm{d}t$ $=\sum_{\nu=0}^{\infty}\frac{(-1)^\nu}{(2\nu+1)\cdot(2\nu+1)!}x^{2\nu+1}$, $x\in\mathbb{R}$
$\int e^{-x^2}\mathrm{d}x=\int_0^x e^{-t^2}\mathrm{d}t$ C	$e^t=\sum_{\nu=0}^{\infty}\frac{1}{\nu!}t^\nu$ （p. 280，図A） $e^{-t^2}=\sum_{\nu=0}^{\infty}\frac{(-1)^\nu}{\nu!}t^{2\nu}$, $t\in\mathbb{R}$	$\int e^{-x^2}\mathrm{d}x=\sum_{\nu=0}^{\infty}\int_0^x\frac{(-1)^\nu}{\nu!}t^{2\nu}\mathrm{d}t$ $=\sum_{\nu=0}^{\infty}\frac{(-1)^\nu}{(2\nu+1)\cdot\nu!}x^{2\nu+1}$, $x\in\mathbb{R}$

項別積分の例

積分の手法

不定積分の「計算」のためには次の三つの計算法則が基本的で，これらは微分学の対応する計算法則より簡単に確かめられる：

(U1) $\int (f+g)(x)\mathrm{d}x = \int f(x)\mathrm{d}x + \int g(x)\mathrm{d}x,$

(U2) $\int (cf)(x)\mathrm{d}x = c \cdot \int f(x)\mathrm{d}x \quad (c \in \mathbb{R}),$

(U3) $\int f'(x)\mathrm{d}x = f(x)$

積関数 $f \cdot g$ については (U1) に対応する法則は成立しない．これについては，連続微分可能な関数 f と g に対して，微分学の積法則 (p.265) と法則 (U1), (U3) を用いることにより

$$\int (f(x) \cdot g(x))'\mathrm{d}x = f(x) \cdot g(x)$$

すなわち

$$\int f'(x) \cdot g(x)\mathrm{d}x + \int f(x) \cdot g'(x)\mathrm{d}x = f(x) \cdot g(x)$$

が得られる．これより**部分積分の法則**が得られる：

(U4) $\int f'(x) \cdot g(x)\mathrm{d}x = f(x) \cdot g(x) - \int f(x) \cdot g'(x)\mathrm{d}x.$

この法則は，関数が積の形で一方の因子の原始関数が既知である場合にうまく機能する．もちろんこの法則から積に関する原始関数が直接導かれるわけではなく，それが問題となる．

例　図 A_1，図 A_2．

微分学の**鎖法則** (p.267) を用いることにより，さらに別の積分の手法が得られる．$f : [a, b] \to \mathbb{R}$ を $x \mapsto f(x)$ で定義される連続関数，$\varphi : [c, d] \to W_\varphi$ ($W_\varphi \subset \mathbb{R}$) を $t \mapsto \varphi(t)$ で定義される連続微分可能な関数で合成 $f \circ \varphi : [c, d] \to \mathbb{R}$ が存在するものとすると，f の原始関数 F に対して合成 $F \circ \varphi : [c, d] \to \mathbb{R}$ も存在する．鎖法則によれば，$F \circ \varphi$ は $(F' \circ \varphi) \cdot \varphi'$ に対する，すなわち $(f \circ \varphi) \cdot \varphi'$ に対する原始関数となっている．この事実は不定積分を解くために 2 通りに用いられる．

(a) 上に述べた条件をみたす f と φ に対して $(f \circ \varphi) \cdot \varphi'$ の形の被積分関数が与えられたものとする．まず $\int f(x)\mathrm{d}x$ を解いて F を求め，その後合成 $F \circ \varphi$ を作る．このプロセスを記号的に $\left[\int f(x)\mathrm{d}x\right]_{x=\varphi(t)}$ で表すことにする．次の法則が得られる：

(U5) $\int (f \circ \varphi)(t) \cdot \varphi'(t)\mathrm{d}t = \left[\int f(x)\mathrm{d}x\right]_{x=\varphi(t)}.$

これは特に，積の形の関数に有効に使われる．

(b) 連続な被積分関数 $f : [a, b] \to \mathbb{R}$ が与えられたものとする．φ を上で述べた性質を持つ関数で**付加的条件** $\varphi'(x) > 0$ あるいは $\varphi'(x) < 0$ をみたすものとする．$(f \circ \varphi) \cdot \varphi'$ を考えると，$F \circ \varphi$ はこの関数の一つの原始関数を与え，$\int (f \circ \varphi)(t) \cdot \varphi'(t)\mathrm{d}t$ の解となっている．$F \circ \varphi \circ \varphi^{-1}$ を作れば f に対する原始関数 F が得られる．このプロセスを記号的に $\left[\int (f \circ \varphi)(t) \cdot \varphi'(t)\mathrm{d}t\right]_{t=\varphi^{-1}(x)}$ で表すことにする．すると法則は

(U6) $\int f(x)\mathrm{d}x = \left[\int (f \circ \varphi)(t) \cdot \varphi'(t)\mathrm{d}t\right]_{t=\varphi^{-1}(x)}$

と表されて**置換積分法**と呼ばれる．それは，x を $\varphi(t)$ で，$\mathrm{d}x$ を $\varphi'(t)\mathrm{d}t$ で，最後に積分において t を $\varphi^{-1}(x)$ で**置き換えて**得られるからである．

例　図 A_4，図 A_5．

置換法を有効にするためには，φ の取り方が重要で，よく使われるものが図 B で与えられている．特に $\frac{\varphi'}{\varphi}$ の形の商関数については次の法則が得られる：

(U7) $\int \frac{\varphi'(x)}{\varphi(x)}\mathrm{d}x = \ln|\varphi(x)|.$

例　図 A_6．

ここで導入された法則により，例えばすべての有理関数が積分でき（p.277，部分分数分解），非有理関数も多くの場合，積分が実行できる．重要な不定積分が p.310–311 の表で与えられている．

級数の積分

長短軸が a, b である楕円の周長（p.318，図 C）は，楕円積分 $4a \cdot \int_0^{\frac{\pi}{2}} \sqrt{1 - \varepsilon^2 \cos^2 t}\,\mathrm{d}t$ によって計算される．ただし，ここで $\varepsilon = \sqrt{1 - (b/a)^2}$．これは，原始関数が閉じた形では与えられないので，主定理では扱えない．そこで，$\sqrt{1-x}$ ($x := \varepsilon^2 \cos^2 t$, $|x| < 1$) をベキ級数として展開する (p.272, 図 C)．もしそこで積分と和が交換可能なら，その各項を定積分して計算が可能である．そこで，その交換が可能（項別積分可能）かどうか，すなわち

$$\int_a^b \left(\sum_{\nu=0}^{\infty} f_\nu(x)\right)\mathrm{d}x = \sum_{\nu=0}^{\infty} \int_a^b f_\nu(x)\mathrm{d}x$$

が成り立つかどうかという問題が発生する．一般に**項別積分**の問題は次のように定式化される：$\{f_n\}$ を $[a, b]$ 上 R-可積分な関数の列とする．さらに対応する級数 $\sum_{\nu=0}^{\infty} f_\nu$ が $f : [a, b] \to \mathbb{R}$ に収束するものとする．問題は $\int_a^b (\sum_{\nu=0}^{\infty} f_\nu(x))\mathrm{d}x$ が収束して，$\sum_{\nu=0}^{\infty} \int_a^b f(x)\mathrm{d}x$ がこの積分に収束するかというものである．一般には成立しないが，次が成り立つ：

定理　R-可積分関数 $f_\nu : [a, b] \to \mathbb{R}$ から作られる級数 $\sum_{\nu=0}^{\infty} f_\nu$ が一様に収束すれば (p.261),

$$\int_a^b \left(\sum_{\nu=0}^{\infty} f_\nu(x)\right)\mathrm{d}x = \sum_{\nu=0}^{\infty} \int_a^b f_\nu(x)\mathrm{d}x$$

である．

応用例　図 C．

A

① $\int (ax+b)^n \mathrm{d}x = \dfrac{1}{a(n+1)}(ax+b)^{n+1} \quad (n \in \mathbb{Z} \setminus \{-1\})$

② $\int \dfrac{1}{ax+b}\mathrm{d}x = \dfrac{1}{a}\ln|ax+b|$

③ $\int \dfrac{1}{ax^2+bx+c}\mathrm{d}x = \begin{cases} \dfrac{2}{\sqrt{-D}}\arctan\dfrac{2ax+b}{\sqrt{-D}} & D<0 \text{ のとき} \\ -\dfrac{2}{2ax+b} & D=0 \text{ のとき} \\ \dfrac{1}{\sqrt{D}}\ln\left|\dfrac{2ax+b-\sqrt{D}}{2ax+b+\sqrt{D}}\right| = \dfrac{2}{\sqrt{D}}\operatorname{artanh}\dfrac{2ax+b}{\sqrt{D}} & D>0 \text{ のとき} \end{cases}$ $\quad (D := b^2-4ac)$

④ $\int \dfrac{x}{ax^2+bx+c}\mathrm{d}x = \dfrac{1}{2a}\ln|ax^2+bx+c| - \dfrac{b}{2a}\int \dfrac{1}{ax^2+bx+c}\mathrm{d}x$

⑤ $\int \dfrac{1}{(ax^2+bx+c)^n}\mathrm{d}x = \dfrac{2ax+b}{(-D)(n-1)(ax^2+bx+c)^{n-1}} + \dfrac{2a(2n-3)}{(-D)(n-1)}\int \dfrac{1}{(ax^2+bx+c)^{n-1}}\mathrm{d}x$
$(n \in \mathbb{N}\setminus\{0,1\},\ D<0)$

⑥ $\int \dfrac{x}{(ax^2+bx+c)^n}\mathrm{d}x = \dfrac{bx+2c}{D(n-1)(ax^2+bx+c)^{n-1}} + \dfrac{b(2n-3)}{D(n-1)}\int \dfrac{1}{(ax^2+bx+c)^{n-1}}\mathrm{d}x$
$(n \in \mathbb{N}\setminus\{0,1\},\ D<0)$

有理関数の不定積分 $(a \neq 0)$

B

⑦ $\int (ax+b)^r \mathrm{d}x = \dfrac{1}{a(r+1)}(ax+b)^{r+1} \quad (r \neq -1)$

⑧ $\int \dfrac{1}{\sqrt{ax^2+bx+c}}\mathrm{d}x$
$= \dfrac{1}{\sqrt{a}}\ln\left|2\sqrt{a(ax^2+bx+c)}+2ax+b\right| = \begin{cases} \dfrac{1}{\sqrt{a}}\operatorname{arsinh}\dfrac{2ax+b}{\sqrt{-D}} & D<0,\ a>0 \text{ のとき,} \\ \dfrac{1}{\sqrt{a}}\ln|2ax+b| & D=0,\ a>0 \text{ のとき,} \\ -\dfrac{1}{\sqrt{-a}}\arcsin\dfrac{2ax+b}{\sqrt{D}} & D>0,\ a<0 \text{ のとき.} \end{cases}$

⑨ $\int \dfrac{a_0+a_1x+\cdots+a_nx^n}{\sqrt{ax^2+bx+c}}\mathrm{d}x = (b_0+b_1x+\cdots+b_{n-1}x^{n-1})\sqrt{ax^2+bx+c} + b_n\int \dfrac{1}{\sqrt{ax^2+bx+c}}\mathrm{d}x.$

具体的な場合，与えられた $a_0, a_1, \ldots, a_n$ に対して等式

$$\frac{a_0+a_1x+\cdots+a_nx^n}{\sqrt{ax^2+bx+c}} = \frac{\mathrm{d}}{\mathrm{d}x}\left[(b_0+b_1x+\cdots+b_{n-1}x^{n-1})\sqrt{ax^2+bx+c}\right] + \frac{b_n}{\sqrt{ax^2+bx+c}}$$

が成立するよう係数比較により $b_0, b_1, \ldots, b_n$ を決定する．

⑩ $\int \sqrt{ax^2+bx+c}\,\mathrm{d}x = \dfrac{2ax+b}{4a}\sqrt{ax^2+bx+c} - \dfrac{D}{8a}\int \dfrac{1}{\sqrt{ax^2+bx+c}}\mathrm{d}x$

⑪ $\int \dfrac{x}{\sqrt{ax^2+bx+c}}\mathrm{d}x = \dfrac{\sqrt{ax^2+bx+c}}{a} - \dfrac{b}{2a}\int \dfrac{1}{\sqrt{ax^2+bx+c}}\mathrm{d}x$

⑫ $\int \dfrac{1}{\sqrt{a^2-x^2}}\mathrm{d}x = \arcsin\dfrac{x}{a}$

⑬ $\int \sqrt{a^2-x^2}\,\mathrm{d}x = \dfrac{x}{2}\sqrt{a^2-x^2} + \dfrac{a^2}{2}\arcsin\dfrac{x}{a}$

⑭ $\int \dfrac{1}{\sqrt{a^2+x^2}}\mathrm{d}x = \operatorname{arsinh}\dfrac{x}{a}$

⑮ $\int \sqrt{a^2+x^2}\,\mathrm{d}x = \dfrac{x}{2}\sqrt{a^2+x^2} + \dfrac{a^2}{2}\operatorname{arsinh}\dfrac{x}{a}$

⑯ $\int \dfrac{1}{\sqrt{x^2-a^2}}\mathrm{d}x = \operatorname{arcosh}\dfrac{x}{a}$

⑰ $\int \sqrt{x^2-a^2}\,\mathrm{d}x = \dfrac{x}{2}\sqrt{x^2-a^2} - \dfrac{a^2}{2}\operatorname{arcosh}\dfrac{x}{a}$

⑱ $\int x\sqrt{a^2 \pm x^2}\,\mathrm{d}x = \pm\dfrac{1}{3}\sqrt{(a^2 \pm x^2)^3}$

⑲ $\int \dfrac{1}{x}\sqrt{a^2 \pm x^2}\,\mathrm{d}x = \sqrt{a^2 \pm x^2} - a\ln\left|\dfrac{1}{x}\left(a+\sqrt{a^2 \pm x^2}\right)\right|$

⑳ $\int x\sqrt{x^2-a^2}\,\mathrm{d}x = \dfrac{1}{3}\sqrt{(x^2-a^2)^3}$

㉑ $\int \dfrac{1}{x}\sqrt{x^2-a^2}\,\mathrm{d}x = \sqrt{x^2-a^2} - a\arccos\dfrac{a}{x}$

㉒ $\int \dfrac{x}{\sqrt{a^2-x^2}}\mathrm{d}x = -\sqrt{a^2-x^2}$

㉓ $\int \dfrac{x^2}{\sqrt{a^2-x^2}}\mathrm{d}x = -\dfrac{x}{2}\sqrt{a^2-x^2} + \dfrac{a^2}{2}\arcsin\dfrac{x}{a}$

㉔ $\int \dfrac{x}{\sqrt{a^2+x^2}}\mathrm{d}x = \sqrt{a^2+x^2}$

㉕ $\int \dfrac{x^2}{\sqrt{a^2+x^2}}\mathrm{d}x = \dfrac{x}{2}\sqrt{a^2+x^2} - \dfrac{a^2}{2}\operatorname{arsinh}\dfrac{x}{a}$

㉖ $\int \dfrac{x}{\sqrt{x^2-a^2}}\mathrm{d}x = \sqrt{x^2-a^2}$

㉗ $\int \dfrac{x^2}{\sqrt{x^2-a^2}}\mathrm{d}x = \dfrac{x}{2}\sqrt{x^2-a^2} + \dfrac{a^2}{2}\operatorname{arcosh}\dfrac{x}{a}$

特殊な代数関数の不定積分 $(a \neq 0)$

① $\int e^{ax}dx = \frac{1}{a}e^{ax}$

② $\int \frac{e^{ax}}{x}dx = \ln|x| + \sum_{\nu=1}^{\infty}\frac{(ax)^\nu}{\nu\cdot\nu!}$

*③ $\int x^n e^{ax}dx = \frac{1}{a}x^n e^{ax} - \frac{n}{a}\int x^{n-1}e^{ax}dx \quad (n\in\mathbb{Z}\backslash\{-1\})$

④ $\int g(x)\cdot e^{ax}dx = \frac{1}{a}g(x)e^{ax} - \frac{1}{a}\int g'(x)e^{ax}dx$ （g 有理整関数）

⑤ $\int \ln x\,dx = x\ln x - x \quad (x>0)$

⑥ $\int \frac{1}{\ln x}dx = \ln|\ln x| + \sum_{\nu=1}^{\infty}\frac{(\ln x)^\nu}{\nu\cdot\nu!} \quad (x>0)$

⑦ $\int \frac{1}{x\ln x}dx = \ln|\ln x| \quad (x>0)$

⑧ $\int \frac{(\ln x)^n}{x}dx = \frac{1}{n+1}(\ln x)^{n+1} \quad (n\in\mathbb{Z}\backslash\{-1\},\ x>0)$

⑨ $\int \frac{x^m}{\ln x}dx = \ln|\ln x| + \sum_{\nu=1}^{\infty}\frac{(m+1)^\nu(\ln x)^\nu}{\nu\cdot\nu!} \quad (m\in\mathbb{Z}\backslash\{-1\},\ x>0)$

⑩ $\int x^m(\ln x)^n dx = \frac{x^{m+1}(\ln x)^n}{m+1} - \frac{n}{m+1}\int x^m(\ln x)^{n-1}dx \quad (m,n\in\mathbb{Z}\backslash\{-1\},\ x>0)$

⑪ $\int e^{ax}\ln x\,dx = \frac{1}{a}e^{ax}\ln|x| - \frac{1}{a}\int\frac{e^{ax}}{x}dx$

⑫ $\int \sin ax\,dx = -\frac{1}{a}\cos ax$

⑬ $\int \cos ax\,dx = \frac{1}{a}\sin ax$

⑭ $\int \tan ax\,dx = -\frac{1}{a}\ln|\cos ax|$

⑮ $\int \cot ax\,dx = \frac{1}{a}\ln|\sin ax|$

⑯ $\int \frac{1}{\sin ax}dx = \frac{1}{a}\ln\left|\tan\frac{ax}{2}\right|$

⑰ $\int \frac{1}{\cos ax}dx = \frac{1}{a}\ln\left|\tan\left(\frac{ax}{2}-\frac{\pi}{4}\right)\right|$

*⑱ $\int \sin^n ax\,dx = -\frac{1}{na}\sin^{n-1}ax\cos ax + \frac{n-1}{n}\int\sin^{n-2}ax\,dx \quad (n\in\mathbb{Z}\backslash\{0,-1\})$

*⑲ $\int \cos^n ax\,dx = \frac{1}{na}\cos^{n-1}ax\sin ax + \frac{n-1}{n}\int\cos^{n-2}ax\,dx \quad (n\in\mathbb{Z}\backslash\{0,-1\})$

⑳ $\int \tan^n ax\,dx = \frac{1}{a(n-1)}\tan^{n-1}ax - \int\tan^{n-2}ax\,dx \quad (n\in\mathbb{N}\backslash\{0,1\})$

㉑ $\int \cot^n ax\,dx = -\frac{1}{a(n-1)}\cot^{n-1}ax - \int\cot^{n-2}ax\,dx \quad (n\in\mathbb{N}\backslash\{0,1\})$

＊ベキ指数が負の場合は，右辺にある積分を左辺に持ってきた形で計算をする.

㉒ $\int \frac{\sin ax}{x}dx = \sum_{\nu=0}^{\infty}(-1)^\nu\frac{(ax)^{2\nu+1}}{(2\nu+1)(2\nu+1)!}$

㉓ $\int \frac{\cos ax}{x}dx = \ln|ax| + \sum_{\nu=1}^{\infty}(-1)^\nu\frac{(ax)^{2\nu}}{2\nu(2\nu)!}$

*㉔ $\int x^n\sin ax\,dx = -\frac{1}{a}x^n\cos ax + \frac{n}{a}\int x^{n-1}\cos ax\,dx \quad (n\in\mathbb{Z}\backslash\{-1\})$

*㉕ $\int x^n\cos ax\,dx = \frac{1}{a}x^n\sin ax - \frac{n}{a}\int x^{n-1}\sin ax\,dx \quad (n\in\mathbb{Z}\backslash\{-1\})$

㉖ $\int \frac{1}{1+\sin ax}dx = \frac{1}{a}\tan\left(\frac{ax}{2}-\frac{\pi}{4}\right)$

㉗ $\int \frac{1}{1-\sin ax}dx = \frac{1}{a}\tan\left(\frac{ax}{2}+\frac{\pi}{4}\right)$

㉘ $\int \frac{1}{1+\cos ax}dx = \frac{1}{a}\tan\frac{ax}{2}$

㉙ $\int \frac{1}{1-\cos ax}dx = -\frac{1}{a}\cot\frac{ax}{2}$

㉚ $\int \sinh ax\,dx = \frac{1}{a}\cosh ax$

㉛ $\int \cosh ax\,dx = \frac{1}{a}\sinh ax$

㉜ $\int \tanh ax\,dx = \frac{1}{a}\ln|\cosh ax|$

㉝ $\int \coth ax\,dx = \frac{1}{a}\ln|\sinh ax|$

㉞ $\int \arcsin\frac{x}{a}dx = x\arcsin\frac{x}{a} + \sqrt{a^2-x^2}$

㉟ $\int \arccos\frac{x}{a}dx = x\arccos\frac{x}{a} - \sqrt{a^2-x^2}$

㊱ $\int \arctan\frac{x}{a}dx = x\arctan\frac{x}{a} - \frac{a}{2}\ln(x^2+a^2)$

㊲ $\int \mathrm{arccot}\frac{x}{a}dx = x\,\mathrm{arccot}\frac{x}{a} + \frac{a}{2}\ln(x^2+a^2)$

㊳ $\int \mathrm{arsinh}\frac{x}{a}dx = x\,\mathrm{arsinh}\frac{x}{a} - \sqrt{x^2+a^2}$

㊴ $\int \mathrm{arcosh}\frac{x}{a}dx = x\,\mathrm{arcosh}\frac{x}{a} - \sqrt{x^2-a^2}$

㊵ $\int \mathrm{artanh}\frac{x}{a}dx = x\,\mathrm{artanh}\frac{x}{a} + \frac{a}{2}\ln(a^2-x^2)$

㊶ $\int \mathrm{arcoth}\frac{x}{a}dx = x\,\mathrm{arcoth}\frac{x}{a} + \frac{a}{2}\ln(x^2-a^2)$

特殊な超越関数の不定積分

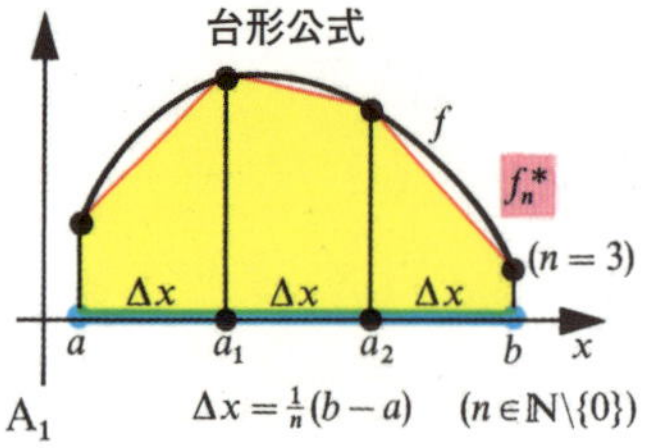

$$\int_a^b f_n^*(x)\,\mathrm{d}x = \frac{b-a}{n}\left[\tfrac{1}{2}f(a) + f(a_1) + \cdots + f(a_{n-1}) + \tfrac{1}{2}f(b)\right]$$

精密度：$|R_n| := \left|\int_a^b f(x)\,\mathrm{d}x - \int_a^b f_n^*(x)\,\mathrm{d}x\right| \leqq \dfrac{3M(b-a)^3}{4n^2}$

($M := \max\{|f''(x)|\mid x\in[a,b]\}$, f は2回連続微分可能)

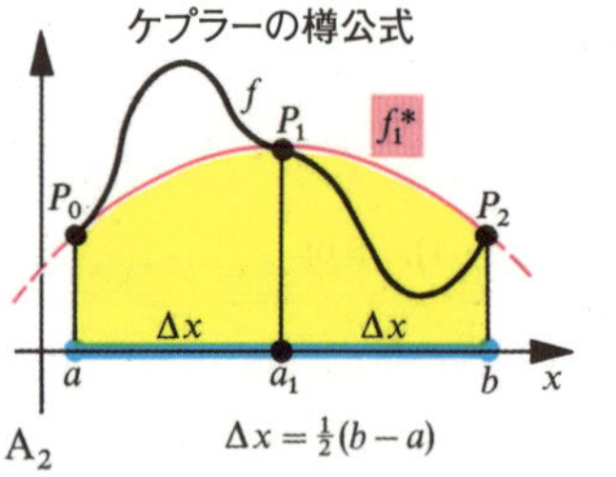

3点 P_0, P_1, P_2 を通る放物線が定まる．次が成り立つ：

$$\int_a^b f_1^*(x)\,\mathrm{d}x = \frac{b-a}{6}\left[f(a) + 4f(a_1) + f(b)\right]$$

精密度：$|R_1| := \left|\int_a^b f(x)\,\mathrm{d}x - \int_a^b f_1^*(x)\,\mathrm{d}x\right| \leqq \dfrac{M(b-a)^5}{2880}$

($M := \max\{|f^{(4)}(x)|\mid x\in[a,b]\}$, f は高次微分可能)

高々3次の有理整関数に対しては $R_1 = 0$ である．他の関数についてはケプラーの樽公式を繰り返し用いるシンプソンの公式がより精密である：

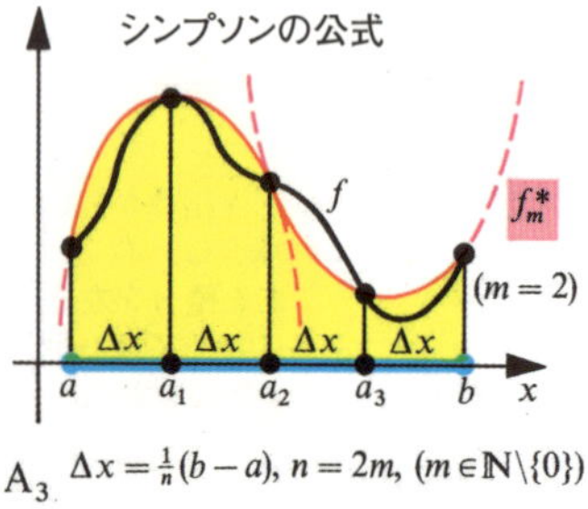

$$\int_a^b f_m^*(x)\,\mathrm{d}x = \frac{b-a}{6m}\left[f(a) + 4f(a_1) + 2f(a_2) + \cdots + 4f(a_{2m-3}) + 2f(a_{m-2}) + 4f(a_{m-1}) + f(b)\right]$$

精密度：$|R_m| := \left|\int_a^b f(x)\,\mathrm{d}x - \int_a^b f_m^*(x)\,\mathrm{d}x\right| \leqq \dfrac{M(b-a)^5}{2880(2m)^4}$

($M := \max\{|f^{(4)}(x)|\mid x\in[a,b]\}$, f は高次微分可能)

近似手続

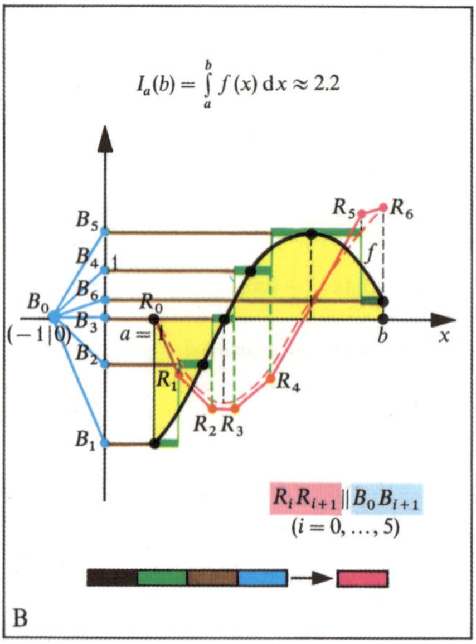

グラフによる積分計算

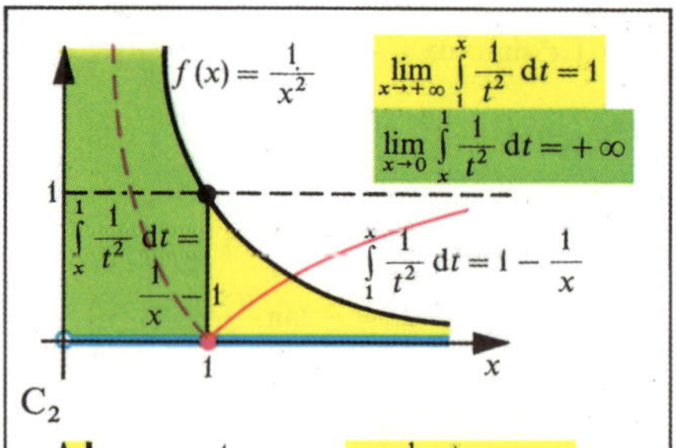

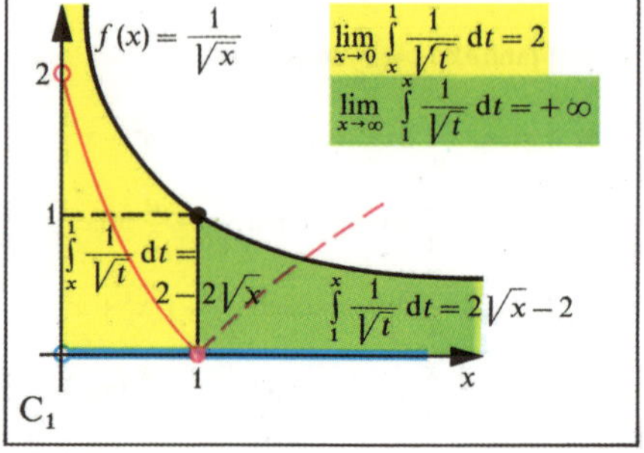

広義積分

近似方法

積分を計算する際，実際上は近似的に計算すれば十分な場合がある．このために**数値計算的方法**（電子計算機），**道具を使う方法**（プラニメーター，積分計算機），**グラフを使う方法**が用いられる．数値計算的方法（例えば図 A による）では，積分される関数の有限個の関数値を知ることが必要となる．その精度を上げるためには用いる関数の個数を増やせばよい．

図 B では**グラフによる積分の方法**がどう実行されるかが証明されている．これにより積分関数 I_a のグラフを近似的に描くことができる．まず f のグラフを，いくつかの点で分割する（そのとき，零点や極値を取る点も考慮にいれる!）．さらに図のように階段関数のグラフを描き，点 $B_0, B_1, \ldots$ に対して，条件 $R_iR_{i+1} /\!/ B_0B_{i+1}$ をみたすように $R_1, R_2, \ldots$ を決めて結べばよい．

広義積分

リーマン積分 (p.303) は**閉**区間 $[a,b]$ 上で定義された有界関数のみに限定されていた．したがって，例えば $\int_0^1 \frac{1}{\sqrt{x}}\mathrm{d}x$ のような記法は意味を持たない．ところで，すべての $x \in (0,1]$ に対して積分 $\int_x^1 \frac{1}{\sqrt{t}}\mathrm{d}t$ は存在しているので $(0,1]$ 上の関数 $\int_x^1 \frac{1}{\sqrt{t}}\mathrm{d}t$ が定義され，さらに極限 $\lim\limits_{x\to 0}\int_x^1 \frac{1}{\sqrt{t}}\mathrm{d}t$ も存在している（図 C_1）．この極限値を $(0,1]$ 上の**広義積分**（**無限積分**）といい，$\int_0^1 \frac{1}{\sqrt{x}}\mathrm{d}x$ で表すことにする．

対応して，極限値が存在する $\lim\limits_{x\to+\infty}\int_1^x \frac{1}{t^2}\mathrm{d}t$ は $\int_1^{+\infty}\frac{1}{x^2}\mathrm{d}x$ で表される（図 C_2）．一方

$$\lim_{x\to+\infty}\int_1^x \frac{1}{\sqrt{t}}\mathrm{d}t = +\infty,\ \lim_{x\to 0}\int_x^1 \frac{1}{t^2}\mathrm{d}t = +\infty$$

となる．これを $\int_1^{+\infty}\frac{1}{\sqrt{x}}\mathrm{d}x$ と $\int_0^1 \frac{1}{x^2}\mathrm{d}x$ は**定義されない**といい，$\int_1^{+\infty}\frac{1}{\sqrt{x}}\mathrm{d}x = +\infty$，$\int_0^1 \frac{1}{x^2}\mathrm{d}x = +\infty$ と表示される．

注意　非有界点集合に対する**ジョルダン面積概念**の拡張は，縦座標集合を上記の意味で積分したものとして解釈される．

半開区間上定義された関数については，次のように定義される：

定義 1　$f : [a,b) \to \mathbb{R}$ が与えられたものとする．すべての $x \in [a,b)$ に対して $\int_a^x f(t)\mathrm{d}t$ と $\lim\limits_{x\to b}\int_a^x f(t)\mathrm{d}t$ が存在するとき，この極限値を f の $[a,b)$ **上の広義積分**と呼ぶ．

$$(1)\quad \int_a^b f(x)\mathrm{d}x := \lim_{x\to b}\int_a^x f(t)\mathrm{d}t.$$

同様にして，$f : (a,b] \to \mathbb{R}$ の場合，f の $(a,b]$ **上の広義積分**は

$$(2)\quad \int_a^b f(x)\mathrm{d}x := \lim_{x\to a}\int_x^b f(t)\mathrm{d}t$$

で定義される．(1) において b を $+\infty$，(2) において a を $-\infty$ に置き換えて，$\int_a^{+\infty} f(x)\mathrm{d}x$ や $\int_{-\infty}^b f(x)\mathrm{d}x$ も定義される．

例

$$\int_0^1 \frac{1}{x^r}\mathrm{d}x = \frac{1}{1-r}\ (0<r<1),$$

$$\int_0^a \frac{1}{\sqrt{a^2-x^2}}\mathrm{d}x = \frac{\pi}{2},$$

$$\int_1^{+\infty}\frac{1}{x^r}\mathrm{d}x = \frac{1}{r-1}\ (r>1),$$

$$\int_{-\infty}^0 \mathrm{e}^x\mathrm{d}x = 1,$$

$$\int_0^{+\infty}\mathrm{e}^{-x}x^n\mathrm{d}x = n!\ (n\in\mathbb{N}).$$

定義 1 によって，適当な条件のもとで**開**区間 (a,b) 上の広義積分も定義される．

定義 2　$f : (a,b) \to \mathbb{R}$ が与えられたものとする．ある $c \in (a,b)$ に対して，$(a,c]$ 上と $[c,b)$ 上の広義積分が存在するとき $\int_a^c f(x)\mathrm{d}x + \int_c^b f(x)\mathrm{d}x$ を f の (a,b) **上の広義積分**と呼ぶ：

$$(3)\quad \int_a^b f(x)\mathrm{d}x := \int_a^c f(x)\mathrm{d}x + \int_c^b f(x)\mathrm{d}x.$$

(a,b) 上の広義積分が存在すれば，その値は c の取り方に依存しない．

(3) において a を $-\infty$ で，b を $+\infty$ で置き換えれば $\int_{-\infty}^{+\infty} f(x)\mathrm{d}x$ で定義される広義積分が得られる．

例

$$\int_a^b \frac{1}{\sqrt{(x-a)(b-x)}}\mathrm{d}x = \pi\quad (b>a),$$

$$\int_0^{+\infty}\frac{\sin x}{x}\mathrm{d}x = \frac{\pi}{2},\ \int_{-\infty}^{+\infty}\frac{1}{1+x^2}\mathrm{d}x = \pi.$$

$[a,b]$ 上の R-可積分関数 f が与えられたとすれば，f をそれぞれ $[a,b)$，$(a,b]$，(a,b) 上に制限した関数の広義積分が存在する．その値はそれぞれ $[a,b]$ 上のリーマン積分の値に一致する．

コーシーの積分判定条件

広義積分の収束の証明には級数が役立つ．実際次が成り立つ：

定理（コーシーの積分判定条件）　$f : [a,+\infty) \to \mathbb{R}_0^+$ $(a \in \mathbb{N})$ を単調減少関数とする．級数 $\sum\limits_{\nu=a}^{\infty} f(\nu)$ が収束することと $\int_a^{+\infty} f(x)\mathrm{d}x$ が存在することは同値である．

応用　$r>1$ に対して $\int_1^{+\infty}\frac{1}{x^r}\mathrm{d}x$ は存在するから（上記参照），このとき $\sum\limits_{\nu=1}^{\infty}\frac{1}{\nu^r}$ は収束する．

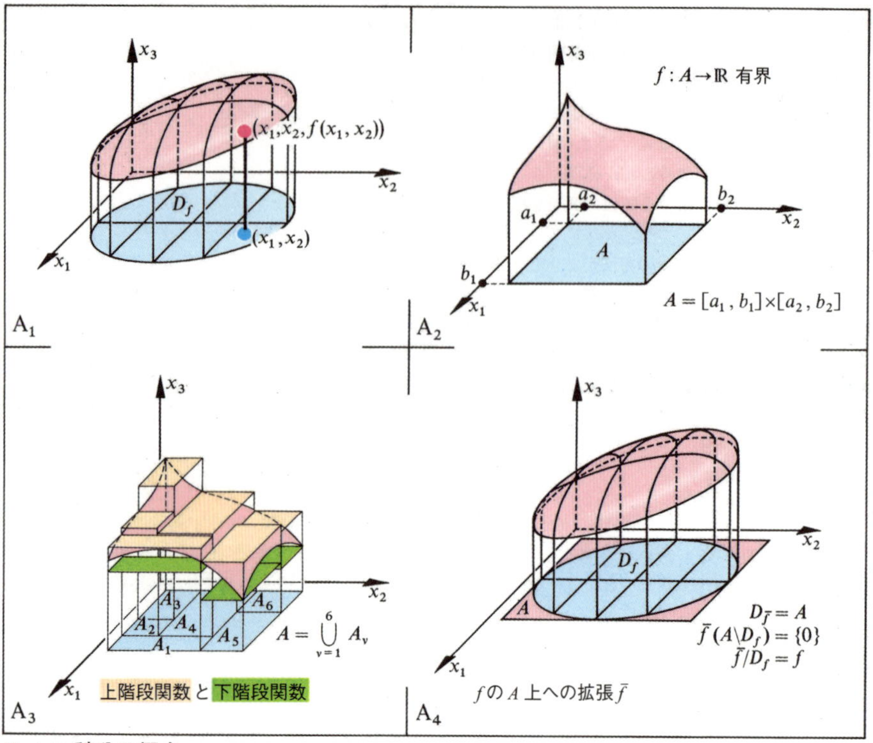

リーマン積分の概念

(RR 1)　$\int_D (f+g)(\boldsymbol{x})\,\mathrm{d}\boldsymbol{x} = \int_D f(\boldsymbol{x})\,\mathrm{d}\boldsymbol{x} + \int_D g(\boldsymbol{x})\,\mathrm{d}\boldsymbol{x}$，ただし，$f$ と g は D 上 R-可積分とする．

(RR 2)　$\int_{D_f} (c \cdot f)(\boldsymbol{x})\,\mathrm{d}\boldsymbol{x} = c \cdot \int_{D_f} f(\boldsymbol{x})\,\mathrm{d}\boldsymbol{x}$ $(c \in \mathbb{R})$，ただし，f は D_f 上 R-可積分とする．

(RR 3)　$\int_D f(\boldsymbol{x})\,\mathrm{d}\boldsymbol{x} \leqq \int_D g(\boldsymbol{x})\,\mathrm{d}\boldsymbol{x}$，ただし，$f$ と g は D 上 R-可積分であり，すべての $x \in D$ について $f(x) \leqq g(x)$ とする．

(RR 4)　$\int_{D_1 \cup D_2} f(\boldsymbol{x})\,\mathrm{d}\boldsymbol{x} = \int_{D_1} f(\boldsymbol{x})\,\mathrm{d}\boldsymbol{x} + \int_{D_2} f(\boldsymbol{x})\,\mathrm{d}\boldsymbol{x}$，ただし，$f$ は D_1上，g は D_2 上R-可積分であり，$D_1 \cap D_2 = \emptyset$ であるとする．

(RR 4*)　$\int_{D_2} f(\boldsymbol{x})\,\mathrm{d}\boldsymbol{x}$ が存在する．ただし，D_2 はジョルダン可測であり，$D_2 \subseteq D_1$ かつ f は D_1 上R-可積分とする．

(RR 4**)　$\int_{D_1 \setminus D_2} f(\boldsymbol{x})\,\mathrm{d}\boldsymbol{x} = \int_{D_1} f(\boldsymbol{x})\,\mathrm{d}\boldsymbol{x} - \int_{D_2} f(\boldsymbol{x})\,\mathrm{d}\boldsymbol{x}$，ただし，$f$ は D_1 上，g は D_2 上R-可積分であり，$D_2 \subseteq D_1$ であるとする．

(RR 5)　$m \cdot I_J(D_f) \leqq \int_{D_f} f(\boldsymbol{x})\,\mathrm{d}\boldsymbol{x} \leqq M \cdot I_J(D_f)$，ただし，$f$ は D_f 上R-可積分で，m, M はそれぞれ $f(D_f)$ の下限，上限とする．

(RR 5*)　$\left|\int_{D_f} f(\boldsymbol{x})\,\mathrm{d}\boldsymbol{x}\right| \leqq M \cdot I_J(D_f)$，ただし，$f$ は D_f 上R-可積分で，すべての $x \in D_f$ に対して $|f(x)| \leqq M$ とする．

系　：$\int_{D_f} \mathrm{d}\boldsymbol{x} = I_J(D_f)$．

(RR 6)　$f: D_f \to R$ が連続であり，D_f がコンパクトかつ連結であれば，$\int_{D_f} f(\boldsymbol{x})\,\mathrm{d}\boldsymbol{x} = f(c_1, c_2) \cdot I_J(D_f)$ となる $(c_1, c_2) \in D_f$ が存在する．

(RR 7)　$\int_N f(\boldsymbol{x})\,\mathrm{d}\boldsymbol{x} = 0$，ただし f と N は有界で，N は零集合とする．

(RR 7*)　$\int_{D_f \cup N} \bar{f}(\boldsymbol{x})\,\mathrm{d}\boldsymbol{x} = \int_{D_f} f(\boldsymbol{x})\,\mathrm{d}\boldsymbol{x}$，ただし f は D_f 上 R-可積分，N は零集合，$\bar f$ は $D_f \cup N$ 上有界で $D_f \setminus (D_f \cap N)$ 上で $f = \bar f$ が成り立つものとする．

B

積分法則と諸定理

リーマン積分 (p.303) の出発点は縦座標集合の面積測定の問題であった．もし 2 変数の非負，有界関数が与えられれば，その体積を求めるという拡張された問題が生じる（図 A_1）．この立場から $\mathbb{R}^2$ の部分集合上のリーマン積分（文献によっては領域積分とも呼ばれる）が展開される．

これは 2 変数の関数に制限して考えても本質的には変わらない．実際これから構成される概念は，すべて n 変数の場合に翻訳され類似の結果が得られる（下記参照）．

$\mathbb{R}^2$ 内の軸に平行な長方形上のリーマン積分

この概念はちょうど閉区間上のリーマン積分 (p.303) に相当する．有界な関数 $f: A \to \mathbb{R}$ に注目する．ここで A は軸に平行な長方形 $[a_1, b_1] \times [a_2, b_2]$ であり，p.303 の類似で次のように定義する：

$(A_1, \ldots, A_m)$ が A の**分解**であるとは，A_ν が軸に平行な，互いに共通部分を持たない，開核を持つ長方形で $A = \bigcup_{\nu=1}^{m} A_\nu$ が成り立つことをいう．

$t: A \to \mathbb{R}$ が**階段関数**であるとは，A の分解 $(A_1, \ldots, A_m)$ が存在して，A_ν の開核で定数となっていることをいう（図 A_3）．**上階段関数**，**下階段関数**の概念も p.303 の定義 2 と同様に定義される．

分解 $(A_1, \ldots, A_m)$ を持つ**階段関数** $t: A \to \mathbb{R}$ の積分は（図 A_3 にある $\mathbb{R}^3$ 内の「階段体」の体積と関連して）$\int_A t(\boldsymbol{x})\mathrm{d}\boldsymbol{x} := \sum_{\nu=1}^{m} c_\nu I_J(A_\nu)$ で定義される．ここで c_ν は t の A_ν の開核上の値で，$I_J(A_\nu)$ は A_ν の面積を表す (p.329 参照)．有界関数 $f: A \to \mathbb{R}$ に対して上階段関数と下階段関数が存在する．そこで f の上階段関数全体の集合を $\mathfrak{O}$，下階段関数全体の集合を $\mathfrak{U}$ とすれば，**上積分**と**下積分**が存在する：

$$\overline{\int_A} f(\boldsymbol{x})\mathrm{d}\boldsymbol{x} := \inf\left\{ \int_A t(\boldsymbol{x})\mathrm{d}\boldsymbol{x} \;\middle|\; t \in \mathfrak{O} \right\},$$

$$\underline{\int_A} f(\boldsymbol{x})\mathrm{d}\boldsymbol{x} := \sup\left\{ \int_A t(\boldsymbol{x})\mathrm{d}\boldsymbol{x} \;\middle|\; t \in \mathfrak{U} \right\}.$$

定義 1　有界関数 $f: A \to \mathbb{R}$ の上積分と下積分が一致するとき，f は ***A* 上リーマン積分可能**（略して **R-可積分**）と呼ばれる．そのとき共通の値を $\int_A f(\boldsymbol{x})\mathrm{d}\boldsymbol{x}$ で表し，***A* 上のリーマン積分**と呼ぶ．

f が A 上**連続**なら，この積分は存在する．しかしながら連続性は必要条件ではない．なぜなら，次の強い主張が成り立つからである．

定理 1　$f: A \to \mathbb{R}$ は，f の不連続点の集合がルベーグ測度 (p.331) の意味で零集合であるならば R-可積分である．

$\mathbb{R}^2$ のジョルダン可測集合上のリーマン積分

$f: D_f \to \mathbb{R}$ の定義域が有界なら $D_f \subset A$ となるような，**軸に平行な長方形** A が取れる．そのかわりに

$$\boldsymbol{x} \mapsto \overline{f}(\boldsymbol{x}) = \begin{cases} f(\boldsymbol{x}) & \boldsymbol{x} \in D_f \text{ のとき} \\ 0 & \boldsymbol{x} \in A \backslash D_f \text{ のとき} \end{cases}$$

で定義される拡張された関数 $\overline{f}: A \to \mathbb{R}$ を考える（図 A_4 参照）．

積分概念の拡張のためには次の定理が基礎となる：

定理 2　$f: D_f \to \mathbb{R}$ を有界関数で D_f は $\mathbb{R}^2$ のジョルダン可測集合 (p.329 参照) とする．f の不連続点集合が零集合ならば $D_f \subset A$ に対する $\int_A \overline{f}(\boldsymbol{x})\mathrm{d}\boldsymbol{x}$ は存在する．この値は軸に平行な長方形の取り方に依存しない．

証明は定理 1 によるが，このとき注意すべきことはジョルダン可測集合の境界が零集合であること，二つの零集合の和集合は零集合となることである (p.329)．定理 2 によれば，次のように定義することは意味がある：

定義 2　有界関数 $f: D_f \to \mathbb{R}$ が D_f 上**リーマン積分可能**（または簡単に **R-可積分**）であるとは，D_f がジョルダン可測集合で，$D_f \subset A$ に対して $\int_A \overline{f}(\boldsymbol{x})\mathrm{d}\boldsymbol{x}$ が存在することをいう．D_f 上の**リーマン積分**は $\int_{D_f} f(\boldsymbol{x})\mathrm{d}\boldsymbol{x}$ で表される：

$$\int_{D_f} f(\boldsymbol{x})\mathrm{d}\boldsymbol{x} := \int_A f(\boldsymbol{x})\mathrm{d}\boldsymbol{x}$$

定理 2 よりリーマン積分の存在に関する重要な主張が得られる．同時に**定義域の境界**が積分の存在に影響を与えないことが明らかになる（図 B, (RR7*)）．これが，文献によっては積分が与えられた定義域には**自由**であると呼ばれる理由である．

注意　重要な積分法則と定理が図 B で与えられている．

リーマン積分と体積

$f: D_f \to \mathbb{R}$ を非負有界関数，D_f を $\mathbb{R}^2$ 内のジョルダン可測集合で，f の D_f 上のリーマン積分が存在するものとする．すると，その積分の値は，$\mathbb{R}^3$ 内で，それが表現する縦座標集合の体積と一致する．例：p.317.

リーマン積分と n 変数関数

$\mathbb{R}^1$ の閉区間，$\mathbb{R}^2$ の軸平行長方形のかわりに $\mathbb{R}^n$ 内に，いわゆる n 次直方体 $[a_1, b_1] \times \cdots \times [a_n, b_n]$ を取り，体積として $\prod_{\nu=1}^{n} (b_\nu - a_\nu)$ を割り当てる．すべての概念を $\mathbb{R}^n$ に翻訳することにより $\mathbb{R}^n$ 上の有界集合上のリーマン積分の概念に到達する．

2重積分の体積計算

A_1 8分の1球面
$a_1 = 0$, $b_1 = R$
x_1-軸に関する正規領域

A_2 $f: D_f \to \mathbb{R}$ 非負連続関数

A_3 x_2-軸に関する正規領域

$\varphi_1(x_1) = 0$, $\psi_1(x_1) = \sqrt{R^2 - x_1^2}$
$f(x_1, x_2) = \sqrt{R^2 - x_1^2 - x_2^2}$

$$\int_{D_f} f(x)\,dx = \int_0^R \left(\int_0^{\psi_1(x_1)} f(x_1, x_2)\,dx_2 \right) dx_1$$
$$= \int_0^R \frac{\pi}{4}(R^2 - x_1^2)\,dx_1$$
$$= \frac{1}{6}\pi R^3$$

切断関数の項
$$q_1(x_1) = \int_{\varphi_1(x_1)}^{\psi_1(x_1)} f(x_1, x_2)\,dx_2 \qquad q_2(x_2) = \int_{\varphi_2(x_2)}^{\psi_2(x_2)} f(x_1, x_2)\,dx_1$$

体積
$$V = \int_{a_1}^{b_1} q_1(x_1)\,dx_1 \qquad V = \int_{a_2}^{b_2} q_2(x_2)\,dx_2$$

A_4 $V = \int_a^b q(x)\,dx$

A_5 $q_1(x_1) = \pi[f(x_1)]^2$
x_1-軸の周りの回転 ($f: [a_1, b_1] \to \mathbb{R}$ 連続)
$V = \pi \int_{a_1}^{b_1} [f(x_1)]^2\,dx_1$

A_6 $q_2(x_2) = \pi[f^{-1}(x_2)]^2$
x_2-軸の周りの回転 ($f: [a_1, b_1] \to D_f$ 連続で強い意味で単調)
$V = \pi \int_{a_2}^{b_2} [f^{-1}(x_2)]^2\,dx_2$

変数変換

B_1 領域 $D_\varphi \subseteq \mathbb{R}^2$, $W_\varphi \subseteq \mathbb{R}^2$
φ 連続微分可能
φ/T 全単射
$\det \dfrac{d\varphi}{d(u,v)}(u,v) \neq 0$
f 連続

B_2 $\varphi_P(r, \alpha) = \begin{pmatrix} r \cdot \cos\alpha \\ r \cdot \sin\alpha \end{pmatrix}$
連続微分可能
$\det \dfrac{d\varphi_P}{d(r,\alpha)}(r,\alpha) = \begin{vmatrix} \cos\alpha & -r\cdot\sin\alpha \\ \sin\alpha & r\cdot\cos\alpha \end{vmatrix} = r \neq 0$

B_3 φ_P/T 全単射, f 連続 (p.294, 図B参照)

B_4 $K^0(\varrho)$

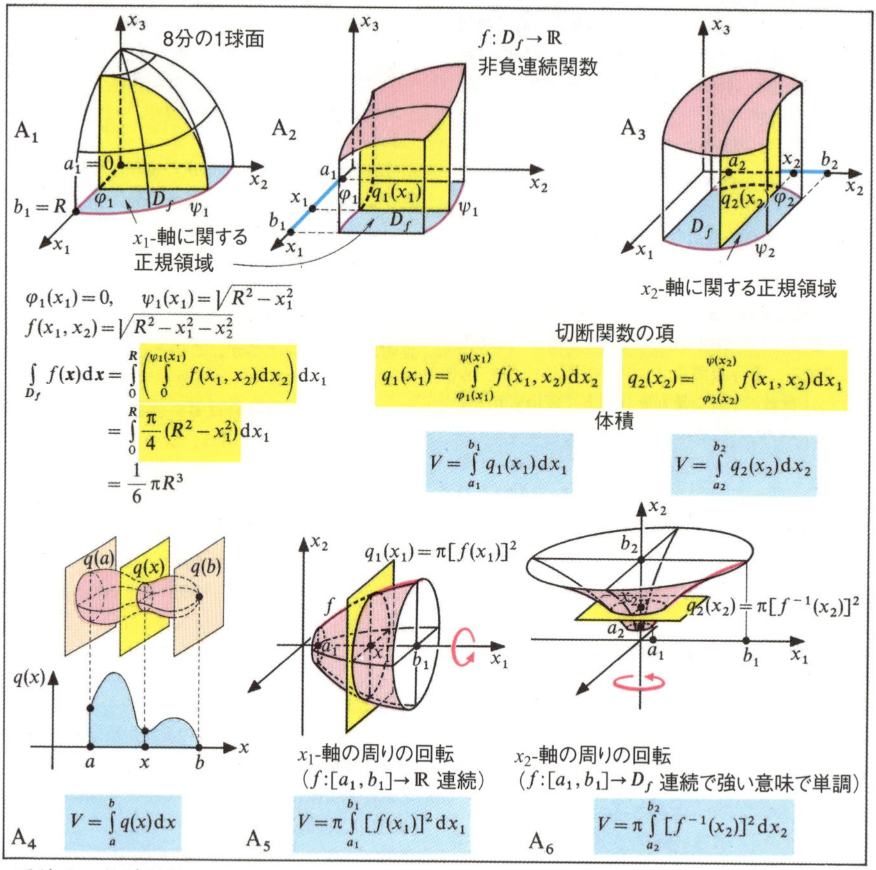

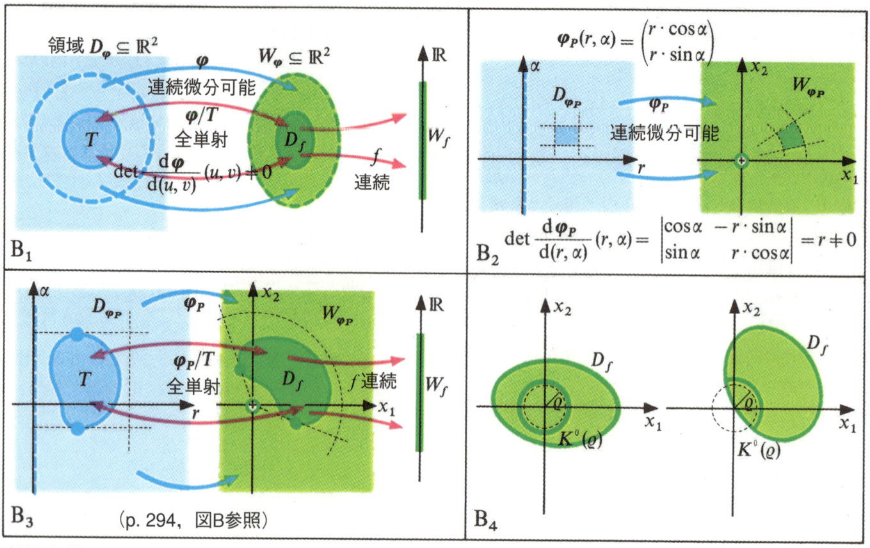

存在定理と積分法則 (p.315) は多変数関数のリーマン積分の計算の実際的手続きを与えるものではない．特に 1 変数の関数の積分理論を用いて，この計算を実行できるかどうかに興味がある．実際上に現れる多くの場合はこれが可能で，リーマン積分はいわゆる累次積分に帰着される．

正規領域，2 重積分

定義 1　$\varphi_1 : [a_1, b_1] \to \mathbb{R}$ と $\psi_1 : [a_1, b_1] \to \mathbb{R}$ をともに連続関数で，すべての $x \in [a_1, b_1]$ に対して $\varphi_1(x) \leqq \psi_1(x)$ が成り立つものとする．このとき点集合

$$\{(x_1, x_2) \mid x_1 \in [a_1, b_1] \wedge x_2 \in [\varphi_1(x_1), \psi_1(x_1)]\}$$

は $\boldsymbol{x_1}$ **軸に関する正規領域**と呼ばれる（図 A_1, A_2）．

同様にして $\boldsymbol{x_2}$ **軸に関する正規領域**も定義される（図 A_3）．

積分の計算には次の定理が大きな意味を持つ．

定理 1　$f : D_f \to \mathbb{R}$ が D_f が x_1 軸に関する正規領域ならば f は R-可積分で次が成り立つ：

$$\int_{D_f} f(\boldsymbol{x})\mathrm{d}\boldsymbol{x} = \int_{a_1}^{b_1} \left(\int_{\varphi_1(x_1)}^{\psi_1(x_1)} f(x_1, x_2)\mathrm{d}x_2 \right) \mathrm{d}x_1.$$

右辺の積分は **2 重積分**と呼ばれる．これは，初めに括弧の中の積分を実行してから計算するものである．

D_f が x_2 軸に関する正規領域のときは対応する次の公式が得られる：

$$\int_{D_f} f(\boldsymbol{x})\mathrm{d}\boldsymbol{x} = \int_{a_2}^{b_2} \left(\int_{\varphi_2(x_2)}^{\psi_2(x_2)} f(x_1, x_2)\mathrm{d}x_1 \right) \mathrm{d}x_2.$$

応用例　図 A_1

体積計算

ジョルダン可測な定義域を持つ 2 変数の非負な R-可積分関数の縦座標点集合に，その**体積**として $\int_{D_f} f(\boldsymbol{x})\mathrm{d}\boldsymbol{x}$ させることができる (p.315)．したがって定義域が正規領域となっているような非負連続関数の場合は，その体積は定理 1 により 2 重積分として計算できる．球の体積については図 A_1 に従って $V_K = \frac{4}{3}\pi R^3$ が得られる．図 A_1（黄色で識別されている部分）にあるように，括弧内の部分は幾何学的意味を持つ．すなわち x_2x_3 平面または x_1x_3 平面に平行に切った横断面の面積としての意味を持つ．一般的な場合には図 A_2 と A_3 の計算法則に従う．これらの公式は，次の定理の特別な場合として導かれる．

定理 2　$\mathbb{R}^3$ 内の有界集合 B は二つの平行な平面の間にあり，体積 V を持ち，さらにそれぞれに平行な中間平面による B の切断面が面積を持つものとする．すると V は図 A_4 の式で計算される．

応用例　回転体の体積（図 A_5. A_6）.

定理 2 の系として次の事実が得られる．

共通の底面を持つ，同じ高さの立体で横断面の面積が等しいものは同じ体積を持つ（**カバリエリの定理**）．

例　p.162，図 B 上．

変数変換

p.309，(U6) より，置換積分法則 $\int_a^b f(x)\mathrm{d}x = \int_{\varphi^{-1}(a)}^{\varphi^{-1}(b)} (f \circ \varphi) \cdot \varphi'(t)\mathrm{d}t$ が成り立つ．この積分の変換は，次に述べられるリーマン積分に関する $\mathbb{R}^2$ の部分集合間の変数変換の特別な場合である：

定理 3　∂D_f に連続的に接続可能な連続関数 $f : D_f \to \mathbb{R}$ と領域 $D_f \subset \mathbb{R}^2$ 上で $(u, v) \mapsto \boldsymbol{\varphi}(u, v) = \begin{pmatrix} \varphi_1(u, v) \\ \varphi_2(u, v) \end{pmatrix}$ で定義される連続微分可能な関数 $\boldsymbol{\varphi} : D_{\boldsymbol{\varphi}} \to \mathbb{R}^2$ が存在し，さらにその境界も含めて $D_{\boldsymbol{\varphi}}$ に含まれるようなジョルダン可測集合 T で制限 $\boldsymbol{\varphi}|_T : T \to D_f$ が全単射となり，その関数行列式 $\det \frac{\mathrm{d}\boldsymbol{\varphi}}{\mathrm{d}(u,v)}(u, v)$ がすべての $(u, v) \in T$ について 0 とならないものが存在するものとする（図 B_1）．すると次が成り立つ：

$$\int_{D_f} f(\boldsymbol{x})\mathrm{d}\boldsymbol{x} = \int_T (f \circ \boldsymbol{\varphi})(u, v) \left| \det \frac{\mathrm{d}\boldsymbol{\varphi}}{\mathrm{d}(u, v)}(u, v) \right| \mathrm{d}(u, v).$$

注意　定理 3 で述べられた変数変換則は $\mathbb{R}^3$ 上にまた一般的に $\mathbb{R}^n$ 上に拡張できる．この定理の証明は簡単ではない．

$\mathbb{R}^2$-$\mathbb{R}^2$ 関数 $\boldsymbol{\varphi}$ の作用の例として，カルテシアン座標のかわりに**曲線座標**を導入することが挙げられる．良く用いられる例としては

$$x_1 = r \cdot \cos\alpha, \quad x_2 = r \cdot \sin\alpha \quad (r \geqq 0)$$

によって定義される**極座標の導入**がある．定理 3 の仮定は $f : D_f \to \mathbb{R}$ が連続で D_f が，原点を含まないような $\mathbb{R}^2$ のコンパクト部分集合ならみたされている．$\boldsymbol{\varphi}_P(r, \alpha) = \begin{pmatrix} r \cdot \cos\alpha \\ r \cdot \sin\alpha \end{pmatrix}$ $(r > 0)$ で定義される $\mathbb{R}^2$-$\mathbb{R}^2$ 関数 $\boldsymbol{\varphi}_P$ を取り（図 B_2），$r\alpha$ 平面の部分集合 T を，$\boldsymbol{\varphi}_P$ に対して定理 3 の条件をみたすものとする（図 B_3）．すると

$$\int_{D_f} f(\boldsymbol{x})\mathrm{d}\boldsymbol{x} = \int_T (f \circ \boldsymbol{\varphi}_P)(r, \alpha) \cdot r\mathrm{d}(r, \alpha).$$

が得られる．D_f が原点を含むときは，図 B_4 の場合が起こりうる．D_f から開円板 $K^0(\rho)$ を切り取り，$D_f \backslash K^0(\rho)$ を考える．この定義域に関して定理 3 が適用される．$\rho \to 0$ とすれば，D_f が原点を含む場合も上記変換公式が成り立つことが示される．

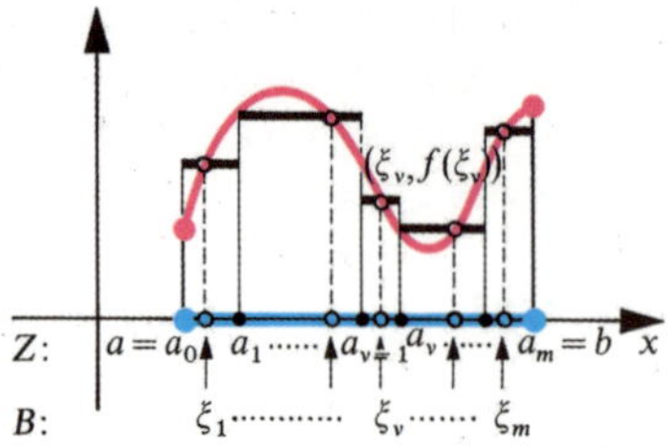

A$_1$ $S(f, Z, B)=\sum_{\nu=1}^{m} f(\xi_\nu)\cdot(a_\nu-a_{\nu-1})$

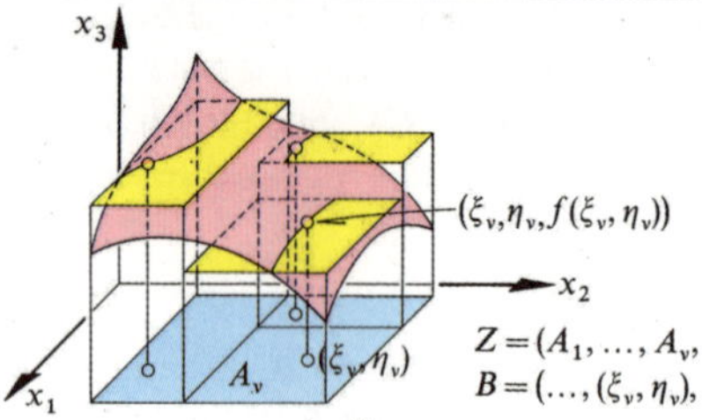

$Z=(A_1, \ldots, A_\nu, \ldots, A_m)$
$B=(\ldots, (\xi_\nu, \eta_\nu), \ldots)$

A$_2$ $S(f, Z, B)=\sum_{\nu=1}^{m} f(\xi_\nu, \eta_\nu)\cdot I_J(A_\nu)$

リーマン和

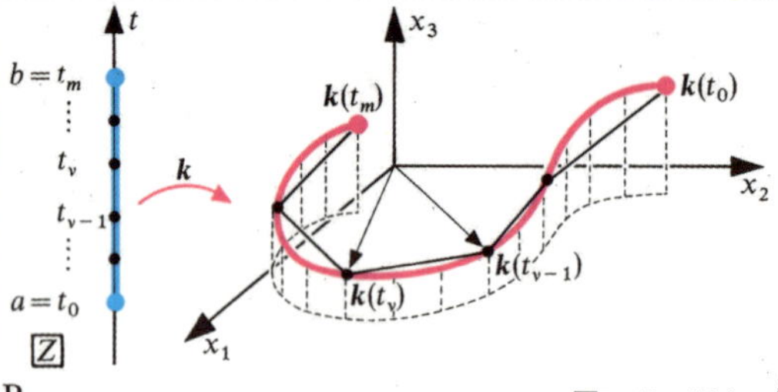

B$_1$

分割 Z に対応する線分の長さ

$$l_S(Z)=\sum_{\nu=1}^{m}|\boldsymbol{k}(t_\nu)-\boldsymbol{k}(t_{\nu-1})|=\sum_{\nu=1}^{m}\sqrt{\sum_{\mu=1}^{3}(k_\mu(t_\nu)-k_\mu(t_{\nu-1}))^2}$$

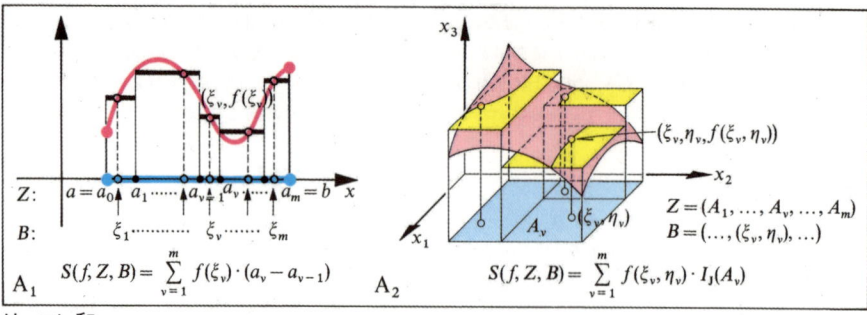

ここで $\boldsymbol{k}(t)=\begin{pmatrix}k_1(t)\\k_2(t)\\k_3(t)\end{pmatrix}$（p.290，図B参照）

図B$_1$ は，$\boldsymbol{k}(x)=\begin{pmatrix}x\\f(x)\end{pmatrix}$ として，次のようにして得られる：

$$l_S(Z)=\sum_{\nu=1}^{m}\sqrt{(a_\nu-a_{\nu-1})^2+(f(a_\nu)-f(a_{\nu-1}))^2}.$$

中間値の定理 (p.269) より，すべての $\nu\in\{1, \ldots, m\}$ に対して

$$f(a_\nu)-f(a_{\nu-1})=f'(\xi_\nu)\cdot(a_\nu-a_{\nu-1})$$

となるような $\xi_\nu\in(a_\nu, a_{\nu-1})$ の存在が保証される．

$(\xi_1, \ldots, \xi_m)$ は分割の割り当て B と解釈され

$$l_S(Z, B)=\sum_{\nu=1}^{m}\sqrt{1+[f'(\xi_\nu)]^2}\cdot(a_\nu-a_{\nu-1})$$

は項 $\sqrt{1+[f'(x)]^2}$ を持つ関数に対するリーマン和とみることができる．

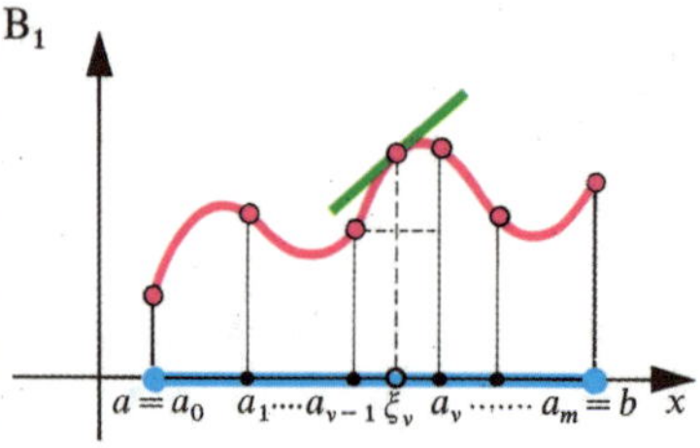

$f:[a, b]\to\mathbb{R}$
連続微分可能

B$_2$

曲線の長さ，弧の長さ

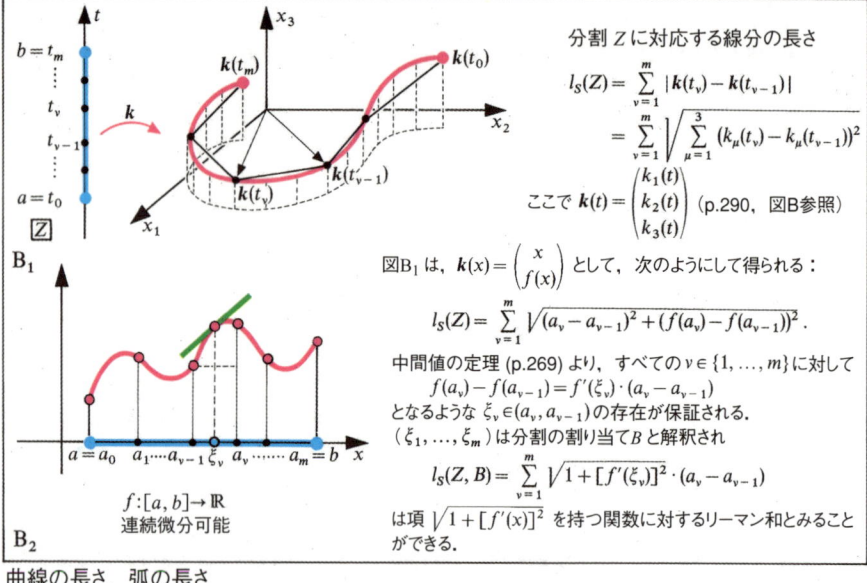

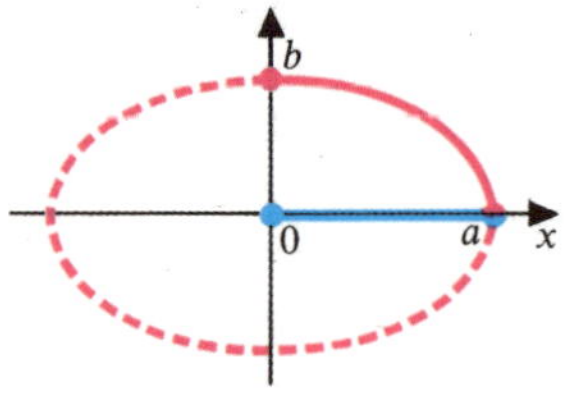

$f(x)=\frac{b}{a}\sqrt{a^2-x^2}$ $f'(x)=-\frac{b}{a}\frac{x}{\sqrt{a^2-x^2}}$ $(x\neq a)$

$l=\int_0^a\sqrt{1+\frac{b^2x^2}{a^2(a^2-x^2)}}\,dx$ （広義積分）

置換：$x=a\cos t,\ l=\int_0^{\pi/2}\sqrt{a^2\sin^2 t+b^2\cos^2 t}\,dt$

楕円の周長：$U_E=4a\int_0^{\pi/2}\sqrt{1-\varepsilon^2\cos^2 t}\,dt\left(\varepsilon^2=1-\frac{b^2}{a^2}\right)$

ベキ級数展開：

$$\sqrt{1-\varepsilon^2\cos^2 t}=1-\frac{1}{2}\varepsilon^2\cos^2 t-\frac{1}{2\cdot 4}\varepsilon^4\cos^4 t-\frac{1\cdot 3}{2\cdot 4\cdot 6}\varepsilon^6\cos^6 t-\cdots$$ （p.272，図C）

$$U_E=4a\left[\int_0^{\pi/2}dt-\frac{1}{2}\varepsilon^2\int_0^{\pi/2}\cos^2 t\,dt-\frac{1}{2\cdot 4}\varepsilon^4\int_0^{\pi/2}\cos^4 t\,dt-\frac{1\cdot 3}{2\cdot 4\cdot 6}\varepsilon^6\int_0^{\pi/2}\cos^6 t\,dt-\cdots\right]$$ （p.309，定理2）

$$\int_0^{\pi/2}\cos^{2k} t\,dt=\frac{(2k-1)(2k-3)\cdot\cdots\cdot 1}{2k(2k-2)\cdot\cdots\cdot 2}\cdot\frac{\pi}{2}$$ （p.311，⑲を k 回適用）

C $$U_E=2\pi a\left[1-\left(\frac{1}{2}\right)^2\varepsilon^2-\frac{1}{3}\left(\frac{1\cdot 3}{2\cdot 4}\right)^2\varepsilon^4-\frac{1}{5}\left(\frac{1\cdot 3\cdot 5}{2\cdot 4\cdot 6}\right)^2\varepsilon^6-\cdots\right]\quad\left(\varepsilon^2=1-\frac{b^2}{a^2}\right)$$

楕円の周長

リーマン和

リーマン積分の近似計算のためには，その定義 (p.303, p.315) の際用いた上階段関数や下階段関数が役立つ．またいわゆるリーマン和を用いることもできる．

a) $f:[a,b]\to\mathbb{R}$

$[a,b]$ の分割 $Z=(a_0,\ldots,a_m)$ に対して $\xi_\nu\in(a_{\nu-1},a_\nu)$ となるいわゆる**占有点集合** $B=(\xi_1,\ldots,\xi_m)$ を取るとき，和

$$S(f,Z,B):=\sum_{\nu=1}^{m}f(\xi_\nu)\cdot(a_\nu-a_{\nu-1})$$

を Z と B に関する f の**リーマン和**と呼ぶ (図 A_1)．分割の列 $\{Z_\mu\}$ に注目し，その占有点の列 $\{B_\mu\}$ を対応させる (B_μ は Z_μ の占有点)．するとリーマン和の列 $\{(S(f,Z_\mu,B_\mu),Z_\mu,B_\mu\}$ が得られる．分割の列 $\{Z_\mu\}$ に対し，それぞれの分割の部分区間の長さの極大値の作る列が零列になるとき，それを**優分割列**と呼ぶことにする．このとき次が成り立つ：

$f:[a,b]\to\mathbb{R}$ を R-可積分とすれば，任意の優分割列 $\{Z_\mu\}$ に対して列 $\{S(f,Z_\mu,B_\mu)\}$ は $\int_a^b f(x)\mathrm{d}x$ に収束し，それは占有点列 $\{B_\mu\}$ の取り方によらない．

これを簡単に**リーマン和が収束する**という．リーマン積分はリーマン和によって十分精密に近似される．近似には等距離区間を持つ分割列が用いられることが多い．

b) $f:D_f\to\mathbb{R}$ ($D_f\subset\mathbb{R}^2$)

a) の場合の類似として 2 変数の関数に対するリーマン和が定義できる．初め定義域は軸に平行な長方形 A (p.315) とする．$Z=(A_1,\ldots,A_m)$ を A の軸に平行な長方形による分割とする．$B=((\xi_1,\eta_1),\ldots,(\xi_m,\eta_m))$ は $(\xi_\nu,\eta_\nu)\in A_\nu^0$ となるとき，Z の**占有点集合**と呼ばれる．関数 $f:A\to\mathbb{R}$ の Z と B に関する**リーマン和**は

$$S(f,Z,B):=\sum_{\nu=1}^{m}f(\xi_\nu,\eta_\nu)\cdot I_J(A_\nu)$$

で定義される．ここで $I_J(A_\nu)$ は A_ν のジョルダン面積 (図 A_2)．A の分割の列 $\{Z_\mu\}$ は，分割に含まれる部分長方形の対角線の長さの極大値から作られる列が零列であるとき**優分割列**であると呼ばれる．このとき次が成り立つ．$f:A\to\mathbb{R}$ が R-可積分ならば，任意の優分割列 $\{Z_\mu\}$ に対して，そのリーマン和の列 $\{S(f,Z_\mu,B_\mu)\}$ は $\int_A f(\boldsymbol{x})\mathrm{d}\boldsymbol{x}$ に収束し，それは占有点列 $\{B_\mu\}$ の取り方によらない．

R-可積分関数 $f:D_f\to\mathbb{R}$ の定義域が軸に平行な長方形ではないとする．すると，軸に平行な長方形 A で $D_f\subset A$ となるものが存在して，すべての $\boldsymbol{x}\in A\backslash D_f$ について $\overline{f}(\boldsymbol{x})=0$ であるような拡張 $\overline{f}$ を選ぶことができる．任意の $\overline{f}$ に対するリーマン和が f のリーマン和とみなせる．その際 $(\xi_\nu,\eta_\nu)\notin D_f$ に対する和は 0 である．f のリーマン和は $\int_{D_f}f(\boldsymbol{x})\mathrm{d}\boldsymbol{x}$ に収束する．

$\mathbb{R}^3$($\mathbb{R}^2$) 内の曲線の長さ

線分，線分列（線分を接続してできる折れ線）の長さはすでに定義されている (p.183)．$\mathbb{R}^3$ 内の曲線に対して，線分列で近似することにより曲線の長さの概念を定義することができる．

定義 1　$\boldsymbol{k}:[a,b]\to\mathbb{R}^3$ ($\mathbb{R}^2$) で与えられる曲線が**求長可能**であるとは，$[a,b]$ の任意の優分割列に対して，対応する線分列（図 B_1）の長さが $l\in\mathbb{R}^+$ に収束することをいう．このとき l をその**曲線の長さ**という．

曲線の長さ

a) $\mathbb{R}^2$ 内の連続微分可能な曲線（通常の表示の場合）

連続微分可能な関数 $f:[a,b]\to\mathbb{R}$ のグラフは曲線である (p.375 参照)．$[a,b]$ の任意の分割に対して線分列の長さは，関数 $\sqrt{1+[f'(x)]^2}$ のリーマン和として与えられる (図 B_2)．この関数は $[a,b]$ 上連続だから R-可積分で，任意の優分解列に対するリーマン和の列は $\int_a^b\sqrt{1+[f'(x)]^2}\mathrm{d}x$ に収束する．したがって，この積分が曲線の長さを与える．

例　図 C は，楕円の周の長さの計算の説明である．楕円積分がベキ級数展開によって近似的に計算されている．

b) 媒介変数表示の連続微分可能な曲線の場合

$\boldsymbol{k}:[a,b]\to\mathbb{R}^3$ は，連続微分可能関数 $k_i:[a,b]\to\mathbb{R}$ によって $t\mapsto\boldsymbol{k}=\begin{pmatrix}k_1(t)\\k_2(t)\\k_3(t)\end{pmatrix}$ で与えられたものとする (p.365)．a) の場合と同様の方法を取ると $[a,b]$ の分割に対する線分列は，一般にはリーマン和とはならない．しかしながら関数 k_i の一様連続性により，それは関数 $\sqrt{[k_1'(t)]^2+[k_2'(t)]^2+[k_3'(t)]^2}$ のリーマン和との差をいくらでも小さく取ることができ，弧長として

$$l=\int_a^b\sqrt{[k_1'(t)]^2+[k_2'(t)]^2+[k_3'(t)]^2}\mathrm{d}t$$

が得られる．記法 $\boldsymbol{k}'(t)=\begin{pmatrix}k_1'(t)\\k_2'(t)\\k_3'(t)\end{pmatrix}$ を用いればこれは

$$l=\int_a^b\sqrt{\langle\boldsymbol{k}'(t),\boldsymbol{k}'(t)\rangle}\mathrm{d}t$$

と書ける．

注意　$s(x)=\int_a^x\sqrt{\langle\boldsymbol{k}'(t),\boldsymbol{k}'(t)\rangle}\mathrm{d}t$ で定義される積分関数は置換積分に適している．$\mathrm{d}s=\sqrt{\langle\boldsymbol{k}'(t),\boldsymbol{k}'(t)\rangle}\mathrm{d}t$ は**弧微分**と呼ばれる．

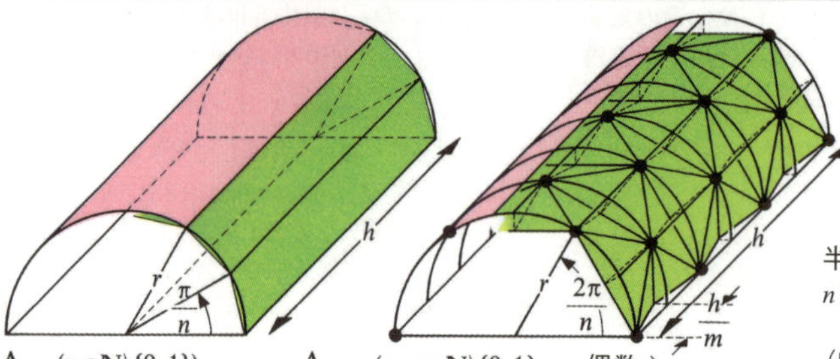

A_1 $(n\in\mathbb{N}\setminus\{0,1\})$　　A_2 $(n, m\in\mathbb{N}\setminus\{0,1\};\ m$ 偶数 $)$

半円の周長を
n 等分する（図は $n=6$）.

（H.A.シュワルツによる）

半円筒の表面を図 A_1 のように緑色で示されたプリズムの側面で近似すると，多重柱面の側面積は $2nrh\sin\frac{\pi}{2n}$ である．$\lim_{x\to0}\frac{\sin x}{x}=1$ であるから，$\lim_{n\to\infty}I_J(P)=\pi rh$ を得る（p.162, 図C参照）．
それに対し，半円筒の表面を図 A_2 のように近似すると次が得られる：

$$I_J(\bar{P})=nmr\sin\frac{\pi}{n}\sqrt{\left(\frac{h}{m}\right)^2+\left(r-r\cos\frac{\pi}{n}\right)^2}=\pi r\frac{\sin\frac{\pi}{n}}{\frac{\pi}{n}}\sqrt{h^2+\frac{1}{4}\pi^4r^2\frac{m^2}{n^4}\left[\frac{\sin\frac{\pi}{n}}{\frac{\pi}{n}}\right]^4}.$$

$M=n^2$ と取ることにより $\lim_{\substack{n\to\infty\\m\to\infty}}I_J(\bar{P})=\pi r\sqrt{h^2+\frac{1}{4}\pi^4r^2}$ が得られる．さらに $m=n^3$ とすれば $\lim_{\substack{n\to\infty\\m\to\infty}}I_J(\bar{P})=+\infty$ を得る．n と m を $\lim_{\substack{n\to\infty\\m\to\infty}}\frac{m^2}{n^4}=0$ となるように選べば，$\lim_{\substack{n\to\infty\\m\to\infty}}I_J(\bar{P})=\pi rh$ が得られる．

曲面の表面積に関する問題点

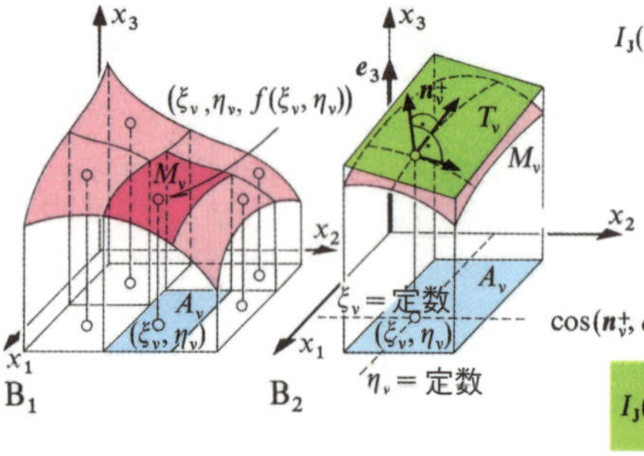

$$I_J(T_\nu)=\frac{1}{\cos(\boldsymbol{n}_\nu^+, \boldsymbol{e}_3)}I_J(A_\nu)$$

$$\boldsymbol{n}_\nu^+=\begin{pmatrix}-\frac{\partial f}{\partial u}(\xi_\nu, \eta_\nu)\\-\frac{\partial f}{\partial v}(\xi_\nu, \eta_\nu)\\1\end{pmatrix}$$ （p.379参照）

$$\cos(\boldsymbol{n}_\nu^+, \boldsymbol{e}_3)=\left(\sqrt{1+\left[\frac{\partial f}{\partial u}(\xi_\nu, \eta_\nu)\right]^2+\left[\frac{\partial f}{\partial v}(\xi, \eta_\nu)\right]^2}\right)^{-1}$$

$$I_J(T_\nu)=\sqrt{1+\left[\frac{\partial f}{\partial u}(\xi_\nu, \eta_\nu)\right]^2+\left[\frac{\partial f}{\partial v}(\xi_\nu, \eta_\nu)\right]^2}\cdot I_J(A_\nu)$$

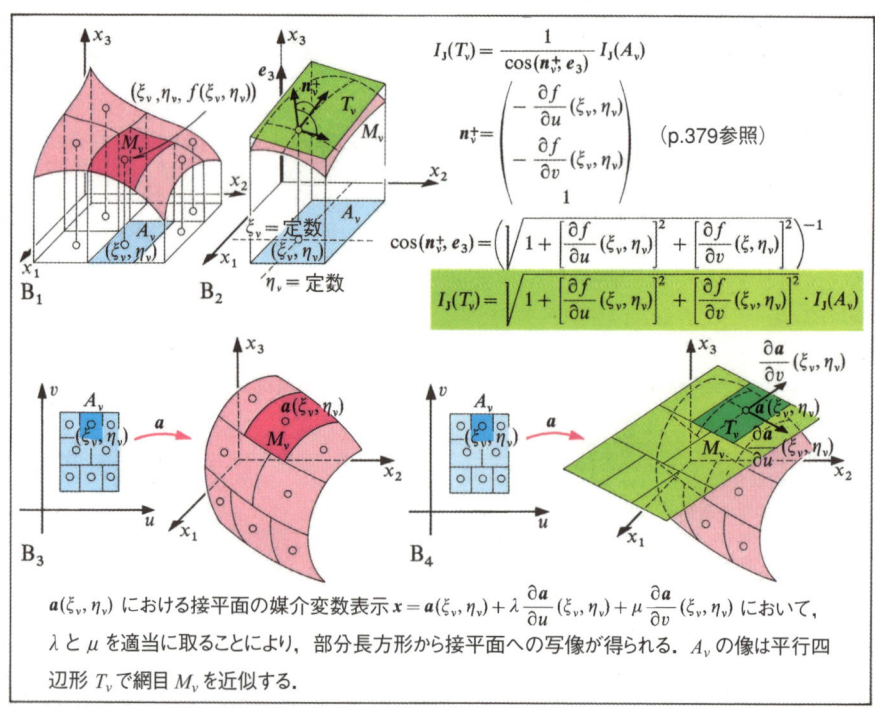

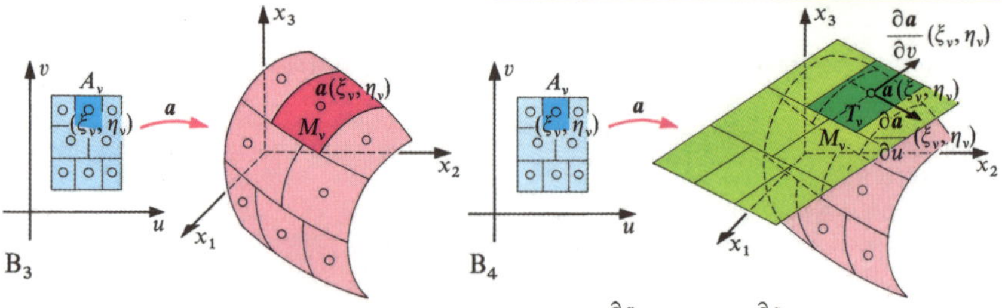

$\boldsymbol{a}(\xi_\nu, \eta_\nu)$ における接平面の媒介変数表示 $\boldsymbol{x}=\boldsymbol{a}(\xi_\nu, \eta_\nu)+\lambda\frac{\partial\boldsymbol{a}}{\partial u}(\xi_\nu, \eta_\nu)+\mu\frac{\partial\boldsymbol{a}}{\partial v}(\xi_\nu, \eta_\nu)$ において，λ と μ を適当に取ることにより，部分長方形から接平面への写像が得られる．A_ν の像は平行四辺形 T_ν で網目 M_ν を近似する．

滑らかな曲面片の面積の定義

曲面の表面積の定義に関する問題点

$\mathbb{R}^2$ 内の点集合の面積問題 (p.329) の一般化として，$\mathbb{R}^3$ 内のどのような曲面に，その表面積を対応させることができるかという問題が考えられる．曲線の長さ (p.319) を求める問題の類似として考えるならば，近似する多面体の面積（表面積）を用いて定義するのが分かりやすいであろう．しかしながら比較的単純な曲面（図 A）に対しても，用いる多面体に制限を課さなければ，この方法は使えない．これについて詳しくは文献を調べられたい．このかわりに，滑らかな曲面片 (p.377) の特別なクラスに対しては，積分による表面積の定義が与えられる．通常の実用的な問題に対してはこれで十分である．

滑らかな曲面の表面積

定義 2　$(u,v) \mapsto \boldsymbol{a}(u,v) = \begin{pmatrix} a_1(u,v) \\ a_2(u,v) \\ a_3(u,v) \end{pmatrix}$ で定義される $\boldsymbol{a} : G \to \mathbb{R}^3$ を滑らかな曲面片の媒介変数表示とする (p.377)．このとき

$$O := \int_G \left| \frac{\partial \boldsymbol{a}}{\partial u}(u,v) \times \frac{\partial \boldsymbol{a}}{\partial v}(u,v) \right| \mathrm{d}(u,v)$$

を，（この積分が存在する場合）**曲面片の表面積**と呼ぶ．ただし，ここで

$$\frac{\partial \boldsymbol{a}}{\partial u}(u,v) = \begin{pmatrix} \frac{\partial a_1}{\partial u}(u,v) \\ \frac{\partial a_2}{\partial u}(u,v) \\ \frac{\partial a_3}{\partial u}(u,v) \end{pmatrix},$$

$$\frac{\partial \boldsymbol{a}}{\partial v}(u,v) = \begin{pmatrix} \frac{\partial a_1}{\partial v}(u,v) \\ \frac{\partial a_2}{\partial v}(u,v) \\ \frac{\partial a_3}{\partial v}(u,v) \end{pmatrix}$$

とする．また

$$\mathrm{d}O = \left| \frac{\partial \boldsymbol{a}}{\partial u}(u,v) \times \frac{\partial \boldsymbol{a}}{\partial v}(u,v) \right| \cdot \mathrm{d}(u,v)$$

を**面微分**と呼ぶ．

通常表示 $f : G \to \mathbb{R}$ (p.377) で与えられる滑らかな曲面片の場合は

$$O = \int_G \sqrt{1 + \left[\frac{\partial f}{\partial u}(u,v)\right]^2 + \left[\frac{\partial f}{\partial v}(u,v)\right]^2}\, \mathrm{d}(u,v)$$

となる．

注意　定義 2 の仮定によれば，被積分関数は連続となるから，G が通常の実用的な場合における正規領域のような場合なら積分は存在する．そのとき計算は重積分によって実行できる．

a) 通常表示の滑らかな曲面の場合

この場合，適当な領域 G 上定義された関数 $f : G \to \mathbb{R}$ ですべての連続な 1 次偏導関数が存在するようなものに対して，そのグラフを調べる (p.377)．初めに G を軸平行な長方形とする．G の分割 $A = (A_1, \ldots, A_m)$ は曲面の網目状分割 $M_1, \ldots, M_m$ を引き起こす．Z の占有点集合 $B = \{(\xi_1, \eta_1), \ldots, (\xi_m, \eta_m)\}$ を取れば，各網目 M_ν 上に点 $(\xi_\nu, \eta_\nu, f(\xi_\nu, \eta_\nu))$ がある．この点における曲面の接平面内の図形（平行四辺形）で第 3 座標への射影が A_ν となるものを考える（図 B_2）．この平行四辺形を T_ν とすると，その面積は

$$I_J(T_\nu) = \sqrt{1 + [\tfrac{\partial f}{\partial u}(\xi_\nu, \eta_\nu)]^2 + [\tfrac{\partial f}{\partial v}(\xi_\nu, \eta_\nu)]^2} \cdot I_J(A_\nu)$$

で与えられる．分割に付随して得られるすべての平行四辺形について和を取れば

$$\sum_{\nu=1}^{m} \sqrt{1 + \left[\frac{\partial f}{\partial u}(\xi_\nu, \eta_\nu)\right]^2 + \left[\frac{\partial f}{\partial v}(\xi_\nu, \eta_\nu)\right]^2} \cdot I_J(A_\nu)$$

を得る．これは G 上

$$\sqrt{1 + \left[\frac{\partial f}{\partial u}(u,v)\right]^2 + \left[\frac{\partial f}{\partial v}(u,v)\right]^2}$$

で定義される関数のリーマン和とみなすことができる．$\frac{\partial f}{\partial u}$ と $\frac{\partial f}{\partial v}$ の連続性より，この関数は G 上の連続関数となり，したがって R-可積分である．よって任意の優分割列に対して，そのリーマン和は

$$\int_G \sqrt{1 + \left[\frac{\partial f}{\partial u}(u,v)\right]^2 + \left[\frac{\partial f}{\partial v}(u,v)\right]^2}\, \mathrm{d}(u,v)$$

に収束する．G が軸平行長方形でない場合は，それを含む長方形を考え，分割において G の外側にある長方形も考慮に入れることにより，類似の方法が適用できる．

b) 媒介変数表示の滑らかな曲面の場合

$\boldsymbol{a}(u,v)$ の形で媒介変数表示が与えられた場合，a) と同様の方法を試みる．任意の分割 Z に対して，占有点集合 B が与えられたとし，曲面の網目 M_ν への分割を考える．目標は，前と同様に網目 M_ν を適当な平行四辺形 T_ν で近似することである．そのため図 B_4 にあるようにすると次を得る：

$$I_J(T_\nu) = \left| \frac{\partial \boldsymbol{a}}{\partial u}(\xi_\nu, \eta_\nu) \times \frac{\partial \boldsymbol{a}}{\partial v}(\xi_\nu, \eta_\nu) \right| \cdot I_J(A_\nu).$$

各長方形に対してこのプロセスを実行すれば

$$\sum_{\nu=1}^{m} \left| \frac{\partial \boldsymbol{a}}{\partial u}(\xi_\nu, \eta_\nu) \times \frac{\partial \boldsymbol{a}}{\partial v}(\xi_\nu, \eta_\nu) \right| \cdot I_J(A_\nu)$$

が得られる．この和をリーマン和と解釈することにより，定義 2 の事実が直接得られる．

回転体の表面積

$x_1 \mapsto f(x_1)$ で定義される連続微分可能な非負関数 $f : [a,b] \to \mathbb{R}$ を x_1 軸を中心に回転すると，表面積が計算可能な回転体が得られる (p.317, 図 A_5)．定義 2 を用いて 2 重積分のうちの一つを計算することにより次が得られる：

$$O = 2\pi \int_a^b f(x_1) \cdot \sqrt{1 + [f'(x_1)]^2}\, \mathrm{d}x_1.$$

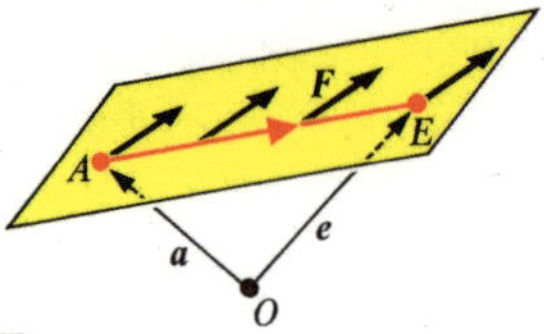

定常の力の場において，A から E への線分に沿った仕事量は次のように定義される：

$$W_{AE} = \langle \boldsymbol{F}, \boldsymbol{e} - \boldsymbol{a} \rangle .$$

A_1

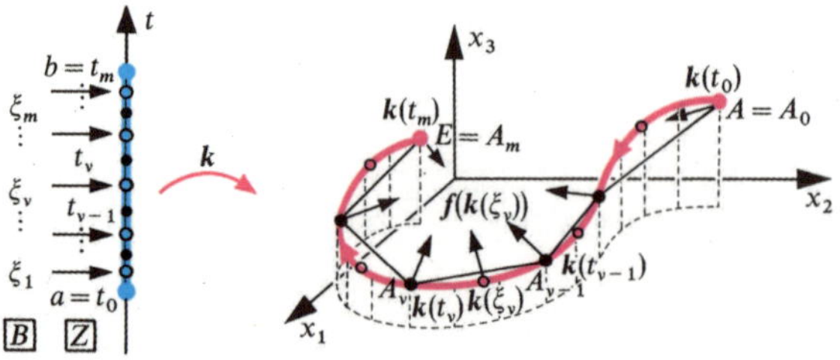

力の場とは $\mathbb{R}^3$-$\mathbb{R}^3$関数 $\boldsymbol{f}: D_{\boldsymbol{f}} \to \mathbb{R}^3$ で記述されるもので，連続性が仮定されているものである．$t \to \boldsymbol{k}(t) = (k_1(t), k_2(t), k_3(t))$ で定義される $\boldsymbol{k}:[a; b] \to D_{\boldsymbol{f}}$ を連続微分可能な曲線とする．ここで $k(a)$ は始点 A, $k(b)$ は終点 E である．力の場において A から E への曲線に沿った仕事量を近似するために，$[a,b]$ の分割 $Z = (t_0, \ldots, t_m)$ を取り，線分路 $AA_1 \ldots A_{m-1}$ を決める．Z から決まる占有点集合 $B = (\xi_1, \ldots, \xi_m)$ をあらかじめ決めておき，線分路に沿った仕事量を，線分 $A_{\nu-1}A_\nu$ に沿っては定常の力の場 $\boldsymbol{f}(\boldsymbol{k}(\xi_\nu))$ が作用するものとして計算する．

$$W_{\mathrm{app}}(Z, B) = \sum_{\nu=1}^{m} \langle \boldsymbol{f}(\boldsymbol{k}(\xi_\nu)), \boldsymbol{k}(t_\nu) - \boldsymbol{k}(t_{\nu-1}) \rangle \quad (\text{図}A_1\text{参照})$$

k_i に中間値の定理を用いることにより次が得られる（p.318，図B_2参照）：

$$W_{\mathrm{app}}(Z, B) = \sum_{\nu=1}^{m} \left\langle \boldsymbol{f}(\boldsymbol{k}(\xi_\nu)), \begin{pmatrix} k_1'(\xi_{\nu 1}) \\ k_2'(\xi_{\nu 2}) \\ k_3'(\xi_{\nu 3}) \end{pmatrix} \right\rangle \cdot (t_\nu - t_{\nu-1}), \qquad \xi_{\nu i} \in (t_{\nu-1}, t_\nu),\ i = 1, 2, 3$$

Z と B を自由に選択することにより，リーマン和としてのこの和と $[a,b]$ 上定義された

$$\sum_{\nu=1}^{m} \langle \boldsymbol{f}(\boldsymbol{k}(\xi_\nu)), \boldsymbol{k}'(\xi_\nu) \rangle \cdot (t_\nu - t_{\nu-1}) \quad \text{と} \langle \boldsymbol{f}(\boldsymbol{k}(t)), \boldsymbol{k}'(t) \rangle$$

との差を任意に小さく取れる．したがってリーマン積分が存在して，次が定義される：

$$W_{AE} := \int_a^b \langle \boldsymbol{f}(\boldsymbol{k}(t)), \boldsymbol{k}'(t) \rangle \, \mathrm{d}t .$$

A_2

力の場における曲線に沿った仕事量

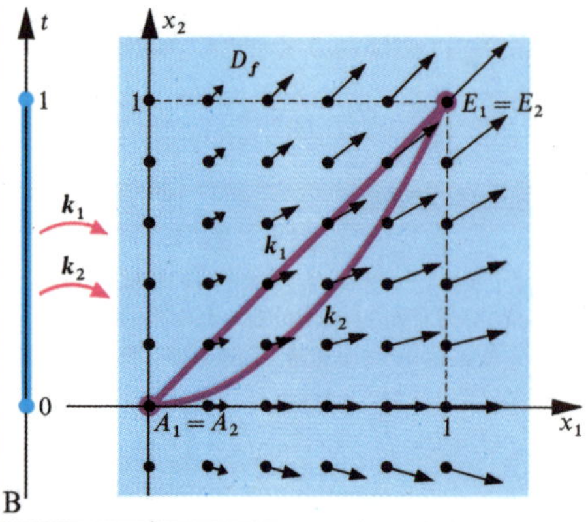

$\boldsymbol{f}: D_{\boldsymbol{f}} \to \mathbb{R}^2$ は $(x_1, x_2) \mapsto (x_1, x_1 \cdot x_2)$ で定義
$\boldsymbol{k}_1: [0, 1] \to \mathbb{R}^2$ は $t \mapsto (t, t)$ で定義
$\boldsymbol{k}_2: [0, 1] \to \mathbb{R}^2$ は $t \mapsto (t, t^2)$ で定義
$\boldsymbol{f}$ は連続，$\boldsymbol{k}_1$ と $\boldsymbol{k}_2$ は連続微分可能で，
定理2より次が得られる：

$$\int_{\boldsymbol{k}_1} \langle \boldsymbol{f}(\boldsymbol{x}), \mathrm{d}\boldsymbol{x} \rangle = \int_0^1 \left\langle \begin{pmatrix} t \\ t^2 \end{pmatrix}, \begin{pmatrix} 1 \\ 1 \end{pmatrix} \right\rangle \mathrm{d}t = \frac{5}{6},$$

$$\int_{\boldsymbol{k}_2} \langle \boldsymbol{f}(\boldsymbol{x}), \mathrm{d}\boldsymbol{x} \rangle = \int_0^1 \left\langle \begin{pmatrix} t \\ t^3 \end{pmatrix}, \begin{pmatrix} 1 \\ 2t \end{pmatrix} \right\rangle \mathrm{d}t = \frac{9}{10}.$$

B

例

線積分

数理物理学において，いわゆる「曲線に沿ったベクトル場の積分」が現れることがある．例えば，力の場の曲線に沿った積分や，仕事量の概念等がそうである（図 A）．特別な物理学的解釈は別として，次のプロセスが重要である：

$\mathbb{R}^3$-$\mathbb{R}^3$ 関数 $\boldsymbol{f}: D_{\boldsymbol{f}} \to \mathbb{R}^3$（$D_{\boldsymbol{f}}$ は $\mathbb{R}^3$ 内の領域）と $\boldsymbol{k}: [a,b] \to D_{\boldsymbol{f}}$ で定義される求長可能な曲線で，始点が A（$\boldsymbol{k}(a)$），終点が E（$\boldsymbol{k}(b)$）であるものが与えられたとする．$[a,b]$ の分割 $Z = (t_0, \ldots, t_m)$ に対して，曲線上の分割 $(\boldsymbol{k}(t_0), \ldots, \boldsymbol{k}(t_m))$ が引き起こされ，線分列が規定される（図 A_2 参照）．Z の任意の占有点集合 $B = (\xi_1, \ldots, \xi_m)$ に対して $(\boldsymbol{k}(\xi_1), \ldots, \boldsymbol{k}(\xi_m))$ は対応する曲線分割の占有点集合と考えられる．すると次の和が構成できる：

$$S(\boldsymbol{k}, \boldsymbol{f}, Z, B) := \sum_{\nu=1}^{m} \langle \boldsymbol{f}(\boldsymbol{k}(\xi_\nu)), \boldsymbol{k}(t_\nu) - \boldsymbol{k}(t_{\nu-1}) \rangle.$$

$\boldsymbol{x}_\nu := \boldsymbol{k}(\xi_\nu)$, $\boldsymbol{a}_\nu := \boldsymbol{k}(t_\nu)$ と置けば，これは次のように書ける．

$$S(\boldsymbol{k}, \boldsymbol{f}, Z, B) = \sum_{\nu=1}^{m} \langle \boldsymbol{f}(\boldsymbol{x}_\nu), \boldsymbol{a}_\nu - \boldsymbol{a}_{\nu-1} \rangle.$$

これはリーマン和を想起させる．

定義 1　$[a,b]$ の任意の優分解列 $\{Z_\mu\}$ に対して列 $\{S(\boldsymbol{k}, \boldsymbol{f}, Z_\mu, B_\mu)\}$ が収束し，すなわち占有点列 $\{B_\mu\}$ の取り方に依存しないとき，その極限値を **$\boldsymbol{f}$ の曲線 $\boldsymbol{k}$ に沿った線積分（曲線積分）** といい $\int_{\boldsymbol{k}} \langle \boldsymbol{f}(\boldsymbol{x}), \mathrm{d}\boldsymbol{x} \rangle$ で表す．閉曲線の場合は $\oint_{\boldsymbol{k}} \langle \boldsymbol{f}(\boldsymbol{x}), \mathrm{d}\boldsymbol{x} \rangle$ で表される．

次の定理は存在定理で，その次に述べる積分法則とも関連して実用的にはこれで十分である．

定理 1　ある領域上連続な $\mathbb{R}^3$-$\mathbb{R}^3$ 関数 $\boldsymbol{f}$ の求長可能な連続曲線に沿った線積分は存在する．

注意　仮定の $\boldsymbol{f}$ の連続性は，$\boldsymbol{k}$ の像集合上だけで十分である．

定義 1 からただちに次の法則が導きだされる（$\boldsymbol{f}+\boldsymbol{g}$, $c \cdot \boldsymbol{f}$, $\boldsymbol{k}_1 + \boldsymbol{k}_2$, $-\boldsymbol{k}$ 等の定義については p.255 と p.367 で与えられている）：

(K1) $$\int_{\boldsymbol{k}} \langle (\boldsymbol{f}+\boldsymbol{g})(\boldsymbol{x}), \mathrm{d}\boldsymbol{x} \rangle = \int_{\boldsymbol{k}} \langle \boldsymbol{f}(\boldsymbol{x}), \mathrm{d}\boldsymbol{x} \rangle + \int_{\boldsymbol{k}} \langle \boldsymbol{g}(\boldsymbol{x}), \mathrm{d}\boldsymbol{x} \rangle,$$

(K2) $$\int_{\boldsymbol{k}} \langle c \cdot \boldsymbol{f}(\boldsymbol{x}), \mathrm{d}\boldsymbol{x} \rangle = c \cdot \int_{\boldsymbol{k}} \langle \boldsymbol{f}(\boldsymbol{x}), \mathrm{d}\boldsymbol{x} \rangle \ (c \in \mathbb{R}),$$

(K3) $$\int_{-\boldsymbol{k}} \langle \boldsymbol{f}(\boldsymbol{x}), \mathrm{d}\boldsymbol{x} \rangle = -\int_{\boldsymbol{k}} \langle \boldsymbol{f}(\boldsymbol{x}), \mathrm{d}\boldsymbol{x} \rangle,$$

(K4) $$\int_{\boldsymbol{k}_1+\boldsymbol{k}_2} \langle \boldsymbol{f}(\boldsymbol{x}), \mathrm{d}\boldsymbol{x} \rangle = \int_{\boldsymbol{k}_1} \langle \boldsymbol{f}(\boldsymbol{x}), \mathrm{d}\boldsymbol{x} \rangle + \int_{\boldsymbol{k}_2} \langle \boldsymbol{f}(\boldsymbol{x}), \mathrm{d}\boldsymbol{x} \rangle.$$

注意　法則 (K3) は，曲線の向き付けが問題となることを示している．

定理 1 より連続な $\mathbb{R}^3$-$\mathbb{R}^3$ 関数の連続微分可能な曲線に沿った線積分が存在する (p.319)．さらに線積分は，$[a,b]$ 上のリーマン積分に変換され，計算が簡易化される．

定理 2　ある領域上定義された連続な $\mathbb{R}^3$-$\mathbb{R}^3$ 関数 $\boldsymbol{f}$ の，$\boldsymbol{k}: [a,b] \to D_{\boldsymbol{f}}$ で媒介変数表示される連続微分可能な曲線に沿った線積分について次が成り立つ：

$$\int_{\boldsymbol{k}} \langle \boldsymbol{f}(\boldsymbol{x}), \mathrm{d}\boldsymbol{x} \rangle = \int_a^b \langle \boldsymbol{f}(\boldsymbol{k}(t)), \boldsymbol{k}'(t) \rangle \mathrm{d}t$$

注意　$\mathbb{R}^3$ 内の線積分の概念は $\mathbb{R}^n$，特に $\mathbb{R}^2$ の場合に容易に翻訳される．その際，定理 1, 2 と積分法則 (K1)〜(K4) を拡張して定式化した主張はそのまま成立する．

例　図 B.

実数値関数の線積分

$\mathbb{R}^3$-$\mathbb{R}^3$ 関数 $\boldsymbol{f}: D_{\boldsymbol{f}} \to \mathbb{R}^3$ が成分表示 $\boldsymbol{f}(\boldsymbol{x}) = \sum_{i=1}^{3} f_i(\boldsymbol{x})$ を持つものとする (p.291)．すると規則 (K1) より，$\int_{\boldsymbol{k}} \langle \boldsymbol{f}(\boldsymbol{x}), \mathrm{d}\boldsymbol{x} \rangle = \sum_{i=1}^{3} \int_{\boldsymbol{k}} \langle f_i(\boldsymbol{x}) \cdot \boldsymbol{e}_i, \mathrm{d}\boldsymbol{x} \rangle$ という表現を得る．右辺の線積分は個々の軸について分けたものの和になっている．それぞれは $\int_{\boldsymbol{k}} \langle g(\boldsymbol{x}) \cdot \boldsymbol{e}_i, \mathrm{d}\boldsymbol{x} \rangle$ の形をしている．ここで g は実数値関数である．次のように定義される：

定義 2　$g: D_g \to \mathbb{R}$（D_g は $\mathbb{R}^3$ 内の領域）と $\boldsymbol{k}: [a,b] \to D_g$ に対して積分 $\int_{\boldsymbol{k}} \langle g(\boldsymbol{x}) \cdot \boldsymbol{e}_i, \mathrm{d}\boldsymbol{x} \rangle$ が存在するとき，これを g の **$\boldsymbol{i}$ 番目の座標軸に関する線積分**という．

文献によっては，これらの積分を $\int_{\boldsymbol{k}} g(\boldsymbol{x}) \mathrm{d}x_i$ で表しているものがある．すなわち

$$\int_{\boldsymbol{k}} g(\boldsymbol{x}) \mathrm{d}x_i := \int_{\boldsymbol{k}} \langle g(\boldsymbol{x}) \cdot \boldsymbol{e}_i, \mathrm{d}\boldsymbol{x} \rangle.$$

$\mathbb{R}^3$-$\mathbb{R}^3$ 関数の線積分の成分表示については次を得る：

$$\int_{\boldsymbol{k}} \langle \boldsymbol{f}(\boldsymbol{x}), \mathrm{d}\boldsymbol{x} \rangle = \int_{\boldsymbol{k}} f_1(\boldsymbol{x}) \mathrm{d}x_1 + \int_{\boldsymbol{k}} f_2(\boldsymbol{x}) \mathrm{d}x_2 + \int_{\boldsymbol{k}} f_3(\boldsymbol{x}) \mathrm{d}x_3.$$

これはしばしば

$$\int_{\boldsymbol{k}} \langle \boldsymbol{f}(\boldsymbol{x}), \mathrm{d}\boldsymbol{x} \rangle = \int_{\boldsymbol{k}} (f_1(\boldsymbol{x}) \mathrm{d}x_1 + f_2(\boldsymbol{x}) \mathrm{d}x_2 + f_3(\boldsymbol{x}) \mathrm{d}x_3)$$

と書き換えられて，右辺が線積分を定める．

実数値関数の線積分に対して，定理 1, 2 と積分法則 (K1)〜(K4) に対応する主張はそのまま成立する．

さらに定理 2 の仮定のもとで

$$\int_{\boldsymbol{k}} g(\boldsymbol{x}) \mathrm{d}x_i = \int_a^b g(\boldsymbol{k}(t)) \cdot k_i(t)\, \mathrm{d}t$$

注意　$\mathbb{R}^n$ への一般化ももちろん容易に可能である．

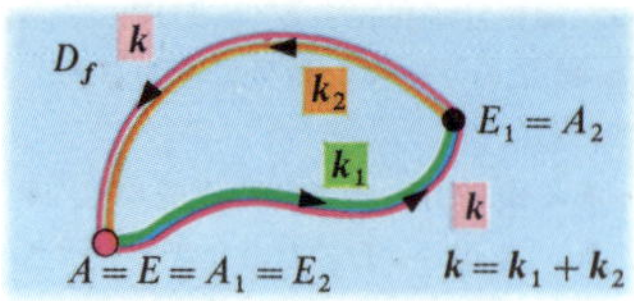

経路独立性はD_f内で考えられる．
p.323の規則（K3）より次が成り立つ：

$$\int_{k_1} \langle f(x), \mathrm{d}x \rangle = -\int_{k_2} \langle f(x), \mathrm{d}x \rangle \text{，すなわち}$$

$$\oint_k \langle f(x), \mathrm{d}x \rangle = \int_{k_1+k_2} \langle f(x), \mathrm{d}x \rangle = \int_{k_1} \langle f(x), \mathrm{d}x \rangle + \int_{k_2} \langle f(x), \mathrm{d}x \rangle$$

（p.323，規則（K4））

$$= 0\,.$$

A　逆も同様に示される．

経路独立性

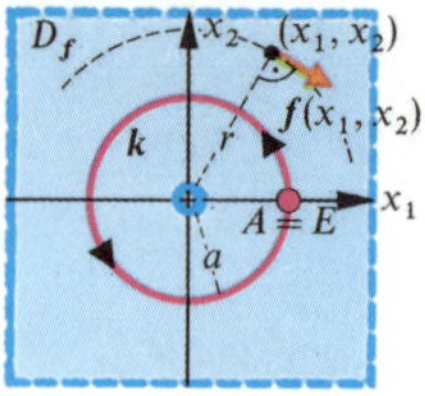

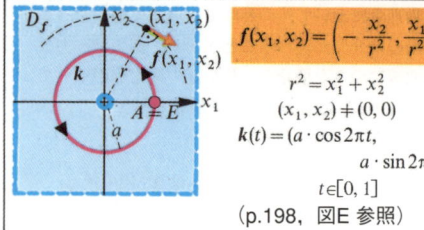

$$f(x_1, x_2) = \left(-\frac{x_2}{r^2}, \frac{x_1}{r^2}\right)$$

$r^2 = x_1^2 + x_2^2$
$(x_1, x_2) \neq (0, 0)$
$k(t) = (a \cdot \cos 2\pi t,\ a \cdot \sin 2\pi t)$
$t \in [0, 1]$
（p.198，図E 参照）

積分可能性はみたされている．
なぜなら，次が成り立つからである：

$$\frac{\partial f_2}{\partial x_1}(x_1, x_2) = \frac{x_2^2 - x_1^2}{r^4} = \frac{\partial f_1}{\partial x_2}(x_1, x_2)\,.$$

しかしながら，$\int_k \langle f(x), \mathrm{d}x \rangle = 2\pi \neq 0$ であるから
線積分は経路依存，すなわち定理3より，

B　f はD_f 内に原始関数を持たない．

反例

積分可能条件がみたされており，
D_fは単連結である．

$(a_1, a_2) \in D_f$　を与える

$\int_{a_1}^{x_1} f_1(t, x_2)\mathrm{d}t$ 解く

$\int_{a_2}^{x_2} f_2(a_1, t)\mathrm{d}t$ 解く

$$F(x_1, x_2) = \int_{a_1}^{x_1} f_1(t, x_2)\mathrm{d}t + \int_{a_2}^{x_2} f_2(a_1, t)\mathrm{d}t + C$$

原始関数

例： $f(x_1, x_2) = (x_2^2 + 1, 2x_1x_2 - 1)$，　$D_f = \mathbb{R}^2$

$$\frac{\partial f_2}{\partial x_1}(x_1, x_2) = 2x_2 = \frac{\partial f_1}{\partial x_2}(x_1, x_2)$$

$(1, 2) \in D_f$

$\int_1^{x_1} f_1(t, x_2)\mathrm{d}t = \int_1^{x_1} (x_2^2 + 1)\mathrm{d}t = (x_2^2 + 1)(x_1 - 1)$

$\int_2^{x_2} f_2(1, t)\mathrm{d}t = \int_2^{x_2} (2t - 1)\mathrm{d}t = x_2^2 - x_2 - 2$

$$F(x_1, x_2) = x_1x_2^2 + x_1 - x_2 + C$$

$$\left.\begin{matrix} A(-2, 0) \\ E(1, 1) \end{matrix}\right\} \int_k \langle f(x), \mathrm{d}x \rangle = F(1, 1) - F(-2, 0) = 3$$

C

定積分を調べる

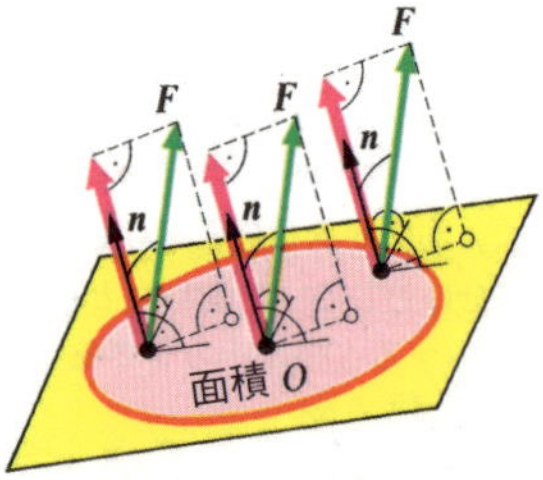

$\langle F, n \rangle$ は F の正規成分の
絶対値を定める．
曲面の流れを次で定義する：

D$_1$　$\langle F, n \rangle \cdot O$　　$(|n| = 1)$.

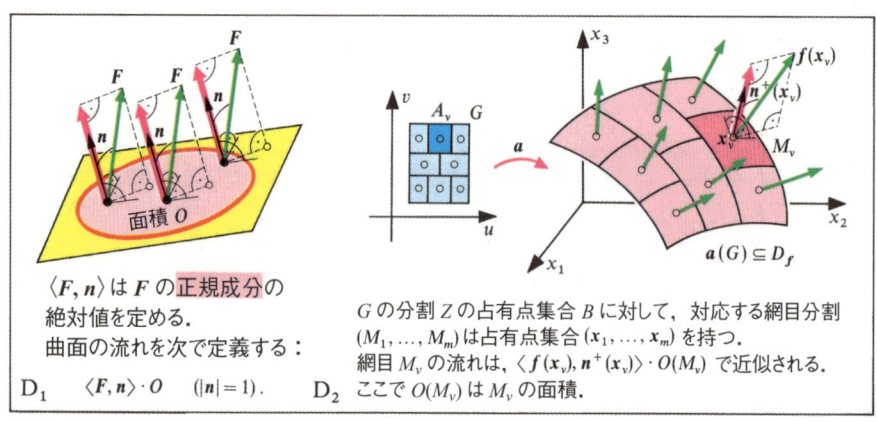

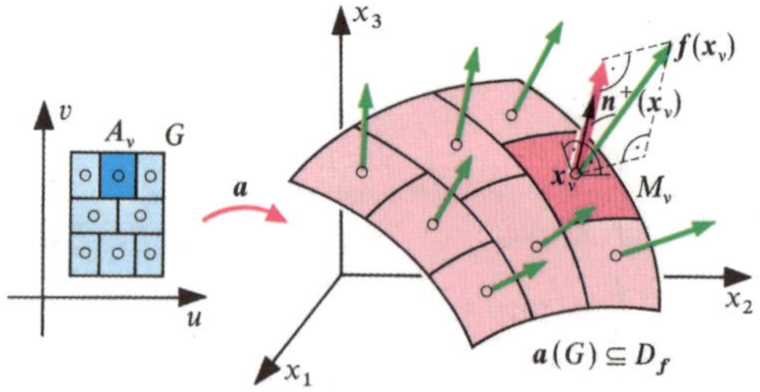

G の分割 Z の占有点集合 B に対して，対応する網目分割
$(M_1, \ldots, M_m)$ は占有点集合 $(x_1, \ldots, x_m)$ を持つ．
網目 M_v の流れは，$\langle f(x_v), n^+(x_v) \rangle \cdot O(M_v)$ で近似される．

D$_2$　ここで $O(M_v)$ は M_v の面積．

面積分

経路独立，原始関数

p.322 の図 B にある計算は，線積分の値が始点，終点が同じであっても曲線が変われば異なることを表している．しかしながら，$\mathbb{R}^3$-$\mathbb{R}^3$ 関数で，その線積分の値が始点 A と終点 E の取り方のみに依存し，それらを結ぶ $D_{\boldsymbol{f}}$ 内の曲線には依存しないものがある（ただしそれらの線積分は存在するものとする）．$D_{\boldsymbol{f}}$ 内の任意の点の対 (A, E) に対して，このようなことが成立するとき**線積分の経路独立性**という．

経路独立性は次のように特徴付けられる．

定理 3　$D_{\boldsymbol{f}}$ 内の線積分の経路独立性と $D_{\boldsymbol{f}}$ 内のすべての閉曲線 $\boldsymbol{k}$ に対して線積分が存在し，$\oint_{\boldsymbol{k}}\langle \boldsymbol{f}(\boldsymbol{x}), \mathrm{d}\boldsymbol{x}\rangle = 0$ が成り立つことは同値である（図 A_1）．

連続な $\mathbb{R}^3$-$\mathbb{R}^3$ 関数がすべて経路独立性を持つとは限らないので，その経路独立性を保証するような別の性質を探してみる．

まず次のように定義する：

定義 3　$\mathbb{R}^3$-$\mathbb{R}$ 関数 $F: D_F \to \mathbb{R}$ が $\mathbb{R}^3$-$\mathbb{R}^3$ 関数 $\boldsymbol{f}: D_{\boldsymbol{f}} \to \mathbb{R}^3$ の**原始関数**であるとは，$D_F = D_{\boldsymbol{f}}$ かつ $\boldsymbol{f} = \operatorname{grad} F$（p.293 参照）が成り立つことをいう．

すると次が得られる．

定理 4　$\mathbb{R}^3$-$\mathbb{R}^3$ 関数 $\boldsymbol{f}: D_{\boldsymbol{f}} \to \mathbb{R}^3$ は領域 $D_{\boldsymbol{f}}$ 上連続であるとする．$\boldsymbol{f}$ が $D_{\boldsymbol{f}}$ 内で経路独立であることと $\boldsymbol{f}$ が原始関数 F を持つこととは同値である．

原始関数が存在すれば，主定理（p.305，定理 6）に対応する定理，すなわち線積分が始点と終点のみに依存することが導かれる：

定理 5　$\mathbb{R}^3$-$\mathbb{R}^3$ 関数 $\boldsymbol{f}: D_{\boldsymbol{f}} \to \mathbb{R}^3$ を領域 $D_{\boldsymbol{f}}$ 上連続とする．すると $\boldsymbol{f}$ に対する原始関数 F が存在し，$D_{\boldsymbol{f}}$ 内の任意の点の対 (A,E) と A を始点とし，E を終点とする連続微分可能な曲線（$\boldsymbol{k}$ で媒介変数表示）に対して

$$\int_{\boldsymbol{k}} \langle \boldsymbol{f}(\boldsymbol{x}), \mathrm{d}\boldsymbol{x}\rangle = F(\boldsymbol{e}) - F(\boldsymbol{a})$$

が成り立つ．ここで $\boldsymbol{a}$, $\boldsymbol{e}$ は点 A, E の位置ベクトルを表す．

$\mathbb{R}^3$-$\mathbb{R}^3$ 関数 $\boldsymbol{f}$ に対して，どのような条件のもとで原始関数が存在するか，またどのようにして原始関数を決定するかを求めることは重要である．連続微分可能 $\mathbb{R}^3$-$\mathbb{R}^3$ 関数 $\boldsymbol{f}$ に対して原始関数が存在するためにはいわゆる**積分可能条件**

$$\frac{\partial f_\nu}{\partial x_\mu} = \frac{\partial f_\mu}{\partial x_\nu} \quad (\nu, \mu \in \{1,2,3\}, \nu \neq \mu)$$

が**必要条件**であるが，**十分条件ではない**（図 B）．それはもし $D_{\boldsymbol{f}}$ が球の内部また一般に星状領域（$D_{\boldsymbol{f}}$ に 1 点があり，そこから $D_{\boldsymbol{f}}$ の任意の点を結んだ線分が $D_{\boldsymbol{f}}$ に含まれる）なら十分条件となる．それはまた単連結領域 (p.203, p.229) に対しても十分条件である．$\mathbb{R}^2$ の場合は，これはグリーンの定理 (p.327) からただちに導かれる．

注意　図 B の領域は単連結ではない．なぜなら $(0,0)$ が $D_{\boldsymbol{f}}$ に含まれていないからである．

原始関数の存在が分かれば，例えば図 C に概略が述べられている方法で原始関数をみつけだすことができる．

面積分

物理学的概念構成において，曲面上のベクトル場の流れが問題となることがある．単純な場合としてベクトル場が定数で平面上にあれば，図 D_1 にあるように流れが定義される．一般の場合は $\mathbb{R}^3$-$\mathbb{R}^3$ 関数 $\boldsymbol{f}: D_{\boldsymbol{f}} \to \mathbb{R}^3$（$D_{\boldsymbol{f}}$ は $\mathbb{R}^3$ 内の）と $\boldsymbol{a}: G \to \mathbb{R}^3$ によって媒介変数表示され，滑らかで $\boldsymbol{n}^+$ で境界付けられている曲面片が与えられる．この場合には，図 D_2 にあるように定義される和

$$S(\boldsymbol{a}, \boldsymbol{f}, Z, B) := \sum_{\nu=1}^{m} \langle \boldsymbol{f}(\boldsymbol{x}_\nu), \boldsymbol{n}^+(\boldsymbol{x}_\nu)\rangle \cdot O(M_\nu)$$

はリーマン和を想起させる．そこで次のように定義する．

定義 4　G の任意の優分割列 $\{Z_\mu\}$ に対して列 $\{S(\boldsymbol{a}, \boldsymbol{f}, Z_\mu, B_\mu)\}$ が実数に収束し，しかも占有点 $\{B_\mu\}$ の取り方にはよらないとき，その極限値は**面積分**と呼ばれ，

$$\int_{\boldsymbol{a}} \langle \boldsymbol{f}(\boldsymbol{x}), \boldsymbol{n}^+(\boldsymbol{x})\rangle \mathrm{d}O$$

で表される．

連続な $\mathbb{R}^3$-$\mathbb{R}^3$ 関数 $\boldsymbol{f}$ に対しては面積分が存在し，それは G 上のリーマン積分に書き換えることができる：

$$\int_{\boldsymbol{a}} \langle \boldsymbol{f}(\boldsymbol{x}), \boldsymbol{n}^+(\boldsymbol{x})\rangle \mathrm{d}O = \int_G \langle \boldsymbol{f}(\boldsymbol{a}(u,v)), \boldsymbol{n}^+(\boldsymbol{a}(u,v))\rangle \cdot \left|\frac{\partial \boldsymbol{a}}{\partial u}(u,v) \times \frac{\partial \boldsymbol{a}}{\partial v}(u,v)\right| \mathrm{d}(u,v)$$

（p.321，面積分参照）．

$$\frac{\partial \boldsymbol{a}}{\partial u}(u,v) \times \frac{\partial \boldsymbol{a}}{\partial v}(u,v) = \left|\frac{\partial \boldsymbol{a}}{\partial u}(u,v) \times \frac{\partial \boldsymbol{a}}{\partial v}(u,v)\right| \cdot \boldsymbol{n}^+(\boldsymbol{a}(u,v))$$

が成り立つので

$$\int_{\boldsymbol{a}} \langle \boldsymbol{f}(\boldsymbol{x}), \boldsymbol{n}^+(\boldsymbol{x})\rangle \mathrm{d}O = \int_G \langle \boldsymbol{f}(\boldsymbol{a}(u,v)), \frac{\partial \boldsymbol{a}}{\partial u}(u,v) \times \frac{\partial \boldsymbol{a}}{\partial v}(u,v)\rangle \mathrm{d}(u,v)$$

を得る．通常の応用においては G は正規領域 (p.317) で，面積分は 2 重積分で計算される．

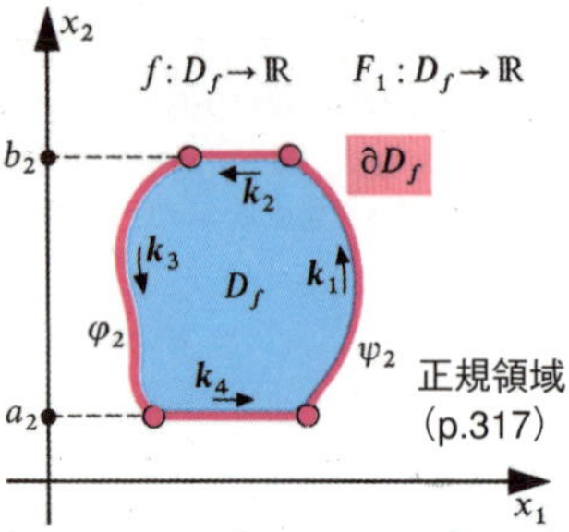

正規領域
(p.317)

次が成り立つ（p.323，実数値関数の線積分，参照）：

$$\int_{k_1} F_1(x_1, x_2)\,\mathrm{d}x_2 = \int_{a_2}^{b_2} F_1(\psi_2(x_2), x_2)\,\mathrm{d}x_2\,,$$

$$\int_{k_2} F_1(x_1, x_2)\,\mathrm{d}x_2 = \int_{k_4} F_1(x_1, x_2)\,\mathrm{d}x_2 = 0\,,$$

$$\int_{k_3} F_1(x_1, x_2)\,\mathrm{d}x_2 = -\int_{a_2}^{b_2} F_1(\varphi_2(x_2), x_2)\,\mathrm{d}x_2,$$　すなわち

A_1

$$\oint_{\partial D_f} F_1(x_1, x_2)\,\mathrm{d}x_2 = \int_{k_1+k_2+k_3+k_4} F_1(x_1, x_2)\,\mathrm{d}x_2 = \int_{a_2}^{b_2} F_1(\psi_2(x_2), x_2)\,\mathrm{d}x_2 - \int_{a_2}^{b_2} F_1(\varphi_2(x_2), x_2)\,\mathrm{d}x_2\,.$$

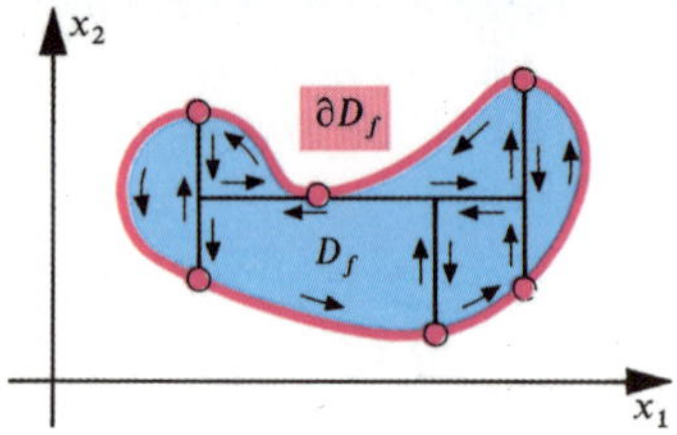

x_2軸に関する正規領域への分割

A_2

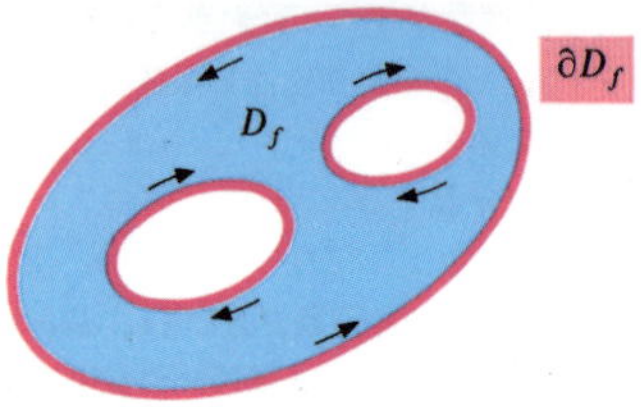

∂D_fの向き付け

A_3

2変数のリーマン積分の線積分での表示

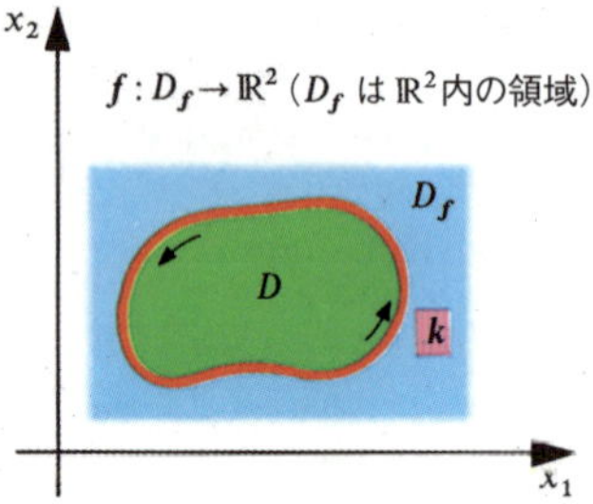

k は $\mathbb{R}^2$ の連続微分可能な単純閉曲線
fは連続な $\mathbb{R}^2$-$\mathbb{R}^2$ 関数で
$D_f \supseteq D \cup k$

B_1

$f: D_f \to \mathbb{R}^3$ は連続微分可能な $\mathbb{R}^3$-$\mathbb{R}^3$ 関数（D_f 領域）

D は M を面とする立体の内点の集合

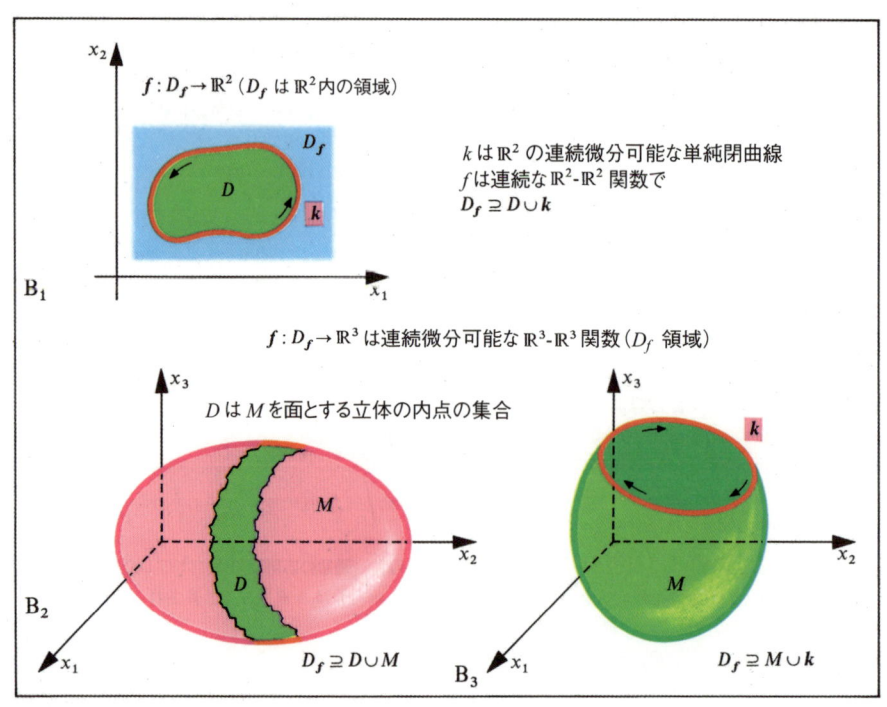

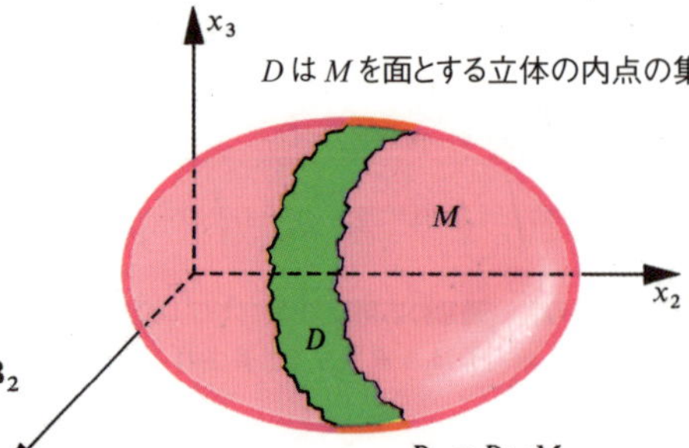

$D_f \supseteq D \cup M$

B_2

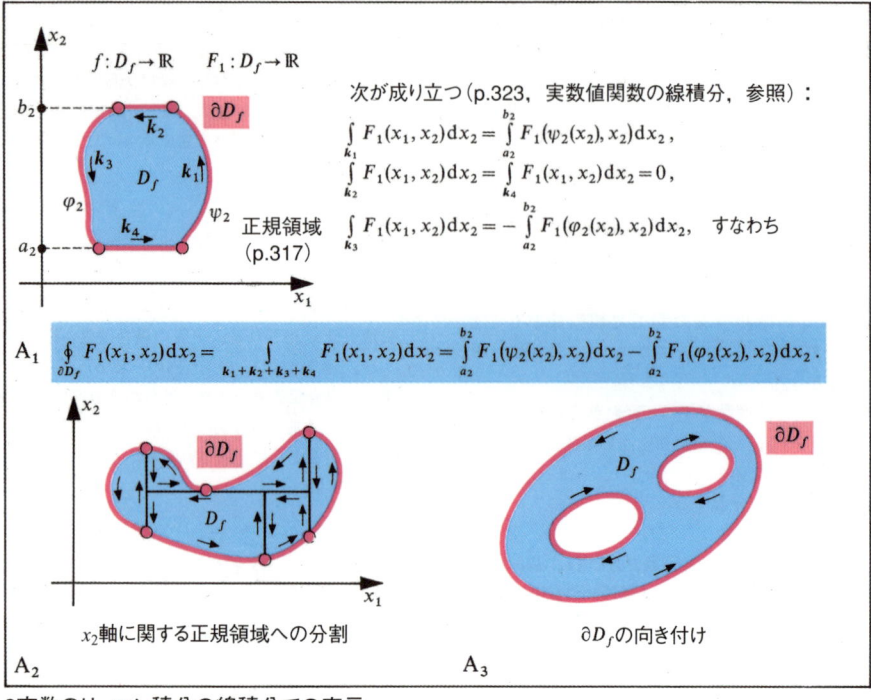

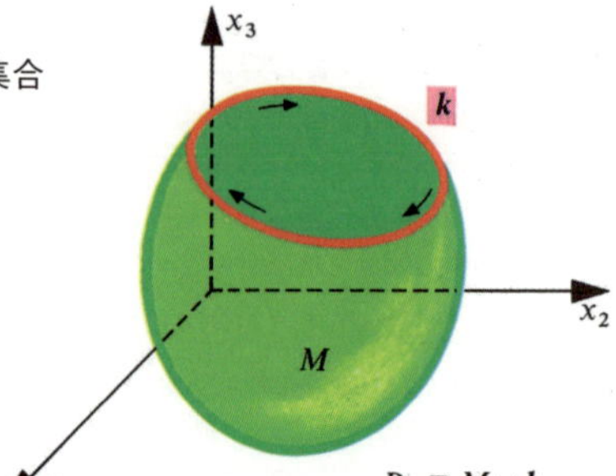

$D_f \supseteq M \cup k$

B_3

発散定理とストークスの定理

連続関数 $f:[a,b]\to\mathbb{R}$ に関しては主定理 (p.305) が使えて，f に対する原始関数 F が存在し

$$\int_a^b f(x)\mathrm{d}x = F(b)-F(a)$$

が得られる．すなわち $[a,b]$ 上のそのリーマン積分は，F の定義域の境界での値によって一意的に決定される．類似の主張は $\mathbb{R}^2$ や $\mathbb{R}^3$ の部分集合上のリーマン積分に対しても得られる．ある条件のもとで，このような積分は定義域の境界に沿った線積分によって表現される．簡単のために，定義域について強い条件を課して議論をする．

2 変数のリーマン積分の定義域境界に沿った線積分表現

$f:D_f\to\mathbb{R}$ $(D_f\subset\mathbb{R}^2)$ を連続であり，かつ D_f が x_2 軸に関する正規領域とする（図 A_1）．すると $\frac{\partial F_1}{\partial x_1}(x_1,x_2)=f(x_1,x_2)$ となるような関数 $F_1:D_f\to\mathbb{R}$ が存在して

$$\int_{D_f} f(x_1,x_2)\mathrm{d}(x_1,x_2) = \int_{D_f}\frac{\partial F_1}{\partial x_1}(x_1,x_2)\mathrm{d}(x_1,x_2)$$

が成り立つ．右辺の積分は 2 重積分で計算される (p.317)．したがって次が得られる．

$$\int_{D_f} f(x_1,x_2)\mathrm{d}(x_1,x_2) = \int_{a_2}^{b_2}\left[F_1(\psi_2(x_2),x_2)-F_1(\varphi_2(x_2),x_2)\right]\mathrm{d}x_2$$

図 A_1 の結果から次が導かれる：

(1) $$\int_{D_f} f(x_1,x_2)\mathrm{d}(x_1,x_2) = \oint_{\partial D_f} F_1(x_1,x_2)\mathrm{d}x_2$$

ただし，ここで $\frac{\partial F_1}{\partial x_1}(x_1,x_2)=f(x_1,x_2)$.

リーマン積分のこの線積分による表現は，D_f が正規領域でなくとも，有限個の x_2 軸に関する正規領域に分解できれば成立する（図 A_2）．x_1 軸に関しても同様である：

(2) $$\int_{D_f} f(x_1,x_2)\mathrm{d}(x_1,x_2) = -\oint_{\partial D_f} F_2(x_1,x_2)\mathrm{d}x_1$$

ただし，ここで $\frac{\partial F_2}{\partial x_2}(x_1,x_2)=f(x_1,x_2)$.

f が連続微分可能ならば (1), (2) より f を $\frac{\partial f}{\partial x_i}$ で F_i を f で置き換えることにより次を得る：

(1*) $$\int_{D_f}\frac{\partial f}{\partial x_1}(x_1,x_2)\mathrm{d}(x_1,x_2) = \oint_{\partial D_f} f(x_1,x_2)\mathrm{d}x_2,$$

(2*) $$\int_{D_f}\frac{\partial f}{\partial x_2}(x_1,x_2)\mathrm{d}(x_1,x_2) = -\oint_{\partial D_f} f(x_1,x_2)\mathrm{d}x_1,$$

グリーンの積分定理

$\boldsymbol{f}:D_{\boldsymbol{f}}\to\mathbb{R}^2$ を連続微分可能な関数で成分表示 $\boldsymbol{f}(x_1,x_2)=(f_1(x_1,x_2),f_2(x_1,x_2))$ を持つものとする．さらに $D_{\boldsymbol{f}}$ の部分集合 D が有限個の x_1 軸に関する正規領域に分解できるものとする．すると成分関数 f_1, f_2 に対して (1*), (2*) を適用できて次を得る：

$$\int_D\frac{\partial f_2}{\partial x_1}(x_1,x_2)\mathrm{d}(x_1,x_2) = \oint_{\partial D} f_2(x_1,x_2)\mathrm{d}x_2,$$

$$\int_D\frac{\partial f_1}{\partial x_2}(x_1,x_2)\mathrm{d}(x_1,x_2) = -\oint_{\partial D} f_1(x_1,x_2)\mathrm{d}x_1,$$

ここで

$$\oint_{\partial D}\langle\boldsymbol{f}(x_1,x_2),\mathrm{d}(x_1,x_2)\rangle = \oint_{\partial D} f_1(x_1,x_2)\mathrm{d}x_1+\oint_{\partial D} f_2(x_1,x_2)\mathrm{d}x_2$$

であるから

(3) $$\int_D\left[\frac{\partial f_2}{\partial x_1}(x_1,x_2)-\frac{\partial f_1}{\partial x_2}(x_1,x_2)\right]\mathrm{d}(x_1,x_2) = \oint_{\partial D}\langle\boldsymbol{f}(x_1,x_2),\mathrm{d}(x_1,x_2)\rangle$$

を得る．(3) は，D 上のリーマン積分が D の境界に沿った線積分として表されることを表現しており，**グリーンの積分定理**と呼ばれる．

注意　等式 (3) は，D が連結で ∂D が $D_{\boldsymbol{f}}$ に含まれ，連続微分可能な曲線を有限個つないだものになっていれば成立する（その向きは図 A_3 のように取るものする）．

発散定理，ストークスの定理

グリーンの積分定理を利用する際の条件としては，例えば図 B_1 で記述されているものが基本的である．$\mathbb{R}^3$ への拡張は次の二つの方法で可能である．

a) $\boldsymbol{n}^+$ で向き付けられた $\mathbb{R}^3$ 内の滑らかな曲面 (p.379) で媒介変数表示 $\boldsymbol{a}$ を持つものが与えられたものとする．D をこの曲面の内部とする（図 B_2）．$\boldsymbol{f}:D_{\boldsymbol{f}}\to\mathbb{R}^3$（$D_{\boldsymbol{f}}$ は $\mathbb{R}^3$ の領域）は連続微分可能な $\mathbb{R}^3$-$\mathbb{R}^3$ 関数とし，$D_{\boldsymbol{f}}$ は D を含むものとする．すると次が成り立つ．

(4) $$\int_D \operatorname{div}\boldsymbol{f}(\boldsymbol{x})\mathrm{d}\boldsymbol{x} = \int_{\boldsymbol{a}}\langle\boldsymbol{f}(\boldsymbol{x}),\boldsymbol{n}^+(\boldsymbol{x})\rangle\mathrm{d}O.$$

(4) は D 上のリーマン積分が面積分によって表される（またその逆の）ことを示しており，**発散定理**と呼ばれる（$\operatorname{div}\boldsymbol{f}(\boldsymbol{x})$ については p.299 参照）．

b) $\boldsymbol{k}$ は $\mathbb{R}^3$ 内の連続微分可能な単純閉曲線であり，$\boldsymbol{n}^+$ で向き付けられた滑らかな曲面片の中に現れるものとする（図 B_3 参照）．$\boldsymbol{f}:D_{\boldsymbol{f}}\to\mathbb{R}^3$（$D_{\boldsymbol{f}}$ は $\mathbb{R}^3$ 内の領域）を連続微分可能な $\mathbb{R}^3$-$\mathbb{R}^3$ 関数で $D_{\boldsymbol{f}}$ は $\boldsymbol{k}$ を含むものとする．すると次が成り立つ：

(5) $$\int_{\boldsymbol{a}}\langle\operatorname{rot}\boldsymbol{f}(\boldsymbol{x}),\boldsymbol{n}^+(\boldsymbol{x})\rangle\mathrm{d}O = \oint_{\boldsymbol{k}}\langle\boldsymbol{f}(\boldsymbol{x}),\mathrm{d}\boldsymbol{x}\rangle.$$

これは面積分が境界に沿った線積分で表される（またその逆の）ことを示しており，**ストークスの積分定理**と呼ばれる（$\operatorname{rot}\boldsymbol{f}(\boldsymbol{x})$ については p.299 参照）．

軸平行な長方形 A（退化した場合も含む）

$$I_J(A) := a \cdot b$$

軸平行な長方形による有限長方形網 N
（必ずしも関連があるとは限らない）

$$I_J(N) := \sum_{\nu=1}^{m} I_J(A'_\nu)$$

（共通部分のない表現の取り方について独立）

$N = \bigcup_{\nu=1}^{n} A_\nu$　共通部分のない表現（一意的とは限らない）　$N = \bigcup_{\nu=1}^{m} A'_\nu$

$\mathbb{R}^2$ の有界部分集合 B
（B はある軸平行長方形に含まれる）

外近似：
$$m^*(B) := \inf\{I_J(N) \mid N \supseteq B\}$$
N 有限長方形網

内近似：
$$m_*(B) := \sup\{I_J(N) \mid N \subseteq B\}$$
N 有限長方形網

もし $m^*(B) = m_*(B)$ なら
$$I_J(B) := m^*(B),$$
が成り立つ．

A　$\mathbb{R}^2$ の有界部分集合のジョルダン測度

B を長方形 A 内の有理座標を持つ点の集合
$$B = \{(x_1, x_2) \mid (x_1, x_2) \in A \land x_1 \in \mathbb{Q} \land x_2 \in \mathbb{Q}\}.$$

外近似：
B を含む長方形網で最小の面積を持つものが存在し，それは A であり，したがって $m^*(B) = I_J(A)$ が成り立つ．

内近似：
問題とする有限長方形網は1点からなる集合の有限和となるから，$m_*(B) = 0$ である．したがって，$m^*(B) \neq m_*(B)$ が成り立つ．

A 非退化

B　ジョルダン非可測な有界集合の例

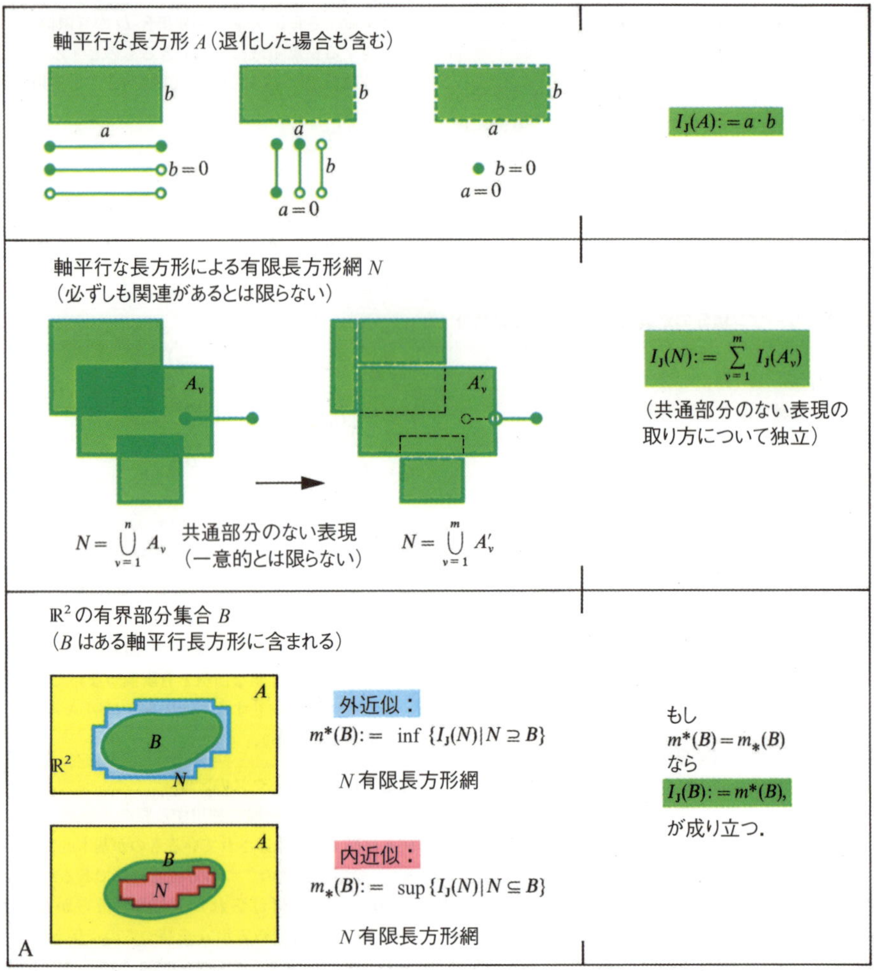

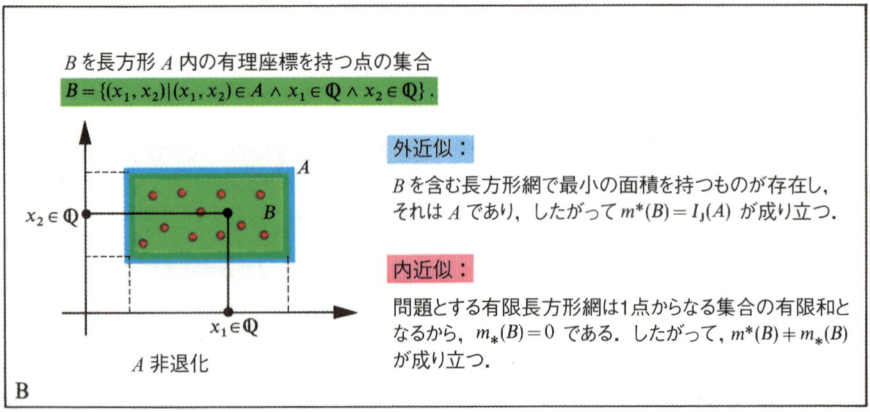

問題の立場

初等幾何学においては直線で囲まれた平面図形に面積を対応させることができる．その際長方形から出発し，n 角形の面積は分解また補充によって長方形の場合に帰着される (p.151)．特別な曲線で囲まれた図形，例えば円の面積は内接する n 角形と外接する n 角形で近似される (p.161)．

形式的には，$\mathbb{R}^2$ のできるだけ広範囲の部分集合族 $\mathfrak{M}$ と次の条件をみたす写像 $I : \mathfrak{M} \to \mathbb{R}_0^+$ を定めることが重要である：

(I1) $A, B \in \mathfrak{M} \wedge A \equiv B \Rightarrow$
$I(A) = I(B)$ (**合同不変性**)

(I2) $A, B \in \mathfrak{M} \wedge A \cap B = \emptyset \Rightarrow$
$I(A \cup B) = I(A) + I(B)$ (**加法性**)

(I3) 1 辺の長さ 1 の正方形 E について $I(E) = 1$.

$I(A)$ を A の**面積**といい，I を**面積関数**と呼ぶ．

集合族 $\mathfrak{M}$ に課せられる条件はなるべく少ないものであるべきで，そこでは初等幾何学における「分解」や「結合」が**有限回**の操作で実行されるべきである．これらの手続きは集合論の演算「$\cup$」や「$\cap$」に帰着される．すなわち $\mathfrak{M}$ の閉性はこれらの演算に関するものが要求される．しかしながら，その閉性は演算「$\cup$」と「$\backslash$」に関するもので十分である．すなわちすべての $A, B \in \mathfrak{M}$ に対して $A \cup B \in \mathfrak{M}$ と $A \backslash B \in \mathfrak{M}$ となることで十分である．これで $\mathfrak{M}$ は**集合環**となる．演算「$\cap$」に関して閉じていることは $A \cap B = A \backslash (A \backslash B)$ から導かれる．帰納法により $\mathfrak{M}$ の**有限個**の和集合と**有限個**の共通部分が再び $\mathfrak{M}$ に含まれることが分かる．

集合環 $\mathfrak{M}$ 上定義された面積関数 I が与えられたものとする．より本質的な性質は，これからそれが面積を持つことが示せることである．**有限個の互いに共通部分を持たない元** $A_\nu \in \mathfrak{M}$ に対して $I\left(\bigcup_{\nu=1}^{n} A_\nu\right) = \sum_{\nu=1}^{n} I(A_\nu)$ が成り立つ（**有限加法性**）．$A \subset B$ となるすべての $A, B \in \mathfrak{M}$ に対して $I(A) \leqq I(B)$ が成り立つ（**単調性**）．

測度論は集合環の存在と範囲，また面積関数の存在と一意性を問題としている．問題を拡張して有限の加法性を「可算」の加法性（**完全加法性**（**可算加法性**）），すなわち $\mathfrak{M}$ 内の互いに共通部分のない可算個の A_ν に対して $I\left(\bigcup_{\nu=1}^{\infty} A_\nu\right) = \sum_{\nu=1}^{\infty} I(A_\nu)$ が成り立つかどうかを考える．

測度論は長さ，面積，体積の統一的理論，すなわち $\mathbb{R}^n$ $(n \geqq 1)$ の面積の理論が可能であることを示すものである．以下においては，ジョルダン面積とルベーグ測度を $\mathbb{R}^2$ の部分集合に**制限**して展開することにする．$\mathbb{R}^n$ への一般化は，以下の文脈において「長方形」を「n 次直方体」($\mathbb{R}^1$ 内の区間，$\mathbb{R}^3$ 内の直方体）に置き換えればよい．

注意　測度論の新しい展開の仕方では $\mathbb{R}^n$ のかわりに一般の空間の集合族を取り，それに対して面積や測度にあたるものを定義する．この立場は例えば確率論の構成に関して有用である．

ジョルダン面積

ジョルダンの面積概念を定義するためには，長方形（退化する場合も含めて）と長方形網（図 A）の面積を確定する．$\mathbb{R}^2$ の任意の有界集合は「内部」と「外部」から長方形網で近似される（図 A）．図 A で定義されている非負実数 $m^*(B)$ と $m_*(B)$ はそれぞれ B の**外測度**，**内測度**と呼ばれる．両方の測度が一致するとき B は面積を持つということになる．

定義 1　$B \subset \mathbb{R}^2$ が**ジョルダン可測**であるとは，B が有界で $m^*(B) = m_*(B)$ が成り立つことをいう．この共通の値は B の**ジョルダン測度**と呼ばれ $I_J(B)$ で表される．

$\mathbb{R}^2$ のジョルダン可測な部分集合全体のなす集合族 $\mathfrak{M}_J$ は一つの集合環をなし (I1)～(I3) をみたすことが示される．また $B \mapsto I_J(B) = m^*(B)$ で定義される写像 $I_J : \mathfrak{M}_J \to \mathbb{R}_0^+$ は集合環 $\mathfrak{M}_J$ 上の面積関数を定義する．

幾何学における面積問題の多くはジョルダン面積概念で解決されるが，$\mathbb{R}^2$ の**任意の有界集合がジョルダン可測というわけではない**（図 B）．ジョルダン可測集合を特徴付ける意義は**零集合**，すなわち面積 0 の部分集合にある．零集合は，例えば $\mathbb{R}^2$ の空集合，有限集合，線分そして求長可能な曲線等を含む．零集合の部分集合，零集合の有限個の共通部分，和集合は再び零集合となる．特に次が成り立つ．

定理 1　$\mathbb{R}^2$ の有界部分集合がジョルダン可測であることと，その境界が零集合であることは同値である．

これより $A \in \mathfrak{M}_J$ に対して，$A^0 \subset Z \subset \overline{A}$ となる任意の Z は $\mathfrak{M}_J$ に含まれ，A と同じ面積を持つことが分かる（記号 A^0, $\overline{A}$ は p.204，図 C に従う）．

ジョルダン面積と R-可積分性の関係は次の定理により明らかとなる．

定理 2　有界関数 $f : [a, b] \to \mathbb{R}_0^+$ の縦座標集合 (p.303) B がジョルダン可測であることと，f が R-可積分であることとは同値である．このとき

$$I_J(B) = \int_a^b f(x)\mathrm{d}x$$

が成り立つ．

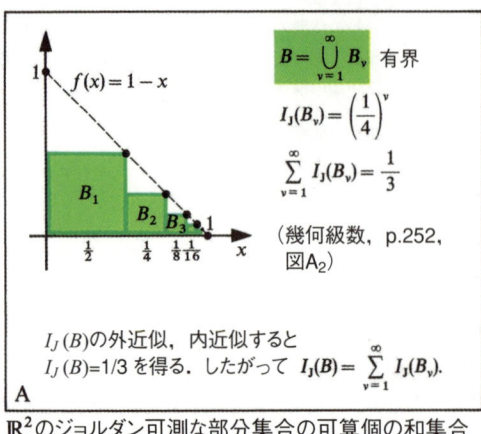

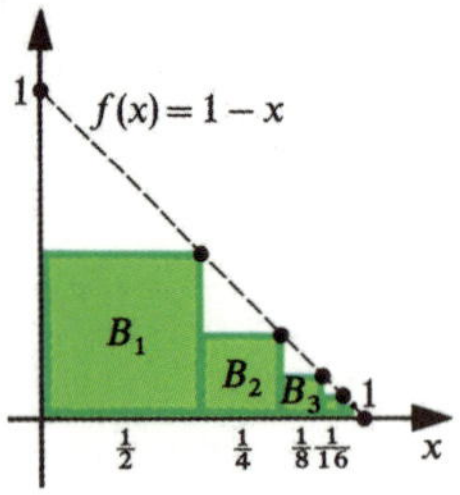

$B=\bigcup_{\nu=1}^{\infty} B_\nu$ 有界

$I_J(B_\nu)=\left(\frac{1}{4}\right)^\nu$

$\sum_{\nu=1}^{\infty} I_J(B_\nu)=\frac{1}{3}$

（幾何級数，p.252，図A_2）

$I_J(B)$の外近似，内近似すると
$I_J(B)$=1/3 を得る．したがって $I_J(B)=\sum_{\nu=1}^{\infty} I_J(B_\nu)$.

A

$\mathbb{R}^2$のジョルダン可測な部分集合の可算個の和集合

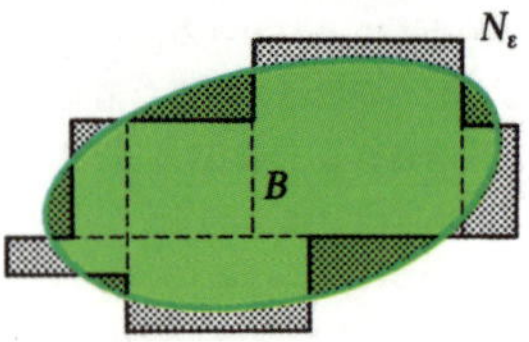

任意の $\varepsilon\in\mathbb{R}^+$ に対して有限長方形網 N_ε が存在し，次が成り立つ：

$\mu^*(B\backslash N_\varepsilon\cup N_\varepsilon\backslash B)<\varepsilon.$

B

ルベーグ可測部分集合の有限長方形網での近似

軸平行な長方形 A（退化した場合も含める）	$\mu(A):=I_J(A)$
有限長方形網 N 有界可算長方形網 N^∞ $N^\infty=\bigcup_{\nu=1}^{\infty} A_\nu$ ⟶ $N^\infty=\bigcup_{\nu=1}^{\infty} A'_\nu$ 共通部分のない表現 （場合によっては有限な表現）	$\mu(N):=I_J(N)$ $\mu(N^\infty):=\sum_{\nu=1}^{\infty}\mu(A'_\nu)$ （級数は収束する．なぜなら N^∞ の有界性より，その部分和列が有界であるから）
$\mathbb{R}^2$ の有界部分集合 B （B はある軸平行長方形 A に含まれる） 外近似：$\mu^*(B):=\inf\{\mu(N^\infty)\mid N^\infty\supseteq B\}$ 内近似：$\mu_*(B):=\mu(A)-\mu^*(A\backslash B)$ C	もし $\mu^*(B)=\mu_*(B)$ が成り立てば $\mu(B):=\mu^*(B)$ と定義

$\mathbb{R}^2$ の有界集合のルベーグ測度

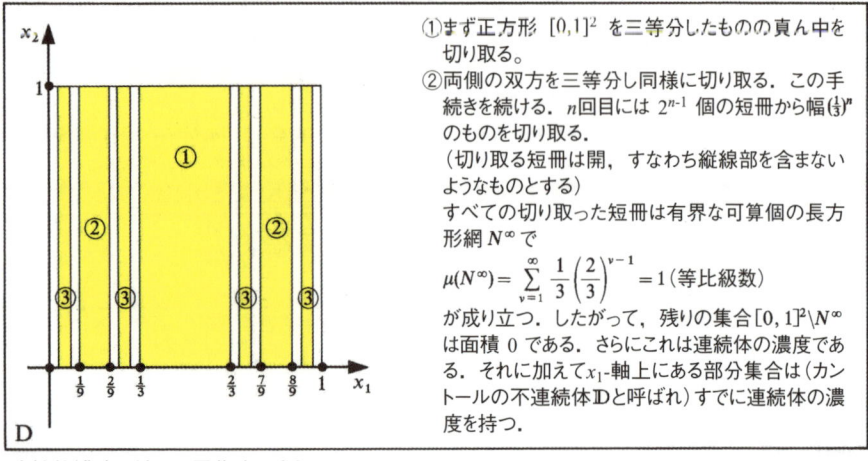

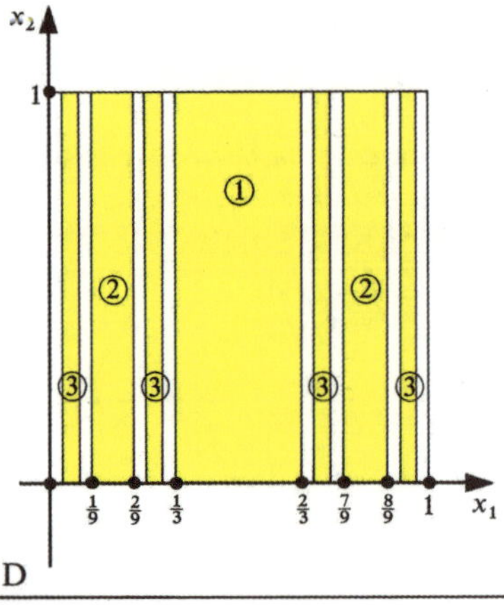

①まず正方形 $[0,1]^2$ を三等分したものの真ん中を切り取る。

②両側の双方を三等分し同様に切り取る．この手続きを続ける．n回目には 2^{n-1} 個の短冊から幅$(\frac{1}{3})^n$のものを切り取る．
（切り取る短冊は開，すなわち縦線部を含まないようなものとする）
すべての切り取った短冊は有界な可算個の長方形網 N^∞ で

$\mu(N^\infty)=\sum_{\nu=1}^{\infty}\frac{1}{3}\left(\frac{2}{3}\right)^{\nu-1}=1$（等比級数）

が成り立つ．したがって，残りの集合$[0,1]^2\backslash N^\infty$ は面積 0 である．さらにこれは連続体の濃度である．それに加えてx_1-軸上にある部分集合は（カントールの不連続体$\mathbb{D}$と呼ばれ）すでに連続体の濃度を持つ．

D

連続体濃度を持った零集合の例

ジョルダン積分概念の限界

図 A から有界なジョルダン可測集合の**可算個**の和集合の面積を決定することは意味があることが分かる．しかしながら p.328 の図 B の例は可算個のジョルダン可測集合（そこでは 1 点からなる面積 0 の集合）の和集合が必ずしもジョルダン可測**でない**ことを示している．少なくとも，互いに共通部分のないジョルダン可測集合の可算個の和集合がジョルダン可測となる場合は，完全加法性 (p.329) が成り立つ．p.328 の図 B の例にあるような，内測度と外測度に差異が生じる理由は，有限個の長方形では，外側から十分「細かく」近似されているわけではなく，多くの「中間部分」が残されていることによる．面積測定の「改良」は，有限個の長方形網ばかりでなく可算無限個の長方形網まで許すことにより得られる．これによって $\mathbb{R}^2$ の部分集合のルベーグ測度の概念が導かれる．

ルベーグ測度

以前定義したジョルダン面積と区別するために $\mathbb{R}^2$ の部分集合に対して**測度**という用語を用いる．長方形（退化したものも含む）と有限個の長方形網のジョルダン面積はもちろん測度の中に組み込まれている．有界な**可算個**の長方形網の場合に，図 C にあるように定義する．この規定により，例えば p.328 の図 B にある部分集合は測度 0 を持つことになり，ジョルダン可測な可算個の長方形網の測度はジョルダン面積と一致する．$\mathbb{R}^2$ の任意の有界部分集合 B に対して，図 C にあるように**外測度** $\mu^*(B)$ と**内測度** $\mu_*(B)$ を割り当てることができる．双方が一致すれば B は可測となる．

定義 2　$B \subset \mathbb{R}^2$ が**ルベーグ可測**であるとは，B は有界で $\mu^*(B) = \mu_*(B)$ が成り立つことをいう．その共通の値は B の**ルベーグ測度**と呼ばれ，$\mu(B)$ で表される．

$\mathbb{R}^2$ のルベーグ可測な部分集合全体のなす集合族 $\mathfrak{M}_L$ は $\mathfrak{M}_J$ と同様に集合環となる．また $B \mapsto \mu(B) = \mu^*(B)$ で定義される写像 $\mu : \mathfrak{M}_L \to \mathbb{R}_0^+$ は面積関数となる．$\mathfrak{M}_J \subset \mathfrak{M}_L$ となることは次から導かれる．

定理 3　$\mathbb{R}^2$ の任意のジョルダン可測部分集合はルベーグ可測である．

$\mathfrak{M}_J$ が $\mathfrak{M}_L$ の真部分集合となることは p.328 の図 B の例から明らかとなる．「より細かい」近似により**さらなる零集合**，すなわちジョルダン面積概念の場合と同様に，ルベーグ測度が 0 であるとして定義される零集合が定義される．$\mathbb{R}^2$ の部分集合のルベーグ可測性の特徴付けは次のようになされる．

定理 4　$\mathbb{R}^2$ の有界部分集合 B がルベーグ可測であることと，任意の $\varepsilon \in \mathbb{R}^+$ に対して有限長方形網 N_ε が存在して $\mu^*(B \backslash N_\varepsilon \cup N_\varepsilon \backslash B) < \varepsilon$ とできることとは同値である．

したがって，$\mathbb{R}^2$ のルベーグ可測部分集合とは，有限長方形網で近似できるものであるといえる．ただしここで注意すべきは，もはや外接または内接するような長方形網だけを扱っているのではないということである（図 B）．

ルベーグ測度は**完全加法性** (p.329) をみたすという意味でジョルダン面積の拡張になっている．$\mathbb{R}^2$ の有界部分集合 B がルベーグ可測集合 B_ν の可算個の和集合ならば，それはルベーグ可測で，B_ν が互いに共通部分を持たなければ $\mu(B) = \sum_{\nu=1}^{\infty} \mu(B_\mu)$ が成立する．

これより，例えば $\mathbb{R}^2$ の可算部分集合は零集合となる．また非可算零集合の例もある．図 D．また $\mathbb{R}^2$ の任意の有界開集合，任意の有界閉集合はルベーグ可測集合となる．可算個の閉集合の和集合（いわゆる F_σ-**集合**）や可算個の開集合の共通部分（いわゆる G_δ-**集合**）は，それらが有界の場合にはルベーグ可測集合となる．F_σ-集合や G_δ-集合はいわゆる**ボレル集合**となっている．ここでボレル集合とは，開または閉集合の可算個の和集合または共通部分として得られるものである．有界ボレル集合は同様にルベーグ可測となる．しかし $\mathbb{R}^2$ のルベーグ可測集合全体になるわけではない．ルベーグ可測集合とは零集合を除いてボレル集合となるものと規定される．

$\mathbb{R}^2$ の任意の有界部分集合がルベーグ可測となるわけではない．その証明には選択公理 (p.19) を用いる．そのうえさらに $\mathbb{R}^2$ には濃度 $2^{\mathfrak{c}}$ ものルベーグ可測でない部分集合が存在する．測度論と数学の基本的問題の間の深い関連については，ここでは立ち入らない．

非有界集合の面積と測度

次に述べるように，$\mathbb{R}^2$ のジョルダン面積やルベーグ測度の概念は非有界集合に対して容易に拡張される．

定義 3　$\mathbb{R}^2$ の非有界部分集合 U が**ジョルダン可測**（**ルベーグ可測**）であるとは，原点を中心とする 1 辺の長さ 2ν（ν:整数）の軸平行正方形 Q_ν に対して，任意の Q_ν と U の共通部分がジョルダン可測（ルベーグ可測）となることをいう．このとき次のように定義する：

$$I_J(U) := \lim_{\nu\to\infty} I_J(U \cap Q_\nu),$$
$$\mu(U) := \lim_{\nu\to\infty} \mu(U \cap Q_\nu).$$

すると面積と測度は $\mathbb{R}_0^+ \cup \{+\infty\}$ に値を取ることになる．

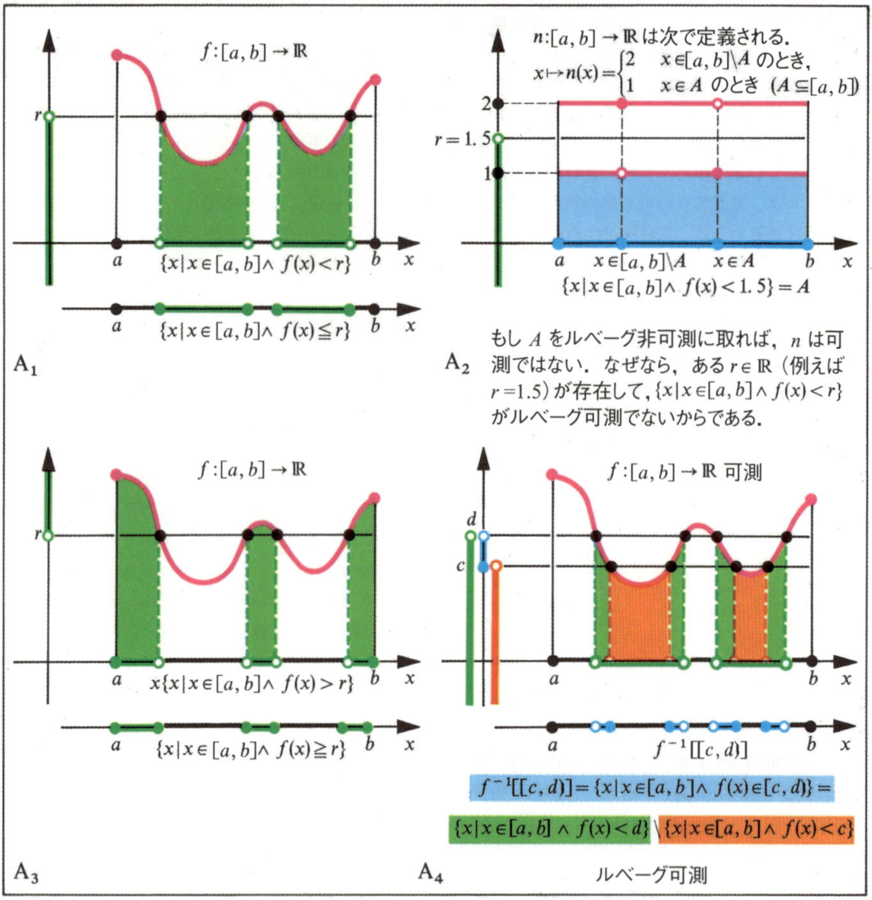

332　積分法／可測関数，ルベーグ積分 I

A_1

$f:[a,b] \to \mathbb{R}$

$\{x \mid x \in [a,b] \land f(x) < r\}$

$\{x \mid x \in [a,b] \land f(x) \leqq r\}$

A_2

$n:[a,b] \to \mathbb{R}$ は次で定義される．

$x \mapsto n(x) = \begin{cases} 2 & x \in [a,b] \setminus A \text{ のとき}, \\ 1 & x \in A \text{ のとき } (A \subseteq [a,b]) \end{cases}$

$x \in [a,b] \setminus A \qquad x \in A$

$\{x \mid x \in [a,b] \land f(x) < 1.5\} = A$

もし A をルベーグ非可測に取れば，n は可測ではない．なぜなら，ある $r \in \mathbb{R}$（例えば $r = 1.5$）が存在して，$\{x \mid x \in [a,b] \land f(x) < r\}$ がルベーグ可測でないからである．

A_3

$f:[a,b] \to \mathbb{R}$

$x\{x \mid x \in [a,b] \land f(x) > r\}$

$\{x \mid x \in [a,b] \land f(x) \geqq r\}$

A_4

$f:[a,b] \to \mathbb{R}$ 可測

$f^{-1}[[c,d]]$

$f^{-1}[[c,d]] = \{x \mid x \in [a,b] \land f(x) \in [c,d)\} =$

$\{x \mid x \in [a,b] \land f(x) < d\} \setminus \{x \mid x \in [a,b] \land f(x) < c\}$

ルベーグ可測

関数の可測性について

B

$f:[0,1] \to \mathbb{R}$ は $x \mapsto f(x) = x^2$ で定義される連続関数

$g:[0,1] \to \mathbb{R}$ は次で定義される

$x \mapsto g(x) = \begin{cases} x^2 & x \in [0,1] \setminus D \text{ のとき}, \\ 1 & x \in D \text{ のとき}. \end{cases}$

$D = \left\{ x \mid x = \dfrac{1}{n} \land n \in \mathbb{N} \setminus \{0\} \right\}$

次が成り立つ：$\{x \mid x \in [0,1] \land f(x) \neq g(x)\} = D$．$D$ は零集合だから，f と g はほとんど至るところ等しい．f は連続関数として可測で g も可測である．したがって f と g は同値である．

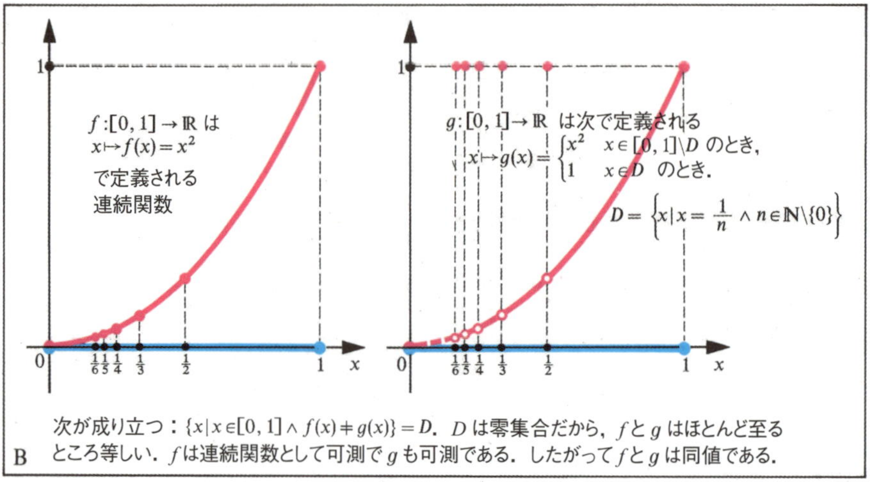

同値な関数の例

可測関数

ルベーグ積分の理論において，連続関数のクラスを含むような特別の関数のクラスがある．それが可測関数からなるクラスである．

定義 1　有界関数 $f : [a,b] \to \mathbb{R}$ が**可測**であるとは，任意の $r \in \mathbb{R}$ に対して，集合 $\{x \mid x \in [a,b] \wedge f(x) < r\}$（図 A_1）がルベーグ可測となることをいう．

注意　$\mathbb{R}$ の有界部分集合のルベーグ測度は $\mathbb{R}^2$ のルベーグ測度（p.329 以降）の類似で，長方形を区間に置き換えて定義される．

非可測関数が存在する（図 A_2）．

関数の可測性を示すには $r \in \mathbb{Q}$ に制限して考えればよい．さらに，可測であることと任意の $r \in \mathbb{R}$ に対して $\{x \mid x \in [a,b] \wedge f(x) \leqq r\}$ あるいは $\{x \mid x \in [a,b] \wedge f(x) > r\}$ あるいは $\{x \mid x \in [a,b] \wedge f(x) \geqq r\}$（図 A_1，図 A_3）のいずれかがルベーグ可測であることとは同値である．したがって可測関数 f が与えられれば，f による区間の像集合はルベーグ可測となる（図 A_4）．関数の可測性は，有理操作によって不変である．すなわち次が成り立つ．

定理 1　$f,\ g : [a,b] \to \mathbb{R}$ を可測とすると，$f+g$，$f-g$，$f \cdot g$ は可測で，すべての $x \in [a,b]$ について $g(x) \neq 0$ なら $\frac{f}{g}$ も可測である．

$[a,b]$ 上の定数関数 c は可測だから，定理 1 より任意の可測関数 $f : [a,b] \to \mathbb{R}$ に対して $c \cdot f$ が可測となる．これに反して，二つの可測関数の合成が必ずしも可測になるとは限らない．可測関数を調べる際，ルベーグ測度の意味での零集合が特別の役割を果たす．例えば次に述べる重要な性質が成り立つ：

二つの有界な関数 $f,\ g : [a,b] \to \mathbb{R}$ が $[a,b]$ 内の零集合を除いて一致するものとする．すなわち $\{x \mid x \in [a,b] \wedge f(x) \neq g(x)\}$ が零集合とする．すると $f,\ g$ はともに可測かともに非可測かのいずれかである．

「零集合を除いて」のかわりに「**ほとんど至るところ**」という用語を使う．また，ほとんど至るところ一致する二つの可測関数は**同値**であると呼ばれる（例：図 B）．収束する連続関数の列 $\{f_n\}$ の極限関数は，一般には必ずしも連続とは限らないが（p.261），可測関数の場合は極限関数は再び可測関数となる．関数列 $\{f_n\}$ が**ほとんど至るところ f に収束する**ということを，ほとんど至るところ $\lim_{n\to\infty} f_n(x) = f(x)$ が成り立つこととして定義する．すると次が成り立つ：

定理 2　可測関数の列がほとんど至るところ f に収束すれば f は可測である．

注意　条件を弱めたこの収束の定義に関して，その極限関数は同値性を除いて一意的に決まる．エゴロフの定理は次を主張している：ある部分集合上の収束は，その部分集合の測度と定義域の測度との差が十分小さいとき一様収束となる（p.261，定義 12 参照）．

注意　定義域が区間でない場合の関数の可測性は，定義 1 と類似で定義される．その際もちろん定義域の可測性は仮定する．

可測関数と連続関数

まず第 1 に任意の連続関数 $f : [a,b] \to \mathbb{R}$ が可測であることが証明される．可測関数のクラスは連続関数のクラスを含み，また不連続な可測関数も存在する（図 B）．しかしながら不連続可測関数は連続関数でほとんど至るところ近似されている．この事実は次から導かれる：

定理 3　任意の可測関数 $f : [a,b] \to \mathbb{R}$ に対して，ある連続関数の列 $\{f_n\}$ でほとんど至るところ f に収束するものが存在する．

任意の可測関数 $f : [a,b] \to \mathbb{R}$ に対して連続関数 $g : [a,b] \to \mathbb{R}$ で f と同値なものが存在するかという問いに対する答えは否定的であるが，これについては次が成り立つ：

定理 4　$f : [a,b] \to \mathbb{R}$ が可測関数ならば，任意の $\varepsilon \in \mathbb{R}^+$ に対して，連続関数 $g_\varepsilon : [a,b] \to \mathbb{R}$ で

$$\mu(\{x \mid x \in [a,b] \wedge f(x) \neq g_\varepsilon(x)\}) < \varepsilon$$

となるものが存在する．

ルベーグ積分の定義

積分学では，非負有界関数 $f : [a,b] \to \mathbb{R}$ に関する縦座標集合 $B = \{(x,y) \mid x \in [a,b] \wedge y \in [0, f(x)]\}$ に対して積分により面積を対応させる．ジョルダン面積概念を基礎に取るとき，f がリーマン可積分（p.329，定理 2）ならば B は面積を持ち，$I_J(B)$ はリーマン積分と一致する．ところで，非有界関数でリーマン可積分でない，すなわちその縦座標集合がジョルダンの意味（p.303）で非可測であるが，ルベーグの意味（p.331）で可測なものが存在する．そこでルベーグ測度の基礎の上にリーマン積分概念の一般化が可能か，すなわちルベーグ可測な縦座標集合の測度を積分によって決定できないかということが問題になってくる．この問題設定からルベーグ積分の理論へと導かれる．そこで考える関数は非負関数に限定しない．リーマン積分概念は p.303 で上階段関数，下階段関数を用いて与えられた．それは定義域の有限個の部分区間への分割 Z を取ることにより実行された．ルベーグ積分概念への拡張の可能性は，この分割のかわりに f の**像集合**の分割のほうに真に含まれる区間が選べるかどうかにかかってくる．この分割を以前のものと区別して Z_L で表す．

$D_0 = f^{-1}([y_0, y_1))$
$D_1 = f^{-1}([y_1, y_2))$
$D_2 = f^{-1}([y_2, y_3))$

$f : [a, b] \to \mathbb{R}$ 有界

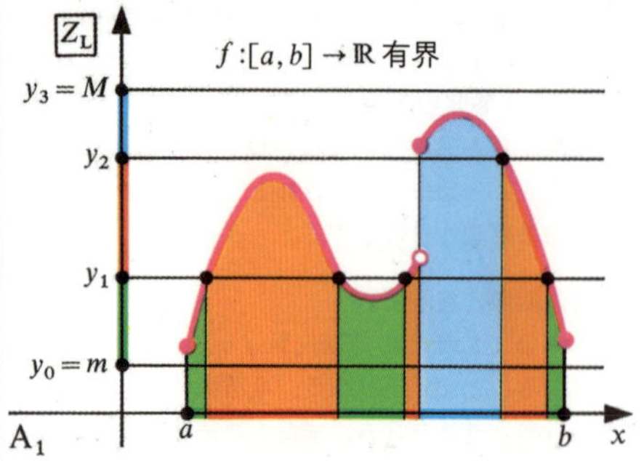

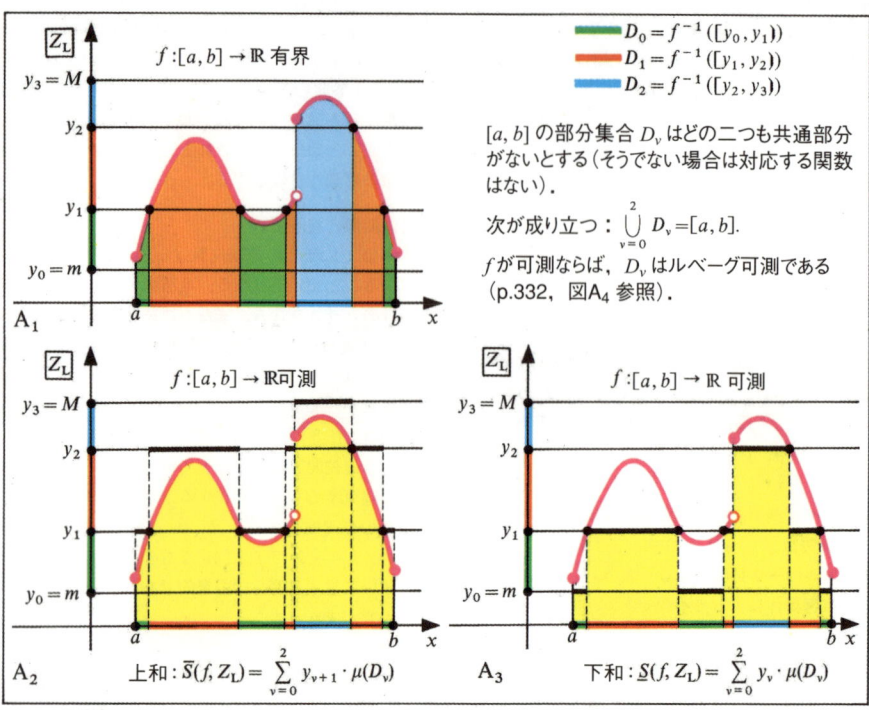

$[a, b]$ の部分集合 D_ν はどの二つも共通部分がないとする（そうでない場合は対応する関数はない）．

次が成り立つ： $\bigcup_{\nu=0}^{2} D_\nu = [a, b]$.

f が可測ならば，D_ν はルベーグ可測である（p.332，図A_4 参照）．

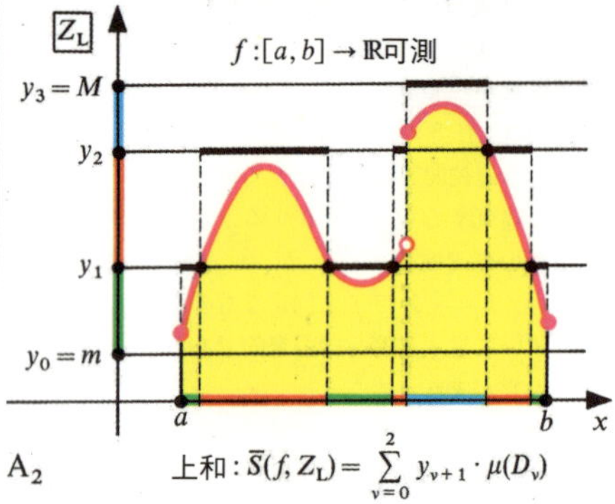

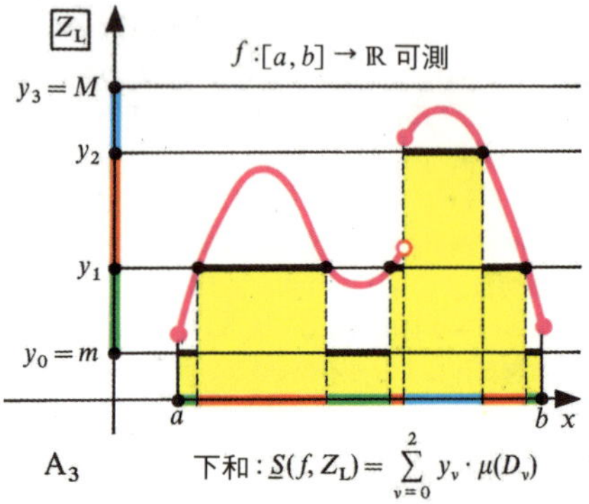

A_1

$f : [a, b] \to \mathbb{R}$ 可測

A_2 上和：$\overline{S}(f, Z_L) = \sum_{\nu=0}^{2} y_{\nu+1} \cdot \mu(D_\nu)$

A_3 下和：$\underline{S}(f, Z_L) = \sum_{\nu=0}^{2} y_\nu \cdot \mu(D_\nu)$

ルベーグ積分について

$f : [a, b] \to \mathbb{R}$ 有界

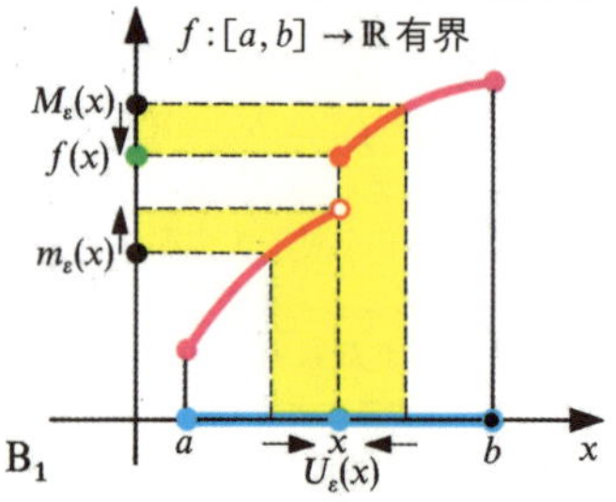

$x \in [a, b]$ の近傍 $U_\varepsilon(x)$ に対して，$m_\varepsilon(x) = \inf(f(U_\varepsilon(x)))$ と $M_\varepsilon(x) := \sup(f(U_\varepsilon(x)))$ とする．$m_\varepsilon(x) \leq f(x) \leq M_\varepsilon(x)$ が成り立つ．極限値 $\lim_{\varepsilon \to 0} m_\varepsilon(x)$ と $\lim_{\varepsilon \to 0} M_\varepsilon(x)$ が存在して，それを $b_u(x), b_o(x)$ で表す．それらは $[a, b]$ 上定義されて，いわゆるベール関数 b_u と b_o が定義される．すべての $x \in [a, b]$ について $b_u(x) \leq f(x) \leq b_o(x)$ が成り立つ

B_1

例：

B_2

$f : [a, b] \to \mathbb{R}$ 有界

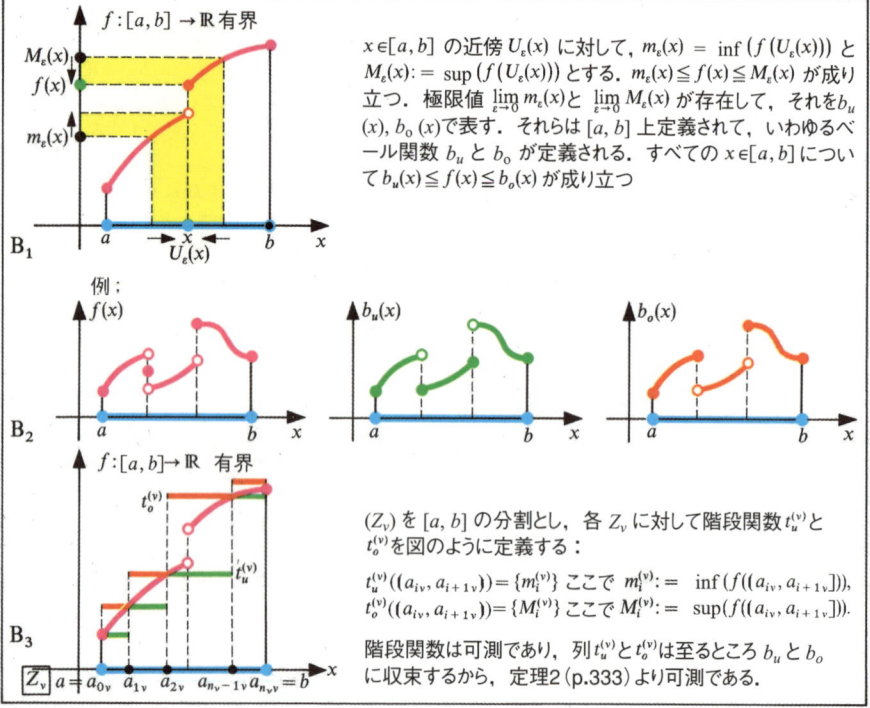

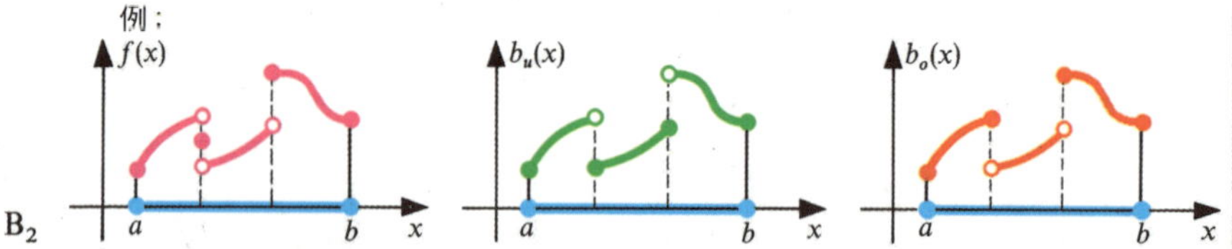

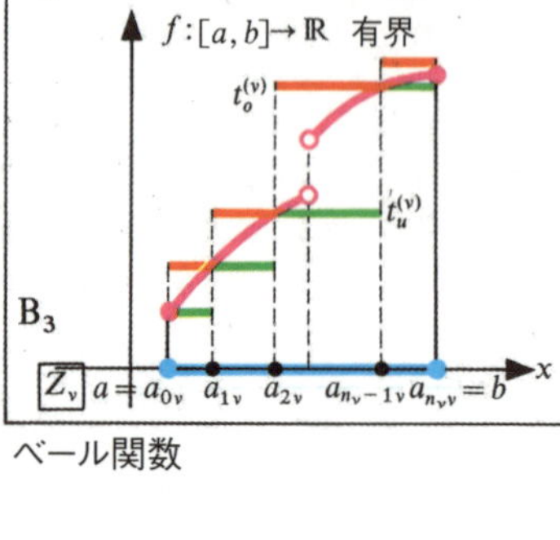

(Z_ν) を $[a, b]$ の分割とし，各 Z_ν に対して階段関数 $t_u^{(\nu)}$ と $t_o^{(\nu)}$ を図のように定義する：

$t_u^{(\nu)}((a_{i\nu}, a_{i+1\nu})) = \{m_i^{(\nu)}\}$ ここで $m_i^{(\nu)} := \inf(f((a_{i\nu}, a_{i+1\nu}]))$,
$t_o^{(\nu)}((a_{i\nu}, a_{i+1\nu})) = \{M_i^{(\nu)}\}$ ここで $M_i^{(\nu)} := \sup(f((a_{i\nu}, a_{i+1\nu}]))$.

階段関数は可測であり，列 $t_u^{(\nu)}$ と $t_o^{(\nu)}$ は至るところ b_u と b_o に収束するから，定理2（p.333）より可測である．

B_3

ベール関数

$f:[a,b]\to\mathbb{R}$ を有界関数とすれば，すべての $x\in[a,b]$ に対して $m<f(x)<M$ となるような区間 $[m,M]$ が存在する．$Z_L=(y_0,\ldots,y_n)$ を $y_0=m$, $y_n=M$ となる区間 $[m,M]$ の分割とする．すると $[a,b]$ の部分集合 $D_\nu:=f^{-1}[[y_\nu,y_{\nu+1})]$ $(\nu\in\{0,\ldots,n-1\})$ が構成できる．ここで D_ν は互いに共通部分がなく，その和集合は $[a,b]$ となるが，一般には区間にはならない（図 A_1）．それはジョルダン可測にすらならない可能性もある．$[m,M]$ の任意の分割 Z_L に対して，対応する部分集合 D_ν がルベーグ可測であるとする（f が可測ならそうである），すると $[m,M]$ の任意の分割 Z_L（図 A_2,A_3）に対して次が存在する：

$$\overline{S}(f,Z_L):=\sum_{\nu=0}^{n-1}y_{\nu+1}\cdot\mu(D_\nu)\quad\text{（上和）}$$

$$\underline{S}(f,Z_L):=\sum_{\nu=0}^{n-1}y_{\nu}\cdot\mu(D_\nu)\quad\text{（下和）}$$

与えられた分割の細分（分点をさらにつけ加える）によりできる新しい上和の値は $\underline{S}(f,Z_L)$ 以下，下和の値は $\underline{S}(f,Z_L)$ 以上となる．特に二つの分割 Z_L と $Z_{\hat{L}}$ に対して，$\underline{S}(f,Z_L)\leqq\overline{S}(f,Z_{\hat{L}})$ が成り立つ．すなわち上和全体の集合は下に有界，下和全体の集合は上に有界である．したがってすべての上和の集合の下限としての（リーマンの意味で）上積分，すべての下和の集合の上限として下積分が存在する．可測関数の場合は両方の値が一致する：

定義 2 可測関数 $f:[a,b]\to\mathbb{R}$ の下和全体の集合の上限を**ルベーグ積分**と呼び

$$(\mathrm{L})\int_a^b f(x)\mathrm{d}x$$
$$:=\sup\{\underline{S}(f,Z_L)\mid\underline{S}(f,Z_L):\text{下和}\}$$

で表す．

注意 前につけた (L) はリーマン積分と区別するためである．一方リーマン積分には (R) を前につける．ルベーグ積分の値は，値領域に含まれる区間の取り方によらない

可測関数 $f:D_f\to\mathbb{R}$ $(D_f\subset\mathbb{R})$ に対して，D_f が区間ではないがルベーグ可測であるとき，ルベーグ積分の類似が考えられる．これを $(\mathrm{L})\int_{D_f}f(x)\mathrm{d}x$ で表す．多変数の関数への一般化もまた可能である．

ルベーグ積分の性質

現れる被積分関数は可測とする．

(L1) $(\mathrm{L})\int_D(f+g)(x)\mathrm{d}x$
$$=(\mathrm{L})\int_D f(x)\mathrm{d}x+(\mathrm{L})\int_D g(x)\mathrm{d}x.$$

(L2) $(\mathrm{L})\int_D(c\cdot f)(x)\mathrm{d}x$
$$=c\cdot(\mathrm{L})\int_D f(x)\mathrm{d}x\quad(c\in\mathbb{R}).$$

(L3) すべての $x\in D$ に対して $f(x)\leqq g(x)$ なら
$$(\mathrm{L})\int_D f(x)\mathrm{d}x\leqq(\mathrm{L})\int_D g(x)\mathrm{d}x.$$

(L4) D_ν が互いに共通部分を持たないルベーグ可測集合で $D=\bigcup_{\nu=0}^{\infty}D_\nu$ ならば
$$(\mathrm{L})\int_D f(x)\mathrm{d}x=\sum_{\nu=0}^{\infty}(\mathrm{L})\int_{D_\nu}g(x)\mathrm{d}x.$$

(L5) m,M を $f(D_f)$ の下界，上界とすれば
$$m\cdot\mu(D_f)\leqq(\mathrm{L})\int_{D_f}f(x)\mathrm{d}x\leqq M\cdot\mu(D_f).$$

系 $\mu(D_f)=0$ なら $(\mathrm{L})\int_{D_f}f(x)\mathrm{d}x=0$, $(\mathrm{L})\int_D\mathrm{d}x=\mu(D)$.

(L6) f と g が同値なら
$$(\mathrm{L})\int_D f(x)\mathrm{d}x=(\mathrm{L})\int_D g(x)\mathrm{d}x.$$

(L6*) f が非負で $(\mathrm{L})\int_{D_f}f(x)\mathrm{d}x=0$ ならば f は零関数に同値である．

ルベーグ積分とリーマン積分

ルベーグ積分の構成は，もし任意の R-可積分関数に対して，そのルベーグ積分が存在し，それがリーマン積分に一致すれば，リーマン積分の拡張とみなすことができる．これは実際正しい．さらに測度論では，R-可積分関数は不連続な点集合が，それほど「大きくない」関数として完全に特徴付けられる：

定理 5 有界関数 $f:[a,b]\to\mathbb{R}$ が R-可積分であることと，f がほとんど至るところ連続であること，すなわち不連続点の集合が零集合であることとは同値である．任意の R-可積分関数 $f:[a,b]\to\mathbb{R}$ は可測で次が成り立つ：
$$(\mathrm{R})\int_a^b f(x)\mathrm{d}x=(\mathrm{L})\int_a^b f(x)\mathrm{d}x.$$

証明は**ベール関数** b_u,b_o（図 B_1）を用いて，次の様に示す：まず

(1) f が $x\in[a,b]$ で連続であることと，$b_u(x)=b_o(x)$ が成り立つことは同値である（図 B_2 参照）

ことを示す．次のステップは b_u と b_o が可測であり（図 B_3），したがって，$(\mathrm{L})\int_a^b(b_o-b_u)(x)\mathrm{d}x$ が存在することを示す．この積分が 0 であることと f が R-可積分であることは同値である．一方性質 (L6) と (L6*) より，この積分が 0 であることと，b_u と b_o が同値な関数であることとが同値である（b_o-b_u は非負）．したがって次を得る：

(2) f が R-可積分であることと，ほとんど至るところ $b_u(x)=b_o(x)$ が成り立つことは同値である．

(1) と (2) を合わせれば定理の最初の部分が示される．定理の 2 番目の部分を示すには，b_u と b_o が同値であると仮定してよい．$b_u(x)\leqq f(x)\leqq b_o(x)$ であるから，b_u（ないし b_o）と f は同値である．したがって f は可測となる．二つの積分が一致することを示すには，図 B_3 の階段関数を用いる．

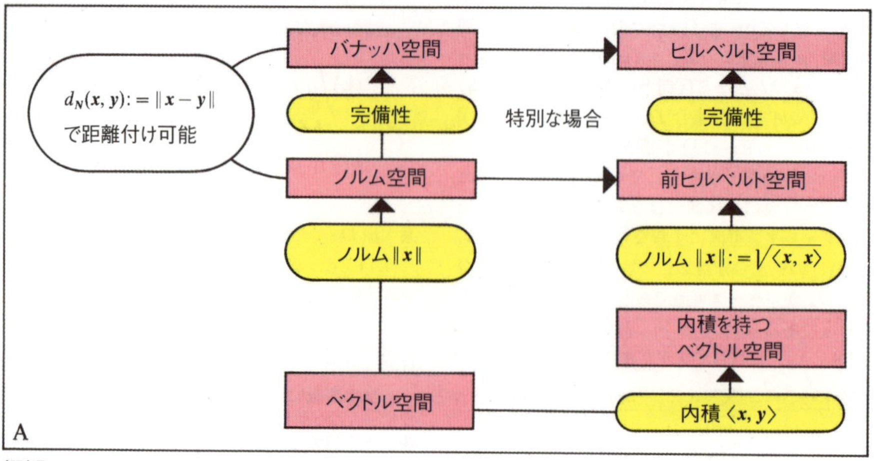

概観

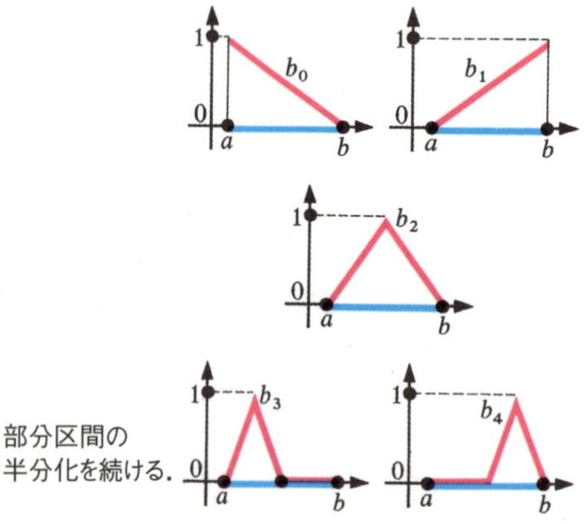

左で述べられた手続きを繰り返していくことにより，$C_0[a, b]$ の1次独立な生成元（p.77），すなわち基底となる関数の無限集合が得られる．任意の関数 $f \in C_0[a, b]$ が $f = \sum_{\nu=0}^{\infty} \alpha_\nu b_\nu$ の形に表されることを示さねばならないが，まず $\alpha_0 = f(a), \alpha_1 = f(b)$ とする．部分和は折れ線で表され，$\alpha_\nu(\nu > 1)$ を，新しく加わる部分和の頂点が f のグラフ上にあるように定める．その頂点は，その後の手続きで不変で，f は連続であるから，この部分和は f に収束する．

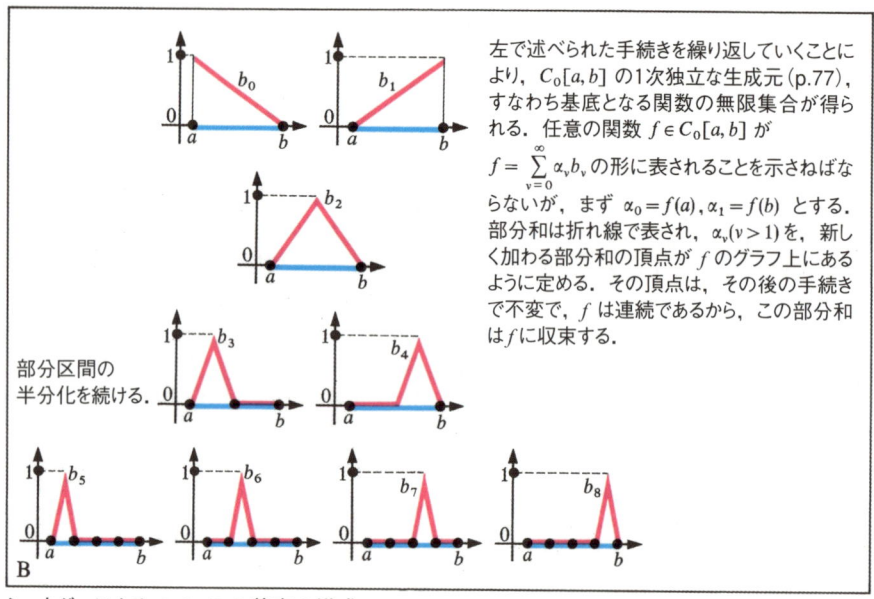

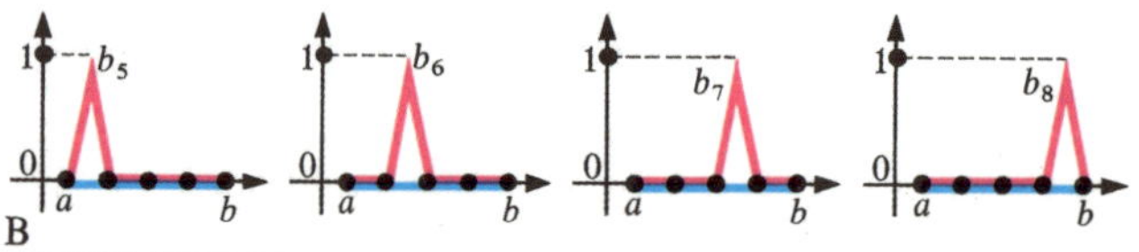

シャウダーによる $C_0\,[a,b]$ の基底の構成

$$\mathbb{R}^\infty := \left\{ x \mid x = \{x_\nu\} \wedge x_\nu \in \mathbb{R} \wedge \sum_{\nu=1}^{\infty} x_\nu^2 \text{ が収束} \right\}$$ （p.220, A参照）

$\mathbb{R}^\infty$ の二つの元 $x = \{x_\nu\}$，$y = \{y_\nu\}$ に対して，内積とそれに伴うノルムを

$$\langle x, y\rangle := \sum_{\nu=1}^{\infty} x_\nu y_\nu \quad \text{と} \quad \|x\|_2 := \sqrt{\langle x, x\rangle}$$ で定義する．

$\mathbb{R}^\infty$ はこれにより，前ヒルベルト空間となる．

注意：$\mathbb{R}$ の完備性から $\mathbb{R}^\infty$ の完備性が導かれて $\mathbb{R}^\infty$ はヒルベルト空間となる（p.338 参照）．

C

前ヒルベルト空間（ヒルベルト空間）の例

微分学，積分学では $\mathbb{R}$ の部分集合上の実数値関数を研究した（p.262 以降）．その方法は $\mathbb{R}^n$-$\mathbb{R}^m$ 関数 (p.295) に，また複素数空間（p.390 以降）にも一般化される．**関数解析学**は，より一般な空間，例えば，その元が関数であるような空間を考察する．関数解析学を展開するとき問題となるものとして実数値汎関数，すなわち関数の集合上の実数値関数の極値問題がある．例えば鉛直面内の 1 点 A からそれより下にある他の点 B まで質点が曲線上を移動するとき，所要時間を最小とする曲線を求める問題がある（**最短降下線**，p.341）．

ベクトル空間

関数解析学における空間は，一般に**ベクトル空間**としての代数構造を持っている．体 K 上のベクトル空間 V の概念はすでに p.31 で詳しく述べられている（また p.77 以降も参照）．体 K としては，ここでは体 $\mathbb{R}$ と $\mathbb{C}$ を問題にする．ベクトル空間の例としては $\mathbb{R}^n$ や $\mathbb{C}^n$ が挙げられるが，実数列全体 $\mathbb{R}^{\mathbb{N}}$，複素数列全体 $\mathbb{C}^{\mathbb{N}}$ もベクトル空間となる．ここで和とスカラー倍は成分ごとに行うものとする．この他に $\mathbb{R}$ 上のベクトル空間の元として，区間 $[a,b]$ 上の連続関数を取ったものが考えられる．2 つの元 f と g の和は，すべての $t\in[a,b]$ に対して $(f+g)(t):=f(t)+g(t)$ で定義される関数を考え，f と実数 α の積はすべての $t\in[a,b]$ に対して $(\alpha f)(t):=\alpha(f(t))$ で定義される関数を考える．このベクトル空間を $C_0[a,b]$ で表す．ベクトル空間の**基底**の概念は p.77，定義 8 で与えられている．p.77，定義 10 の次元概念は，基底の元の個数（元の多さ）として**次元**を定義すれば，任意のベクトル空間に対して定義される．その次元が無限の基数を持つようなベクトル空間を**無限次元**と呼ぶ（図 B の例）．線形写像 $f: V\to K$(p.79) は V 上の**線形汎関数**と呼ばれる．V 上の線形汎関数全体はそれ自身一つのベクトル空間，すなわち V に対する**双対ベクトル空間** $\mathcal{L}(V,K)$ をなす（p.79，定義 12）．

ノルム空間

ベクトル空間に解析学の手法を展開するためには位相構造を導入しなければならない．このような空間の重要なクラスはノルム空間である．

定義 1　V は K 上のベクトル空間（$K=\mathbb{R}$ または $K=\mathbb{C}$）とする．**ノルム**と呼ばれる次に述べる性質 (N1)〜(N3) を持つ関数 $\|\ \|: V\to\mathbb{R}_0^+$ が定義されているとき $(V,\|\ \|)$ を**ノルム空間**という．

(N1) $\|\boldsymbol{x}\|=0\Leftrightarrow \boldsymbol{x}=\boldsymbol{0}$.

(N2) すべての $\alpha\in K, \boldsymbol{x}\in V$ に対して
$$\|\alpha\boldsymbol{x}\|=|\alpha|\|\boldsymbol{x}\|.$$

(N3) すべての $\boldsymbol{x},\boldsymbol{y}\in V$ に対して
$$\|\boldsymbol{x}+\boldsymbol{y}\|\leqq\|\boldsymbol{x}\|+\|\boldsymbol{y}\|.$$

ノルムを用いて距離が定義される (p.41)：$d_N(\boldsymbol{x},\boldsymbol{y}):=\|\boldsymbol{x}-\boldsymbol{y}\|$．したがってノルム空間は距離空間 (p.207) となり，その連続性やコンパクト性は点列によって把握される．

例　(1) $\mathbb{R}$ では絶対値がノルムを表現する．

(2) ベクトル空間 $\mathbb{R}^n$ には様々な方法でノルムが入る．重要なものは
$$\|\boldsymbol{x}\|_0:=\max(\{|x_\nu|\}),\ \|\boldsymbol{x}\|_1:=\sum_{\nu=1}^{n}|x_\nu|,$$
$$\|\boldsymbol{x}\|_2:=\sqrt{\sum_{\nu=1}^{n}x_\nu^2}\quad(\boldsymbol{x}=(x_1,\ldots,x_n))$$
で $\|\ \|_0$ はチェビシェフノルム，$\|\ \|_2$ はユークリッドノルムと呼ばれる．

(3) 上記で導入したベクトル空間 $C_0[a,b]$ には例えば
$$\|f\|_0:=\max\{|f(t)|\mid t\in[a,b]\}$$
（**チェビシェフノルム**）でノルムを入れることができる．

(4) 有界実数列 $\{x_n\}$ 全体のなすベクトル空間には $\|\{x_\nu\}\|:=\sup(\{|x_\nu|\mid\nu\in\mathbb{N}\})$ でノルムを入れることができる．

前ヒルベルト空間

ベクトル空間 $\mathbb{R}^n$ には，内積によって $\|\boldsymbol{x}\|_2=\sqrt{\langle\boldsymbol{x},\boldsymbol{x}\rangle}$ として**ユークリッドノルム** $\|\ \|_2$ が導入される．一般に次のように定義する：

定義 2　V を K（$K=\mathbb{R}$ または $\mathbb{C}$）上のベクトル空間とする．写像 $\langle\ \rangle: V\times V\to K$ は次が成り立つとき**内積**と呼ばれる．

(S1) すべての $\boldsymbol{x},\boldsymbol{y}\in V$ に対して
$$\langle\boldsymbol{x},\boldsymbol{y}\rangle=\overline{\langle\boldsymbol{y},\boldsymbol{x}\rangle}.$$

(S2) すべての $\boldsymbol{x}_1,\boldsymbol{x}_2\in V$ に対して
$$\langle\boldsymbol{x}_1+\boldsymbol{x}_2,\boldsymbol{y}\rangle=\langle\boldsymbol{x}_1,\boldsymbol{y}\rangle+\langle\boldsymbol{x}_2,\boldsymbol{y}\rangle.$$

(S3) すべての $\boldsymbol{x},\boldsymbol{y}\in V$, $\alpha\in K$ に対して
$$\langle\alpha\boldsymbol{x},\boldsymbol{y}\rangle=\alpha\langle\boldsymbol{x},\boldsymbol{y}\rangle.$$

(S4) すべての $\boldsymbol{x}\neq\boldsymbol{0}$ に対して $\langle\boldsymbol{x},\boldsymbol{x}\rangle\in\mathbb{R}^+$.

注意　(S1) の横線（バー）は複素共役を意味する．

定理 1　内積を持つベクトル空間において $\|\boldsymbol{x}\|:=\sqrt{\langle\boldsymbol{x},\boldsymbol{x}\rangle}$ によってノルムが定義できる．

証明は (N3) が成立することを示す以外は容易で，(N3) の証明は**シュワルツの不等式**：
$$|\langle\boldsymbol{x},\boldsymbol{y}\rangle|^2\leqq\|\boldsymbol{x}\|^2\cdot\|\boldsymbol{y}\|^2$$
を用い，以下のように示される：
$$\begin{aligned}\|\boldsymbol{x}+\boldsymbol{y}\|^2&=\langle\boldsymbol{x}+\boldsymbol{y},\boldsymbol{x}+\boldsymbol{y}\rangle\\&=\langle\boldsymbol{x},\boldsymbol{x}\rangle+\langle\boldsymbol{x},\boldsymbol{y}\rangle+\langle\boldsymbol{y},\boldsymbol{x}\rangle+\langle\boldsymbol{y},\boldsymbol{y}\rangle\\&\leqq\|\boldsymbol{x}\|^2+|\langle\boldsymbol{x},\boldsymbol{y}\rangle|+|\langle\boldsymbol{y},\boldsymbol{x}\rangle|+\|\boldsymbol{y}\|^2\\&\leqq\|\boldsymbol{x}\|^2+\|\boldsymbol{y}\|^2+2\|\boldsymbol{x}\|\cdot\|\boldsymbol{y}\|\\&=(\|\boldsymbol{x}\|+\|\boldsymbol{y}\|)^2.\end{aligned}$$

定義 3　内積によってノルムが定義されているノルム空間を**前ヒルベルト空間**と呼ぶ（図 C）．

バナッハ空間とヒルベルト空間

ノルム空間において列の収束を定義する．$\boldsymbol{x} \in V$ が点列 $\{\boldsymbol{x}_n\}$ の**極限値**であるとは，任意の $\varepsilon \in \mathbb{R}^+$ に対して，ある $n_0 \in \mathbb{N}$ が存在して，すべての $n \geqq n_0$ に対して $\|\boldsymbol{x} - \boldsymbol{x}_n\| < \varepsilon$ が成り立つことをいう．p.51 にしたがって，ノルム空間の基本列を考察する．これは，任意の $\varepsilon \in \mathbb{R}^+$ に対して，ある $n_1 \in \mathbb{N}$ が存在して，すべての $m \geqq n_1$, $n \geqq n_1$ に対して $\|\boldsymbol{x}_n - \boldsymbol{x}_m\| < \varepsilon$ が成り立つものとして定義される．任意の収束列は基本列である．任意のノルム空間に対して，この逆が成り立つとは限らない．しかしながら p.61 で述べたカントールの方法により，任意のノルム空間に対して，そのノルム空間を含み，その中の任意の基本列が収束するようなノルム空間を構成できる．

定義 4　完備ノルム空間，すなわち任意の基本列が収束するようなノルム空間を**バナッハ空間**と呼び，完備な前ヒルベルト空間を**ヒルベルト空間**と呼ぶ．

$C_0[a,b]$ はチェビシェフノルム (p.337) により完備であり，したがってバナッハ空間となる．なぜなら $\{f_n\}$ を $C_0[a,b]$ 内の基本列とし，$t \in [a,b]$ とすると $\{f_n(t)\}$ は $\mathbb{R}$ の基本列となり，$\mathbb{R}$ の完備性により，極限値 $f(t)$ を持つ．$t \mapsto f(t)$ で定義される関数を考えると，列 $\{f_n\}$ は $\|f_n - f_m\|_0 = \max(\{|f_n(t) - f_m(t)| | t \in [a,b]\})$ より f に一様収束する．p.260，定理 16 より，f は連続関数となり，したがって $C_0[a,b]$ に含まれる．p.337 の例 (4) の空間 $\mathbb{R}^\infty$ もバナッハ空間となり（p.336，図 C 参照），そのうえにさらにヒルベルト空間となる．

空間 $\boldsymbol{C_n[a,b]}$

$[a,b]$ 上の関数で，連続性のかわりに条件として微分可能性を課することにより，$C_0[a,b]$ の他にバナッハ空間の例を構成できる．

定義 5　$[a,b]$ 上の n 回 $(n \in \mathbb{N}\backslash\{0\})$ 連続微分可能実数値関数 f の集合に

$$\|f\|_n := \max(\{\|f^{(k)}\|_0 \mid k \in \{0,\ldots,n\}\})$$

（$f^{(k)}$ は f の k 次導関数）によりノルムを定義し，通常の演算を考えたものを $C_n[a,b]$ で表す．

注意　演算は関数の和と K の元の積である．

定理 2　空間 $C_n[a,b]$ はバナッハ空間である．

$\{f_\nu\}$ を $C_n[a,b]$ の基本列とする．すると $n+1$ 個の k 次導関数の列 $\{f_\nu^{(k)}\}$ $(k \in \{0,\ldots,n\})$ は $C_0[a,b]$ の基本列で元 $g_k \in C_0[a,b]$ に一様収束する．$k \in \{0,1,\ldots,n\}$ に対して g_k が g_{k-1} の導関数であることが示され，したがって g_0 が関数列 $\{f_\nu\}$ の $C_n[a,b]$ 内の極限値となる．

空間 $\boldsymbol{L^p[a,b]}$

定義 6　$[a,b] \subset \mathbb{R}$ 上の K-値関数（$K = \mathbb{R}$ または $\mathbb{C}$）であり，定められた $p \in \mathbb{R}^+$ に対してルベーグ積分 (L) $\int_a^b |f(t)|^p \mathrm{d}t$ が存在するような集合を考え，通常の演算を考えたものを $\widetilde{L}^p[a,b]$ で表す．

$\widetilde{L}^p[a,b]$ はベクトル空間となる．$\|f\|_p := ((\mathrm{L})\int_a^b |f(t)^p| \mathrm{d}t)^{\frac{1}{p}}$ で実数値関数を定義すると，これはノルムにはならない．なぜなら，ほとんど至るところ (p.333)，すなわち零集合を除いて値 0 を取る関数 f について $\|f\|_p = 0$ となるからである．N をほとんど至るところ 0 となるような $\widetilde{L}^p[a,b]$ の関数の集合とする．すると N は部分空間となる．

定理 3　$p \in \mathbb{R}^+\backslash(0,1)$ に対して，商空間 $L^p[a,b] := \widetilde{L}^p[a,b]/N$ はバナッハ空間となる．

$L^p[a,b]$ のノルムも同様に $\|\ \|_p$ で表すことにする．$\|\ \|_p$ がノルムの性質をみたし，このノルムに関して空間は完備となるが，その証明は面倒である．$p \in (0,1)$ に対応する空間はもはや完備ではない．特別な空間 $L^2[a,b]$ は，いわゆる **2 乗可積分関数**の空間と呼ばれ，これはさらにヒルベルト空間になる．すなわち，f_1, f_2 を $L^2[a,b]$ の二つの類の代表元とすると，$\langle [\![f_1]\!], [\![f_2]\!] \rangle := (\mathrm{L})\int_a^b f_1(t)\overline{f_2(t)}\mathrm{d}t$ で $L^2[a,b]$ に内積が定義され，$\|[\![f]\!]\| = \sqrt{\langle [\![f]\!], [\![f]\!] \rangle}$ によって $L^2[a,b]$ にノルムが導入される．

空間 $\boldsymbol{L^\infty[a,b]}$

定義 7　$f : [a,b] \to K$ を可測関数 (p.333) とする．$c \in \mathbb{R}_0^+$ が f の**本質的制限点**であるとは，$[a,b]$ 上ほとんど至るところで $|f(t)| \leqq c$ が成り立つことをいう．

定義 8　$[a,b]$ 上の本質的制限点を持つ関数全体に，通常の演算を定義した集合を $\widetilde{L}^\infty[a,b]$ で表す．

$\|f\|_\infty$ を f の本質的制限点の下限とする．空間 $\widetilde{L}^p[a,b]$ の場合と同様に，これはまだノルム空間ではない．前と同様に，$\widetilde{L}^\infty[a,b]$ の関数で，ほとんど至るところ 0 となるようなもののなす部分空間 N で商空間を作る必要があり，この上のノルムも同様に $\|\ \|_\infty$ で表す．

定理 4　商空間 $L^\infty[a,b] := \widetilde{L}^\infty[a,b]/N$ はバナッハ空間となる．

このバナッハ空間の間には次の関係が存在する：$1 \leqq p < q \leqq \infty$ となるすべての $p, q \in \mathbb{R} \cup \{\infty\}$ と $n < m$ となるすべての $n, m \in \mathbb{N}$ に対して

$$L^p[a,b] \supset L^q[a,b] \supset C_n[a,b] \supset C_m[a,b].$$

$C_0[a,b]$ は可算次元を持つが (p.336, 図 B)，$L^\infty[a,b]$ と p.337 の例 (4) の空間は非可算次元を持つ．これらの無限次元の空間は実解析や複素解析の場合の $\mathbb{R}^n$ や $\mathbb{C}^n$ と全く異なる振る舞いを示す．例えば，バナッハの定理によれば，バナッハ空間が局所コンパクトであることと，それが有限次元であることとが同値である．実解析や複素解析ではコンパクト性を必要とする証明が多くあり，この状況がバナッハ空間における解析学の構築を困難にしている．

有界線形作用素

線形代数学において，ベクトル空間を線形写像によって調べたようにバナッハ空間の間の線形写像を考察する．

定義1　B_1, B_2 をバナッハ空間とする．線形写像 $\boldsymbol{F}: B_1 \to B_2$ を**線形作用素**と呼ぶ．$\boldsymbol{F}$ が**有界**であるとは，ある $c \in \mathbb{R}^+$ が存在して，すべての $x \in B_1$ に対して $\|\boldsymbol{F}(\boldsymbol{x})\| \leqq c\|\boldsymbol{x}\|$ が成り立つことをいう．有界線形作用素全体の集合に通常の演算 (p.338) を付与したものを $[B_1, B_2]$ で表すことにする．

$[B_1, B_2]$ は K ($K = \mathbb{R}$ または $\mathbb{C}$) 上のベクトル空間となる．任意の $\boldsymbol{F} \in [B_1, B_2]$ に対して $\|\boldsymbol{F}\| := \inf(\{c \mid c \text{ は } \boldsymbol{F} \text{ の制限}\})$ が存在する．これにより，p.337 の定義1の意味でのノルムが定義され，$[B_1, B_2]$ はノルム空間となり，さらにバナッハ空間となることが証明される．これは，作用素の集合がそれを定義する空間と同様な構造を持つという点で興味がある．

微分可能な作用素

定義2　B_1, B_2 をバナッハ空間とする．写像 $\boldsymbol{F}: D_{\boldsymbol{F}} \to B_2$ ($D_{\boldsymbol{F}} \subset B_1$) を**作用素**と呼ぶ．

この概念はもちろん定義1の線形作用素の概念を含んでいる．実解析や関数論において展開されているように微分可能な作用素の定義を与える．p.295 の定義5にならって次のように定義する．

定義3　B_1, B_2 をバナッハ空間とする．作用素 $\boldsymbol{F}: D_{\boldsymbol{F}} \to B_2$ ($D_{\boldsymbol{F}} \subset B_1$) が点 $\boldsymbol{a} \in D_{\boldsymbol{F}}$ において**微分可能**であるとは，$\boldsymbol{a}$ が $D_{\boldsymbol{F}}$ の集積点であり，かつある有界線形作用素 $\frac{\delta \boldsymbol{F}}{\delta \boldsymbol{x}}(\boldsymbol{a}) \in [B_1, B_2]$ が存在して，$\boldsymbol{a} + \boldsymbol{h} \in D_{\boldsymbol{F}}$ かつ

$$\lim_{\|h\| \to 0} \frac{\|\boldsymbol{F}(\boldsymbol{a}+\boldsymbol{h}) - \boldsymbol{F}(\boldsymbol{a}) - \frac{\delta \boldsymbol{F}}{\delta \boldsymbol{x}}(\boldsymbol{a})(\boldsymbol{h})\|}{\|h\|} = 0$$

が成り立つことをいう．ここで，分子のノルムは B_2 のもの，分母は B_1 のものである．

フレッシェ微分

$D_{\boldsymbol{F}'}$ を $\boldsymbol{F}$ が微分可能となるような $D_{\boldsymbol{F}}$ の点の集合とすると，$\frac{\delta \boldsymbol{F}}{\delta \boldsymbol{x}}(\boldsymbol{a})$ は作用素 $\frac{\delta \boldsymbol{F}}{\delta \boldsymbol{x}}: D_{\boldsymbol{F}'} \to [B_1, B_2]$ の $\boldsymbol{a} \in D_{\boldsymbol{F}'}$ における値と考えられる．

$\frac{\delta \boldsymbol{F}}{\delta \boldsymbol{x}}$ は $\boldsymbol{F}$ の**フレッシェ導関数**（または**変動導関数**）と呼ばれる．関数値 $\frac{\delta \boldsymbol{F}}{\delta \boldsymbol{x}}(\boldsymbol{a})$ を $\boldsymbol{F}$ の $\boldsymbol{a}$ における**フレッシェ微分**という．

注意　$\boldsymbol{F}: B_1 \to B_2$ が有界線形なら，$\boldsymbol{F}(\boldsymbol{a}+\boldsymbol{h}) - \boldsymbol{F}(\boldsymbol{a}) = \boldsymbol{F}(\boldsymbol{h})$ となる．すなわちすべての $\boldsymbol{a} \in B_1$ に対して $\frac{\delta \boldsymbol{F}}{\delta \boldsymbol{x}}(\boldsymbol{a}) = \boldsymbol{F}$ が成り立つ．したがって $\frac{\delta \boldsymbol{F}}{\delta \boldsymbol{x}}$ は定数である．

微分可能な作用素が連続となることは容易に示される．逆は一般には成り立たない．フレッシェ導関数については実数値関数や $\mathbb{R}^n$-$\mathbb{R}^m$ 関数の場合と同様の法則が成り立つ．特に p.295 の定理4に類似の鎖法則が成立する．作用素 $\frac{\delta \boldsymbol{F}}{\delta \boldsymbol{x}}$ が再び微分可能であるとする．そのフレッシェ導関数は $\frac{\delta^2 \boldsymbol{F}}{\delta \boldsymbol{x}^2}$ で表される．同様にして高次の導関数も定義できる．

逆作用素

B_1 と B_2 が等しいとき，$\mathbb{R}^n$-$\mathbb{R}^m$ 関数の場合 (p.295) と同様に**作用素の可逆性**の問題が生じてくる．微分可能な作用素の点 $\boldsymbol{a}$ における局所的な可逆性の必要十分条件は，フレッシェ微分 $\frac{\delta \boldsymbol{F}}{\delta \boldsymbol{x}}(\boldsymbol{a})$ が可逆なことである．任意の微分可能な作用素の可逆性の問題はある有界作用素の問題に帰着される．

ガトー微分

作用素 $\boldsymbol{F}$ に対して，極限値

$$\lim_{\lambda \to 0} \frac{\boldsymbol{F}(\boldsymbol{a}+\lambda \boldsymbol{h}) - \boldsymbol{F}(\boldsymbol{a})}{\lambda} \qquad (\lambda \in K \backslash \{0\})$$

を考察するだけで十分な場合がある．ここで $\boldsymbol{a}$ と $\boldsymbol{h}$ は固定された点である．これが存在し，$\boldsymbol{h}$ について線形ならば，それを $\frac{\partial \boldsymbol{F}}{\partial \boldsymbol{x}}(\boldsymbol{a})(\boldsymbol{h})$ と書き表し，線形作用素 $\frac{\partial \boldsymbol{F}}{\partial \boldsymbol{x}}(\boldsymbol{a})$ を $\boldsymbol{F}$ の点 $\boldsymbol{a}$ における**ガトー導関数**と呼ぶ．$\boldsymbol{F}$ が微分可能なら，ガトー導関数も存在する．この存在に関する条件「微分可能性」は十分条件ではない．逆が成り立つためには $\boldsymbol{h}$ に関する連続性を付け加えることが必要である．

固定点定理

近似問題に関数解析を適用するとき**固定点定理**は重要である．これは作用素 $\boldsymbol{F}$ に対して，バナッハ空間 B の部分集合 D のなかで $\boldsymbol{F}(\boldsymbol{x}_0) = \boldsymbol{x}_0$ となるような点，いわゆる**固定点** $\boldsymbol{x}_0 \in D$ の存在を保証するものである．次は重要である．

バナッハの固定点定理　B をバナッハ空間とする．作用素 $\boldsymbol{F}: D \to B$ ($D \subset B$) に対して，$c \in (0,1)$ ですべての $\boldsymbol{x}_1$, $\boldsymbol{x}_2 \in D$ に対して $\|\boldsymbol{F}(\boldsymbol{x}_2) - \boldsymbol{F}(\boldsymbol{x}_1)\| \leqq c\|\boldsymbol{x}_2 - \boldsymbol{x}_1\|$ となるようなものが存在すれば $\boldsymbol{F}$ は D 内にちょうど1個の固定点を持つ．

証明のために，$\boldsymbol{x}_1 \in D$ を任意に取り，$\boldsymbol{x}_{n+1} := \boldsymbol{F}(\boldsymbol{x}_n)$ ($n \in \mathbb{N} \backslash \{0\}$) により帰納的に定義される列を作る．すると

$$\begin{aligned}\|\boldsymbol{x}_{n+1} - \boldsymbol{x}_n\| &= \|\boldsymbol{F}(\boldsymbol{x}_n) - \boldsymbol{F}(\boldsymbol{x}_{n-1})\| \\ &\leqq c^{n-1} \cdot \|\boldsymbol{x}_2 - \boldsymbol{x}_1\|\end{aligned}$$

が示される．三角不等式を繰り返し用いて，等比級数と比較することにより，すべての $m > n$ に対して $\|\boldsymbol{x}_m - \boldsymbol{x}_n\| \leqq c^{n-1} \dfrac{\|\boldsymbol{x}_2 - \boldsymbol{x}_1\|}{1-c}$ が成り立つことが示される．$\{\boldsymbol{x}_n\}$ は，これにより基本列となることが分かり，その極限値が固定点の条件をみたす．固定点の一意性は容易に示される．

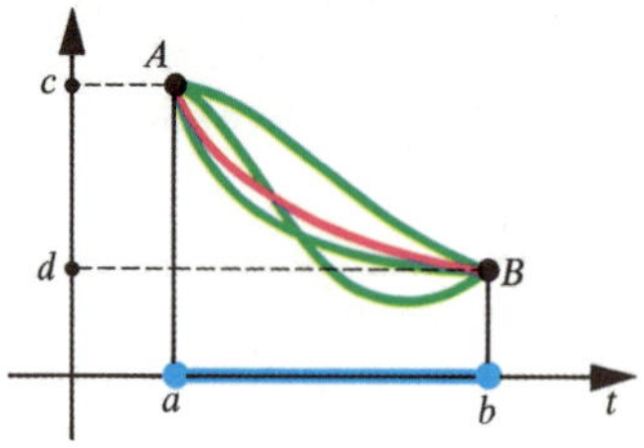

問題：重力のみの影響のもとで，点 A から B へ最短時間で到達するような曲線を求める．

解：サイクロイド

A

最短降下線

問題：定められた長さを持つ平面閉曲線で囲まれた面積を最大とするものを求める．

解：円

B

等周長問題

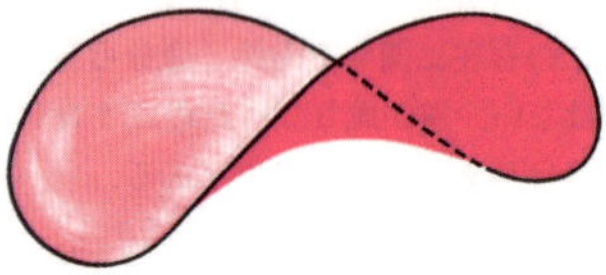

問題：与えられた空間曲線を境界とする曲面で，面積を最小とする曲面を求める．

解：平均曲率が0の曲面（p.387）

C

極小曲面

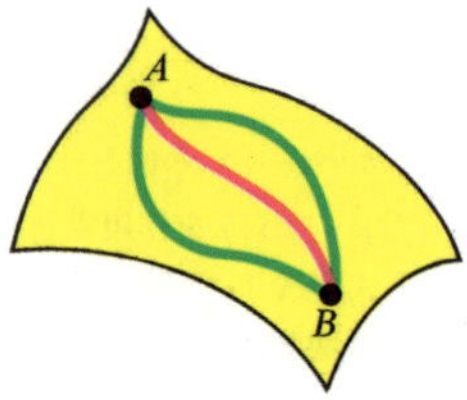

問題：ある曲面内の2点に対し，曲面内の曲線で2点を最短に結ぶものを求める．

解：曲線で，その主法線ベクトル（p.367）が，曲面法線ベクトル（p.379）となるようなもの．

D

測地線

定義：$f_0 \in C_1[a,b]$ と $\varepsilon \in \mathbb{R}^+$ に対して

$\{f \mid f \in C_1[a,b] \wedge \|f-f_0\|_0 < \varepsilon\}$ を f_0 の広い ε-近傍

$\{f \mid f \in C_1[a,b] \wedge \|f-f_0\|_1 < \varepsilon\}$ を f_0 の狭い ε-近傍 と呼ぶ．

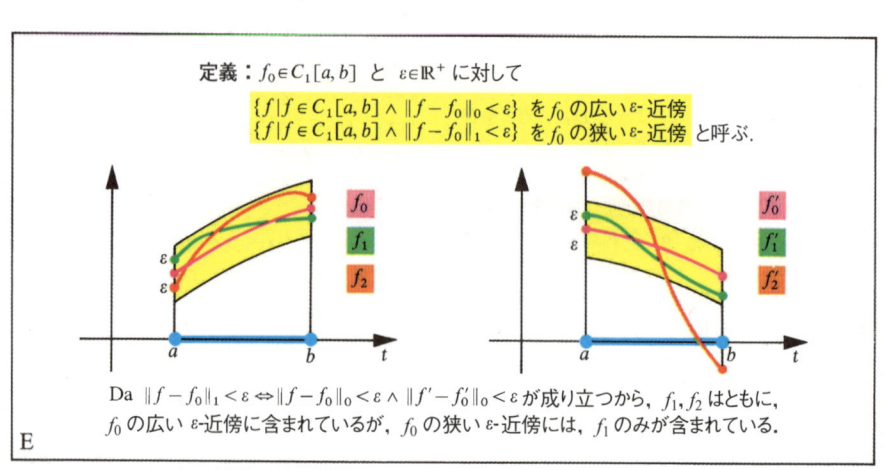

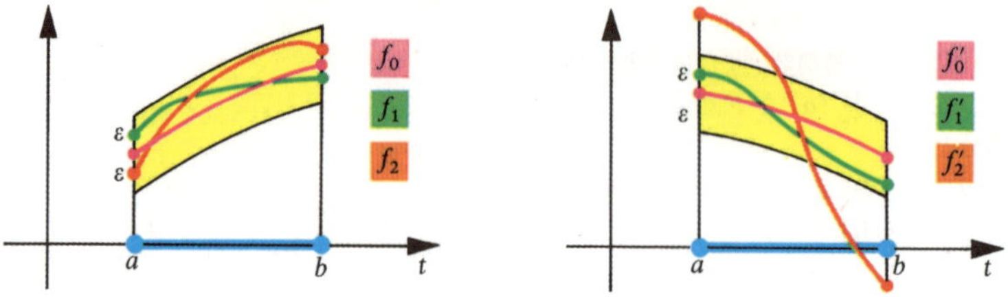

Da $\|f-f_0\|_1 < \varepsilon \Leftrightarrow \|f-f_0\|_0 < \varepsilon \wedge \|f'-f_0'\|_0 < \varepsilon$ が成り立つから，f_1, f_2 はともに，f_0 の広い ε-近傍に含まれているが，f_0 の狭い ε-近傍には，f_1 のみが含まれている．

E

$C_1\,[a,b]$ における広い近傍と狭い近傍

関数解析学は数学の様々な実際的問題に適用される．p.285 で扱った近似問題は，バナッハ空間 $C_0[a,b]$ や $L^2[a,b]$ での収束問題を表現している．また**変分学**では，汎関数で定義されるバナッハ空間の極値問題を扱う．

変分問題の例

a) p.337 ですでに最短降下線の問題に言及した．これは摩擦を考えないとして，重力の影響下で鉛直面上の点 $A(a,c)$ から下方にある点 $B(b,d)$ へ物体が移動するとき，最小時間を与える曲線を決定する問題である（図 A）．その曲線は連続微分可能な関数 $f \in C_1[a,b]$ で $f(a)=c$ かつ $f(b)=d$ であるようなもののグラフであり，エネルギー定理より速度に対して $v(t)=\sqrt{2g(c-f(t))}$ が成り立つ．その長さは $\int_a^b \sqrt{1+[f'(t)]^2}\mathrm{d}t$ で与えられ，要する時間 $T(f)$ は $T(f)=\frac{1}{2g}\int_a^b\sqrt{\frac{1+[f'(t)]^2}{c-f(t)}}\mathrm{d}t$ で求められる．したがってこれは，$T(f)$ で定義される汎関数を極小にする問題である．

b) 別の問題として**等周問題**がある．これは，与えられた周長 l を持つ連続微分可能な単純平面閉曲線の中で面積最大のものを求める問題である（図 B）．曲線を $(k_1(t),k_2(t))$ と媒介変数表示する (p.375)．すると面積は

$$A(k_1,k_2)=\frac{1}{2}\int_0^{2\pi}(k_1(t)\cdot k_2'(t)-k_1'(t)\cdot k_2(t))\mathrm{d}t$$

で与えられる汎関数で，付帯条件

$$\int_0^{2\pi}\sqrt{[k_1'(t)]^2+[k_2'(t)]^2}\mathrm{d}t=l \ \text{(p.321)}$$

のもとでその最大値を取るものを求める問題となる．

c) 空間内で与えられた境界を持ち，最小の面積を持つ曲面を求めるのが**極小曲面**の問題である．曲面を t_1-t_2 平面上の領域 G 上定義された連続微分可能な関数 $f: G\to\mathbb{R}$ のグラフで与えられるものとする．

$$A(f)=\int_G\sqrt{1+\left(\frac{\partial f}{\partial t_1}(t_1,t_2)\right)^2+\left(\frac{\partial f}{\partial t_2}(t_1,t_2)\right)^2}\mathrm{d}(t_1,t_2)$$

(p.321) で定義される汎関数を考え，これが極小となるものを求める問題である．解は針金枠に石鹸膜を張ったもので実現される（表面張力！図 C）．

d) この他にいわゆる**測地線** (p.383) の問題がある．これは曲面上に 2 点 A, B があるとき，A, B を結ぶ曲面内の曲線で長さが最小となるものを求める問題である（図 D）．

オイラーの微分方程式

汎関数の極値問題の例として，次の形の積分で定義されるものを問題とすることがある：

$$I(f)=\int_a^b L(t,f(t),f'(t))\mathrm{d}t$$

付帯条件のついた問題の場合は，ラグランジュの乗数 (p.299) を導入することにより，条件のない場合の問題に帰着される．この変分問題を 2 階の微分方程式に還元する道筋の概略をここで述べる．

I が点 f_0 で極値を取る必要条件は，ガトー導関数 $\frac{\partial I}{\partial f}(f_0)(h)$ (p.339)（これはまた I の**第 1 変分**とも呼ばれる）が 0 となることである．境界条件 $h(a)=h(b)=0$ のもとで，f_0 に近い関数として $f_0+\lambda h$ という許容関数を考える．すると次を得る：

$$\begin{aligned}&\frac{\partial I}{\partial f}(f_0)(h)\\&=\lim_{\lambda\to 0}\int_a^b(L(t,f_0(t)+\lambda h(t),f_0'(t)+\\&\qquad\lambda h'(t))-L(t,f_0(t),f_0'(t)))/\lambda\,\mathrm{d}t\\&=\int_a^b\left(\frac{\partial L}{\partial f}(t,f_0(t),f_0'(t))h(t)+\right.\\&\qquad\left.\frac{\partial L}{\partial f'}(t,f_0(t),f_0'(t))h'(t)\right)\mathrm{d}t=0\end{aligned}$$

部分積分法より次が導かれる：

$$\begin{aligned}&\int_a^b\left(\frac{\partial L}{\partial f}(t,f_0(t),f_0'(t))h(t)-\right.\\&\qquad\left.\frac{d}{dt}\frac{\partial L}{\partial f'}(t,f_0(t),f_0'(t))h'(t)\right)\mathrm{d}t\\&+\left[\frac{\partial L}{\partial f'}(t,f_0(t),f_0'(t))h(t)\right]_a^b=0.\end{aligned}$$

最後の項は境界条件より 0 となる．もし

$$\frac{\partial L}{\partial f}(t,f,f')-\frac{\mathrm{d}}{\mathrm{d}t}\frac{\partial L}{\partial f'}(t,f,f')=0$$

が成り立てば積分は 0 となる．t について微分すれば，以下のいわゆる**オイラーの微分方程式**が得られる：

$$\left(\frac{\partial L}{\partial f}-\frac{\partial^2 L}{\partial t\partial f'}-f'\frac{\partial^2 L}{\partial f\partial f'}-f''\frac{\partial^2 L}{(\partial f')^2}\right)(t,f,f')=0.$$

最短降下線の問題の場合は，特別に $1+(f')^2-2(c-f)f''=0$ の形の微分方程式となる．解は

$$t=a+r(\alpha-\sin\alpha),\ f(t)=c-r(1-\cos\alpha)$$

と媒介変数で表示され，これはサイクロイドとなる．ここで r は境界条件 $f(b)=d$ から決定される定数である．汎関数の極値問題に対して十分条件を定式化するためには，2 次のガトー導関数を考えなければならない．

強い極値と弱い極値

強い極値と弱い極値を区別して考えることにより，研究の改良がなされる．$C_1[a,b]$ のある部分集合 D 上の汎関数 I が点 f_0 において，強い意味で局所的極小値を取るとは，ある $\varepsilon\in\mathbb{R}^+$ が存在して $\|f-f_0\|_0<\varepsilon$ となるすべての $f\in D$ に対して $I(f)\geqq I(f_0)$ が成り立つことをいう．弱い意味で局所的極小値を取るとは，$\|f-f_0\|_1<\varepsilon$ となるすべての $f\in D$ に対して同じ不等式が成り立つことをいう．局所的極大値についても同様に定義される。$\|\ \|_0$ に関する ε-近傍は $\|\ \|_1$ に関する ε-近傍を含み（図 E），$\|\ \|_0$ から誘導される位相は，$\|\ \|_1$ で誘導されたものより粗い (p.205)．したがって強い極値は同時に弱い極値であるが，逆は成り立たない．

$[a,b]^2$上の実数値（複素数値）関数 $(s,t)\mapsto K(s,t)$ によって定義されるものとする．さらに
すべての $t\in[a,b]$について，$(\mathrm{L})\int_a^b |K(s,t)|^2\,\mathrm{d}s$と
すべての $s\in[a,b]$について，$(\mathrm{L})\int_a^b |K(s,t)|^2\,\mathrm{d}t$
が存在するものとする．$f\in L^2[a,b]$ とすると，すべての$s\in[a,b]$ に対して，$(\mathrm{L})\int_a^b K(s,t)f(t)\,\mathrm{d}t$ も存在する．関数$f\in L^2[a,b]$ に対して$s\mapsto(\mathrm{L})\int_a^b K(s,t)f(t)\,\mathrm{d}t$ によって定義される関数を$\boldsymbol{K}(f)$ とすると，これも$L^2[a,b]$に含まれる．対応 $f\to\boldsymbol{K}(f)$で定義される積分作用素$\boldsymbol{K}:L^2[a,b]\to L^2[a,b]$は線形かつ有界である．

A_1

$gx=h+\lambda\boldsymbol{K}(x)$，$x,g,h\in L^2[a,b]$，$\lambda\in\mathbb{R}(\mathbb{C})$ の形の方程式は，線形積分方程式と呼ばれる．
g と h の特別な形によって線形積分方程式を次の種類に類別する．

$0=h+\lambda\boldsymbol{K}(x)$	第1種の積分方程式
$x=\quad\lambda\boldsymbol{K}(x)$	第2種の斉次積分方程式
$x=h+\lambda\boldsymbol{K}(x),\ h\neq0$	第2種の非斉次積分方程式
$gx=h+\lambda\boldsymbol{K}(x)$, g は定数でない．	第3種の積分方程式

A_2

積分作用素，積分方程式とその類別

積分方程式の核が $K(s,t)=st$なる特別な形を持つとき，第1種と第2種の積分方程式の解は容易に求められる．

第1種積分方程式： $0=h(s)+\lambda s\int_a^b tx(t)\,\mathrm{d}t$．

h が $h(s)=cs$で定義されている線形関数なら，方程式は解くことができ，それは$-\dfrac{c}{\lambda}=\int_a^b tx(t)\,\mathrm{d}t$ で実現される．

第2種斉次積分方程式： $x(s)=\lambda s\int_a^b tx(t)\,\mathrm{d}t$．

この場合，解の関数 x は条件 $x(s)=cs$ をみたさなければならない．

$$cs=\lambda s\int_a^b ct^2\,\mathrm{d}t=\lambda sc\frac{b^3-a^3}{3}$$

となり，唯一の固有値 $\lambda_1=\dfrac{3}{b^3-a^3}$ を持つ．
この λ の値に対して，$x(s)=cs$（c：任意）として非自明な解 x が存在する．
それ以外の場合は必然的に $c=0$ でなければならない．

第2種非斉次積分方程式： $x(s)=h(s)+\lambda s\int_a^b tx(t)\,\mathrm{d}t$．

斉次積分方程式の解によって

$x(s)=h(s)+cs$ とする．

代入することにより $h(s)+cs=h(s)+\lambda s\int_a^b (th(t)+ct^2)\,\mathrm{d}t$，

$$cs=\lambda s\int_a^b th(t)\,\mathrm{d}t+\lambda sc\cdot\frac{b^3-a^3}{3},$$

$$c\left(1-\lambda\frac{b^3-a^3}{3}\right)=\lambda\int_a^b th(t)\,\mathrm{d}t$$ が導かれる．

$\lambda\neq\lambda_1$ ならば c が一意的に決まり，そうでない場合は $\int_a^b th(t)\,\mathrm{d}t=0$でなければならない．

B　これにより一般的に解が存在し，したがって c は任意に取れる．

特別な核 $K(s,t)=st$ を持つ積分方程式

微分作用素と積分作用素

関数解析学の応用として，関数 f の微分と積分を線形作用素として把握することにより得られるものがある．**微分作用素** $\boldsymbol{D}: C_1[a,b] \to C_0[a,b]$ は $\boldsymbol{D}(f) = \frac{\mathrm{d}f}{\mathrm{d}t}$ で定義される．微分学の法則により $\boldsymbol{D}$ の線形性が導かれる．もちろん $\boldsymbol{D}$ は有界ではない．同時に**積分作用素** $\boldsymbol{K}$ も，関数 f に，積分することによって得られる新しい関数 $\boldsymbol{K}(f)$ を対応させることにより定義できる．$K: [a,b]^2 \to \mathbb{R}$ を連続関数とすれば $\boldsymbol{K}(f)(s) := \int_a^b K(s,t)\cdot f(t)\mathrm{d}t$ によって作用素 $\boldsymbol{K}: C_0[a,b] \to C_0[a,b]$ が定義され，これは線形でかつ有界である．実際次が成り立つ：

$$|\boldsymbol{K}(f)(s)| \leqq |b-a| \cdot \max(\{|K(s,t)|\,|\,(s,t)\in[a,b]^2\}) \cdot \max(\{|f(t)|\,|\,t\in[a,b]\}),$$

$$\|\boldsymbol{K}(f)\|_0 \leqq |b-a| \cdot \max(\{|K(s,t)|\,|\,(s,t)\in[a,b]^2\})\cdot\|f\|.$$

$\boldsymbol{K}$ のノルムについては次が成り立つ：

$$\|\boldsymbol{K}\|_0 \leqq |b-a| \cdot \max(\{|K(s,t)|\,|\,(s,t)\in[a,b]^2\}).$$

これにより，ヒルベルト空間 $L^2[a,b]$ (p.338) に，作用素 $\boldsymbol{K}: L^2[a,b] \to L^2[a,b]$ が定義され，これは線形かつ有界となる（図 A_1）．

有界性により，この積分作用素には関数解析学の方法が有効に適用される．$K(s,t)$ は積分作用素 $\boldsymbol{K}$ の**核**と呼ばれる．核は，すべての $s,\, t \in [a,b]$ について $K(s,t) = K(t,s)$ が成り立つとき**対称核**であるという．

積分方程式

積分学の理論において，積分作用素 $\boldsymbol{K}$ が与えられたとき，関数 $\boldsymbol{K}(f)$ を決定するばかりでなく，逆に $h \in \boldsymbol{K}(L^2[a,b])$ に対して，方程式 $h - \boldsymbol{K}(x) = 0$ の解集合 $\boldsymbol{K}^{-1}(\{h\})$ を求める場合がある．関数 x は，すべての $s \in [a,b]$ に対して

$$h(s) = (\mathrm{L})\int_a^b K(s,t)x(t)\mathrm{d}t$$

が成り立つものとして決定される．$g\cdot x = h + \lambda\boldsymbol{K}(x)$ の形の方程式は**線形積分方程式**と呼ばれる．ここで g と h はあらかじめ与えられた関数である．上記の $h - \boldsymbol{K}(x) = 0$ は特別な場合と考えられる．$g = 0$ の場合は**第 1 種**，$g = 1$ の場合は**第 2 種**，g が定数でない場合は**第 3 種**の積分方程式という（図 A_2）．

さらに一般的なタイプの積分方程式も存在する．しかしながらここでは第 2 種の線形積分方程式を中心に考察する．

第 2 種の積分方程式

解の存在に関する，次に述べる**フレドホルムの定理**は重要である．現れるすべての関数は，空間 $L^2[a,b]$ に含まれているものとする．

定理　第 2 種の線形積分方程式 $x = h + \lambda\boldsymbol{K}(x)$ に対して，次のいずれか一方が成り立つ．すなわち，h に対して一意的に決まる解 x を持つ（I の場合）か，または h に対して，そのつど無限個の解を持つ（II の場合）．

いまここで問題になっている場合を調べるために，斉次方程式 $x = \lambda\boldsymbol{K}(x)$ を解くことを考える．自明な解 $x = 0$ しか持たないときが I の場合であり，そうでなければ II の場合となる．非自明な解が存在するとき λ を $\boldsymbol{K}$ の解**固有関数**に属する**固有値**と呼ぶ．λ が固有値でないとき，すなわち斉次方程式が $x = 0$ しか持たないとき，**非斉次方程式** $x = h + \lambda\boldsymbol{K}(x)$ は一意的な解を持つ．これを決定するために，方程式 $x = h + \lambda\boldsymbol{K}(x)$ の右辺の x に，この方程式からでてくる値を代入する：

$$\begin{aligned} x &= h + \lambda\boldsymbol{K}(h + \lambda\boldsymbol{k}(x)) \\ &= h + \lambda\boldsymbol{K}(h) + \lambda^2\boldsymbol{K}^2(x) \end{aligned}$$

この手続きを反復して次を得る：

$$\begin{aligned} x &= h + \lambda\boldsymbol{K}(h) + \lambda^2\boldsymbol{K}^2(h) + \lambda^3\boldsymbol{K}^3(x) \\ &= h + \lambda(\boldsymbol{K} + \lambda\boldsymbol{K}^2)(h) + \lambda^3\boldsymbol{K}^3(x) \end{aligned}$$

$\|\lambda\boldsymbol{K}\| < 1$ すなわち $|\lambda| < \|\boldsymbol{K}\|^{-1}$ のとき $\boldsymbol{R} = \boldsymbol{K} + \lambda\boldsymbol{K}^2 + \lambda^2\boldsymbol{K}^3 + \cdots$ によって作用素が定義され，これは**レゾルベント**と呼ばれる．方程式 $x = h + \lambda\boldsymbol{K}(x)$ の解はレゾルベントにより $x = H + \lambda\boldsymbol{R}(h)$ の形に書ける．$\boldsymbol{R}$ の核は $\boldsymbol{K}$ の核 $K(s,t)$ から積分を繰り返すことより，任意の精度で計算することができる．例えば $\boldsymbol{K}^2$ は核

$$\int_a^b K(s,r)K(r,t)\mathrm{d}r$$

を持つ．

関数論において，関数のベキ級数展開によって解析接続をするように，レゾルベントによる解関数の展開は，λ の値の解析接続を与えるが，もはや $|\lambda| < \|\boldsymbol{K}\|^{-1}$ をみたすとは限らない．その固有値は解析関数の場合の極に対応する．図 B は特別な核 $K(s,t) = st$ に対する解を示している．

固有値の存在に関していえば，少なくとも対称核については固有値が存在することが示される．実対称核については，相異なる固有値 λ_1, λ_2 に対する固有関数は，それらの内積が 0 となるという意味で直交している．

応用

第 1 種の積分方程式は別の物理学的問題，例えば弾性理論にも現れる．

第 2 種の積分方程式については，微分方程式の変形がうまく機能し，弦の強制振動の問題に用いられる．その固有値は斉次方程式の固有関数が正弦 (sin) 曲線の形の基本振動で調和的上振動に対応している一方，固有振動数と関連している．

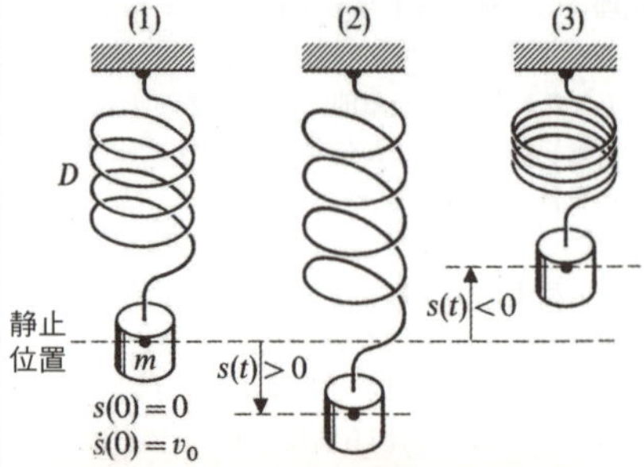

$\ddot{s}(t)+\dfrac{D}{m}s(t)=0$ 摩擦のない場合

$\ddot{s}(t)+\dfrac{r}{m}\dot{s}(t)+\dfrac{D}{m}s(t)=0$ 摩擦のある場合

重さmの錘を吊るし，静止位置を基準にして振動させる．この場合，
フックの法則$F(t)=-D\cdot s(t)$をみたしているとする．
振動の法則，すなわち初期値
$s(0)=0$と$v(0)=\dot{s}(0)=v_0$
をみたす関数 $t\mapsto s(t)$ をみつけたい．摩擦を無視すると，$F(t)=m\cdot\ddot{s}(t)$ から等式 $m\cdot\ddot{s}(t)=-D\cdot s(t)$ が成立する．よって，

方程式 $\ddot{s}(t)+\dfrac{D}{m}s(t)=0$ が成立する．

摩擦すなわち項 $r\cdot\dot{s}(t)$ も考慮に入れると，方程式 $\ddot{s}(t)+\dfrac{r}{m}\dot{s}(t)+\dfrac{D}{m}s(t)=0$ をみたす（解はp.352, 図A）．

A

ばねの振動の法則

$y'=\frac{1}{4}x-\frac{1}{4}y+2$

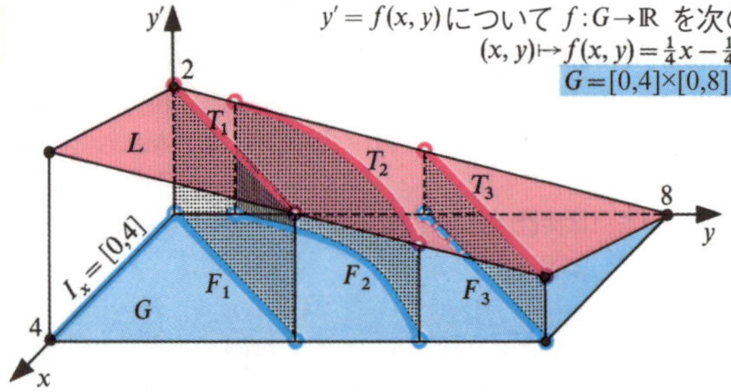

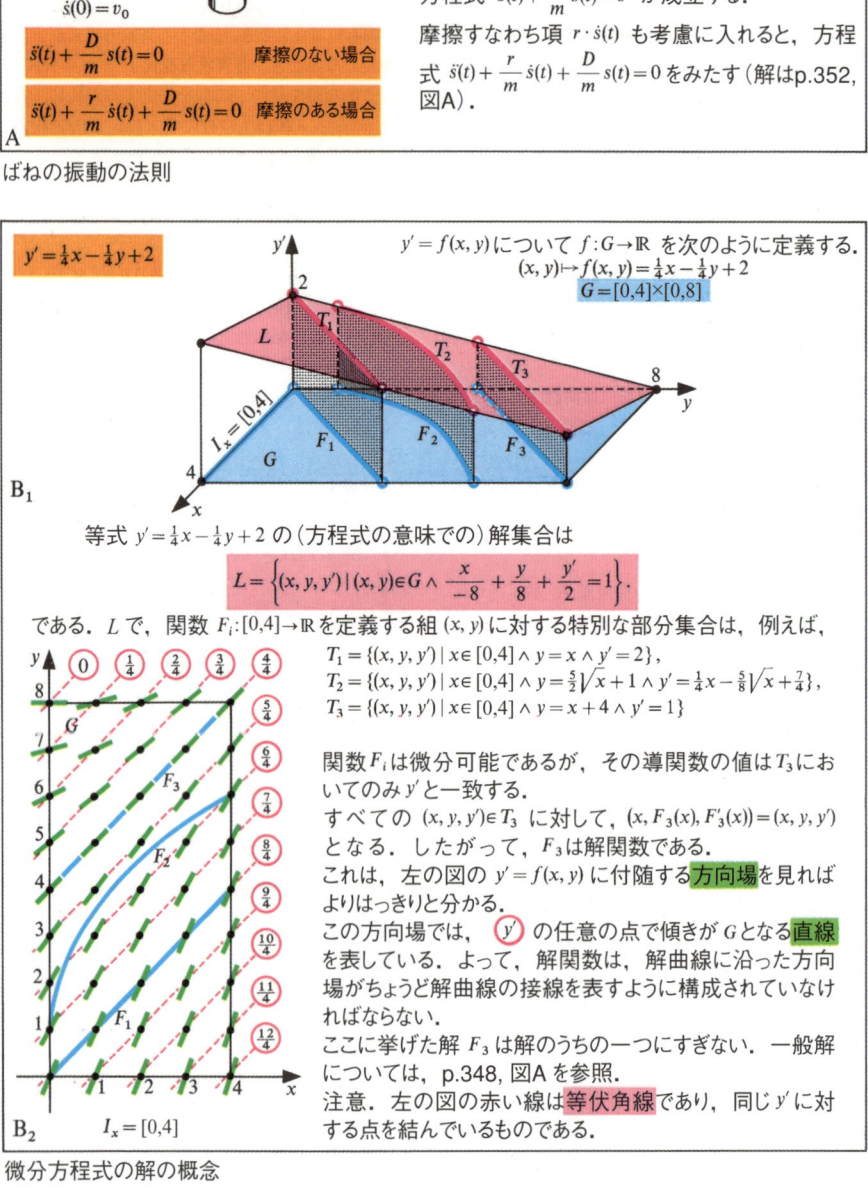

$y'=f(x,y)$について $f:G\to\mathbb{R}$ を次のように定義する．
$(x,y)\mapsto f(x,y)=\frac{1}{4}x-\frac{1}{4}y+2$
$G=[0,4]\times[0,8]$

B₁

等式 $y'=\frac{1}{4}x-\frac{1}{4}y+2$ の（方程式の意味での）解集合は

$$L=\left\{(x,y,y')\mid(x,y)\in G\wedge\frac{x}{-8}+\frac{y}{8}+\frac{y'}{2}=1\right\}.$$

である．Lで，関数 $F_i:[0,4]\to\mathbb{R}$を定義する組 (x,y) に対する特別な部分集合は，例えば，

$T_1=\{(x,y,y')\mid x\in[0,4]\wedge y=x\wedge y'=2\}$,
$T_2=\{(x,y,y')\mid x\in[0,4]\wedge y=\frac{5}{2}\sqrt{x}+1\wedge y'=\frac{1}{4}x-\frac{5}{8}\sqrt{x}+\frac{7}{4}\}$,
$T_3=\{(x,y,y')\mid x\in[0,4]\wedge y=x+4\wedge y'=1\}$

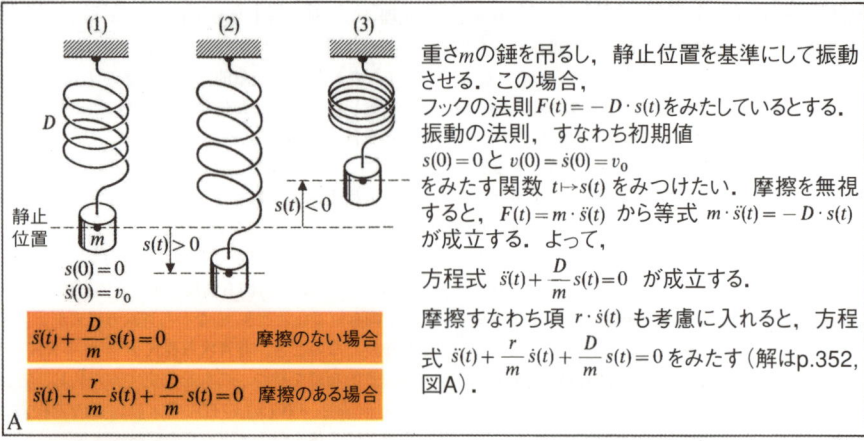

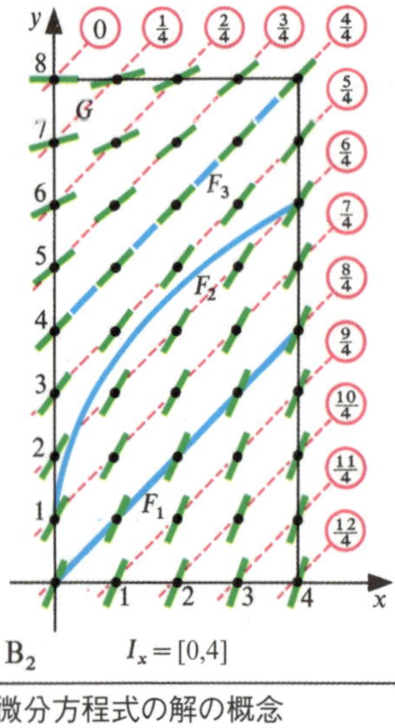

関数F_iは微分可能であるが，その導関数の値はT_3においてのみy'と一致する．
すべての $(x,y,y')\in T_3$ に対して，$(x,F_3(x),F_3'(x))=(x,y,y')$ となる．したがって，F_3は解関数である．
これは，左の図の $y'=f(x,y)$ に付随する方向場を見ればよりはっきりと分かる．
この方向場では，$\textcircled{y'}$ の任意の点で傾きが Gとなる直線を表している．よって，解関数は，解曲線に沿った方向場がちょうど解曲線の接線を表すように構成されていなければならない．
ここに挙げた解 F_3 は解のうちの一つにすぎない．一般解については，p.348, 図A を参照．
注意．左の図の赤い線は等伏角線であり，同じy'に対する点を結んでいるものである．

B₂

微分方程式の解の概念

微分方程式は純粋数学や応用数学において重要な役割を果たし，科学者やエンジニアが科学上あるいは技術上の諸問題を数学的に記述し解決することに役立つ．とりわけ理論物理ではその果たす役割は大きい（図 A）．

微分方程式（場合により DE とも表す）の例としては以下のものがある．

$$y' = \frac{1}{2}x,\ y' = x(y-2),\ y' = \frac{x+2y}{x},$$

$$y' = \frac{1}{2}x - \frac{1}{2}y + 2$$

$$y'' + 2xy' - y = \cos 2x$$

微分方程式の概念

上記の例では，

$$y^{(n)} = f(x, y, y', \ldots, y^{(n-1)})$$

という形に書かれる方程式が考察の対象となっている．ここで，f は $\mathbb{R}^{n+1}$ の領域 G 上で定義された実数値関数でなければならない．

そのような方程式を $(n+2)$ 変数の方程式と考えると，変数は互いに独立であり，$\mathbb{R}^{n+2}$ の $(n+2)$ 成分からなる特定な値の組は方程式の解集合を作る．

微分方程式の理論の枠組みの中で，以下の条件をみたす関数の解集合の部分集合 T をみつけたい．

(I) 任意の $(x, y, y', \ldots, y^{(n)}) \in T$ に対して

$$(x, F(x), F'(x), \ldots, F^{(n)}(x)) = (x, y, y', \ldots, y^{(n)})$$

となるように n 回微分可能関数 $F : I_x \to \mathbb{R}$ を定義する．

解集合のそのような部分集合が存在すれば，それに付随する区間関数 F を**解関数**（簡単に**解**）という．

例　図 B

この種の解に興味が持たれてきたことを考えると，「微分方程式」という名の付け方は自然であり，導関数の形で表した変数の特別な表記は後から考案されたように思われる．しかし，この微分表記は，また別の理由から意味を持ってくる．この変数表記は微分方程式の数値解法に都合がよい．

注意　条件 (I) は区間 I_x の「大きさ」に言及していない．もちろん可能な限り大きな区間上で定義される解を見いだしたい（区間は開であってもよい，すなわち，$\mathbb{R}$ 全体であっても，閉区間であっても半開であってもよい）．

上記のように，一つの変数の解関数について解くものを**常微分方程式**という．これを，多変数の解関数から成り，偏導関数が役割を果たすいわゆる**偏微分方程式**とは区別しなければならない．はるかに困難な理論に属する偏微分方程式論には言及しない．

微分方程式が

$$y^{(n)} = f(x, y, y', \ldots, y^{(n-1)})$$

という形に表されれば，**明示表現の n 階**微分方程式ともいう．陰関数表示の微分方程式については p.351 で単に話題としてのみ取り上げる．

初期値問題

応用では，一般の微分方程式の解を問題とするばかりではなく，例えば図 A のような補足的な条件をみたす解を求めることもある．頻繁に現れる条件は以下のとおりである．

(II) $(x_0, y_0, y'_0, \ldots, y_0^{(n-1)}) \in G$ に対し，

$$(x_0, F_A(x_0), F'_A(x_0), \ldots, F_A^{(n-1)}(x_0)) = f(x_0, y_0, y'_0, \ldots, y_0^{(n-1)})$$

が成立する微分方程式の解 F_A を決定できる．

$(n+1)$ 項の組 $(x_0, y_0, y'_0, \ldots, y_0^{(n-1)}) \in G$ に固定して与えた実数を，**初期値**という．初期値 $x_0, y_0, y'_0, \ldots, y_0^{(n-1)}$ を与えて解 F_A を決定する問題を，$(x_0, y_0, y'_0, \ldots, y_0^{(n-1)}) \in G$ に関する**初期値問題**という．以下では簡単に，

「**初期値問題** $(x_0, y_0, y'_0, \ldots, y_0^{(n-1)}) \in G$」

と表す．この問題を解くことができれば，F_A を**初期値問題の解**という．

問題提起

微分方程式を組織的に扱うためには，次の疑問に対する答を探さなければならない．

a) どのような前提条件のもとで微分方程式が解を持つか．どのような条件のもとで微分方程式の初期値問題は解を持ち，また，一意的に定まるか．

b) どんな方法で，微分方程式の可能な限り具体的な解を算出することができるか．

a) の問に関して，**任意の初期値問題を解くためには f の連続性仮定のみで十分**ということに注意したい（より詳しくは p.361）．

以下では，まず最初に重点を b) に置くことにする．存在や一意性が保証されていなければ，個々の具体的な場合の解の算出は少なからぬ困難を引き起こすことに注意．

通常，存在定理と一意性定理は，非常に簡単に解を算出できる場合であっても，具体的な手段の提示をしていない．

式変形による手段がだめならば，通常は解の近似法を選択し漸近展開する．ここでは，計算機で計算できる自然な方法を優先する (p.363)．

以下では，常微分方程式に関する理論がかなりよく見渡せる線形微分方程式を特に扱う．他のあまり重要ではないタイプの微分方程式には言及しない．

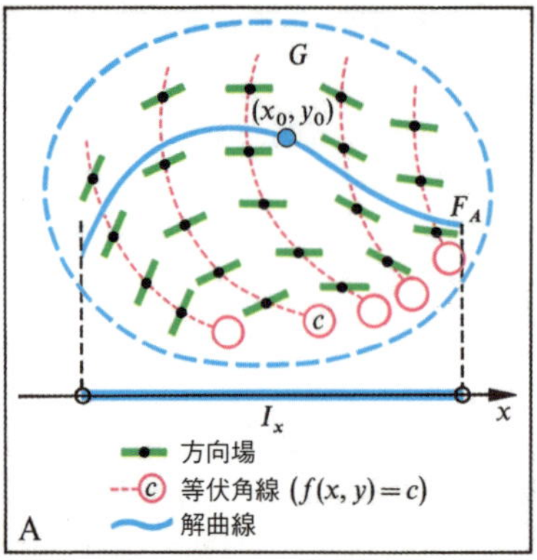

初期値問題の解

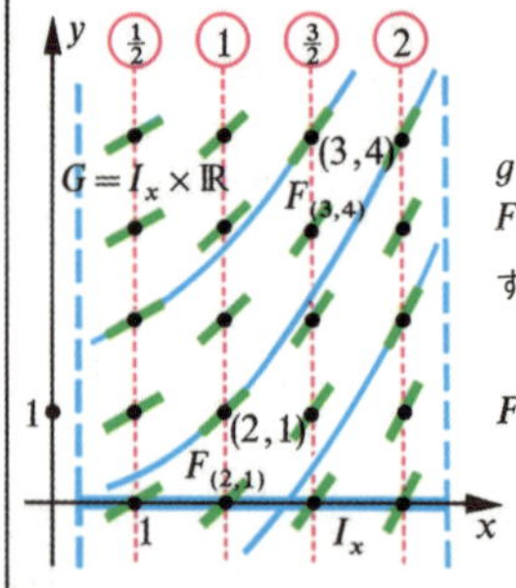

$y' = \frac{1}{2}x$

$g(x) = \frac{1}{2}x$ から

$F(x) = \int \frac{1}{2}x\,\mathrm{d}x$ が得られる．

すなわち，$F(x) = \frac{1}{4}x^2 + C$ $(C \in \mathbb{R})$

$F_{(x_0,y_0)}(x) = \frac{1}{4}x^2 + y_0 - \frac{1}{4}x_0^2$

$F_{(2,1)}(x) = \frac{1}{4}x^2$

$F_{(3,4)}(x) = \frac{1}{4}x^2 + \frac{7}{4}$

B. $y' = g(x)$ 型の微分方程式

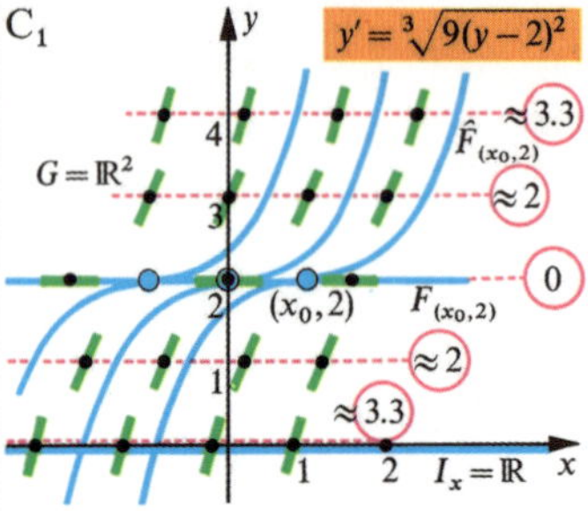

$y' = \sqrt[3]{9(y-2)^2}$

$h(y) = \sqrt[3]{9(y-2)^2}$ と置くと，

$h(2) = 0$ が成立する．

初期値問題 $(x_0, 2) \in G$ は

$F_{(x_0,2)}(x) = 2$ かつ

$\hat{F}_{(x_0,2)}(x) = \frac{1}{3}(x - x_0)^3 + 2$

で定義される解を持つ．

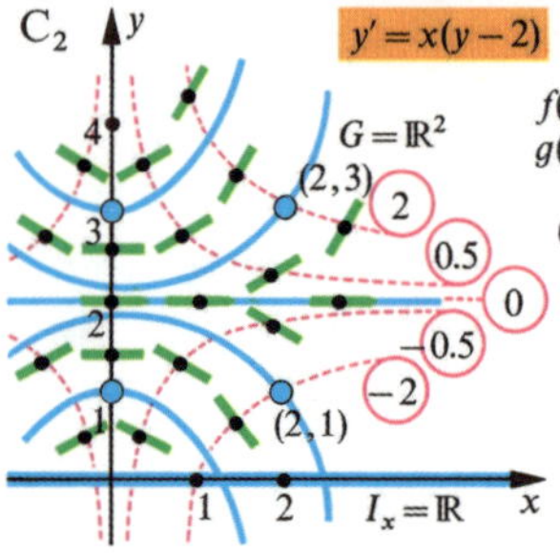

$y' = x(y-2)$

$f(x, y) = g(x) \cdot h(y)$ について

$g(x) = x$ と $h(y) = y - 2$ する．

(1) $h(2) = 0$ が成立する．
初期値問題
$(x_0, 2) \in G$ は
$F_{(x_0,2)}(x) = 2$
により定義される解を持つ．

(2) $(x_0, y_0) \in G$ で $y_0 \neq 2$ として与えるとき
$y_0 > 2$ か $y_0 < 2$ で場合分けする．
最初の場合には $\hat{I}_y = [2, +\infty)$，$\hat{I}_x = \mathbb{R}$，
第2の場合には $\hat{I}_y = (-\infty, 2]$，$\hat{I}_x = \mathbb{R}$ としてよい．
積分 $\int_{y_0}^{F_A(x)} \frac{1}{y-2}\,\mathrm{d}y = \int_{x_0}^{x} t\,\mathrm{d}t$ を解くと次の解を得る

$F_{(x_0,y_0)}(x) = 2 + (y_0 - 2)\mathrm{e}^{\frac{1}{2}(x^2 - x_0^2)}$　($y_0 > 2$ のとき)，

$F_{(x_0,y_0)}(x) = 2 - (y_0 - 2)\mathrm{e}^{\frac{1}{2}(x^2 - x_0^2)}$　($y_0 < 2$ のとき)．

変数分離型の微分方程式

$y' = \frac{x+2y}{x}$，すなわち，$-x - 2y + x \cdot y' = 0$　$(x \neq 0)$

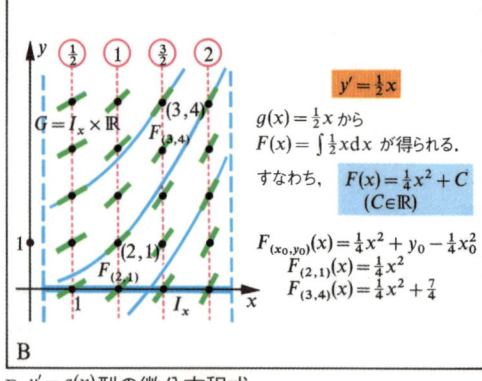

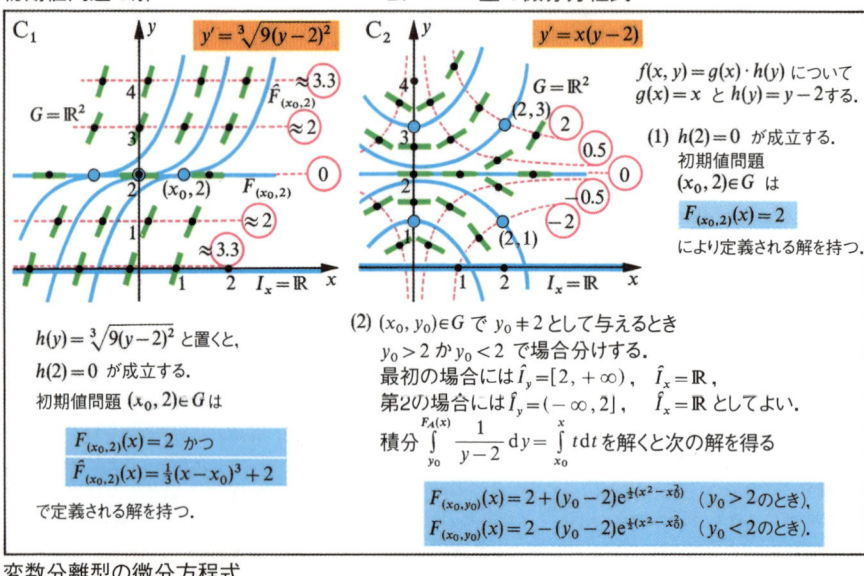

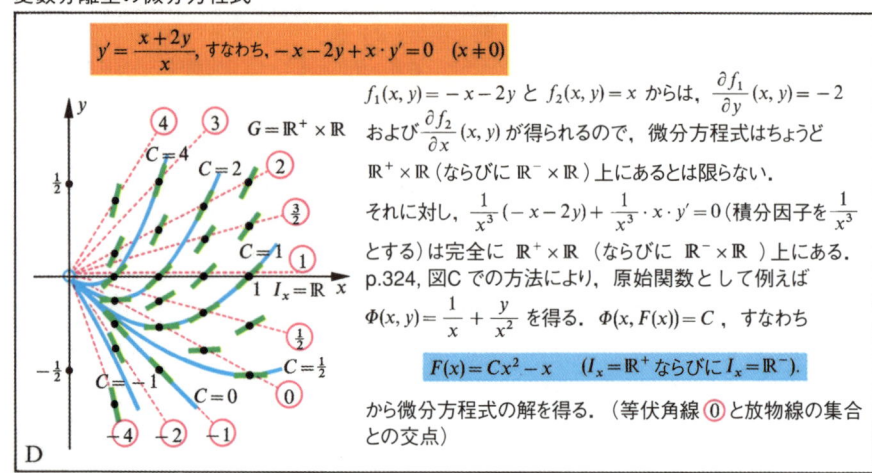

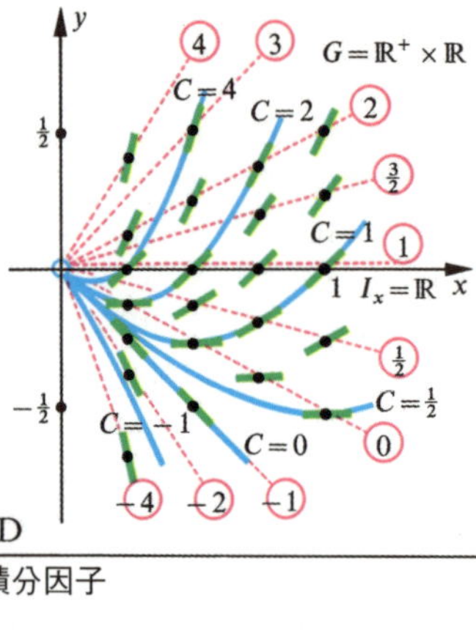

$f_1(x, y) = -x - 2y$ と $f_2(x, y) = x$ からは，$\frac{\partial f_1}{\partial y}(x, y) = -2$ および $\frac{\partial f_2}{\partial x}(x, y)$ が得られるので，微分方程式はちょうど $\mathbb{R}^+ \times \mathbb{R}$（ならびに $\mathbb{R}^- \times \mathbb{R}$）上にあるとは限らない．

それに対し，$\frac{1}{x^3}(-x - 2y) + \frac{1}{x^3} \cdot x \cdot y' = 0$（積分因子を $\frac{1}{x^3}$ とする）は完全に $\mathbb{R}^+ \times \mathbb{R}$（ならびに $\mathbb{R}^- \times \mathbb{R}$）上にある．p.324, 図C での方法により，原始関数として例えば $\Phi(x, y) = \frac{1}{x} + \frac{y}{x^2}$ を得る．$\Phi(x, F(x)) = C$，すなわち

$F(x) = Cx^2 - x$　$(I_x = \mathbb{R}^+$ ならびに $I_x = \mathbb{R}^-)$．

から微分方程式の解を得る．（等伏角線⓪と放物線の集合との交点）

積分因子

1 階微分方程式

$y' = f(x, y)$ を**明示表現 1 階微分方程式**といい，$f : G \to \mathbb{R}$ を xy 平面上の領域で定義された関数とする．

$x \mapsto y = F(x)$ で定義された微分可能な関数 $F : I_x \to \mathbb{R}$ が，すべての $x \in I_x$ に対して

$(x, F(x)) \in G$ かつ $F'(x) = f(x, F(x))$

となるとき，微分方程式の**解**という（p.345(I)）．

$F_A(x_0) = y_0 \quad (F_{(x_0,y_0)}(x_0) = y_0)$

となるとき 解 F_A ($F_{(x_0,y_0)}$ とも書く) は $(x_0, y_0) \in G$ に関する**初期値問題の解**である（p.345(II)）．

注意　1 階微分方程式の解を図示する場合，解に付随する**有向場**が適用される（p.344，図 B）．

(x_0, y_0) に関する初期値問題の解のグラフは有向場を考慮しなければならず，また，点 (x_0, y_0) を含まなければならない（図 A）．

1 階微分方程式で初等的解法（本質的に積分法）により解くことができる型が存在するが，近似法等に頼らざるをえない非常に困難な型も存在する．

特殊な 1 階微分方程式

a) $\boldsymbol{y' = g(x)}$（$g : I_x \to \mathbb{R}$ 連続，I 開区間）．

この場合，$G = I_x \times \mathbb{R}$，$f(x, y) = g(x)$ とすると（図 B），g の任意の原始関数 $F(x) = \int g(x)\mathrm{d}x$ (p.305) は微分方程式の解であり，すべての $x \in I_x$ について $F'(x) = g(x)$ が成立する．$(x_0, y_0) \in G$ に関する任意の初期値問題は

$$F_A(x) = y_0 + \int_{x_0}^{x} g(t)\mathrm{d}t$$

となる I_x 上で定義された一意解 F_A を持つ．

例　図 B

b) $\boldsymbol{y' = g(x) \cdot h(y)}$（$g : I_x \to \mathbb{R}$ 連続，$h : I_y \to \mathbb{R}$ 連続，I_x, I_y 開集合）．

この型を**変数分離型**という．$f(x, y) = g(x) \cdot h(y)$ として $G = I_x \times I_y$ 上の連続関数が定義される．$g(x) = 1$ とすれば，特別な場合 $y' = h(y)$ となる．

(1) 初期値問題 $(x_0, y_0) \in G$ では $h(y_0) = 0$ が成立すると仮定すれば，$F_A(x) = y_0$ で定義された定数関数が解を持つ．しかし，初期値問題が常に一意解を持つとは限らない（図 C_1）．

(2) $h(y_0) \neq 0$ である初期値問題 $(x_0, y_0) \in G$ が与えられているとする．h が連続なので，y_0 を含み $h(y) < 0$ または $h(y) > 0$ が成立するような区間 $\hat{I_x}$ が存在する．x_0 を含み，$F_A(\hat{I_x}) \subseteq \hat{I_y}$ となる区間 $\hat{I_x}$ 上で定義される解 F_A の存在を仮定すれば，F_A は**必要条件**

$$F'_A(x) \cdot h(F_A(x))^{-1} = g(x)$$

をみたす．積分すると

$$\int_{x_0}^{x} F'_A(x) \cdot h(F_A(x))^{-1}\mathrm{d}t = \int_{x_0}^{x} g(t)\mathrm{d}t$$

となる．p.309 (U5) より次の等式が成立する．

$$\int_{x_0}^{F_A(x)} h(y)^{-1}\mathrm{d}y = \int_{x_0}^{x} g(t)\mathrm{d}t$$

積分を実行すると，区間 $\hat{I}_x$ 上で定義された一意確定解が得られる．

例　図 C_2

c) 完全微分形

$\mathbb{R}^2$ の領域 G 上のすべての $(x, y) \in G$ に対し，

$$\frac{\partial \Phi}{\partial x}(x, y) = f_1(x, y), \quad \frac{\partial \Phi}{\partial y}(x, y) = f_2(x, y)$$

が成立するような G 上偏微分可能な $\mathbb{R}^2$-$\mathbb{R}$ 関数 Φ が存在するとする．このとき，G 上連続な実数値関数 f_1 および f_2 について $f_2(x, y) \neq 0$ であるとき，

$$f_1(x, y) + f_2(x, y) \cdot y' = 0$$

を **$\boldsymbol{G}$ 上の完全微分形**微分方程式という．

注意　Φ は，$\boldsymbol{f}(x, y) = (f_1(x, y), f_2(x, y))$ かつ $D_{\boldsymbol{f}} = G$ となる $\mathbb{R}^2$-$\mathbb{R}^2$ 関数 $\boldsymbol{f}$ の原始関数である (p.325)．G が**単連結**かつ $\boldsymbol{f}$ が**連続微分可能**ならば，すべての $(x, y) \in G$ に対し条件

$$\frac{\partial f_1}{\partial y}(x, y) = \frac{\partial f_2}{\partial x}(x, y)$$

をみたすときに限り，$\boldsymbol{f}$ について原始関数の存在が保証される (p.325)．

F が完全微分形の解ならば，次の式が成立する．

$$\frac{\partial \Phi}{\partial x}(x, F(x)) + \frac{\partial \Phi}{\partial y}(x, F(x)) \cdot F'(x) = 0$$

すなわち　$\Phi(x, F(x)) = C \ (C \in \mathbb{R})$．

逆に，$y = F(x)$ であるとき $\Phi(x, y) = C$ として陰関数的に定義された任意の F (p.297) は微分方程式の解である．その結果，原始関数 Φ を決定し（例えば p.334，図 C），$\Phi(x, F(x)) = C$ を解けば完全微分形の微分方程式の解が得られる．

$$f_1(x, y) + f_2(x, y) \cdot y' = 0$$

が完全微分形でなければ，微分方程式

$$g(x, y)f_1(x, y) + g(x, y)f_2(x, y) \cdot y' = 0$$

が完全微分形となるよう項 $g(x, y) \neq 0$ を見いだすことができる．$g(x, y)$ を**積分因子（オイラー乗数）**と呼ぶ．これを求めるには一般的な方法はない．このような積分因子を導入しても解の性質は変化しない．

例　図 D

完全微分形微分方程式の $(x_0, y_0) \in G$ での初期値問題の解は $\Phi(x, F(x)) = \Phi(x_0, y_0)$ から得られる．

注意　文献には，完全微分形の微分方程式は

$$f_1(x, y)\mathrm{d}x + f_2(x, y)\mathrm{d}y = 0$$

とも表され，この形は微分形式 $d\Phi$ と似ている．

形式的に積分すればただちに次の形に導かれる．

$$\Phi(x, y) = \int_{x_0}^{x} f_1(t, y)\mathrm{d}t + \int_{y_0}^{y} f_2(x_0, t)\mathrm{d}t = C$$

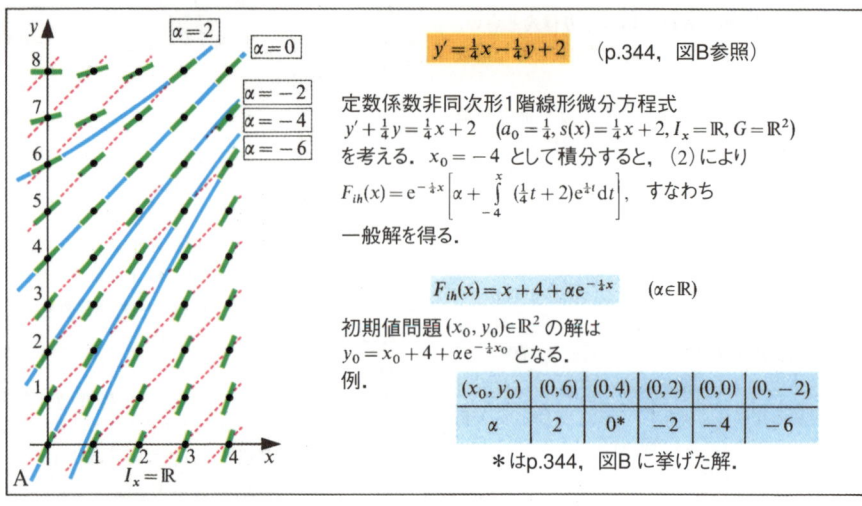

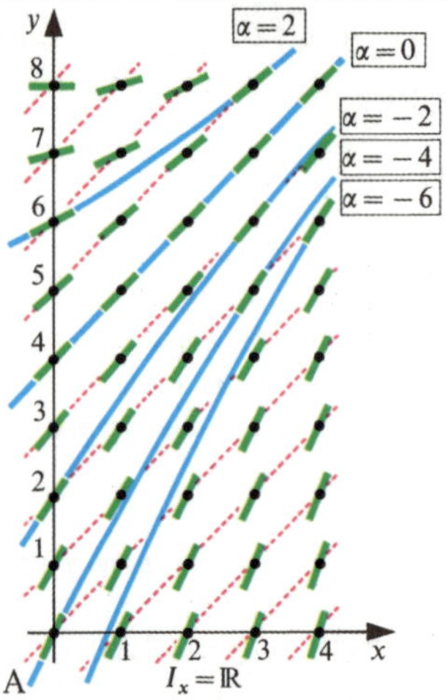

$y' = \frac{1}{4}x - \frac{1}{4}y + 2$　(p.344，図B参照)

定数係数非同次形1階線形微分方程式
$y' + \frac{1}{4}y = \frac{1}{4}x + 2$　$(a_0 = \frac{1}{4}, s(x) = \frac{1}{4}x + 2, I_x = \mathbb{R}, G = \mathbb{R}^2)$
を考える．$x_0 = -4$ として積分すると，(2) により
$F_{ih}(x) = e^{-\frac{1}{4}x}\left[\alpha + \int_{-4}^{x} (\frac{1}{4}t + 2)e^{\frac{1}{4}t}\,dt\right]$，すなわち
一般解を得る．

$$F_{ih}(x) = x + 4 + \alpha e^{-\frac{1}{4}x} \quad (\alpha \in \mathbb{R})$$

初期値問題 $(x_0, y_0) \in \mathbb{R}^2$ の解は
$y_0 = x_0 + 4 + \alpha e^{-\frac{1}{4}x_0}$ となる．
例．

(x_0, y_0)	(0,6)	(0,4)	(0,2)	(0,0)	(0,−2)
α	2	0*	−2	−4	−6

＊はp.344，図B に挙げた解．

定数係数1階線形微分方程式

$F'(x) = f(x, F(x)) \wedge F(x_0) = y_0$

$F(x) = y_0 + \int_{x_0}^{x} f(t, F(t))\,dt$

$F_0(x) = y_0$

$F_1(x) = y_0 + \int_{x_0}^{x} f(t, F_0(t))\,dt$

$F_2(x) = y_0 + \int_{x_0}^{x} f(t, F_1(t))\,dt$

⋮

$F_\nu(x) = y_0 + \int_{x_0}^{x} f(t, F_{\nu-1}(t))\,dt$

関数列 (F_ν) は，ν が大きければ大きいほどよりよく F に近似される（ピカールの逐次近似法．p.360，図B）．

例：$F'(x) = \frac{1}{4}x - \frac{1}{4}F(x) + 2 \wedge F(0) = 0$

$F(x) = 0 + \int_{0}^{x} (\frac{1}{4}t - \frac{1}{4}F(t) + 2)\,dt$

$F_0(x) = 0$

$F_1(x) = \int_{0}^{x} (\frac{1}{4}t - \frac{1}{4}F_0(t) + 2)\,dt = 2x + \frac{1}{8}x^2$

$F_2(x) = \int_{0}^{x} (\frac{1}{4}t - \frac{1}{4}F_1(t) + 2)\,dt = 2x - \frac{1}{8}x^2 - \frac{1}{96}x^3$

$F_3(x) = \int_{0}^{x} (\frac{1}{4}t - \frac{1}{4}F_2(t) + 2)\,dt = 2x - \frac{1}{8}x^2 + \frac{1}{96}x^3 + \frac{1}{1536}x^4$

等々

図A により
(0,0) に関する初期値問題の解は，
$F(x) = x + 4 - 4e^{-\frac{1}{4}x} = 2x - \frac{1}{8}x^2 + \frac{1}{96}x^3 - \frac{1}{1536}x^4 + - \cdots$
により定義される（$e^{-\frac{1}{4}x}$ の級数展開．p.280，図A）．

B_1

$F'(x) = f(x, F(x)) \wedge$　$F(x_0) = y_0$

x_0 → $F'(x_0) = \ldots$

$F''(x) = \frac{\partial f}{\partial x}(x, F(x)) + \frac{\partial f}{\partial y}(x, F(x)) \cdot F'(x)$

x_0 → $F''(x_0) = \ldots$

続けて微分していき，代入する．

x_0 → $F^{(\nu)}(x_0) = \ldots$

テイラー多項式：$F_n(x) = \sum_{\nu=0}^{n} \frac{1}{\nu!} F^{(\nu)}(x_0)\,(x - x_0)^\nu$

$F'(x) = \frac{1}{4}x - \frac{1}{4}F(x) + 2 \wedge$　$F(0) = 0$

0 → $F'(0) = 2$

$F''(x) = \frac{1}{4} - \frac{1}{4}F'(x)$

0 → $F''(0) = -\frac{1}{4}$

$F'''(x) = -\frac{1}{4}F''(x)$

0 → $F'''(0) = (\frac{1}{4})^2$

⋮

0 → $(\nu \geqq 2)$ $F^{(\nu)}(0) = (-\frac{1}{4})^{\nu-1}$

$F_n(x) = 2x - \frac{1}{8}x^2 + \frac{1}{96}x^3 \mp \cdots + \frac{1}{n!}(-\frac{1}{4})^{n-1}x^n$

B_2

近似法

d) 置換

与えられた微分方程式を変数変換して，既知の他の微分方程式に変換することも多い．$a, b, c \in \mathbb{R}$ とする微分方程式

$$y' = f(ax + by + c)$$

では $z = ax + by + c$ と置き，$z' = a + by'$ から微分方程式 $z' = a + b \cdot f(z)$ に変換する．この微分方程式は p.347 b) の方法で解くことができる．最後に $z = ax + by + c$ で元に戻す．

例　p.347，図 B の微分方程式．$z = \frac{1}{4}x - \frac{1}{4}y + 2$ とすると，$z' = (b - z)/4$ が得られる．

同様な方法で，

$$y' = f(y/x)$$

という形の微分方程式を扱うことができる．$z = y/x$ と置換すると $z' = (f(z) - z)/x$ を得る．この微分方程式も p.347 b) 同様に解く．さらに $z = y/x$ で元に戻す．

例　p.346，図 D の微分方程式．これは，変換 $z = y/x$ により $z' = (z+1)/x$ になる．

e) 線形 1 階微分方程式

$$y' + a_0(x) \cdot y = s(x)$$

を**線形 1 階**微分方程式という．a_0 と s は，開区間 I_x 上定義された連続実数値関数．s が全 I_x 上で零関数ならば**同次（形）**という．その他の場合は**非同次（形）**という．s を**非同次項**という．このような型の微分方程式の一般解は次の定理による．

定理

(1) I_x 上の定義関数

$$F_1(x) = \mathrm{e}^{-\int_{x_0}^{x} a_0(t)\mathrm{d}t} \quad (x_0 \in I_x)$$

は付随同次形 $y' + a_0(x)y = 0$ の解であり，

$$F_h = \alpha \cdot F_1 \quad (\alpha \in \mathbb{R})$$

となるすべての関数 F_h はちょうど同次微分方程式の解（**一般解**）となる．

(2) 非同次微分方程式の I_x 上定義された解 F_p

$$F_p(x) = \mathrm{e}^{-\int_{x_0}^{x} a_0(t)\mathrm{d}t} \cdot \int_{x_0}^{x} s(t)\mathrm{e}^{\int_{x_0}^{t} a_0(u)\mathrm{d}u}\mathrm{d}t$$

$(x_0 \in I_x)$ が存在する（**特殊解**）．

非同次微分方程式の**一般解**を関数 F_{ih} で表す．

$$F_{ih} = F_p + F_h$$

(1) の証明では，$g(x) = -a_0(x)$ かつ $h(y) = y$ と置き，$(x_0, 1) \in G$ に対して p.347 b) の方法を適用する．解 F_1 が得られ，$\alpha \cdot F_1$ $(\alpha \in \mathbb{R})$ もまた解であることも容易に分かる．F_h が一つの解ならば $\left(\frac{F_h}{F_1}\right)' = 0$ が成立し，よって $F_h = \alpha \cdot F_1$ となる（定理 8，p.269）．

(2) の特殊解 F_p の存在を示すために，「**定数変化法**」を適用する．すなわち，$F_p(x) = \nu(x) \cdot F_1(x)$ と置く．ここで，F_1 は上記の解である．ν を上のように取るので，F_p は非同次微分方程式の一つの解となる．必要条件として $\nu'(x) = s(x)F_1(x)^{-1}$ を得る．それに付随する微分方程式は，p.347 a) により例えば

$$\nu(x) = \int_{x_0}^{x} s(t)F_1(t)^{-1}\mathrm{d}t \quad (x_0 \in I_x)$$

から導かれる．$\nu \cdot F_1$ は事実非同次微分方程式の解であることが示される．この解は (2) の形に書くことができる．$F_p + F_h$ もまた解であることは，これを元の微分方程式に代入して容易に示される．F_{ih} が非同次微分方程式のある一つの解のとき，$F_{ih} - F_p$ は付随微分方程式の一つの解であり，$F_{ih} - F_p = F_h$ となる．

任意の**初期値問題** $(x_0, y_0) \in I_x \times \mathbb{R}$ は，一意的に解くことができ，同次形は $F_A(x) = y_0F_1(x)$ であるので，非同次方程式は次の形となる．

$$F_A(x) = F_p(x) + y_0F_1(x)$$

f) 定数係数 1 階線形微分方程式

この 1 階線形微分方程式では，a_0 を**定数関数**とし，

$$y' + a_0 \cdot y = s(x) \; (a_0 \in \mathbb{R}, s : I_x \to \mathbb{R})$$

を考察する．同次微分方程式では $I_x = \mathbb{R}$ と選べ，非同次の場合，解の定義域は s の定義域に等しい．上の定理により以下の結果が導かれる．

(1)　$F_h(x) = \alpha \cdot \mathrm{e}^{-a_0t} \quad (\alpha \in \mathbb{R})$

は，同次微分方程式 $y' + a \cdot y = 0$ の一般解となる．任意の**初期値問題** $(x_0, y_0) \in \mathbb{R}^2$ は，

$$F_A(x) = y_0 \cdot \mathrm{e}^{-a_0(x - x_0)}$$

を一意解として持つ．

(2) $\alpha \in \mathbb{R}$, $x_0 \in I_x$ について，

$$F_{ih}(x) = \mathrm{e}^{-a_0x}\left(\alpha + \int_{x_0}^{x} s(t) \cdot \mathrm{e}^{a_0t}\mathrm{d}t\right)$$

が非同次形 $y' + a_0 \cdot y = s(x)$ の一般解となる．任意の**初期値問題** $(x_0, y_0) \in I_x \times \mathbb{R}$ は，

$$F_A(x) = \mathrm{e}^{-a_0(x - x_0)} \cdot \left(y_0 + \int_{x_0}^{x} s(t) \cdot \mathrm{e}^{a_0(t - x_0)}\mathrm{d}t\right)$$

を一意解として持つ．

例　図 A

g) 近似法

1 階微分方程式 $y' = f(x, y)$ の初期値問題の解を近似的に調べるため，例えば図 B_1 の方法を適用できる．その際，解 F はまた積分等式

$$F(x) = y_0 + \int_{x_0}^{x} f(t, F(t))\mathrm{d}t$$

の解として得られることを利用する（p.360，図 B）．任意回微分可能な f では，f の逐次微分および (x_0, y_0) を代入して，値 $F(x_0), F'(x_0), F''(x_0), \ldots$ が得られるので（図 B_2），テイラー多項式

$$F_n(x) = \sum_{\nu=0}^{n} \frac{1}{\nu!}F^{(\nu)}(x_0)(x - x_0)^{\nu} \quad (\text{p.271})$$

を使い近似することができる．

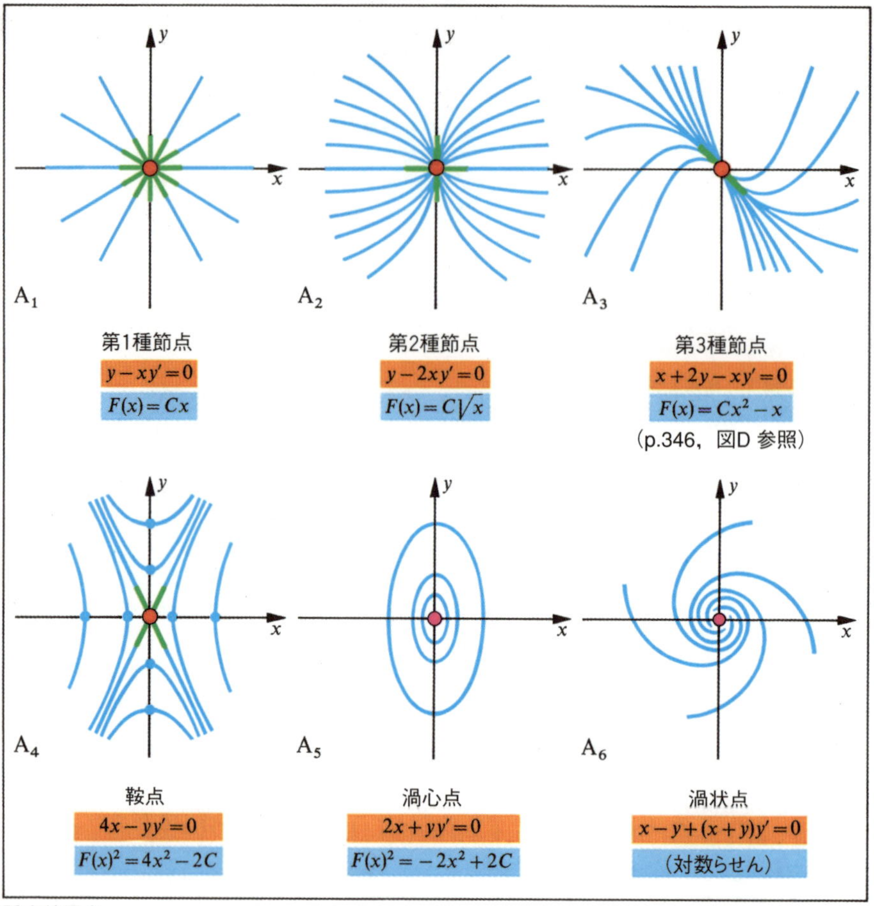
A_1
第1種節点
$y - xy' = 0$
$F(x) = Cx$
A_2
第2種節点
$y - 2xy' = 0$
$F(x) = C\sqrt{x}$
A_3
第3種節点
$x + 2y - xy' = 0$
$F(x) = Cx^2 - x$
(p.346，図D 参照)
A_4
鞍点
$4x - yy' = 0$
$F(x)^2 = 4x^2 - 2C$
A_5
渦心点
$2x + yy' = 0$
$F(x)^2 = -2x^2 + 2C$
A_6
渦状点
$x - y + (x + y)y' = 0$
(対数らせん)

孤立特異点

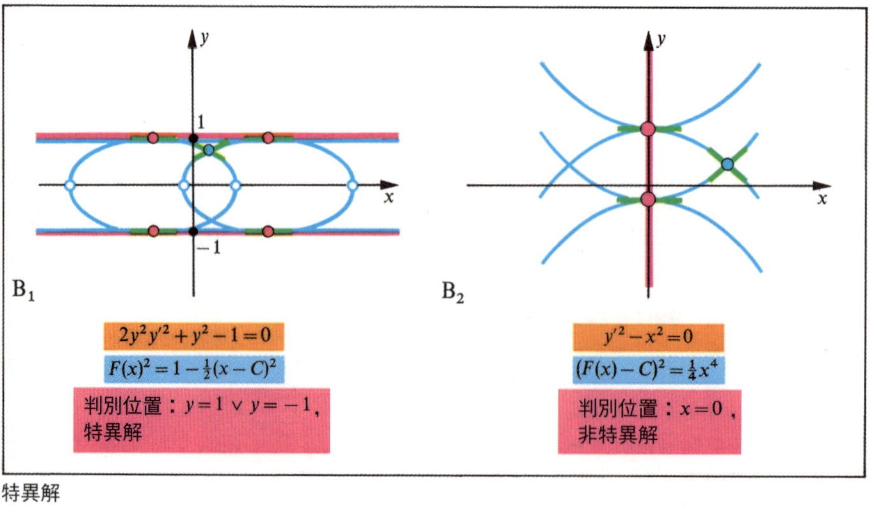
B_1
1
−1
$2y^2y'^2 + y^2 - 1 = 0$
$F(x)^2 = 1 - \frac{1}{2}(x - C)^2$
判別位置：$y = 1 \vee y = -1$，
特異解
B_2
$y'^2 - x^2 = 0$
$(F(x) - C)^2 = \frac{1}{4}x^4$
判別位置：$x = 0$，
非特異解

特異解

陰関数表示 1 階微分方程式

g を M 上定義された $\mathbb{R}^3$-$\mathbb{R}$ 関数とするとき，

$g(x, y, y') = 0$

という形の 1 階微分方程式を微分方程式の**陰関数表示**という．方向場に図示された M の三つ組 (x, y, y') を**線素点**，(x, y) を**惰性点**という（p.344，図 B）．

例　$y' - f(x, y) = 0,$

$f_1(x, y) + f_2(x, y)y' = 0,$

$y - xy' = 0,$

$y'^2 - \dfrac{1}{4}x^2 = 0.$

陰関数表示された微分方程式は，明示表現の微分方程式に書き換えられる．すなわち，微分方程式を「y' について解くこと」は，$y - xy' = 0$ という場合には制限なしに可能である．

局所的に，線素 (x_0, y_0, y_0') の近傍で解くことができれば，(x_0, y_0, y_0') は**正則線素**と呼ばれる．そうでなければ**特異線素**と呼ばれる．

(x_0, y_0, y_0') の近傍において常に解けるためであっても，初期値問題 (x_0, y_0) は一意解を持つ必要はない．簡単のため，条件「g とその偏導関数は (x_0, y_0, y_0') の近傍で連続である」を仮定することも多い．したがって，この仮定のもとに条件

(1)　$g(x_0, y_0, y_0') = 0$ かつ $\dfrac{\partial g}{\partial y'}(x_0, y_0, y_0') \neq 0$

は (x_0, y_0, y_0') の正則性に対して十分条件でしかないが，初期値問題 (x_0, y_0) は一意的に解くことができる．

特異線素は，条件

(2)　$g(x, y, y') = 0$ かつ $\dfrac{\partial g}{\partial y'}(x, y, y') = 0$

をみたすときのみ存在する．この条件は確かに特異性に対してただ単に必要条件であるが，それにもかかわらず特異線素をみつけ出すために重要である．y' を消去すれば，特異線素の位置を特定できる．これを微分方程式の**判別位置**という．

例　微分方程式 $y - xy' = 0$ の判別位置は，(2) を適用して連立方程式 $y - xy' = 0$ かつ $x = 0$ の解集合として得られる．この場合，点 $(0, 0)$ の周りが問題となり，$(0, 0, y')$ が特異線素となる．

微分方程式 $2y^2y'^2 + y^2 - 1 = 0$ の判別位置は，(2) を適用して連立方程式

$2y^2y'^2 + y^2 - 1 = 0,$

$4y^2y' = 0$

の解集合として得られる．この場合，$y = 1$ または $y = -1$ となる点 (x, y) の周りを考察する（図 B_1）．

特異線素を持つ惰性点は**特異点**とも呼ばれる．微分方程式の解 F は，任意の $x \in I_x$ に対して三つ組 $(x, F(x), F'(x))$ が微分方程式の特異線素であれば**特異解**と呼ばれる．

孤立特異解

判別位置が孤立特異点から成れば，特異点の近傍における解曲線は特に典型的な振る舞いを示す．図 A のように，どの例も原点を孤立特異点として選んでも一般性を失わない．

a) 節点

微分方程式のすべての解曲線が孤立特異点に合流するとき，この点を**節点**という．

左の図は，現れた接線の個数に関してみると，節点にまださらに違いがあることを表している．

第 1 種の節点, **第 2 種の節点**, **第 3 種の節点**の区別ができる．第 2 種の節点では，接線の傾きが二つ以上であるが有限個のみ持つことが許される．

b) 鞍点

微分方程式の有限個の解曲線が孤立特異点で合流して，その他のグラフは合流して特異点の近くを通る曲線になる．これを**鞍点**と呼ぶ（図 A_4）．

c) 渦心点

微分方程式の解曲線のすべて内部に孤立特異点を一つ閉じ込める閉ジョルダン曲線を成すとき，その点を**渦心点**という（図 A_5）．

d) 渦状点

微分方程式の解曲線が，一つの孤立特異点の周囲をある一定の接線方向で合流せず，常に回りつづけ，かつその点に限りなく近づいていくような曲線にななならば**渦状点**という（図 A_6）．

特異解

判別位置が，特異点ではなく連続微分可能曲線等から成るならば，その位置から特異解を特定することができるかどうかを知ることは重要である（図 B_1 の例）．判別位置が解曲線群上にあっても，同様なことがいえる．

判別位置が常に解を表しているとは限らない．しかし，図 B_2 の例から，解曲線との明確な関係を知ることができる．

注意　図 B の 2 例を見ると，初期値問題が一意解は，正則性からただちに持つことを導くことができるとは限らないことが明確になる．これらの例では，任意の正則点にちょうど二つの解が存在する．正則性に一意性も含めている文献も多い．

$y''+p\cdot y'+q\cdot y=0$ ここで $p=\frac{r}{m}$, $q=\frac{D}{m}$, $x=t$ とする. $(r\in\mathbb{R}_0^+, m\in\mathbb{R}^+, D\in\mathbb{R}^+)$ (p.344，図A 参照)		
一般解	初期値問題 $(0,0,v_0)$ の解	解関数のグラフ（本質的な形）
ⓐ $p^2-4q>0$, すなわち $r^2>4mD$: $F(x)=\alpha_1 e^{z_1 x}+\alpha_2 e^{z_2 x}$ ここで $z_{1/2}=\frac{-r\pm\sqrt{r^2-4mD}}{2m}$ $(z_2<z_1<0)$	$\alpha_1+\alpha_2=0 \wedge \alpha_1 z_1+\alpha_2 z_2=v_0$ $\Leftrightarrow \alpha_1=\frac{v_0}{z_1-z_2} \wedge \alpha_2=\frac{v_0}{z_2-z_1}$ $F_A(x)=\frac{v_0}{z_1-z_2}(e^{z_1 x}-e^{z_2 x})$	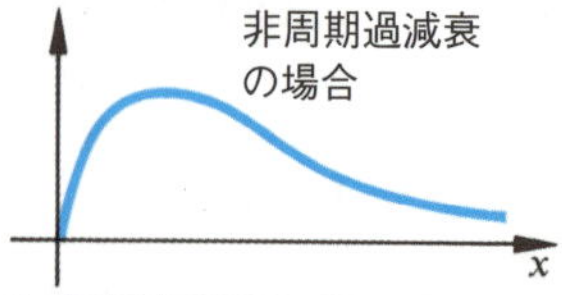
ⓑ $p^2-4q=0$, すなわち $r^2=4mD$: $F(x)=(\alpha_1+\alpha_2 x)e^{zx}$ ここで $z=-\frac{r}{2m}$	$\alpha_1=0 \wedge \alpha_1 z+\alpha_2=v_0$ $\Leftrightarrow \alpha_1=0 \wedge \alpha_2=v_0$ $F_A(x)=v_0 x e^{-\frac{r}{2m}x}$	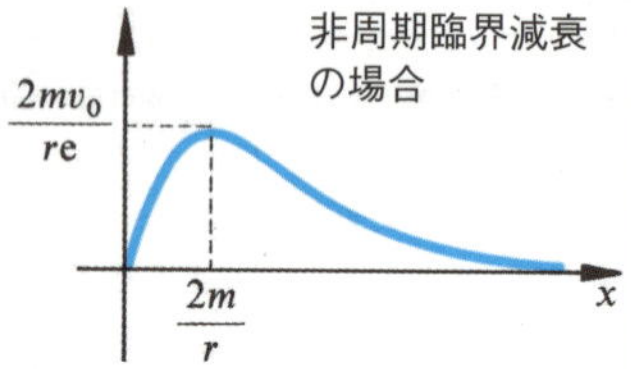
ⓒ $p^2-4q<0$, すなわち $r^2<4mD$: $F(x)=e^{\mathrm{Re}z_1 x}(\alpha_1\cos \mathrm{Im}z_1 x+\alpha_2\sin \mathrm{Im}z_1 x)$ ここで $z_{1/2}=\frac{-r\pm i\sqrt{4mD-r^2}}{2m}$	$\alpha_1=0 \wedge \alpha_1\,\mathrm{Re}z_1+\alpha_2\,\mathrm{Im}z_1=v_0$ $\Leftrightarrow \alpha_1=0 \wedge \alpha_2=\frac{v_0}{\mathrm{Im}z_1}$ $F_A(x)=\frac{2mv_0}{\sqrt{4mD-r^2}}e^{-\frac{r}{2m}x}\cdot\sin\frac{\sqrt{4mD-r^2}}{2m}x$	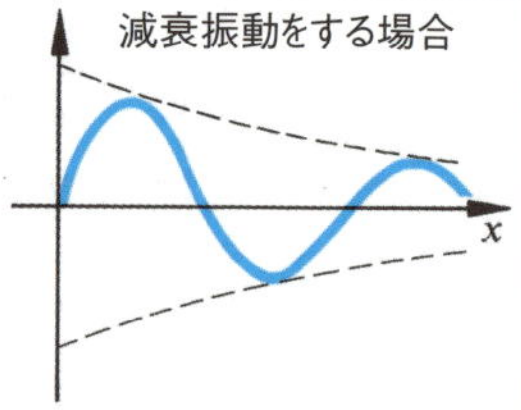
特別な場合：$r=0$（摩擦なし）	$F_A(x)=v_0\sqrt{\frac{m}{D}}\sin\sqrt{\frac{D}{m}}x$	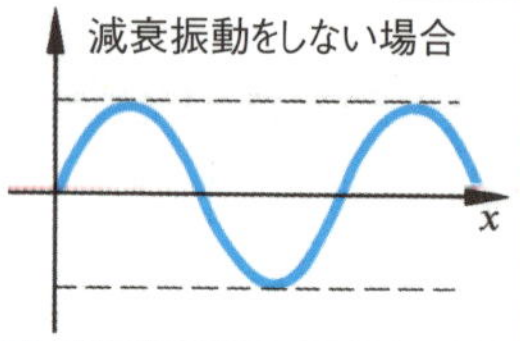
A		

定数係数同次形2階微分方程式

$y''+p\cdot y'+q\cdot y=s(x)$ の特殊解を求めるためには，最初に $s(x)$ に付随する解を予想して手がかりとなるものを置いてみて，2回微分して微分方程式の左辺に代入し，係数を比較する.	
$s(x)$	$F_p(x)$ に対し最初に手がかりとして置く形
① $\sum_{\nu=0}^{n} a_\nu x^\nu$	$\sum_{\nu=0}^{n} b_\nu x^\nu$（$q=0$ の場合はまず $y'=z$ と変換する）
② $e^{rx}\cdot\sum_{\nu=0}^{n} a_\nu x^\nu$	$e^{rx}\cdot\sum_{\nu=0}^{n} b_\nu x^\nu$（$r$ が特性方程式の解ではないとき.） $x\cdot e^{rx}\cdot\sum_{\nu=0}^{n} b_\nu x^\nu$（$r$ が特性方程式の単根のとき.） $x^2\cdot e^{rx}\cdot\sum_{\nu=0}^{n} b_\nu x^\nu$（$r$ が特性方程式の重根のとき.）
③ $a_1\sin rx$ $a_2\cos rx$ $a_1\sin rx+a_2\cos rx$	$b_1\sin rx+b_2\cos rx$,　$((q-r^2)^2+p^2r^2\neq 0$ のとき) $x(b_1\sin rx+b_2\cos rx)$,　$((q-r^2)^2+p^2r^2=0$ のとき)
B　例えば，①と③の項の積も同様に扱うことができる.	

特別な非同次項を持つ場合の特殊解

2 階微分方程式

明示表現の**2 階微分方程式**とは

$y'' = f(x, y, y')$

という形の微分方程式である．ここで，$f : G \to \mathbb{R}$ を $\mathbb{R}^3$ の領域 G 上の $\mathbb{R}^3$-$\mathbb{R}$ 関数とする．

$F : I_x \to \mathbb{R}$ を，$x \mapsto y = F(x)$ を少なくとも 2 回微分可能な関数とし，すべての $x \in I_x$ に対し

$(x, F(x), F'(x)) \in G$

かつ $F''(x) = f(x, F(x), F'(x))$

となれば，$F(x)$ を**微分方程式の解**といい（p.345 (I)），

$(x_0, F_A(x_0), F'_A(x_0)) = (x_0, y_0, y'_0)$

が成立すれば，微分方程式の解 F_A を $(x_0, y_0, y'_0) \in G$ に関する**初期値問題の解**という（p.345 (II)）．

2 階微分方程式の扱いは 1 階微分方程式よりも著しく困難である．特別な型に対してはいくつかの解法が存在する．2 階微分方程式を適切な変換で 1 階の微分方程式系に帰着させる，**変換による階数低下法**等である．以下では，2 階線形微分方程式を詳しく扱う．

2 階線形微分方程式，一般解

I_x 上で定義された連続実関数 a_0, a_1, s による

$y'' + a_1(x)y' + a_0(x)y = s(x)$

となる型の微分方程式を**2 階線形微分方程式**という．s が I_x 上全体で零関数であれば，**同次**といい，その他の場合は**非同次**という．s を**非同次項**という．

一般解を得るためには二つの関数

$F_1 : I_x \to \mathbb{R}$，$F_2 : I_x \to \mathbb{R}$

について 1 次独立性の概念が必要となる．すなわち，

I_x において $c_1 \cdot F_1 + c_2 \cdot F_2 = 0$ $(c_1, c_2 \in \mathbb{R})$ とするとき，$(c_1, c_2) = (0, 0)$ が成立すれば F_1 と F_2 は $\mathbb{R}$ 上 **1 次独立**であるという．

微分方程式の I_x 上定義された解 F_1 と F_2 は，すべての $x \in I_x$ に対して $W(F_1, F_2)(x) \neq 0$ が成立するとき，かつそのときに限り $\mathbb{R}$ 上 1 次独立である．ここでロンスキー行列式 $W(F_1, F_2)(x)$ を

$W(F_1, F_2)(x) := F_1(x)F'_2(x) - F'_1(x)F_2(x)$

により定義する（p.354，図 A_1）．このとき，

定理　(1) 同次微分方程式

$y'' + a_1(x) \cdot y' + a_0(x) \cdot y = 0$

に対し I_x 上定義された 1 次独立な二つの解 F_1 と F_2 が存在する．同次微分方程式の一般解となる関数 F_h はすべて，$\alpha_1, \alpha_2 \in \mathbb{R}$ に対し $F_h = \alpha_1 F_1 + \alpha_2 F_2$ と表される．

(2) 非同次微分方程式の I_x 上定義された特殊解 F_p が存在する．非同次微分方程式のすべての解は関数 F_{ih} であり，$\alpha_1, \alpha_2 \in \mathbb{R}$ に対し

$$\begin{aligned} F_{ih} &= F_p + F_h \\ &= F_p + \alpha_1 \cdot F_1 + \alpha_2 \cdot F_2 \end{aligned}$$

と表される．

注意　n 階線形微分方程式 (p.355) を参照．任意の**初期値問題** (x_0, y_0, y'_0) は一意解を持つ．

同次微分方程式の解法

二つの 1 次独立解をみつけることが必要．一つも解が分からなければ，相当困難となる．もし解法表が役立たず，厳密な解が定まらないときには，実用上は近似解 (p.363) で十分であるときが多い．それに対し，I_x 上で 0 とならない解 F_1 が知られているとき，次の方法がそれに対する第 2 の 1 次独立解 F_2 を与える．

$F_2(x) = v(x) \cdot F_1(x)$ と置くと，微分方程式

$v'' = -\left(2F'_1(x)F_1(x)^{-1} + a_1(x)\right) \cdot v'$

の解 v がみつかり，I_x 上で 0 とならないとき，この置換が意味を持つ．このとき，$x_0 \in I_x$ に対し次の式が成立する．

$$F_2(x) = F_1(x) \cdot \int_{x_0}^{x} \frac{1}{[F_1(t)]^2} \mathrm{e}^{-\int_{x_0}^{t} a_1(u)\,\mathrm{d}u} \mathrm{d}t$$

非同次 1 次微分方程式の特殊解決定

F_1 と F_2 が付随同次微分方程式の 1 次独立解ならば，$F_p(x) = v_1(x)F_1(x) + v_2(x)F_2(x)$ と置いて特殊解を決定する（**定数変化法**）．微分方程式

$$v'_1(x) = -\frac{s(x)F_1(x)}{W(F_1, F_2)(x)},$$

$$v'_2(x) = \frac{s(x)F_2(x)}{W(F_1, F_2)(x)}$$

を $x_0 \in I_x$ で解いて (p.347)，F_p に代入する．

定数係数線形 2 階微分方程式

p と q が定数 $(p, q \in \mathbb{R})$ という特別な場合

$y'' + py' + qy = s(x)$ $(s : I_x \to \mathbb{R})$

を考察するために，付随同次微分方程式

$y'' + py' + qy = 0$

を解く．そのために**特性方程式**

$z^2 + pz + q = 0$ $(z \in \mathbb{C})$

の解 z_1, z_2 について場合分けをする (p.355)．

(a) **二実数解** $z_1 \neq z_2$ が存在．$(p^2 - 4q > 0)$

(b) **唯一つの実数解** z が存在．$(p^2 - 4q = 0)$

(c) **共役な複素数解** $z_1, \overline{z_1}$ が存在．$(p^2 - 4q < 0)$

このとき，同次形の一般解は $\alpha_1, \alpha_2 \in \mathbb{R}, x \in \mathbb{R}$ に対し次の 3 通りとなる．

(a) $F_h(x) = \alpha_1 \mathrm{e}^{z_1 x} + \alpha_2 \mathrm{e}^{z_2 x}$

(b) $F_h(x) = (\alpha_1 + \alpha_2)\mathrm{e}^{zx}$

(c) $F_h(x) = \mathrm{e}^{\mathrm{Re}\, z_1 x}(\alpha_1 \cos \mathrm{Im}\, z_1 x + \alpha_2 \sin \mathrm{Im}\, z_1 x)$

例　図 A

定数変化法などにより**特殊解**をみつければよい．

s が有理関数か三角関数または指数関数ならば，より簡単な方法がある（図 B）．

I_xを，同次形n階線形微分方程式の$F_1, \ldots, F_n$上で定義された互いに異なる解とする．

$$F_1(x)\cdot c_1 + \cdots + F_n(x)\cdot c_n = 0$$
$$\wedge\ F_1'(x)\cdot c_1 + \cdots + F_n'(x)\cdot c_n = 0$$
$$\vdots$$
$$\wedge\ F_1^{(n-1)}(x)\cdot c_1 + \cdots + F_n^{(n-1)}(x)\cdot c_n = 0$$

$$\Leftrightarrow \begin{pmatrix} F_1(x) & \cdots & F_n(x) \\ F_1'(x) & \cdots & F_n'(x) \\ \vdots & & \vdots \\ F_1^{(n-1)}(x) & \cdots & F_n^{(n-1)}(x) \end{pmatrix} \cdot \begin{pmatrix} c_1 \\ \vdots \\ c_n \end{pmatrix} = \begin{pmatrix} 0 \\ \vdots \\ 0 \end{pmatrix}$$

ロンスキー行列

ロンスキー行列の行列式（ロンスキー行列式）を$W(F_1, \ldots, F_n)(x)\,(x \in I_x)$と表記する．

(1) $c_1F_1 + \cdots + c_nF_n = 0\ (c_\nu \in \mathbb{R})$ から $(c_1, \ldots, c_n) = (0, \ldots, 0)$ が成立するときそのときに限り$F_1, \ldots, F_n$は$\mathbb{R}$上1次独立である．

(2) ある $x_0 \in I_x$ に対して$W(F_1, \ldots, F_n)(x_0) \neq 0$が成立するとき，$F_1, \ldots, F_n$は$\mathbb{R}$上1次独立である．

(3) $F_1, \ldots, F_n$ が $\mathbb{R}$上1次独立のとき，すべての$x \in I_x$に対して$W(F_1, \ldots, F_n)(x) \neq 0$が成立する．

(4) $W(F_1, \ldots, F_n)$ はI_x上定義された微分可能関数であり，
$$W(F_1, \ldots, F_n)'(x) = -a_{n-1}(x)\cdot W(F_1, \ldots, F_n)(x)$$
が成立する．

よって，
$$W(F_1, \ldots, F_n)(x) = W(F_1, \ldots, F_n)(x_0)\cdot e^{-\int_{x_0}^{x} a_{n-1}(t)dt} \quad (x_0 \in I_x)$$
が成立する．

A_1

$\{F_1, \ldots, F_n\}$が基本系であれば，導関数$F_p = F_1\cdot v_1 + \cdots + F_n\cdot v_n$が次の方程式系をみたすとき，（$n$階微分して微分方程式に代入すれば分かるように）$v_1', \ldots, v_n'$ は特殊解である．

$$\begin{pmatrix} F_1(x) & \ldots & F_n(x) \\ F_1'(x) & \ldots & F_n'(x) \\ \vdots & & \vdots \\ F_1^{(n-1)}(x) & \ldots & F_n^{(n-1)}(x) \end{pmatrix} \cdot \begin{pmatrix} v_1'(x) \\ \vdots \\ v_n'(x) \end{pmatrix} = \begin{pmatrix} 0 \\ \vdots \\ 0 \\ s(x) \end{pmatrix}$$

$W(F_1, \ldots, F_n)(x) \neq 0$
すべての $x \in I_x$ に対して［図A_1，(3)より］．

クラメールの公式（p.83）と図A_1 を適用すると，

$$v_k'(x) = \frac{1}{W(F_1, \ldots, F_n)(x_0)} \cdot \begin{vmatrix} \cdots & 0 & \cdots \\ & \vdots & \\ \cdots & 0 & \cdots \\ \cdots & s(x) & \cdots \end{vmatrix} \cdot e^{-\int_{x_0}^{x} a_{n-1}(t)dt}$$

k 行目

となる．よってこの問題は1階微分方程式に帰着される．

A_2

ロンスキー行列式と特殊解の1次独立性

$\mathbb{C}[X]$ は$c(X)$ 内では1次因子に分解される（p.86）．
$$c(X) = \prod_{\nu=1}^{s} (X - \lambda_\nu)^{m_\nu}.$$
零点 $\lambda_1, \ldots, \lambda_s$は$m_1, \ldots, m_s$ 重とする．

例．
$$c(X) = X^6 - 4X^5 + 8X^4 - 8X^3 + 4X^2$$
$$c(X) = X^2(X-(1+i))^2(X-(1-i))^2$$
零点　$\lambda_1 = 0\ (m_1 = 2),\ \lambda_2 = 1+i\ (m_2 = 2),\ \lambda_3 = 1-i\ (m_3 = 2).$

零点は次のとおり．
$$\{e^{\lambda_1 x}, \ldots, e^{\lambda_s x}\}.$$

$\{e^{0\cdot x},\ e^{(1+i)x},\ e^{(1-i)x}\}$

① λ_ν が m_ν 重点ならば，項 $e^{\lambda_\nu x}$を $e^{\lambda_\nu x}, x\cdot e^{\lambda_\nu x}, \ldots, x^{m_\nu - 1}\cdot e^{\lambda_\nu x}$ で置き換える．

$\{e^{0\cdot x}, x\cdot e^{0\cdot x}, e^{(1+i)x}, x\cdot e^{(1+i)x}, e^{(1-i)x}, x\cdot e^{(1-i)x}\}$

② $\lambda_\nu \in \mathbb{C}\setminus\mathbb{R}$ ならば，共役数 $\overline{\lambda_\nu}$は零点集合に含まれる．すべての$e^{\lambda_\nu x}$ を $e^{\mathrm{Re}\lambda_\nu x}\cdot \cos \mathrm{Im}\lambda_\nu x$ で置き換え，$e^{\overline{\lambda_\nu} x}$ を $e^{\mathrm{Re}\lambda_\nu x}\cdot \sin \mathrm{Im}\lambda_\nu x$ で置き換える．
基本形が存在する．

$\{1, x, e^x \cos x, xe^x \cos x, e^x \sin x, xe^x \sin x\}$

基本系

B

基本系

n 階同次線形微分方程式 ($n \in \mathbb{N}\setminus\{0\}$)

$$y^{(n)} + a_{n-1}(x)y^{(n-1)} + \cdots + a_1(x)y' + a_0(x)y = 0$$

という形の微分方程式を **n 階同次線形微分方程式**という．ここで，開区間 I_x 上の関数 $a_0, a_1, \ldots, a_{n-1}$ は**連続**であると仮定する．このとき任意の初期値問題 (p.345) は一意解を持ち (p.361)，その解は I_x 上にある．

微分方程式の解として，特に I_x 上定義され n 回微分可能な関数が問題となる．任意の二つの解 F と $\hat{F}$ に対して，$F + \hat{F}$ と $\alpha \cdot F (\alpha \in \mathbb{R})$ もまた微分方程式の解であることは容易にチェックできる．ゆえに，演算 $+$ と $\cdot$ に関する解集合 $\mathcal{L}_h$ は $\mathbb{R}$ **上ベクトル空間**，すなわち，I_x 上定義されたすべての n 回微分可能関数で生成された $\mathbb{R}$ 上部分空間である (p.77f).

$\mathcal{L}_h$ の**次元**を決定するために，この関係において**基本系**と呼ばれる基底を探す．解の１次独立性は**ロンスキー行列式**を使うとうまく特徴付けられる（図 A_1）．n 個の１次独立解が存在し，$n+1$ 組の異なる解は常に１次従属であることが示される．よって，$\mathcal{L}_h$ の次元は微分方程式の階数に等しく，次の定理が成立する．

定理１　n 階同次線形微分方程式の解空間 $\mathcal{L}_h$ の次元は n であり，次のように表される．

$$\mathcal{L}_h = \{F_h \mid F_h = \sum_{\nu=1}^{n} \alpha_\nu \cdot F_\nu,\ \alpha_\nu \in \mathbb{R}, \{F_1, \ldots, F_n\} \text{ 基底 }\}.$$

この定理から，**一般解**は

$$F_h = \alpha_1 F_1 + \cdots + \alpha_n F_n \ (\alpha_\nu \in \mathbb{R})$$

と表される．したがって，n 階同次線形微分方程式の問題を完全に解くことは，解の基本系をみつける問題に帰着される．しかし，この問題もまた，初等的方法による特殊な微分方程式においてのみ解くことができる．

定数係数 n 階同次線形微分方程式

関数 $a_0, a_1, \ldots, a_{n-1}$ が**定数**という特別な場合を考える．$a_\nu \in \mathbb{R}$ である微分方程式

$$y^{(n)} + a_{n-1}y^{(n-1)} + \cdots + a_1 y' + a_0 y = 0$$

に対して解の基本系を求めたい．

この微分方程式を解くため $F(x) = \mathrm{e}^{\lambda x}$ と置くと，

$$\lambda^n + a_{n-1}\lambda^{n-1} + \cdots + a_1\lambda + a_0 = 0$$

に帰着される（**特性方程式**）．付随多項式

$$c(X) = X^n + a_{n-1}X^{n-1} + \cdots + a_1 X + a_0$$

は**特性多項式**と呼ばれる．

$c(X)$ の実数解 λ_1 が存在すれば，$F_1(x) = e^{\lambda_1 x}$ は確かに微分方程式の解である．同様なことが任意の他の実数解に対しても成立する．互いに異なる実数解は $\mathbb{R}$ 上１次独立であり，それにより $c(X)$ が非重複実数解を持てば，ただちに基本系を得る．しかし，最後に挙げた条件は一般には成立しない (p.86)．したがって，$c(X)$ の非重複実数解から得られる（上の事実により実際には空になる）１次独立解の集合に，適切な関数を補充することにより基本系にしなければならない（図 B）．

n 階非同次線形微分方程式

$$y^{(n)} + a_{n-1}(x)y^{(n-1)} + \cdots + a_1(x)y' + a_0(x)y = s(x)$$

という形の微分方程式は，s が 0 でなければ**非同次項 s を持つ n 階非同次線形微分方程式**と呼ばれる．これら関数はすべて I_x 上で連続とする．

非同次線形微分方程式の**特殊解** F_p が得られ，さらに付随する同次微分方程式

$$y^{(n)} + a_{n-1}(x)y^{(n-1)} + \cdots + a_1(x)y' + a_0(x)y = 0$$

の解空間が分かれば，非同次の場合の解空間 $\mathcal{L}_{ih}$ は比較的容易に求まる．

すなわち，F_{ih} が非同次微分方程式の任意解ならば，容易な計算により $F_{ih} - F_p$ は付随する同次微分方程式の解であることが証明される．よって $F_{ih} \in F_p + \mathcal{L}_h$（$\mathcal{L}_h$ の剰余類），すなわち $\mathcal{L}_{ih} \subseteq F_p + \mathcal{L}_h$ が成立する．

逆に，$F_p + \mathcal{L}_h$ の任意の関数は $\mathcal{L}_{ih} = F_p + \mathcal{L}_h$ となる n 階非同次微分方程式の解でもある．

定理２　n 階非同次線形微分方程式の解空間は

$$\mathcal{L}_{ih} = \{F_{ih} \mid F_{ih} = F_p + F_h,\ F_h \in \mathcal{L}_h,\ F_p\text{: 特殊解 }\}$$

で表され，n 階非同次線形微分方程式の**一般解**は

$$F_{ih} = F_p + \alpha_1 F_1 + \ldots + \alpha_n F_n$$
$$(\alpha_n \in \mathbb{R},\ \{F_1, \ldots, F_n\} \text{ は } \mathcal{L}_n \text{ の基底})$$

となる．

この事実から，非同次線形微分方程式の解空間から特殊解が一つ分かれば，非同次線形微分方程式の解空間が定まる．

次の**定数変化法**という方法を使うと特殊解を決定できる．

$$F_p(x) = F_1(x)v_1(x) + \ldots + F_n(x)v_n(x)$$

と置く．ここで，$\{F_1, \ldots, F_n\}$ は同次微分方程式の基本系とする．このとき，F_p が非同次微分方程式の解となるように関数 $v_1, \ldots, v_n$ を決めていく（図 A_2）．

この方法は一般に適用可能ではあるが，付随する同次微分方程式の基本解が必要となる．この場合，特に一般解が得られない初期値問題を解くときには，問題が特に困難となるので，級数解法やラプラス変換等の他の方法を適用する．しかし，ここではこれらについては言及する余裕がない．実用に関しては近似法が特に興味深い (p.363).

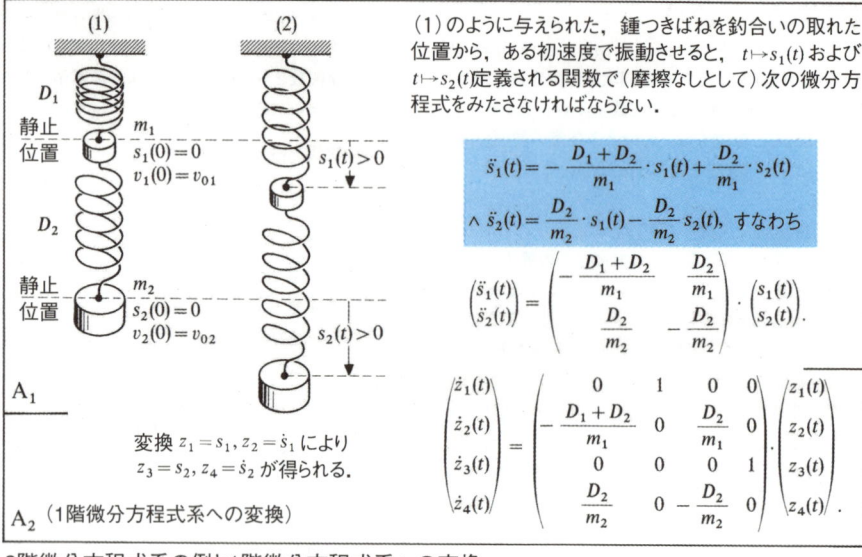

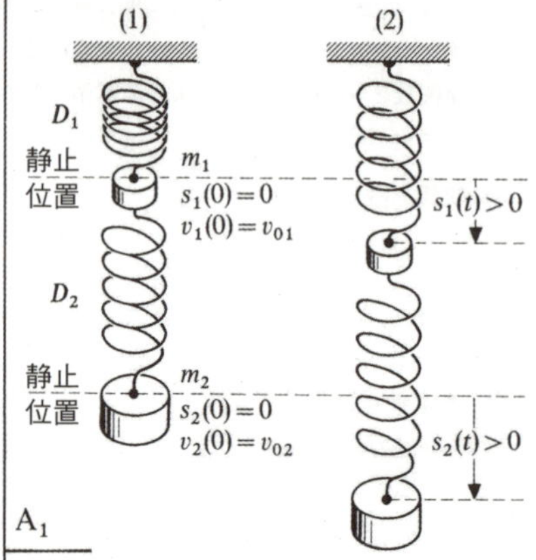

(1) のように与えられた，錘つきばねを釣合いの取れた位置から，ある初速度で振動させると，$t\mapsto s_1(t)$ および $t\mapsto s_2(t)$ 定義される関数で（摩擦なしとして）次の微分方程式をみたさなければならない．

$$\ddot{s}_1(t)=-\frac{D_1+D_2}{m_1}\cdot s_1(t)+\frac{D_2}{m_1}\cdot s_2(t)$$

$$\wedge\ \ddot{s}_2(t)=\frac{D_2}{m_2}\cdot s_1(t)-\frac{D_2}{m_2}s_2(t),\ \text{すなわち}$$

$$\begin{pmatrix}\ddot{s}_1(t)\\ \ddot{s}_2(t)\end{pmatrix}=\begin{pmatrix}-\dfrac{D_1+D_2}{m_1} & \dfrac{D_2}{m_1}\\ \dfrac{D_2}{m_2} & -\dfrac{D_2}{m_2}\end{pmatrix}\cdot\begin{pmatrix}s_1(t)\\ s_2(t)\end{pmatrix}.$$

A_1

変換 $z_1=s_1,\ z_2=\dot{s}_1$ により
$z_3=s_2,\ z_4=\dot{s}_2$ が得られる．

$$\begin{pmatrix}\dot{z}_1(t)\\ \dot{z}_2(t)\\ \dot{z}_3(t)\\ \dot{z}_4(t)\end{pmatrix}=\begin{pmatrix}0 & 1 & 0 & 0\\ -\dfrac{D_1+D_2}{m_1} & 0 & \dfrac{D_2}{m_1} & 0\\ 0 & 0 & 0 & 1\\ \dfrac{D_2}{m_2} & 0 & -\dfrac{D_2}{m_2} & 0\end{pmatrix}\cdot\begin{pmatrix}z_1(t)\\ z_2(t)\\ z_3(t)\\ z_4(t)\end{pmatrix}.$$

A_2（1階微分方程式系への変換）

2階微分方程式系の例と1階微分方程式系への変換

$$A(x)=\begin{pmatrix}a_{11}(x)\dots a_{1n}(x)\\ \vdots \qquad\quad \vdots\\ a_{n1}(x)\dots a_{nn}(x)\end{pmatrix}$$

$a_{ik}:I_x\to\mathbb{R}$ は $x\mapsto a_{ik}(x)$ で定義される微分可能な関数

$A'(x):=(a'_{ik}(x))$
行列の微分

$\int_{x_0}^{x}A(t)\mathrm{d}t:=\left(\int_{x_0}^{x}a_{ik}(t)\mathrm{d}t\right)$
行列の積分

規則
(1) $(A(x)+B(x))'=A'(x)+B'(x)$
(2) $\int_{x_0}^{x}(A(t)+B(t))\mathrm{d}t=\int_{x_0}^{x}A(t)\mathrm{d}t+\int_{x_0}^{x}B(t)\mathrm{d}t$
(3) $(A(x)\cdot B(x))'=A'(x)\cdot B(x)+A(x)\cdot B'(x)$
(4) $A(x)\cdot A'(x)=A'(x)\cdot A(x)\Rightarrow([A(x)]^n)'=nA'(x)\cdot[A(x)]^{n-1}\quad(n\in\mathbb{N}\setminus\{0\})$
($A^0:=E$, E 単位行列)

B

行列の微分と積分

実 (n,n) 行列の（p.79）のベクトル空間 $M_{n,n}(\mathbb{R})$ にノルム $\|A\|:=\{|a_{ik}|\,|\,i,k\in\{1,\dots,n\}\}$（p.337）を導入すれば，$M_{n,n}(\mathbb{R})$ は行列級数の収束を定義されるノルム化されたベクトル空間となる（p.339）．
実数の級数（p.251f.）と同様に，行列級数でも収束性を調べることができる．
特に，級数

$$\sum_{\nu=0}^{\infty}\frac{A^\nu}{\nu!}=E+\frac{A}{1!}+\frac{A^2}{2!}+\frac{A^3}{3!}+\cdots(A^0=E)\qquad\text{（行列の指数関数）}$$

がすべての $A\in M_{n,n}(\mathbb{R})$ に対して収束することを示すことができる．
$n=1$ に対して $\mathrm{e}^{a_{11}}$ の級数展開が意味を持つように存在すれば，次の表記を導入できる．

$$\mathrm{e}^A:=\sum_{\nu=0}^{\infty}\frac{A^\nu}{\nu!}.$$

規則
(1) $\mathrm{e}^A\neq O$（零行列）
(2) $\mathrm{e}^O=E$
(3) $A\cdot B=B\cdot A\Rightarrow\mathrm{e}^A\cdot\mathrm{e}^B=\mathrm{e}^{A+B}$
(4) $\mathrm{e}^A\cdot\mathrm{e}^{-A}=E,\qquad \mathrm{e}^{-A}=(\mathrm{e}^A)^{-1}$
(5) $\det\mathrm{e}^A\neq0$
(6) $\mathrm{e}^{nA}=(\mathrm{e}^A)^n\qquad(n\in\mathbb{N})$
(7) $B(x)\cdot B'(x)=B'(x)\cdot B(x)\Rightarrow(\mathrm{e}^{B(x)})'=B'(x)\cdot\mathrm{e}^{B(x)}=\mathrm{e}^{B(x)}\cdot B'(x)$
(8) $(\mathrm{e}^{xA})'=A\cdot\mathrm{e}^{xA}=\mathrm{e}^{xA}\cdot A\qquad(x\in\mathbb{R})$

C

行列による指数関数の級数

図 A_1 の例は,「唯一つ」の微分方程式ではなく,「いくつも」の微分方程式で表す応用例もあることを強調している. ここでこの方程式系について考察する.

1 階微分方程式系

$$\begin{aligned} y_1' &= f_1(x, y_1, \ldots, y_n) \\ y_2' &= f_2(x, y_1, \ldots, y_n) \\ &\vdots \qquad\qquad\qquad (n \in \mathbb{N}\backslash\{0\}) \\ y_n' &= f_n(x, y_1, \ldots, y_n) \end{aligned}$$

という形の方程式系を **1 階微分方程式系**という. 関数 $f_1, \ldots, f_n$ はそれぞれ $\mathbb{R}^{n+1}$ の領域 G 上で定義された $\mathbb{R}^{n+1}$-$\mathbb{R}$ 関数とする. $y_1, \ldots, y_n$ および $y_1', \ldots, y_n'$ を $\mathbb{R}^n$ の n 成分の組としてまとめ,

$$\boldsymbol{y} = \begin{pmatrix} y_1 \\ \vdots \\ y_n \end{pmatrix}, \quad \boldsymbol{y}' = \begin{pmatrix} y_1' \\ \vdots \\ y_n' \end{pmatrix}$$

とすると, 上記の連立方程式の簡単な表記

$$\boldsymbol{y}' = \boldsymbol{f}(x, \boldsymbol{y})$$

が得られる. ここで, $\boldsymbol{f} = (f_1, \ldots, f_n)$ は G 上で定義された $\mathbb{R}^{n+1}$-$\mathbb{R}^n$ 関数とする.

1 階微分方程式系の**解**は, 微分可能 $\mathbb{R}$-$\mathbb{R}^n$ 関数 $\boldsymbol{F} = (F_1, \ldots, F_n)$ である. $\boldsymbol{F}$ のどの成分も I_x 上で定義され, すべての $x \in I_x$ に対して

$$(x, \boldsymbol{F}(x)) \in G \text{ かつ } \boldsymbol{F}'(x) = \boldsymbol{f}(x, \boldsymbol{F}(x))$$

が成立するような実数値関数である. さらに,

$$\boldsymbol{F}_A(x_0) = \boldsymbol{y}_0$$

が成立するとき解 $\boldsymbol{F}_A$ は $(x_0, \boldsymbol{y}_0) \in G$ に関する**初期値問題の解**である.

存在定理と一意性定理 (p.361) をみたしても, 非常に特別な場合（下記参照）でさえ, 1 階微分方程式系を解くことはすでに非常に困難で, $n = 2$ の場合でさえすでに初等的解法を期待することは不可能である.

高階微分方程式系

図 A の例は, 1 階微分方程式系に帰着可能な 2 階微分方程式系である. そのような変換は他の高階微分方程式系に対しても可能. よって, 微分方程式系の理論は 1 階微分方程式の理論に帰着できる.

線形 1 階微分方程式系

$$\begin{aligned} y_1' &= a_{11}(x)y_1 + \cdots + a_{1n}(x)y_n + s_1(x), \\ &\vdots \\ y_n' &= a_{n1}(x)y_1 + \cdots + a_{nn}(x)y_n + s_n(x) \end{aligned}$$

という形の 1 階微分方程式系を**線形**という. 関数 $a_{ik} (i, k \in \{1, \ldots, n\})$ はすべて I_x 上定義された実数値連続関数である.

このような微分方程式系は行列表記すると見やすい.

$$\begin{pmatrix} y_1' \\ \vdots \\ y_n' \end{pmatrix} = \begin{pmatrix} a_{11}(x) & \cdots & a_{1n}(x) \\ \vdots & \ddots & \vdots \\ a_{n1}(x) & \cdots & a_{nn}(x) \end{pmatrix} \begin{pmatrix} y_1 \\ \vdots \\ y_n \end{pmatrix} + \begin{pmatrix} s_1(x) \\ \vdots \\ s_n(x) \end{pmatrix}$$

$A(x) := (a_{ik}(x))$, $\boldsymbol{s} = (s_1, \ldots, s_n)$ と置くと,

$$\boldsymbol{y}' = A(x)\boldsymbol{y} + \boldsymbol{s}(x) \quad (x \in I_x)$$

となる. $A(x)$ を**係数行列**, $\boldsymbol{s}$ を**非同次関数（項）**という. $s \neq 0$ のとき, この微分方程式系を**非同次（形）**, $s = 0$ のとき**同次（形）**と呼ぶ.

a) 1 階同次線形微分方程式系

1 階同次微分方程式系

$$\boldsymbol{y}' = A(x)\boldsymbol{y}$$

の解の任意の 1 次結合は再びこの方程式系の解である. よって, 解は $\mathbb{R}$ 上ベクトル空間を成し,（通常の結合で）すべての I_x 上微分可能な $\mathbb{R}$-$\mathbb{R}^n$ 関数のベクトル空間の部分空間をなす.

このベクトル空間 (p.355) 上では, n 個の $\mathbb{R}$ 上 1 次独立な解が存在し, $n+1$ 個の解は常に 1 次従属となる. したがって, 解空間の次元は n となる.

基底（**基本解**）が $\{\boldsymbol{F}_1, \ldots, \boldsymbol{F}_n\}$ のとき,

$$\boldsymbol{F}_h = c_1 \cdot \boldsymbol{F}_1 + \cdots + c_n \cdot \boldsymbol{F}_n \quad (c_\nu \in \mathbb{R})$$

が一般解となる. n 個の解 $\boldsymbol{F}_1, \ldots, \boldsymbol{F}_n$ の $\mathbb{R}$ 上 1 次独立性を調べるために, 成分表示

$\boldsymbol{F}_k = (F_{1k}, \ldots, F_{nk})$ $(k \in \{1, \ldots, n\})$ を用い

$$(\boldsymbol{F}_1\boldsymbol{F}_2 \cdots \boldsymbol{F}_n)(x) = (F_{ik}(x)) = \begin{pmatrix} F_{11}(x) & \cdots & F_{1n}(x) \\ \vdots & \ddots & \vdots \\ F_{n1}(x) & \cdots & F_{nn}(x) \end{pmatrix}$$

の行列式の値を調べる. $x_0 \in I_x$ に対し行列式が 0 でなければ, $\{\boldsymbol{F}_1, \ldots, \boldsymbol{F}_n\}$ は基本解である. 基本解の解行列を**基本行列**といい, $\mathcal{F}(x)$ で表す.

すべての $x \in I_x$ に対し $\det\mathcal{F}(x) \neq 0$ となる.

実数 $c_1, \ldots, c_n$ を $\mathbb{R}^n$ の n 成分ベクトル $\boldsymbol{c}$ で表すと, 一般解も行列表記できる. すなわち,

$$\boldsymbol{F}_h(x) = \mathcal{F}(x) \cdot \boldsymbol{c} \quad (\boldsymbol{c} \in \mathbb{R}^n).$$

ゆえに, 基本行列が得られれば, 同次線形微分方程式は解け, n 個の 1 次独立解を行ごと行列の各行から読み取ることができる. よって, $\boldsymbol{y}' = A(x) \cdot \boldsymbol{y}$ のかわりに次の等式を解けばよい.

$$\mathcal{F}'(x) = A(x) \cdot \mathcal{F}(x)$$

を解く. ここで, $\mathcal{F}'(x)$ を図 B のように定義. $C \in M_{n,n}(\mathbb{R})$ が正則 (p.81) ならば, $\mathcal{F}(x)$ のみでなく $\mathcal{F}(x) \cdot C$ もまた基本行列である. $\mathcal{F}(x) \cdot C$ を用い, 任意の基本行列が記述される.

図 B と C の定義および命題により次が成立する.

定理　同次線形微分方程式系

$$\boldsymbol{y}' = A(x) \cdot \boldsymbol{y} \ (\forall x \in I_x)$$

について

$B'(x) = A(x)$ かつ $B(x) \cdot B'(x) = B'(x) \cdot B(x)$ となる行列 $B(x)$ が存在すれば, $e^{B(x)}$ は**基本行列**であり, 任意の基本行列は次のように表される.

$$\mathcal{F}(x) = e^{B(x)} \cdot C \ (C \in M_{n,n}(\mathbb{R}), \det C \neq 0)$$

注意　これらの事実はすべて, **複素**行列の微分方程式系に対してもそのまま成立する.

$$A=\begin{pmatrix}a_{11} & & 0\\ & \ddots & \\ 0 & & a_{nn}\end{pmatrix}$$ 対角行列

次の等式が成立する．

$$A^\nu=\begin{pmatrix}a_{11} & & 0\\ & \ddots & \\ 0 & & a_{nn}\end{pmatrix}^\nu=\begin{pmatrix}a_{11}^\nu & & 0\\ & \ddots & \\ 0 & & a_{nn}^\nu\end{pmatrix}$$

$$\sum_{\nu=0}^{\infty}\frac{(xA)^\nu}{\nu!}=\begin{pmatrix}\sum_{\nu=0}^{\infty}\frac{(a_{11}x)^\nu}{\nu!} & & 0\\ & \ddots & \\ 0 & & \sum_{\nu=0}^{\infty}\frac{(a_{nn}x)^\nu}{\nu!}\end{pmatrix}$$

よって

$$e^{xA}=\begin{pmatrix}e^{a_{11}x} & & 0\\ & \ddots & \\ 0 & & e^{a_{nn}x}\end{pmatrix}$$

A

基本行列の例

$$\det(A-XE)=\begin{vmatrix}a_{11}-X & & a_{12}\dots a_{1n}\\ a_{21} & \ddots & \vdots\\ \vdots & & a_{n-1n}\\ a_{n1}\dots a_{nn-1} & & a_{nn}-X\end{vmatrix}=\sum_{\nu=0}^{n}r_\nu\cdot X^\nu$$

係数 r_ν は逐次計算できる．そのために，行列のトレースの概念が必要．

$\mathrm{Tr}(A):=a_{11}+a_{22}+\cdots+a_{nn}$ $A=(a_{ik})$ に対しよって以下が成立する．

$$\begin{aligned}
r_n&=(-1)^n\\
r_{n-1}&=-r_n\,\mathrm{Tr}(A)\\
r_{n-2}&=-\tfrac{1}{2}(r_{n-1}\,\mathrm{Tr}(A)+r_n\,\mathrm{Tr}(A^2))\\
r_{n-3}&=-\tfrac{1}{3}(r_{n-2}\,\mathrm{Tr}(A)+r_{n-1}\,\mathrm{Tr}(A^2)+r_n\,\mathrm{Tr}(A^3))\\
&\vdots\\
r_0&=-\frac{1}{n}\left(\sum_{\mu=0}^{n-1}r_{n-\mu}\,\mathrm{Tr}(A^\mu)\right)
\end{aligned}$$

B

特性方程式

例 $$\boldsymbol{y}'=\begin{pmatrix}4&-4&0\\1&2&1\\0&2&4\end{pmatrix}\cdot\boldsymbol{y}$$

特性方程式

$$\begin{vmatrix}4-x&-4&0\\1&2-x&1\\0&2&4-x\end{vmatrix}=0$$

$$\Leftrightarrow(x-(3+i))(x-(3-i))(x-4)=0$$

固有値 $\lambda_1=3+i,\ \lambda_2=3-i,\ \lambda_3=4$

固有ベクトル

$(A-\lambda_1E)\boldsymbol{x}=\boldsymbol{o}$ $\quad$ $(A-\lambda_3E)\boldsymbol{x}=\boldsymbol{o}$

$$\begin{pmatrix}1-i&-4&0\\1&-1-i&1\\0&2&1-i\end{pmatrix}\boldsymbol{x}=\boldsymbol{o}\qquad\begin{pmatrix}0&-4&0\\1&-2&1\\0&2&0\end{pmatrix}\boldsymbol{x}=\boldsymbol{o}$$

$$\boldsymbol{v}_1=\begin{pmatrix}4\\1+i\\-2\end{pmatrix},\ \boldsymbol{v}_2=\bar{\boldsymbol{v}}_1=\begin{pmatrix}4\\1-i\\-2\end{pmatrix},\ \boldsymbol{v}_3=\begin{pmatrix}1\\0\\-1\end{pmatrix}$$

基本行列（複素数）

$$\begin{pmatrix}4e^{(3+i)x}&4e^{(3-i)x}&e^{4x}\\(1-i)e^{(3+i)x}&(1+i)e^{(3-i)x}&0\\-2e^{(3+i)x}&-2e^{(3-i)x}&-e^{4x}\end{pmatrix}$$

基本行列（実数）

$$\begin{pmatrix}4\cos x\cdot e^{3x}&4\sin x\cdot e^{3x}&e^{4x}\\(\sin x+\cos x)e^{3x}&(\sin x-\cos x)e^{3x}&0\\-2\cos x\cdot e^{3x}&-2\sin x\cdot e^{3x}&-e^{4x}\end{pmatrix}$$

C_1

例 $$\boldsymbol{y}'=\begin{pmatrix}1&-1&2\\2&-2&1\\1&-1&-1\end{pmatrix}\cdot\boldsymbol{y}$$

特性方程式

$$\begin{vmatrix}1-x&-1&2\\2&-2-x&1\\1&-1&-1-x\end{vmatrix}=0$$

$$\Leftrightarrow x^2(x+2)=0$$

固有値 $\lambda_1=0\,(m_1=2),\ \lambda_2=-2\,(m_2=1)$

$(A-\lambda_1E)^2\boldsymbol{x}=\boldsymbol{o}$ $\quad$ $(A-\lambda_2E)\boldsymbol{x}=\boldsymbol{o}$

$$\begin{pmatrix}1&1&-1\\-1&1&1\\-2&2&2\end{pmatrix}\boldsymbol{x}=\boldsymbol{o}\qquad\begin{pmatrix}3&-1&2\\2&0&1\\1&-1&1\end{pmatrix}\boldsymbol{x}=\boldsymbol{o}$$

$$\boldsymbol{w}_{11}=\begin{pmatrix}1\\1\\0\end{pmatrix},\ \boldsymbol{w}_{12}=\begin{pmatrix}1\\0\\1\end{pmatrix},\ \boldsymbol{w}_2=\begin{pmatrix}1\\-1\\-2\end{pmatrix}$$

解の項

$$e^{\lambda_1x}(\boldsymbol{w}_{11}+(A-\lambda_1E)\boldsymbol{w}_{11}x)=\begin{pmatrix}1\\1\\0\end{pmatrix}\qquad e^{\lambda_1x}(\boldsymbol{w}_{12}+(A-\lambda_1E)\boldsymbol{w}_{12}x)=\begin{pmatrix}1+3x\\3x\\1\end{pmatrix}$$

基本行列（実数）

$$\begin{pmatrix}1&1+3x&e^{-2x}\\1&3x&-e^{-2x}\\0&1&-2e^{-2x}\end{pmatrix}$$

C_2

定数係数1階微分方程式系

定数係数 1 階同次線形微分方程式系

方程式系は，p.356 図 A_2 のように表示されているとする．一般に次の形の微分方程式系を扱う．

$\boldsymbol{y}' = A \cdot \boldsymbol{y},\ A \in M_{n,n}(\mathbb{R})$

この方程式系を解くには，基本行列が分かればよい．行列 A とすべての $x \in \mathbb{R}$ に対して $B(x) = x \cdot A$ と置くと，$B'(x) = A$, $B(x) \cdot B'(x) = B'(x) \cdot B(x)$ が成立する．このとき $e^{x \cdot A}$ は基本行列である（p.357 の定理）．すなわち，すべての $x \in \mathbb{R}$ に対して

$\mathcal{F}(x) = e^{x \cdot A} C \quad (C \in M_{n,n}(\mathbb{R}), \det C \neq 0)$

となる．図 A のような簡単な場合には，$e^{x \cdot A}$ を容易にみつけることができる．しかし，一般の計算には固有値と固有ベクトルが必要となる (p.191)．

固有値，固有ベクトル

$A \in M_{n,n}(\mathbb{R})$ に対する**特性多項式**

$\det(A - xE) = 0$

の解を A の**固有値**という．

$\mathbb{C}[X]$ 内の付随多項式 $\det(A - XE)$ は 1 次因子に完全分解され (p.86)，n 次であることから（図 B），$\mathbb{C}$ での全零点とそれらの重複度もすべて数え上げると，n に等しい．行列 A の**実数**固有値と**非実数**固有値，および**単**固有値と**多重**固有値を考察する．λ が実数ではない固有値ならば，共役な複素数 $\overline{\lambda}$ もまた固有値であり，重複度も同じ．

λ が行列 A の固有値であれば，$\det(A - \lambda E) = 0$ である．ゆえに，微分方程式系 $(A - \lambda E)\boldsymbol{x} = \boldsymbol{o}$ は，$\mathbb{C}^n$ の中に $\boldsymbol{o}$ とは異なる解を持つ．任意のそのような解を，A の固有値 λ に対する**固有ベクトル**という．固有値が実数のとき，かつそのときに限り付随する固有ベクトルは $\mathbb{R}^n$ の元である．$\boldsymbol{v} \in \mathbb{C}^n \backslash \mathbb{R}^n$ が $\lambda \in \mathbb{C} \backslash \mathbb{R}$ に対する固有ベクトルならば，$\overline{\boldsymbol{v}}$（共役複素数）は $\overline{\lambda}$ に付随する固有ベクトルである．

A の互いに異なる固有値に対し，それぞれ一つずつ付随する固有ベクトルを選べば，これらは $\mathbb{C}$ 上 1 次独立である．λ が A の m 重固有値ならば，$\mathbb{C}$ 上 1 次独立で λ に付随する固有ベクトルが高々 m 個存在する．

基本行列

(1) A の任意の固有値 λ と λ に付随する任意の固有ベクトル $\boldsymbol{v}$ に対して，項 $e^{\lambda x} \cdot \boldsymbol{v}$ により定義される関数が $\boldsymbol{y}' = A \cdot \boldsymbol{y}$ の（場合によっては複素数）解であることは容易に示される．

A が今**単固有値** $\lambda_1, \ldots, \lambda_n$ と，付随する固有ベクトル $\boldsymbol{v}_1, \ldots, \boldsymbol{v}_n$（これらは $\mathbb{C}$ 上 1 次独立）を持つと，列が $e^{\lambda_\nu x} \cdot \boldsymbol{v_\nu}$ となる行列

$(e^{\lambda_1 x} \cdot \boldsymbol{v}_1 \ \ldots \ e^{\lambda_n x} \cdot \boldsymbol{v}_n)$

は，$\boldsymbol{y}' = A \cdot \boldsymbol{y}$ に対する**複素基本行列**となる．

非実数固有値の場合は，完全に実基本行列になるまで次のように変換する．$\lambda_1, \ldots, \lambda_{2k}$ を A のすべての固有値で，$\mathbb{C} \backslash \mathbb{R}$ の元としても一般性を失わない．$\lambda_2 = \overline{\lambda_1}, \ldots, \lambda_{2k} = \overline{\lambda_{2k-1}}$ としてもよい．

上記の基本行列で，最初の $2k-1$ 列を順次

$\mathrm{Re}(e^{\lambda_1 x} \cdot \boldsymbol{v}_1), \mathrm{Im}(e^{\lambda_1 x} \cdot \boldsymbol{v}_1), \ldots,$

$\mathrm{Re}(e^{\lambda_{2k-1} x} \cdot \boldsymbol{v}_{2k-1}), \mathrm{Im}(e^{\lambda_{2k-1} x} \cdot \boldsymbol{v}_{2k-1})$

で置き換えると $\boldsymbol{y}' = A\boldsymbol{y}$ に対する**実基本行列**を得る．ここで，ベクトルの実部ならびに虚部はそれぞれ一つの成分とする．

例　図 C_1

(2) 通常は，固有値は**多重固有値**となって現れる．n 個の 1 次独立な固有ベクトルとなるとは限らないので，関係は複雑．

$\lambda_1, \ldots, \lambda_s$ は A の固有値，m_i は $\sum_{i=1}^{s} m_i = n$ をみたす重複度のとき，項

$$e^{\lambda_i x} \cdot \sum_{\nu=0}^{m_i - 1} \frac{(A - \lambda_i E)^\nu \cdot \boldsymbol{w}_i}{\nu!} x^\nu,\ i \in \{1, \ldots, s\}$$

は $\boldsymbol{y}' = A \cdot \boldsymbol{y}$ で定義される方程式の複素数解であることが示される．ここで，$\boldsymbol{w}_i$ は微分方程式系 $(A - \lambda_i E)^\nu x = \boldsymbol{o}$ の $\boldsymbol{o}$ と異なる解である．今，各 i に関しこの方程式系の m_i 個の 1 次独立解 $\boldsymbol{w}_{i1}, \ldots, \boldsymbol{w}_{im_i}$ が存在するという性質を適用すると，これらは $\boldsymbol{y}' = A \cdot \boldsymbol{y}$ の複素基本行列を成し，全部で n 個の解を得る．実基本行列への分け方は (1) と同様である．

例　図 C_2

b) 1 階非同次線形微分方程式系

$\boldsymbol{F}_p$ が非同次線形微分方程式系

$\boldsymbol{y}' = A(x) \cdot \boldsymbol{y} + \boldsymbol{s}(x)$

の任意の**特殊解**であれば，**一般解**は

$\boldsymbol{F}_{ih}(x) = \boldsymbol{F}_p(x) + \mathcal{F}(x) \cdot \boldsymbol{c} \quad (\boldsymbol{c} \in \mathbb{R}^n)$

となる．ここで，$\mathcal{F}(x)$ は付随する同次微分方程式系 $\boldsymbol{y}' = A(x) \cdot \boldsymbol{y}$ の基本行列である．例えば

$\boldsymbol{F}_p(x) = \mathcal{F}(x) \cdot \boldsymbol{v}(x)$

と置けば特殊解を決定できる（**定数変化法**）．$\boldsymbol{v}$ を具体的に表すと，一般解は次の形となる．

$$\boldsymbol{F}_{ih}(x) = \mathcal{F}(x) \int_{x_0}^{x} \mathcal{F}(t)^{-1} \boldsymbol{s}(t) \mathrm{d}t + \mathcal{F}(x)\boldsymbol{c}$$

注意　ここに現れた積分は p.356 図 B を参照．

初期値問題

$(x_0, \boldsymbol{y}_0) \in G$ についての初期値問題に対して，

$$\boldsymbol{F}_A(x) = \mathcal{F}(x) \int_{x_0}^{x} \mathcal{F}(t)^{-1} \boldsymbol{s}(t) \mathrm{d}t + \mathcal{F}(x)\boldsymbol{c}$$

および $\boldsymbol{F}_A(x) = \boldsymbol{y}_0$ が成立しなければならない．

一般解の最初の式に x_0 を代入すると

$\boldsymbol{c} = \mathcal{F}(x_0)^{-1} \cdot \boldsymbol{y}_0$

を得，初期値問題の一意解が得られる．

$$\boldsymbol{F}_A(x) = \mathcal{F}(x) \int_{x_0}^{x} \mathcal{F}(t)^{-1} \boldsymbol{s}(t) \mathrm{d}t + \mathcal{F}(x)\mathcal{F}(x_0)^{-1} \cdot \boldsymbol{y}_0.$$

A

n 階微分方程式
$$y^{(n)} = f(x, y, y', \ldots, y^{(n-1)})$$

変換
$$y_1 = y,\ y_2 = y',\ \ldots,\ y_n = y^{(n-1)}$$

特殊1階微分方程式系
$y' = f(x, y):$
$\quad y'_1 = y_2$
$\wedge\ y'_2 = y_3$
$\quad \vdots$
$\wedge\ y'_{n-1} = y_n$
$\wedge\ y'_n = f(x, y_1, \ldots, y_n)$

$F^{(n)}(x) = f(x, F(x), F'(x), \ldots, F^{(n-1)}(x))$
をみたす解 $F: I_x \to \mathbb{R}$

$\mathbf{F} = (F, F', \ldots, F^{(n-1)})$

$F_v: I_x \to \mathbb{R}$ かつ
$\quad F'_1(x) = F_2(x)$
$\wedge\ F'_2(x) = F_3(x)$
$\quad \vdots$
$\wedge\ F'_{n-1}(x) = F_n(x)$
$\wedge\ F'_n(x) = f(x, F_1(x), \ldots, F_n(x))$
をみたす解 $\mathbf{F} = (F_1, \ldots, F_n)$

n 階微分方程式系と1階微分方程式系

B

初期値つき1階微分方程式系
$$y' = f(x, y),\ (x_0, y_0) \in G$$

積分方程式
$$y = y_0 + \int_{x_0}^{x} f(t, y)\, dt$$

積分方程式（p.356，図B で定義された積分）

$F'(x) = f(x, F(x))\ \wedge\ F(x_0) = y_0$ をみたす解 F

（積分 ⇄ 微分）

$F(x) = y_0 + \int_{x_0}^{x} f(t, F(t))\, dt$ をみたす解 F

ピカール逐次法

$F_0(x) = y_0$

$F_1(x) = y_0 + \int_{x_0}^{x} f(t, F_0(t))\, dt$

$\vdots$

$F_v(x) = y_0 + \int_{x_0}^{x} f(t, F_{v-1}(t))\, dt$

一意性定理の仮定のもとに以下が得られる．x_0 の周りに，上記の図式により定義された (F_v) 関数列が一様に極限 F 関数に収束する区間が得られる．ここで，この極限 F 関数は初期値問題 $(x_0, y_0) \in G$ の一意解である．

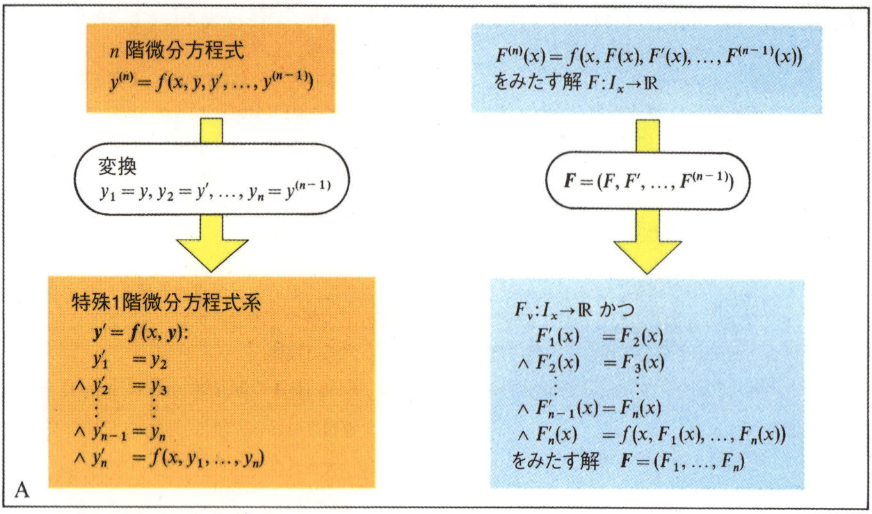

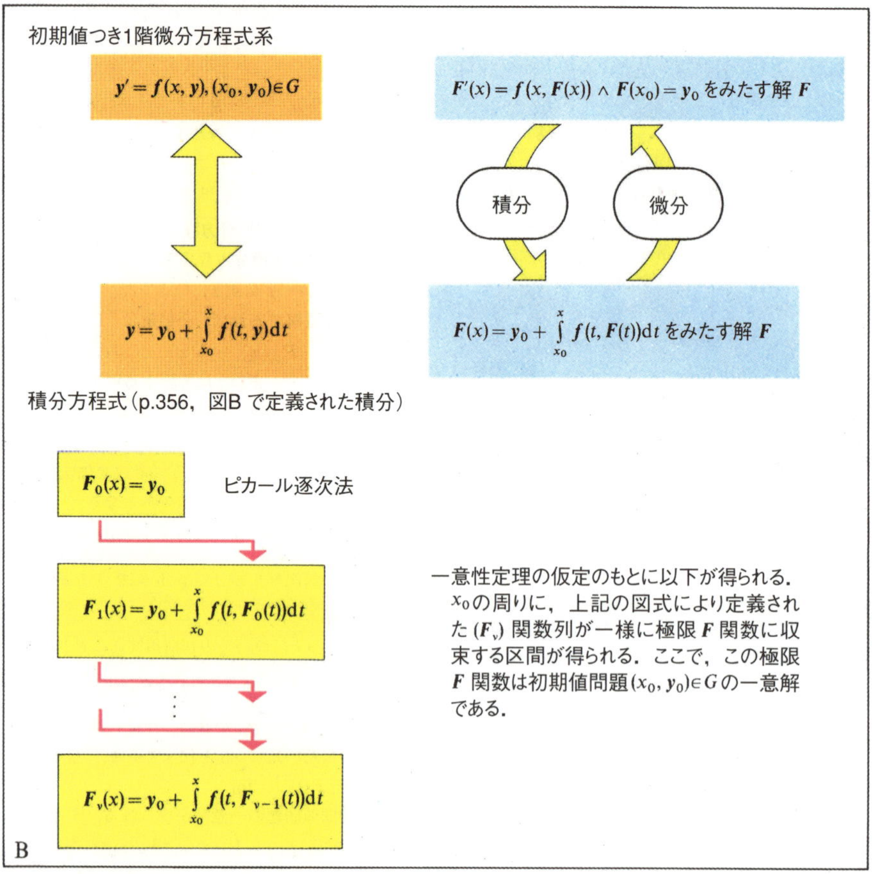

ピカール逐次近似法

前節で，微分方程式と微分方程式系について，初期値問題が一意解を持つことを，ある存在定理と一意性定理の仮定のもとに示した．

そのような定理の証明では，明示的表現を持つ任意の n 階微分方程式が1階微分方程式系に帰着される（図A）．このことから，高階の微分方程式系は1階微分方程式系に帰着することができ，1階微分方程式系の存在定理と一意性定理を定式化できる．

したがって，次の形の方程式系 (p.357) を考察する．

$\boldsymbol{y}' = \boldsymbol{f}(x, \boldsymbol{y})$

ここで，$\boldsymbol{f} = (f_1, \ldots, f_n)$ は $\mathbb{R}^{n+1}$ の領域 G 上定義された $\mathbb{R}^{n+1}$-$\mathbb{R}^n$ 関数とする．

$n = 1$ のとき，明示表現を持つ1階微分方程式

$y' = f(x, y),\ f : G \to \mathbb{R} \quad (G \subseteq \mathbb{R}^2)$

である．

存在定理

解の存在に対して以下のように問題提示する．

「$\boldsymbol{f}$ のどのような条件のもとで初期値問題 $(\boldsymbol{x_0}, \boldsymbol{y_0})$ の解が存在するか？」

ここでは，与えられた問題に対する解の存在区間の「大きさ」については問われていない．解がどの程度広範囲の区間に接続可能かは，個別に接続問題（下記参照）で扱う．

ペアノの存在定理　$\boldsymbol{y}' = \boldsymbol{f}(x, \boldsymbol{y})$ が1階微分方程式系のとき，$\boldsymbol{f}$ が G 上連続ならば，任意の初期値問題 $(x_0, \boldsymbol{y}_0) \in G$ は解を持つ．

ゆえに，$\boldsymbol{f}$ の連続性は任意の初期値問題が解を持つための十分条件であるが，例えば p.346，図 C_1 の例で明らかなように，**一意的**に解けるためには**十分ではない**．

一意性定理

解の一意性に対する問題提示は以下のとおりである．

「$\boldsymbol{f}$ のどのような条件のもとに，任意の初期値問題 $(\boldsymbol{x_0}, \boldsymbol{y_0}) \in \boldsymbol{G}$ について，区間 $\boldsymbol{I_x}$ と $\boldsymbol{I_x}$ 上定義された一意的な解が存在するか？」

ここでもまた，区間の「大きさ」は設定しない．

一意性問題を解くためには，$\boldsymbol{f}$ の連続性よりも確実でもっと厳しい条件を探さなければならない．必要条件ではないが，十分条件となるものは $\boldsymbol{f}$ の連続性および局所リプシッツ条件である．

定義　$\boldsymbol{f} : G \to \mathbb{R}^n (G \subseteq \mathbb{R}^{n+1})$ について，

$$|\boldsymbol{f}(x, \boldsymbol{y}) - f(x, \bar{\boldsymbol{y}})| \leqq S \cdot |\boldsymbol{y} - \bar{\boldsymbol{y}}|$$

をみたす $S \in \mathbb{R}^+$ がすべての $(x, \boldsymbol{y}), (x, \bar{\boldsymbol{y}}) \in G$ に対し存在するとき，$\boldsymbol{f}$ は G 内で**大域リプシッツ条件をみたす**という．任意の $(x, \boldsymbol{y}) \in G$ に対し，大域リプシッツ条件をみたす G 内に $(x, \boldsymbol{y})$ の近傍が存在するとき，$\boldsymbol{f}$ は G 内で**局所リプシッツ条件をみたす**という．

G が領域であり大域リプシッツ条件をみたせば，局所リプシッツ条件もみたし，次が成立する．

一意性定理　$\boldsymbol{y}' = \boldsymbol{f}(x, \boldsymbol{y})$ は1階微分方程式とする．$\boldsymbol{f}$ が G 上連続であり，G で局所リプシッツ条件をみたせば，任意の初期値問題 $(x_0, \boldsymbol{y}_0) \in G$ に対し，区間 I_x ならびに I_x 上定義された一意確定解が存在する．

注意　証明の際の重要な手段は，**ピカール逐次法**である（図B）．

実用上，局所リプシッツ条件を使用して非常に多くの計算をして十分条件を探す，という点を考えると局所リプシッツ条件を使って証明することが特に好都合というわけではない．

応用上，一意性定理を適用可能とするため，大抵の場合に $\boldsymbol{f}$ に連続性以外にも微分可能性を持たせた次の定理を適用する．

定理　領域 $G \subseteq \mathbb{R}^{n+1}$ 上の $\boldsymbol{f} : G \to \mathbb{R}^n$ に対し，$\boldsymbol{y}$ のすべての成分 $y_1, \ldots, y_n$ が連続な偏導関数を持てば，$\boldsymbol{f}$ は G 上で局所リプシッツ条件をみたす．

よって，$\boldsymbol{f}$ に関し G での連続性と偏導関数の連続性を証明できれば，任意の初期値問題の解の一意存在は保証される．

これは，n 階微分方程式にこれらの問題設定を移せば，$\boldsymbol{f}, \partial \boldsymbol{f}/\partial y, \partial \boldsymbol{f}/\partial y^{(n-1)}$ の G 上連続性を証明すればよいことを意味する．**1階線形微分方程式**のみならず，**$\boldsymbol{n}$ 階線形微分方程式**でも全く同様に扱うことができる．係数関数の連続性と区間 I_x 上の非同次関数の連続性により，任意の初期値問題が全 I_x 区間上定義された一意解を持つことが導かれるからである．

接続問題

存在定理と一意性定理は，区間を小さくして解を考察するが，1階線形微分方程式の解の区間をどの程度広げれば接続可能かについては（**接続問題**），何も示唆していない．しかし，一意性定理（上記）の仮定のもとで，任意の初期値問題について，一意解の一意的に接続可能な最大開区間が存在することが示され，その最大区間は次の性質により特徴が明瞭となる．すなわち，

「$\boldsymbol{x}$ が区間の端点に近づく場合，それに付随する解曲線上の点が領域 $\boldsymbol{G}$ の境界に近づくか，または解関数が非有界となる．」

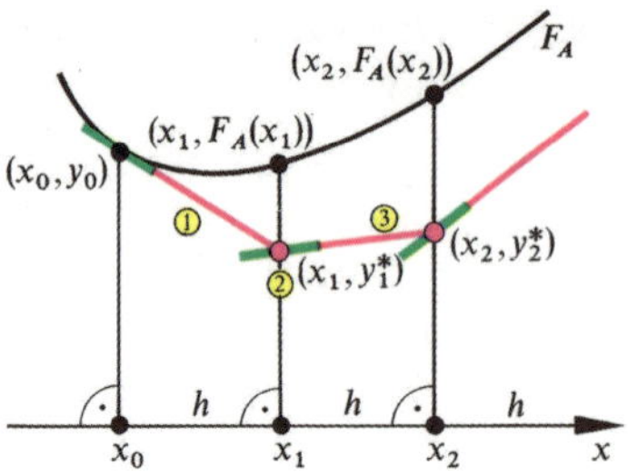

① (x_0, y_0) を通り，傾き $f(x_0, y_0)$ の直線の方程式は $y = y_0 + f(x_0, y_0) \cdot (x - x_0)$ である．

② $y_1^* = y_0 + h \cdot f(x_0, y_0)$

③ (x_1, y_1^*) を通り，傾き $f(x_1, y_1^*)$ の直線の方程式は $y = y_1^* + f(x_1, y_1^*) \cdot (x - x_1)$ である．

$$y_{\nu+1}^* = y_\nu^* + h \cdot f(x_\nu, y_\nu^*)$$

$(\nu \in \mathbb{N},\ x_{\nu+1} - x_\nu = h,\ y_0^* = y_0)$

A$_1$

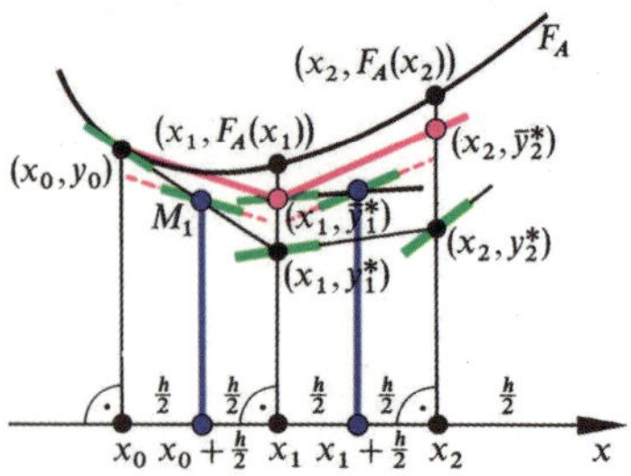

① まず左図の方法を適用する．次に，点 $M_1(x_0 + \frac{h}{2}, y_0 + \frac{h}{2} \cdot f(x_0, y_0))$ とこの位置での f の値を求める．この値は (x_0, y_0) を通る新しい直線の傾きとなる．

$y = y_0 + f(x_0 + \frac{h}{2}, y_0 + \frac{h}{2} f(x_0, y_0)) \cdot (x - x_0)$.

② $\bar{y}_1^* = y_0 + h \cdot f(x_0 + \frac{h}{2}, y_0 + \frac{h}{2} f(x_0, y_0))$，ならびに

$$\bar{y}_{\nu+1}^* = \bar{y}_\nu^* + \frac{h}{2} \cdot f(x_\nu + \frac{h}{2}, \bar{y}_\nu^* + \frac{h}{2} f(x_\nu, \bar{y}_\nu^*)).$$

$(\nu \in \mathbb{N},\ x_{\nu+1} - x_\nu = h,\ \bar{y}_0^* = y_0)$

A$_2$

$y' = \frac{1}{4}x - \frac{1}{4}y + 2,$

$F_A(0) = 0,$
$F_A(x) = x + 4 - 4e^{-\frac{1}{4}x}$
(p.348, 図A)

x_ν \ y_ν^*	オイラー-コーシー法 $h=0.5$	オイラー-コーシー法 $h=0.1$	改良法 $h=0.1$	ルンゲ-クッタ法 $h=0.1$	$F_A(x_\nu)$
0	0	0	0	0	0
0.1	—	0.2000	0.1988	0.1988	0.1988
0.2	—	0.3975	0.3951	0.3951	0.3951
0.3	—	0.5925	0.5890	0.5890	0.5890
0.4	—	0.7852	0.7806	0.7807	0.7807
0.5	1.0000	0.9756	0.9700	0.9700	0.9700
0.6	—	1.1637	1.1571	1.1572	1.1572
0.7	—	1.3496	1.3421	1.3422	1.3422

（丸めて小数点以下4桁とした）

A$_3$

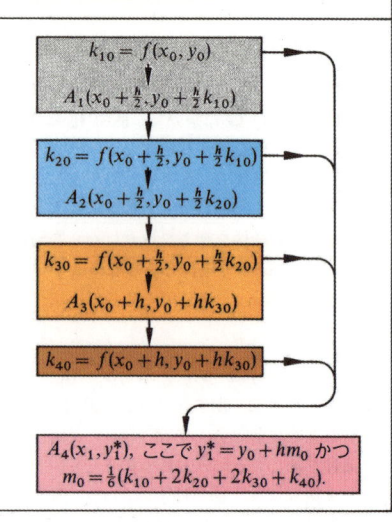

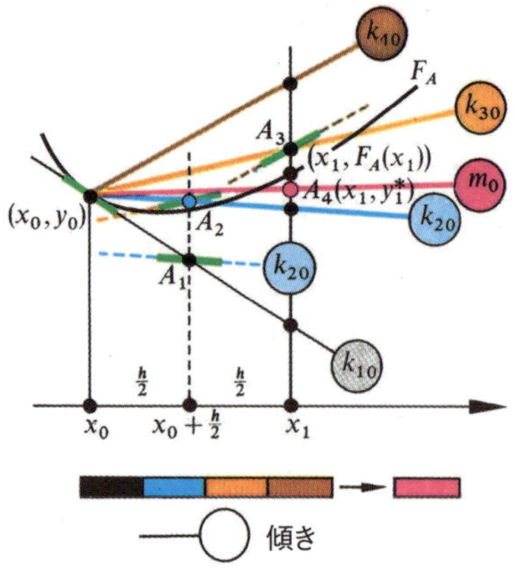

$k_{10} = f(x_0, y_0)$
↓
$A_1(x_0 + \frac{h}{2}, y_0 + \frac{h}{2} k_{10})$
↓
$k_{20} = f(x_0 + \frac{h}{2}, y_0 + \frac{h}{2} k_{10})$
↓
$A_2(x_0 + \frac{h}{2}, y_0 + \frac{h}{2} k_{20})$
↓
$k_{30} = f(x_0 + \frac{h}{2}, y_0 + \frac{h}{2} k_{20})$
↓
$A_3(x_0 + h, y_0 + hk_{30})$
↓
$k_{40} = f(x_0 + h, y_0 + hk_{30})$
↓
$A_4(x_1, y_1^*)$，ここで $y_1^* = y_0 + hm_0$ かつ $m_0 = \frac{1}{6}(k_{10} + 2k_{20} + 2k_{30} + k_{40})$.

A$_4$

数値計算法

1 階微分方程式の解を解析的に求めることは，非常に困難である．それを考慮すると，実用に際しては，解の近似的な決定方法が重要となる．p.348，図 B のような方法は限定された範囲に適用され，解曲線を描く方法はかなり不正確とならざるをえない．実際に計算する場合，計算機に入力可能かつ任意の厳密さで計算できる方法を探す．

数値計算法

以下で，1 階微分方程式のみを考察しても一般性を失わず，ここで扱う方法は 1 階微分方程式系にも適用される．したがって，高階微分方程式（p.360，図 A）もまた数値的扱いが可能である．

微分方程式 $y' = f(x, y)$ に対し，任意の初期値問題 $(x_0, y_0) \in G$ が常に一意的に解かれると仮定する．区間 I_x で (x_0, y_0) に付随する解を F_A と表す．数値計算法を適用すれば，(x_0, y_0) と $y' = f(x, y)$ から出発し任意の厳密さで $y_v^* \approx F_A(x_v)$ が成立するように点 (x_v, y_v^*) を与えることができる．このときこの点で p.285 の方法が適用可能となる．

この方法には，最初にすべての分点を与えてしまう**始点法**と，これで与えられた点を基礎として，さらに他の点を可能な限り小さな計算量で与える**予測子法・修正子法**とがある．前者の方法としてはオイラー-コーシー法やルンゲ-クッタ法が挙げられ，後者の方法の例としてはミルン法が挙げられる．

オイラー - コーシー法

図 A_1 に図示されたこの方法は，解関数 F_A のグラフを多角形で近似する方法である．**逐次計算法**

$y_{v+1}^* = y_v^* + hf(x_v, y_v^*)$ $(y_0^* = y_0,\ v \in \mathbb{N})$

では添数が増大すれば絶対誤差も累積していく．刻み幅 h を小さく取り精度比較しながら誤差を増やさないようにする．ただし，そのときかなり計算回数を増やすことになる．

例　$y' = \frac{1}{4}x - \frac{1}{4}y + 2$,

$y_{v+1}^* = \frac{1}{4}(hx_v + (4-h)y_v^* + 8h)$（図 A_3）

改良法を利用すれば，大きな h かつより少ない計算過程ですみ，例えば次式が成立する（図 A_2）．

$$\overline{y}_{v+1}^* = \overline{y}_v^* + hk_1$$
$$k_1 = f(x_v + 2^{-1}h, \overline{y}_v^* + 2^{-1}h)$$
$$k_2 = f(x_v, \overline{y}_v^*) \qquad (\overline{y}_0^* = y_0, v \in \mathbb{N})$$

例　$y' = \frac{1}{4}x - \frac{1}{4}y + 2$,

$$\overline{y}_{v+1}^* = \overline{y}_v^* + hk_1 = k_0/32$$
$$k_0 = (8h-h^2)x_v + (32-8h+h^2)\overline{y}_v^* + 64h - 4h^2$$

ルンゲ - クッタ法

$f(x, y) = f(x)$ の場合の**シンプソン則**（p.312）に相当するこの方法では

$$k_{1v} = f(x_v, y_v^*),$$
$$k_{2v} = f(x_v + \frac{h}{2}, y_v^* + \frac{h}{2}k_{1v}),$$
$$k_{3v} = f(x_v + \frac{h}{2}, y_v^* + \frac{h}{2}k_{2v}),$$
$$k_{4v} = f(x_v + h, y_v^* + hk_{3v})$$

と置き，次の公式で逐次計算を実行する．

$$y_{v+1}^* = y_v^* + \frac{1}{6}h(k_{1v} + 2k_{2v} + 2k_{3v} + k_{4v}) \qquad (y_0^* = y_0, v \in \mathbb{N})$$

例　図 A_3

この公式の根拠は，以下のような $v = 0$ の場合を見ると分かる．オイラー-コーシー法のように，与えられた $x_1 - x_0 = h$ について関数値 $F_A(x_1)$ を近似することが問題となる．考えている関数が，テイラー級数に展開可能であると仮定すると，

$$F_A(x_1) = \sum_{\mu=0}^{\infty} \frac{1}{\mu!} F_A^{(\mu)}(x_0)(x_1 - x_0)^\mu$$
$$= y_0 + \sum_{\mu=1}^{\infty} \frac{1}{\mu!} h^\mu F_A^{(\mu)}(x_0)$$

と表される．しかし，ここで導関数 $F_A^{(\mu)}(x_0)$ を明示計算することは，項の個数が急速に増大するので得策ではない．よって，関数 f の関数値が再度必要となるときのみ，別に十分多くの導関数の値を同時に計算する方法を探す．そのような方法では，補助点の中間処理として，(x_0, y_0) を通る直線に対し中間点で傾き m_0 と近似値 y_1^* を次のように定める．

$$m_0 := \frac{1}{6}(k_{10} + 2k_{20} + 2k_{30} + k_{40})$$
$$y_1^* = y_0 + hm_0 \qquad (\text{図 } A_4)$$

$F_A(x_1)$ に対する上記の級数展開について最初の 5 項を有意とする級数展開（ベキ $h^5, h^6, \ldots$）を与えれば，6 番目の項に h^5 のオーダで打ち切り誤差が現れる．

より多くの近似値が必要な場合，ルンゲ-クッタ法によって生ずる計算量は，次のミルン法などの予測子・修正子法に代えれば減小させることができる．

ミルン法

ミルンの名がつけられた方法では，三つの既知の近似値，例えば y_1^*, y_2^*, y_3^* を，十分な精度で計算できることを仮定する．そのとき，$l_i = f(x_i, y_i^*)$ $(i \in \{1, 2, 3\})$ とすれば，第 4 の予測値 y_4^* は

$$y_4^* = y_0 + \frac{4h}{3}(2l_1 - l_2 + 2l_3) \quad (\text{ミルンの公式})$$

という予測子から得られる．y_4^* の精度に関しては次の修正値 y_4^{**} と比較すると情報が得られる．ここで，

$$y_4^{**} = y_2 + \frac{h}{3}(l_2 + 4l_3 + l_4),\ l_4 = f(x_4, y_4^*)$$

とする．必要に応じて，さらに $y_5^*, y_6^*, \ldots$ を求め計算する．

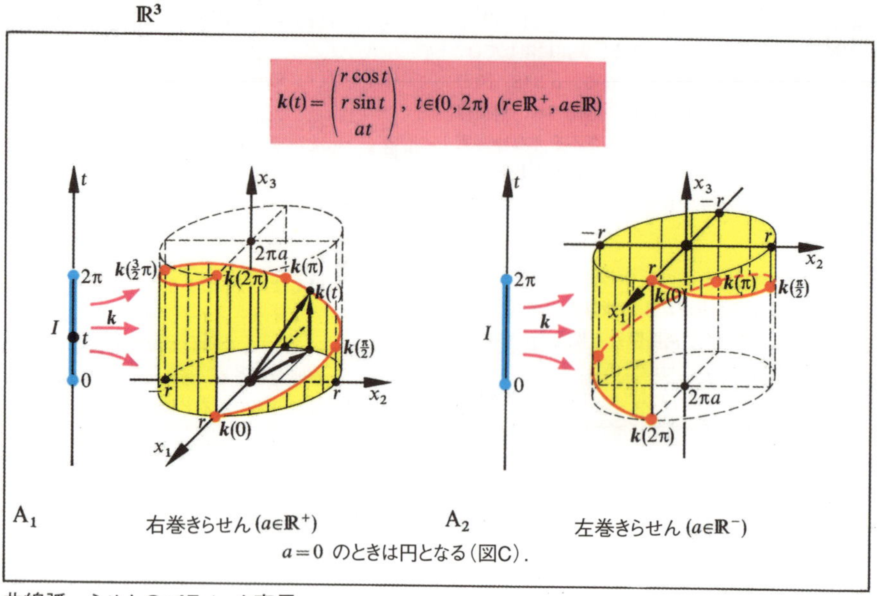

$$k(t) = \begin{pmatrix} r\cos t \\ r\sin t \\ at \end{pmatrix}, \quad t\in(0,2\pi) \ (r\in\mathbb{R}^+, a\in\mathbb{R})$$

A₁ 右巻きらせん ($a\in\mathbb{R}^+$) **A₂** 左巻きらせん ($a\in\mathbb{R}^-$)

$a=0$ のときは円となる（図C）.

曲線弧，らせんのパラメータ表示

B $\varphi:\hat{I}\to I$ を全射，φ と φ^{-1} を微分可能で $\varphi'(\hat{t})\neq 0$（すべての $\hat{t}\in\hat{I}$ に対し）とする.

$$\hat{k} = k\circ\varphi \qquad k = \hat{k}\circ\varphi^{-1}$$

$$\hat{k}'(\hat{t}) = k'(t)\cdot\varphi'(\hat{t}) \qquad k'(t) = \hat{k}'(\hat{t})\cdot\varphi^{-1\prime}(t)$$

$$k'(t) = \frac{\hat{k}'(\hat{t})}{\varphi'(\hat{t})} \qquad \hat{k}'(\hat{t}) = \frac{k'(t)}{\varphi^{-1\prime}(t)}$$

$$\varphi'(\hat{t})\cdot\varphi^{-1\prime}(t) = 1$$

許容パラメータ変換

C
$$k(t) = \begin{pmatrix} r\cos t \\ r\sin t \\ 0 \end{pmatrix} \qquad k(t) = a + tu$$

多重点 M を持つ曲線

曲線

D 以下の関数は微分可能とする.

① $k(t) = \begin{pmatrix} k_1(t) \\ k_2(t) \\ k_3(t) \end{pmatrix} \Rightarrow k'(t) = \begin{pmatrix} k_1'(t) \\ k_2'(t) \\ k_3'(t) \end{pmatrix}$

② $(k(t) + h(t))' = k'(t) + h'(t)$ ③ $(a\cdot k(t))' = a\cdot k'(t) \quad (a\in\mathbb{R})$

④ $\langle k(t), h(t)\rangle' = \langle k'(t), h(t)\rangle + \langle k(t), h'(t)\rangle$ 　内積の規則

⑤ $(k(t)\times h(t))' = k'(t)\times h(t) + k(t)\times h'(t)$ 　ベクトル積の規則

⑥ $\det(k(t)h(t)l(t))' = \det(k'(t)h(t)l(t)) + \det(k(t)h'(t)l(t)) + \det(k(t)h(t)l'(t))$ 　3重積の規則（行列式の規則）

微分の計算方法

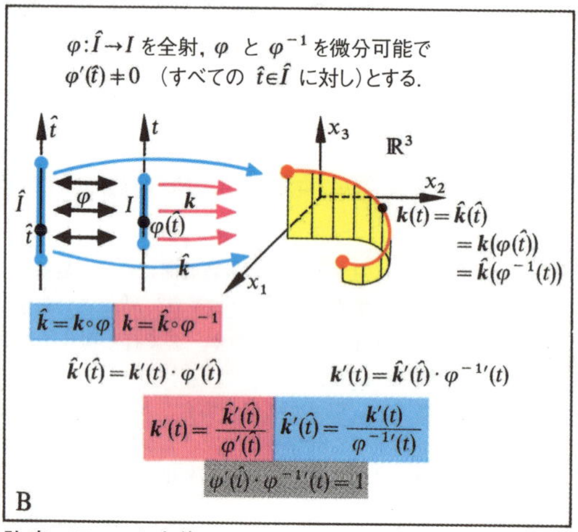

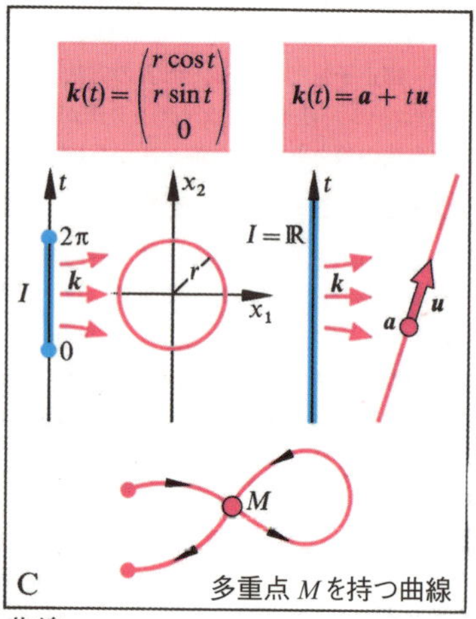

概観

微分幾何とは，$\mathbb{R}^2$ と $\mathbb{R}^3$（場合により $\mathbb{R}^n$）の特別な点集合の幾何的性質について研究する分野であり，その名から分かるように，微分の概念と手法を道具として用いる．

以下では，曲線（**曲線弧**，p.365–375）と曲面（**曲面片**，p.377–389）について調べる．ただし，曲線はそれ自身のためのみに研究するのではない．曲面上の曲線は，曲面の研究の基礎となる．以下の表示法は，一般に「局所的」微分幾何，すなわち一つの点の近傍での研究に制限する．それに対する「大域的」微分幾何は，場合に応じて簡単に触れるのみとする．

局所的微分幾何の本質的な方法では，一つの点の近傍における単純な対象を与え，それを考察するという手法を取る．その対象には，特に曲線への接線および曲面に対する接平面が含まれる．

本書では極力簡潔な解説と読みやすさを目指すため，テンソル記法は使用しないことにする．しかし，テンソルの概念 (p.391) とリーマン幾何の概論 (p.393) ではテンソル記法を使用する．

微分幾何学の枠内での曲線概念

位相空間論の枠内で展開された一般の曲線概念 (p.225) は，微分幾何の目的には適していない．本書の目的に応じた扱いにするため，曲線弧 (p.225) という特殊な概念から出発して，必要な曲線概念を使い微分幾何の枠内で定義することにする．

曲線弧としては，閉区間 $I \in \mathbb{R}$ 上の**全単射かつ連続な写像** $\boldsymbol{k}$（$\mathbb{R}$-$\mathbb{R}^3$ 関数）の $\mathbb{R}^3$ **内での像**を考察する．

直交座標系に関して次の成分表示を**パラメータ表示曲線弧**，t を**パラメータ**という．

$$\boldsymbol{k}: I \to \mathbb{R}^3, \quad t \mapsto \boldsymbol{k}(t) = \begin{pmatrix} k_1(t) \\ k_2(t) \\ k_3(t) \end{pmatrix}$$

例　図 A

微積分法が適用できるように，パラメータの成分ごとに微分可能に関する性質, 例えば**微分可能性** (p.291), **連続微分可能性**，または C^r 級 $(r \in \mathbb{N}\backslash\{0\})$，すなわち $\boldsymbol{r}$ **回連続微分可能性**が必要となる．それに加え，曲線弧の任意の点において実際に接線が存在すること (p.367) が必要である．すなわち，導関数 $\boldsymbol{k}'(t)$（図 D, 1）を考え，すべての $t \in I$ について $\boldsymbol{k}'(t) \neq \boldsymbol{o}$ が成立することが必要である．このとき $\boldsymbol{k}$ を**微分可能曲線弧**，**連続微分可能曲線弧** $(\boldsymbol{k} \in C^1)$，C^r **級曲線弧** $(\boldsymbol{k} \in C^r)$ と呼ぶ．

パラメータ変換により他のパラメータへ写しても，像も微分可能性も変化してはならない．したがって，パラメータ変換を施すには制限をつけなければならない．

パラメータ変換

$\varphi: \hat{I} \mapsto I, \hat{t} \mapsto t = \varphi(\hat{t})$

が全単射であり，φ と φ^{-1} が微分可能で（または C^r 級に属し），すべての $\hat{t} \in \hat{I}$ に対して

$\varphi'(\hat{t}) \neq 0$

が成立するとき，このパラメータ変換 φ を，微分可能曲線弧（C^r 級曲線弧）のパラメータ表示

$\boldsymbol{k}: I \mapsto \mathbb{R}^3$

に対する**許容**パラメータ変換という．パラメータ変換を施す際には連鎖律が成立することに注意（図 B）．

許容パラメータ変換により，二つのパラメータ表示が互いに移りあうならば，その**パラメータ表示は同値**であるといい，曲線弧の表し方の**同値類**を定義することができる．そのときの任意の類は曲線弧を表す．よって，微分幾何学のパラメータ曲線弧についての命題では，点の動きに対し不変量が存在するかどうかを調べなければならない．そればかりではなく，選択したパラメータ表示からの独立性，すなわち，許容パラメータ変換に対する不変量が存在しているかどうかをも決定しなければならない．

微分可能曲線弧の概念は今のところ非常に狭義に取っているので，図 C に表された点集合を考察することはできない．

曲線弧の概念は以下の方法で拡張できる．

定義　区間を定義域とし，$\mathbb{R}^3$ を値域とする $\mathbb{R}$-$\mathbb{R}^3$ 関数 $\boldsymbol{k}$ の像について，像の任意の点において，（連続）微分可能曲線弧を（C^r 級曲線弧として）表す相対化された近傍が存在すれば，その像を（**連続**）**微分可能曲線**（ならびに C^r **級曲線**）という．$\boldsymbol{k}$ を曲線の**パラメータ表示**という．

注意　以下では，区間 I は開または半開または非有界とする．$+\infty$ と $-\infty$ もパラメータ値として扱う．

曲線のパラメータ表示は全単射である必要はない．その結果として，$t_1 \neq t_2$ に対して $\boldsymbol{k}(t_1) = \boldsymbol{k}(t_2)$ となる点，いわゆる**重複点**をも扱うことができる．重複点のない曲線を**単純曲線**という．

注意　図 D には，容易に検証可能ないくつかの重要な微分規則が記載されている．

$$\boldsymbol{k}(t)=\begin{pmatrix} r\cos t\\ r\sin t\\ at\end{pmatrix},\quad t\in(0,2\pi),\ r\in\mathbb{R}^+$$

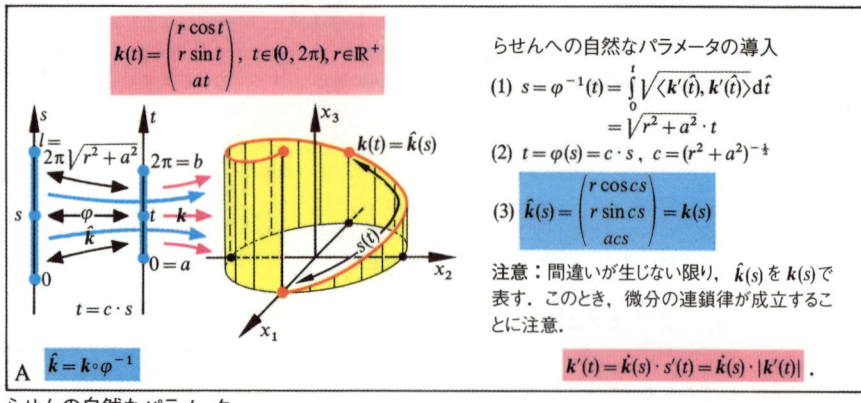

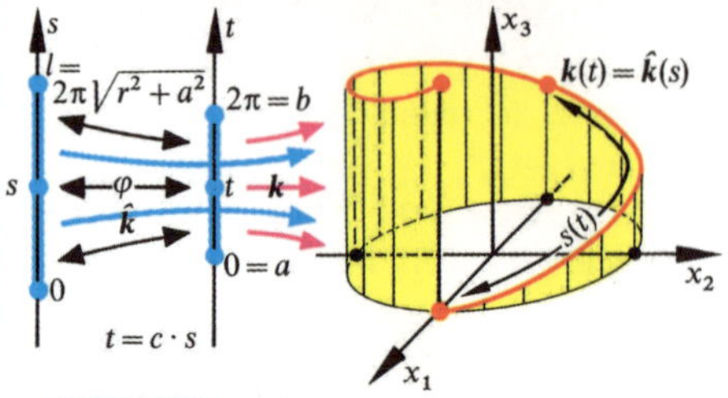

$\hat{\boldsymbol{k}}=\boldsymbol{k}\circ\varphi^{-1}$

らせんへの自然なパラメータの導入

(1) $s=\varphi^{-1}(t)=\int_0^t\sqrt{\langle \boldsymbol{k}'(\hat{t}),\boldsymbol{k}'(\hat{t})\rangle}\,\mathrm{d}\hat{t}=\sqrt{r^2+a^2}\cdot t$

(2) $t=\varphi(s)=c\cdot s$, $c=(r^2+a^2)^{-\frac{1}{2}}$

(3) $\hat{\boldsymbol{k}}(s)=\begin{pmatrix} r\cos cs\\ r\sin cs\\ acs\end{pmatrix}=\boldsymbol{k}(s)$

注意：間違いが生じない限り，$\hat{\boldsymbol{k}}(s)$ を $\boldsymbol{k}(s)$ で表す．このとき，微分の連鎖律が成立することに注意．

$$\boldsymbol{k}'(t)=\dot{\boldsymbol{k}}(s)\cdot s'(t)=\dot{\boldsymbol{k}}(s)\cdot|\boldsymbol{k}'(t)|\ .$$

A

らせんの自然なパラメータ

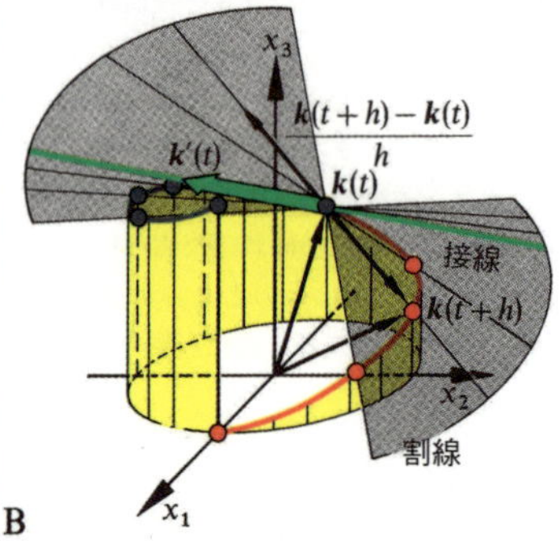

$\frac{\boldsymbol{k}(t+h)-\boldsymbol{k}(t)}{h}$ は曲線上の2点 $\boldsymbol{k}(t)$ と $\boldsymbol{k}(t+h)$ を結ぶ弦の方向ベクトルである．

極限操作 $h\to 0$ により成分ごと $\boldsymbol{k}'(t)$ が得られる．

$\boldsymbol{k}(t)$ を通り方向ベクトル $\boldsymbol{k}'(t)$ の直線は $\boldsymbol{k}(t)$ での接線で定義される．

$$\boldsymbol{x}(\lambda)=\boldsymbol{k}(t)+\lambda\cdot\boldsymbol{k}'(t),\quad \lambda\in\mathbb{R}.$$

らせん：

接線：$\boldsymbol{x}(\lambda)=\begin{pmatrix} r\cos t\\ r\sin t\\ at\end{pmatrix}+\lambda\begin{pmatrix} -r\sin t\\ r\cos t\\ a\end{pmatrix},\quad \lambda\in\mathbb{R}$

接線ベクトル：$\dot{\boldsymbol{k}}(s)=\boldsymbol{t}(s)=\begin{pmatrix} -rc\sin cs\\ rc\cos cs\\ ac\end{pmatrix}$

B

接平面

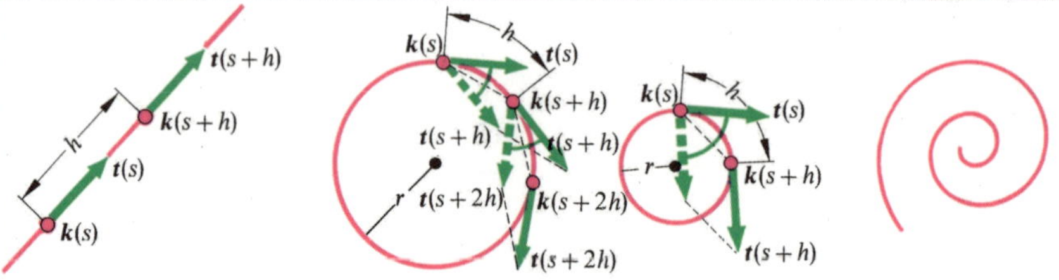

接線ベクトルは定数である．曲率が0のとき．

曲率は円の半径に依存している．半径が減少すれば曲率は増加する．

曲率は点ごとに変化する．

C_1

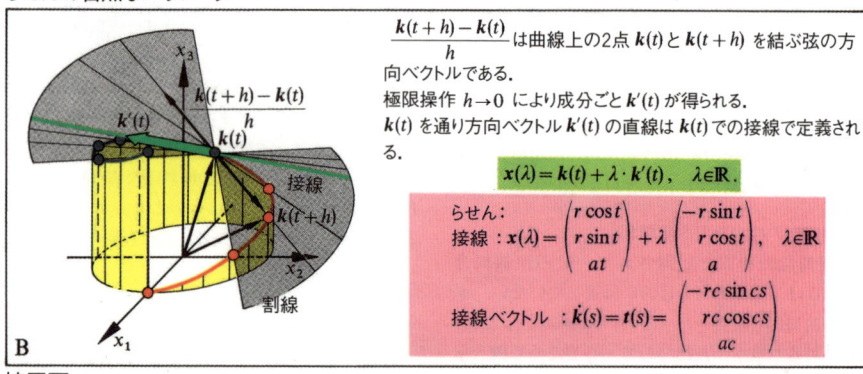

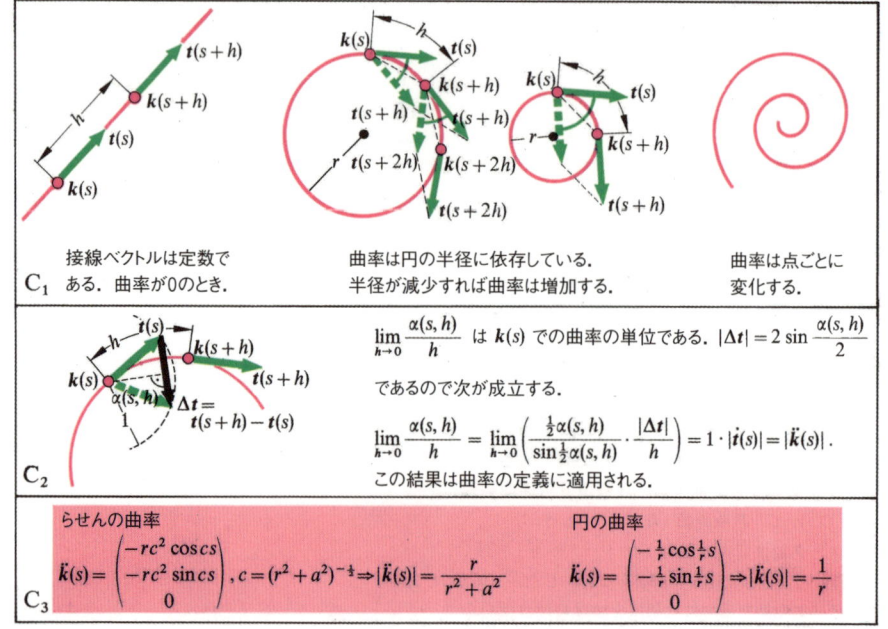

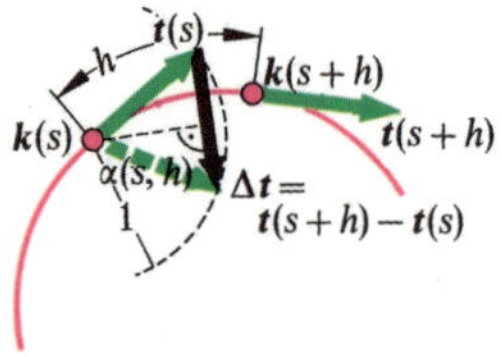

$\lim_{h\to 0}\frac{\alpha(s,h)}{h}$ は $\boldsymbol{k}(s)$ での曲率の単位である．$|\Delta\boldsymbol{t}|=2\sin\frac{\alpha(s,h)}{2}$

であるので次が成立する．

$$\lim_{h\to 0}\frac{\alpha(s,h)}{h}=\lim_{h\to 0}\left(\frac{\frac{1}{2}\alpha(s,h)}{\sin\frac{1}{2}\alpha(s,h)}\cdot\frac{|\Delta\boldsymbol{t}|}{h}\right)=1\cdot|\dot{\boldsymbol{t}}(s)|=|\ddot{\boldsymbol{k}}(s)|\ .$$

この結果は曲率の定義に適用される．

C_2

らせんの曲率

$$\ddot{\boldsymbol{k}}(s)=\begin{pmatrix} -rc^2\cos cs\\ -rc^2\sin cs\\ 0\end{pmatrix},\ c=(r^2+a^2)^{-\frac{1}{2}}\Rightarrow|\ddot{\boldsymbol{k}}(s)|=\frac{r}{r^2+a^2}$$

円の曲率

$$\ddot{\boldsymbol{k}}(s)=\begin{pmatrix} -\frac{1}{r}\cos\frac{1}{r}s\\ -\frac{1}{r}\sin\frac{1}{r}s\\ 0\end{pmatrix}\Rightarrow|\ddot{\boldsymbol{k}}(s)|=\frac{1}{r}$$

C_3

曲率

曲線の向き付け

パラメータ表示を用いると，曲線の「向き」を決めることができる．パラメータ区間でパラメータの値の増加する向きを**正の向き**という．同様に**負の向き**も定義できる．負の1階導関数を持つパラメータ変換を許すと，向き付けられた曲線の向きは逆向きとなる．

注意　異なる向きは，$\boldsymbol{k}$ と $-\boldsymbol{k}$ を区別することで表すことができる．

区分的微分可能曲線弧

パラメータ区間に付随する曲線弧が，微分可能な有限個の部分区間に分割可能であれば，連続曲線弧は**区分的微分可能**といわれる．分割された曲線弧を $\boldsymbol{k}_1, \ldots, \boldsymbol{k}_n$ で表せば，これらの曲線弧の和 $\boldsymbol{k}_1 + \cdots + \boldsymbol{k}_n$ も区分的微分可能であるという．

自然なパラメータとしての曲線弧

$\boldsymbol{k} \in C^1$ のとき，曲線の**弧長** l は

$$l = \int_a^b \sqrt{\langle \boldsymbol{k}'(t), \boldsymbol{k}'(t)\rangle}\mathrm{d}t = \int_a^b |\boldsymbol{k}'(t)|\mathrm{d}t$$

で与えられる．弧長は選択されたパラメータには依存しないので，微分幾何的な概念であり，$t = \varphi(\hat{t})$ のとき，

$$\int_a^b \sqrt{\langle \boldsymbol{k}'(t), \boldsymbol{k}'(t)\rangle}\mathrm{d}t$$
$$= \int_{\hat{a}}^{\hat{b}} \sqrt{\langle \boldsymbol{k}'(\varphi(\hat{t})), \boldsymbol{k}'(\varphi(\hat{t}))\rangle}\varphi'(\hat{t})\mathrm{d}\hat{t}$$
$$= \int_{\hat{a}}^{\hat{b}} \sqrt{\langle \hat{\boldsymbol{k}}'(\hat{t}), \hat{\boldsymbol{k}}'(\hat{t})\rangle}\mathrm{d}\hat{t}$$

が成立する．また，(a, b) 上定義され値域 $(0, l)$ を取る関数

$$s(t) = \int_a^t \sqrt{\langle \boldsymbol{k}'(\hat{t}), \boldsymbol{k}'(\hat{t})\rangle}\mathrm{d}\hat{t}$$

は，強い意味で単調増加かつ微分可能な関数であり，その導関数は0ではない．よって，$s(t)$ の逆関数

$$\varphi : (0, l) \to (a, b)$$

は，任意の C^1 級曲線の弧長をパラメータとする許容パラメータ変換を表す．その弧長を**自然なパラメータ**（**標準パラメータ**）ともいい，記号 s で表す．以下，自然なパラメータを持つ曲線を**自然にパラメータ化された曲線**と呼ぶことにする．

$\boldsymbol{k}(s)$ に対する導関数は $\dot{\boldsymbol{k}}(s), \ddot{\boldsymbol{k}}(s)$ 等を用い，

$$\dot{\boldsymbol{k}}(s) = |\boldsymbol{k}'(t)|^{-1} \cdot \boldsymbol{k}'(t),$$
$$\ddot{\boldsymbol{k}}(s) = |\boldsymbol{k}'(t)|^{-4} \cdot (-\langle \boldsymbol{k}'(t), \boldsymbol{k}''(t)\rangle \boldsymbol{k}'(t) + |\boldsymbol{k}'(t)|^2 \boldsymbol{k}''(t))$$

が成立する．

例　図A

接線，接線ベクトル

曲線上の点での接線は，微分可能な関数（p.265）のグラフに対する接線同様に，その点で交わる直線の極限として理解すればよい（図B）．

$\boldsymbol{k}(t)$ を微分可能曲線とすれば，1階導関数 $\boldsymbol{k}'(t)$ は曲線上の点 $\boldsymbol{k}(t)$ での**接線の方向ベクトル**である．

接線の方程式は，点方向の形（p.184，図 A_1）

$$\boldsymbol{x}(\lambda) = \boldsymbol{k}(t) + \lambda \cdot \boldsymbol{k}'(t), \quad \lambda \in \mathbb{R}$$

で表される．許容パラメータ変換を施すと，接線方向のベクトルは $\boldsymbol{o}$ と異なる共線形ベクトル（p.181）に変換されるので，接線は明らかに微分幾何的基礎概念である．自然にパラメータ化された曲線が与えられれば，

$$\dot{\boldsymbol{k}}(s) = \frac{\boldsymbol{k}'(t)}{s'(t)} = \frac{\boldsymbol{k}'(t)}{|\boldsymbol{k}'(t)|}$$

が成立するので，$\dot{\boldsymbol{k}}(s)$ は単位ベクトルである（p.181）．$\dot{\boldsymbol{k}}(s)$ を**接線ベクトル**といい，一般に $\boldsymbol{t}(s)$ と表す．すなわち

$$\boldsymbol{t}(s) = \dot{\boldsymbol{k}}(s)$$

とする．

曲線の曲率，曲率ベクトル，主法線ベクトル

ある点の近傍内での曲線が直線でなければ，**曲率曲線**を考察できる．曲線の曲率測度をその任意の点で得るために，自然にパラメータ化された曲線から出発して，接線ベクトル間の角の変化を調べ，同じ長さの曲線弧に帰着させる．これを**曲率測度**（図 C_1）とする．このとき，直線では曲率0であり，円では定曲率となり，半径が大きくなる円周では曲率が減少するという整合性が得られる．図 C_2 の結果により，目的に適するように次のような定義をする．

自然にパラメータ化された曲線 $\boldsymbol{k} \in C^2$ の2階導関数の絶対値

$$\kappa(s) := |\ddot{\boldsymbol{k}}(s)|$$

を点 $\boldsymbol{k}(s)$ での**曲率**という．よって，

$$\kappa(s) \geqq 0,$$

すなわち，

$$(\kappa(s))^2 = \langle \ddot{\boldsymbol{k}}(s), \ddot{\boldsymbol{k}}(s)\rangle$$

である．

ここで，さらに $\langle \dot{\boldsymbol{k}}(s), \dot{\boldsymbol{k}}(s)\rangle = 1$ を微分すると

$$\langle \dot{\boldsymbol{k}}(s), \ddot{\boldsymbol{k}}(s)\rangle = 0$$

となるので，$\ddot{\boldsymbol{k}}(s)$ を**曲率ベクトル**ともいい，接線ベクトル $\dot{\boldsymbol{k}}(s)$ に**垂直**である．

接線ベクトルとは異なり，曲率ベクトルは一般に単位ベクトルではない．しかし，$\kappa(s) \neq 0$ に対し

$$\boldsymbol{h}(s) := \frac{1}{\kappa(s)}\ddot{\boldsymbol{k}}(s)$$

は単位ベクトルである．$\boldsymbol{h}(s)$ を**主法線ベクトル**という（p.338，図A）．ゆえに

$$\boldsymbol{h}(s) = \frac{1}{\kappa(s)}\dot{\boldsymbol{t}}(s), \quad \dot{\boldsymbol{t}}(s) = \kappa(s) \cdot \boldsymbol{h}(s)$$

も成立する．

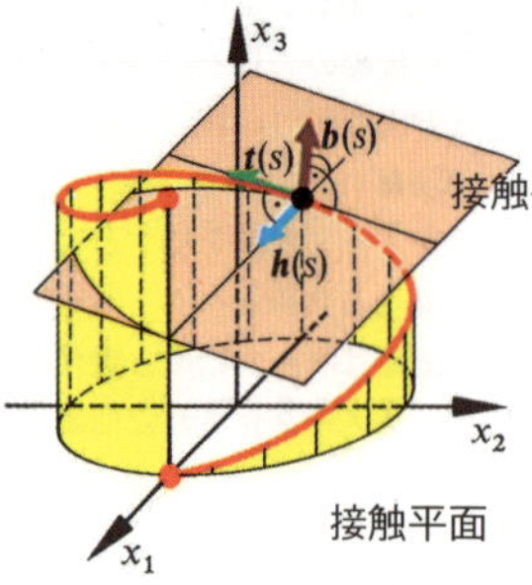

$\mathbf{A_1}$

接線ベクトル

$$t(s)=\dot{k}(s)=\frac{k'(t)}{|k'(t)|}$$

主法線ベクトル

$$h(s)=\frac{1}{\varkappa(s)}\ddot{k}(s)=\frac{\ddot{k}(s)}{|\ddot{k}(s)|}$$

縦法線ベクトル

$$b(s)=t(s)\times h(s)$$

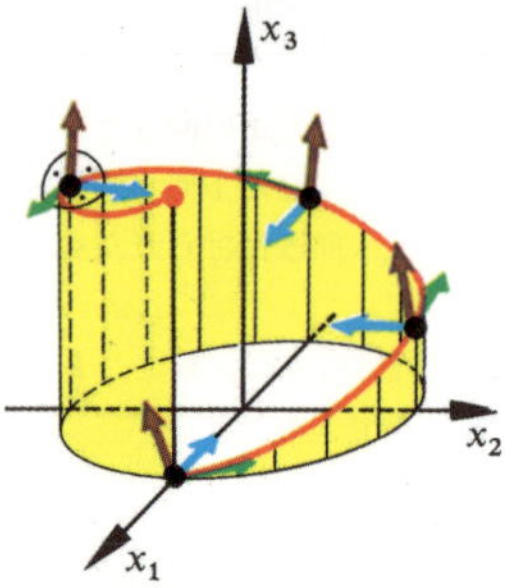

$\mathbf{A_2}$　曲線上を動くフレネ枠

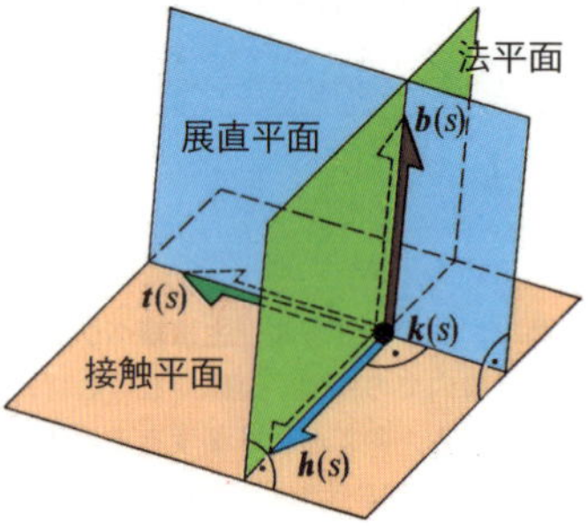

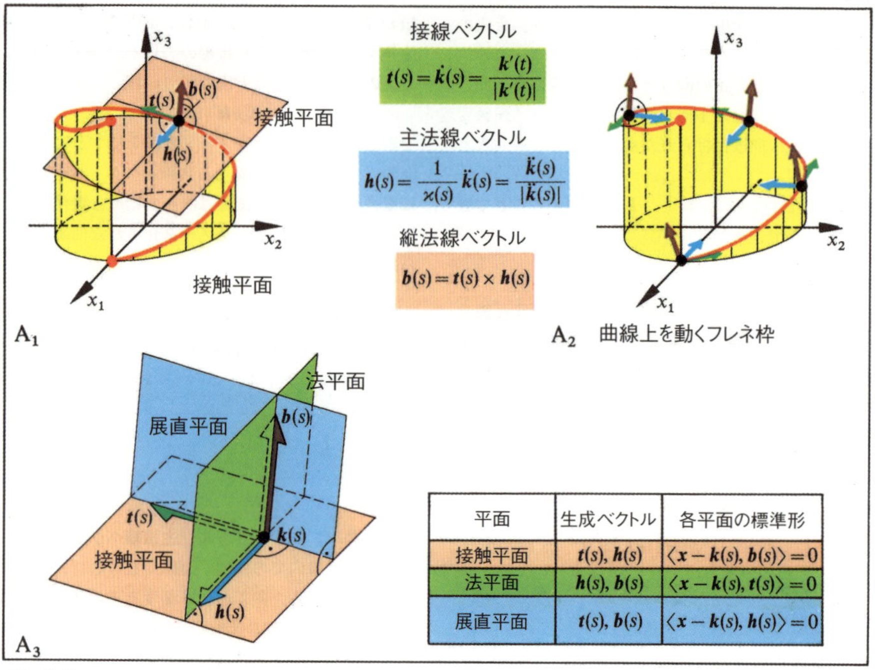

平面	生成ベクトル	各平面の標準形
接触平面	$t(s), h(s)$	$\langle x-k(s), b(s)\rangle=0$
法平面	$h(s), b(s)$	$\langle x-k(s), t(s)\rangle=0$
展直平面	$t(s), b(s)$	$\langle x-k(s), h(s)\rangle=0$

$\mathbf{A_3}$

フレネ枠

$$\dot{b}(s)=-\tau(s)\cdot h(s)$$

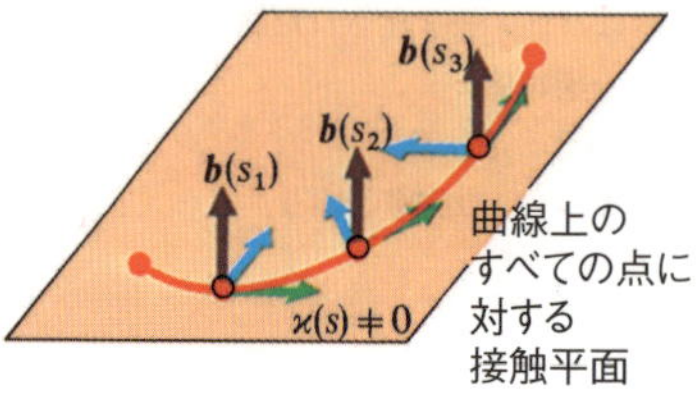

平面曲線

$$\dot{b}(s)=0\Leftrightarrow\tau(s)=0$$

$\mathbf{B_1}$

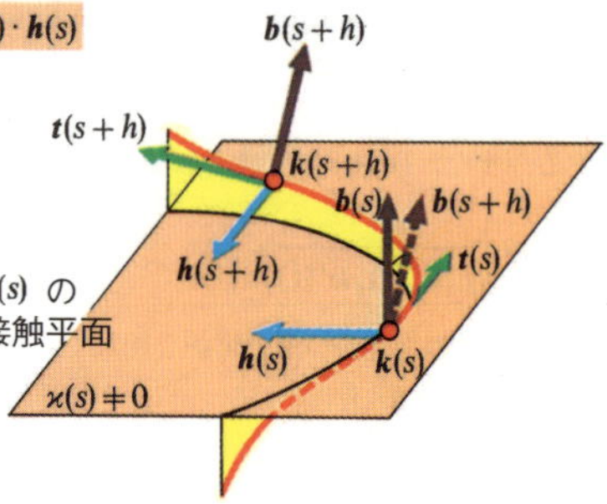

平面上にない曲線

$$\lim_{h\to 0}\frac{\measuredangle(b(s+h), b(s))}{h}=|\tau(s)|=|\dot{b}(s)|$$

$\mathbf{B_2}$

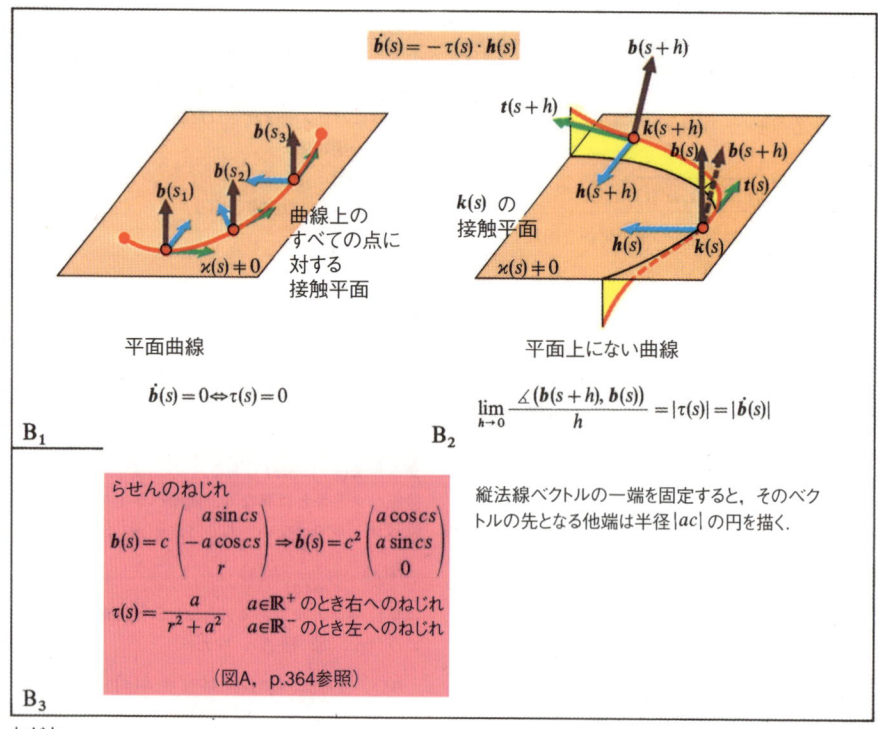

らせんのねじれ

$$b(s)=c\begin{pmatrix} a\sin cs \\ -a\cos cs \\ r\end{pmatrix}\Rightarrow\dot{b}(s)=c^2\begin{pmatrix} a\cos cs \\ a\sin cs \\ 0\end{pmatrix}$$

$$\tau(s)=\frac{a}{r^2+a^2}\qquad \begin{array}{l} a\in\mathbb{R}^+ \text{ のとき右へのねじれ} \\ a\in\mathbb{R}^- \text{ のとき左へのねじれ}\end{array}$$

（図A，p.364参照）

縦法線ベクトルの一端を固定すると，そのベクトルの先となる他端は半径 $|ac|$ の円を描く．

$\mathbf{B_3}$

ねじれ

曲率円，接触平面

曲率 $\kappa(s) \neq 0$ の逆数 $\kappa(s)^{-1}$ は，**曲率半径**ともいわれる．$\kappa(s) \neq 0$ である曲線上の任意の点で，曲線を「最良近似」し曲率の逆数をちょうど半径とする円弧を与えることができるので，この記号を新しく定義することには意味がある．

曲線上の点に曲率半径で描かれる円を，その曲線の**曲率円**または**接触円**と呼ぶ（図 A_1）．曲率円は，接線ベクトルと主法線ベクトルで張られる**接触平面**（p.370, 図 B_3）上に存在する．接触平面は，曲線上で選択固定された点に接するすべての平面のうち，その曲線に最も接触する平面である．

従法線ベクトル，フレネ枠（三脚）

曲線上の点における接触平面への法線ベクトル（p.185）として，接線ベクトルと主法線ベクトルのベクトル積（p.183）で生成された単位ベクトル

$\boldsymbol{b}(s) := \boldsymbol{t}(s) \times \boldsymbol{h}(s)$　（図 A_1）

を**従法線ベクトル**（または**陪法線ベクトル**）と呼ぶ．

単位ベクトル $\boldsymbol{t}(s), \boldsymbol{h}(s), \boldsymbol{b}(s)$ は，この順で**正規直交右手系**をなす．三つ組 $(\boldsymbol{t}(s), \boldsymbol{h}(s), \boldsymbol{b}(s))$ をその曲線の**フレネ枠**（フレネ標構，**三脚**）という．

点が曲線上を動く際に確認されるフレネ枠の変化の様子は，その曲線の特徴をよく表し，個々の曲線によって異なる．

このとき接触平面の他に現れる平面は，（2 法線で生成される）**法平面**と**展直平面**（または**伸長平面**）である（図 A_3）．

フレネの公式（フレネ-セレの公式）

曲線上を移動するフレネ枠の変化は，$\dot{\boldsymbol{t}}(s), \dot{\boldsymbol{h}}(s), \dot{\boldsymbol{b}}(s)$ で表すと最もよく把握できる．以下の曲線は，C^3 級の自然にパラメータ化された曲線とする．弧長 s の導関数は，フレネ枠を基底とする曲線の任意の位置で表示できる．係数は以下のとおり一意的に決定される．

$$\dot{\boldsymbol{t}}(s) = a_{11}(s)\boldsymbol{t}(s) + a_{12}(s)\boldsymbol{h}(s) + a_{13}(s)\boldsymbol{b}(s)$$
$$\dot{\boldsymbol{h}}(s) = a_{21}(s)\boldsymbol{t}(s) + a_{22}(s)\boldsymbol{h}(s) + a_{23}(s)\boldsymbol{b}(s)$$
$$\dot{\boldsymbol{b}}(s) = a_{31}(s)\boldsymbol{t}(s) + a_{32}(s)\boldsymbol{h}(s) + a_{33}(s)\boldsymbol{b}(s)$$

$\boldsymbol{t}(s), \boldsymbol{h}(s), \boldsymbol{b}(s)$ に関して互いにスカラー積を取りフレネ枠の性質を使うと，

$$\begin{aligned} a_{11}(s) &= a_{13}(s) = a_{22}(s) \\ &= a_{31}(s) = a_{33}(s) = 0, \\ a_{12}(s) &= -a_{21}(s) = \kappa(s), \\ a_{23}(s) &= -a_{32}(s) = \tau(s) \end{aligned}$$

が成立し，

$$|\tau(s)| = |\dot{\boldsymbol{b}}(s)|$$

となる．ここで $\kappa(s)$ は曲率であり，$[\tau(s)]^2 := \langle \dot{\boldsymbol{b}}(s), \dot{\boldsymbol{b}}(s) \rangle$ と置いた．

次項で，$\tau(s)$ の幾何的解説を与える（**ねじれ率**）．このとき，曲線論で重要な**フレネの公式**（**フレネ-セレの公式**）を得る．

$$\begin{aligned} \dot{\boldsymbol{t}}(s) &= && \kappa \cdot \boldsymbol{h}(s) && \\ \dot{\boldsymbol{h}}(s) &= -\kappa \cdot \boldsymbol{t}(s) && && + \tau(s) \cdot \boldsymbol{b}(s) \\ \dot{\boldsymbol{b}}(s) &= && -\tau(s) \cdot \boldsymbol{h}(s) && \end{aligned}$$

曲線のねじれ率（捩率）

フレネの方程式に現れるねじれとなる実数 $\tau(s)$ は，公式の最後から分かるように，曲線が**平面曲線**であるときかつそのときに限りすべてのパラメータに対して 0 となる（図 B_1）．$\tau(s) \neq 0$ となる曲線上の点での平面に対して，$\tau(s)$ は，曲線がどの程度偏向していくかを表す単位となる．これを図示するために，従法線ベクトルが $\boldsymbol{b}(s)$ となる点 $\boldsymbol{k}(s)$ での接触平面と，従法線ベクトルが $\boldsymbol{b}(s+h)$ となる点 $\boldsymbol{k}(s+h)$ での接触平面とを選ぶ．そのとき $\boldsymbol{b}(s+h)$ と $\boldsymbol{b}(s)$ の間の角を測れば，曲線の長さ h の部分に対する曲線の相対的な偏向性が測定できる．図 B_2 に示された極限は $|\tau(s)|$ に一致する．ゆえに，接触平面から曲線が離れていく度合いをみるための単位として $\tau(s)$ をみることには意味がある．よって，$\tau(s)$ に**捩率**または**ねじれ**という名をつける．

捩率は曲率とは異なり負でもよい．曲線上を正方向に動くとき，$\boldsymbol{k}(s)$ での接触平面は従法線ベクトルが示す側に突き抜けるとき捩率は**正**，その他の場合は**負**である．**右へのねじれ**と**左へのねじれ**は，捩率が正または負により判定される（図 B_3）．

曲率と捩率の公式

$$\kappa(s) = |\ddot{\boldsymbol{k}}(s)|,$$
$$[\kappa(s)]^2 = \langle \ddot{\boldsymbol{k}}(s), \ddot{\boldsymbol{k}}(s) \rangle,$$
$$\begin{aligned} \kappa(t) &= |\boldsymbol{k}'(t) \times \boldsymbol{k}''(t)| / |\boldsymbol{k}'(t)|^3 \\ &= \left\{ \langle \boldsymbol{k}''(t), \boldsymbol{k}'(t) \rangle \cdot \langle k''(t), k''(t) \rangle \right. \\ &\qquad \left. - \langle \boldsymbol{k}'(t), \boldsymbol{k}''(t) \rangle^2 \right\}^{1/2} \\ &\qquad \cdot \langle \boldsymbol{k}'(t), \boldsymbol{k}'(t) \rangle^{-3/2} \end{aligned}$$

（ラグランジュの公式の応用）

$$\tau(s)[\kappa(s)]^2 = \det(\dot{\boldsymbol{k}}(s)\ddot{\boldsymbol{k}}(s)\dddot{\boldsymbol{k}}(s)) \ (\textbf{3 重積})$$
$$\begin{aligned} \tau(s) &= \det(\dot{\boldsymbol{k}}(s)\ddot{\boldsymbol{k}}(s)\dddot{\boldsymbol{k}}(s)) / \langle \ddot{\boldsymbol{k}}(s), \ddot{\boldsymbol{k}}(s) \rangle \\ &= \det(\boldsymbol{k}'(t)\boldsymbol{k}''(t)\boldsymbol{k}'''(t)) \\ &\qquad \cdot \left\{ \langle \boldsymbol{k}''(t), \boldsymbol{k}'(t) \rangle \cdot \langle \boldsymbol{k}''(t), \boldsymbol{k}''(t) \rangle \right. \\ &\qquad \left. - \langle \boldsymbol{k}'(t), \boldsymbol{k}''(t) \rangle^2 \right\}^{-1} \end{aligned}$$

曲線論の基本定理

曲線の曲率と捩率は，点の動きとパラメータ変換に対して不変である．よって，曲率と捩率は，次の定理のように $\mathbb{R}^3$ の曲線に対する**完全不変量系**をなす．

基本定理　$\kappa, \tau : (0, l) \to \mathbb{R}$ が連続関数で，すべての $s \in (0, l)$ に対し $\kappa(s) > 0$ となるとする．このとき，曲率 $\kappa(s)$ と捩率 $\tau(s)$ を持つ C^3 級の曲線が存在し，同値なものを除き，一意的に定まる．

注意　証明のためには，フレネの公式の微分方程式を解くことができることを示すことが必要．

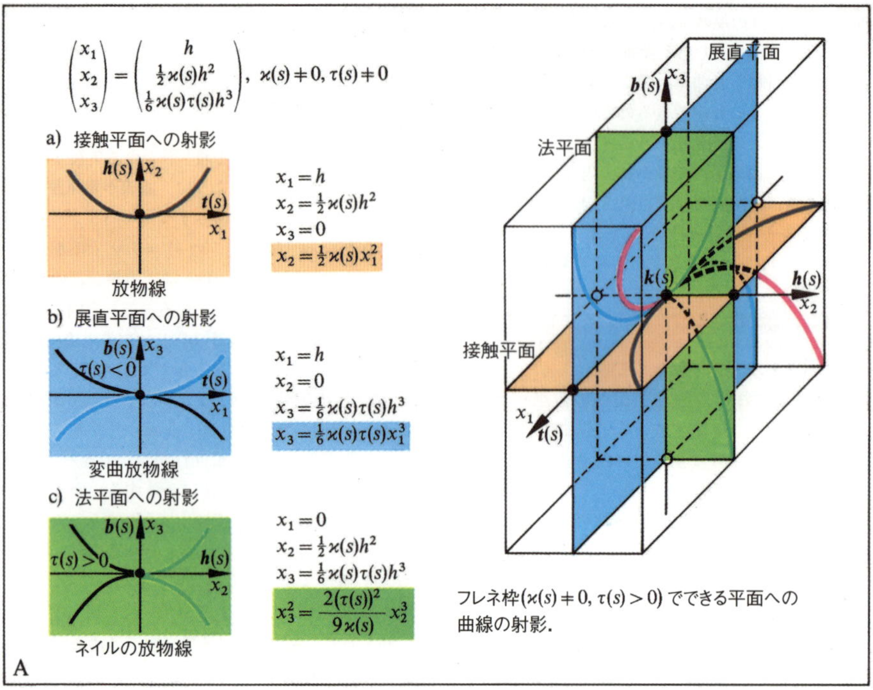
$\begin{pmatrix} x_1 \\ x_2 \\ x_3 \end{pmatrix} = \begin{pmatrix} h \\ \frac{1}{2}\varkappa(s)h^2 \\ \frac{1}{6}\varkappa(s)\tau(s)h^3 \end{pmatrix}$, $\varkappa(s) \neq 0, \tau(s) \neq 0$
a) 接触平面への射影
$h(s)$ x_2 $t(s)$ x_1
放物線
$x_1 = h$
$x_2 = \frac{1}{2}\varkappa(s)h^2$
$x_3 = 0$
$x_2 = \frac{1}{2}\varkappa(s)x_1^2$
b) 展直平面への射影
$b(s)$ x_3 $\tau(s) < 0$ $t(s)$ x_1
変曲放物線
$x_1 = h$
$x_2 = 0$
$x_3 = \frac{1}{6}\varkappa(s)\tau(s)h^3$
$x_3 = \frac{1}{6}\varkappa(s)\tau(s)x_1^3$
c) 法平面への射影
$b(s)$ x_3 $\tau(s) > 0$ $h(s)$ x_2
ネイルの放物線
$x_1 = 0$
$x_2 = \frac{1}{2}\varkappa(s)h^2$
$x_3 = \frac{1}{6}\varkappa(s)\tau(s)h^3$
$x_3^2 = \frac{2(\tau(s))^2}{9\varkappa(s)} x_2^3$
展直平面
$b(s)$ x_3
法平面
$k(s)$
$h(s)$ x_2
接触平面
x_1 $t(s)$
フレネ枠($\varkappa(s) \neq 0, \tau(s) > 0$)でできる平面への曲線の射影.
A

曲線の標準形

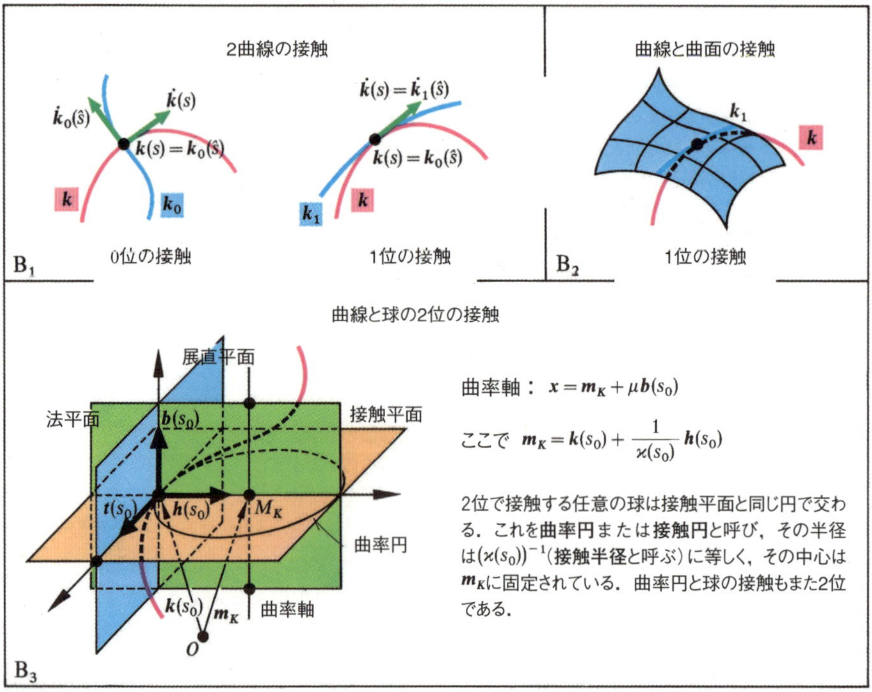
2曲線の接触
$\dot{k}_0(\hat{s})$ $\dot{k}(s)$
$k(s) = k_0(\hat{s})$
k k_0
0位の接触
$\dot{k}(s) = \dot{k}_1(\hat{s})$
$k(s) = k_0(\hat{s})$
k_1 k
1位の接触
B_1
曲線と曲面の接触
k_1 k
1位の接触
B_2
曲線と球の2位の接触
展直平面
法平面
$b(s_0)$
接触平面
$t(s_0)$ $h(s_0)$ M_K
曲率円
$k(s_0)$ m_K 曲率軸
O
曲率軸： $x = m_K + \mu b(s_0)$
ここで $m_K = k(s_0) + \frac{1}{\varkappa(s_0)} h(s_0)$
2位で接触する任意の球は接触平面と同じ円で交わる．これを**曲率円**または**接触円**と呼び，その半径は$(\varkappa(s_0))^{-1}$（**接触半径**と呼ぶ）に等しく，その中心はm_Kに固定されている．曲率円と球の接触もまた2位である．
B_3

接触形体

曲線の標準形

十分な回数微分可能で自然にパラメータ化され $\kappa(s) \neq 0$ となる曲線 $\boldsymbol{k}$ が与えられているとする．このときテイラーの公式 (p.271)

(1) $$\boldsymbol{k}(s+h) = \boldsymbol{k}(s) + h \cdot \dot{\boldsymbol{k}}(s) + \frac{1}{2}h^2 \cdot \ddot{\boldsymbol{k}}(s) + \frac{1}{6}h^3 \cdot \dddot{\boldsymbol{k}}(s) + \boldsymbol{R}(s,h)$$

にフレネの公式 (p.369) を適用すると，

(2) $$\boldsymbol{k}(s+h) - \boldsymbol{k}(s) = \left(h - \frac{1}{6}h^3(\kappa(s))^2\right)\boldsymbol{t}(s) + \left(\frac{1}{2}h^2\kappa(s) + \frac{1}{6}h^3\dot{\kappa}(s)\right)\boldsymbol{h}(s) + \frac{1}{6}h^3\kappa(s)\tau(s) \cdot \boldsymbol{b}(s) + \boldsymbol{R}(s,h)$$

が成立する．今，座標系の原点を $\boldsymbol{k}(s)$ に置き，基底として $\{\boldsymbol{t}(s), \boldsymbol{b}(s), \boldsymbol{k}(s)\}$ を選び，各成分を h の最小指数を持つ項に制限すると，曲線上の点の近傍で次の**標準形**が定まる．

(3) $$\boldsymbol{k}(s+h) = \begin{pmatrix} h \\ \kappa(s)h^2/2 \\ \kappa(s)h^3\tau(s)/6 \end{pmatrix} + \overline{\boldsymbol{R}}(s,h)$$

今，$\overline{\boldsymbol{R}}(s,h)$ を無視しフレネ枠を 3 平面に射影する．フレネ枠を座標軸として点 $\boldsymbol{k}(s)$ を通る曲線を描くと，図 A のような放物線が得られる．ここで，捩率 $\tau(s)$ は確かに 0 と異なる．そのことから，曲線は接触平面を突き抜けるが，常に展直平面の側，すなわち主法線ベクトルが指し示す側に留まることが分かる．

接触形体

公式 (1) を $(n+1)$ 番目の項で打ち切ると，そこまでの項の和は $\boldsymbol{k}(s)$ の近傍における ***n* 次近似曲線**を表す．ここで，1 次近似曲線は $\boldsymbol{k}(s)$ における接線で，2 次近似曲線は接触平面上にある．

図 B_1 のように，2 曲線は非常に異なった接触の仕方をする場合がある．これらの振る舞いを，交点の近傍における近似曲線の一致の様子から記述できる．その点における関数値ばかりではなく n 階までの導関数の値が一致すれば，それを**交わる 2 曲線は *n* 位の接触**をするという．

よって，n 位の接触をするときは，n 次までのすべての近似曲線が一致する．n 位であるが $(n+1)$ 位でないとき 2 曲線の**接触はちょうど *n* 位**であるという．

2 曲線の接触の概念は一般化できる．曲面上に曲線が与えられ，この曲線上の点でこの曲線と n 位の接触をする (図 B_2) 曲線が存在すれば，**曲線と曲面の交わり** (p.377) は ***n* 位の接触**という．曲線と曲面の**ちょうど *n* 位の接触**も上記のように 2 曲線で定義する．

曲線 $\boldsymbol{k}$ と点 $\boldsymbol{k}(s_0)$ で交わる曲面 $F(x) = 0$ を考察する際には，n 位の接触は $\nu \in \{1, \ldots, n\}$ に対し

$$F(\boldsymbol{k}(s_0)) = 0, \quad \frac{\mathrm{d}^\nu}{\mathrm{d}s^\nu}F(\boldsymbol{k}(s_0)) = 0$$

をみたすことを意味している．ここで，F は十分な回数微分可能とする．

a) 曲線と平面の接触

曲線の曲率が 0 と異なるとする．平面を標準形

$$\langle \boldsymbol{x} - \boldsymbol{k}(s_0), \boldsymbol{n}(s_0) \rangle = 0$$

で与えると，曲面の陰関数表現を得る．微分すると，1 位の接触に対してさらに

$$\langle \dot{\boldsymbol{k}}(s_0), \boldsymbol{n}(s_0) \rangle = 0$$

が成立する．すなわち，接ベクトルが平面の法線ベクトルに垂直となり，1 位の接触では，$\boldsymbol{k}(s_0)$ を通る接線は平面上に存在する．2 位の接触では，条件

$$\langle \ddot{\boldsymbol{k}}(s_0), \boldsymbol{n}(s_0) \rangle = 0$$

がそれに追加される．よって，$\boldsymbol{h}(s_0)$ もまた $\boldsymbol{n}(s_0)$ に垂直となり，その平面は接触平面である．

$$\tau(s_0) \neq 0$$

に対しては，2 位よりも高位の接触は不可能である．このことにより，曲線の記述をする際の接触平面の特別な役割がより明確となる．

b) 曲線と球の接触

曲線で $\kappa(s_0) \neq 0$ と仮定する．球面は陰関数

$$\langle \boldsymbol{x} - \boldsymbol{m}, \boldsymbol{x} - \boldsymbol{m} \rangle - r^2 = 0 \text{ (p.187)}$$

として表される．ここで，半径と中心を厳密に決定したい．そのためにまず，

$$\langle \boldsymbol{k}(s_0) - \boldsymbol{m}, \boldsymbol{k}(s_0) - \boldsymbol{m} \rangle - r^2 = 0$$

が分かり，続けて微分し $\boldsymbol{k}(s_0)$ を代入することによりさらに条件が得られる．**1 位の接触**ではさらに

$$\langle \dot{\boldsymbol{k}}(s_0), \boldsymbol{k}(s_0) - \boldsymbol{m} \rangle = 0$$

が成立する．すなわち，$\boldsymbol{k}(s_0)$ での接平面が曲線上の接線を含むすべての球が問題となる．球の中心は法平面上で任意に存在する．

2 位の接触に対しては，法平面上の直線いわゆる**曲率軸**上に中心が存在する球のみが問題となる．条件

$$\langle \ddot{\boldsymbol{k}}(s_0), \boldsymbol{k}(s_0) - \boldsymbol{m} \rangle = 0$$

を追加すると，$\mu \in \mathbb{R}$ に対し

$$\boldsymbol{m} = \boldsymbol{k}(s_0) + \kappa(s_0)^{-1}\boldsymbol{h}(s_0) + \mu\boldsymbol{b}(s_0)$$

が得られ，$\boldsymbol{m}$ は方向ベクトルとして従法線ベクトルを持つ直線の方程式をみたす (図 B_3)．

3 位の接触は球の場合のみ可能である ($\tau(s_0) \neq 0$)．この球を**曲率球**または**接触球**といい，$\mu \in \mathbb{R}$ に対し中心と半径はそれぞれ

$$\boldsymbol{m}_s = \boldsymbol{k}(s_0) + \kappa(s_0)^{-1}\boldsymbol{h}(s_0) + \mu_s\boldsymbol{b}(s_0),$$
$$r_s = \sqrt{\kappa(s_0)^{-2} + \mu_s^2}$$

である．ここで

$$\mu_s = -\dot{\kappa}(s_0) \cdot \kappa(s_0)^{-2} \cdot \tau(s_0)^{-1}$$

とする．

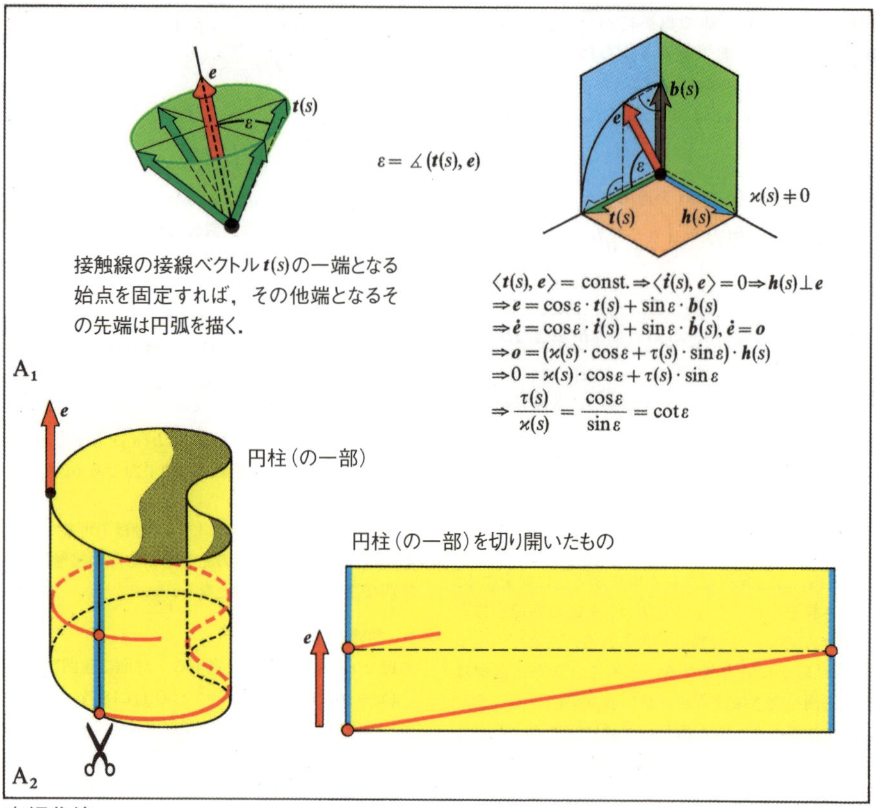

定傾曲線

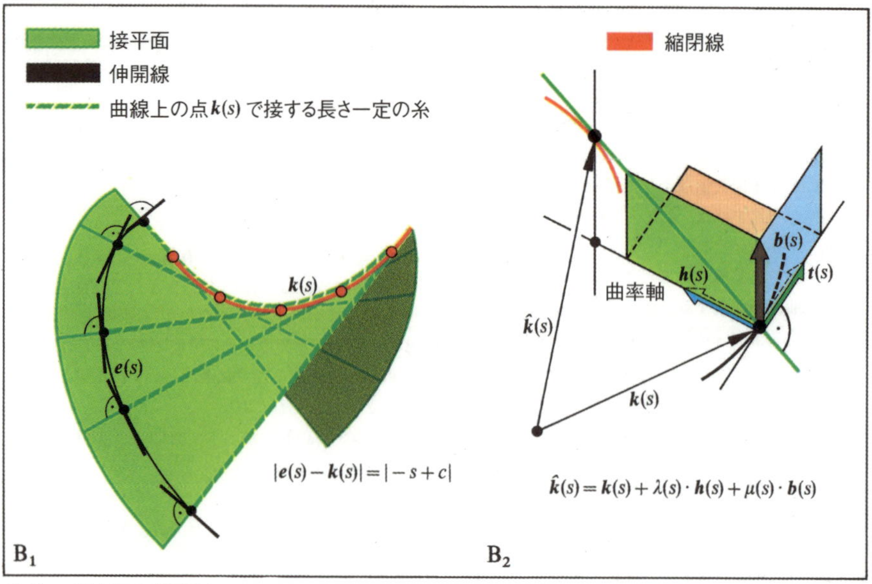

曲線の伸開線と縮閉線

球面曲線

球面上の曲線を**球面曲線**という．p.371 の考察により，接触球面は，一意的に定まり

$k \in C^3$ かつ $\kappa(s) \neq 0$ かつ $\tau(s) \neq 0$

であるとき，任意の曲線上の点に対して球は接触球面である．したがって，接触球面の半径 r_s と中心 $\boldsymbol{m}_s$ は定数である．このことから，任意の s に対して

$$\tau(s)\kappa(s)^{-1} - \frac{\mathrm{d}}{\mathrm{d}s}\left\{\dot\kappa(s)\left(\kappa(s)^2\cdot\tau(s)\right)^{-1}\right\} = 0$$

が成立するとき，かつそのときにのみ上記の条件を持つ曲線は球面曲線である．

定傾曲線（一般らせん）

定傾曲線は，固定単位ベクトル $\boldsymbol{e}$ を持つ任意の曲線上の点における接線ベクトル $\boldsymbol{t}(s)$ に対し，定角度をなす曲線である．例えば $\boldsymbol{e} = \begin{pmatrix}0\\0\\1\end{pmatrix}$ として p.364，図 A_1 の「らせん」を描く線がある．しかし，平面曲線はすべて定傾曲線である．$\kappa(s) \neq 0$ である C^3 級の定傾曲線は，ねじれと曲率の間の関係により特徴づけが可能である．すなわち，$\kappa(s) \neq 0$ である C^3 級の曲線は，すべての s に対して

$\tau(s)\kappa(s)^{-1} =$ 定数

であるとき，かつそのときに限り定傾曲線である．この定数は，ちょうど次の値に等しい（図 A_1）．

$\cot \measuredangle(\boldsymbol{t}(s), \boldsymbol{e})$

注意　そのような定傾曲線で，曲線上の任意の点を通り方向ベクトル $\boldsymbol{e}$ を持つ直線を選ぶ．このとき，これらの直線は，円柱またはその一部を平面に広げるとき，曲線が 1 本または数本の平行な線分に移る（図 A_2）．逆に，この展開特性を持つ円柱曲線は定傾曲線となる．

らせんは円柱上で定傾曲線であり，同時に定曲率と定捩率を持つ C^3 級の唯一の曲線である．

曲線の伸開線

p.367 の記述より方程式

(1) $\boldsymbol{x}(\lambda) = \boldsymbol{k}(s) + \lambda \cdot \boldsymbol{t}(s),\ \lambda \in \mathbb{R}$

は，固定された曲線上の点 $\boldsymbol{k}(s)$ を通る接線を表す．その曲線への接線全体は，曲線に対する**接線曲面**（図 B_1）をなし，次の式で表される．

(2) $\boldsymbol{x}(s, \lambda) = \boldsymbol{k}(s) + \lambda \cdot \boldsymbol{t}(s),\ s \in I,\ \lambda \in \mathbb{R}$

s を変化させ任意の s に λ を固定すると，接線曲面上に存在する新しい曲線を得ることができる．そのとき新しい曲線は

(3) $\bar{\boldsymbol{k}}(s) = \boldsymbol{k}(s) + \lambda(s) \cdot \boldsymbol{t}(s),\ s \in I$

という形のパラメータ表示を持つ．これを，$\boldsymbol{k}$ のすべての接線と垂直に交わる **$\boldsymbol{k}$ の伸開線**のパラメータ表示という（図 B_1）．$\langle \dot{\bar{\boldsymbol{k}}}(s), \boldsymbol{t}(s)\rangle = 0$ からただちに

$\dot\lambda(s) = -1$

が成立する．したがって，$\boldsymbol{k}$ の伸開線は

(4) $\boldsymbol{e}(s) = \boldsymbol{k}(s) + (-s + c)\boldsymbol{t}(s),\ s \in I$

と表される．ここで $c \in \mathbb{R}$．したがって，C^2 級の任意の曲線に対し，伸開線のパラメータ軌跡が存在する．明らかに

$|\boldsymbol{e}(s) - \boldsymbol{k}(s)| = |-s + c|$

が成立し，その結果，図 B_1 のように伸開線を構成できる．そのことにより，**伸開線**（または**展開線**）ならびに**糸伸開線**という命名が理解される．

注意　(4) でパラメータ s を使用することは，伸開線が自然にパラメータ化されることを意味してはいない．s は通常 **$\boldsymbol{k}$ の弧長のみ**を意味する．

曲線の縮閉線

与えられた曲線の伸開線を決定するという問題ばかりではなく，逆も考察してみる．

曲線 $\boldsymbol{k}$ について，$\boldsymbol{k}$ が $\hat{\boldsymbol{k}}$ の伸開線となるように曲線 $\hat{\boldsymbol{k}}$ をみつけられるはずである．$\kappa(s) \neq 0$ である任意の $\boldsymbol{k} \in C^3$ に対しそのような曲線のパラメータ軌跡をみつけることができる（**$\boldsymbol{k}$ の縮閉線**）．

縮閉線のパラメータ表示を知るため，図 B_2 により

$\hat{\boldsymbol{k}}(s) = \boldsymbol{k}(s) + \lambda(s)\cdot\boldsymbol{h}(s) + \mu(s)\cdot\boldsymbol{b}(s)$

と置き，$\boldsymbol{k}(s)$ と $\lambda(s)\cdot\boldsymbol{h}(s) + \mu(s)\cdot\boldsymbol{b}(s)$ が共線形であると仮定して，項 $\lambda(s)$ と $\mu(s)$ を決定する．よって，$\dot{\hat{\boldsymbol{k}}}(s)$ を構成しフレネの公式 (p.369) を適用し，共線条件

$\dot{\hat{\boldsymbol{k}}}(s) \times (\lambda(s)\cdot\boldsymbol{h}(s) + \mu(s)\cdot\boldsymbol{b}(s)) = \boldsymbol{o}$

を使用する (p.183)．フレネ枠のベクトルの 1 次独立性により，$\lambda(s) = \kappa(s)^{-1}$ と置いて解

$$\mu(s) = \frac{1}{\kappa(s)}\cot\left(\int_0^s \tau(t)dt + C\right)$$

を持つ $\mu(s)$ に対する 1 階微分方程式を得る．

$C \in \mathbb{R}$ は任意に選択できるので，パラメータ表示

(5) $$\hat{\boldsymbol{k}}(s) = \boldsymbol{k}(s) + \kappa(s)^{-1}\cdot\boldsymbol{h}(s) + \kappa(s)^{-1}\cot\left(\int_0^s \tau(t)dt + C\right)\cdot\boldsymbol{b}(s)$$

を持つ縮閉線の図形が得られる．

注意　縮閉線は，一般に $\boldsymbol{k}$ の弧長 s による自然なパラメータ化はされない．

このパラメータ表示を曲率軸（p.370，図 B_3）の方程式と比較すると，縮閉線はすべて曲率軸により形成され，いわゆる**極曲面**上に存在することが示される．この極曲面は次のように表される ($\mu \in \mathbb{R}$)．

(6) $\boldsymbol{x}(s, \mu) = \boldsymbol{k}(s) + \kappa(s)^{-1}\boldsymbol{h}(s) + \mu\cdot\boldsymbol{b}(s)$

注意　極曲面はまた**縮閉曲面**ともいい，接曲面は**伸開曲面**ともいう．

A

$$\varkappa(s) = \lim_{h \to 0} \frac{\alpha(s, h)}{h} = \dot{\beta}(s)$$

$$k(s) = \begin{pmatrix} k_1(s) \\ k_2(s) \end{pmatrix} \Rightarrow \dot{k}(s) = \begin{pmatrix} \dot{k}_1(s) \\ \dot{k}_2(s) \end{pmatrix} = \begin{pmatrix} \cos\beta(s) \\ \sin\beta(s) \end{pmatrix} \Rightarrow \ddot{k}(s) = \begin{pmatrix} -\dot{\beta}(s)\sin\beta(s) \\ \dot{\beta}(s)\cos\beta(s) \end{pmatrix}$$

$$\det(\dot{k}(s)\ddot{k}(s)) = \begin{vmatrix} \dot{k}_1(s) & \ddot{k}_1(s) \\ \dot{k}_2(s) & \ddot{k}_2(s) \end{vmatrix} = \dot{\beta}(s)\cdot\cos^2\beta(s) + \dot{\beta}(s)\cdot\sin^2(s) = \dot{\beta}(s) = \varkappa(s).$$

図中で $\alpha(s,h) = \angle(t(s), t(s+h)) = \beta(s+h) - \beta(s)$

上記のグラフで $h > 0$ ならば,正曲率の場合左に,負曲率の場合右に曲がる.

平面曲線の曲率

B

$$t(s) = \dot{k}(s)$$
$$n(s) = \frac{1}{\varkappa(s)} \ddot{k}(s)$$

$\varkappa(s) > 0$

$$m_K = k(s) + \frac{1}{\varkappa(s)} n(s)$$

$\varkappa(s) < 0$.

二脚,曲率円と曲率

C

$$k(t) = \begin{pmatrix} a\cos t \\ b\sin t \end{pmatrix}, \quad t \in (0, 2\pi)$$

楕円のパラメータ表示

$$\varkappa(t) = ab(a^2\sin^2 t + b^2\cos^2 t)^{-\frac{3}{2}}$$

曲率円の中心の位置

$$m_K = \begin{pmatrix} (a - r_a)\cos^3 t \\ (r_b - b)\sin^3 t \end{pmatrix}, \quad t \in (0, 2\pi) \qquad r_a = \frac{b^2}{a}$$
$$r_b = \frac{a^2}{b}$$

楕円の4個の頂点では,曲率の1階導関数はゼロであり,曲線上の他の点ではゼロと異なる.この性質は,曲率円に対する相対曲線の(十分小さな近傍内での)動き方の特徴である.すなわち,頂点では曲線は曲率円の一方の側に止まる(左図下).その他の点では,位置が一方の側にあるのではない(左図上).

注意:曲率円の中心の位置は,同時に楕円の縮閉線である.

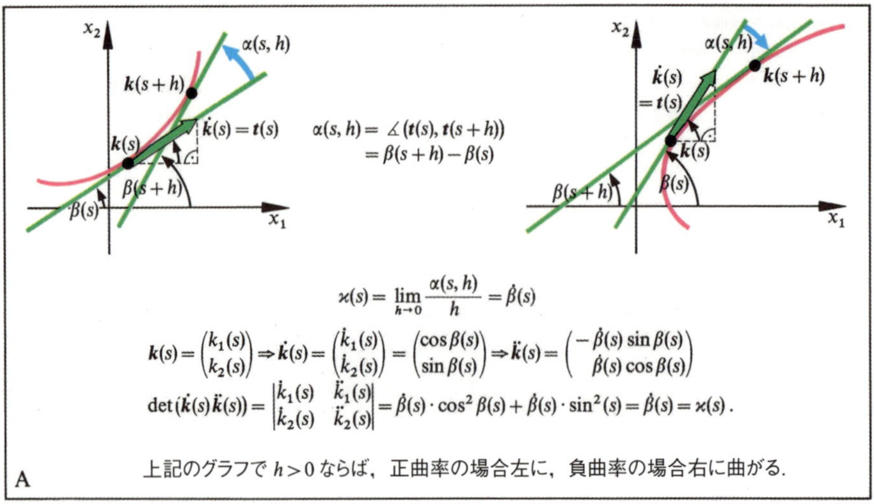

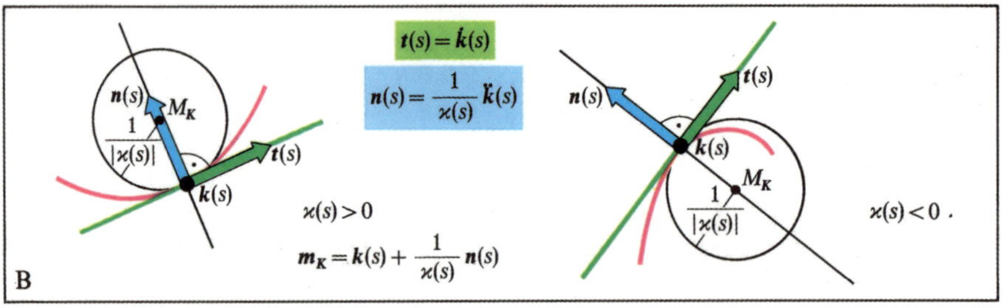

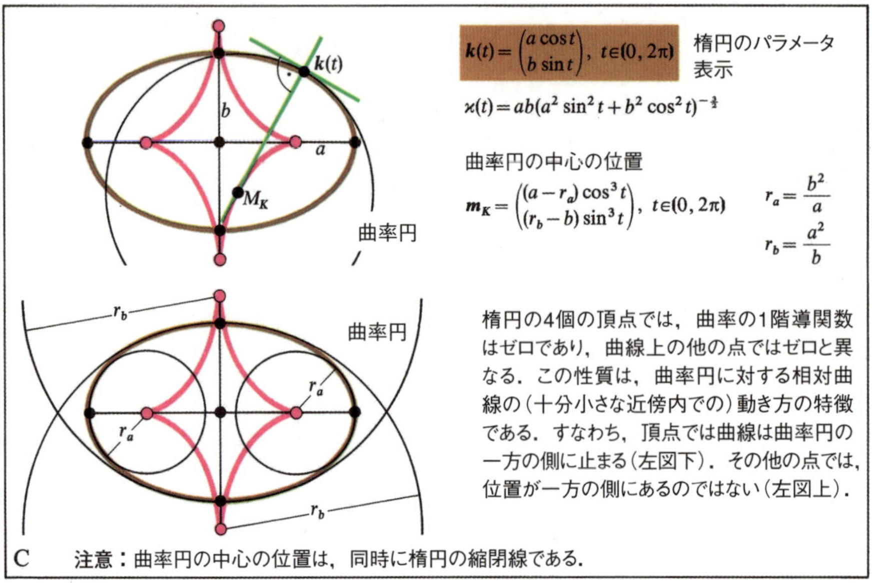

楕円の曲率円

平面曲線

$\mathbb{R}^3$ の曲線論の視点からすると，平面曲線はすべての s に対する捩率 $\tau(s)$ が 0 の特別な曲線 (p.369) である．したがって，平面曲線を調べるには，$\mathbb{R}^3$ の曲線論の結果を特別な場合に考察すればよい．しかし，それにもかかわらず平面曲線が特に扱われるのは，例えば曲率のように平面曲線ではもっと広範な性質となるものを導入することができるからであり，そこに重要性がある．

$\mathbb{R}^2$ における曲線の表し方

a) パラメータ表示

$\mathbb{R}^2$ の曲線の**パラメータ表示**は，成分表示

$$\boldsymbol{k}(t) = \begin{pmatrix} k_1(t) \\ k_2(t) \end{pmatrix}, \quad t \in I \text{（例．図 C）}$$

を持つ $\mathbb{R}$-$\mathbb{R}^2$ 関数である．許容パラメータ変換の概念は，$\mathbb{R}^3$ の場合と全く同様に導入される (p.365)．$\boldsymbol{k} \in C^1$ であれば弧長 s による**自然なパラメータ化**ができる．**接線ベクトル** $\boldsymbol{t}(s)$ を次のように定義する．

$$\boldsymbol{t}(s) := \dot{\boldsymbol{k}}(s)$$

b) 明示表現

微分可能な $\mathbb{R}$-$\mathbb{R}$ 関数 $f: I \to \mathbb{R}$ が存在すれば，その関数のグラフは曲線として図示できる．関数を表す式は曲線の**明示表現**といわれ，パラメータ表示に変換するのは非常に容易であり

$$\boldsymbol{k}_f(t) = \begin{pmatrix} t \\ f(t) \end{pmatrix}, \quad t \in I$$

となる．f が微分可能ならば，$\boldsymbol{k}_f$ も微分可能である．

c) 陰関数表示

曲線 $\boldsymbol{k}$ が $F(x_1, x_2) = 0$ という形の等式をみたすなら，すなわちすべての t に対して

$$F(k_1(t), k_2(t)) = 0$$

ならば，この表し方を曲線の**陰関数表示**という．ここで，F はある特定の微分可能性（と近傍の内部の解）を持つ $\mathbb{R}^2$-$\mathbb{R}$ 関数 (p.297)．このとき，F の偏導関数が存在し少なくとも一方が 0 でなければ，曲線上の点 (x_{01}, x_{02}) を通る**接線**方程式を得る．

$$(x_1 - x_{01})\frac{\partial F}{\partial x_1}(x_{01}, x_{02}) + (x_2 - x_{02})\frac{\partial F}{\partial x_2}(x_{01}, x_{02}) = 0$$

平面曲線の曲率

p.366，図 C のように向き付けして，自然にパラメータ化された曲線の曲率 $\kappa(s)$ を

$$\kappa(s) := \lim_{h \to 0} \frac{1}{h} \measuredangle(\boldsymbol{t}(s+h), \boldsymbol{t}(s))$$

で定義する．平面角の向き付けは**正曲率**と**負曲率**により異なる（図 A）．一般に

$$|\kappa(s)| = |\ddot{\boldsymbol{k}}(s)|$$

が成立する．図 A の公式

$$\kappa(s) = \det(\dot{\boldsymbol{k}}(s)\ddot{\boldsymbol{k}}(s)) = \dot{k}_1(s)\ddot{k}_2(s) - \ddot{k}_1(s)\dot{k}_2(s)$$

より，符号を考慮して曲率を決定することができる．このパラメータを任意のパラメータ t に変換すると次が成立する．

$$\kappa(t) = \det(\boldsymbol{k}'(t)\boldsymbol{k}''(t))/|\boldsymbol{k}'(t)|^3$$

注意　曲線が同程度に必要回数微分可能な実数値関数 f のグラフならば，

$$\boldsymbol{k}'_f(t) = \begin{pmatrix} t \\ f(t) \end{pmatrix} \Rightarrow \kappa(t) = f''(t)/|\boldsymbol{k}'(t)|^3$$

が成立する．すなわち，$\kappa(t)$ と $f''(t)$ は常に同じ符号となる（左曲率と右曲率，p.275）．

二脚

自然にパラメータ化された曲線に対し，

$$\boldsymbol{n}(s) := \kappa(s)^{-1}\ddot{\boldsymbol{k}}(s),\ \kappa(s) \neq 0$$

で定義する $\boldsymbol{n}(s)$ を**法線ベクトル**という．接線ベクトル $\boldsymbol{t}(s)$ との組

$$(\boldsymbol{t}(s), \boldsymbol{n}(s))$$

は，曲線上の任意の点において**二脚**（図 B）を形成する．**フレネの公式** (p.369) として

$$\dot{\boldsymbol{t}}(s) = \kappa(s)\boldsymbol{n}(s), \quad \dot{\boldsymbol{n}}(s) = -\kappa(s)\boldsymbol{t}(s)$$

が成立し，この公式より主定理 (p.369) に相当する定理を証明できる（任意の $\kappa(s)$ に対し $\tau(s) = 0$ とする）．

注意　法線ベクトルは，負曲率の場合のみ主法線ベクトルと異なる．すなわち，以下が成立する．

$$\boldsymbol{n}(s) = \begin{cases} \boldsymbol{h}(s) & (\kappa(s) > 0 \text{ のとき}) \\ -\boldsymbol{h}(s) & (\kappa(s) < 0 \text{ のとき}) \end{cases}$$

曲率円

$\kappa(s) \neq 0$ の場合 $|\kappa(s)|^{-1}$ を**曲率半径**といい，この半径と中心 M_K が

$$\boldsymbol{m}_K = \boldsymbol{k}(s) + \kappa(s)^{-1}\boldsymbol{n}(s)$$

で固定された円を**曲率円**または**接触円**という（図 B）．この円は，$\boldsymbol{k}(s)$ で 2 次接触する唯一の円となる (p.371)．任意のパラメータ t を導入すると，次の等式が成立する（**例．** 図 C）．

$$\boldsymbol{m}_K = \boldsymbol{k}(t) + (\kappa(t)|\boldsymbol{k}'(t)|)^{-1}\begin{pmatrix} -k'_2(t) \\ k'_1(t) \end{pmatrix}$$

平面曲線の伸開線と縮閉線

平面曲線への伸開線と縮閉線は，その曲線を $\mathbb{R}^3$ に埋め込めば p.373 のように定義される．そのとき伸開線は必然的に曲線の載っている平面上に存在し，一方，縮閉線はその平面外にもまた存在する．

曲線の載っている平面上に存在する縮閉線は，曲率円の中心がなす曲線である（図 C）．

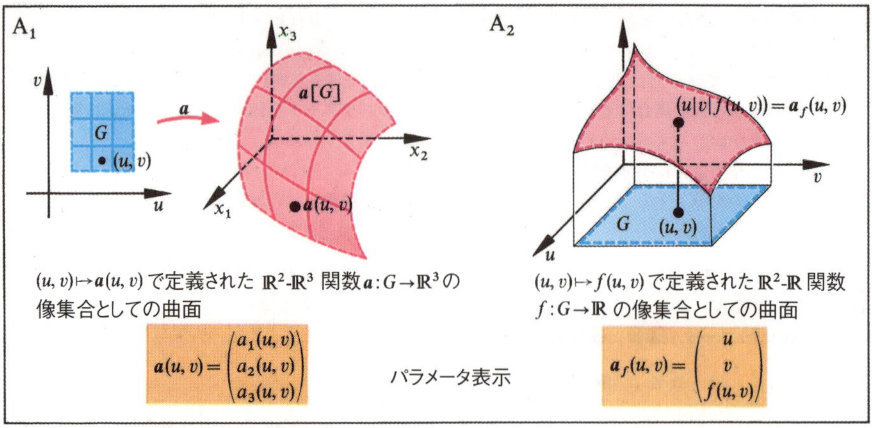

A₁

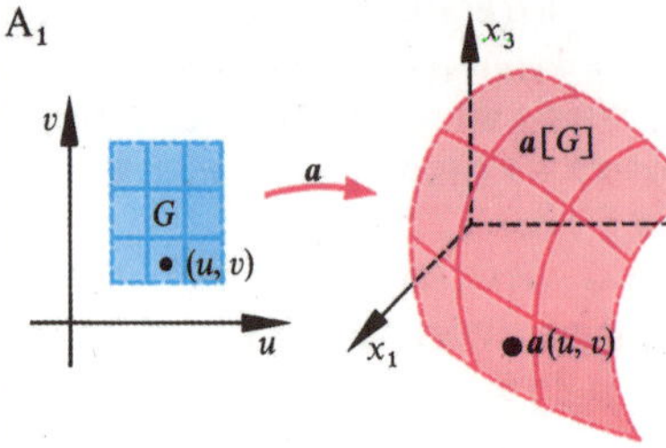

A₂

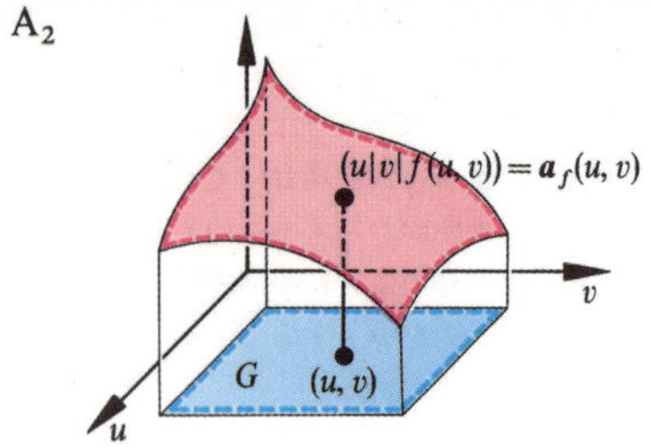

$(u, v) \mapsto \boldsymbol{a}(u, v)$ で定義された $\mathbb{R}^2$-$\mathbb{R}^3$ 関数 $\boldsymbol{a}: G \to \mathbb{R}^3$ の像集合としての曲面

$(u, v) \mapsto f(u, v)$ で定義された $\mathbb{R}^2$-$\mathbb{R}$ 関数 $f: G \to \mathbb{R}$ の像集合としての曲面

$$\boldsymbol{a}(u, v) = \begin{pmatrix} a_1(u, v) \\ a_2(u, v) \\ a_3(u, v) \end{pmatrix}$$

パラメータ表示

$$\boldsymbol{a}_f(u, v) = \begin{pmatrix} u \\ v \\ f(u, v) \end{pmatrix}$$

曲面片

B₁

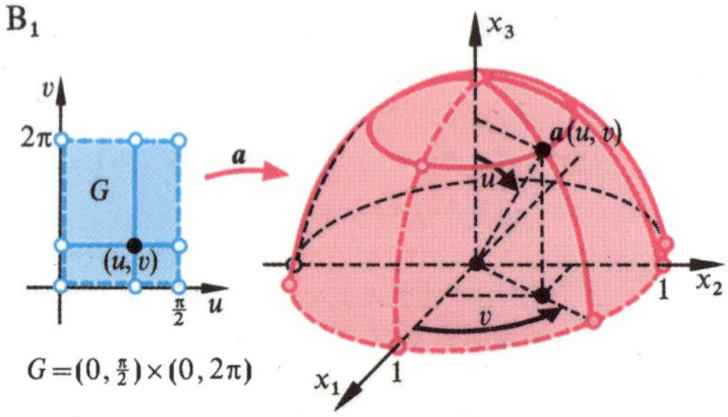

B₂

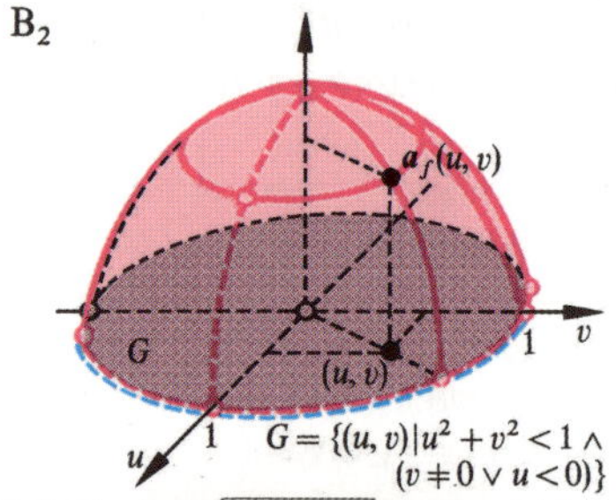

$\boldsymbol{a}: G \to \mathbb{R}^3$ を $(u, v) \mapsto \boldsymbol{a}(u, v)$ とする．　$f: G \to \mathbb{R}$ を $f(u, v) = \sqrt{1 - u^2 - v^2}$ とする．すなわち

$$\boldsymbol{a}(u, v) = \begin{pmatrix} \sin u \cos v \\ \sin u \sin v \\ \cos u \end{pmatrix}$$

$$\boldsymbol{a}_f(u, v) = \begin{pmatrix} u \\ v \\ \sqrt{1 - u^2 - v^2} \end{pmatrix}$$

B_1とB_2のパラメータ表示は同じ類に属する．許容パラメータ変換が存在するからである（図B_1では $\hat{u}$ と $\hat{v}$ で表記した変数）．

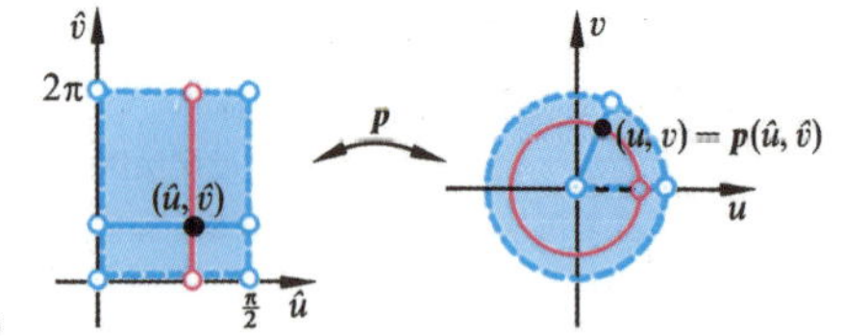

$$\boldsymbol{p}(\hat{u}, \hat{v}) = \begin{pmatrix} \sin \hat{u} \cos \hat{v} \\ \sin \hat{u} \sin \hat{v} \end{pmatrix}$$

$$\det \frac{\mathrm{d}\boldsymbol{p}}{\mathrm{d}(\hat{u}, \hat{v})} = \sin \hat{u} \cos \hat{u} \neq 0$$

B₃

切れ込みを入れた半球の表面（$0 < u < \pi$ のときの切れ込みを入れた球面）

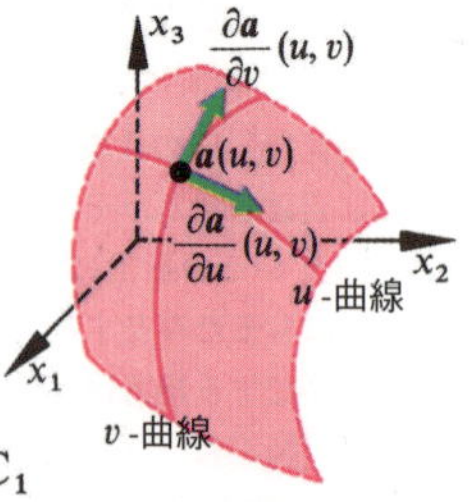

C₁

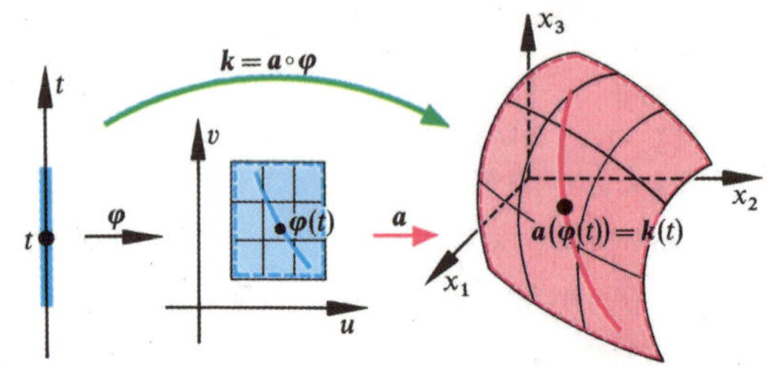

C₂

座標曲線，曲面曲線

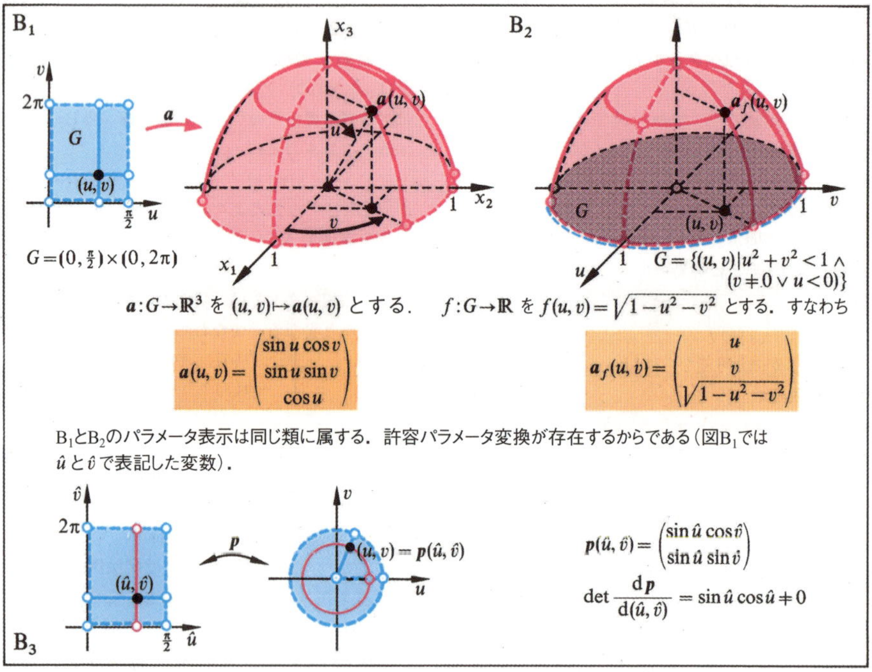

曲線の概念同様，曲面についても微分幾何の計算に必要なことをまとめておきたい．そのために，適切な微分可能性を持つ関数を準備する．

ここで，最も簡単な関数としては，$\mathbb{R}^2$-$\mathbb{R}$ 関数が挙げられる．一般の場合も，像を曲面として図示できる $\mathbb{R}^2$-$\mathbb{R}^3$ 関数で表示したい（例．図 A, B)．

可能な限り扱いやすい曲面概念を得るために，曲面片の概念をまず導入し，それとともに p.379 で曲面の概念をまとめる．

曲面片の概念

曲面片は，有界領域 $G \subseteq \mathbb{R}^2$ から $\mathbb{R}^3$ 内への全単射写像 $\boldsymbol{a}$ の像とする．**パラメータ表示** $\boldsymbol{a}$（図 A_1）の条件としては，連続微分可能であることと，すべての $(u,v) \in G$ に対するベクトル積

$$\frac{\partial \boldsymbol{a}}{\partial u}(u,v) \times \frac{\partial \boldsymbol{a}}{\partial v}(u,v) := \begin{pmatrix} \dfrac{\partial a_1}{\partial u}(u,v) \\ \dfrac{\partial a_2}{\partial u}(u,v) \\ \dfrac{\partial a_3}{\partial u}(u,v) \end{pmatrix} \times \begin{pmatrix} \dfrac{\partial a_1}{\partial v}(u,v) \\ \dfrac{\partial a_2}{\partial v}(u,v) \\ \dfrac{\partial a_3}{\partial v}(u,v) \end{pmatrix}$$

が $\boldsymbol{o}$ と異なることが必要．

今ここに挙げた条件により，曲面片を**滑らかな曲面片**ともいう．そのような曲面片の任意の点で接平面が存在するからである (p.379)．

注意　$\boldsymbol{a}$ が少なくとも r 回連続微分可能であれば C^r **級の曲面片** $(r \in \mathbb{N}\backslash\{0\})$ という．

したがって，G が $\mathbb{R}^2$ の有界領域であり f が C^1 級に属するならば，$(u,v) \mapsto f(u,v)$ で定義された $\mathbb{R}^2$-$\mathbb{R}$ 関数 $f: G \to \mathbb{R}$ のグラフは滑らかな曲面片となる．明らかに，f に付随するパラメータ表示 $\boldsymbol{a}_f$ で，連続微分可能であり

$$\frac{\partial \boldsymbol{a}_f}{\partial u}(u,v) \times \frac{\partial \boldsymbol{a}_f}{\partial v}(u,v) = \begin{pmatrix} -\dfrac{\partial f}{\partial u}(u,v) \\ -\dfrac{\partial f}{\partial v}(u,v) \\ 1 \end{pmatrix} \neq \boldsymbol{o}$$

となるものを挙げることができるからである（図 A_2)．これを**滑らかな曲面片の明示表現**という（**例**．図 B_2)．

曲線の弧長同様，曲面片に対してもパラメータ表示を類別できる．適切な（許容）パラメータ変換は類を決定する．

$(\hat{u},\hat{v}) \mapsto (u,v)$ により定義されるパラメータ変換 $\boldsymbol{p}: \hat{G} \to G$（$\hat{G}$ は $\mathbb{R}^2$ の領域）を施すと，

$$\det \frac{\mathrm{d}\boldsymbol{p}}{\mathrm{d}(\hat{u},\hat{v})}$$

が $\boldsymbol{p}$ の関数行列式 (p.295) であることから，

$$\frac{\partial \hat{\boldsymbol{a}}}{\partial \hat{u}}(\hat{u},\hat{v}) \times \frac{\partial \hat{\boldsymbol{a}}}{\partial \hat{v}}(\hat{u},\hat{v}) = \det \frac{\mathrm{d}\boldsymbol{p}}{\mathrm{d}(\hat{u},\hat{v})} \cdot \frac{\partial \boldsymbol{a}}{\partial u}(\hat{u},\hat{v}) \times \frac{\partial \boldsymbol{a}}{\partial v}(u,v)$$

が成立する．したがって，$\boldsymbol{a}$ に関して $\boldsymbol{p}$ の全単射性と C^1 級（ならびに C^r 級）への帰属性以外に，その関数行列式が $\hat{G}$ において 0 と異なることを要求することは重要である．そのようなパラメータ変換を**許容パラメータ変換**という（**例**．図 B_3)．この変換を適用しても，パラメータ表示の像集合や微分可能性は不変である．

曲面片上の曲線座標と座標曲線

図 A_1 から，$v = \mathrm{const.}$ および $u = \mathrm{const.}$ である G の任意の曲線網に，曲面片上の曲線網が属していることが明確になる．これらの曲線を**座標曲線**，**パラメータ曲線**または $\boldsymbol{u}$ **曲線** ($v = \mathrm{const.}$) ならびに $\boldsymbol{v}$ **曲線** ($u = \mathrm{const.}$) という．$(u,v) \in G$ が与えられれば，点 $\boldsymbol{a}(u,v)$ は付随する u 曲線と v 曲線の交点として一意的に定まる（図 C_1)．これは，座標系において座標軸に平行な線で点が確定されることの類似である．u と v をその点の**曲線座標**（または**ガウスパラメータ**）という．

例　地球の表面上で，地理的長さと幅を曲線座標として選ぶ．**経度線**と**緯度線**は座標曲線である．それらは球面上で座標系を形成する．

座標曲線は C^1 級（または C^r 級）の曲線である．接線方向ベクトルは，u 曲線では $\frac{\partial \boldsymbol{a}}{\partial u}(u,v)$ であり，v 曲線では $\frac{\partial \boldsymbol{a}}{\partial v}(u,v)$ である (p.293)．ベクトル積が $\boldsymbol{o}$ と異なるため，$\frac{\partial \boldsymbol{a}}{\partial u}(u,v)$ と $\frac{\partial \boldsymbol{a}}{\partial v}(u,v)$ は曲面片上で $\mathbb{R}$ 上 1 次独立である（図 C_1)．

曲面曲線

$(u,v) \in G$ とする $\boldsymbol{a}(u,v)$ で曲面片が与えられているとする．その曲面片上の曲線は以下のように得られる．すなわち，

$$t \mapsto (u,v) = \boldsymbol{\varphi}(t) = (\varphi_1(t), \varphi_2(t))$$

により定義される $\mathbb{R}$-$\mathbb{R}^2$ 関数

$$\boldsymbol{\varphi}: I \to G$$

を選択し，C^1 級（または C^r 級）に属し $\varphi_1'(t)$ と $\varphi_2'(t)$ の両方が同時には 0 ではないとする．そのとき，$t \in I$ に対して

$$\boldsymbol{a}(\boldsymbol{\varphi}(t)) = \boldsymbol{a}(\varphi_1(t), \varphi_2(t))$$

である $\boldsymbol{a} \circ \boldsymbol{\varphi}$ は曲面片上の C^1 級 (C^r 級) の曲線のパラメータ表示である（図 C_2)．そのような曲線を以下では**曲面曲線**と呼ぶ．したがって，$\boldsymbol{k} = \boldsymbol{a} \circ \boldsymbol{\varphi}$ である $\boldsymbol{k}$ が曲面曲線であれば，微分

$$\boldsymbol{k}'(t) = \frac{\partial \boldsymbol{a}}{\partial u}(\boldsymbol{\varphi}(t)) \cdot \varphi_1'(t) + \frac{\partial \boldsymbol{a}}{\partial v}(\boldsymbol{\varphi}(t)) \cdot \varphi_2'(t)$$

が得られる．$\boldsymbol{k}'(t)$ は点 $\boldsymbol{a}(\boldsymbol{\varphi}(t))$ における曲面曲線の接線方向ベクトルである．

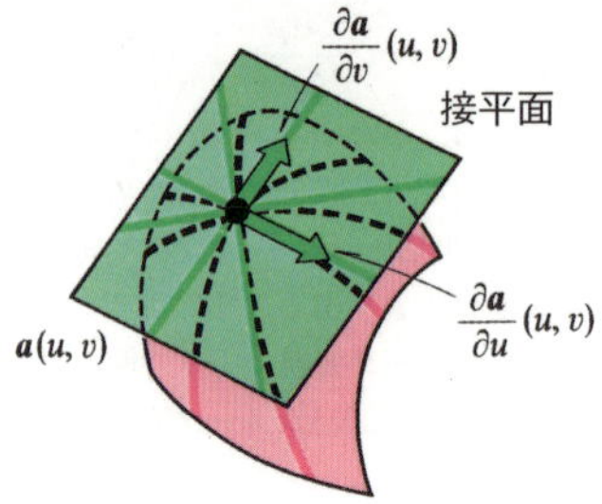

接平面方向のベクトル：

$$\boldsymbol{k}'(t)=\lambda\cdot\frac{\partial \boldsymbol{a}}{\partial u}(u, v)+\mu\cdot\frac{\partial \boldsymbol{a}}{\partial v}(u, v)$$

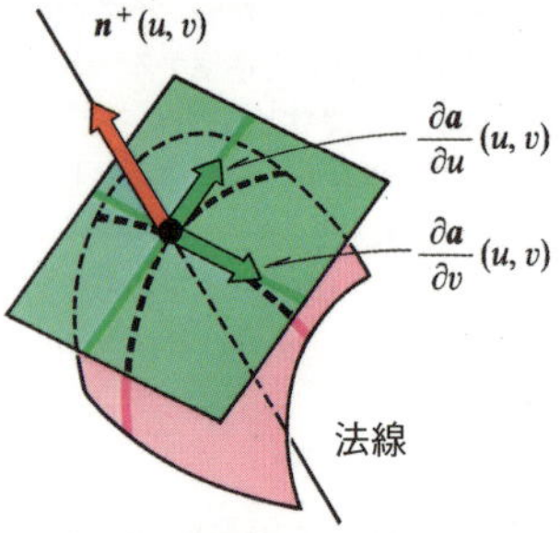

曲面に対する法線ベクトル：

$$\boldsymbol{n}^{+}(u, v)=\frac{\frac{\partial \boldsymbol{a}}{\partial u}(u, v)\times\frac{\partial \boldsymbol{a}}{\partial v}(u, v)}{\left|\frac{\partial \boldsymbol{a}}{\partial u}(u, v)\times\frac{\partial \boldsymbol{a}}{\partial v}(u, v)\right|}$$

接平面の方程式

A_1

$$\boldsymbol{x}=\boldsymbol{a}(u, v)+\lambda\frac{\partial \boldsymbol{a}}{\partial u}(u, v)+\mu\cdot\frac{\partial \boldsymbol{a}}{\partial v}(u, v)\ (\lambda, \mu\in\mathbb{R})$$

A_2

$$\langle \boldsymbol{x}-\boldsymbol{a}(u, v), \boldsymbol{n}^{+}(u, v)\rangle=0$$

接平面，曲面に対する法線ベクトル

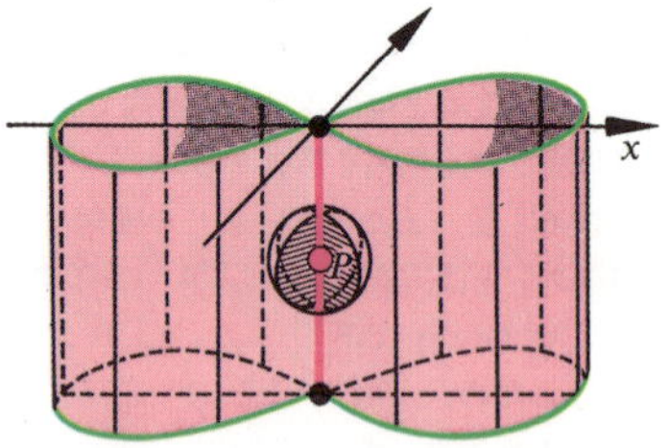

図C_2，p.278のグラフ

P の任意の相対近傍は二つの曲面片の共通部分である.

B_1

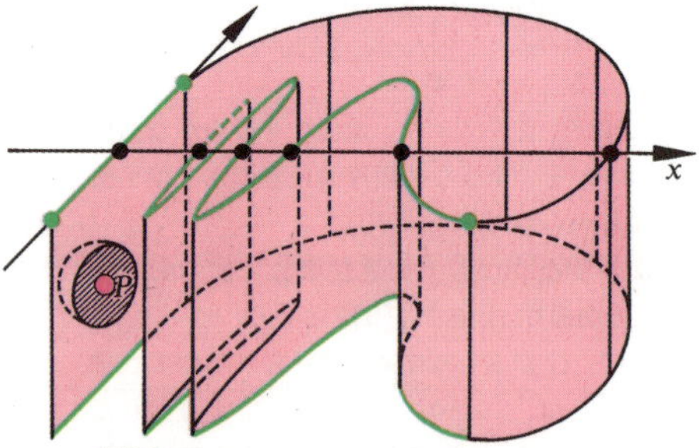

図B_2，p.202のグラフ

任意の相対近傍は無限個の曲面片の共通部分である.

B_2

曲面

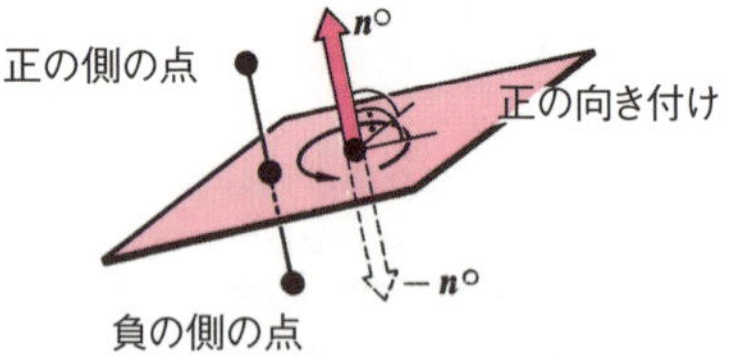

C_1

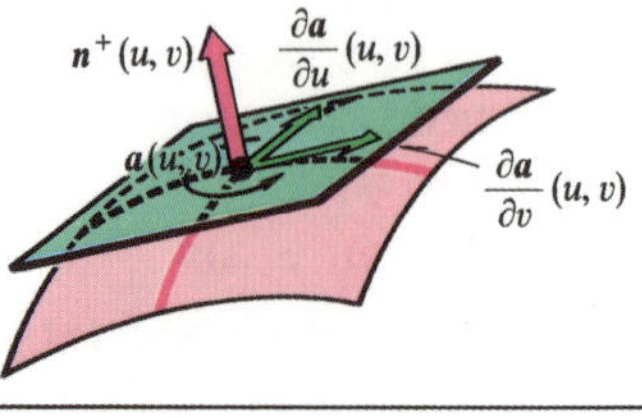

C_2

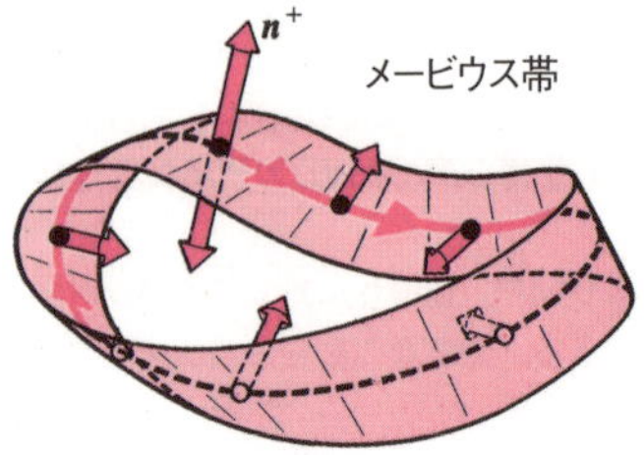

C_3

向き付け，向き付け可能性

接平面，曲面法線ベクトル

ある曲面片上で点 $\boldsymbol{a}(u,v)$ を固定し，この点を通る曲面曲線全体と接線方向ベクトルを考察するとき，これら全体は

$$\lambda\cdot\frac{\partial\boldsymbol{a}}{\partial u}(u,v)+\mu\cdot\frac{\partial\boldsymbol{a}}{\partial v}(u,v)\quad(\lambda,\mu\in\mathbb{R})$$

という形に表すことができる（$\boldsymbol{k}'(t)$ に対する公式，p.377）．したがって，$\boldsymbol{a}(u,v)$ を通る曲面曲線への接線は $\frac{\partial\boldsymbol{a}}{\partial u}(u,v)$ と $\frac{\partial\boldsymbol{a}}{\partial v}(u,v)$ により張られる平面上にある．これらの平面を**接触点 $\boldsymbol{a}(u,v)$ での接平面**という．その方程式は，$\lambda,\mu\in\mathbb{R}$ に対して

$$\boldsymbol{x}=\boldsymbol{a}(u,v)+\lambda\cdot\frac{\partial\boldsymbol{a}}{\partial u}(u,v)+\mu\cdot\frac{\partial\boldsymbol{a}}{\partial v}(u,v)$$

となる（図 A_1）．$\frac{\partial\boldsymbol{a}}{\partial u}(u,v)$ と $\frac{\partial\boldsymbol{a}}{\partial v}(u,v)$ は 1 次独立であるので，曲面片上の任意の点でちょうど一つ接平面が存在する．

$\boldsymbol{a}(u,v)$ での接平面の法線ベクトルは，ベクトル積

$$\frac{\partial\boldsymbol{a}}{\partial u}(u,v)\times\frac{\partial\boldsymbol{a}}{\partial v}(u,v)$$

である (p.377)．この式から図形的な意味が分かる．

単位法線ベクトル

$$\boldsymbol{n}^{+}(u,v):=\frac{\partial\boldsymbol{a}}{\partial u}(u,v)\times\frac{\partial\boldsymbol{a}}{\partial v}(u,v)\cdot\left|\frac{\partial\boldsymbol{a}}{\partial u}(u,v)\times\frac{\partial\boldsymbol{a}}{\partial v}(u,v)\right|^{-1}$$

は**曲面法線ベクトル**と呼ばれ，$\boldsymbol{n}^{+}(\boldsymbol{a}(u,v))$ とも表される．そのとき，接平面の方程式は標準形

$$\langle\boldsymbol{x}-\boldsymbol{a}(u,v),\boldsymbol{n}^{+}(u,v)\rangle=0$$

で表される．接触点を通り接平面に垂直な直線を**法線**と呼ぶ（図 A_2）．

曲面の概念

球面や平面等のような，非常に基本的な「曲面」が曲面片ではないという事実は，曲面片の概念から成る曲面概念をさらに拡張するための十分な契機となる．その拡張は，**局所的**にはすなわち任意の点の近傍では，曲面を曲面片を使って記述するという方向で行われる．以下では，**曲面**を，任意の点が曲面片である近傍（開球との共通部分に限定）を持ち，かつ $\mathbb{R}^3$ 内の連結点集合であるとする．

例　球の表面，トーラス，平面．

さらにもう一度拡張し，そのような点集合を，局所的な場合には有限個の曲面片から成る曲面（例．図 B_1），特別な場合には，可算無限個の連結曲面片から成る曲面（例．図 B_2）として表すことができる．

C^r 級 $(r\geqq 1)$ の局所曲面片が存在すれば，その曲面は C^r 級に属する．

上記のように定義すると**特異点**を排除することができる．局所的には常に

$$\frac{\partial\boldsymbol{a}}{\partial u}(u,v)\times\frac{\partial\boldsymbol{a}}{\partial v}(u,v)\neq\boldsymbol{o}$$

となるパラメータ表示が存在するからである．

それに対し，ある一つのパラメータ表示を固定し曲面を表そうとすれば，特異部分が必ず生じる．そのとき，それに該当する部分では他のパラメータ表示を取らなければならない．

例　球面には特異点は存在せず，また特異部分を持たないパラメータ表示も存在しない．

曲面の向き付け

a) 平面の向き付け

$\mathbb{R}^3$ 内で平面を決めるために，点を一つ決めるばかりでなく単位法線ベクトル $\boldsymbol{n}^{\circ}$ も選択する．こうすることで，平面の**正の側**と**負の側**が決められる（図 C_1）．その際，同時に平面上で（曲線の）**正の向き**が決定される．すなわち通常どおり，時計の針が（平面の正の側で）動く向きと反対方向を正とする．このようにして，正方向の向き付けが決まる（図 C_1）．同様に**負の向き**となる逆方向も決定される．

b) 曲面の向き付け

接平面は曲面の任意の点で存在する場合，曲面の向きは局所的には**接平面の向き付け**で定義される．すなわち，曲面法線ベクトル $\boldsymbol{n}^{+}$ の正の向きを，接平面つまり曲面の正の向きとする（図 C_2）．

方向はパラメータ表示に依存する．公式 (p.377)

$$\frac{\partial\hat{\boldsymbol{a}}}{\partial\hat{u}}(\hat{u},\hat{v})\times\frac{\partial\hat{\boldsymbol{a}}}{\partial\hat{v}}(\hat{u},\hat{v})=\det\frac{\mathrm{d}\boldsymbol{p}}{\mathrm{d}(\hat{u},\hat{v})}\cdot\frac{\partial\boldsymbol{a}}{\partial u}(u,v)\times\frac{\partial\boldsymbol{a}}{\partial v}(u,v)$$

が示すように，

$$\det\frac{\mathrm{d}\boldsymbol{p}}{\mathrm{d}(\hat{u},\hat{v})}>0$$

が成立するときに限り $\boldsymbol{n}^{+}(\hat{u},\hat{v})$ と $\boldsymbol{n}^{+}(u,v)$ は許容パラメータ変換 $\boldsymbol{p}$ を施しても一致する．<0 の場合には方向が逆になる．

ここで，曲面上で，任意選択された曲面曲線に沿って動く任意の点を取るとする．このとき，その点における曲面法線ベクトル $\boldsymbol{n}^{+}$ が，任意の点の曲面法線ベクトルに連続的に移るように，局所パラメータ化できるかという疑問を示唆している．

もしこれが可能であれば，この曲面を**向き付け可能な曲面**という．向き付け可能な曲面上で閉曲線に沿って動き始点に戻るとき，曲面法線ベクトルは曲面のこの向き付けに従い自分自身に連続的に重なる．

それに対し，**向き付け不可能な曲面**の本質的な特徴は，始点に戻ると初期ベクトルと反対向きのベクトルとなる閉曲線が存在することである．これは例えばメービウス帯がその場合に相当する（p.236，図 C_3，図 A）．

局所的には，任意の曲線と同様にメービウス帯も向き付け可能である．

パラメータ表示　$\boldsymbol{a}(u,v)=\begin{pmatrix} r\sin u\cos v\\ r\sin u\sin v\\ r\cos u\end{pmatrix}$（図B$_1$，p.376参照）

基本形式の係数

$$E(u,v):=\left\langle \frac{\partial \boldsymbol{a}}{\partial u}(u,v),\frac{\partial \boldsymbol{a}}{\partial u}(u,v)\right\rangle=\left\langle\begin{pmatrix} r\cos u\cos v\\ r\cos u\sin v\\ -r\sin u\end{pmatrix},\begin{pmatrix} r\cos u\cos v\\ r\cos u\sin v\\ -r\sin u\end{pmatrix}\right\rangle=r^2$$

$$F(u,v):=\left\langle \frac{\partial \boldsymbol{a}}{\partial u}(u,v),\frac{\partial \boldsymbol{a}}{\partial v}(u,v)\right\rangle=\left\langle\begin{pmatrix} r\cos u\cos v\\ r\cos u\sin v\\ -r\sin u\end{pmatrix},\begin{pmatrix} -r\sin u\sin v\\ r\sin u\cos v\\ 0\end{pmatrix}\right\rangle=0$$

$$G(u,v):=\left\langle \frac{\partial \boldsymbol{a}}{\partial v}(u,v),\frac{\partial \boldsymbol{a}}{\partial v}(u,v)\right\rangle=\left\langle\begin{pmatrix} -r\sin u\sin v\\ r\sin u\cos v\\ 0\end{pmatrix},\begin{pmatrix} -r\sin u\sin v\\ r\sin u\cos v\\ 0\end{pmatrix}\right\rangle=r^2\sin^2 u$$

A　第１基本形式　：$[\varphi_1'(t)]^2+r^2\sin^2(\varphi_1(t))[\varphi_2'(t)]^2$

第１基本形式（球面上で）

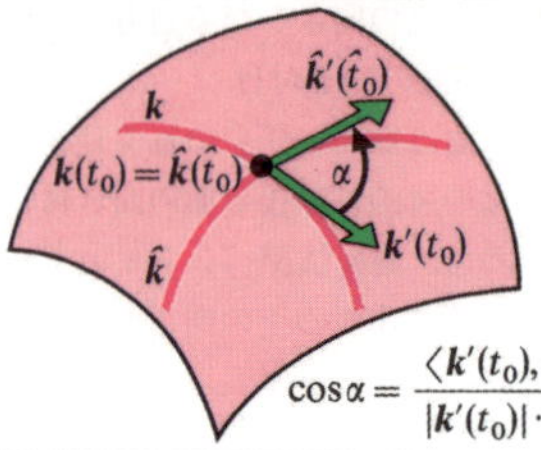

$$\cos\alpha=\frac{\langle \boldsymbol{k}'(t_0),\hat{\boldsymbol{k}}'(\hat{t}_0)\rangle}{|\boldsymbol{k}'(t_0)|\cdot|\hat{\boldsymbol{k}}'(\hat{t}_0)|}$$

B$_1$

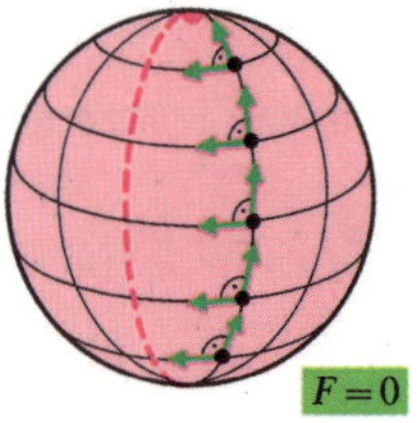

B$_2$　$F=0$

角度測定

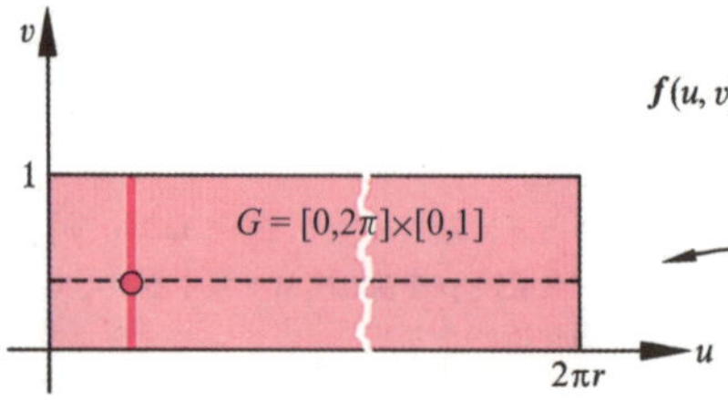

$$\boldsymbol{f}(u,v)=\begin{pmatrix} r\cos\frac{u}{r}\\ r\sin\frac{u}{r}\\ v\end{pmatrix}$$

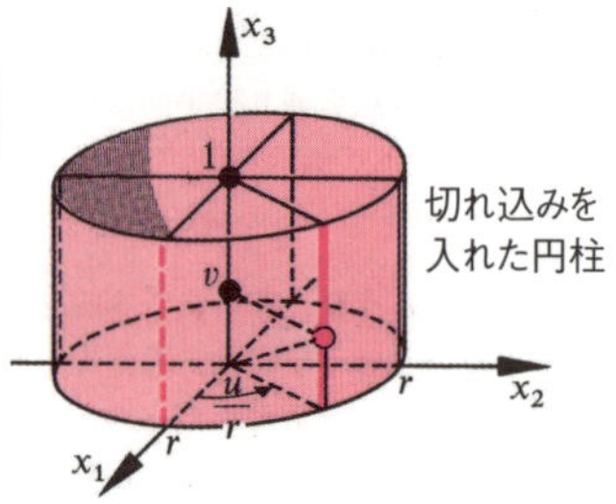

G上の曲線を$\boldsymbol{k}(t)=\begin{pmatrix} k_1(t)\\ k_2(t)\end{pmatrix}$，$t\in I$　で表すと，$\boldsymbol{f}$ による像$\bar{\boldsymbol{k}}$ に対し以下が成立する.

$$\bar{\boldsymbol{k}}(t)=\boldsymbol{f}(\boldsymbol{k}(t))=\begin{pmatrix} r\cos\frac{k_1(t)}{r}\\ r\sin\frac{k_1(t)}{r}\\ k_2(t)\end{pmatrix},\ t\in I,$$

$$l(\bar{\boldsymbol{k}})=\int_a^b\sqrt{\langle\bar{\boldsymbol{k}}'(t),\bar{\boldsymbol{k}}'(t)\rangle}\,\mathrm{d}t=\int_a^b\sqrt{[k_1'(t)]^2+[k_2'(t)]^2}\,\mathrm{d}t=l(\boldsymbol{k}).$$

C$_1$　よって $\boldsymbol{f}$ は同相である.

開正方形をまるめて，
切れ込みの入った円柱にする.

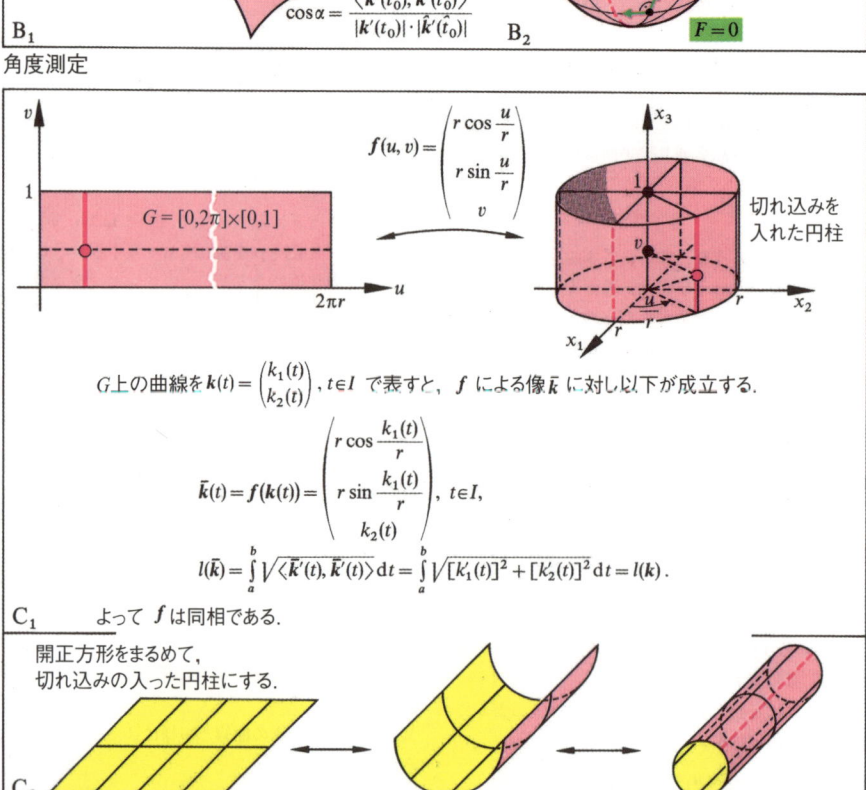

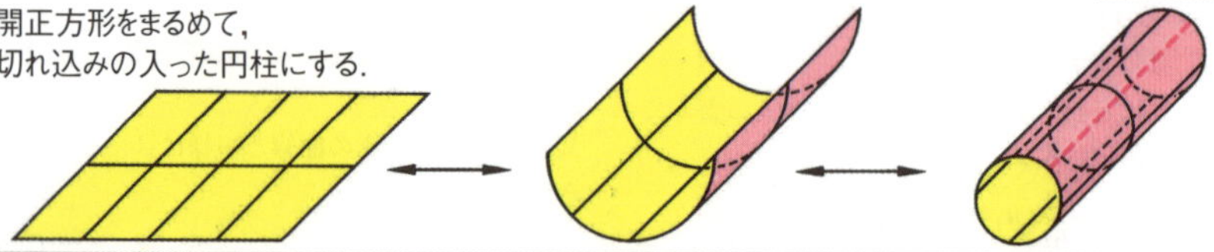

C$_2$

同相曲面片

曲面片上の長さ測定

$(u,v) \in G$ に対し $\boldsymbol{a}(u,v)$ で曲面片が与えられていて，$t \in (a,b)$ に対し，C^1 級の曲面曲線

$$\boldsymbol{k}(t) = \boldsymbol{a}(\boldsymbol{\varphi}(t)) = \boldsymbol{a}(\varphi_1(t), \varphi_2(t))$$

が定義されるとする．曲面曲線の長さ l を，p.367 の弧長公式で表す．すなわち，

$$\boldsymbol{k}'(t) = \frac{\partial \boldsymbol{a}}{\partial u}(\boldsymbol{\varphi}(t)) \cdot \varphi_1'(t) + \frac{\partial \boldsymbol{a}}{\partial v}(\boldsymbol{\varphi}(t)) \cdot \varphi_2'(t)$$

(p.377) から次の形の弧長を表す式が成立する．

$$l = \int_a^b \sqrt{I(t)}\ \mathrm{d}t$$

$I(t)$ は次の形であり，E, F, G は図 A のとおり．

$$E \cdot (\varphi_1'(t))^2 + 2F \cdot \varphi_1'(t)\varphi_2'(t) + G \cdot (\varphi_2'(t))^2$$

注意 1　厳密には，E, F, G ではなく $E(\boldsymbol{\varphi}(t))$, $F(\boldsymbol{\varphi}(t))$, $G(\boldsymbol{\varphi}(t))$ でなければならないが，誤解が生じない限り以下ではこの簡略形も用いる．

注意 2　u, v のかわりにパラメータ u^1, u^2 を適用すれば，E, F, G は記号 g_{11}, g_{12} (ならびに g_{21})，g_{22} で置き換えられる (p.390f)．

積分の根号の中に現れた $I(t)$，すなわち

$$E \cdot (\varphi_1'(t))^2 + 2F \cdot \varphi_1'(t)\varphi_2'(t) + G \cdot (\varphi_2'(t))^2$$

は曲面論の**第 1 基本形式**といわれ，$|\boldsymbol{k}'(t)|^2$ に等しい (例．図 A)．E, F, G を基本形式の**係数**といい，

$$E > 0, G > 0,$$

$$EG - F^2 = \left| \frac{\partial \boldsymbol{a}}{\partial u}(u,v) \times \frac{\partial \boldsymbol{a}}{\partial v}(u,v) \right|^2 > 0$$

が成立する．

注意 3　項 $EG - F^2$ を基本形式の**判別式**といい，W^2 とも略表記される．一般には g_{ik} を適用し g と表記する．$g := EG - F^2$．

したがって，任意の点で E, F, G が分かれば，曲面片上の長さ測定の問題はただちに解決される．

係数 E, F, G は第 1 基本形式とは対照的に，パラメータ変換に対し不変ではない．

曲面片の角度測定

$$\boldsymbol{k}(t) = \boldsymbol{a}(\boldsymbol{\varphi}(t)) \quad (t \in I),$$

$$\hat{\boldsymbol{k}}(\hat{t}) = \boldsymbol{a}(\hat{\boldsymbol{\varphi}}(\hat{t})) \quad (\hat{t} \in \hat{I})$$

により，曲面片上に交わる二つの C^1 級の曲面曲線が与えられているとする．交点を $\boldsymbol{k}(t_0)$ とし，$\boldsymbol{k}(t_0) = \hat{\boldsymbol{k}}(\hat{t}_0)$ が成立するような $\hat{t}_0 \in \hat{I}$ が存在すると仮定する．曲面曲線間の交点角度 α は接線ベクトル間の角度で定義され (図 B_1)，

$$\cos\alpha = \langle \boldsymbol{k}'(t_0), \hat{\boldsymbol{k}}'(t_0) \rangle \{ |\boldsymbol{k}'(t_0)| \cdot |\hat{\boldsymbol{k}}'(t_0)| \}^{-1}$$

が成立する．したがって，第 1 基本形式を知れば角度測定も可能となる．

特に，座標曲線 (p.377) を用い，交わる角度を決定することができる．すなわち，曲面点を $\boldsymbol{a}(u_0, v_0)$ で表せば，u 曲線に対して

$$\boldsymbol{\varphi}(t) = (\varphi_1(t), \varphi_2(t)) = (t, v_0)$$

が成立，v 曲線に対しては

$$\hat{\boldsymbol{\varphi}}(\hat{t}) = (\hat{\varphi}_1(\hat{t}), \hat{\varphi}_2(\hat{t})) = (u_0, \hat{t})$$

が成立．このことにより

$$\cos\alpha = F/\sqrt{EG},\ \sin\alpha = \sqrt{EG - F^2}/\sqrt{EG}$$

が成立する．したがって，$F = 0$ がどの点でも成立するとき，そのときにのみ座標線網は直交する．

例　図 B_2．

曲面片上の曲面積測定

p.321 の定義と等式

$$EG - F^2 = \left| \frac{\partial \boldsymbol{a}}{\partial u}(u,v) \times \frac{\partial \boldsymbol{a}}{\partial v}(u,v) \right|^2$$

から，曲面片の面積に対し次式を得る．

$$O = \int_B \sqrt{EG - F^2}\, d(u,v)$$

すでに p.321 で，積分を使用しない体積の定義の問題点に言及した．しかし積分の定義は，通常どおり体積測定に関するすべての要求をみたすことが示される．よって，第 1 基本形式が計算可能ならば，長さ測定と角度測定および曲面積測定は曲面片上でできる．

注意　第 1 基本形式には位相の意味での計量を導入できるので，第 1 基本形式を**計量基本形式**という．

等長曲面片，内部幾何

成分が C^1 級で関数行列式が $\neq 0$ である写像を使うと，二つの曲面片を比較できる．そのような写像により，任意の曲線の長さが不変になるならば，その写像は**長さを保存する** (または**等長**) といわれる．それに付随する曲面片は**等長曲面片**といわれる．

例　図 C_1．

注意　曲面片を，例えば**湾曲**させて変形する，すなわち伸長することなく連続変形により，他の曲面片に変形するとき，等長曲面片が存在する (図 C_2)．湾曲という概念は，すべての等長曲面片を把握するための特殊な概念である．

すべての付随する点に対して，第 1 基本形式が一致するようにパラメータ化可能ならば，二つの曲面片の等長性は容易に分かる．逆もまた成立．

よって，近傍空間を考慮せず，第 1 基本形式のみを使用し，等長曲面片上の幾何を変形して観測しても，二つの曲面片上での長さ測定のみでは識別不可能．

第 1 基本形式のみに依存するすべての幾何的性質を**内部性質**とも言い表し，その幾何を**内部幾何**という．

よって，等長曲面片は**同じ内部幾何を持つ**ともいう．

注意　多くの実用に際し，**切れ目を入れた球の表面**の内部幾何 (p.376，図 B) と平面の内部幾何 (いわゆる**平面幾何**) は異なること，すなわち，これら二つの点集合間の長さ保存写像は存在しないことに注意．

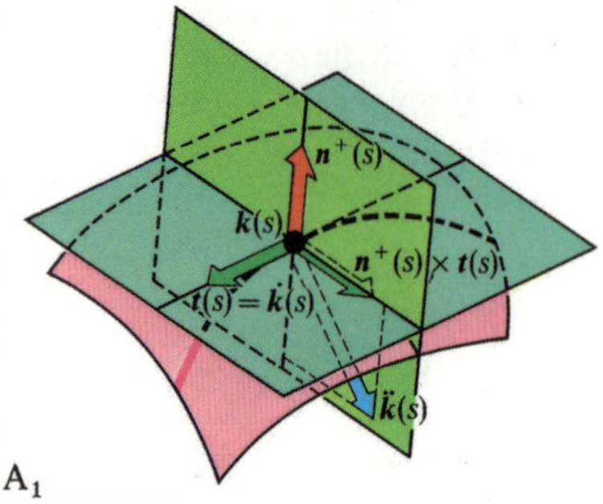

$\varkappa_n(s)$ と $\varkappa_g(s)$ は次のように定義される．

$$\ddot{\boldsymbol{k}}(s)=\varkappa_n(s)\cdot\boldsymbol{n}^+(s)+\varkappa_g(s)\cdot\boldsymbol{n}^+(s)\times\boldsymbol{t}(s).$$

$\boldsymbol{n}^+(s)$, $\boldsymbol{n}^+(s)\times\boldsymbol{t}(s)$ ならびに $\ddot{\boldsymbol{k}}(s)$ の内積により

$$\begin{aligned}&(1)\quad \varkappa_n(s)=\langle\boldsymbol{n}^+(s),\ddot{\boldsymbol{k}}(s)\rangle,\\&(2)\quad \varkappa_g(s)=\langle\boldsymbol{n}^+(s)\times\boldsymbol{t}(s),\ddot{\boldsymbol{k}}(s)\rangle\\&\qquad\qquad=\det(\dot{\boldsymbol{k}}(s)\,\ddot{\boldsymbol{k}}(s)\,\boldsymbol{n}^+(s)),\\&(3)\quad [\varkappa(s)]^2=[\varkappa_n(s)]^2+[\varkappa_g(s)]^2.\end{aligned}$$

となる．また $\ddot{\boldsymbol{k}}(s)=\varkappa(s)\cdot\boldsymbol{h}(s)$ により（$\boldsymbol{h}(s)$ 主法線ベクトル）からは次の式が成立する．

$$(4)\quad \varkappa_n(s)=\varkappa(s)\cdot\cos(\boldsymbol{n}^+(s),\boldsymbol{h}(s)).$$

A₁

関係 $\varkappa_n(s)=\langle\boldsymbol{n}^+(s),\ddot{\boldsymbol{k}}(s)\rangle$ を使い法曲率を求める．

$$\dot{\boldsymbol{k}}(s)=\frac{\partial\boldsymbol{a}}{\partial u}(\boldsymbol{\varphi}(s))\cdot\dot{\varphi}_1(s)+\frac{\partial\boldsymbol{a}}{\partial v}(\boldsymbol{\varphi}(s))\cdot\dot{\varphi}_2(s)$$

$$\begin{aligned}\ddot{\boldsymbol{k}}(s)=&\frac{\partial^2\boldsymbol{a}}{\partial u^2}(\boldsymbol{\varphi}(s))\cdot(\dot{\varphi}_1(s))^2+2\frac{\partial^2\boldsymbol{a}}{\partial u\partial v}(\boldsymbol{\varphi}(s))\cdot\dot{\varphi}_1(s)\cdot\dot{\varphi}_2(s)+\frac{\partial^2\boldsymbol{a}}{\partial v^2}(\boldsymbol{\varphi}(s))\cdot(\dot{\varphi}_2(s))^2\\&+\frac{\partial\boldsymbol{a}}{\partial u}(\boldsymbol{\varphi}(s))\cdot\ddot{\varphi}_1(s)+\frac{\partial\boldsymbol{a}}{\partial v}(\boldsymbol{\varphi}(s))\cdot\ddot{\varphi}_2(s)\end{aligned}$$

$$L(u,v):=\left\langle\boldsymbol{n}^+(u,v),\frac{\partial^2\boldsymbol{a}}{\partial u^2}(u,v)\right\rangle,\ M(u,v):=\left\langle\boldsymbol{n}^+(u,v),\frac{\partial^2\boldsymbol{a}}{\partial u\partial v}(u,v)\right\rangle,$$
$$N(u,v):=\left\langle\boldsymbol{n}^+(u,v),\frac{\partial^2\boldsymbol{a}}{\partial v^2}(u,v)\right\rangle,$$

と置き $L(\boldsymbol{\varphi}(s))$, $M(\boldsymbol{\varphi}(s))$，$N(\boldsymbol{\varphi}(s))$ のかわりに簡略形 L，M，N を使うと

$$\varkappa_n(s)=L\cdot(\dot{\varphi}_1(s))^2+2M\cdot\dot{\varphi}_1(s)\cdot\dot{\varphi}_2(s)+N\cdot(\dot{\varphi}_2(s))^2,$$

となり，任意のパラメータ t で　$s=s(t)$ と表すと次の値が得られる．

$$\varkappa_n(t)=\frac{L(\varphi_1'(t))^2+2M\cdot\varphi_1'(t)\cdot\varphi_2'(t)+N\cdot(\varphi_2'(t))^2}{E(\varphi_1'(t))^2+2F\cdot\varphi_1'(t)\cdot\varphi_2'(t)+G\cdot(\varphi_2'(t))^2}$$

A₂

法曲率と測地曲率，法曲率の計算

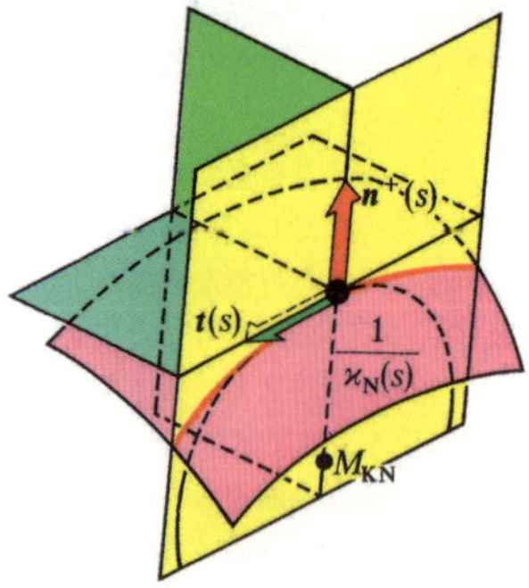

与えられた方向 $\boldsymbol{t}(s)$ に対する法平面曲線

M_{KN}　法平面曲線の曲率円の中心

$\varkappa_N(s)$　法平面曲線の曲率

$$\varkappa_N(s)=|\varkappa_n(s)|$$

B₁

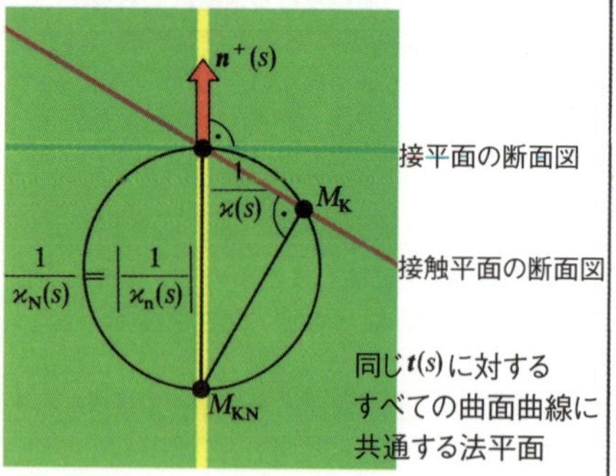

図A₁，（4）により $\varkappa_n(s)\neq 0$ に対し

$$\frac{1}{\varkappa(s)}=\frac{1}{\varkappa_n(s)}\cos(\boldsymbol{n}^+(s),\boldsymbol{h}(s))$$

が成立し，ムーニエの定理が得られる．

接線方向が同じで，$\varkappa_n(s)\neq 0$　となる点を通るすべての曲面曲線で，曲率円の中心はその（接線方向で定まる）法平面上の円周の上にある．

B₂

法平面曲線とムーニエの定理

曲面片の曲率

曲面片の曲率は明らかに近傍空間と関係しているので，曲率の振る舞いを記述するためには第１基本形式のみでは不十分である．

これを調べるためには，曲面曲線を導入しその曲率の値を評価する．その際，曲面片上の点で，曲率値の分かっているできるだけ多くの分類された点で評価をすべきである．

法曲率，測地的曲率

簡単のために，以下では曲面曲線は自然にパラメータ化されているとする．曲面片と曲面曲線は C^2 級としてよい．$\kappa(s)$ は常に 0 ではないとする．

曲面曲線

$$\boldsymbol{k}(s) = \boldsymbol{a}(\boldsymbol{\varphi}(s))$$

の $\kappa(s)$ を計算するために，直接に定義 (p.367)

$$\kappa(s) = |\ddot{\boldsymbol{k}}(s)|$$

適用してもよいが，それ以外に他の２曲率，**法曲率** $\kappa_n(s)$ と**測地的曲率** $\kappa_g(s)$ を導入し

$$[\kappa_n(s)]^2 + [\kappa_g(s)]^2 = [\kappa(s)]^2$$

を使う方法でもよい．

これら二つの曲率は以下のように定義する（図 A_1）．

曲面曲線上の点 $\boldsymbol{a}(\boldsymbol{\varphi}(s))$ での曲面法線ベクトル $\boldsymbol{n}^+(\boldsymbol{\varphi}(s))$（以下 $\boldsymbol{n}^+(s)$ と略記）と接ベクトル $\boldsymbol{t}(s)$ およびそのベクトル積

$$\boldsymbol{n}^+(s) \times \boldsymbol{t}(s)$$

による（通常の付随する枠とは異なる）**ガウス枠**（ガウス標構，ガウス三脚）を選択する．$\ddot{\boldsymbol{k}}(s)$ は，$\boldsymbol{n}^+(s)$ と $\boldsymbol{n}^+(s) \times \boldsymbol{t}(s)$ で張られる平面上にあり，曲率 $\kappa_n(s), \kappa_g(s)$ から一意的に定まる成分で，以下の成分からなる．

$\kappa_n(s) \cdot \boldsymbol{n}^+(s)$（**法線方向成分**）

$\kappa_g(s) \cdot \boldsymbol{n}^+(s) \times \boldsymbol{t}(s)$　（**接線方向成分**）

さらに，$\kappa_n(s), \kappa_g(s), \kappa(s)$ について図 A_1 のような基本的な関係が成立する．

測地的曲率の計算

$$\kappa_g(s) = \det(\dot{\boldsymbol{k}}(s)\ddot{\boldsymbol{k}}(s)\boldsymbol{n}^+(s))$$

を用いて，曲面曲線上の点を通る曲面曲線の測地的曲率を計算すれば，この曲率は曲線の長さ以外には第１基本形式のみに依存することが分かる．このことは，測地的曲率が曲面片の**内部幾何の性質**であることを意味している．よって，このことを調べても，空間では曲面片の曲率関係の研究に対しては新しいことは何も得られない．

測地的曲率は，例えば特別な曲面曲率，すなわち**測地線**を際立たせるために適用される．ここでは，任意の点で測地的曲率が 0 である曲面曲線が問題となる．問題の扱いを完全なものにするために，測地線には直線ならびに線分をも含めるとする．線分を含めなければ，測地線上では主法線ベクトルと曲面法線ベクトルとが共線的であるという重要な性質を持つ．

注意　曲面上の２点を結ぶ最短の曲線は，常に測地線である (p.341)．任意の測地線が２点を結ぶ最短距離のものであるとは限らないということは，球面上での大円の場合を考えてみるとよく分かる．

測地的曲率とは対照的に，法曲率は曲面曲率の研究のための補助的な手段にすぎない．

法曲率の計算

図 A_2 の計算により，$\kappa_n(s)$ は

$$L \cdot (\dot{\varphi}_1(s))^2 + 2M \cdot \dot{\varphi}_1(s)\dot{\varphi}_2(s) + N \cdot (\dot{\varphi}_2(s))^2$$

であり，また $\kappa_n(t)$ は

$$\frac{L\cdot(\varphi_1'(t))^2 + 2M \cdot \varphi_1'(t)\varphi_2'(t) + N \cdot (\varphi_2'(t))^2}{E \cdot (\varphi_1'(t))^2 + 2F \cdot \varphi_1'(t)\varphi_2'(t) + G \cdot (\varphi_2'(t))^2}$$

で表される．L, M, N は図のような意味を持つ．

$$L \cdot (\varphi_1'(t))^2 + 2M \cdot \varphi_1'(t)\varphi_2'(t) + N \cdot (\varphi_2'(t))^2$$

を**第２基本形式**といい，L, M, N を**第２基本形式の係数**という．

注意　u と v のかわりにパラメータ u^1 と u^2 を適用するときは，通常 L, M, N を $b_{11}, b_{12}, (b_{21},)$ b_{22} で置き換える．$LN - M^2$ を**第２基本形式の判別式**ともいい b で表す．第１基本形式とは異なり，値として 0 や負の値を取る可能性もある．

第２基本形式を用いると，固定された曲面点を通る任意の曲面曲線の法曲率が定まる．ただし，法曲率がどんな値を取るかを決定するためであっても，すべての曲面曲線を考える必要はない．上記の関係は，他の接線方向に移行するとき高々法曲率が変化することを示しているからである．したがって，曲面点における１位接触 (p.371) を持つすべての曲面曲率は同じ法曲率を持つ．

与えられた接線方向に対し，曲面点を通り $\boldsymbol{t}(s)$ と $\boldsymbol{n}^+(s)$ により張られる平面を選べば，その平面と曲面片との交線として**平面上の**曲面曲線，すなわち，方向 $\boldsymbol{t}(s)$ のいわゆる**法平面曲線**が生ずる（図 B_1）．

任意の法平面曲線に対しては，

$$|\cos(\boldsymbol{n}^+(s), \boldsymbol{h}(s))| = 1$$

が成立し，法平面曲線の曲率 $\kappa_N(s)$ を得る．

$$\kappa_N(s) = |\kappa_n(s)|$$

ゆえに，曲面点の法曲率は法平面曲線の**曲率**で完全に把握できる．

ムーニェの定理（図 B_2）から，以下のことが導かれる．すなわち，「ある点での接線方向で定まる法平面曲線の曲率は，その同じ点を通り接線方向が同じ曲面曲線の曲率中で最小のものである．」

曲面上の点の分類

A_1 楕円点 P の近傍 ($b>0$)

A_2 放物点 P の近傍 ($b=0$)

A_3 双曲点 P の近傍 ($b<0$)

A_4 トーラスの一部

パラメータ表示
$$a(u,v) = \begin{pmatrix} (r_1 + r_2 \cos v)\cos u \\ (r_1 + r_2 \cos v)\sin u \\ r_2 \sin v \end{pmatrix} \quad (0 < r_2 < r_1)$$

$(u,v) \in (0, 2\pi) \times (0, 2\pi)$

判別式 $\quad b = r_2 \cdot (r_1 + r_2 \cos v) \cdot \cos v$

$b > 0 \Leftrightarrow \cos v > 0$ 楕円点
$b = 0 \Leftrightarrow \cos v = 0$ 放物点
$b < 0 \Leftrightarrow \cos v < 0$ 双曲点

平坦点を持つ曲面

A_5 回転曲面
$$a(u,v) = \begin{pmatrix} u \\ v \\ (u^2+v^2)^2 \end{pmatrix}$$

A_6 鞍点
$$a(u,v) = \begin{pmatrix} u \\ v \\ v(v^2 - 3u^2) \end{pmatrix}$$

デュパン標形

B_1 P での接平面、法平面曲線方向

図から次式が得られる
$\cos^2 \varepsilon = e_1^2 \cdot \varkappa_N(\varepsilon)$
$\sin^2 \varepsilon = e_2^2 \cdot \varkappa_N(\varepsilon)$.

オイラーの定理からは
$$\left| \varkappa_1 \cdot e_1^2 + \varkappa_2 \cdot e_2^2 \right| = \left| \frac{\varkappa_N(\varepsilon)}{\varkappa_N(\varepsilon)} \right| = 1.$$

デュパン標形

B_2 楕円点

B_3 双曲点

B_4 放物点 ($\varkappa_1 = 0$)

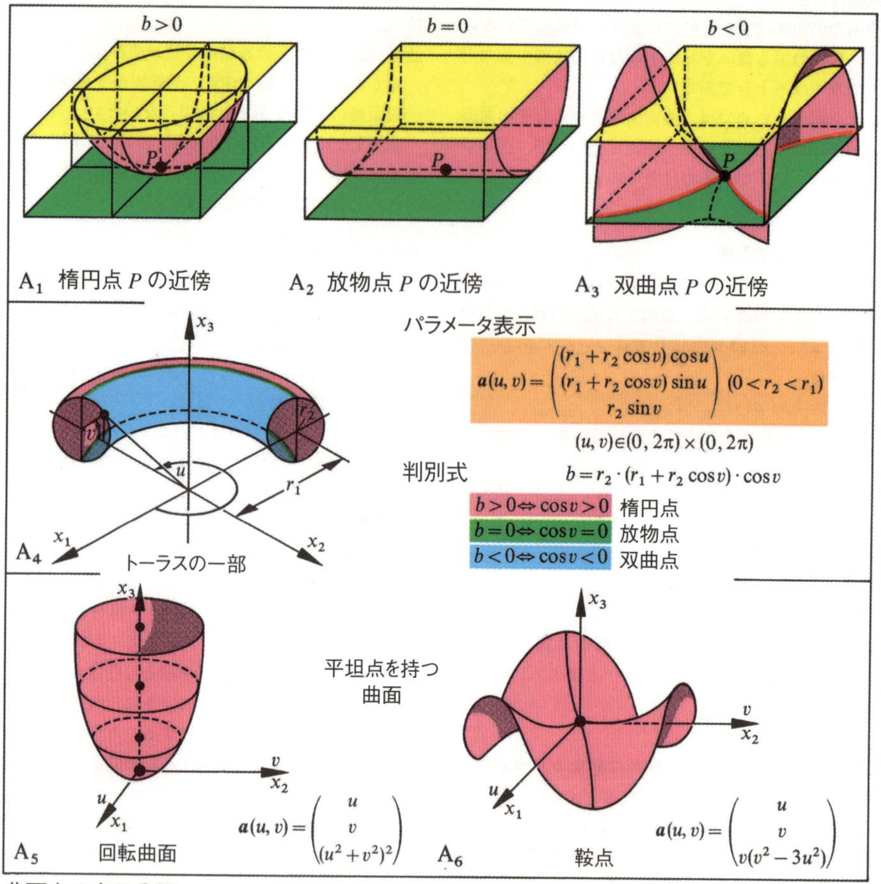

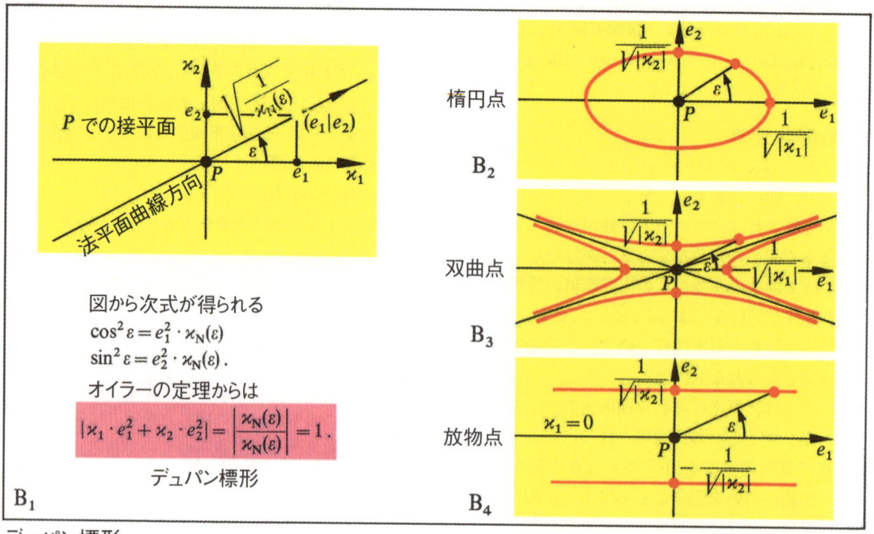

曲面点の分類

曲面片上の任意の点 P を，$b>0$，$b=0$，$b<0$ の場合について分類することができる．ここで，b を点 P における第2基本形式の判別式 $LN-M^2$ とする (p.383).

(1) $b>0$

このとき，P の近傍内に存在する曲面片のすべての点が P の接平面側に存在し，P 以外は接平面上にないように P の近傍が存在する．法曲率はその符号を変えないからである（図 A_1）．P でのこの曲面片の曲率を**楕円曲率**，P 自身を**楕円点**という．

例　楕円体（p.192，図 Aa1）は至るところで楕円曲率を持つ．

(2) $b=0$

L,M,N が全部は0でなく法曲率が0である唯一つの接平面方向ベクトル（唯一つの**漸近方向ベクトル**）が，P において存在する．さもなければ，楕円点のような曲率振る舞いをする（図 A_2）．この曲面の曲率を P での**放物曲率**，P を**放物点**という．

例　円柱上では，すべての点が放物点である．

P において L,M,N がすべて0ならば，P を**平坦点**という．

例　図 A_5 と A_6.

(3) $b<0$

この場合，法曲率が0である接方向ベクトルがちょうど二つ存在する．すなわち，ちょうど二つの漸近方向ベクトルが存在する．よって，法曲率に従い符号が変わる．その結果，P の任意の近傍内に，接平面の両側に属する曲面片の点が存在する（図 A_3）．この曲面の曲率を**双曲曲率**，P を**双曲点**という．

例　単殻双曲面ならびに双曲放物面のすべての点は双曲点（p.192，図 Aa2 と図 Ba2）.

注意　トーラス上では，楕円曲率，放物曲率，双曲曲率が存在する（図 A_4）．

臍点（さいてん，せいてん）

曲面片の楕円点と放物点の中で，任意の接方向ベクトルでの法曲率が一定である点は特別な点である．これを**臍点**というが，調べるのは非常に困難である．

例　球面上の点は楕円臍点である．

注意　平坦点 $(\kappa_n(s)=0)$ もまた臍点に含まれる．

主曲率

臍点ではない任意の曲面点に対し，付随する法曲率がちょうどすべての法曲率の最大値と最小値を取り，かつ互いに垂直な接平面方向ベクトルが得られる．これら最大値と最小値をそれぞれ κ_1 と κ_2 で表す．κ_1 と κ_2 を**主曲率**といい，付随する接平面方向ベクトルを**主曲率方向ベクトル**という．

臍点ではない曲面点に付随するその他の法曲率が，主曲率により簡単に表される限り，主曲率は重要である．次の**オイラーの定理**が成立する．

$$\kappa_n(\varepsilon)=\kappa_1\cdot\cos^2\varepsilon+\kappa_2\cdot\sin^2\varepsilon$$

ここで，ε を κ_1 に付随する主曲率方向ベクトルと $\kappa_n(\varepsilon)$ に付随する接平面方向の間の角度とする．

デュパン標形

曲面片上の点 P に対し，主曲率方向ベクトルが存在すれば，これらのベクトルを用いて，接平面上で P を原点とする直交座標系を導入できる．図 B_1 のように P を通る任意の法平面曲線に対し付随する値

$$\sqrt{\frac{1}{\kappa_N(\varepsilon)}},\qquad \text{すなわち}\qquad \frac{1}{\sqrt{|\kappa_n(\varepsilon)|}}$$

をその接平面の方向に取るならば，曲面点の型を特徴付ける曲線を得る．図 B_1 の計算により，どの場合にも等式

$$|\kappa_1\cdot e_1^2+\kappa_2\cdot e_2^2|=1$$

をみたす円錐曲線 (p.187) と平行線の組が問題となることが分かる．この等式に付随する曲線を**デュパン標形**という．

楕円点に対して主曲率は同一の符号を持つので，デュパン標形は軸

$$\frac{1}{\sqrt{|\kappa_1|}}\quad \text{と}\quad \frac{1}{\sqrt{|\kappa_2|}}$$

を持つ楕円である（図 B_2）．

双曲点の場合には，主曲率はそれぞれ異なる符号を持つ．その結果，デュパン標形は同一の漸近線を持つ二つの双曲線からなる．

放物点が与えられれば，主曲率のうち1つだけは0になる．ゆえに，デュパン標形として平行線の組を得る．

さらにまた，接平面に平行な平面と曲面が交わってできる切断曲線では，該当する曲面点のデュパン標形が相似であればあるほど，接平面と切断面との間の距離はより小さい．これは，図 A_1 ないし A_3 に図示されている．

注意　臍点では $\kappa_1=\kappa_2$ とすることができ，デュパン標形としては円を対応させることができる．

例　球面の点

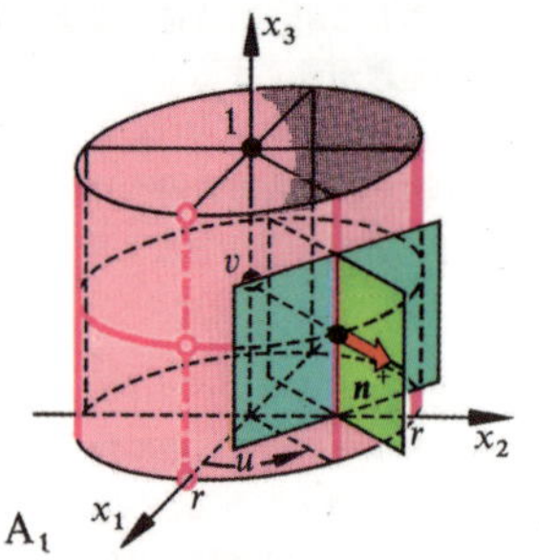

A$_1$

パラメータ表示：$\boldsymbol{a}(u,v)=\begin{pmatrix} r\cos u \\ r\sin u \\ v \end{pmatrix}$ ここで $u\in[0,2\pi], v\in[0,1]$

$$\frac{\partial \boldsymbol{a}}{\partial u}(u,v)=\begin{pmatrix} -r\sin u \\ r\cos u \\ 0 \end{pmatrix},\ \frac{\partial \boldsymbol{a}}{\partial v}(u,v)=\begin{pmatrix} 0 \\ 0 \\ 1 \end{pmatrix},\ \boldsymbol{n}^{+}(u,v)=\begin{pmatrix} \cos u \\ \sin u \\ 0 \end{pmatrix},$$

$E=1, F=0, G=r^2, L=0, M=0, N=r,$
$g=EG-F^2=r^2, b=LN-M^2=0,$

$$H=\frac{1}{2r},\ K=0$$

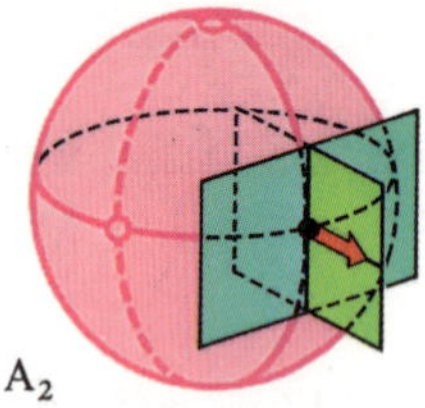

A$_2$

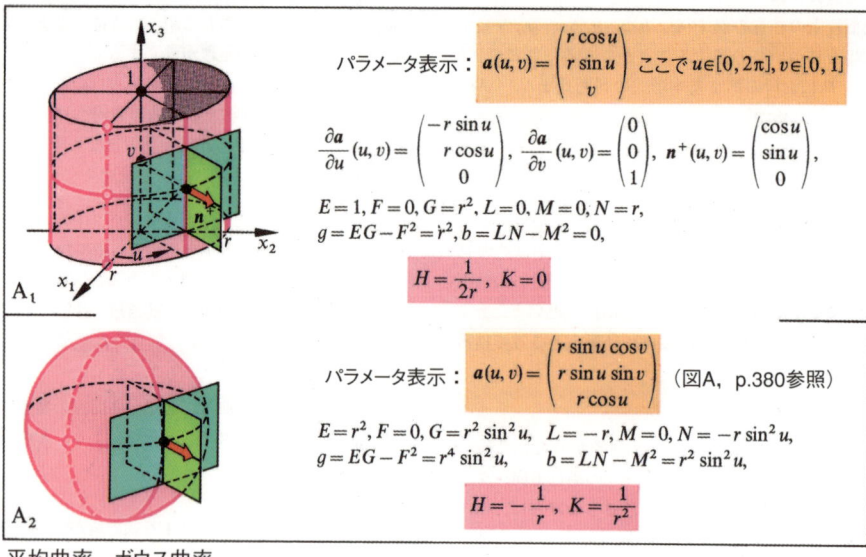

パラメータ表示：$\boldsymbol{a}(u,v)=\begin{pmatrix} r\sin u\cos v \\ r\sin u\sin v \\ r\cos u \end{pmatrix}$ （図A，p.380参照）

$E=r^2, F=0, G=r^2\sin^2 u,\quad L=-r, M=0, N=-r\sin^2 u,$
$g=EG-F^2=r^4\sin^2 u,\quad b=LN-M^2=r^2\sin^2 u,$

$$H=-\frac{1}{r},\ K=\frac{1}{r^2}$$

平均曲率，ガウス曲率

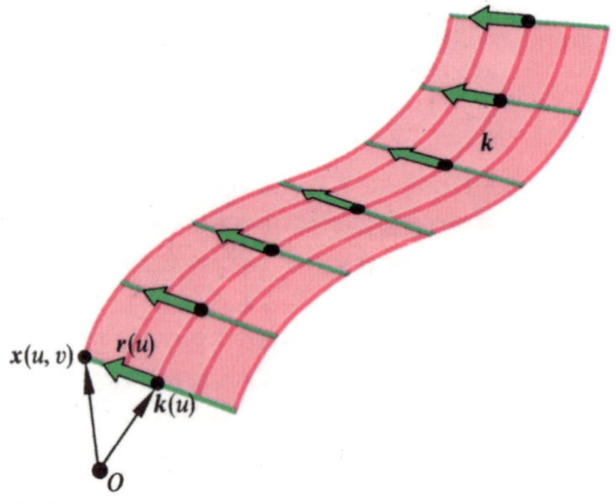

$\boldsymbol{x}(u,v)=\boldsymbol{k}(u)+v\cdot\boldsymbol{r}(u)$ は
$u=$ const. のとき
直線を表す（生成元）

$\boldsymbol{x}(u,v)=\boldsymbol{k}(u)+v\cdot\boldsymbol{r}(u)$ は
$v=$ const. のとき
曲線を表す（導曲線）

B$_1$

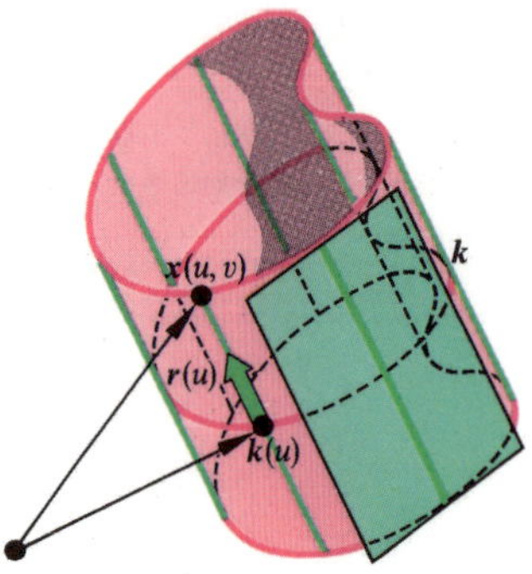

円柱 $(\boldsymbol{r}(u)=\text{const.})$

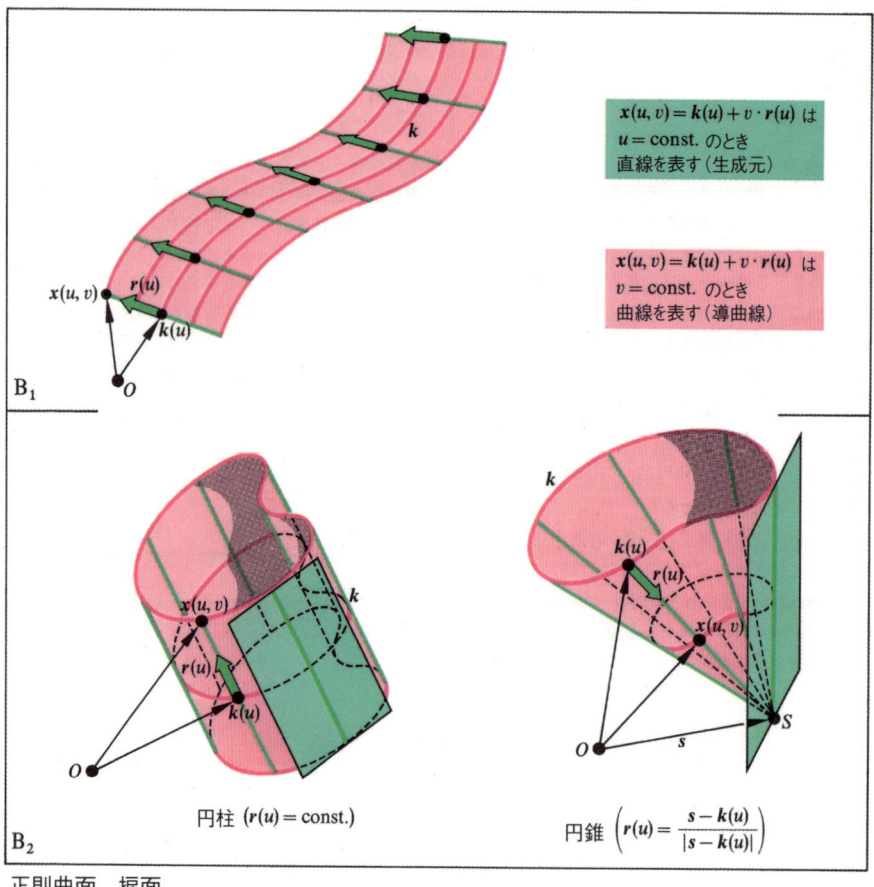

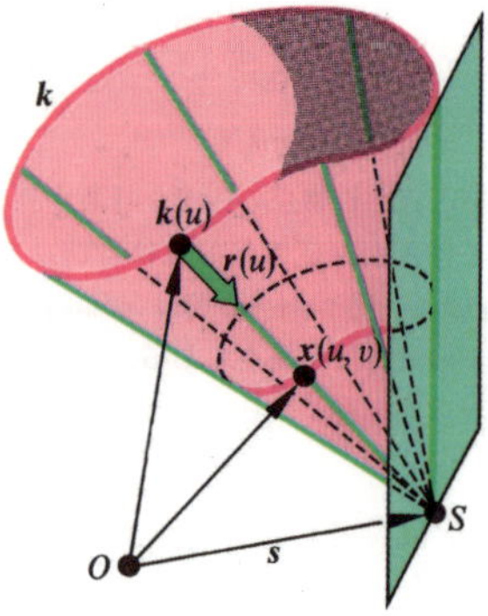

円錐 $\left(\boldsymbol{r}(u)=\dfrac{\boldsymbol{s}-\boldsymbol{k}(u)}{|\boldsymbol{s}-\boldsymbol{k}(u)|}\right)$

B$_2$

正則曲面，捩面

曲率線

任意の点の接線方向が主曲率方向 (p.385) と一致する曲面曲線を**曲率線**という．

曲面片が C^3 級ならば，直交曲率線の存在は臍点ではない任意の曲面点により保証され，曲率線のそのような網は $F = 0$ かつ $M = 0$ であるとき，かつそのときに限り座標線網を表す．

漸近線

任意の点における接線方向が，漸近方向 (p.385) すなわち $\kappa_n(s) = 0$ となる方向と一致する曲面曲線を**漸近曲線**という．

楕円点の十分に小さな近傍内では，漸近線は存在しない．それに反し，放物点（双曲点）を通る漸近線がちょうど 1 本（ちょうど 2 本）存在することが保証される．直線は常に漸近線である．

漸近線網は，$L = 0$ かつ $N = 0$ であるときかつそのときに限り座標線を表す．

平均曲率，ガウス曲率

臍点ではない曲面点に対し，主曲率 κ_1 と κ_2 の平均 H を**平均曲率**といい，積 K を**ガウス曲率**という．

$$H := \frac{1}{2}(\kappa_1 + \kappa_2), \quad K := \kappa_1 \cdot \kappa_2$$

これらの曲率は，2 次方程式

$$\kappa_n^2 - 2H \cdot \kappa_n + K = 0$$

の二つの解 κ_1 と κ_2 で決まる．簡単な計算により，H と K は第 1 基本形式および第 2 基本形式の係数と関係付けられる．

$$H = \frac{1}{2g}(EN - 2FM + GL),$$

$$K = \frac{b}{g} = \frac{LN - M^2}{EG - F^2} \quad (g := EG - F^2)$$

これらの関係式により，両曲率はまた臍点を含む曲面片にも拡張される．

これら二つの新しい概念は，一見どちらも内部幾何に属していないように思われ，実際平均曲率は内部幾何に属さないが，ガウス曲率は曲面部分の内部幾何に属すことが分かる．

平均曲率に関して，次の例を考えてみる．切れ込みを入れた円柱の平均曲率を計算すると，半径に依存することが示される（図 A_1）．しかし，平面上の 1 点に対し常に $H = 0$ が成立する．よって，切れ込みを入れた円柱から平面への長さ保存写像の存在（p.380，図 C_1）により，平均曲率は内部幾何には属さない．

ガウス曲率では，項 b/g はまさに第 1 基本形式に依存するように変形できるため（p.388，図 A_5），曲面部分の内部幾何に属する．この「驚嘆すべき」結果は**ガウスの基本定理**（**驚異の定理**，**Theorema egregium**）の内容である．したがって，異なるガウス曲率を持つ曲面片は等長写像ではありえない（p.381）．すなわち，**切れ込みを入れた球面**（p.376，図 B）は，すでに p.381 で言及したように，長さが保存されずに平面に写される（図 A_2）．それどころか（地図製作に必要な）小さな**球面扇形**ですらない．ガウス曲率が一致することは，特別な場合を除けば等長写像に対して**必要条件**ではあるが**十分条件ではない**．ここで除外した特別な場合は，例えばガウス曲率が定数で一致し，曲面片が十分小さく選択されるときで，このときには十分条件も成立する．

正則曲面，捩面（れいめん，ねじれめん）

球面扇形では $K \neq 0$ が成立するので，長さは保存されないが平面には写像される．そのような写像は存在する可能性はあるが，どんな曲面片が対象になるのだろうか．必要条件は明らかに，至るところ $K = 0$ が成立することである．十分に小さな C^3 級曲面片に対しては，条件は上で説明したように十分条件でもある．

ガウス曲率が 0 となる曲面片を特徴付けようとすると，**捩面**または**展開可能曲面**という特殊な正則曲面に導かれる．また十分小さな任意 C^3 級曲面片に対しては，適切な捩面の部分集合であるとき，かつそのときに限り長さを保存しかつ平面に写像される，という結果になる．

正則曲面とは大雑把には，空間内を移動する直線（線分）で生成される曲面（図 B）というイメージがよく表している．ここで，そのイメージから曲線上の点の運動を辿り同時に直線の方向ベクトルの変化を記述すれば十分である．この方法により，より厳密な定義に到達する．すなわち**正則曲面**とは，

$$\boldsymbol{x}(u, v) = \boldsymbol{k}(u) + v \cdot \boldsymbol{r}(u),$$
$$u \in I, v \in \mathbb{R}, \boldsymbol{r}(u) \neq \boldsymbol{o}$$

として記述される点集合（またはその適切な部分集合）である．

固定された u は**生成元**（漸近線）といわれる直線を描き，固定された v に対しては，任意の生成元と 1 点で交わる曲線，いわゆる**導曲線**を描く．

点を動かしても，同じ生成元より成る点で接平面が変化しなければ，正則曲面は**捩面**と呼ばれる．

例 平面，円柱面，円錐面，接平面 (p.373).

$$\det(\dot{\boldsymbol{k}}(s)\boldsymbol{r}(s)\dot{\boldsymbol{r}}(s)) = 0$$

が至るところ成立するとき，かつそのときに限り捩面が存在する（パラメータ s は弧長）．この判定法を手掛かりに，上記の例は事実捩面であることが示される．

このとき重要な性質は，平坦点を持たない C^2 級の任意の捩面は，局所的には，常に例に挙げた捩面の部分集合でなければならない，ということである．

$\langle \cdot , \cdot \rangle$	$\boldsymbol{a}_u$	$\boldsymbol{a}_v$	$\boldsymbol{a}_{uu}$	$\boldsymbol{a}_{uv}$	$\boldsymbol{a}_{vv}$	$\boldsymbol{n}^+$	$\boldsymbol{n}_u^+$	$\boldsymbol{n}_v^+$
$\boldsymbol{a}_u$	E	F	$\frac{1}{2}E_u$	$\frac{1}{2}E_v$	$F_v-\frac{1}{2}G_u$	0	$-L$	$-M$
$\boldsymbol{a}_v$	F	G	$F_u-\frac{1}{2}E_v$	$\frac{1}{2}G_u$	$\frac{1}{2}G_v$	0	$-M$	$-N$
$\boldsymbol{n}^+$	0	0	L	M	N	1	0	0

$\boldsymbol{a}_u$ と $\boldsymbol{a}_v$，ならびに $\boldsymbol{a}_{uu}$，$\boldsymbol{a}_{uv}$，$\boldsymbol{a}_{vv}$ の内積は，適切な表示をすれば第1種のクリストッフェルの記号 $\Gamma_{ik,j}$ となる．すなわち $\Gamma_{12,1}=\langle \boldsymbol{a}_{uv}, \boldsymbol{a}_u\rangle$ である．

A_1

ガウスの公式

$$\boldsymbol{a}_{uu}=\Gamma_{11}^1\cdot\boldsymbol{a}_u+\Gamma_{11}^2\cdot\boldsymbol{a}_v+c_{11}\cdot\boldsymbol{n}^+$$
$$\boldsymbol{a}_{uv}=\Gamma_{12}^1\cdot\boldsymbol{a}_u+\Gamma_{12}^2\cdot\boldsymbol{a}_v+c_{12}\cdot\boldsymbol{n}^+$$
$$\boldsymbol{a}_{vv}=\Gamma_{22}^1\cdot\boldsymbol{a}_u+\Gamma_{22}^2\cdot\boldsymbol{a}_v+c_{22}\cdot\boldsymbol{n}^+$$

係数 $c_{ik}\in\mathbb{R}$ は $\boldsymbol{n}^+$ との内積により得られる．
係数 $\Gamma_{ik}^j\in\mathbb{R}$ は 第2種のクリストッフェルの記号 であり，（連立方程式を解き）$\boldsymbol{a}_u$ と $\boldsymbol{a}_v$ との内積で得られる．

$$\Gamma_{11}^1=\frac{1}{2g}(E_uG-2FF_u+E_vF) \qquad \Gamma_{11}^2=\frac{1}{2g}(-E_uF+2EF_u-EE_v)$$
$$\Gamma_{12}^1=\frac{1}{2g}(E_vG-FG_u) \qquad \Gamma_{12}^2=\frac{1}{2g}(EG_u-E_vF)$$
$$\Gamma_{22}^1=\frac{1}{2g}(-FG_v+2F_vG-GG_u) \qquad \Gamma_{22}^2=\frac{1}{2g}(EG_v-2FF_v+FG_u)$$

$$c_{11}=L \qquad c_{12}=M \qquad c_{22}=N$$

$$(g=EG-F^2)$$

さらに $\Gamma_{21}^1:=\Gamma_{12}^1, \Gamma_{21}^2:=\Gamma_{12}^2$ と定義する．

A_2

ヴァインガルテンの公式

$$\boldsymbol{n}_u^+=r_1\cdot\boldsymbol{a}_u+r_2\cdot\boldsymbol{a}_v+r_3\cdot\boldsymbol{n}^+$$
$$\boldsymbol{n}_v^+=s_1\cdot\boldsymbol{a}_u+s_2\cdot\boldsymbol{a}_v+s_3\cdot\boldsymbol{n}^+$$

$\boldsymbol{a}_u$，$\boldsymbol{a}_v$ と $\boldsymbol{n}^+$ との内積から係数 $r_i, s_i\in\mathbb{R}$ に対する連立方程式が得られる．

$$r_1=\frac{1}{g}(FM-GL) \qquad r_2=\frac{1}{g}(FL-EM) \qquad r_3=0$$
$$s_1=\frac{1}{g}(FN-GM) \qquad s_2=\frac{1}{g}(FM-EN) \qquad s_3=0$$

$$(g=EG-F^2)$$

A_3

ガウスの公式とヴァインガルテンの公式

(1) $\alpha_{11}=0 \Leftrightarrow F\dfrac{b}{g}=(\Gamma_{12}^1)_u-(\Gamma_{11}^1)_v+\Gamma_{12}^1\cdot\Gamma_{12}^2-\Gamma_{11}^2\cdot\Gamma_{22}^1 \quad (g=EG-F^2, b=LN-M^2)$

(2) $\alpha_{12}=0 \Leftrightarrow -E\dfrac{b}{g}=(\Gamma_{12}^2)_u-(\Gamma_{11}^2)_v+\Gamma_{12}^1\cdot\Gamma_{11}^2+\Gamma_{12}^2(\Gamma_{12}^2-\Gamma_{11}^1)-\Gamma_{11}^2\cdot\Gamma_{22}^2$

(3) $\alpha_{21}=0 \Leftrightarrow G\dfrac{b}{g}=(\Gamma_{22}^1)_u-(\Gamma_{12}^1)_v+\Gamma_{12}^1(\Gamma_{22}^2-\Gamma_{12}^1)-\Gamma_{12}^2\cdot\Gamma_{22}^1+\Gamma_{11}^1\cdot\Gamma_{22}^1$

(4) $\alpha_{22}=0 \Leftrightarrow F\dfrac{b}{g}=(\Gamma_{22}^2)_u-(\Gamma_{12}^2)_v+\Gamma_{12}^1\cdot\Gamma_{12}^2-\Gamma_{22}^1\cdot\Gamma_{11}^2$

ガウスの方程式によりこれらの関係はすべて表されるガウスの基本定理．

(5) $\alpha_{13}=0\Leftrightarrow L_v-M_u=\Gamma_{12}^1\cdot L+(\Gamma_{12}^2-\Gamma_{11}^1)\cdot M-\Gamma_{11}^2\cdot N$

(6) $\alpha_{23}=0\Leftrightarrow M_v-N_u=\Gamma_{22}^1\cdot L+(\Gamma_{22}^2-\Gamma_{12}^1)\cdot M-\Gamma_{12}^2\cdot N$

マイナルディ-コダッチの公式

A_4

ガウス曲率 K の計算公式

図A_4 の四つの方程式（1）から（4）を，ガウス曲率の公式にまとめることができる．

$$K=\frac{b}{g}=\frac{1}{g^2}\left[\det(\boldsymbol{a}_{uu}\boldsymbol{a}_u\boldsymbol{a}_v)\cdot\det(\boldsymbol{a}_{vv}\boldsymbol{a}_u\boldsymbol{a}_v)-(\det(\boldsymbol{a}_{uv}\boldsymbol{a}_u\boldsymbol{a}_v))^2\right]$$
$$=\frac{1}{g^2}\begin{vmatrix}-\frac{1}{2}E_{uu}+F_{uv}-\frac{1}{2}G_{uu} & \frac{1}{2}E_u & F_u-\frac{1}{2}E_v\\ F_v-\frac{1}{2}G_u & E & F\\ \frac{1}{2}G_v & F & G\end{vmatrix}-\frac{1}{g^2}\begin{vmatrix}0 & \frac{1}{2}E_v & \frac{1}{2}G_u\\ \frac{1}{2}E_v & E & F\\ \frac{1}{2}G_u & F & G\end{vmatrix}$$

A_5

諸公式と基本定理の関係

曲線論で，曲率と捩率を連続関数として仮定するとき，同値を除き一意的に定まる C^3 級曲線の存在が示される（p.369，基本定理）．曲面片に対しても，これに相当する命題があるかどうかを知りたい．

ここで曲面片の場合は，曲率と捩率に二つの基本形式が現れたことに注意したい．

「基本形式に対する適切な条件のもとに，同値を除いて，一意的に定まる曲面片が存在するか」と問うとき，回答として 2，3 の重要な結果に影響を及ぼす曲面論の基本定理（下記参照）が与えられ，その証明と理解はまず最初に基本形式の係数に関連してくる．

次のガウスの公式とヴァインガルテンの公式は，フレネの公式 (p.369) への類似とみなされる．

ガウスの公式とヴァインガルテンの公式

$\boldsymbol{a}(u,v)$ で曲面片の点を表せば，

$$\frac{\partial \boldsymbol{a}}{\partial u}(u,v),\ \frac{\partial \boldsymbol{a}}{\partial v}(u,v),\ \boldsymbol{n}^+(u,v)$$

から成る**ガウス枠** (p.383) により三つの基底ベクトルが設定される．他の任意のベクトル，例えば

$$\frac{\partial^2 \boldsymbol{a}}{\partial u^2}(u,v),\ \frac{\partial^2 \boldsymbol{a}}{\partial u \partial v}(u,v),\ \frac{\partial^2 \boldsymbol{a}}{\partial v^2}(u,v)$$

もまたそれらの 1 次結合で表される．

以下では少し狭義の表記法を取るため変数 (u,v) を省略し，偏導関数で微分する変数は関数の後に併記する．上述の導関数を次のように書く．

$$\boldsymbol{a}_u, \boldsymbol{a}_v, \boldsymbol{a}_{uu}, \boldsymbol{a}_{uv}, \boldsymbol{a}_{vv}$$

図 A_1 のように，$\boldsymbol{a}$ の偏導関数と曲面法線ベクトル $\boldsymbol{n}^+$ ならびに偏導関数

$$\boldsymbol{n}_u^+,\ \boldsymbol{n}_v^+$$

から，内積を使って基本形式の係数 E, F, G (p.381) と L, M, N (p.383) がどのように導かれるかが分かる．

今，

$$\boldsymbol{a}_{uu},\ \boldsymbol{a}_{uv},\ \boldsymbol{a}_{vv}$$

をガウス枠で表せば，**ガウスの公式**（図 A_2）が与えられる．ここに現れる**第 2 種クリストッフェル記号**は，偏導関数を含む第 1 基本形式によってのみ決定される．

$$\boldsymbol{n}_u^+ \text{ と } \boldsymbol{n}_v^+$$

もガウス枠で表せば，**ヴァインガルテンの公式**（図 A_3）を得る．

ガウスの公式とマイナルディ - コダッチの公式

C^3 級の曲面片に対して，3 階偏導関数の連続性により次の必要条件が必要となる．

$$(\boldsymbol{a}_{uu})_v = (\boldsymbol{a}_{uv})_u \text{ かつ } (\boldsymbol{a}_{vv})_u = (\boldsymbol{a}_{uv})_v$$

ガウスの公式を代入し偏導関数を計算して，

$$\boldsymbol{a}_{uu}, \boldsymbol{a}_{uv}, \boldsymbol{a}_{vv}, \boldsymbol{n}_u^+, \boldsymbol{n}_v^+$$

に対するガウスの公式とヴァインガルテンの公式を使うと，$\alpha_{ik} \in \mathbb{R}, k \in \{1,2\}$ について

$$\alpha_{1k}\boldsymbol{a}_u + \alpha_{2k}\boldsymbol{a}_v + \alpha_{3k}\boldsymbol{n}^+ = \boldsymbol{o}$$

という形の二つのベクトル方程式を得る．

$$\boldsymbol{a}_u, \boldsymbol{a}_v, \boldsymbol{n}^+$$

の 1 次独立性により，これらの等式は係数がすべて 0 であるときにのみ成立する．これから，図 A_4 に記された等式が得られる．図 A_4 の 4 方程式は**ガウスの方程式**と呼ばれる．そこからただちに，

$$K = b/g$$

をみたすガウス曲率 K (p.387) は第 1 基本形式にのみ依存することが導かれる（p.387，ガウスの**基本定理**）．

図 A_4 の下の二つの方程式は**マイナルディ - コダッチの方程式**と呼ばれる．

注意 図 A_5 は，ガウス曲率 K の計算のための公式を含み，これを使うと第 2 基本形式の判別式を求められる．

最後の公式は，第 1 基本形式の係数を使い b を計算する方法を示しているので，特に興味深い．よって，曲面片上例えば球面上の住人は，周囲の空間についての知識を用いずに，関係 $K = b/g$ **のみ**を使い曲面上の測定をして第 1 基本形式を知ることで，ガウス曲率 K を理解できる．

曲面論の基本定理

ガウスの公式やマイナルディ - コダッチの公式は C^3 級曲面片に対する必要条件である．したがって，導入部で提起したような，（適切な微分可能性を持つ）両基本形式の係数の関数を与える曲面片の存在に関する疑問に対して，曲線論での同様な問題提起に対する一般的な回答と同様に一般的なものを，ここの問題に対してすることはできない．

フレネの方程式とは対照的に，この場合はガウスの公式やマイナルディ - コダッチの公式により制約される．それらによって形成された偏導関数の微分方程式系が一致するからである．これらを，例えば連続微分可能 $\mathbb{R}^3$-$\mathbb{R}^3$ 関数に対する原始関数について考察すれば (p.325)，懸案となっている状況と比較できる．ここで，関数はある特定の積分可能条件から分離可能である．このとき一意存在定理が成立する．

基本定理（ボンネ）

$\mathbb{R}^2$ の領域上定義された三つの C^2 級 $\mathbb{R}^2$-$\mathbb{R}$ 関数 E, F, G と，同じ領域上定義された三つの C^1 級 $\mathbb{R}^2$-$\mathbb{R}$ 関数 L, M, N が与えられているとする．これらの関数がガウスの公式とマイナルディ - コダッチの公式をみたし，さらに $EG - F^2 > 0$ が成立するとき，E, F, G, L, M, N を第 1 および第 2 基本形式の係数とする C^3 級曲面片が，同値を除いて一意的に存在する．

テンソルの概念を用いると，曲面論を特にエレガントな形で扱うことができ，リーマン幾何への曲面論の一般化が可能となる．

アインシュタインの規約

テンソル計算で最も簡略されたものは和の記法であり，注目すべきは**アインシュタインの規約**である．**添字としてアルファベットの同じ小文字が上下一対となる項があれば，添字に数を代入して生成されるすべての項の和を意味する．和の記号は省略される．**

例　$x^i\boldsymbol{b}_i = \sum_{i=1}^n x^i\boldsymbol{b}_i = x^1\boldsymbol{b}_1 + \ldots + x^n\boldsymbol{b}_n$

$a_ix^i = a_1x^1 + \ldots + a_nx^n$

（括弧をつける場合のみ，上の添数は指数を表す．）

$$a_{ik}x^iy^k = \sum_{i=1}^n\sum_{k=1}^m a_{ik}x^iy^k = a_{11}x^1y^1 + a_{12}x^1y^2 + \cdots + a_{nm}x^ny^m = a_{is}x^iy^s = a_{rs}x^ry^s$$

（和に関する添数の変更は許される．）

$a_{iv}x^i = a_{1v}x^1 + \cdots + a_{nv}x^n$

（上下両方に現れない添数の和は取らない．上の例の添数 v は単に異なる和の項の識別のために必要．）

$a_i^kc_{ij}^k$ の上下の添数は異なるので和を意味しない．

注意　偏導関数の項，例えば $\partial\boldsymbol{a}/\partial u^i, \partial u^k/\partial\hat{u}^i$ では分母に現れる添数（例では i）を下付きの添数とみる．$\boldsymbol{a}_{u^i}$ についても i は下付きの添数である．

1階テンソルおよび2階テンソル

V は $\mathbb{R}$ 上 n 次元ベクトル空間とする．このとき，任意の $x \in V$ は V の基底

$\{\boldsymbol{b}_1, \ldots, \boldsymbol{b}_n\}$

について一意表現

$x = x^i\boldsymbol{b}_i$（アインシュタイン規約）

を持つ（座標は通常上付きの添数で表される）．

今，他の基底 $\{\hat{\boldsymbol{b}}_1, \ldots, \hat{\boldsymbol{b}}_n\}$ に変換すれば，表現

$\boldsymbol{x} = \hat{x}^i\hat{\boldsymbol{b}}_i$

により $\boldsymbol{x}$ に対し一般に他の座標 $\hat{x}^i$ を得る．そうすると，新しい座標が旧座標からどのような変換により得られるかという疑問が出てくる．これは，基底変換を代数的にどのように記述すべきか，という問題に帰着される．

p.81 から，基底変換により引き出されるのは群 $\mathrm{Aut}\,V$ の自己同型写像．$\mathrm{Aut}\,V$ に同型であるのは，実正則 (n,n) 行列の群 $\mathrm{GL}_n(\mathbb{R})$．したがって，$\hat{\boldsymbol{b}}_i$ を $\{\boldsymbol{b}_1, \ldots, \boldsymbol{b}_n\}$ で表し，例えば

$\hat{\boldsymbol{b}}_i = \alpha_i^k\boldsymbol{b}_k \qquad (\alpha_i^k \in \mathbb{R})$

とすれば，行列 (α_i^k) は $\mathrm{GL}_n(\mathbb{R})$ に属する．このとき座標は以下のように変換される．

$$\hat{x}^i\hat{\boldsymbol{b}}_i = x^i\boldsymbol{b}_i \to \hat{x}^i\alpha_i^k\boldsymbol{b}_k = x^i\boldsymbol{b}_i = x^k\boldsymbol{b}_i \to x^k = \hat{x}^i\alpha_i^k$$

$\boldsymbol{b}_i$ は $\{\hat{\boldsymbol{b}}_1, \ldots, \hat{\boldsymbol{b}}_n\}$ でも表される．このとき

$\boldsymbol{b}_i = \beta_i^k\hat{\boldsymbol{b}}_k \qquad (\beta_i^k \in \mathbb{R})$

であり，行列 (β_i^k) は行列 (α_i^k) について**反傾写像**，

$(\beta_i^k) = [(\alpha_i^k)^\top]^{-1}$

である．ゆえに，旧座標から新座標への変換

$\hat{x}^k = x^i\beta_i^k$

を得る．基底変換と座標変換は (α_i^k) に関して互いに反対の形になることは明確である．よって，x^i は群 $\mathrm{Aut}\,V$ を作用させると**反変的**振る舞いをするという．群 $\mathrm{Aut}\,V$ を作用させた x^i により，点 $\boldsymbol{x}$ が**1階反変テンソル**と対応付けられているといい，x^i を**テンソルの成分**と呼ぶ．

n 次元ユークリッドベクトル空間 $(V; \langle,\rangle)$ を基礎にすると，すなわちスカラー積 (p.337) が定義されていると，別の型のテンソルになる．基底 $\{\boldsymbol{b}_1, \ldots, \boldsymbol{b}_n\}$ に関して

$$x = x^i\boldsymbol{b}_i, y = y^k\boldsymbol{b}_k$$

となる $\boldsymbol{x}, \boldsymbol{y} \in V$ を与えると，

$$\langle x, y\rangle = \langle x^i\boldsymbol{b}_i, y^k\boldsymbol{b}_k\rangle = x^iy^k\langle\boldsymbol{b}_i, \boldsymbol{b}_k\rangle = g_{ik}x^iy^k \quad g_{ik} := \langle\boldsymbol{b}_i, \boldsymbol{b}_k\rangle$$

が成立する．基底

$\{\hat{\boldsymbol{b}}_1, \ldots, \hat{\boldsymbol{b}}_n\} \quad (\hat{\boldsymbol{b}}_i := \alpha_i^k\boldsymbol{b}_k)$

に対しては，正則行列 (α_i^k) による基底変換では

$\hat{g}_{rs} = g_{ik}\alpha_r^i\alpha_s^k$ ここで，$\hat{g}_{rs} := \langle\hat{\boldsymbol{b}}_i, \hat{\boldsymbol{b}}_s\rangle$

が成立する．g_{ik} は，基底ベクトルと「同じ」方法で，ただし二重和が示すようにもう少し複雑な形（**2階**）で変換される．

g_{ik} の変換の仕方を群 $\mathrm{Aut}\,V$ に関して**共変的**といい，g_{ik} は $\mathrm{Aut}\,V$ により**2階共変テンソル**と対応するという．g_{ik} を**テンソル成分**という．

注意　上のテンソルでは長さ

$|x| = \sqrt{g_{ik}x^ix^k}$

を定義可能なので，**共変計量テンソル**ともいう．

共変計量テンソルの成分 g_{ik} は，明らかに対称行列 (g_{ik}) と対応付けられる．逆行列 $(g_{ik})^{-1}$ を (g^{ik}) と表せば，g^{ik} は基底変換により

$g^{ik} = \hat{g}^{rs}\alpha_r^i\alpha_s^k$　または　$\hat{g}^{rs} = g^{ik}\beta_i^r\beta_k^s$

という反変的な変換を示す．これを**2階反変テンソル成分**，**反変計量テンソルの成分**という．

基底 $\{\boldsymbol{b}_1, \ldots, \boldsymbol{b}_n\}$ に関して点 $\boldsymbol{x} = x^i\boldsymbol{b}_i$ に

$x_i := \langle\boldsymbol{x}, b_i\rangle$

で定義される数 x_i が対応しているとき，**1階共変テンソル**が存在する．基底変換の際のスカラー積の不変性により次の等式が成立する．

$\hat{x}_i := x_k\alpha_i^k$（$x_i$ の変換の仕方は1階共変的）．

例を参照すると，2 階の反変テンソルと共変テンソルは以下のように定義すればよいことが分かる．

定義 1　a^{ik}（または a_{ik}）を n^2 個の与えられた実数とする．このとき，正則行列 (α_i^k) に対し反変変換（共変変換）

$$\hat{a}^{rs} = a^{ik}\beta_i^r\beta_k^s \quad (\hat{a}_{rs} = a_{ik}\alpha_r^i\alpha_s^k)$$

が成立するような基底変換で表されるテンソルを，点 $\boldsymbol{x}$ における **2 階反変テンソル**（**2 階共変テンソル**）という．ここで，(β_i^k) は (α_i^k) に対する反傾写像とする．

任意階テンソル

2 階反変テンソルと 2 階共変テンソルをさらに一般化して，いわゆる混合 2 階テンソルを定義することができ，その成分を a_i^k と表記する．しかし，その定義は以下のより一般的なものに含まれる．

定義 2　$n^{\nu+\mu}$ 個の実数 $a_{i_1\ldots i_\nu}{}^{k_1\ldots k_\mu}$ に対して，正則行列 (α_i^k) による基底変換で変換

$$\hat{a}_{r_1\ldots r_\nu}{}^{s_1\ldots s_\mu} = a_{i_1\ldots i_\nu}{}^{k_1\ldots k_\mu}\beta_{k_1}^{s_1}\ldots\beta_{k_\mu}^{s_\mu}\alpha_{r_1}^{i_1}\ldots\alpha_{r_\nu}^{i_\nu}$$

が成立するようなテンソルを，点 $\boldsymbol{x}$ での ν **重反変テンソル**および μ **重共変テンソル**という．ここで，(β_i^k) は (α_i^k) への反傾写像とする．

ここではテンソル代数には言及しないが，実数との積と和（ベクトル空間）および他の演算との積の定義はされているとする．

曲面片上のテンソル

パラメータ表現 $\boldsymbol{a}(u^1, u^2)$ で表される C^2 級曲面片が与えられているとする．前頁に反して，ここではアインシュタイン規約により，u と v のかわりに，局所座標に対する表記 u^1 と u^2 を導入することが意味を持つ．他の局所座標 $\hat{u}^1$ と $\hat{u}^2$ への変換は，関数行列

$$\begin{pmatrix} \dfrac{\partial u^1}{\partial \hat{u}^1} & \dfrac{\partial u^1}{\partial \hat{u}^2} \\ \dfrac{\partial u^2}{\partial \hat{u}^1} & \dfrac{\partial u^2}{\partial \hat{u}^2} \end{pmatrix}$$

の行列式の値が 0 にならない許容パラメータ変換

$$(u^1, u^2) = (p^1(\hat{u}^1, \hat{u}^2), p^2(\hat{u}^1, \hat{u}^2))$$

(p.377) で行われる．ゆえに，許容パラメータ変換は C^r 級に属するばかりではなく，その関数行列は正則 $(2, 2)$ 行列となる．よって，許容パラメータ変換は，ある固定点の接平面上では基底変換（2 次元ユークリッドベクトル空間としての接平面）となる．基底 $\{\boldsymbol{a}_{u^1}, \boldsymbol{a}_{u^2}\}$ の成分を

$$\boldsymbol{a}_{u^k} := \frac{\partial \boldsymbol{a}}{\partial u^k}$$

と表し

$$(\alpha_i^k) := \left(\frac{\partial u^k}{\partial \hat{u}^i}\right)$$

と置くと，基底 $\{\boldsymbol{a}_{\hat{u}^1}, \boldsymbol{a}_{\hat{u}^2}\}$ に対し基底変換をすることができる．ここで，$\boldsymbol{a}_{\hat{u}^k}$ に偏微分の連鎖律

$$\boldsymbol{a}_{\hat{u}^k} = \frac{\partial \boldsymbol{a}}{\partial \hat{u}^k} = \frac{\partial \boldsymbol{a}}{\partial u^i}\cdot\frac{\partial u^i}{\partial \hat{u}^k} = \frac{\partial u^i}{\partial \hat{u}^k}\boldsymbol{a}_{u^i}$$

を適用する（$\boldsymbol{a}_{\hat{u}^i}$ と $\frac{\partial \boldsymbol{a}}{\partial u^i}$ の i は下付き添数！）．よって接平面上の位置ベクトルの座標は 1 階反変的に変換される．

$$\boldsymbol{x} = x^i\boldsymbol{a}_{u^i} = \hat{x}^i\boldsymbol{a}_{\hat{u}^i}$$

$$\Rightarrow x^i = \hat{x}^k\frac{\partial u^i}{\partial \hat{u}^k} \quad \text{かつ} \quad \hat{x}^k = x^i\frac{\partial \hat{u}^k}{\partial u^i}$$

が成立するからである．したがって，接平面の点は座標 x^i により（平面上で！）1 階反変テンソルに対応する．

n 次元の場合同様に，1 階共変テンソルを

$$x_i := \langle x, \boldsymbol{a}_{u^i}\rangle \quad \text{と置くと} \quad \hat{x}_i = x_k\frac{\partial \hat{u}^k}{\partial u^i}$$

が成立する．g_{ik} を成分とする**共変計量テンソル**に対しては

$$\hat{g}_{rs} = g_{ik}\frac{\partial u^i}{\partial \hat{u}^r}\cdot\frac{\partial u^k}{\partial \hat{u}^s},\ g_{ik} := \langle \boldsymbol{a}_{u^i}, \boldsymbol{a}_{u^k}\rangle$$

が成立する．

注意　p.381 の定義により次式が成立する．

$$g_{11} = E, \quad g_{12} = g_{21} = F, \quad g_{22} = G,$$

このとき，$g = \det(g_{ik})$ とする．

接平面上のベクトルの反変成分 x^i と共変成分 x_i は，

$$x_i := \langle \boldsymbol{x}, \boldsymbol{a}_{u^i}\rangle\boldsymbol{x} = x^k\boldsymbol{a}_{u^k} \Rightarrow x_i = g_{ik}x^k$$

を使い g_{ik} と関係づけられる．

$$g^{11} = \frac{1}{g}g_{22},$$

$$g^{12} = g^{21} = -\frac{1}{g}g_{12},$$

$$g^{22} = \frac{1}{g}g_{11},$$

で定義される成分 g^{rs} から成る付随 **2 階反変計量テンソル**では，x^r と x_s の間に次の関係がある．

$$x^r = g^{rs}x_s$$

これらの特別なテンソル同様に，一般の場合にもパラメータ変換の偏導関数は α_i^k の役割を継承する．β_i^k の役割は

$$\left(\frac{\partial u^r}{\partial \hat{u}^i}\right)\cdot\left(\frac{\partial \hat{u}^k}{\partial u^r}\right) = E$$

により偏導関数

$$\frac{\partial \hat{u}^k}{\partial u^i}$$

に継承される．

注意　例えば，任意の点の近傍において同じ型のテンソルが与えられるとき，**テンソル場**が存在するという．

2次元多様体

A₁ 局所2次元性 — 位相的、開集合（例えば開円板）、$\mathbb{R}^2$、$(M^2; \mathfrak{M}^2)$、P

A₂ 座標近傍系 $(U(P); \varphi_P)$ — φ_P 位相的、(u^1, u^2)、$\varphi_P(U(P))$、$\mathbb{R}^2$

A₃ 微分同相 — $U_i \cap U_k$、U_i、U_k、$(M^2; \mathfrak{M}^2)$、φ_i、φ_k、$\varphi_k \circ \varphi_i^{-1}$、$(u^{1i}, u^{2i})$、$(u^{1k}, u^{2k})$、$\varphi_i(U_i)$、$\varphi_k(U_k)$、$\varphi_i(U_i \cap U_k)$、$\varphi_k(U_i \cap U_k)$、$\mathbb{R}^2$

注意：図が示すように，3次元空間の多様体の実現が常に可能であるとは限らない．

$\mathbb{R}^3$ 内の曲面

B $(M^2; \mathfrak{M}^2)$、U_i、φ_i、(u^1, u^2)、$\mathbb{R}^2$、m、$\mathbb{R}^3$、$\mathbb{R}^3$ 内の曲面

$m \circ \varphi_i^{-1}$ パラメータ表示
$(u^1, u^2) \mapsto (x_1(u^1, u^2), x_2(u^1, u^2), x_3(u^1, u^2))$

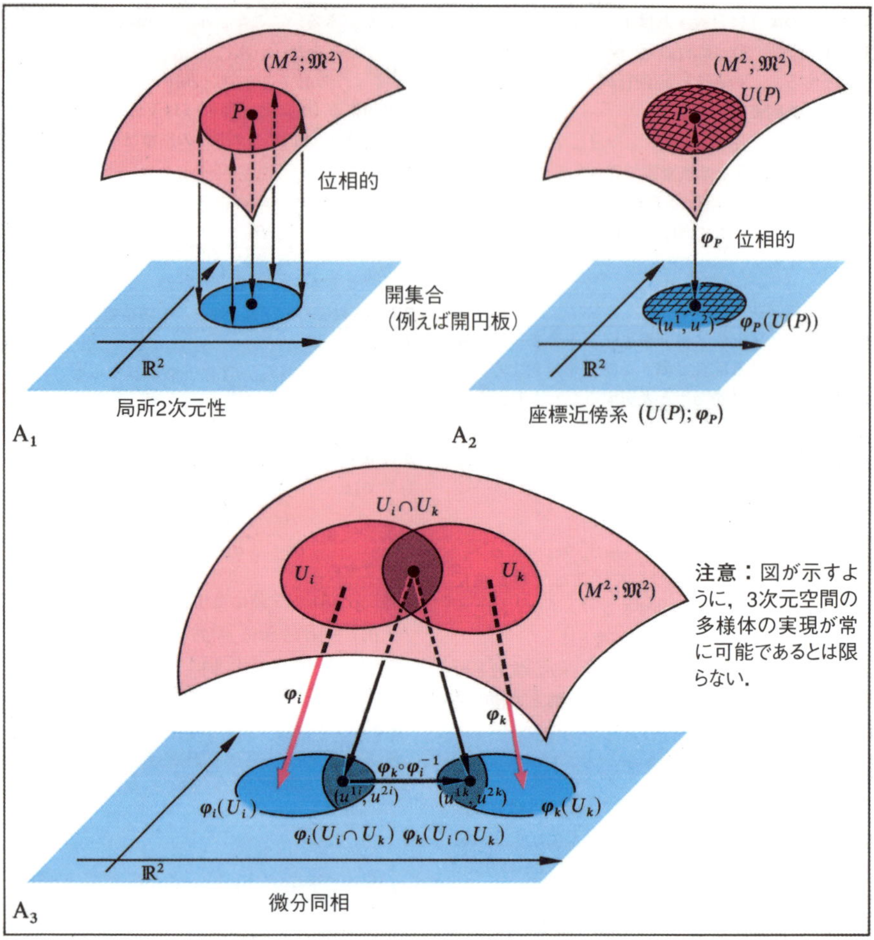

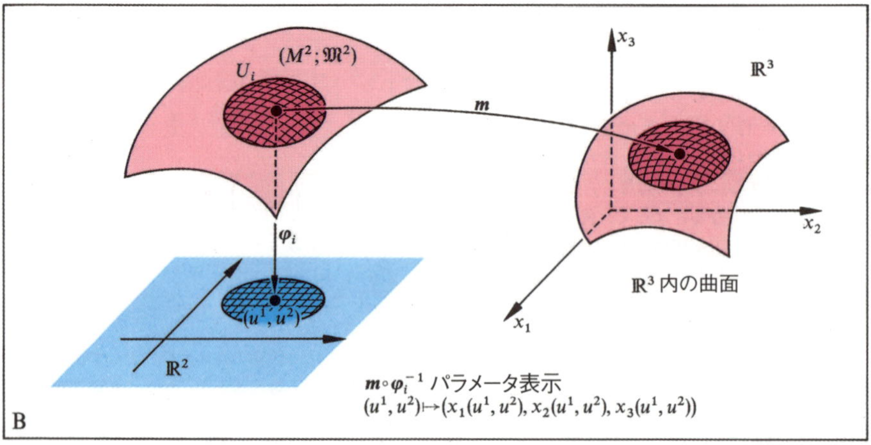

微分幾何で考察した点集合（曲線，曲面片，曲面）は，特殊な位相空間の元としての点を，少なくとも局所座標系を用いて把握できるという性質を持つ．一般化するためには，位相空間を定義する際に最低どんな条件が必要となるか，またその条件のもとで「合理的な」微分幾何を構築できるか．そのような空間における「内部幾何」の定義，すなわち，近傍空間と独立に存在しうる幾何を定義することはどの程度可能となるか，ということもさらに調べなければならない．

このような種類の研究は**多様体**の概念に帰着される（下記参照）．以下の解説は，特に困難なく n 次元の場合に一般化される．

2 次元多様体

2 次元多様体とは，局所的，すなわち任意の点の近傍で，本質的には $\mathbb{R}^2$ と異ならない位相空間とする．より厳密には，

定義 1　開集合の可算基底 (p.207) を持つ連結ハウスドルフ空間 (p.213, 217) は，任意の点が $\mathbb{R}^2$ の開近傍に同相 (p.209) な近傍を持つとき，**2 次元（位相）多様体**という（図 A_1）．$\mathbb{R}^2$ には自然な位相が入っているとみなす (p.205)．多様体の台集合は一般に M^2 と表される．

定義 1 に現れた $\mathbb{R}$ の開近傍は，例えば領域，特に開円板とすることができる．p.223 の定理 2 および 4 により，表記は「2 次元のもの」を用いる．

例　$(\mathbb{R}^3; \mathfrak{R}^3)$ の部分空間としての球面

座標近傍（地図），座標近傍系（地図帳）

2 次元多様体の点 P の近傍内の座標 u^1 と u^2（**局所座標**）を定義するために，局所同相写像を $\mathbb{R}^2$ の部分集合に適用する．

点 P に対し，$\mathbb{R}^2$ の開部分集合上に位相写像

$\boldsymbol{\varphi}_P : U(P) \to \boldsymbol{\varphi}_P(U(P))$

が存在するように開近傍 $U(P)$ を選択すると，$\boldsymbol{\varphi}_P^{-1}$ は，例えば直交座標を P の近傍内に移す．そのような $(U(P); \boldsymbol{\varphi}_P)$ を M^2 上の P の**座標近傍**（または**地図**）（図 A_2）と呼ぶ．P に属する座標近傍は，同時に $U(P)$ に属するすべての点の座標近傍となる．

多様体の定義を完全なものにするために，位相写像

$\boldsymbol{\varphi}_i : U_i \to \boldsymbol{\varphi}_i(U_i) \quad (\boldsymbol{\varphi}_i(U_i) \subseteq \mathbb{R}^2)$

を持つ座標近傍 $(U_i, \boldsymbol{\varphi}_i)$ を，$\{U_i | i \in I\}$ が M^2 の開被覆となるように選択する．すべての座標近傍を使うと多様体全体を座標表示できるので，集合

$\{(U_i, \boldsymbol{\varphi}_i) | i \in I\}$

を多様体の（位相）**座標近傍系**（または**地図帳**）と呼ぶ．

球は明らかに二つの座標近傍より成る．

微分可能多様体（可微分多様体）

2 次元多様体の座標近傍系が与えられていれば，異なる座標近傍 $(U_i, \boldsymbol{\varphi}_i)$ と $(U_k, \boldsymbol{\varphi}_k)$ の共通部分 $U_i \cap U_k$ 上の点は通常異なる二つの局所座標を持つ．$U_i \cap U_k$ の点 P の座標を

(u^{1i}, u^{2i}) および (u^{1k}, u^{2k})

とし，座標変換の写像を

$\boldsymbol{\varphi}_k \circ \boldsymbol{\varphi}_i^{-1} / \boldsymbol{\varphi}_i(U_i \cap U_k)$

とすると，二つの局所座標の関係は次の形となる．

$(u^{1k}, u^{2k}) = \boldsymbol{\varphi}_k \circ \boldsymbol{\varphi}_i^{-1}(u^{1i}, u^{2i})$（図 A_3）

この写像は，$\boldsymbol{\varphi}_i(U_i \cap U_k)$ と $\boldsymbol{\varphi}_k(U_i \cap U_k)$ の間の位相同型であり，$\boldsymbol{\varphi}_k \circ \boldsymbol{\varphi}_i^{-1}$ と表される．

$\mathbb{R}^2$-$\mathbb{R}^2$ 関数 $\boldsymbol{\varphi}_k \circ \boldsymbol{\varphi}_i^{-1}$ とその逆関数が微分可能であれば，両方の座標近傍は互いに**微分同相**という．任意の二つの異なる座標近傍が微分同相ならば，**微分可能座標近傍系**という．

写像 $\boldsymbol{\varphi}_k \circ \boldsymbol{\varphi}_i^{-1}$ が C^r 級に属して，関数行列式 (p.295) が常に $\neq 0$ であると仮定すれば，C^r **級座標近傍系**となる．

定義 2　微分可能座標近傍系ならびに C^r 級座標近傍系が存在すれば，多様体は**微分可能多様体**（または**可微分多様体**）および $\boldsymbol{C^r}$ **級多様体**という．

C^r 級多様体が存在すれば，その多様体は**微分可能構造**を持つともいう．二つの C^r 級座標近傍系の和が再び同じ多様体の C^r 級座標近傍系となるならば，それら二つの微分可能構造は**同値**とみなされる．このとき同値関係が存在するので，微分可能構造の類別が成立する．よって，定義 2 では微分可能座標近傍系ならびに C^r 座標近傍系について議論すべきである．選択された代表系には依存しないような性質のみを考察の対照とする．

注意　同一の多様体上であっても，異なる微分可能構造が存在することを証明することができる．

$\mathbb{R}^3$ 内の曲面

2 次元 C^r 級多様体 M^2 において，$\boldsymbol{\varphi}_i$ を任意の座標近傍系とする．このとき，偏導関数 (p.377) のベクトル積が $\neq \boldsymbol{0}$ である C^r 級の $\mathbb{R}^2$-$\mathbb{R}^3$ 関数 $\boldsymbol{m} \circ \boldsymbol{\varphi}^{-1}$ が定義されるように写像

$\boldsymbol{m} : M^2 \to \mathbb{R}^3$

が存在すれば，$\boldsymbol{m}(M^2)$ は $\mathbb{R}^3$ における C^r **級の曲面**であり M^2 の $\mathbb{R}^3$ **への実現**（埋め込み）という．

関数 $\boldsymbol{m} \circ \boldsymbol{\varphi}^{-1}$ は曲面のパラメータ表現としてみなすことができる（図 B）．

注意　p.237 で扱われた $\mathbb{R}^3$ の閉曲面は，特別なコンパクト 2 次元多様体の実現である．

A

多様体間の写像

B

IR-IR² 関数 $\varphi_i \circ \boldsymbol{k}$ ($u^\nu = u^\nu(t)$ と定義する)が座標近傍ごとに(連続)微分可能であれば、写像 $\boldsymbol{k}: I \to M^2$ は(連続)微分可能曲線弧である.

多様体上の曲線弧

C

$\boldsymbol{k}_1(t_0) = \boldsymbol{k}_2(t_0) = \boldsymbol{k}_3(t_0)$ が成立し、点 t_0 で t に関する1階微分の組が一致すれば、P での曲線弧 $\boldsymbol{k}_1, \boldsymbol{k}_2, \boldsymbol{k}_3$ は同じクラスに属する.

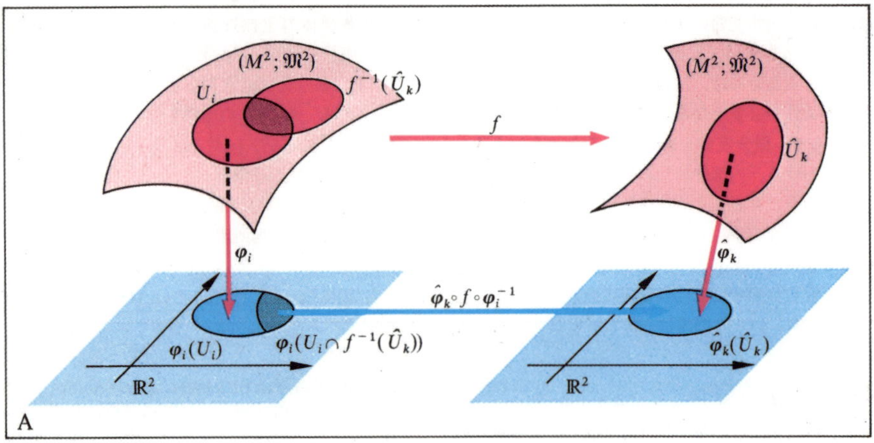

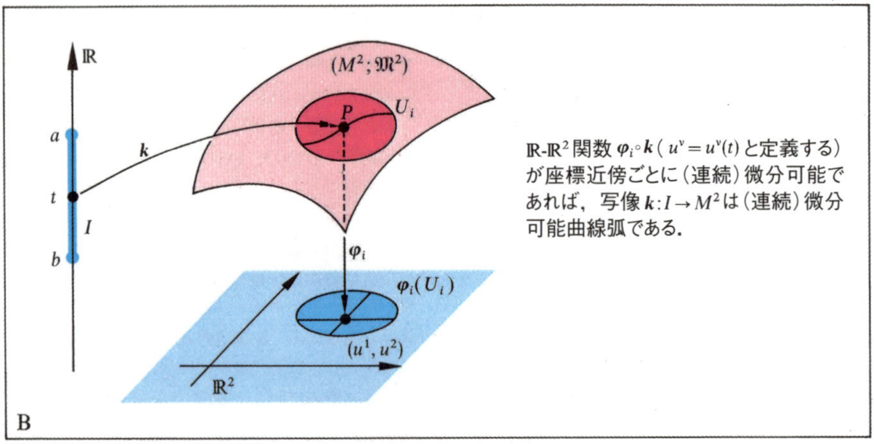

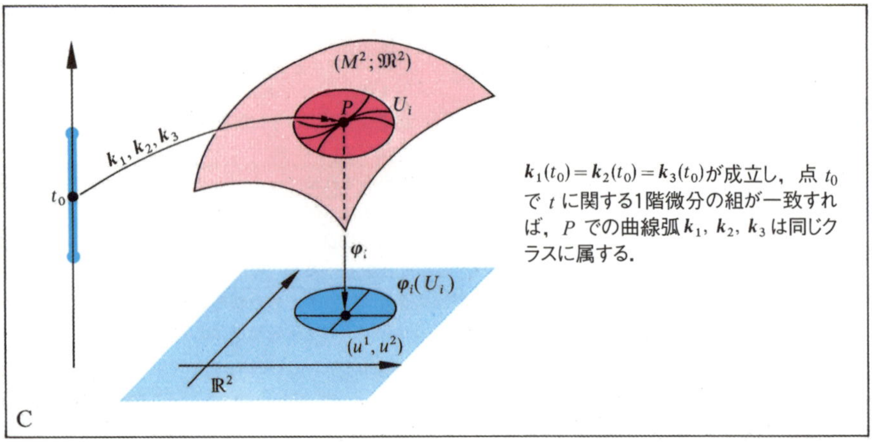

同値な曲線弧

多様体間の写像

二つの位相空間の間の構造保存写像は，連続写像である (p.209)．多様体間の構造保存写像を考察するには，開集合の原像も開集合であるという性質に，さらにその原像が両方の多様体の微分可能構造を継承することを追加しなければならない．図 A のような手法を取り定義する．

定義 3　C^r 級多様体の間の写像

$$\boldsymbol{f} : (M^2; \mathfrak{M}^2) \to (\hat{M}^2; \hat{\mathfrak{M}}^2)$$

が連続であり，図 A の中で定義された $\mathbb{R}^2$-$\mathbb{R}^2$ 関数

$$\hat{\boldsymbol{\varphi}}_k \circ \boldsymbol{f} \circ \boldsymbol{\varphi}_i^{-1}$$

が任意の添数ペアに対し微分可能（C^r 級）であるとき，$\boldsymbol{f}$ を**微分可能**（または C^r **級**）という．

多様体上の曲線弧，接ベクトル，接空間

曲線弧を，少し簡易化して，連続全単射

$$\boldsymbol{k} : I \to M^2$$

として定義する．（連続）微分可能曲線弧になるためには，局所座標関数 $u^\nu = u^\nu(t)$ が（連続）微分可能であることが必要となる（図 B）．

今，接ベクトルの概念を曲線上の点においても定義する場合，近傍空間を用いることができないので p.377 のような方法を取ることはできない．しかし，点で接する全曲線が類をなすという性質を用いることは可能である．この性質は多様体においてもまた定義される．

共通点 $k(t_0)$ ならびに $\bar{k}(t_0)$ を持つ曲線弧 $\boldsymbol{k}$ と $\bar{\boldsymbol{k}}$ は，それに付随する局所座標関数

$$u^\nu = u^\nu(t),\ \bar{u}^\nu = \bar{u}^\nu(t)$$

に対して

$$\frac{\mathrm{d}u^\nu}{\mathrm{d}t}(t_0) = \frac{\mathrm{d}\bar{u}^\nu}{\mathrm{d}t}(t_0)$$

が成立するとき，すなわち

$$\left(\frac{\mathrm{d}u^1}{\mathrm{d}t}; \frac{\mathrm{d}u^2}{\mathrm{d}t}\right),\ \left(\frac{\mathrm{d}\bar{u}^1}{\mathrm{d}t}; \frac{\mathrm{d}\bar{u}^2}{\mathrm{d}t}\right)$$

が点 t_0 で一致するとき**同値**という（図 C）．

類が**接ベクトル**で表される同値関係が存在する．したがって，代表元としての接ベクトルを

$$(\xi^1; \xi^2),\quad \xi^\nu := \frac{\mathrm{d}u^\nu}{\mathrm{d}t}$$

という成分の組で表す．2 次元多様体の点での接ベクトルの集合は，次元 2 のベクトル空間をなす．それは多様体の点 P への**接空間**として表され，接平面の拡張となる．

リーマン多様体，リーマン幾何

多様体上の内部幾何の主問題が長さ測定の問題であることは異存ないであろう．ゆえに，曲線弧の弧長に類似するものを探さなければならない．

このとき，まず $\mathbb{R}^3$ 内の曲面弧上の長さ測定のみで可能となるのは第 1 基本形式 (p.381) であることを，もう一度注意しておきたい．しかし，第 1 基本形式はいわゆる**正定値形式**，すなわち，任意の $(x, y) \neq (0, 0)$ に対し正の実数を与える形式

$$E \cdot x^2 + 2F \cdot xy + G \cdot y^2 \quad (x, y \in \mathbb{R})$$

である．

同じことを係数 E, F, G に対しテンソル記法

$$g_{11} = E,\ g_{12} = g_{21} = F,\ g_{22} = G$$

を適用し考えてみる．すなわち，成分 g_{ik} を持つ共変計量テンソル (p.391) を使用し，局所座標を u^1 と u^2 と置けば，この正定値形式は，

$$g_{11}(\dot{u}^1)^2 + 2g_{12}\dot{u}^1\dot{u}^2 + g_{12}(\dot{u}^2)^2 \ \left(\dot{u}^\nu = \frac{\mathrm{d}u^\nu}{\mathrm{d}t}\right)$$

または簡単に（和についてのアインシュタイン規約）

$$g_{ik}\dot{u}^i\dot{u}^k$$

となる．多様体上で長さ測定が可能となるには，2 階共変対称テンソル（**計量テンソル**という）によるこのような正定値形式の導入が問題となる．

多様体上に計量テンソルを導入するとき，この多様体を**リーマン多様体**（あるいは**リーマン空間**）という．それに付随する内部幾何を**リーマン幾何**という．

計量テンソルを導入すると，接空間上でベクトルの長さを定義できるように接空間の内積を導入することができる．$\boldsymbol{x}$ と $\boldsymbol{y}$ を，

$$\boldsymbol{x} = (\xi^1, \xi^2),\ \boldsymbol{y} = (\eta^1, \eta^2)$$

と表されるそのようなベクトルとすると，

$$\langle \boldsymbol{x}, \boldsymbol{y} \rangle = g_{ik}\xi^i\eta^k,$$
$$|\boldsymbol{x}| = g_{ik}\xi^i\xi^k$$

が成立する．多様体上の曲線弧の長さとして

$$l = \int_a^b \sqrt{g_{ik}\dot{u}^i\dot{u}^k}\mathrm{d}t$$

を得る．付随する接ベクトル $\boldsymbol{x}$ と $\boldsymbol{y}$ で定義される二つの曲線の間の角度に対し，

$$\cos\alpha = \frac{g_{ik}\xi^i\eta^k}{|\boldsymbol{x}| \cdot |\boldsymbol{y}|}$$

が定義される．このことから，多様体上の可測領域の体積

$$I(G) = \int_G \sqrt{g}\mathrm{d}(u^1, u^2),\ (g = g_{11}g_{22} - g_{22}^2)$$

に対する理論が導入される．

注意　上記の積分では，積分領域が G に属する (u^1, u^2) 平面に存在する領域である．したがって，$\sqrt{g}$ に付随する関数を用いると，平面領域の領域 G からの偏りを測定することができる．

n 次元多様体の定義は，（$\mathbb{R}^2$ のところは単に $\mathbb{R}^n$ にするのみで）2 次元の場合に比べて困難ということはない．一般化された計量テンソルを用いることにより，そのような多様体上でも内部幾何を考察することが可能であると推察される．それにより n 次元リーマン幾何が得られる．

$f=u+\mathrm{i}v$ は連続かつ実偏微分可能であり，G では，コーシー・リーマンの微分方程式

$$\frac{\partial u}{\partial x_1}=\frac{\partial v}{\partial x_2},\quad \frac{\partial v}{\partial x_1}=-\frac{\partial u}{\partial x_2}$$

をみたす(p.403)．

G 上の曲線に沿う線積分 $\int_k f(z)\mathrm{d}z$ は曲線に依存しない．
積分の値は，k の始点と終点にのみ依存する(p.405)．

f は複素積分可能である．
すなわち，すべての $a\in G$ に対し $\lim_{z\to a}\dfrac{f(z)-f(a)}{z-a}$ が存在する(p.403)．
この性質は，複素関数の正則性が実関数の微分可能性に類似していることをいっている．

f は任意の点 $a\in G$ の周りで
$f(z)=\sum_{\nu=0}^{\infty}a_\nu(z-a)^\nu$ という形のベキ級数に展開可能である(p.407)．

$f'(a)\neq 0$

f は等角写像である．
すなわち，すべての $a\in G$ に対し角の向きを保ちながら角度も保存する写像である(p.427)．

A

領域 G 上の関数 f の正則性と同値な命題

R-$\hat{\mathbb{C}}$ 関数の解析性(p.417)

定義域として点集合をも認めるとする．この集合は，局所的には複素平面に対応する構造を持つが $\hat{\mathbb{C}}$ に含まれる必要はなく，しかし閉じた平面 $\hat{\mathbb{C}}$ または $\hat{\mathbb{C}}$ の部分集合に多重被覆し，場合によっては，無限被覆することさえありうる(リーマン面 R)．
定義域にはまた，有限被覆面が交わる分岐点そのものも含まれる．
適切な級数展開が存在することが必要である．

$\hat{\mathbb{C}}$-$\hat{\mathbb{C}}$ 関数の有理型性(p.413)

関数の値域として閉じた平面 $\hat{\mathbb{C}}$ をも含む．
f または $1/f$ は正則であるとする．

$\hat{\mathbb{C}}$-$\mathbb{C}$ 関数の正則性(p.413)

関数の定義域として閉じた平面 $\hat{\mathbb{C}}=\mathbb{C}\cup\{\infty\}$ をも含む．
写像 φ_∞ により，∞ の近傍は 0 の近傍に写され，
$f\circ\varphi_\infty^{-1}$ は正則であるとする(広い意味での正則性)．

$\mathbb{C}$-$\mathbb{C}$ 関数の正則性(p.403)

狭い意味での正則性．図Aに対応する．

B

正則概念の拡張

複素関数論という分野は，複素変数を持つ特殊な複素関数を研究する分野である．
実関数では，1 次近似の可能性を考慮すると微分可能かどうかで関数を分けることができる．複素関数に対しても，同じように興味深く広範囲の結果を持つ理論構築が可能となるためには，どんな複素関数に制限すればよいか，という問題を調べたい．

このテーマに取り組んだ数学者たちを思い起こすと，歴史的にはそれぞれ異なる道を歩みつづけてきた．中でも，ベキ級数展開の可能性（ワイエルシュトラス），積分可能性（コーシー），位相的性質と複素微分可能性（リーマン），写像の性質（アーベル）が追求されたが，どの道も独自の源泉に端を発しながらも同じ正則関数の考察へとつながった．
これら複素関数の理論のあらゆる面を統合し，実関数の理論では未解決である多くの問題が解決され，驚くべき理論が完結されていった．実関数を複素領域へ適切に橋渡しすることにより，実数での振る舞いに対する十分な解説を与えることができることも多い．

以下では最初に，複素数の位相体 $\mathbb{C}$ の最も重要な構造的特徴を簡潔に表し，閉じた平面 $\hat{\mathbb{C}}$ を位相コンパクト化したい (p.399)．$\mathbb{C}$ ならびに $\hat{\mathbb{C}}$ に，数列の極限値，連続性 (p.401)，**正則性** (p.403) の概念へと導かれる関数に対する極限値の考え方を扱うことができる．
ここで，正則性を複素微分可能性として定義する．複素関数は $\mathbb{R}^2$-$\mathbb{R}^2$ 関数に帰着可能であるので，複素関数の実数成分の連続偏微分可能性がその正則性の根拠となるか否かという問題が調べられる．これは，とりも直さずコーシー・リーマン微分方程式もみたさなければならないことを示している．
複素数における曲線積分の研究は，積分路には依存しないということに関して，正則性と同値な複素関数の性質が導かれる (p.405)．それに関して，コーシーの積分定理から，領域 G 内で正則かつ G の境界上でさらに連続な関数は境界上の値で完全に決定される，という興味深い結果が導かれる．

さらに正則性と同値な性質として，ベキ級数展開可能性を証明する (p.407)．ベキ級数の収束域の概念を用いると，解析接続が可能とはならない**特異点**と呼ばれる除外点に到達し，他方，関数を可能な限り大きな領域に解析接続をするための構成法を獲得する (p.409)．関数概念を適切に一般化すれば，ある種の特異点は除去されるが，除去されないものもある (真性特異点)．それらの考察に必要となる決定的な補助材料は，コンパクト化複素平面の**有理型概念**と，適切な 2 次元の複素平面で被覆された点集合による変域の拡張（リーマン面，p.415）である．第 1 に，リーマン面上の関数論の本来の研究対象である**解析関数**の概念により，関数のクラスを特徴付ける．その研究には，一般のベキ級数（例えばローラン級数，p.411）が現れる．
整関数・周期関数・代数関数 (p.419) の例ではこれらの理論の影響が強くみられる．これらの例では，周期性の証明に重点が置かれ，角度関数と密接に関係がある実指数関数の複素解析接続に関する驚くべき性質が成立する．2 重周期関数のクラスは，実関数には基本的に現れない全く新しい性質を示している．

1 変数関数の理論の締め括りとして，**等角性** (p.427) の理論において，新しく正則性と同値な性質を導く解析関数の幾何的写像性を調べる．最も重要な結果の内の一つは，リーマンの写像定理である．この定理を得ることにより，単連結領域の等角写像の 1 次変換との関係が完全に把握でき，それらの理論に対する展望が開ける．

最終節では，1 変数関数論の結果を多変数関数に拡張することを試みる．
この拡張は，部分的には特別な困難はないが多くの問題で，全く新しい種類の概念形成と問題提起をしなければならない．
例えば，ベキ級数の収束域の研究はラインハルト体の概念となる．また，1 変数関数とは異なり，多変数関数の零点や特異点はもはや孤立しないようにすることができる．
この研究での重要な点は，いわゆる連続性定理に達することである．さらに，任意の領域が関数の正則域とは限らないことである．それを議論するには，初等幾何における凸性を一般化して補足的な性質とすることが必要である．これは，擬凸性等を補助理論として使い詳細に論ずる．

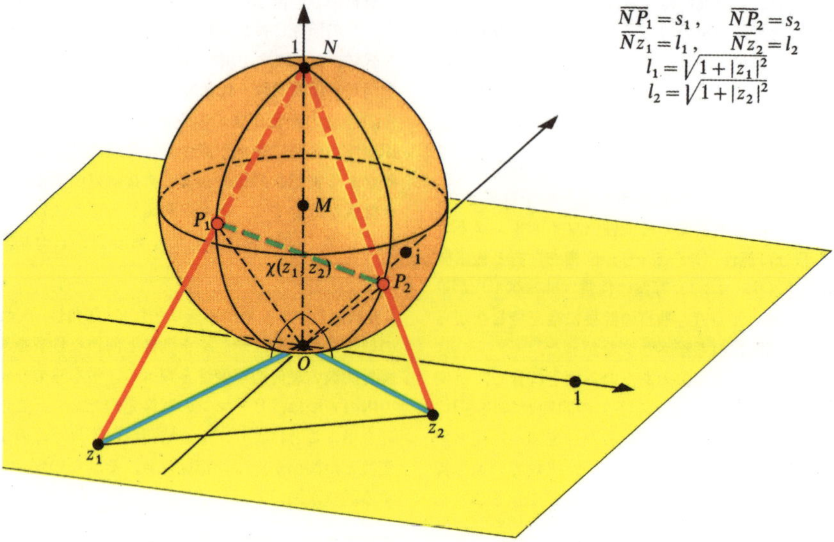

NOP_1とNz_1Oの相似性（この二つは直角三角形でNの角度が同じ）から，$s_1:1=1:l_1$すなわち$s_1 l_1 = 1$が成立し，同様に$s_2 l_2 = 1$である．

$s_1 l_1 = s_2 l_2$から$s_1 : s_2 = l_2 : l_1$となり，三角形NP_1P_2とNz_2z_1は相似である．

よって次の等式が成立する．

$$\frac{\chi(z_1, z_2)}{|z_1 - z_2|} = \frac{s_2}{l_1} = \frac{1}{l_1 \cdot l_2} = \frac{1}{\sqrt{1+|z_1|^2} \cdot \sqrt{1+|z_2|^2}},$$

$$\chi(z_1, z_2) = \frac{|z_1 - z_2|}{\sqrt{1+|z_1|^2} \cdot \sqrt{1+|z_2|^2}}$$

A

ガウス平面，リーマン球面，弦距離

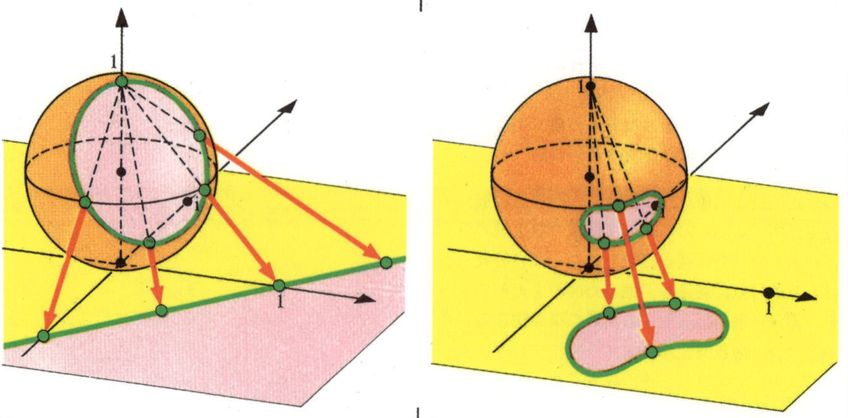

B_1　B_2

$\hat{\mathbb{C}}$ でのジョルダン曲線

複素数体

p.55 で，$\mathbb{R}$ を含む体として**複素数体** $\mathbb{C}$ を構成した．元 $z \in \mathbb{C}$ は $x_1, x_2 \in \mathbb{R}$ かつ $i^2 = -1$ とすると $z = x_1 + ix_2$ という形に書くことができる．x_1 を z の**実数部分**（実部），x_2 を**虚数部分**（虚部）という．複素数を図示するために，$x_1 + ix_2$ を $\mathbb{R}^2$ 上で (x_1, x_2) と表す（**ガウス平面**）．$z = x_1 + ix_2$ に**共役な複素数**は $\overline{z} = x_1 - ix_2$ とする．

$\mathbb{C}$ に関する最も重要な性質の内の一つは，$\mathbb{C}[X]$ の任意の多項式が 1 次因子に分解できる，という代数的閉体性である．

解析学で重要なものは，$\mathbb{C}$ の位相的性質である．$|z| := \sqrt{x_1^2 + x_2^2}$ により，$z = x_1 + ix_2$ に対する距離の性質を持つ**絶対値**を定義することができる．$|z|^2 = z\overline{z}$ が成立する．z の ε 近傍はガウス平面の開円板である．$\mathbb{C}$ は，絶対値で定義された位相構造を持ち局所コンパクトであるが，コンパクトな空間ではない (p.219)．さらに，$\mathbb{C}$ は $\mathbb{C}$ 内で任意の基本列が極限値を持つ，という意味において**完備**である．

$\mathbb{C}$ のコンパクト化

$\mathbb{C}$ に**無限遠点** ∞ を付加することにより，空間をコンパクト化できる．近傍系 $\mathfrak{U}(\infty)$ には，∞ および 0 を中心とする円の外部を含むすべての部分集合が含まれる．ここで，

$$\mathfrak{U}(\infty) := \{U \mid \infty \in U, \exists m(m \in \mathbb{R}^+, \forall z(z \in \mathbb{C}, |z| > m \Rightarrow z \in U))\}.$$

定義 1　上記の位相構造を持つ $\hat{\mathbb{C}} := \mathbb{C} \cap \{\infty\}$ を**閉複素平面**（簡単に閉平面）と呼ぶ．

$\hat{\mathbb{C}}$ 内では，一般に代数計算を定義することができない．

$$z + \infty = \infty + z = \infty \quad (z \in \mathbb{C}),$$
$$\infty + \infty = \infty,$$
$$z \cdot \infty = \infty \cdot z = \infty \quad (z \in \mathbb{C}\backslash\{0\}),$$
$$\frac{z}{\infty} = 0 \quad (z \in \mathbb{C})$$

と置いても矛盾はない．しかし項 $0 \cdot \infty, \infty - \infty$ が意味を持つようには定義できないので，元 ∞ との計算は排除する．

ガウス平面を，立体斜影により，原点 0 に南極がある直径 1 の球（**リーマン球面**，p.56 図 C）の表面に写せば，$\hat{\mathbb{C}}$ の幾何的表現が可能である．$\mathbb{C}$ の点の像ではなく，斜影の中心として選ばれた北極を無限遠点 ∞ に対応付ける．このとき，$\hat{\mathbb{C}}$ の元の近傍は球上の近傍に対応する．

斜影により，ガウス平面の任意の円周は，リーマン球上で北極を通らない円周に写され，逆方向にもまた対応する．それに対して，ガウス平面の任意の直線の像は北極を通る円周となり，この場合の逆方向の対応もまた成立する．

$\chi(z_1, z_2)$ を，z_1 と z_2 の像 P_1 および P_2 のユークリッド距離 $d(P_1, P_2)$ としてリーマン球面上に定義する．このとき，$\hat{\mathbb{C}}$ をリーマン球面とすると，新しい距離 $\chi : \hat{\mathbb{C}} \times \hat{\mathbb{C}} \to \mathbb{R}_0^+$ を導入できる．$d(P_1, P_2)$ の値は，図 A 中のように有限の z_1 と z_2 に対して導入される．$z_1, z_2 \in \mathbb{C}$ に対しては

$$\chi(z_1, z_2) = \frac{|z_1 - z_2|}{\sqrt{1 + |z_1|^2}\sqrt{1 + |z_2|^2}}$$

が成立する．特別な場合 $z_1 = z$ と $z_2 = \infty$ $(P_2 = N)$ については，すべての $z \in \mathbb{C}$ に対し同様の等式

$$\chi(z, \infty) = \frac{1}{\sqrt{1 + |z|^2}}$$

が成立する．球の直径は 1 であるので，常に

$$\chi(z_1, z_2) \leqq 1$$

が成立する．等号は，P_1 と P_2 がそれぞれ球の直径の両端上の向かい側に存在するときにのみ成立する．$\chi(z_1, z_2)$ を z_1 と z_2 の**弦距離**という．

絶対値と距離 χ は $\mathbb{C}$ 上で同じ位相構造をなす．絶対値で定義された距離 $|z_1 - z_2|$ は，2 点の内の 1 点が無限遠点であればゼロになるのに対し，χ に関してはすべての点が同様に扱われる．$\mathbb{C}$ において同じ位相をなすその他の距離もまた目的に応じて使用される．例えば

$$z_1 = x_{11} + ix_{12}, z_2 = x_{21} + ix_{22}$$

とするとき，次のように距離を定義する．

$$\overline{d}(z_1, z_2) = \max(\{|x_{11} - x_{21}|, |x_{12} - x_{22}|\})$$

$\hat{\mathbb{C}}$ の部分集合は，二つの空でない分離した点集合の和集合ではないときに，p.213 の定義 2 と 3 により**連結**という．

定義 2　$\mathbb{C}$ ならびに $\hat{\mathbb{C}}$ の開連結点集合を**領域**という．

領域は，正則関数の定義域として，複素関数論では特に重要な意味を持つ．領域の内でもとりわけ単連結なものが興味深い (p.203, 229)．

定義 3　領域 G は，∞ が G の外点のとき**有界**と呼ばれ，∞ が G の内点でないとき**有限**と呼ばれる．

ジョルダン曲線 (p.225) は，$\hat{\mathbb{C}}$ を二つの互いに素な領域に分ける（図 B）．この曲線が点 ∞ を通らなければ，領域の一つは有界であり，この領域を曲線の**内部**と呼ぶ．

以下では，最初に主として $D_f \subseteq \mathbb{C}$ である関数

$$f : D_f \to \mathbb{C}$$

について調べる．しかし，必要に応じて，$\hat{\mathbb{C}}$ 上の $\mathbb{C}$ の定義域と値域の拡張が使われることも多い．1 点のみの付加によるコンパクト化の方法は，斜影幾何での手法とは区別される (p.129)．ここで扱われる方法が複素関数論にのみ意味を持つ方法であることは，非常に深い意味を持つ．他のすべてのコンパクト化とは異なり，$\hat{\mathbb{C}}$ はリーマン面 (p.414) である．

次の数列 $\{a_n\}$ のグラフがガウス平面とリーマン球面と交わるとする．
ここで　$a_n=(-1)^n\cdot n$,　$n\in\mathbb{N}$ とする．
リーマン球面上では，∞ は数列のただ一つの集積点であり，
よって数列の極限値である．

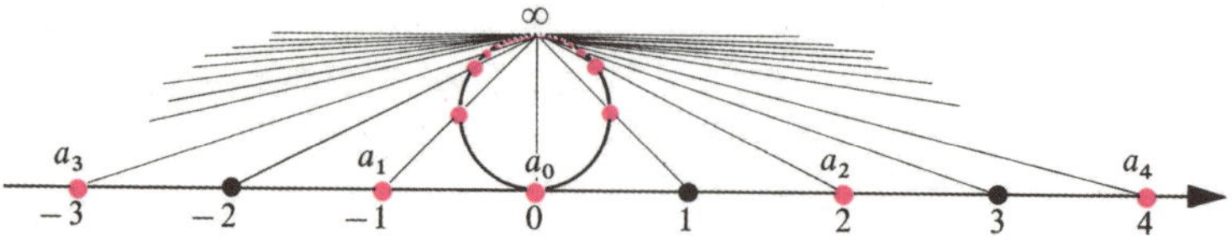

A

$\hat{\mathbb{C}}$ での収束の例

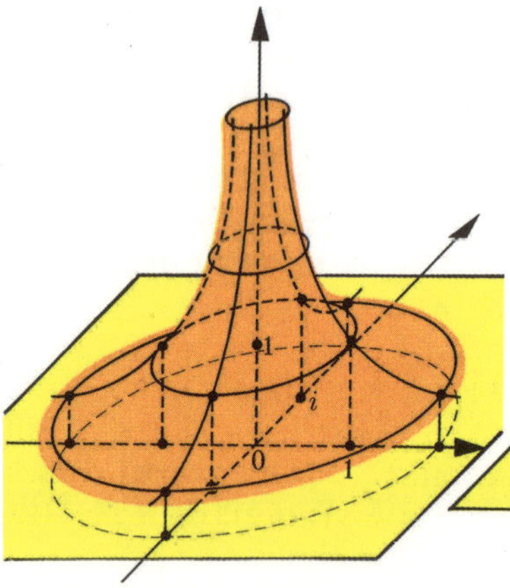

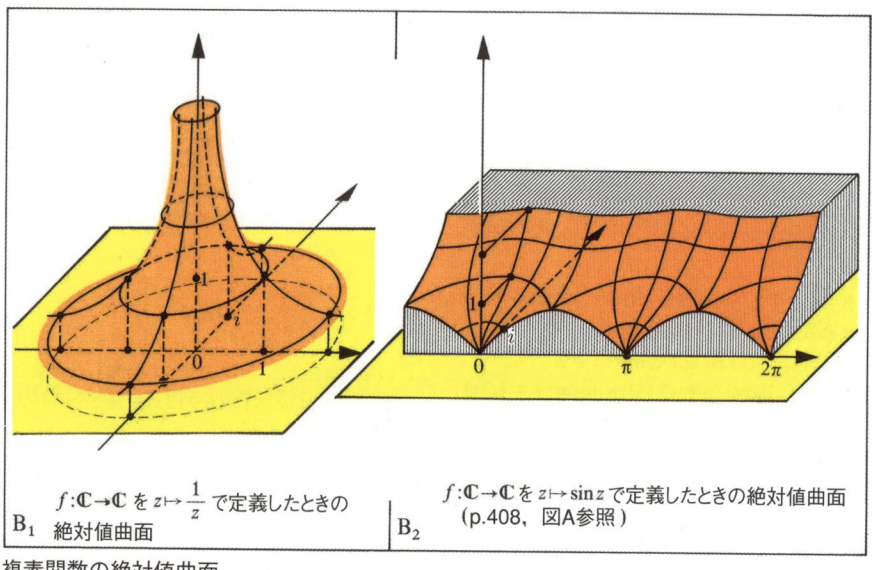

B_1　$f:\mathbb{C}\to\mathbb{C}$ を $z\mapsto\dfrac{1}{z}$ で定義したときの絶対値曲面

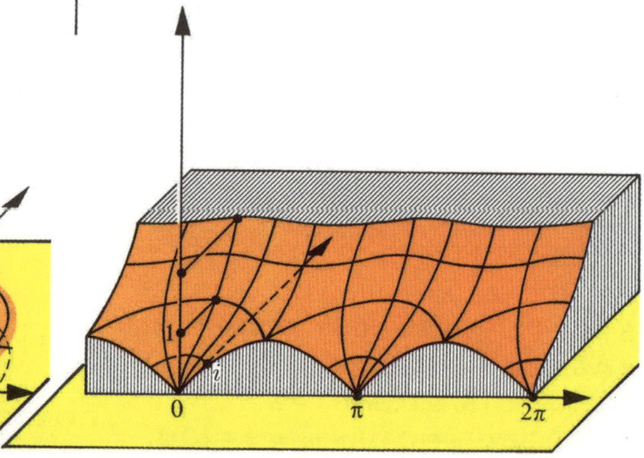

B_2　$f:\mathbb{C}\to\mathbb{C}$ を $z\mapsto\sin z$ で定義したときの絶対値曲面（p.408，図A参照）

複素関数の絶対値曲面

$D_f=\{z\,|\,|z-1|<1\}$ について $f:D_f\to\mathbb{C}$, $z\mapsto\dfrac{1}{z}$ とする．

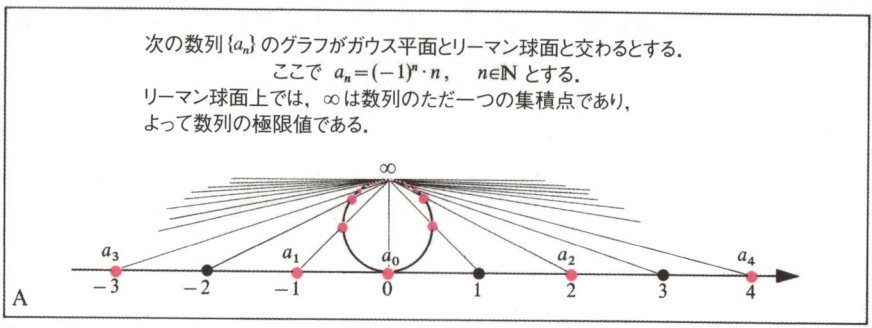

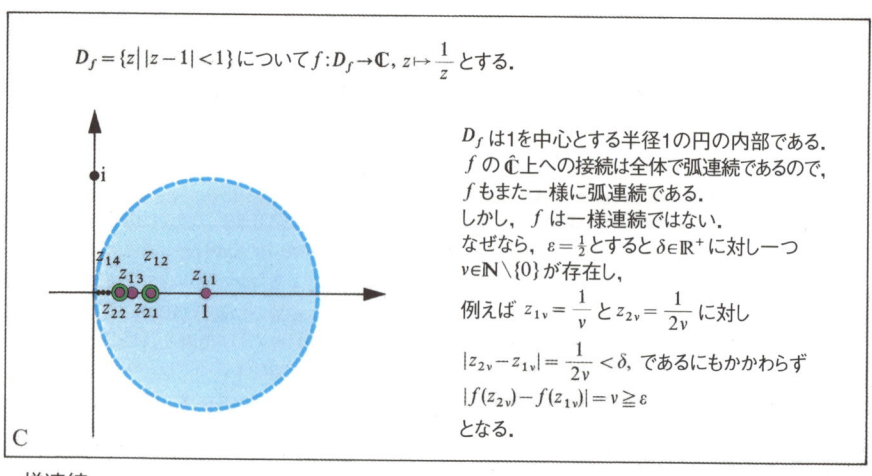

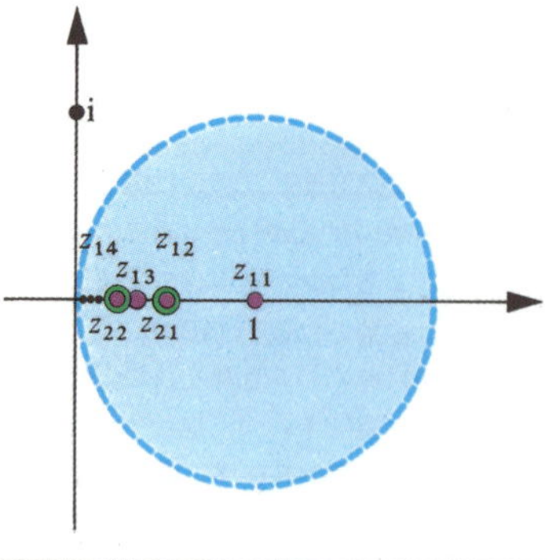

D_f は1を中心とする半径1の円の内部である．
f の $\hat{\mathbb{C}}$上への接続は全体で弧連続であるので，
f もまた一様に弧連続である．
しかし，f は一様連続ではない．
なぜなら，$\varepsilon=\frac{1}{2}$ とすると $\delta\in\mathbb{R}^+$ に対し一つ
$\nu\in\mathbb{N}\setminus\{0\}$ が存在し，
例えば $z_{1\nu}=\dfrac{1}{\nu}$ と $z_{2\nu}=\dfrac{1}{2\nu}$ に対し
$|z_{2\nu}-z_{1\nu}|=\dfrac{1}{2\nu}<\delta$, であるにもかかわらず
$|f(z_{2\nu})-f(z_{1\nu})|=\nu\geqq\varepsilon$
となる．

C

一様連続

複素数列の場合の最重要問題は収束性にあり，収束は実数の微積分と全く同様に定義される（定義 3, p.249）．通常どおり絶対値で導入された距離が基礎となり，以下の定理が成立する（定理 2，p.249）．

定理 1　$\forall\varepsilon \in \mathbb{R}^+$ に対し $n_0 \in \mathbb{N}$ が存在し，$\forall n \geqq n_0$ について $|z_n - a| < \epsilon$ が成立するとき，かつそのときに限り数列 $\{z_n\}$, $z_n \in \mathbb{C}$ は $a \in \mathbb{C}$ に収束する．

収束する場合，数列 $\{\mathrm{Re}\, z_n\}$ は $\mathrm{Re}\, a$ に収束し $\{\mathrm{Im}\, z_n\}$ は $\mathrm{Im}\, a$ に収束する．三平方の定理で定義された距離を用いても同じ収束概念を得る．よって，上の定義に三平方の定理を使い，絶対値を弦距離で表し，$\hat{\mathbb{C}}$ の数列に収束概念を導入すると，次が成立．

定理 2　$\forall\varepsilon \in \mathbb{R}^+$ について $n_0 \in \mathbb{N}$ が存在し，$\forall n \geqq n_0$ に対し $\chi(z_n, a) < \varepsilon$ が成立するとき，かつそのときに限り数列 $\{z_n\}$, $z_n \in \hat{\mathbb{C}}$ は $a \in \hat{\mathbb{C}}$ に収束する．

有限な極限値を持つ数列を（本来の意味での）**収束**という．実数の微積分で，$+\infty$ ならびに $-\infty$ に発散するといわれる (p.249) ものは，複素数の場合 **∞ への収束**という．$+\infty$ と $-\infty$ は同一視する．$\hat{\mathbb{C}}$ において数列 $\{(-1)^n n\}$ は極限値 ∞ に収束する．実数の微積分における関係に反し，リーマン球上 $\hat{\mathbb{C}}$ において，これらの数列がただ一つの集積点（定義 5，p.249 同様）を持つことは明白（図 A）．$\hat{\mathbb{C}}$ では，任意の数列は少なくとも一つの集積点を持つ．

複素関数

複素関数の関数概念は，一般の関数概念同様である (p.23)．定義域や値域に ∞ を含むかどうかに従い，$\hat{\mathbb{C}}$-$\hat{\mathbb{C}}$ 関数, $\hat{\mathbb{C}}$-$\mathbb{C}$ 関数, $\mathbb{C}$-$\hat{\mathbb{C}}$ 関数, $\mathbb{C}$-$\mathbb{C}$ 関数と呼ばれる．$\mathbb{C}$-$\mathbb{C}$ 関数 f を 2 変数の 2 実関数に帰着させるには，$z = x_1 + ix_2$ と置き

$$f(z) = f(x_1 + ix_2) = u(x_1, x_2) + iv(x_1, x_2)$$

とする．ここで，u と v は実 $\mathbb{R}^2$-$\mathbb{R}^2$ 関数 F の成分とみることができる $\mathbb{R}^2$-$\mathbb{R}$ 関数．逆に，任意の $\mathbb{R}^2$-$\mathbb{R}^2$ 関数は，$\mathbb{C}$-$\mathbb{C}$ 関数を決定する．

複素関数のグラフは，4 次元実空間 $\mathbb{C}^2$ すなわち $\mathbb{R}^4$ の点集合であり図示できない．任意の $z \in D_f$ に値 $|f(z)|$ を載せて，非常に大雑把な図を得る．$\mathbb{C} \times \mathbb{R}_0^+$ 上の点集合を**値曲面**という（図 B）．

連続性

$\mathbb{R}$ を $\mathbb{C}$ または $\hat{\mathbb{C}}$ で置き換えれば，複素関数の極限値は定義 4 (p.255) 同様に定義される．$\mathbb{C}$ と $\hat{\mathbb{C}}$ は距離空間なので，関数の**連続性**の位相概念は距離により定式化できる（p.257，定理 3）．

定理 3　$\forall\varepsilon \in \mathbb{R}^+$ に対し，$|z - a| < \delta$ となるすべての $z \in D_f$ について $|f(z) - f(a)| < \varepsilon$ となるような $\delta \in \mathbb{R}^+$ が存在するとき，かつそのときに限り $\mathbb{C}$-$\hat{\mathbb{C}}$ 関数 f は $a \in D_f$ で連続である．

定理 4　$\forall\varepsilon \in \mathbb{R}^+$ に対し，$\chi(z, a) < \delta$ となるすべての $z \in D_f$ について $\chi(f(z), f(a)) < \varepsilon$ が成立するような $\delta \in \mathbb{R}^+$ が存在するとき，かつそのときに限り $\hat{\mathbb{C}}$-$\hat{\mathbb{C}}$ 関数 f は $a \in D_f$ で連続である．

変数や関数値としての点 ∞ に対し，以下が成立．

$f(\infty) \neq \infty$ のとき，$\forall\varepsilon \in \mathbb{R}^+$ に対し $m \in \mathbb{R}^+$ が存在し，$|z| > m$ となるすべての $z \in D_f$ について $|f(z) - f(\infty)| < \varepsilon$ が成立するとき，かつそのときに限り f は ∞ で連続．

$f(a) = \infty$ かつ $a \neq \infty$ のとき，$\forall M \in \mathbb{R}^+$ に対し $\delta \in \mathbb{R}^+$ が存在し，$|z - a| < \delta$ となるすべての $z \in D_f$ について $|f(z)| > M$ が成立するとき，かつそのときに限り f は a で連続．

$f(\infty) = \infty$ のとき，$\forall M \in \mathbb{R}^+$ に対し，$|z| > m$ となるすべての $z \in D_f$ について $|f(z)| > M$ となるような $m \in \mathbb{R}^+$ が存在するとき，かつそのときに限り f は ∞ で連続．

連続関数では，有理関数が重要である．

$z \in \mathbb{C}$, $f(z) \neq \infty$ に対し，連続性は実数関数同様に定義される．$a_n \neq 0, b_m \neq 0, n, m \in \mathbb{N}$ に対し，

$$f(z) := \frac{a_n z^n + a_{n-1} z^{n-1} + \cdots + a_0}{b_m z^m + b_{m-1} z^{m-1} + \cdots + b_0}$$

$$f(\infty) := \begin{cases} 0 & (n < m \text{ のとき}), \\ \dfrac{a_n}{b_m} & (n = m \text{ のとき}), \\ \infty & (n > m \text{ のとき}) \end{cases}$$

(p.277) と置けば，∞ に対する値も適切であるので連続となる．a が f の極 (p.275) であれば $f(a) = \infty$ と置く．そのとき，有理関数は $\hat{\mathbb{C}}$-$\hat{\mathbb{C}}$ 関数として全 $\hat{\mathbb{C}}$ 平面上で定義され，$\hat{\mathbb{C}}$ 全体で連続となる．

実関数の場合，符号の正負で極を区別したが，ここではそれは意味をなさない．

一様連続

連続性を調べるとき，距離の定義に三平方の定理を使うかどうか，（有限な関数値を持つ有限な点では）絶対値で定義される距離を適用するかどうかは意味を持たない．

一様連続 (p.261) に関する問題では，距離は重要な意味を持つ．一様連続を以下に定義する．

定義　$\forall\varepsilon \in \mathbb{R}^+$ に対し $\delta \in \mathbb{R}^+$ が存在し，

$$|z_2 - z_1| < \delta \ (\chi(z_2, z_1) < \delta)$$

となる $\forall z_1, z_2 \in D_f$ について

$$|f(z_2) - f(z_1)| < \varepsilon \ (\chi(f(z_2), f(z_1)) < \varepsilon)$$

が成立するとき，関数 $f : D_f \to \hat{\mathbb{C}}$ を**一様連続**（**一様弦連続**）という．

非コンパクト集合上で，関数は非一様連続でも一様弦連続となりうる（図 B）．次の定理が成立する．

定理 5　コンパクト集合上連続な関数は，そこで一様連続かつ一様弦連続である．

$f_1(z)=z=x_1+ix_2$

$u_1(x_1,x_2)=x_1, \quad \frac{\partial u_1}{\partial x_1}(x_1,x_2)=1, \quad \frac{\partial u_1}{\partial x_2}(x_1,x_2)=0,$

$v_1(x_1,x_2)=x_2, \quad \frac{\partial v_1}{\partial x_1}(x_1,x_2)=0, \quad \frac{\partial v_1}{\partial x_2}(x_1,x_2)=1.$

f_1 は正則，$f_1'(z)=1$.

$f_2(z)=\bar{z}=x_1-ix_2$

$u_2(x_1,x_2)=x_1, \quad \frac{\partial u_2}{\partial x_1}(x_1,x_2)=1, \quad \frac{\partial u_2}{\partial x_2}(x_1,x_2)=0,$

$v_2(x_1,x_2)=-x_2, \quad \frac{\partial v_2}{\partial x_1}(x_1,x_2)=0, \quad \frac{\partial v_2}{\partial x_2}(x_1,x_2)=-1.$

f_2 非正則.

$f_3(z)=z^2=x_1^2-x_2^2+2ix_1x_2$

$u_3(x_1,x_2)=x_1^2-x_2^2, \quad \frac{\partial u_3}{\partial x_1}(x_1,x_2)=2x_1, \quad \frac{\partial u_3}{\partial x_2}(x_1,x_2)=-2x_2,$

$v_3(x_1,x_2)=2x_1x_2, \quad \frac{\partial v_3}{\partial x_1}(x_1,x_2)=2x_2, \quad \frac{\partial v_3}{\partial x_2}(x_1,x_2)=2x_1.$

f_3 正則，$f_3'(z)=2z$.

$f_4(z)=e^z=e^{x_1+ix_2}=e^{x_1}e^{ix_2}=e^{x_1}(\cos x_2+i\sin x_2)$

$u_4(x_1,x_2)=e^{x_1}\cos x_2, \quad \frac{\partial u_4}{\partial x_1}(x_1,x_2)=e^{x_1}\cos x_2, \quad \frac{\partial u_4}{\partial x_2}(x_1,x_2)=-e^{x_1}\sin x_2,$

$v_4(x_1,x_2)=e^{x_1}\sin x_2, \quad \frac{\partial v_4}{\partial x_1}(x_1,x_2)=e^{x_1}\sin x_2, \quad \frac{\partial v_4}{\partial x_2}(x_1,x_2)=e^{x_1}\cos x_2.$

f_4 正則，$f_4'(z)=e^z$.

$f_5(z)=z^2-\bar{z}^2=4ix_1x_2$

$u_5(x_1,x_2)=0, \quad \frac{\partial u_5}{\partial x_1}(x_1,x_2)=0, \quad \frac{\partial u_5}{\partial x_2}(x_1,x_2)=0,$

$v_5(x_1,x_2)=4x_1x_2, \quad \frac{\partial v_5}{\partial x_1}(x_1,x_2)=4x_2, \quad \frac{\partial v_5}{\partial x_2}(x_1,x_2)=4x_1.$

A　　f_5 非正則であるが，0では複素微分可能.

コーシー・リーマンの微分方程式による正則性を調べる

複素関数fが実部関数および虚部関数uならびにvで与えられていれば，付随する$\mathbb{R}^2$-$\mathbb{R}^2$関数の偏微分係数が$\frac{\partial f}{\partial x_1}$と$\frac{\partial f}{\partial x_2}$で与えられているとき点$a$で実微分可能となる．すなわち次の値が得られる．

$$\lim_{z\to a}\frac{f(z)-f(a)-\frac{\partial f}{\partial x_1}(a)\cdot(x_1-a_1)-\frac{\partial f}{\partial x_2}(a)\cdot(x_2-a_2)}{|z-a|}=0.$$

$z-a=(x_1-a_1)+i(x_2-a_2)$ と $\bar{z}-\bar{a}=(x_1-a_1)-i(x_2-a_2)$ から

$x_1-a_1=\frac{1}{2}((z-a)+(\bar{z}-\bar{a}))$ および $x_2-a_2=\frac{1}{2i}((z-a)-(\bar{z}-\bar{a}))$ が成立し，

よって $\frac{\partial f}{\partial x_1}(a)\cdot(x_1-a_1)+\frac{\partial f}{\partial x_2}(a)\cdot(x_2-a_2)$ に対し

形式的に $\frac{\partial f}{\partial z}(a)\cdot(z-a)+\frac{\partial f}{\partial \bar{z}}(a)\cdot(\bar{z}-\bar{a})$ と表される.

ここで $\frac{\partial f}{\partial z}(a):=\frac{1}{2}\left(\frac{\partial f}{\partial x_1}(a)-i\frac{\partial f}{\partial x_2}(a)\right)$ および $\frac{\partial f}{\partial \bar{z}}(a):=\frac{1}{2}\left(\frac{\partial f}{\partial x_1}(a)+i\frac{\partial f}{\partial x_2}(a)\right)$ とする.

$f(z)=u(x_1,x_2)+iv(x_1,x_2)$ であるので

$\frac{\partial f}{\partial \bar{z}}(a)=\frac{1}{2}\left(\frac{\partial u}{\partial x_1}(a)-\frac{\partial v}{\partial x_2}(a)+i\left(\frac{\partial v}{\partial x_1}(a)+\frac{\partial u}{\partial x_2}(a)\right)\right)$ が成立する.

よって，$\frac{\partial f}{\partial \bar{z}}(a)=0$ は点aでのコーシー・リーマンの微分方程式をみたすことと同値.

この場合 $\frac{\partial f}{\partial z}(a)=f'(a)$ となる.

B

z と $\bar{z}$ による形式的偏導関数

実微分可能性

複素 $\mathbb{C}$-$\mathbb{C}$ 関数 f の実部と虚部をそれぞれ $\mathbb{R}^2$-$\mathbb{R}$ 関数 u と v とし，$\mathbb{R}^2$-$\mathbb{R}^2$ 関数 F の成分とする (p.301)．F が点 (a_1, a_2) で微分可能ならば (p.295)，複素関数 f は点 $a = a_1 + ia_2$ で**実微分可能**という．

複素微分可能性

成分 u と v の微分可能性は 1 次近似可能性と同値であり，実微分可能な複素関数 f に対する

$$\lim_{n\to\infty} \frac{f(z_n) - f(a)}{z_n - a}$$

の存在の意味をみるためにも，1 次近似可能について知りたい．これは次の例が示すように常に成立するとは限らない．

例. $f : \mathbb{C} \to \mathbb{C}$ は $z \mapsto \overline{z}$ で定義されるとするとき，付随する $\mathbb{R}^2$-$\mathbb{R}^2$ 関数 F を次の対応で定義する．

$$(x_1, x_2) \mapsto (u(x_1, x_2), v(x_1, x_2)) = (x_1, -x_2).$$

$\mathbb{R}^2$ 全平面で，x_1 および x_2 による u と v の偏微分係数が存在し連続とすると，定理 2 (p.293) から F の微分可能性，f の実微分可能性がいえる．他方，

$$\frac{f(z) - f(a)}{z - a} = \frac{(x_1 - a_1) - i(x_2 - a_2)}{(x_1 - a_1) + i(x_2 - a_2)}$$

は $x_2 = a_2$ かつ $x_1 \neq a_1$ に対して値 1 であり，$x_1 = a_1$ かつ $x_2 \neq a_2$ に対しては値 -1 となる．ゆえに，$z \to a$ に対しては極限値を持たない．

複素領域における 1 次近似可能性は実微分可能性を含むが，逆は一般に成立しない．

定義 1 a が D_f の集積点であり極限値

$$\lim_{z\to a} \frac{f(z) - f(a)}{z - a}$$

が存在すれば，$\mathbb{C}$-$\mathbb{C}$ 関数 $f : D_f \to \mathbb{C}$ は点 $a \in D_f$ で**複素微分可能**という．この極限値を $f'(a)$ で表し，点 a での f の**微分係数**という．

定義 2 $\mathbb{C}$-$\mathbb{C}$ 関数 f が領域 $G \subseteq D_f$（点 $a \in D_f$ の開近傍）の任意の点で複素微分可能ならば，$f : D_f \to \mathbb{C}$ は G（点 $a \in D_f$）で**正則**という．

$z \mapsto f'(a)$ により，G における関数 f の微分係数 f' が定義される．

コーシー・リーマンの微分方程式

f が点 a で正則ならば，$\lim\limits_{n\to\infty} z_n = a$ となる任意の数列 $\{z_n\}$ に対し $\lim\limits_{n\to\infty} \frac{f(z_n)-f(a)}{z_n-a}$ が存在する．u と v の偏微分係数が存在し，$h_{1n} \in \mathbb{R}$, $\lim\limits_{n\to\infty} h_{1n} = 0$ となるよう $z_n = a + h_{1n}$ を選べば，

$$\lim_{n\to\infty} \frac{f(z_n) - f(a)}{z_n - a} = \lim_{n\to\infty} \frac{u(a_1 + h_{1n}, a_2) - u(a_1, a_2)}{h_{1n}} + i \lim_{n\to\infty} \frac{v(a_1 + h_{1n}, a_2) - v(a_1, a_2)}{h_{1n}}$$

すなわち $f'(a) = \dfrac{\partial u}{\partial x_1}(a_1, a_2) + i\dfrac{\partial v}{\partial x_1}(a_1, a_2)$.

他方，$h_{2n} \in \mathbb{R}$ かつ $\lim\limits_{n\to\infty} h_{2n} = 0$ となるように $z_n = a + ih_{2n}$ を取ると，

$$\lim_{n\to\infty} \frac{f(z_n) - f(a)}{z_n - a} = \lim_{n\to\infty} \frac{v(a_1, a_2 + h_{2n}) - v(a_1, a_2)}{h_{2n}} - i \cdot \lim_{n\to\infty} \frac{u(a_1, a_2 + h_{2n}) - u(a_1, a_2)}{h_{2n}},$$

すなわち, $f'(a) = \dfrac{\partial v}{\partial x_2}(a_1, a_2) - i \cdot \dfrac{\partial u}{\partial x_2}(a_1, a_2)$

を得る．これらを比較し，点 (a_1, a_2) で次の**コーシー・リーマンの微分方程式**を得る．

$$\frac{\partial u}{\partial x_1} = \frac{\partial v}{\partial x_2}, \quad \frac{\partial v}{\partial x_1} = -\frac{\partial u}{\partial x_2}.$$

逆に，ある点の開近傍でこれらの方程式をみたせば，平均値の定理により，この点での正則性が結論付けられ，よって次の定理が成立する．

定理 1 $f(x_1 + ix_2) = u(x_1, x_2) + iv(x_1, x_2)$ である $f : D_f \to \mathbb{C}$ は，点 $a = a_1 + a_2 \in D_f$ に対し，u と v が (a_1, a_2) の近傍で連続偏微分可能でコーシー・リーマンの微分方程式をみたすとき，そのときに限り f は a で正則である．

$f(z) = \overline{z}$ で定義された前出の例は，コーシー・リーマンの微分方程式をみたさない一つの例．図 A は，正則性に関する他の例で，図 B は実微分可能性と複素微分可能性の間の形式的な関係を示している．

p.265/267 定理 2 と 3 と 5 で定式化された微分規則は，複素関数にも適用される．例えば，有理 $\mathbb{C}$-$\mathbb{C}$ 関数全体は極を含まない全定義域で正則である．

調和関数

正則関数の実部と虚部は 2 階連続微分可能（p.405, 定理 3）なので，コーシー・リーマン微分方程式から次式が成立する．

$$\frac{\partial^2 u}{\partial x_1^2} = \frac{\partial^2 v}{\partial x_1 \partial x_2}, \quad \frac{\partial^2 u}{\partial x_2^2} = -\frac{\partial^2 v}{\partial x_1 \partial x_2}$$

$$\text{よって} \quad \frac{\partial^2 u}{\partial x_1^2} + \frac{\partial^2 u}{\partial x_2^2} = 0, \quad \frac{\partial^2 v}{\partial x_1^2} + \frac{\partial^2 v}{\partial x_2^2} = 0.$$

定義 3 領域で 2 階連続微分可能 $\mathbb{R}^2$-$\mathbb{R}$ 関数 φ が，

$$\frac{\partial^2 \varphi}{\partial x_1^2} + \frac{\partial^2 \varphi}{\partial x_2^2} = 0$$

をみたせば**調和関数**（**ポテンシャル関数**）という．

定理 2 正則関数の実部および虚部は調和関数である．単連結領域 G 上の任意の調和関数 u に対し，u と v が G 上の正則関数の実部および虚部となるような調和関数 v が存在し，定数項を除き一意的に定まる．

6個の異なる積分路 k_ν に沿って線積分をするとき，可能な限り次の公式を使って計算する．

$$\int_{k_\nu} f(z)\mathrm{d}z = \int_a^b f(k_\nu(t))k_\nu'(t)\mathrm{d}t\,.$$

ν	$k_\nu(t)$	a	b	$k_\nu'(t)$	$\int_{k_\nu}\mathrm{d}z$	$\int_{k_\nu} z\mathrm{d}z$	$\int_{k_\nu} \bar{z}\mathrm{d}z$	$\int_{k_\nu} \frac{1}{z}\mathrm{d}z$
1	$1-t+it$	0	1	$-1+i$	$-1+i$	-1	i	$\frac{\pi}{2}i$*)
2	$i-t-it$	0	1	$-1-i$	$-1-i$	1	i	$\frac{\pi}{2}i$*)
3	$1-t-it$	0	1	$-1-i$	$-1-i$	-1	$-i$	$-\frac{\pi}{2}i$*)
4	$-i-t+it$	0	1	$-1+i$	$-1+i$	1	$-i$	$-\frac{\pi}{2}i$*)
5	$1-2t$	0	1	-2	-2	0	0	−
6	$\cos t+i\sin t$	0	2π	$i(\cos t+i\sin t)$	0	0	$2\pi i$	$2\pi i$

＊）ここでの計算には，関数 ln の正則関数への延長に関する知識も必要になる．

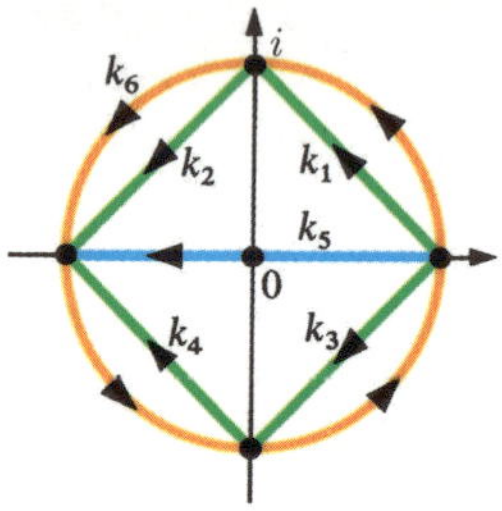

積分 $\int_k \mathrm{d}z$ と $\int_k z\mathrm{d}z$ は与えられた始点と終点に依存しない．

例えば

$$\int_{k_1+k_2}\mathrm{d}z = \int_{k_3+k_4}\mathrm{d}z = \int_{k_5}\mathrm{d}z = -2\,,$$

$$\int_{k_1+k_2} z\mathrm{d}z = \int_{k_3+k_4} z\mathrm{d}z = \int_{k_5} z\mathrm{d}z = 0$$ が成立する．

一般に $z_1 = k(a),\ z_2 = k(b)$ となれば，次の値が得られる．

$$\int_k \mathrm{d}z = \int_a^b k'(t)\mathrm{d}t = \int_a^b \mathrm{Re}\,k'(t)\mathrm{d}t + i\int_a^b \mathrm{Im}\,k'(t)\mathrm{d}t = \mathrm{Re}\,k(b) - \mathrm{Re}\,k(a) + i(\mathrm{Im}\,k(b) - \mathrm{Im}\,k(a))$$
$$= z_2 - z_1.$$

それに対応し，

$$\int_k z\mathrm{d}z = \tfrac{1}{2}(z_2^2 - z_1^2)$$

が成立するが，これに反し $\int_k \bar{z}\mathrm{d}z$ は積分路に依存し，次の値となる．

$$\int_{k_1+k_2}\bar{z}\mathrm{d}z = 2i,\qquad \int_{k_3+k_4}\bar{z}\mathrm{d}z = -2i,\qquad \int_{k_5}\bar{z}\mathrm{d}z = 0.$$

A

線積分の計算

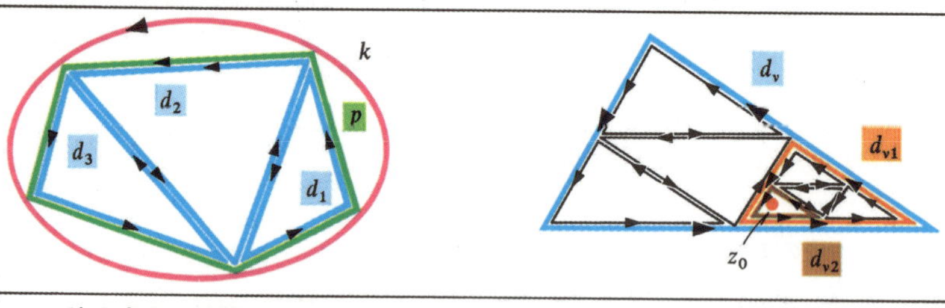

コーシーの積分定理の証明について

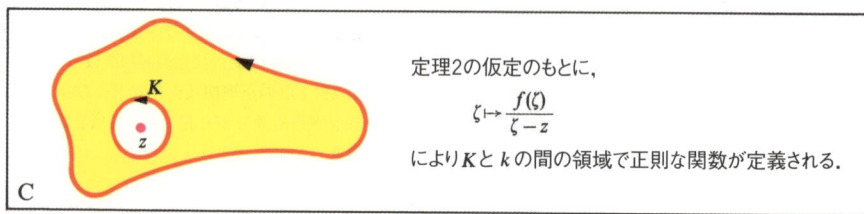

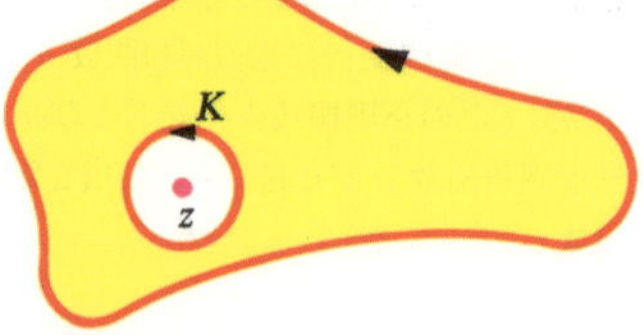

定理2の仮定のもとに，

$$\zeta \mapsto \frac{f(\zeta)}{\zeta - z}$$

により K と k の間の領域で正則な関数が定義される．

C

コーシーの積分公式の証明について

複素線積分

$\mathbb{C}$-$\mathbb{C}$ 関数 $f : D_f \to \mathbb{C}$ が微分可能のみならず積分可能となるためには，**線積分**の概念が必要となる．$\mathbb{R}$-$\mathbb{C}$ 関数 $k : (a,b) \to D_f$ により長さ有限な曲線 (p.319) が得られる．実数線積分（p.323，定義 1）をもとにして複素線積分を定義し，そこに現れた和

$$S(k,f,Z,B) = \sum_{\nu=1}^{m} \langle f(x_\nu), a_\nu - a_{\nu-1} \rangle$$

において，スカラー積を複素数の積に置き換え，変数を書き換えることにより次の和を得る．

$$S(k,f,Z,B) = \sum_{\nu=1}^{m} f(\zeta_\nu)(z_\nu - z_{\nu-1}).$$

(a,b) の任意の分割 $\{Z_\mu\}$ に対し，この和の極限値が存在する場合次のように置く．

$$\int_k f(z)dz := \lim_{\mu\to\infty} S(k,f,Z_\mu,B_\mu)$$

f が連続で k が連続微分可能ならば，

$$\int_k f(z)dz = \int_a^b f(k(t))k'(t)\mathrm{d}t$$

となる（p.323，定理 2）．よって，実数上のリーマン積分による線積分が計算できる．区分的連続微分可能な k では，区分積分される．図 A は線積分の計算を例示．線積分に対し，p.323 (K1) から (K4) に対応する積分規則が成立する．f を曲線上の点集合へ制限しても連続ならば線積分が存在する．

コーシーの積分定理

図 A の例から，線積分は一般に曲線の始点と終点に依存するばかりでなく，これらの点の間の経路にも依存することが分かる．経路に従属しなければ，閉曲線上の積分は値 0 になり，次の定理が成立する．

定理 1（コーシーの積分定理）　$G \subseteq \mathbb{C}$ が単連結領域で，$f : G \to \mathbb{C}$ が正則ならば，G 内の任意の単閉曲線 k に対し次の等式が成立する．

$$\int_k f(z)\mathrm{d}z = 0.$$

証明するために，f の連続性を用い $\int_k f(z)\mathrm{d}z$ と $\int_p f(z)\mathrm{d}z$ がほとんど区別できないように k を多角形 p で近似する．多角形を一辺が d_ν の n 三角形に分割する（図 B_1）と次の等式が成立する．

$$\int_p f(z)\mathrm{d}z = \sum_{\nu=1}^{n} \int_{d_\nu} f(z)\mathrm{d}z$$

すべての d_ν に対して $\int_{d_\nu} f(z)\mathrm{d}z = 0$ を示すため，中点連結定理により d_ν を辺とする三角形を四つの同値三角形（図 B_2）に分割する．線積分が最大値を持つ部分三角形の辺を d_{ν_1} とすると次が成立．

$$\left|\int_{d_\nu} f(z)\mathrm{d}z\right| \leqq 4\left|\int_{d_{\nu_1}} f(z)\mathrm{d}z\right|,$$

さらに分割すると，唯一つの点 $z_0 \in G$ を含む三角形の辺の数列 $d_\nu, d_{\nu 1}, d_{\nu 2}, \ldots, d_{\nu\mu}, \ldots$ ができ，$\left|\int_{d_\nu} f(z)\mathrm{d}z\right| \leqq 4^\mu \left|\int_{d_{\nu\mu}} f(z)\mathrm{d}z\right|$ が成立．z_0 の近傍における f の 1 次近似性から，任意の $\varepsilon \in \mathbb{R}^+$ に対して $\delta \in \mathbb{R}^+$ が存在し，$|z - z_0| < \delta$ となるすべての z に対して次の不等式が成立する．

$$\left|\frac{f(z) - f(z_0)}{z - z_0} - f'(z_0)\right| < \varepsilon.$$

すなわち，$|z - z_0| < \delta$ となるすべての z に対して $|\eta(z)| < \varepsilon$ となるように次の等式が成立する．

$$f(z) = f(z_0) + (z - z_0)f'(z_0) + (z - z_0)\eta(z)$$

今 $\mu \geqq \mu_0$ に対し，中心を z_0 とする半径 δ の円に $d_{\nu\mu}$ が存在するように μ_0 を選ぶと，

$$\left|\int_{d_{\nu\mu}} f(z)\mathrm{d}z\right| \leqq \left|f(z_0)\int_{d_{\nu\mu}} \mathrm{d}z\right|$$

$$+\left|f'(z_0)\int_{d_{\nu\mu}} (z - z_0)\mathrm{d}z\right| + \left|\int_{d_{\nu\mu}} (z - z_0)\eta(z)\mathrm{d}z\right|$$

となり，最初の二つの和は図 A の結果から 0 となる．さらに $\left|\int_{d_{\nu\mu}} (z - z_0)\eta(z)\mathrm{d}z\right| \leqq \varepsilon \cdot s_{\mu_0} 2s_{\mu_0}$ となる．ここで，s_{μ_0} は $d_{\nu\mu_0}$ の周の長さの半分とする．任意の $\varepsilon \in \mathbb{R}^+$ に対して，

$$\left|\int_{d_\nu} f(z)\mathrm{d}z\right| \leqq 4^{\mu_0}\left|\int_{d_{\nu\mu_0}} f(z)\mathrm{d}z\right|$$

$$\leqq 4^{\mu_0} 2\varepsilon \cdot s_{\mu_0}^2 = 4^{\mu_0} 2\varepsilon \frac{s_0^2}{2^{2\mu_0}} = 2s_0^2\varepsilon$$

となるので，$\int_{d_\nu} f(z)\mathrm{d}z = 0$ が成立する．

注意　任意の曲線を内側から多角形で近似できるので，f が k の内部でのみ正則であるが k 上で連続であるとき，$\int_k f(z)\mathrm{d}z = 0$ が成立する．

コーシーの積分公式

定理 2　f は単純閉曲線であり，k 内部で正則かつ k 上で連続とする．このとき次式が成立する．

$$f(z) = \frac{1}{2\pi i}\int_k \frac{f(\zeta)}{\zeta - z}\mathrm{d}\zeta$$

（z : k 内部の任意の点）

証明には z の周りの十分小さな円 K を選ぶ（図 C）．上記の計算から，積分の値を変えずに積分路 k を K で置き換えられる．さらに

$$\int_K \frac{f(\zeta)}{\zeta - z}\mathrm{d}\zeta = f(z)\int_K \frac{\mathrm{d}\zeta}{\zeta - z} + \int_K \frac{f(\zeta) - f(z)}{\zeta - z}\mathrm{d}\zeta$$

であり，K を任意に小さく選ぶことができるので，右辺後半の積分は 0 になる．右辺最初の積分は図 A から $2\pi i$ となる．

定理 3　仮定は定理 2 のとおりとする．このとき，f は k 内部に任意階数の導関数を持ち，$n \in \mathbb{N}\backslash\{0\}$ に対し，次のコーシーの積分公式が成立する．

$$f^{(n)}(z) = \frac{n!}{2\pi i}\int_k \frac{f(\zeta)}{(\zeta - z)^{n+1}}\mathrm{d}\zeta.$$

ゆえに，関数の 1 階複素微分可能性から任意階数の導関数の存在がいえ，次の定理が成立する．

定理 4（モレラ）　$f : G \to \mathbb{C}$ は領域 $G \subseteq \mathbb{C}$ で連続で $\int_k f(z)\mathrm{d}z$ の値が積分路に依存しないならば，f は G で正則である．

$$\sum_{\nu=0}^{\infty} \nu! z^{\nu}, \quad \overline{\lim_{\nu\to\infty}} \sqrt[\nu]{\nu!} = \infty, \quad r=0,$$ 収束（$z=0$でのみ）．

$$\sum_{\nu=0}^{\infty} z^{\nu}, \quad \overline{\lim_{\nu\to\infty}} \sqrt[\nu]{1} = 1, \quad r=1,$$ 収束（$|z|<1$のとき），
発散（$|z|\geqq 1$のとき）．

$$\sum_{\nu=1}^{\infty} \frac{z^{\nu}}{\nu}, \quad \overline{\lim_{\nu\to\infty}} \sqrt[\nu]{\frac{1}{\nu}} = 1, \quad r=1,$$ 収束（$|z|<1$および $|z|=1$かつ $z\neq 1$のとき）
発散（$|z|>1$かつ $z=1$）．

$$\sum_{\nu=1}^{\infty} \frac{z^{\nu}}{\nu^2}, \quad \overline{\lim_{\nu\to\infty}} \sqrt[\nu]{\frac{1}{\nu^2}} = 1, \quad r=1,$$ 収束（$|z|\leqq 1$のとき），
発散（$|z|>1$のとき）．

$$\sum_{\nu=0}^{\infty} \frac{z^{\nu}}{\nu!}, \quad \overline{\lim_{\nu\to\infty}} \sqrt[\nu]{\frac{1}{\nu!}} = 0, \quad r=\infty,$$ 収束（すべての$z\in\mathbb{C}$）．

A

ベキ級数の収束域

$f:\mathbb{C}\backslash\{2\}\to\mathbb{C}$ を $z\mapsto\dfrac{1}{z-2}$ で定義すると，$5+4i$ の周りでベキ級数に展開できる．
すなわち，次のように変形することができる：

$$\frac{1}{z-2} = \frac{1}{3+4i+(z-(5+4i))} = \frac{1}{3+4i}\cdot\frac{1}{1-\left(-\dfrac{z-(5+4i)}{3+4i}\right)},$$

$$f(z) = \frac{1}{3+4i}\cdot\sum_{\nu=0}^{\infty}\left(-\frac{z-(5+4i)}{3+4i}\right)^{\nu}.$$

この幾何級数は

$$\left|\frac{z-(5+4i)}{3+4i}\right|<1, \quad |z-(5+4i)|<|3+4i|=5,$$

に対して収束する．よって $r=5$である．

B

有理関数のベキ級数展開の例

定理5の仮定のもとに，f_1とf_2の a 周りのベキ級数が，無限個の点で同じ値を取る．よって，これらの級数は同じ係数を持たなければならない．したがって，f_1とf_2は，a を中心とし完全にGに含まれる最大の円内で一致する．
もし仮にこの円の外に，$f_1(z)\neq f_2(z)$となる点 $z\in G$が存在すると仮定すれば，a をGに属する折れ線で z と結ぶことができる．
b がこの折れ線グラフの始点 a から到達することができ$f_1\neq f_2$となる最初の点であり，しかもf_1とf_2について b のどんな小さな近傍でもその値が一致しないならば，f_1とf_2のベキ級数展開が一致することに矛盾する．b は$f_1(b_\nu)=f_2(b_\nu)$ となる点b_νの集積点であるからである．

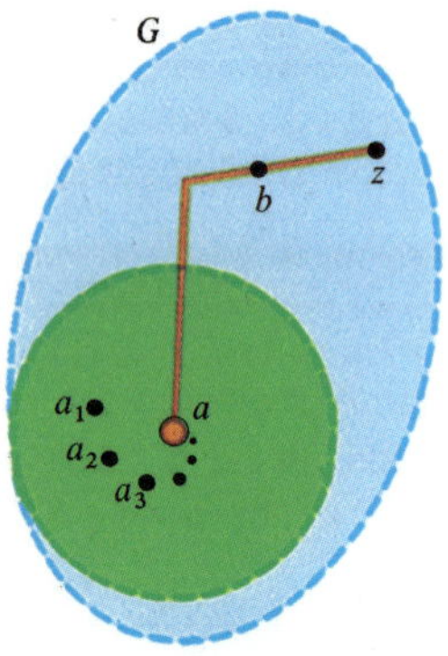

C

一致の定理

複素関数の正則性は，すでに示したように，実関数の微分可能性につながり，より豊穣な実りをもたらす性質である．実微分可能関数では導関数は必ずしも連続とは限らないが，正則性は任意回微分可能性を保証する．曲線 k の内部の関数とそのすべての導関数の値は，k 上の関数値で決定される．ポアソンにより，k 上の関数値の実部を知れば十分である．

ベキ級数

実関数に対する点 a での任意回微分可能性は，点 a でのテイラー展開可能性の十分条件にはならないが (p.273)，必要条件であるので，正則関数についても同様な級数展開を考察することは自然である．

そのために，まず複素ベキ級数のいくつかの性質を知る必要がある (p.261)．

定理 1　$z_1 \neq a$ に対して $\sum\limits_{\nu=0}^{\infty} a_\nu(z_1-a)^\nu$ が収束すれば，$|z-a| < |z_1-a|$ であるすべての z に対して $\sum\limits_{\nu=0}^{\infty} a_\nu(z-a)^\nu$ もまた収束する．

$|z-a| < |z_1-a|$ であるすべての z の集合は z_1 による a 周りの円内部を形成する．

定理 2　$\sum\limits_{\nu=0}^{\infty} a_\nu(z-a)^\nu$ が点 a で収束しても全 $\mathbb{C}$ 平面で収束するとは限らないが，ある $r \in \mathbb{R}^+$ が存在し，$|z-a| < r$ となるすべての z に対し収束し，$|z-a| > r$ であるすべての z に対しては発散する．また，

$$r = \frac{1}{\overline{\lim\limits_{\nu\to\infty}} \sqrt[\nu]{|a_\nu|}}$$

が成立する．

r をベキ級数の**収束半径**という．したがって，収束集合は a を中心とする円の内点（と，場合によってはさらにこの円の境界点）よりなり（図 A），中心 a 半径 $\varrho < r$ の任意の円内で一様収束する．

定理 3　$z \mapsto f(z) = \sum\limits_{\nu=0}^{\infty} a_\nu(z-a)^\nu$ で定義される関数は収束円内部で正則であり，ベキ級数の項別微分から，$f'(z) = \sum\limits_{\nu=1}^{\infty} a_\nu \nu \cdot (z-a)^{\nu-1}$ が成立する．

より一般的には，正則関数の任意の一様収束級数展開は再び正則であり，項別微分，項別積分のどちらも可能であることが示される．

正則関数がベキ級数に展開できることは，定理 3 の逆をある程度表す次の定理から得られる．

定理 4　$f : G \to \mathbb{C}$ が領域 $G \subseteq \mathbb{C}$ で正則ならば，f は任意の点 $a \in G$ でベキ級数展開可能で，

$$f(z) = \sum_{\nu=0}^{\infty} \frac{f^{(\nu)}(a)}{\nu!}(z-a)^\nu$$

が成立する．その級数は，a を中心とし f の最大正則円の内部において収束する．

r は，中心を a としその内部で f が正則円の最大半径であり，証明のためには半径 $r_1 < r$ となる円 K_1 を考察すればよい．

このとき，K_1 の内部の任意の点 z に対し

$$f(z) = \frac{1}{2\pi i}\int_{K_1} \frac{f(\zeta)}{\zeta - z}\mathrm{d}\zeta$$

が成立し，

$$\frac{1}{\zeta - z} = \frac{\frac{1}{\zeta-a}}{1-\frac{z-a}{\zeta-a}}$$

と変形でき，

$$\frac{1}{\zeta - z} = \sum_{\nu=0}^{\infty} \frac{(z-a)^\nu}{(\zeta-a)^{\nu+1}}$$

と幾何級数として表され，よって

$$f(z) = \frac{1}{2\pi i}\int_{K_1}\left(\sum_{\nu=0}^{\infty}\frac{f(\zeta)(z-a)^\nu}{(\zeta-a)^{\nu+1}}\right)\mathrm{d}\zeta$$

を得る．この級数は一様収束するので，項別積分可能で

$$f(z) = \sum_{\nu=0}^{\infty}\left(\frac{1}{2\pi i}\int_{K_1}\frac{f(\zeta)d\zeta}{(\zeta-a)^{\nu+1}}\right)(z-a)^\nu$$

が成立し，p.405，定理 3 により次の等式を得る．

$$f(z) = \sum_{\nu=0}^{\infty} \frac{f^{(\nu)}(z)}{\nu!}(z-a)^\nu$$

定理 4 の命題で注意すべきことは，複素関数では，正則性すなわちただ 1 回の微分可能性のみでテイラー級数展開可能性をいうのに十分なことである．実関数では，任意回の微分可能性すらなかった (p.272，図 A)．

正則関数の a 周りのベキ級数への展開は一意的である．図 B は，幾何級数を用い有理関数のベキ級数展開を得る方法を示している．

集積点が a となる無限個の点 a_ν で同一値となれば，点 a 周りで展開される二つのベキ級数は一致するので，これらの仮定のもとに二つの正則関数は一致する．

定理 5（一致の定理）　a_ν を G の内部で集積点が a となる無限個の異なる点とする．このとき，二つの正則関数 $f_1 : G \to \mathbb{C}$，$f_2 : G \to \mathbb{C}$ に対し $f_1(a_\nu) = f_2(a_\nu)$ が成立すれば，$f_1 = f_2$ が成立する．

G の部分領域または曲線の一部 $k \subset G$ の上で二つの関数が一致すれば，確かに仮定をみたす．

定理 5 のもう一つの結果は，非定数正則関数に対し，任意の点 $a \in G$ の近傍内で a 以外ではもはや関数値 $f(a)$ を取らない近傍が存在するということである．よって，特に G における非定数正則関数の零点はすべて孤立点である．零点の集積点は，高々 G の境界上で存在する．さらに，G を含む領域内の正則関数の接続が可能ならば，常に一意的となる．

実関数 sin, cos, sinh, cosh, exp のベキ級数展開は，$r=\infty$ であることから，すべての複素変数に対しても収束し，$\mathbb{C}$ 上で正則関数を定義する．
もちろん変数 x を z で置き換えてもよい．導関数も実数の場合同様である．例えば，$\exp'=\exp$, $\sin'=\cos$ である．級数展開により，これらの関数の密な関係が分かる．
p.409の公式以外にも，次の等式も得られる．

$$\sin z=\sin(x+iy)=\sin x\cosh y+i\cos x\sinh y\,,$$
$$\cos z=\cos(x+iy)=\cos x\cosh y-i\sin x\sinh y$$

これらの関数はすべて周期的である．sin と cos の周期は 2πである．それに対し，exp, sinh, coshの周期は $2\pi i$ である．sinと cos は，実数の場合と異なり $\sin iy=i\sinh y$ と $\cos iy=\cosh y$ により有界ではない．

A

実関数の正則関数への延長

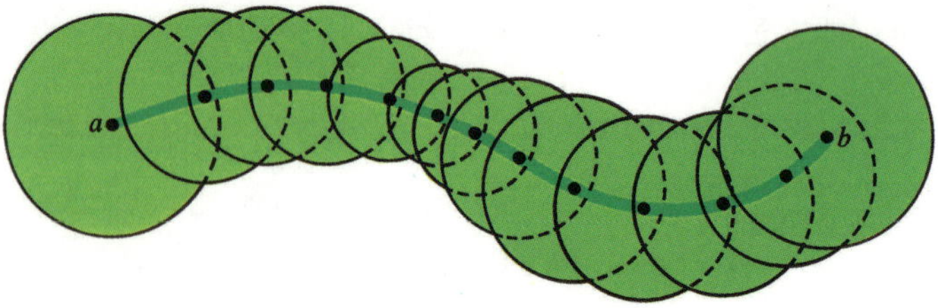

B

直接解析接続（または円連鎖法）

$f(x)=\sqrt{x}$，$x\in\mathbb{R}^+$ で定義される実関数は，1の周りの級数展開により半径1の円内に正則に延長できる．
このとき，次の等式が成立する．

$$f(z)=\sqrt{1+(z-1)}=\sum_{\nu=0}^{\infty}\binom{\frac{1}{2}}{\nu}(z-1)^{\nu}$$ （p.272参照）

実数領域での関係 $f^2(z)=z$ は，複素領域でも成立し，
$-\dfrac{\pi}{2}<\varphi<\dfrac{\pi}{2}$ とするときの $z=re^{i\varphi}$ に対し関数値 $f(z)=\sqrt{r}e^{i\frac{\varphi}{2}}$ が得られる．

上半円k_1に沿って−1に向かい解析接続すると，赤で囲った領域上で定義された関数f_1が得られる．

$$f_1(z)=i\sum_{\nu=0}^{\infty}\binom{\frac{1}{2}}{\nu}(-1)^{\nu}(z+1)^{\nu}\,,\quad |z+1|<1,$$

下半円k_2に沿って解析接続すると，緑で囲った領域上で定義された関数f_2が得られる．

$$f_2(z)=-i\sum_{\nu=0}^{\infty}\binom{\frac{1}{2}}{\nu}(-1)^{\nu}(z+1)^{\nu}\,,\quad |z+1|<1.$$

このとき，$f_1(-1)=i$, $f_2(-1)=-i$が成立する．f_1とf_2は f の解析接続であるが，f_2 はf_1の接続ではない．

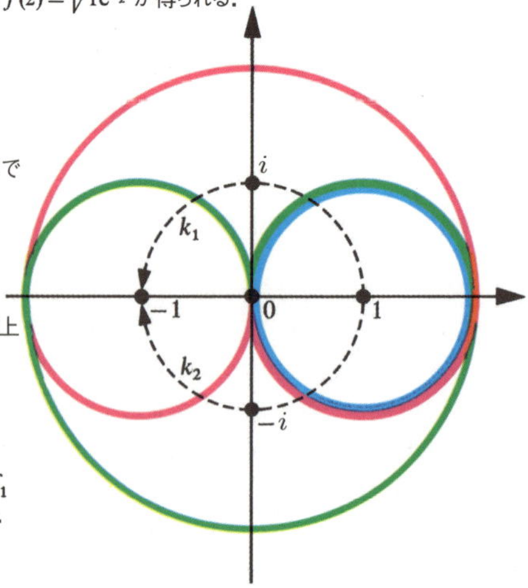

C

いろいろな積分路に沿うときの解析接続

正則関数への延長

点 a において解析的な実関数 (p.273, 定義 3) は，a 周りのベキ級数に展開できることで特徴付けられる．複素領域でも，収束半径は実数領域と全く同様に決まるので，そのようなベキ級数は，複素平面上で a を中心とする円内部における正則関数を表す．すなわち，実関数の正則関数への延長である．関数 sin, cos, exp, sinh, cosh に代表されるように，複素平面上のすべての領域で収束するベキ級数はこの方法で全 $\mathbb{C}$ 平面において定義される正則関数となる．こうして得られた関数も同じ記号で表される (図 A)．p.280/282 のベキ級数の比較を考慮すれば関係

$$\mathrm{e}^{iz} = \cos z + i\sin z, \quad \mathrm{e}^{-iz} = \cos z - i\sin z,$$

$$\cos z = \frac{1}{2}(\mathrm{e}^{iz} + \mathrm{e}^{-iz})$$

$$\sin z = \frac{1}{2i}(\mathrm{e}^{iz} - \mathrm{e}^{-iz})$$

$$\cosh z = \cos iz, \quad \sinh z = -i\sin iz$$

が導かれる．これらの等式は，指数関数や双曲線関数は，複素領域においても周期的で複素周期 $2\pi i$ を持つことを示している．実解析関数の収束円が有限ならば，複素関数に対する定理 4 (p.407) から，収束円の境界上に関数がもはや正則でなくなる点が存在するので，まず正則関数への延長を行うと収束半径の大きさがはっきり見てとれる場合が多い．

例　$f(x) = \dfrac{1}{1+x^2}$

で定義される実関数は，点 $a=0$ 周りで収束半径 1 のベキ級数展開

$$f(x) = 1 - x^2 + x^4 - x^6 + x^8 - \cdots$$

が可能である．この関数は，全実軸上特に収束区間の境界点 1 と -1 で解析的である．$f(z) = \frac{1}{1+z^2}$ で定義される正則関数は収束円の境界点 i と $-i$ においてはもはや定義されず，これらの点へ近づくと有界ではなく極となり，発散する．

解析接続

定義　$f : D_f \to \mathbb{C}$ と $g : D_g \to \mathbb{C}$ は二つの異なる正則関数とし，さらに $D_f \cap D_g \neq \emptyset$ が成立し，すべての $z \in D_f \cap D_g$ に対して $f(z) = g(z)$ が成立するとき，g は f の**解析接続**，また f は g の**解析接続**という

D_f を含む領域上での f の解析接続が可能ならば，一致の定理 (p.407) により常に一意的である．

接続を可能にするためには，点 $z_0 \in D_f$ 周りのベキ級数展開を考察する．そのとき，f は収束円内部の任意の点 z_1 で再びベキ級数に展開できる．新しい点での級数展開の係数

$$\frac{f^{(\nu)}(z_1)}{\nu!}$$

は中心を z_0 とする展開で決まる．

新しく級数展開をしても新しい中心が元の収束円からはみ出さなければ，第 2 の収束円の内部の点で第 1 の収束円の外部に存在する z_2 に対しても同じ方法を繰り返すことができる．この方法で，中心を z_ν とし自分自身と重なる円領域の列による解析接続を得ることができる．点 z_ν を順々に結び付けて円領域の共通部分内に曲線 k ができれば，***f* は *k* に沿って解析接続される**ともいう．この構成法は**直接解析接続法**（円連鎖法）といわれる（図 B)．

確かに，どんな方法によっても最初の収束円を越えて解析接続することが不可能な関数も存在する (p.410，図 A の例)．これから，次の定理を得る．

定理 1　任意の領域 $G \subseteq \mathbb{C}$ に対し，G で正則で G を越えると解析接続不可能な関数が存在する．

与えられた関数 f に対し，D_f を含む領域で，f が解析接続可能で，できる限り大きな領域を構成することは，確かに困難である．二つの曲線 k_1 と k_2 に沿い $z_0 = a$ から b へ接続可能であっても，b 周りでも同じベキ級数展開が得られるとは必ずしもいえないからである．

図 C の例では，b 周り（すなわち -1 周り）の両級数展開は異なる値を与えるので，k_1 や k_2 に沿う f の接続 f_1 と f_2 は互いに接続されたものではなく，それらは同じ関数ではない．

上記の例の場合，k_1 と k_2 の間の領域に解析接続不可能な点が存在すれば，高々異なる接続が存在するにすぎない．すなわち，f が z_0 を含む領域 G 内で任意の道 k に沿い解析接続されるならば，接続の結果は k のホモトピー類 (p.227) にのみ依存することが示される．1 点に縮められる道に対して特別な場合として次の定理が成立する．

定理 2（モノドロミー定理）　k_1 と k_2 は a と b を結ぶ二つの曲線弧であり，f は a において正則であり，k_1 に沿い k_2 に沿っても b まで解析接続可能であるとする．このとき，k_1 と k_2 の間の任意の曲線に沿って常に解析接続可能となるように k_1 を k_2 に連続変形可能ならば，解析接続をしても b を中心として同じベキ級数展開が得られる．

領域 G の正則関数は唯一つの点 $a \in G$ の周りでベキ級数展開により一意的に決定され，また正の収束半径を持つ任意のベキ級数も場合により接続可能な正則関数を定義するので，ベキ級数展開を**正則関数芽**または**関数要素**（一般化は p.417）ともいう．

$$f(z)=\sum_{\nu=0}^{\infty} z^{\nu!}\ \text{で定義される}\ f:\{z\,|\,|z|<1\}\to\mathbb{C}$$

は $\overline{\lim}\sqrt[\nu]{|a_\nu|}=1$ であるので単位円内で正則である．この関数は単位円を越えては解析接続できない．

$\varphi=\frac{p}{q}\cdot 2\pi,\ p\in\mathbb{Z},\ q\in\mathbb{N}\setminus\{0\}$ とすると，

$z=re^{i\varphi}=re^{i\frac{p}{q}\cdot 2\pi}$ （$0<r<1$）に対し次の等式が成立する

$$f(z)=\sum_{\nu=0}^{\infty} r^{\nu!}e^{\nu!\frac{p}{q}\cdot 2\pi i}=\sum_{\nu=0}^{q-1} r^{\nu!}e^{\nu!\frac{p}{q}\cdot 2\pi i}+\sum_{\nu=q}^{\infty} r^{\nu!}.$$

$r\to 1$ のとき，2 番目の和は ∞ に発散する．一方，最初の和の絶対値は q より小さい．

よって，$\lim_{r\to 1}|f(z)|=\infty$ が成立する．

単位円のすべての点は孤立特異点ではない点である．

注意：孤立特異点ではない点には，連続接続可能である関数の例が存在する．

A

解析接続できない関数の例

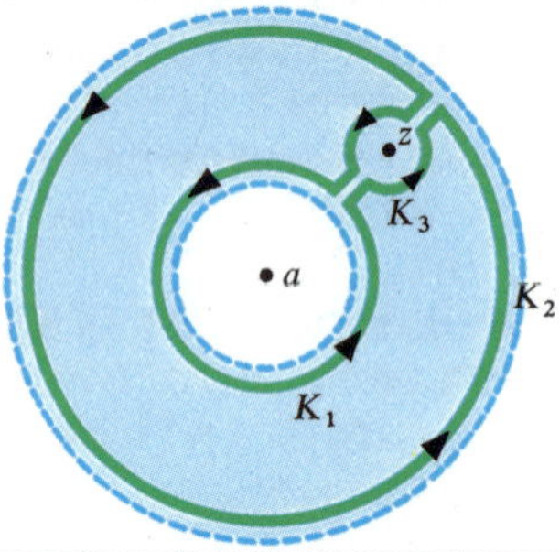

$$f(z)=\frac{1}{2\pi i}\int_{K_3}\frac{f(\zeta)}{\zeta-z}d\zeta$$

$$=\frac{1}{2\pi i}\int_{K_2}\frac{f(\zeta)}{\zeta-z}d\zeta-\frac{1}{2\pi i}\int_{K_1}\frac{f(\zeta)}{\zeta-z}d\zeta\ \text{が成立する．}$$

$$\int_{-K_1-K_3+K_2}\frac{f(\zeta)}{\zeta-z}d\zeta=0\ \text{であるから．}$$

B

環状領域で正則な関数の積分表示

$f(z)=\frac{1}{z}+\frac{1}{z-1}+\frac{1}{z-2i}$ で定義された関数は，0と1と $2i$ に孤立特異点を持つ．

よって，この関数は 0 周りで三つの異なるローラン展開を持つ．次の展開が成立する．

$$\frac{1}{z-1}=-\frac{1}{1-z}=-\sum_{\nu=0}^{\infty}z^{\nu}\quad(|z|<1\text{のとき}),$$

$$\frac{1}{z-1}=\frac{1}{z}\cdot\frac{1}{1-\frac{1}{z}}=\frac{1}{z}\sum_{\nu=0}^{\infty}\left(\frac{1}{z}\right)^{\nu}=\sum_{\nu=-1}^{-\infty}z^{\nu}\quad(|z|>1\text{のとき}),$$

$$\frac{1}{z-2i}=\frac{i}{2}\cdot\frac{1}{1+\frac{i}{2}z}=\frac{i}{2}\sum_{\nu=0}^{\infty}\left(-\frac{i}{2}z\right)^{\nu}=-\sum_{\nu=0}^{\infty}\left(-\frac{i}{2}\right)^{\nu+1}z^{\nu}\quad(|z|<2\text{のとき}),$$

$$\frac{1}{z-2i}=\frac{1}{z}\cdot\frac{1}{1+\frac{2}{iz}}=\frac{1}{z}\sum_{\nu=0}^{\infty}\left(-\frac{2}{iz}\right)^{\nu}=\sum_{\nu=-1}^{-\infty}\left(-\frac{i}{2}\right)^{\nu+1}z^{\nu}\quad(|z|>2\text{のとき}),$$

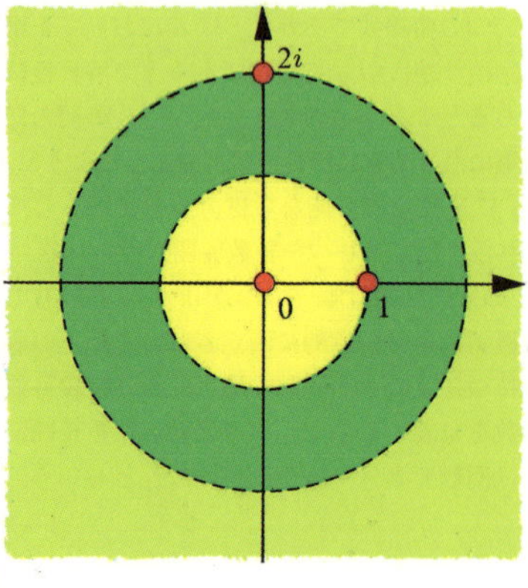

よって

$$f(z)=\frac{1}{z}-\sum_{\nu=0}^{\infty}z^{\nu}-\sum_{\nu=0}^{\infty}\left(-\frac{i}{2}\right)^{\nu+1}z^{\nu}\ (0<|z|<1\text{のとき}),$$

$$f(z)=\frac{1}{z}+\sum_{\nu=-1}^{-\infty}z^{\nu}-\sum_{\nu=0}^{\infty}\left(-\frac{i}{2}\right)^{\nu+1}z^{\nu}\ (1<|z|<2\text{のとき}),$$

$$f(z)=\frac{1}{z}+\sum_{\nu=-1}^{-\infty}z^{\nu}+\sum_{\nu=-1}^{-\infty}\left(-\frac{i}{2}\right)^{\nu+1}z^{\nu}\ (|z|>2\text{のとき}).$$

C

ローラン展開

正則関数の特異点

複素関数論では，f が正則ではない点 a の任意の近傍内で f が正則であり，その近傍内の正則な点を始点として f を a まで解析接続することができる場合がある．このとき関数値を適切に変更すると正則となる．そのような**除去可能な特異点**は，以下では常にすでに除外されているとみなし，次の定義ではもはや考慮しない．ここでは，解析接続可能ではない点をのみ問題にする．

定義 1 点 a の任意の近傍内で，f の任意の正則点から任意の曲線に沿い a まで解析接続可能であるが（a のより小さな）近傍では解析接続可能ではないとき，a を関数 f の**特異点**という．特異点の集積点にならない特異点を**孤立特異点**と呼ぶ．孤立特異点 a は，点 a を除去した近傍 $U(a)\backslash\{a\}$ 内で f が正則であるとき**単純特異点**といわれる．

例 a) 0 は $f(z)=1/z$ で定義される関数の単純孤立特異点．

b) 0 は $f(z)=\sqrt{z}$ で定義される関数の孤立特異点であるが，非単純特異点（p.408，図 C）．

c) 0 は，$f(z)=(\sin 1/z)^{-1}$ で定義される関数の非孤立特異点．

d) $|z|=1$ であるすべての点は，$f(z)=\sum_{\nu=0}^{\infty} z^{\nu!}$ で定義される関数の非孤立特異点（図 A）．

e) 0 は，$f(z)=\ln z$ で定義される関数の孤立特異点であるが，非単純特異点．

ローラン展開

単純孤立特異点 a 周りでは，テイラー級数に相当する級数展開が存在する．まず，f が a 周りの二つの円周上とその間の領域で正則となるように 2 円 K_1 と K_2 が与えられる．K_1 を内側の円，K_2 を外側の円とする．z が中間領域内に存在すれば（図 B），

$$f(z)=\frac{1}{2\pi i}\int_{K_2}\frac{f(\zeta)}{\zeta-z}d\zeta - \frac{1}{2\pi i}\int_{K_1}\frac{f(\zeta)}{\zeta-z}d\zeta$$

に関し定理 4 (p.407) の証明と同様な考察をする．

最初の積分に対して p.407 のような変形をすると，

$$\frac{1}{\zeta-z}=\sum_{\nu=0}^{\infty}\frac{(z-a)^{\nu}}{(\zeta-a)^{\nu+1}}$$

となり，第 2 の積分では z は K_1 の外部にあるので

$$\frac{1}{\zeta-z}=-\sum_{\nu=1}^{\infty}\frac{(\zeta-a)^{\nu-1}}{(z-a)^{\nu}} = -\sum_{\nu=-1}^{-\infty}\frac{(z-a)^{\nu}}{(\zeta-a)^{\nu+1}}$$

となる．また，項別積分をして級数を一つにまとめると，級数

$$f(z)=\sum_{\nu=-\infty}^{\infty}a_{\nu}(z-a)^{\nu}$$

を得る．その係数は次の形となる．

$$a_{\nu}=\frac{1}{2\pi i}\int_{K}\frac{f(\zeta)}{(\zeta-z)^{\nu+1}}d\zeta \quad (\nu\in\mathbb{Z})$$

ここで，K は中間領域における a 周りの任意の円．この級数を**展開点 $\boldsymbol{a}$ でのローラン級数**という．

$(z-a)$ の負ベキを持つという点において，ローラン級数はテイラー級数と異なる（p.280/282，tan や tanh の級数展開）．テイラー級数は，すべての $\nu\in\mathbb{Z}^{-}$ に対して $a_{\nu}=0$ とするローラン級数の特別な場合．

定義 2 ローラン級数で $a_{-k}\neq 0$ $(k\in\mathbb{N})$ かつ $\nu<-k$ となるすべての $\nu\in\mathbb{Z}^{-}$ について $a_{\nu}=0$ となる場合，単純孤立特異点を **$\boldsymbol{k}$ 位の極**と呼ぶ．0 と異なる負添数を持つ無限個の a_{ν} が存在すれば，a を**真性特異点**という．

極はまた**非真正特異点**ともいわれる．真正特異点には非孤立特異点も含まれる．孤立点ではあるが単純ではない特異点の分類については p.416 参照．

孤立特異点の周りばかりではなく，a 周りの円環の内部で関数が正則ならば，ローラン展開は同様に常に定義できる．内円の内部で関数を定義する必要は全くない．収束域の内半径と外半径は，

$$r_i=\overline{\lim_{\nu\to\infty}}\sqrt[\nu]{|a_{-\nu}|},$$

$$r_a=(\overline{\lim_{\nu\to\infty}}\sqrt[\nu]{|a_{\nu}|})^{-1}$$

$$(\overline{\lim_{\nu\to\infty}}\sqrt[\nu]{|a_{\nu}|}=0 \text{ のときは } r_a=\infty)$$

である．任意の閉部分領域に対して，一様収束する．$r_i\neq\infty$ の場合は内円の境界上，$r_a\neq\infty$ の場合は外円境界上に，f はそれぞれ少なくとも一つ特異点を持つ．ゆえに，同じ点を中心とする種々の円状環に対し，確実にローラン展開が与えられる（図 C）．

有理関数では，極の近傍の関数値は ∞ となる (p.401)．より一般的には，

定理 1 $f: D_f\to\mathbb{C}$ が a に極を持てば，任意の $M\in\mathbb{R}^{+}$ に対し $\delta\in\mathbb{R}^{+}$ が存在し，$|z-a|<\delta$ となるすべての z に対し $|f(z)|>M$ が成立する．

真正特異点に対し，これよりはるかに証明困難な次の定理が成立する．

定理 2（ピカール） $f: D_f\to\mathbb{C}$ が，点 a の 1 点除去近傍 $U(a)\backslash\{a\}$ で正則であり a が真正特異点であれば，f は a の任意の近傍で高々一つの例外を除いて任意の複素数値を取る．

$\mathbb{C}$-$\mathbb{C}$ 関数から $\hat{\mathbb{C}}$-$\hat{\mathbb{C}}$ 関数へ拡張し，極の位置を定義域の中に閉じ込めれば，極の例外点の除去は可能となる．定理 2 により，真正特異点はもはや除去はできない．

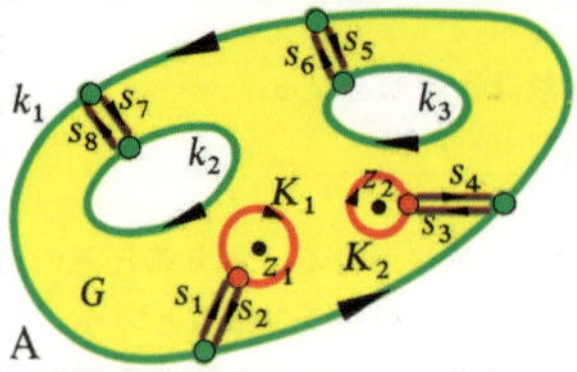

G;　$\partial G=\sum_{\mu=1}^{m} k_\mu$,　$K=\sum_{\nu=1}^{n} K_\nu$,　$S=\sum_{\varrho=1}^{r} s_\varrho$

左の切れ込みを入れた領域の周りを2周するので，次の式が成立する．

$\int_{\partial G+K+S} f(z)\mathrm{d}z=\int_{\partial G+K} f(z)\mathrm{d}z=0$, したがって

$$\frac{1}{2\pi i}\int_{\partial G} f(z)\mathrm{d}z=-\frac{1}{2\pi i}\int_{K} f(z)\mathrm{d}z=\frac{1}{2\pi i}\int_{-K} f(z)\mathrm{d}z=\sum_{\nu=1}^{n}(\mathrm{res}\, f)(z_\nu)$$

留数定理

$\int_{-\infty}^{\infty}\frac{1}{1+x^2}\mathrm{d}x$ を計算する．

$f(z)=\frac{1}{1+z^2}$ により定義される複素関数は，部分分数分解 $\frac{1}{1+z^2}=\frac{1}{2(1+iz)}+\frac{1}{2(1-iz)}$ から

分かるように，上半平面では留数 $-\frac{i}{2}$ のただ一つの極 i を持つ．

図のように積分路を選ぶと，次の値を得る．

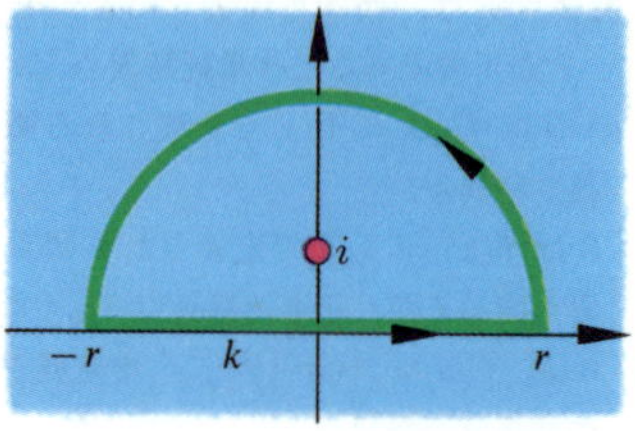

$$\frac{1}{2\pi i}\int_{k}\frac{1}{1+z^2}\mathrm{d}z=-\frac{i}{2},\qquad \int_{k}\frac{1}{1+z^2}\mathrm{d}z=\pi .$$

f は∞で2位の零点を持ち，$r\to\infty$ のとき半円弧上の積分値は0に収束する．ゆえに，次の値になる．

$$\int_{-\infty}^{\infty}\frac{1}{1+x^2}\mathrm{d}x=\pi .$$

次の $\int_{0}^{\infty} r(x)\mathrm{d}x$ を計算する．

（r：有理関数で，$\mathbb{R}_0^+$ に属さない n 個の極 z_ν を持ち，分母の次数は分子の次数より少なくとも2大きい）

積分路を右図のように極を囲むように選び，次の値を定義する．

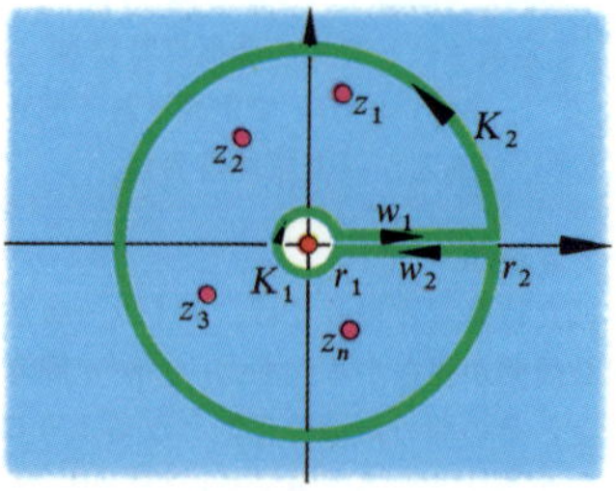

$$I=\frac{1}{2\pi i}\int_{K_1+w_1+K_2+w_2} r(z)\ln z\,\mathrm{d}z .$$

ln の値は0の周りを1周すると $2\pi i$ 変化する（p.424，図A_1参照）ので，次の値を得る．

$$\int_{w_2} r(z)\ln z\,\mathrm{d}z=-\int_{w_1} r(z)(\ln z+2\pi i)\mathrm{d}z ,$$

$$I=\frac{1}{2\pi i}\int_{K_1} r(z)\ln z\,\mathrm{d}z+\frac{1}{2\pi i}\int_{K_2} r(z)\ln z\,\mathrm{d}z+\int_{w_1} r(z)\mathrm{d}z .$$

K_1とK_2上の積分は $r_1\to 0$ および $r_2\to\infty$ のとき0に収束するので，最終的に次の値を得る．

$$\int_{0}^{\infty} r(x)\mathrm{d}x=-\sum_{\nu=1}^{n}(\mathrm{res}(r\cdot\ln))(z_\nu) .$$

$r(z)=\frac{1}{1+z^n}, n\geqq 2$ のとき，特に $z_1=\mathrm{e}^{\frac{\pi i}{n}}, z_\nu=z_1^{2\nu-1}, \nu\in\{1,\ldots,n\}$ に対し次が成立する．

$$(\mathrm{res}(r\cdot\ln))(z_\nu)=\frac{\ln z_\nu}{nz_\nu^{n-1}}=\frac{(2\nu-1)\pi i}{n^2 z_1^{(n-1)(2\nu-1)}}=-\frac{(2\nu-1)\pi i}{n^2}z_1^{2\nu-1},$$

$$\int_{0}^{\infty}\frac{1}{1+x^n}\mathrm{d}x=\frac{\pi i}{n^2}\sum_{\nu=1}^{n}(2\nu-1)z_1^{2\nu-1}.$$

和　$S=\sum_{\nu=1}^{n}(2\nu-1)z_1^{2\nu-1}$ を簡単にするため，次の級数を計算する．

$$S(1-z_1^2)=z_1-(2n-1)z_1^{2n+1}+2\sum_{\nu=1}^{n-1}z_1^{2\nu+1},$$

$$S(1-z_1^2)^2=z_1+z_1^3-(2n+1)z_1^{2n+1}+(2n-1)z_1^{2n+3},$$

$$=-2nz_1(1-z_1^2)\quad (z_1^{2n}=1\text{であるので}),$$

$$S=-\frac{2nz_1}{1-z_1^2}=-\frac{2n}{\frac{1}{z_1}-z_1}=\frac{2n}{\mathrm{e}^{\frac{\pi i}{n}}-\mathrm{e}^{-\frac{\pi i}{n}}}=\frac{n}{i\sin\frac{\pi}{n}},$$ よって次の値が得られる：

B　$$\int_{0}^{\infty}\frac{1}{1+x^n}\mathrm{d}x=\frac{\frac{\pi}{n}}{\sin\frac{\pi}{n}}.$$

留数定理による実数積分の計算

有理型関数

$f(a_\nu)=\infty$ と値を設定して関数の極 a_ν (p.411) を定義域内に入れれば，関数はそこで確かに弦連続 (p.401) ではあるがもはや正則ではない．微分商とその極限値はもはや計算することができない．点 ∞ も定義域に含めば，正則概念は点 ∞ に拡張される．そのために，まず $\varphi_\infty(\infty)=0$ となるような全単射関数 φ_∞ で，∞ の近傍を 0 の近傍に写し，点 0 での $f\circ\varphi_\infty^{-1}$ の正則性を調べる．

定義 1 $\infty\in D_f$ とする．$f\circ\varphi_\infty^{-1}$ が点 0 で正則ならば，$f:D_f\to\hat{\mathbb{C}}$ は **0 で正則**という．

ここで，$\varphi_\infty:\hat{\mathbb{C}}\to\hat{\mathbb{C}}$ を次のように定義する．

$$\varphi_\infty(t)=\begin{cases}\infty & (t=0\text{ のとき})\\ \dfrac{1}{t} & (t\in\mathbb{C}\backslash\{0\}\text{ のとき})\\ 0 & (t=\infty\text{ のとき})\end{cases}$$

0 での $f\circ\varphi_\infty^{-1}$ と同様に，f は ∞ で **k 位の零点**を持つ，**k 位の極**を持つ，**特異点**を持つ，**真性特異点**を持つという．

リーマン球面上で中心を 0 とする円環は，中点 ∞ を持つ円環としてもみなされるので，0 のローラン展開は ∞ のローラン展開とみなされる．z の負指数のみ現れれば，**∞ のテイラー展開**という．

定義 2 $\hat{\mathbb{C}}$-$\hat{\mathbb{C}}$ 関数 $f:D_f\to\hat{\mathbb{C}}$ を $f\neq\infty$（すなわち定数関数 ∞ ではない）とし，任意の点 $a\in D_f$ で f または $1/f$ が正則ならば，f を**有理型**関数という．

有理型関数は，任意の点 $a\in D_f$ でローラン展開を持ち，a の 1 点除去近傍において収束する．

定義 3 点 a での有理型関数の**主要部**とは，$a\neq\infty$ のときローラン展開の $z-a$ に関する負ベキ部分とし，$a=\infty$ のときはローラン展開の z に関する非負ベキ部分とする．

したがって，主要部はローラン展開の一部分を表す．

留数

正則関数に関する多くの定理，例えば一致の定理 (p.407) や（1 点の例外点のかわりに 2 点の例外点を与える）ピカールの定理 (p.411) は，有理型関数にもそのまま書き換えられるが，この事実はコーシーの積分定理に対しては当てはまらない．例えば零点を内部に持つ単純閉曲線 k に対しては，次の等式が成立する．

$$\frac{1}{2\pi i}\int_k\frac{1}{z}\mathrm{d}z=1$$

定義 4 a の 1 点除去近傍で f は正則で，k が正方向の単純閉曲線で a はその内部の点ならば，

$$\mathrm{Res}_{z=a}f:=\frac{1}{2\pi i}\int_k f(z)\mathrm{d}z$$

を**点 a における f の留数**という．

f が $a\neq\infty$ において有理型で，a の 1 点除去近傍内でローラン展開

$$f(z)=\sum_{\nu=-\infty}^{\infty}a_\nu(z-a)^\nu$$

を持てば，項別積分により $\mathrm{Res}_{z=a}f=a_{-1}$ を得る．

$a\neq\infty$ で正則ならば常に $\mathrm{Res}_{z=a}f=0$ が成立．

点 ∞ では，積分路を逆方向に取るとローラン展開

$$f(z)=\sum_{\nu=-\infty}^{\infty}a_\nu z^\nu$$

より，$\mathrm{Res}_{z=\infty}f=-a_{-1}$ が成立する．

コーシーの積分定理の一般化として，次の定理を得る．

定理 1（留数定理） G は，境界線 ∂G が単純閉曲線 (p.225) の和となる領域とする．高々有限個の例外点 z_ν を含む G 内で f は正則で，∂G 上で連続とすると，次の等式が成立する（図 A）．

$$\frac{1}{2\pi i}\int_{\partial G}f(z)\mathrm{d}z=\sum_{\nu=1}^{n}\mathrm{Res}_{z=z_\nu}f$$

留数定理は実積分の計算に適用できる（図 B の例）．積分路を補い閉曲線にして，積分路の複素数部分の積分を 0 にしてみると，留数定理により，正則関数での値分布に関する重要な命題がいえる．

定理 2 f は領域 G 内で有理型とし，G の境界線 ∂G は単純閉曲線の和とし，f は ∂G 上で正則で $\neq 0$ とする．このとき，次の等式が成立する．

$$\frac{1}{2\pi i}\int_{\partial G}\frac{f'(z)}{f(z)}\mathrm{d}z=n-p$$

ここで，n は G での零点の個数，p は G での極の個数とする．個数には零点と極のそれぞれの位数も含める．

証明には，極がちょうど f の極と零点である関数

$$g=f'/f$$

に留数定理を適用する．位数 n_ν の零点 z_ν の近傍で $h(z_\nu)\neq 0$ とすれば $f(z)=(z-z_\nu)^{n_\nu}h(z)$ と置くことができ，次式が成立する．

$$g(z)=\frac{f'(z)}{f(z)}=\frac{n_\nu}{z-z_\nu}+\frac{h'(z)}{h(z)}$$

すなわち，$\mathrm{Res}_{z=z_\nu}g=n_\nu$ となる．よって，位数 p_μ の極 z_μ に対し $\mathrm{Res}_{z=z_\mu}g=-p_\mu$ を得る．

f を $f-c$ で置き換えると，f が G の境界上で値 c を取らない限り，定理 2 は関数の任意の c 点に対しても定式化できる．c が ∂G 上で定義されなければ，c の十分小さな近傍の値を取らない．ゆえに，これらすべての値は，c と同じ位数で G で定義される．

特に，非定数有理型関数は開集合を開集合に写し，領域を領域に写す（**領域保存写像**）．

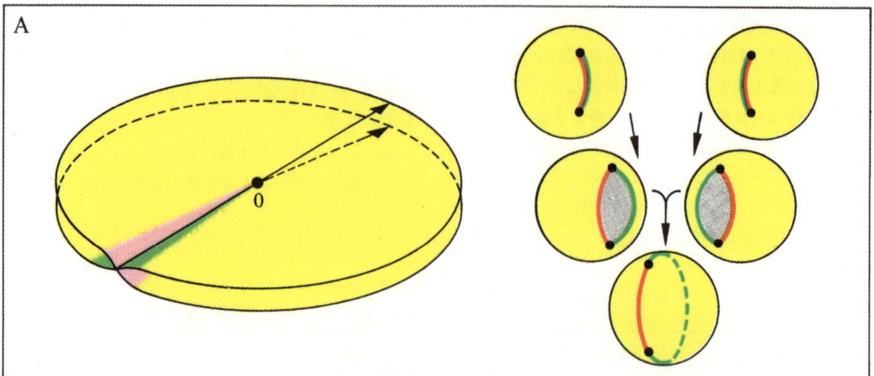

位相的には，この曲面は，二つの球面に切れ込みを入れて切り口を貼り合せてできた曲面と同じであり，再び球面すなわち閉じた平面と一致する．

平方根関数のリーマン面

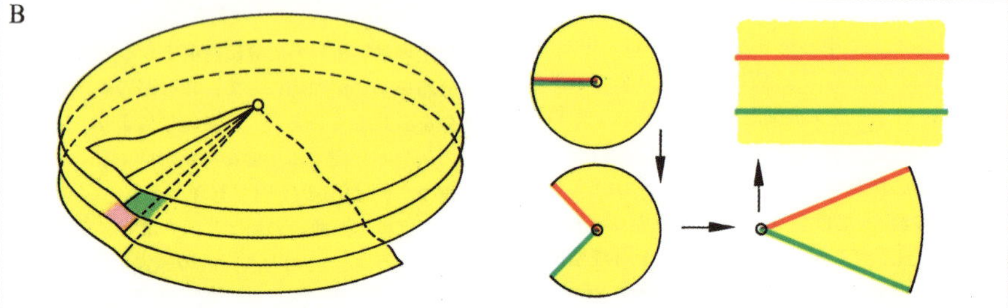

切れ込みを入れた1点除去平面は，位相的には，平面の一つの細長い帯に等しいので，曲面全体は開平面と同相である．

対数関数のリーマン面

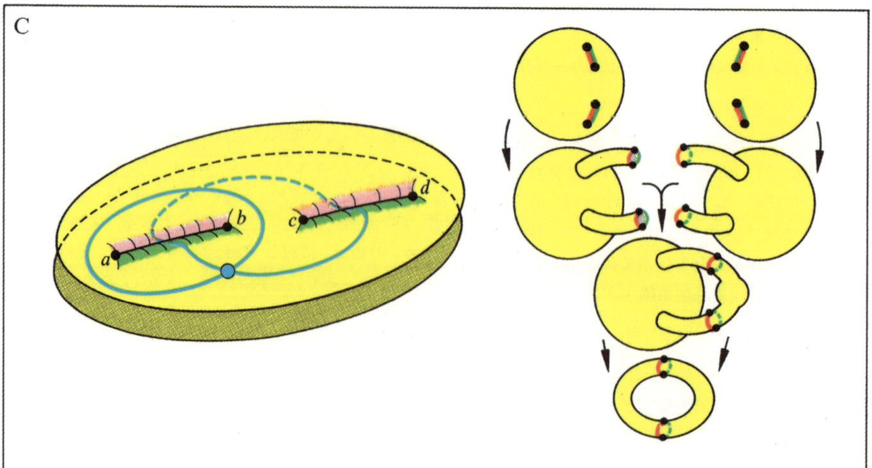

この曲面は，位相的には，取っ手のついた球またはトーラスに一致する（種数1の曲面，p.237）．

例3の関数に対するリーマン面

正則関数から有理型関数に概念を拡張するとき，$\mathbb{C}$ を $\hat{\mathbb{C}}$ に拡張すれば関数の極という例外点は除去することができるが，定義域内の非単純孤立特異点は同様にしてもうまく除去できない．
以下の各例は，状況に応じ定義域を広げて，例外点の除去を可能にする方法を示している．

例 1

$f(z) = \sqrt{z}$

で定義された関数は，0 において非単純特異点を持つ．$z = 1$ ではこの関数は正則であり，そこで収束半径 1 でテイラー展開できる．単位円に沿って解析接続すれば値 $f(\mathrm{e}^{i\varphi}) = \mathrm{e}^{i\varphi/2}$ を得る．上半円に沿って点 -1 まで解析接続すると点 i における関数値になり，それに反し下半円が動けば，点 $-i$ における関数値になる．
多価性を認めると通常の関数概念とは相容れられないので，解析接続の際に関数が他の値を取る点に到達した時点で解析接続を止め，その点を新しい解析接続の始点とし，その点で不連続とするのが自然な方法ではないだろうか．
定義域をもはや $\mathbb{C}$ や $\hat{\mathbb{C}}$ の領域とすることはできなくても，複素平面またはリーマン球を被覆する曲面とすることができるとき，リーマンの方法を使うとこれらの障害を回避することができる．
この例では，0 の周りを 2 周して同じ関数値と同じテイラー展開，すなわち同じ関数要素に戻る 2 平面が存在する（**2 葉分岐面**，2 重被覆面）．これら 2 平面の負実軸に切り込みをつけ，その境界を交互に同一視すると，その結果，負実軸を越えて上の平面から下の平面へつながり，その逆も可能となる（図 A）．
平面を実軸上で 0 から ∞ へ動く半直線に沿って切ることも可能ではあるが．それを同一視する場合 $\mathbb{R}^3$ では自分自身を突き抜けなければならない (p.236)．

$\hat{\mathbb{C}}$ 上の任意の点が新しい面上では 2 点となる．**分岐点**といわれる点 0 と ∞ のみが新しい面上でもどちらもただ 1 個として考えられる．このようにしてできる曲面がいわゆる**リーマン面**といわれる曲面である．$f(0) = 0$ かつ $f(\infty) = \infty$ と置けば，全平面上で関数は一意的に定義できる．異なる分岐平面上で相対して存在する点での関数値は符号でのみ区別される．その関数は連続であり，分岐点以外ではどこでも正則となる．

$f(z) = \sqrt{(z-a)(z-b)}$

により定義される関数でも同様な平面が得られ，a と b においてのみ分岐点が存在する．
より高次の根では，それに対応し境界が適切に同一視されるより多くの分岐面が必要で，より高次位数の分岐点が現れる．

例 2

$f(z) = \int_k \frac{1}{\zeta}\mathrm{d}\zeta$

で定義される関数では，より複雑な関係が成立する．ここで，k は零点を通らず，1 から z へ動くとする．平方根関数では，零点の周りを 1 周すると符号がかわるのに対して，この関数では $\pm 2\pi i$ を加えることになる (p.404)．よって，何周しても始点の値には決して戻らない．対応するリーマン面は，境界がそれぞれ同一視される可算無限個の分岐面を持つ（図 B）．点 0 と ∞ は**対数分岐点**といわれ，リーマン面としての考察対象にはしない．これらの点では関数を連続にすることはできない．他の点では，関数は全曲面で正則となる．

例 3

$f(z) = \sqrt{(z-a)(z-b)(z-c)(z-d)}$

で定義される関数を，リーマン面の一般的定義に入る前の最後の例として考察する．a, b, c, d は互いに異なるとする．関数値が 0 となる点 a, b, c, d 以外では，任意の z について二つの関数値が生ずるので，この場合も一つの 2 葉分岐面が必要となる．ここではもちろん 4 個の分岐点が存在する．
例えば，a から b への路に沿いまた c から d への路に沿い，平面に切り込みを入れその境界線を交互に同一視すると，再び $\hat{\mathbb{C}}$ の被覆リーマン面ができ（図 C），その面上で分岐点以外では f は正則で任意に接続可能であり，曲面に属する分岐点では，f は関数値 0 を保ち連続となる．

例 1 から 3 のリーマン面の位相構造

ここまで構成したリーマン面では，すべての非分岐点はその点が属する複素平面の点と局所的に対応する．分岐点では，曲面上定義された関数の逆関数が，局所的に複素平面の領域上に同相写像を与える．よって，平面全体で局所的には 2 次元であっても，大域的にはその位相構造は全く異なる．
例えば例 3 では，他の例とは異なり，曲面上には曲面を分割しない単純閉曲線が存在する（図 C）．
p.218 で展開した方法を考慮すると，上記の曲面はそれぞれ閉じた平面（すなわち，球），開平面（すなわち，1 点を除いた球），トーラスと同相であることが分かる．

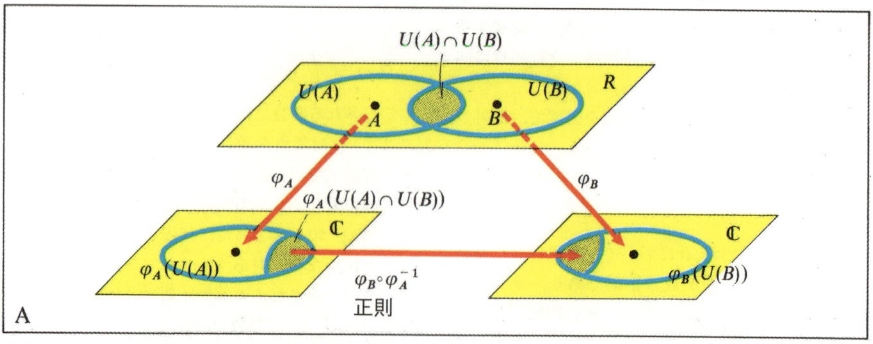

座標近傍系内の座標近傍での正則性の保存

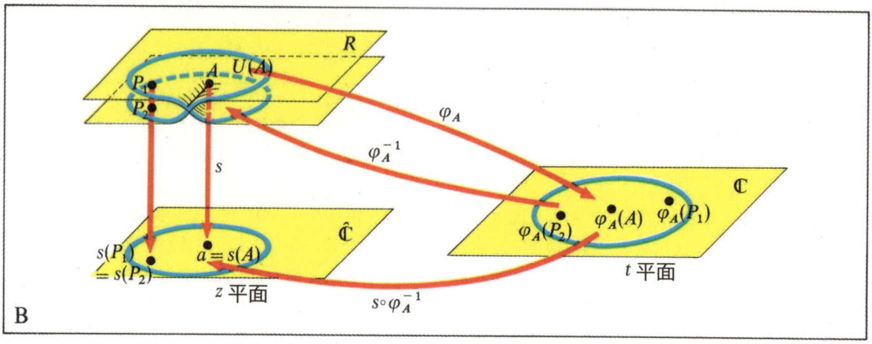

トレース写像，局所写像関数

関数が，局所変数でローラン展開することができる点や，負の指数を含み高々有限個の項を持つ点のすべては，対応するリーマン面上の定義域に含まれる（正則点，極，代数的分岐点）.
リーマン面の境界点としては以下のものが現れる.

例

	関数	個所
a) 非孤立特異点	$f_1(z) = \sum_{\nu=0}^{\infty} z^{\nu!}$	$\{z \mid \lvert z\rvert = 1\}$ (p. 410, 図A)
b) 孤立単純特異点	$f_2(z) = e^{-\frac{1}{z^2}}$	0
c) 孤立 k 葉特異点	$f_3(z) = e^{\sqrt[k]{z}}$	∞
d) 孤立対数特異点	$f_4(z) = z^{\sqrt{2}} = (e^{\sqrt{2}})^{\ln z}$ $f_5(z) = e^{\frac{1}{z}} \ln z$	0 0

d) について
孤立対数特異点 a は，z が a に 近づくとき点 z が a の周りを高々有限回回り $\lim_{z \to a} \lvert (z-a)^r f(z) \rvert = 0$ が成立するような $r \in \mathbb{R}$ が存在すれば，f の確定点という.
点 0 は関数 f_4 に対して確定点であり，f_5 に対しては不確定点である.

C

解析関数の特異点

抽象リーマン面

解析接続をしても多価性を持たないようにするために，$\hat{\mathbb{C}}$ の領域上ではなく被覆面上で関数を定義した．この方法は，任意の有理型関数に適用できる．このとき現れる曲面は，p.393 定義 1 の意味での 2 次元多様体となる．そのような曲面上の任意の点 A に対し，同相写像

$$\varphi_A : U(A) \to G$$

により領域 $G \subseteq \mathbb{C}$ に写像可能な近傍 $U(A)$ が存在する．ここで，座標近傍

$$(U(A), \varphi_A), (U(B), \varphi_B)$$

の微分同相に対しては，微分可能多様体 (p.393) と同様に，より強力な条件にすることが重要となる．したがって，以下のように定義する．

定義 1　近傍 $U(A)$ と $U(B)$ の共通部分が空ではなく，関数 $\varphi_B \circ \varphi_A^{-1}$ がその共通部分の像

$$\varphi_A(U(A) \cap U(B))$$

で正則とする．このとき，任意の点 A，B から成る 2 次元多様体を**リーマン面**という．それに付随する座標近傍系をリーマン面の**複素構造**という．

よって，局所複素座標の変換は，近傍の共通部分上で正則関数を用いて行われる（図 A).

注意 1　可算基底が存在する必要がなければ，定義 1 で 2 次元多様体の概念をより弱いものに置き換えられる．これは複素構造から証明できる．

注意 2　リーマン面は常に向き付け可能 (p.237).

定義 2　リーマン面 R 上の関数

$$f : R \to \hat{\mathbb{C}}$$

は，$f \circ \varphi_A^{-1}$ が点 $\varphi_A(A)$ で正則または有理型であるとき，点 A で**正則**ならびに**有理型**といわれる．

古典的リーマン面

p.415 の各例のような，領域 $G \subseteq \hat{\mathbb{C}}$ において被覆される具体的ないわゆる古典的リーマン面に対し，定義 1 によるリーマン面を**抽象リーマン面**ともいう．任意のリーマン面 R に対し，曲面が実現可能となるように，その上で定義された非定数関数の存在を示すことができる．

古典的リーマン面では，**トレース写像**

$$s : R \to \hat{\mathbb{C}}$$

により，任意の点 $A \in R$ に 1 点 $s(A)$ が $\hat{\mathbb{C}}$ の**トレース点**として対応する．この写像 $s \circ \varphi_A^{-1}$ を**局所写像関数**という．

点 $a = \varphi_A(A)$ での局所写像関数 $s \circ \varphi_A^{-1}$ に対し，有限な k 位の関数値，または k 位の極を持つと仮定できれば，この点での他の任意の局所写像関数に対しても，同じことがいえる．$k-1$ を A の**分岐指数**という．$k - 1 = 0$ であれば A を**不分岐点**といい，それ以外を**分岐点**という．

これらの概念形成は，局所写像関数を用いて定義されるので，古典的リーマン面上でのみ意味を持つ．抽象リーマン面の 1 点に対しては，個々の具体例に応じて，それぞれ異なる分岐指数が得られる．

局所一意化変数

古典的リーマン面上では，定義される関数の局所写像関数として，0 の近傍内で有限な関数値には常に

$$z = a + t^k$$

を，極には

$$z = 1/t^k$$

を適用する．これを**点 a における代数要素**という．変数 t を**点 a における局所変数**という．

$$t = \sqrt[k]{z-a}, \qquad t = 1/\sqrt[k]{z}$$

p.415 のリーマン面上の任意の点 A での関数は

$$\sum_{\nu=-p}^{\infty} a_\nu t^\nu$$

という形にローラン展開できるよう構成されている．

解析関数

定義 3　古典的リーマン面 R 上で定義された関数 $f : R \to \mathbb{C}$ に対し，任意の点の周りで局所変数が適用されるとする．このとき，負ベキを持つ項が高々有限個のみ現れるローラン展開に表されるとき，その関数を**解析的**という．

$\hat{\mathbb{C}}$-$\hat{\mathbb{C}}$ 関数では，有限位数の分岐点が特異点に属する．一方，リーマン面上で定義される関数，すなわち R-$\hat{\mathbb{C}}$ 関数では多くの場合にその特異点的性質を失う．上記のようなローラン展開を**解析的関数要素**という．

この概念は，p.409 の正則関数要素の概念を含む．有理型 $\hat{\mathbb{C}}$-$\hat{\mathbb{C}}$ 関数の解析的関数要素が与えられれば，解析接続により新しい解析的関数要素を得ることができる．孤立特異点に達すれば，局所変数による解析的関数要素が得られる．解析的関数要素全体の集合を，与えられた関数の**解析形体**という．

$\mathbb{C}$ での近傍概念は，解析形体の関数要素上に意味を持つように拡張できる．解析形体は，定義 1 および 2 の意味でのリーマン面のみならず，関数要素が一つの関数を定義する古典的リーマン面を構成することも表している．

また逆に，任意の古典的リーマン面 R に対し，全 R 上有理型で，同じトレース点を持つ異なる点で異なる関数要素を持ち，そして R の外側では解析接続不可能な関数もみつけることができる．この場合，リーマン面と関数は**対応している**という．

図 C は解析関数の真性特異点の種々の型である．

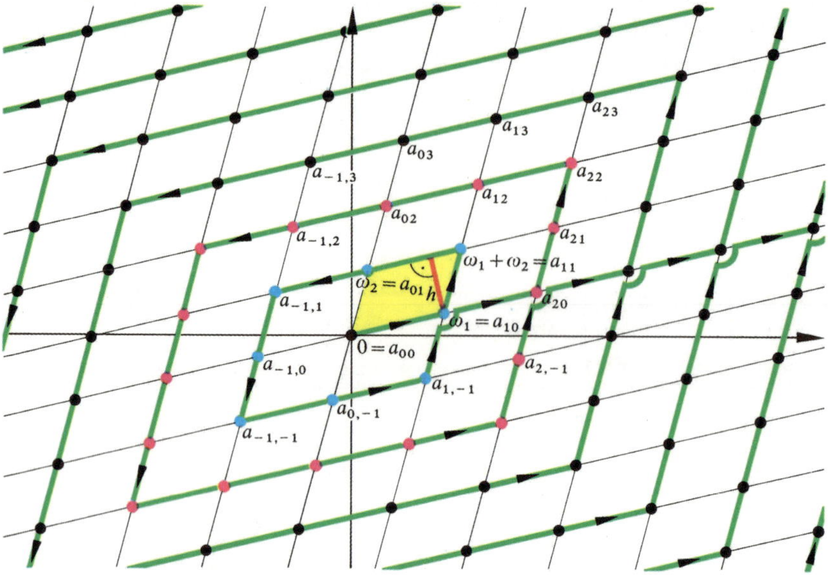

ω_1，ω_2は，商が実数とならない $\mathbb{C}\setminus\{0\}$ の二つの数であるとする（ω_1とω_2に対するベクトルは$\mathbb{R}$ 上1次独立である）．このとき，ω_1，ω_2 は平行四辺形の格子点を決める．頂点 $0, \omega_1, \omega_1+\omega_2, \omega_2$ を持つ平行四辺形を格子網の基本平行四辺形という．
ちょうどすべての格子点で1位の零点を持つ整関数を求めたい．まず$a_{\nu\mu}=\nu\omega_1+\mu\omega_2$，　$\nu, \mu\in\mathbb{Z}$と置く．

図中の矢印の方向の順序で動くとすべての格子点を通り，始点は 0 である．その結果，8個の点で平行四辺形の格子点となる1位の点として得られ，8･2個の格子点が2位の点となり，一般に$8n$個の点が n 位となる．
平行四辺形のn位の格子点に対しては，hを基本平行四辺形の高さの低いほうとすれば，$|a_{\nu\mu}|\geqq nh$ が成立する．よって，$z\in\mathbb{C}$ に対し

$$\sum^{(n)}\left|\frac{z}{a_{\nu\mu}}\right|^3 \leqq 8n\cdot\frac{|z|^3}{(nh)^3}=\frac{8|z|^3}{h^3}\cdot\frac{1}{n^2}$$

が成立する．ここで，和は n 位の平行四辺形のすべての格子点に関する和である．

$\sum_{n=1}^{\infty}\frac{1}{n^2}$ は収束するので，$\sum'_{(\nu,\mu)}\left(\frac{z}{a_{\nu\mu}}\right)^3$ もまたすべての$z\in\mathbb{C}$ に対して絶対収束する．ここで，この和は(0,0)を除くすべての組$(\nu,\mu)\in\mathbb{Z}^2$ の上を動く．和の記号についている「 ' 」は除外することを意味する．この場合には，ワイエルシュトラスの積の定理で $m_\nu=2$とすればよい．

$$\sigma(z):=z\cdot\prod_{(\nu,\mu)}'\left(1-\frac{z}{a_{\nu\mu}}\right)e^{\frac{z}{a_{\nu\mu}}+\frac{1}{2}\left(\frac{z}{a_{\nu\mu}}\right)^2}$$

で定義される関数を σ 関数と呼ぶことにすると，すべての格子点で1位の零点を持ち，∞ では真性特異点である．この積が絶対収束することから，この関数は因子の順序によらない．

ワイエルシュトラスのσ関数の構成

整関数

n 次の整関数は全 $\mathbb{C}$ 上で正則であり，∞ で n 位の極を持つ．より一般には

定義 1 $\mathbb{C}$ 上正則な関数を**整関数**といい，有理型ではない整関数を**超越整関数**という．

整関数は，$\mathbb{C}$ 上任意の点の周りで収束半径 ∞ でテイラー展開可能．このテイラー係数 a_ν に対し

$$\overline{\lim_{\nu\to\infty}} \sqrt[\nu]{|a_\nu|} = 0$$

が成立．a_ν が有限個のみ 0 と異なれば関数は有理整関数であり，その他は超越整関数（∞ が真性特異点）である．

整関数について次の定理が特に重要．

定理 1（リウヴィル） 任意の有界な整関数は定数である．

証明には，コーシーの積分定理

$$a_\nu = \frac{f^{(\nu)}(0)}{\nu!} = (2\pi i)^{-1} \int_k \frac{f(\zeta)}{\zeta^{\nu+1}} \mathrm{d}\zeta$$

を用いて，0 でのテイラー展開の係数を計算する．すべての $\zeta \in \mathbb{C}$ に対し $|f(\zeta)| < M$ が成立し，k が 0 を中心とする半径 ϱ の円であれば，評価

$$|a_\nu| < \frac{M}{\varrho^\nu}$$

が成立する．ϱ は任意選択なので，$a_\nu = 0$ となる．この定理の結果として，複素数に関する代数学の基本定理 (p.57) と同値な定理を挙げる．

定理 2 n 次の任意の整関数は，$n > 0$ のとき少なくとも一つ零点を持つ．

f が零点を持たない有理整関数であれば，$1/f$ もまた $\mathbb{C}$ で正則，すなわち整関数．簡単な評価により $1/f$ は有界，よって定理 1 により定数．これは f が定数すなわち $n = 0$ のときにのみ可能．

有理整関数は，指数関数の例が示すように零点を持つとは限らない．同様に，g がある整関数ならば $e^{g(z)}$ もまた整関数，しかもこれは零点を持たない．すなわち，

定理 3 零点を持たない任意の整関数 f に対し，すべての $z \in \mathbb{C}$ について $f(z) = e^{g(z)}$ が成立するような整関数 g が存在する．

この定理により，任意に与えられた零点 a_ν と零点の位数 k_ν に対して適切な整関数をみつけられるかどうかが問題となる．一致の定理 (p.407) により定数 0 となるかもしれないので，$\mathbb{C}$ で a_ν が集積点を持たないという制約をするほうが安全．

零点の個数が有限ならば，問題に関する有理解は $f(z) = \prod_{\nu=1}^{n} (z - a_\nu)^{k_\nu}$ となる．それ以外の任意の解関数 F に対しては次が成立する．

$$F(z) = e^{g(z)} \prod_{\nu=1}^{n} (z - a_\nu)^{k_\nu} \quad (g \text{ は整関数}).$$

無限零点集合では，対応する積は収束するとは限らない (p.253) ので，適切な因子を付加して収束させる．

定理 4（ワイエルシュトラスの積定理） $\mathbb{C}$ 内で集積点を持たないような数列 $\{a_\nu\}$, $a_\nu \in \mathbb{C}\backslash\{0\}$ と数列 $\{k_\nu\}$, $k_\nu \in \mathbb{N}\backslash\{0\}$ $(\nu = 1, 2, \ldots)$ に対し，積

$$f(z) := \prod_{\nu=1}^{\infty} \left\{ \left(1 - \frac{z}{a_\nu}\right) \cdot e^{\sum_{\mu=1}^{m_\nu} \frac{1}{\mu} \left(\frac{z}{a_\nu}\right)^\mu} \right\}^{k_\nu}$$

が $\mathbb{C}$ の任意の有界領域で一様収束するような数列 $\{m_\nu\}$, $m_\nu \in \mathbb{N}\backslash\{0\}$ が存在する．$f(z)$ により定義される関数 f は点 a_ν で位数 k_ν の零点を持つが，それ以外には零点を持たない．0 もまた位数 k_0 の零点ならば，因数 z^{k_0} もまた現れる．

同じ性質を持つ任意の関数と f とは，関数項 $e^{g(z)}$ という因子を除き一致する．ここで，g は整関数である．

任意の $z \in \mathbb{C}$ に対して $\sum_{\nu=1}^{\infty} k_\nu \left(\frac{z}{a_\nu}\right)^{m_\nu+1}$ が絶対収束するように，m_ν を選択しなければならない．これは $m_\nu = k_\nu + \nu$ とすれば常に可能であり，より小さな値でも十分可能である．

例 a) 正弦関数の積表現

正弦関数は π のすべての整数倍に対して 1 位の零点を持つ．ここで，すべての ν に対して $m_\nu = 1$ としておく．このとき

$$\begin{aligned}\sin z &= z\mathrm{e}^{g(z)} \prod_{\nu=1}^{\infty} \left(1 - \frac{z}{\nu\pi}\right) \mathrm{e}^{z/\nu} \\ &\quad \cdot \prod_{\nu=-1}^{-\infty} \left(1 - \frac{z}{\nu\pi}\right) \mathrm{e}^{z/\nu} \\ &= z\mathrm{e}^{g(z)} \prod_{\nu=1}^{\infty} \left(1 - \frac{z^2}{\nu^2\pi^2}\right)\end{aligned}$$

を得る．正弦関数のその他の性質から $g = 0$ となり，次が成立する．

$$\sin z = z \prod_{\nu=1}^{\infty} \left(1 - \frac{z^2}{\nu^2\pi^2}\right).$$

b) 逆ガンマ関数の積表現

すべての非正整数に対して 1 位の零点を持つようにするために，

$$f(z) = z\mathrm{e}^{g(z)} \prod_{\nu=1}^{\infty} \left(1 + \frac{z}{\nu}\right) \mathrm{e}^{-\frac{z}{\nu}}$$

とすればよい．$g(z) = Cz$（C はオイラー定数, p.283）と置くと，実数 z に対して $f(z)$ は p.283 でガンマ関数を展開した積表現の逆数となる．よって，$1/\Gamma$ は $\mathbb{C}$ に直接解析接続することができ，したがって，Γ は $\mathbb{C}$ で零点を持たないが極の集合 $\mathbb{Z}_0^-$ を持つ有理型関数であり，どの極も位数が 1 となる．

他の重要な整関数に関しては左頁の図参照．

p.276，図Cの正則関数への延長に対し，次の部分分数分解が得られる．

$$f_1(z)=\frac{z+15}{(z+3)(z-1)}=-\frac{3}{z+3}+\frac{4}{z-1}$$ −3と1で1位の極

$$f_2(z)=\frac{2z+1}{(z-1)^2}=\frac{2}{z-1}+\frac{3}{(z-1)^2}$$ 1で2位の極

$$f_3(z)=\frac{(z-1)^2(z+1)(z-6)}{3z(z-2)^2}=\frac{1}{3}z-1-\frac{1}{2z}-\frac{19}{6(z-2)}-\frac{2}{(z-2)^2}$$ 0と∞で1位の極
2で2位の極

$$f_4(z)=\frac{15z-26}{(z-4)(z^2+1)}=\frac{2}{z-4}+\frac{-1-3.5i}{z-i}+\frac{-1+3.5i}{z+i}$$ 4, iと$-i$で1位の極

A

有理関数の項の部分分数分解

$$\frac{1}{(z-a_{\nu\mu})^2}=\left(\frac{1}{a_{\nu\mu}}+\frac{z}{a_{\nu\mu}^2}+\frac{z^2}{a_{\nu\mu}^3}+\dots\right)^2=\frac{1}{a_{\nu\mu}^2}+\frac{2}{a_{\nu\mu}^3}z+\frac{3}{a_{\nu\mu}^4}z^2+\dots,\qquad |z|<|a_{\nu\mu}|$$

から $\displaystyle\frac{1}{(z-a_{\nu\mu})^2}-\frac{1}{a_{\nu\mu}^2}=\sum_{n=1}^{\infty}\frac{n+1}{a_{\nu\mu}^{n+2}}z^n$ が成立する．

すなわち $\displaystyle\wp(z)-\frac{1}{z^2}=\sum_{(\nu,\mu)}{}'\sum_{n=1}^{\infty}\frac{n+1}{a_{\nu\mu}^{n+2}}z^n=\sum_{n=1}^{\infty}(n+1)s_{n+2}z^n.$

ここで $\displaystyle s_n:=\sum_{(\nu,\mu)}{}'\frac{1}{a_{\nu\mu}^n}$，　$n\geqq 3$ とする．

奇数番目の係数に対しては $S_n=0$ であるので，さらに以下の等式が成立する．

$$\wp(z)=\frac{1}{z^2}+3s_4z^2+5s_6z^4+7s_8z^6+\dots,$$
$$\wp'(z)=-\frac{2}{z^3}+6s_4z+20s_6z^3+42s_8z^5+\dots,$$
$$(\wp'(z))^2=\frac{4}{z^6}-24s_4\cdot\frac{1}{z^2}-80s_6+\dots$$
$$4(\wp(z))^3=\frac{4}{z^6}+36s_4\cdot\frac{1}{z^2}+60s_6+\dots$$
$$(\wp'(z))^2-4(\wp(z))^3+60s_4\wp(z)=-140s_6+\dots$$

ここで $g_2:=60s_4$，　$g_3:=140s_6$ と置く．

整関数 $\wp'^2-4\wp^3+g_2\wp$ は，その和（p.423）から分かるように2重周期関数であり，よって定数であるので次の等式をみたす．

$$\wp'^2=4\wp^3-g_2\wp-g_3.$$

注意1： $\wp$ 関数は，微分方程式 $w'^2=4w^3-g_2w-g_3$ の解となる．

注意2： $w^2-(4z^3-g_2z-g_3)=0$により，代数関数が定義される．この関数は，$\wp$による $z=\wp(t),\ w=\wp'(t)$ の形のパラメータ表示を与えることができる．ここで，より一般的な事実関係の特別な場合を扱う．すなわち，リーマン面 R 上で定義された任意の解析関数 f に対し，領域 $G\subseteq\mathbb{C}$ で定義される二つの有理型関数 φ_1 と φ_2 が存在する．したがって，以下の関係が成立する．

$$\{(\varphi_1(t),\varphi_2(t))\,|\,t\in G\}=\{(s(P),f(P))\,|\,P\in R\}.$$

このことを，f は φ_1 と φ_2 により一意化されるという．

注意3： $\wp$ 関数の0周りでのローラン展開の最初の部分は次のとおりである．

$$\wp(z)=\frac{1}{z^2}+\frac{g_2}{20}z^2+\frac{g_3}{28}z^4+\frac{g_2^2}{1200}z^6+\frac{3g_2g_3}{6160}z^8+\dots$$

B

関数のより以上の性質

部分分数展開

関数項の部分分数分解を行えば，極での有理関数の振る舞いは特に分かりやすい．実数の場合に分母に現れる 2 次の項 $q_0(x)$ (p.277) は，複素関数では現れない．よって，部分分数分解はちょうど個々の極（図 A）でのローラン展開の主要部の和となる．現れた有理整関数和は，∞ でのローラン展開の主要部となる場合もある．よって，有理関数では，位数ばかりではなく主要部も任意に仮定して極を記述できる．

無限個の極から成る級数は収束するとは限らないので，∞ で真性特異点を持つ $\hat{\mathbb{C}}$ の任意の有理型関数を構成するには，その方法はもはや適用できない．しかし，次の定理では，適切な和を付加して収束させる方法を示す．

ミッターク-レフラーの部分分数展開　集積点を $\mathbb{C}$ 内に持たない数列 $\{a_\nu\}, a_\nu \in \mathbb{C}$ について，それに付随する主部分数列 $\{h_\nu(z)\}$ を

$$h_\nu(z) = \sum_{\mu=-1}^{-k_\nu} \frac{c_{\nu\mu}}{(z-a_\nu)^\mu}$$

という形とする．このとき，級数

$$f(z) := \sum_{\nu=0}^{\infty} (h_\nu(z) - g_\nu(z))$$

に対し，高々有限個の項を除き，$\mathbb{C}$ の任意の有界な領域において一様収束するような整関数列 $\{g_\nu\}$ が存在する．$f(z)$ で定義される関数は有理型であり，主要部は $h_\nu(z)$ で，極としてこれらの点 a_ν のすべてを持つが，$\mathbb{C}$ 内ではそれ以外の極を持たない．この性質を持つ任意の関数は，整関数を付加した f の形になる．

例　a) 余接弦関数の部分分数展開

cot は π のすべての整数倍に対し 1 位の極を持ち，留数は 1 となる．収束を作り出す和は 0 次とすることができる．

$$\begin{aligned}\cot z &= g(z) + \frac{1}{z} + \sum_{\nu=1}^{\infty}\left(\frac{1}{z-\nu\pi} + \frac{1}{\nu\pi}\right) \\ &\quad + \sum_{\nu=-1}^{-\infty}\left(\frac{1}{z-\nu\pi} + \frac{1}{\nu\pi}\right) \\ &= g(z) + \frac{1}{z} + \sum_{\nu=1}^{\infty}\left(\frac{1}{z-\nu\pi} + \frac{1}{z+\nu\pi}\right) \\ &= g(z) + \frac{1}{z} + 2z\sum_{\nu=1}^{\infty}(z^2-\nu^2\pi^2)^{-1}\end{aligned}$$

さらに $g=0$ が分かり，次の等式が成立する．

$$\cot z = \frac{1}{z} + 2z\sum_{\nu=1}^{\infty}(z^2-\nu^2\pi^2)^{-1}$$

b) Γ 関数の部分分数展開

Γ 関数の極 $-\nu$ の留数は $\lim_{z\to-\nu}(z+\nu)\Gamma(z)$ であり (p.419)，$\Gamma(z) = \Gamma(z+1)/z$ を何度か適用すると，次の値を得る．

$$\mathrm{Res}_{z=-\nu}\,\Gamma(z) = (-1)^\nu/\nu!$$

よって，$-\nu$ 周りのローラン展開の主要部は

$$h_\nu(z) = \frac{(\ \ 1)^\nu}{\nu!} \cdot \frac{1}{z+\nu}$$

で，収束させるための和は不必要．次の等式が成立する（g は初等関数では表されない整関数）．

$$\Gamma(z) = g(z) + \sum_{\nu=0}^{\infty}\frac{(-1)^\nu}{\nu!}\,\frac{1}{z+\nu}.$$

c) ℘ 関数

σ 関数 (p.418) に関し，同じ零点で 2 位の極を持つ関数を構成したい．

$$a_{\nu\mu} = \nu\omega_1 + \mu\omega_2\nu, \quad \mu \in \mathbb{Z}$$

に対し ω_1/ω_2 は実数ではなく，付随する主要部を

$$h_{\nu\mu}(z) = 1/(z-a_{\nu\mu})^2$$

とし，収束させるために，$(\nu,\mu) \neq (0,0)$ での値 $g_{\nu\mu}(z) = 1/a_{\nu\mu}^2$ を差し引いて和を取る．

$$f(z) = \frac{1}{z^2} + \sum_{(\nu,\mu)}{}'\left\{\frac{1}{(z-a_{\nu\mu})^2} - \frac{1}{a_{\nu\mu}^2}\right\}$$

で定義される関数は必要な条件をみたし，**℘ 関数**（ペー関数）と呼ばれる．ν, μ は互いに独立で，整数全体を動き同時には 0 にはならない（$'$ で表す）とする．この構成法は，σ 関数と同様ワイエルシュトラスにまでさかのぼる．ω_1, ω_2 を特に表示するには，$\wp_{\omega_1,\omega_2}$ と表す．

℘ 関数は σ 関数と密接な関係にあり，

$$\begin{aligned}(\ln\sigma)'(z) &= \frac{1}{z} + \sum_{(\nu,\mu)}{}'\left(\frac{1}{z-a_{\nu\mu}} + \frac{1}{a_{\nu\mu}} + \frac{z}{a_{\nu\mu}^2}\right) \\ (\ln\sigma)''(z) &= -\frac{1}{z^2} - \sum_{(\nu,\mu)}{}'\left(\frac{1}{(z-a_{\nu\mu})^2} + \frac{1}{a_{\nu\mu}^2}\right) \\ &= -\wp(z)\end{aligned}$$

が成立する．℘ の導関数に対しては

$$\wp'(z) = -2\sum_{(\nu,\mu)\in\mathbb{Z}^2}{}'\frac{1}{(z-a_{\nu\mu})^3}$$

が成立し，この級数からは

$$\wp'(z+\omega_1) = \wp'(z+\omega_2) = \wp'(z)$$

となり，$\wp'$ は周期 ω_1, ω_2 を持つ周期関数である．積分すると $\wp(z+\omega_1) = \wp(z) + c$ が成立し，$z = -\omega_1/2$ と置くと，

$$\wp\left(\frac{\omega_1}{2}\right) = \wp\left(-\frac{\omega_1}{2}\right) + c$$

を得る．他方，$\wp(z) = \wp(-z)$ が成立するので，$c=0$ となる．よって，ω_1 および ω_2 は ℘ 関数の周期である．

℘ 関数の他の性質については，図 B 参照．

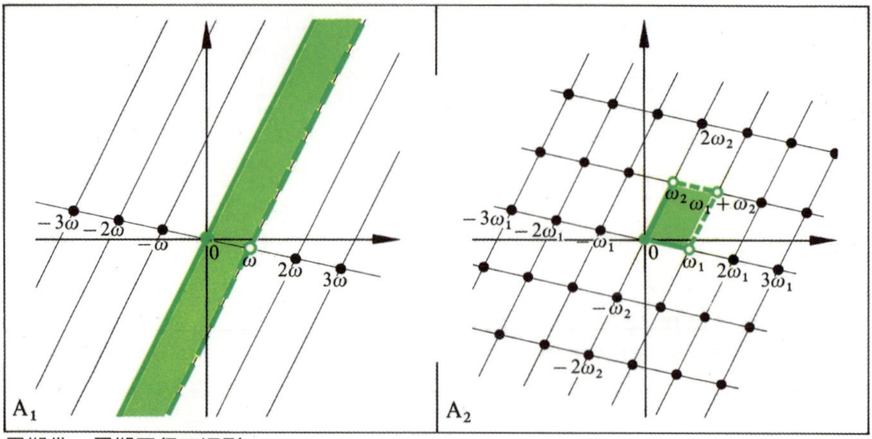

周期帯，周期平行四辺形

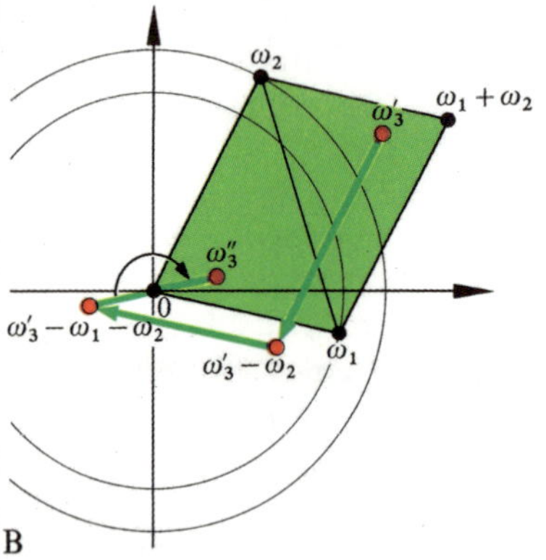

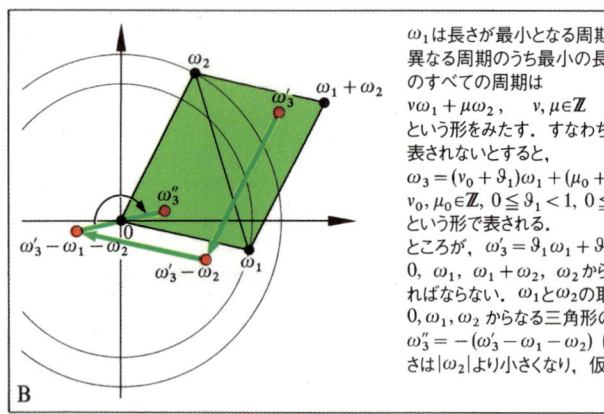

ω_1 は長さが最小となる周期であり，$\nu\omega_1$，$\nu\in\mathbb{Z}$ は，ω_2 とは異なる周期のうち最小の長さのものである．このとき，関数のすべての周期は

$\nu\omega_1+\mu\omega_2$，　$\nu,\mu\in\mathbb{Z}$

という形をみたす．すなわち，第3の周期 ω_3 がこれらの形で表されないとすると，

$\omega_3=(\nu_0+\vartheta_1)\omega_1+(\mu_0+\vartheta_2)\omega_2$ に対して

$\nu_0,\mu_0\in\mathbb{Z},\ 0\leqq\vartheta_1<1,\ 0\leqq\vartheta_2<1,\ (\vartheta_1,\vartheta_2)\neq(0,0)$

という形で表される．

ところが，$\omega_3'=\vartheta_1\omega_1+\vartheta_2\omega_2$ はまた周期であるので，頂点 0，ω_1，$\omega_1+\omega_2$，ω_2 からなる周期平行四辺形の中になければならない．ω_1 と ω_2 の取り方から考えると，ω_3' は頂点 $0,\omega_1,\omega_2$ からなる三角形の上にはない．よって，周期 $\omega_3''=-(\omega_3'-\omega_1-\omega_2)$ はこの性質をみたすので，その長さは $|\omega_2|$ より小さくなり，仮定に矛盾．

2重周期関数

フーリエ展開は次の形の級数展開となる。

$$f(z)=\sum_{\nu=-\infty}^{\infty}a_\nu e^{\frac{2\pi i}{\omega}\nu z}$$

例：

$$\sin z=\frac{e^{iz}-e^{-iz}}{2i}=\frac{i}{2}e^{-iz}-\frac{i}{2}e^{iz},\qquad z\in\mathbb{C}\quad(\omega=2\pi i),$$

$$\tan z=\frac{\sin z}{\cos z}=-i\frac{e^{2iz}-1}{e^{2iz}+1}=i+2i\sum_{\nu=1}^{\infty}(-1)^\nu e^{2i\nu z},\qquad \operatorname{Im} z>0\quad(\omega=\pi).$$

cos 関数および sin 関数が実周期関数の場合，
その実周期性のために指数関数の展開よりも興味深い．
関係

$$e^{\frac{2\pi i}{\omega}\nu z}=\cos\frac{2\pi\nu}{\omega}z+i\sin\frac{2\pi\nu}{\omega}z$$

を利用すると，この等式の実部を取れば，

$$f(x)=\sum_{\nu=-\infty}^{\infty}\left(b_\nu\cos\frac{2\pi\nu}{\omega}x+c_\nu\sin\frac{2\pi\nu}{\omega}x\right)$$

という形の級数を得る．

C

複素フーリエ展開と実フーリエ展開

複素関数の周期

定義 1　ある $\omega \in \mathbb{C}\backslash\{0\}$ について，$z \in D_f$ のとき常に $z+\omega \in D_f$ となり，すべての $z \in D_f$ に対し $f(z+\omega) = f(z)$ が成立するとき，複素関数 $f : D_f \to \hat{\mathbb{C}}$ を**周期的**，ω を f の**周期**という．

二つの異なるとは限らない周期 ω_1 と ω_2 に対し，その和と差も常にまたその関数の周期となる．特に，ω が周期ならば $\nu\omega, \nu \in \mathbb{Z}\backslash\{0\}$ もまた周期となる．

以下では，f は常に有理型と仮定する．$\lim\limits_{\nu\to\infty} \omega_\nu = 0$ となる周期の列 $\{\omega_\nu\}$ が存在すれば，一致の定理によりこの関数は定数である．よって，周期 ω を持つ非定数周期関数に対し，0 と ω を通る直線上に最小絶対値を持つ周期 ω_1 が存在する．これを**原始周期**という．

例えば，ω_1 とともに $-\omega_1$ も同じ絶対値を持つ周期であるので，原始周期は一意的ではない．

0 と ω_1 を通る直線上には倍数 $\nu\omega_1, \nu \in \mathbb{Z}\backslash\{0\}$ 以外の周期は存在しない．他の周期を持たないとき，その関数を**単周期関数**という．

他の周期 ω_2 が存在すれば，ω_1/ω_2 は実数ではない．ω_2 を最小絶対値を持つとし，さらにすべての $\nu\omega_1$ と異なる周期の中で最小絶対値を持つように選ぶ．このときすべての周期は

$$\nu\omega_1 + \mu\omega_2, \nu, \mu \in \mathbb{Z}, \quad (\nu, \mu) \neq (0,0)$$

という形に表され，f を **2 重周期関数**という．

事実，もし仮に他の周期が存在すれば，その中に確実に $\nu\omega_1$ と異なる ω_2 よりも小さな絶対値を持つものが存在し (図 B)，これは ω_2 の選び方と矛盾する．すべての周期が $\nu\omega_1 + \mu\omega_2$ の形に書かれれば，(ω_1, ω_2) を**原始周期ペア**という．原始周期ペアの構成法は一意的ではない．

単周期関数

f を $\mathbb{C}$ で高々孤立特異点を持つ（単周期とは限らない）有理型周期関数とし，ω を原始周期とする．このとき，0 を通り ω を通らない直線と，それに対しすべての点 $\nu\omega, \nu \in \mathbb{Z}$ を通る平行線を考える．これら平行線は，等式

$$\overline{z} = z + \nu\omega, \nu \in \mathbb{Z}$$

により平行移動で互いに写りあう**周期帯**を構成し，それらにより複素平面は帯状に分割される．その際，周期帯のそれぞれの境界直線での関数値を計算する．関数の振る舞いは，その周期帯の中での振る舞いにより決定される．

最も簡単な単周期関数は，周期 $2\pi i$ の指数関数である (p.409)．よって，$g(z) = e^{2\pi iz/\omega}$ と置くと，周期 ω を持つ関数から得られ，周期 ω を持つすべての単周期関数は関数 $g(z)$ に帰着される．すなわち，g^{-1} が g の無限葉数リーマン面上定義された逆関数であれば，同じトレース点 $t = e^{2\pi iz/\omega}$ を持つ点での関数値はちょうど ω の倍数のみの差となり，$f \circ g^{-1}$ は $\mathbb{C}$ のトレース点 t の関数となる．ここで次の等式が成立する．

$$f \circ g^{-1}(t) = f(\omega \cdot \ln t/2\pi i)$$

f が z 平面の 0 と ω を通る直線の平行線を境界とする帯状領域で正則であれば，$f \circ g^{-1}$ は t 平面の円環内で正則．それにより，$f \circ g^{-1}$ はローラン展開可能で

$$f \circ g^{-1}(t) = \sum_{\nu=-\infty}^{\infty} a_\nu t^\nu$$

であることから f に対する級数展開

$$f(z) = \sum_{\nu=-\infty}^{\infty} a_\nu \mathrm{e}^{2\pi i\nu z/\omega}$$

が導かれる（**フーリエ展開**，図 C の例）．

注意　f が実軸上にあり実数ならば，フーリエ展開は

$$f(x) = \sum_{\nu=-\infty}^{\infty} \left(b_\nu \cos\frac{2\pi}{\omega}\nu x + c_\nu \sin\frac{2\pi}{\omega}\nu x \right)$$

という形にも表記できる．このような形の級数表現は，実数の範囲では周期関数ばかりではなく，任意の連続微分可能関数に対しても存在する．

2 重周期関数

単周期関数の周期帯は，2 重周期関数では**周期平行四辺形**に相当する．境界上の一つの頂点および隣接し角度が 0 とならない境界 2 本のみが，周期平行四辺形に属する（図 A_2）．任意の有界領域内の整関数は有界であるので，リウヴィルの定理により非定数 2 重周期関数は存在しない．

定義 2　$\mathbb{C}$ 内有理型 2 重周期関数を**楕円関数**という．

楕円関数の $\mathbb{C}$ 上の特異点は極のみ．∞ は真性特異点である．

定義 3　楕円関数の**位数**とは，周期平行四辺形内の極の位数とする．

周期性により平行四辺形の境界上の積分値は 0 であるので，周期平行四辺形内の極の留数和は 0．ゆえに，1 位の楕円関数は存在しえない．

さらに，周期平行四辺形内の k 位の楕円関数は，$\hat{\mathbb{C}}$ の任意の値を k 回取ることが示される．

関数 $\wp_{\omega_1,\omega_2}$ (p.421) は原始周期の組 $\{\omega_1, \omega_2\}$ を持つ位数 2 の楕円関数で，導関数 $\wp'$ は位数 3 である．$\wp$ 関数は，その導関数とともに，単周期関数に対する指数関数同様，2 重周期関数に対して重要な役割を果たす．ここで次の定理が成立する．

定理　任意の楕円関数 f は

$$f = r_1 \circ \wp + \wp' \cdot (r_2 \circ \wp)$$

という形に書くことができる．ここで，r_1 と r_2 は有理関数である．

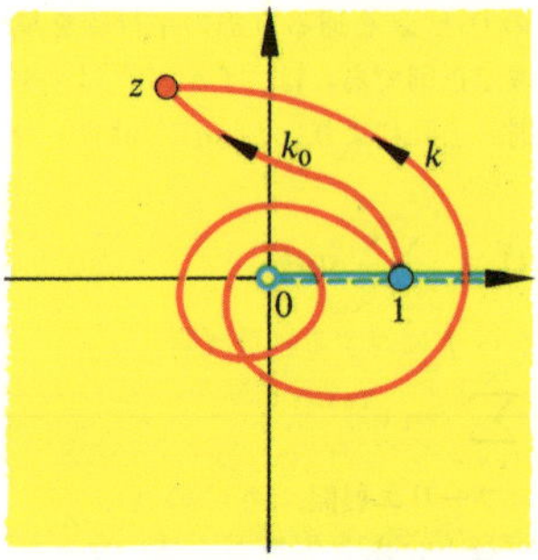

k_0 は1から z への積分路であり，実軸の正の部分に切れ込みを入れ，0を除いた1点除去平面 $\mathbb{C}$ 上を動くとする．ここで，上半平面上への切れ込みに沿って計算する．

このとき，$\int_{k_0}\frac{1}{\zeta}\,d\zeta$ を $\ln z$ で表し，自然対数の主値という．

k が1から $z\in\mathbb{C}\backslash\{0\}$ への任意の積分路であるとすると，

$$\int_k\frac{1}{\zeta}\,d\zeta=\ln z+2\pi i\nu$$

が成立する．$\nu\in\mathbb{Z}$ は0の周りをまわる回数であるとする．

この積分は，$\mathbb{C}\backslash\{0\}$ 上では関数を定義しない．

解析形成とは，1点除去平面上で考察しているというばかりではなく，無限葉数の被覆面を持つものである．逆関数のトレースは指数関数 exp となる．

A_1

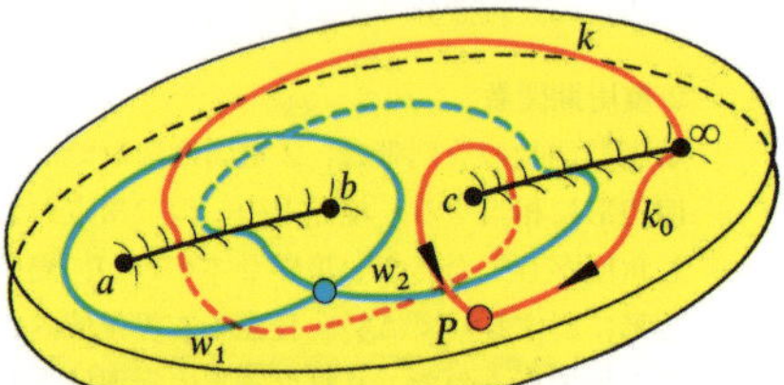

関数 f は $f(z)=2\cdot\sqrt{(z-a)(z-b)(z-c)}$ により定義されるとし，a，b，c は互いに素とする．この関数に対応するリーマン面 R は，分岐点 a，b，c と∞で2葉である．R は，二つの適切な閉じた曲線 w_1 と w_2 に沿って切れ目を入れて開くと，単連結点集合 R' になる．

w_1 と w_1 自体は，曲線上を移動するときそれ自身いずれも曲面の右側の部分の上にあると考えてよい．

$$\omega_1:=\int_{w_1}\frac{1}{f(\zeta)}\,d\zeta,\quad \omega_2:=\int_{w_2}\frac{1}{f(\zeta)}\,d\zeta\quad \text{と置く.}$$

k_0 は R' 上で ∞ から点 P への積分路とすると，

$I(P)=\int_{k_0}\frac{1}{f(\zeta)}\,d\zeta$ は積分路に依存しない．それに反し，

k が R 上で ∞ から点 P への任意の積分路とすると次の値で表される．

$$\int_k\frac{1}{f(\zeta)}\,d\zeta=I(P)+\nu\omega_1+\mu\omega_2,\qquad \nu,\mu\in\mathbb{Z}$$

この場合の $\int_k\frac{1}{f(\zeta)}\,d\zeta$ の解析形体は，曲面 R に無限葉数被覆している．逆関数のトレースは2重周期関数である．

$f(z)$ の因数2と積分路 k の始点は，この2重周期関数がちょうど $\wp$ 関数となるように選択したものである．この関数は，任意の周期平行四辺形においてちょうど $\hat{\mathbb{C}}$ の任意の値を2回取る．R は閉じた $\hat{\mathbb{C}}$ 平面に2重に被覆するからである．

A_2

アーベル積分

コンパクトリーマン面上の関数

有理関数と対応するリーマン面 (p.317) は，閉じた平面 $\hat{\mathbb{C}}$ である．逆に，$\hat{\mathbb{C}}$ 上の任意の有理型関数は有理関数となる．

代数関数の一般的概念は，p.279 を根拠として，定義域をリーマン面とする複素関数上に拡張される．

定義 1 解析関数 $f : R \to \mathbb{C}$ とすべての有限な点 $A \in R$ に対し，トレース $z = s(A)$ と関数値 $w = f(A)$ を考える．このとき，$P(z, w) = 0$ をみたす $\mathbb{C}[z, w]$ の既約多項式 $P(z, w)$ が存在するとき，f を**代数的**という．

f に対応するリーマン面に関する疑問については，次の定理が答える．

定理 1 解析関数 f は，対応するリーマン面 R がコンパクトであるとき，かつそのときに限り代数的である．

R はコンパクトであるので，有限個の点を除き，任意の z について R のリーマン面としての葉数と同数の関数要素 $f_1(z), \ldots, f_n(z)$ が，R に対応する．よって，n 個の関数 $r_1, r_2, \ldots, r_n$ を

$$r_1 = f_1(z) + \cdots + f_n(z),$$
$$r_2 = f_1(z)f_2(z) + f_2(z)f_3(z) + \cdots + f_{n-1}(z)f_n(z),$$
$$\cdots\cdots,$$
$$r_n = f_1(z)f_2(z) \cdot \cdots \cdot f_n(z)$$

と定義できる．これに対応するリーマン面は $\hat{\mathbb{C}}$ である．これは，トレースを $\hat{\mathbb{C}}$ 内の閉じた曲線に沿い解析接続するとき，どの和も高々 $r_\nu(z)$ 内で交換すればよいからである．ゆえに，r_ν は有理関数である．和

$$w^n + \sum_{\nu=1}^{n} (-1)^\nu r_\nu(z) w^{n-\nu}$$

を $r_\nu(z)$ の公分母と掛け合わせると，必要な性質を持つ多項式 $P(z, w)$ が得られる．

他方，f が代数的ならば，z を任意とし有限個の例外点を除くと，$P(z, w)$ の w に関する次数と同じ個数分だけ関数要素が存在する．これらは，除外点を通らない任意の道に沿い解析接続可能である．除外点に関しては，単純点の他に分岐指数が n より小さくなる分岐点が存在し，その結果，適切な局所一意化変数によるローラン展開が存在する．

除外点の近傍では，任意の関数値は高々 $P(z, w)$ の z と同じ次数として仮定することができるので，除外点は真性特異点ではないことが示される．

さらに以下が成立する．

定理 2 コンパクトリーマン面上では，有理型の任意の非定数関数は任意の値を同回数取る．

定理 3 総葉数 n，すべての分岐指数の和 v，コンパクトリーマン面の種数 g (p.237) の間には，次の関係が成立する．

$$g = \frac{v}{2} - n + 1$$

代数関数体

任意のコンパクトリーマン面 R 上に，有理型非定数関数が存在する．R 上の**すべての**有理型関数は，通常の演算により R 上の**関数体**と呼ばれる体を成す．R が関数 f の対応する曲面でありかつ K が $\mathbb{C}$ 上の有理関数体であれば，f を付加 (p.89) することにより構成された体 $K(f)$ はちょうど R の関数体である．よって，R の関数体の任意の関数の関数項 $g(z)$ は，z と $f(z)$ により有理的に表される．

アーベル積分

コンパクトリーマン面上の代数関数の積分は**アーベル積分**といわれる．アーベル積分自体は，

$$f(z) = \int_k \frac{1}{\zeta} \mathrm{d}\zeta$$

から分かるように，代数的である必要はない．k は 0 を通らない 1 から z への積分路とする（図 A_1）．z に向かう異なる積分路に対する積分の値は，$2\pi i$ の整数倍の差となる．積分関数の解析形体は無限葉数のリーマン面である．逆関数のトレース $s \circ f^{-1}$ は周期 $2\pi i$ の指数関数である．

複雑な関係を持つ曲面に対し，楕円関数への関係が得られる．例えば，R を

$$f(z) = \sqrt{(z-a)(z-b)(z-c)}$$

という f に対応する分岐点 a, b, c, ∞ を持つ曲面とすると，R は位相的にトーラスに同相である．今，k が ∞ からトレース点 z を持つ点 P に向かう積分路のとき，$\int_k 1/f(\zeta)\, d\zeta$ を構成し，さらに

$$\int_{k_1} \frac{1}{f(\zeta)} \mathrm{d}\zeta = \omega_1, \quad \int_{k_2} \frac{1}{f(\zeta)} \mathrm{d}\zeta = \omega_2$$

とする．二つの閉曲線 k_1 と k_2 で R を切って，平行四辺形に同相な領域にする（図 A_2，p.414，図 C）と，異なる z に移る積分路 k 上の積分 $\int_k 1/f(\zeta)\, \mathrm{d}\zeta$ の値は ω_1 と ω_2 の整数倍の差となる．

積分関数の解析形体は無限葉数となり，a, b, c, ∞ 上でそれぞれ位数 1 の無限個の分岐点を持つ．トレース $s \circ f^{-1}$ は 2 重周期で，次の等式が成立する．

$$s \circ f^{-1} = \wp$$

注意 実代数関数の直接解析接続や解析接続ができれば代数曲線の性質を理解しやすい (p.279)．すなわち，曲線上のどの特異点に対しても複素代数関数の特異点が対応しているというわけではない．

定義 2 R 上全体で正則なアーベル積分は**第 1 種**といわれ，唯一つの特異点として極を持てば**第 2 種**といわれ，その他の場合を**第 3 種**という．図 A_1 の積分は第 3 種，図 A_2 の積分は第 1 種．

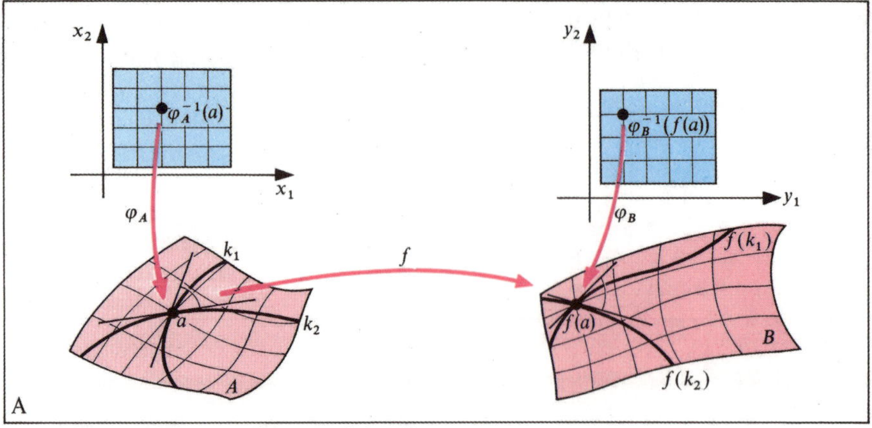

A

一つの曲面から他の一つの曲面への等角写像

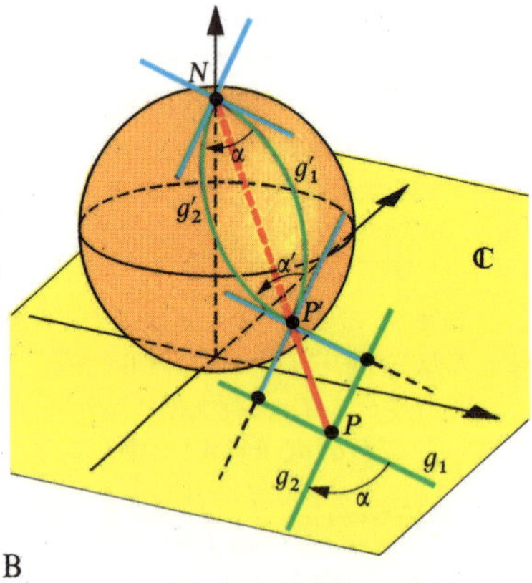

P を通る直線 g_1 と g_2 を N へ立体射影すると，円弧 g'_1 と g'_2 さらには N および P' に移る．
N および P におけるその接線は同じ角度で交わる．
N を通る接平面はガウス平面と平行であるので，N での角度は g_1と g_2 の間の角度と一致する．よって，P と P' での角度も同じである．N からみて，それらの角度の向きは同じである．
したがって，この写像は等角写像である．
リーマン球面上では，点∞でも角度を測定することができる．$h(z)=1/z$ で定義された等角写像は，リーマン球面の回転と一致すれば，∞での角度測定を 0 において行うことができる．

B

ガウス平面からリーマン球面への等角写像

二つの1次変換 f_1 と f_2 を $f_1(z)=\dfrac{a_1z+b_1}{c_1z+d_1}$ および $f_2(z)=\dfrac{a_2z+b_2}{c_2z+d_2}$ で定義し，その合成 $f_2\circ f_1$ を

$$(f_2\circ f_1)(z)=\frac{a_2\cdot\dfrac{a_1z+b_1}{c_1z+d_1}+b_2}{c_2\cdot\dfrac{a_1z+b_1}{c_1z+d_1}+d_2}=\frac{(a_1a_2+c_1b_2)z+(b_1a_2+d_1b_2)}{(a_1c_2+c_1d_2)z+(b_1c_2+d_1d_2)}$$

とすればまた1次変換となる．なぜなら $a_1d_1-b_1c_1\neq 0$ と $a_2d_2-b_2c_2\neq 0$ であるので次の等式が成立するからである．

$$(a_1a_2+c_1b_2)(b_1c_2+d_1d_2)-(b_1a_2+d_1b_2)(a_1c_2+c_1d_2)=(a_1d_1-b_1c_1)(a_2d_2-b_2c_2)\neq 0$$

任意の1次変換 f を $f(z)=\dfrac{az+b}{cz+d}$ $(c\neq 0)$ とすれば，これは常に合成 $k\circ h\circ g$ と表すことができる．ここで

$g(z)=cz+d,\ h(z)=\dfrac{1}{z},\ k(z)=-\dfrac{ad-bc}{c}z+\dfrac{a}{c}$ とする．g と k は整1次変換である．

C

1次変換の合成

等角写像

複素関数のグラフは 4 次元空間 $\mathbb{C}^2$ すなわち $\mathbb{R}^4$ 内にあるので，実関数のようには描くことはできない．関数 f の幾何的性質を図示するには，D_f の適切な部分集合とその像集合を二つの複素平面に表せばよい．

D_f の部分集合として，特に領域と曲線族を考察する．すでに p.413 で，領域は常に領域上に写されることが分かった．曲線の写像を調べる際，2 曲線が交わるときの角度とその像の角度が必要となる．

定義 1　二つの滑らかな曲面片 A と B はパラメータ表示 φ_A，φ_B を持つとする．A から B への写像 $f : A \to B$ に対し，$\varphi_B^{-1} \circ f \circ \varphi_A$ が $\varphi_A^{-1}(a)$ において連続偏微分可能，さらに a を通る任意の 2 曲面曲線 k_1 と k_2 が点 $f(a)$ において $f(k_1)$ および $f(k_2)$ と同じ角度で交わるとき，点 $a \in A$ において f は**角保存**されるという．

f が A の任意の点で角度の向きを保ったまま（逆にして）角保存されるとき（図 A），f を**等角写像**（**逆等角写像**）という．

今，ここで次の重要な定理が成立する．

定理 1　リーマン球面から閉じた平面 $\hat{\mathbb{C}}$ への立体射影は等角写像である（図 B）．

定理 2　複素関数 $f : D_f \to \mathbb{C}$ が正則とする．このとき，$f'(a) \neq 0$ ならば f が等角写像となる a の近傍 $U(a)$ が存在する．

証明では曲線 $k : (0,1) \to \mathbb{C}$ を考察する．ここで $k(0) = a, k'(0) \neq 0$ とする．像曲線 $f \circ k$ および

$$f(z) = f(a) + (z-a)h(z)$$

に対し $h(a) \neq 0$ となるので

$$(f \circ k)'(t) = [(k(t)-a)h'(k(t)) + h(k(t))]k'(t),$$
$$(f \circ k)'(0) = h(a)k'(0) \neq 0$$

が成立する．a における k への接線は

$$z = a + \lambda \cdot k'(0), \quad \lambda \in \mathbb{R}$$

で表され，$f(a)$ における $f \circ k$ への接線の方程式は

$$w = f(a) + \mu \cdot h(a)k'(0), \quad \mu \in \mathbb{R}$$

となる．$\arg(z_1 z_2) = \arg z_1 + \arg z_2$ であるので，曲線 k_1 と k_2 の間の角度は

$$\varphi = \arg k_2'(0) - \arg k_1'(0) \quad (\arg,\ \text{p.54})$$

となり，その像曲線間の角度は以下のようになる．

$$\begin{aligned}\varphi^* &= \arg(f \circ k_2)'(0) - \arg(f \circ k_1)'(0)\\ &= \arg(h(a)k_2'(0)) - \arg(h(a)k_1'(0))\\ &= \arg(k_2'(0)) - \arg(k_1'(0)) = \varphi.\end{aligned}$$

さらに定理 2 の逆も成立する．

定理 3　$f : D_f \to \mathbb{C}$ が領域 D_f で等角写像であれば，f は正則でありすべての $z \in D_f$ に対して $f'(z) \neq 0$ が成立する．

証明には，コーシー・リーマンの微分方程式をみたすことを示す．

定理 1 を考慮すれば，定理 2 と 3 は有理型関数に対してもまた成立する．

反等角写像を**反正則写像**ともいう．その場合，コーシー・リーマンの微分方程式のかわりに

$$\frac{\partial u}{\partial x_1} = -\frac{\partial v}{\partial x_2}, \quad \frac{\partial v}{\partial x_1} = \frac{\partial u}{\partial x_2}$$

が成立する．共役複素関数値を取れば，任意の正則関数は反正則関数になり，逆もまた成立する．

正則関数の集合が関数の合成に関し閉じているのに対し，反正則関数の集合はこの性質を持たない．

等角性は，ベキ級数における展開可能性 (p.407) またはコーシーの積分定理の成立 (p.405) 同様，$f'(z) \neq 0$ のとき複素微分可能性に同値である．

定理 2 の証明と同様に，$f^{(k)}(a) \neq 0$ であるがすべての $\nu < k$ に対して $f^{(\nu)}(a) = 0$ であるとき，a を通る曲面曲線を写像すれば，その間のすべての角度単位は k 倍に拡大されることが示される．

等角写像 $(k = 1)$ の場合には，近傍 $U(f(a))$ における逆写像はまた等角写像である．導関数 $(f^{-1})'$ に対しては次の等式が成立する (p.267)．

$$(f^{-1})' \circ f' = \frac{1}{f'}$$

$\hat{\mathbb{C}}$ から $\hat{\mathbb{C}}$ への等角写像

f が $\hat{\mathbb{C}}$ から $\hat{\mathbb{C}}$ 上への等角写像ならば，f は位数 1 の唯一つの零点と位数 1 の唯一つの極を持つ．よって，f は以下の形の有理関数である．

$$f(z) = \frac{az+b}{cz+d} \quad (ad - bc \neq 0).$$

逆に，上のような任意の関数はまた同様な等角写像となる．このような関数を **1 次変換**という．

1 次変換の合成は，再び 1 次変換である（図 C）．合成を結合とする 1 次変換の集合は，群を成す．

$\mathbb{C}$ から $\mathbb{C}$ への等角写像

$\mathbb{C}$ から $\mathbb{C}$ 自身への等角写像は，点 ∞ を ∞ に写す特別な 1 次変換である．よって関数項は次の簡単な形となる．

$$f(z) = az + b, a \neq 0 \qquad (\textbf{整 1 次変換}).$$

a を $|a| \cdot e^{i\varphi}$ の形に書けば，その写像は長さ $|a|$ の半直線を動径とし，原点を中心とする角度 φ の回転と b の平行移動を合成したものとみなされる．よって，幾何的には回転伸縮 (p.147) を意味している．この変換は，直線を直線に，円を円に写す．

任意の 1 次変換は $h(z) = 1/z$ で定義される変換と整 1 次変換との合成により得られるので（図 C），上記の写像は図 B からリーマン球面の回転に相当し，1 次変換により，リーマン球面上の円は常に円に写される．平面 $\mathbb{C}$ では，すべての直線と円の集合は自分自身に写される．

$f:\mathbb{C}\to\mathbb{C}$ を恒等写像ではない1次変換とする.

ここで $f(z)=\dfrac{az+b}{cz+d}$　$(ad-bc=1)$ とする.

このとき，**固定点** の性質で分けられる次の場合が可能である.

	$a+d$ 実数			$a+d$
	$\lvert a+d\rvert>2$	$\lvert a+d\rvert=2$	$\lvert a+d\rvert<2$	実数ではない
固定点の個数	2	1	2	2
固定円（∞が固定点でないとき）	固定点を通る円束	固定点を通る直線を接線とする円束	固定点を通る円束に直交する円周	なし
固定直線（∞が固定点のとき）	有限固定点を通る直線束	平行直線の線束	有限固定点を中心とする同心円の束	なし
変換名	双曲的	放物的	楕円的	斜航的

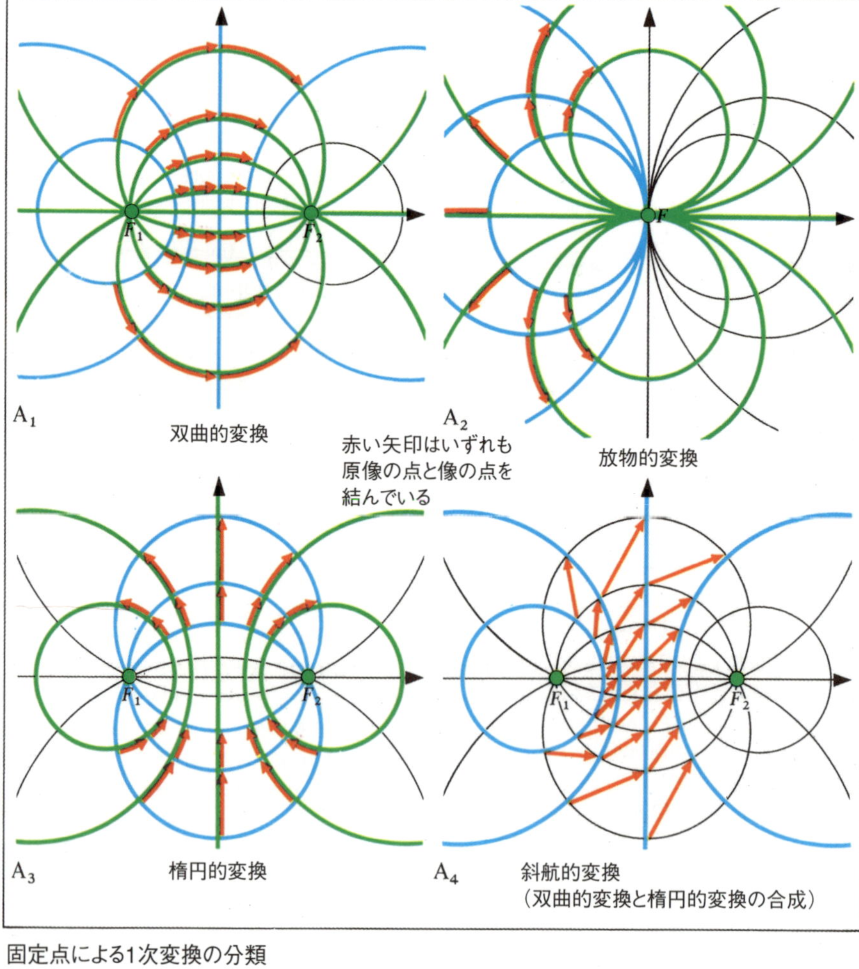

固定点による1次変換の分類

1 次変換の分類

1 次変換は常に少なくとも一つ**固定点**を持つ．

$$\frac{az+b}{cz+d}=z$$

がそのための条件である．f は恒等写像ではないが，

$$ad-bc=1$$

に正規化されているとする．

$c=0$ であれば ∞ はこの整 1 次変換の固定点で，さらに $a=d$ であれば ∞ は唯一の固定点であり，その他の場合には，次の形の第 2 の固定点が存在する．

$$\frac{b}{d-a}$$

$c\neq 0$ であれば，∞ は写像の固定点ではない．固定点の条件式の解は

$$z_{1,2}=\frac{a-d}{2}\pm\sqrt{\frac{(a-d)^2-4bc}{4c^2}}$$

であるか，または $ad-bc=1$ を考慮すると

$$z_{1,2}=\frac{a-d}{2}\pm\frac{1}{2c}\sqrt{(a+d)^2-4}$$

となる．よって $c=0$ の場合を含めると，$a+d$ が実数でありかつ $|a+d|=2$ であれば，f は固定点を唯一つ，その他の場合は二つの固定点を持つ．

二つの固定点を持つ 1 次変換の分類は，**固定円**の性質から得られる．これは方向を保ち自分自身に写像される円である（図 A)．

単位円内部の自分自身への等角写像

a,b,c,d が実係数かつ $ad-bc=1$ である 1 次変換は，ちょうど実軸を実軸に写し，上半平面も下半平面もそれぞれ自分自身に写す．

$$f_0(z)=\frac{z+i}{iz+1}$$

で定義される特殊な 1 次変換 f_0 は，

$$f_0(1)=1,\ f_0(-1)=-1,\ f_0(-i)=0,$$
$$f_0(0)=i,\ f_0(i)=\infty$$

と対応して単位円内部を上半平面に写すので，単位円内部を自分自身に写すすべての 1 次変換は

$$l=f_0^{-1}\circ r\circ f_0$$

という形に書かれる．ここで，r は実係数を持つ 1 次変換である．それにより

$$l(z)=\frac{az+b}{cz+d}$$

に現れる係数に対して条件 $d=\overline{a}, c=\overline{b}$（共役複素数）が成立する．さらに調べてみると，これらの 1 次変換は，一般に，単位円内部を自分自身に写す唯一の等角写像であることが分かる．

単連結領域間の等角写像

等角写像は常に位相写像でもあるので，領域 G_1 が領域 G_2 上へ写像されるとき，G_1 と G_2 は同じ連結関係を示さなければならない．$G_1=\hat{\mathbb{C}}$ であれば，$G_2=\hat{\mathbb{C}}$ でもある (p.427)．

G_1 が $\hat{\mathbb{C}}\backslash\{a\}$ という形（点 a を除いた平面）ならば，G_2 もまた点 b を除いた平面 $\hat{\mathbb{C}}\backslash\{b\}$ である場合にのみ等角写像は可能である．a における有理型写像が存在しなければならないからである．a と b が 1 次変換により ∞ へ変換されるならば，p.427 の結果（$\mathbb{C}$ から $\mathbb{C}$ 上への等角写像）により，それぞれ 1 点除去した 2 平面間の等角写像に関して完全な展望が得られる．

G_1 が，1 点より多くの境界点を持つが，それでもなお単連結である（すなわち，境界は明らかに特異点を持たない）ならば，G_2 もこの性質を持つに違いない．ここで次の重要な定理が成立する．

定理 4（リーマンの写像定理）　$\hat{\mathbb{C}}$ の中の境界点を一つ以上持つ任意の単連結領域 G は，単位円内に等角写像が可能である．

証明には，G の 2 点 a と b をそれぞれ 0 および ∞ に写す関数を

$$t(z)=\sqrt{\frac{z-a}{z-b}},\qquad t^*(z)=-\sqrt{\frac{z-a}{z-b}}$$

として定義し，考察する．t の任意の関数要素は，G における単連結性のためモノドロミー定理 (p.409) により，任意の曲線に沿って一意的に接続できる．ここで，$z_1\neq z_2$ であれば常に $t(z_1)\neq t(z_2)$ となる．同様に，像集合 $t(G)$ と $t^*(G)$ は互いに素である．

よって，像平面上に，内部が $t(G)$ に属さない円が存在する．この円内部を単位円外部に写像すれば，写像の合成により G の写像を単位円内部に得られる．このことから，逐次法を適切に用いて最終的に単位円内部に写像を構成できる．

G_1 と G_2 が二つの単連結領域で境界点をそれぞれ一つ以上持つとすると，G_1 ならびに G_2 を単位円内部に写す等角写像 f_1 および f_2 が存在する．l が単位円内部の自分自身の上への等角写像であれば，

$$f=f_2^{-1}\circ l\circ f_1$$

という形の写像は，ちょうど G_1 を G_2 に写す等角写像であり，G_1 から G_1 の上への写像は，次の形になる．

$$f=f_1^{-1}\circ l\circ f_1$$

多連結領域間の等角写像

多連結領域に対しては等角写像性は甚だ複雑であり，位相連結関係が同じでも等角写像の存在は保証されない．しかしながら，任意のリーマン面上の任意の領域に対し，その性質により $\hat{\mathbb{C}}$ 上または $\mathbb{C}$ 上あるいは単位円内部へ，等角写像可能な単連結被覆面は確かに存在する．

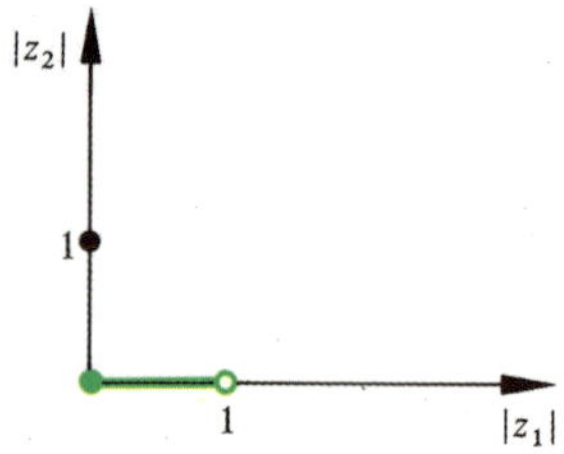

A_1

$$\sum_{\nu=0}^{\infty} z_1^{\nu}(1+\nu!\, z_2)$$

は次の収束域を持つ．

$$\{(z_1, z_2) \mid |z_1| < 1 \wedge z_2 = 0\}.$$

級数は，特に $z_2 \neq 0$ に対して常に発散する．
収束集合は内点を持たず，級数は正則関数を定義しない．

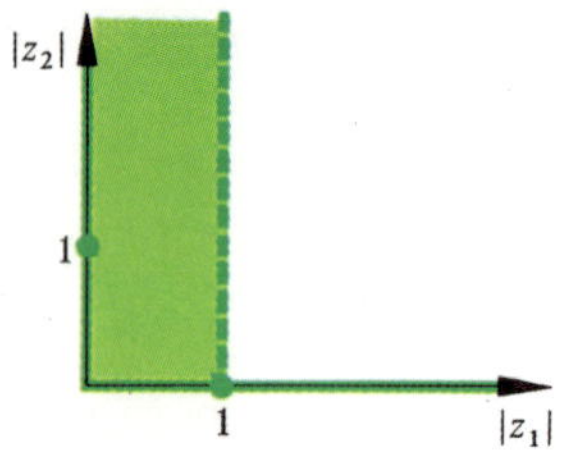

A_2

$$\sum_{\nu=0}^{\infty} z_1^{\nu} z_2$$

は次の収束域を持つ．

$$\{(z_1, z_2) \mid |z_1| < 1 \vee z_2 = 0\}.$$

収束集合の内部において，

$$f(z_1, z_2) = \frac{z_2}{1-z_1}$$

で定義される関数 $f:(\mathbb{C}\setminus\{1\})\times\mathbb{C}\to\mathbb{C}$ のベキ級数展開が問題となる．
点 (1,0) でベキ級数展開が可能にもかかわらず，この関数は点 (1,0) で定義されず，この点では連続関数にも接続されない．零点および極の集合は，$\mathbb{C}^2$ においてともに点 (1,0) を含まない平面となる．f は正則関数の商であるので，f を $\mathbb{C}\times\mathbb{C}$ において有理型関数といい，点 (1,0) をその関数の不確定点という．

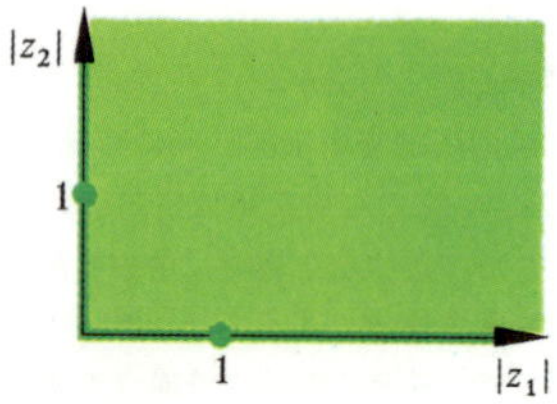

A_3

$$\sum_{\nu_1,\nu_2=0}^{\infty} \frac{z_1^{\nu_1} z_2^{\nu_2}}{\nu_1!\cdot\nu_2!}$$

の収束域は $\mathbb{C}^2$ であり，次の等式が成立する．

$$\sum_{\nu_1,\nu_2=0}^{\infty} \frac{z_1^{\nu_1}\cdot z_2^{\nu_2}}{\nu_1!\cdot\nu_2!} = \mathrm{e}^{z_1+z_2}.$$

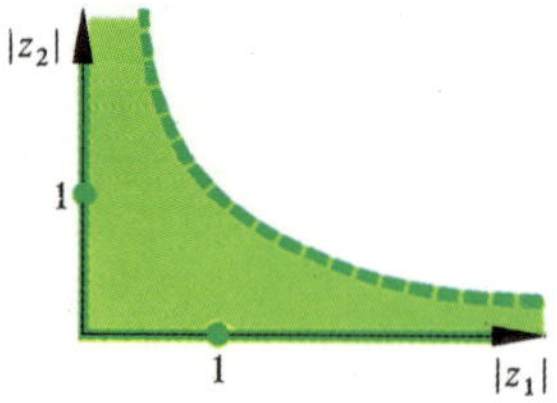

A_4

$$\sum_{\nu=0}^{\infty} (z_1 z_2)^{\nu}$$

は次の収束域を持つ．

$$\{(z_1, z_2) \mid |z_1|\cdot|z_2| < 1\}.$$

$\dfrac{1}{1-z_1 z_2}$ で定義される関数のベキ級数展開である．

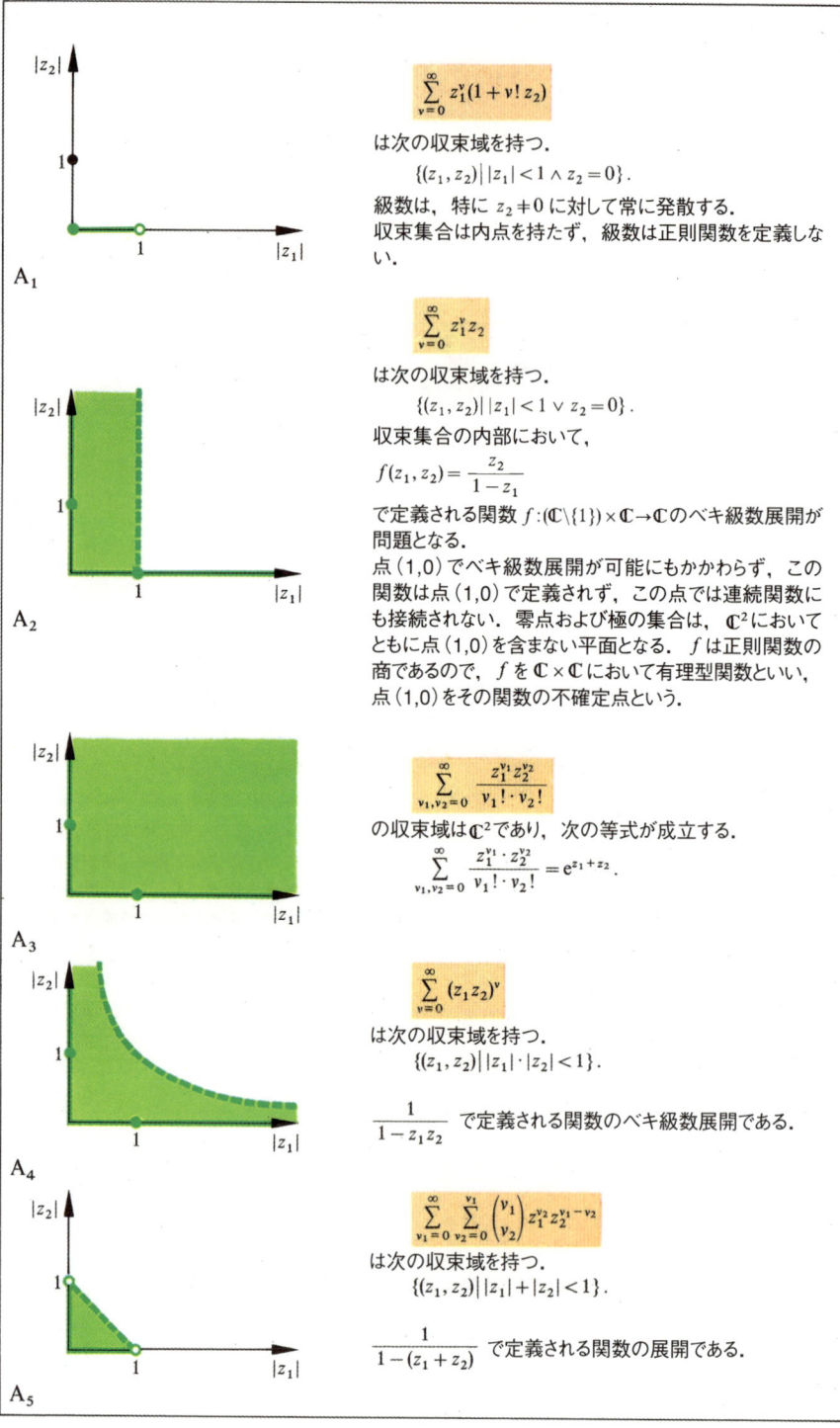

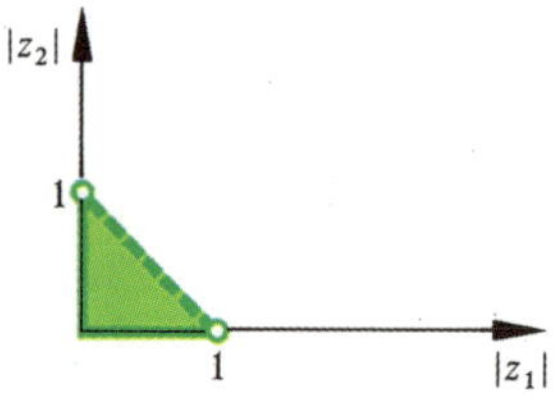

A_5

$$\sum_{\nu_1=0}^{\infty} \sum_{\nu_2=0}^{\nu_1} \binom{\nu_1}{\nu_2} z_1^{\nu_2} z_2^{\nu_1-\nu_2}$$

は次の収束域を持つ．

$$\{(z_1, z_2) \mid |z_1| + |z_2| < 1\}.$$

$\dfrac{1}{1-(z_1+z_2)}$ で定義される関数の展開である．

ベキ級数の収束域

空間 $\mathbb{C}^n$

実解析の高次元化 (p.290ff) と同じく，複素解析も一般化できる．$\mathbb{R}^n$ 同様空間 $\mathbb{C}^n$ も，複素数の組 $\boldsymbol{z} = (z_1, \ldots, z_n)$ から成り，$\mathbb{C}$ に関し次元 n のベクトル空間であり，絶対値

$$|\boldsymbol{z}| := \sqrt{\sum_{\nu=1}^{n} |z_\nu|^2}$$

によるユークリッド距離で位相を定義できる．このような基礎付けにより意味のある複素解析となる．

$z_1, \ldots, z_n$ を実部と虚部に分けると，$\mathbb{C}^n$ は $\mathbb{R}$ 上次元 $2n$ のベクトル空間となる．$\mathbb{C}^n$ の位相次元は $2n$ である (p.223)．

$\mathbb{C}^n$ のコンパクト化

空間 $\mathbb{C}$ は種々の方法でコンパクト化されるが，1 点付加コンパクト化でリーマン面となり，任意の点で複素構造を保つ曲面を与える (p.417)．

$\mathbb{C}^n$ においてはその関係はより複雑であり，位相的には以下のような種々の取り決めができる．

a) $\mathbb{C}^n \cup \{\infty\}$（1 点付加コンパクト化）

b) $(\hat{\mathbb{C}})^n$

c) $\mathbb{C}^n \cup \{(a_1, \ldots, a_{n-1}, \infty) \mid a_\nu \in \mathbb{C}, \nu = 1, \ldots, n-1\}$．ここで，平行な複素超平面 $z_n = \sum_{\nu=1}^{n-1} a_\nu z_\nu + c$, $c \in \mathbb{C}$ の共通無限遠点を $(a_1, \ldots, a_{n-1}, \infty)$ とする．

$n \geqq 2$ の場合，a) に反し b) と c) は以下で定義する正則な複素構造を持つ多様体を得る．しかし，これらの可能性は唯一のものではない．多変数関数論のコンパクト化では，主に c) を用いる．

正則性

実多変数関数同様に複素関数でも，1 次近似の概念を経て点 $\boldsymbol{a}$ での複素微分可能性の概念に到達する．それは，領域 $D_f \subseteq \mathbb{C}^n$ の関数 $f : D_f \to \mathbb{C}$ の点 $\boldsymbol{a}$ における連続偏導関数

$$\frac{\partial f}{\partial z_\nu}, \quad \nu \in \{1, \ldots, n\}$$

の存在と同値となる．領域の任意の点で複素微分可能ならば，その関数を**正則**という．

関数 $f = u + iv$ を，$2n$ 変数 $x_{1\nu}$, $x_{2\nu}$, $\nu \in \{1, \ldots, n\}$ の 2 実数値関数に帰着させると，複素微分可能となるためには $2n$ 変数 u と v の連続偏微分可能性のみでは十分ではない．コーシー・リーマンの微分方程式に相当するものとして以下の定理がある．

定理 1　$f(\boldsymbol{z}) = u(\boldsymbol{x}_1, \boldsymbol{x}_2) + iv(\boldsymbol{x}_1, \boldsymbol{x}_2)$ である $f : D_f \to \mathbb{C}$ に対し，$\boldsymbol{z} = \boldsymbol{x}_1 + i\boldsymbol{x}_2$ とすると き，$\mathbb{R}^{2n}$-$\mathbb{R}$ 関数 u と v が $(\boldsymbol{a}_1, \boldsymbol{a}_2)$ の近傍で連続偏微分可能で，そこで $\nu \in \{1, \ldots, n\}$ に対し

$$\frac{\partial u}{\partial x_{1\nu}} = \frac{\partial v}{\partial x_{2\nu}}, \qquad \frac{\partial v}{\partial x_{1\nu}} = -\frac{\partial u}{\partial x_{2\nu}}$$

をみたすとき，そのときに限り点 $\boldsymbol{a} = \boldsymbol{a}_1 + \boldsymbol{a}_2$ の近傍で f は**正則**となる．ここで，$\boldsymbol{x}_1 = (x_{11}, \ldots, x_{1n})$, $\boldsymbol{x}_2 = (x_{21}, \ldots, x_{2n})$ とする．

ベキ級数

正則領域の点の周りのベキ級数展開可能性についても，1 変数関数の類似が成立する．

多変数ベキ級数は展開点 $\boldsymbol{a}$ で次の形になる．

$$\sum_{(\nu_1, \ldots, \nu_n) \in I} a_{\nu_1 \ldots \nu_n} (z_1 - a_1)^{\nu_1} \cdot \cdots \cdot (z_n - a_n)^{\nu_n}$$

ここで，I は n 個の自然数の成分から成る集合

$$I := \{(\nu_1, \ldots, \nu_n) \mid \nu_i \in \mathbb{N}, i \in \{1, \ldots, n\}\}.$$

何重もの添数がついているため，級数の収束性を調べる必要がある．

「$\varepsilon \in \mathbb{R}^+$ を任意に取り，I のある有限部分集合 I_0 に対し $I_0 \subseteq I_1 \subseteq I$ となる有限添数集合 I_1 を任意に選び，

$$\left| \sum a_{\nu_1 \ldots \nu_n} (z_1 - a_1)^{\nu_1} \cdots (z_n - a_n)^{\nu_n} - c \right| < \varepsilon$$

が成立する」とき，ベキ級数は $c \in \mathbb{C}$ **に収束する**という．和は，すべての $(\nu_1, \ldots, \nu_n) \in I_1$ について取る．

コーシーの積分公式 (p.405) を反復適用して次の定理を得る．

定理 2　任意の正則 $\mathbb{C}^n$-$\mathbb{C}$ 関数は，その正則領域の任意の点の周りで収束するベキ級数に展開できる．逆に，任意のベキ級数は収束集合内部で正則関数を表す．

そのベキ級数の収束集合は，もちろん通常のものとは異なるものである．それは，一般に中心を $\boldsymbol{a}$ とする $|\boldsymbol{z} - \boldsymbol{a}| < r$ という形の（場合により境界点を含む）超球面には決してなりえない．

図 A の例は，収束集合 M の点であるが，その点の近傍に M の内点が存在しないということが起こりうることや，関数が全く定義されず，また連続的接続 (p.259) によっても定義不可能な，関数の**不確定点**（図 A，例 2）でも，ベキ級数は収束可能なことも示している．

M の開核 M^0 は**収束域**という領域を形成する．$\boldsymbol{z}^{(0)} = (z_1^{(0)}, \ldots, z_n^{(0)})$ が M^0 の 1 点であれば，

$$|z_\nu - a_\nu| \leqq |z_\nu^{(0)} - a_\nu^{(0)}|, \quad \nu \in \{1, \ldots, n\}$$

となるすべての $\boldsymbol{z}$ もまた M^0 の点である．このような $\boldsymbol{z}$ 全体は，中心 $\boldsymbol{a}$ と $\boldsymbol{z}^{(0)}$ で定まる**多重円柱**（ポリ円柱）である．

中点が $\boldsymbol{o}$ ならば，**絶対空間** $(\mathbb{R}_0^+)^n$ に対し，写像

$$\tau : \mathbb{C}^n \to (\mathbb{R}_0^+)^n, \quad \tau(\boldsymbol{z}) = (|z_1|, \ldots, |z_n|)$$

を使うと M^0 を図示できる．

$n = 2$ の場合，$\boldsymbol{z}^{(0)}$ で決まる多重円柱の像は $\boldsymbol{o}$ に角を持つ正方形で，その角の対角は $\tau(\boldsymbol{z}^{(0)})$ となる．

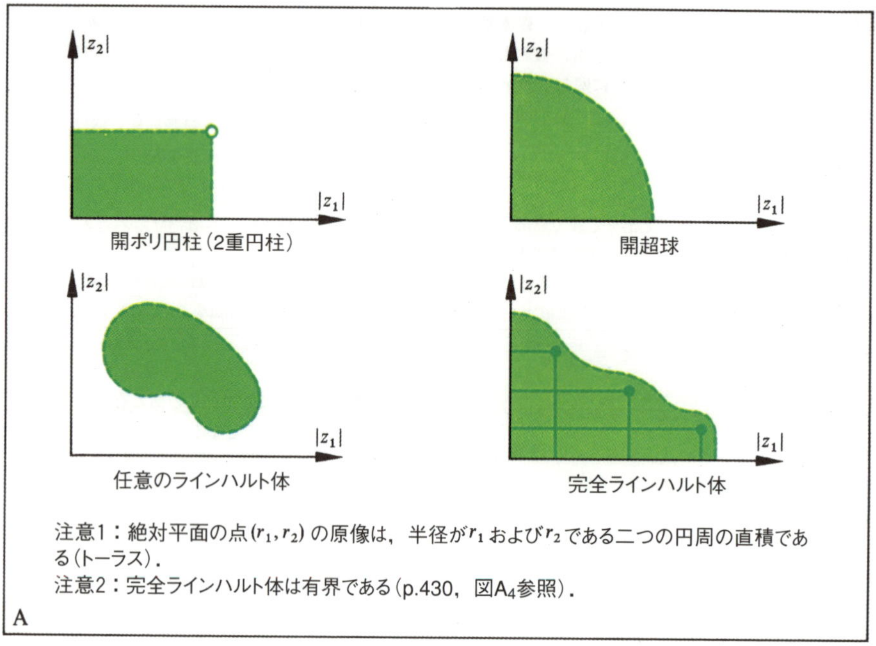

$\mathbb{C}^2$ のラインハルト体の例

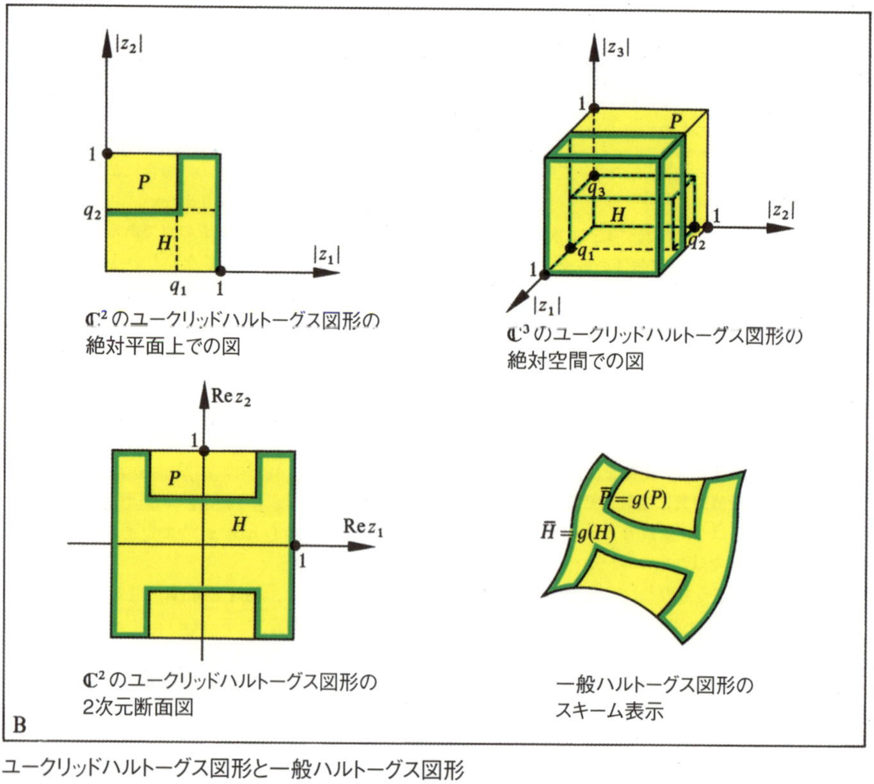

ユークリッドハルトーグス図形と一般ハルトーグス図形

以下の概念と結果は，展開点 $\boldsymbol{o}$ でのベキ級数に対して成立するが，任意の点 $\boldsymbol{a}$ での形に容易に変更できる．

定義 1　領域 $G \subseteq (\mathbb{R}_0^+)^n$ の原像 $\tau^{-1}[G]$ を**ラインハルト体**という．ラインハルト体 R が，中心を $\boldsymbol{o}$ とし $\boldsymbol{z}^{(0)}$ $(\forall \boldsymbol{z}^{(0)} \in R)$ で定まる多重円柱を含めば，すなわち $|z_\nu| \leqq |z_\nu^{(0)}|$ をみたす $\boldsymbol{z}$ 全体のとき，**完全ラインハルト体**という（図 A）．

定理 3　展開点を $\boldsymbol{o}$ とするベキ級数の収束領域は，完全ラインハルト体である．

$\tau[M^0]$ の境界点 $(r_1, \ldots, r_n) \in (\mathbb{R}^+)^n$ に対し，

$$\overline{\lim}\ \sqrt[\nu_1+\cdots+\nu_n]{|a_{\nu_1\ldots\nu_n}| \cdot r_1^{\nu_1} \cdot \ldots \cdot r_n^{\nu_n}} = 1$$

となる．

（ベキ級数展開のみならず）ローラン展開でも，収束領域は（一般には完全ではない）ラインハルト体となる．

しかしながら，任意のラインハルト体がローラン展開の収束領域とは限らない．

解析接続と特異点

1 変数関数同様，ベキ級数で定義される多変数関数でも，収束領域内の他の点を展開点として選ぶとき，一般に収束領域の境界の外側にも解析接続が可能である．

ある特定な曲線に沿う接続が，高々一つの方法で可能であることは，次の定理から分かる．

定理 4　$H_2 \subset H_1$ となる同心超球 H_1 と H_2 に対し，関数 f が H_1 で正則かつ $f(\boldsymbol{z}) = 0$ $(\forall \boldsymbol{z} \in H_2)$ であれば，$f(\boldsymbol{z}) = 0$ $(\forall \boldsymbol{z} \in H_1)$ となる．

収束領域の境界上には，定義 1 (p.411) で特徴付けられる**特異点**が常に存在する．$(r_1, \ldots, r_n)$ が $\tau[M^0]$ の境界点ならば，原像 $\tau^{-1}[(r_1, \ldots, r_n)]$ のすべての点で解析接続可能とは限らない（さもなければ $(r_1, \ldots, r_n)$ は M^0 に属する）．ゆえに $(r_1, \ldots, r_n)$ は，$\tau[M^0]$ の他の任意の境界点同様，f の少なくとも一つの特異点を表す．

今，正則 $\mathbb{C}^n$-$\mathbb{C}$ 関数は一般に孤立特異点を持つか？任意の領域は関数の正則領域となるか？と疑問提起し，この疑問に答える準備として，特別な領域を考察する（図 B）．

連続性定理

定義 2　$q_1, \ldots, q_n$ を $(0,1)$ 内の $n \geqq 2$ 個の実数，P を開単位多重円柱

$$P := \{\boldsymbol{z} \big| |z_\nu| < 1, \nu \in \{1, \ldots, n\}\},$$
$$H := \{\boldsymbol{z} \big| \boldsymbol{z} \in P \wedge (|z_1| > q_1, |z_\nu| < q_\nu, \nu \in \{2, \ldots, n\})\}$$

とするとき，(P, H) を**ユークリッドハルトーグス図形**という．P 上で定義される $\mathbb{C}^n$-$\mathbb{C}^n$ 関数 $\boldsymbol{g}$ に対し，その成分 $g_1, \ldots, g_n$ の逆関数がすべて正則であり，$\overline{P} := \boldsymbol{g}[P]$, $\overline{H} := \boldsymbol{g}[H]$ とするとき，$(\overline{P}, \overline{H})$ を**一般ハルトーグス図形**という．

定理 5（連続性定理）　$(\overline{P}, \overline{H})$ が一般ハルトーグス図形で，f が $\overline{H}$ で正則ならば，f は一意的に $\overline{P}$ に解析接続される．

よって，領域 $\overline{H}$ は正則領域ではない．定理を証明するためには，$H = \boldsymbol{g}^{-1}[\overline{H}]$ 上正則な関数 $f \circ \boldsymbol{g}$ が，H の任意の点で収束する $\boldsymbol{o}$ 周りのベキ級数に展開されることを示す．そのとき，収束領域は少なくとも H を包含する最小の完全ラインハルト体であり，ちょうど P となる．連続性定理から，$\mathbb{C}^n, n \geqq 2$ 内の 1 点除去領域 $G \backslash \{a\}$ 上正則な関数 f は，G 全体で正則となる．それに対し，一般のハルトーグス図形では，$(\overline{P}, \overline{H})$ を G の中に埋め込み，$\overline{P} \subseteq G$ であるが $a \notin \overline{H}$ となるようにする．

よって，正則 $\mathbb{C}^n$-$\mathbb{C}$ 関数 f は $n \geqq 2$ では特異点を持たないようにできる．

連続性定理によるこの結果は，種々の一般化が可能．すなわち，

a) K が領域 G のコンパクト部分集合で $G \backslash K$ は連結ならば，$G \backslash K$ の正則関数 f は G 全体で正則．

b) f が多角柱の境界上で正則ならば，内部でも正則．

正則関数の零点もまた，$n \geqq 2$ のとき孤立せず $2n$ 次元空間 $\mathbb{C}^n$ 内の $(2n-2)$ 次元多様体となる．$n = 2$ のときはリーマン面である．

リーマン領域

正則関数の解析接続は，径路に依存する可能性がある．一意性を保つためには，複素構造を備え，具体的な場合には $\mathbb{C}^n$ の領域に被覆するというリーマン面に類似するもの（**リーマン領域**）が必要．

正則領域

$\mathbb{C}$ では，任意の領域 G 内では正則であっても，G の外部で解析接続不可能となる関数が存在するというのが，G は**正則領域**であるということである．

$\mathbb{C}^n, n \geqq 2$ では，真に含む領域でも任意の正則関数を解析接続できる領域が存在する．

$(\overline{P}, \overline{H})$ が一般ハルトーグス図形のとき，f は $\overline{H}$ で正則なら，それを含む集合 $\overline{P}$ でも正則．これは，$\mathbb{C}^n$ 上リーマン領域のハルトーグス図形でも成立する．

定義 3　$\mathbb{C}^n$ 上リーマン領域 R では，任意の一般ハルトーグス図形 $(\overline{P}, \overline{H})$ に対し，$\overline{H} \subseteq R$ から常に $\overline{P} \subseteq R$ が成立すれば，R を**擬凸**という．

連続性定理から，任意の正則領域の擬凸が分かる．

岡は，任意の擬凸領域が関数の正則領域であることを示した．

擬凸性では，初等幾何的な意味における凸性より弱い性質を考察する．

同じ数字を含まない4桁の数の各桁の配列

1234	2134	3124	4123
1243	2143	3142	4132
1324	2314	3214	4213
1342	2341	3241	4231
1423	2413	3412	4312
1432	2431	3421	4321

配列の総数は24通りとなる．右の樹木図は，4桁の数の各桁に入る数字の可能性を表している．

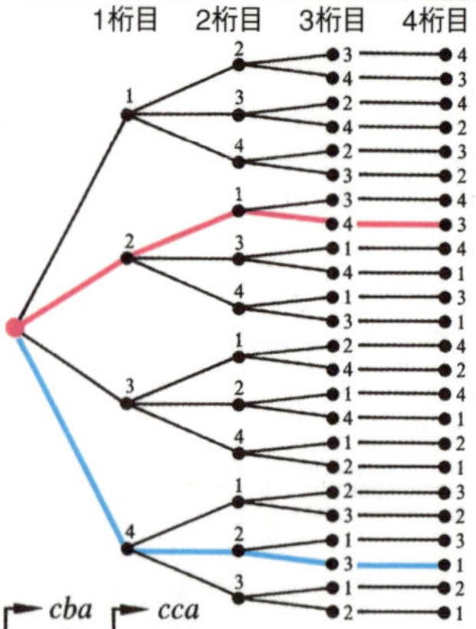

A_1

同じ文字を含む3文字から成る一つの語の各文字の配列

aaa	*aba*	*aca*	*baa*	*bba*	*bca*	*caa*	*cba*	*cca*
aab	*abb*	*acb*	*bab*	*bbb*	*bcb*	*cab*	*cbb*	*ccb*
aac	*abc*	*acc*	*bac*	*bbc*	*bcc*	*cac*	*cbc*	*ccc*

配列の総数は27通りとなる．上記の数え方は辞書式アルファベット順に対応している．

A_2

配列

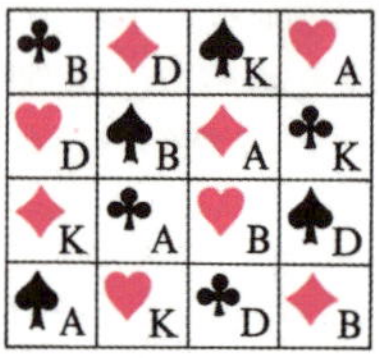

α	δ	β	γ
γ	β	δ	α
δ	α	γ	β
β	γ	α	δ

B	D	K	A
D	B	A	K
K	A	B	D
A	K	D	B

トランプのジャック，クイーン，キング，エースを各4枚ずつ，正方形のマス目に並べ，各行各列に異なる種類と色がただ1度だけくるようにする．上図がただ一つの解である．クローバ・スペード・ハート・ダイヤの色をそれぞれ，$\alpha, \beta, \gamma, \delta$ という記号で置き換えると，方陣の解を二つの並べた方陣の重ね合わせとして捉えることができる．どちらの方陣もラテン方陣と呼ぶ．
この場合，各行各列にどの文字もただ一つずつ入る．重ね合わせてできるグレコ・ラテン方陣は，上記の条件をみたすので，個々の方陣が直交するという．

B

ラテン方陣とグレコ・ラテン方陣

狼（W）とヤギ（G）を連れキャベツ（C）を持った男（M）が川を渡る．WはGを食べたいし，GはCを食べたい．したがって，WとG，GとCのどちらもMの監視なくしてはいられない．ボートは，M以外の場合には，WのみまたはGのみまたはCのみを運ぶことができる．
右の表は，両岸への可能な並べ替えを表している．括弧をつけた状態は，問題の条件には適合しない．可能な状態遷移は，グラフ化して道として図示することができる．問題は，1から16への道を見つけるという設定となる．迂回を無視すると，この問題には二つの異なる解が存在することが分かる．

状態	右岸	左岸	可能な状態遷移
1	WGCM		7 へ移る
(2)	WGC	M	—
3	WG M	C	12, 13 へ
4	W CM	G	7, 12, 14 へ
5	GCM	W	13, 14 へ
(6)	WG	CM	—
7	W C	G M	1, 4 へ移る
(8)	W M	GC	—
(9)	GC	W M	—
10	G M	W C	13, 16 へ
(11)	CM	WG	—
12	W	GCM	4, 3 へ移る
13	G	W CM	10, 5, 3 へ
14	C	WG M	5, 4 へ移る
(15)	M	WGC	—
16		WGCM	10 へ移る

グラフ表現（状態遷移図）

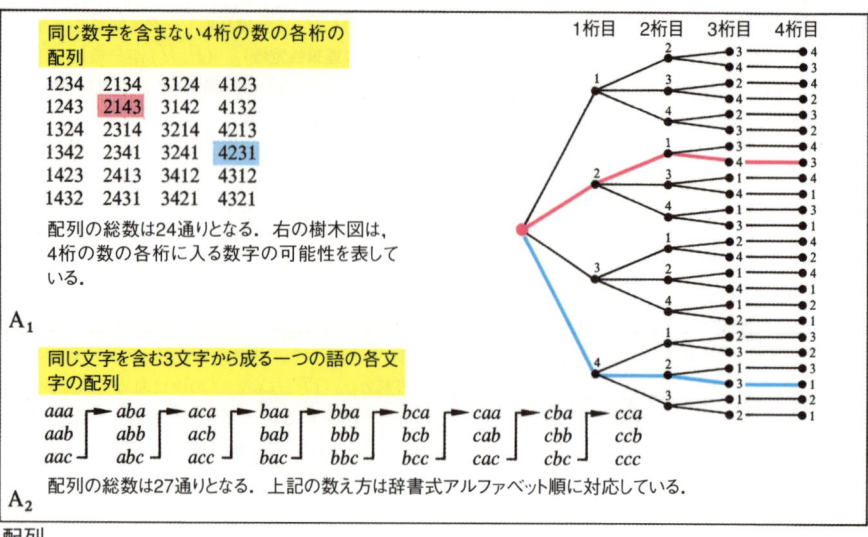

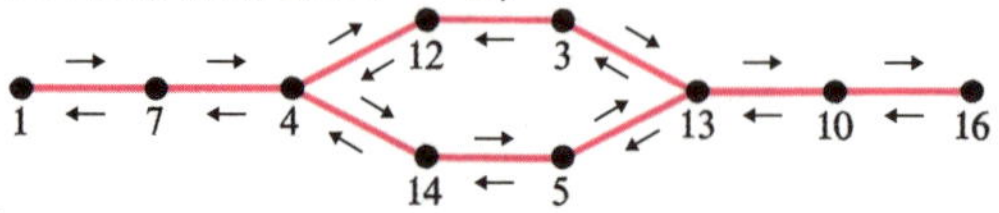

C

狼とヤギとキャベツの問題

組合せ論での課題

組合せ論では，適切な条件のもとにおける有限集合での並べ方，および異なる並べ方の可能性を数え上げることが問題となる．ここでは，例えば n 成分から成る組の数の並べ方，部屋の中の人が腰掛ける順序，ゲーム盤上での駒の並べ方，単語の文字の並べ方，辞書の中の単語の並べ方，くじを引いて当選する際のくじの並べ方等が問題となる．

多くの問題は，アマチュア数学や確率計算に端を発し提起された．さらに，数論やグラフ理論との間に緊密な関係がある．当初はこれらの方法が特別な問題に適用されたが，今日では，それらの問題を基本的な実例として，さらに一般的な解答方法を展開しようと試みられている．

例

a) 4 数の並べ方

$\{1,2,3,4\}$ から自分自身への写像（**置換**，p.65）等の，4 元集合のすべての全単射写像を探す．第 1 の位置には 4 数内の任意の数が，第 2 の位置には残った 3 数の各元が，第 3 の位置には残りの 2 数が入る．しかし，第 4 の位置には選択の余地はない．よって，図 A_1 の組織的な記述のように $4 \cdot 3 \cdot 2 = 4!$ 通り可能で，個々の位置の決め方は**樹形図** (p.243) で図示できる．どの位置も樹の左端の出発点を始点（**根点**）とし，道に沿って右側の角に向かう．どの位置もちょうど一つの道に対応する．

b) 文字から語を構成（文字の並べ合わせ）

文字から語を構成するには，a) 同様に語中の文字の位置が重要で，同じ文字が何度も現れてもよい．どの位置でも，他の位置の文字の置き方とは独立に文字を自由に使用できる．よって，26 文字の場合に例えば 5 文字使えば $26^5 = 11881376$ 語が可能．しかし，これらの語のすべてが意味を持つわけではなく，すべてが普通に発音されるわけではない．3 文字アルファベットからなる 3 文字の語に対しては，図 A_2 が**辞書式順序**と呼ばれる明快な数え上げからなる語を示している．すなわち，文字 a, b, c を数字 $1,2,3$ により置き換えれば，語は 3 桁の数字を表し，辞書式順序では，数そのものの大きさで順序を意味する．

c) ラテン方陣とグレコ・ラテン方陣

(n,n) 行列の各成分に，n 個の異なる文字を，どの行にもどの列にも，同じ文字がただ一度だけ現れるように分けて記入した行列を，**位数 n のラテン方陣**という．$n > 1$ に対して，位数 n のラテン方陣には多くの可能性がある．

二つのラテン方陣 Q_1, Q_2 から新しい方陣を構成し，順序付けられた組による任意の位置を両方陣の対応する文字で埋めるとする．新しく作られた方陣の中に現れる組すべてが異なれば，Q_1 と Q_2 は**直交する**といい，新しくできた方陣を**グレコ・ラテン方陣**という．図 B はアマチュア数学の問題への一例を示している．

任意の $n \in \mathbb{N}\backslash\{0\}$ に対して，$n = 6$ 以外の位数 n のグレコ・ラテン方陣が存在する．それらは応用数学では大きな役割を果たす．

例えば，それぞれ n 個の異なる値を取る 4 変数を使って，ある量への依存の度合い（一定の刺激への反応や薬品の作用等）を調べて，試験的データ数値の列からプランをたてる場合がある（**ブロックプラン**）．第 1 変数がグレコ・ラテン方陣の行を表し，第 2 変数が列，第 1 ラテン方陣のこれらの行と列の位置に該当する文字を第 3 変数，第 2 ラテン方陣の文字を第 4 変数とする．

多くの n に対して，二つ以上高々 $n-1$ 個の互いに直交する位数 n のラテン方陣が存在する．互いに直交する位数 n のラテン方陣がちょうど $n-1$ 個存在するという問題は，幾何学的に興味深い．

どんな n に対してこの問題が肯定的に解答可能かは，未解決である．もしそれが解決されれば，任意の直線上に $n+1$ 個の点が存在しその各点を通る $n+1$ 本の直線が存在するという有限斜影平面が存在する (p.123, p.129)．

d) 狼と羊とキャベツの問題

図 C で表された問題は，アマチュア数学では一般に既知である．この図は，解を偶然に発見したのではないということが分かるように，適切なグラフを使用してこの方法または類似の方法で問題の要点の押さえ方を示している．上記の例は，今日まですべての問題の型と問題提起に対して，組織的な解法を提示するまでには至っていない．

e) 分割

多くの**サイコロ問題・両替問題・切手貼り問題**では，n を $\mathbb{N}$ のある部分集合の元の和として表す問題に帰着させる．例えば，この分割の数を算出したいとする．三つのサイコロ問題では，目の数の和が $n = 14$ になるとき，和は $\{1,2,3,4,5,6\}$ の数からつくらなければならず，そして分割 $14 = 2+6+6 = 3+5+6 = 4+4+6 = 4+5+5$ が得られる．三つの数の和で表すことに制限すれば，14 ではすでに 90 個の分割が存在する．もし $\mathbb{N}\backslash\{0\}$ の任意の和を許せば，その総数は 135 になる．それ以外に和の順序を考慮すれば，個数は最終的に $2^{13} = 8192$ に増加する．

a)　10人が10個の椅子に腰掛けるとき，異なる順番の総数は，$P(10)=10!=3628800$ となる．

b)　n 人が n $(n\geqq 2)$ 個の椅子に腰掛けていて，固定した順序から席替えをするとき，移動しない人がいない席替えの可能性は何通りあるか．この固定元のない順列の総数は $\bar{P}(n)$ となる．

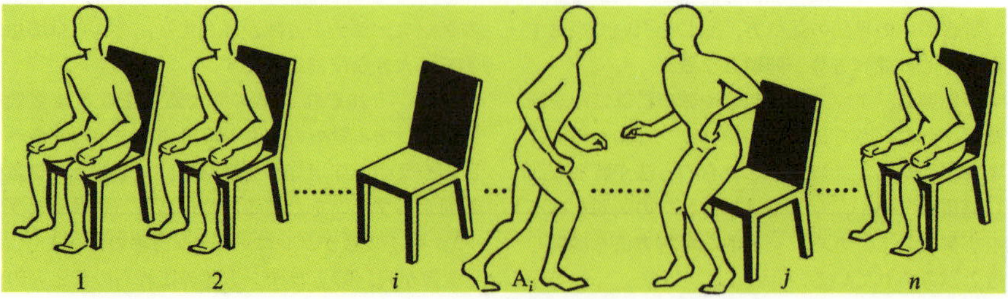

i 番の椅子に腰掛けている人 A_i が $j\,(i\neq j)$ 番の椅子を選ぶには，$\bar{P}(n-1)+\bar{P}(n-2)$ 通りの順序の可能性がある．なぜならば，A_j が i 番目の椅子に腰掛ける可能性は $\bar{P}(n-2)$ 通りで，腰掛けない可能性は $\bar{P}(n-1)$ 通りであるから．

A_i が i とは異なる番号の椅子を選ぶのは $n-1$ 通りであるので，次の漸化式を得る．

$$\bar{P}(n)=(n-1)\left(\bar{P}(n-1)+\bar{P}(n-2)\right).$$

数学的帰納法を用いると，次の等式が成立することが分かる．

$$\bar{P}(n)=n!\cdot\sum_{\nu=0}^{n}\frac{(-1)^{\nu}}{\nu!}=n!\left(\frac{1}{2!}-\frac{1}{3!}+\frac{1}{4!}-+\ldots+\frac{(-1)^{n}}{n!}\right),$$

（この和は，e^{-1} の級数展開の第1項目から n 項目を表している．p.281）

特に $n=10$ のときは $\bar{P}(10)=1334961$ となる．

c)　2, 2, 3, 3, 3, 3, 5, 7 という数字からは

$$P(8;2,4,1,1)=\frac{8!}{2!\,4!\,1!\,1!}=840$$

個の8桁の数をつくることができる．

A

順列

a)　6人が10個の椅子にすわるとすると $v(10,6)=\frac{10!}{4!}=151200$ 通りの可能性がある．

b)　サッカーくじの12桁の数字を記入する際，（勝つのが第1のチームか第2のチームかそれとも引き分けかによって）1,2,0を選択すれば，$v^*(3,12)=3^{12}=531441$ 通りの可能性がある．

B

（n 個から k 個取り出す）順列と組合せ

a)　トランプをするとき，どの人にも32枚のうち10枚のカードを選び取ることができる．各人は自分のカードを好きなように並べ替えできるので，手元の異なるカードの組合せの総数は $C(32,10)=\binom{32}{10}=64512240$ である．2番目の人は残った22枚のカードのうち10枚を取ることができ，3番目の人は12枚のうち10枚を取ることになるので，この3人にカードを配る可能性は，3人の順序を考慮すると $C(32,10)\cdot C(22,10)\cdot C(12,10)=2753294408504640$ 通りとなる．

b)　ロトくじで49個の数字から6個を選ぶ．この場合の可能性の総数は $C(49,6)=\binom{49}{6}=13983816$ 通りである．6個とも正解となる可能性はこのうちただ一つであり，5個の数字が正解となる可能性は $\binom{6}{5}\cdot\binom{43}{1}=258$ 通り，4個の数字が正解になるのは $\binom{6}{4}\cdot\binom{43}{2}=13545$ 通り，3個の場合は $\binom{6}{3}\cdot\binom{43}{3}=246820$ 通り等々である．

c)　5個の区別のできないサイコロを何度も振るとき，出る目の可能性の総数は $C^*(6,5)=\binom{10}{5}=252$ となる．

C

組合せ

p.435 の例が示すように，組合せ論の問題は非常に多様であるので，ここでは一般的な形で扱うのはあまり得策ではない．

重複のない順列

p.435 の最初の例を使い，置換の重要な例を説明する．組合せ論で，n 個の異なる元の n 成分の組への並べ方を n 個から n 個を取る**順列**という ($n \in \mathbb{N}\backslash\{0\}$)．

定理 1　重複なく n 個から n 個取る順列の総数 $P(n)$ は，$P(n) = n!$ で与えられる．

証明する際，最初の位置には n 通り，2 番目は $n-1$ 通り，3 番目は $n-2$ 通り元を入れる可能性があることに注意．一般の証明は，n に関する帰納法による．図示するには樹形図（p.434，図 A）を使用．

図 A の a) は順列の別の例を示し，また b) は**固定元のない置換**の総数の公式を示している．どの元も固定しなければ，n 成分の組で n 個の異なる元の順列は何通り可能かという問題になる．

重複順列

n 成分の組で k 個 ($k \leqq n$) は互いに異なり，これらの頻度が $n_1, n_2, \ldots, n_k$ ならば，$n_1, n_2, \ldots, n_k$ の**重複を許す順列**（**重複順列**）という．ここで，$n_1 + n_2 + \cdots + n_k = n$ とする．このとき次の定理が成立．

定理 2　重複度 $n_1, n_2, \ldots, n_k$ の順列の総数 $P(n; n_1, n_2, \ldots, n_k)$ に対して，

$$P(n; n_1, n_2, \ldots, n_k) = \frac{n!}{n_1! n_2! \cdots n_k!}$$

が成立する．

$n_\nu (\nu \in \{1, \ldots, k\})$ 個の同じ元の位置に異なる元があると仮定すれば，順列の総数にそれぞれ

$$P(n; n_1, n_2, \ldots, n_k) \cdot n_1! \cdot \cdots \cdot n_k! = n!$$

となるように $n_\nu!$ を掛け合わせなければならないのがその理由である（図 A，例 c)．

n 個から k 個取る重複のない順列

順列は一般の並べかえ問題についての特別の場合であり，n 個の元から n 成分の組を作るのではなく，$k \leqq n$ である k 成分の組 $(a_1, \ldots, a_k)$ を作る．そのような $i \neq j$ に対し，$a_i \neq a_j$ である k 成分の組は n 個から k 個取る**重複のない順列**という．

定理 3　n 個から k 個取る重複のない順列の総数 $v(n,k)$ は次のようになる．

$$v(n,k) = \frac{n!}{(n-k)!}$$

証明は定理 1 と同様．k 成分の組の最初の位置は n 通り可能性があり，2 番目の位置には $n-1$ 個，第 k 番目の位置には $n-(k-1)$ 通り可能性がある．積 $n(n-1)\cdots(n-(k-1))$ は $(n-k)!$ を使い $n!/(n-k)!$ と書かれる．

n 個から k 個取る重複順列

n 枚のカードから順々に k 枚を引き抜き，その順序を変えなければ，順列となる．カードを引くとき，抜いたカードをそれぞれ戻し次のカードを引き，同じカードを引くこともあるとすれば問題は変わる．これは p.435 の第 2 例（例 b．単語内に同じ文字が何度も繰り返し現れるのを許すという例）に対応する．ここで構成する語の文字は何度も現れてもよいとする．

n 元の内の k 成分の組 $(a_1, \ldots, a_k)$ を n 個から k 個取る**重複順列**という．どの位置にも n 個の元が入ることが許される．

定理 4　n 個から k 個取る重複順列の総数 $v^*(n,k)$ に対し次が成立する．

$$v^*(n,k) = n^k$$

重複のない組合せ

カードゲームでは，カードを分ける際には順序の入れ替えは自由なので，どんな順序で分けてもよい．ここでは，k 成分の組のかわりに与えられた集合の k 元部分集合を考えるとよい．これを n 個から k 個取る**重複のない組合せ**という．

組合せを，並べ替えにより成分の互いに移る同値類と考える（定理 1 からちょうど $k!$ 回の並べ替えが可能）ことに注意すると，次の定理が成立する．

定理 5　n 個から k 個取る重複のない組合せ総数 $C(n,k)$ は，$C(n,k) = \binom{n}{k}$ である（図 C，例 a), b)）．ここで $\binom{n}{k} := \frac{n!}{k!(n-k)!}$．

重複組合せ

重複順列で，k 成分内の元の順序を無視すれば，**重複組合せ**を得る．これを数え上げるため，総数を $C^*(n,k)$ とし，n 元の一つを例えば a_1 と表し，a_1 が現れるか否かにより組合せを二つの類 K_1 と $\overline{K_1}$ に分ける．K_1 の組合せからそれぞれ一つ a_1 を取り去ると，ちょうど n 個から $(k-1)$ 個取る重複組合せが残る．よって，K_1 は $C^*(n,k-1)$ 個の元を含む．それに反し，$\overline{K_1}$ は $n-1$ 個から k 個取る重複組合せとなるので $C^*(n-1,k)$ を含む．このとき，漸化式

$$C^*(n,k) = C^*(n,k-1) + C^*(n-1,k)$$

により次が証明される．

定理 6　n 個から k 個取る重複組合せの総数 $C^*(n,k)$ に対し，次の値を得る（図 C，例 c)．

$$C^*(n,k) = \binom{n+k-1}{k}$$

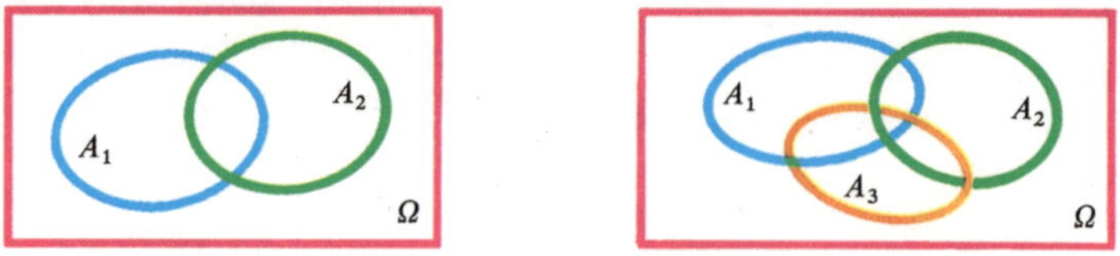

$P(A_1 \cup A_2) = P(A_1) + P(A_2) - P(A_1 \cap A_2)$

$$P(A_1 \cup A_2 \cup A_3) = P(A_1) + P(A_2) + P(A_3) - P(A_1 \cap A_2) - P(A_1 \cap A_3) - P(A_2 \cap A_3) + P(A_1 \cap A_2 \cap A_3)$$

一般に次の等式が成立する．

$$P\left(\bigcup_{\nu=1}^{n} A_\nu\right) = \sum_{\nu=1}^{n} P(A_\nu) - \sum_{\nu<\mu} P(A_\nu \cap A_\mu) + - \ldots + (-1)^{n-1} P\left(\bigcap_{\nu=1}^{n} A_\nu\right).$$

A

事象の和

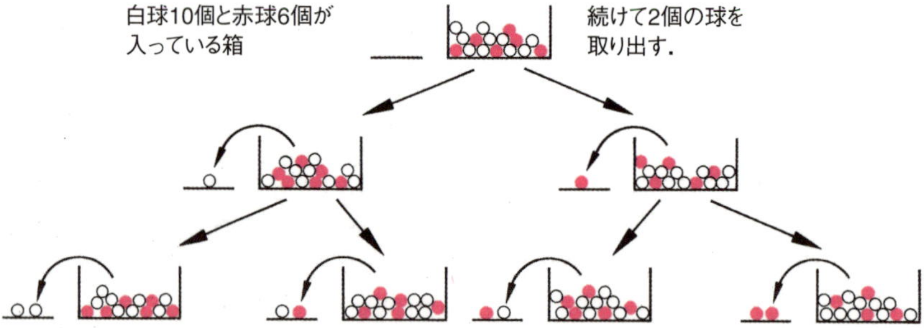

2回目の試行で白球または赤球を取り出す確率は，1回目の試行の結果に依存する．

B

多段試行，条件付確率

定義：$m \leqq n$ となる任意の $m \in \mathbb{N} \setminus \{0\}$ と $\{A_1, \ldots, A_n\}$ の任意の部分集合 $\{A_{k_1}, \ldots, A_{k_m}\}$ に対し，$P\left(\bigcap_{\mu=1}^{m} A_{k_\mu}\right) = \prod_{\mu=1}^{m} P(A_{k_\mu})$ が成立するとき，n 事象 $A_1, \ldots, A_n$ は独立であるという．

次の例は，事象が互いに独立であるという条件では不十分であることを示している．

$\Omega = \{1, 2, 3, 4\}$, $A_1 = \{1, 2\}$, $A_2 = \{1, 3\}$, $A_3 = \{1, 4\}$.
$P(A_1) = P(A_2) = P(A_3) = \frac{1}{2}$,
$A_1 \cap A_2 = A_2 \cap A_3 = A_1 \cap A_3 = \{1\}$,
$P(A_1 \cap A_2) = P(A_2 \cap A_3) = P(A_1 \cap A_3) = \frac{1}{4}$.

$\frac{1}{2} \cdot \frac{1}{2} = \frac{1}{4}$ であることから，事象 A_1, A_2, A_3 は互いに独立である．しかし $P(A_1 \cap A_2 \cap A_3) = \frac{1}{4}$ が成立し，よって $P(A_1)P(A_2)P(A_3)$ とは一致せず A_1, A_2, A_3 は独立ではない．

C

事象の独立性（p.441参照）

確率論が発展する契機となったのは，賭けに勝つかどうかという問題だった．この問題では，諸事象に対応付けられる基準を見いだし，試行に現れたことを比較可能にすることが問題となる．

事象概念

ランダムな試行を数学的に考察するには，事象概念を明確にしなければならない．サイコロを振るとき集合 $\Omega = \{1,2,3,4,5,6\}$ の一つの数が試行の**結果**であり，Ω を**結果空間**という．

この場合，サイコロを振ると 6 が出る，素数が出る，または 2 より大きい数が出ること等が事象である．第 1 の場合は結果が $A_1 = \{6\}$ となり，第 2 の場合は $A_2 = \{2,3,5\}$ であり，第 3 の場合は $A_3 = \{3,4,5,6\}$ となる．したがって，事象は Ω の部分集合で記述でき，Ω の部分集合自身も**事象**として表される．結果が Ω の部分集合 A に含まれれば，事象 A が現れる．特に $\emptyset$ と Ω もまた事象であり，二つの事象の和も共通部分も事象．$\Omega \backslash A$ も事象であり，$\overline{A}$ と表し A の**背反事象**という．結果は決して $\emptyset$（**起こりえない事象**）とならないので，$\emptyset$ はありえないが，任意の結果は Ω に属することから Ω（**確実に起こる事象**）は常に現れる．A が大きくなればなるほど，事象 A が現れることはより確実となる．

一つの元から成る事象を**基本事象**（または**根元事象**）という．これらすべてが理想的なさいころ同様「同等に確実」であれば，有限の Ω に対して A と Ω の濃度 (p.25) の商を A の**事象の確率**と呼ぶ．このとき，起こりえない事象に確率 0，確実に起こる事象に確率 1 が対応する．

事象空間 Ω を与えると，あらゆる事象の集合は，結合 $\cup$, $\cap$ と補集合によりブール束を成すベキ集合 $\mathfrak{P}(\Omega)$ である．

Ω が無限集合であれば，事象をより詳細に調べようとしても $\mathfrak{P}(\Omega)$ のままではあまりにも大きすぎる場合が多い．適切な性質を持つ集合族 $\mathfrak{F} \subseteq \mathfrak{P}(\Omega)$ を考察すれば十分である．

定義 1　集合族 $\mathfrak{F} \subseteq \mathfrak{P}(\Omega)$ は，

(E1) $\emptyset \in \mathfrak{F}$ かつ $\Omega \in \mathfrak{F}$

(E2) $A_i \in \mathfrak{F} \Rightarrow \bigcup_{i\in I} A_i \in \mathfrak{F}$ かつ $\bigcap_{i\in I} A_i \in \mathfrak{F}$

ここで $i \in I$，I は高々可算な添数集合とする．(p.331，ボレル集合参照)

(E3) $A, B \in \mathfrak{F} \Rightarrow A\backslash B \in \mathfrak{F}$

が成立するとき Ω **上事象代数**という．

任意の事象代数はブール束である．定義 1 では $\mathfrak{P}(\Omega)$ の 1 元集合は $\mathfrak{F}$ に属することを要求されていない．よって，$\mathfrak{F}$ は零元のすぐ上の元の和集合（原子元）を持つ必要はない．

定義 2　集合 A_i が互いに素であるとき，性質

(K1) $P(\Omega) = 1$

(K2) $P(\bigcup_{i\in I} A_i) = \sum_{i\in I} P(A_i)$

を持つ関数 $P : \mathfrak{F} \to \mathbb{R}_0^0$ を，事象代数 $\mathfrak{F}$ 上の**確率測度**，(K1) と (K2) を**コルモゴロフの公理**という．

定義 2 から $P(\overline{A}) = 1 - P(A)$ が成立する．

上記の Ω を有限集合とするとき，A と Ω の濃度の商は確率測度である．これは古典的確率の定義となる．A の元を A にとって好都合な結果として表すならば，上記の濃度の商は，好都合な総数の事象に対し一般に起こりうる結果の総数による商を表す．

それに反し，定義 2 は，より一般的な場合や同程度に確実とは限らない基本事象ならびに無限事象代数に適用する．

条件付き確率

互いに素な $\mathfrak{F}$ の事象 A_1 と A_2 に対し，(K2) から

$$P(A_1 \cup A_2) = P(A_1) + P(A_2)$$

が成立する．互いに素とは限らない事象に対しては，ブール束の計算法則から

$$P(A_1 \cup A_2) = P(A_1) + P(A_2) - P(A_1 \cap A_2)$$

が成立する（図 A の集合図）．結果が 3 またはそれ以上の事象にも成立する（**シルヴェスターの公式**）．

$$P\Big(\bigcup_{\nu=1}^{3} A_\nu\Big) = \sum_{\nu=1}^{3} P(A_\nu) - \sum_{\nu<\mu} P(A_\nu \cap A_\mu) + P(A_1 \cap A_2 \cap A_3)$$

$$P\Big(\bigcup_{\nu=1}^{n} A_\nu\Big) = \sum_{\nu=1}^{n} P(A_\nu) - \sum_{\nu<\mu} P(A_\nu \cap A_\mu) + - \ldots + (-1)^{n-1} P\Big(\bigcap_{\nu=1}^{n} A_\nu\Big)$$

事象の和のみならず共通部分も重要な役割を果たす．例えば，箱の中に白球 10 個と赤球 6 個が入っている（図 B）とし，2 個の球を続けて取り出す（2 段試行）．このとき，最初取り出した球が白球となる事象 W_1 に対する確率は $P(W_1) = \frac{10}{16}$，赤球の確率は $P(R_1) = \frac{6}{16}$ である．

取り出した球を戻さなければ，二つ目を取り出したときその球が白ならびに赤（事象は W_2，R_2）となる確率は，最初の試行の結果に依存する．A がすでに起こっているという条件のもとでの B に対する確率を $P(B \mid A)$ で表せば，

$$P(W_2 \mid W_1) = \frac{9}{15},\ P(W_2 \mid R_1) = \frac{10}{15},$$

$$P(R_2 \mid W_1) = \frac{6}{15},\ P(R_2 \mid R_1) = \frac{5}{15}$$

となる．古典的な確率概念に対しては，$P(A) \neq 0$ のとき集合図に次の等式をあてることができる．

$$P(B|A) = P(B \cap A)/P(A)$$

一般の場合にも**条件付確率** $P(B|A)$ を定義できる．条件付確率に対しても性質 (K1)(K2) が成立する．

A 全確率

事象代数上で確率測度 P が定義されているとする. $\{A_i | i \in I\}$ を完全加法族とする. このとき, $B = \bigcup_{i \in I}(A_i \cap B)$ から次の等式が成立する.

$$P(B) = \sum_{i \in I} P(A_i \cap B) = \sum_{i \in I} P(A_i) P(B|A_i).$$

多段試行に対する樹木図

B₁: $P(B_1) = \left(\frac{5}{6}\right)^4 \approx 0.48225$

B₂: $P(B_2) = \left(\frac{1}{6}\right)^2 = \frac{1}{36} \approx 0.02778$

B₃: $P(B_3) = \left(\frac{35}{36}\right)^{24} \approx 0.50860$

B₄:
$$P(B_4) = \frac{7}{12} \cdot \frac{6}{11} \cdot \frac{3}{10} \cdot \frac{2}{9} + \\ + \frac{7}{12} \cdot \frac{6}{11} \cdot \frac{2}{10} \cdot \frac{3}{9} + \\ + \frac{7}{12} \cdot \frac{3}{11} \cdot \frac{6}{10} \cdot \frac{2}{9} + \cdots \\ + \frac{2}{12} \cdot \frac{3}{11} \cdot \frac{7}{10} \cdot \frac{7}{9} \\ = \frac{21}{55} \approx 0.38182$$

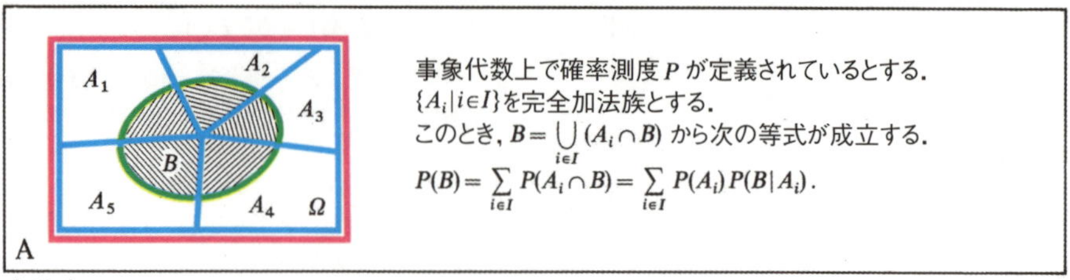

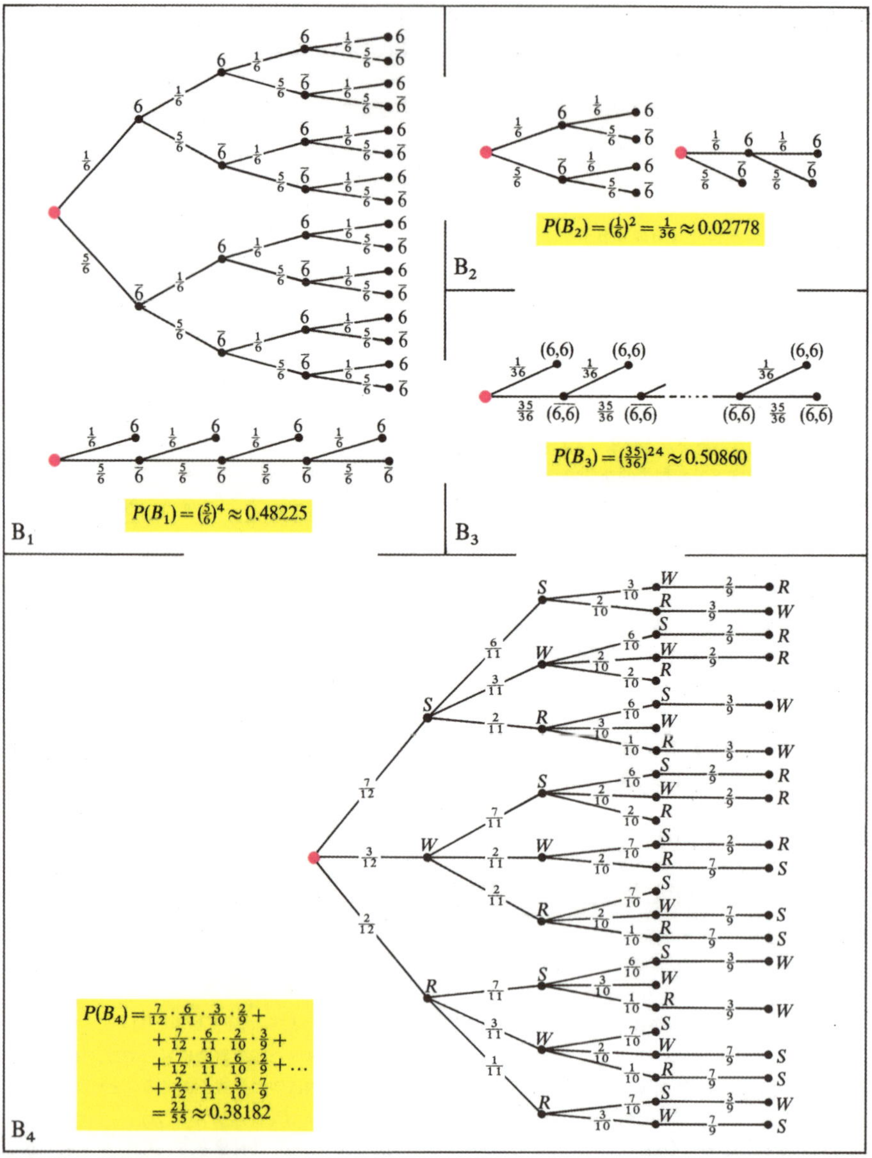

独立事象

p.439 の箱の例では，最初取り出した球を 2 番目の球を取り出す前に戻せば，2 番目の試行の結果は最初の試行の結果とは独立である．

$P(A_1 \cap A_2) = P(A_1)P(A_2)$

が成立するとき，事象 A_1 と A_2 は**独立**といい，

$P(A_2 \mid A_1) = P(A_2),\ P(A_1 \mid A_2) = P(A_1)$

となる．p.438，図 C から一般的な独立事象の概念を得る．

全確率

事象完全加法族 $\{A_1, A_2, \ldots\}$，すなわち $\bigcup_{i \in I} A_i = \Omega$ となる互いに素な高々可算な事象の集合を選べば，任意の事象 B に対する条件付確率 $P(B \mid A_i)$ を与えることができる．このとき

$$P(B) = \sum_{i \in I} P(A_i \cap B) = \sum_{i \in I} P(A_i)P(B \mid A_i) \quad \text{（図 A）}$$

が成立する．ここで，$P(B)$ は A_i が起きる事象と独立な事象 B に対する確率で，条件付確率とは異なることを強調するため，B の**全確率**と呼ぶ．

式変形すると，上記から次の定理を得る．

ベイズの定理　$\{B_1, B_2, \ldots\}$ が完全加法族ならば次の等式が成立する．

$$P(B_i \mid A) = \frac{P(B_i)P(A \mid B_i)}{\sum_{j \in I} P(B_j)P(A \mid B_j)}$$

この定理から，条件 A のもとでの事象 B_i の条件付確率を，条件 B_j の全確率と条件 B_i のもとでの A に対する条件付確率に帰着できる．この事実から，結果から原因をある程度推測できる．

樹形図，多段試行

確率論の一般命題に対して，図 A のような図は非常に有用である．それとは対照的に，条件付確率が役割を果たす具体的な問題，とりわけ**多段試行**では，一般に**樹形図** (p.435) が問題をより明確に表す．根点からの道で，試行の最初の段階で現れる結果を表し，それに対応する確率を与える．そこから，対応させながら次の段階の結果に進む．根点から終点（端点）へと続くどの路も，多段試行の結果に対応する．

条件付および全確率の公式から次が成立する．

多段試行において，ある特定な路を動く確率は，路に対応する確率の積である．また，一つの事象にいくつかの路が対応すれば，全確率は個々の路に対応する確率の和に等しい．

例　a) 4 個のサイコロのうち一つが 6 とならない（事象 B_1）確率を決定したい．試行の各段階の起こりうるすべての結果を樹形図に表現すれば，6^4 個の端点を持つ樹形図で表される．簡略化には，6 と $\overline{6}$（6 ではない）の場合，すなわち事象の完全加法族 $\{\{6\}, \{1,2,3,4,5\}\}$ を考察し，図 B_1 に表される二樹形図上の樹木を得る．6 の場合のみ考察の対象にするので，図はさらに簡易化できる．簡易化するため，必要のない場合は省略する（図 B_1 の下部の樹形）．

b) 二つのサイコロで，二つとも 6 の目となる確率を調べたい（事象 B_2）．サイコロを 2 回続けて振りその試行を 2 段階に分割し，図 B_2 の樹形図を得る．

c) 24 個のサイコロを投げ，そのうち二つは 6 の目ではない確率を定める（事象 B_3）．図 B_3 は，例 b) の事象に対し樹木図の簡略形を示している．

d) 7 個の黒球と 3 個の白球と 2 個の赤球が入っている壷から，4 個の球を同時に取り出す．各色の球を少なくとも一つ取り出す（事象 B_4）確率はどの程度の大きさか（図 B_4 の樹形図）．

確率論と組合せ論

すべての可能性を把握するには，樹形図はあまりにも大きすぎるので，組合せ論の結果も使うとよい．

例　e)「49 個の数から 6 個の数を選ぶ」というロトくじをするとき，少なくとも 4 個の数が当たる確率はどれ位の大きさか（事象 B_5）．

p.436，図 C b) により，6 個の数を選ぶには

$\binom{49}{6} = 13983816$

通りが可能で，そのうち当たっているのは

$1 + \binom{6}{5} \cdot \binom{43}{1} + \binom{6}{4} \cdot \binom{43}{2} = 13804$

通りで，その確率は次の値となる．

$$P(B_5) = \frac{13804}{13983816} \approx 0.000987$$

f) トランプのカードを配ってスカートをする．一人が 10 枚のカードのうち 4 枚のジャックをすべて持つ確率はどの位大きいか（事象 B_6）．p.436，図 C a) から次の結果を得る．

$$P(B_6) = \binom{28}{6} \cdot \binom{32}{10}^{-1} = \frac{376740}{64512240} \approx 0.005840$$

g) 10 人のうち，少なくとも二人を任意に選ぶと，その誕生日が同じ日となる確率はどの位か（事象 B_7．1 年のどの日も誕生日としては同じ確率．2 月 29 日は計算を簡単にするために除く）．

この場合，可能なのは $v^*(365, 10)$ 通りおよび題意のものは $v(365, 10)$ 通り．よって，

$$P(B_7) = 1 - \frac{365!}{355!365^{10}} \approx 0.11695.$$

$$F(x)=\sum_{a_\nu \leqq x} P(a_\nu) \text{ と } F(x)=\int_{-\infty}^{x} f(t)\mathrm{d}t \text{ について}$$

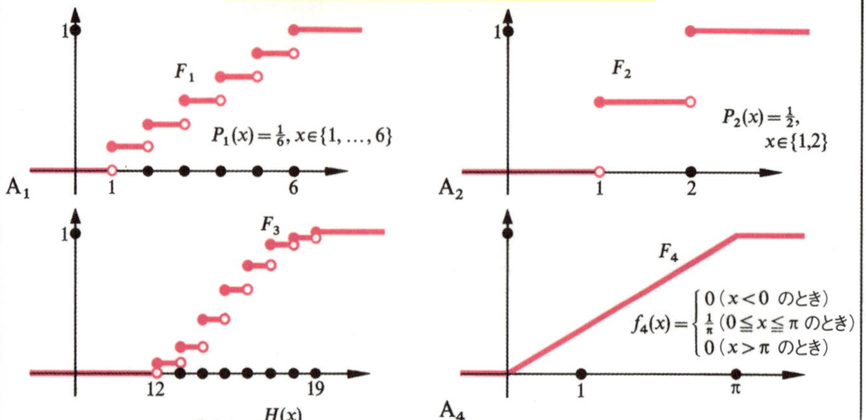

$P_3(x)=\dfrac{H(x)}{120}$, $H(x)$ を次のように取る．

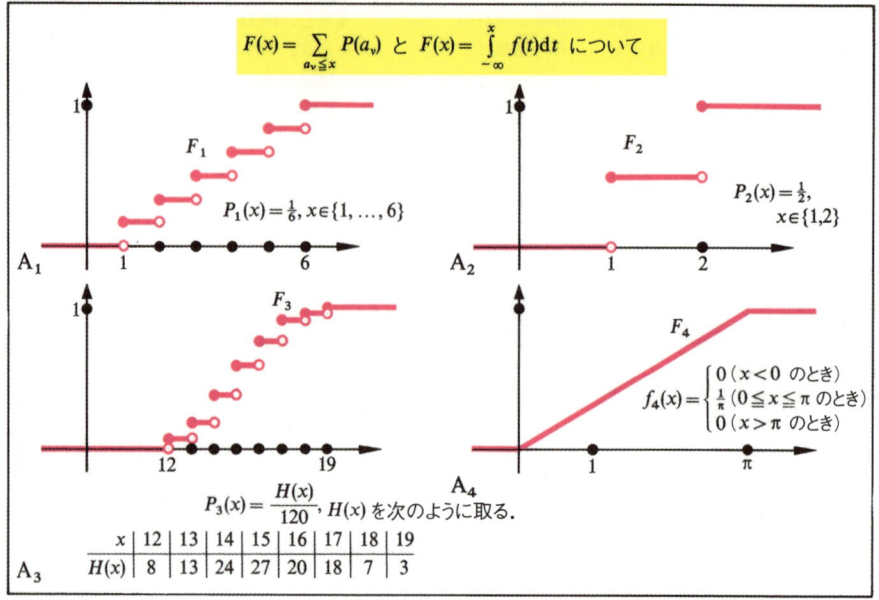

x	12	13	14	15	16	17	18	19
$H(x)$	8	13	24	27	20	18	7	3

A₃

分布関数

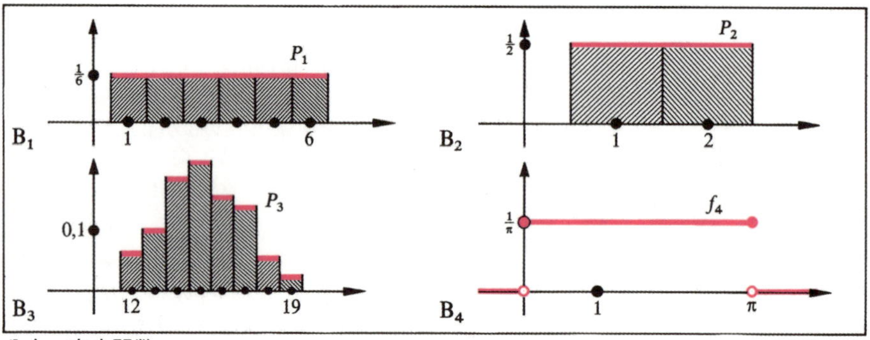

分布，密度関数

$$\mu=E(X) \qquad \sigma^2=E((X-\mu)^2)$$

上の例について次の値を得る．

$\mu_1=\sum_{\nu=1}^{6}\nu\cdot\dfrac{1}{6}=3.5$;　　$\sigma_1^2=\sum_{\nu=1}^{6}(\nu-3.5)^2\cdot\dfrac{1}{6}=2.917$;　$\sigma_1=1.708$.

$\mu_2=\sum_{\nu=1}^{2}\nu\cdot\dfrac{1}{2}=1.5$;　　$\sigma_2^2=\sum_{\nu=1}^{2}(\nu-1.5)^2\cdot\dfrac{1}{2}=0.25$;　$\sigma_2=0.5$.

$\mu_3=\sum a_\nu P_3(a_\nu)=15.125$;　$\sigma_3^2=\sum(a_\nu-\mu)^2 P_3(a_\nu)=2.9094$;　$\sigma_3=1.7057$.

$\mu_4=\int_0^{\pi} t\cdot\dfrac{1}{\pi}\,\mathrm{d}t=\dfrac{\pi}{2}$;　　$\sigma_4^2=\int_0^{\pi}\left(t-\dfrac{\pi}{2}\right)^2\cdot\dfrac{1}{\pi}\,\mathrm{d}t=\dfrac{\pi^2}{12}$;　$\sigma_4=0.9069$.

$\sigma^2=E((X-\mu)^2)=E(X^2)-\mu^2$ が成立する．

μ と σ^2 を n 個の値 a_ν から計算すると次の関係を得る．

$$\mu=\frac{1}{n}\sum_{\nu=1}^{n}a_\nu;\ \sigma^2=\frac{1}{n}\left(\sum_{\nu=1}^{n}a_\nu^2-\frac{1}{n}\left(\sum_{\nu=1}^{n}a_\nu\right)^2\right).$$

C

期待値，分散，標準偏差

相対頻度

同一仮定のもとで試行を n 回繰り返すとき，事象 A が出現する結果の総数 $H(A)$ を A の**絶対頻度**といい，次の商を**相対頻度**という．

$$H(A)/n =: h(A)$$

これは古典的確率論と同様で，$h(A)$ は n が増加すれば確率 $P(A)$ に近づく．この近似と，p.249，定義 3 の意味での数列の収束の間には質的な違いがある．ε を与えたとしても，確率と相対的頻度の差が常に ε より明らかに小さくなる点を与えることはできない．単に偏差が大きいからといって不確実とは限らない（**大数の法則**）．

乱数（ランダム数）

試行で期待値を定義し，偏りの大きさと頻度を数学的に把握するために，まず，**乱数**または**ランダム変数**と呼ばれる数を定義する．

定義 1　結果空間を実数集合に写す関数 $X:\Omega\to\mathbb{R}$ は，任意の数と $\mathbb{R}$ の任意の区間の逆像が $\mathfrak{F}$ に属するとき，Ω 上の事象代数 $\mathfrak{F}$ の**乱数**といわれる．

原像 $\{\omega|X(\omega)=a\}$ はまた単に $X=a$ とも書かれ，それに対応し $\{\omega|X(\omega)\leqq a\}$ は $X\leqq a$ とも書かれる．よって，$X=a$ と $X\leqq a$ は事象．

例　サイコロを振り，出た目の値は乱数 X_1 を表す．硬貨を投げたときの結果を「表」z と「裏」w とすると，次のように乱数 X_2 が決まる．

$$X_2(\omega)=\begin{cases}1 & (\omega=z\text{ のとき}),\\ 2 & (\omega=w\text{ のとき})\end{cases}$$

ある人たちのグループで身長を測定すれば，cm に丸めた測定数は乱数 X_3 を定める．

任意の時間に，時計の針の間の角度の大きさ α $(0\leqq\alpha\leqq\pi)$ は，乱数 X_4 を決める．

定義 2　高々可算個の値を取る乱数を**離散**乱数という．

例えば，上の例の X_1,X_2,X_3 である．

分布関数

定義 3　X が乱数で P が確率測度のとき，

$$F:\mathbb{R}\to(0,1),\ x\mapsto F(x)=P(X\leqq x)$$

で定義される関数 F を X の**分布関数**という．

P の性質から，分布関数は常に単調増加であり，任意の点で右連続である（図 A）．

値 $a_1,a_2,a_3,\ldots$ を取る離散乱数に対して，$F(x)$ は $a_\nu\leqq x$ であるすべての $P(X=a_\nu)$ の和である．$P(a_\nu):=P(X=a_\nu)$ の値は表から分かる（図 A_3）．この場合，F は階段関数である．

a_ν が集積点を持たない離散乱数を図示すると**ヒストグラム**になる．ここで，任意の a_ν について小長方形を同じ幅で互いに重なり合わないように取ると，面積は $P(a_\nu)$ となる．図 B_1 と B_3 は，図 A の例のヒストグラムである．ヒストグラムを基礎とし，

$$a_\nu\mapsto P(a_\nu)$$

で定義される関数を**確率関数**または**分布**という．

定義 4　分布関数が連続のとき，乱数 X を**連続**という．

多くの連続分布関数 F に対して，性質

$$F(x)=\int_{-\infty}^{\infty}f(t)\mathrm{d}t\qquad(\text{図 }A_4,\ B_4)$$

を持つ**密度関数**

$$f:\mathbb{R}\to\mathbb{R}_0^+$$

が存在する．$\lim_{x\to\infty}F(x)=1$ が成立するので，常に

$$\int_{-\infty}^{\infty}f(t)\mathrm{d}t=1$$

となる．連続分布関数 F は，ほとんど至るところで，すなわち零集合 (p.333) を除くすべてのところで微分可能のとき，そのときに限り F は密度関数 f を持つ．

期待値，分散，標準偏差

乱数は，その分布関数ばかりではなく，密度関数ならびに確率関数により完全に決定される．確率では，乱数は，完全にランダムではなくても，十分にランダムでいくつかの特徴的な数値で表されれば十分な場合が多い．その際，いくらかの情報が失われるのはやむをえない．最も重要な値は期待値である．

定義 5　乱数 X の**期待値** $E(X)$ または**平均値** μ を離散的な X に対して（すべての有限個または無限個の ν に関する和の）値

$$\sum_\nu a_\nu P(a_\nu)$$

で定義し，連続な X では次の値で定義する（f は密度関数）．

$$\int_{-\infty}^{\infty}tf(t)\mathrm{d}t$$

期待値に現れる偏差を記述する場合，その偏りの度合をより明確に表すために $(X-\mu)^2$ の期待値を適用する．

定義 6　乱数 X に対する期待値 $E((X-\mu)^2)$ を $V(X)$ で表し**分散**という．$\sigma:=\sqrt{V(X)}$ を**標準偏差**または**ばらつき**という．

離散的な X に対して，σ を次のように表す．

$$\sigma^2=\sum_\nu(a_\nu-\mu)^2P(a_\nu)$$

連続な X に対しては次の値となる．

$$\sigma^2=\int_{-\infty}^{\infty}(t-\mu)^2f(t)\mathrm{d}t$$

図 C は，図 A と B の例の期待値，分散，標準偏差である．

注意　離散乱数の期待値が X の値となる必要はない．理想的なサイコロを投げれば，出る目が整数のみでも，出る目の期待値は 3.5 となる．

$$b_{n,p}(k)=\binom{n}{k}p^k(1-p)^{n-k},\ k\in\{0,1,\ldots,n\}$$

$$B_{n,p}(x)=\sum_{k\leqq x}b_{n,p}(k)$$

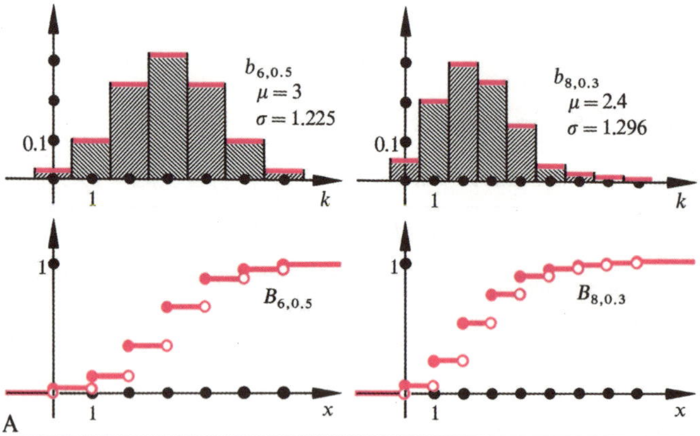

k	$b_{6,0.5}(k)$	$b_{8,0.3}(k)$
0	0.0156	0.0576
1	0.0938	0.1977
2	0.2344	0.2965
3	0.3125	0.2541
4	0.2344	0.1361
5	0.0938	0.0467
6	0.0156	0.0100
7	—	0.0012
8	—	0.0001

A

2項分布

B

ゴルトン盤

$$\psi_\mu(k)=\frac{\mu^k e^{-\mu}}{k!},\ k\in\mathbb{N}$$

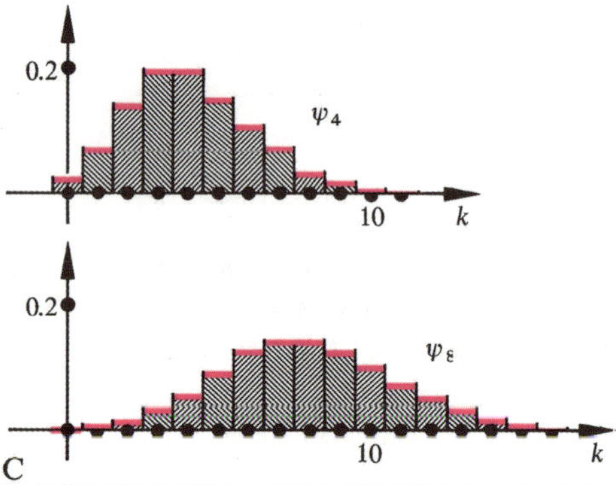

C

ポアソン分布

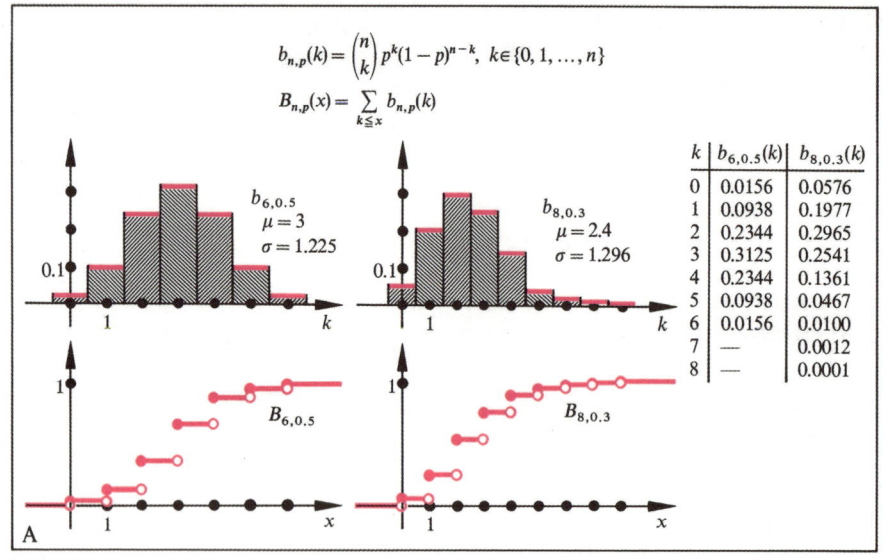

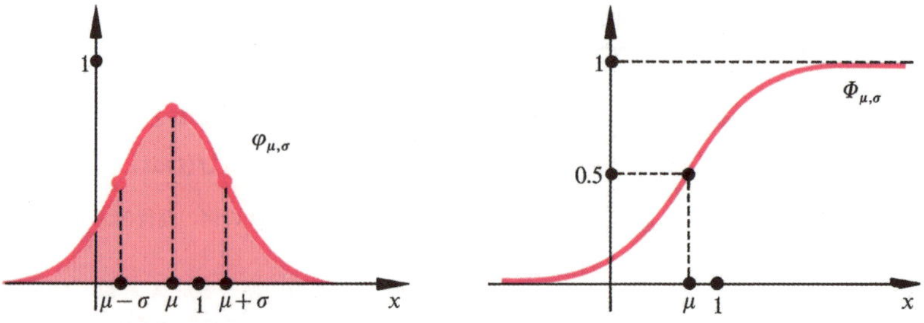

D

一般正規分布

適切な仮定のもとで，乱数に対応する分布ならびに密度関数および特徴的な分布関数が得られる．

2 項分布

確率が p および $1-p$ であり，それぞれの結果が A と $\overline{A}$ となる試行（元 A と $\overline{A}$ を成分とする n 成分の組すべてを結果空間 Ω とする n 段試行）を考察し，それを同じ条件のもとに n 回繰り返す．このとき，k 回 A が現れる確率を調べる．

n 成分の組 ω で元 A がちょうど k 回現れるとき，乱数 S_n を Ω 上に $S_n(\omega)=k$ となるように定義する $(k \in \{0,1,\ldots,n\})$．結果 $S_n=k$ には $\binom{n}{k}$ 個の n 成分の組が対応し，それぞれ確率 $p^k(1-p)^{n-k}$ となる（樹形図）．よって，確率 $P(S_n=k)$, $k \in \{0,1,\ldots,n\}$ は次の値となる．

$$b_{n,p}(k)=\binom{n}{k}p^k(1-p)^{n-k} \quad \textbf{(2 項分布)}$$

その分布関数 $B_{n,p}$ は以下のようになる．

$$B_{n,p}(x)=\sum_{k \leqq x}\binom{n}{k}p^k(1-p)^{n-k}$$

図 A は異なる p と n に関するヒストグラムである．ヒストグラムを図示するには，**ゴルトン盤**を考えるとよい．これは，1 〜 n 列目までの各列にそれぞれ 1 〜 n 本釘を打ちつけ，球を上から打ち込む台である．打ち出された球は各列で釘に当たり，確率 p で左に，確率 $1-p$ で右にいく．最後に球は 0 から n まで通し番号がついた $n+1$ 個の箱に入る．$b_{n,p}(k)$ は球が k 個の箱に入る確率を与える（図 B）．

2 項分布の期待値は，2 項展開の公式 (p.272) から

$$\mu=\sum_{k=0}^{n}k\binom{n}{k}p^k(1-p)^{n-k}$$
$$=np\sum_{k=0}^{n-1}\binom{n-1}{k}p^k(1-p)^{n-1-k}$$
$$=np(p+(1-p))^{n-1}=np$$

となり，その分散と標準偏差は以下の値である．

$\sigma^2=np(1-p)$（分散），

$\sigma=\sqrt{np(1-p)}$（標準偏差）．

ポアソン分布

大きな n に対しては，2 項分布の数値による評価は容易ではないが，$n \geqq 10$ かつ小さな p（すなわち稀にしか起こらない事象）に対するものは，$b_{n,p}(k)$ をしばしば $\lim_{n\to\infty} b_{n,p}(k)$ で近似する．$\mu=np$ が定数ならば，

$$\lim_{n\to\infty} b_{n,p}(k)$$
$$=\lim_{n\to\infty}\binom{n}{k}\left(\frac{\mu}{n}\right)^k\left(1-\frac{\mu}{n}\right)^{n-k}$$
$$=\lim_{n\to\infty}\frac{n(n-1)\cdot\ldots\cdot(n-k+1)}{k!}\cdot\frac{\mu^k}{n^k}\left(1-\frac{\mu}{n}\right)^{n-k}$$
$$=\lim_{n\to\infty}\frac{\mu^k}{k!}\left(1-\frac{\mu}{n}\right)^n\left[\left(1-\frac{1}{n}\right)\cdot\left(1-\frac{2}{n}\right)\cdots\left(1-\frac{k-1}{n}\right)\left(1-\frac{\mu}{n}\right)^{-k}\right]$$

が成立する．大括弧の中の項は極限値 1 を持ち，$(1-\frac{\mu}{n})^n$ の極限値は $\mathrm{e}^{-\mu}$ である．その結果，

$$\lim_{n\to\infty} b_{n,p}(k)=\mu^k\mathrm{e}^{-\mu}/k!$$

となる．分布

$$\psi_\mu(k)=\mu^k\mathrm{e}^{-\mu}/k! \quad (k \in \mathbb{N})$$

を**ポアソン分布**と呼び，その分布関数 Ψ_μ を

$$\Psi_\mu(x)=\sum_{k \leqq x}\mu^k\mathrm{e}^{-\mu}/k!$$

で定義する．図 C は，$\mu=4$ と $\mu=8$ に対するヒストグラムと分布関数のグラフである．大きな μ に対してはヒストグラムはほぼ左右対称となる．

2 項分布の公式から，ポアソン分布での分散は期待値 μ と一致し，標準偏差は $\sqrt{\mu}$ となる．

正規分布

p を固定して n を十分大とすれば，2 項分布は特別な連続密度関数に近づく．最初に，変換式を

$$\sigma x=k-np$$

とし，$\varphi_{n,p}(x):=\sigma b_{n,p}(k)$ により定められる離散確率関数を考察すると，次の等式が成立する．

$$\frac{\varphi_{n,p}(x)-\varphi_{n,p}(x-1/\sigma)}{1/\sigma}=\frac{(p/\sigma-x)\cdot\varphi_{n,p}(x-1/\sigma)}{1+(1-p)x/\sigma}$$

この等式で $n\to\infty$ のとき，$1/\sigma$, p/σ, $(1-p)/\sigma$ は 0 に収束するので，極限関数 φ の 1 次同次線形微分方程式

$$\varphi'(x)=-x\varphi(x)$$

が得られる．これは p.349 から解

$$\varphi(x)=K\mathrm{e}^{-x^2/2}$$

を持ち，$\int_{-\infty}^{\infty}\varphi(x)\mathrm{d}x$ の値は 1 であり

$$K=\frac{1}{\sqrt{2\pi}}$$

となる．この**標準正規分布**の密度関数 φ には，**ガウスの誤差積分**により，次の分布関数 Φ が付随する．

$$\Phi(x)=\frac{1}{\sqrt{2\pi}}\int_{-\infty}^{x}\mathrm{e}^{-x^2/2}\mathrm{d}x$$

標準正規分布の平均値は 0，標準偏差は 1 である．

μ と σ が任意の値を取れば，

$$\varphi_{\mu,\sigma}(x)=\frac{1}{\sigma\sqrt{2\pi}}\mathrm{e}^{-(x-\mu)^2/2\sigma^2} \quad (\text{図 D})$$

は**一般正規分布**の密度関数 $\varphi_{\mu,\sigma}$ である．

x	$\varphi(x)$	$\Phi(x)$
0.0	0.3989	0.5000
0.1	0.3970	0.5398
0.2	0.3910	0.5793
0.3	0.3814	0.6179
0.4	0.3683	0.6554
0.5	0.3521	0.6915
1.0	0.2420	0.8413
1.5	0.1295	0.9332
2.0	0.0540	0.9772

a	$\int_{\mu-a}^{\mu+a} \varphi_{\mu,\sigma}(t)\mathrm{d}t$
σ	0.6827
2σ	0.9545
3σ	0.9973
1.64σ	0.90
1.96σ	0.95
2.58σ	0.99
3.29σ	0.999

A

正規分布

$k-1$ \ α	0.99	0.95	0.9	0.5	0.1	0.05	0.01
1	0.00016	0.0039	0.016	0.455	2.71	3.84	6.64
2	0.00201	0.103	0.211	1.39	4.61	5.99	9.21
3	0.115	0.352	0.584	2.37	6.25	7.81	11.3
4	0.297	0.711	1.06	3.36	7.78	9.49	13.3
5	0.554	1.15	1.61	4.35	9.24	11.1	15.1
10	2.56	3.94	4.87	9.34	16.0	18.3	23.2
15	5.23	7.26	8.55	14.3	22.3	25.0	30.6
20	8.26	10.9	12.4	19.3	28.4	31.4	37.6
25	11.5	14.6	16.5	24.3	34.4	37.7	44.3

$k-1$: 自由度　α: 有意水準

$\chi^2_{k-1} > \chi^2_{k-1,\alpha}$ となる確率は，テスト値に適用した分布が存在するという仮定のもとに，α に近づく．

B

χ^2 検定に対する $\chi^2_{k-1,\alpha}$の値

パン屋に毎日パンを買いにくる客が，50 g あるはずのパンの重さがそれより少ないことがあまりにも多いと苦情をいってきた．そこで，先々すべてのパンを量ることにした．これは，正規分布に従うと考えてよい．$n=1200$ではパンは次の重さとなる．

分類番号　ν	1	2	3	4	5	6	7	8	9	10	11	12
重さ（単位 g）	45/46	46/47	47/48	48/49	49/50	50/51	51/52	52/53	53/54	54/55	55/56	56/57
分類の中央値 x_ν	45.5	46.5	47.5	48.5	49.5	50.5	51.5	52.5	53.5	54.5	55.5	56.5
n_ν	1	2	56	93	172	364	273	150	60	21	5	3

この表から $\mu=50.784$, $\sigma=1.579$ となる．

μ と σ がこれらの値となるときの正規分布では次の値が期待できる．

ν	1	2	3	4	5	6	7	8	9	10	11	12
$n\varphi(x_\nu)$	1.4	8.5	36.7	108.4	216.6	293.6	270.0	168.4	71.2	20.6	4.0	0.6

$n\varphi(x_\nu)$ は1より小さくはならないので，12番目のクラスは11番目と一緒にする．
よって，次の値を得る．

$$\chi^2_{10} = \sum_{\nu=1}^{11} \frac{(n_\nu - n\varphi(x_\nu))^2}{n\varphi(x_\nu)} = 49.813.$$

$\chi^2_{10} > \chi^2_{10,0,01}$ であるので，正規分布に従うという仮定はできない．誤差確率は1％以下である．苦情の申し立てを受けたにもかかわらず，パン屋がもっとよいパンをつくりもせずもう苦情も受けないように，この客にはあらかじめパンを選んでいることが十分疑われる根拠になる．

C

χ^2 検定の例

無作為抽出検査と母集団

確率論を統計学に応用するには，とりわけ品質検査の評価，制御測定による生産過程の制御，保険会社への提出書類（例えば死亡表）の作成，ある数値の間の関係の証明等が重要である．

データとなる数値（観測値）の分布の状況を調べるにあたり**相対頻度**を算出することは，一般には，対象となる集合（母集団）のすべての元に適用できるわけではない．**母集団**があまりに大規模で，検査しようとしてもできないことも多い．例えば，商品の壊れにくさを判断するためには，すべてのサンプルを壊す必要はない．**無作為抽出検査**（抜取り検査）をしさえすればよい．

無作為抽出検査での相対頻度が確定しても，無作為抽出検査での観測値，特にその期待値と分散が，そのまま母集団での母数の分布と一致する，ということは意味していない．無作為抽出個数 n が少なすぎなければ，無作為抽出の算術平均 $\overline{x}$ により母集団の期待値 μ に対する**推定値**を得る．無作為抽出の母数の分散は，少し異なる値を取る．その期待値は，σ^2 ではなく $\frac{n-1}{n}\sigma^2$ であり，σ^2 に対する**推定値**として次の値を適用する．

$$s^2 = \frac{1}{n-1}\sum_{\nu=1}^{n}(x_\nu - \overline{x})^2$$

不正確ではあるが，s^2 を**無作為抽出検査の分散**とも呼ぶ．

仮説のテスト

無作為抽出検査で期待値との偏りが出れば，これは偶然によるかもしれない．また，例えば男性のみ，ある階層に属する人々のみ，月曜に生産された商品のみ無作為抽出検査に取り上げられた，ということによるのかもしれない．これらの場合，偏りは偶然によるものではないという仮説を立てることができる．そのような仮説はどの程度に確実だろうか？

図 A の表からは，正規分布ではほぼ 1/3 の確率で平均値 μ の偏差が標準偏差 σ より大きい，と予期される．そのような偏差はまだ全くの偶然とみることができる．偏差が 1.96σ (2.58σ) より大きくなって初めて，偶然に依存する確率が 5% (1%) より小さいとされる範囲に達する．

上記の仮説を採れば，偏差は 5% **水準で有意**（1% 水準で有意）という．未知の σ では，σ のかわりに無作為抽出検査から得られた推定値 s^2 を適用する．**有意水準**を α とすると，仮説を採る場合に，誤差の出る確率（**誤差確率**）は α より小さくなる．$1-\alpha$ の場合は**統計的安全**であるという．仮説を採用するためには，少なくとも $1-\alpha = 95\%$，場合によっては 99% または 99.5% 必要となる．

カイ 2 乗検定（χ^2 検定）

統計を実際に利用する場合その他にも問題がある．母集団の平均値と無作為抽出検査を比較し偏差を評価するばかりではなく，分布の仕方を調べ，正規分布や他の予想した分布が適合するかどうかを決定すること等である．このとき信頼のおける方法は $\boldsymbol{\chi^2}$ **検定**（**カイ 2 乗検定**）である．

分布は連続でも離散でもよい．連続分布では結果空間の類別を仮定する．類の総数 k は一般に 6 から 20 の間である．個々の類の中の無作為抽出検査値の頻度は $n_\nu(\nu \in \{1,\dots k\})$ とする．離散分布では，$n_\nu = H(x_\nu)$ を値 x_ν の現れる頻度とする．頻度小のときは類別を粗くする．今，検定値

$$\chi^2_{k-1} = \sum_{\nu=1}^{k}\frac{(n_\nu - np_\nu)^2}{np_\nu}$$

をつくる．ここで，n は無作為抽出検査の総回数を意味し，p_ν は検定実行分布で予期される理論的頻度とする．$k-1$ を分布の**自由度**という．α を有意水準とし，χ^2_{k-1} を表の値 $\chi^2_{k-1,\alpha}$ と比較する（図 B）．

$\chi^2_{k-1} > \chi^2_{k-1,\alpha}$ かつ n が小さすぎなければ，誤差確率が高々 α の予想した分布が適合するという仮説は，棄却しなければならない．

例　300 回さいころを振るとき 54, 50, 57, 51, 45, 43 の頻度で 1, 2, 3, 4, 5, 6 の目の数が出るとする．このとき自由度は 5 となる．

理想的なさいころでは，すべての ν に対して $np_\nu = 50$ である．$\chi^2_5 = 2.8$ が成立し，一方 $\chi^2_{5,0.05} = 11.07$ である．同じ表から $\chi^2_{5,0.7} \approx 2.8$ が分かる．300 回さいころを振るとき，理想的なさいころでも出た目の 70% は同程度の偏差が予期される．

それに対し，3000 回振るときその頻度がちょうど 10 倍なので，$\chi^2_5 = 28$ を得るはずであるが，$\chi^2_{5,0.01} = 15.09$ であるので，この大きさでの偏差は 1% よりはるかに小さくなる．よって，このさいころが，一様に作られていないことはほぼ確実である．

n を大きくすると，χ^2 検定法が実際に正確にあてはまることが分かる．χ^2_{k-1} が小さすぎる場合もまた，もちろん疑わしい．

最初の例で，仮に頻度がすべてで 50，したがって $\chi^2_5 = 0$ であれば，値が改変されたかもしれないと疑われても当然である．99% 以上の場合は，300 回さいころを振れば χ^2_5 の値が 0.554 以上なければならない．

表計算をすることは非常に困難である．

多項分布は 2 項分布の一般化として得られる．図 C は χ^2 検定の他の例である．

測定された頻度値 $H_{\nu\mu}$

ν \ μ	1	2	3	4	5	6	
1	18	23	11	8	6	1	67
2	14	20	17	20	14	3	88
3	8	15	30	27	26	17	123
4	6	4	22	31	35	24	122
	46	62	80	86	81	45	400

$$k_{\nu\mu} = \frac{\sum_{k=1}^{m} H_{\nu k} \cdot \sum_{i=1}^{n} H_{i\mu}}{M} \qquad n=4,\ m=6 \quad M=400$$

$$\chi_3^2 = \sum_{\nu,\mu} \frac{(H_{\nu\mu}-k_{\nu\mu})^2}{k_{\nu\mu}} = 139.3$$

$$\frac{1}{M}\cdot\sum_{\nu,\mu} \frac{(H_{\nu\mu}-k_{\nu\mu})^2}{k_{\nu\mu}} = 0.3482$$

期待頻度値 $k_{\nu\mu}$

ν \ μ	1	2	3	4	5	6
1	7.705	10.39	13.4	14.41	13.57	7.538
2	3.805	13.64	17.6	18.92	17.82	9.900
3	2.460	19.07	24.6	26.45	24.91	13.84
4	1.830	18.91	24.4	26.23	24.71	13.73

安全性の限界を考慮すると，$\chi_3^2 = 139.3$ であるので，二つの特徴は互いに独立というわけではない．

A

二つの性質の依存性

3541	5541	0517	9314	3100	9063	4741	9801	8495	4948
7138	0001	9574	5176	1567	2506	4237	5654	0522	6973
6221	2465	9062	3271	0750	6225	8376	2844	4009	8539
9841	9888	6894	4550	2071	3611	3171	0096	2926	8536
0509	7225	7620	8909	9489	9131	0792	9413	7409	2443
1825	3729	9478	6998	7598	4892	9262	4907	6990	9710
0877	5619	1871	5432	2507	6090	9268	7786	5213	4465
1063	0177	5324	3899	6605	3614	1122	4304	7904	6016
8759	6654	0469	4486	3097	0562	9535	8713	4144	1331
5262	5371	4419	7988	1561	4694	4677	6992	1254	6863

B

100個の4桁乱数表

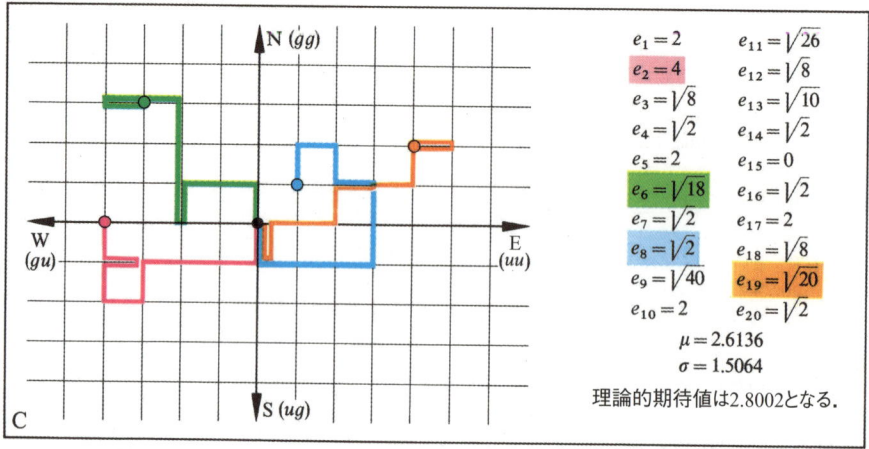

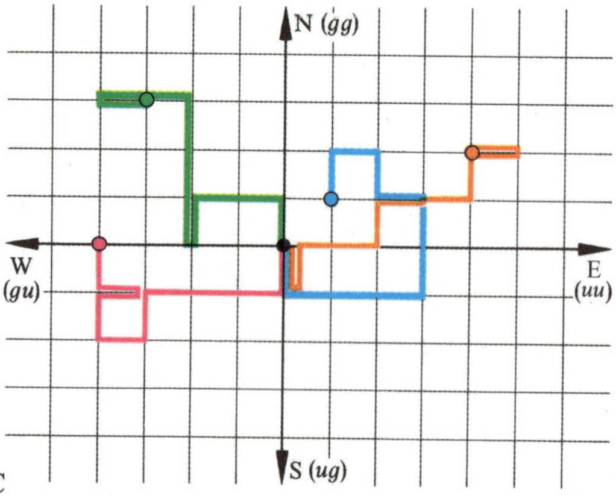

$e_1 = 2$　$e_{11} = \sqrt{26}$

$e_2 = 4$　$e_{12} = \sqrt{8}$

$e_3 = \sqrt{8}$　$e_{13} = \sqrt{10}$

$e_4 = \sqrt{2}$　$e_{14} = \sqrt{2}$

$e_5 = 2$　$e_{15} = 0$

$e_6 = \sqrt{18}$　$e_{16} = \sqrt{2}$

$e_7 = \sqrt{2}$　$e_{17} = 2$

$e_8 = \sqrt{2}$　$e_{18} = \sqrt{8}$

$e_9 = \sqrt{40}$　$e_{19} = \sqrt{20}$

$e_{10} = 2$　$e_{20} = \sqrt{2}$

$\mu = 2.6136$

$\sigma = 1.5064$

理論的期待値は2.8002となる．

C

モンテカルロ法の例

二つの基準の独立性

母集団を二つの特徴という観点から調べた結果は行列にまとめることができる．一つの特徴は行方向に，もう一つは列方向に表示される．例えば，身長や履く靴の大きさの個体集団，または体重とある特定の病気のかかりやすさを調べること等ができる．ここで，二つの特徴それぞれに対する依存度を調べる，という問題提起をする．

その評価方法には図 A に説明されている頻度行列 $(H_{\nu\mu})$ を使う．値 x_ν と y_μ のどちらも乱数を表し，$H_{\nu\mu}$ は（その乱数の組に対する）頻度を与える．

行和 $\sum_{k=1}^{m} H_{\nu k}$ と列和 $\sum_{i=1}^{n} H_{i\mu}$ を**境界分布**といい，行列 $(k_{\nu\mu})$ を構成する．ここで，

$$k_{\nu\mu} = \frac{\sum_{k=1}^{m} H_{\nu k} \sum_{i=1}^{n} H_{i\mu}}{M}$$

とする．この行列は真にランダムな分布で予期しうる頻度を与える．M は母集団の濃度で，それに対応し，χ^2 検定

$$\sum_{\nu,\mu} \frac{(H_{\nu\mu} - k_{\nu\mu})^2}{k_{\nu\mu}}$$

を構成することができる．この値を M で割ると，**平均平方分割**（平均 2 乗分割）を得る．χ^2 検定では，自由度の総数を決めなければならない．それは n と m の二つの値の小さなほうよりも 1 だけ小さい．

特徴を質的なもの（性別，家庭構成，病気疾患，業績評価等）ばかりではなく，量的なもの（身長，年令，半減期等）とすれば，測定結果を座標系に表示できる．場合により測定点を重複して数えあげてもよい．これらを**散布図**にして見ると，点散布の規則性から，互いに依存しているかどうかをほぼただちに把握できる．直線を描き，次の**相関係数** r で相関関係を調べる．

μ_x, μ_y, μ_{xy} を x, y, xy それぞれの値の平均値，σ_x，σ_y を標準偏差とし，$\sigma_x, \sigma_y \neq 0$ のとき

$$r := \frac{\mu_{xy} - \mu_x \mu_y}{\sigma_x \sigma_y}$$

とする．このとき $-1 \leqq r \leqq 1$ が成立する．

$r = 0$ の場合は乱数 x と y の間に関係が成立しない．

$r = \pm 1$ の場合は強い関係が成立．

r の符号で直線の傾きが正か負かが決まる．r の値が大きくなればなるほど，相関性はよくなる．関係を表す直線（**回帰直線**）として最も見やすい例をすでに p.284 に掲出した（図 D）．結果は，

$$\alpha_1 = \frac{\mu_{x^2}\mu_y - \mu_x \mu_{xy}}{\sigma_x^2},$$

$$\alpha_2 = \frac{\mu_{xy} - \mu_x \mu_y}{\sigma_x^2} = r \cdot \frac{\sigma_y}{\sigma_x}$$

という形に確率論の一般的な記号を使い表示できる．

$r = \alpha_2 \sigma_x / \sigma_y$（p.284 の例）を使い，

$$\alpha_2 = 0.4302,\ \sigma_x = 3.091,\ \sigma_y = 1.572$$

から $r = 0.8459$ という相関関係のよく分かる例を得る．

注意　確率論の諸問題について，他にも多くの分布関数と検定法がある．

乱数，モンテカルロ法

確率計算は非常に困難な場合が多いので，乱数を使用し簡単な形で実行する．コンピュータ作成された大規模な 10^6 個の乱数表も使用される．図 B はコンピュータで計算した 100 個の 4 桁乱数表である．

例　a) 碁盤目状の道を，酔っ払いが歩く道を辿る．曲り角ごとに酔っ払いは 4 方向の内の一つをランダムに選ぶ．このとき，出発点から 10 行程の後（すなわち 10 個目の角で）の期待値を考察する．この問題で，1 行程は 2 桁乱数でシミュレーションされ，数字が偶数 (e) か奇数 (o) かにより，4 方向に対応させる．

$$ee \to \mathrm{N},\ eo \to \mathrm{W},\ oe \to \mathrm{S},\ oo \to \mathrm{E}$$

図 B 表中の各 5 番目ごとの数を，2 分割して可能な行程の組を得る．図 C に，部分的に記入された行程，与えられた終点，数値により定められた方角をまとめて 20 本の道を得る．

b) 釣り人が一人で 1 時間内に，0, 1, 2, 3 匹の魚をそれぞれ確率 0.4, 0.3, 0.2, 0.1 で釣り上げる．彼は何匹の魚を 8 時間内に釣り上げるか？ここで，8 時間に 4 桁の 2 乱数を対応付ける．0, 1, 2, 3 は魚 0 匹，4, 5, 6 は魚 1 匹，7, 8 は魚 2 匹，9 は魚 3 匹を表す．よって，図 B の数 (3541 5541, . . .) は，(それぞれ 2 + 3 匹，. . . に換算すると) 5, 7, 4, 9, 14, 4, 11, 6, 7, 7, 4, . . . で始まる（4 桁の 2 乱数で表される）50 回分の釣りの成果を表す．50 の値のすべての平均値は $\mu = 8.38$ で，標準偏差は $\sigma = 3.486$ となる．この問題は別の方法でも容易に解決され，理論的に期待値 8 が出る．

このようにシミュレーションする方法を**モンテカルロ法**と呼ぶ．計算で生ずる誤差の大きさは $\sqrt{n}$ に反比例するので，大規模な試行を続ければ信頼できる値が得られる．誤差を半分にするためには，4 倍の試行が必要となる．

例えば，余計に出費して割高の指定席券を買うかどうか，迂回して報われるかどうかが問題となるとき，安い前売券を買うため窓口に並ぶ人の列や，交差点での車の混雑状況にもモンテカルロ法を適用できる．場所の確保のための出費や保険の問題についてもシミュレーションできる．

目的関数

$G(x_1, x_2) = 150x_1 + 450x_2$

(NN) $x_1 \geqq 0, x_2 \geqq 0$

制約条件

(1) $x_1 \leqq 120$, (2) $x_2 \leqq 70$,

(3) $x_1 + x_2 \leqq 140$,

(4) $x_1 + 2x_2 \leqq 180$.

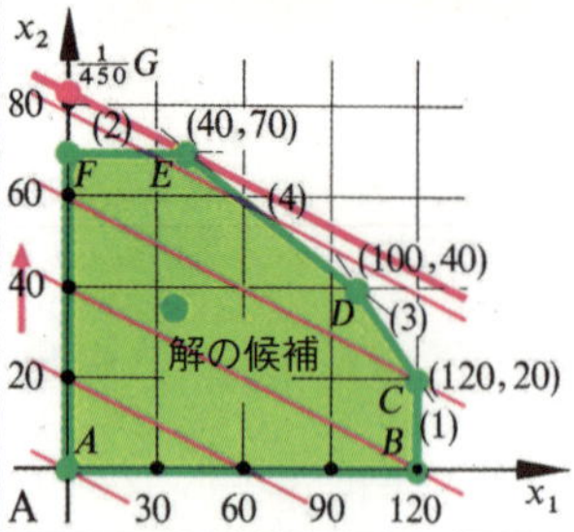

A

グラフ解法

(a) 非負条件(NN)と制約条件(1)～(4)から，適合する **解の範囲** が得られる．

(b) 目的関数を書き換えると $x_2 = -\frac{1}{3}x_1 + \frac{1}{450}G$ となる．G をパラメータとみてこれを変化させて直線を動かす（$\frac{1}{450}G$ は x_2 軸方向の切片となる）．

(c) 例えば，解の範囲上を(0,0)から x_2 軸方向を上向きに直線を動かし，$\frac{1}{450}G$ の値すなわち G の値が最大となり解の範囲の境界線上で，ちょうど1点と重なるところ，または境界である直線とちょうど一致するところを探すと，問題に適するような最大値に達することになる．

(d) 左図の例では，**(40,70)** が問題の最大値を取る点であり **$G_{max} = 37500$** がその最大値となる．

(e) ここで解は整数である．もしこのようにして得られた解が整数でなければ，場合によっては整数座標を持つ点まで直線を下方向に戻して解を求めることになる．

2変数の最大値最適化（グラフ解）

目的関数

$T(x_1, x_2) = 2x_1 + 8x_2$

(NN) $x_1 \geqq 0, x_2 \geqq 0$

制約条件

(1) $x_1 \geqq 100$,

(2) $x_2 \geqq 100$,

(3) $x_1 + x_2 \geqq 500$,

(4) $x_1 + 3x_2 \geqq 900$,

(5) $3x_1 + 2x_2 \geqq 1200$.

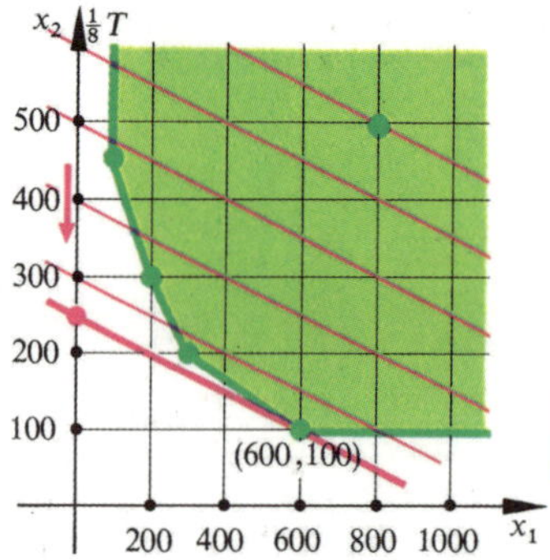

この方法は図Aに描いたものと同様である．ただしこの場合には，直線

$x_2 = -\frac{1}{4}x_1 + \frac{1}{8}T$

を下にずらしながら調べる．

$T_{min} = 2000$
($x_1 = 600$, $x_2 = 100$ のとき)

B

2変数の最小値最適化（グラフ解）

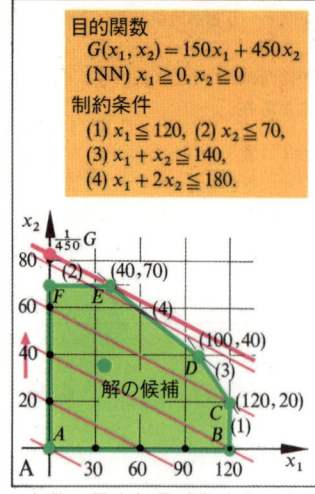

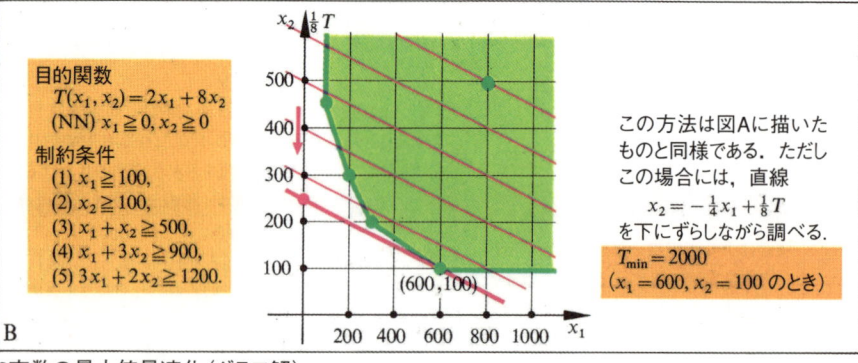

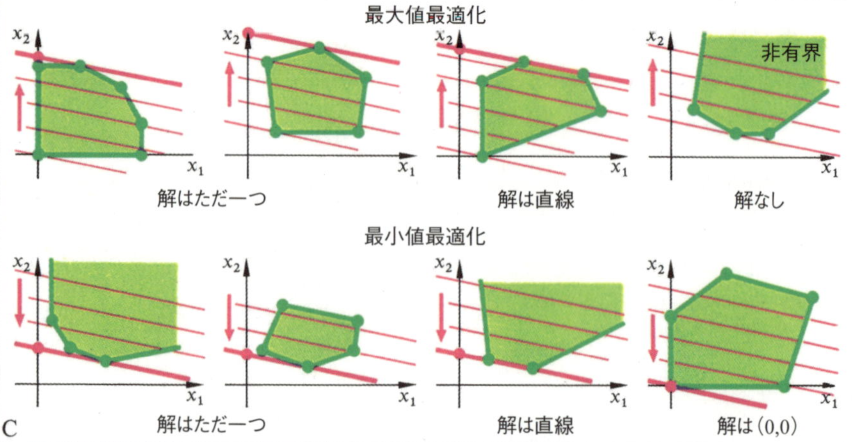

C

解の可能性

線形最適化法を適用する場合にはある重要な数値計算法を扱う必要があり，多変数線形関数の極値を決定するアルゴリズムが課題となる．このとき，条件式として通常多くの線形方程式または不等式が現れる．

線形最適化法と同義語の**線形計画法**という言葉も用いられる．

この分野は非常に実用的であるが，問題をまず「線形化」しなければならない場合が多い．しかし，一旦線形化すれば線形最適化法を使って解くことが可能となる．

2 変数最大値最適化（グラフ解）

ある工場で製品 P_1 と P_2 を製造し，1 個につき前者では 150 ユーロの利益を得，後者では 450 ユーロの利益を得る．しかし週の製造物は次の制約を受ける．

P_1 は高々 120，P_2 は高々 70，両方同時には毎週高々 140 個納品される．さらに，P_1 に対してちょうど 1 回，P_2 に対してちょうど 2 回自由に使用できる特殊な機械を利用すると，毎週 180 個供給できる．

この条件のもとで，**最大利潤**を得るための毎週の生産高の見積もりはどの程度か．

疑問に答えるために，まず製品 P_1 と P_2 の個数を x_1 と x_2 $(x_1 \geqq 0,\ x_2 \geqq 0)$ とし，その儲けを表す関数を等式

$$G(x_1, x_2) = 150x_1 + 450x_2$$

で表し，これを調べる．この等式により定義された $\mathbb{R}^2$-$\mathbb{R}$ 関数を**目的関数**という．条件 $x_1 \geqq 0$ と $x_2 \geqq 0$ を**非負条件**といい，(NN) と表記する．

最初に制限（**制約条件**）を考慮すると，連立不等式

(1) $x_1 \leqq 120$,　(2) $x_2 \leqq 70$,

(3) $x_1 + x_2 \leqq 140$,　(4) $x_1 + 2x_2 \leqq 180$

を得る．目的関数の定義域に属し同時に制約条件をみたすすべての組 (x_1, x_2) を**許容解**という．その内で目的関数が**最大値**を取る整数解をみつけたい．そのために，**最大値最適化解**を調べなければならない．そのような解は，例えば，図 A のように表される．

2 変数最小値最適化（グラフ解）

都市での物品輸送の際，二つの納品倉庫を自由に使用できる．毎日第 1 の倉庫から x_1 個，第 2 の倉庫から x_2 個納品される．みたすべき制約条件は

(1) $x_1 \geqq 100$,　(2) $x_2 \geqq 100$,

(3) $x_1 + x_2 \geqq 500$,　(4) $x_1 + 3x_2 \geqq 900$,

(5) $3x_1 + 2x_2 \geqq 1200$

である．第 1 の倉庫からの輸送の際は 1 時間につき 2 ユーロ，第 2 の倉庫からの納品に対しては 1 時間につき 8 ユーロ見積もらなければならないとき，輸送コストが最小となる個数はいくつであるかが問題となる．目的関数として

$$T(x_1, x_2) = 2x_1 + 8x_2,\ x_1 \geqq 0,\ x_2 \geqq 0$$

を得る．グラフによる解は図 B 参照．

まとめと一般化（標準形）

2 変数の場合の最適化では，非負条件と（連立不等式の形の）制約条件を考慮し，

$$Z(x_1, x_2) = c_1x_1 + c_2x_2 \quad (c_k \in \mathbb{R})$$

で定義された（目的関数の）線形関数 Z から最大値ならびに最小値をみつけることが課題となる．

この問題は一般化可能で，まず n 変数の**最小値最適化の標準形**を考察する（別の形については p.455）．

(NN)　$x_1 \geqq 0, \ldots, x_n \geqq 0$

という非負条件を持ち，$c_k \in \mathbb{R}$ に対し，

$$Z(x_1, \ldots, x_n) = c_1x_1 + \ldots + c_nx_n$$

で定義される線形 $\mathbb{R}^n$-$\mathbb{R}$ **関数** Z（**目的関数**）が与えられているとする．D_Z に属し，（互いに独立な）制約条件

$$\begin{array}{lllll} (1) & a_{11}x_1 & + \cdots + a_{1n}x_n & \leqq & b_1 \\ \vdots & \vdots & \vdots & & \vdots \\ (m) & a_{m1}x_1 & + \cdots + a_{mn}x_n & \leqq & b_m \end{array}$$

$(a_{ik} \in \mathbb{R}, b_i \in \mathbb{R}^+)$

をみたす任意の n 成分の組を**許容解**という．

目的関数が許容解に対して最大値（が存在して）を取るとき，許容解を**最大値最適化解**という．

最大値最適化に対する**行列表記**を，標準形

$$Z(\boldsymbol{x}) = \langle \boldsymbol{c}, \boldsymbol{x} \rangle,\ \boldsymbol{x} \geqq \boldsymbol{o},\ A \cdot \boldsymbol{x} \leqq \boldsymbol{b}$$

により定める．ここで，A は制約条件係数の行列 (a_{ik})（**制約条件**の行列）であり，$\boldsymbol{b}$ は**制約** $\boldsymbol{b_i}$ **のベクトル**，$\boldsymbol{c}$ は目的関数の係数ベクトル，$\boldsymbol{x}$ は変数ベクトルである．$\leqq$ は成分ごとに適用される．

最小値適正化の標準形も，

$$A \cdot \boldsymbol{x} \geqq \boldsymbol{b}$$

という形の制約条件系をつけて同様に定義する．双対原理 (p.455) を適用すればよいので，以下ではまず最大値最適化のみ考察する．

一般化された問題に対して，グラフ解法を適用しようとしても $n > 3$ に対しては不可能で，$n = 3$ では特に意味を持たない．このような問題の解法は，次元には無関係に適用可能かつ計算機で計算可能な，より代数的な方法にある．そのような方法は**シンプレックス法** (Dantzig) である (p.453).

注意　図 C から分かるように，最適化問題は一意的または多意的に解かれるが，解けない場合もある．

A₁

$Z(x_1, x_2) = 150x_1 + 450x_2 \to$ 最大　　(NN) $x_1 \geqq 0, x_2 \geqq 0$

(1) $x_1 \leqq 120$, (2) $x_2 \leqq 70$, (3) $x_1 + x_2 \leqq 140$, (4) $x_1 + 2x_2 \leqq 180$.　(p.451参照)

制約条件(1)〜(4)は，スラック変数 s_1, s_2, s_3, s_4 を導入して，不等式を方程式に書き換えることができる(行列的な書き方をするために，ここでは係数として 0 も記載する!).

(NN) $x_1 \geqq 0, x_2 \geqq 0, s_1 \geqq 0, \ldots, s_4 \geqq 0$

(1) $1 \cdot x_1 + 0 \cdot x_2 + 1 \cdot s_1 + 0 \cdot s_2 + 0 \cdot s_3 + 0 \cdot s_4 = 120$

(2) $0 \cdot x_1 + 1 \cdot x_2 + 0 \cdot s_1 + 1 \cdot s_2 + 0 \cdot s_3 + 0 \cdot s_4 = 70$

(3) $1 \cdot x_1 + 1 \cdot x_2 + 0 \cdot s_1 + 0 \cdot s_2 + 1 \cdot s_3 + 0 \cdot s_4 = 140$

(4) $1 \cdot x_1 + 2 \cdot x_2 + 0 \cdot s_1 + 0 \cdot s_2 + 0 \cdot s_3 + 1 \cdot s_4 = 180$

$150 \cdot x_1 + 450 \cdot x_2 + 0 \cdot s_1 + 0 \cdot s_2 + 0 \cdot s_3 + 0 \cdot s_4 = Z(x_1, x_2)$

係数行列

x_1	x_2	s_1	s_2	s_3	s_4	⊜ b_i
1	0	1	0	0	0	120
0	1	0	1	0	0	70
1	1	0	0	1	0	140
1	2	0	0	0	1	180
150 ⊕	450 ⊕	0 ⊕	0 ⊕	0 ⊕	0	Z

x_1	x_2	s_1	s_2	s_3	s_4	⊜ b_i	
1	0	1	0	0	0	120	−0· (E)
0	1	0	1	0	0	70	最小上界
1	1	0	0	1	0	140	−1· (E)
1	2	0	0	0	1	180	−2· (E)
150	450	0	0	0	0	$Z-0$	−450· (E)
1	0	1	0	0	0	120	−1· (E)
0	1	0	1	0	0	70	−0· (E)
1	0	0	−1	1	0	70	−1· (E)
1	0	0	−2	0	1	40	最小上界
150	0	0	−450	0	0	$Z-31500$	−150· (E)
0	0	1	2	0	−1	80	
0	1	0	1	0	0	70	
0	0	0	1	1	−1	30	
1	0	0	−2	0	1	40	
0	0	0	−150	0	−150	$Z-37500$	係数は負

$x_1 = 40$　$s_1 = 80$　$s_3 = 30$

$x_2 = 70$　$s_2 = 0$　$s_4 = 0$

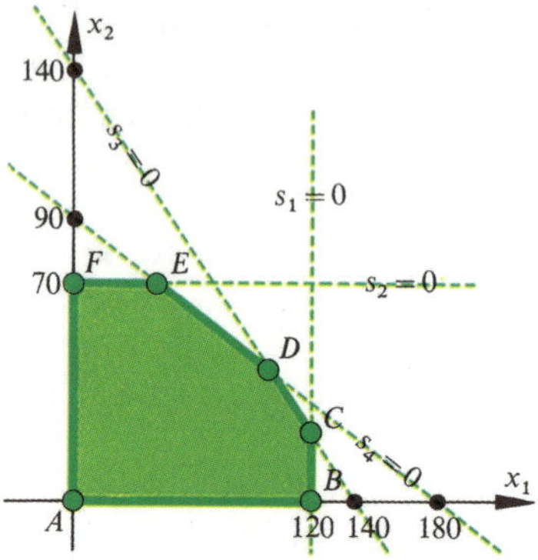

$A: x_1 = 0, x_2 = 0$　　$D: s_3 = 0, s_4 = 0$

$B: x_2 = 0, s_1 = 0$　　$E: s_2 = 0, s_4 = 0$

$C: s_1 = 0, s_3 = 0$　　$F: x_1 = 0, s_2 = 0$

$Z_{max} = 37500$
($x_1 = 40, x_2 = 70$ のとき)

A₂

a は「ピボット元」(ピボット元が1でなければ，ピボット元のある行をピボット元で割る).

(E) は，(係数行列を簡約する要領で)赤く塗ってある部分の 1 番左の 0 ではない係数を用い，その上下の係数および目的関数の係数を消去することを意味する.

A₃

2 変数の場合の最大値最適化

$Z(x_1, x_2, x_3, x_4, x_5) = 100x_1 + 100x_2 + 500x_3 + 900x_4 + 1200x_5 \to$ 最大値

(NN) $x_1 \geqq 0, \ldots, x_5 \geqq 0$, (1) $x_1 + x_3 + x_4 + 3x_5 \leqq 2$, (2) $x_2 + x_3 + 3x_4 + 2x_5 \leqq 8$.

x_1	x_2	x_3	x_4	x_5	s_1	s_2	⊜ b_i	
1	0	1	1	3	1	0	2	最小上界
0	1	1	3	2	0	1	8	−3· (E)
100	100	500	900	1200	0	0	$Z-0$	−900· (E)
1	0	1	1	3	1	0	2	−0· (E)
−3	1	−2	0	−7	−3	1	2	最小上界
−800	100	−400	0	−1500	−900	0	$Z-1800$	−100· (E)
1	0	1	1	3	1	0	2	
−3	1	−2	0	−7	−3	1	2	
−500	0	−200	0	−800	−600	−100	$Z-2000$	係数は負

$x_1 = 0, x_2 = 0, x_3 = 0, x_4 = 0, x_5 = 0$ でこの方法を始める

$x_1 = 0$　$x_3 = 0$　$x_5 = 0$　$s_2 = 0$

$x_2 = 2$　$x_4 = 2$　$s_1 = 0$

$Z_{max} = 2000$
($x_1 = 0, x_2 = 2, x_3 = 0, x_4 = 2, x_5 = 0$ のとき)

B

5 変数の場合の最大値最適化

基礎

2 変数の場合の最大値最適化に関するグラフ解法 (p.450) を考えると，最大値を取る場合には解領域の角で値が最大となることは明白である．理由は，解領域が $\mathbb{R}^2$ の有界凸点集合であることを調べれば分かる．ここで**凸性**とは，ある点集合の任意の 2 点とそれらを結んだ直線もまたその点集合に含まれるという性質とする．

p.194 のように直線を定義すれば，凸性の概念はただちに $\mathbb{R}^n$ 上にも適用される．そのとき

n 変数での最大値最適化の解領域は，$\mathbb{R}^n$ の凸部分集合となる．

解集合は有界である必要はない．しかし，その境界は条件

$\boldsymbol{x} \geqq \boldsymbol{o}$ と $\boldsymbol{A} \cdot \boldsymbol{x} \leqq \boldsymbol{b}$

をみたすため，$\boldsymbol{x} = \boldsymbol{o}$ と $\boldsymbol{A} \cdot \boldsymbol{x} = \boldsymbol{b}$ により定まる $n + m$ 個の超平面 (p.194) の部分から成る．よって，**解多面体**についての考察が必要となる．

以下では，解多面体の**角**が重要な役割を果たす．それは少なくとも n 超平面に属する境界点とする．

次の主定理が成立する．

最大値最適化の解多面体が有界ならば，少なくとも一つの角で最大値を取ると仮定することができる．

注意　この定理は，解析的手法が線形最適化問題には適用されない理由を明確に示している．最大値は常に境界線上に存在．

最大値を求める際，原則的には次のように実行する．解多面体の**すべての角**について計算し，目的関数を調べる．しかし，この方法は，簡単な問題を除き計算機に計算させる場合でさえあまりに計算量が多いので，適切な**逐次法**を選択適用して調べる必要がある．

そのような方法は有限回の手順で終了すべきであるが，時間が掛かりすぎても駄目．角から角へと順次計算し，目的関数の結果がよくない角は極力考慮しないようにする．

手法を理解するため，まず 2 例の**シンプレックス法**を具体的に示す．

注意　特に簡単な多面体に由来するこの方法の表記は，**シンプレックス法**と呼ばれる．

例

p.451 の 2 変数最大値最適化の例を考えてみる．まず，制約条件の不等式系を，いわゆる**スラック変数** s_i を導入して，4 等式 6 変数の方程式系に書き換える（図 A_1）．s_i は x_k 同様に非負条件 (NN) をみたす．目的関数を $\mathbb{R}^6$-$\mathbb{R}$ 関数の形にすることができる．これらの情報を一つにまとめて体系化できる．

次の目標は，角から角へ移り，そのつど目的関数値の最大値との誤差を小さくしていく方法を作成することとなる．

$x_1 = 0$ と $x_2 = 0$ で決まる角 A から始めると $Z = 0$ を得る．しかし，$x_1 \neq 0$ または $x_2 \neq 0$ とすれば，この値は明らかに増加可能である．$x_1 = 0$ はそのままにしておいて $x_2 \neq 0$ とすると，隣の角に達するためには（非負条件 (NN) を失うことなく）高々どの程度 x_2 が増加すればよいかという制限がつけられる．それぞれの等式より

(1) x_2 任意，　(2) $x_2 \leqq 70$,

(3) $x_2 \leqq 140$,　(4) $x_2 \leqq 90$

が成立する．等式 (2) は x_2 に対する最小上界（**狭道，ネック**）を決定する．今，この等式から変数 x_2 をすべて消去し，s_2 を導入して，$x_1 = 0$ かつ $s_2 = 0$ とすれば隣りの角の点に到達する．

変数 x_1 と s_2 の目的関数は，

$$Z(x_1, s_2) = 31500 + 150x_1 - 450s_2$$

と表される．$x_1 = 0$ と $s_2 = 0$ で決定される角 F は，まだ最大値を取らない．$x_1 \neq 0$ のとき，Z の値は 31500 を越えて増加するからである．

このとき，隣の角を通り過ぎないためには，x_1 がどの程度増加すればよいかを調べる．x_1 に対して $s_2 = 0$ という条件のもとでは方程式

(1) $x_1 + s_1 = 120$, (3) $x_1 - s_2 + s_3 = 70$,

(4) $x_1 - 2s_2 + s_4 = 40$

において評価式

(1) $x_1 \leqq 120$, (3) $x_1 \leqq 70$, (4) $x_1 \leqq 40$

を仮定しなければならない．よって，等式 (4) は x_1 に対する最小上界（狭道）を決定する．すなわち，隣の角は $s_2 = 0$ と $s_4 = 0$ により決定される．

今，x_1 を等式 (4) を使って消去すると，

$$Z(s_2, s_4) = 37500 - 150s_2 - 150s_4.$$

よって，$s_2 = 0$ と $s_4 = 0$ で決定された角 E に対し，もはや増加しえない 37500 に関する目的関数を得る．このことは，$Z(s_2, s_4)$ における s_2 と s_4 の負の係数から分かる．$s_2 \geqq 0$ と $s_4 \geqq 0$ を任意に選択しても，より大きな数はもう生成されないが，解領域の任意の点には到達可能だから．よって，すでに p.450（図 A と p.452，図 A_2）で図示した解が得られる．

ここで解説した計算法は，図 A_2 のように（掃き出し法を使って）容易に体系化され 2 変数以上にも一般化できる（図 B）．

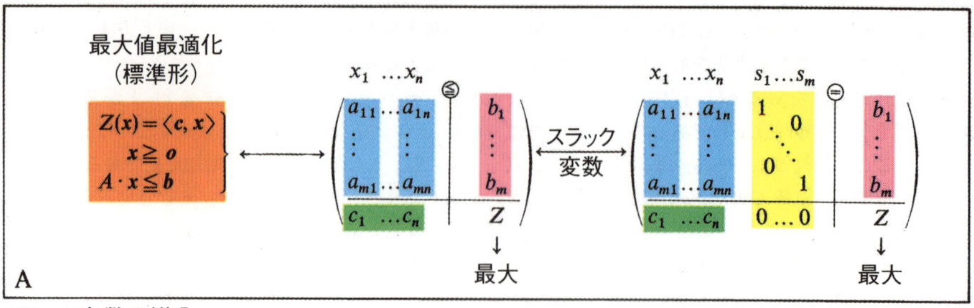

スラック変数の導入

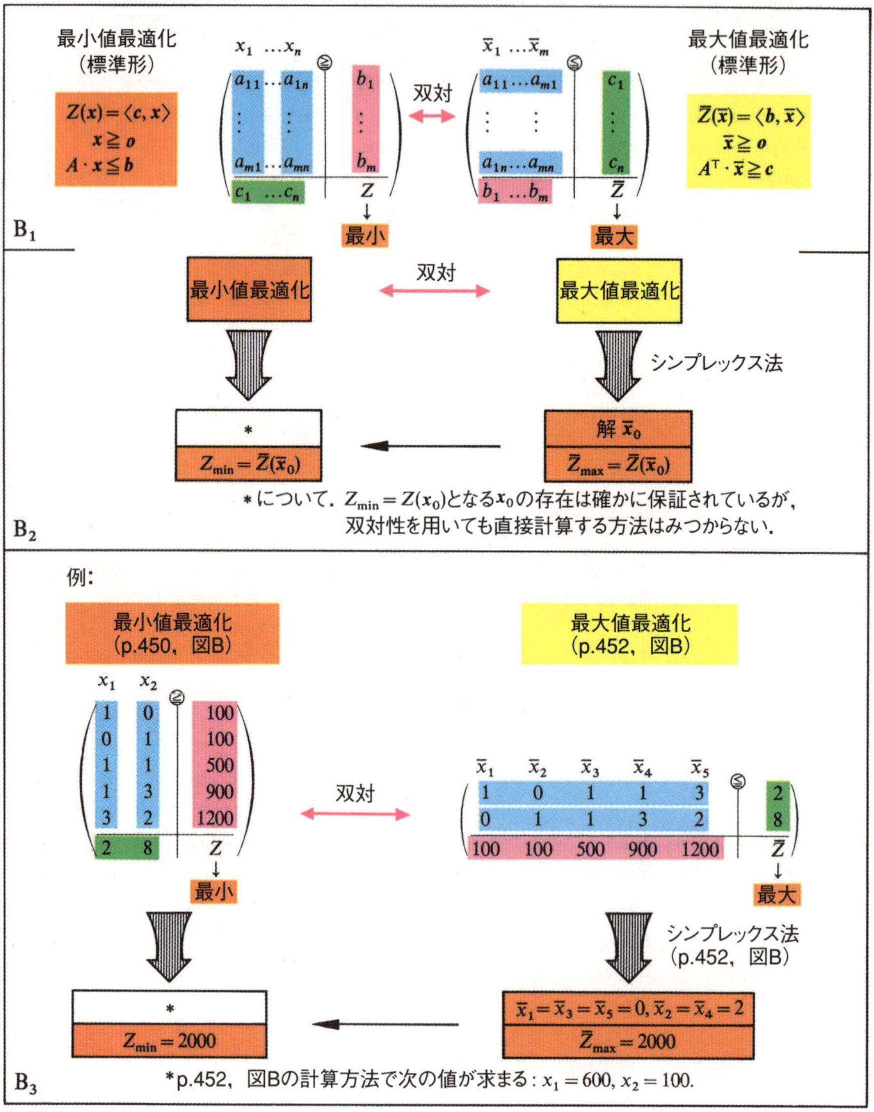

双対性

最大値最適化の標準形に対するシンプレックス法

n 変数 m 制約条件の標準形最大値最適化の式

$$Z(\boldsymbol{x}) = \langle \boldsymbol{c}, \boldsymbol{x} \rangle, \quad \boldsymbol{x} \geqq \boldsymbol{o}, \quad A \cdot \boldsymbol{x} \leqq \boldsymbol{b}$$

が，$n + m$ 変数（の独立な）m 方程式からなる**方程式系**となるように $A \cdot \boldsymbol{x} \leqq \boldsymbol{b}$ の各不等式に**スラック変数** s_i ($s_i \geqq 0$) を導入する（図 A）．この方程式系を解くには次の手順を踏む．

$x_1, \ldots, x_n$ を**非基底変数**と呼び，変数 $s_1, \ldots, s_m$ を**基底変数**と呼ぶ．非基底変数に 0 を代入すれば $s_i = b_i$ を得る．この値は最初の**基底解**となる．

$x_1 = 0, \ldots, x_n = 0$ は確かに解多面体の角を示している．この角での目的関数の値は 0．値が正で目的関数項の係数が正である非基底変数 x_r が存在すれば，この値を改良できる．この場合，x_r を基底変数と見る．これに対し，これまでの基底変数の一つを非基底変数と見る．$k \neq r$ のとき条件 $x_k = 0$ のもとで x_r を評価すると，x_r の最小上界（狭道）により非基底変数となるので，0 を代入しスラック変数を決定する．評価するとは，幾何的にいえば，すぐ近くの角を選ぶという意味である．

狭道方程式を使用して初めて，全等式から変数 x_r を消去し，付随するスラック変数をかわりに導入できる．すべての非基底変数に 0 を代入すれば，$x_r > 0$ となる第 2 基底解を得る．

変数 x_r の消去された目的関数項が正係数を含まなくなれば，その角が最適化問題の解である．まだ正係数を含めば，基底変数と非基底変数を交換し上の手順を繰り返す．

最大値最適化の一般的な場合

最大値最適化の問題は，標準形 (p.451) になっていない場合が多い．制約条件として等式も現れ，正に制限されるとは限らない，またすべての変数が非負条件 (NN) をみたすとも限らないため，偏りがある．しかし，どんな場合でも問題は標準形に変形できる．

a) 部分的に等式の形の制約条件

原理的には，等式の数と同じ個数の変数が消去でき，そうして変形された等式を使い問題を解決する．そのように変形すれば，計算機上の計算はより把握しやすくシンプレックス法の式にうまく変形できる．

b) 負の制限

$$a_{\nu 1} x_1 + \cdots + a_{\nu n} x_n \leqq -b_\nu \qquad (b_\nu > 0)$$

という形の不等式が存在すれば変数 p_ν ($p_\nu \geqq 0$) を追加し，不等式を a) で扱ったように次の等式に変形する．

$$-a_{\nu 1} x_1 - \cdots - a_{\nu n} x_n - p_\nu = b_\nu$$

c) (NN) 条件をみたさない場合

変数 x_ν が $x_\nu \geqq 0$ をみたさないなら，$x'_\nu \geqq 0$, $x''_\nu \geqq 0$ かつ $x_\nu = x'_\nu - x''_\nu$ である変数 x'_ν と x''_ν をみつけられるという事実を使う．x_ν を $x'_\nu - x''_\nu$ と置き新しい変数を導入して計算を実行．

最小値最適化（標準形），双対性

最小値最適化が標準形 (p.451)

$$Z(x_1, \ldots, x_n) = c_1 x_1 + \cdots + c_n x_n, \qquad Z(\boldsymbol{x}) = \langle \boldsymbol{c}, \boldsymbol{x} \rangle,$$

$$\begin{array}{lll}
\text{(NN)} & x_1 \geqq 0, \ldots, x_n \geqq 0, & \boldsymbol{x} \geqq \boldsymbol{o}, \\
(1) & a_{11} x_1 + \cdots + a_{1n} x_n \geqq b_1, & A \cdot \boldsymbol{x} \geqq \boldsymbol{b} \\
 & \vdots & \\
(m) & a_{m1} x_1 + \cdots + a_{mn} x_n \geqq b_m &
\end{array}$$

で与えられていれば，最大値最適化

$$\overline{Z}(\overline{x}_1, \ldots, \overline{x}_n) = b_1 \overline{x}_1 + \cdots + b_m \overline{x}_m, \qquad \overline{Z}(\overline{\boldsymbol{x}}) = \langle \boldsymbol{b}, \overline{\boldsymbol{x}} \rangle,$$

$$\begin{array}{lll}
\text{(NN)} & \overline{x}_1 \geqq 0, \ldots, \overline{x}_m \geqq 0, & \overline{\boldsymbol{x}} \geqq \boldsymbol{o}, \\
(\overline{1}) & a_{11} \overline{x}_1 + \cdots + a_{m1} \overline{x}_m \leqq c_1, & A \cdot \overline{\boldsymbol{x}} \leqq \boldsymbol{c} \\
 & \vdots & \\
(\overline{n}) & a_{1n} \overline{x}_1 + \cdots + a_{mn} \overline{x}_m \leqq c_n &
\end{array}$$

は与えられた最小値最適化（図 B）に対し**双対**であるという．条件をみたす解を持つ双対最適化問題の任意の対に対し，その解の間に重要な関係が成立する．

目的関数 Z と $\bar{Z}$ が，条件をみたすそれぞれの解 $\boldsymbol{x}_0, \overline{\boldsymbol{x}}_0 \in \mathbb{R}^n$ に対し一致すれば，すなわち

$$Z(\boldsymbol{x}_0) = \overline{Z}(\overline{\boldsymbol{x}}_0)$$

が成立すれば，$\boldsymbol{x}_0$ は最小値最適化解であり，$\overline{\boldsymbol{x}}_0$ は最大値最適化解となる．逆に，$\boldsymbol{x}_0$ が最小値最適化解で $\overline{\boldsymbol{x}}_0$ が最大値最適化解ならば，

$$Z(\boldsymbol{x}_0) = \overline{Z}(\overline{\boldsymbol{x}}_0)$$

となる．

さらに，互いに双対な 2 問題の一方の問題の可解性を，他方の問題の可解性に帰着させることもできる．

最小値最適化問題を解くには，以下のようにする．まず最小値最適化問題を標準形に変換し，次に双対最大値最適化に移し，最大値最適化の解 $\boldsymbol{x}_0$ をシンプレックス法を用い決定する．最小値最適化を考えてみると，

$$Z_{\min} = \overline{Z}(\overline{\boldsymbol{x}}_0)$$

が成立するが，双対定理では解 $\boldsymbol{x}_0$ は得られない（図 B_2）．

しかし，シンプレックス法を使い詳しく調べると，$\overline{\boldsymbol{x}}_0$ ばかりではなく $\boldsymbol{x}_0$ も計算できることが分かる．すなわち，スラック変数に付随する計算式の最後に，目的関数を表す行があるが，その係数はベクトル $-\boldsymbol{x}_0$ となる．これは，p.452, 図 B の計算の手順を用いると，図 B_3 の例の中の $-\boldsymbol{x}_0$ の値が $(-600, -100)$ となることからも分かる．

参考文献

文献は読者の便を考え，日本語のものを中心に新たに選び直した．ただし原著にあるもので標準的なもの等一部を残している．

0．一般

[1] 日本数学会編，岩波数学辞典，第 4 版，岩波書店，2007
[2] 矢野健太郎編・東京理科大学数学教育研究所第 2 版編集，数学小辞典，第 2 版，共立出版，2010
[3] 青本和彦ほか編著，岩波数学入門辞典，岩波書店，2005
[4] 飯高茂ほか編，朝倉数学ハンドブック（基礎編・応用編），朝倉書店，2010/2011
[5] 広中平祐編，現代数理科学事典，第 2 版，丸善，2009
[6] Behnke, H., u.a.: Grundzüge der Mathematik. Band I bis V, Vandenhoeck & Ruprecht, Göttingen, ^{3}1966/^{2}1966/^{2}1968/1966/1968
[7] Meschkowski, H., D. Laugwitz: Meyers Handbuch über die Mathematik. Bibliographisches Institut, Mannheim, 1967
[8] 森口繁一ほか，数学公式 I, II, III，新装版，岩波書店，1987
[9] ブルバキ，数学原論（全 37 巻），東京図書，1968～1973

1．数理論理学

[10] 前原昭二，復刊 数理論理学序説，共立出版，2010（初版 共立全書，1966）
[11] 松本和夫，復刊 数理論理学，共立出版，2001（初版，1970）
[12] 難波完爾，数学と論理，数学の考え方 23，朝倉書店，2003

2．集合論

[13] 松坂和夫，集合・位相入門，岩波書店，1968
[14] 柴田敏男，復刊 数学序論―集合と実数―，共立出版，2011（初版，1970）
[15] 彌永昌吉・彌永健一，集合と位相，岩波基礎数学選書，岩波書店，1990
[16] 齋藤正彦，数学の基礎―集合・数・位相―，基礎数学 14，東京大学出版会，2002
[17] 松村英之，集合論入門，基礎数学シリーズ 5，朝倉書店，2004（復刊）

3．関係と構造

[18] 彌永昌吉・小平邦彦，現代数学概説 I，岩波書店，1968
[19] ブルバキ，数学の建築術，ル・リヨネ編，村田 全訳，数学思想の流れ 1，東京図書，1974

4．数系

[20] G. ペアノ，小野勝次・梅沢敏郎訳・解説，ペアノ 数の概念について，現代数学の系譜 2，共立出版，1969
[21] 彌永昌吉，数の体系（上・下），岩波書店，1972/1978
[22] 足立恒雄，数-体系と歴史，朝倉書店，2002

5．代数学

0.[9]「代数」
[23] 松坂和夫，代数系入門，岩波書店，1976
[24] ファン・デル・ヴェルデン，銀林 浩訳，現代代数学（1,2,3），東京図書，1959/60
[25] 高木貞治，代数学講義，改訂新版，共立出版，1965
[26] Lang, S.: Algebra. Addison-Wesley, USA, 1969
[27] 浅野啓三・永尾 汎，群論，岩波全書，岩波書店，1965
[28] 佐武一郎，線型代数学，増補改題版，数学選書 1，裳華房，1974
[29] 堀田良之，加群十話―代数学入門，すうがくぶっくす 3，朝倉書店，1988
[30] M. アルティン，寺田文行訳，ガロア理論入門，東京図書，1974

6. 数論

[31] Hasse, H.: Zahlentheorie. Akademie-Verlag, Berlin, ^{3}1969
[32] 高木貞治，初等整数論講義，第 2 版，共立出版，1971
[33] 久保田富雄，整数論入門，基礎数学シリーズ 16，朝倉書店，2004（復刊，初版，1971）
[34] J. P. セール, 彌永健一訳，数論講義，岩波書店，1979
[35] 河田敬義，数論-古典数論から類体論へ，岩波書店，1992

7. 幾何学

0.[8] I
[36] D. ヒルベルト／F. クライン，寺阪英孝・大西正男訳・解説，ヒルベルト 幾何学の基礎／クライン エルランゲン・プログラム，現代数学の系譜 7, 共立出版，1970
[37] 清宮俊雄，初等幾何学，基礎数学選書 7, 裳華房，1972
[38] 小林昭七，ユークリッド幾何から現代幾何へ，日評数学選書，日本評論社，1990
[39] 鈴木晋一，幾何の世界，数学の世界 6，朝倉書店，2001
[40] H. S. M. コクセター，銀林 浩訳，幾何学入門（上・下），ちくま学芸文庫，2009

8. 解析幾何学

[41] 長野　正，曲面の数学―現代数学入門，培風館，1968
[42] 矢野健太郎，平面解析幾何学，基礎数学選書 2, 裳華房，1969
[43] 矢野健太郎，立体解析幾何学，基礎数学選書 4, 裳華房，1970
[44] 井川俊彦，基礎解析幾何学，共立出版，2005

9. 位相空間論

0.[9]「位相」，**2**.[13] [15] [16]
[45] Alexandroff, P., H. Hopf: Topologie 1. Springer, Berlin, 1935

10. 代数的位相幾何学

[46] 田村一郎，トポロジー，岩波全書，岩波書店，1972
[47] 服部晶夫，位相幾何学，岩波基礎数学選書，岩波書店，1991
[48] 小島定吉，トポロジー入門，21 世紀の数学 7，共立出版，1998
[49] W. フルトン，三村護訳，代数的位相幾何学入門（上・下），シュプリンガー・フェアラーク東京，2000
[50] ゼ・ツェン フー，三村 護訳，ホモトピー論，現代数学社，1994
[51] H. ザイフェルト，W. トレルファル，三村 護訳，位相幾何学講義，シュプリンガー・フェアラーク東京，2004

11. グラフ理論

[52] R. ディーステル，根上生也・太田克弘訳，グラフ理論，シュプリンガー・フェアラーク東京，2000
[53] R. J. ウィルソン，西関隆夫・西関裕子訳，グラフ理論入門，近代科学社，2001
[54] 落合豊行，グラフ理論入門―平面グラフへの応用，日評数学選書，日本評論社，2004

12. 実解析学の基礎

2. 4. の参考文献
[55] 松坂和夫，解析入門（1），岩波書店，1997
[56] 杉浦光夫，解析入門（I・II），基礎数学 2，3，東京大学出版会，1980/85
[57] 小松勇作，復刊 無理数と極限，共立出版，2009（初版，共立全書，1967）
[58] デーデキント，河野伊三郎訳，数について-連続性と数の本質，岩波文庫，岩波書店，1961

13. 微分法

12.[55]，[56]，**0**.[8] I
[59] 高木貞治，定本 解析概論，岩波書店，2010
[60] 田島一郎，解析入門，岩波全書，岩波書店，1981
[61] 吹田信之，新保経彦，理工系の微分積分学，学術図書出版社，1991
[62] 小林昭七，微分積分読本（1 変数，多変数），裳華房，2000/2001
[63] 青本和彦，微分と積分〈1〉初等関数を中心に，現代数学への入門，岩波書店，2003
[64] Grauert, H., I. Lieb: Differential- und Integralrechnung I. Springer, Berlin, 1970

14. 積分法

13. の参考文献

[65] 谷島賢二，ルベーグ積分と関数解析，数学の考え方 13，朝倉書店，2002
[66] 新井仁之，ルベーグ積分講義：ルベーグ積分と面積 0 の不思議な図形たち，日本評論社，2003

15．関数解析学

14.[65]
[67] 黒田成俊，関数解析，共立数学講座 15，共立出版，1980
[68] 加藤敏夫，復刊 位相解析—理論と応用への入門，共立出版，2001（初版，1957）
[69] 新井仁之，新・フーリエ解析と関数解析学，培風館，2010

16．微分方程式論

[70] 寺沢寛一，自然科学者のための数学概論，増訂版，岩波書店，1983
[71] 木村俊房，常微分方程式の解法，新数学シリーズ 12，培風館，1958
[72] 俣野　博，常微分方程式入門, 岩波書店，2003
[73] 溝畑　茂，偏微分方程式論，岩波書店，1965
[74] 井川　満，偏微分方程式論入門—数学の基礎的諸分野への現代的入門，裳華房，1996

17．微分幾何学

[75] 小林昭七，曲線と曲面の微分幾何，改訂版，裳華房，1995
[76] S. チャーンほか，島田英夫・V.S. サバウ訳，微分幾何学講義 リーマン・フィンスラー幾何学入門，培風館，2005
[77] 松本幸夫，多様体の基礎，基礎数学 5，東京大学出版会，1988

18．複素関数論

12.[56] II，**13**.[59]
[78] 田村二郎，解析関数（新版），数学選書 3，裳華房，1983
[79] 岸正倫／藤本坦孝，複素関数論，学術図書出版社，1985
[80] 野口潤次郎，複素解析概論，数学選書 12，裳華房，1993
[81] Behnke, H., F. Sommer: Theorie der analytischen Funktionen einer komplexen Veränderlichen. Springer, Berlin, ^{3}1965
[82] H. カルタン，高橋禮司訳，複素函数論，岩波書店，1965

19．組合せ論

[83] N. Biggs, Discrete Mathematics, 2nd Ed., Oxford Univ. Press, USA, 2003

20．確率論・統計学

[84] 伊藤　清，確率論の基礎，新版，岩波書店，2004
[85] 舟木直久，確率論，数学の考え方 20，朝倉書店，2004
[86] 飛田武幸，確率論の基礎と発展，共立出版，2011
[87] 東京大学教養学部統計学教室編，統計学入門，基礎統計学 1，東京大学出版会，1991

21．線形制御

[88] 今野　浩，線形計画法，日科技連出版社，1987
[89] 久保幹雄，組合せ最適化とアルゴリズム，インターネット時代の数学 8，共立出版，2000

索　引

記号，欧文

χ^2 検定, χ^2test, χ^2-*Test*, 447

∞ 次元空間, ∞-dimensional space, ∞-*dimensionaler Raum*, 223

∞ 次元の, ∞-dimensional, ∞-*dimensional*, 223

∞ で正則, in ∞ holomorphic, *an der Stelle* ∞ *holomorph*, 413

∞ でのローラン展開, Laurent expansion at ∞, *Laurententwicklung um* ∞, 413

∞ への収束, convergence to ∞, *Konvergenz gegen* ∞, 401

μ 重共変テンソル, μ-fold covariant tensor, μ-*fach kovarianter Tensor*, 391

ν 重反変テンソル, ν-fold contravariant tensor, ν-*fach kontravarianter Tensor*, 391

Ω 加群, Ω-module, Ω-*Modul*, 31, 75

ω 恒真の, ω-identical, ω-*identisch*, 7

ω 充足可能な, ω-satisfiable, ω-*erfüllbar*, 7

Ω 上 1 次従属の，線形従属の, linearly dependent on Ω, *linear abhängig über* Ω, 77

Ω 上 1 次独立の，線形独立の, linearly independent on Ω, *linear unabhängig über* Ω, 77

ω 割当て, ω-assignment, ω-*Belegung*, 7

σ 局所有限, σ-local finite, σ-*lokal endlich*, 221

σ 局所有限基底, σ-local finite basis, σ-*lokalendliche Basis*, 221

ε-近傍, ε-neighborhood, ε-*Umgebung*, 41, 208

0 次元空間, 0-dimensional space, *0-dimensionaler Raum*, 223

0 次元の, 0-dimensional, *0-dimensional*, 223

A

a まわりのテイラー級数, Taylor series in a, *Taylorreihe um* a, 407

C

C^r 級曲線, curve of class C^r, *Kurve der Klasse* C^r, 365, 393

C^r 級曲面, surface of class C^r, *Fläche der Klasse* C^r, 379

C^r 級座標近傍系, system of coordinate neighborhoods of class C^r, C^r-atlas, *Koordinatenumgebungssystem der Klasse* C^r, C^r-*Atlas*, 393

C^r 級の曲面片, piece of surface of class C^r, surface patch of C^r class, *Flächenstück der Klasse* C^r, 377

C^r 多様体, C^r-manifold, C^r-*Mannigfaltigkeit*, 393

C^r 級に付随する, to C^r associated, *zur Klasse* C^r *gehörig*, 395

F

$f(x)$ の K 上分解体, decomposition field of $f(x)$ on K, splitting field, *Zerfällungskörper von* $f(x)$ *über* K, 93

$f(x)$ の 1 次因子, linear factor of $f(x)$, *Linear faktor von* $f(x)$, 86

$f(x)$ の次数, degree of $f(x)$, *Grad von* $f(x)$, 85

$f(x)$ の真の因子, proper divisor of $f(x)$, *echter Teiler von* $f(x)$, 85

G

G 上完全な, exact on G, *exakt auf* G, 347

K

K 上の (n,m) 行列, matrix on K of type (n,m), *Matrix über* K *von Typ* (n,m), 79

K 上ベクトル空間, vector space over K, *Vektorraum über* K, 77

M

M^2 の実現, realization of M^2, *Realisierung von* M^2, 393

m 重零点, m zero (point) of m-th order [order m], m-*fache Nullstelle*, 86

M の基（底）, basis of M, *Basis von* M, 77

N

(n,m) 行列, (n,m) matrix, (n,m)-*Matrix*, 79

n 位の接触, osculation of nth order, *eine Berührung* n-*ter Ordnung*, 371

n 項関係, n-ary relation, n-*stellige Relation*, 21

n 組, n-tuple, n-*Tupel*, 21

n 次元空間, n-dimensional space, n-*dimensionaler Raum*, 223

n 次元の, n-dimensional, n-*dimensional*, 223

n 次置換, permutation with n elements, n-

stellige Permutation, 437
n 重直積, n-tuple direct product, *n-faches kartesisches Produkt*, 211
n 乗剰余, n-th potential residue, *n-ter Potenzrest*, 111
n 変数関数, function with n variables, *Funktion mit n Variablen*, 23
n 変数の等式, equation with n variable, *Gleichung mit n Variablen*, 83
n 連結の, n-connected, *n-fach zusammenhängend*, 245

P

p 進数, p-adic number, *p-adische Zahl*, 59
p 進付値, p-adic valuation, *p-adische Bewertung*, 59, 112

Q

$\mathbb{Q}$ 上既約性, irreducibility over $\mathbb{Q}$, *Irreduzibiltät über* $\mathbb{Q}$, 87

T

T_0 空間, T_0-space, T_0*-Raum*, 217
T_0 公理, T_0-axiom, T_0*-Axiom*, 217
T_1 空間, T_1-space, T_1*-Raum*, 217
T_1 公理, T_1-axiom, T_1*-Axiom*, 217
T_2 空間, T_2-space, T_2*-Raum*, 217
T_2 公理, T_2-axiom, T_2*-Axiom*, 217
T_3 空間, T_3-space, T_3*-Raum*, 217
T_3 公理, T_3-axiom, T_3*-Axiom*, 217
T_4 空間, T_4-space, T_4*-Raum*, 217
T_4 公理, T_4-axiom, T_4*-Axiom*, 217

U

u 曲線, u-curve, *u-Linie*, 377

V

v 曲線, v-curve, *v-Linie*, 377

ア

アイゼンシュタインの判定法, Eisenstein's criterion, *Kriterium von Eisenstein*, 87
アインシュタインの(総和)規約, Einstein's (summation) convention, *Summationsvereinbarung von Einstein*, 390
値関数, value function, *Wertfunktion*, 107
アフィン鏡映, affine reflexion, *Affinspiegelung*, 151
アフィン群, affine group, *affine Gruppe*, 153
アフィン計量平面, affine metric plane, *affinmetrische Ebene*, 135
アフィン結合平面, affine incidence plane, *affine Inzidenzebene*, 129
アフィン軸, affinity axis, *Affinitätsachse*, 151
アフィン凧, affine kite, *Affindrachen*, 153
アフィン直線, affine line, *Affinitätsgerade*, 151
アフィン比, affine ratio, *Affinitätsverhaltnis*, 151
アフィン平面, affine plane, *affine Ebene*, 129
アーベル積分, abelian integral, *Abelsches Integral*, 425
アーベルの定理, Abel's theorem, *Satz von Abel*, 87, 101
アポロニウスの円, Apollonius circle, *Apollonius-Kreis*, 150
歩み, walk, *Kantenzug*, 235
粗い, 弱い, coarse, weak, *grob*, 205, 215
アルキメデス的順序, archimedean order, *archimedische Ordnung*, 47
アルキメデス的順序体, archimedean ordered field, *archimedisch geordneter Körper*, 247
アルキメデス的付値, archimedean valuation, *archimedische Bewertung*, 112
鞍点, saddle point, *Sattelpunkt*, 297, 351

イ

位数, order, *Ordnung*, 29, 423
位数 n のラテン方陣, Latin square of order n, *lateinische Quadrate der Ordnung n*, 435
位相, topology, *Topologie*, 41
位相幾何, topological geometry, *topologische Geometrie*, 27
位相空間, topological space, *topologischer Raum*, 27, 41, 205
位相グラフ, topological graph, *topologischer Graph*, 241
位相群, topological group, *topologische Gruppe*, 27, 51
位相構造, topological structure, *topologische Struktur*, 27, 41, 47
位相写像, topological mapping, *topologische Abbildung*, 201, 209, 429
位相体, topological field, *topologischer Körper*, 247
位相同値の, topological equivalent, *topologische äquivalent*, 199, 209
位相の, topological, *topologisch*, 199
位相不変量, topological invariant, *topologische Invariante*, 199, 209, 223
位相ベクトル空間, topological vector space, *topologischer Vektorraum*, 27
一意解, unique solution, *eindeutige Lösung*, 349
一意性定理, uniqueness theorem, *Eindeutigkeitssatz*, 17
一意解を持つ, unique solvability, *eindeutige Lösbarkeit*, 361
一意的な, unique, *eindeutig*, 21
一意的に解ける, unique solvable, *eindeutig*

lösbar, 451
1 位の接触, osculation of 1st order, *Berührung 1. Ordnung*, 371
1 元公理, axiom of one element, *Einermengenaxiom*, 19
1 元事象, one-element event, *einelementiges Ereignis*, 439
1 次結合，線形結合, linear combination, *lineare Kombination*, 77
1 次独立解, linearly independent solution, *linear unabhängige Lösung*, 355
1 次独立性，線形独立性, linear independence, *lineare Unabhängigkeit*, 77
1 次独立の, linearly independent, *linear unabhängig*, 353
1 次変換, linear transformation, *lineare Transformation*, 427
1 次変換の分類, classification of linear transformations, *Klassifizierung der linearen Transformationen*, 429
位置ベクトル, position vector, *Ortsvektor*, 181
一様弦連続の, uniformly chordal continuous, *gleichmäßig chordal stetig*, 401
一葉双曲面, hyperboloid of one sheet, *einschaliges Hyperboloid*, 193
一様連続性, uniform continuity, *gleichmäßige Stetigkeit*, 401
一様連続の, uniformly continuous, *gleichmässig steig*, 261, 401
1 階共変テンソル, covariant tensor of degree 1, *kovarianter Tensor 1. Stufe*, 390
1 階線形微分方程式, linear DE of 1st order, *lineare DG 1.Ordnung*, 349
1 階線形微分方程式系, linear DE system of 1st order, *Lineares DG-System 1.Ordnung*, 357
1 階反変テンソル, contravariant tensor of degree 1, *kontravarinater Tensor 1. Stufe*, 390
1 階微分方程式, DE of 1st order, *DG 1. Ordnung*, 347
1 階微分方程式系, DE system of 1st order, *DG-System 1.Ordnung*, 357
一致の定理, theorem of identity, *Identitätssatz*, 407, 423
1 点コンパクト化, one-point compactification, *Ein-Punkt-Kompaktifizierung*, 219
1 点除去球面, punctured sphere, *punktierte Sphäre*, 415
1 点除去近傍, punctured neighborhood, *punktierte Umgebung*, 411
1 点除去平面, punctured plane, *punktierte Ebene*, 429
1 点付加コンパクト化, one point compactification, *Einpunktkompaktifizierung*, 431
1 を持つ環, ring with 1, *Ring mit 1*, 31
一般解, general solution, *allgemeine Lösung*, 83, 349, 353, 355, 357, 359
一般正規分布, general normal distribution, *allgemeine Normalverteilung*, 445
一般の曲線概念, general concept of curves, *allgemeiner Kurvenbegriff*, 225
一般ハルトーグス図, general Hartogsfigure, *allgemeine Hartogsfigur*, 433
一般らせん, general helix, *Helix*, 373
イデアル, ideal, *Ideal*, 73, 108
移動, translation, displacement, *Verschiebung*, 427
糸伸開線, faser evolvent, *Fadenevolvente*, 373
緯度線, parallel of latitude, *Breitenkreis*, 377
意味論的二律背反, semantic antinomy, *semantische Antinomie*, 19
意味論的方法, semantic method, *semantisches Verfahren*, 7
陰関数, implicit function, *implizit definierte Funktion*, 297
陰関数の微分, implicit differentiation, *implizite Differentiation*, 279
陰関数表示, implicit representation, *implizite Darstellung*, 351, 375
因子, divisor, *Divisor, Teiler*, 107, 112, 115
陰表示微分方程式, DE in implicit expression, *implizit dargestellte DG*, 345
陰に定義されている, implicitly defined, *implizit definiert*, 279
インボリュート，伸開線, evolvent, involute, *Evolvente*, 373

ウ

ヴァインガルテンの式, Weingarten's formulae, *Formeln von Weingarten*, 389
上に凸, convex up, *konvex nach oben*, 275
上に有界, bound upwards, bounded from above, *nach oben beschränkt*, 35
上の集合, upper set, *Obermenge*, 33
渦状点, focus, *Strudelpunkt*, 351
渦心, center, *Wirbelpunkt*, 351
渦無し, irrotational, *wirbelfrei*, 299
埋め込み, embedding, *Einbettung*, 23
埋め込み定理, embedding theorem, imbedding theorem, *Einbettungssatz*, 223
埋め込みの普遍性, universality of embedding, *universelle Eigenschaft der Einbettung*, 69
ウリゾーン, Urysohn, *Urysohn*, 217, 221, 223, 225

エ

鋭角, acute angle, *spitze Winkel*, 139
エゴロフの定理, Egoroff's theorem, *Satz von Egoroff*, 333
エレイション, elation, *Elation*, 131
円円対応, circle-to-circle correspondence, *Transformationen Kreise auf Kreise, Kreisverwandtschaft*, 427
演算, operation, *Rechenoperation, Operation*, 43
演算の保存性, preserving of composition, *Verträglichkeit der Verknüpfung*, 31
演算表, 結合表, composition table, *Verknüpfungstafel*, 29
円周角, angle of circumferece, *Umfangswinkel*, 144
円錐曲線, conic section, conics, *Kegelschnitt*, 157, 385
円柱, cylinder, circular cylinder, *Zylinder, Kreiszylinder*, 163, 373
円柱曲線, cylindrical curve, *Zylinderkurve*, 373
遠直線, 無限遠直線, line at infinity, *Ferngerade*, 133
円分多項式, cyclotomic polynomial, *Kreisteilungspolynom*, 93

オ

オイラー・アフィン性, Euler affinity, *Euleraffinität*, 153
オイラーグラフ, Euler graph, *Eulerscher Graph*, 243
オイラー・コーシー法, Euler-Cauchy method, *Euler-Cauchy-Verfahren*, 363
オイラー直線, Euler line, *Euler-Gerade*, 150
オイラー定数, Euler's constant, *Eulersche Konstante*, 283, 419
オイラーの因子, Euler's multiplicator, *Eulerscher Multiplikator*, 347
オイラーの関数 (φ 関数), Euler's function, *Eulersche Funktion*, 109
オイラーの規準, Euler's criterion, *Eulersches Kriterium*, 111
オイラーの定理, Euler's theorem, *Satz von Euler*, 385
オイラー閉路, Eulerian path, *Eulersche Linie* (*Eulerzug*), 243
オイラー・ラグランジュの定理, Euler- Lagrange's theorem, *Satz von Euler-Lagrange*, 63
横面図, side elevation, *Seitenriß*, 165
狼と羊とキャベツの問題（川渡り問題）, Goat, Cabbage and Wolf problem (river crossing problem), *Wolf-Ziege-Kohlkopf-Problem*, 435
起こりえない事象, impossible event, *unmögliches Ereignis*, 439
オストロフスキーの定理, Ostrowski's theorem, *Satz von Ostrowski*, 112
折れ線グラフ, line graph, *Streckengraph*, 243

カ

解, solution, *Lösung*, 345
外延性公理, axiom of extensionality, *Extensionalitätsaxiom*, 19
開円板, open disc[disk], *offene Kreisscheibe*, 205
開核, open kernel, *offener Kern*, 201
開下方集合, open lower set, *offener Anfang*, 49
解関数, solution function, *Lösungsfunktion*, 345
回帰直線, regression line, *Regressionsgerade*, 449
開球, open sphere, *offene Kugel*, 205
解行列, solution matrix, *Lösungsmatrix*, 357
解空間, solution space, *Lösungsraum*, 355
開区間, open interval, *offenes Intervall*, 47
カイ２乗検定, chi-square test, *Chi-Quadrat-Test*, 447
開写像, open mapping, *offene Abbildung*, 209
解集合, solution set, *Erfüllungsmenge, Lösungsmenge*, 15, 345
開集合, open set, *offene Menge*, 41, 201, 205
解析関数, analytic function, *analytische Funktion*, 397
解析形体, analytic Gebilde, *analytisches Gebilde*, 417, 425
解析接続, analytic continuation, *analytische Fortsetzung*, 409, 425, 433
解析的関数要素, analytic function element, *analytisches Funktionselement*, 417
解析的な, analytic, *analytisch*, 273, 417
外線, ouside line, *Passante*, 144
外測度, outer measure, *äußeres Mass*, 331
開多辺形, open polygon, *offenes Polygon*, 151
解多面体, solution polyhedron, *Lösungspolyeder*, 453
階段関数, step function, *Treppenfunktion*, 303
回転, rotation, *Drehung, Rotation*, 133, 299
外点, exterior point, outer point, *äußerer Punkt*, 201
回転群, rotation group, *Drehungsgruppe*, 63
回転伸縮, rotation stretch, *Drehstreckung*, 147
回転体, surface of revolution, *Rotationskörper*, 321
回転対称, rotation symmetry, *Drehsymmetrie*, 144
回転の結合, composition of rotations, *Verknüpfung von Drehungen*, 29
解の接続問題, continuation problem of solution, *Fortsetzungsproblem*, 361
開半平面, open halfplane, *offene Halbebene*, 137
外部, outside, exterior, *Äußere*, 225

外部演算, exterior composition, *äußere Verknüpfung, äußere Komposition*, 27, 31
外部性質, external(outer, exterior) property, *äußere Eigenschaft*, 203
外分, external division, *äußere Teilung*, 147
開歩, 開辺列, open edge, *offener Kantenzug*, 243
解領域, solution domain, *Lösungsbereich*, 453
解領域の角, corner of solution domain, *Ecke des Lösungsbereichs*, 453
階論理, logic of order, *Stufenlogik*, 9
ガウス曲率, Gaussian curvature, *Gausssche Krümmung*, 387
ガウス誤差積分, Gaussian error integral, *Gausssches Fehlerintegral*, 445
ガウス三脚, Gauss' triad, *Gausssches Dreibein*, 389
ガウスとヴァインガルテンの公式, formulae of Gauss and Weingarten, *Formeln von Gauss und Weingarten*, 389
ガウスの基本定理, Gauss' theorem, theorema egregium, *Theorema Egregium von Gauss*, 387, 389
ガウスの公式, Gaussian formulae, *Gausssche Formel*, 389
ガウスの積表示, Gaussian product formula, *Gausssche Produktdarstellung*, 283
ガウスの方程式, Gaussian equations, *Gausssche Gleichungen*, 389
ガウスの補題, Gauss' lemma, *Gausssches Lemma*, 111
ガウスパラメータ, Gaussian parameter, *Gaussscher Parameter*, 377
ガウス標構, ガウス枠, Gauss' frame, Gaussian frame, *Gausssches Dreibein*, 383, 389
ガウス平面, Gaussian plane, *Gausssche Zahlenebene*, 399
下界, lower bound, *untere Schranke*, 35
可解群, solvable group, *auflösbare Gruppe*, 69
可換環, commutative ring, *kommutativer Ring*, 31
可換群, commutative group, *kommutative Gruppe*, 31
可換図式, commutative diagram, *kommutatives Diagramm*, 23
可換性, commutativity, *Kommutativität*, 15
可換な（アーベルの）, commutative, abelian, *kommutativ, abelsch*, 31
可換半環, commutative half-ring, *kommutativer Halbring*, 43
下極限, inferior limit, *unterer Limes*, 251
核, kernel, *Kern*, 343
確実に起こる事象, secure event, *sicheres Ereignis*, 439
角錐, pyramid, *Pyramide*, 163
角測度, angular measure, *Winkelmaß*, 427
角柱, prism, *Prisma*, 163
拡張群, extension group, *Erweiterunysgruppe*, 69
拡張ヒルベルト空間, extended Hilbert space, *erweiterter Hilbert-Raum*, 221
角度測定, angle measurament, *Winkelmessung*, 381
角二等分線定理, angle bisector theorem, *Winkelhalbierendensatz*, 125
角の三等分問題, problem of trisection of an angle, *Dreiteilung eines Winkels*, 105
角の向きを保ち, orientation preserving of angle, *unter Beibehaltung des Drehsinns des Winkels*, 427
角保存の, angle preserving, *winkeltreu*, 427
確率関数, probability function, *Wahrscheinlichkeitsfunktion*, 443
確率測度, probability measure, *Wahrscheinlichkeitsmaß*, 439
角領域, angular region, *Winkelfeld*, 121
加群, module, *Modul*, 31, 75
加群準同型（写像）, module homomorphism, *Module-Homomorphismus*, 75
影, トレース, trace, *Spur*, 199, 209
下限, greatest lower bound (glb), infimum, *untere Grenze, Infimum*, 35
可算の, countable, *abzählbar*, 25
可算基（底）, countable base, *abzählbare Basis*, 208
可算被覆, countable covering, *abzählbare Überdeckung*, 219
可算無限の, enumerable infinte, *abzählbar unendlich*, 25
可縮な, contractible, *zusammenziehbar*, 229
下積分, lower integral, *Unterintegral*, 303
仮説のテスト, test of hypothesis, *Test von Hypothese*, 447
可測関数, measurable function, *messbare Funktion*, 333
型理論, type theory, *Typentheorie*, 19
滑鏡映, gliedrefexion, *Gleitspiegelung*, 141
割線, secant, *Sekante*, 144
カーディナル数, 基数, cardinal number, *Kardinalzahl*, 25
可展面, developable surface, *abwickelbare Fläche*, 387
ガトー導関数, Gateaux derivative, *Gateaux-Ableitung*, 339
カバリエ背景的な, Kavalier perspective, *Kavalierperspektiv*, 167
カバリエリの定理, Cavalieri's theorem, *Satz von Cavalieri*, 317
可符号曲面, orientable surface, *orientierbare*

Fläche, 379
加法, addtion, *Addition*, 43
下方集合, lower set, *Anfang, untere Menge*, 49
可約 (K 上), reducible over K, *reduzibel über* K, 85
空でない分離集合, non-empty(non-void) separated set, *nichtleere separierte Menge*, 201
ガルトン表, Galton table, *Galton-Brett*, 445
ガロア群, Galois group, *Galoisgruppe*, 98
ガロア写像, Galois mapping, *galoissche Abbildung*, 98
ガロア体, Galois field, *Galois-Felder, Galoisscher Körper*, 95
環, ring, *Ring*, 31, 45
関係のグラフ, graph of relation, *Graph der Relation*, 21
関手, functor, *Funktor*, 9, 239
関手変数, functor variable, *Funktorenvariable*, 9
環準同型（写像）, ring homomorphism, *Ring-Homomorphismus*, 71
環上加群, module over the ring, *Modul über dem Ring*, 31
関数行列, functional matrix, *Funktionalmatrix*, 391
関数行列式（ヤコビ行列式）, functional determinant (Jacobian), *Funktionaldeterminante* (*Jacobi-Determinante*), 295, 377
関数公理, axiom of functional, *Funktionalaxiom*, 19
関数体, function field, *Funktionenkörper*, 425
関数要素, function element, *Funktionselement*, 409, 415
関数論, function theory, *Funktionentheorie*, 415
間接証明, indirect proof, *indirekter Beweis*, 11
完全加法性, complete additivity, *Totaladditivität, abzählbare Additivität*, 329
完全順序集合, completely ordered set, *vollständig geordnete Menge*, 35
完全数, perfect number, *vollkommene Zahl*, 117
完全代表系, complete system of representatives, *vollständiges Repräsentantensystem*, 21
完全な, complete, *vollständig*, 241
完全の, perfect, *vollkommen*, 93
完全微分方程式, exact DE, *exakte DG*, 347
完全ラインハルト体, complete Reinhardt field, *vollkommener Reinhardtscher Körper*, 433
環添加（付加）, ring adjunction, *Ring-Adjunktion*, 85
環同型（写像）, ring isomorphism, *Ring-Isomorphismus*, 79
カントルの曲線概念, curve conception of Cantor, *Cantorsche Kurvenbegriff*, 225
カントルの曲線の定義, curve definition of Cantor, *Cantorscher Kurvendefinition*, 225
カントルの対角線論法, Cantor's diagonal method, *Cantorsches Diagonalverfahren*, 25
完備（化）, completion, *vollständige Hülle, Vollständigkeit* (*Vervollständigung*), 51
完備順序体, complete ordered field, *vollständig geordneter Körper*, 247
完備正規の, completely normal, *vollständig normal*, 217
完備正則空間, completely regular space, *vollständig regulärer Raum*, 217
完備正則な, completely regular, *vollständig regulär*, 217
完備の, complete, *vollständig*, 399
ガンマ関数, Gamma function, *Gammafunktion*, 283, 419
ガンマ関数の部分分数表現, partial fraction representation of Γ-function, *Partialbruchdarstellung der* Γ*-funktion*, 421
簡約則, 簡約律, cancellation law, *Kürzungsregel*, 43
簡約律, cancellation law, *Kürzungsregel*, 69
簡約律をもつ可換半群, commutative half group with cancellation law, *kommutative Halberuppe mit Kürzungsregel*, 69

キ

木, tree, *Baum*, 243
基（底）, basis, *Basis*, 208
基（底）の性質, property of basis, *Basiseigenschaft*, 208
擬球面, pseudo sphere, *Pseudosphäre*, 173
曲線の曲率, curvature of a curve, *Krümmung einer Kurve*, 367
擬コンパクト空間, quasi-compact space, *quasi kompakter Raum*, 219
擬コンパクトの, quasi-compact, *quasikompakt*, 219
期待値, expectation, expected value, *Erwartungswert*, 443
切手貼り問題, stamps problem, *Frankturproblem*, 435
基底解, basic solution, *Basislösung*, 455
基底変数, basic variable, *Basisvariable*, 455
擬凸性, pseudoconvexity, *Pseudokonvexität*, 397, 433
擬凸の, pseudoconvex, *pseudokonvex*, 433
帰納的順序集合, inductively ordered set, *induktiv geordnete Menge*, 27
帰納的順序の, inductively ordered, *induktiv geordnet*, 35

帰納的定義, inductive definition, *induktive Definition*, 11

基本行列, fundamental matrix, *Fundamentalmatrix*, 357

基本群, fundamental group, *Fundamentalgruppe*, 227

基本系, fundamental system, *Fundamentalsystem*, 355, 357

基本形式, fundamental form, ground form, *Fundamentalform*, 383

基本形式の係数, coefficients of fundamental form, *Koeffizienten der Fundamentalform*, 381

基本形式の判別式, discriminant of fundamental form, *Diskriminante der Fundamentalform*, 381

基本定理, fundamental theorem, *Hauptsatz*, 389

基本フィルター基, fundamental filter base, *Elementarfilterbasis*, 215

基本列, fundamental sequence, *Fundamentalfolge*, 51

逆関係, invese relation, *Umkehrrelation, inverse Relation*, 21

逆関数, inverse function, *Umkehrfunktion*, 261

逆ガンマ関数の積表現, product representation of reciprocal Gammafunction, *Produktdarstellung der reziproken Gammafunktion*, 419

既約曲線, irreducible curve, *nichtverfallende Kurve*, 279

逆元, inverse element, inverse, *inverses Element*, 63

逆作用素, inverse operator, *umkehrbarer Operator*, 339

逆三角関数, inverse trigonometric function, *Arkusfunktion*, 281

逆写像, inverse mapping, *Umkehrabbildung, inverse Abbildung*, 23

逆順序関係, inverse ordered relation, *inverse Ordnungsrelation*, 33

逆数, reciprocal, inverse rational number, *Kehrzahl*, 47

逆整数, opposite integer, *Gegenzahl*, 45

反正則の, antiholomorphic, *antiholomorph*, 427

逆双曲線関数, inverse hyperbolic function, *Areafunktion*, 283

既約な, irreducible, *irreduzibel*, 107

既約判定（法）, irreducibility criterion, *Irreduzibilitätskriterium*, 87

逆有理数, opposite rational number, *Gegenzahl*, 47

吸収性, absorption law, *Adjunktivität*, 15

球の表面，球面, spherical surface, *Kugeloberfläche*, 371, 373, 379

球面扇形, spherical sector, *Kugelausschnitt*, 387

球面曲線, spherical curve, *sphärische Kurve*, 373

球面上の大円, great circle of sphere, *Großkreis auf der Kugeloberfläche*, 383

球面モデル, spherical model, *Kugelmodell*, 177

驚異の定理, theorema egregium, *Theorema Egregium*, 387

鏡映, reflection, reflexion, *Spiegelung*, 121, 141

鏡映伸縮, reflection stretch, *Spiegelungstreckung*, 147

境界, boundary, *Rand*, 201

境界準同型, boundary homomorphism, *Randhomomorphismus*, 239

境界点, boundary point, *Randpunkt*, 201, 429, 453

境界分布, boundary distribution, *Randverteilung*, 449

狭義線形順序集合, strictly ordered set, *streng konnex geordnete Menge*, 43

狭義単調減少関数, strictly monotone decreasing function, *streng monoton fallende Funktion*, 255

狭義単調減少の, strictly monotone decreasing, *streng monoton fallend*, 249

狭義単調増加関数, strictly monotone increasing function, *streng monoton steigende Funktion*, 255

狭義単調増加の, strictly monotone increasing, *streng monoton steigend*, 249

凝集判定法, condensation test, *Verdichtungssatz*, 253

強順序関係, strict ordered relation, *strenge Ordnungsrelation*, 33

強順序集合, strict ordered set, *streng geordnete Menge*, 33

共線形ベクトル, collinear vector, *kollinearer Vektor*, 367

共線形条件, condition of collinearity, *Kollinearitätsbedingung*, 373

共線形の, 共線的な, collinear, *kollinear*, 129, 181, 373, 383

共線軸, collineation axis, *Kollineationsachse*, 155

共線中心, collineation center, *Kollineationszentrum*, 155

共線直線, collineation line, *Kollineationsgerade*, 155

共線変換, collineation, *Kollineation*, 131

共通部分, intersection, common part, *Durchschnitt*, 15, 100, 439

狭道（ネック）, narrow pass, defile, bottle-neck, *Engpaß*, 453

橋辺, bridge edge, *Brückenkante*, 243

共変計量テンソル, covariant metric tensor, *kova-*

rianter metrischer Tensor, 390, 391
共面性, coplanarity, *Komplanarität*, 181
共役複素数, conjugate complex number, *konjugiert komplexe Zahl*, 399
共役複素解, conjugate complex solution, *konjugiert komplexe Lösungen*, 353
行列環, matrix ring, *Matrizenring, Ring der Matrizen*, 31
行列項, matrix term, *Matrizenterm*, 357
行列式, determinant, *Determinante*, 81
行列式の積定理, product theorem for determinants, *Produktsatz für Det.*, 81
行列式の展開定理, development theorem for determinant, *Entwicklungssatz für Det.*, 81
行列と体元の乗法, multiplication of matrix with field element, *Multiplikation von Matrizen mit Körperelement*, 79
行列の加法, matrix addition, *Matrizenaddition*, 79
行列方程式, 行列等式, matricial equation, *Matrizengleichung*, 83, 189
極 (点), pole, *Pol, Polstelle*, 123, 131, 410
極曲面, polar surface, *Polarfläche*, 373
極限数, limit number, *Limeszahl*, 39
極限操作, limit process, *Grenzprozess*, 247
極限値, limit value, *Grenzwert*, 255
極座標, polar coordinate, *Polarkoordinate*, 317
極三角形, polar triangle, *Polardreieke*, 177
極三辺形公理, polar triangle axiom, *Polardreiseitaxiom*, 127
局所一意化パラメータ, 局所一意化変数, locally uniformizing parameter, *ortsuniformisierender Parameter*, 417
極小平面, minimal surface, *Minimalfläche*, 341
極小元, minimal element, *minimales Element*, 33, 34
局所距離化可能空間, local metrizable space, *lokalmetrisierbarer Raum*, 221
局所弧状連結空間, local arcwise connected space, *lokalwegzusammenhängender Raum*, 213
局所コンパクトな, locally compact, *lokal kompakt*, 219
局所座標, local coordinate, *lokale Koordinate*, 391, 393
局所写像関数, local mapping function, *lokale Abbildungsfunktion*, 417
局所的な, local, *lokal*, 379
局所同相写像, local homeomorphy, *lokale Homöomorphie*, 393
局所有限, local finite, *lokalendlich*, 221
局所リプシッツ条件, local Lipschitz condition, *lokale Lipschitz-Bedingung*, 361
局所連結空間, locally connected component, *Lokalzusammenhängender Raum*, 213
局所連結の, locally connected, *lokalzusammenhängend*, 213
局所連続な, local continuous, *lokal-stetig*, 41
局所連続な (点 x で), local-continuous in x, *lokal-stetig in x*, 209
曲線, curve, *Kurve*, 225
曲線 (広義の), curve in the wider sense, *Kurve in weiteren Sinn*, 225
曲線弧, curve arc, *Kurvenbogen*, 225, 365
曲線座標, curvilinear coordinate, *krümmlinige Koordinate*, 377
(曲) 線積分, curvilinear integral, *Kurvenintegral*, 403
曲線と球の接触, osculation of curve and sphere, *Berührung von Kurven und Kugel*, 371
曲線と平面の接触, osculation of curve and plane, *Berührung von Kurven und Ebene*, 371
曲線の完全不変系, complete invariant system for curves, *vollständiges Invariantensystem für Kurven*, 369
曲線の三脚, triad of curve, *begleitendes Dreibein der Kurve*, 369
曲線の縮閉線, evolute of a curve, *Evolute der Kurve*, 373
曲線の伸開線, involute of a curve, *Evolvente der Kurve*, 373
曲線の正規形, normal form of curve, *Normalenform der Kurve*, 371
曲線の正規表現, normal representation of curve, *normale Darstellung der Kurve*, 371
曲線の内部, inside of curve, *das Innere der Kurve*, 399
曲線の長さ, length of curve, *Länge der Kurve*, 319
曲線の標準形, canonical form of a curve, canonical representation of curve, *kanonische Darstellung der Kurve*, 371
曲線の明示表現, explicit representation of curve, *explizite Darstellung der Kurve*, 375
曲線網, net of curves, *Netz von Linien*, 377
曲線論の基本定理, fundamental theorem of curve theory, *Hauptsatz der Kurventheorie*, 369
極大元, maximal element, *maximales Element*, 33, 34
極値, extremum, *Extremum*, 269
極直線, polar line, *Polare*, 131, 187
極平面, polar plane, *Polebene*, 187
曲面, surface, *Fläche*, 379
曲面曲線, surface curve, *Flächenkurve*, 377
曲面曲線間の交点角度, intersection angle between surface curves, *Schittwinkel zwischen*

den Flächenkurven, 381
曲面曲線の接線, tangent of surface curve, *Flächenkurventangente*, 379
曲面曲線の長さ, length of surface curve, *Länge der Flächenkurve*, 381
曲面積測定, surface area measurement, *Flächeninhaltsmessung*, 381
曲面点の分類, classification of surface points, *Klassifikation von Flächenpunkten*, 385
曲面の向き付け可能性, orientability of surfaces, *Orientierbarkeit von Flächen*, 379
曲面片, surface patch, a piece of surface, *Flächenstück*, 365, 377
曲面片上の長さ測定, length measurement on surface patch, *Längenmessung auf Flächenstück*, 381
曲面片上のテンソル, tensor on surface patch, *Tensor auf Flächenstück*, 391
曲面片の曲率, curvature of surface patch, *Krümmung eines Flächenstücks*, 383
曲面法線ベクトル, normal vector of surface, *Normalenvektor der Fläche*, 379, 383
曲率, curvature, *Krümmung*, 367, 383
曲率円, circle of curvature, curvature circle, *Krümmungskreis*, 369, 375
曲率円の中心, center of curvature circle, *Krümmungskreismittelpunkt*, 375
曲率球, curvature sphere, *Krümmungskugel*, 371
曲率曲線, curve of curvature, curvature curve, *gekrümmte Kurve*, 367
曲率軸, curvature axis, *Krümmungsachse*, 371, 373
曲率線, line of curvature, *Krümmungslinie*, 387
曲率線網, net of curvature line, *Netz von Krümmungslinie*, 387
曲率値, curvature value, *Krümmungswert*, 383
曲率に対する測度, measure for curvature, *Maß für die Krümmung*, 367
曲率の逆数, reciprocal of curvature, *Kehrwert der Krümmung*, 369
曲率の振る舞い, curvature behavior, *Krümmungsverhalten*, 383
曲率半径, curvature radius, radius of curvature, *Krümmungsradius*, 369, 375
曲率ベクトル, curvature vector, *Krümmungsvektor*, 367
虚数単位, imaginary unit, *imaginäre Einheit*, 55
虚部, imaginary part, *Imaginärteil*, 55, 399
許容解, admissible solution, *zulässige Lösung*, 451
許容される, admissible, *zulässig*, 365, 377
許容される作図手段, admissible construction process, *zulässige Konstruktionsschritte*, 103
許容パラメータ変換, admissible parameter transformation, *zulässige Parametertransformation*, 365, 367, 377
距離, distance, Abstand, *Entfernung*, 208
距離, metric, *Metrik*, 41
距離位相, metric topology, *metrische Topologie*, 208
距離空間, metric space, *metrischer Raum*, 41, 205, 208
切れ込みを入れた円柱, notched cylinder, cylinder with notch, *geschlitzter Zylinder*, 387
近似曲線, approximate curve, *Nährungskurve*, 371
近似値, approximation, approximate value, *Nährungswert*, 363
近似的に, approximately, *approximativ*, 349
近似法, approximation method, *Nährungsver fahren*, 349, 355
近似理論, approximation theory, *Approximationstheorie*, 285
近傍, neighborhood, *Umgebung*, 41, 199, 205
近傍概念, neighborhood concept (notion), *Umgebungsbegriff*, 205
近傍基 (底), neighborhood basis, *Umgebungsbasis*, 208
近傍空間, neighborhood space, *umgebender Raum*, 381, 383
近傍系 (x の), neighborhood system of x, *Umgebungs system von* x, 205
近傍公理, neighborhood axiom, *Umgebungsaxiom*, 205

ク

空集合, empty set, *leere Menge*, 13
空集合公理, axiom of empty set, *Nullmengenaxiom*, 19
区間関数, interval function, *Intervallfunktion*, 345
区間縮小法, method of diminishing interval, *Intervallschachtelung*, 53, 251
区間の大きさ, size of interval, *Größe des Intervalls*, 345
国, land, *Land*, 243
区分的微分可能曲線弧, piecewise differentiable, *stückweise differenzierbare Kurvebogen*, 367
組合せ位相幾何学, combinatoric topology, *kombinatorische Topologie*, 231
組合せ論, combinatoric, *Kombinatorik*, 435
クラインの四元群, Klein's four-group, *Kleinsche Vierer-Gruppe*, 29
クラインの壺, Klein's bottle, *Kleinsche Flasche*, 237

クラインのモデル, Klein's model, *Kleinshes Modell*, 173
クラトウスキの定理, Kuratowski's theorem, *Satz von Kuratowski*, 245
グラフ, graph, *Graph*, 241, 255
グラフ解, graphic solution, *graphische Lösung*, 451
グラフ理論, graph theory, *Graphentheorie*, 231
クラメールの法則, Cramer's law, *Cramersche Regel*, 83
グリーンの積分定理, Green's integral theorem, *Greenscher Integralsatz*, 327
グレコ・ラテン方陣, Greco-Latin square, *griechisch-lateinische Quadrate*, 435
グレーフェ法, Graeffe's method, *Graeffe-Verfahren*, 101, 289
クロスキャップ（十字帽）, cross cap, *Kreuzhaube*, 237
クロネッカー・シュタイニッツ, Kronecker Steinitz, *Kroneche-Steinitz*, 91
群準同型写像, group homomorphism, *Gruppen-Homomorphismus*, 27
軍隊背景的図法, 軍用遠近図法, military perspective, *Militärperspektive*, 167
群同型（写像）, group isomorphism, *Gruppen-Isomorphismus*, 65
群同型性, group isomorphy, *Gruppenisomorphie*, 65

ケ

計算量, computational complexity, *Rechenaufwand*, 363
形式表現, formal representation, *formaler Ausdruck*, 85
形状と位置の性質, property of shape and position, *Eigenschaft der Gestalt und der Lage*, 203
係数環, coefficient ring, *Koeffizientenring*, 85
係数行列, coefficient matrix, *Koeffizientenmatrix*, 357
係数体, coefficient field, *Koeffizientenkörper*, 85
経度線, longitudinal line, *Längenkreis*, 377
計量基本形式, metric ground form, *metrische Grundform*, 381
計量テンソル, metric tensor, *Maßtensor*, 395
計量非ユークリッドの, metric non-Euclidean, *metrisch-nichteuklidisch*, 127
計量ユークリッドの, metric Euclidean, *metrisch-euklidisch*, 127
結果, result, *Ergebnis*, 439
結果空間, result space, *Ergebnisraum*, 439
結果空間の類別, classification of result space, *Klasseneinteilung des Ergebnisraumes*, 447
結合, composition, *Verknüpfung*, 5
結合性, associativity, *Assoziativität*, 15
結合法則, associative rule (law), *assoziatives Gesetz*, 23, 29, 43
結節点, knot, *Knote*, 279
ゲーデルの完全性定理, Gödel's completeness theorem, *Vollständigkeitssatz von Gödel*, 7
ケーニヒスベルクの橋の問題, Seven Bridges of Königsberg, *Königsberger Brückenproblem*, 241
圏, category, *Kategorie*, 239
元（要素）, element, *Element*, 13
弦距離, chordal distance, *chordaler Abstand*, 399
原始関数, primitive function, *Stammfunktion*, 305
原始元, primitive element, *primitives Element*, 91
原子元, atom, *Atome*, 17, 439
原始周期ペア, primitive period pair, *primitives Periodenpaar*, 423
原始の乗根, primitive n-th root, *primitive n-te Einheitswurzel*, 93
原像, preimage, inverse image, *Urbild*, 23
限定記号（限定作用素, 量化記号）, quantifier, *Quantor*, 7
限定詞, quantifying part of speech, *quantifizierender Redeteil*, 7
減法, subtraction, *Subtraktion*, 43

コ

語, word, *Wort*, 235
項, term, *Term*, 83
高階述語論理, predicate logic of higher order, *Prädikatenlogik höherer Stufe*, 9
高階述語論理の不完全性, incompleteness of predicate logic of higher order, *Unvollständigkeit der höheren Prädikatenlogik*, 9
高階微分方程式系, DE system of higher degree, *DG-System höherer Ordnung*, 357
交換法則, commutative law, *Kommutativgesetz*, 43
広義積分, improper integral, *uneigentliches Integral*, 313
広義の曲線, curve in a sense broad, *Kurve im weiteren Sinn*, 225
後件否定, modus tollens, *modus tollens*, 7, 11
高次導関数, derived function of higher order, *höhere Ableitung*, 267
後者, successor, *Nachfolger*, 43
恒真述語論理式, general proposition form, universally valid proposition, *allgemeingültige Aussageform für*

Prädikatenlogik, 7
恒真述語論理式［定理］, theorem of predicate logic, *Satz der Prädikatenlogik*, 7
恒真論理式, universally valid formula, *allgemeingültige Aussageform*, 5
合成, composition, *Komposition, Verkettung*, 21, 255
交線, line of intersection, *Schnittgerade*, 185
光線, ray, *Strahl*, 121
構造化された集合, structured set, *struktuierte Menge*, 27
合同, congruent, *kongruent*, 139
恒等関数, identity function, *identische Funktion*, 255
恒等写像, identity map, *identische Abbildung*, 23
恒等性, identity, *Identitivität*, 33
恒等的な, identical, *identitiv*, 33
合同変換, congruence transformation, *Kongruenzabbildung*, 141
恒等律の, identitive, *identitiv*, 21
勾配, gradient, *Gradient*, 293
構文的方法（統語論的，シンタクス）, syntactic method, *syntaktisches Verfahren*, 7
構文論的二律背反, syntactic antinomy, *syntaktische Antinomie*, 19
構文論的無矛盾性, syntactic consistency, *syntaktische Widerspruchsfreiheit*, 9
項別微分, term by term differentiation, *gliedweise Differentiation*, 273
公理, axiom, *Axiom*, 7, 11
公理化, axiomatization, *Axiomatisierung*, 41
公理性, 公理系, system of axioms, *Axiomatik*, 41
公理的集合論, axiomatic set theory, *axiomatische Mengenlehre*, 13, 19
コーシー列, Cauchy sequence, *Cauchyfolge*, 51
誤差, error, *Irrtum, Fehler*, 447
誤差確率, error probability, *Irrtumswahrscheinlichkeit*, 447
コーシーの積分公式, Cauchy's integral formula, *Cauchysche Integralformel, Integralformel von Cauchy*, 405, 431
コーシーの積分判定条件, Cauchy's integral criterion, *Cauchy-Integralkriterium*, 313
弧状連結, arcwise connectedness, *Wegzusammenhang*, 203
弧状連結空間, arcwise connected space, *wegzusammenhägender Raum*, 213
弧状連結多面体, arcwise conneted polyeder, *wegzusammenhängender Polyeder*, 235
弧状連結の, arcwise connected, *wegzusammenhängend*, 213
5 色定理, five color theorem, *Fünffarbensatz*, 243
互除法, division algorithm, *Divisionsalgorithmus*, 86
コーシー・リーマンの微分方程式, Cauchy-Riemann's differential equations, *Cauchy-Riemannsche Differentialgleichungen*, 397, 403, 431
個数, potency, cardinality, *Kardinalzahl*, 25
弧長, arc length, *Bogenlänge*, 367
骨格, skelton, *Skelett*, 233
固定円, fixed circle, fixcircle, *Fixkreis*, 429
固定元をもたない置換, fixpoint free permutation, *fixpunktfreie Permutation*, 437
固定体, fixed field, *Fixkörper*, 71
固定点, fixpoint, *Fixpunkt*, 429
固定点条件, fixpoint condition, *Fixpunktbedingung*, 429
固定点定理, fixed point theorem, *Fixpunktsatz*, 339
古典的リーマン面, classical Riemann surface, *konkrete Riemannsche Fläche*, 417
弧度, circular measure, *Bogenmaß*, 139
細かい, 強い, fine, strong, *fein*, 205, 215
小道, simple path, trail, *einfacher Kantenzug*, 243
固有関数, eigenfunction (proper function), *Eigenfunktion*, 343
固有値, eigenvalue (proper value), *Eigenwert*, 159, 343, 359
固有ベクトル, eigenvector, *Eigenvektor*, 159, 359
孤立点, isolated point, *Einsiedler, isolierter Punkt*, 201, 279, 351
孤立特異解, isolated solution, *isolierte singuläre Lösung*, 351
孤立特異点, isolated singularity, *isolierte Singularität*, 411, 433
ゴールドバッハ予想, Goldbach conjecture, *Goldbachsche Vermutung*, 117
コルモゴロフの公理系, Kolmogoroff axioms, *Kolmogoroff-Axiome*, 439
根元事象, elementary event, *Elementarereignis*, 439
混合構造, mixed structure, *Mischstruktur*, 27
根号による方程式の可解性, solvability of equation by radical, *Auflösbarkeit von Gleichung durch Radikale*, 101
根点, root point, *Wurzelpunkt*, 435, 441
コンパクト化, compactification, *Kompaktifizierung*, 57, 399, 431
コンパクト化（アレクサンドルフの）, compactification (Alexandroff), *Kompaktifizierung (Alexandroff)*, 219
コンパクト空間, compact space, *kompakter Raum*, 57, 219
コンパクト点集合, compact set of points, *kompakte Punktmenge*, 203

コンパクトな, compact, *kompakt*, 203, 219
コンパクトリーマン面, compact Riemann surface, *kompakte Riemannsche Fläche*, 425
コンパスと定規による作図, construction by compass and ruler, *Konstruktion mit Zirkel und Lineal*, 103

サ

差, difference, *Differenz*, 43
サイクル, cycle, *Kreis*, 243
サイコロ問題, dice problem, *Würfelproblem*, 435
最小元, minimum, minimum element, *kleinstes Element*, 33
最小公倍元, least (lowest) common multiple (lcm), *kleinstes gemeinsames Vielfaches*, 108
最小最適化に双対な, dual to minimum optimization, *dual zur Minimum-Optimierung*, 455
最小 2 乗法, method of least-squares, *Methode der kleinsten Quadrate*, 285
最小上界, least upper bound, *kleinste obere Schranke*, 35
最大, absolute maximum, *absolutes Maximum*, 453
最大区間, maximal interval, *maximales Intervall*, 361
最大元, maximum, maximum element, *größtes Element, Maximum-Element*, 33
最大降下線, line of the greatest slope, *Falllinie*, 167
最大公約元, greatest common divisor (gcd), *größter gemeinsamer Teiler*, 108
最大公約数, greatest common divisor (gcd), *größter gemeinsamer Teiler*, 86
最大最適化, maximum optimization, *Maximum-Optimierung*, 451, 453
最大最適化の標準形, normal form of an maximum optimization, *Normalform einer Maximum-Optimierung*, 451
最短降下線, brachistochrone(line of swiftest descent), *Brachistochrone*, 337
臍点, umbilical point, *Nabelpunkt*, 385
最良近似, best approximation, *beste Approximation*, 285
最良近似曲線, best approximated curve, *best approximierte Kurve*, 369
作図可能性の判定法, criterion for possible construction, *Kriterium für die Konstruierbarkeit*, 103
作図可能の, constructible, *konstruierbar*, 103
作図問題, problem for construction, *Konstruktionsaufgabe*, 105
差集合, difference set, *Restmenge*, 15
最小最適化解, solution of maximum optimization, *Lösung der Maximum-Optimierung*, 451
座標曲線, coordinate curve, *Koordinatenlinien*, 377
座標近傍, coordinate neighborhood, *Koordinatenumgebung, Karte*, 393
座標近傍系, system of coordinate neighborhoods, *Koordinatenumgebungssystem, Atlas*, 393, 417
座標近傍の両立, compatible of coordinate neighborhood, *Verträglichkeit von Karten*, 417
座標系, coordinates system, *Koordinatensystem*, 181
座標線網, net of coordinate line, *Netz von Koordinatenlinie*, 387
鎖複体, chain complex, *Ketten-Komplex*, 239
差分商（関数）, difference quotient function, *Differenzenquotientenfunktion*, 265
鎖法則, chain rule, *Kettenregel*, 267
作用域, operator domain, *Operatorenbereich*, 31
3 位の接触, osculation of 3rd order, *Berührung 3. Ordnung*, 371
三角関数, trigonometric function, *Winkelfunktion*, 259, 281
三角形分割（単体分割）, triangulation (simplicial decomposition), *Triangulation*, 233
三脚，トライアド, triad, *begleitendes Dreibein*, 369
3 重積, tripleproduct, *Spatprodukt*, 369
散布図, scatter diagram, *Streudiagramm*, 449

シ

始位相, initial topology, *initiale Topologie*, 209
軸対称, axis symmetry, *Achsensymmetrie*, 144
次元, dimension, *Dimension*, 355
四元数, quaternion, *Quaternionen*, 59
試行, trial, *Experiment*, 439
自己同型（写像）, automorphism, *Automorphismus*, 71, 81
自己同型群, automorphism group, *Automorphismengruppe*, 27, 81
自己同型写像, automorphism, *Automorphismus*, 27
支持台形, supporting trapezoid, *Stütztrapez*, 165
事象, event, *Ereignis*, 439
事象概念, event concept, *Ereignisbegriff*, 439
事象代数, events algebra, *Ereignisalgebra*, 439
事象の確率, probability of event, *Wahrscheinlichkeit des Ereignisses*, 439
辞書式順序, lexicographic order, *lexikographische Anordnung*, 435
辞書的積, lexicographic product, *lexikographi-*

sches Produkt, 39
次数, order, degree, *Grad, Ordnung*, 241, 279
指数関数, exponential function, *Exponentialfunktion*, 281
次数定理, degree theorem, *Gradsatz*, 89
指数付値, exponential valuation, *Exponentenbewertung*, 113
自然位相, natural topology, *natürliche Topologie*, 205
自然数, natural number, *natürliche Zahl*, 43
自然対数関数, natural logarithmic function, *natürliche Logarithmusfunktion*, 281
自然な写像, canonical map, natural mapping, *kanonische Abbildung, naturliche Abbildung*, 21, 23
自然なパラメータ, natural parameter, *natürliche Parameter*, 367
自然なパラメータ化, natural parametrization, *natürliche Parametrisierung*, 375
自然にパラメータ化された, natural parametrized, *natürlich parametrisiert*, 367
下に凸, convex down, *konvex nach unten*, 275
下に有界, bounded from below, bounded downwards, *nach unten beschränkt*, 35
実関数, real function, *reelle Funktion*, 255
実基本行列, real fundamental matrix, *reelle Fundamentalmatrix*, 359
実固有値, real eigenvalue, *reeller Eigenwert*, 359
実数, real number, *reelle Zahl*, 49
実数列, real valued sequence, *reellwertige Folge*, 249
実微分可能, real differentiable, *reell differenzierbar*, 403
実微分可能性, real differentiability, *reelle Differenzierbarkeit*, 403
実部, real part, *Realteil*, 55, 399
始点, initial point, starting point, origin, *Anfangspunkt*, 213
死亡表, mortality table, *Sterbetafeln*, 447
自明な指数付値, trivial exponential valuation, *triviale Exponentenbewertung*, 113
自明な付値, trivial valuation, *triviale Bewertung*, 112
射, morphism, *Morphismus*, 27
射影, projection, *Projektion*, 23, 75
射影計量平面, pojective metric plane, *projektivmetrishche Ebene*, 135
射影結合平面, projective incidence plane, *projektive Inzidenzebene*, 129
射影平面, projective plane, *projektive Ebene*, 129
斜計測軸写像, 斜軸測投象写像, oblique axonometric projecton, skew axometric mapping, *schiefaxonmetrische Abbildung*, 167
斜航路, ロクソドローム, 航海線, loxodrome, loxodromic curve, *Loxodrome*, 179
射線定理, ray theorem, *Strahlensatz*, 147
写像, mapping, map, *Abbildung*, 23, 241
写像の拡大, extension of map, *Fortsetzung der Abbildung*, 23
写像のグラフ, graph of map, *Graph der Abbildung*, 23
写像の合成, composition of mapping, *Komposition der Abbildung*, 23
写像の制限, restriction of mapping, *Einschränkung einer Abbildung*, 23
斜体, skew field, *Schiefkörper*, 31, 59
種, genus, *Geschlecht*, 425
主イデアル, 単項イデアル, principal ideal, *Hauptideal*, 73
主イデアル環, 単項イデアル環, principal ideal ring, *Hauptidealring*, 73
主因子, principal divisor, *Hauptdivisor*, 115
自由運動性, free mobility, *freie Beweglichkeit*, 121
自由加群, free module, *freier Modul*, 77
周期, period, *Periode*, 423
指数関数, exponential function, *Exponentialfunktion*, 423
周期帯, period strip, *Periodenstreife*, 423
周期的, periodic, *periodisch*, 421, 423
周期平行四辺形, period parallelogram, *Periodenparallelogramm*, 423
集合, set, *Menge*, 13
集合環, set ring, *Mengenring*, 151
集合束, lattice of sets, *Mengenverband*, 17
集合族, family of sets, *Mengensystem*, 13
集合代数, set algebra, *Mengenalgebra*, 15
集合の集合, set of all sets, *Allmenge*, 13
集合の置換群, permutation group of sets, *Permutationsgruppe von Mengen*, 65
集積点, accumulation point, cluster point, *Häufungspunkt*, 201, 249
集積点（数列の）, sequence accumulation point, *Folgenhäufungspunkt*, 249
収束, convergence, *Konvergenz*, 431
収束域, domain of convergence, *Konvergenzgebiet*, 431
収束概念, convergence conception, *Konvergenz-Begriff*, 27
充足可能, satisfiable, *erfüllbar*, 5
収束性, convergence, *Konvergenz*, 401
収束の, convergent, *konvergent*, 41, 249, 401
収束半径, convergent radius, radius of convergence, *Konvergenzradius*, 261, 407
充足不能論理式, unsatisfiable formula, *unerfüllbare Aussageform*, 5
終点, endpoint, terminal(point), *Endpunkt*, 213,

441
自由度, degree of free, *Freiheitsgrad*, 447
十分条件, sufficient condition, *hinreichende Bedingung*, 11
自由変数, free variable, *freie Variable*, 7
従法線ベクトル, binormal vector, *Binormalenvektor*, 369
主曲率, principal curvature, *Hauptkrümmung*, 385
主曲率方向ベクトル, principal curvature direction vector, *Hauptkrümmungsrichtungsvektor*, 385
縮閉曲面, evolute surface, *Evolutenfläche*, 373
縮閉線, evolute of a curve, *Evolute einer Kurve*, 375
主語, subject, *Subjekt*, 7
主軸変換, principal axis transformation, *Hauptachsentransformation*, 191
種数, genus, *Geschlecht*, 237
述語, predicate, *Prädikat*, 5, 7
述語論理定理, theorem of predicate logic, *Satz der Prädikatenlogik*, 7
主定理, main theorem, *Hauptsatz*, 98
主定理（積分法の）, fundamental theorem of the integral calculus, *Hauptsatz der Integralrechnung*, 305
主定理（スミルノフ・ナガタ・ビングの）, main theorem (Smirnow-Nagata-Bing), *Hauptsatz (Smirnow-Nagata-Bing)*, 221
十分な精度, sufficient correctness, *hinreichende Genauigkeit*, 363
主法線ベクトル, main normal vector, principal normal vector, *Hauptnormalenvektor*, 367, 383
樹木図, tree diagram, *Baumdiagramm*, 435, 437
主要部, main part, *Hauptteil*, 413
シュワルツの不等式, Schwarz's inequality, *Schwarzsche Ungleichung*, 337
巡回群のモデル, model of cyclic group, *Modell zyklischer Gruppe*, 67
巡回生成群, cyclic generated group, *zyklische erzeugte Gruppe*, 63
巡回生成元 (G の), cyclic generated element of G, *zyklische Erzengende von* G, 63
巡回の, cyclic, *zyklisch*, 65
循環小数, periodic decimal, *periodische Dezimalzahl*, 53
順序関係, ordered relation, *Ordnungsrelation*, 13, 33, 37
順序関係の線形性, connexity of ordered relation, *Konnexität einer Ordnungsrelation*, 35
順序型, order type, *Ordnungstyp*, 37
順序構造, ordered structure, *Ordnungsstruktur*, 27, 37
順序集合, ordered set, *geordnete Menge*, 27, 33
順序数, ordinal number, *Ordnungszahl*, 37
順序数列, sequence of ordinal numbers, *Ordinalzahlreihe*, 39
順序体, ordered field, *geordneter Körper*, 27, 247
順序付けられた和集合, ordered sum of sets, ordered union, *geordnete Vereinigung*, 39
準同型（写像）, homomorphism, *Homomorphismus*, 63
準同型定理, homomorphy theorem, *Homomorphiesatz*, 67
準同型の, homomorphic, *homomorph*, 63
商, quotient, *Quotient*, 47
商位相, quotient topology, *Quotiententopologie*, 211
商位相空間, topological quotient space, *topologischer Quotientenraum*, 27
上界, upper bound, *obere Schranke*, 35
商加群, quotient module, *Quotientenmodul*, 27
商加群（M の U による）, quotient module of M by U, *Quotientenmodul von* M *nach* U, 75
商環, quotient ring, *Quotientenring*, 27, 73, 109
小行列式, minor (determinant), *Streichungsdet.*, 81
上極限, superior limit, *oberer Limes*, 251
商空間, quotient space, *Quotientenraum*, 27, 211
商群, quotient group, *Quotientengruppe*, 27, 65
上限, least upper bound (lub.), supremum, *obere Grenze, Supremum*, 35
条件収束の, conditionally convergent, *bedingt konvergent*, 253
条件付き確率, conditional probability, *bedingte Wahrscheinlichkeit*, 439
条件つき極値（問題）, conditional extremum, *Extremum mit Nebenbedingungen*, 299
商構造, quotient structure, *Quotientenstruktur*, 27
商集合, quotient set, *Quotientenmenge*, 21
上積分, upper integral, *Oberintegral*, 303
商体, quotient field, *Körper der Brüche, Quotientenkörper*, 27, 47, 71
商対象, quotient object, *Quotientengebilde*, 27
上半平面モデル, upper-half plane model, *Halbebenemodell*, 173
常微分方程式, ordinary differential equation, *gewöhnliche Differentialgleichung*, 345
乗法, multiplication, *Multiplikation*, 43
証明, proof, *Beweis*, 11
証明可能, provable, *ableitbar, beweisbar*, 7

正面図, front elevation, *Aufriß*, 165
剰余（類）環, residue (class) ring, *Restklassenring*, 31, 109
剰余次数, residue degree, *Trägheitsgrad*, 115
剰余体, quotient field, field of quotient, *Quotientenkörper*, 91
剰余体, residue class field, *Restklassenkörper*, 31, 113
剰余類, residue class, *Nebenklasse, Restklasse*, 63, 109
初期値, initial value, *Anfangswert*, 345
初期値問題, initial value problem, *Anfangswerteproblem*, 345, 349, 357, 359
初期値問題の解, solution of initial value problem, *Lösung des Anfangswerteproblems*, 345, 347, 353
除去可能な特異点, removable singularity, *hebbare Singularität*, 411
触点, adherent point, *Berührungspunkt*, 201
序数, ordinal number, *Ordinalzahl*, 37
初等整数論の基本定理, main theorem in elementary number theory, *Hauptsatz der elementaren Zahlentheorie*, 108
樹木図, tree diagram, *Baumdiagramm*, 441
ジョルダン可測な, Jordan measurable, *Jordanmessbar*, 329
ジョルダン曲線, Jordan curve, *Jordan-Kurve*, 225
ジョルダンの曲線概念, curve conception of Jordan, *Kurvenbegriff von Jordan*, 225
ジョルダンの曲線定理, Jordan's curve theorem, *Jordanscher Kurvensatz*, 225
ジョルダン面積, Jordan measure, *Jordan-Inhalt*, 329
シルヴェスターの公式, formula of Sylvester, *Formel von Sylvester*, 439
真因子, proper divisor, *echter Teiler*, 107
伸開曲面, evolvente surface, *Evolventenfläche*, 373
伸開線, involute, *Evolvente*, 373, 375
人口（階）層, section (stratum) of society, *Bevölkerungsschicht*, 447
真性特異点, essential singularity, *wesentliche Singularität*, 411
伸長しない連続変形, continuous deformation without dilatation, *stetige Deformation ohne Dehnung*, 381
伸張平面, dilatation plane, *Streckebene*, 369
真の命題, truth statement, *wahre Aussage*, 83
真部分群, proper subgroup, *echte Untergruppe*, 63
真部分集合, proper subset, *echte Teilmenge*, 13
シンプレックス法, simplex method, *Simplexverfahren*, 451, 453, 455
真理値, truth value, *Wahrheitswert*, 5
真理表, truth table, *Wahrheitstafel*, 5

ス

推移性, trasitivity, *Transitivität*, 33
推移的な, transitive, *transitiv*, 21, 33
垂線定理, perpendicular theorem, *Lotesatz*, 125
垂直な, orthogonal, *orthogonal*, 367
垂直二等分線定理, perpendicular bisector theorem, *Mittelsenkrechtensatz*, 125
推定値, estimated value, *Schätzwert*, 447
酔歩, ランダムウォーク, random walk, *Weg eines Betrunkenen*, 449
推論規則, rule of inference, *Schlußregel*, 7
推論図式, inference diagram, *Schlußfigur*, 7
推論定理, inference theorem, *Schließungssatz*, 129
数学的帰納法, mathematical induction, *vollständige Induktion*, 11, 43
数値解法, numerical method, *numerische Methode*, 363
数直線, number line, *Zahlengerade*, 45
数直線上での実数の構成, construction of real number on the number line, *Konstruktion der reellen Zahlen auf der Zahlengerade*, 103
数類, number class, *Zahlklasse*, 37, 39
数列, sequence, series, *Folge*, 23, 249
数列の収束, convergence of sequences, convergence of series, *Konvergenz von Folgen*, 41, 215
スカラー積 (内積), scalar product, *Skalarprodukt*, 183, 337
スティルチェス積分, Stieltjes integral, *Stieltjes-Integral*, 301
ストークスの積分定理, Stokes' integral theorem, *Stokescher Integralsatz*, 327
すべての順序数の集合, set of all ordinal numbers, *Menge aller Ordinalzahlen*, 39
スラック変数, slack variable, hiding-variable, *Schlupfvariable*, 453, 455

セ

正 n 角形の作図, construction of regular n-gon, *Konstruktion regelmäßiger n-Eche*, 105
整域, integral domain, *Integritätsbereich, Interitätsring*, 31, 45
整域の素イデアルによる特徴づけ, characterization by prime ideal, *Kennzeichnung von Integritätsringen* (*Integritätsbereich*) *durch Primideale*, 73
整1次変換, integral linear transformation, *ganze lineare Transformation*, 427

整関数, integral function, *ganze Funktion*, 419
正規化された, normalized, *normiert*, 87
正規空間, normal space, *normaler Raum*, 217
正規形, normal form, *Normalenform*, 371
正規直交右手系, orthonormal right system, *orthonormiertes Rechtssystem*, 369
正規（形）の, normal, *normal*, 217
正規表現, normal representation, *Normaldarstellung*, 55
正規部分群, normal subgroup, *Normalteiler*, 65
正規分布, normal distribution, *Normalverteilung*, 445
正曲率, positive curvature, *positive Krümmung*, 375
正弦, sinus, *Sinus*, 169
正弦関数の積表現, product representation of sinfunction, *Produktdarstellung der Sinusfunktion*, 419
正弦定理, sinus theorem, *Sinussatz*, 171
正航路, 大圏, orthodromic line, *Orthodrome*, 179
性質, property, *Eigenschaft*, 7
生成イデアル, generated ideal, *erzeugtes Ideal*, 73
生成系, generator system, system of generators, *Erzeugendensystem*, 77, 89, 208
生成元, generator, *Erzeugende*, 387
生成された位相, generated topology, *erzeugte Topologie*, 208
生成された始位相, generated initial topology, *erzeugte initiale Topologie*, 211
生成された終位相, generated finale topology, *erzeugte finale Topologie*, 211
生成された巡回部分群（x で）, cyclic generated group by x, *von x erzeugte zyklische Untergruppe*, 63
正接, tangent, *Tangens*, 169
正接定理, tangent theorem, *Tangenssatz*, 171
正則関数芽, germ of holomorphic function, *holomorphe Funktionskeime*, 409
正則行列, regular matrix, *reguläre Matrix*, 81
正則行列の群, group of regular matrix, *Gruppe regulärer Matrizen*, 81
正則曲面, regular surface, *reguläre Fläche*, 387
正則空間, regular space, *regulärer Raum*, 217
正則性, holomorphy, *Holomorphie*, 397, 431
正則性, regularity, *Regularität*, 351
正則線素, regular line element, *reguläres Linienelement*, 351
正則な, holomorphic(al), regular, *holomorph*, 431
正則な, regular, *regulär*, 81, 217, 241
正則領域, holomorphic domain, *Holomorphiegebiet*, 431, 433
正多面体, regular polyhedron, *reguläres Polyeder*, 161
正定値形式, positive definite form, *positiv-definite Form*, 395
正の側, positive side, *positive Seite*, 379
正の整数, positive integer, *positive ganze Zahl*, 45
正の捩率, positive torsion, *positive Torsion*, 369
正の向き, positive sence, *positiv bezeichneter Drehsinn*, 379
正の向き付け, positive orientation, *positive Orientierung*, 367, 379
正方形, square, *Rechteck*, 431
制約条件, (condition of) constraint, *Nebenbedingung*, 451
制約条件行列, matrix of (condition of) constraints, *Matrix der Nebenbedingungen*, 451
制約ベクトル, vector of restriction, *Vektor der Beschränkung*, 451
整列集合, well ordered set, *wohlgeordnete Menge*, 27, 35
整列定理, well order theorem, *Wohlordnungssatz*, 35
整列順序の, well ordered, *wohlgeordnet*, 35
整列性, well order, *Wohlordnung*, 35, 37
積位相, product topology, *Produkttopologie*, 211
積空間, product space, *Produktraum*, 211
積構造, product structure, *Produktstruktur*, 27
多重構造, multiple structure, *Multistruktur*, 27
積分因子, integrating factor, *integrierender Faktor*, 347
積分関数の解析形体, analytic gebilde of integral function, *analytisches Gebilde der Integralfunktion*, 425
積分作用素, integral operator, *Integraloperator*, 343
接空間, tangential space, *Tangentialraum*, 393
接触, adherent, *Berührung*, 201
接触円, osculating circle, *Schmiegkreis*, 369, 375
接触球, osculating sphere, *Schmiegkugel*, 371
接触球面の中心, center of osculating sphere, *Schmiegkugelmittelpunkt*, 373
接触球面の半径, radius of osculating sphere, *Schmiegkugelradius*, 373
接触形体, osculating gebilde, *Schmieggebilde*, 371
接触点, 触点, point of osculation, osculating point, *Berührungspunkt*, 379
接触点での接平面, tangential plane at osculation, *Tangentialebene zum Berührungspunkt*, 379
接触平面, osculating plane, *Schmiegebene*, 369, 371
接線, tangent, *Tangente*, 144, 375, 427

接線曲面, tangent surface, *Tangentenfläche*, 373
接線成分, tangential component, *Tangentenkomponente*, 383
接線ベクトル, tangent vector, tangential vector, *Tangentenvektor*, 367, 375
接線方向ベクトル, tangential direction vector, *Tangentenrichtungsvektor*, 367, 377
接線方程式, tangential equation, *Tangentengleichung*, 367
接続関係, incident relation, *Inzidenzbeziehung*, 241
絶対幾何学, absolute geometry, *absolute Geometrie*, 123
絶対空間, absolute space, *absoluter Raum*, 431
絶対誤差, absolut error, *absoluter Fehler*, 363
絶対値, absolute value, *absoluter Betrag*, 45, 247
絶対頻度, absolute frequency, *absolute Häufigkeit*, 443
切断, cut, *Abschnitt*, 49
切断曲線, sectional curve, *Schnittkurve*, 385
切断数, cut number, articulation number, *Trennzahl*, 245
切断頂点集合, cut vertex set, cut point set, *trennende Eckenmenge*, 245
切断点, cut point, *Trennecke*, 245
節点, knot point, *Knotenpunkt*, 351
接平面, tangent plane, tangential plane, *Tangentialebene*, 293, 379
接平面の向き付け, orientation of tangential plane, *Orientierung der Tangentialebene*, 379
接ベクトル, tangential vector, *Tangentenvektor*, 393
切片, segment, *Abschnitt*, 37
全域木, spanning tree, *Gerüst*, 243
全確率, total probability, *totale Wahrscheinlichkeit*, 441
漸近線, asymptote, asymptotic line, *Asymptote*, 277, 387
漸近方向, asymptotic direction, *Asymptotenrichtung*, 385
線形計画法, linear optimization, *lineare Optimierung*, 451
線形形式, 1 次形式, linear form, *Linearform*, 79
線形写像, linear mapping, *lineare Abbildung*, 77, 79
線形写像の合成, composition of linear mappings, *Komposition linearer Abbildungen*, 79
線形順序集合, linearly ordered set, connex ordered set, *konnex geordnete Menge*, 27, 33, 43
線形性, connexity, linearity, *Konnexität, Linearität*, 37
線形積分方程式, linear integral equation, *lineare Integralgleichung*, 343
線形 2 階微分方程式, linear DE 2. order, *lineare DG 2. Ordnung*, 353
線形の, linear, connex, *linear, konnex*, 21, 33, 37
線形汎関数, linear functional, *lineares Funktional*, 337
線形閉包 (T の), linear hull of T, *lineare Hülle von T*, 77
線形方程式系, linear equation system, *lineares Gleichungssystem*, 83
前件肯定, modus ponens, rule of detachment, *modus ponens, Abtrennungsregel*, 7, 11
全事象, whole event, *vollständiges Ereignissystem*, 441
前者, predecessor, *Vorgänger*, 45
全射の, surjective, *surjektiv*, 23
全称作用素, universal quantifier, *Generalisator*, 7
線積分, curvilinear integral, linear integral, *Kurvenintegral, lineares Integral*, 323, 405
線素, line element, *Linienelement*, 351
選択関数, choice function, *Auswahlfunktion*, 19
選択公理, axiom of choice, *Auswahlaxiom*, 35
選択公理を持たない集合論, set theory without axiom of choice, *Mengenlehre ohne Auswahlaxiom*, 19
選択公理を持つ集合論, set theory with axiom of choice, *Mengenlehre mit Auswahlaxiom*, 19
全単射の, bijective, *bijektiv*, 23, 27
尖点, cusp, *Spitze*, 279
前ヒルベルト空間, pre-Hilbert space, *Prä-Hilbert-Raum*, 337
全部分体の共通部分, common part of all subfields, *Durchschnitt aller Unterkörper*, 95
線分, segment, line segment, *Geradenstück, Strecke*, 121, 225, 383

ソ

素因子, prime divisor, *Primdivisor*, 115
像, image, *Bild*, 23
相関係数, correlation coefficient, *Korrelationskoeffizient*, 449
双曲曲率, hyperbolic curvature, *hyperbolische Krümmung*, 385
双曲線, hyperbola, *Hyperbel*, 187, 385
双曲線関数, hyperbolic function, *Hyperbelfunktion*, 176, 283
双曲柱, hyperbolic cylinder, *hyperbolischer Zylinder*, 193
双曲的, hyperbolic, *hyperbolisch*, 385
双曲的公理, hyperbolic axiom, *hyperbolisches Axiom*, 127
双曲点, hyperbolic point, *hyperbolischer Punkt*,

385
双曲放物面, hyperbolic paraboloid, *hyperbolisches Paraboloid*, 193, 385
相互法則, law of reciprocity, *Reziprozitätsgesetz*, 111
相似写像, similar mapping, similarity, *ähnliche Abbildung*, 37
相似順序集合, similar ordered set, *ähnliche geordnete Menge*, 37
相似変換, similar transformation, *Ähnlichkeitsabbildung*, 147
像集合, image set, *Bildmenge*, 429
双全の, bitotal, *bitotal*, 21
相対位相, relative topology, *relative Topologie*, 209
相対化, relativization, *Relativierumg*, 199
相対自己同型（写像）, relative automorphism, *relativer Automorphismus*, 98
相対的な, relative, *relativ*, 25
相対頻度, relative frequency, *relative Häufigkeit*, 443
双対性, duality, *Dualität*, 17, 455
双対なベクトル空間（V に）, dual vector space to V, *dualer Vektorraum zu* V, 79
相補束, complemented lattice, *komplementärer Verband*, 17
束, lattice, *Verband*, 17
測地線, geodesic line, *geodätische Linie*, 341, 383
測地（的）曲率, geodesic curvature, *geodätische Krümmung*, 383
束縛変数, bounded variable, *gebundene Variable*, 7
束論, lattice theory, *Verbandstheorie*, 17
素元, prime element, *Primelement*, 107
素元分解環, 一意分解整域, UFD (unique facorization domain), *ZPE-Ring*, 107
素事象, elementary event, *Elementarereignis*, 439
素体, prime field, *Primkörper*, 95
素多項式（$f(x)$ に対する）, primitive polynomial to $f(x)$, *primitives Polynom zu* $f(x)$, 87
（互いに）素な, disjoint, *elementefremd*, 429
素な台集合, disjoint carrier set, *disjunkte Trägermenge*, 211
素な和集合, disjoint sum of sets, disjointed union, *disjunkte Vereinigung*, 211
素朴集合論, naive set theory, *naive Mengenlehre*, 13
存在公理, axiom of existence, *Existenzaxiom*, 19
存在作用素, existential quantifier, *Partikularisator*, 7
存在と一意性定理, existence and uniqueness theorem, *Existenz-und Eindeutigkeitssatz*, 361, 389

タ

体, field, *Körper*, 31, 47, 247
台, carrier, support, *Träger*, 393
第 n 階述語論理, predicate logic of nth order, *Prädikatenlogik n-ter Stufe*, 9
第 n 近似曲線, nth approximate curve, *n-te Nährungskurve*, 371
ダイアディック, 二脚, diadic, *begleitendes Zweibein*, 375
大域的な, global, *im Großen, global*, 365
大域リプシッツ条件, globale Lipschitz condition, *globale Lipschitz-Bedingung*, 361
大域連続な, global continuous, *global-stetig*, 41, 209
第 1 基本形式, first fundamental form, *erste Fundamentalform*, 381
第 1 基本形式の判別式, discriminant of first fundamental form, *Diskriminante der ersten Fundamentalform*, 383
第 1 同型定理, 1st isomorphy theorem, *1. Isomorphiesatz*, 67
第 1 和集合公理, 1st axiom of sum-set, *1. Vereinigungsmengenaxiom*, 19
第 1 階述語論理, predicate logic of first order, *Prädikatenlogik erster Stufe*, 7
第 1 種アーベル積分, Abelian integral of first kind, *Abelsches Integral von erster Gattung*, 425
第 1 種節点, knot point of first kind, *Knotenpunkt 1. Art*, 351
第 1 種の, of first kind, *von erster Gattung, der ersten Art*, 425
対応規則, mapping rule, *Abbildungsvorschrift*, 23
対応している, corresponding, *korrespondierend*, 417
対角線, diagonal, *Diagonale*, 33
台形, trapezoid, *Trapez*, 153
体鎖, field chain, *Körperkette*, 103
第 3 種節点, knot point of third kind, *Knotenpunkt 3. Art*, 351
第 3 種の, of third kind, *von dritter Gattung, der dritten Art*, 425
台集合, support(carrier) set, *Trägermenge*, 205
体準同型（写像）, field homomorphism, *Körper-Homomorphismus*, 71
対称核, symmetric kernel, *symmetrischer Kern*, 343
対称群, symmetric group, *symmetrische Gruppe*, 65, 69
対象集合, set of individuals, *Individuenmenge*, 7

体上での多項式環の可約性, divisibility of polynominal ring over a field, *Teilbarkeit in Polynomring über einem Körper*, 85
体上の代数的元, algebraic element over a field, *algebraisches Element über einem Körper*, 87
体上ベクトル空間, vector space over a field, *Vektorraum über einem Körper*, 31
対称律の, 対称の, symmetric, *symmetrisch*, 21
代数, 多元環, algebra, *Algebra*, 79
代数拡大, algebraic extension, *algebraische Erweiterung*, 91
代数学の基本定理, fundamental theorem of algebra, *Fundamentalsatz der Algebra*, 57
代数関係, algebraic relation, *algebraische Relation*, 279
対数関数, logarithmic function, *Logarithmusfuktion*, 281
代数関数, algebraic function, *algebraische Funktion*, 279
代数関数体, field of algebraic functions, *Körper algbraischer Funktionen*, 425
代数曲線, algebraic curve, *algebraische Kurve*, 279
代数次元, algebraic dimension, *algebraische Dimension*, 223
代数的な, algebraic, *algebraisch*, 91, 425
代数的元に対する最小多項式, minimal polynominal to an algebraic element, *Minimalpolynom zu einem algebraischen Element*, 87
代数的構造, algebraic structure, *algebraische Struktur*, 27
代数的数, algebraic number, *algebraische Zahl*, 59, 87
代数的閉の, 代数的閉包の, algebraically closed, *algebraisch abgeschlossen*, 57, 91
代数的閉包, algebraic closure, *algebraische Hülle, algebraischer Abschluß*, 89
大数の法則, law of large numbers, *Gesetz der großen Zahlen*, 443
対数分岐点, logarithmic branch point, *logarithmischer Verzweigungspunkt*, 415
代数要素, algebraic element, *algebraisches Element, lokale Abbildungsfunktion*, 417
多意的に解ける, ambiguous solvable, *mehrdeutig lösbar*, 451
体添加（付加）, field adjoin, *Körper-Adjunktion*, 89
対等, equipotent, *gleichmächtig*, 37
第 2 階述語論理, predicate logic of second order, *Prädikatenlogik 2.Stufe*, 9
第 2 基本形式の係数, coefficient of second fundamental form, *Koeffizient der zweiten Fundamentalform*, 383
第 2 基本形式の判別式, discriminant of second fundamental form, *Diskriminante der zweiten Fundamentalform*, 383
第 2 種クリストッフェルの記号, Christoffel's symbol of 2nd kind, *Christoffel-Symbol 2.Art*, 389
第 2 種節点, knot point of second kind, *Knotenpunkt 2. Art*, 351
第 2 種の, of second kind, *von zweiter Gattung, der zweiten Art*, 425
第 2 同型定理, 2nd isomorphy theorem, *2. Isomorphiesatz*, 67
第 2 和集合公理, 2nd axiom of sum-set, *2.Vereinigungsmengenaxiom*, 19
体の拡大, extension of field, *Körpererweiterung*, 89
代表元, representative element, *Repräsentant*, 21
代表元集合, representatives set, *Repräsentantenmenge*, 39
体標数, characteristic of fields, *Charakteristik von Körpern*, 95
多面体, polyhedron, *Polyeder*, 453
楕円, ellipse, *Ellipse*, 187, 385
楕円関数, elliptic function, *elliptischer Funktion*, 423
楕円曲率, elliptic curvature, *elliptische Krümmung*, 385
楕円臍点, elliptic umbilical point, *elliptische Nabelpunkt*, 385
楕円体, ellipsoid, *Ellipsoid*, 385
楕円柱, elliptic cylinder, *elliptischer Zylinder*, 193
楕円的平面, elliptic plane, *elliptische Ebene*, 123
楕円的放物面, elliptic paraboloid, *elliptisches Paraboloid*, 193
楕円点, elliptic point, *elliptischer Punkt*, 385
楕円面, ellipsoid, *Ellipsoid*, 193
（互いに）素, disjoint, *disjunkt*, 15
（互いに）素, relatively prime, *teilerfremd*, 108
（互いに）素な事象, disjoint events, *sich ausschließende Ereignisse*, 439
多角柱, polycylinder, *Polyzylinder*, 431
高さ定理, height theorem, *Höhensatz*, 125
高々 n 次元の, at most n-dimensional, *höchstens n-dimensional*, 223
多項式, polynomial, *Polynom*, 85
多項式（R 上 X に関する）, polynomial in X over R, *Polynom in X über R*, 85
多項式環, polynomial ring, *Polynomring*, 31, 85
多項式関数, rational integral function, *ganzrationale Funktion*, 275
多項式のガロア群, Galois group of a polynomial,

Galoisgruppe eines Polynoms, 100
多項式の最高次係数, highest coefficient of polynomial, *höchster Koeffizient des Polynoms*, 85
多項式の次数, degree of polynomials, *Grad von Polynomen*, 85
多項式の分解体, decomposition field of polynomial, *Zerfällungskörper von Polynomen*, 93
多項式の零点, zero of a polynomial, *Nullstelle eines Polynoms*, 86
多項式分布, polynomial distribution, *Polynomverteilung*, 447
多重固有値, multiple eigenvalue, *mehrfacher Eigenwert*, 359
多重零点, multiple zero, *mehrfache Nullstelle*, 86
多重連結領域同士の等角写像, conformal mapping of multiply connected domain, *konforme Abbildung mehrfachzusammenhängender Gebiete aufeinander*, 429
惰性点, 支持点, inertial point, *Trägerpunkt*, 351
多段試行, multistage trial, *mehrstufiges Experiment*, 441
多値論理, many-valued logic, *mehrwertige Logik*, 5
多面体公式, polyhedron formula, *Polyederformel*, 241, 243
多様体, manifold, *Mannigfaltigkeit*, 393, 417, 433
多様体の台集合, support set of manifold, *Trägermenge der Mannigfaltigkeit*, 393
単位円, unit circle, *Einheitskreis*, 137
単位行列, unit matrix, *Einheitsmatrix*, 79
単位元, identity element, neutral element, *Einselement, neutrales Element*, 31, 63
単位多項式, unit polynomial, *Einspolynom*, 85
単位ベクトル, unit vector, *Einheitsvektor*, 181
単位法線ベクトル, unit normal vector, *Einheitsnormalenvektor*, 379
単殻双曲面, 一葉双曲面, hyperboloid of one sheet, one shell hyperboloid, *einschaliges Hyperboloid*, 385
単元, unit, *Einheit*, 107
単項イデアル環, principal ideal ring, *Hauptidealring*, 108
単固有値, simple eigenvalue, *einfacher Eigenwert*, 359
単射, injection, injective mapping, *injektive Abbildung*, 23
単射群準同型（写像）, injective group homomorphism, *injektiver Gruppen-Homomorphismus*, 65
単射準同型（写像）, injective homomorphism, *injektiver Homomorphismus*, 69
単周期関数, simply periodic function, *einfachperiodische Funktion*, 423
単周期的な, simply periodic, *einfach periodisch*, 423
単純拡大, 単拡大, simple extension, *einfache Erweiterung*, 91
単純孤立特異点, simple isolated singularity, *schlicht isolierte Singularität*, 411
単純代数拡大, simple algebraic extension, *einfache algebraische Erweiterung*, 93
単純点, simple point, *Einfachpunkt, schlichter Punkt*, 365, 425
弾性変形, elastic deformation, *elastische Verformung*, 199
単体, simplex, *Simplex*, 231
単体近似, simplicial approximation, *simpliziale Approximation*, 233
単体写像, simplex mapping, *simpliziale Abbildung*, 233
単体的複体, simplicial complex, *Simplizialkomplexe*, 233
単体分割（三角形分割）, simplicial decomposition (triangulation), *Triangulation*, 231
単調, monotone, *monton*, 107
単調減少, monotone decreasing, *monoton fallend*, 249
単調減少関数, monotone decreasing function, *monoton fallende Funktion*, 255
単調性, monotony, monotone property, *Monotonie*, 247, 329
単調増加, monotone increasing, *monoton steigend*, 249
単調増加関数, monotone increasing function, *monoton steigende Funktion*, 255
単調則, monotonicity law, *Monotoniegesetz*, 43
端点, endpoint, *Endpunkt*, 441
単閉曲線, simple closed curve, *einfachgeschlossene Kurve*, 225
端辺, terminal edge, *Endkante*, 243
単連結の, simply connected, *einfach zusammenhängend*, 203, 229, 245, 347
単連結領域間の等角写像, conformal mapping of simply-connected domain, *konforme Abbildung einfachzusammenhängender Gebiete aufeinander*, 429

チ

値域, domain of value, range, *Wertebereich*, 23, 255
チェビシェフ多項式, Cebysev's polynomial,

Cebysev-Polynom, 285
チェビシェフノルム, Cebysev's norm, *Cebysev-Norm*, 285, 337
置換（順列・組合せ）, permutation, *Permutation*, 435
置換（積分法）, substitution, *Substitution*, 349
置換積分, integration by substitution, *Substitutionsregel*, 309
逐次計算法, successive method, *sukzessives Berechnungsverfahren*, 363
逐次添加（付加）, successive adjunction, *Sukzessiv Adjunktion*, 85
逐次法, iteration method, *Iterationsverfahren*, 453
値群, value group, *Wertgruppe*, 113
チコノフの定理, Tychonoff's theorem, *Satz von Tychonoff*, 219
地図（複素関数論）, chart, *Karte*, 393
地図（4 色問題）, map, *Landkarte*, 243
地図帳, atlas, *Atlas*, 393
チャーチの決定不可能性定理, Church's undecidability theorem, *Unentscheidbarkeitstheorem von Church*, 7
中間環の構成, construction of intermediate ring, *Konstruktion von Zwischenring*, 85
中間体, intermediate field, *Zwischenkörper*, 89
中間値の定理, intermediate value theorem, *Zwischenwertsatz*, 213
抽象リーマン面, abstract Riemann surface, *abstrakte Riemannsche Fläche*, 417
中心伸縮, central stretch, *zentrische Streckung*, 147
稠密指数付値, dense valuation, *dichte Bewertung*, 113
超越数, transcendental number, *transzendente Zahl*, 59, 87
超越整関数, integral transcendent function, *ganztranszendente Funktion*, 419
超越的, transcendent, *transzendent*, 91
超球, hypersphere, *Hyperkugel*, 163, 195
超限帰納法, transfinite induction, *transfinite Induktion*, 11, 39
超限順序数, transfinite ordinal number, *transfinite Ordinalzahl*, 37, 39
頂点（幾何の）, apex, *Scheitel*, 139
頂点（グラフ理論の）, vertex, *Ecke*, 241
ちょうど n 位の接触, osculation of precise nth order, *eine Berührung von genau n-ter Ordnung*, 371
重複組合せ, combination with repeat, *Kombination mit Wiederholung*, 437
重複順列, permutation with repeat, *Permutation mit Wiederholung*, 437
重複点, multiple point, *Mehrfachpunkt*, 365
重複のない組合せ, combination without repeat, *Kombination ohne Wiederholung*, 437
重複のない順列, permutation without repeat, *Permutation ohne Wiederholung*, 437
超平面, hyperplane, *Hyperebene*, 194, 431, 453
調和関数, harmonic function, *harmonische Funktion*, 403
調和的ホモロジー, harmonic homology, *harmonische Homologie*, 131
直後の順序数, successor of ordinal number, *nachfolgende Ordinalzahl*, 39
直積, direct product, Cartesian product, *direktes Produkt, kartesisches Produkt*, 21, 27, 67
直積（部分加群の）, direct product of submodule, *direktes Produkt der Untermodule*, 75
直接（解析）接続, direct continuation, *holomorphe Ergänzung*, 409, 425
直接証明, direct proof, *direkter Beweis*, 11
直線から直線への 1 次変換, linear transformation from line to line, *lineare Transformation Gerade auf Gerade*, 427
直線束, line bundle, *Geradenbüschel*, 125
直方体, rectangular parallelepiped, *Quader*, 163
直和, direct sum, *direkte Summe*, 75
直観主義, intuitionism, *Intuitionismus*, 9
直交座標線網, orthogonal coordinate line netz, *orthogonale Koordinatenliniennetz*, 381
直交の, orthogonal, *orthogonal*, 435

ツ

ツォルンの補題, Zorn's lemma, *Zornsches Lemma*, 33, 35, 39, 91
強い, 細かい, strong, fine, *fein*, 205, 215
強い形のツォルンの補題, strict Zorn's lemma, *Verschärfung des Zornschen Lemmas*, 35

テ

定義域, domain (of definition), *Definitionsbereich*, 23, 255
定義語, definiens, *Definiens*, 11
定傾曲線, curve of constant inclination, *Böschungslinie*, 373
定数関数, constant function, *konstante Funktion*, 349
定数写像, constant map, *konstante Abbildung*, 23
定数変化法, variation of constant, *Variation der Konstante*, 349, 353, 355, 359
定数歩, constant walk, *konstante Kantenzug*, 235
定積分, definite integral, *bestimmtes Integral*,

307
テイラー級数, Taylor series, *Taylor-Reihe*, 273
テイラー剰余項, Taylor remainder, *Taylor-Rest*, 271
テイラー多項式, Taylor polynomial, *Taylor-Polynom, Taylorpolynom*, 271, 349
テイラー展開, Taylor expansion, *Taylor-Entwicklung*, 371
テイラー公式, Taylor's formula, *Formel von Taylor*, 371
デサルグ結合平面, desarguian incidence plane, *desarguesschen Inzidenzebene*, 129
デデキント環, Dedekind domain, *dedekindscher Ring*, 108
デデキントの切断, Dedekind cut, *dedekindscher Schnitt*, 49
デュパン標形, Dupin's indicatrix, *Dupinsche Indikatrix*, 385
テュラングラフ, Turan's graph, *Turanscher Graph*, 245
テュランの定理, Turan's theorem, *Satz von Turan*, 245
デロスの問題, Delos problem, *Delisches Problem*, 105
展開線, expansion line, *Abwicklungslinie*, 373
展開点, expansion point, *Entwicklungsstelle*, 431
点 a まわりのローラン展開, Laurent series with expansion point a, *Laurentreihe mit der Entwicklungsstelle* a, 411
展開特性, expansion character, *Abwicklungseigenschaft*, 373
点鏡映, point reflexion, *Punktspiegelung*, 127
テンソル成分, components of tensor, *Komponenten des Tensors*, 390
テンソルの x^i 成分, x^i component of tensor, x^i *Komponente des Tensors*, 390
テンソル場, tensor field, *Tensorfeld*, 391
点対称, point symmetry, *Punktsymmetrie*, 144
展直平面, rectifying plane, *rektifizierende Ebene*, 369

ト
同一性, identity, *Identität*, 9
等化位相, identification topology, *Identifizierungstopologie*, 211
等角写像, conformal mapping, *konforme Abbildung*, 427
等角性, conformality, *Konformität*, 397, 427
等角の, conformal, *konform*, 427
導関数, derivative, derived function, *Ableitung*, 265, 403
導曲線, derived curve, *Leitkurve*, 387
動径, radius, *Streckungsfaktor*, 427
同型グラフ, isomorph graph, *isomorpher Graph*, 241
同型写像, isomorphism, *Isomorphismus*, 27
統計的安全性, statistical security, *statistische Sicherheit*, 447
同型な, isomorphic, *isomorph*, 27, 65
等号, equality, *Gleichheit*, 21
等号（の記号）, equality symbol, *Gleichheitszeichen*, 9
等高線, contour-line (niveu line), *Höhenlinie (Isohypse)*, 167
等号と関手変数つき述語論理, predicate logic with equality and functor variables, *Prädikatenlogik mit Identität und Funktorenvariablen*, 9
等号を持つ述語論理, predicate logic with equality, *Prädikatenlogik mit Identität*, 9
同次形, homogeneous system, *homogenes System*, 83
同次座標, homogeneous coordinate, *homogene Punktkoordinate*, 133
同次線形微分方程式, homogeneous linear DE, *homogene lineare DG*, 353, 355
同次（形）の, homogeneous, *homogen*, 83, 349, 357
同次（形）微分方程式, homogenneous DE, *homogene DG*, 349
等周問題, isoperimetric problem, *isoperimetrisches Problem*, 341
導出構造, induced structure, derived structure, *abgeleitete Struktur*, 27
同相(写像), homeomorphism, *Homöomorphismus*, 199
同相の, homeomorphic, *homöomorph*, 199, 209
同心超球, concentric hyper ball, *konzentrische Hyperkugel*, 433
同相写像, homeomorphism, *Homöomorphismus*, 209
同値関係, equivalence relation, *Äquivalenzrelation*, 21, 65
同値な, equivalent, *äquivalent*, 112, 208, 365
同値な，同等な, equal, *gleichwertig*, 393
同値な生成系, equivalent generator system, *äquivalentes Erzeugendensystem*, 208
同値パラメータ表現表示, equivalent parameter representation, *äquivalente Parameterdarstellung*, 365
同値表現類, class of equivalent representation, *Klassen äquivalenter Darstellung*, 365
同値変形, equivalent transformation, *Äquivalenzumformung*, 83
等長曲面片, isometric surface patch, *isometrisches Flächenstück*, 381
等長写像, isometric map, *isometrische Abbil-

dung, 381
同値類, equivalence class, *Äquivalenzklasse*, 21
同程度に確からしい，同様に確からしい，equally probable, equiprobable, equally likely, *gleichwahrscheinlich*, 439
同濃度（等濃度）, equipotency, *Gleichmächtigkeit*, 25
同伴の, associate, *assoziiert*, 107
特異解, singular solution, *singuläre Lösung*, 351
特異曲線点, singular curve point, *singulärer Kurvenpunkt*, 425
特異線素, singular line element, *singuläres Linienelement*, 351
特異点, singularity, singular point, *Singularität, singuläre Punkte*, 279, 351, 379, 397, 411, 433
特異ホモロジー群, singular homology group, *singuläre Homologiegruppe*, 239
特殊 1 階微分方程式, special DEs of 1st order, *spezielle DGen 1. Ordnung*, 347
特殊解, particular solution, *partikuläre Lösung*, 83, 349, 353, 355, 359
特殊解（同次形微分方程式の）, particular solution of inhomogeneous DE, *partikuläre Lösung der inhomogenen DG*, 349
特性多項式, characteristic polynomial, *charakteristisches Polynom*, 355
特性方程式, characteristic equation, *charakteristische Gleichung*, 159, 353, 355, 359
独立事象, independent event, *unabhängiges Ereignis*, 441
独立性, independence, *Unabhängigkeit*, 11
解けない, unsolvable, *unlösbar*, 451
凸性, convexity, *Konvexität*, 453
把手, handle, *Henkel*, 237
トートロジー, tautology, *Satz der Aussagenlogik, Tautologie*, 7
ド・モルガンの法則, law of De Morgan, *Gesetz von De Morgan*, 15
トーラス（面）, torus, *Torus*, 237, 379, 415, 425
トレース, trace, *Spurbildung, Spur*, 417
トレース点, trace point, *Spurpunkt*, 417
鈍角, obtuse angle, *stumpfer Winkel*, 139

ナ

内積（スカラー積）, inner product, scalar product, *Innerenprodukt, Skalarprodukt*, 337
内測度, inner measure, *inneres Maß*, 331
内点, inner point, interior point, *innerer Punkt*, 201
内部, inside, interior, *Innere*, 225
内部演算, interior composition, *innere Komposition, innere Verknüpfung*, 27, 29
内部幾何, inner geometry, intrinsic geometry, *innere Geometrie*, 381, 383
内部性質, inner property, intrinsic property, *innere Eigenschaft*, 203, 381
内分, internal division, *innere Teilung*, 147
内包公理, axiom of comprehension, *Komprehensionsaxiom*, 19
長さ, length, *Länge*, 243
長さ保存写像, length preserving map, *längentreue Abbildung*, 381
長さ有限の, rectifiable, *rektifizierbar*, 405
ナブラ, nabla, *Nablavektor*, 293
滑らかな曲面片, smooth surface patch, *glattes Flächenstück*, 377, 427
並べ替え, rearrangement, *Umordnung*, 437

ニ

2 位の接触, osculation of 2nd order, *Berührung 2. Ordnung*, 371
2 階の, degree 2, *2-stufig*, 390
2 階共変対称テンソル, covariant symmetric tensor of 2.level, *kovarianter symmetrischer Tensor 2. Stufe*, 395
2 階共変テンソル, covariant tensor of degree 2, *kovarianter Tensor 2. Stufe*, 390
2 階反変テンソル, contravariant tensor of degree 2, *kontravarianter Tensor 2. Stufe*, 390, 391
2 回目の試行の結果, consequence of the second trial, *Ausfall des zweiten Experiments*, 441
二角形, diangle, *Zweieck*, 177
2 脚，ダイアディック, diadic, *begleitendes Zweibein*, 375
2 項関係, binary relation, *zweistellige Relation*, 21
2 項級数, binomial series, *binomische Reihe*, 273
2 項係数, binomial coefficient, *Binomialkoeffiziente*, 273
2 項分布, binomial distribution, *Binomialverteilung*, 445
2 次曲面, quadrics, *Quadrik*, 191
2 次元多様体, 2-dimensional manifold, two dimensional manifold, *2-dimensionale Mannigfaltigkeit, zweidimensionale Mannigfaltigkeit*, 393
2 次の接触, osculation of 2nd order, *Brührung von 2. Ordnung*, 375
2 重周期関数, doubly periodic function, *doppelt-periodische Funktion*, 423
2 重周期の, doubly periodic, *doppelt-periodisch*, 423
2 重積分, double integral, *Doppelintegral*, 317
2 重辺, double edge, *Zweieck*, 241
2 段試行, 2-level trial, *2-stufiges Experiment*,

439
2 値原理, principle of bivalence, *Prinzip der Zweiwertigkeit*, 5
ニュートン・グレゴリーの方法, Newton-Gregory's method, *Verfahren von Newton-Gregory*, 287
ニュートン法, Newton method, *Newtonsches Verfahren*, 101
ニュートン・ラフソン法, Newton-Raphson's method, *Verfahren von Newton-Raphson*, 289
2 葉曲面, surface of two sheets, *zweiblätterige Fläche*, 415
二律背反, antinomy, *Antinomie*, 19
2 連結の, 2-connected, *zweinfach zusammenhängend*, 245
任意階テンソル, tensor of arbitrary degree, *Tensoren beliebiger Stufe*, 391

ヌ

抜取り検査, 無作為抽出検査, sampling inspection, *Stichprobe*, 447

ネ

ネイピアの等式, Neper's identity, *Nepersche Gleichung*, 179
ネジ方向, screw direction, *Shraubungssin*, 145
ねじれ, twist, *Windung*, 369
ねじれ係数, torsion number, *Torsionzahl*, 239
ねじれの位置, twisted(skew) position, *windschiefe Lage*, 185
捩率, torsion, *Torsion*, 369
ネーター環, neotherian ring, *noetherischer Ring*, 108
ネック, 狭道, narrow pass, defile, bottle-neck, *Engpaß*, 453

ノ

濃度, cardinal number, potency, *Mächtigkeit*, 25, 439
ノルム, norm, *Norm*, 337
ノルム空間, normed vector space, *normierter Vektorraum*, 337

ハ

背景アフイン変換, perspective affine transformation, *perspektiv-affine Abbildung*, 151
背景射, perspective, *Perspektivität*, 131
配置, arrangement, *Belegung*, 435
配置可能性, arrange possibility, *Belegungsmöglichkeit*, 435
背反事象, exclusive (incompatible) event, *Gegenereignis*, 439, 441
陪法線ベクトル, binormal vector, *Binormalenvektor*, 369
背理法, proof by contradiction, *Wiederspruchsbeweis*, 11
ハウスドルフ空間, Hausdorff space, *Hausdorff-Raum*, 41, 215, 217, 247, 393
ハウスドルフ分離公理, Hausdorff separation axiom, *Hausdorffsches Trennungsaxiom*, 217
パスカルの三角形, Pascal's triangle, *Pascalsches Dreieck*, 273
旗, flag, *Flagge*, 137
発散, divergence, *Divergenz*, 299
発散の, divergent, *divergent*, 249
ハッセ図, Hasse diagram, *Ordnungsdiagramm, Hasse-Diagramm*, 17, 33, 43
バナッハ空間, Banach space, *Banach-Raum*, 338
ハミルトン開路, open Hamilton path, *offene Hamiltonsche Linie*, 243
パラコンパクトな, paracompact, *parakompakt*, 221
ばらつき, dispersion, *Streuung*, 443
パラメータ, parameter, *Parameter*, 365
パラメータ化された曲線弧, parametrized curve, *parametrisierter Kurvenbogen*, 365
パラメータ曲線, parametrized curve, *Parameterlinien*, 377
パラメータ区間, parameter interval, *Parameterintervall*, 367
パラメータ表示, パラメータ表現, parameter representation, parametric representation, *Parameterdarstellung*, 365, 375, 377
半回転, half rotation, *Halbdrehung*, 133
半環, half ring, *Halbring*, 45
半群, half group, semigroup, *Halbgruppe*, 29, 69
反変的, contravariant, *kontravariant*, 390
反傾写像, contragradient mapping, *kontragradiente Abbildung*, 390
反射性, reflexivity, *Reflexivität*, 33
反射的な, reflexive, *reflexiv*, 33
反対称の, antisymmetric, *antisymmetrisch*, 21
半順序, semi-order, partial order, *Teilordnung*, 37
反等角の, anti-conformal, *antikonform*, 427
反復法, iteration method, *Iterationsverfahren*, 101
判別位置, discriminant position, *Diskriminantenort*, 351
反変計量テンソル, contravariant metric tensor, *kontravarianter metrischer Tensor*, 390, 391

ヒ

非アルキメデス的付値, non-archimedean valu-

ation, *nichtarchimedische Bewertung*, 112
非位相の, non topological, *nichttopologisch*, 199
非可換の, non-commutative, *nichtkommutativ*, 79
非可換積, non-commutative multiplication, *nichtkommutative Multiplikation*, 39
非可換和, non-commutative addition, *nichtkommutative Addition*, 39
非可算の, uncountable, unenumerable, *überabzählbar, nicht abzählbar*, 25
ピカール逐次法, Picard iteration method, *Picardsche Iterationsverfahren*, 361
非基底変数, non-basic variable, *Nichtbasisvariable*, 455
非実数固有値, non-real eigenvalue, *nichtreeller Eigenwert*, 359
非真性特異点, non essential singularity, *außer wesentliche Singularität*, 411
ヒストグラム, histogram, *Histogramm*, 443, 445
被積分関数, integrand, *Integrandfunktion*, 303
非対称的な，非対称律の, asymmetric, *asymmetrisch*, 21, 33
左（側）微分可能, left differentiable, *linksseitig differenzierbar*, 265
左一意の, left unique, *linkseindeutig*, 21
左逆元, left inverse element, *links-inverses Element*, 29, 63
左曲率, left curvature, *Linkskrümmung*, 375
左剰余類, left residue class, *Linksnebenklasse*, 63
左全の, left total, *linkstotal*, 21
左単位元, left neutral element, *links-neutrales Element, linkes Einselement*, 29, 63
左分配法則, left distributives law, *links-distributives Gesetz*, 31
左へのねじれ, left twist, *Linkswindung*, 369
非弾性変形, inelastic deformation, *nichtelastische Verformung*, 199
必要条件, neccesary condition, *notwendige Bedingung*, 11, 347, 387
被定義語, definiendum, *Definiendum*, 11
非同次１次微分方程式, inhomogeneous linear DE, *inhomogene lineare DG*, 353
非同次項, 非同次関数, inhomogeneous function, inhomogeneous term, *Störfunktion*, 349, 353, 355
非同次線形微分方程式, inhomogeneous linear DE, *inhomogene lineare DG*, 353, 355
非同次（形）の, inhomogeneous, *inhomogen*, 83, 349, 357
非同次（形）微分方程式, inhomogeneous DE, *inhomogene DG*, 349
非同次微分方程式一般解, general solution of inhomogeneous DE, *allgemeine Lösung der inhomogenen linearen DG*, 355
等しい, equal, *gleich*, 13, 23
被覆, covering, *Überdeckung*, 219
被覆曲面, covering surface, *Überlagerungsfläche*, 417
被覆リーマン面, covering Riemann surface, *überlagerte Riemannsche Fläche*, 415
非負条件, non-negativity condition, *Nichtnegativitätsbedingung*, 451
微分可能曲線, differentiable curve arc, *differenzierbare Kurvenbogen*, 365
微分可能区間関数, differentiable interval function, *differenzierbare Intervalfunktion*, 345
微分可能構造, differentiable struktur, *Differenzierbarkeitsstruktur*, 393
微分可能座標近傍系, differentiable system of coordinate neighborhoods, *differenzierbares Koordinatenumgebungssystem*, 393
微分可能多様体, differentialble manifold, *differenzierbare Mannigfaltigkeit*, 393
微分可能地図帳, differentiable system of coordinate charts, *differenzierbarer Atlas*, 393
微分可能な, differentiable, *differenzierbar*, 265, 395
非分岐の, unramified, *unverzweigt*, 417
微分幾何学, differential geometry, *Differentialgeometrie*, 365
微分作用素, differential operator, *Differentialoperator*, 343
微分同相の, diffeomorphism, *verträglich, Diffeomorphismus*, 393
微分方程式, differential equation (DE), *Differentialgleichung (DG)*, 347
微分方程式の解, solution of DE, *Lösung der DG*, 347
微分方程式系の解, solution of DE system, *Lösung des DG-Systems*, 357
微分方程式の判別位置, discriminant position of DE, *Diskriminantenort der DG*, 351
非明示的定義, implicit definition, *implizite Definition*, 11
標準形, normal form, *Normalenform*, 371
標準正規分布, standardized normal distribution, *standardisierte Normalverteilung*, 445
標準偏差, standard deviation, *Standardabweichung*, 443, 445
標数 p, characteristic p, *Charakteristik* p, 95
ヒルベルト空間, Hilbert space, *Hilbert-Raum*, 208, 223, 338
品質検査の評価, evaluation of quality test, *Auswertung von Qualitätsprüfung*, 447
頻度, frequency, *Häufigkeit*, 437

頻度行列, frequency matrix, *Häufigkeitsmatrix*, 449

フ

ファイバー（x 上の）, fiber, *Faser (über x)*, 21
ファノの公理, Fano's axiom, *Axiom von Fano*, 135
フィルター, filter, *Filter*, 215
フィルタ概念, filter conception, *Filter Begriff*, 27
フィルター基（M 上の）, filter base on M, *Filterbasis auf M*, 215
フィルター基の収束, convergence of filter base, *Konvergenz von Filterbasen*, 215
フェルマー数, Fermat number, *Fermatsche Zahlen*, 117
フェルマー素数, Fermat prime number, *Fermatsche Primzahl*, 105
フェルマーの小定理, Fermat's little theorem, *kleiner Fermatscher Satz*, 67
フォイアーバッハ円, Feuerbach circle, *Feuerbach-Kreis*, 150
不確定点, ambiguous point, *Unbestimmtheitsstelle*, 431
不可符号曲面, 向き付けできない曲面, non-orientable surface, *nichtorientierbare Fläche*, 379
負曲率, negative curvature, *negative Krümmung*, 375
複素（数）平面, complex plane, *komplexe Zahlenebene, Gausssche Zahlenebene*, 55
複素関数の周期, periods of complex function, *Perioden komplexer Funktion*, 423
複素基本行列, complex fundamental matrix, *komplexe Fundamentalmatrix*, 359
複素係数行列, complex coefficient matrix, *komplexe Koeffizientenmatrix*, 357
複素構造, complex structure, *komplexe Struktur*, 417
複素数, complex number, *komplexe Zahl*, 55, 399
複素数列, sequence of complex numbers, *Folge komplexer Zahlen*, 401
複素微分可能性, complex differentiability, *komplexe Differenzierbarkeit*, 431
複素微分可能な, complex differentiable, *komplex differenzierbar*, 403, 431
複素微分係数, complex differential coefficient, *komplexe Derivative, komplexe Differentialkoeffizient*, 403
複比, compound ratio, *Doppelverhältnis*, 155
符号（P の）, signum of P, *Signum von P*, 81
双子素数, twin prime numbers, *Primzahlzwillinge*, 117
付値, valuation, *Bewertung*, 112
付値イデアル, valuation ideal, *Bewertungsideal*, 113
付値環, valuation ring, *Bewertungsring*, 113
不定積分, indefinite integral, *unbestimmtes Integral*, 307
負の, negative, *negativ*, 47
負の側, negative side, *negative Seite*, 379
負の整数, negative integer, *negative ganze Zahl*, 45
負の向き, negative sence, *negativ bezeichneter Drehsinn*, 379
負の向き付け, negative orientation, *negative Orientierung*, 367, 379
負捩率, negative torsion, *negative Torsion*, 369
部分位相空間, topological subspace, *topologischer Teilraum*, 27
部分加群, submodule, *Teilmodul, Untermodul*, 27, 75
部分環, subring, *Teilring, Unterring*, 27, 71
部分空間, subspace, *Unterraum*, 209
部分群, subgroup, *Untergruppe, Teilgruppe*, 27, 63
部分構造, substructure, *Unterstruktur*, 27, 71
部分集合, subset, *Teilmenge, Untermenge*, 13, 27
部分順序, suborder, *Teilordnung*, 27, 33
部分積分, integration by parts, *partielle Integration*, 309
部分体, subfield, *Teilkörper, Unterkörper*, 27, 71
部分分数, partial fraction, *Partialbruch*, 277
部分分数展開, partial fractional decomposition, *Partialbruchzerlegung*, 421
部分分数展開定理, partial fraction theorem, *Partialbruchsatz*, 421
部分列, subsequence, *Teilfolge*, 249
部分和, partial sum, *Partialsumme*, 251
普遍集合, universal set, *Grundmenge*, 15
不変性, invariance, *Invarianz*, 365
普遍性質, universal property, *universelle Eigenschaft*, 45
不変な, invariant, *invariant*, 369
ブラウワー, Brouwer, *Brouwer*, 223
ブラリ-フォルティの二律背反, antinomy of Burali-Forti, *Antinomie von Burali-Forti*, 39
フーリエ展開, Fourier expansion, *Fourierentwicklung*, 423
ふるいの方法, sieve method, *Siebverfahren*, 117
ブール環, Boolean ring, *Boolescher Ring*, 17
ブール束, Boolean lattice, *Boolescher Verband*, 17, 439
ブール束の計算法則, calculation law for Boolean lattices, *Rechengesetz für Boolesche Verbände*, 439
フレッシェ導関数, Fréchet derivative, *Fréchet-Ableitung*, 339

フレッシェ微分, Fréchet differential, *Fréchet-Differential*, 339
フレドホルムの定理, Fredholm's theorem, *Satz von Fredholm*, 343
フレネ-セレの公式, Frenet-Serret's formula, *Frenet-Serretsche Gleichung*, 369
フレネの公式, Frenet's formula, *Frenetsche Gleichung*, 369, 371, 373, 375, 389
フレネ標構, フレネ枠, Frenet frame, *begleitendes Dreibein*, 369
不連続な, discontinuous, *unstetig, nichtstetig*, 199, 257
ブロックプラン, block plan, *Blockplan*, 435
分割, partition, *Partition*, 435
分割同等の, parting equality, *zerlegungsgleich*, 151
分岐指数, ramification index, ramification exponent, *Verzweigungsordnung*, 417
分岐指数（絶対), order of absolute ramification, *absolute Verzweigungsordnung*, 113
分岐指数（相対), order of relative ramification, *relative Verzweigungsordnung*, 115
分岐点, ramification point, branch point, *Verzweigungspunkt*, 225, 415, 417, 425
分散, variance, *Varianz*, 443, 445
分配性, distributivity, *Distributität*, 15
分配束, distributive lattice, *distributiver Verband*, 17
分配法則, distributive law, *Distributivgesetz, distributives Gesetz*, 27, 43
分布, distribution, *Verteilung*, 443
分離, separation, *Trennung*, 217
分離則, rule of detachment, *Abtrennungsregel*, 7
分離多項式, separable polynomial, *separables Polynom*, 93

へ

ペアノの存在定理, existence theorem of Peano, *Existenzsatz von Peano*, 361
ペアノの第 5 公理, 5th Peanoaxiom, *5.Peanoaxiom*, 39
閉曲面, closed surface, *geschlossene Fläche*, 237
平均曲率, mean curvature, *mittlere Krümmung*, 387
平均値の定理, mean value theorem, *Mittelwertsatz*, 269, 305
平均平方分割, mean square contingency, *mittlere quadratische Kontingenz*, 449
平行移動, translation, *Translation*, 127, 141
平行計測軸写像, 平行軸測投影, parallel axonometric projection, parallel axonometric mapping, *parallelaxonometrische Abbildung*, 167
平行線の組, parallel pair, *Parallelenpaar*, 385
平行体, parallelotope, *Spat*, 195
閉写像, closed mapping, *abgeschlossene Abbildung*, 209
閉集合, closed set, *abgeschlossene Menge*, 201
閉ジョルダン曲線, closed Jordan curve, *geschlossene Jordan-Kurve*, 351
ベイズの定理, theorem of Bayes, *Satz von Bayes*, 441
平坦点, flat point, *Flachpunkt*, 385
閉道, closed path, *geschlossener Weg*, 227
閉複素平面, closed complex plane, *abgeschlossene komplexe Zahlenebene*, 399
閉歩, 閉辺列, closed walk, closed edge, *geschlossener Kantenzug*, 235, 243
閉包, closure, closed hull, *abgeschlossene Hülle*, 201, 213
平方剰余, quadratic residue, *quadratischer Rest*, 111
平面, plane, *Ebene*, 379
平面曲線の曲率, curvature of plane curve, *Krümmung ebener Kurve*, 375
平面曲線, plane curve, *ebene Kurve*, 375
平面グラフ, plane graph, *ebener Graph, plattbarer Graph*, 241
平面図, plan, *Grundriß*, 165
平面の向き付け, orientation of a plane, *Orientierung einer Ebene*, 379
閉路, closed path, contour, *geschlossener Weg*, 203
ペー関数, ℘-function, *℘-Funktion*, 421
ペー関数の周期, periods of ℘-function, *Perioden der ℘-Funktion*, 421
ベキ級数, power series, *Potenzreihe*, 261, 407, 431
ベキ集合, power set, *Potenzmenge*, 13, 439
ベキ集合公理, axiom of power set, *Potenzmengenaxiom*, 19
ベキ定理, power theorem, *Potenztheorie*, 150
ベキ等元, idempotent element, *idempotentes Element*, 17
ベキ等性, idempotency, *Idempotenz*, 15
ベクトル空間, vector space, *Vektorraum*, 31, 181, 355
ベクトル積, vector product, *Vektorprodukt*, 29, 183
ベスの定義可能性定理, definability theorem of Beth, *Definierbarkeitssatz von Beth*, 11
ヘッセ行列式, Hessian, *Hesse-Determinant*, 297
ベッチ数, Betti number, *Betti Zahl*, 239
閉包演算子, hull operator, *Hüllenoperator*, 77
ベール関数, Baire function, *Bairesche Funktion*, 335
ベルンシュタイン多項式, Bernstein's polynomial,

Bernstein-Polynom, 285
ペロン積分, Perron integral, *Perron-Integral*, 301
辺, edge, *Kante*, 241
辺, side, *Schenkel*, 139
変位レトラクト, deformation retract, *Deformationsretrakt*, 229
偏角, 独立変数, argument, *Argument*, 55
変換による階数の低下法, reduction of order by substitution, *Reduktion der Ordnung durch Substitution*, 353
変曲点, point of inflection, *Wendepunkt*, 275
偏向性, bias, deviation, *Abweichung*, 369
平均値, mean value, *Mittelwert*, 443
ベン図, Venn diagram, *Venn-Diagramm, Euler-Diagramm*, 13
変数分離型微分方程式, DE with separation of variables, *DG mit getrennten Variablen*, 347
偏導関数, partial derivative, *partielle Ableitung*, 293
辺二等分定理, side bisector theorem, *Seitenhalbierendensatz*, 125
偏微分可能な, partially differentiable, *partiell differenzierbar*, 293
偏微分方程式, partial differential equation, *partielle Differentialgleichung*, 345

ホ

ポアソン分布, Poisson distribution, *Poisson-Verteilung*, 445
包含関係, relation of inclusion, inclusion relation, *Enthaltenseinsrelation*, 98
包含写像, inclusion map, *Inklusionsabbildung*, 23
法曲率, normal curvature, *Normalkrümmung*, 383
法計測軸写像, 法軸測投影, normal axonometric projection, normal axonometric mapping, *normalaxonometrische Abbildung*, 167
方向場, direction field, *Richtungsfeld*, 347, 351
法線, normal, *Normale*, 379
法線成分, normal component, *Normalkomponente*, 383
法線ベクトル, normal vector, *Normalenvektor*, 375
方程式系, simultaneous system, system of equations, *Gleichungssystem*, 455
法として合同な, congruent modulo a, *kongruent modulo a*, 109
放物線, parabola, *Parabel*, 187
放物柱, parabolic cylinder, *parabolisches Zylinder*, 193
放物的な, parabolic, *parabolisch*, 385
放物的曲率, parabolic curvature, *parabolische Krümmung*, 385
放物点, parabolic point, *parabolischer Punkt*, 385
法平面, normal plane, *Normalebene*, 369
法平面曲線, normal plane curve, *Normalschnitt*, 383
法平面曲線曲率, normal plane curvature, *Normalschnittkrümmung*, 383
補間法, interpolation theory, *Interpolationstheorie*, 287
歩群, walk group, *Kantenzuggruppe*, 235
補集合, complement, *Komplement*, 15, 439
母集団, population, *Grundgesamtheit*, 447
ポテンシャル関数, potential function, *Potentialfunktion*, 403
ほとんど至るところ, almost everywhere, *fast überall*, 333
ホーナー法, Horner's method, *Horner-Schema*, 289
ホモトピー, homotopy, *Homotopie*, 227
ホモトピー群, homotopy group, *Homotopiegruppe*, 227
ホモトピー類, homotopy class, *Homotopieklasse*, 409
ホモトープな, homotop, *homotop*, 227
ホモロジー, homology, *Homologie*, 131
ホモロジー関手, homology functor, *Homologiefunktor*, 239
ホモロジー群, homology group, *Homologiegruppe*, 239
ポリトープ, 多胞体, polytope, *Polytope*, 163
ボルツァーノ・ワイエルシュトラス性, Bolzano-Weierstrass property, *Bolzano-Weierstrass-Eigenschaft*, 219
ボレル集合, Borel set, *Borel-Menge*, 331
ボンネの基本定理, Bonnet's fundamental theorem, *Hauptsatz von Bonnet*, 389

マ

マイナルディ-コダッチの公式, Mainardi-Codazzi's equations, *Gleichungen von Mainardi-Codazzi*, 389
交わらない路, intersection free path, *kreuzungsfreier Weg*, 245
稀にしか起こらない事象, rare event, *seltenes Ereignis*, 445

ミ

右(側)微分可能な, right differentiable, *rechtsseitig differenzierbar*, 265
右一意の, right unique, *rechtseindeutig*, 21
右逆元, right inverse element, *rechts-inverses Element*, 29, 63

右曲率, right curvature, *Rechtskrümmung*, 375
右剰余類, right residue class, *Rechlsnebenklasse*, 63
右全の, right total, *rechtstotal*, 21
右単位元, right neutral element, *rechts-neutrales Element, rechtes Einselement*, 29, 63
右へのねじれ, right twist, *Rechtswindung*, 369
路, path, *Weg*, 243
道に依存する, path dependent, *wegabhängig*, 433
道に沿った確率, probability along the path, *Wahrscheinlichkeit längs des Weges*, 441
ミッターグ・レフラーの部分分数展開定理, partial fraction theorem of Mittag-Leffler, *Partialbruchsatz von Mittag-Leffler*, 421
密着位相, trivial topology, *indiskrete Topologie*, 205
密度関数, density function, *Dichtefunktion*, 443
右分配法則, right distributive law, *rechts-distributives Gesetz*, 31
ミルン法, Milne method, *Milne-Verfahren*, 363

ム

向き, 進行方向, direction, sense, *Durchlaufsinn*, 367
向き付け, orientation, *Orientierung*, 367
向き付け可能な, orientable, *orientierbar*, 237
向き付け可能な曲面, orientable surface, *orientierbare Fläche*, 379
向き付け不可能な曲面, non-orientable surface, *nichtorientierbare Fläche*, 379
向き付けられた平面, orientable plane, *orientierte Ebene*, 121
向きを保存する写像, sense-preserving mapping, *Abbildung unter Beibehaltung des Durchlaufsinnes*, 429
無限遠点, infinite point, *unendlichferner Punkt, Unendlichkeit, Unendlichen*, 399
無限回微分可能, infinitely differentiable function, *unendlich oft differenzierbar*, 267
無限基数, infinite cardinal number, *nichtendliche Kardinalzahl*, 25
無限級数, infinite series, *unendliche Reihe*, 251
無限グラフ, infinite graph, *unendlicher Graph*, 241
無限公理, axiom of infinity, *Unendlichkeitsaxiom*, 19
無限個の分岐点, infinite ramified points, *unendlichviele Verzweigungspunkte*, 425
無限次元の, infinite dimensional, *unendlichdimensional, unendlichviel dimensional*, 223, 337
無限集合, infinite set, *unendliche Menge*, 25
無限小数, infinite decimal, *unendliche Dezimalzahl*, 53
無限積, infinite product, *unendliches Produkt*, 253
無限濃度, infinite cardinality, *transfinite Kardinalzahl*, 25
無限の可能的解釈, potential interpretation of the infiniteness, *potentielle Auffassung des Unendlichen*, 9
無限の現代的解釈, actual interpretation of the infiniteness, *aktuale Auffassung des Unendlichen*, 9
無限葉数の, of infinite sheets, *unendlichblätterig*, 425
無限葉数リーマン面, infinite sheets Riemann surface, *unendlichblätterige Riemannsche Fläche*, 423
無作為抽出検査, sampling inspection, *Stichprobe*, 447
無作為抽出検査の分散, variance of sampling inspection, *Varianz der Stichprobe*, 447
無作為抽出検査値, value of sampling inspection, *Stichprobenwert*, 447
矛盾論理式, contradictory formula, *kontradiktorische Aussageform*, 5
ムーニェの定理, Meusnier's Theorem, *Satz von Meusnier*, 383
無矛盾性, consistency, *Widerspruchsfreiheit*, 11
無理数, irrational number, *irrationale Zahl*, 49

メ

明示的定義, explicit definition, *explizite Definition*, 11
明示表現, explicit representation, *explizite Darstellung*, 377
明示表現 n 階微分方程式, DE of nth order in explicit expression, *DG n-ter Ordnung in expliziter Darstellung*, 345
明示表現 1 階微分方程式, DE of first order in explicit expression, *DG 1. Ordnung in expliziter Darstellung*, 347
明示表示 2 階微分方程式, DE 2nd order in explicit expression, *DG 2. Ordnung in expliziter Darstellung*, 353
命題, proposition, *Aussage*, 5
命題記号, propositional symbol, *Aussagenvariable*, 5
命題論理式, propositional formula, *Aussageform*, 5
メービウスの帯, Möbius' band, *Möbius-Band*, 237, 379
メービウス網, Möbius net, *Möbius-Netz*, 157
メルセンヌ数, Mersenne number, *Mersennesche Zahl*, 117
メンガー, Menger, *Menger*, 223, 225

メンガーの定理, Menger's theorem, *Mengerscher Satz*, 245
面積, area, *Inhalt*, 329
面積関数, area function, *Inhaltsfunktion*, 329
面積分, surface integral, *Flächenintegral*, 325

モ

目的関数, objective function, *Zielfunktion*, 451
文字の組合せ, composition of letters, *Zusammensetzung von Buchstaben*, 435
文字の並べ方, setting of letters, *Stellung von Buchstaben*, 435
最も粗い位相, coarsest topology, *gröbste Topologie*, 211
最も細かい位相, finest topology, *feinste Topologie*, 211
モデル, model, *Modell*, 7
モノドロミー定理, monodromy theorem, *Monodromiesatz*, 409, 429
モンテカルロ法, Monte Carlo method, *Monte-Carlo-Methode*, 449

ユ

有意, significance, *Signifikanz*, 447
有意水準, significance level, *Signifikanzniveau*, 447
有界な, bounded, *beschänkt*, 249
有界関数, bounded function, *beschränkte Funktion*, 255
有界性, boundedness, *Beschränktheit*, 219
有界線形作用素, bounded linear operator, *linearer beschränkter Operator*, 339
有界凸点集合, bounded convex point set, *beschränkte konvexe Punktmenge*, 453
有界の, bounded, *beschränkt*, 203, 399
優級数判定法, majorants criterion, *Majorantenkriterium*, 253
有限拡大, finite extension, *endliche Erweiterung*, 89
有限加法性, finite additivity, *endliche Additivität*, 329
有限ガロア拡大, finite galois extension, *endlich-galoissche Erweiterung*, 98
有限ガロア拡大の多項式判定法, polynomial criterion for finite galois extensions, *Polynom-Kriterium für endl.-gal. Erweiterungen*, 98
有限基数, finite cardinal number, *finite Kardinalzahl*, 25
有限級数, finite series, *endliche Reihe*, 251
有限グラフ, finite graph, *endlicher Graph*, 241
有限次元の, finite dimensional, *endlichdimensional*, 77, 79
有限集合, finite set, *endliche Menge*, 25
有限巡回群, finite generated group, *endliche zyklische Gruppe*, 63
有限順序数, finite ordinal number, *endliche Ordinalzahl*, 37
有限小数, finite decimal, *endliche Dezimalzahl*, 53
有限生成可換群の基底定理, basis theorem for finite generated commutative group, *Basissatz für endlicherzeugte commutative Gruppe*, 67
有限生成自由群, finite generated free group, *endl.-erzeugte freie Gruppe*, 235
有限束, finite lattice, *endlicher Verband*, 17
有限体, finite field, *endlicher Körper*, 95
有限体のガロア群, Galois group of finite fields, *Galoisgruppe endlicher Körper*, 100
有限体の存在, existence of finite fields, *Existenz endlicher Körper*, 95
有限単拡大, finite simple extension, *endlich einfache Erweiterung*, 91
有限の, finite, *endlich*, 65, 399
有限被覆, finite covering, *endliche Überdeckung*, 219
有向グラフ, directed graph, *gerichteter Graph*, 241
有理関数, rational function, *rationale Funktion*, 255
有理型（形）, meromorphy, *Meromorphie*, 413
有理型概念, meromorphic concept, *Meromorphiebegriff*, 397
有理型（形）の, meromorphic, *meromorph*, 413
有理数, rational number, *rationale Zahl*, 47
有理整関数, rational integral function, *ganzrationale Funktion*, 255, 419
ユークリッド環, Euclidean domain, *euklidischer Ring*, 107
ユークリッド距離, Euclidean distance, *euklidische Metrik*, 208, 431
ユークリッド空間, Euclidean space, *euklidischer Raum*, 195
ユークリッド互除法, Euclidean algorithm, *Euklidischer Algorithmus*, 86
ユークリッド的な, Euclidean, *euklidisch*, 107
ユークリッドノルム, Euclidean norm, *euklidische Norm*, 285, 337
ユークリッドハルトーグス図, Euclidean Hartogs-figure, *euklidische Hartogsfigur*, 433
輸送問題, transport problem, *Transportproblem*, 245

ヨ

葉, sheet, *Blatt*, 415
余弦, cosinus, *Kosinus*, 169
余弦定理, cosinus theorem, *Kosinussatz*, 171

余接, cotangent, *Kotangens*, 169
余接の部分分数表現, partial fraction representation of cotangent function, *Partialbruchdarstellung der Kotangensfunktion*, 421
より確実な, more probable, *wahrscheinlicher*, 439
より強い，より細かい, stronger, finer, *feiner*, 215
より弱い，より粗い, coaser, weaker, *gröber*, 215
4 色定理, four color theorem, *Vierfarbensatz*, 243

ラ

ラインハルト体, Reinhardt field, *Reinhardtscher Körper*, 397, 433
ラグランジュの公式, formula of Lagrange, *Formel von Lagrange*, 369
ラグランジュの乗数, Lagrange multiplier, *Lagrangescher Multiplikator*, 299
ラグランジュの方法, Lagrange's interpolation method, *Verfahren von Lagrange*, 287
らせん, spiral, *Schraubenlinie*, 373
らせん運動, helicoidal motion, *Schraubung*, 145
ラッセルの逆理, Russell's paradox, *Russellsche Antinomie*, 13
ラテン方陣, Latin square, *lateinische Quadrate*, 435
ラプラス変換, Laplace transformation, *Laplace-Transformation*, 355
乱数, random number, *Zufallsgröße, Zufallszahl*, 443, 449
ランダム変数, random variable, *Zufallsvariable*, 443

リ

離散（指数）付値, discrete valuation, *diskrete Bewertung*, 59, 113
離散位相, discrete topology, *diskrete Topologie*, 205
離散確率関数, discrete probability function, *diskrete Wahrscheinlichkeitsfunktion*, 445
離散分布, discrete distribution, *diskrete Verteilung*, 447
離散乱数, discrete random numbers, *diskrete Zufallsgröße*, 443
理想的なサイコロ, ideal dise, *ideale Würfel*, 447
立体射影, stereographic projection, *stereographische Projection*, 427
リプシッツ条件, Lipschitz condition, *Lipschitz-Bedingung*, 361
リーマン可積分の, integrable in the sense of Riemann, *Riemann-integrierbar*, 303
リーマン幾何, Riemannian geometry, *Riemannsche Geometrie*, 395
リーマン球（面), 数球面, Riemann sphere, *Riemannsche Zahlensphäre, Zahlenkugel, Zahlensphäre*, 57, 399, 427
リーマン空間, Riemannian space, *Riemannscher Raum*, 395
リーマン積分, Riemann integral, *Riemann-Integral*, 301
リーマン多様体, Riemannian manifold, *Riemannsche Mannigfaltigkeit*, 395
リーマンの写像定理, Riemannian mapping theorem, *Riemannscher Abbildungssatz*, 429
リーマンのゼータ関数, Riemann's zeta function, *Riemannsche Zetafunktion*, 117, 283
リーマンの判定規準, Riemann's criterion, *Riemannsches Kriterium*, 303
リーマン面, Riemann surface, *Riemannsche Fläche*, 397, 415, 417, 433
リーマン予想, Riemann hypothesis, *Riemannsche Vermutung*, 117
リーマン領域, Riemann domain, *Riemannsches Gebiet*, 433
リーマン和, Riemann sum, *Riemannsche Summe*, 319
留数, residue, *Residuum*, 413
留数定理, residue theorem, *Residuensatz*, 413
領域, domain, *Gebiet*, 399
領域の偏り, deviation of domain, *Abweichung des Gebietes*, 395
領域保存写像, domain preserving mapping, *gebietstreue Abbildung*, 413
両替問題, exchange problem, *Geldwechselproblem*, 435
両立条件, preservation condition, compatible condition, *Verträglichkeitsbedingung*, 27, 65
両立する, compatible, *verträglich*, 27
隣接の, neighbor, *benachbart*, 243

ル

類数, class number, *Klassenzahl*, 115
類選択公理, axiom of choice, *Auswahlaxiom*, 19
類別, classification, *Klasseneinteilung*, 15
ルジャンドル記号, Legendre symbol, *Legendresches Restsymbol*, 111
ルジャンドル多項式, Legendre's polynomial, *Legendre-Polynom*, 285
ループ, loop, *Schlinge*, 241
ルベーグ可測な, Lebesgue measurable, *Lebesguemessbar*, 331
ルベーグ積分, Lebesgue integral, *Lebesgue-Integral*, 301, 335
ルベーグ測度, Lebesgue measure, *Lebesgue-Maß*,

331
ルンゲ・クッタ法, Runge-Kutta method, *Runge-Kutta-Verfahren*, 363

レ

零イデアル, zero ideal, *Null ideal*, 73
零因子, zero divisor, *Nullteiler*, 31
零因子を持たない, zero divisor free, *nullteilerfrei*, 31
零因子を持つ環, non-zero divisor free ring, *nicht-nullteilerfreier Ring*, 79
零角, zero angle, *Nullwinkel*, 139
零行列, zero matrix, *Nullmatrix*, 79
零元, zero element, *Nullelement*, 31
零集合, null set, *Nullmenge*, 329, 443
零多項式, zero polynomial, *Nullpolynom*, 85
捩面, torse, *Torse*, 387
零列, zero sequence, *Nullfolge*, 51, 249
レゾルベント, resolvent, *Resolvente*, 343
劣級数判定法, minorants criterion, *Minoranten-kriterium*, 253
レーベンハイム-スコルムの定理, Löwenheim-Skolm's Theorem, *Theorem of Löwenheim-Skolm*, 7
連結空間, connected space, *zusammenhängender Raum*, 213
連結集合, connected set, *zusammenhängende Menge*, 201
連結成分, connected component, *Zusammenhangskomponente*, 213
連結点集合 ($\mathbb{R}^1$ の), connected set of points(point set) on $\mathbb{R}^1$, *zusammenhängende Punktmenge des* $\mathbb{R}^1$, 203
連結度, connectivity number, *Zusammenhangszahl*, 245
連結な, connected, *zusammenhängend*, 201, 213, 243
連鎖, chain, *Kette*, 33
連鎖則, chain rule, *modus barbara, Kettenschlußregel*, 7
連鎖律, chain rule, *Kettenregel*, 365
連続写像, continuous mapping, *stetige Abbildung*, 41, 199, 209
連続性定理, continuity theorem, *Kontinuitätssatz*, 433
連続体, continuum, *Kontinuum*, 225
連続体, continuum(pl.-nua), *Kontinuum(pl-nua)*, 203
連続体仮説, continuum hypothesis, *Kontinuumshypothese*, 25, 39
連続体濃度, potency of continuum, *Mächtigkeit des Kontinuums*, 25
連続的接続, continuous extension, *stetige Fortsetzung*, 431
連続的微分可能な, continuously differentiable, *stetig differenzierbar*, 347
連続な, continuous, *stetig*, 199, 257
連続な (M 上), continuous on M, *stetig auf* M, 209
連続な (点 x で), continuous in point x, *stetig im Punkt* x, 209
連続微分可能曲線, continuously differentiable curve, *stetig differenzierbare Kurve*, 365
連続微分可能曲線弧, continuously differentiable curve arc, *stetige differenzierbare Kurvenbogen*, 365
連続微分可能性, continuously differentiability, *stetige Differenzierbarkeit*, 365
連続不変量, continuous invariant, *stetige Invariante*, 199, 209
連続分布, continuous distribution, *stetige Verteilung*, 447
連続密度関数, continuous density function, *stetige Dichtefunktion*, 445
連続乱数, continuous random number, *stetige Zufallsgröße*, 443

ロ

ロピタルの法則, l'Hospital's rule, *Regel von de l'Hospital*, 277
ローラン級数, Laurent series, *Laurentreihe*, 397
ローラン展開, Laurent expansion, *Laurententwicklung*, 423
ローラン展開の主要部, principal part of Laurent expansion, *Hauptteil der Laurententwicklung*, 421
ロルの定理, Rolle's theorem, *Satz von Rolle*, 269
ロンスキー行列式, Wronski determinant, *Wronski-Determinante*, 353, 355

ワ

和, sum, *Vereinigung, Summe*, 251, 439
ワイエルシュトラス, Weierstrass, *Weierstrass*, 421
ワイエルシュトラスの正規形, Weierstrass' canonical form, *kanonische Form von Weierstrass*, 419
ワイエルシュトラスの積定理, product theorem of Weierstrass, *Produktsatz von Weierstrass*, 419
ワイエルシュトラスの積表示, Weierstrass' product formula, *Weierstrasssche Produktdarstellung*, 283
ワイエルシュトラスの近似定理, Weierstrass' approximation theorem, *Approximationssatz von Weierstrass*, 285
和位相, sum topology, *Vereinigumgstopologie*,

Summentopologie, 211
湧き出しの無い, source-free, non-divegent, *quellenfrei*, 299
和空間, sum space, *Vereinigungsraum, Summenraum*, 211
和集合（合併）, union, sum, *Vereinigung*, 15
割り切れる, divisible, *teilbar*, 107
湾曲, bend(ing), *Verbiegung*, 381

著者紹介

フリッツ・ラインハルト (Fritz Reinhardt)

1940 年ベルリンに生まれ，ベルリン自由大学で，数学と物理を学び，1967 年に数学で学位を得た．1965-94 年教職にあり，主にビーレフェルトでギムナジウム上級教諭を務めた．

ハインリッヒ・ゼーダー (Heinrich Soeder)

1929 年ハム（ヴェストファーレン州）に生まれ，ミュンスター大学で，数学と物理を学び，1956 年に数学で学位を得た．1954 年-91 年教職にあり，最後はビーレフェルトのギムナジウム教頭であった．

ゲルト・ファルク (Gerd Falk)

1948 年生まれの工業グラフィックデザイナーで，現在は，製本機械製造会社で技術文書作成主任として，イラストレーターの養成や通信技術の研究にあたっている．

訳者あとがき

本書の翻訳の話が出たのはもう10年前のことで，当時編集部におられ，今は近代科学社の社長である小山透氏との間でのことだった。それから話が具体化して翻訳者が決まり，最初の編集会議を持ってからもう6年近い歳月が流れてしまった。この遅れはひとえに浪川の怠慢によるものであって，共立出版と共訳者の方々に多大の御迷惑をかけたことを心からお詫びしなければならない。それが何とか出版にまで漕ぎ着けることができたのは共訳者の方々と編集部の方々のご尽力によるもので，心から感謝を申し上げる。

本邦には，「岩波数学辞典」を始め，優れた数学辞典（事典）が多いのであるが，質量のバランスの取れた一般向けの事典として新たに一書を加えたことになろう。本書には姉妹編に学校数学編として“家庭での自学自習向け”に書かれたものがあり（実際の内容は中学校上級から大学初年級），かなり記述の様相が異なっている。この翻訳も別途進められており，これが公刊されると，すでにある「数学小辞典」「数学英和・和英辞典」を併せ，共立出版の数学事典シリーズはきわめてユニークな品揃えとなる。

事典は息の長い書物である。翻訳ではあるが，許されるならば改訂を加え，できるかぎりより良いものとしていきたい。読者のご叱正を待つ次第である。

2012年7月

浪川幸彦

訳者紹介

浪川幸彦（なみかわ ゆきひこ）

1970年　東京大学大学院理学系研究科修士課程修了

　　　　椙山女学園大学教育学部教授，名古屋大学名誉教授，理学博士

専　攻　数学（代数幾何学），数学教育学

著書等　『デカルトの精神と代数幾何　増補版』（共著，日本評論社，1993）

　　　　『数学のあゆみ(下)』（共訳，朝倉書店，2008）ほか

成木勇夫（なるき いさお）

1968年　京都大学大学院理学研究科修士課程修了

　　　　立命館大学理工学部・特任教授，理学博士

専　攻　数学（複素解析幾何学）

著書等　『数(上，下)』（訳，シュプリンガーフェアラーク東京，1991）

長岡昇勇（ながおか しょうゆう）

1982年　北海道大学大学院理学研究科博士課程単位取得退学

　　　　近畿大学理工学部教授，理学博士

専　攻　代数学（整数論）

著書等　『数論的古典解析』（訳，シュプリンガーフェアラーク東京，1996，丸善，2012）

林　芳樹（はやし よしき）

1993年　ボン大学（マックス・プランク研究所）卒業

　　　　京都大学非常勤講師，Dr.rer.nat

専　攻　数学（保型形式・楕円曲線）

著書等　『暗号理論入門　原書第3版』（訳，丸善，2012）

　　　　『暗号と確率的アルゴリズム入門』（訳，シュプリンガーフェアラーク東京，2003）ほか

Memorandum

Memorandum

Memorandum

Memorandum

カラー図解 数学事典

原題：*dtv-Atlas Mathematik*

2012年8月25日　初版1刷発行

訳　者　浪川幸彦・成木勇夫
　　　　長岡昇勇・林　芳樹　©2012

発行者　南條光章

発行所　**共立出版株式会社**

郵便番号 112-8700
東京都文京区小日向4丁目6番19号
電話 (03)3947-2511（代表）
振替口座 00110-2-57035番
URL http://www.kyoritsu-pub.co.jp/

印　刷　加藤文明社

製　本　ブロケード

社団法人
自然科学書協会
会員

検印廃止
NDC 410

ISBN 978-4-320-01896-9

Printed in Japan